Operações Unitárias na Indústria de Alimentos

Volume II

Grupo
Editorial
Nacional

O GEN | Grupo Editorial Nacional – maior plataforma editorial brasileira no segmento científico, técnico e profissional – publica conteúdos nas áreas de ciências exatas, humanas, jurídicas, da saúde e sociais aplicadas, além de prover serviços direcionados à educação continuada e à preparação para concursos.

As editoras que integram o GEN, das mais respeitadas no mercado editorial, construíram catálogos inigualáveis, com obras decisivas para a formação acadêmica e o aperfeiçoamento de várias gerações de profissionais e estudantes, tendo se tornado sinônimo de qualidade e seriedade.

A missão do GEN e dos núcleos de conteúdo que o compõem é prover a melhor informação científica e distribuí-la de maneira flexível e conveniente, a preços justos, gerando benefícios e servindo a autores, docentes, livreiros, funcionários, colaboradores e acionistas.

Nosso comportamento ético incondicional e nossa responsabilidade social e ambiental são reforçados pela natureza educacional de nossa atividade e dão sustentabilidade ao crescimento contínuo e à rentabilidade do grupo.

Operações Unitárias na Indústria de Alimentos

Volume II

Alessandra Faria Baroni
Antonio José de Almeida Meirelles (Org.)
Camila Gambini Pereira
Carmen Cecilia Tadini (Org.)
Christianne Elisabete da Costa Rodrigues
Cintia Bernardo Gonçalves
Eduardo Augusto Caldas Batista
Fábio Rodolfo Miguel Batista
Isabel Cristina Tessaro
Jane Sélia dos Reis Coimbra
João Borges Laurindo
José Carlos Cunha Petrus

José Roberto Delalibera Finzer
Juliana Martin do Prado
Maria Ângela de Almeida Meireles
Maria Aparecida Mauro
Miriam Dupas Hubinger
Pedro de Alcântara Pessoa Filho (Org.)
Rafael da Costa Ilhéu Fontan
Renata Cristina Ferreira Bonomo
Renata Valeriano Tonon
Ricardo Amâncio Malagoni
Roberta Ceriani
Vânia Regina Nicoletti Telis (Org.)

Direitos exclusivos para a língua portuguesa
Copyright © 2016 by
LTC — Livros Técnicos e Científicos Editora Ltda.
Uma editora integrante do GEN | Grupo Editorial Nacional

Travessa do Ouvidor, 11
Rio de Janeiro, RJ – CEP 20040-040
Tels.: 21-3543-0770 / 11-5080-0770
Fax: 21-3543-0896
faleconosco@grupogen.com.br
www.grupogen.com.br

Imagem da Capa: Dreamstime
Capa: Leonidas Leite
Editoração Eletrônica: ALGO MAIS Soluções Editoriais

CIP-BRASIL. CATALOGAÇÃO NA PUBLICAÇÃO
SINDICATO NACIONAL DOS EDITORES DE LIVROS, RJ

O68
v.2

Operações unitárias na indústria de alimentos / organização Carmen Cecilia Tadini ... [et al.] . - 1. ed. - [Reimpr.]. - Rio de Janeiro : LTC, 2019.
il. ; 28 cm.

Apêndice
Inclui bibliografia e índice
ISBN 978-85-216-3032-6

1. Agroindústria - Administração. 2. Tecnologia de alimentos. I. Tadini, Carmen Cecilia.

16-34773   CDD: 658.8
                        CDU: 658.8

Aos nossos filhos
Martino (*in memoriam*), Bruna, Giulia, Felipe,
Laura, Alicia, Javier e Francisco.

APRESENTAÇÃO

É sempre um enorme prazer testemunhar o aparecimento de um novo livro dedicado ao ensino da ciência e da engenharia de alimentos, área de enorme importância em um país onde o agronegócio desempenha um papel de crescente relevância econômica. Além disso, trata-se de uma obra que resulta do trabalho muito bem coordenado de uma equipe de 34 acadêmicos e pesquisadores, 21 dos quais oriundos das três universidades estaduais de São Paulo. A elas pertencem os quatro organizadores da publicação, que estão entre os líderes reconhecidos no país e no exterior nessa importante área de conhecimento.

A engenharia de alimentos surge no mundo como uma profissão distinta no final da primeira metade do século XX, adotando uma metodologia certamente influenciada pela engenharia química, que havia se desenvolvido nas três décadas anteriores. Adota com sucesso a ideia de operação unitária como conceito estruturante fundamental dos vários processos de transformação industrial de produtos alimentícios. Tal lógica permitiu uma evolução do aprofundamento científico e da pesquisa fundamental em contraste com a orientação mais tradicional, mais aplicada, de tecnologias associadas ao tipo de material processado, por meio da identificação de analogias e de princípios comuns aplicados naqueles distintos processamentos e integrando-os de forma coerente e eficaz.

Essa orientação, seguida na presente obra, vai ao encontro da maioria das orientações metodológicas modernas de ensino da ciência e da engenharia de alimentos no mundo e constitui certamente um dos primeiros exemplos de sua expressão impressa em língua portuguesa.

O livro aborda de maneira sistemática os tópicos da engenharia de alimentos. Após uma excelente e muito clara introdução ao conceito de operação unitária (Capítulo 1), faz uma revisão dos importantes conceitos de conservação de massa e energia (Capítulo 2), antes de abordar propriamente o estudo dos quatro grupos principais de operações unitárias: (i) operações de transporte de fluidos (Capítulos 3 a 5); (ii) operações em sistemas particulados (Capítulos 6 a 8); (iii) operações de transferência de calor (Capítulos 9 a 14); e (iv) operações de transferência de massa (Capítulos 15 a 24), sendo os dois últimos talvez os de maior relevância para a engenharia e a indústria de alimentos.

Sendo um livro escrito com preocupação essencialmente pedagógica, orientado para estudantes de graduação das universidades brasileiras, a maneira como os assuntos são apresentados e os conceitos desenvolvidos pode ser facilmente seguida por profissionais da indústria de alimentos, constituindo também um elemento importante para sua valorização.

Fazendo uma seleção muito criteriosa dos vários especialistas em cada área, foi possível manter uma consistência na apresentação dos diferentes temas, o que beneficia a obra em seu conjunto.

Esta era uma obra esperada e que se impunha. Espero que os colegas docentes do tema nas várias universidades do Brasil reconheçam e valorizem o trabalho ora apresentado.

Permitam-me uma nota pessoal. Tenho o enorme prazer de conhecer pessoalmente vários dos colaboradores deste livro e de acompanhar seu trabalho ao longo dos anos. São acadêmicos e pesquisadores altamente conceituados. Para mim, foi um privilégio enorme e motivo de grande satisfação ter sido convidado para fazer a apresentação desta obra. Espero que ela possa ter um impacto que transcenda as fronteiras do país e venha a ser considerada, com todo o reconhecimento, no mundo da língua portuguesa. Ao fim de quase um ano de vivência no seio da universidade brasileira, primeiro na Universidade de São Paulo (USP) e depois na Universidade Federal de Santa Catarina (UFSC), esta é uma excelente oportunidade para deixar expressa uma palavra de sincero agradecimento a este generoso país e a suas instituições.

Florianópolis, novembro de 2012.

Alberto M. Sereno (*in memoriam*)
Professor aposentado da Faculdade de Engenharia da Universidade do Porto, Portugal

PREFÁCIO

Se um livro pudesse ser definido como *sonho realizado*, essa seria a melhor designação para esta obra. Após quatro anos de trabalho, nós, os *editores*, nos orgulhamos de apresentar esta obra, concebida em dois volumes, para ser referência como livro-texto nas disciplinas de *operações unitárias* dos diversos cursos que formam os profissionais que exercerão suas habilidades na indústria de alimentos e correlatas. Os 24 capítulos, distribuídos nos dois volumes, foram escritos por um grupo de professores experientes e abordam todos os aspectos das operações unitárias envolvidas na indústria de alimentos.

A *engenharia de alimentos*, compreendida de forma ampla como engenharia de processos, envolvendo equipamentos, fenômenos e operações de processamento de alimentos, e como engenharia de produto, envolvendo características nutricionais, sensoriais, reológicas, de textura e de segurança alimentar do produto alimentício, é cada vez mais reconhecida como a base científica e tecnológica para o adequado funcionamento da indústria de alimentos. A contribuição significativa dos *engenheiros de alimentos* é documentada pela constante inovação de produtos e processos, bem como pelo número crescente de patentes e publicações científicas na área.

Esta obra procura preencher uma lacuna no ensino das *operações unitárias*, por ser escrita em língua portuguesa e dirigida a estudantes de graduação. O conteúdo está dividido em cinco partes: Introdução, Operações de Transporte de Fluidos, Operações em Sistemas Particulados, Operações de Transferência de Calor e Operações de Transferência de Massa. Em cada capítulo, os fundamentos são apresentados, os principais equipamentos envolvidos são descritos, e exemplos correntes na indústria processadora de alimentos são apresentados e resolvidos, de modo a possibilitar ao aluno aplicar de modo sistemático o conhecimento adquirido. Ao final de cada capítulo, uma lista de exercícios é proposta.

Vale comentar que a *Lista de Símbolos* é única e válida para todo o conteúdo, uma vez que este foi concebido para acompanhar o aluno por todas as disciplinas da área ao longo do curso de graduação.

Na Parte I — Introdução, composta por dois capítulos, procuramos apresentar ao aluno a importância do entendimento das *operações unitárias* existentes na indústria e os conhecimentos básicos envolvidos nos balanços de massa e energia, fundamentais para a compreensão de qualquer processo envolvido.

A Parte II — Operações de Transporte de Fluidos, composta de três capítulos, envolve os aspectos relativos ao escoamento de fluidos em tubulações e tanques, ou seja, os procedimentos matemáticos adequados à descrição de fluidos newtonianos e não newtonianos, aos comportamentos estático e dinâmico de fluidos alimentícios em tubulações, e o dimensionamento dos equipamentos envolvidos, como bombas e agitadores.

Um aspecto importante abordado na Parte III — Operações em Sistemas Particulados é a presença de partículas sólidas escoando como fluido em determinado meio, normalmente ar. Assim, os três capítulos que compõem essa parte incluem os fundamentos da fluidização de particulados, os sistemas mecânicos de separação e as operações que envolvem redução de tamanho.

Existem inúmeros processos de preservação de alimentos utilizando troca de calor. Assim, a Parte IV — Operações de Transferência de Calor, composta de seis capítulos, trata dos fundamentos relativos a operações nas quais o fenômeno de transferência de calor é o predominante. Apresenta as diferentes maneiras de preservar alimentos empregando esse princípio físico: aquecimento e resfriamento por meio de trocadores de calor, processos térmicos em batelada e contínuos (pasteurização e esterilização de alimentos), evaporação, resfriamento e congelamento, além do uso da radiação como meio de conservação de alimentos, destacando-se a energia de micro-ondas e infravermelho.

O último conjunto de tópicos, Parte V — Operações de Transferência de Massa, composto de 10 capítulos, envolve os fundamentos das inúmeras operações que aplicam o princípio da transferência de massa. O Capítulo 15, o primeiro dessa parte, apresenta de maneira completa todos os fundamentos envolvidos e procedimentos matemáticos necessários ao entendimento dos capítulos seguintes. Em geral, os livros sobre essas operações abordam as mais comuns na indústria de alimentos, como desidratação, extração e destilação. Além dessas operações, esta obra contempla outros processos de desidratação (liofilização e desidratação osmótica), separação por membranas, cristalização, adsorção e troca iônica, e absorção e esgotamento.

Procuramos, assim, abordar as operações unitárias envolvidas na indústria de alimentos. Por questões de escopo, alguns tópicos não foram incluídos neste texto, como extrusão, processos não térmicos de preservação e outras tecnologias emergentes. Esperamos que nossos leitores opinem sobre o conteúdo desta obra, o que certamente contribuirá para as edições futuras.

Carmen Cecilia Tadini
Vânia Regina Nicoletti Telis
Antonio José de Almeida Meirelles
Pedro de Alcântara Pessoa Filho

AGRADECIMENTOS

Aos colaboradores, que nos ajudaram na concepção desta obra.

Aos nossos alunos (ex, atuais e futuros), que nos inspiraram ao longo dessa jornada.

Aos nossos familiares queridos, pela compreensão e constante suporte.

LISTA DE SÍMBOLOS

a atividade [adimensional], a_i, atividade do composto i; a_w, atividade de água.

a coeficiente de absorção [adimensional]; a_λ, coeficiente de absorção a dado comprimento de onda (λ).

a_C aceleração centrífuga [m $\cdot$ s^{-2}].

a_e área efetiva de transferência de massa por unidade de volume do leito [m$^2 \cdot$ m^{-3}].

a_n abertura de ordem n [mm]; a_0, abertura de referência; $\overline{a}_n$, média entre a abertura de duas peneiras.

a_S área superficial específica por unidade de volume [m$^2 \cdot$ m^{-3}]; a_{sL}, área superficial específica do leito.

A área [m^2]; A_c, área da chicana; A_d, área do duto; A_e, área efetiva de troca térmica; A_{eP}, área efetiva de troca térmica da placa; A_{eq}, área equivalente; A_G, área da gota; A_i, área interna; A_j, área da janela; A_L, área de lavagem; A_P, área projetada da partícula; A_r, área transversal em relação ao fluxo de calor, na direção r; A_s, área de seção de escoamento; A_S, área superficial; A_{SA}, área superficial da aleta; $A_{S,esf}$, área superficial da esfera; A_{SP}, área superficial da partícula; A_{ST}, área superficial total; A_T, área de transferência de massa; A_x, área transversal em relação ao fluxo de calor, na direção x; $\overline{A}$, média entre áreas [m^2]; $\overline{A}_{gm}$, média geométrica entre áreas; $\overline{A}_{ln}$, média logarítmica entre áreas.

A composto A em operações de transferência de massa.

A_b fator de absorção [adimensional].

A_E atividade enzimática [U $\cdot$ L^{-1}].

B composto B em operações de transferência de massa.

B carga inicial ou carga de produto de fundo [mol].

$\hat{B}$ vazão molar de produto de fundo [mol $\cdot$ s^{-1}].

c concentração [kg $\cdot$ L^{-1}] ou [kg $\cdot$ m^{-3}] ou [g/100 g]; $\overline{c}$, concentração média; c^*, concentração no equilíbrio; c_0, concentração inicial; c_A, concentração do composto A (principal composto que se transfere); c_{Ab}, concentração de ruptura na adsorção; c_{Ad}, concentração de saturação do leito na adsorção; c_{Ae}, concentração do composto A na entrada; c_{AL}, concentração do composto A no seio da solução; c_{AP}, concentração de adsorvato no fluido contido nos poros do adsorvente; c_{APm}, concentração média de adsorvato no fluido contido nos poros do adsorvente; c_{As}, concentração do composto A na saída; c_{AS}, concentração do composto A na fase sólida; c_{cl}, concentração na camada-limite; c_e, concentração na entrada; c_F, concentração na alimentação; c_g, concentração de gel; c_i, concentração do componente i; c_{i0}, concentração inicial do componente i; c_m, concentração do soluto próximo à superfície da membrana; c_{ms}, concentração de matéria seca; c_P, concentração do soluto no permeado; c_R, concentração do soluto no retido; c_s, concentração na saída; c_v, massa de sólido seco na torta por unidade de volume; c_w, concentração de água.

$\hat{c}$ concentração molar [mol $\cdot$ m^{-3}]; $\hat{c}_0$, concentração molar inicial; $\hat{c}^*$, concentração molar no equilíbrio; $\hat{c}_{Am}$, concentração molar do soluto na membrana; $\hat{c}_{As}$, concentração molar do soluto na solução; $\hat{c}_{Cm}$, concentração molar do solvente na membrana; $\hat{c}_i$, concentração molar do componente i.

C capacidade térmica [J $\cdot$ s$^{-1} \cdot$ K^{-1}].

C coeficiente de correção ou de descarga [adimensional]; C_{Pitot}, coeficiente de descarga de Pitot; $C_{orificio}$, coeficiente de descarga da placa de orifício; $C_{Venturi}$, coeficiente de descarga do tubo de Venturi.

C composto C em operações de transferência de massa; número total de componentes em operações de transferência de massa; condensado.

C valor de cozimento [min ou s]; C_{ref}, valor de cozimento a temperatura de referência; $\overline{C}_V$, valor de cozimento médio com base no volume da lata.

C_D coeficiente de arraste [adimensional].

C_H calor úmido [kJ $\cdot$ kg ar seco$^{-1} \cdot$ K^{-1}].

C_P calor específico à pressão constante [J $\cdot$ kg$^{-1} \cdot$ K^{-1}]; C_{Pap}, calor específico aparente; C_{Pg}, calor específico do gelo; C_{PL}, calor específico do líquido; C_{PS}, calor específico dos sólidos; C_{PV}, calor específico do vapor de água; C_{Pw}, calor específico da água.

$\hat{C}_P$ calor específico molar à pressão constante [J · mol⁻¹ · K⁻¹].

C_V calor específico a volume constante [J · kg⁻¹ · K⁻¹].

$\hat{C}_V$ calor específico molar a volume constante [J · mol⁻¹ · K⁻¹].

COP coeficiente de performance [adimensional].

d dimensão característica ou distância [m]; d_0, dimensão característica inicial; d_P, profundidade de penetração.

D diâmetro [m]; $\bar{D}$, diâmetro médio; D_a, diâmetro do agitador; D_b, diâmetro do bico; D_c, diâmetro interno do casco; D_C, diâmetro da coluna; D_e, diâmetro externo; D_{eq}, diâmetro equivalente; D_{esf}, diâmetro da esfera; D_h, diâmetro hidráulico; D_i, diâmetro interno; $D_{máx}$, diâmetro máximo; D_P, diâmetro da partícula; $\bar{D}_P$, diâmetro médio da partícula; D_{PC}, diâmetro do ponto de corte; D_t, diâmetro do tanque.

D difusividade [m² · s⁻¹]; D_0, coeficiente de difusão de referência; D_{AB}, difusividade de A em B; D_{Am}, difusividade do soluto na membrana; D_{Cm}, difusividade do solvente na membrana; D_d, coeficiente de dispersão axial aparente; D_{ef}, difusividade efetiva; D_i, difusividade do componente i; D_L, difusividade do componente mais volátil na fase líquida à diluição infinita; D_V, difusividade no gás ou vapor.

D tempo de redução decimal [s ou min]; D_{ref}, tempo de redução decimal a temperatura de referência.

D quantidade de destilado acumulado [mol].

$\hat{D}$ vazão molar de destilado [mol · s⁻¹].

e espessura ou altura da lata [m]; e_c, espessura do canal; e_{cl}, espessura da camada-limite; e_C, espessura da camada; e_f, espessura do filme; e_m, espessura da membrana; e_P, espessura da placa ou bandeja; e_t, espessura da torta; e_{total}, espessura total.

E energia específica [J · kg⁻¹]; E_f, perda de energia mecânica (perda por atrito) por unidade de massa; E_K, energia cinética; E_m, energia mecânica; E_P, energia potencial.

E massa de extrato [kg].

E módulo de Young ou módulo de elasticidade [Pa]; E_V, módulo volumétrico.

$\dot{E}$ vazão mássica de extrato [kg · s⁻¹]; $\dot{E}_i$, vazão mássica de extrato em base livre de soluto.

E_a energia de ativação [J · mol⁻¹].

EPE elevação do ponto de ebulição [K ou ºC].

E_V energia por unidade de volume [J · m⁻³].

f fator de atrito de Fanning ou fator de fricção [adimensional]; f_a, fator de atrito interno; f_{Darcy}, fator de atrito de Darcy.

f frequência de onda [Hz ou s⁻¹].

f graus de liberdade (regra das fases de Gibbs) [adimensional].

f' fator de correção ou de atrito modificado [adimensional]; f'_A, fração de área de filtração submersa; f'_{AP}, fator de alargamento da placa; f'_V, fração de volume.

f_c tempo requerido do trecho reto da curva de resfriamento para completar um ciclo logarítmico [min].

f_h tempo requerido do trecho reto da curva de aquecimento para completar um ciclo logarítmico [min].

f_i fugacidade do composto i [Pa]; f_i^0, fugacidade do composto i puro; $\hat{f}_i$, fugacidade do composto i em uma solução; $\hat{f}_i^0$, fugacidade do composto i no estado de referência.

f_k função discrepância.

F força [N]; F_a, força de arraste; F_e, força de empuxo; F_{ex}, força externa.

F massa de alimentação [kg].

F tempo necessário para atingir dado grau de esterilização a temperatura constante T [min ou s]; F_0, tempo necessário para atingir o grau de esterilização desejado a temperatura de referência T_{ref}.

$\dot{F}$ vazão mássica de alimentação [kg · s⁻¹]; $\dot{F}_i$, vazão mássica de alimentação em base livre de soluto.

$\hat{F}$ vazão molar de alimentação [mol · s⁻¹].

F_A razão entre a área das perfurações no prato e a área da seção transversal da coluna [m² · m⁻²].

F_{CE} intensidade do campo elétrico [$V \cdot m^{-1}$] ou [$m \cdot kg \cdot s^{-3} \cdot A^{-1}$].

F_{ij} fator de vista ou fator de configuração [adimensional]; $\overline{F}$, fator de vista de superfícies refratárias.

F_{MLDT} fator de correção da média logarítmica da diferença de temperatura ou MLDT [adimensional].

F_R fator de retenção ou de concentração [adimensional].

FRV fator de redução de volume [adimensional].

g ordem da cinética de crescimento de cristais [adimensional].

G módulo de cisalhamento ou elasticidade [Pa]; G_{rel}, módulo de relaxação da tensão; G', módulo elástico ou de armazenamento; G'', módulo viscoso ou de perda; G^*, módulo complexo.

G velocidade mássica [$kg \cdot m^{-2} \cdot s^{-1}$]; G_L, velocidade mássica superficial do líquido; G_V, velocidade mássica superficial do gás ou vapor.

$\hat{G}$ velocidade molar superficial [$mol \cdot m^{-2} \cdot s^{-1}$]; $\hat{G}_L$, velocidade molar superficial do líquido; $\hat{G}_V$, velocidade molar superficial do gás ou vapor.

G_c velocidade linear de crescimento dos cristais [$m \cdot s^{-1}$].

$\underline{G}$ energia de Gibbs [J]; $\underline{G}^E$, energia de Gibbs em excesso.

$\hat{G}^E$ energia de Gibbs em excesso em base molar [$J \cdot mol^{-1}$].

$\overline{G}_i$ energia de Gibbs parcial molar do componente i [$J \cdot mol^{-1}$].

h coeficiente de troca térmica por convecção [$W \cdot m^{-2} \cdot K^{-1}$]; h_p, coeficiente de transferência de troca térmica leito-coluna; h_r, coeficiente de troca térmica por radiação.

H altura [m]; H_0, altura inicial; H_a, altura do agitador desde a base do tanque; H_B, comprimento do leito de adsorvente utilizado até o ponto de ruptura; H_C, altura da coluna; H_f, altura do leito na condição de fluidização; H_I, altura na interface; H_L, altura do leito ou do líquido; H_{mf}, altura do leito na condição de mínima fluidização; H_o, altura do orifício; H_P, altura de projeto; H_p, altura das pás do impulsor; H_T, comprimento total do leito de adsorvente; H_{UNB}, comprimento não utilizado do leito de adsorvente; H_w, altura da piscina de líquido em colunas de pratos.

$\underline{H}$ entalpia [J].

H entalpia específica [$J \cdot kg^{-1}$]; H_C, entalpia específica do condensado; H_F, entalpia específica da fase fluida ou da corrente de alimentação; H_{fe}, entalpia específica do fluido frio na entrada; H_{fs}, entalpia específica do fluido frio na saída; H_H, entalpia específica do ar úmido [$J \cdot kg^{-1}$ ar seco] ou do vapor de aquecimento; H_H^*, entalpia específica do ar úmido na saturação [$J \cdot kg^{-1}$ ar seco]; H_L, entalpia específica do líquido; H_{LV}, entalpia específica do vapor saturado; H_p, entalpia específica do produto concentrado; H_S, entalpia específica do sólido; H_V, entalpia específica do vapor.

$\hat{H}$ entalpia molar [$J \cdot mol^{-1}$]; $\hat{H}_F$, entalpia molar da alimentação; $\hat{H}_L$, entalpia molar da fase líquida no estado de líquido saturado; $\hat{H}_V$, entalpia molar da fase vapor no estado de vapor saturado.

H_i constante de solubilidade da Lei de Henry para o componente i [$mol \cdot m^{-3} \cdot Pa^{-1}$]; constante de volatilidade da Lei de Henry para o componente i [$m^3 \cdot Pa \cdot mol^{-1}$] ou [Pa].

i fator de correção de Van't Hoff.

i índice referente a um composto qualquer em misturas sob transferência de massa ($i = A$, B ou C).

I intensidade total [$W \cdot m^{-2} \cdot sr^{-1} \cdot \mu m^{-1}$]; I_λ, intensidade espectral a dado comprimento de onda (λ).

I' intensidade total por unidade de área [$W \cdot m^{-2}$].

j índice referente a um composto qualquer em misturas sob transferência de massa, sendo $j \neq i$ ($j = A$, B, C ou outros componentes em uma mistura multicomponente).

j_c fator lag de resfriamento [adimensional].

j_h fator lag de aquecimento [adimensional].

j_H grupo adimensional de transferência de calor.

J radiosidade [$W \cdot m^{-2}$].

$\dot{J}$ fluxo de massa [$kg \cdot m^{-2} \cdot s^{-1}$] por difusão.

$\hat{J}$ fluxo molar de transferência de massa por difusão [$mol \cdot m^{-2} \cdot s^{-1}$]; $\hat{J}_{Az}$, fluxo molar de A na direção z.

k condutividade térmica $[\text{W} \cdot \text{m}^{-1} \cdot \text{K}^{-1}]$.

k constante de velocidade $[\text{s}^{-1}]$; k_{ref}, constante de velocidade a temperatura de referência (T_{ref}).

k_c coeficiente de transferência de massa $[\text{cm} \cdot \text{s}^{-1}]$.

k_f coeficiente de perda de carga localizada [adimensional].

k_G coeficiente individual de transferência de massa da fase gasosa ou vapor, com base na diferença de pressão parcial $[\text{mol} \cdot \text{m}^{-2} \cdot \text{s}^{-1} \cdot \text{Pa}^{-1}]$.

k_i coeficiente de partição ou de distribuição do componente i em unidades mássicas $[(\text{kg} \cdot \text{kg}^{-1} \text{total}) \cdot (\text{kg} \cdot \text{kg}^{-1} \text{total})^{-1}]$.

$\hat{k}_i$ coeficiente de partição ou de distribuição do componente i em unidades molares $[(\text{mol} \cdot \text{m}^{-3}) \cdot (\text{mol} \cdot \text{m}^{-3})^{-1}]$.

k_L coeficiente individual de transferência de massa da fase líquida, com base na diferença de concentração molar $[\text{mol} \cdot \text{m}^{-2} \cdot \text{s}^{-1} \cdot (\text{mol} \cdot \text{m}^{-3})^{-1}]$ ou $[\text{m} \cdot \text{s}^{-1}]$.

k_x coeficiente individual de transferência de massa da fase líquida, com base na diferença de fração molar $[\text{mol} \cdot \text{m}^{-2} \cdot \text{s}^{-1} \cdot (\text{mol} \cdot \text{mol}^{-1} \text{total})^{-1}]$; $k_{\bar{x}}$, coeficiente individual de transferência de massa da fase líquida, com base na diferença de fração molar em base livre de soluto $[\text{mol} \cdot \text{m}^{-2} \cdot \text{s}^{-1} \cdot (\text{mol} \cdot \text{mol}^{-1} \text{inertes})^{-1}]$.

k_y coeficiente individual de transferência de massa da fase gasosa ou vapor, com base na diferença de fração molar $[\text{mol} \cdot \text{m}^{-2} \cdot \text{s}^{-1} \cdot (\text{mol} \cdot \text{mol}^{-1} \text{total})^{-1}]$; $k_{\bar{y}}$, coeficiente individual de transferência de massa da fase gasosa ou vapor, com base na diferença de fração molar em base livre de soluto $[\text{mol} \cdot \text{m}^{-2} \cdot \text{s}^{-1} \cdot (\text{mol} \cdot \text{mol}^{-1} \text{inertes})^{-1}]$ ou com base na diferença da umidade absoluta na fase gasosa $[\text{kg água} \cdot \text{m}^{-2} \cdot \text{s}^{-1} \cdot (\text{kg água} \cdot \text{kg}^{-1} \text{ar seco})^{-1}]$.

K constante de equilíbrio das isotermas de sorção $[(\text{kg} \cdot \text{kg}^{-1}) \cdot (\text{kg} \cdot \text{m}^{-3})^{-1}]$ ou $[(\text{kg} \cdot \text{kg}^{-1}) \cdot \text{Pa}^{-1}]$ no caso de isoterma linear, ou $[(\text{kg} \cdot \text{kg}^{-1}) \cdot (\text{kg} \cdot \text{m}^{-3})^{-1/n}]$ no caso da isoterma de Freundlich, ou $[(\text{kg} \cdot \text{m}^{-3})^{-1}]$ no caso da isoterma de Langmuir.

K índice da Equação 7.48 [adimensional]; índice de consistência $[\text{Pa} \cdot \text{s}^n]$; K_{Car}, constante da Equação de Carreau $[\text{s}]$; K_{Cass}, constante da Equação de Casson $[\text{Pa} \cdot \text{s}]^{0,5}$; K'_{Cas}, constante da Equação de Casson modificada $[\text{Pa}^{0,5} \cdot \text{s}^n]$; K_{Cross}, constante da Equação de Cross $[\text{s}^n]$; K_1, constante da Equação de Ellis $[\text{Pa} \cdot \text{s}]^{-1}$; K_2, constante da Equação de Ellis $[\text{Pa}^{-n} \cdot \text{s}^{-1}]$.

$\overline{K}$ constante de equilíbrio ou coeficiente de distribuição do componente A (composto que se transfere) em unidades molares em base livre do componente A $[(\text{mol} \cdot \text{mol}^{-1} \text{inertes}) \cdot (\text{mol} \cdot \text{mol}^{-1} \text{inertes})^{-1}]$.

K'' constante de Kozeny [adimensional].

K_A coeficiente de permeabilidade da espécie A através de um filme $[\text{g} \cdot \text{m} \cdot \text{m}^{-2} \cdot \text{Pa}^{-1} \cdot \text{s}^{-1}]$.

K_G coeficiente global de transferência de massa em unidades de concentração da fase gasosa ou vapor, com base na diferença de pressão parcial $[\text{mol} \cdot \text{m}^{-2} \cdot \text{s}^{-1} \cdot \text{Pa}^{-1}]$.

K_i constante de equilíbrio ou coeficiente de distribuição do componente i em unidades molares $[(\text{mol} \cdot \text{mol}^{-1} \text{total}) \cdot (\text{mol} \cdot \text{mol}^{-1} \text{total})^{-1}]$.

K_L coeficiente global de transferência de massa em unidades de concentração da fase líquida, com base na diferença de concentração molar $[\text{mol} \cdot \text{m}^{-2} \cdot \text{s}^{-1} \cdot (\text{mol} \cdot \text{m}^{-3})^{-1}]$ ou $[\text{m} \cdot \text{s}^{-1}]$.

K_P constante de permeabilidade $[\text{m}^2 \cdot \text{Pa}^{-1} \cdot \text{s}^{-1}]$.

K_S coeficiente de solubilidade $[\text{kg} \cdot \text{kg}^{-1} \cdot (\text{kg} \cdot \text{kg}^{-1})^{-1}]$.

$\hat{K}_S$ coeficiente molar de solubilidade $[\text{mol} \cdot \text{m}^{-3} \cdot \text{kPa}^{-1}]$.

K'_S coeficiente volumétrico de solubilidade $[\text{cm}^3(\text{CNTP}) \cdot \text{cm}^{-3} \cdot \text{kPa}^{-1}]$.

K_T coeficiente global de transpiração $[\text{kg} \cdot \text{m}^{-2} \cdot \text{s}^{-1} \cdot \text{kPa}^{-1}]$.

K_x coeficiente global de transferência de massa em unidades de concentração da fase líquida, com base na diferença de fração molar $[\text{mol} \cdot \text{m}^{-2} \cdot \text{s}^{-1} \cdot (\text{mol} \cdot \text{mol}^{-1} \text{total})^{-1}]$; $K_{\bar{x}}$, coeficiente global de transferência de massa em unidades de concentração da fase líquida, com base na diferença de fração molar em base livre de soluto $[\text{mol} \cdot \text{m}^{-2} \cdot \text{s}^{-1} \cdot (\text{mol} \cdot \text{mol}^{-1} \text{inertes})^{-1}]$.

K_y coeficiente global de transferência de massa em unidades de concentração da fase gasosa ou vapor, com base na diferença de fração molar $[\text{mol} \cdot \text{m}^{-2} \cdot \text{s}^{-1} \cdot (\text{mol} \cdot \text{mol}^{-1} \text{total})^{-1}]$; $K_{\bar{y}}$, coeficiente global de transferência de massa em unidades de concentração da fase gasosa ou vapor, com base na diferença de fração molar em base livre de soluto $[\text{mol} \cdot \text{m}^{-2} \cdot \text{s}^{-1} \cdot (\text{mol} \cdot \text{mol}^{-1} \text{inertes})^{-1}]$.

L comprimento [m]; L_0, comprimento inicial; L_c, comprimento característico do cristal; L_{c0}, comprimento característico das sementes; L_{cf}, comprimento característico final dos cristais; L_d, comprimento do duto; L_{eq}, comprimento equivalente; L_P, comprimento da parte corrugada da placa; L_R, comprimento na ruptura.

L letalidade a cada tempo do processo [adimensional].

$\dot{L}$ vazão mássica total na fase líquida [kg · s⁻¹]; $\dot{L}_i$ vazão mássica de inertes na fase líquida [kg de inertes · s⁻¹].

$\hat{L}$ vazão molar de líquido [mol · s⁻¹]; $\hat{L}'$, vazão molar da fase líquida na seção de esgotamento; $\hat{L}_i$, vazão molar de inertes na fase líquida [mol de inertes · s⁻¹] ou vazão molar do componente i na fase líquida [mol de i · s⁻¹].

L_p permeabilidade hidráulica da membrana [m² · s · kg⁻¹].

m massa [kg]; m_0, massa inicial; m_{ar}, massa de ar seco; m_{At}, massa total de soluto A adsorvido pelo leito; m_{Au}, massa de soluto A adsorvida pelo leito até o tempo de ruptura (correspondente à capacidade útil do leito); m_c, massa de cristais; m_{c0}, massa das sementes; m_{cf}, massa final de cristais; m_{evap}, massa evaporada; m_p, massa final; m_l, massa de gelo; m_L, massa de líquido; m_{ms}, massa de matéria seca; m_P, massa da partícula; m_S, massa de sólidos; m_{si}, massa de sólidos insolúveis; m_{ss}, massa de sólidos dissolvidos; m_T, massa total; m_u, massa do sólido úmido; m_w, massa de água ou água congelável; m_{w0}, massa de água inicial.

$\dot{m}$ vazão mássica [kg · s⁻¹]; $\dot{m}_1$, vazão mássica na extremidade 1 do equipamento; $\dot{m}_2$, vazão mássica na extremidade 2 do equipamento; $\dot{m}_{ar}$, vazão mássica de ar seco; $\dot{m}_C$, vazão mássica de condensado; $\dot{m}_f$, vazão mássica do fluido frio; $\dot{m}_F$, vazão mássica na alimentação; $\dot{m}_H$, vazão mássica de vapor de aquecimento; $\dot{m}_{ms}$, vazão mássica de matéria seca; $\dot{m}_P$, vazão mássica de permeado ou produto; $\dot{m}_R$, vazão mássica de retido; $\dot{m}_V$, vazão mássica de vapor; $\dot{m}_w$, vazão mássica de água.

M massa do ponto de mistura (extração líquido-líquido e sólido-líquido) [kg].

$\dot{M}$ vazão mássica do ponto de mistura (extração líquido-líquido e sólido-líquido) [kg · s⁻¹]; $\dot{M}_{min}$, vazão mássica mínima do ponto de mistura correspondente à vazão mínima de solvente $\dot{S}_{min}$.

$\dot{M}$ taxa de transferência de massa [kg · s⁻¹]; $\dot{M}_A$, taxa de transferência de massa do composto A; $\dot{M}_w$, taxa de transferência de massa da água.

$\hat{M}$ taxa molar de transferência de massa [mol · s⁻¹]; $\hat{M}_A$, taxa de transferência de massa do composto A.

M_M massa molar [kg · kmol⁻¹]; M_{Mi}, massa molar do componente i; M_{Ms}, massa molar efetiva dos sólidos; M_{Mw}, massa molar da água; $\bar{M}_M$, massa molar média; $\bar{M}_{Mar}$, massa molar média do ar seco; $\bar{M}_{ML}$, massa molar média do líquido; $\bar{M}_{MV}$, massa molar média do vapor.

n coeficiente de compressibilidade [adimensional]; constante da isoterma de Freundlich; contador de estágios em operações de contato por estágio ($n = 1$ a N); expoente cinético da nucleação; índice de fluxo; índice de refração; número de componentes; número de poros da membrana; n_c, número de canais; n_C, número de compartimentos em volta da periferia do carretel; n_d, número de dutos; n_D, número de discos; n_I, número de impulsores; n_l, número de lâminas; n_L, número de latas na autoclave; n_o, número de orifícios; n_p, número de passes; n_P, número de partículas; $n_{pás}$, número de pás; n_{Pl}, número de placas; n_T, número de tubos; n_{Tj}, número de tubos que atravessam a janela.

n quantidade de matéria [mol]; n_{ar}, quantidade de ar seco [mol]; n_i, quantidade de matéria do componente i; n_L, quantidade de fase líquida na destilação em batelada [mol]; n_w, quantidade de água [mol].

n_c número de cristais por unidade de volume [mm⁻³].

n_d' número de dutos por unidade de área transversal do leito [m⁻²].

n_R ordem de reação.

$\hat{n}$ vazão molar [mol · s⁻¹].

N frequência rotacional em número de revoluções por minuto [rpm] ou por segundo [rps].

N número referente ao último estágio em equipamentos de contato por estágio [adimensional]; número de estágios; número de superfícies; N_c, número de cristais; N_{cf}, número final de cristais; $N_{mín}$, número mínimo de estágios teóricos necessários para a separação desejada.

N número de organismos viáveis [UFC · g⁻¹ ou UFC · m⁻³]; N_0, número inicial de organismos viáveis.

N_A constante de Avogadro [mol⁻¹].

$\dot{N}$ fluxo de transferência de massa [kg · m⁻² · s⁻¹]; $\dot{N}_A$, fluxo de transferência de massa do composto ou soluto A.

$\dot{N}$ taxa de microrganismos [UFC · s^{-1}]; $\dot{N}_0$, taxa inicial de microrganismos.

$\dot{N}_N$ taxa de nucleação [nº de núcleos cristalinos · s^{-1}· kg^{-1} solvente].

$\hat{N}$ fluxo molar de transferência de massa [mol · m^{-2}· s^{-1}]; $\hat{N}_A$, fluxo molar de transferência de massa do composto A; $\hat{N}_i$, fluxo molar de transferência de massa do componente i; $\hat{N}_w$, fluxo molar de transferência de massa da água.

N' fluxo volumétrico de permeado através de uma membrana [m^3· m^{-2}· s^{-1}]; N'_w, fluxo volumétrico permeado de água pura.

N_{Ar} número de Arquimedes $\left(\dfrac{D_P^3 \rho (\rho_P - \rho) g}{\mu^2}\right)$ [adimensional].

N_{Bi} número de Biot $\left(\dfrac{hd}{k}\right)$ ou $\left(\dfrac{k_c L}{D_{AB}}\right)$ [adimensional]; $N_{Bi'}$, número de Biot $\left(\dfrac{hR_e}{k}\right)$ para sólidos cilíndricos ou esféricos.

N_{De} número de Deborah [adimensional].

N_{Dg} número de tensão superficial $\left(\dfrac{\sigma_{SL}}{\mu_L v_{SV}}\right)$ [adimensional].

N_{Eu} número de Euler $\left(\dfrac{32}{N_{Re}}\dfrac{L}{D}\right)$ [adimensional].

N_{Fo} número de Fourier $\left(\dfrac{\alpha t}{d^2}\right)$ [adimensional]; $N_{Fo'}$, número de Fourier $\left(\dfrac{\alpha t}{R_e^2}\right)$ para sólidos cilíndricos ou esféricos; N_{Fo_M}, número de Fourier para transferência de massa $\left(\dfrac{D_{ef} t}{e_p^2}\right)$ ou $\left(\dfrac{D_{ef} t}{R^2}\right)$ ou $\left(\dfrac{D_{AB} \cdot t}{L^2}\right)$.

N_{Fr} número de Froude $\left(\dfrac{N^2 D_a}{g}\right)$ ou $\left(\dfrac{G_L^2 a_S}{\rho_L^2 g}\right)$ [adimensional].

N_{Gr} número de Grashof $\left(\dfrac{D^3 \rho^2 g \beta \Delta T}{\mu^2}\right)$ [adimensional].

N_{He} número de Hedstrom $\left(\dfrac{\sigma_0 D^2 \rho}{(\mu_{pl})^2}\right)$ [adimensional].

N_{Nu} número de Nusselt $\left(\dfrac{hd}{k}\right)$ [adimensional].

N_{Po} número de potência $\left(\dfrac{P_o}{N^3 D_a^5 \rho}\right)$ [adimensional].

N_{Pr} número de Prandtl $\left(\dfrac{C_P \mu}{k}\right)$ [adimensional].

N_{Re} número de Reynolds $\left(\dfrac{D\bar{v}\rho}{\mu}\right)$ ou $\left(\dfrac{D_a^2 N\rho}{\mu}\right)$ ou $\left(\dfrac{\sigma_I \rho D}{\mu_c^2}\right)$ ou $\left(\dfrac{G_L}{a_S \mu_L}\right)$ [adimensional]; N_{ReB}, número de Reynolds para

fluido plástico de Bingham $\left(\dfrac{D\bar{v}\rho}{\mu_{pl}}\right)$; $N_{Re_{B_{Cr}}}$, número de Reynolds crítico para fluido plástico de Bingham; $N_{Re_{Cr}}$, número de Reynolds crítico; $N_{Re\,eq}$, número de Reynolds para fluxo em um duto não circular; $N_{Re\,mf}$, número de Reynolds da partícula a mínima fluidização; $N_{Re,p}$, número de Reynolds da partícula $\left(\dfrac{v_t D_P \rho}{\mu}\right)$; $N_{Re\,PL}$, número de Reynolds

para fluido Lei da Potência $\left(\dfrac{D^n \bar{v}^{(2-n)}\rho}{8K}\left(\dfrac{4n}{1+3n}\right)^n\right)$; $N_{Re\,PL_{Cr}}$, número de Reynolds crítico para fluido Lei da Potência.

N'_{Re} número de Reynolds modificado $\left(\dfrac{D_a^2 N^{2-n}\rho}{K}\right)$ ou $\left(\dfrac{\rho_V v_{SV} H_w}{\mu_L F_A}\right)$ [adimensional].

N_{Sc} número de Schmidt $\left(\dfrac{\mu_L}{D_L \rho_L}\right)$ [adimensional].

N_{Sh} número de Sherwood $\left(\dfrac{k_L L}{D_{AB}}\right)$ [adimensional].

N_{St} número de Stanton para transferência de calor $\left(\dfrac{h}{C_p G}\right)$ [adimensional]; número de Stanton para transferência de massa $\left(\dfrac{k_c}{\bar{v}}\right)$.

N_{We} número de Weber $\left(\dfrac{D\rho\bar{v}^2}{\sigma_I}\right)$ ou $\left(\dfrac{\dot{\gamma}\mu D}{2\sigma_I}\right)$ ou $\left(\dfrac{G_L^2}{\rho_L \sigma_{SL} a_S}\right)$ [adimensional]; $N_{We_{Cr}}$, número de Weber crítico.

NTU número de unidades de transferência [adimensional].

p pressão parcial [Pa]; p_A, pressão parcial do composto A (principal composto que se transfere); p_A^*, pressão parcial do composto A no equilíbrio; p_{ar}, pressão parcial do ar seco; p_i, pressão parcial do componente i; p_i^0, pressão parcial do componente i na condição de equilíbrio; p_w, pressão parcial do vapor de água; p_w^*, pressão parcial do vapor de água na condição de equilíbrio; p_{wbu}, pressão parcial do vapor de água na superfície do bulbo úmido; $\bar{p}_{\ln}$, média logarítmica entre pressões.

P pressão [Pa]; P_0, pressão inicial; P', pressão no limite entre a torta e o meio filtrante; P^0, pressão de referência; P_L, pressão de Laplace; P_v, pressão de vapor; P_{vi}, pressão de vapor do componente i puro; P_{vw}, pressão de vapor da água pura; P_{vwC}, pressão de vapor da água na superfície da camada seca; P_{vws}, pressão de vapor da água na frente de sublimação; P_w, pressão de saturação da água.

P_m permeabilidade mássica [kg · m · m^{-2}· s^{-1}· Pa^{-1}].

$\hat{P}_m$ permeabilidade molar [mol · m · m^{-2}· s^{-1}· Pa^{-1}].

P'_m permeabilidade volumétrica [m^3· m · m^{-2}· s^{-1}· Pa^{-1}].

P_S permeabilidade específica [m^2].

P_o potência [W]; P_{oe}, potência no eixo; P_{oel}, potência elétrica; P_{oT}, potência total.

P'_o potência por unidade de volume [W · m^{-3}] ou por área superficial e comprimento de onda [W · m^{-2} · μm^{-1}].

P''_o potência por unidade de área [W · m^{-2}]; P''_{OB}, potência total emitida por unidade de área do corpo negro.

P_w perímetro molhado [m].

q razão entre o calor necessário para converter 1 mol de alimentação em vapor saturado e o calor latente molar de vaporização [J · mol^{-1}·(J · mol^{-1})$^{-1}$] (destilação).

$\dot{q}$ taxa de transferência de calor [W]; $\dot{q}_a$, taxa de transferência de energia absorvida; $\dot{q}_c$, taxa de transferência de calor por convecção; $\dot{q}_e$, taxa de transferência de energia emitida; $\dot{q}_k$, taxa de transferência de calor por condução; $\dot{q}_p$, perdas térmicas para o ambiente; $\dot{q}_r$, taxa de transferência de calor por radiação ou de energia refletida; $\dot{q}_s$, taxa de transferência de calor na superfície; $\dot{q}_t$, taxa de transferência de energia transmitida.

$\dfrac{\dot{q}}{A}$ fluxo de calor [W · m⁻²]; $\dfrac{\dot{q}_s}{A_s}$, fluxo de calor na superfície.

$\dfrac{\dot{q}}{m}$ taxa de transferência de calor por unidade de massa [W · kg⁻¹].

$\dfrac{\dot{q}}{V}$ taxa volumétrica de transferência de calor [W · m⁻³].

Q energia ou calor trocado [J].

$\hat{Q}$ energia ou calor trocado por mol [J · mol⁻¹]; $\hat{Q}_N$, calor trocado no condensador; $\hat{Q}_1$, calor trocado no refervedor (destilação).

Q fator de qualidade [adimensional]; Q_0, fator de qualidade inicial.

$\dot{Q}$ vazão volumétrica [m³ · s⁻¹]; $\dot{Q}_0$, vazão volumétrica inicial; $\dot{Q}_e$, vazão volumétrica de entrada; $\dot{Q}_F$, vazão volumétrica no final da filtração; $\dot{Q}_L$, vazão volumétrica de lavagem; $\dot{Q}_{\lim}$, vazão volumétrica limite; $\dot{Q}_s$, vazão volumétrica de saída.

r coeficiente de reflexão [adimensional]; r_λ, coeficiente de reflexão a dado comprimento de onda (λ).

r coordenada radial [m].

r razão de refluxo [mol · s⁻¹ · (mol · s⁻¹)⁻¹]; $r_{mín}$, razão mínima de refluxo.

$\dot{r}$ taxa de consumo [kg · m⁻³ · s⁻¹].

R massa de rafinado [kg] (extração líquido-líquido e sólido-líquido).

R raio [m]; R_0, raio inicial; R_e, raio externo; R_{eq}, posição radial de equilíbrio entre fases; R_h, raio hidráulico; R_i, raio interno; $\overline{R}_{ln}$, média logarítmica entre raios; R_S, raio da superfície do líquido; R_t, raio interno da torta.

R resistência à transferência de massa [m⁻¹]; R_c, resistência em razão da colmatagem; R_{cl}, resistência em razão da camada-limite; R_g, resistência em razão da camada de gel; R_L, resistência do meio filtrante na lavagem; R_m, resistência do meio filtrante ou da membrana; R_p, resistência em razão da polarização.

R_{Ce}^{esp} resistência específica da camada-limite [m⁻²].

R_{et} retenção de soluto por uma membrana [adimensional]; R_{et}^{obs}, retenção observada; R_{et}^{int}, retenção intrínseca.

R_{inc} fator de incrustação [K · m² · W⁻¹].

R_M razão entre as massas molares do composto A na forma hidratada e do composto A na forma anidra [adimensional].

R_P relação de Poisson [adimensional].

R_t resistência térmica [K · W⁻¹].

R^* índice de retenção de solução aderida às fibras ou sólidos insolúveis na extração sólido-líquido [kg solução · kg fibras⁻¹].

$\dot{R}$ vazão mássica de rafinado [kg · s⁻¹] (extração líquido-líquido e sólido-líquido); $\dot{R}_i$, vazão mássica de rafinado em base livre de soluto.

$\dot{R}_s$ taxa de secagem [kg · m⁻² · s⁻¹]; $\dot{R}_{sc}$, taxa de secagem no período de taxa constante; $\dot{R}_{ln}$, média logarítmica entre taxas de secagem.

s, s' parâmetros do modelo de Krieger [adimensional].

s passo do agitador [m]; s_c, passo entre chicanas transversais; s_T, passo entre os centros de tubos.

$\underline{S}$ entropia [J · K⁻¹].

S entropia específica [J · kg⁻¹ · K⁻¹].

S massa de solvente [kg] (extração líquido-líquido e sólido-líquido).

S supersaturação relativa [adimensional].

S_t fator de esgotamento [adimensional].

SV valor de esterilização [adimensional]; SV_i, valor de esterilização integrado; $SV_{\bar{v}}$, valor de esterilização com base na velocidade média.

$\dot{S}$ vazão mássica de solvente [kg $\cdot$ s^{-1}] (extração líquido-líquido e sólido-líquido); $\dot{S}_{min}$, vazão mássica mínima de solvente; $\dot{S}_i$, vazão mássica de solvente em base livre de soluto.

$\hat{S}_n$ vazão molar de retirada lateral no estágio n [mol $\cdot$ s^{-1}]; $\hat{S}_n^V$, vazão molar de retirada lateral de vapor; $\hat{S}_n^L$, vazão molar de retirada lateral de líquido (destilação).

t coeficiente de transmissão [adimensional]; t_λ, coeficiente de transmissão a dado comprimento de onda (λ).

t tempo [min ou s]; $\bar{t}$, tempo médio; t_0, tempo inicial; t_b, tempo de ruptura do leito de adsorção; t_c, tempo crítico ou corrigido, tempo do ciclo; t_{cf}, tempo do ciclo de filtração; t_d, tempo de saturação do leito de adsorção; t_f, tempo final; t_L, tempo de limpeza ou de lavagem; t_{lag}, tempo correspondente à interseção entre os trechos reto e em curva no início do resfriamento; t_m, tempo de mistura; t_r, tempo de resfriamento; t_R, tempo de residência; t_t, período de tempo correspondente à capacidade total do leito de adsorção; t_{total}, tempo total de processo; t_u, período de tempo correspondente à capacidade útil do leito de adsorção.

T temperatura [ºC ou K]; T_0, ponto de congelamento da água pura; $\bar{T}$, temperatura média; T_∞, temperatura do meio aquecedor ou resfriador (para Biot); T^*, temperatura de saturação adiabática; T_{amb}, temperatura do ar ambiente; T_{ar}, temperatura do ar; T_b, temperatura do ponto de bolha ou temperatura de ebulição; T_{bu}, temperatura de bulbo úmido; T_c, temperatura crítica; T_{c0}, temperatura de semeadura; T_d, temperatura do ponto de orvalho; T_C, temperatura na superfície da camada seca ou do condensado; T_f, temperatura final; T_{fe}, temperatura do fluido frio na entrada; T_{fs}, temperatura do fluido frio na saída; T_g, temperatura de transição vítrea; T_i, temperatura inicial; T_{ic}, temperatura inicial de congelamento; $T_{máx}$, temperatura máxima; $T_{mín}$, temperatura mínima; T_p, temperatura da parede; T_{pi}, temperatura pseudoinicial; T_{qe}, temperatura do fluido quente na entrada; T_{qs}, temperatura do fluido quente na saída; T_r, temperatura da superfície radiante; T_R, temperatura de resfriamento; T_{ref}, temperatura de referência; T_s, temperatura na frente de sublimação; T_S, temperatura da superfície do sólido; T_{sup}, temperatura na superfície; T_{X_I}, temperatura em que a fração de gelo é formada.

$\underline{U}$ energia interna [J].

U energia interna específica [J $\cdot$ kg^{-1}]; U_F, energia interna específica da fase fluida; U_S, energia interna específica da fase sólida estacionária.

$\hat{U}$ energia interna molar [J $\cdot$ mol^{-1}].

U coeficiente global de troca térmica [W $\cdot$ m^{-2} $\cdot$ K^{-1}]; U_k, coeficiente global de troca térmica que leva em conta a contribuição da condução; U_s, coeficiente global de troca térmica "sujo".

UR umidade relativa [%]; UR^*, umidade relativa do ambiente no equilíbrio.

v velocidade [m $\cdot$ s^{-1}]; v_0, velocidade inicial; v_∞, velocidade no infinito; $\bar{v}$, velocidade média; v_{ax}, velocidade axial; v_d, velocidade no duto; v_i, velocidade intersticial; $v_{máx}$, velocidade máxima; v_{mf}, velocidade mínima de fluidização; v_{mj}, velocidade mínima de jorro; v_{mvf}, velocidade mínima de vibrofluidização; v_n, velocidade média molar; v_R, velocidade do ar relativa à velocidade do líquido; v_S, velocidade superficial do fluido percolando o leito livre de partículas; v_{SV}, velocidade superficial do vapor; v_t, velocidade terminal; v_x, velocidade na direção x; v_z, velocidade na direção z.

V volume [m³]; $\bar{V}$, volume médio; V_C, volume de adsorvente (composto C); V_F, volume da alimentação; V_G, volume da gota; V_i, volume do composto i; V_L, volume de líquido ou do leito; V_P, volume da partícula ou do permeado; V_R, volume de retenção na operação de adsorção ou volume de retido na separação por membranas; V_S, volume ocupado pelos sólidos; V_T, volume total; V_V, volume de vazios no leito empacotado.

$\dot{V}$ vazão mássica total da fase gasosa ou vapor [kg $\cdot$ s^{-1}]; $\dot{V}_i$, vazão mássica de inertes na fase gasosa ou vapor [kg de inertes $\cdot$ s^{-1}] (absorção).

$\hat{V}$ vazão molar de fase vapor [mol $\cdot$ s^{-1}]; $\hat{V}'$, vazão molar da fase vapor na seção de esgotamento; $\hat{V}_i$, vazão molar de inertes na fase vapor [mol de inertes $\cdot$ s^{-1}] (destilação e absorção); ou vazão molar do componente i na fase vapor [mol de i $\cdot$ s^{-1}] (absorção).

$\tilde{V}$ volume molar [m³ $\cdot$ mol^{-1}]; $\tilde{V}^b$, volume molar na temperatura normal de ebulição; $\tilde{V}_i$, volume molar do composto i.

$\bar{V}_i$ volume parcial molar do componente i [m³ $\cdot$ mol^{-1}].

x, y, z coordenadas cartesianas [m].

XX LISTA DE SÍMBOLOS

x fração molar no líquido ou na fase pesada [mol $\cdot$ mol^{-1} total]; x_i, fração molar no líquido ou na fase pesada do componente i; x_{iB}, fração molar do componente i no produto de fundo; x_{iD}, fração molar do componente i no destilado; x_{iF}, fração molar do componente i na alimentação; x_S, fração molar do soluto; x_w, fração molar da água; x_{w0}, fração molar da água inicial; x_w^*, fração molar de água na mistura, $\overline{x}_{\ln}$, média logarítmica entre frações molares.

$\overline{x}$ razão molar no líquido ou fase pesada ou concentração em unidades molares em base livre do composto que se transfere [mol $\cdot$ mol^{-1} de inertes] (absorção e cristalização); $\overline{x}^*$, razão molar no equilíbrio.

X fração mássica na fase pesada ou no rafinado, ou no retido [kg $\cdot$ kg^{-1} total]; X^*, fração mássica no equilíbrio; X_A, fração mássica do composto A (principal componente que se transfere) na fase pesada; X_{A0}, fração mássica inicial do composto A; X_{Am}, fração mássica média do soluto A (adsorvato) no adsorvente; $X_{Amáx}$, capacidade adsortiva máxima do adsovente para o soluto A segundo a isoterma de Langmuir; X_{Asat}, fração mássica de saturação do leito de adsorvente; X_b, fração mássica da água ligada; X_{co}, fração mássica de sementes; X_f, fração mássica do material mais fino do que a abertura n da peneira; X_i, fração mássica do componente i; X_l, fração mássica de gelo formado; X_{ms}, fração mássica de matéria seca; X_n, fração mássica retida na peneira n; X_S, fração mássica dos sólidos; X_w, fração mássica de água ou umidade em base úmida ou de água congelável.

$\overline{X}$ razão mássica na fase pesada ou concentração em unidades mássicas em base livre do composto que se transfere [kg $\cdot$ kg^{-1} de inertes]; $\overline{X}^*$, razão mássica no equilíbrio; $\overline{X}_A^*$, razão mássica do composto A no equilíbrio; $\overline{X}_{Asat}$, razão mássica de saturação do leito de adsorvente; $\overline{X}_f$, razão mássica final; $\overline{X}_i$, razão mássica do componente i; $\overline{X}_{int}$, razão mássica na interface; $\overline{X}_w$, razão mássica de água ou umidade em base seca [kg água $\cdot$ kg^{-1} de matéria seca]; $\overline{X}_{w0}$, umidade inicial em base seca; $\overline{X}_{wc}$, umidade crítica; $\overline{X}_w^*$, umidade de equilíbrio; $\overline{X}_{wm}$, umidade média.

X_I' taxa de formação de gelo por queda de temperatura [kg$_{gelo} \cdot$ kg total$^{-1} \cdot$ K^{-1}].

w largura [m]; w_d, largura do defletor; w_f, largura da fita; w_g, largura entre gaxetas; w_p, largura do parafuso.

$\underline{W}$ trabalho [J].

W trabalho por unidade de massa [J $\cdot$ kg^{-1}]; W_e, trabalho por unidade de massa no eixo.

W' trabalho por unidade de área [J $\cdot$ m^{-2}].

W_i índice do trabalho de Bond [J $\cdot$ kg^{-1}] ou [kW $\cdot$ h $\cdot$ ton^{-1}].

$\dot{W}$ trabalho por unidade de tempo [W]; $\dot{W}_e$, trabalho por unidade de tempo no eixo.

y fração molar no gás ou vapor ou na fase leve [mol $\cdot$ mol^{-1} total]; y_{ar}, fração molar de ar seco; y_i, fração molar no gás ou vapor ou na fase leve do componente i; y_i^*, fração molar no gás ou vapor ou na fase leve do componente i no equilíbrio; y_w, fração molar do vapor de água; y_w^*, fração molar do vapor de água na condição de equilíbrio; y_{wbu}, fração molar do vapor de água na superfície do bulbo úmido; $\overline{y}_{\ln}$, média logarítmica entre frações molares.

$\overline{y}$ razão molar no gás ou vapor (fase leve) ou concentração em unidades molares em base livre do composto que se transfere [mol $\cdot$ mol^{-1} de inertes] (absorção); $\overline{y}^*$, razão molar no equilíbrio.

Y fração mássica no gás ou vapor ou na fase leve, ou no permeado [kg $\cdot$ kg^{-1} total]; Y^*, fração mássica no equilíbrio; Y_A, fração mássica do composto A (principal componente que se transfere) na fase leve; Y_{A0}, fração mássica inicial; Y_f, fração mássica do material mais fino.

$\overline{Y}$ razão mássica na fase leve ou concentração em unidades mássicas em base livre do composto que se transfere [kg $\cdot$ kg^{-1} de inertes]; $\overline{Y}_i$, razão mássica do componente i; $\overline{Y}_w$, razão mássica de água ou umidade absoluta do ar [kg água $\cdot$ kg^{-1} de ar seco]; $\overline{Y}_{wbu}$, umidade absoluta na superfície do bulbo úmido; $\overline{Y}_w^*$, umidade de saturação do ar [kg água $\cdot$ kg^{-1} de ar seco].

z fração molar na alimentação [mol $\cdot$ mol^{-1} total]; z_i, fração molar do componente i na alimentação.

z intervalo de temperatura requerido para uma mudança do valor de D de um fator de 10 [ºC]; z_q, intervalo de temperatura requerido para uma mudança do valor de D de um fator de 10 [ºC] para o fator de qualidade.

z_i carga do íon.

Símbolos gregos

α difusividade térmica [m$^2 \cdot$ s^{-1}]; α_{ap}, difusividade térmica aparente.

α_{AB} fator de seletividade de uma membrana em relação a uma mistura de compostos A e B.

α_{ij} volatilidade relativa do composto i em relação ao composto j, $[((\text{mol} \cdot \text{mol}^{-1}\text{total}) \cdot (\text{mol} \cdot \text{mol}^{-1}\text{total})^{-1}) \cdot ((\text{mol} \cdot \text{mol}^{-1} \text{total}) \cdot (\text{mol} \cdot \text{mol}^{-1}\text{total})^{-1})^{-1}]$.

α_K fator de correção da energia cinética [adimensional].

β coeficiente de expansão térmica volumétrica [K^{-1}].

β_{ij} seletividade do solvente na separação por extração do composto i em relação ao composto j; $[(\text{kg} \cdot \text{kg}^{-1}\text{total}) \cdot (\text{kg} \cdot \text{kg}^{-1}\text{total})^{-1} \cdot ((\text{kg} \cdot \text{kg}^{-1} \text{total}) \cdot (\text{kg} \cdot \text{kg}^{-1}\text{total})^{-1})]$.

γ deformação [adimensional]; γ_0, amplitude de deformação; γ_{cte}, deformação constante.

γ_i coeficiente de atividade do componente i [adimensional]; γ_i^∞, coeficiente de atividade do componente i à diluição infinita; γ_w, coeficiente de atividade de água.

$\dot{\gamma}$ taxa de cisalhamento ou de deformação [s^{-1}]; $\dot{\gamma}_p$, taxa de cisalhamento na parede; $(\dot{\gamma}_P)_{ap}$, taxa de cisalhamento na parede aparente.

Γ intensidade de vibração [adimensional]; Γ_{vf}, intensidade de vibração na vibrofluidização.

δ ângulo de fase [rad].

$\delta\%$ desvio médio relativo entre os valores experimentais e calculados.

$\tan\delta$ tangente do ângulo de fase ou de perda [adimensional].

Δ diferença.

Δ massa fictícia (diferença) [kg] (extração líquido-líquido e sólido-líquido).

$\dot{\Delta}$ vazão mássica fictícia (diferença) [kg $\cdot$ s^{-1}] (extração líquido-líquido e sólido-líquido); $\dot{\Delta}_{min}$, vazão mássica fictícia mínima correspondente à vazão mínima de solvente $\dot{S}_{min}$.

Δ_f variação da propriedade relacionada com a formação; $\Delta_f G$, energia livre de Gibbs de formação [J]; $\Delta_f G_I$, energia livre de Gibbs de formação na interface.

Δ_{fus} variação de propriedade relacionada com a fusão; $\Delta_{fus}H$, entalpia de fusão [J $\cdot$ kg^{-1}]; $\Delta_{fus}H^0$, entalpia de fusão em condições-padrão; $\Delta_{fus}H_w$, entalpia de fusão da água.

Δ_{sol} variação de propriedade relacionada com a mistura ou solução [J $\cdot$ kg^{-1}]; $\Delta_{sol}H$, entalpia de solução.

Δ_{sub} variação de propriedade relacionada com a sublimação; $\Delta_{sub}H$, entalpia de sublimação [J $\cdot$ kg^{-1}]; $\Delta_{sub}H^0$, entalpia de sublimação em condições-padrão.

Δ_{vap} variação de propriedade relacionada com a vaporização; $\Delta_{vap}H$, entalpia de vaporização [J $\cdot$ kg^{-1}]; $\Delta_{vap}H^0$, entalpia de vaporização em condições-padrão.

$\Delta_{fus}\hat{H}$ variação de propriedade molar relacionada com a fusão; $\Delta_{fus}\hat{H}$, entalpia molar de fusão [J $\cdot$ mol^{-1}]; $\Delta_{fus}\hat{H}^0$, entalpia molar de fusão em condições-padrão.

$\Delta_{sol}\hat{H}$ variação de propriedade molar relacionada com a mistura ou solução [J $\cdot$ mol^{-1}]; $\Delta_{sol}\hat{H}$, entalpia molar de solução.

$\Delta_{sub}\hat{H}$ variação de propriedade molar relacionada com a sublimação; $\Delta_{sub}\hat{H}$, entalpia molar de sublimação [J $\cdot$ mol^{-1}]; $\Delta_{sub}\hat{H}^0$, entalpia molar de sublimação em condições-padrão.

$\Delta_{vap}\hat{H}$ variação de propriedade molar relacionada com a vaporização; $\Delta_{vap}\hat{H}$, entalpia molar de vaporização [J $\cdot$ mol^{-1}]; $\Delta_{vap}\hat{H}^0$, entalpia molar de vaporização em condições-padrão.

$\Delta\hat{c}_{Aln}$ média logarítmica entre concentrações molares [mol $\cdot$ m^{-3}].

ΔP perda de carga ou gradiente de pressão [Pa]; ΔP_0, perda de carga inicial; ΔP_m, perda de carga relativa ao meio filtrante; ΔP_{mf}, perda de carga do leito fluidizado; ΔP_{mvf}, perda de carga do leito vibrofluidizado; ΔP_t, perda de carga relativa a torta.

ΔT diferença de temperatura [ºC ou K]; $\Delta\bar{T}_m$, média da diferença das temperaturas; $\Delta\bar{T}_{ln}$, média logarítmica da diferença das temperaturas (MLDT).

$\Delta\bar{x}_{ln}$ média logarítmica da diferença de concentração na fase líquida em unidades molares em base livre do composto que se transfere [mol $\cdot$ mol^{-1} de inertes] (absorção).

$\Delta\bar{y}_{ln}$ média logarítmica da diferença de concentração na fase gasosa ou vapor em unidades molares em base livre do composto que se transfere [mol $\cdot$ mol^{-1} de inertes] (absorção).

ε porosidade [adimensional]; ε_{ap}, porosidade aparente; ε_b, porosidade global (*bulk*); ε_{CP}, porosidade do poro fechado; ε_{mf} porosidade mínima de fluidização; ε_L, porosidade do leito (fração de volume extrapartícula); ε_p porosidade da partícula; ε_T, porosidade total.

ε rugosidade do tubo [m].

ε' constante dielétrica [adimensional].

ε'' fator de perda dielétrica [adimensional]; ε''_d, fator de perda dielétrica por causa da rotação dipolar; ε''_{σ_i}, contribuição do fator de perda por causa da condução iônica.

ε^* permissividade relativa complexa [adimensional].

ε_d deformação do material [adimensional]; ε_c, deformação de Cauchy; ε_h, deformação de Hencky.

ζ fator de vista do corpo cinza [adimensional].

η eficiência [adimensional]; η_a, eficiência de adsorção; η_e, eficiência energética, térmica ou elétrica; η_{evap}, eficiência de evaporação; η_{global}, eficiência global; η_m, eficiência mecânica da bomba; η_n, eficiência de Murphree; η_{in}, eficiência de Murphree para o componente i no estágio n; η_R, eficiência do redutor; η_V, eficiência volumétrica.

θ coordenada cilíndrica [º ou rad].

θ temperatura adimensional; θ_C, temperatura adimensional no centro (ponto mais lento); θ_S, temperatura adimensional na superfície.

Θ ângulo sólido [sr].

I constante da Equação 8.12 [adimensional]; I_{GGS}, parâmetro que representa a dispersão de Gates-Gaudin-Schuhmann, também chamado de derivada de Schuhmann; I_{RRB}, parâmetro que representa a dispersão de Rosin-Rammler-Bennet.

K constante da Equação 8.12; K_a, constante da Equação 14.11 [$mW \cdot kg^{-1}$]; K_b, constante da Equação 14.11 [$ºC^{-1}$]; K_B, constante de Bond [$J \cdot m^{1/2} \cdot kg^{-1}$]; K_{GGS}, parâmetro que representa o tamanho médio das partículas da distribuição Gates-Gaudin-Schuhmann [m]; K_K, constante de Kick [$J \cdot kg^{-1}$]; K_N, constante da taxa de nucleação [nº de núcleos $\cdot$ $s^{-1} \cdot kg^{-1}$ soluto]; K_P, constante da Equação 5.26 [adimensional]; K_R, constante de Rittinger [$J \cdot m \cdot kg^{-1}$]; K_{RRB} parâmetro que representa o tamanho médio das partículas da distribuição Rosin-Rammler-Bennet [m]; K_s, constante da Equação 5.30 [adimensional]; $K_{\Delta P}$, constante da Equação 7.16 para filtração a pressão constante [$s \cdot m^{-6}$]; $K_{\Delta V}$, constante da Equação 7.24 para filtração a volume constante [$Pa \cdot m^{-3}$].

λ comprimento de onda [μm]; λ_0, comprimento de onda no espaço livre; λ_v, amplitude de vibração [m].

λ fator de forma ou parâmetro estrutural [adimensional]; λ_A, fator de forma de área; λ_{eq}, parâmetro estrutural de equilíbrio; λ_V, fator de forma volumétrico.

Λ tempo [s]; Λ_{rel}, tempo de relaxação; Λ_{ret}, tempo de retardamento.

μ potencial químico [$J \cdot mol^{-1}$]; μ_i, potencial químico do componente i; μ_i^0, potencial químico no estado-padrão.

μ viscosidade newtoniana [$Pa \cdot s$ ou $kg \cdot m^{-1} \cdot s^{-1}$]; μ_0, viscosidade à taxa de cisalhamento zero; μ_∞, viscosidade à taxa de cisalhamento infinita; μ', componente viscosa da viscosidade dinâmica complexa; μ'', componente elástica da viscosidade dinâmica complexa; μ^*, viscosidade dinâmica complexa; μ_{ap}, viscosidade aparente; $(\mu_{ap})_0$, viscosidade aparente inicial; $(\mu_{ap})_{eq}$, viscosidade aparente de equilíbrio; $(\mu_{ap})_{ref}$ viscosidade aparente a temperatura de referência; μ_c, viscosidade da fase contínua; μ_{ef}, viscosidade efetiva; μ_L, viscosidade do líquido; μ_p, viscosidade na parede; μ_{pl}, viscosidade plástica de Bingham; μ_{ref}, viscosidade a temperatura de referência; μ_V, viscosidade do gás ou vapor.

M permeabilidade em eletromagnetismo [$H \cdot m^{-1}$] ou [$m \cdot kg \cdot s^{-2} \cdot A^{-2}$].

ν viscosidade cinemática $\left(\dfrac{\mu}{\rho} \right)$ [$m^2 \cdot s^{-1}$].

ξ emissividade [adimensional]; ξ_λ, emissividade espectral ou emissividade a dado comprimento de onda (λ); ξ_ϕ, emissividade a dado ângulo (ϕ).

ξ_0 razão entre a tensão inicial de escoamento e a tensão de cisalhamento na parede $\left(\dfrac{\sigma_0}{\sigma_P} \right)$ [adimensional]; $\xi_{0_{Cr}}$, valor crítico de ξ_0.

π número de fases.

Π pressão osmótica [Pa].

ρ densidade [$kg \cdot m^{-3}$]; $\bar{\rho}$, densidade média; ρ_{ap}, densidade aparente; ρ_b, densidade global (*bulk*); ρ_C, densidade da camada; ρ_g, densidade do gelo; ρ_i, densidade da espécie i; ρ_L, densidade do líquido; ρ_m, densidade do fluido manométrico; ρ_{ms}, densidade da matéria seca; ρ_p, densidade da partícula; ρ_S, densidade real ou da substância; ρ_V, densidade do vapor; ρ_w, densidade da água.

σ tensão de tração, compressão ou cisalhamento [Pa]; σ_0, tensão inicial de escoamento ou cisalhamento; σ_e, tensão de equilíbrio; σ_p, tensão de cisalhamento na parede; σ_Λ, amplitude da tensão de cisalhamento.

σ_I condutividade iônica [$S \cdot m^{-1}$].

σ_S tensão superficial [$N \cdot m^{-1}$]; σ_I, tensão interfacial; σ_{SC}, tensão superficial crítica; σ_{SL}, tensão superficial da fase líquida.

Σ característica da centrífuga [m^2].

τ tortuosidade [adimensional].

τ período de oscilação [s].

T   torque [$N \cdot m$].

υ volume específico [$m^3 \cdot kg^{-1}$]; $\overline{\upsilon}$, volume específico médio; υ_H, volume úmido [$m^3 \cdot kg^{-1}$ ar seco].

ϕ ângulo [º ou rad].

ϕ_i coeficiente de fugacidade do composto i puro [adimensional]; ϕ_i^*, coeficiente de fugacidade do composto i na condição de equilíbrio.

$\hat{\phi}_i$ coeficiente de fugacidade do composto i em uma mistura [adimensional].

Φ fração volumétrica [adimensional]; Φ_i, fração volumétrica do componente i.

χ resistência específica da torta [$m \cdot kg^{-1} \cdot Pa^{-n}$]; χ_0, constante empírica da Equação 7.11.

Ψ esfericidade [adimensional]; ψ_{ef}, esfericidade efetiva.

Ψ potencial [Pa]; Ψ_g, potencial gravitacional; Ψ_m, potencial matricial; Ψ_P, potencial de pressão; Ψ_w, potencial hídrico ou da água; Ψ_Π, potencial osmótico.

ω velocidade angular em r [$rad \cdot s^{-1}$ ou s^{-1}].

Ω_D integral de colisão [adimensional].

∇^2 laplaciano ou operador de Laplace ($\nabla^2 u(x,y,z) = \dfrac{\partial u}{\partial x^2} + \dfrac{\partial u}{\partial y^2} + \dfrac{\partial u}{\partial z^2}$).

Subscritos

0   inicial.

1   extremidade 1 do equipamento ou composto 1 ou estágio 1.

2   extremidade 2 do equipamento ou composto 2 ou estágio 2.

ap   aparente.

ar   ar seco.

A composto A, principal composto que se transfere entre as fases em contato nas operações de transferência de massa, composto leve (mais volátil) na destilação binária, soluto condensável ou volátil na absorção ou esgotamento, água ou composto volátil que se evapora na secagem, soluto na extração líquido-líquido, sólidos solúveis na extração sólido-líquido, adsorvato na adsorção, composto que se cristaliza na cristalização, composto que permeia a membrana nos processos por membrana.

B composto B, composto pesado (menos volátil) na destilação binária, composto inerte da fase gasosa na absorção ou esgotamento, ar seco (composto inerte da fase gasosa) na secagem, diluente na extração líquido-líquido, fibras ou sólidos inertes na extração sólido-líquido, fluido inerte na adsorção (composto gasoso não adsorvido na adsorção gás-sólido ou solvente não adsorvido na adsorção líquido-sólido), solvente na cristalização, composto retido nos processos por membranas.

c centro.

c cristais.

cap   capilar.

cte   constante.

C composto C, composto inerte da fase líquida na absorção ou esgotamento, solvente nas extrações líquido-líquido ou sólido-líquido, sólido seco (inerte da fase sólida) na secagem, adsorvente (fase sólida) na adsorção.

Cr crítico.

d rotação dipolar.

e externo.

ef   efetivo(a).

esf   esfera ou esférico.

eq   equilíbrio ou equivalente.

E referente ao extrato nas operações de transferência de massa.

f frio ou final.

F referente à alimentação nas operações de transferência de massa.

G gás.

H úmido ou vapor de aquecimento.

i   interno.

i composto qualquer em misturas ($i = A$, B ou C).

iso   isolamento térmico.

j composto qualquer em misturas, sendo $j \neq i$ ($j = A$, B, C ou outros componentes em uma mistura multicomponente).

I interface.

L líquido.

m meio filtrante; membrana.

máx   máximo(a).

mín   mínimo(a).

M metal.

M referente ao ponto de mistura nas operações de transferência de massa.

n contador do número de estágio.

N número total de estágios.

O óleo.

p parede.

P produto.

q quente.

ref   referência.

R referente ao rafinado nas operações de transferência de massa.

S sólido.

sup   superfície.

t   torta.

w água.

Sobrescritos

I   fase em equilíbrio I.

II   fase em equilíbrio II.

c congelado.

calc calculado.

exp   experimental.

ext   externo(a).

i estado inicial.

f estado final.

L fase líquida.

m expoente.

s solução.

sat   na condição de saturação.

u não congelado.

V fase vapor.

0   estado-padrão.

*   valor de equilíbrio.

λ   a dado comprimento de onda.

σ_i condução iônica.

Constantes

c velocidade da luz no vácuo [$2{,}9979 \cdot 10^8$ m $\cdot$ s^{-1}]

F constante de Faraday [$9{,}64853399 \cdot 10^4$ C $\cdot$ mol^{-1}]

g aceleração por causa da gravidade [$9{,}81$ m $\cdot$ s^{-2}]

h_P constante de Planck [$6{,}6261 \cdot 10^{-34}$ J $\cdot$ s]

k_B constante de Boltzmann [$1{,}3806 \cdot 10^{-23}$ J $\cdot$ K^{-1}]

k_f constante criogênica para a água [$1{,}86 \cdot 10^{-3}$ kg $\cdot$ K $\cdot$ mol^{-1}]

R constante universal dos gases [$8{,}314$ J $\cdot$ mol^{-1} $\cdot$ K^{-1}]

e_0 permissividade do espaço livre [$8{,}854 \cdot 10^{-12}$ F $\cdot$ m^{-1}] ou [$8{,}854 \cdot 10^{-12}$ m^{-3} $\cdot$ kg^{-1} $\cdot$ s^4 $\cdot$ A^2]

s_{SB} constante de Stefan-Boltzmann [$5{,}670 \cdot 10^{-8}$ W $\cdot$ m^{-2} $\cdot$ K^{-4}]

M_0 permeabilidade em eletromagnetismo do espaço livre [$4\pi \cdot 10^{-7}$ H $\cdot$ m^{-1}]

SUMÁRIO GERAL

SUMÁRIO

24 Absorção e esgotamento   429

Roberta Ceriani ▪ Antonio José de Almeida Meirelles

Material Suplementar

Este livro conta com o seguinte material suplementar:

- Ilustrações da obra em formato de apresentação (restrito a docentes).

O acesso ao material suplementar é gratuito. Basta que o leitor se cadastre em nosso *site* (www.grupogen.com.br), faça seu *login* e clique em GEN-IO, no menu superior do lado direito. É rápido e fácil.

Caso haja alguma mudança no sistema ou dificuldade de acesso, entre em contato conosco (gendigital@grupogen.com.br).

GEN-IO (GEN | Informação Online) é o ambiente virtual de aprendizagem do GEN | Grupo Editorial Nacional, maior conglomerado brasileiro de editoras do ramo científico-técnico-profissional, composto por Guanabara Koogan, Santos, Roca, AC Farmacêutica, Forense, Método, Atlas, LTC, E.P.U. e Forense Universitária. Os materiais suplementares ficam disponíveis para acesso durante a vigência das edições atuais dos livros a que eles correspondem.

Parte V

OPERAÇÕES DE TRANSFERÊNCIA DE MASSA

Feliz aquele que transfere o que sabe e aprende o que ensina.
Cora Coralina

15

FUNDAMENTOS DE TRANSFERÊNCIA DE MASSA

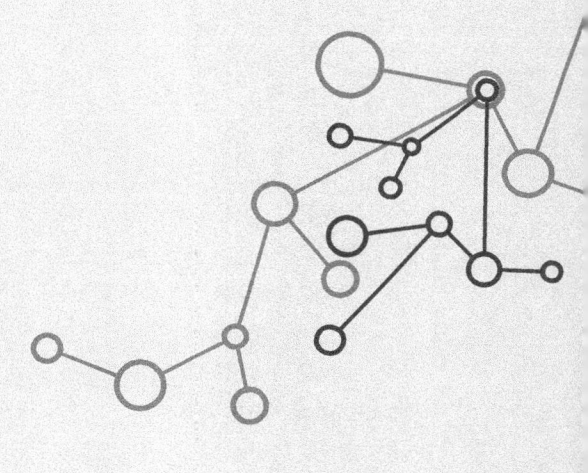

João Borges Laurindo*

---

* Universidade Federal de Santa Catarina (UFSC).

15.1 INTRODUÇÃO À TRANSFERÊNCIA DE MASSA

15.1.1 Análise dos fenômenos em escala molecular e o conceito de difusão de massa

Os átomos e moléculas que formam um material estão em constante movimento. Em um sólido cristalino, cada átomo vibra ao redor de sua posição em uma rede regular, mas com pouca liberdade de movimento. Em gases, as moléculas se movimentam de modo aleatório, com grande liberdade, sem restrição de direção ou sentido. A distância média percorrida pelas moléculas entre dois choques consecutivos (chamada de caminho livre médio) é enorme quando comparada ao tamanho de uma molécula. Enquanto o diâmetro característico das moléculas que compõem o ar é da ordem de alguns décimos de nanômetro (nm), o caminho livre médio delas é da ordem de 60 nm (ar atmosférico). Muitas vezes os dados de caminho livre médio são apresentados em angstroms (Å), sendo 1 Å = 0,1 nm = 10×10^{-10} m.

Em líquidos, o valor típico do caminho livre médio é muito menor do que os valores encontrados em gases. Assim, o número de colisões moleculares é muito maior em razão da proximidade entre as moléculas. A transferência de massa nos fluidos é um resultado direto do movimento aleatório das moléculas, como explicado a seguir. Imagine uma solução aquosa de azul de metileno, preparada pela completa mistura de duas gotas desse corante em um litro de água. Tem-se uma mistura binária homogênea, na qual as concentrações de azul de metileno (soluto A) e água (solvente B) são independentes da posição e do tempo. O movimento aleatório das moléculas modifica continuamente a posição dessas concentrações, mas não causa modificação espacial nem temporal de A e B. Por outro lado, a cuidadosa adição de um pequeno volume de solução concentrada de azul de metileno no fundo do recipiente contendo a solução diluída e homogênea, em repouso, provoca um fenômeno que pode ser observado a olho nu. O movimento das moléculas de corante da região de alta concentração (alta concentração de A e baixa concentração de B) para as regiões com baixa concentração (baixa concentração de A e alta concentração de B) causa a formação de um *dégradé* da cor azul, conforme representado esquematicamente na Figura 15.1a.

Se aguardarmos tempo suficiente, a solução atingirá uma cor homogênea mais escura que a solução diluída inicial indicando que os gradientes de concentração foram eliminados, sem a ajuda de um agitador ou de outro método macroscópico de mistura. Se não ocorreu agitação da solução durante esse processo, pode-se concluir que os movimentos moleculares aleatórios foram os responsáveis pelo fluxo resultante de moléculas de corante da região concentrada para as regiões diluídas.

Por outro lado, observa-se um fluxo resultante de água das regiões de alta concentração para as regiões de baixa concentração de água. De fato, dada molécula individual de corante (A) pode mover-se em qualquer direção, mesmo de uma região de menor concentração para uma região de maior concentração de corante. O mesmo ocorre com uma dada molécula individual de água (B), que pode se mover das regiões mais azuladas para as regiões mais transparentes. Como os movimentos das moléculas são aleatórios, é impossível prever a trajetória de uma única molécula, pois tanto a direção quanto o sentido podem mudar a cada colisão com outra molécula de A ou de B. Uma representação da trajetória errática de uma molécula é dada na Figura 15.1c. A frequência com que a molécula muda de direção depende diretamente da frequência de colisões sofridas por ela (que depende do caminho livre médio). Se não ocorressem colisões moleculares, a transferência de um soluto de uma região para outra seria muito rápida.

Embora o movimento individual de uma molécula seja aleatório, o número de moléculas de A que cruzam o plano imaginário da Figura 15.1a para cima é maior do que o número de moléculas de A que cruzam esse plano para baixo. Da mesma maneira, o número de moléculas de B que cruzam esse plano imaginário para baixo é maior do que o número de moléculas de B que o cruzam para cima. Em outras palavras, a direção e o sentido do fluxo resultante de moléculas de A (ou de B) são previsíveis e ocorrem da maior para a menor concentração. Uma situação similar acontece quando conec-

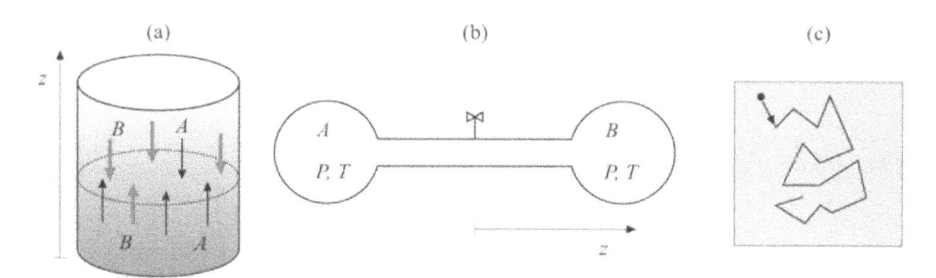

Figura 15.1 Representações esquemáticas de processos de transferência de massa por difusão molecular em misturas binárias: a) solução aquosa de azul de metileno, na qual os gradientes de concentração causam fluxo difusivo do soluto (A) para cima e fluxo difusivo do solvente (B) para baixo; b) mistura gasosa, na qual os gradientes de concentração causam fluxos difusivos do gás A para a direita e do gás B para a esquerda; c) representação esquemática do movimento aleatório de uma molécula de A ou de B na mistura.

tamos dois tanques contendo gases diferentes (A e B), com a mesma temperatura e a mesma pressão total (Figura 15.1b). Nesse caso, ao abrir a válvula existente no capilar que conecta os dois tanques, ocorre fluxo das moléculas do gás A para a direita e fluxo das moléculas B para a esquerda, em razão do movimento aleatório dessas moléculas.

15.1.2   Equações macroscópicas que representam os fenômenos microscópicos

Nos dois casos esquematizados na Figura 15.1, o mecanismo de transferência de massa é denominado difusão de massa. O modelo macroscópico (no qual a matéria é considerada contínua) usado para descrever o fluxo por difusão de uma espécie A em uma mistura binária ($A+B$) é a equação empírica proposta por Adolf Fick, em 1855, chamada de Lei de Fick.

$$\hat{j}_{Az} = -D_{AB}\frac{d\hat{c}_A}{dz} \tag{15.1}$$

em que $\hat{j}_{Az}$ é o fluxo molar de A na direção z, D_{AB} é o coeficiente de difusão de A em B, para condições isotérmicas e isobáricas e $\dfrac{d\hat{c}_A}{dz}$ é o gradiente de concentração molar na direção z.

O processo de completa homogeneização de um sistema por difusão (mecanismo molecular) pode levar várias horas ou dias, dependendo das dimensões do sistema e do par A–B. No entanto, a simples agitação da solução com um bastão é suficiente para promover a homogeneização das concentrações dos solutos em uma dezena de segundos, pois movimenta porções de fluido de uma região para outra no interior do recipiente. Com esse movimento macroscópico da solução, as espécies A e B são transferidas rapidamente de uma região para outra. Esse mecanismo de transferência é chamado de convecção de massa. A transferência de massa por convecção apresenta uma forte analogia com a transferência de calor por convecção, sendo ambas controladas pelo movimento relativo entre dois fluidos ou entre um fluido e uma superfície sólida. Considere um fluido passando sobre uma camada de sal depositado na superfície de uma placa plana (o fluido é a água e o sal é permanganato de potássio, por exemplo). Pode-se escrever que o fluxo de sal ($\hat{N}_A$) da placa para a água que escoa sobre a placa é dado pela Equação 15.2:

$$\hat{N}_A = k_L\,(\hat{c}_{As} - \hat{c}_{AF}) \tag{15.2}$$

em que k_L é o coeficiente de transferência de massa entre a placa e a água, enquanto $\hat{c}_{As}$ e $\hat{c}_{AF}$ são respectivamente as concentrações de sal na solução que está junto à superfície da placa e no seio da solução (qualquer posição longe da superfície da placa). Se a concentração $\hat{c}_{As}$ é dada em $mol \cdot m^{-3}$ e o fluxo molar de A em $mol \cdot m^{-2} \cdot s^{-1}$, as unidades do coeficiente k_L são dadas em $m \cdot s^{-1}$. Assim como o coeficiente de transferência de calor por convecção, o coeficiente de transferência de massa é um parâmetro empírico, que será discutido em detalhes na Seção 15.9.

15.1.3   O meio contínuo e a representação das concentrações dos componentes de uma mistura

Considere uma mistura multicomponente de espécies químicas i, com massas molares M_{Mi}, contidas em um volume ΔV. Se o volume ΔV for muito pequeno, o número de moléculas contidas no mesmo pode variar bastante a cada amostragem. No entanto, a partir de um dado volume de mistura, que denominaremos volume elementar do contínuo (VEC), o número de moléculas será sempre suficiente para viabilizar o cálculo das propriedades macroscópicas da mistura. A Figura 15.2 ilustra o procedimento de passagem da escala microscópica, em que a matéria é vista de maneira discreta, para a escala macroscópica, em que analisamos a matéria como se ela fosse contínua. Com essa aproximação se pode considerar um sistema como sendo um meio contínuo, com resolução espacial associada ao VEC.

Em um meio contínuo, se m_i é a massa da espécie química i, pode-se definir a densidade mássica da espécie i na mistura (ou seja, a concentração mássica de i) por

$$\rho_i = \lim_{\Delta V \to VEC}\frac{m_i}{\Delta V} \tag{15.3}$$

A densidade ou concentração mássica da mistura é dada por

$$\rho = \lim_{\Delta V \to VEC}\frac{1}{\Delta V}\sum_i m_i \tag{15.4}$$

E ainda

$$\rho = \sum_i \rho_i \tag{15.5}$$

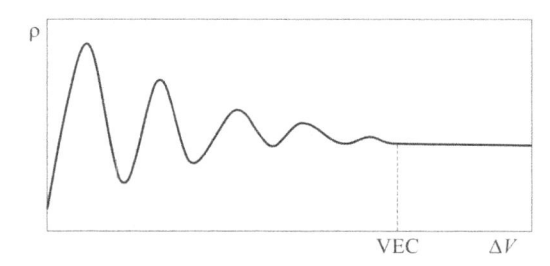

Figura 15.2 Representação da passagem da escala molecular para a escala a partir da qual se pode assimilar o meio como contínuo.

A fração em massa da espécie i pode ser calculada pela razão entre a concentração mássica de i e a concentração mássica total (massa específica) da mistura, ou seja:

$$X_i = \frac{\rho_i}{\rho} \tag{15.6}$$

Muitas vezes, é conveniente representar a composição da mistura em concentração molar, $\hat{c}_i$

$$\hat{c}_i = \lim_{\Delta V \to VEC} \frac{m_i}{(\Delta V) M_{Mi}} = \frac{\rho_i}{M_{Mi}} \tag{15.7}$$

A concentração molar total é dada por $\hat{c} = \sum_i \hat{c}_i$. A fração molar da espécie i pode ser calculada pela razão entre a concentração molar de i e a concentração molar total da mistura, ou seja:

$$x_i = \frac{\hat{c}_i}{\hat{c}} \tag{15.8}$$

15.2 VELOCIDADES DAS MOLÉCULAS EM UMA MISTURA E DEFINIÇÕES DAS VELOCIDADES DE DIFUSÃO

No escoamento de uma mistura multicomponente, cada grupo de moléculas (cada espécie química) se move a uma dada velocidade. No entanto, quando medimos a velocidade da corrente fluida que escoa (usando um anemômetro ou um tubo de Pitot, por exemplo) estamos medindo a velocidade média da mistura. É claro que a influência de um dado grupo de moléculas na velocidade média de uma mistura dependerá diretamente da concentração desse grupo na mistura. Assim, se conhecemos as concentrações e as velocidades das espécies presentes, podemos calcular a velocidade média mássica de uma mistura ($\vec{v}$) pela Equação 15.9.

$$\vec{v} = \frac{\sum_{i=1}^{n} \rho_i \vec{v}_i}{\sum_{i=1}^{n} \rho_i} \tag{15.9}$$

O produto $\rho\vec{v}$ tem unidades de $kg \cdot m^{-2} \cdot s^{-1}$ (SI), representando o fluxo de massa da solução através de uma seção normal à direção do escoamento da mistura.

Analogamente, a velocidade média molar da mistura pode ser calculada pela Equação 15.10.

$$\vec{v}_n = \frac{\sum_{i=1}^{n} \hat{c}_i \vec{v}_i}{\sum_{i=1}^{n} \hat{c}_i} \tag{15.10}$$

O produto $\hat{c}\vec{v}_n$ tem unidades de $mol \cdot m^{-2} \cdot s^{-1}$ (SI), representando o fluxo molar da solução através de uma seção normal à velocidade de escoamento da mistura. A velocidade da espécie química i, $\vec{v}_i$, pode ser calculada em relação a um referencial estacionário, à velocidade média mássica ou à velocidade média molar. Assim, a velocidade relativa do grupo de moléculas da espécie i pode ser dada por:

- $(\vec{v}_i - 0) = \vec{v}_i$, em relação a um observador em repouso (referencial estacionário);
- $(\vec{v}_i - \vec{v})$, em relação a um observador se movendo na velocidade média mássica da solução;
- $(\vec{v}_i - \vec{v}_n)$, em relação a um observador se movendo na velocidade média molar da solução.

Cristais de
permanganato
de potássio

Figura 15.3 Experimento de dissolução, difusão e escoamento de um soluto em um tubo de vidro transparente: I) não há escoamento global da mistura; II) há um pequeno fluxo de água através do tubo de vidro, passando pelos cristais de permanganato de potássio e saindo para extremidade direita do tubo.

As velocidades relativas à velocidade média mássica, $(\vec{v}_i - \vec{v})$, e à velocidade média molar, $(\vec{v}_i - \vec{v}_n)$, são denominadas velocidades de difusão. Para compreender melhor o significado dessas velocidades, considere as situações esquematizadas na Figura 15.3, que representa o que ocorre quando: (I) um tubo de vidro está fechado em ambas as extremidades e contém água em contato com cristais de permanganato de potássio que foram fixados na extremidade esquerda do tubo; (II) há um pequeno fluxo de água através do tubo de vidro, passando pelos cristais de permanganato de potássio e saindo pela extremidade direita. Como na situação (I) não há escoamento global da mistura, as velocidades $\vec{v}$ e $\vec{v}_n$ são nulas fazendo com que as velocidades relativas aos três referenciais sejam iguais, ou seja, $(\vec{v}_i - 0) = (\vec{v}_i - \vec{v}) = (\vec{v}_i - \vec{v}_n) = \vec{v}_i$.

Na situação (II) da Figura 15.3, a velocidade da espécie A (corante) percebida por um observador sentado em uma cadeira é a soma da velocidade média da mistura com a velocidade de difusão da espécie química. Isso ocorre porque o gradiente de concentração de corante provoca difusão no mesmo sentido do escoamento da mistura. Se o corante fosse fixado na extremidade direita do tubo de vidro, a velocidade da espécie A percebida pelo observador da cadeira seria a velocidade média da mistura menos a velocidade de difusão da espécie A da direita para a esquerda.

Imagine agora um observador que navega no interior do duto, na velocidade média da corrente de solução. Ele pode observar o grupo de moléculas da espécie A (corante) passando por ele com velocidade $(\vec{v}_i - \vec{v})$, no sentido da saída do tubo de vidro. As moléculas de corante se afastam dele, no interior do duto, na velocidade de difusão delas resultante do gradiente de concentração de corante.

15.3 FLUXOS DE MATÉRIA: FLUXO DE MASSA E FLUXO MOLAR

O fluxo de massa de uma dada espécie é um vetor que representa a quantidade de massa de uma dada espécie i que atravessa uma unidade de área, por unidade de tempo. A definição de fluxo molar é análoga. Assim, as unidades desses fluxos podem ser expressas em $kg \cdot m^{-2} \cdot s^{-1}$ para o fluxo mássico e $mol \cdot m^{-2} \cdot s^{-1}$ para o fluxo molar. Os fluxos podem ser definidos em relação aos mesmos referenciais discutidos anteriormente.

Como já mencionado no início deste capítulo, o modelo amplamente usado para descrever o fluxo por difusão de uma espécie A em uma mistura binária (A+B) é a equação de Fick, dada pela Equação 15.11 (é a mesma Equação 15.1, repetida aqui para facilitar a continuidade da leitura). Nessa equação, o fluxo molar da espécie A na direção z é definido em relação à velocidade média molar.

$$\hat{j}_{Az} = -D_{AB} \frac{d\hat{c}_A}{dz} \tag{15.11}$$

em que $\hat{j}_{Az}$ é o fluxo molar de A na direção z, relativo à velocidade média molar, D_{AB} é o coeficiente de difusão de A em B, para condições isotérmicas e isobáricas e $\frac{d\hat{c}_A}{dz}$ é o gradiente de concentração na direção z. Uma forma mais geral da Lei de Fick, que não é restrita às condições isotérmicas e isobáricas, é dada por:

$$\hat{j}_{Az} = -\hat{c}D_{AB} \frac{dy_A}{dz} \tag{15.12}$$

Em condições de temperatura e pressão constantes, a concentração $\hat{c}$ é constante. Como $\hat{c}_A = y_A\hat{c}$, pode-se constatar que a Equação 15.11 é um caso particular da Equação 15.12.

Analogamente, pode-se descrever o fluxo da espécie A em relação à velocidade média mássica da mistura pelas Equações 15.13 e 15.14.

$$j_{Az} = -\rho D_{AB} \frac{dX_A}{dz} \tag{15.13}$$

em que $\dfrac{dX_A}{dz}$ é o gradiente de concentração da espécie A na direção z, em termos da fração mássica de A. Para densidade da mistura constante, $\rho_A = X_A\rho$ e a Equação 15.13 pode ser simplificada para

$$j_{Az} = -D_{AB}\frac{d\rho_A}{dz} \tag{15.14}$$

A expressão do fluxo em termos do gradiente de potencial químico é a forma mais geral da equação da difusão, pois esse gradiente é a força motriz fundamental para a transferência de massa em todos os sistemas termodinâmicos.

$$\hat{j}_{Az} = -\hat{c}_A\frac{D_{AB}}{RT}\frac{d\mu_A}{dz} \tag{15.15}$$

em que $\dfrac{d\mu_A}{dz}$ é o gradiente de potencial químico da espécie A na direção z. Para uma solução binária ideal, o potencial químico da espécie A é dado por $\mu_A = \mu_A^0 + RT\ln(x_A)$, em que μ_A^0 é o potencial químico da espécie A pura, na mesma temperatura e pressão. A Equação 15.11 é reencontrada quando se faz a substituição da expressão $\mu_A = \mu_A^0 + RT\ln(x_A)$ na Equação 15.15. Retornaremos a essa equação quando discutirmos os fatores que modificam o potencial químico da água no interior de um alimento sólido.

O leitor pode observar que as Equações 15.11 a 15.14 apresentam uma forma familiar, já vista quando do estudo das transferências de quantidade de movimento e de calor.

A equação da difusão de quantidade de movimento pode ser escrita nas formas

$$\vec{\mathcal{T}}_{zx} = -\mu\frac{d\vec{v}_x}{dz} = -\frac{\mu}{\rho}\frac{d(\rho\vec{v}_x)}{dz} = -\nu\frac{d(\rho\vec{v}_x)}{dz} \tag{15.16}$$

em que $\vec{\mathcal{T}}_{zx}$ é o fluxo molecular de quantidade de movimento na direção z, dado em $[(\text{kg}\cdot\text{m}\cdot\text{s}^{-1})\cdot\text{m}^{-2}\cdot\text{s}^{-1}]$, em razão de um gradiente de concentração dessa quantidade na direção z, $\nu = \dfrac{\mu}{\rho}$ é a difusividade de quantidade de movimento do fluido (a viscosidade cinemática), dada em $[\text{m}^2\cdot\text{s}^{-1}]$, $\rho\vec{v}_x$ é a concentração volumétrica de quantidade de movimento sendo transferida, dada em $[\text{kg}\cdot\text{m}\cdot\text{s}^{-1}\cdot\text{m}^{-3}]$, e $\dfrac{d(\rho\vec{v}_x)}{dz}$ é o gradiente de concentração de quantidade de movimento na direção z, dada em $[(\text{kg}\cdot\text{m}\cdot\text{s}^{-1}\cdot\text{m}^{-3})\cdot\text{m}^{-1}]$.

Por outro lado, a equação da difusão de calor pode ser escrita nas formas

$$\left.\frac{\dot{q}}{A}\right|_z = -k\frac{dT}{dz} = -\frac{k}{\rho C_p}\frac{d(\rho C_p T)}{dz} = -\alpha\frac{d(\rho C_p T)}{dz} \tag{15.17}$$

em que $\left.\dfrac{\dot{q}}{A}\right|_z$ é o fluxo de calor na direção z, dado em $[\text{J}\cdot\text{m}^{-2}\cdot\text{s}^{-1}]$, $\alpha = \dfrac{k}{\rho C_p}$ é a difusividade térmica do material no qual está ocorrendo transferência difusiva de calor, dada em $[\text{m}^2\cdot\text{s}^{-1}]$, $\rho C_p T$ é a concentração volumétrica de energia térmica, dada em $[\text{J}\cdot\text{m}^{-3}]$ e $\dfrac{d(\rho C_p T)}{dz}$ é o gradiente de concentração de energia térmica na direção z, em $[(\text{J}\cdot\text{m}^{-3})\cdot\text{m}^{-1}]$.

Assim, as Equações 15.14, 15.16 e 15.17 podem ser representadas matematicamente por uma equação geral para os transportes moleculares (difusivos) de massa, de quantidade de movimento e de calor, ou seja:

$$\vec{\phi}_z = -D_\Psi\frac{d\Psi}{dz} \tag{15.18}$$

em que $\vec{\phi}_z$ é o fluxo da quantidade ψ na direção z, D_ψ é a difusividade da grandeza transferida por transporte molecular e $\dfrac{d\Psi}{dz}$ é o gradiente de concentração da grandeza na direção z. A comparação dos mecanismos de transferência de massa com os mecanismos de transferência de calor e de quantidade de movimento é muito comum e de grande utilidade didática e prática, como será discutido ao longo deste capítulo.

Vamos retomar agora a análise da transferência de massa na situação II da Figura 15.3. Para um sistema binário escoando com velocidade constante na direção z, o fluxo da espécie A nessa direção, relativo à velocidade média molar, é dado por

$$\hat{j}_{Az} = \hat{c}_A(v_{Az} - v_{nz}) \tag{15.19}$$

Das Equações 15.12 e 15.19, vem que $\hat{j}_{Az} = \hat{c}_A(v_{Az} - v_{nz}) = -\hat{c}D_{AB}\dfrac{dy_A}{dz}$, que pode ser rearranjada para resultar na equação:

$$\hat{c}_A v_{Az} = -\hat{c}D_{AB}\frac{dy_A}{dz} + \hat{c}_A v_{nz} \tag{15.20}$$

Para um sistema binário ($A+B$), a velocidade média molar da mistura pode ser calculada por $v_{nz} = \dfrac{1}{\hat{c}}(\hat{c}_A v_{Az} + \hat{c}_B v_{Bz})$. Como $\hat{c} = \dfrac{\hat{c}_A}{y_A}$, essa equação também pode ser reescrita como $\hat{c}_A v_{Az} = y_A(\hat{c}_A v_{Az} + \hat{c}_B v_{Bz})$. Assim, a Equação 15.20 pode ser escrita na forma

$$\hat{c}_A v_{Az} = -\hat{c}D_{AB}\frac{dy_A}{dz} + y_A(\hat{c}_A v_{Az} + \hat{c}_B v_{Bz}) \tag{15.21}$$

Como as velocidades v_{Az} e v_{Bz} são definidas em relação a um referencial estacionário em z, os fluxos $\hat{c}_A v_{Az}$ (espécie A) e $\hat{c}_B v_{Bz}$ (espécie B) também estão definidos em relação ao mesmo referencial. Se os fluxo de A e de B na direção z, com relação a um referencial estacionário, são dados por $\hat{N}_{Az} = \hat{c}_A v_{Az}$ e $\hat{N}_{Bz} = \hat{c}_B v_{Bz}$,, pode-se reescrever a Equação 15.21 como:

$$\hat{N}_{Az} = -\hat{c}D_{AB}\frac{dy_A}{dz} + y_A(\hat{N}_{Az} + \hat{N}_{Bz}) \tag{15.22}$$

ou, na forma vetorial, como

$$\vec{\hat{N}}_A = -\hat{c}D_{AB}\nabla y_A + y_A(\vec{\hat{N}}_A + \vec{\hat{N}}_B) \tag{15.23}$$

em que o operador ∇ é definido como $\nabla = \dfrac{\partial}{\partial x}\vec{i} + \dfrac{\partial}{\partial y}\vec{j} + \dfrac{\partial}{\partial z}\vec{k}$ e os fluxos totais das espécies A e B nas direções x, y, z são dados por $\vec{\hat{N}}_A = \vec{\hat{N}}_{Ax} + \vec{\hat{N}}_{Ay} + \vec{\hat{N}}_{Az}$ e $\vec{\hat{N}}_B = \vec{\hat{N}}_{Bx} + \vec{\hat{N}}_{By} + \vec{\hat{N}}_{Bz}$. A Equação 15.23 representa as contribuições dos termos difusivo e convectivo na transferência de massa da espécie A, ou seja:

- $-\hat{c}D_{AB}\nabla y_A$ – contribuição do transporte molecular ou difusivo,
- $y_A(\vec{\hat{N}}_A + \vec{\hat{N}}_B) = \hat{c}_A\vec{v}$ – contribuição do movimento global da solução (convecção da espécie A).

Por outro lado, para o fluxo mássico em relação a um referencial estacionário, tem-se $\vec{N}_A = \rho_A\vec{v}_A$ e $\vec{N}_B = \rho_B\vec{v}_B$. Analogamente ao realizado para o fluxo molar, o fluxo mássico de A pode ser representado por

$$\vec{N}_A = -\rho D_{AB}\nabla X_A + X_A(\vec{N}_A + \vec{N}_B) \tag{15.24}$$

ou para P e T constantes

$$\vec{N}_A = -D_{AB}\nabla\rho_A + X_A(\vec{N}_A + \vec{N}_B) \tag{15.25}$$

Em todas as equações que definem os fluxos $\hat{j}_{Az}$, $\hat{N}_{Az}$, $\vec{j}_A$ e $\vec{N}_A$ para um dado par de espécies químicas A-B, o coeficiente de difusão D_{AB} tem o mesmo significado físico e o mesmo valor.

15.4 DIFUSÃO EM REGIME ESTACIONÁRIO

A transferência de massa por difusão em regime estacionário (ou estado estacionário) ocorre depois de passado tempo suficiente para que um perfil de concentrações se estabeleça entre duas seções de um sistema. Alguns casos importantes são apresentados a seguir.

15.4.1 Fluxos de matéria com fluxo molar resultante nulo: difusão equimolar

Dois recipientes idênticos, contendo gases diferentes à mesma pressão e temperatura, são conectados por um capilar munido de uma válvula, conforme esquematizado na Figura 15.4. Com a abertura da válvula, tem-se um sistema em desequilíbrio termodinâmico, com gradientes de concentração (dy_A/dz) e (dy_B/dz), resultando em fluxos difusivos nos dois sentidos. Como T e P são constantes, o número de mols de gás em um volume de controle não depende da com-

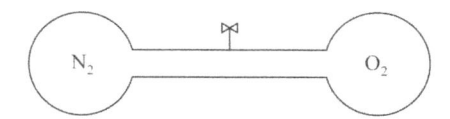

Figura 15.4 Difusão equimolar na fase gasosa.

posição da mistura, sendo o mesmo em qualquer posição do sistema. Isso implica velocidade média molar nula $\vec{v}_n = 0$ e $\hat{N}_{Az} = -\hat{N}_{Bz}$.

O fluxo de A (N_2) para a direita é dado por

$$\hat{N}_{Az} = -\hat{c}D_{AB}\frac{dy_A}{dz} + y_A(\hat{N}_{Az} + \hat{N}_{Bz}) \tag{15.26}$$

Mas como $\hat{c}v_{nz} = (\hat{N}_{Az} + \hat{N}_{Bz}) = 0$, a equação do fluxo se escreve como

$$\hat{N}_{Az} = -\hat{c}D_{AB}\frac{dy_A}{dz} \tag{15.27}$$

Essa situação, na qual não há fluxo molar resultante em nenhum sentido, $\vec{v}_n = 0$ e $\hat{N}_{Az} = -\hat{N}_{Bz}$, é chamada de contradifusão equimolar. No entanto, observe que o fluxo mássico resultante não é nulo, pois $\vec{v} \neq 0$. Embora os números de mols de A e de B sejam sempre iguais, as suas massas são diferentes, pois os gases têm massas molares diferentes (a massa molar do O_2 é aproximadamente 32 g $\cdot$ mol^{-1} e a massa molar do N_2 é aproximadamente 28 g $\cdot$ mol^{-1}). No equilíbrio, as massas das misturas gasosas contidas nos dois recipientes são iguais e têm a mesma composição, e, portanto, pode-se concluir que há fluxo de massa entre os recipientes.

Se os volumes dos dois recipientes (bulbos da Figura 15.4) forem muito grandes, pode-se considerar que, depois de um período, o estado estacionário será alcançado. Em condições isotérmicas e isobáricas, $\hat{N}_{Az}$ será constante ao longo do capilar, ou seja, $-\dfrac{\hat{N}_{Az}}{\hat{c}D_{AB}} = \dfrac{dy_A}{dz} = $ cte. Da integração da equação diferencial $\dfrac{dy_A}{dz} = $ cte, entre os limites $z = 0$, $y_A = y_{A0}$ e $z = L$, $y_A = y_{AL}$ resulta o perfil linear de concentração dado por:

$$y_A = y_{A0} + \frac{y_{AL} - y_{A0}}{L}z \tag{15.28}$$

Se P e T são constantes, $\dfrac{d\hat{c}_A}{dz} = -\dfrac{d\hat{c}_B}{dz}$, e $\hat{j}_{Az} = -\hat{j}_{Bz}$, pode-se escrever que

$$\hat{j}_{Bz} = -D_{BA}\frac{d\hat{c}_B}{dz} = D_{BA}\frac{d\hat{c}_A}{dz} \tag{15.29}$$

Mas sabemos que $\hat{j}_{Az} = -\hat{j}_{Bz}$, e então,

$$\hat{j}_{Az} = -D_{BA}\frac{d\hat{c}_A}{dz} \tag{15.30}$$

da qual vem que $D_{AB} = D_{BA}$.

15.4.2 Difusão em filme gasoso estagnado

Consideremos agora o processo de difusão de naftaleno (espécie A) que está solidificado no fundo de um tubo de ensaio de pequeno diâmetro, conforme esquematizado na Figura 15.5. A extremidade aberta do tubo está em contato com nitrogênio gasoso (espécie B), que flui constantemente a uma vazão muito baixa, de modo a não perturbar o estado de repouso do gás no interior do tubinho. O naftaleno tem pressão de vapor não desprezível em temperatura ambiente, o que provoca sua sublimação. Os vapores de naftaleno sublimados geram um gradiente de concentração na mistura gasosa entre o fundo do tubo e a respectiva extremidade aberta. Esse gradiente provoca fluxo de A, por difusão, para a extremidade aberta.

Cabe observar que, em qualquer seção transversal do tubo, a pressão total (P) é a mesma, ou seja, $P = p_A + p_B$. Mas $P = \hat{c}RT$, $p_A = \hat{c}_A RT$ e $p_B = \hat{c}_B RT$, o que implica que $\hat{c} = \hat{c}_A + \hat{c}_B$ é constante ao longo do tubo (condições isotérmicas e isobáricas). Assim,

$$\frac{d\hat{c}}{dz} = \frac{d\hat{c}_A}{dz} + \frac{d\hat{c}_B}{dz} = 0 \Rightarrow \frac{d\hat{c}_A}{dz} = -\frac{d\hat{c}_B}{dz} \tag{15.31}$$

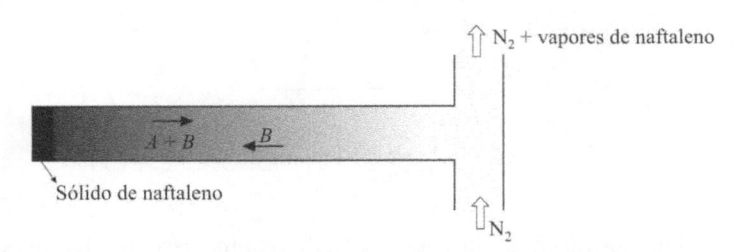

Figura 15.5 Difusão em filme estagnado e a convecção induzida por difusão.

A existência de gradiente de B (N_2) na direção z implica que há fluxo de B da face aberta para o fundo do tubo ($\hat{J}_{Bz} \neq 0$). Como o N_2 não é solúvel no naftaleno, o primeiro não pode penetrar no último, ou ainda, $\hat{N}_{Bz} = 0$ em $z = 0$, mesmo com $\dfrac{d\hat{c}_B}{dz} \neq 0$. Mas é preciso considerar que

$$\hat{c}v_{nz} = \hat{N}_{Az} + \hat{N}_{Bz} = \hat{c}_A v_{Az} + \hat{c}_B v_{Bz} \tag{15.32}$$

implicando uma velocidade média molar $\vec{v}_n$ não nula, pois há sempre fluxo de A para a direita. Esse movimento global da mistura gasosa carrega indistintamente A e B para a face aberta do tubo. Assim, o fluxo difusivo de B para a esquerda, $\hat{j}_{Bz}$, é compensado pelo fluxo de B para a direita, em razão do movimento global da mistura ($\hat{c}v_{nz} = \hat{N}_{Az} + \hat{N}_{Bz}$). Assim, $\hat{N}_{Bz} = 0$ não apenas em $z = 0$, mas em qualquer seção normal do tubo. Esse complexo fenômeno é chamado de difusão em filme estagnado, em razão de $\hat{N}_{Bz} = 0$. O que ocorre nesse caso é o aparecimento da convecção induzida pela difusão, incrementando o fluxo total de A na direção z, que é dado por:

$$\hat{N}_{Az} = -\hat{c}D_{AB}\frac{dy_A}{dz} + y_A(\hat{N}_{Az} + \hat{N}_{Bz}) \tag{15.33}$$

Como $\hat{N}_{Bz} = 0$, a Equação 15.33 se escreve como

$$\hat{N}_{Az} = -\hat{c}D_{AB}\frac{dy_A}{dz} + y_A\hat{N}_{Az} \tag{15.34}$$

ou ainda como

$$\hat{N}_{Az} = -\frac{\hat{c}D_{AB}}{1 - y_A}\frac{dy_A}{dz} \tag{15.35}$$

Observe que o denominador $(1 - y_A) < 1$. Quanto maior a pressão de vapor da espécie A, maior será a influência da convecção induzida pela difusão, e maior o fluxo $\hat{N}_{Az}$. Em estado estacionário $\hat{N}_{Az}$ não depende de z, ou seja:

$$\frac{\hat{N}_{Az}}{\hat{c}D_{AB}} = -\frac{1}{1 - y_A}\frac{dy_A}{dz} = \text{cte} \tag{15.36}$$

Integrando a Equação 15.36 entre os limites $z = z_1$, $y_A = y_{A1}$ e $z = z_2$, $y_A = y_{A2}$:

$$\frac{\hat{N}_{Az}}{\hat{c}D_{AB}}\int_{z_1}^{z_2}dz = \int_{y_{A1}}^{y_{A2}}\frac{1}{1 - y_A}dy_A \tag{15.37}$$

$$\hat{N}_{Az} = \frac{\hat{c}D_{AB}}{z_2 - z_1}\ln\frac{(1 - y_{A2})}{(1 - y_{A1})} \tag{15.38}$$

Definindo a média logarítmica entre concentrações como $\overline{y}_{\ln} = \dfrac{y_{B2} - y_{B1}}{\ln\left(\dfrac{y_{B2}}{y_{B1}}\right)} = \dfrac{y_{A1} - y_{A2}}{\ln\left(\dfrac{1 - y_{A2}}{1 - y_{A1}}\right)}$, tem-se que $\ln\left(\dfrac{1 - y_{A2}}{1 - y_{A1}}\right) = $

$\dfrac{y_{A1} - y_{A2}}{\overline{y}_{\ln}}$, que pode ser substituído na Equação 15.38 para obter outra forma da equação do fluxo da espécie A através de um filme estagnado, em estado estacionário

$$\hat{N}_{Az} = \frac{\hat{c}D_{AB}}{z_2 - z_1}\frac{(y_{A1} - y_{A2})}{\overline{y}_{\ln}} \tag{15.39}$$

ou ainda, em função das pressões parciais,

$$\hat{N}_{Az} = \frac{PD_{AB}}{RT(z_2 - z_1)} \frac{(p_{A1} - p_{A2})}{\overline{p}_{\text{ln}}} \tag{15.40}$$

na qual $\overline{p}_{\text{ln}} = \dfrac{p_{B2} - p_{B1}}{\ln\left(\dfrac{p_{B2}}{p_{B1}}\right)} = \dfrac{p_{A1} - p_{A2}}{\ln\left(\dfrac{P - p_{A2}}{P - p_{A1}}\right)}$.

Por outro lado, a solução da Equação 15.36 entre $z = 0$ e $z = L$, em que as concentrações são, respectivamente, y_{A1} e y_{A2}, permite obter o perfil de concentração de A (vapor de naftaleno) ao longo do tubo capilar esquematizado na Figura 15.5. Esse perfil é dado por:

$$\left(\frac{1 - y_A}{1 - y_{A1}}\right) = \left(\frac{1 - y_{A2}}{1 - y_{A1}}\right)^{z/L} \tag{15.41}$$

Observe que o perfil de concentração da espécie A varia de modo não linear ao longo do tubo, diferentemente do perfil obtido no caso de difusão equimolar, em que o perfil de concentração de A é linear com z (Equação 15.28).

A situação da difusão em filme estagnado foi explicada pela difusão do naftaleno em um tubinho, mas a situação é a mesma para o caso da água ou de outro líquido que difunde a partir do fundo de um capilar.

EXEMPLO 15.1

Determine os fluxos de difusão em estado estacionário de éter etílico gasoso que evapora de um capilar de 3 mm de diâmetro e 10 cm de altura, semelhante ao que ocorre no caso da Figura 15.5 (na vertical). Considere que o nível de líquido é mantido constante, na metade do capilar ($\mathbf{H} = 5$ cm) e que o sistema está a 20 °C e pressão atmosférica. Sabe-se que a pressão de vapor do éter etílico a 20 °C é igual a $5,8955 \times 10^4$ Pa. Compare o resultado com o fluxo obtido quando se despreza o efeito da convecção induzida por difusão.

Solução

Da Tabela 15.1 (adiante), tem-se que o coeficiente de difusão do par ar-éter etílico a 20 °C e pressão atmosférica é igual a $0,0896$ cm$^2 \cdot$ s^{-1} ou $8,96 \times 10^{-6}$ m$^2 \cdot$ s^{-1}. O fluxo de éter que difunde através do espaço gasoso no capilar pode ser determinado pela Equação 15.39 (escrita em função do gradiente de fração molar de éter na fase gasosa) ou pela Equação 15.40 (em função do gradiente de pressão parcial de éter na fase gasosa). A Equação 15.39 se escreve como

$\hat{N}_{Az} = \dfrac{\hat{c}D_{AB}}{z_2 - z_1} \dfrac{(y_{A1} - y_{A2})}{\overline{y}_{\text{ln}}}$, em que A representa o éter e B o ar.

A pressão de vapor do éter na superfície do líquido é igual a $5,8955 \times 10^4$ Pa e pode ser considerada nula na extremidade do capilar, por onde passa uma corrente de ar que carrega os vapores de éter que difundem. Assim, as frações molares de éter na fase gasosa são iguais a $y_{A1} = \dfrac{5,8955 \times 10^4}{1,01325 \times 10^5} = 0,5818$ junto à superfície do líquido e $y_{A2} = 0$ na extremidade aberta do capilar. Desse modo, pode-se calcular a concentração média logarítmica por

$$\overline{y}_{\text{ln}} = \frac{y_{A1} - y_{A2}}{\ln\left(\dfrac{1 - y_{A2}}{1 - y_{A1}}\right)} = \frac{0,5818 - 0}{\ln\left(\dfrac{1 - 0}{1 - 0,5818}\right)} = 0,6673$$

O valor da constante universal dos gases é $R = 8,314$ J $\cdot$ mol$^{-1} \cdot$ K^{-1} ou $8,314$ m$^3 \cdot$ Pa $\cdot$ mol$^{-1} \cdot$ K^{-1}.

Desse modo, tem-se: $\hat{c} = \dfrac{P}{RT} = \dfrac{1,01325 \times 10^5}{8,314 \times 293} = 41,59 \,\text{mol} \cdot \text{m}^{-3}$

$$\hat{N}_{Az} = \frac{41,59 \times 8,96 \times 10^{-6}}{(0,10 - 0,05)} \frac{(0,5818 - 0)}{0,6673} = 6,5 \times 10^{-3} \,\text{mol} \cdot \text{m}^{-2} \cdot \text{s}^{-1}$$

Se o efeito da convecção induzida for desprezado ($\vec{v}_n = 0$), a equação de fluxo em condições de pressão e temperatura constantes é dada por

$$\hat{N}_{Az} = -D_{AB} \frac{d\hat{c}_A}{dz}$$

ou, na forma integrada $\hat{N}_{Az} = D_{AB} \dfrac{\hat{c}_{A1} - \hat{c}_{A2}}{z_2 - z_1}$

$\hat{N}_{Az} = 8,96 \times 10^{-6} \times \dfrac{24,20 - 0}{0,05} = 4,3 \times 10^{-3}\, \text{mol} \cdot \text{m}^{-2} \cdot \text{s}^{-1}$. Comete-se um erro de 33,3 % quando se despreza o efeito da convecção induzida pela difusão.

Resposta: O fluxo de difusão calculado considerando-se o efeito da convecção, é de $6,5 \times 10^{-3}\, \text{mol} \cdot \text{m}^{-2} \cdot \text{s}^{-1}$, e o fluxo calculado, desprezando-se esse efeito, é de $4,3 \times 10^{-3}\, \text{mol} \cdot \text{m}^{-2} \cdot \text{s}^{-1}$.

O leitor pode repetir os cálculos para a temperatura de 30 ºC, situação em que o coeficiente de difusão do éter etílico no ar é igual a $9,42 \times 10^{-6}\, \text{m}^2 \cdot \text{s}^{-1}$ e tem pressão de vapor de 86,3 kPa. O que ocorre quando a temperatura se aproxima da temperatura de ebulição do éter?

15.4.3   Difusão em regime pseudoestacionário

A difusão em regime pseudoestacionário é uma aproximação que se faz, por exemplo, quando o naftaleno sublima lentamente no interior de um tubo capilar ou quando há um líquido evaporando no interior de um tubo capilar vertical, conforme esquematizado na Figura 15.6a. Nessa situação, o caminho difusivo, z, entre a superfície do líquido e a saída do tubo capilar varia com o tempo e a equação do fluxo de massa em estado pseudoestacionário se escreve como

$$\frac{\rho_A}{M_{MA}} \frac{dz}{dt} = \frac{\hat{c} D_{AB}}{z} \frac{(y_{A1} - y_{A2})}{\overline{y}_{\ln}} \tag{15.42}$$

Separando as variáveis e integrando entre $t = 0$, $z = z_0$ e $t = t$, $z = z$,

$$\int_{t=0}^{t} dt = \frac{\rho_A \left(\dfrac{\overline{y}_{\ln}}{M_{MA}} \right)}{\hat{c} D_{AB} \left(y_{A1} - y_{A2} \right)} \int_{z_0}^{z} z\, dz \tag{15.43}$$

Da resolução da Equação 15.43, chega-se a uma expressão para a determinação experimental do coeficiente de difusão da espécie A (líquido que evapora) através de um gás estagnado B.

$$D_{AB} = \frac{\rho_A\, \overline{y}_{\ln}}{\hat{c} t\, M_{MA} \left(y_{A1} - y_{A2} \right)} \left(\frac{z^2 - z_0^2}{2} \right) \tag{15.44}$$

Para isso, basta determinar experimentalmente a posição do menisco em função do tempo e aplicar os dados diretamente na Equação 15.44.

A evaporação lenta de uma gota esférica de água, a sublimação de uma partícula de naftaleno ou a combustão de uma partícula de carvão também são casos em que essa aproximação pode ser efetuada (Figura 15.6b). Problemas com geometria esférica têm como característica a área variável, pois a área normal ao fluxo é dada por $4\pi r^2$. Em problemas com área variável o fluxo diminui com a distância da superfície esférica, mas a taxa molar de transferência de massa de A na direção r, $\hat{M}_{Ar} = 4\pi r^2 \hat{N}_{Ar}$, permanece constante em estado estacionário.

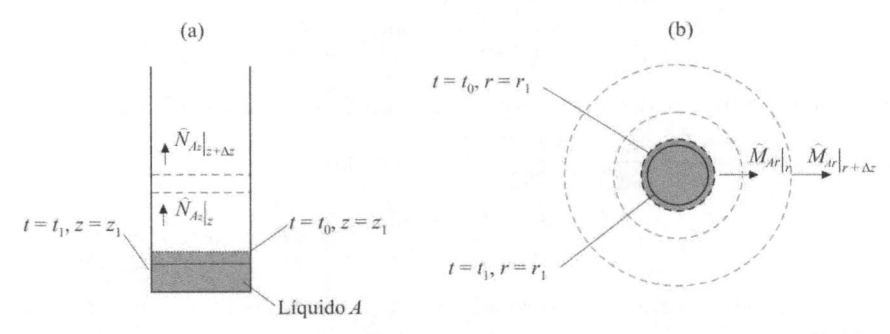

Figura 15.6 Ilustração de situações nas quais se faz a aproximação de difusão em estado pseudoestacionário: a) difusão durante a evaporação de um líquido contido em um capilar; b) situação de evaporação de uma gota de água ou de uma esfera de naftaleno.

15.4.4 Difusão em uma mistura gasosa que reage quimicamente com uma superfície

A transferência de massa pode ser muito influenciada por reações químicas que ocorrem em uma superfície, chamadas de reações químicas heterogêneas (denomina-se homogênea a reação química que ocorre no seio do fluido). A reação de combustão do carvão é um exemplo dessa situação, pois a reação do oxigênio com o carbono ocorre na superfície das partículas. A taxa de reação é controlada pela difusão, dependendo do fluxo de oxigênio do ar para a superfície das partículas. Consideremos dois casos distintos, esquematizados na Figura 15.7: a) caso em que há combustão completa e b) caso de combustão incompleta do carvão.

Na situação (a) da Figura 15.7, a equação de fluxo molar de O_2 para a superfície onde ocorre a reação é dada por

$$\hat{N}_{O_2 z} = -\hat{c} D_{O_2 - CO_2} \frac{dO_2}{dz} + y_{O_2} (\hat{N}_{O_2 z} + \hat{N}_{CO_2 z}) \tag{15.45}$$

Para cada mol de O_2 que chega à superfície, há a formação de um mol de CO_2, e então $\hat{N}_{Az} = -\hat{N}_{Bz}$ (contradifusão equimolar), implicando $\vec{v}_{nz} = \hat{N}_{O_2 z} + \hat{N}_{CO_2 z} = 0$. Assim, a Equação 15.45 se escreve como

$$\hat{N}_{O_2 z} = -\hat{c} D_{O_2 - CO_2} \frac{dy_{O_2}}{dz} \tag{15.46}$$

Na situação (b), a equação de fluxo molar de O_2 é dada por

$$\hat{N}_{O_2 z} = -\hat{c} D_{O_2 - mistura} \frac{dO_2}{dz} + y_{O_2} (\hat{N}_{O_2 z} + \hat{N}_{CO_2 z} + \hat{N}_{CO z}) \tag{15.47}$$

Nesse caso, para cada dois mols de O_2 que chegam à superfície, há a formação de um mol de CO_2 e de dois mols de CO. Isso leva à seguinte relação entre os fluxos:

$$\hat{N}_{O_2 z} = -2\hat{N}_{CO_2 z} \quad \text{e} \quad \hat{N}_{O_2 z} = -\hat{N}_{CO z} \tag{15.48}$$

De onde vem que

$$\hat{N}_{O_2 z} = -\hat{c} D_{O_2 - mistura} \frac{dO_2}{dz} + y_{O_2} (\hat{N}_{O_2 z} - \frac{1}{2} \hat{N}_{O_2 z} - \hat{N}_{O_2 z}) \tag{15.49}$$

ou

$$\hat{N}_{O_2 z} = -\hat{c} D_{O_2 - mistura} \frac{dO_2}{dz} + y_{O_2} (-\frac{1}{2} \hat{N}_{O_2 z}) \tag{15.50}$$

$$\hat{N}_{O_2 z} = -\frac{\hat{c} D_{O_2 - mistura}}{(1 + \frac{y_{O_2}}{2})} \frac{dO_2}{dz} \tag{15.51}$$

Observe como a reação química que ocorre na superfície modifica o fluxo de O_2. Nesse caso a velocidade média molar da mistura não é nula, $\vec{v}_{nz} \neq 0$. Isso também vai modificar o perfil de concentração de O_2 junto à superfície, onde ocorre a difusão dos reagentes. Nas Equações 15.49 a 15.51, $D_{O_2 - mistura}$ é o coeficiente de difusão do O_2 na mistura gasosa, chamado de coeficiente de difusão pseudobinário. Voltaremos a comentar sobre essa aproximação na Seção 15.5.

15.4.5 Difusão de uma espécie em um líquido

A difusão de solutos em meio líquido tem grande importância em processos industriais, como nos processos de extração por solvente, também chamados de processos de extração líquido-líquido, nos processos de destilação e nos processos de absorção de gases por líquidos. Para essa última, podem-se citar alguns exemplos comuns da indústria e do cotidiano, como a oxigenação de fermentadores ou de aquários de peixes, a sulfitação de sucos e a carbonatação de bebidas. Por causa

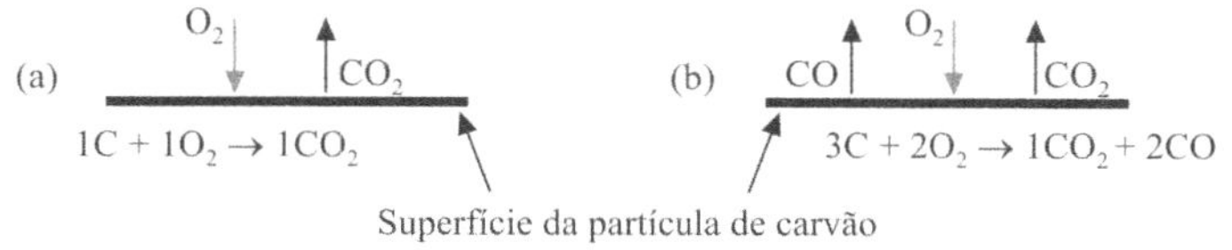

Figura 15.7 Difusão com reação química em uma superfície. Caso da combustão de uma partícula idealizada de carvão.

do maior nível de compactação molecular dos líquidos, a difusão de uma espécie A no seu interior é muito mais lenta do que no seio de um gás. De modo geral, o coeficiente de difusão de uma espécie em um meio gasoso é 10 mil vezes superior ao coeficiente de difusão dessa espécie em um meio líquido. No entanto, as concentrações nas fases líquidas são maiores do que em gases, fazendo com que os fluxos típicos em fase líquida sejam duas ordens de grandeza menores (100 vezes menores) que os fluxos típicos em gases. Em líquidos, são raros os casos de contradifusão equimolar.

Os casos de maior interesse dizem respeito à difusão de um soluto (A) em um líquido estagnado (B), que não difunde. Uma situação genérica de interesse industrial é a difusão de um soluto (A) através da água (solvente, B), para uma interface e daí para o interior de outro solvente (C), hidrofóbico. Como a água é insolúvel no solvente C, pode-se escrever que $\hat{N}_B = 0$ na interface que se forma entre B e C. Para esse caso, uma versão da Equação 15.39 pode ser escrita como:

$$\hat{N}_{Az} = \frac{\hat{c}D_{AB}}{z_2 - z_1} \frac{(x_{A1} - x_{A2})}{\overline{x}_{\ln B}}$$

(15.52)

em que $\overline{x}_{\ln B} = \dfrac{x_{B2} - x_{B1}}{\ln\left(\dfrac{x_{B2}}{x_{B1}}\right)}$.

Por definição, $x_{A1} + x_{B1} = x_{A2} + x_{B2} = 1$. Para soluções diluídas, o valor de $\overline{x}_{\ln B} \sim 1$ e $\hat{c}$ é praticamente o mesmo em qualquer posição no interior do sistema. Assim, em soluções líquidas diluídas se considera que a difusão de uma espécie química ocorre em um filme com $\vec{v}_n = 0$, e a Equação 15.52 pode ser simplificada para

$$\hat{N}_{Az} = \hat{j}_{Az} = -D_{AB}\frac{d\hat{c}_A}{dz}$$

(15.53)

ou, em regime estacionário,

$$\hat{N}_{Az} = \hat{j}_{Az} = D_{AB}\frac{(\hat{c}_{A1} - \hat{c}_{A2})}{z_2 - z_1}$$

(15.54)

15.4.6 Difusão de uma espécie através de um sólido

Em muitos casos, a matriz sólida permanece fixa durante o processo de difusão e pode-se considerar que $\hat{c}_A\vec{v}_n = \dfrac{\hat{c}_A}{\hat{c}}(\hat{N}_A + \hat{N}_B) = 0$, da qual resulta que

$$\hat{N}_{Az} = -D_{AB}\frac{d\hat{c}_A}{dz}$$

(15.55)

ou, em regime estacionário,

$$\hat{N}_{Az} = D_{AB}\frac{\hat{c}_{A1} - \hat{c}_{A2}}{z_2 - z_1}$$

(15.56)

Para os casos em que a matriz sólida se deforma durante o processo de transferência de massa por difusão, a consideração de $\hat{c}_A\vec{v}_n = \dfrac{\hat{c}_A}{\hat{c}}(\hat{N}_A + \hat{N}_B) = 0$ não pode ser feita; o problema se torna mais complexo e não será discutido neste capítulo.

Para difusão radial em um cilindro de raio interno r_1 e raio externo r_2 e de comprimento L, tem-se que a taxa molar de transferência de massa de A na direção r, é dada por

$$\frac{\hat{M}_{Ar}}{2\pi r L} = -D_{AB}\frac{d\hat{c}_A}{dr}$$

(15.57)

Da integração da Equação 15.57 vem que

$$\hat{M}_{Ar} = D_{AB}(\hat{c}_{A1} - \hat{c}_{A2})\frac{2\pi L}{\ln(r_2/r_1)}$$

(15.58)

Observe que essas equações são similares às equações de transferência de calor radial em um cilindro oco com parede de espessura ($r_2 - r_1$). A Equação 15.58 tem aplicações em processos de separação por membranas formadas por feixes de fibras ocas.

15.4.7 Difusão através de uma membrana sólida separando dois fluidos com diferentes concentrações de soluto

A situação em que uma fina membrana separa dois fluidos de diferentes concentrações de um soluto tem muitas aplicações na Engenharia de Alimentos. Dois exemplos clássicos são: (i) difusão de vapor de água, de O_2, de CO_2 e de outros gases através de filmes plásticos de embalagens; (ii) difusão de um soluto através de membranas poliméricas usadas em processos de separação por membranas (veja o Capítulo 20). A Figura 15.8 ilustra uma situação em que duas soluções com diferentes concentrações de um soluto (A) estão separadas por uma membrana. Se as soluções estão bem agitadas nos dois lados da membrana, não há gradientes de concentração nos seios delas. Se a espécie A é solúvel no material da membrana, vai ocorrer difusão, no sentido da maior para a menor concentração.

O fluxo da espécie A através de um sólido estático é dado por $\hat{j}_{Az} = -D_{AB}\dfrac{d\hat{c}_A}{dz}$, pois não há movimento global de solução através da membrana $\vec{v}_n = 0$. Em estado estacionário, $\dfrac{d\hat{c}_A}{dz}$ = cte, e o perfil de concentrações da espécie A através da membrana é dado por $\hat{c}_A = c_1 z + c_2$, na qual c_1 e c_2 são constantes.

Para a determinação de c_1 e c_2, devem-se conhecer as concentrações $\hat{c}_{A1i}$ e $\hat{c}_{A2i}$ (Figura 15.8). Observe que estamos falando de concentrações da espécie A na membrana, pois a Lei de Fick descreve a transferência de uma espécie como resultado de um gradiente de concentração em uma única fase. Para isso, é necessário conhecer o modo como a espécie A se reparte entre a solução e a superfície da membrana, para cada concentração de A na solução e para dadas condições de temperatura e pressão. Para o caso em análise, essa informação termodinâmica é obtida experimentalmente por meio de dados de equilíbrio, para cada par pressão-temperatura. Para a situação mais simples, quando a relação é linear, tem-se um coeficiente de partição $\hat{k}_i$ definido por:

$$\hat{k}_i = \frac{\hat{c}_{Ai}}{\hat{c}_{Ae}} \tag{15.59}$$

Com essa relação de equilíbrio, pode-se determinar $\hat{c}_{A1i}$ e $\hat{c}_{A2i}$ a partir das concentrações das soluções de cada lado da membrana e assim determinar o fluxo de A em estado estacionário com a Lei de Fick,

$$\hat{j}_{Az} = -D_{AB}\frac{\hat{c}_{A1i} - \hat{c}_{A2i}}{L} \tag{15.60}$$

A permeação de vapor de água em embalagens flexíveis é um assunto de grande importância para a conservação de alimentos desidratados. A vida útil desses alimentos depende diretamente das propriedades de barreira ao vapor de água do filme polimérico usado para fabricar a embalagem e das concentrações de vapor de água no interior da embalagem e no meio ambiente.

Os filmes flexíveis mais utilizados para a fabricação de embalagens para alimentos são o polietileno, o polipropileno, policloreto de vinila (PVC) e as poliamidas. Esses filmes atuam como barreira à luz e ao fluxo de gases (O_2, N_2, CO_2, etileno, aromas) e de vapor de água. As propriedades de barreira aos gases e ao vapor de água são dadas em termos de coeficientes de permeabilidades, como explicado a seguir.

A transferência de uma espécie através de um filme flexível pode ser dividida em três etapas, como esquematizado na Figura 15.9. Na etapa I a espécie sendo transferida (espécie A) é solubilizada na superfície do polímero (sorção) que está exposta à mistura gasosa com maior concentração de A. Na etapa II as moléculas dissolvidas difundem na estrutura do polímero até a superfície exposta à mistura gasosa com menor concentração de A. As macromoléculas que formam o filme estão em constante movimento na rede polimérica, por causa da agitação térmica, formando espaços vazios que se modificam constantemente. Quanto maiores os espaços vazios, maior a facilidade de difusão da espécie A na rede polimérica. Na etapa III as moléculas que difundiram através da matriz se desprendem da superfície (dessorção) para a mistura gasosa com menor concentração de A. No caso da transferência de água para o interior de embalagens contendo produ-

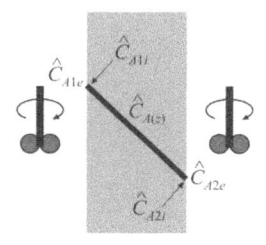

Figura 15.8 Representação genérica da difusão de uma espécie A através de uma membrana fina.

Figura 15.9 Transferência de uma espécie através de filmes flexíveis.

tos desidratados, as moléculas de água serão sorvidas pelo alimento, que perderá suas características originais, como a crocância, por exemplo.

O fluxo da espécie A através do filme, em regime estacionário, é dado por

$$\hat{N}_{Az} = \frac{D_{AB}\,(\hat{c}_{A1} - \hat{c}_{A2})}{e} \tag{15.61}$$

em que $\hat{c}_{A1}$ e $\hat{c}_{A2}$ são as concentrações da espécie A nas superfícies do filme e e é a espessura do filme. Não conhecemos os valores de $\hat{c}_{A1}$ e $\hat{c}_{A2}$, mas podemos estimá-los a partir do valor do coeficiente de partição da espécie A entre o polímero e a mistura gasosa, a dadas condições de temperatura e pressão, ou seja, $\hat{c}_A = \hat{K}_S p_A$, em que $\hat{K}_S$ é o coeficiente de solubilidade da espécie A no material (mol $\cdot$ m^{-3} $\cdot$ kPa^{-1}) e p_A é a pressão parcial da espécie A na fase gasosa (kPa). Assim, a taxa de transferência de massa da espécie A através do filme é dada por

$$\dot{M}_A = \frac{D_{AB}\,\hat{K}_S\,M_{MA}\,A\left(p_{A1} - p_{A2}\right)}{e} = \frac{K_A\,A\left(p_{A1} - p_{A2}\right)}{e} \tag{15.62}$$

em que K_A é a permeabilidade mássica da espécie A através do filme. Suas unidades são dadas em (massa de A) $\cdot$ (espessura do filme) $\cdot$ (área de permeação)$^{-1}$ $\cdot$ (tempo)$^{-1}$ $\cdot$ (diferença de pressão parcial de A através do filme)$^{-1}$. Na Tabela 15.2 são apresentados valores de permeabilidades, coeficientes de difusão e coeficientes de solubilidade (coeficientes de partição) de gases e do vapor de água em alguns filmes poliméricos. Como $K_A = D_{AB}\hat{K}_S M_{MA}$ muitas vezes a espécie A tem maior permeabilidade em filmes onde ela é mais solúvel e não onde tem maior coeficiente de difusão. Para os filmes mais usados, o CO_2 sempre apresenta menor coeficiente de difusão que o O_2 e o N_2, mas tem maior permeabilidade, em razão de sua maior solubilidade.

EXEMPLO 15.2

Uma célula de difusão utilizada para determinar a permeabilidade ao vapor de água de filmes poliméricos está representada esquematicamente na Figura 15.10a. Uma amostra de filme circular é cortada e fixada no topo da célula contendo cloreto de cálcio (que permite obter UR = 2 % no interior da célula). Essa célula é inserida em um ambiente com umidade relativa superior (75 % ou 90 % são normalmente usadas) e temperatura constante (30 ºC), e sua massa é determinada durante um dado tempo. A curva mostrada na Figura 15.10b representa os dados de variação de massa da cápsula durante 24 h. Determine a permeabilidade do filme polimérico que tem espessura igual a 0,1 mm.

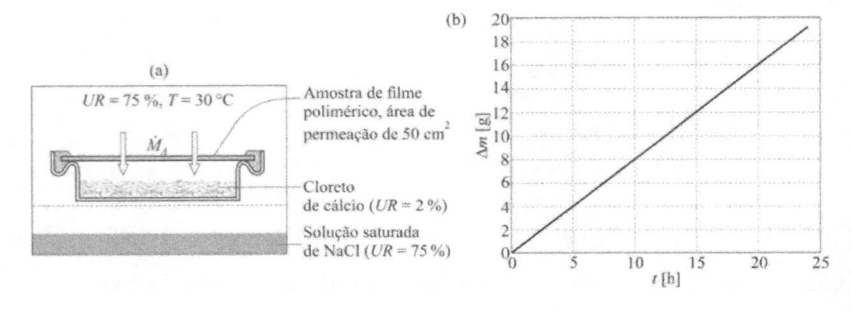

Figura 15.10 Determinação experimental da permeabilidade ao vapor de água de filmes poliméricos.

Solução

A inclinação da curva experimental representada pela Figura 15.10b fornece a taxa de permeação de vapor de água através do filme, em regime estacionário, ou seja:

$$\dot{m}_A = \frac{16}{20} = 0,8\,g \cdot h^{-1} \text{ ou } 2,22 \times 10^{-4}\,g \cdot s^{-1}$$

A espessura do filme é 0,1 mm ou 1×10^{-4} m e a área de permeação é $A = 50\ cm^2$ ou 0,005 m^2. A pressão de vapor de saturação da água a 30 °C é 4,246 kPa. As pressões parciais de vapor em ambos os lados do filme são $p_{A1} = 0,75 \times 4,246 = 3,1845$ kPa e $p_{A2} = 0,02 \times 4,246 = 0,0849$ kPa. Da Equação 15.62 vem que

$$K_A = \frac{\dot{m}_A\,e}{A\,(p_{A1} - p_{A2})} = \frac{(2,22 \times 10^{-4})(1 \times 10^{-4})}{0,005\,(3184,5 - 84,92)}$$

$$K_A = 1,44 \times 10^{-9}\ (\text{g de água} \cdot m) \cdot (m^{-2} \cdot Pa^{-1} \cdot s^{-1})$$

Resposta: A permeabilidade do filme polimérico é $1,44 \times 10^{-9}$ (g de água · m) · ($m^{-2} \cdot Pa^{-1} \cdot s^{-1}$).

A permeabilidade é muitas vezes representada em (g de água · μm) · ($m^{-2} \cdot dia^{-1} \cdot Pa^{-1}$). Essa transformação fica a cargo do leitor.

15.5 MODELOS PARA DETERMINAÇÃO DOS COEFICIENTES DE DIFUSÃO ATRAVÉS DE GASES E DE LÍQUIDOS

15.5.1 Coeficientes de difusão em gases

Valores de coeficientes de difusão de várias misturas gasosas binárias foram compilados por Cremasco (1998) e estão apresentados na Tabela 15.1. A predição de coeficientes de difusão em gases não polares é classicamente realizada com a equação de Chapman-Enskog (Equação 15.63), resultante da aplicação da Teoria Cinética dos Gases em gases a baixas pressões. Considera-se que as colisões moleculares ocorrem somente entre duas moléculas de cada vez e que o gás é um conjunto de esferas rígidas de baixa massa molar. A equação de Chapman-Enskog relaciona o coeficiente de difusão binário (difusão de A em B) com as forças de atração e repulsão moleculares, por meio do uso do potencial de Lennard-Jones.

$$D_{AB} = \frac{1,858 \times 10^{-27} T^{3/2}}{P\,r_{AB}^2\,\Omega_D} \left(\frac{1}{M_{MA}} + \frac{1}{M_{MB}} \right)^{1/2} \tag{15.63}$$

em que D_{AB} é o coeficiente de difusão de A em B $[m^2 \cdot s^{-1}]$; T é a temperatura absoluta [K]; M_{MA} e M_{MB} são as massas molares de A e B, respectivamente $[g \cdot mol^{-1}]$; P é a pressão [atm]; r_{AB} é o diâmetro de colisão [m]; e Ω_D é a integral de colisão para difusão molecular [adimensional], que depende da relação: $k_B T / r_{AB}$, sendo k_B a constante de Boltzmann $[1,3806 \times 10^{-23}\,J \cdot K^{-1}]$.

Para um sistema binário, o parâmetro r_{AB} é calculado pela média aritmética dos diâmetros de colisão das espécies A e B, ou seja,

$$r_{AB} = \frac{r_A + r_B}{2} \tag{15.64}$$

O parâmetro Ω_D é calculado usando o potencial de Lennard-Jones, $\phi_{AB}(r)$, entre uma molécula de A e uma molécula de B

$$\phi_{AB}(r) = 4\epsilon_{AB} \left[\left(\frac{r_{AB}}{r} \right)^{12} - \left(\frac{r_{AB}}{r} \right)^6 \right] \tag{15.65}$$

em que ϵ_{AB} = energia de interação molecular para o sistema binário A e B, r_{AB} = diâmetro de colisão e r = distância inter-molecular. As forças repulsivas e atrativas são consideradas por meio dos expoentes r^{-12} e r^{-6}, respectivamente. Para uma mistura binária, o parâmetro de Lennard-Jones, ϵ_{AB}, é estimado pela Equação 15.66:

$$\frac{\epsilon_{AB}}{k_B} = \frac{(\epsilon_A \epsilon_B)^{1/2}}{k_B} \tag{15.66}$$

Valores dos diâmetros de colisão e de $\dfrac{\epsilon}{k_B}$ para várias substâncias puras são dadas na Tabela 15.3. Valores da integral de colisão, Ω_D, calculados a partir do potencial de Lennard-Jones por Hirschfelder e colaboradores (1954), estão apresentados na Tabela 15.4. Mais detalhes sobre o cálculo de Ω_D podem ser encontrados em livros-texto sobre transferência de massa e em livros relacionados com propriedades físicas de gases.

Correlações empíricas são bastante usadas para a determinação de coeficientes de difusão em gases. A mais conhecida é a equação de Fuller et al. (Equação 15.67), que foi obtida por meio da correlação de grande quantidade de dados experimentais. Essa correlação pode ser usada para estimar valores de coeficientes de difusão para misturas de gases não polares e para mistura de um gás polar com um gás não polar,

$$D_{AB} = \frac{1,0 \times 10^{-7} \, T^{1,75}}{P\left[(\tilde{V}_{DA})^{1/3} + (\tilde{V}_{DB})^{1/3}\right]^2}\left(\frac{1}{M_{MA}} + \frac{1}{M_{MB}}\right)^{1/2} \tag{15.67}$$

Tabela 15.1 Coeficientes de difusão binária em gases

SISTEMA	T [K]	$\dfrac{D_{AB}P}{[\text{cm}^2 \cdot \text{kPa} \cdot \text{s}^{-1}]}$	SISTEMA	T [K]	$\dfrac{D_{AB}P}{[\text{cm}^2 \cdot \text{kPa} \cdot \text{s}^{-1}]}$
ar/acetato de etila	273	7,18	CO_2/nitrogênio	298	16,01
ar/acetato de propila	315	9,32	CO_2/óxido nitroso	298	11,85
ar/água	298	27,25	CO_2/propano	298	8,74
ar/amônia	273	20,06	CO/etileno	273	15,30
ar/anilina	298	7,35	CO/hidrogênio	273	65,95
ar/benzeno	298	9,75	CO/nitrogênio	288	19,45
ar/bromo	293	9,22	CO/oxigênio	273	18,74
ar/difenil	491	16,21	He/água	298	91,98
ar/dióxido de carbono	273	13,78	He/argônio	273	64,93
ar/dióxido de enxofre	273	12,36	He/benzeno	298	38,90
ar/etanol	298	13,37	He/etanol	298	50,04
ar/éter etílico	293	9,08	He/hidrogênio	293	166,13
ar/iodo	298	8,45	He/neônio	293	124,60
ar/mercúrio	614	47,91	H_2/água	293	86,11
ar/metanol	298	16,41	H_2/amônia	293	86,00
ar/naftaleno	298	6,19	H_2/argônio	293	78,00
ar/nitrobenzeno	298	8,79	H_2/benzeno	273	32,11
ar/n-octano	298	6,10	H_2/etano	273	44,47
ar/oxigênio	273	17,73	H_2/metano	273	63,31
ar/tolueno	298	8,55	N_2/oxigênio	273	70,61
argônio/neônio	293	33,33	N_2/amônia	293	24,41
CO_2/acetato de etila	319	6,75	N_2/etileno	298	16,51
CO_2/água	298	16,61	N_2/hidrogênio	288	75,27
CO_2/benzeno	318	7,24	N_2/iodo	273	7,09
CO_2/etanol	273	7,02	N_2/oxigênio	273	18,34
CO_2/éter etílico	273	5,48	NH_3/etileno	293	17,93
CO_2/hidrogênio	273	55,72	O_2/amônia	293	25,63
CO_2/metano	273	15,50	O_2/benzeno	296	9,51
CO_2/metanol	298,6	10,64	O_2/etileno	293	18,44

Fonte: Adaptado dos dados compilados por Cremasco (1998). Para dados adicionais, consulte Reid, Prausnitz e Poling (1987).

em que a temperatura absoluta deve ser fornecida em K, a pressão em atm e os volumes molares em cm³ · mol⁻¹, fornecendo o coeficiente de difusão em m² · s⁻¹. Os volumes molares de difusão, $\tilde{V}_{DA}$ e $\tilde{V}_{DB}$ são determinados pela soma dos volumes V_i dos n átomos que formam cada uma das moléculas. Valores de volumes de difusão e de volumes atômicos de moléculas simples são apresentados na Tabela 15.5.

Tabela 15.2 Coeficiente de permeabilidade, coeficiente de difusão e coeficientes de solubilidade (coeficientes de partição) de gases fixos e do vapor de água em alguns filmes poliméricos

POLÍMERO	PERMEANTE	T [°C]	$K_A \times 10^{10}$	$D \times 10^6$	$K_s' \times 10^2$
Poli(etileno) (densidade 0,914)	O_2	25	2,16	0,46	0,047
	CO_2	25	9,45	0,37	0,255
	N_2	25	0,73	0,32	0,023
	H_2O	25	67,52		
Poli(etileno) (densidade 0,964)	O_2	25	0,30	0,17	0,018
	CO_2	25	1,27	0,116	0,110
	CO	25	0,14	0,096	0,015
	N_2	25	0,11	0,093	0,012
	H_2O	25	9,00		
Poli(propileno)	H_2	20	30,76	2,12	
	N_2	30	0,33		
	O_2	30	1,73		
	CO_2	30	6,90		
	H_2O	25	38,26		
Poli(tereftalato de etileno) cristalino	O_2	25	0,03	0,0035	0,074
	N_2	25	0,005	0,0014	0,049
	CO_2	25	0,13	0,0006	1,974
	H_2O	25	97,53		
Acetato de celulose	N_2	30	0,28		
	O_2	30	0,78		
	CO_2	30	22,7		
	H_2O	25	5,5		
Celulose (celofane)	N_2	25	0,0032		
	O_2	25	0,0021		
	CO_2	25	0,0047		
	H_2O	25	1,9		

Fonte: Yasuda e Stannett (1975). As unidades usadas são as seguintes: K_A em [cm³ (CPTP)·cm·cm⁻²·s⁻¹ (kPa)⁻¹], D em [cm²·s⁻¹] e K_s' em [cm³(CPTP)·cm⁻³·kPa⁻¹], sendo as condições padrão de temperatura e pressão (CPTP) 1,0 bar e 273,15 K.

Tabela 15.3 Parâmetros do modelo de difusão de Chapman-Enskog

	ESPÉCIES	r [Å]	ε/K_B [K]
Ar	Argônio	3,54	93,3
He	Hélio	2,55	10,2
Ar	Ar	3,71	78,6
AsH_3	Arsênio	4,15	260
CCl_4	Tetracloreto de carbono	5,95	323
CH_4	Metano	3,76	149
C_6H_6	Benzeno	5,35	412
H_2	Hidrogênio	2,83	59,7
H_2O	Água	2,64	809
N_2	Nitrogênio	3,8	71,4
O_2	Oxigênio	3,47	107

Fonte: Adaptado dos dados compilados por Middleman (1997). Para dados adicionais, consulte Reid, Prausnitz e Poling (1987).

Tabela 15.4 Valores da integral de colisão Ω_D com base no potencial de Lennard-Jones (Hirschfelder et al., 1954)

$k_B T/r_{AB}$	Ω_D	$k_B T/r_{AB}$	Ω_D	$k_B T/r_{AB}$	Ω_D
0,30	2,662	1,65	1,153	4,0	0,8836
0,35	2,476	1,70	1,140	4,1	0,8788
0,40	2,318	1,75	1,128	4,2	0,8740
0,45	2,184	1,80	1,116	4,3	0,8694
0,50	2,066	1,85	1,105	4,4	0,8652
0,55	1,966	1,90	1,094	4,5	0,8610
0,60	1,877	1,95	1,084	4,6	0,8568
0,65	1,798	2,00	1,075	4,7	0,8530
0,70	1,729	2,1	1,057	4,8	0,8492
0,75	1,667	2,2	1,041	4,9	0,8456
0,80	1,612	2,3	1,026	5,0	0,8422
0,85	1,562	2,4	1,012	6	0,8124
0,90	1,517	2,5	0,9996	7	0,7896
0,95	1,476	2,6	0,9878	8	0,7712
1,00	1,439	2,7	0,9770	9	0,7556
1,05	1,406	2,8	0,9672	10	0,7424
1,10	1,375	2,9	0,9576	20	0,6640
1,15	1,346	3,0	0,9490	30	0,6232
1,20	1,320	3,1	0,9406	40	0,5960
1,25	1,296	3,2	0,9328	50	0,5756
1,30	1,273	3,3	0,9256	60	0,5596
1,35	1,253	3,4	0,9186	70	0,5464
1,40	1,233	3,5	0,9120	80	0,5352
1,45	1,215	3,6	0,9058	90	0,5256
1,50	1,198	3,7	0,8998	100	0,5130
1,55	1,182	3,8	0,8942	200	0,4644
1,60	1,167	3,9	0,8888	400	0,4170

Fonte: Adaptados dos dados compilados por Hines e Maddox, 1984. Para dados adicionais, consulte Reid, Prausnitz e Poling (1987).

Tabela 15.5 Volumes de difusão atômica para utilização
com o método de Fuller, Schettler e Giddings

INCREMENTOS DE VOLUME DE DIFUSÃO ATÔMICO E ESTRUTURAL, υ			
C	16,5	(Cl)*	19,5
H	1,98	(S)	17,0
O	5,48	Anel aromático	–20,2
(N)	5,69	Anel heterocíclico	–20,2

VOLUMES DE DIFUSÃO PARA MOLÉCULAS SIMPLES, $\Sigma\upsilon$			
H_2	7,07	CO	18,9
D_2	6,70	CO_2	26,9
He	2,88	N_2O	35,9
N_2	17,9	NH_3	14,9
O_2	16,6	H_2O	12,7
Ar	20,1	(CCl_2F_2)	114,8
Argônio	16,1	(SF_6)	69,7
Kr	22,8	(Cl_2)	37,7
(Xe)	37,9	(Br_2)	67,2
Ne	5,59	(SO_2)	41,1

Fonte: Fuller, Schettler e Giddings (1966).
* Parênteses indicam que o valor tem base em poucos dados experimentais.

Nas equações de Chapman-Enskog e de Fuller e colaboradores, pode-se observar que o coeficiente de difusão aumenta como uma função da temperatura absoluta, na forma T^α, com α variando entre 1,5 e 1,75, e de modo inversamente proporcional à pressão. Para a extrapolação de dados do coeficiente de difusão em gases para pressões e temperaturas cujo valor é desconhecido, usa-se uma equação com base na equação de Chapman-Enskog, ou seja:

$$D_{AB,T_2,P_2} = D_{AB,T_1,P_1} \frac{P_1}{P_2} \left(\frac{T_2}{T_1} \right)^{1,5} \frac{\Omega_{T_1}}{\Omega_{T_2}}$$ (15.68)

Difusão em uma mistura de gases

Rigorosamente, a Lei de Fick é definida para uma mistura binária de A e B. No entanto, é comum fazer uma aproximação para aplicação dessa lei em sistemas multicomponentes. Para isso define-se um coeficiente de difusão pseudobinário (Equação 15.69).

$$D_{1-mistura} = \frac{1}{\left(\dfrac{y_2'}{D_{1-2}} \right) + \left(\dfrac{y_3'}{D_{1-3}} \right) + \ldots + \left(\dfrac{y_n'}{D_{1-n}} \right)}$$ (15.69)

em que D_{1-i} é o coeficiente de difusão do componente 1 no componente i, e $y_i' = \dfrac{y_i}{y_2 + y_3 + \ldots + y_n}$ é a fração molar do componente i na mistura, a menos do componente 1. Chamando o componente 1 de componente A, a equação de Fick adaptada para difusão pseudobinária é dada por $\hat{j}_{A-mistura} = -D_{A-mistura} \dfrac{d\hat{c}_A}{dz}$.

EXEMPLO 15.3

Estimar o coeficiente de difusão do O_2 no N_2 a 25 °C e pressão atmosférica. Qual é o valor desse coeficiente se a temperatura for aumentada para 80 °C? O que ocorre com o valor do coeficiente se a temperatura for aumentada para 80 °C e a pressão para 1,5 atm?

Solução

A equação de Chapman-Enskog (Equação 15.63) pode ser usada para essa estimativa

$$D_{AB} = \frac{1,858 \times 10^{-27} \, T^{3/2}}{P \, r_{AB}^2 \Omega_D} \left(\frac{1}{M_{MA}} + \frac{1}{M_{MB}} \right)^{1/2}$$

Para isso, calcula-se o valor do diâmetro de colisão da mistura, r_{AB}, a partir dos valores de r de cada espécie, dados na Tabela 15.3.

$$r_{AB} = \frac{r_A + r_B}{2} = \frac{3,47 + 3,80}{2} = 3,635 \text{ Å} = 3,6350 \times 10^{-10} \text{ m}$$

Analogamente, calcula-se o valor médio de $\frac{\epsilon_{AB}}{k_B}$ a partir dos valores da Tabela 15.3, em que $\frac{\epsilon_A}{k_B} = 107$ K e $\frac{\epsilon_B}{k_B} = 71,4$ K. Desses valores e da constante de Boltzmann, $k_B = 1,3806503 \times 10^{-23}$ J $\cdot$ K^{-1}, vem que $\frac{\epsilon_{AB}}{k_B} = 87,41$ K. Valores da integral de colisão, Ω_D, são obtidos da Tabela 15.4, a partir do valor $(k_B T / \epsilon_{AB}) = 3,4$, de onde vem que $\Omega_D = 0,9186$. A massa molar do O_2 é 32 g $\cdot$ mol^{-1} e a massa molar do N_2 é 28 g $\cdot$ mol^{-1}. Substituindo os valores na equação de Chapman-Enskog:

$$D_{AB} = \frac{1,858 \times 10^{-27} (298)^{3/2}}{1 \times (3,6350 \times 10^{-10})^2 \times 0,9186} \left(\frac{1}{32} + \frac{1}{28} \right)^{1/2}$$

$$D_{AB} = 2,04 \times 10^{-5} \text{ m}^2 \cdot \text{s}^{-1}$$

Os efeitos do aumento da temperatura e da pressão podem ser calculados pela Equação 15.68.

$$D_{AB,T_2,P_2} = D_{AB,T_1,P_1} \frac{P_1}{P_2} \left(\frac{T_2}{T_1} \right)^{1,5} \frac{\Omega_{T_1}}{\Omega_{T_2}}$$

Se a pressão é mantida constante e a temperatura é aumentada para 80 °C, $k_B T / \epsilon_{AB} = 4,04$, de onde vem que $\Omega_D = 0,8836$. Assim,

$$D_{AB,T_2,P_2} = 2,04 \times 10^{-5} \times \frac{1}{1} \times \left(\frac{80 + 273}{25 + 273} \right)^{1,5} \times \frac{0,9186}{0,8836}$$

$$D_{AB,T_2,P_2} = 2,73 \times 10^{-5} \text{ m}^2 \cdot \text{s}^{-1}$$

O coeficiente de difusão aumentou com a temperatura. Se a pressão é aumentada para 1,5 atm e a temperatura é aumentada para 80 °C, ocorre que

$$D_{AB,T_2,P_2} = 2,04 \times 10^{-5} \times \frac{1}{1,5} \times \left(\frac{80 + 273}{25 + 273} \right)^{1,5} \times \frac{0,9186}{0,8836}$$

$$D_{AB,T_2,P_2} = 1,82 \times 10^{-5} \text{ m}^2 \cdot \text{s}^{-1}$$

A redução do coeficiente de difusão por causa do aumento da pressão foi maior que o aumento do coeficiente causado pelo aumento da temperatura.

Resposta: O coeficiente de difusão do O_2 no N_2 a 25 °C e pressão atmosférica é igual a $2,04 \times 10^{-5}$ m$^2 \cdot$ s^{-1}. O valor desse coeficiente na temperatura de 80 °C é igual a $2,73 \times 10^{-5}$ m$^2 \cdot$ s^{-1}. Quando a temperatura é aumentada para 80 °C e a pressão para 1,5 atm, o valor do coeficiente é $1,82 \times 10^{-5}$ m$^2 \cdot$ s^{-1}.

15.5.2 Coeficientes de difusão em líquidos

Valores de coeficientes de difusão binária em líquidos em diluição infinita foram compilados por Cremasco (1998) para vários pares de substâncias e estão apresentados na Tabela 15.6.

Tabela 15.6 Coeficientes de difusão binária em líquidos em diluição infinita

[a]SISTEMA SOLUTO/SOLVENTE	T[K]	$D_{AB}\times10^5$ [cm$^2\cdot$s^{-1}]	[b]SISTEMA SOLUTO/SOLVENTE	T[K]	$D_{AB}\times10^5$ [cm$^2\cdot$s^{-1}]
acetona/CCl$_4$	298,15	1,70	ácido acético/acetona	298	3,31
argônio/CCl$_4$	298,15	3,63	ácido benzoico/acetona	298	2,62
benzeno/CCl$_4$	298,15	1,54	ácido acético/benzeno	298	2,09
ciclo-hexano/CCl$_4$	298,15	1,27	etanol/benzeno	280,6	1,77
etano/CCl$_4$	298,15	2,36	etanol/benzeno	298	3,82
etanol/CCl$_4$	298,15	1,95	naftaleno/benzeno	280,6	1,19
heptano/CCl$_4$	298,15	1,13	CCl$_4$/benzeno	298	1,92
hexano/CCl$_4$	298,15	1,49	acetona/clorofórmio	288	2,36
isoctano/CCl$_4$	298,15	1,34	benzeno/clorofórmio	288	2,51
metano/CCl$_4$	298,15	2,97	etanol/clorofórmio	288	2,20
metanol/CCl$_4$	298,15	2,61	acetona/tolueno	293	2,93
nitrogênio/CCl$_4$	298,15	3,54	ácido acético/tolueno	298	2,26
oxigênio/CCl$_4$	298,15	3,77	ácido benzoico/tolueno	293	1,74
pentano/CCl$_4$	298,15	1,57	etanol/tolueno	288	3,00
tolueno/CCl$_4$	298,15	1,40	água/anilina	293	0,70
argônio/hexano	298,15	8,50	água/etanol	298	1,132
metano/hexano	298,15	8,69	água/etilenoglicol	293	0,18
etano/hexano	298,15	5,79	água/glicerol	298	0,0083
pentano/hexano	298,15	4,59	água/n-propanol	288	0,87
ciclo-hexano/hexano	298,15	3,77	H$_2$/água	298	4,8
heptano/hexano	298,15	3,78	O$_2$/água	298	2,41
isoctano/hexano	298,15	3,38	N$_2$/água	298	3,47
benzeno/hexano	298,15	4,64	amônia/água	298	1,64
tolueno/hexano	298,15	4,21	benzeno/água	298	1,02
acetona/hexano	298,15	5,26	etanol/água	298	0,84
CCl$_4$/hexano	298,15	3,70	metanol/água	298	0,84

Fonte: Adaptado dos dados compilados por Cremasco (1998). Para dados adicionais, consulte Reid, Prausnitz e Poling (1987).

Modelo de Stokes-Einstein

Nos processos difusivos, o movimento de uma espécie A através de um líquido B ocorre pelo movimento aleatório de A, resultante das colisões moleculares com B. Nas Figuras 15.11a e 15.11b estão representados, de modo esquemático, os movimentos aleatórios de uma molécula de um soluto em um meio gasoso e em um meio líquido, respectivamente.

Em meios líquidos, o número de choques moleculares é muito maior do que em gases, pois o caminho livre médio é da ordem de 1 nm em líquidos e de aproximadamente 60 nm em gases à pressão atmosférica. A maior proximidade das moléculas na fase líquida torna a difusão um processo muito mais complexo, em razão da maior interação molecular e do maior número de choques moleculares.

Os valores típicos dos coeficientes de difusão em líquidos são 10 mil vezes menores que os valores típicos dos coeficientes de difusão em gases. A difusão na fase líquida limita as velocidades de digestão, de absorção de drogas e de processos de extração líquido-líquido. Em líquidos, os valores dos coeficientes de difusão variam muito com a temperatura e com a concentração da espécie que está sendo transferida, em razão das mudanças de viscosidade e do grau de idealidade da solução.

A aplicação da teoria cinética em líquidos é complexa e o modelo hidrodinâmico de Stokes-Einstein é o mais utilizado para o estabelecimento da dependência do coeficiente de difusão com relação à temperatura e às características do soluto e do solvente. Nesse modelo, a difusão de uma espécie A em um líquido B é idealizada como se a espécie A fosse uma esfera rígida se movendo em um fluido contínuo, como representado esquematicamente na Figura 15.11c. A velocidade da esfera de soluto A é proporcional à força agindo sobre ela, ou seja:

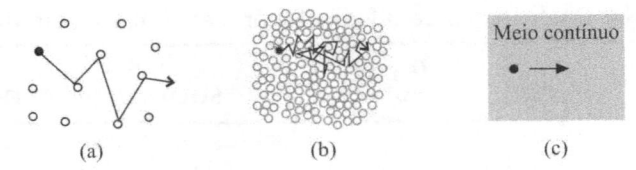

(a)　　　　　(b)　　　　　(c)

Figura 15.11 Representações esquemáticas dos processos de difusão de uma espécie em gases (a), em líquidos (b) e da idealização utilizada no modelo hidrodinâmico de Stokes-Eisntein (c).

$$\vec{F} = f\,\vec{v}_A \tag{15.70}$$

em que f é o fator de atrito entre a esfera e o solvente B. Para pequenos valores do número de Reynolds (a velocidade de difusão é pequena em líquidos), Stokes demonstrou, em 1860, que esse fator de atrito é dado pela Equação 15.71, na qual μ e R_p são a viscosidade do solvente B e o raio da esfera do soluto A, respectivamente.

$$f = 6\,\pi\mu R_P \tag{15.71}$$

Uma demonstração dessa equação é apresentada em livros clássicos de mecânica de fluidos e de fenômenos de transporte. Em 1905, Albert Einstein fez uma analogia entre a força agindo sobre uma esfera com a diferença de potencial químico (do soluto A) responsável pela transferência da mesma através do líquido B, ou seja, $-\nabla\mu_A = (6\pi\mu R_A)\vec{v}_A$. Nas Equações 15.71 a 15.77, o leitor deve estar atento ao fato da viscosidade do líquido ser representada pela letra grega μ, enquanto o potencial químico é representado pela mesma letra, com o subscrito caracterizando a espécie A (μ_A).

Para uma solução diluída do soluto A, para a qual foi assumido o comportamento ideal, o potencial químico de A, μ_A, é dado por

$$\mu_A = \mu_A^o + k_B T \ln(x_A) \tag{15.72}$$

em que μ_A^o é o potencial de A no estado-padrão (substância em diluição infinita) e k_B é a constante de Boltzmann. Mas essa equação pode ser escrita como

$$\mu_A = \mu_A^o + k_B T \ln\left(\frac{\hat{c}_A}{\hat{c}_A + \hat{c}_B}\right) \tag{15.73}$$

Como em soluções diluídas $\hat{c}_B \sim \hat{c}_A$, a equação pode ser simplificada para:

$$\mu_A = \mu_A^o + k_B T \ln(\hat{c}_A) - k_B T \ln(\hat{c}_B) \tag{15.74}$$

Aplicando-se o operador gradiente à Equação 15.74, à temperatura constante, tem-se

$$\nabla\mu_A = \frac{k_B T}{\hat{c}_A}\nabla\hat{c}_A \tag{15.75}$$

Como $\hat{c}_A$ é função da posição e D_{AB} pode ser considerado constante para soluções diluídas, vem que

$$\frac{k_B T}{\hat{c}_A}\nabla\hat{c}_A = 6\pi\mu R_A\vec{v}_A \quad \text{ou}$$

$$\hat{c}_A\vec{v}_A = -\frac{k_B T}{6\pi\mu R_A}\nabla\hat{c}_A \tag{15.76}$$

Para a difusão de A em B em sistema com temperatura e pressão constantes $\hat{c}_A\vec{v}_A = -D_{AB}\nabla\hat{c}_A$, de onde vem que

$$D_{AB} = \frac{k_B T}{6\pi\mu R_A} \tag{15.77}$$

Como o modelo se baseou na consideração do movimento do soluto A em um meio contínuo, e usou-se a força de arraste associada à viscosidade como força motriz da transferência, seu uso é mais adequado quando o diâmetro do soluto A for muito maior que o diâmetro do solvente B. Para essa situação ($R_A > 5R_B$), a Equação 15.77 indica que o coeficiente de difusão em líquidos varia de modo diretamente proporcional com a temperatura e de modo inversamente proporcional com a viscosidade e com o volume molecular (representado por R_A) do soluto que difunde. Os coeficientes calculados por essa equação, quando $R_A > 5R_B$, têm erro médio de predição de aproximadamente 20 %.

Tabela 15.7 Volume molar no ponto de ebulição normal
para utilização na equação de Wilke-Chang

	MOLÉCULA	$\tilde{V}_A$ [cm³·mol⁻¹]
H_2	Hidrogênio	14,3
O_2	Oxigênio	25,6
H_2O	Água	18,9
CO	Monóxido de carbono	30,7
CO_2	Dióxido de carbono	34
NH_3	Amônia	25,8
H_2S	Sulfeto de hidrogênio	32,9
SO_2	Dióxido sulfúrico	44
CH_4	Metano	37,7
C_6H_6	Benzeno	96,5
C_6H_{14}	Hexano	141
C_7H_8	Tolueno	118
C_3H_6O	Acetona	74
C_8H_{10}	m-Xileno	140
$C_{10}H_8$	Naftaleno	148
C_9H_{12}	1,3,5-Trimetilbenzeno	163

Fonte: Adaptado dos dados compilados por Cussler (2004). Para dados
adicionais, consulte Reid, Prausnitz e Poling (1987).

Por causa da restrição do uso da equação de Stokes-Einstein somente para solutos com volume molecular muito maior que o volume molecular do solvente, várias correlações empíricas foram desenvolvidas para situações em que os volumes moleculares do soluto e do solvente são próximos. Todas essas correlações têm uma estrutura semelhante ao modelo de Stokes-Einstein. A mais conhecida delas é a correlação de Wilke-Chang, aplicável a soluções diluídas, não dissociadas

$$D_{AB} = 7,4 \times 10^{-8} \frac{(\Phi_B \, M_{MB})^{1/2} \, T}{\tilde{V}_A^{0,6} \, \mu} \tag{15.78}$$

em que Φ_B é um parâmetro de associação para o solvente B, M_{MB} é a massa molar [g·mol⁻¹] do solvente B; $\tilde{V}_A$ é o volume molar [cm³·mol⁻¹] do soluto A e μ é a viscosidade do solvente B [mPa·s]; a temperatura absoluta deve ser expressa em K, e o coeficiente de difusão será dado em cm²·s⁻¹. Valores de $\tilde{V}_A$ são dados na Tabela 15.7. Os valores de Φ_B para água e etanol (dois solventes de grande interesse em soluções de grau alimentício) são 2,26 e 1,5, respectivamente. Para soluções concentradas, outras equações são utilizadas, que são correções e extensões da equação de Stokes-Einstein.

EXEMPLO 15.4

Estimar o valor do coeficiente de difusão do etanol em uma solução aquosa diluída (0,05 mol etanol·L⁻¹), a 10 °C, sabendo que nessa temperatura o volume molar do etanol líquido é 59,2 cm³·mol⁻¹.

Solução

O valor do parâmetro de interação soluto-solvente para a água é $\Phi_B = 2,26$. Assim, pode-se usar a equação de Wilke-Chang (Equação 15.78) para estimar o coeficiente de difusão do etanol em solução aquosa diluída.

$$D_{AB} = 7,4 \times 10^{-8} \frac{(2,26 \times 18)^{1/2} \times 283}{59,2^{0,6} \times 1,45} = 7,96 \times 10^{-6} \, cm^2 \cdot s^{-1}$$

$$\text{ou } D_{AB} = 7,96 \times 10^{-10} \, m^2 \cdot s^{-1}.$$

Resposta: O valor do coeficiente de difusão é $7,96 \times 10^{-10}$ m²·s⁻¹, que está de acordo com o valor experimental de $D_{AB} = 8,3 \times 10^{-10}$ m²·s⁻¹.

15.5.3   Difusão de uma espécie em sólidos porosos e o conceito de coeficiente de difusão aparente

Na maior parte dos casos, os alimentos sólidos são predominantemente amorfos, e não há modelos físicos conceituais ou empíricos para a predição ou estimativa de coeficientes de difusão nesses sólidos. O que se sabe é que os coeficientes de difusão em sólidos são sempre inferiores aos coeficientes de difusão em líquidos e que dependem muito da estrutura da matriz sólida, como será apresentado a seguir.

Os alimentos sólidos apresentam estruturas muito diferentes entre si, dependendo das suas origens. As matrizes sólidas de tecidos vegetais em geral, de frutas, de grãos, de géis, de alimentos compostos, de carnes (e de todos os outros alimentos sólidos) são diferentes entre si. Na Figura 15.12, são apresentadas micrografias que ilustram as estruturas físicas de alguns alimentos. Como as estruturas físicas influenciam o modo como a água e os solutos em geral se movimentam no interior delas, é de se esperar que os coeficientes de difusão em alimentos variem bastante. Nos alimentos sólidos, o movimento de uma substância se dá de diversas maneiras, dependendo do teor de umidade do alimento e das possíveis interações soluto-solvente e soluto-matriz sólida.

Difusão de solutos em sólidos porosos contendo líquido no seu interior

As diferentes escalas da estrutura física de um meio poroso podem ser representadas como esquematizado na Figura 15.13.

Na situação em que os poros estão cheios de líquido, um soluto (sal, açúcar) pode se transferir por difusão molecular na fase líquida contida nos espaços vazios da matriz sólida. Isso ocorre por caminhos tortuosos (l), maiores do que a distância L ilustrada na Figura 15.13, de modo que se pode definir a tortuosidade do meio poroso como $\tau = \left(\dfrac{l}{L}\right)$, em que l é a trajetória ou caminho difusivo. O parâmetro τ é uma medida empírica do aumento do caminho difusivo em razão da estrutura da matriz porosa. Em regime estacionário, o fluxo de uma espécie A através de uma placa plana porosa contendo líquido no interior é dado por

$$\hat{N}_{Az} = \varepsilon\, D_{AB}\, \frac{\hat{c}_{A1} - \hat{c}_{A2}}{\tau\, L} \tag{15.79}$$

ou por

$$\hat{N}_{Az} = D_{ABap}\, \frac{\hat{c}_{A1} - \hat{c}_{A2}}{L} \tag{15.80}$$

em que $D_{ABap} = \dfrac{\varepsilon\, D_{AB}}{\tau}$ é o coeficiente de difusão aparente da espécie A através do meio poroso e ε é a porosidade (fração de vazios) do meio.

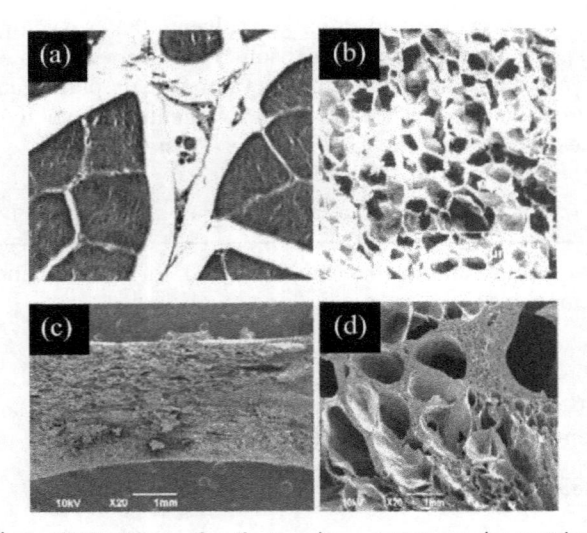

Figura 15.12 Micrografias ilustrando as estruturas das matrizes sólidas de alguns alimentos: a) seção de um corte de carne bovina; b) corte de uma maçã *in natura*, cedida gentilmente pelo professor Luis A. Segura (Ubibio, Chile); c) seção de uma amostra de banana seca em estufa com convecção forçada; d) seção de uma amostra de manga desidratada por liofilização.

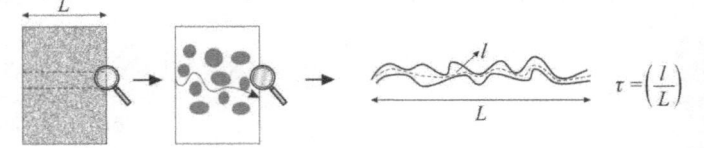

Figura 15.13 Representação esquemática da difusão de um soluto através de um meio poroso. Definição do conceito de coeficiente de difusão aparente.

Difusão de gases em sólidos porosos (Fick e Knudsen)

No caso da difusão através da fase gasosa que preenche um meio poroso, o mecanismo de transporte dependerá do diâmetro dos capilares (poros) que formam o sólido (Figura 15.14). Se os poros são grandes com relação ao caminho livre médio das moléculas, a maioria das colisões ocorrerá entre as moléculas da espécie que difunde e as moléculas do gás presente no espaço poroso (Figura 15.14a).

Supõe-se que a difusão ocorre apenas através dos vazios e não através das partículas que formam o sólido poroso. Esse caso é semelhante à difusão em sólidos porosos contendo um líquido. Em outras palavras, a transferência se dará por difusão molecular (difusão fickiana), ou seja:

$$\hat{N}_{Az} = \varepsilon D_{AB} \frac{\hat{c}_{A1} - \hat{c}_{A2}}{\tau L} = \frac{\varepsilon D_{AB}(p_{A1} - p_{A2})}{\tau R T L} \tag{15.81}$$

A tortuosidade tem o mesmo significado descrito anteriormente quando a fase líquida preenche os poros. Trata-se de um parâmetro empírico, cujos valores já foram determinados para meios porosos não consolidados com diferentes porosidades. Alguns valores encontrados para leitos de esferas de vidro, areia, cristais de sal e outras partículas similares foram $\tau = 2{,}0$ para $\varepsilon = 0{,}2$, $\tau = 1{,}75$ para $\varepsilon = 0{,}4$ e $\tau = 1{,}65$ para $\varepsilon = 0{,}6$.

Quando o diâmetro característico dos poros que formam o meio poroso é da ordem do caminho livre médio das moléculas que difundem, a maioria das colisões moleculares ocorrerá com as paredes dos poros. Nesse caso, o processo não é difusivo, no sentido fickiano, e é chamado de "difusão de Knudsen" (Figuras 15.14b e 15.14c). Esse tipo de mecanismo de transporte pode estar presente em processos sob condições de baixa pressão, como ocorre durante a desidratação de alimentos por liofilização.

Coeficientes de difusão aparente da água em alimentos sólidos

Embora a definição de coeficiente de difusão aparente dada por $D_{AB\text{ap}} = \dfrac{\varepsilon D_{AB}}{\tau}$ seja útil para a compreensão desse tipo de aproximação, existem situações físicas importantes nas quais se usa esse conceito sem o conhecimento do valor da tortuosidade e da porosidade. Um exemplo de grande importância para o processamento de alimentos é a transferência de água no interior de um alimento sólido durante o processo de secagem. Quando o sólido úmido entra em contato com o ar de secagem o primeiro fenômeno que ocorre é a evaporação da água presente na superfície do sólido. Isso cria gradientes de concentração de umidade no interior do sólido, induzindo a um fluxo de água das regiões com maiores concentrações para as regiões com menores concentrações de água (do interior para o exterior do sólido). A água flui no interior do sólido por vários mecanismos: (i) o principal mecanismo de movimento de líquido no interior de um meio poroso é o escoamento que ocorre em razão de gradientes de pressão capilar, comumente chamado de capilaridade; (ii) difusão molecular de vapor de água nos espaços vazios (poros), por causa dos gradientes de pressão de vapor criados por gradientes de concentração de água e por gradientes de temperatura; (iii) escoamento de líquido nas paredes da matriz sólida, em razão das rugosidades existentes nelas; e (iv) transferência de vapor por mecanismo combinado de vaporização-condensação, associado a gradientes internos de temperatura. Os mecanismos listados anteriormente, como o fluxo de líquido por capilaridade, dependem da estrutura da matriz sólida do alimento.

Na secagem de sólidos contendo soluções (frutas, por exemplo), ocorre a concentração de sais e açúcares, causando o aparecimento de gradientes de concentração desses solutos, que também causam transferência de água no interior do meio. Além disso, a formação de soluções concentradas (soluções hipertônicas) induz a efeitos osmóticos locais, causando a retirada de água através das membranas das células que formam o alimento. Também se deve considerar que muitos alimentos sofrem grandes deformações na estrutura durante a secagem, o que também pode promover o movimento interno de umidade. As importâncias relativas desses mecanismos dependem de cada alimento e do estágio do processo de secagem. No início do processo, quando o teor de umidade é maior, o mecanismo de capilaridade tende a dominar a transferência interna de umidade, enquanto a transferência na fase vapor tende a ser dominante no estágio final da secagem. Voltaremos a analisar os mecanismos de transferência de água em alimentos na Seção 15.8, a partir do conceito de potencial hídrico.

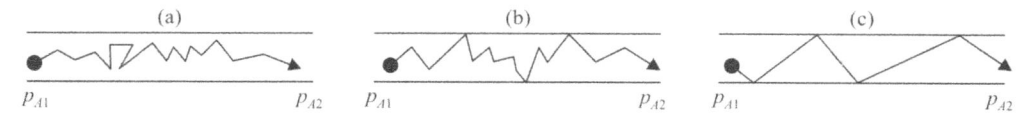

Figura 15.14 Representação dos diferentes mecanismos de difusão de solutos no interior dos capilares que formam um meio poroso: a) difusão molecular; b) transição de difusão molecular para difusão de Knudsen; c) difusão de Knudsen.

É importante que o leitor perceba que esses mecanismos de "transferência de massa" ocorrem em escala muito superior à escala molecular, sendo diferentes do mecanismo de transferência de massa por difusão. Em muitos casos, são esses mecanismos não difusivos que controlam a transferência de uma espécie no interior dos sólidos. Apesar de toda a complexidade e interdependência dos mecanismos de transferência de água, é comum definir-se um coeficiente de difusão aparente para o sólido durante o processo de secagem.

Valores médios de coeficientes de difusão em alimentos sólidos

Como já foi comentado, não existem modelos para a predição de coeficientes de difusão de solutos e da água em alimentos sólidos. Isso se deve à complexidade dos mecanismos e à diversidade das estruturas sólidas existentes, que condicionam os mecanismos de transferência de massa no interior das mesmas. Uma grande quantidade de dados experimentais de coeficientes de difusão aparentes da água em alimentos sólidos tem sido publicada. Esses resultados devem ser usados com muito cuidado, pois foram determinados em condições experimentais particulares, para produtos com composições químicas e estruturas físicas específicas, e usando determinadas técnicas de análise.

Uma compilação de uma grande quantidade de dados publicados na literatura foi publicada por Panagiotou e colaboradores em 2004 (Figuras 15.15a e 15.15b). Os dados mostram que, para teores de umidade variando entre 0,01 e 15 kg · kg sólidos secos^{-1} (kg água · kg · ms^{-1}), e temperaturas variando entre 10 °C e 200 °C, os valores dos coeficientes de difusão aparentes da água nos alimentos sólidos dos mais diversos tipos variam entre 10^{-12} m² · s^{-1} e 10^{-6} m² · s^{-1}. Isso indica que o coeficiente de difusão aparente da água nos alimentos sólidos depende fortemente da estrutura do material, do teor de umidade e da temperatura.

Na Figura 15.15a são apresentados, em escala logarítmica, valores de coeficientes de difusão aparentes da água em alimentos sólidos em função do teor de umidade dos mesmos. Os dados mostram um aumento de D_{ap} com o teor de umidade do sólido. Esse efeito tem sido relatado na literatura com frequência, principalmente para teores de umidade inferiores a 1 kg água · kg^{-1} matéria seca.

A Figura 15.16 mostra o comportamento genérico da variação de D_{ap} com o teor de umidade e com a temperatura para um alimento. Observe que D_{ap} é menor para menores teores de umidade, aumentando até valores constantes para maiores teores de umidade. Para avaliar a influência da temperatura de secagem sobre o coeficiente de difusão aparente, é comum se fazer uso de uma equação na forma genérica da Equação 15.82, na qual D_0 e k são constantes empíricas.

$$D_{ap,T} = D_0 e^{kT} \tag{15.82}$$

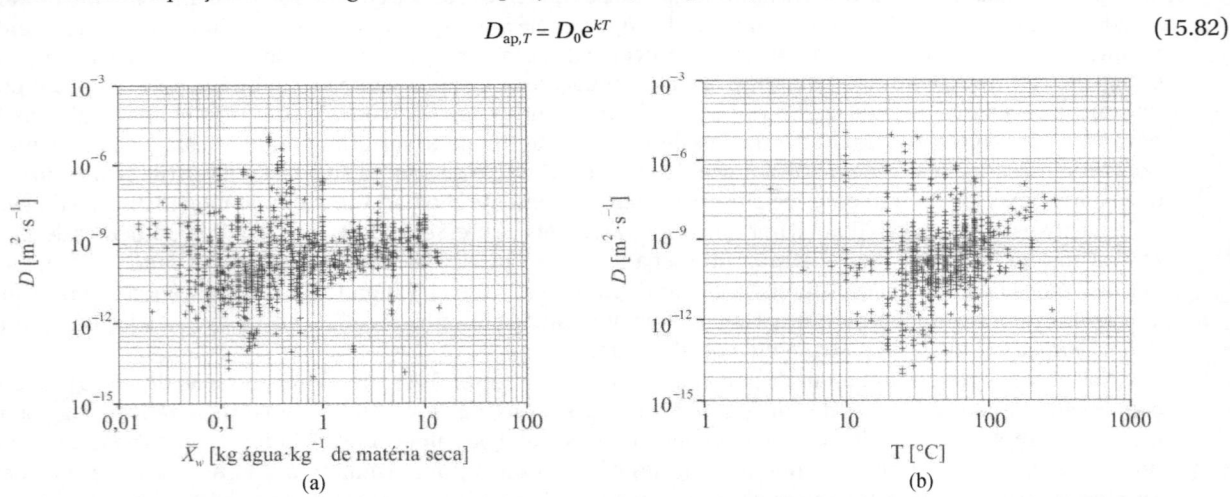

Figura 15.15 Valores médios de coeficientes de difusão em alimentos sólidos (Panagiotou, Krokida, Maroulis e Saravacos, 2004).

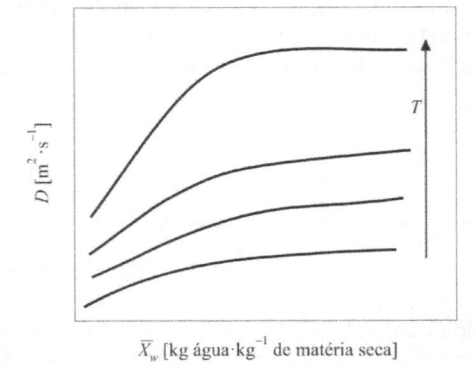

Figura 15.16 Comportamento do coeficiente de difusão aparente da água em alimentos, em função do teor de umidade e da temperatura.

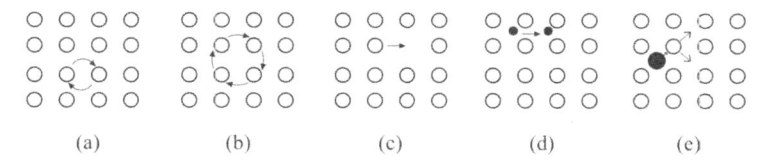

Figura 15.17 Mecanismos de difusão de solutos em sólidos cristalinos.

Difusão em sólidos cristalinos

Os meios sólidos são muito diversos, mas alguns apresentam estruturas organizadas em redes cristalinas, como são os casos de metais e ligas metálicas. O grau de compactação dos átomos nas estruturas cristalinas é da ordem de 0,74, comparado a 0,59-0,64 para os líquidos. Os espaços vazios disponíveis no interior desses meios dão uma ideia da dificuldade relativa que um soluto encontra para se transferir por difusão, pois o movimento dos mesmos no interior dos sólidos é fortemente condicionado pela estrutura cristalina. As possibilidades de difusão de solutos em sólidos cristalinos estão apresentadas esquematicamente na Figura 15.17. Os mecanismos esquematizados nos casos (a) e (b) são casos de troca direta. O caso (c) diz respeito à ocupação de um espaço vazio em um sítio da rede cristalina. No caso (d), átomos de tamanho inferior aos átomos que formam a rede difundem nos espaços intersticiais dela. O mecanismo de difusão por deslocamento de um átomo da rede, para a entrada de um átomo de outra espécie química, pode ocorrer se os átomos das duas espécies são da mesma ordem de grandeza, como esquematizado na situação (e).

15.6 EQUAÇÃO DA CONSERVAÇÃO DA MASSA

15.6.1 Balanços de massa macroscópicos

As relações de balanço de massa já foram vistas no Capítulo 2; apenas para relembrar os conceitos, vamos estudar o que ocorre com um tanque com entrada e saída de material, no interior do qual podem ocorrer reações químicas. Consideremos que esse tanque é munido de um eficiente misturador, de modo que ele possa ser considerado como um sistema com concentração uniforme (Figura 15.18).

A equação da conservação da massa global para esse tanque é dada pela Equação 15.83 (versão simplificada da Equação 2.7), na qual $\dfrac{dm}{dt}$ é a taxa de acumulação de massa no interior do tanque, $\dot{m}_e$ e $\dot{m}_s$ são as taxas de alimentação e retirada de solução do tanque.

$$\frac{dm}{dt} = \dot{m}_e - \dot{m}_s \tag{15.83}$$

Se o tanque é alimentado com uma solução binária reativa ($A + B$), a equação da conservação da massa de A é dada pela Equação 15.84 (versão simplificada da Equação 2.8), na qual $\dfrac{dm_A}{dt}$ é a taxa de acumulação da espécie A (a acumulação pode ser negativa ou positiva), $\dot{m}_{A-e}$ é a taxa de entrada de A no tanque, $\dot{m}_{A-s}$ é a taxa de retirada de A do tanque, $\dot{r}_A$ é a taxa de consumo de A por reação química (em kg · m³ · s⁻¹) e V é o volume do tanque.

$$\frac{dm_A}{dt} = \dot{m}_{A-e} - \dot{m}_{A-s} + \dot{r}_A V \tag{15.84}$$

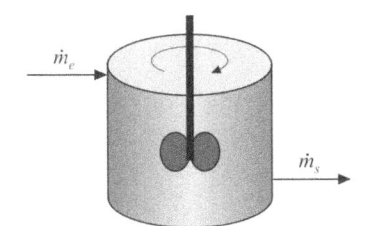

Figura 15.18 Tanque perfeitamente misturado.

EXEMPLO 15.5

Considere que o tanque da Figura 15.18 contém inicialmente 100 kg de uma solução aquosa com 50 % em massa de um soluto A. Esse tanque é alimentado com 12 kg · min^{-1} de uma solução com 15 % em massa do mesmo soluto, e ocorre retirada simultânea de 10 kg · min^{-1} de solução do tanque. Se o tanque pode ser considerado como completamente misturado, determine a massa do soluto (A) no tanque depois de 10 min.

Solução

A equação da conservação da massa global de solução ($A + B$) no tanque pode ser descrita por

$$\frac{dm}{dt} = 12 - 10 \Rightarrow \frac{dm}{dt} = 2$$

Integrando essa equação entre $m = m_0 = 100$ kg ($t = 0$ min) e $m = m$ ($t = t$ min):

$$\int_{100}^{m} dm = 2\int_{0}^{t} dt \Rightarrow m = 100 + 2t$$

Como não há reação química no sistema, a equação da conservação da espécie A se escreve como

$$\frac{dm_A}{dt} = X_{A-e}\dot{m}_e - X_A\dot{m}_s$$

em que X_A é a fração em massa de A no tanque e na solução retirada do tanque (mistura perfeita).

Mas $m_A = X_A m$, de onde vem que:

$$\frac{d(X_A m)}{dt} = X_{A-e}\dot{m}_e - X_A\dot{m}_s, \text{ ou}$$

$$X_A \frac{dm}{dt} + m \frac{dX_A}{dt} = 12 \times 0,15 - 10 X_A$$

Separando as variáveis e integrando:

$$\int_{0,5}^{X_A} \frac{dX_A}{1,8 - 12 X_A} = \int_{0}^{10} \frac{dt}{100 + 2t}$$

da qual se pode calcular que $X_A(10 \text{ min}) = 0,267$. A massa da solução depois de 10 min é $m = 100 + 2t = 120$ kg. Com isso, se pode calcular a massa de soluto no tanque nesse instante, $m_A(10 \text{ min}) = 0,267 \times 120 = 32,04$ kg.

Observe que houve acúmulo negativo de massa de soluto, pois ocorreu um processo de diluição. Nesse tipo de situação, na qual o tanque é misturado instantaneamente, não há gradientes de concentração no interior do fluido. Quando essa condição particular não é satisfeita, os gradientes de concentração devem ser determinados.

Resposta: A massa do soluto (A) no tanque depois de 10 min é 32,04 kg.

15.6.2 Balanços de massa microscópicos

Podem-se escrever um balanço de massa microscópico para a espécie A, levando em consideração sua distribuição espacial no interior do sistema. Para isso, consideremos o volume de controle (VC) esquematizado na Figura 15.19.

A equação da conservação da massa global no VC é dada por

$$\begin{bmatrix} \text{Taxa líquida} \\ \text{de massa que} \\ \text{deixa o VC} \end{bmatrix} + \begin{bmatrix} \text{Taxa de} \\ \text{acumulação} \\ \text{de massa no VC} \end{bmatrix} = 0 \qquad (15.85)$$

Nessa equação, a taxa líquida de massa que deixa o VC é a diferença entre a taxa de entrada e a taxa de saída de massa do volume de controle. Essa equação da conservação da massa global pode ser descrita matematicamente por

$$\iint_{SC} \rho(\vec{v}.n)\,dA + \frac{\partial}{\partial t}\iiint_{VC} \rho\,dV = 0 \qquad (15.86)$$

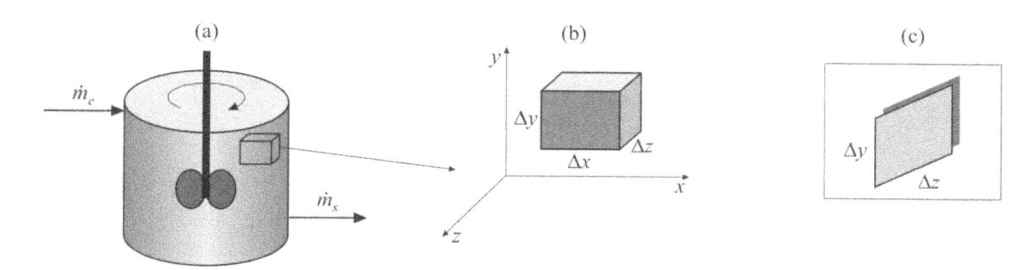

Figura 15.19 Volume de controle (VC) no interior de um sistema: a) VC no interior de um tanque, b) Volume de controle, c) superfície de controle.

Analogamente, a equação da conservação da espécie A no VC é dada por

$$
\underbrace{\begin{bmatrix} \text{Taxa líquida} \\ \text{de } A \text{ que} \\ \text{deixa o VC} \end{bmatrix}}_{\text{(a)}} + \underbrace{\begin{bmatrix} \text{Taxa de} \\ \text{acumulação} \\ \text{de } A \text{ no VC} \end{bmatrix}}_{\text{(b)}} + \underbrace{\begin{bmatrix} \text{Taxa de} \\ \text{geração} \\ \text{de } A \text{ no VC} \end{bmatrix}}_{\text{(c)}} = 0 \tag{15.87}
$$

Cada um dos termos é explicado a seguir.

(a) A taxa líquida de A que deixa o volume de controle é igual à taxa líquida de A que passa através das três superfícies de controle.

As taxas líquidas de A que atravessam as superfícies de controle, SC, para as três direções, são dadas por

Direção x: $\dot{N}_{Ax}\Delta y \Delta z_{x+\Delta x} - \dot{N}_{Ax}\Delta y \Delta z_{x}$

Direção y: $\dot{N}_{Ay}\Delta x \Delta z_{y+\Delta y} - \dot{N}_{Ay}\Delta x \Delta z_{y}$ $\tag{15.88}$

Direção z: $\dot{N}_{Az}\Delta x \Delta y_{z+\Delta z} - \dot{N}_{Az}\Delta x \Delta y_{z}$

(b) A taxa de acumulação de A no VC é dada por

$$
\left[\text{Taxa de acumulação de } A \text{ no VC}\right] = \frac{\partial \rho_A}{\partial t}\Delta x \Delta y \Delta z \tag{15.89}
$$

(c) A taxa de geração de A no VC, por reação química, é dada pela Equação 15.90, na qual $\dot{r}_A$ é a taxa volumétrica de geração de A por reação química, dada em $(\text{kg} \cdot \text{m}^{-3} \cdot \text{s}^{-1})$, análoga ao termo volumétrico de geração de energia.

$$
\left[\text{Taxa de geração de } A \text{ no VC}\right] = \dot{r}_A \,\Delta x \Delta y \Delta z \tag{15.90}
$$

Substituindo os termos apresentados em (a), (b) e (c) na Equação 15.87, dividindo a expressão resultante por $\Delta x \Delta y \Delta z$ e avaliando o limite quando $\Delta x \Delta y \Delta z \to 0$, chega-se à equação diferencial de conservação da espécie A, considerando as três direções, x, y, z.

$$
\frac{\partial \dot{N}_{Ax}}{\partial x} + \frac{\partial \dot{N}_{Ay}}{\partial y} + \frac{\partial \dot{N}_{Az}}{\partial z} + \frac{\partial \rho_A}{\partial t} - \dot{r}_A = 0 \tag{15.91}
$$

Na forma vetorial, essa equação se escreve como

$$
\nabla \cdot \vec{N}_A + \frac{\partial \rho_A}{\partial t} - \dot{r}_A = 0 \tag{15.92}
$$

em que $\nabla \cdot$ é o operador divergente, dado por

$$
\nabla \cdot = \frac{\partial}{\partial x}\vec{i} + \frac{\partial}{\partial y}\vec{j} + \frac{\partial}{\partial z}\vec{k} \tag{15.93}
$$

Essa equação é relativa a um sistema de coordenadas cartesiano aplicado aos vetores fluxos de massa, em que $\vec{i}$, $\vec{j}$ e $\vec{k}$ representam a base de vetores unitários do espaço euclidiano tridimensional.

Analogamente, a equação de conservação para a espécie B é dada por

$$
\nabla \cdot \vec{N}_B + \frac{\partial \rho_B}{\partial t} - \dot{r}_B = 0 \tag{15.94}
$$

Para a mistura ($A+B$), tem-se

$$\nabla \cdot (\vec{N}_A + \vec{N}_B) + \frac{\partial(\rho_A + \rho_B)}{\partial t} - (\dot{r}_A + \dot{r}_B) = 0 \tag{15.95}$$

Mas

$$\begin{cases} \vec{N}_A + \vec{N}_B = \rho_A \vec{v}_A + \rho_B \vec{v}_B = \rho \vec{v} \\ \rho_A + \rho_B = \rho \\ \dot{r}_A = -\dot{r}_B \end{cases} \tag{15.96}$$

Substituindo-se as Equações 15.96 na Equação 15.95, chega-se à equação da conservação da massa para a mistura. Essa equação é a própria equação da continuidade para um fluido homogêneo, que aparece nos textos de mecânica dos fluidos (fenômenos de transferência de quantidade de movimento).

$$\nabla \cdot (\rho \vec{v}) + \frac{\partial \rho}{\partial t} = 0 \tag{15.97}$$

A Equação 15.97 também pode ser escrita como

$$\nabla \cdot (\rho \vec{v}) + \frac{\partial \rho}{\partial t} = 0 \Rightarrow \rho \nabla \cdot \vec{v} + \vec{v} \cdot \nabla \rho + \frac{\partial \rho}{\partial t} = 0 \tag{15.98}$$

ou também como

$$\frac{\partial \rho}{\partial t} + v_x \frac{\partial \rho}{\partial x} + v_y \frac{\partial \rho}{\partial y} + v_z \frac{\partial \rho}{\partial z} + \rho \nabla \cdot \vec{v} = 0 \tag{15.99}$$

em que $\frac{\partial \rho}{\partial t}$ representa a variação local e $v_x \frac{\partial \rho}{\partial x} + v_y \frac{\partial \rho}{\partial y} + v_z \frac{\partial \rho}{\partial z}$ representa a variação convectiva da concentração da solução. Outra maneira de representar essa equação é através do uso da derivada substantiva, também chamada de "derivada seguindo o movimento", definida por

$$\frac{D\rho}{Dt} = \frac{\partial \rho}{\partial t} + v_x \frac{\partial \rho}{\partial x} + v_y \frac{\partial \rho}{\partial y} + v_z \frac{\partial \rho}{\partial z} \tag{15.100}$$

Assim, a Equação 15.99 também pode ser representada por

$$\frac{D\rho}{Dt} + \rho \nabla \cdot \vec{v} = 0 \tag{15.101}$$

Quando as concentrações das espécies são expressas em termos das suas concentrações molares, as equações de conservação se escrevem como

$$\text{Espécie } A: \ \nabla \cdot \vec{N}_A + \frac{\partial \hat{c}_A}{\partial t} - \hat{R}_A = 0 \tag{15.102}$$

$$\text{Espécie } B: \ \nabla \cdot \vec{N}_B + \frac{\partial \hat{c}_B}{\partial t} - \hat{R}_B = 0 \tag{15.103}$$

em que $\hat{R}_A$ e $\hat{R}_B$ são dados em $\text{mol} \cdot \text{m}^{-3} \cdot \text{s}^{-1}$. Desse modo, a equação de conservação da massa para a mistura se escreve como

$$\nabla \cdot (\vec{N}_A + \vec{N}_B) + \frac{\partial(\hat{c}_A + \hat{c}_B)}{\partial t} - (\hat{R}_A + \hat{R}_B) = 0 \tag{15.104}$$

Mas $\begin{cases} \vec{N}_A + \vec{N}_B = \hat{c}_A \vec{v}_A + \hat{c}_B \vec{v}_B = \hat{c} \vec{v} \\ \hat{c}_A + \hat{c}_B = \hat{c} \\ \hat{R}_A = -\hat{R}_B \end{cases} \tag{15.105}$

Nesse caso, $\hat{R}_A$ é quase sempre diferente de $\hat{R}_B$ ($\hat{R}_A \neq -\hat{R}_B$) e a conservação da espécie se escreve como

$$\nabla \cdot (\hat{c} \vec{v}) + \frac{\partial \hat{c}}{\partial t} - (\hat{R}_A + \hat{R}_B) = 0 \tag{15.106}$$

15.6.3 Equações diferenciais de transferência de massa

As equações diferenciais de transferência de massa são equações que permitem relacionar a concentração da espécie transferida em função do tempo, para qualquer posição no interior do sistema. Para sua obtenção é necessário respeitar a conservação da espécie transferida no sistema de interesse e conhecer as equações que governam os fluxos de massa no interior desse sistema, além das condições existentes nas fronteiras do mesmo.

As equações de conservação da espécie, em notação vetorial, e escritas em termos dos fluxos de massa e de mols, já foram apresentadas pelas equações

$$\nabla \cdot \vec{N}_A + \frac{\partial \rho_A}{\partial t} - \dot{r}_A = 0 \ (\text{Equação } 15.92) \ \text{e}$$

$$\nabla \cdot \vec{N}_A + \frac{\partial \hat{c}_A}{\partial t} - \dot{R}_A = 0 \ (\text{Equação } 15.102)$$

As Equações 15.92 e 15.102 podem ser escritas para os três sistemas de coordenadas, conforme as Equações 15.107, 15.108, 15.109, que representam a Equação 15.102 nos três sistemas.

Coordenadas retangulares

$$\frac{\partial \hat{c}_A}{\partial t} + \left[\frac{\partial \hat{N}_{Ax}}{\partial x} + \frac{\partial \hat{N}_{Ay}}{\partial y} + \frac{\partial \hat{N}_{Az}}{\partial z} \right] = \hat{R}_A \tag{15.107}$$

Coordenadas cilíndricas

$$\frac{\partial \hat{c}_A}{\partial t} + \left[\frac{1}{r} \frac{\partial}{\partial r}(r\hat{N}_{Ar}) + \frac{1}{r} \frac{\partial \hat{N}_{A\theta}}{\partial \theta} + \frac{\partial \hat{N}_{Az}}{\partial z} \right] = \hat{R}_A \tag{15.108}$$

Coordenadas esféricas

$$\frac{\partial \hat{c}_A}{\partial t} + \left[\frac{1}{r^2} \frac{\partial}{\partial r}(r^2\hat{N}_{Ar}) + \frac{1}{r\,sen(\theta)} \frac{\partial}{\partial \theta}(\hat{N}_{A\theta}\,sen(\theta)) + \frac{1}{r\,sen(\theta)} \frac{\partial \hat{N}_{A\phi}}{\partial \phi} \right] = \hat{R}_A \tag{15.109}$$

Essas equações descrevem genericamente o que ocorre no interior do sistema analisado. O uso das coordenadas apropriadas para cada geometria permite realizar grandes simplificações nas equações diferenciais resultantes, conforme será visto nos exemplos apresentados mais adiante.

Obtenção da equação diferencial de transferência de massa para um problema específico

É preciso analisar detalhadamente cada situação, avaliando se o fluxo de massa é resultante apenas de gradientes de concentração ou se há contribuição do escoamento global da mistura.

A equação que descreve o fluxo de mols de uma espécie já foi apresentada e discutida, sendo dada pela Equação 15.22.

$$\hat{N}_{Az} = -\hat{c}D_{AB}\frac{dy_A}{dz} + y_A(\hat{N}_{Az} + \hat{N}_{Bz}) = -\hat{c}D_{AB}\frac{dy_A}{dz} + \hat{c}_A v_z \tag{15.22}$$

Definida a expressão que representa adequadamente o fluxo da espécie transferida, essa equação deve ser introduzida na equação de conservação da espécie para o sistema em estudo. Após essa etapa, devem-se analisar a situação física inicial do sistema e as condições impostas às suas fronteiras, denominadas condições de fronteira ou de contorno. A Figura 15.20 ilustra esse procedimento de obtenção de uma equação diferencial de transferência de massa para um sistema genérico.

Com esse conjunto de informações, a situação física fica caracterizada e representada por um modelo matemático, que é:

(i) uma equação diferencial ordinária de segunda ordem para o caso de difusão unidirecional em regime estacionário. A difusão de uma espécie em regime estacionário através de uma membrana ou através de filmes gasosos ou líquidos são exemplos desse caso, como exemplificado pela Figura 15.8;

(ii) uma equação diferencial parcial de segunda ordem para as variações espaciais das concentrações, para o caso de difusão em regime estacionário em duas ou três direções diferentes, que é um caso de pouca aplicação prática na transferência de massa;

(iii) uma equação diferencial parcial, com uma derivada de primeira ordem para a variação temporal da concentração e derivadas de segunda ordem para as variações espaciais das concentrações.

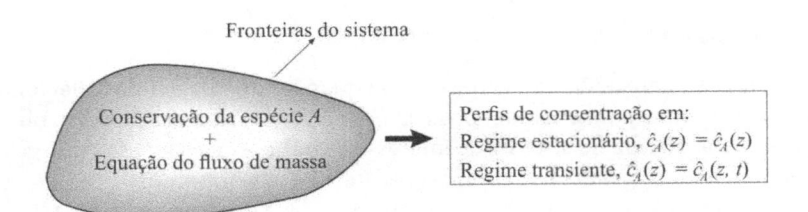

Figura 15.20 Obtenção da equação diferencial de transferência de massa.

15.6.4   Considerações sobre a condição inicial e as condições nas fronteiras do sistema

A resolução de uma equação diferencial de transferência de massa para um problema específico exige o conhecimento da condição inicial do sistema e condições físicas em suas fronteiras. A maioria dos livros-texto sobre fenômenos de transporte usa a denominação "condições de contorno" para as "condições de fronteira", embora essa última denominação seja a preferida dos livros-texto de termodinâmica. Neste capítulo, as duas expressões são usadas indistintamente.

A condição inicial (ponto de partida) informa se a concentração inicial do sistema é uniforme ou se ele apresenta gradientes de concentração desde o início.

As condições de contorno (ou de fronteira) são as concentrações ou fluxos impostos ao sistema nas fronteiras que o separam do restante do universo. Elas informam sobre os tipos e intensidades das perturbações impostas ao sistema, as quais causam a transferência de massa. Se uma parte da fronteira de um sistema é impermeável, isso impõe fluxo nulo, $\hat{N}_{Az} = 0$, através dela. No entanto, se outra parte da fronteira permite fluxo de massa através dela, é preciso saber a taxa com que esse fluxo ocorre. Outra possibilidade é a imposição de uma concentração fixa de uma espécie em uma fronteira, cujo valor também precisa ser definido.

Pode-se resumir o completo equacionamento de um problema de transferência de massa como segue: (i) análise cuidadosa da situação física, para escrever a equação de fluxo que representa corretamente o problema; (ii) definição da equação de conservação da massa a ser usada, com as simplificações cabíveis; (iii) conhecimento da condição inicial do sistema e das condições de fronteira impostas a ele. Com esse conjunto de informações, o problema de transferência de massa fica completamente caracterizado e representado por um modelo matemático. A solução analítica do modelo (equação diferencial) pode ser realizada por vários métodos, mas apenas para geometrias clássicas, como placas, cilindros e esferas. Para geometrias não clássicas as soluções dos modelos são obtidas através de métodos numéricos, que não são abordados neste capítulo. Uma discussão sobre o equacionamento e o uso das soluções analíticas é apresentada mais adiante.

15.7   DIFUSÃO EM REGIME TRANSIENTE

Em várias situações, deseja-se conhecer as mudanças de concentração de uma espécie no interior de um alimento durante o seu processamento. Exemplos de grande importância são a secagem de grãos e de frutas, a desidratação de frutas por

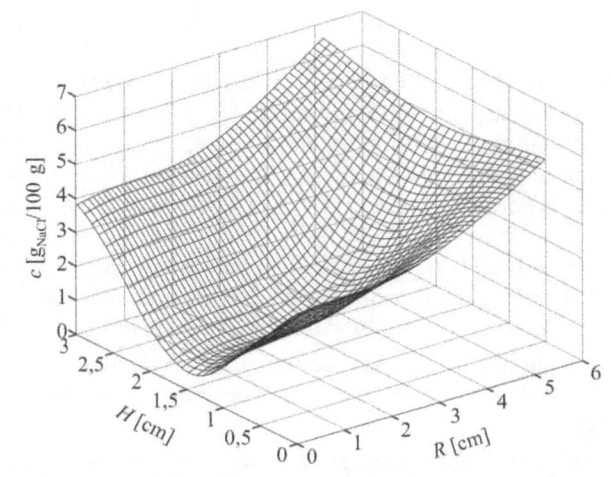

Figura 15.21 Perfil parabólico de concentração de NaCl em queijo Minas.

imersão em soluções concentradas de açúcar (desidratação osmótica), a extração de um soluto presente em uma matriz sólida por meio do contato com um solvente apropriado, os processos de salga de queijos, de cortes de carnes e de pescados por imersão em soluções salinas, entre outros. Em todos esses casos, deseja-se saber como a distribuição espacial ou a concentração média da espécie transferida (água, açúcar, cloreto de sódio) muda com o tempo no interior do alimento. Na salga de queijos por imersão em solução salina, é preferível que o queijo tenha uma distribuição uniforme do que uma distribuição parabólica de concentração de sal no seu interior, mas isso não é possível na salga por imersão, como no resultado experimental mostrado na Figura 15.21. O processo difusivo (difusão aparente, pois em alimentos sólidos existem vários mecanismos de "transferência de massa") induz à inevitável formação de perfis de concentração.

Por outro lado, são raros os casos em que se podem determinar experimentalmente os perfis de concentração de uma espécie no interior de um produto durante o processamento. Essa dificuldade tende a ser vencida pelo surgimento de novos métodos analíticos não destrutivos, como as técnicas de ressonância magnética nuclear, que permitem determinar, por exemplo, perfis de concentração de umidade no interior de um alimento em processo de desidratação ou de hidratação.

Apresentam-se a seguir alguns exemplos de obtenção de equações diferenciais de transferência de massa, para situa-ções de interesse no processamento de alimentos.

EXEMPLO 15.6

Simplifique as Equações 15.107, 15.108 e 15.109 para o caso em que o fluxo de massa ocorre no interior de uma fase em que só há difusão, ou seja, não há movimento global ($\vec{v} = 0$). Considere que o coeficiente de difusão é constante.

Solução

Na ausência de movimento global da mistura, $\hat{N}_{Az} = -\hat{c}D_{AB}\dfrac{dy_A}{dz}$, e as equações simplificadas para os três sistemas de coordenadas são dadas por:

Sistema de coordenadas cartesianas (retangulares)

$$\frac{\partial \hat{c}_A}{\partial t} = D_{AB}\left[\frac{\partial^2 \hat{c}_A}{\partial x^2} + \frac{\partial^2 \hat{c}_A}{\partial y^2} + \frac{\partial^2 \hat{c}_A}{\partial z^2}\right] \tag{15.110}$$

Sistema de coordenadas cilíndricas

$$\frac{\partial \hat{c}_A}{\partial t} = D_{AB}\left[\frac{\partial^2 \hat{c}_A}{\partial r^2} + \frac{1}{r}\frac{\partial \hat{c}_A}{\partial r} + \frac{1}{r^2}\frac{\partial^2 \hat{c}_A}{\partial \theta^2} + \frac{\partial^2 \hat{c}_A}{\partial z^2}\right] \tag{15.111}$$

Sistema de coordenadas esféricas

$$\frac{\partial \hat{c}_A}{\partial t} = D_{AB}\left[\frac{1}{r^2}\frac{\partial}{\partial r}\left(r^2 \frac{\partial \hat{c}_A}{\partial r}\right) + \frac{1}{r^2 sen(\theta)}\frac{\partial}{\partial \theta}\left(sen(\theta)\frac{\partial \hat{c}_A}{\partial \theta}\right) + \frac{1}{r^2 sen^2(\theta)}\frac{\partial^2 \hat{c}_A}{\partial \phi^2}\right] \tag{15.112}$$

EXEMPLO 15.7

Escreva uma equação diferencial para o reator tubular de raio R esquematizado na Figura 15.22, em que ocorre o consumo de uma espécie A por uma reação química homogênea de primeira ordem, $\hat{R}_A = -k\hat{c}_A$. Uma mistura líquida binária flui lentamente pelo reator operando em regime estacionário.

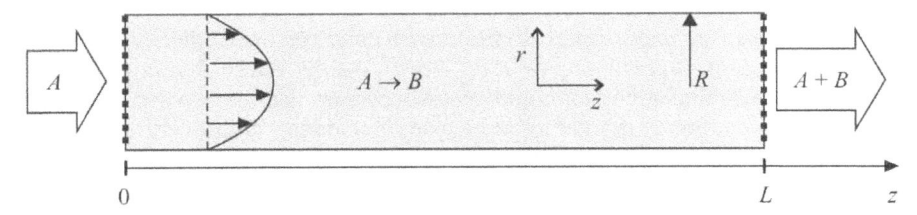

Figura 15.22 Reator tubular com escoamento laminar de uma mistura líquida reativa.

Solução

No reator esquematizado na Figura 15.22, ocorrem reação química, difusão e convecção de massa em regime estacionário. Considerando que o coeficiente de difusão D_{AB} é constante e que o problema é simétrico na direção radial, pode-se escrever a equação da conservação da massa no reator por

$$\left[\frac{1}{r}\frac{\partial}{\partial r}(r\hat{N}_{Ar}) + \frac{\partial \hat{N}_{Az}}{\partial z}\right] = \hat{R}_A$$

Mas $\hat{N}_{Ar} = -D_{AB}\dfrac{d\hat{c}_A}{dr}$ (não há velocidade da corrente fluida na direção r, pois o escoamento é laminar) e desse modo

tem-se que $\hat{N}_{Az} = -D_{AB}\dfrac{d\hat{c}_A}{dz} + \hat{c}_A v_z$, em que $v_z = v_z(r)$ é a velocidade de escoamento na direção z, dada pelo perfil de velocidades em escoamento laminar no interior de um duto cilíndrico. Como a espécie A é consumida no reator pela reação química que ocorre à taxa $\hat{R}_A = -k\hat{c}_A$ (mol $\cdot$ m^{-3} $\cdot$ s^{-1}) e o perfil de velocidades é parabólico, isso gera um gradiente de concentração na direção radial. As porções de fluido próximas do eixo do duto têm menor tempo de residência em uma dada seção do reator (menor tempo para reação química) e apresentam maior concentração da espécie A que as porções de fluido próximas da parede do reator (menor velocidade, implicando maior tempo de residência). Substituindo as equações de fluxo na equação de conservação, chega-se a

$$\frac{1}{r}\frac{\partial}{\partial r}\left(-rD_{AB}\frac{d\hat{c}_A}{dr}\right) + \frac{\partial}{\partial z}\left(-D_{AB}\frac{d\hat{c}_A}{dz} + \hat{c}_A \vec{v}_z\right) = \hat{R}_A \quad \text{ou}$$

$$-D_{AB}\left[\frac{1}{r}\frac{\partial}{\partial r}\left(r\frac{d\hat{c}_A}{dr}\right) + \frac{d^2\hat{c}_A}{dz^2}\right] + \hat{c}_A\frac{d\vec{v}_z}{dz} + v_z\frac{d\hat{c}_A}{dz} = \hat{R}_A$$

Se a mistura líquida é incompressível, $\dfrac{d\vec{v}_z}{dz} = 0$ e a equação anterior pode ser simplificada para

$$-D_{AB}\left[\frac{1}{r}\frac{\partial}{\partial r}\left(r\frac{d\hat{c}_A}{dr}\right) + \frac{d^2\hat{c}_A}{dz^2}\right] + v_z\frac{d\hat{c}_A}{dz} = -k\hat{c}_A$$

Nessa equação, $v_z = v_z(r)$ e $\hat{c}_A = \hat{c}_A(r,z)$, aumentando a complexidade dela. Uma versão simplificada do problema é obtida se considerarmos a velocidade média da corrente fluida e a concentração média da espécie A em uma dada seção do reator. Essas médias são calculadas pelas Equações 15.113 e 15.114.

$$\overline{v}_z = \frac{\int_0^R v_z(r)2\pi r dr}{\int_0^{R_o} 2\pi r dr} = \frac{\int_0^R v_z(r)2\pi r dr}{\pi R^2} \tag{15.113}$$

$$\overline{c}_A(z) = \frac{\int_0^R \hat{c}_A(r,z)2\pi r dr}{\int_0^R 2\pi r dr} = \frac{\int_0^R \hat{c}_A(r,z)2\pi r dr}{\pi R^2} \tag{15.114}$$

Desse modo, pode-se obter a equação diferencial do problema simplificado, que é dada pela Equação 15.115.

$$\overline{v}_z\frac{d\overline{c}_A}{dz} - D_{AB}\frac{d^2\overline{c}_A}{dz^2} + k\overline{c}_A = 0 \tag{15.115}$$

Essa equação do processo em regime estacionário exige a definição de condições de contorno, que podem ser as concentrações de entrada e de saída do reator, ou seja: $\overline{c}_{A0}$ em $z = 0$ e $\overline{c}_{AL}$ em $z = L$. A Equação 15.115 é útil para a análise de reatores industriais. Ela representa adequadamente o que ocorre no sistema se o escoamento da corrente líquida for turbulento, pois a turbulência elimina os gradientes radiais de velocidade e de concentração.

EXEMPLO 15.8

Um queijo cilíndrico, com diâmetro igual à sua altura, é submetido a um processo de salga por imersão em solução salina com 20 % em massa de NaCl. Se a concentração inicial de sal no queijo pode ser desprezada, escreva uma equação diferencial que represente a difusão de sal através de queijo. O problema está esquematizado na Figura 15.23.

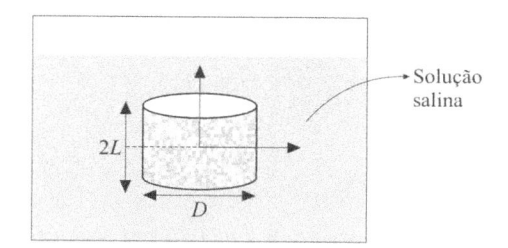

Figura 15.23 Processo de salga de queijo por imersão em solução salina concentrada.

Solução

Vamos considerar que o fluxo de sal se dá unicamente por difusão na fase líquida presente nos poros do queijo. Sabemos que, em condições de temperatura e pressão constantes, a equação do fluxo é dada por $\hat{N}_{Ar} = -D_{ap,r}\dfrac{d\hat{c}_A}{dr}$ na direção r e por $\hat{N}_{Az} = -D_{ap,z}\dfrac{d\hat{c}_A}{dz}$ na direção z. Nessas equações, $D_{ap,r}$ e $D_{ap,z}$ são os coeficientes de difusão aparente do sal através do queijo, nas direções radial e axial, respectivamente. Esses valores não são necessariamente iguais, pois o processo de preparação provoca anisotropia na estrutura do queijo.

Para o caso em que $D_{ap,r} = D_{ap,z} = D_{ap}$, a equação de conservação da massa em coordenadas cilíndricas é dada por

$$\frac{\partial \hat{c}_A}{\partial t} = D_{ap}\left[\frac{\partial^2 \hat{c}_A}{\partial r^2} + \frac{1}{r}\frac{\partial \hat{c}_A}{\partial r} + \frac{1}{r^2}\frac{\partial^2 \hat{c}_A}{\partial \theta^2} + \frac{\partial^2 \hat{c}_A}{\partial z^2}\right]$$

Mas essa equação pode ser simplificada para o caso em que há simetria radial no processo de transferência de massa. Isso implica dizer que a difusão de sal se dá do mesmo modo em qualquer região da superfície lateral do queijo cilíndrico, ou seja, $\dfrac{\partial \hat{c}_A}{\partial \theta} = 0$. Assim, a equação diferencial para difusão do sal no queijo se escreve como

$$\frac{\partial \hat{c}_A}{\partial t} = D_{ap}\left[\frac{\partial^2 \hat{c}_A}{\partial r^2} + \frac{1}{r}\frac{\partial \hat{c}_A}{\partial r} + \frac{\partial^2 \hat{c}_A}{\partial z^2}\right]$$

A condição inicial do problema é $t = 0$, $\hat{c}_A = 0$, $\forall r,z$. Se considerarmos que também há simetria na direção do eixo do queijo (direção z), as condições de contorno são dadas por:

$$z = 0, \frac{\partial \hat{c}_A}{\partial z} = 0 \text{ e } z = L, \hat{c}_A = \hat{c}_{As}, \forall t > 0$$

$$r = 0, \frac{\partial \hat{c}_A}{\partial r} = 0 \text{ e } r = R, \hat{c}_A = \hat{c}_{AR} = \hat{c}_{As}, \forall t > 0$$

As condições de contorno em $z = 0$ e em $r = 0$ são chamadas de condições de simetria. Elas indicam que não há fluxo de sal através do plano médio e do eixo do queijo cilíndrico. O valor de $\hat{c}_{As}$ é a concentração de equilíbrio de uma amostra de queijo quando submetida ao contato com a salmoura por um longo período.

A anisotropia do queijo pode ser considerada pela modificação da equação de conservação do sal, que seria escrita como

$$\frac{\partial \hat{c}_A}{\partial t} = D_{ap,r}\left[\frac{\partial^2 \hat{c}_A}{\partial r^2} + \frac{1}{r}\frac{\partial \hat{c}_A}{\partial r}\right] + D_{ap,z}\frac{\partial^2 \hat{c}_A}{\partial z^2}$$

EXEMPLO 15.9

Escreva uma equação diferencial para o processo de extração de um soluto contido em uma partícula sólida esférica, com concentração inicial uniforme $\hat{c}_{A0}$. Sabe-se que o coeficiente de partição desse soluto entre o solvente e o sólido é dado por $\hat{k} = \dfrac{\hat{c}_{AL}}{\hat{c}_{As}}$, em que $\hat{c}_{AL}$ e $\hat{c}_{As}$ são as concentrações do soluto A nas fases líquida e sólida, respectivamente, e k é o coeficiente de partição do soluto entre o sólido e o solvente, a uma dada temperatura. O problema está esquematizado na Figura 15.24.

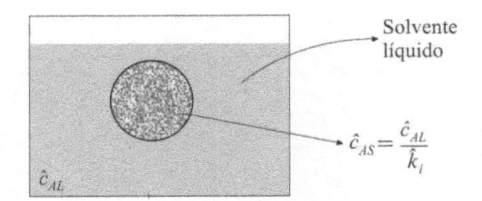

Figura 15.24 Processo de extração de soluto de uma partícula sólida esférica por um solvente líquido.

Solução

Considere que o processo de extração de soluto ocorre simetricamente através da superfície da partícula esférica e que não há reações químicas no sistema. Da simetria, a equação da conservação de soluto em coordenadas esféricas pode ser simplificada para $\dfrac{\partial \hat{c}_A}{\partial t} + \dfrac{1}{r^2}\dfrac{\partial}{\partial r}(r^2 \hat{N}_{Ar}) = 0$. Além disso, se o fluxo de soluto ocorre unicamente por difusão no sólido encharcado de solvente (não há movimento global no interior do sólido), a equação do fluxo, em condições de temperatura e pressão constantes, é dada por $\hat{N}_{Ar} = -D_{ap}\dfrac{d\hat{c}_A}{dr}$. Nessa equação D_{ap} é o coeficiente de difusão aparente do soluto através do sólido. Substituindo $\hat{N}_{Ar}$ na equação de conservação da espécie chega-se à equação diferencial de transferência de soluto através do sólido, ou seja:

$$\frac{\partial \hat{c}_A}{\partial t} = \frac{D_{ap}}{r^2}\frac{\partial}{\partial r}\left(r^2 \frac{d\hat{c}_A}{dr}\right)$$

Para completar a descrição física e matemática do problema, é necessário explicitar a condição inicial e as condições de contorno (de fronteira).

Condição inicial: $t = 0$, $\hat{c}_A = \hat{c}_{A0}$, $\forall r$

Condições de contorno: $r = R$ $\hat{c}_A = \hat{c}_{AR} = \dfrac{\hat{c}_{AL}}{\hat{k}}$, $\forall t > 0$

$$r = 0, \frac{d\hat{c}_A}{dr} = 0, \ \forall t > 0$$

A resolução dessa equação diferencial parcial resulta em uma expressão do tipo $\hat{c}_A = \hat{c}_A(r,t)$. A solução matemática dessa equação não será apresentada aqui, mas voltaremos à discussão desse problema na próxima seção.

15.7.1   Difusão em regime transiente em uma placa plana com resistência externa desprezível

Considere uma placa plana de espessura $2L$ e de largura e comprimento muito maiores que a espessura, submetida ao contato com uma solução contendo um soluto A, conforme esquematizado na Figura 15.25.

Se a solução for bem agitada pode-se supor que a resistência externa à transferência de massa é desprezível. Para a obtenção do perfil de concentração da espécie A no interior da placa, escreve-se primeiramente a equação de conservação de A, ou seja:

$$\nabla \cdot \vec{N}_A + \frac{\partial \hat{c}_A}{\partial t} - \hat{R}_A = 0 \tag{15.116}$$

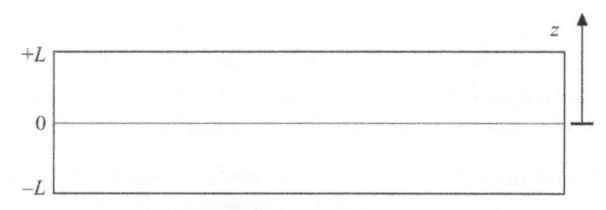

Figura 15.25 Esquema de uma placa plana de espessura $2L$ e de largura e comprimento infinitos.

Como a espessura da placa (paralelepípedo) é muito menor do que as outras duas dimensões pode-se supor que a transferência de massa é unidirecional (apenas na direção z). Além disso, como não há reação química no interior da placa ($\hat{R}_A = 0$), vem que:

$$\frac{d\hat{N}_{Az}}{dz} + \frac{\partial \hat{c}_A}{\partial t} = 0 \qquad (15.117)$$

Se as dimensões da placa forem constantes durante o processo de difusão do soluto para seu interior (não há inchamento ou encolhimento significativo da placa), o fluxo de A é dado por $\hat{N}_{Az} = \hat{j}_{Az} = -D_{ap}\frac{d\hat{c}_A}{dz}$, em que o coeficiente de difusão aparente da espécie A através da placa, D_{ap}, foi considerado constante. Substituindo essa equação de fluxo na equação de conservação da espécie A (Equação 15.117), chega-se à equação diferencial de transferência de A no interior da placa sólida,

$$\frac{\partial \hat{c}_A}{\partial t} = D_{AB}\frac{\partial^2 \hat{c}_A}{\partial z^2} \qquad (15.118)$$

Observe que a Equação 15.118 foi escrita para o interior da placa, que é o sistema em análise, separado do restante do universo pelas suas fronteiras. Para a completa caracterização do problema, a distribuição inicial de soluto no interior da placa e as concentrações nas suas fronteiras devem ser claramente definidas. A condição inicial mais comum e mais simples ocorre quando a placa tem uma concentração inicial uniforme de soluto, $\hat{c}_{A0}$, antes de ser imersa na solução. Por outro lado, a condição de fronteira mais simples ocorre quando a concentração na superfície da placa é subitamente elevada para $\hat{c}_{AS}$ quando é imersa na solução agitada (coeficiente de transferência de massa elevado, implicando resistência externa nula). Essa condição de contorno é mantida durante todo o processo de difusão. Matematicamente, a condição inicial e as condições de contorno durante o processo de difusão são:

Condição inicial: $t = 0 \rightarrow \hat{c}_A = \hat{c}_{A0}, \forall z$

Condições de contorno: $z = L \rightarrow \hat{c}_A = \hat{c}_{AL}, \forall t > 0$

$$z = 0 \rightarrow \frac{d\hat{c}_A}{dz} = 0, \forall t > 0$$

A condição de contorno em $z = 0$ representa a simetria do problema, pois a transferência do soluto A para o interior da placa ocorre igualmente nos dois lados. Em outras palavras, basta resolver o problema para uma metade da placa, pois a solução também representa o que ocorre com a outra metade.

A concentração da espécie A pode ser representada na forma adimensional, admitindo valores entre 0 e 1, ou seja:

$$Y = \frac{\hat{c}_{AL} - \hat{c}_A}{\hat{c}_{AL} - \hat{c}_{A0}} \qquad (15.119)$$

Assim, a Equação 15.118 pode ser escrita como

$$\frac{\partial Y}{\partial t} = D_{AB}\frac{\partial^2 Y}{\partial z^2} \qquad (15.120)$$

enquanto as novas condições inicial e de contorno são dadas por

Condição inicial: $t = 0 \rightarrow \quad Y = Y_0 = \frac{\hat{c}_{AL} - \hat{c}_{A0}}{\hat{c}_{AL} - \hat{c}_{A0}} = 1, \forall z$

Condições de contorno: $\quad z = L \rightarrow Y = Y_S = \frac{\hat{c}_{AL} - \hat{c}_{AL}}{\hat{c}_{AS} - \hat{c}_{A0}} = 0, \forall t > 0$

$$z = 0 \rightarrow \frac{dY_A}{dz} = 0, \forall t > 0$$

A solução da Equação 15.120, para a condição inicial e para as condições de contorno acima, é o somatório dos termos da série infinita dada pela Equação 15.121.

$$Y = \frac{\hat{c}_{AL} - \hat{c}_A}{\hat{c}_{AL} - \hat{c}_{A0}} = \frac{4}{\pi}\sum_{n=0}^{\infty}\frac{(-1)^n}{2n+1}\exp\left(-D_{AB}(2n+1)^2\frac{\pi^2 t}{4\,L^2}\right)\cos\left(\frac{(2n+1)\pi}{2\,L}z\right) \qquad (15.121)$$

Em processos de secagem ou de extração de solutos de matrizes sólidas o valor adimensional Y representa a fração da espécie A que permanece no sólido (na posição z) até o tempo t, enquanto o valor $(1 - Y) = \frac{\hat{c}_A - \hat{c}_{A0}}{\hat{c}_{AL} - \hat{c}_{A0}}$ representa a fração da espécie A que é transferida até o tempo t (na posição z).

Com a Equação 15.121 se pode calcular o perfil de concentração da espécie A no interior do sólido, em qualquer instante. Já foi comentado que a determinação experimental do perfil de concentração não é possível, para a maioria dos casos. O que se pode determinar experimentalmente é a concentração média do soluto no interior do sólido em um dado instante. Assim, é comum se utilizar a forma integrada da Equação 15.121, que representa a variação da concentração média da espécie A no interior da placa durante o processo.

$$\overline{Y} = \frac{\overline{c}_{AL} - \overline{c}_A}{\overline{c}_{AL} - \overline{c}_{A0}} = \sum_{n=0}^{\infty} \frac{8}{(2n+1)^2 \pi^2} \exp\left(-D_{AB}(2n+1)^2 \frac{\pi^2 t}{4\,L^2}\right) \tag{15.122}$$

em que $\overline{Y} = 1 - \dfrac{m_t}{m_\infty}$, sendo m_t a quantidade de soluto que entra (ou sai, nos casos de extração de soluto ou de secagem) por difusão até o tempo t e m_∞ é a quantidade de massa de soluto que entra (ou sai) na placa se o tempo de contato for suficiente para que o equilíbrio seja atingido. Em um processo de secagem ou de extração de um soluto de uma matriz sólida a fração da espécie A (água ou soluto) que permanece no sólido até o tempo t é dada por $\overline{Y} = 1 - \dfrac{m_t}{m_\infty}$. Para valores do número de Fourier maiores que 0,2 a série converge rapidamente, bastando usar apenas seu primeiro termo para o cálculo da concentração média da espécie A no meio em um dado instante. A Equação 15.122 tem sido extensivamente usada para a estimativa de coeficientes de difusão aparentes a partir de dados experimentais da variação da concentração média de dada espécie em um sólido durante um processo de transferência de massa. O leitor deve observar que existem várias situações que podem ser representadas pelas Equações 15.121 e 15.122, como a secagem de uma placa plana ou a extração de óleos de lâminas ("pellets") de oleaginosas.

A condição de contorno utilizada na solução da Equação 15.120 vale se a solução (líquida ou gasosa) for bem agitada, o que permite desprezar a resistência à transferência de massa na interface sólido-líquido (ou sólido-gás). Essa condição nem sempre é satisfeita. Se o coeficiente de transferência de massa entre a solução e o sólido for finito (isto é, não for muito alto), deve-se usar uma condição de fluxo de massa convectivo na superfície, ou seja,

$$z = L \rightarrow \hat{N}_A = k_c\,(\hat{c}_{A\infty} - \hat{c}_{A0}) \tag{15.123}$$

em que k_c é o coeficiente de transferência de massa [cm³·s⁻¹].

15.7.2   Difusão em regime transiente em placas planas infinitas, cilindros infinitos e em esferas

Soluções matemáticas da Equação 15.118, para diferentes condições de contorno, são apresentadas por Crank (1975). Esse autor também apresenta soluções matemáticas para a difusão em regime transiente para as geometrias cilíndrica e esférica. Em todos os casos, é necessário efetuar o somatório dos termos de uma série infinita convergente. Isso pode ser realizado com facilidade por meio de planilhas de cálculo ou de softwares de cálculo matemático. Por outro lado, as soluções matemáticas para problemas de difusão unidirecional em regime transiente foram colocadas na forma gráfica, para placa plana infinita, cilindro infinito e esfera. Elas são válidas se a transferência de soluto no interior de um sólido (ou líquido estagnado) ocorrer unicamente por difusão, com D_{AB} constante e na ausência de reações químicas ($\hat{R}_A = 0$). Essas soluções foram obtidas para condição inicial de concentração homogênea no interior do sistema ($\hat{c}_A = \hat{c}_{A0} = $ cte em $t = 0$) e condições de contornos invariantes no tempo, em todas as faces do objeto.

Essas soluções gráficas são apresentadas em função dos números adimensionais:

Concentração adimensional: $Y = \dfrac{\hat{c}_{AL} - \hat{c}_A}{\hat{c}_{AL} - \hat{c}_{A0}}$ \hfill (15.124)

Número de Fourier de massa: $N_{Fo,M} = \dfrac{D_{AB}\,t}{L^2}$ \hfill (15.125)

Número de Biot de massa: $N_{Bi} = \dfrac{\text{Resistência à transferência de massa por difusão}}{\text{Resistência à transferência de massa por convecção}} = \dfrac{\dfrac{L}{D_{AB}}}{\dfrac{1}{k_c}}$

ou

$$N_{Bi} = \frac{k_c\,d}{D_{AB}} \tag{15.126}$$

Posição relativa no interior do sólido:

$$n = \frac{z}{L} \tag{15.127}$$

em que d é a dimensão característica do objeto (meia-espessura da placa para o caso equacionado, o raio da esfera ou do cilindro infinito) e z é a distância da origem da coordenada até um ponto de interesse no interior do objeto.

As soluções gráficas para placas, cilindro e esferas estão apresentadas nas Figuras 15.26, 15.27 e 15.28. Na Figura 15.29 são apresentadas as soluções gráficas para a concentração média, para problemas com resistência externa desprezível $N_{Bi} = \infty$.

Essas soluções gráficas são de grande praticidade, conforme será verificado nos exemplos a seguir.

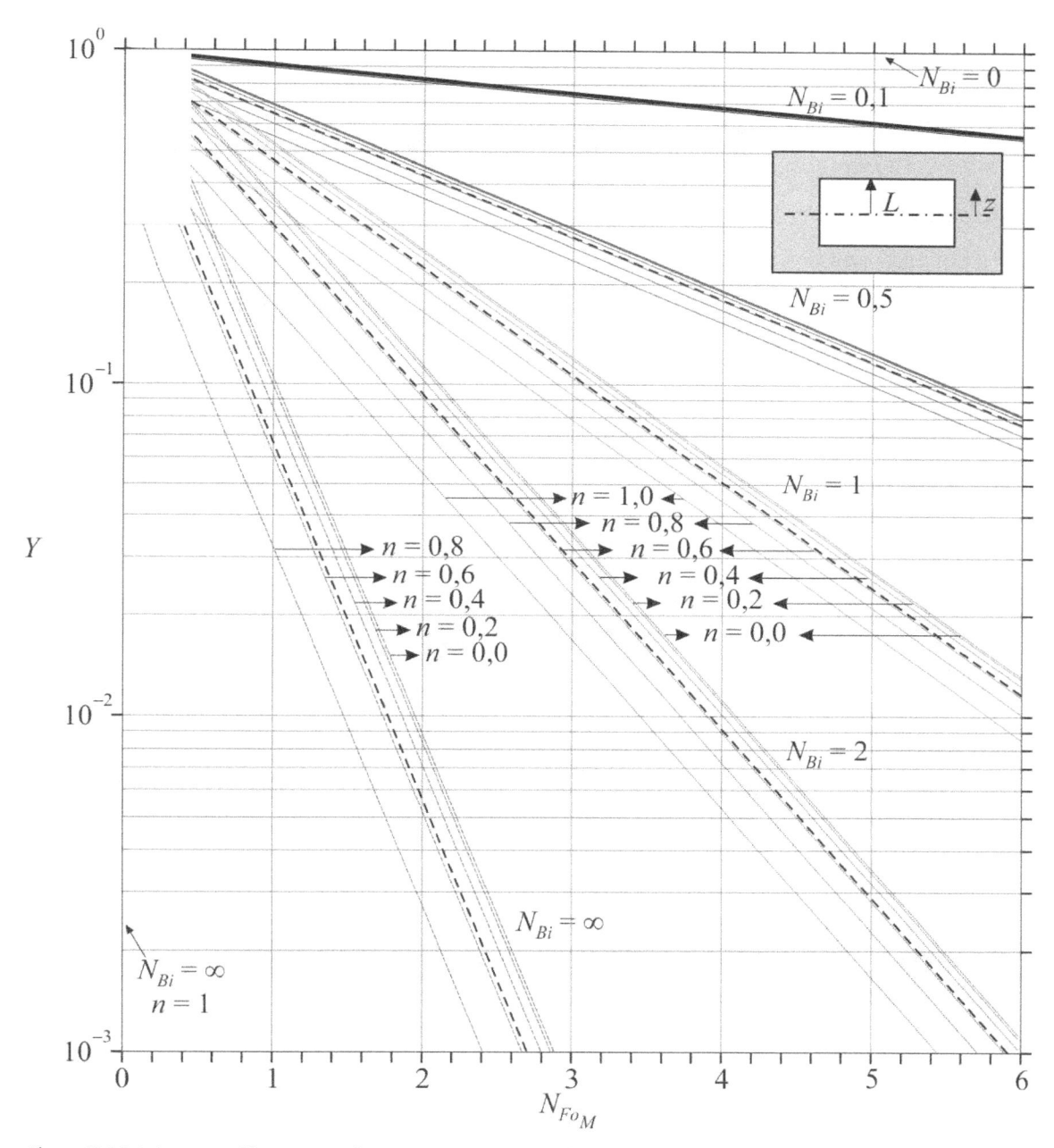

Figura 15.26 Soluções gráficas (carta de Gurney-Lurie) para difusão transiente em placa plana infinita. A linha tracejada representa o valor médio de Y no volume da placa.

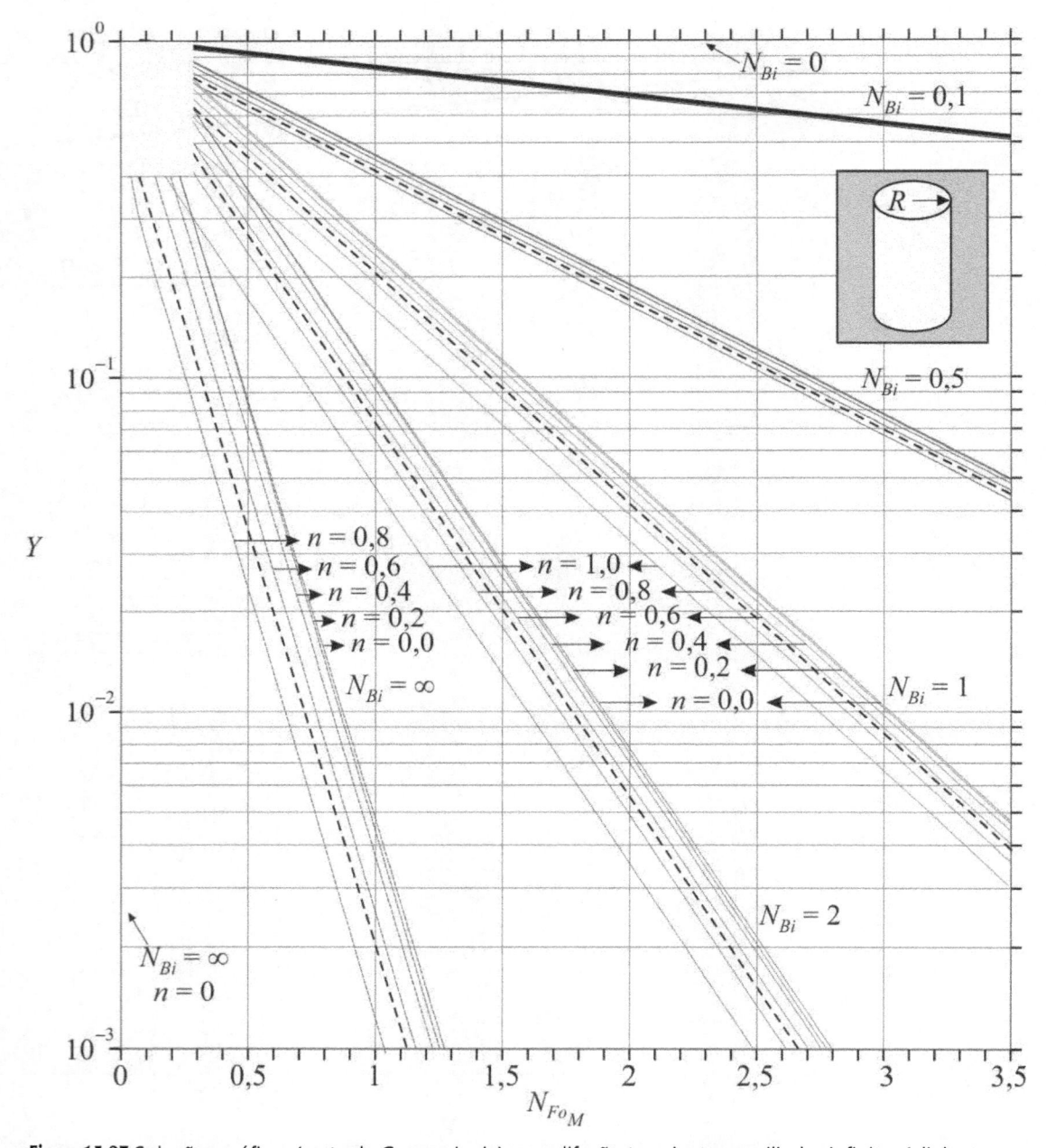

Figura 15.27 Soluções gráficas (carta de Gurney-Lurie) para difusão transiente em cilindro infinito. A linha tracejada representa o valor médio de Y no volume do cilindro.

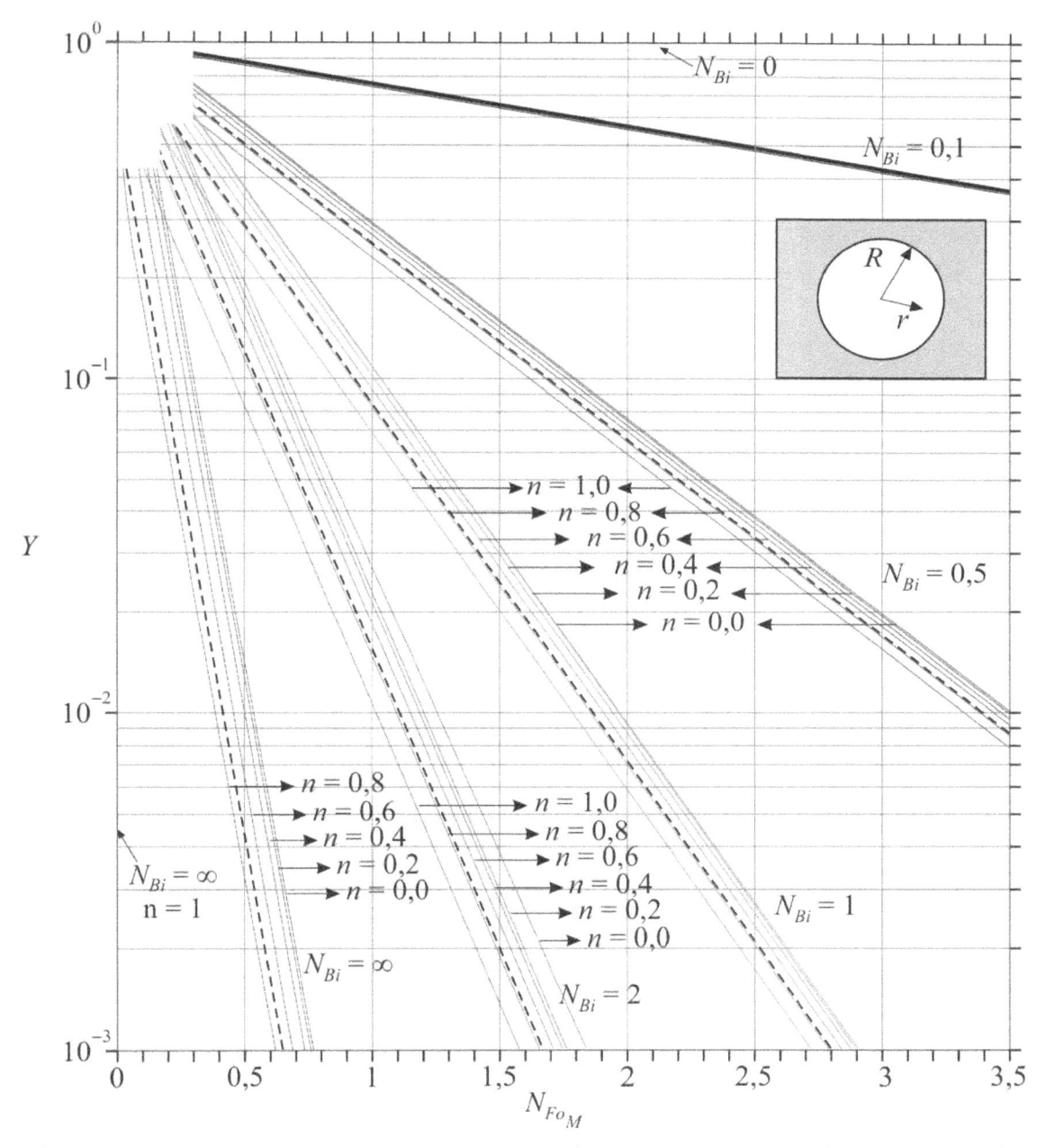

Figura 15.28 Soluções gráficas (carta de Gurney-Lurie) para difusão transiente em uma esfera. A linha tracejada representa o valor médio de *Y* no volume da esfera.

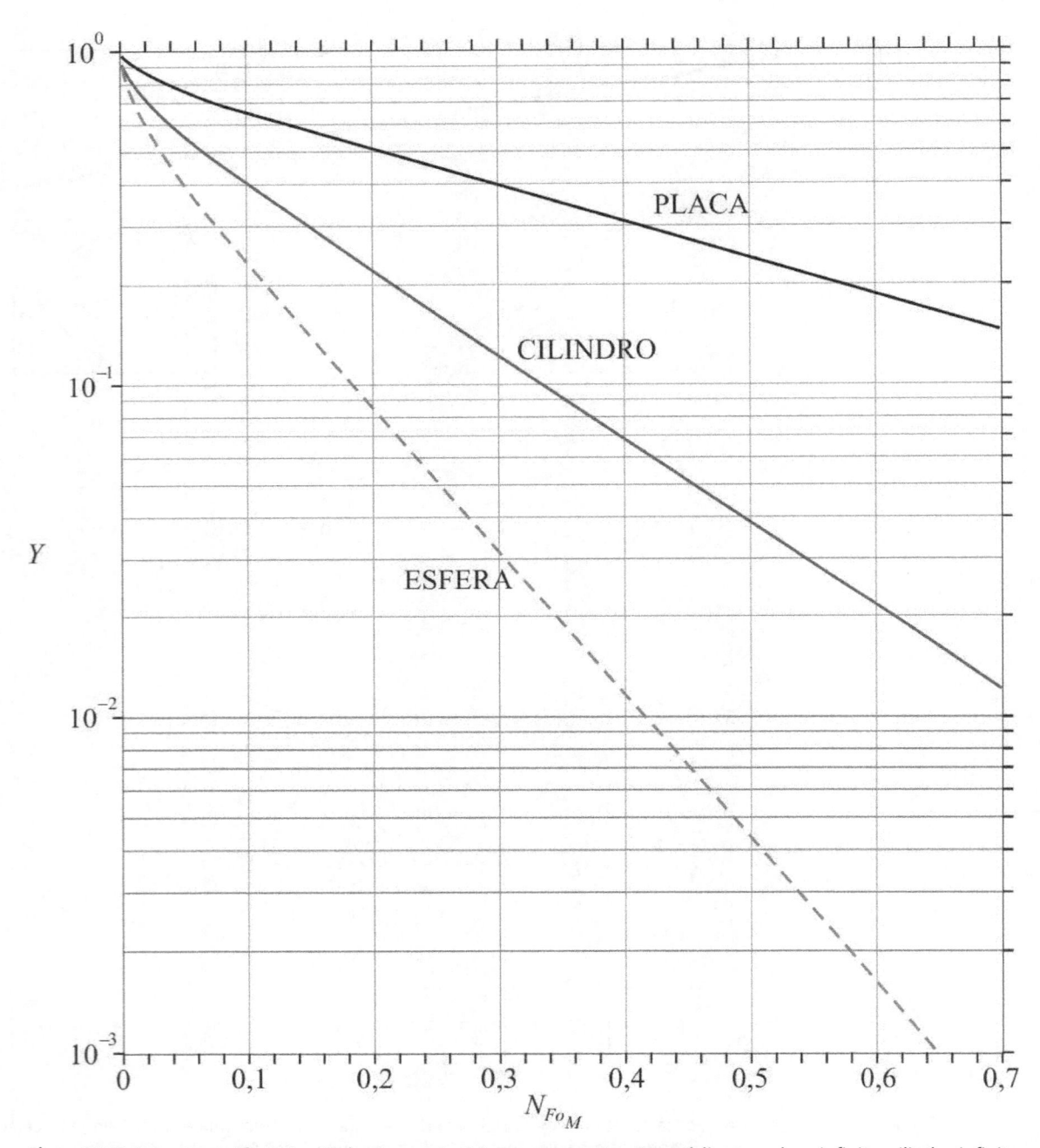

Figura 15.29 Soluções gráficas (carta de Gurney-Lurie) para concentrações médias em placa infinita, cilindro infinito e esfera com resistência externa desprezível.

EXEMPLO 15.10

Um alimento com 2,65 % de umidade é armazenado em uma câmara a 20 ºC, onde o ar apresenta umidade relativa $UR = 80$ %. Sabe-se que a textura do produto se mantém adequada se a atividade de água (a_w) do mesmo for inferior a 0,655. Considere o produto como uma placa plana de 50 mm de espessura, com uma das faces em contato com um filme plástico, por onde não há transferência de umidade. Sabendo que a razão entre as resistências à transferência de umidade por difusão e por convecção é igual a 1, pergunta-se: a) Quanto tempo o produto pode ficar armazenado nessas condições atmosféricas sem ter sua textura degradada? b) Qual deve ser a UR da câmara para aumentar em três vezes a vida útil do produto?

Dados:

(i) O coeficiente de difusão aparente da água no sólido é constante e igual a $D_{w\text{-sólido}} = 7,92 \times 10^{-9}$ m² · s⁻¹,

(ii) O modelo de GAB, dado por:

$$\overline{X}_e = \frac{C\,k\,\overline{X}_0\,a_w}{(1 - ka_w)(1 - ka_w + Cka_w)}$$

em que $C = 11,6$, $k = 1,12$ e $\overline{X}_0 = 0,026$, é adequado para representar a isoterma de sorção de umidade do produto, para valores de atividade de água, a_w ($UR/100$) entre 0 e 0,8 (o modelo de GAB, desenvolvido por Gugghenheim, Anderson e de Boer, relaciona a sorção de umidade em função de a_w. O leitor encontrará o significado físico dos parâmetros do $\overline{X}_e$, C e k em livros de secagem ou que tratam de isotermas de sorção de umidade).

Solução

A situação física em questão está representada na Figura 15.30a, enquanto a representação gráfica da equação de GAB é dada na Figura 15.30b.

O teor de umidade da amostra $(\overline{X}_e)$ em equilíbrio com a atmosfera da câmara de armazenagem com $UR = 80$ % deve ser calculado pelo modelo de GAB, como segue:

$$\overline{X}_e = \frac{C\,k\,\overline{X}_0\,a_w}{(1 - ka_w)(1 - ka_w + Cka_w)} \quad \text{ou}$$

$$\overline{X}_e = \frac{11,6 \times 1,12 \times 0,026 \times 0,8}{(1 - 1,12 \times 0,8)(1 - 1,12 \times 0,8 + 11,6 \times 1,12 \times 0,8)}$$

$$\overline{X}_e = 0,2475 \text{ kg água} \cdot \text{kg ms}^{-1}$$

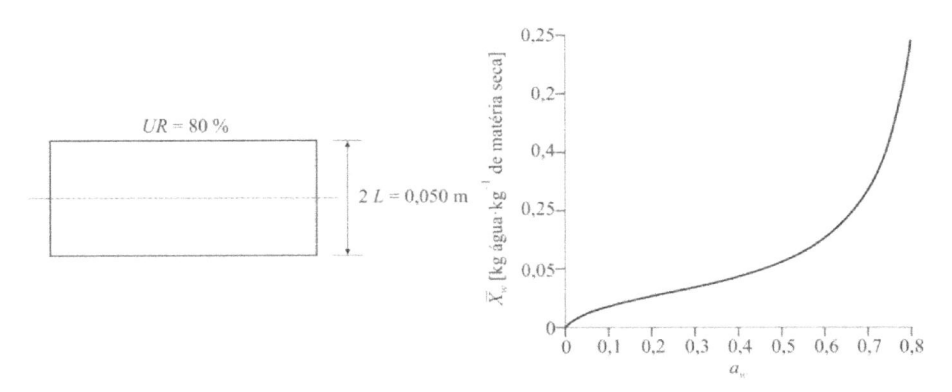

Figura 15.30 a) Situação física representando o Exemplo 15.11; b) isoterma de sorção de umidade do alimento do Exemplo 15.11.

Analogamente, calcula-se o teor de umidade do produto quando $a_w = 0,655$,

$$\overline{X}_t = \frac{11,6 \times 1,12 \times 0,026 \times 0,655}{(1 - 1,12 \times 0,655)(1 - 1,12 \times 0,655 + 11,6 \times 1,12 \times 0,655)}$$

$$\overline{X}_t = 0,0946 \text{ kg água} \cdot \text{kg ms}^{-1}$$

A umidade inicial da amostra $(\bar{X}_0)$ em base seca é igual a $\bar{X}_0 = \dfrac{2,60}{100-2,60} = 0,0267 \, \text{kg água} \cdot \text{kg ms}^{-1}$.

Dos valores $\bar{X}_0$, $\bar{X}_e$ e $\bar{X}_t$ calcula-se o valor da fração da espécie sendo transferida (água) para o sólido até o tempo t,

$$\frac{m_t}{m_\infty} = 1 - Y = 1 - \frac{(\bar{X}_e - \bar{X}_t)m_{ms}}{(\bar{X}_e - \bar{X}_0)m_{ms}} = \frac{(\bar{X}_t - \bar{X}_i)m_{ms}}{(\bar{X}_e - \bar{X}_0)m_{ms}}$$

em que m_{ms} é a massa de sólidos secos do alimento, que permanece constante durante o processo de reidratação.

$$\frac{m_t}{m_\infty} = 1 - \frac{0,2475 - 0,0946}{0,2475 - 0,0267} = 0,31 \quad \text{e} \quad Y = 1 - 0,31 = 0,69$$

Entrando com os valores de $Y = 0,69$ e $N_{Bi} = 1$ na solução gráfica para concentração média na placa infinita (Figura 15.26) obtém-se o número de Fourier de massa, $N_{Fo,M} = 0,47$. Assim,

$$N_{Fo,M} = 0,47 = \frac{D_{W-\text{sólido}} \, t}{x_L^2} \Rightarrow 0,47 = \frac{7,92 \times 10^{-9} \, t}{0,05^2}$$

$$t = 1,48 \times 10^5 \, \text{s} = 41,1 \, \text{h}$$

Por outro lado, aumentar em três vezes a vida útil do produto implica $t = 123,3$ h. O cálculo da nova UR que permite essa nova vida útil fica a cargo do leitor.

Respostas: a) o tempo que o produto pode ficar armazenado antes de perder a crocância é de 41,21 h; b) a UR da câmara que aumenta em três vezes a vida útil do produto é $UR \cong 71,5 \, \%$.

EXEMPLO 15.11

Um alimento cilíndrico de 3 cm de diâmetro e 2 cm de comprimento é submetido a um processo de secagem. O teor de umidade inicial do cilindro é igual a 30 %, enquanto o teor de umidade na superfície pode ser considerado constante e igual a 5 % durante todo processo de secagem (a resistência externa à transferência de massa é desprezível). O coeficiente de difusão aparente da água no material é igual a 5×10^{-10} m² · s⁻¹. Calcule: (i) o tempo necessário para reduzir a umidade média do cilindro para 7 %; (ii) o tempo necessário para reduzir a umidade do centro geométrico do cilindro para 7 %.

Solução

A secagem ocorre através de toda a superfície do cilindro. O problema pode ser resolvido pela combinação das soluções gráficas unidimensionais para placa infinita e para cilindro infinito, ou seja, $Y = Y_{\text{placa infinita}} Y_{\text{cilindro infinito}}$.

Antes do cálculo de Y é necessário que os teores de umidade sejam expressos em base seca, ou seja: $X_0 = 0,4286$ kg água · kg ms⁻¹; $X_e = 0,0526$ kg água · kg ms⁻¹ e $X_t = 0,753$ kg água · kg ms⁻¹. O valor de Y para o cilindro finito é dado por

$$Y = \frac{X_e - X_t}{X_e - X_0} = \frac{0,0526 - 0,0753}{0,0526 - 0,4286} \cong 0,06$$

Vale lembrar que, alternativamente, Y pode ser calculado por

$$Y = 1 - \frac{(\bar{X}_t - \bar{X}_0)}{(\bar{X}_e - \bar{X}_0)} = 1 - \frac{0,0753 - 0,4286}{0,0526 - 0,4286} \cong 0,06$$

As expressões de $N_{Fo,M}$ em função do tempo para a placa infinita e para o cilindro infinito são dadas por:

$$N_{Fo,M,\text{placa inf}} = \frac{D_{w-\text{sólido}} t}{L^2} = \frac{5 \times 10^{-10} \, t}{0,01^2} = 5,00 \times 10^{-6} \, t$$

$$N_{Fo,M,\text{cilindro inf}} = \frac{D_{w-\text{sólido}} t}{R^2} = \frac{5 \times 10^{-10} \, t}{0,015^2} = 2,22 \times 10^{-6} \, t$$

Esse problema deve ser resolvido por tentativa. Supondo o valor de $t = 20$ h $= 72000$ s, tem-se que $N_{Fo,M(\text{placa inf})} = 0,36$ e $N_{Fo,M(\text{cilindro inf})} = 0,16$. Com esses valores e $N_{Bi} = (d/D_{AB})/(1/k_c) = \infty$ (resistência externa desprezível), obtêm-se das soluções gráficas para concentrações médias (Figura 15.29) que $Y_{\text{placa inf}} = 0,32$ e $Y_{\text{cilindro inf}} = 0,28$. A solução para o cilindro finito é dada por $Y = Y_{\text{placa inf}} Y_{\text{cilindro inf}} \cong 0,09$. O valor de $Y = 0,09$ é maior que $Y = 0,06$. Assim, supõe-se outro valor para o tempo, como $y = 25$ h = 90000 s e recalcula-se o problema. Para esse tempo, $N_{Fo,M(\text{placa inf})} = 0,45$ e $N_{Fo,M(\text{cilindro inf})} = 0,2$. Com esses valores e $N_{Bi} = \infty$ obtêm-se da Figura 15.29 que $Y_{\text{placa inf}} = 0,28$ e $Y_{\text{cilindro inf}} = 0,21$. A solução para o cilindro finito é dada por $Y = Y_{\text{placa inf}}$ $Y_{\text{cilindro inf}} \approx 0,06$. Assim, o tempo necessário para que a umidade média do cilindro atinja 7 % de umidade é igual a 25 h.

A resolução do item b) é análoga. Admitindo o valor de $t = 40$ h = 144000 s, tem-se que $N_{Fo,M(\text{placa inf})} = 0,72$ e $N_{Fo,M(\text{cilindro inf})} = 0,32$. Com esses valores, para $N_{Bi} = \infty$, $n = 0$, obtém-se da Figura 15.26 que $Y_{\text{placa inf}} = 0,21$, e da Figura 15.27 que $Y_{\text{cilindro inf}} = 0,28$. A solução para o cilindro finito é dada por $Y = Y_{\text{placa inf}} Y_{\text{cilindro inf}} \cong 0,06$. Assim, o tempo necessário para que a umidade no centro geométrico do cilindro atinja 7 % de umidade é igual a 40 h.

Respostas: (i) o tempo necessário para que a umidade média do cilindro atinja 7 % de umidade é igual a 25 h; (ii) o tempo necessário para que a umidade no centro geométrico do cilindro atinja 7 % de umidade é igual a 40 h.

EXEMPLO 15.12

Na extração da cafeína, os grãos de café são inicialmente embebidos em água e incham, chegando a 45 g/100 g de água, antes da extração da cafeína com clorofórmio. O coeficiente de partição da cafeína entre clorofórmio e água, a 30 °C, é $k = (C_{\text{cafeína-clorof.}}/C_{\text{cafeína-água}}) = 20$, e a difusividade da cafeína no grão de café inchado é $1,6 \times 10^{-10}$ m$^2 \cdot$ s^{-1}. Se o grão de café tem inicialmente 4 g cafeína/100 g de grãos secos e a extração ocorre sob agitação intensa e em excesso de solução de clorofórmio, contendo 3 g cafeína/100 g clorofórmio, determine qual o tempo necessário para extração de 80 % da cafeína presente no grão. Suponha que o grão inchado tem 0,6 cm de diâmetro.

Solução

O processo de extração de cafeína dos grãos de café está esquematizado na Figura 15.31.

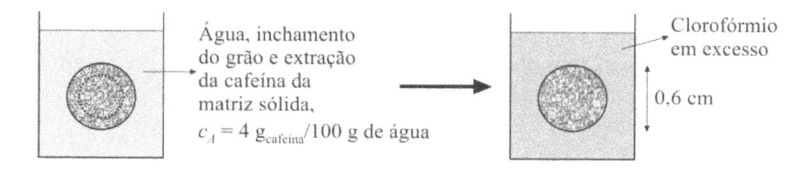

Figura 15.31 Representação do problema da extração de cafeína de grão de café.

A concentração inicial média de cafeína na água do grão inchado (1 g de grão inchado tem 0,45 g de água e 0,55 g de matéria seca) é dada por $\overline{C}_{A0} = \dfrac{4 \text{ g cafeína}}{100 \text{ g de grãos secos}} \times \dfrac{0,55 \text{ g de grãos secos}}{0,45 \text{ g água}}$, de onde vem que $\overline{C}_{A0} = 0489$ g cafeína/g de água.

Se o tanque é bem agitado, pode-se considerar que $N_{Bi} = \infty$ e que há situação de equilíbrio na interface entre o grão inchado de água e o clorofórmio. Sabendo que $k = (C_{\text{cafeína-clorof.}}/C_{\text{cafeína-água}}) = 20$ e que a solução de clorofórmio contém 3 g cafeína/100 g clorofórmio, pode-se calcular a concentração de equilíbrio na superfície do grão (na água que satura o grão) por:

$C_{\text{cafeína-água}} = \dfrac{3}{20} = 0,15$ g cafeína/100 g de água, de onde vem que $\overline{C}_{AS} = 0,0015$ g cafeína/g de água.

Para uma concentração de cafeína residual igual a 20 % da concentração inicial (extração de 80 %) $\overline{C}_A = 0,20 \times 0,0489 = 0,0098$ g cafeína/g de água.

Com esses dados calcula-se a concentração média adimensional de cafeína no grão inchado (na água que satura o grão), quando 80 % da cafeína foi extraída.

$$\overline{Y} = \frac{\overline{C}_{AS} - \overline{C}_A}{\overline{C}_{AS} - \overline{C}_{A0}} = \frac{0,0015 - 0,0098}{0,0015 - 0,0489} = 0,175$$

Com os valores $N_{Bi} = \infty$ e $Y = 0,175$ usa-se a Figura 15.29 e determina-se o valor do número de Fourier, $N_{Fo,M} = 0,13$.

Como $N_{Fo,M} = \dfrac{D_{AB} t}{R^2}$ vem que

$$t = \frac{0,13 \times 0,003^2}{1,6 \times 10^{-10}} = 7312,5 \text{ s} = 2,03 \text{ h}$$

Para reduzir esse longo tempo de extração, podem-se reduzir os diâmetros equivalentes dos grãos de café para 0,3 cm. Com isso, o tempo de extração se reduz para

$$t = \frac{0,13 \times 0,0015^2}{1,6 \times 10^{-10}} = 1828 \text{ s} = 0,51 \text{ h}$$

Resposta: O tempo necessário para a extração de 80 % da cafeína é de aproximadamente 2 h.

15.8   O USO DO POTENCIAL HÍDRICO COMO FORÇA MOTRIZ PARA A TRANSFERÊNCIA DE ÁGUA EM ALIMENTOS

Como discutido anteriormente, o potencial químico é a força motriz fundamental para a transferência de massa (Equação 15.15, $\hat{j}_{Az} = -\hat{c}_A \dfrac{D_{AB}}{RT} \dfrac{d\mu_A}{dz}$). No entanto, o leitor já percebeu que as equações de transferência de massa são, na maioria das vezes, expressas em função de gradientes de concentração (concentração molar, fração molar, fração mássica, pressão parcial de vapor). Isso é feito para a apresentação de equações usadas para análise e projeto de processos controlados pela transferência de massa. Ela está amparada na forte correlação que existe entre o fluxo de uma espécie e o seu gradiente de concentração entre dois "pontos" (duas microrregiões, para ser mais preciso) em um sistema. No entanto, em determinadas situações comuns do processamento de alimentos, é importante compreender e separar os diferentes mecanismos físicos envolvidos na transferência de uma espécie no interior de um alimento sólido. Em biologia e em agronomia, é comum o uso do conceito de "potencial da água" (ou potencial hídrico) como força motriz para a transferência de água no sistema solo-planta-atmosfera.

O potencial da água, Ψ_w, é a diferença entre o potencial químico da água, μ_w, e o potencial químico da água pura, μ_w^0, à mesma temperatura, dividido pelo volume molar da água líquida, $\tilde{V}_w$ ($\tilde{V}_w = 1,8 \times 10^{-5}$ m³ · mol⁻¹, a 25 °C e pressão atmosférica). Mas, da termodinâmica, sabemos que a relação entre a variação do potencial químico e o volume molar de uma substância é dada por:

$$\tilde{V} = \left(\frac{\partial \mu}{\partial P} \right)_T \tag{15.128}$$

em que

$$\mu_w - \mu_w^0 = \hat{V}_w \left(P - P_0 \right) \tag{15.129}$$

e então que

$$\Psi_w = \left(P - P_0 \right) = \frac{\mu_w - \mu_w^0}{\tilde{V}_w} \tag{15.130}$$

Como o potencial químico tem unidades de J · mol⁻¹ e o volume molar é dado em m³ · mol⁻¹, o potencial hídrico tem unidades de J · m⁻³ (energia por volume) ou de pressão (Pa = N · m⁻²). O potencial hídrico, Ψ_w, pode ser entendido como a redução da pressão a ser imposta à água pura para baixar sua atividade para o valor que ela apresenta quando está em um sistema de interesse (no solo, no interior de uma célula vegetal ou de uma levedura ou em um alimento sólido). O potencial hídrico pode ser relacionado matematicamente com a atividade de água, a_w, pela Equação 15.131:

$$\Psi_w = \frac{R T}{\tilde{V}_w} \ln a_w \tag{15.131}$$

Para qualquer sistema considerado, a água fluirá sempre de regiões onde tem maior potencial hídrico para regiões onde o valor desse potencial é menor. Assim, o uso do potencial hídrico é alternativa ao uso do potencial químico como força motriz para a transferência de água em um sistema. A facilidade de compreensão e de uso do potencial hídrico, que é expresso em unidade de pressão, tem popularizado seu uso entre biólogos e engenheiros agrônomos.

Em estudos da água no sistema solo-planta-atmosfera, os componentes principais do potencial hídrico são: a) o potencial de pressão (Ψ_P), b) o potencial osmótico (Ψ_π), c) o potencial gravitacional (Ψ_g) e d) o potencial matricial (Ψ_m). Assim, o potencial hídrico pode ser representado pelo somatório

$$\Psi_w = \Psi_0 + \Psi_P + \Psi_\pi + \Psi_g + \Psi_m \tag{15.132}$$

15.8.1 Potencial de pressão, Ψ_P

O potencial de pressão é a diferença entre a pressão absoluta à que a água está submetida no sistema e a pressão atmosférica.

$$\Psi_P = P_{\text{abs}} - P_{\text{atm}} \tag{15.133}$$

Em vegetais, o potencial de pressão, Ψ_P, é influenciado pela turgescência[1] das células. Células vegetais túrgidas (indispensável ao seu bom funcionamento) têm potencial de pressão positivo, pois a água está pressionando a parede celular. Esse potencial de pressão positivo em células em estado de turgor está representado esquematicamente na Figura 15.32.

15.8.2 Potencial osmótico, Ψ_π

O potencial osmótico, Ψ_π, é chamado de "componente químico do potencial hídrico". A adição de um soluto à água reduz seu potencial químico, e consequentemente seu potencial hídrico, pela redução da parcela representada pelo potencial osmótico, dada por:

$$\Psi_\pi = -\hat{c}RT \tag{15.134}$$

em que $\hat{c}$ é a concentração molar de solutos.

Segundo a Equação 15.134, $\Psi_\pi = 0$ para a água pura, pois $\hat{c} = 0$, e $\Psi_\pi < 0$ para soluções (o valor de Ψ_π de uma solução é sempre negativo). Assim, em um meio homogêneo e isotrópico, com P e T constantes, a água fluirá espontaneamente de uma região com menor concentração de soluto (maior Ψ_π) para uma região com maior concentração de soluto (menor Ψ_π). Nos alimentos, o potencial osmótico é dado pela presença de sais e açúcares em solução.

A água no interior das células vegetais tem seu potencial Ψ_w influenciado pela presença de sais dissolvidos e pela pressão de turgor. O potencial hídrico é reduzido pela presença de solutos e aumentado pela pressão de turgor. Se $\Psi_\pi > \Psi_P$, a célula ganha água; em caso contrário, ela perde água. Se $\Psi_\pi = \Psi_P$, a célula está em estado de equilíbrio hídrico.

15.8.3 Potencial matricial, Ψ_m

O potencial da água em razão das interações com a matriz porosa, chamado potencial matricial, Ψ_m, depende das forças de adsorção e das tensões superficiais (fenômeno da capilaridade) entre a água e a matriz sólida. Essas interações sempre reduzem o potencial da água, fazendo com que essa componente do potencial hídrico seja sempre negativa. Por causa da complexidade dos fenômenos envolvidos nas interações entre a água e cada matriz sólida (solo, planta, alimento), o comportamento de Ψ_m em função do teor de umidade não pode ser completamente previsto teoricamente. Assim, vários dispositivos foram desenvolvidos para a determinação experimental de Ψ_m em função do teor de umidade em solos. Alguns desses dispositivos podem ser adaptados para aplicação em alimentos sólidos. Nos alimentos, o potencial matricial é influenciado pelos arranjos espaciais das macromoléculas e pela distribuição dos raios dos poros. Os resultados mostrados na Figura 15.33a ilustram o comportamento típico do potencial matricial em meios porosos, que diminui de forma não linear com o aumento da concentração de água. Para um mesmo teor de umidade as curvas dos potenciais hídricos de dois tipos de solos mostram que o solo argiloso, que tem menor granulometria (e poros com menores diâmetros) apresenta maiores valores absolutos de Ψ_m. Isso é resultado da ação das forças capilares, pois o valor aproximado da pressão de sucção capilar, P_{cap}, pode ser calculado pela Lei de Young-Laplace, $P_{\text{cap}} = \dfrac{-2\sigma_l}{r}$, em que σ_l é a tensão interfacial da água com o ar e r é o raio característico dos capilares (poros) que formam o meio. A Figura 15.33b ilustra esquematicamente o aumento da área superficial e a redução do diâmetro equivalente de um meio poroso com a redução da granulometria.

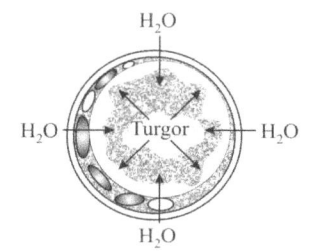

Figura 15.32 Representação esquemática da pressão de turgor de uma célula vegetal.

---

[1] Aumento da pressão interna de uma célula (ou tecido) por absorção de água.

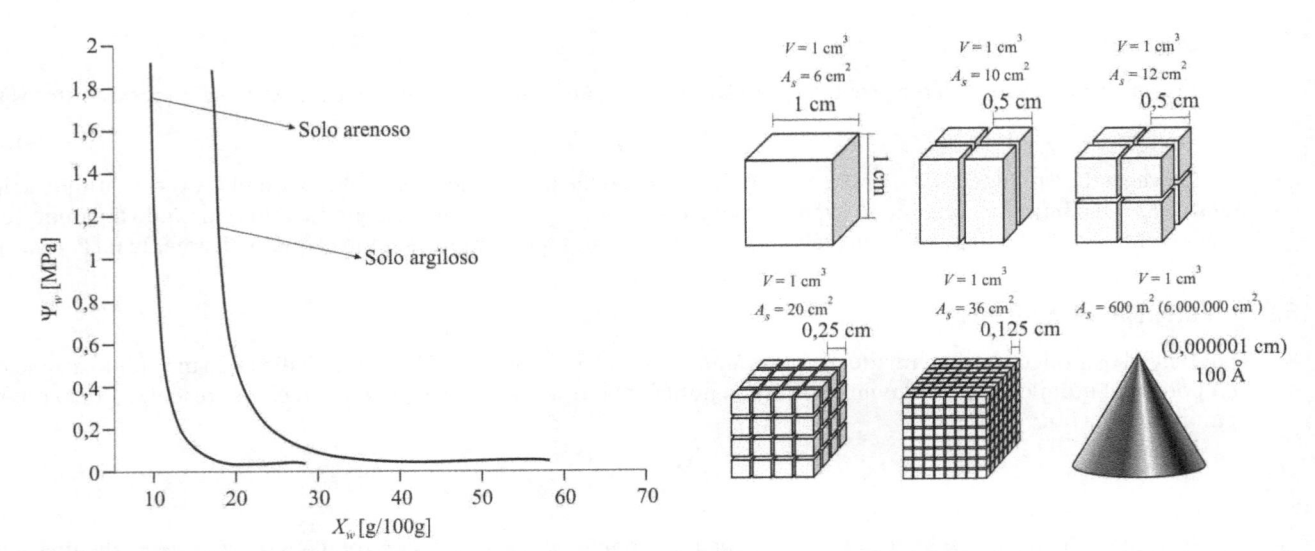

Figura 15.33 a) Comportamento do potencial matricial com a concentração de água (saturação de um meio poroso). b) Ilustração da influência da granulometria na área superficial específica e no potencial matricial de um meio poroso.

15.8.4 Potencial gravitacional, Ψ_g

O potencial gravitacional da água, Ψ_q, é dado pela Equação 15.135, na qual ρ é a densidade da água líquida à pressão atmosférica e 25 °C (1000 kg · m⁻³), g é a aceleração gravitacional (9,81 m · s⁻²) e H é a altura com relação ao nível do mar.

$$\Psi_g = \rho g H \tag{15.135}$$

Para o sistema solo-planta-atmosfera, H é a diferença de altura, em metros, entre duas regiões. Em alimentos sólidos as forças gravitacionais são normalmente desprezíveis se comparadas com as forças capilares e de adsorção responsáveis pelo potencial da matriz sólida (potencial matricial) e são normalmente desprezadas. Essa consideração não é válida em equipamentos de processo, como colunas de recheio usadas em várias operações unitárias de transferência de calor e massa.

Assim, o conhecimento do gradiente de potencial hídrico, $\dfrac{d\Psi_w}{dz}$, permite calcular o fluxo de água, $\dot{N}_{wz}$, de uma região para outra no interior de um alimento sólido (meio poroso), conforme descrito pela Equação 15.136.

$$\dot{N}_{wz} = -P_w' \frac{d\Psi_w}{dz} \tag{15.136}$$

em que P_m' é a permeabilidade da água no meio, que depende do teor de umidade do mesmo.

Valores de P_m' não estão disponíveis na literatura para alimentos sólidos, pois esse conceito não tem sido utilizado para o estudo da transferência de água em alimentos. Assim, vamos usar o conceito de potencial hídrico para fazer uma análise qualitativa da transferência de água no interior de um alimento sólido. Para isso, considere uma amostra de um alimento poroso, com umidade homogênea, representada esquematicamente pela Figura 15.34. Vamos listar as perturbações que podem ser provocadas na amostra para induzir fluxo de umidade da região 1 para a região 2.

(i) A adição de sal na região 2 reduz o potencial da água nessa região pela redução do potencial osmótico, Ψ_π, criando um gradiente de potencial hídrico $\left(\dfrac{d\Psi_w}{dz}\right)$ entre 1 e 2. Além disso, a presença de sal causa redução da pressão de

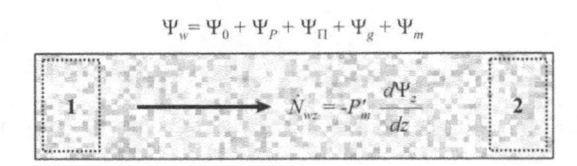

Figura 15.34 Uso do conceito de potencial hídrico para analisar os mecanismos envolvidos na transferência de água no interior de um alimento sólido.

vapor da água, criando um gradiente de pressão parcial que provoca fluxo de vapor de água. Assim, haverá fluxo de água líquida e de vapor da região 1 para a região 2.

(ii) Se a pressão na região 2 for reduzida (introduzindo uma agulha e fazendo vácuo), isso criará um gradiente de pressão total que provocará fluxo de água da maior pressão (região 1) para a menor pressão (região 2). Essa situação ocorre em processos de impregnação a vácuo de alimentos. Nesses processos, aplica-se vácuo em uma câmara hermética contendo um alimento poroso imerso em uma solução, provocando a desaeração parcial do espaço poroso. Em seguida, restabelece-se a pressão atmosférica e a solução penetra no espaço poroso do alimento por causa dos gradientes de pressão ou gradientes de potencial de pressão.

(iii) Se adicionarmos água líquida à região 1, com o auxílio de uma seringa, isso criará um gradiente de potencial hídrico, pois o potencial matricial da água nessa região será maior que o potencial hídrico da água na região 2. Do mesmo modo, a secagem da região 2 também provoca uma diferença de potencial hídrico (observe como varia o potencial hídrico com a concentração de água em um meio poroso, Figura 15.33a).

Nesse exercício teórico, o objetivo foi incentivar o leitor a pensar sobre os mecanismos envolvidos na "transferência de massa" no interior de um alimento sólido. A expressão transferência de massa foi colocada entre aspas porque foi usada no sentido lato e não no sentido estrito. Pode-se argumentar que vários dos mecanismos tratados aqui como "transferência de massa" são resultado de gradientes de pressão total, ou seja, governados pela Mecânica dos Fluidos (transferência de quantidade de movimento). Isso é verdade, mas a simultaneidade dos vários mecanismos não difusivos também tem sido tratada pela transferência de massa por meio do chamado coeficiente de difusão aparente, já discutido anteriormente. O uso do conceito de potencial hídrico pode tornar mais fácil a compreensão dos mecanismos que controlam processos complexos nas indústrias de alimentos, como nos exemplos apresentados a seguir.

Vamos analisar duas situações de grande interesse prático para as indústrias que processam aves: (i) ganho de água por carcaças de frango durante o resfriamento por imersão em água e (ii) ganho ou perda de água por cortes de carne de frango durante o tratamento por soluções salinas.

Caso 1: Ganho de água por carcaças de frango durante o resfriamento por imersão em água

Na indústria, as carcaças de frango depenadas e evisceradas são submetidas a um processo de resfriamento para baixar suas temperaturas de aproximadamente 40 °C até 4 °C. A operação de resfriamento é realizada por imersão das carcaças

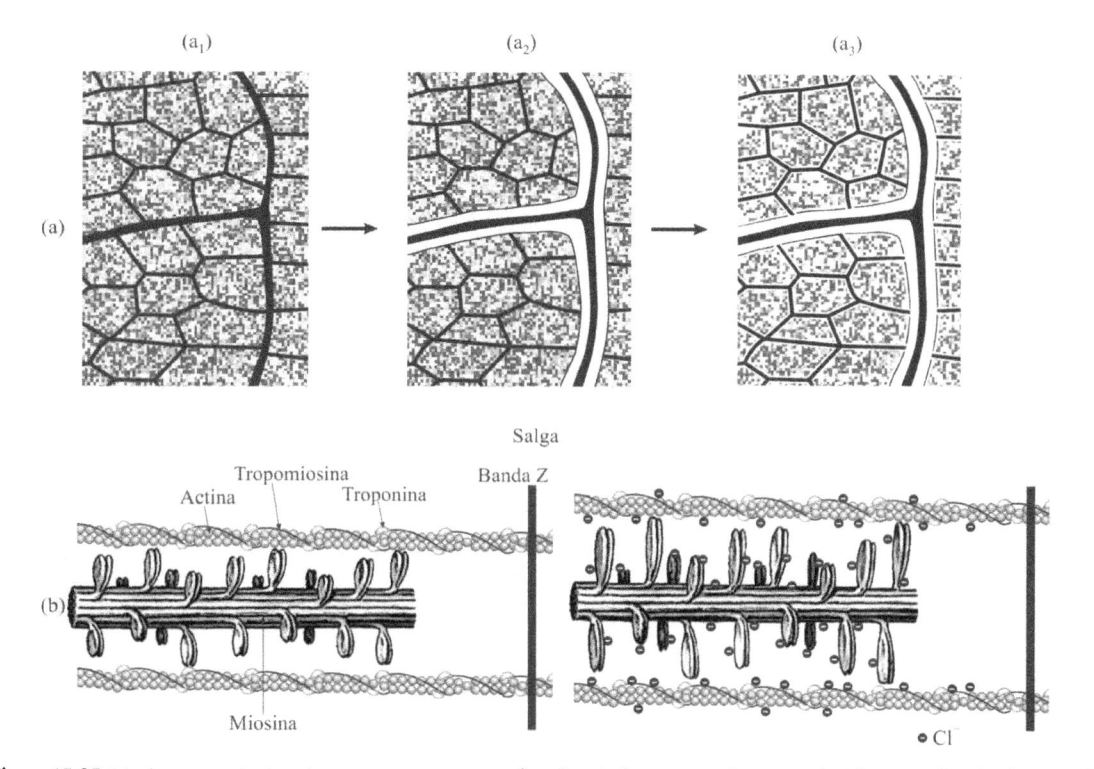

Figura 15.35 Mudanças estruturais que ocorrem no músculo: a) durante o *rigor mortis*; b) em razão das interações das proteínas com os íons cloreto (fonte: Offer e Cousin, 1992; Schmidt, Carciofi e Laurindo, 2008).

em água fria, em grandes tanques chamados na indústria de *chillers*. Durante o processo de imersão, as carcaças ganham água, o que deve ser controlado pelas indústrias, pois esse ganho não pode ultrapassar 8 % do peso da carcaça, conforme estabelecido pela legislação brasileira.

Um estudo sobre o ganho de água pelas carcaças durante o resfriamento por imersão foi realizado por Carciofi (2005), que observou que a taxa de ganho de água diminui com o tempo de imersão, e aumenta com a profundidade da carcaça no tanque de resfriamento. As carcaças que permanecem junto à superfície do tanque também ganham água, por causa da diferença de potencial matricial, Ψ_m. Esse potencial é resultado do aparecimento de espaços extracelulares no tecido muscular durante a instalação do *rigor mortis*. Em outras palavras, o potencial da água no músculo é reduzido por causa da ação das forças capilares e da interação da água com a superfície dos espaços extracelulares e entre os feixes de fibras. A literatura relata o crescimento dos espaços intercelulares durante o *rigor mortis* (que ocorre rapidamente em aves). Offer e Cousin (1992) relatam a existência de dois tipos de espaços extracelulares no músculo *post mortem*, como esquematizado na Figura 15.35a. Essa figura mostra esquematicamente que os grupos de fibras musculares são separados pelo *perimysium* (traços grossos), enquanto as fibras musculares separadas pelo *endomysium* (traços finos). A Figura 15.35a ilustra a situação do músculo em três situações: a_1) imediatamente após o abate, quando os espaços na rede endomisial e na rede perimisial são "inexistentes", a_2) algum tempo após o abate, suficiente para que apareçam espaços entre os grupos de fibras musculares e o *perimysium* e a_3) músculo em *rigor mortis*, quando aparecem os espaços entre as fibras musculares e o *endomysium*.

Para as carcaças que permanecem no fundo do tanque o gradiente de potencial hídrico se deve à soma do potencial matricial com o potencial gravitacional, $\Delta\Psi_w = \Delta\Psi_m + \Delta\Psi_g$. A penetração da água na carcaça ocorre pelo mecanismo hidrodinâmico e não por difusão. Uma prova disso é o efeito positivo do gradiente de pressão total na penetração da água na carcaça. Por outro lado, a redução da taxa de ganho de água durante a imersão é compatível com o comportamento do potencial matricial, que diminui com o teor de umidade, como mostrado na Figura 15.33a. Assim, o ganho de água pela carcaça não é um processo de transferência de massa, no sentido estrito, que pode ser mais bem compreendido por meio do uso do potencial hídrico.

Caso 2: Tratamento de cortes de peito de frango por soluções salinas

O tratamento de cortes de peito de frango por soluções salinas é outro processo muito usado industrialmente, tendo duração média de 12 h. As transferências de água e de sal durante o período em que as amostras ficam imersas na solução salina merecem ser analisadas em detalhes. Na Figura 15.36 são apresentados os resultados dos ganhos de água e de sal durante a imersão de cortes de peito de frango em soluções salinas com diferentes concentrações, c_{sal} (g/100 g), de sal (Schmidt et al., 2008).

Observa-se que as amostras de carne de frango ganharam água quando foram imersas em água destilada ($c_{sal} = 0$ g/100 g), mas que esse ganho foi maior quando foram imersas em solução salina com 5 g/100 g de NaCl. Também foi observada hidratação das amostras quando elas foram imersas em solução com 10 g/100 g de sal.

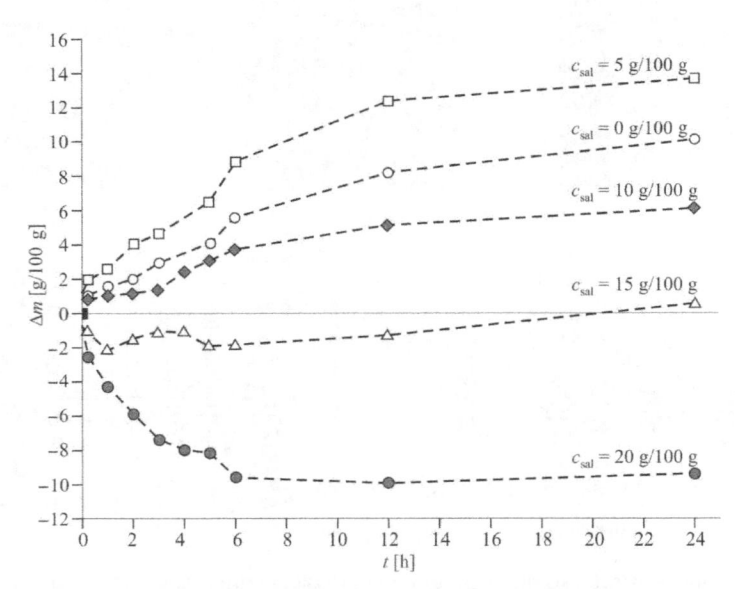

Figura 15.36 Ganhos de água por cortes de carne imersos em soluções salinas de diferentes concentrações (Schmidt et al., 2008).

O potencial da água na solução salina é reduzido pela ação das forças osmóticas, pois $\Psi_\pi = -c_{sal}RT$. Por outro lado, o potencial hídrico da água no interior da carne é reduzido pela ação da matriz sólida. Se o potencial da água no interior da carne for menor que seu potencial na solução salina, ela flui da solução para o interior da carne, como ocorre para imersão em água e em soluções salinas com 5 g/100 g e com 10 g/100 g de sal. De fato, ocorre fluxo de solução e não apenas de água, pois o mecanismo hidrodinâmico provoca fluxo global (somente a difusão pode causar fluxo seletivo de uma dada espécie).

Esse resultado é ilustrativo da importância da ação da matriz sólida no transporte de líquidos em sólidos porosos (a maioria dos alimentos sólidos é porosa). Se determinarmos a atividade de água de uma pequena amostra de carne de frango, encontraremos um valor próximo de 0,99, maior que a atividade de água das soluções salinas com 5 g/100 g de sal ($a_w \cong 0,90$) e com 10 g/100 g de sal ($a_w \cong 0,75$). Cabe lembrar que a medição da atividade de água em higrômetros comerciais é realizada com amostras muito pequenas, o que reduz drasticamente ou elimina a ação da matriz sólida sobre a água.

Outro aspecto a ser considerado é o aumento dos espaços intracelulares (entre os filamentos de actina e miosina) pela ação dos íons cloreto. Esses íons se ligam às proteínas polares que formam as fibras musculares e provocam repulsão das mesmas, aumentando desse modo os espaços entre elas (Figura 15.35b). Essa é a razão dos maiores valores de ganho de água observados para amostras tratadas por soluções com 5 g/100 g de sal, se comparadas com amostras imersas em água pura. Quando a solução salina é muito concentrada, o sal reduz bastante o potencial da água na solução, mas também provoca despolimerização dos filamentos de miosina, reduzindo a capacidade de retenção de água pela carne. O conhecimento do comportamento do potencial matricial da água na carne de frango seria de grande utilidade para uma análise quantitativa dos fluxos de líquido e de sal durante os processos de salga. Como o uso desse potencial não é uma prática comum para a análise da transferência de água em alimentos, essa informação não está disponível na literatura.

A análise desses dois casos mostra que a transferência de massa em alimentos deve ser analisada considerando todos os fenômenos envolvidos. A expressão "transferência de massa" está sendo usada com sentido amplo, considerando todos os mecanismos não difusivos que causam o fluxo de água para a carcaça ou para o músculo. Essa visão ampliada é necessária, pois as equações e as forças motrizes usadas para a avaliação da transferência de massa em soluções gasosas e líquidas nem sempre são uma boa aproximação para o equacionamento de problemas de transferência de massa em alimentos sólidos.

15.9 TRANSFERÊNCIA DE MASSA POR CONVECÇÃO

15.9.1 Introdução

No início deste capítulo a transferência de massa por convecção foi apresentada a partir do caso do escoamento de um líquido (espécie B) sobre uma placa plana com uma camada de sal depositada (espécie A, permanganato de potássio, sal de cor violeta). Essa situação, esquematizada na Figura 15.37a será usada novamente para uma discussão detalhada do problema.

O permanganato de potássio é dissolvido pela água que está muito próxima da superfície da placa, formando uma solução saturada de sal. Isso causa uma diferença de concentração de sal (componente A) na direção perpendicular à placa.

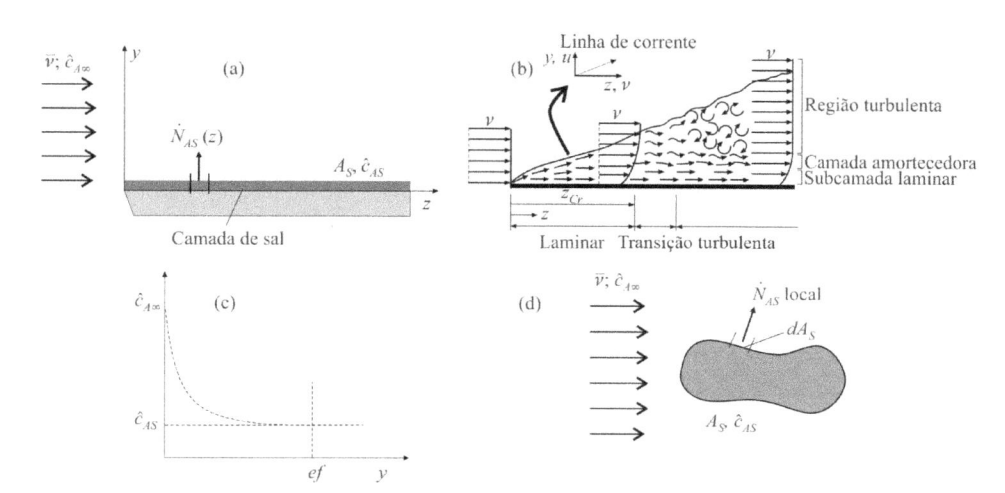

Figura 15.37 Transferência de massa por convecção entre uma superfície e um fluido escoando em regime turbulento; a) transferência de massa de uma placa plana para um fluido; b) camada-limite turbulenta (figura adaptada de Incropera e DeWitt, 2003); c) perfil de concentração de uma espécie A em um fluido, desde a superfície até a corrente fluida; d) superfície genérica em contato com uma corrente fluida.

Junto à placa, sabe-se que o líquido se move paralelamente a ela, na forma de um filme fino, em que a transferência de massa ocorre por difusão em razão dos gradientes de concentração de sal. A espessura desse filme depende de vários fatores, principalmente da velocidade do escoamento, da densidade e da viscosidade do líquido, conforme a Equação 15.137 (equação de Blasius).

$$\delta(z) = 5\sqrt{\frac{\nu\, z}{\bar{v}}} \tag{15.137}$$

em que $\bar{v}$ é a velocidade média da corrente de fluido, $\nu = \mu/\rho$ é o coeficiente de difusão de quantidade de movimento do fluido (ou seja, a viscosidade cinemática) e z é a distância a partir da borda de ataque da placa.

Se a velocidade de escoamento for alta, uma região de transição une esse filme (onde o escoamento é laminar) a uma região onde o escoamento é turbulento, caracterizada pela rápida mistura de volumes finitos de solução com concentrações diferentes. A mistura intensa do fluido praticamente elimina os gradientes de concentração de soluto na região turbulenta. Essa situação é representada de modo idealizado na Figura 15.37b. Na Figura 15.37c é representada a queda brusca da concentração de sal na região próxima da superfície (região do filme laminar, em que a espessura do filme foi exagerada, para possibilitar a representação do "modelo do filme"). Para velocidade da água de 1 m · s^{-1} (que já implica escoamento turbulento), a camada-limite viscosa próxima da superfície da placa é da ordem de alguns milímetros, dependendo da posição a partir da borda de ataque da placa.

Se a espessura do filme viscoso depende da posição a partir da borda de ataque, isso implica que o coeficiente de transferência de massa também depende dessa posição. Assim, a equação de fluxo de massa convectivo a uma dada distância da borda de ataque é dada por

$$\hat{N}_A(z) = k_L(z)(\hat{c}_{AS} - \hat{c}_{A\infty}) \tag{15.138}$$

em que $k_L(z)$ é o coeficiente local de transferência de massa, $\hat{c}_{AS}$ é a concentração de sal na solução que está junto à superfície da placa (concentração da solução saturada em sal) e $\hat{c}_{A\infty}$ é a concentração de sal na solução em uma posição longe da superfície da placa. Assim, o fluxo de massa global entre a placa e o fluido é dado pela integração do fluxo local, $\hat{N}_A(z)$, sobre toda a superfície da placa, conforme a Equação 15.139

$$\hat{N}_A = \int_0^L \hat{N}_A(z)\, dz \tag{15.139}$$

O coeficiente de transferência de massa médio entre a placa e o fluido é dado pela Equação 15.140

$$\bar{k}_L = \frac{1}{L}\int_0^L k_L(z)\, dz \tag{15.140}$$

e o fluxo global de massa entre a placa e o fluido pode ser descrito por

$$\hat{N}_A = \bar{k}_L(\hat{c}_{AS} - \hat{c}_{A\infty}) \tag{15.141}$$

em que $\bar{k}_L$ é o coeficiente de transferência de massa médio entre a placa e a água, $\hat{c}_{AS}$ e $\hat{c}_{A\infty}$ são as concentrações de sal na superfície da placa e no seio da solução.

Para uma superfície genérica, como a superfície esquematizada na Figura 15.37d, o coeficiente médio de transferência de massa é dado por

$$\bar{k}_c = \frac{1}{A_s}\int_{A_s} k_{c,\text{local}}\, dA_s \tag{15.142}$$

Como o uso do coeficiente médio é mais comum, normalmente se omite a representação simbólica da média. Assim, considere que $\bar{k}_c \equiv k_c$.

Essa forma de representar a transferência de massa entre uma superfície e um fluido foi proposta por analogia à representação da transferência de calor entre uma superfície e um fluido com diferentes temperaturas, ou seja:

$$\frac{\dot{q}_S}{A_S} = h(T_{\text{sup}} - T_\infty) \tag{15.143}$$

em que $\dot{q}_S/A_S$ é o fluxo de calor total entre a placa e o fluido, h é o coeficiente de transferência de calor médio para toda a superfície da placa, T_{sup} é a temperatura da superfície da placa e T_∞ é a temperatura da corrente de fluido, longe da placa.

Como já comentado, tanto o coeficiente de transferência de massa quanto o coeficiente de transferência de calor são quantidades escalares (não vetoriais), e servem para representar o resultado da ação combinada de mecanismos moleculares e de mistura macroscópica em processos de transferência de calor e de massa entre um fluido e uma superfície.

Como a transferência de massa no filme que se forma junto à superfície ocorre por difusão molecular, a transferência de massa através desse filme também pode ser descrita por:

$$\hat{N}_A = -D_{AB} \left(\frac{d\hat{c}_A}{dy} \right)_{y=0} \tag{15.144}$$

Se $\hat{c}_{AS}$ é constante, pode-se escrever que

$$\hat{N}_A = -D_{AB} \left(\frac{d(\hat{c}_A - \hat{c}_{AS})}{dy} \right)_{y=0} \tag{15.145}$$

Lembrando a Equação 15.141 que $\hat{N}_A = \overline{k}_L (\hat{c}_{AS} - \hat{c}_{A\infty})$ vem que

$$k_L (\hat{c}_{AS} - \hat{c}_{A\infty}) = -D_{AB} \left. \frac{d(\hat{c}_A - \hat{c}_{AS})}{dy} \right|_{y=0} \tag{15.146}$$

Multiplicando ambos os lados da equação pelo comprimento da placa, L, e rearranjando, chega-se a

$$\frac{k_L L}{D_{AB}} = -\frac{\left[d(\hat{c}_A - \hat{c}_{AS})/dy \right]_{y=0}}{(\hat{c}_{AS} - \hat{c}_{A\infty})/L} \tag{15.147}$$

O lado direito da Equação 15.147 representa a relação entre o gradiente de concentração junto à interface e a diferença de concentração global entre o fluido junto à superfície da placa e o seio da corrente fluida que escoa sobre a mesma. Esse termo também representa a relação entre a resistência à transferência de massa por difusão no filme laminar e a resistência à transferência de massa convectiva entre a placa e a corrente fluida. A razão dada pelo lado esquerdo da equação resulta em um número adimensional, chamado de número de Sherwood, N_{Sh}.

$$N_{Sh} = \frac{k_L L}{D_{AB}} \tag{15.148}$$

ou

$$N_{Sh} = \frac{\dfrac{L}{D_{AB}}}{\dfrac{1}{\overline{k}_L}} = \frac{\text{Resistência à transferência de massa por difusão}}{\text{Resistência à transferência de massa por convecção}} \tag{15.149}$$

Esse número adimensional é análogo ao número de Nusselt para transferência de calor ($N_{Nu} = hd/k$) e mostra a coexistência dos mecanismos de difusão (escala molecular) e de convecção (mistura macroscópica) na transferência de massa próximo da superfície.

O número de Sherwood definido pelas Equações 15.148 e 15.149 é relativo a toda a superfície da placa, ou seja, é o número de Sherwood médio. Números de Sherwood locais podem ser calculados a partir dos valores dos coeficientes locais de transferência de massa, ou seja, $N_{Sh}(z) = \dfrac{k_L(z)z}{D_{AB}}$.

O leitor também deve estar atento à semelhança entre as definições do número de Sherwood e do número de Biot (Equação 15.126), mas eles não têm o mesmo significado. O número de Biot de massa compara as resistências difusiva e convectiva em meios diferentes. O número de Biot pode ser usado, por exemplo, para comparar a resistência à transferência de massa por difusão no interior de um sólido sendo secado com a resistência à transferência de massa entre esse sólido e o ar de secagem. O número de Sherwood é usado para comparar as resistências difusiva e convectiva apenas na fase fluida que escoa sobre uma superfície. As propriedades do sólido não entram no cálculo do número de Sherwood.

A maioria das correlações para predição de coeficientes de transferência de massa é dada em função do número de Sherwood, apresentando a forma geral descrita pela equação:

$$N_{Sh} = N_{Sh,0} + c N_{Re}^m N_{Sc}^n \tag{15.150}$$

em que $N_{Sh,0}$, c, m, n são constantes, N_{Re} é o número de Reynolds, $N_{Re} = \dfrac{v L \rho}{\mu}$ e N_{Sc} é o número de Schmidt, $N_{Sc} = \dfrac{v}{D_{AB}}$, em que v é a viscosidade cinemática.

As Equações 15.141 e 15.143 são muito utilizadas para realizar cálculos de engenharia em situações em que os fenômenos envolvidos são complexos em razão das complexidades da geometria e/ou do escoamento. Apesar da simplicidade dessas equações, o valor do coeficiente a ser usado em uma dada situação deve ser cuidadosamente avaliado.

Por definição, o coeficiente de transferência de massa entre um fluido e uma superfície pode ser escrito como

$k_c = \dfrac{\hat{N}_A}{(\hat{c}_{AS} - \hat{c}_{A\infty})}$, indicando que, para um dado valor de fluxo da espécie A entre a superfície e o fluido, o valor do coeficiente de transferência de massa médio, k_c, depende diretamente do valor da diferença de concentração $(\hat{c}_{AS} - \hat{c}_{A\infty})$

considerada como força motriz.

15.9.2 Determinação experimental de coeficientes de transferência de massa

Os exemplos apresentados a seguir são muito úteis para a compreensão das aproximações realizadas para a aplicação da Equação 15.141. Além disso, eles mostram como o coeficiente de transferência de massa pode ser determinado a partir de experimentos relativamente simples.

EXEMPLO 15.13   **DISSOLUÇÃO DE UM SOLUTO DEPOSITADO NO FUNDO DE UM TANQUE AGITADO**

Lactose foi depositada no fundo de um tanque por evaporação da água, formando uma camada plana e espessa. O tanque apresenta 30 cm de diâmetro e 40 cm de altura e um agitador mecânico, conforme esquematizado na Figura 15.38. Adicionam-se 20 L de água destilada a 25 °C a esse tanque e aciona-se o agitador mecânico. Depois de 5 min retira-se uma amostra de solução e determina-se a concentração de lactose, obtendo-se o valor de 0,5 g de lactose por 100 g de solução. Sabendo que na temperatura de 25 °C a solubilidade da lactose em água é 18,9 g de lactose por 100 de solução: (i) determine o coeficiente de transferência de massa entre o fundo do tanque e o líquido; (ii) escreva uma equação que descreva a evolução da concentração de lactose na solução com o tempo. Quanto tempo é necessário para que a solução atinja 50 % da saturação, a 25 °C? Considere que a densidade média da solução de lactose no tanque durante o experimento é 1040 kg · m⁻³.

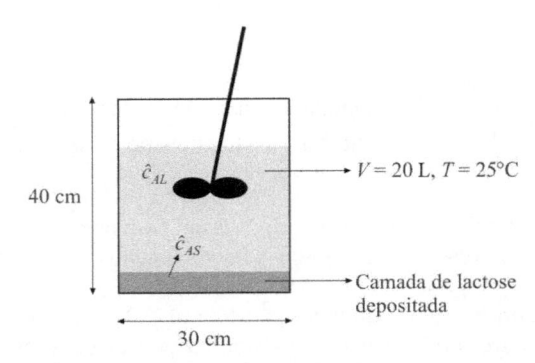

Figura 15.38 Dissolução de uma placa de lactose depositada no fundo de um tanque.

Solução

O fluxo médio de lactose do fundo do tanque para a solução diluída pode ser obtido a partir do valor da concentração da solução no tempo igual a cinco minutos, do seguinte modo:

$$\hat{N}_A = \frac{\Delta \hat{c}_A V}{A t}$$

em que $\Delta \hat{c}_A$ é a variação da concentração da solução entre os instantes $t = 0$ e $t = 5$ min (não confunda a variação $\Delta \hat{c}_A$ com o gradiente de concentração), V é o volume da solução e A_T é a área de transferência de massa (área do fundo do tanque cilíndrico).

Com o valor da massa molar da lactose mono-hidratada (360,32 g · mol⁻¹) é possível determinar as concentrações molares desse açúcar na solução saturada, junto ao fundo do tanque ($\hat{c}_{AS} = 574{,}2$ mol · m⁻³) e no seio da solução agitada, depois de cinco minutos ($\hat{c}_{AL\,(5\,min)} = 15{,}2$ mol · m⁻³). A área de transferência de massa (área do fundo do tanque), $A_T = 0{,}0707$ m², o volume de água adicionado ao tanque é $V = 0{,}020$ m³ e o tempo decorrido até a determinação da concentração de lactose na solução é 300 s. Substituindo os valores na equação $\hat{N}_A = \dfrac{\Delta \hat{c}_A V}{A_T t}$ vem que $\hat{N}_A = \dfrac{(15{,}2 - 0) \times 0{,}020}{0{,}0707 \times 300} = 0{,}0143$ mol · m⁻² · s⁻¹.

Se a solução pode ser considerada como perfeitamente misturada, o gradiente de concentração de lactose (espécie A) entre a solução saturada, junto à superfície do fundo do tanque, e o resto da solução é praticamente constante durante os primeiros 300 s. Em $t = 0$, esse gradiente é $\hat{c}_{AS} - 0 = 574,2 \, mol \cdot m^{-3}$, enquanto em $t = 300$ s, o gradiente de concentração é $\hat{c}_{AS} - \hat{c}_{AL(5 \, min)} = (574,2 - 15,2) = 559,0 \, mol \cdot m^{-3}$. Nessas condições, pode-se dizer que o fluxo de lactose do fundo do tanque para a solução se manteve praticamente constante durante os 300 segundos, de onde se pode escrever que $\hat{N}_A = k_c \, (\hat{c}_{AS} - \hat{c}_{AL})$ e calcular k_c usando o valor médio do gradiente de concentração, que é $(\hat{c}_{AS} - \hat{c}_{AL})_{médio} = \left[(\hat{c}_{AS} - 0) + (\hat{c}_{AS} - \hat{c}_{AL(5 \, min)}) \right]/2$, ou seja, $(574,2 + 559,0)/2 = 566,6 \, mol \cdot m^{-3}$

$$k_c = \frac{\hat{N}_A}{(\hat{c}_{AS} - \hat{c}_{AL})_{médio}} = \frac{0,0143}{566,6} = 2,52 \times 10^{-5} \, m \cdot s^{-1}$$

O valor desse coeficiente é típico de coeficientes de transferência de massa em líquidos. Se a dissolução do sal não provocar grandes mudanças na densidade e na viscosidade da solução (solução diluída), esse valor de k_c pode ser usado para o cálculo da evolução da concentração de lactose com o tempo na solução agitada. Assim, a partir de um balanço de lactose na solução, pode-se escrever

$$\begin{pmatrix} \text{Taxa de acumulação} \\ \text{de } A \text{ na solução} \end{pmatrix} = \begin{pmatrix} \text{Taxa de transferência} \\ \text{de } A \text{ para a solução} \end{pmatrix}$$

$$\frac{d(V\hat{c}_A)}{dt} = A_T \hat{N}_A = A_T k_c (\hat{c}_{AS} - \hat{c}_A)$$

Considerando que o volume de solução permanece praticamente constante com a dissolução da lactose, vem que

$$V \frac{d\hat{c}_A}{dt} = A_T \, k_c (\hat{c}_{AS} - \hat{c}_A)$$

Separando as variáveis e integrando

$$\int_0^{\hat{c}_A} \frac{d\hat{c}_A}{\hat{c}_{AS} - \hat{c}_A} = \frac{A_T}{V} k_c \int_0^t dt$$

de onde vem que

$$\ln\left(\frac{\hat{c}_{AS} - \hat{c}_A}{\hat{c}_{AS}} \right) = -\frac{A_T}{V} k_c \, t$$

ou ainda, $\hat{c}_A = \hat{c}_{AS} \left(1 - e^{\frac{-k_c A_T}{V} t} \right)$

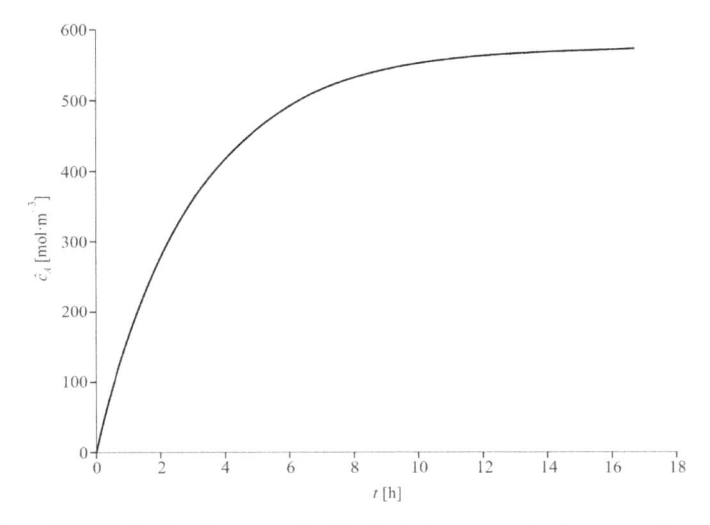

Figura 15.39 Variação da concentração de lactose na solução com o tempo.

Substituindo os valores das constantes do problema ($\hat{c}_{AS}$, k_c, A_T, V), obtém-se a equação que representa a variação da concentração de lactose na solução com o tempo.

$$\hat{c}_A(t) = 574,23(1 - e^{-8,9366 \times 10^{-5}\, t})$$

Essa equação está apresentada na Figura 15.39. Observe que a taxa de variação da concentração de lactose na solução (derivada da curva) decresce com o tempo por causa da diminuição da força motriz para a transferência de massa.

O tempo necessário para que a solução atinja 50 % da saturação pode ser calculado pela equação

$$\ln\left(\frac{\hat{c}_{AS} - 0,5\hat{c}_{AS}}{\hat{c}_{AS}} \right) = -\frac{A_T}{V} k_c t, \text{ sendo igual a 7756 s ou 2,15 h.}$$

Respostas: (i) o coeficiente de transferência de massa k_c é de $2,52 \times 10^{-5}$ m² · s⁻¹; (ii) o tempo necessário para a solução atingir 50 % é de 2, 15 h.

EXEMPLO 15.14 EVAPORAÇÃO DE UMA GOTA ESFÉRICA DE ÁGUA NO AR

Uma gota esférica de água de 0,5 mm de diâmetro cai no ar a 19 °C e 50 % de umidade relativa. Depois de 60 s de queda, seu diâmetro foi reduzido pela metade. Determine o coeficiente de transferência de massa entre a gota e o ar.

Solução

A partir de um balanço de massa na gota de água se pode escrever;

$$\begin{pmatrix} \text{Taxa de variação} \\ \text{da massa da gota} \end{pmatrix} = \begin{pmatrix} \text{Taxa de transferência} \\ \text{de massa para o ar} \end{pmatrix}$$

$$-\frac{\rho_A}{M_{MA}} \frac{dV}{dt} = A_T \hat{N}_A = A_T k_c\, (\hat{c}_{AS} - \hat{c}_A)$$

em que $\hat{c}_{AS}$ e $\hat{c}_A$ são as concentrações de vapor de água no ar atmosférico e no filme de ar junto da gota de água, respectivamente. Como o volume e a área da gota são dados respectivamente por $V = \frac{4}{3}\pi r^3$ e $A_T = 4\pi r^2$, vem que

$$-\frac{\rho_A}{M_{MA}} \frac{d\left(\frac{4}{3}\pi r^3 \right)}{dt} = 4\pi r^2 k_c (\hat{c}_{AS} - \hat{c}_A)$$

$$\text{ou, } -\frac{dr}{dt} = \frac{M_{MA}}{\rho_A} k_c\, (\hat{c}_{AS} - \hat{c}_A)$$

Separando as variáveis e integrando

$$\int_r^{r_0} dr = \frac{M_{MA}}{\rho_A} k_c (\hat{c}_{AS} - \hat{c}_A) \int_0^t dt$$

Sabe-se que em $t = 0$, $r_0 = 2,5 \times 10^{-5}$ m e que em $t = 60$ s, $r = 1,25 \times 10^{-5}$ m. A $T = 19$ °C a pressão de vapor da água é 2228,6 Pa, portanto a pressão parcial de vapor de água no ar com $UR = 50$ % é $0,50 \times 2228,6 = 1114,3$ Pa. Como $\hat{c}_A = \frac{p_A}{RT}$ vem que: $\hat{c}_{AS} = \dfrac{2228,6}{8,314 \times (19 + 273)} = 0,918$ mol · m⁻³ $\hat{c}_A = \dfrac{1114,3}{8,314 \times (19 + 273)} = 0,459$ mol · m⁻³ (ou $0,5\hat{c}_{AS}$), pois a constante dos gases é $R = 8,314$ m³ · Pa · mol⁻¹ · K⁻¹. A substituição dos valores acima na equação de balanço integral resulta em:

$$\int_{1,25\times10^{-5}}^{2,5\times10^{-5}} dr = \frac{18}{10^6} k_c\, (0,918 - 0,459) \int_0^{60} dt$$

$$\text{ou } 2,5\times10^{-5} - 1,25\times10^{-5} = \frac{18}{10^6} k_c (0,918 - 0,459) \times 60$$

$$e\ \text{então}\ \ k_c = \frac{10^6\ (2,5\times 10^{-5} - 1,25\times 10^{-5})}{18\ (0,918 - 0,459)\times 60} = 0,025\,\text{m}\cdot\text{s}^{-1}.$$

Resposta: O coeficiente de transferência de massa k_c é 0,025 m² · s⁻¹.

Esse problema tratou da evaporação de uma gota de uma substância pura. O que ocorre na análise da evaporação da água de uma gota de solução (uma gota de suco, de extrato de café, por exemplo)? Essa situação ocorre na secagem de gotas de líquido atomizadas em secadores chamados de *spray-dryers*.

EXEMPLO 15.15 TRANSFERÊNCIA DE OXIGÊNIO NA AERAÇÃO DE UM FERMENTADOR

Muitos processos bioquímicos, especialmente os processos baseados em culturas microbianas em fermentadores (reatores bioquímicos), necessitam que o caldo de cultura seja aerado. A injeção de ar na base do fermentador provoca a formação de um grande número de bolhas de diversos tamanhos. O equacionamento da transferência de oxigênio das bolhas de ar para uma mistura líquida apresenta algumas dificuldades, conforme se discute no problema enunciado a seguir.

Em um processo de aeração de um fermentador (Figura 15.40), a concentração de oxigênio dissolvido no meio líquido atingiu 90 % da concentração de saturação após um min de aeração. Considerando que a concentração inicial de oxigênio dissolvido na mistura líquida é $1\times 10^{-7}\ \text{mol}\cdot\text{m}^{-3}$ e que a concentração de saturação do oxigênio na mesma é $1,7\times 10^{-6}\ \text{mol}\cdot\text{m}^{-3}$, calcule o coeficiente de transferência de oxigênio entre as bolhas e o líquido.

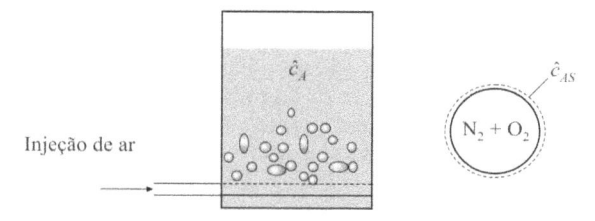

Figura 15.40 Transferência de massa na aeração de fermentadores.

Solução

A partir de um balanço de massa se pode escrever:

$$\begin{pmatrix}\text{Taxa de variação}\\ \text{da concentração de}\\ \text{oxigênio dissolvido}\end{pmatrix} = \begin{pmatrix}\text{Taxa de transferência}\\ \text{de oxigênio das bolhas}\\ \text{para a solução}\end{pmatrix}$$

$$\frac{d(V\hat{c}_A)}{dt} = A_T \hat{N}_A = A_T k_c\ (\hat{c}_{AS} - \hat{c}_A)$$

em que $\hat{c}_{AS}$ e $\hat{c}_A$ são, respectivamente, as concentrações de oxigênio no filme líquido junto às superfícies das bolhas e no seio do líquido propriamente dito, considerado completamente misturado durante toda a operação. Como o volume da mistura líquida é constante, a equação de conservação de oxigênio no sistema pode ser reescrita como

$$\frac{d\hat{c}_A}{dt} = \frac{A_T k_c}{V}\ (\hat{c}_{AS} - \hat{c}_A) = k_c a_S (\hat{c}_{AS} - \hat{c}_A)$$

em que $a_S = A_T/V\,(\text{m}^{-1})$ é a área superficial específica do conjunto de bolhas, que por sua vez depende do número de bolhas e da respectiva distribuição de diâmetros, informações que quase nunca são conhecidas. Assim, pode-se reorganizar a equação anterior e definir um "novo tipo" de coeficiente de transferência de oxigênio para a mistura líquida (k_V),

$$\frac{d\hat{c}_A}{dt} = k_V\ (\hat{c}_{AS} - \hat{c}_A)$$

em que $k_V = k_c a_S = \dfrac{A_T k_c}{V}$ é o coeficiente volumétrico de transferência de oxigênio para a água [s⁻¹].

Separando as variáveis e integrando

$$\int_{\hat{c}_{Ao}}^{0,9\hat{c}_{As}} \frac{d\hat{c}_A}{(\hat{c}_{As} - \hat{c}_A)} = k_V \int_0^{60} dt$$

$$-\ln(1,7\times10^{-6}-\hat{c}_A)\Big|_{1\times10^{-7}}^{1,53\times10^{-6}}=60\,k_V$$

$$k_V=\frac{\ln\left(\dfrac{1,7\times10^{-6}-1\times10^{-7}}{1,7\times10^{-6}-1,53\times10^{-6}}\right)}{60}=0,0374\,\text{s}^{-1}=134,5\,\text{h}^{-1}$$

Em engenharia bioquímica, é comum se denominar o coeficiente volumétrico de k_{La} e expressar seu valor em h^{-1}. Valores entre 100 h^{-1} e 200 h^{-1} são encontrados em fermentadores de bancada e em reatores bioquímicos industriais.

Foi dito que maioria dos casos de transferência de massa entre partículas, bolhas ou gotículas imersas em um fluido, o valor de a_s é desconhecido. Nos casos em que esse valor é conhecido, deve-se usar o coeficiente de transferência de massa k_c ao invés de $k_V = k_c a_s$.

Resposta: O valor de k_V encontrado foi 134,5 h^{-1} .

O uso de leitos fixos para promover o contato entre fases (gás-líquido, sólido-líquido e gás-sólido) é muito comum na indústria de alimentos e na indústria química em geral. Exemplos comuns são a secagem e a extração sólido-líquido em leito fixo. Uma análise de um leito fixo genérico é realizada com base no problema enunciado a seguir.

EXEMPLO 15.16 · TRANSFERÊNCIA DE MASSA PARA ESCOAMENTO DE UM FLUIDO ATRAVÉS DE UM LEITO FIXO (COLUNA RECHEADA DE PARTÍCULAS)

Ar atmosférico flui com velocidade superficial de 20 cm $\cdot$ s^{-1} através de um duto cilíndrico preenchido com esferas de naftaleno de 3 mm de diâmetro. O leito fixo tem 10 cm de comprimento e área específica de 15 $\text{cm}^2 \cdot \text{cm}^{-3}$ de leito. Se o ar que entra está isento de naftaleno e sai 90 % saturado dessa substância, determine o coeficiente de transferência de massa entre o leito de partículas e o ar. O problema está esquematizado na Figura 15.41.

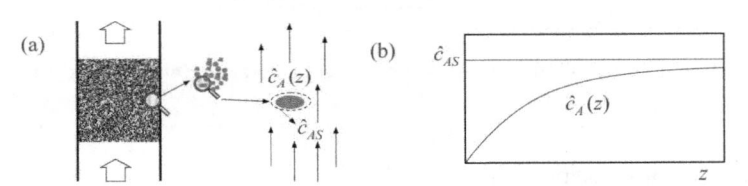

Figura 15.41 Representação do problema da transferência de massa entre um leito fixo de partículas e um fluido que escoa através dele.

Solução

A transferência de naftaleno para o ar depende da diferença de concentração entre a camada de ar junto da superfície de cada partícula de naftaleno e a corrente de ar que flui através do leito, conforme esquematizado na Figura 15.41a. No entanto, essa diferença depende da posição axial no leito, pois a concentração de naftaleno no ar aumenta durante seu percurso através do leito (Figura 15.41b). Quando o ar entra no leito essa diferença de concentração é máxima ($\hat{c}_{AS}$ − 0) e vai diminuindo à medida que o ar avança em direção à saída do leito. Se o leito for suficientemente longo, o ar ficará saturado de naftaleno e não haverá transferência de massa a partir da seção em que a saturação for atingida. O valor do coeficiente de transferência de massa depende do valor do gradiente de concentração utilizado para o seu cálculo.

A variação da concentração de naftaleno no ar ocorre exclusivamente em razão da transferência dessa substância das partículas para a corrente fluida, ou seja:

$$\left(\begin{array}{c}\text{Taxa de saída}\\ \text{de }A\text{ de }A_S\,\Delta z\end{array}\right)_{z+\Delta z}-\left(\begin{array}{c}\text{Taxa de entrada}\\ \text{de }A\text{ de }A_S\,\Delta z\end{array}\right)_z=\left(\begin{array}{c}\text{Taxa de dissolução}\\ \text{de }A\text{ em }A_S\,\Delta z\end{array}\right)$$

Se a velocidade ar, v_z, é constante ao longo do leito (escoamento incompressível), pode-se escrever que

$$v_z\frac{d\hat{c}_A}{dz}=k_c a_S(\hat{c}_{AS}-\hat{c}_A)$$

Separando as variáveis e integrando vem que

$$\int_0^{0,9\hat{c}_{AS}}\frac{d\hat{c}_A}{(\hat{c}_{AS}-\hat{c}_A)}=\frac{15\,k_c}{20}\int_0^{10}dz$$

$$\text{ou} \quad -\ln(\hat{c}_{AS} - \hat{c}_A)\Big|_0^{0,9\hat{c}_{AS}} = 7,5\,k_c \text{, e então,}$$

$$k_c = \frac{\ln\left(\dfrac{\hat{c}_{AS}}{\hat{c}_{AS} - 0,9\hat{c}_{AS}}\right)}{7,5} = \frac{\ln(10)}{7,5} = 0,307\,\mathrm{cm\cdot s^{-1}} = 0,00307\,\mathrm{m\cdot s^{-1}}$$

Resposta: O coeficiente de transferência dentre o leito e o ar é $3,07 \times 10^{-3}\ \mathrm{m^2\cdot s^{-1}}$.

Uma análise genérica do problema esquematizado na Figura 15.41 pode ser feita a partir da equação do balanço de naftaleno. A integração dessa equação entre $\hat{c}_{A1}$ e $\hat{c}_{A2}$, para um leito de altura H_L, se escreve como

$$\int_{\hat{c}_{A1}}^{\hat{c}_{A2}} \frac{d\hat{c}_A}{(\hat{c}_{AS} - \hat{c}_A)} = \frac{k_c\, a_S}{\vec{v}_z} \int_0^{H_L} dz$$

da qual vem que

$$v_z = \frac{k_c a_S H_L}{\ln\left(\dfrac{\hat{c}_{AS} - \hat{c}_{A1}}{\hat{c}_{AS} - \hat{c}_{A2}}\right)}$$

Multiplicando ambos os lados dessa equação por $(\hat{c}_{A2} - \hat{c}_{A1})$ resulta em

$$v_z\,(\hat{c}_{A2} - \hat{c}_{A1}) = k_c a_s H_L \frac{(\hat{c}_{AS} - \hat{c}_{A1}) - (\hat{c}_{AS} - \hat{c}_{A2})}{\ln\left(\dfrac{\hat{c}_{AS} - \hat{c}_{A1}}{\hat{c}_{AS} - \hat{c}_{A2}}\right)} \tag{15.151}$$

Por outro lado, do balanço de massa em todo o leito se pode escrever

$$\hat{N}_A = \frac{(\hat{c}_{A2} - \hat{c}_{A1})v_z A_S}{a_S(A_S H_L)} = \frac{(\hat{c}_{A2} - \hat{c}_{A1})v_z}{A_S H_L}$$

$$\text{ou} \quad \hat{N}_A A_S H_L = v_z(\hat{c}_{A2} - \hat{c}_{A1}) \tag{15.152}$$

Das Equações 15.151 e 15.152 se pode escrever

$$\hat{N}_A = k_c \frac{(\hat{c}_{AS} - \hat{c}_{A1}) - (\hat{c}_{AS} - \hat{c}_{A2})}{\ln\left(\dfrac{\hat{c}_{AS} - \hat{c}_{A1}}{\hat{c}_{AS} - \hat{c}_{A2}}\right)} = k_c \frac{\Delta\hat{c}_{A1} - \Delta\hat{c}_{A2}}{\ln\left(\dfrac{\Delta\hat{c}_{A1}}{\Delta\hat{c}_{A2}}\right)} \tag{15.153}$$

ou ainda, da definição média logarítmica das diferenças de concentrações ao longo do leito, $\Delta\overline{\hat{c}}_{A\ln} = \dfrac{\Delta\hat{c}_{A1} - \Delta\hat{c}_{A2}}{\ln\left(\dfrac{\Delta\hat{c}_{A1}}{\Delta\hat{c}_{A2}}\right)}$ vem que

$$\hat{N}_A = k_c\,\Delta\overline{\hat{c}}_{A\ln} \tag{15.154}$$

Dessa maneira, os coeficientes de transferência de massa médios em leitos fixos são definidos em função da média logarítmica das diferenças de concentrações:

$$k_c = \frac{\hat{N}_A}{\Delta\overline{\hat{c}}_{A\ln}} \tag{15.155}$$

Essa é a forma usada para a determinação experimental desses coeficientes, pois é mais fácil medir as concentrações na entrada e na saída do leito do que em qualquer seção no interior do mesmo.

15.9.3 Definições e unidades dos coeficientes de transferência de massa

A concentração de uma espécie em uma mistura pode ser representada de diversas maneiras, como em concentração molar, concentração mássica, fração molar, fração mássica ou pressão parcial de vapor na fase gasosa. Assim, as unidades do coeficiente de transferência de massa dependem das unidades usadas para expressar a diferença de concentração. Se o gradiente de concentração da espécie transferida for expresso em termos do gradiente de concentração molar $(\hat{c}_A)$, o coeficiente de transferência de massa, k_c, será expresso, por exemplo, em cm · s^{-1}. Se o gradiente de concentração for expresso em termos de pressão parcial de vapor na fase gasosa, o coeficiente, k_G, pode ser dado, por exemplo, em mol · s^{-1} · m^{-2} · Pa^{-1} ou mol · s^{-1} · m^{-2} · atm^{-1}. Ainda, se o gradiente de concentração for expresso em fração molar, o coeficiente é normalmente expresso como mol · m^{-2} · s^{-1}. Nesse caso, as unidades podem causar alguma confusão, pois se confundem com as unidades do fluxo de massa, $\hat{N}_A$.

Vimos que a difusão de uma espécie em um filme pode ocorrer em situações distintas. Se a difusão de uma espécie ocorre em filme estagnado de espessura e, a equação de fluxo se escreve como

$$\hat{N}_A = \frac{D_{AB}P}{ep_B}(\hat{c}_{A1} - \hat{c}_{A2}) \tag{15.156}$$

e a definição do coeficiente de transferência de massa é dada por:

$$k_c = \frac{D_{AB}P}{ep_B} \tag{15.157}$$

Por outro lado, para difusão equimolar através de um filme gasoso o fluxo é descrito por:

$$\hat{N}_A = \frac{D_{AB}}{e}(\hat{c}_{A1} - \hat{c}_{A2}) \tag{15.158}$$

ou por

$$\hat{N}_A = k_c(\hat{c}_{A1} - \hat{c}_{A2}) \tag{15.159}$$

De onde vem que $k_c = \dfrac{D_{AB}}{e}$ $\hspace{4cm}$ (15.160)

Vimos três definições para o coeficiente de transferência de massa, dadas pelas Equações 15.155, 15.157 e 15.160. Muitas outras definições podem ser obtidas, dependendo da situação física que caracteriza o problema. Em casos de contradifusão não equimolecular, comuns em situações em que ocorre reação química em uma superfície, podem-se definir coeficientes de transferência de massa para cada caso.

15.9.4 Números adimensionais e as analogias entre as transferências de quantidade de movimento, de calor e de massa

A análise da camada-limite para escoamento paralelo a uma placa plana horizontal tem sido usada para se definir os parâmetros importantes que controlam as transferências de quantidade de movimento, de calor e de massa entre uma superfície e um fluido com movimento relativo entre eles. Essa análise parte da consideração de que os transportes dessas quantidades ocorrem em regiões muito próximas da superfície, ou mais especificamente na camada-limite. Para isso, escrevem-se as equações de conservação da massa total e da massa da espécie transferida, e as equações de conservação de quantidade de movimento e de energia na camada-limite. Consideram-se essas transferências em estado estacioná-

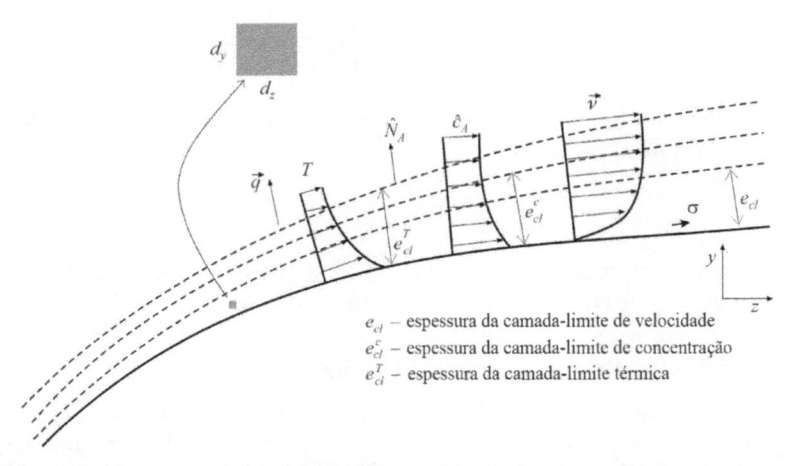

Figura 15.42 Formação das camadas-limites de velocidade, térmica e de concentração para escoamento de um fluido próximo de uma superfície (adaptado de Incropera e DeWitt, 2003).

rio e que as propriedades físicas do fluido são constantes. Na Figura 15.42 são representados os comportamentos típicos das evoluções das camadas-limites de velocidade, de temperatura (térmica) e de concentração para o escoamento de um fluido junto de uma superfície. As formas semelhantes das três camadas-limites mostradas na Figura 15.42 representam graficamente as semelhanças das equações de transferência de quantidade de movimento, de calor e de massa. Isso deu origem a algumas analogias.

Conforme já discutido, nas camadas-limites os gradientes dominantes são normais à superfície, onde se definem números adimensionais importantes para as transferências de quantidade de movimento, de calor e de massa entre a superfície e o fluido, quais sejam, o coeficiente de atrito, o número de Nusselt ($N_{Nu} = \dfrac{hd}{k}$) e o número de Sherwood ($N_{Sh} = \dfrac{k_L L}{D_{AB}}$). Isso será discutido a seguir.

15.9.5 Analogias entre transferência de quantidade de movimento e transferência de massa

Analogias entre transferência de quantidade de movimento e transferência de massa são baseadas em equações que relacionam o fator de atrito, f, com o coeficiente de transferência de massa. Essas analogias são demonstradas a partir de comparações dos perfís de concentração e de velocidade para escoamento paralelo a uma placa plana.

Analogia de Reynolds

Foi inicialmente proposta com base nas similaridades entre os processos de transferência de quantidade de movimento e de calor em escoamento turbulento, sendo depois estendida para a transferência de massa. Assume-se que as difusividades turbulentas de quantidade de movimento, de calor e de massa são muito superiores às difusividades moleculares dessas quantidades. O resultado dessa analogia completa é representada pela Equação 15.161.

$$\frac{f}{2} = \frac{h}{C_P \overline{v} \rho} = \frac{k_c}{\overline{v}} \tag{15.161}$$

em que $N_{St} = \dfrac{h}{C_P \overline{v} \rho}$ é o número de Stanton para transferência de calor e $N_{StM} = \dfrac{k_c}{\overline{v}}$ é o número de Stanton para transferência de massa. Dados experimentais para gases validam a Equação 15.161 para $N_{Pr} = N_{Sc} = 1$, para situações em que há apenas fricção entre o fluido e a superfície (não é válida se existir arraste relacionado com a forma da superfície). A analogia não representa adequadamente as transferências ocorrendo em meio líquido. Prandt e von Kárman modificaram a analogia de Reynolds, para representar situações em que os efeitos viscosos tornam-se importantes e as transferências por difusão molecular na camada-limite passam a ter importância.

Analogia de Chilton-Colburn

A analogia de Chilton-Colburn foi desenvolvida a partir da analogia de Reynolds, para ser aplicada a situações em que N_{Pr} e N_{Sc} são diferentes da unidade ($N_{Pr}, N_{Sc} \neq 1$). Essa analogia define o fator J_D para transferência de massa (Equação 15.162a) em analogia com o fator J_H para transferência de calor (Equação 15.162b),

$$J_D = \frac{k_c}{\overline{v}} N_{Sc}^{\frac{2}{3}} = N_{StM} N_{Sc}^{\frac{2}{3}} = \frac{f}{2} \tag{15.162a}$$

$$J_H = \frac{h}{C_P \overline{v} \rho} N_{Pr}^{\frac{2}{3}} = N_{St} N_{Pr}^{\frac{2}{3}} = \frac{f}{2} \tag{15.162b}$$

Assim, a analogia completa, que relaciona as transferências de calor, massa e momento se escreve como

$$J_H = J_D = \frac{f}{2} \tag{15.163}$$

Essa equação permite estimar o coeficiente de transferência de uma quantidade (de massa, por exemplo) a partir de um valor conhecido de um fator de transferência de outra quantidade (calor ou momento, por exemplo). A determinação experimental do coeficiente de atrito no interior de uma tubulação pode ser realizada pela medição da perda de carga em uma seção da tubulação. Como nesse caso só há atrito entre o fluido e a tubulação (não há arraste de forma), a Equação 15.163 pode ser aplicada para prever os coeficientes de transferência de calor e de transferência de massa a partir do fator de atrito. Quando o atrito de forma está presente, como no escoamento de um fluido através de uma coluna recheada ou para escoamento ao redor de objetos, tem-se que $\dfrac{f}{2} > J_H$ e $\dfrac{f}{2} > J_D$, e a Equação 15.163 não pode ser usada para estimar coeficientes de transferência de calor ou de massa a partir do fator de atrito. No entanto, mesmo nessa situação, a analogia entre as transferências de calor e de massa continuam válidas, ou seja, $J_H = J_D$, para gases e líquidos, para as faixas 0,6 < N_{Sc} < 2500 e 0,6 < N_{Pr} < 100.

Analogias entre transferência de calor e transferência de massa

O interesse dessas analogias é a obtenção de um coeficiente de transferência de massa a partir de um coeficiente de transferência de calor, para problemas similares, como discutidos na analogia de Chilton-Colburn. De modo geral, as correlações para predição dos coeficientes de transferência de calor e dos coeficientes de transferência de massa têm a mesma forma, ou seja:

$$N_{Nu} = N_{Nu}^0 + cN_{Re}^m N_{Pr}^n \quad \text{e} \quad N_{Sh} = N_{Sh}^0 + cN_{Re}^m N_{Sc}^n$$

Assim, poder-se-ia usar a mesma correlação empírica, trocando N_{Nu} por N_{Sh} e N_{Pr} por N_{Sc}. Essa analogia pode ser uma boa aproximação apenas para transferência de massa em situações em que ocorre difusão equimolecular no filme ou quando a transferência ocorre em soluções diluídas, nas quais a convecção induzida pela difusão não é importante. Nesses casos, a definição do coeficiente de transferência de massa é muito similar à definição do coeficiente de transferência de calor por convecção, pois $h = \dfrac{\left(\dot{q}/A\right)}{(T_{sup} - T_\infty)}$.

No caso da difusão em filme estagnado, a analogia direta com o coeficiente de transferência de calor só pode ser feita para soluções diluídas, pois a convecção induzida por difusão (sopro provocado pela evaporação da água de uma superfície, por exemplo) aumenta a transferência de massa. Nesses casos, é necessário corrigir o coeficiente de transferência de massa estimado por analogia com a transferência de calor.

O leitor é estimulado a buscar os detalhes das analogias entre transferência de momento, de calor e de massa nos vários livros de fenômenos de transporte, pois elas são muito úteis para a compreensão das semelhanças e diferenças entre esses fenômenos de transferência.

Correlações empíricas para determinação de coeficientes de transferência de massa

A maioria das correlações para a predição de coeficientes de transferência de massa é apresentada em função dos números adimensionais N_{Sh}, N_{Re}, e N_{Sc} e de parâmetros que caracterizam o sistema em que ocorre a transferência. Cussler (2004) apresenta uma compilação de correlações empíricas comumente usadas para a predição dos coeficientes de transferência de massa para várias situações. Algumas dessas correlações, dadas na Tabela 15.8, foram obtidas a partir da grande quantidade de dados experimentais publicadas ao longo dos anos e têm sido testadas continuamente. Elas representam uma primeira fonte de informação, quando não se conhece o coeficiente de transferência de massa a partir de experimentos realizados no próprio equipamento de processo.

EXEMPLO 15.17

Determine a taxa de evaporação da água que preenche completamente uma bandeja retangular de 20 cm de largura e 80 cm de comprimento, quando um fluxo de ar com umidade relativa igual a $UR = 40\%$ flui paralelamente à placa, no sentido da maior dimensão, com velocidade média de 2 m · s⁻¹. Considere que a água e a bandeja estão a 24 °C, que o coeficiente de difusão do vapor de água no ar é igual a $D_{AB} = 2,6 \times 10^{-5}$ m² · s⁻¹ e que a viscosidade cinemática do ar é igual a $\nu = 1,614 \times 10^{-5}$ m² · s⁻¹.

Solução

O número de Reynolds que caracteriza o escoamento é dado por $N_{Re} = \dfrac{\overline{v}\,L}{\nu} = \dfrac{2 \times 0,80}{1,614 \times 10^{-5}} = 9,913 \times 10^4$, que é inferior ao número de Reynolds de transição para escoamento turbulento ($N_{Re,\text{transição}} = 5 \times 10^5$), indicando que o escoamento do ar é laminar. Assim, pode-se usar a correlação 6 da Tabela 15.8 para estimar o coeficiente de transferência de massa entre a placa e o ar.

$$\frac{k_c L}{D_{AB}} = 0,646 N_{Re}^{1/2} N_{Sc}^{1/3}$$

$$\frac{k_c L}{D_{AB}} = 0,646(9,913 \times 10^4)^{1/2} \left(\frac{1,614 \times 10^{-5}}{2,6 \times 10^{-5}}\right)^{1/3} = 173$$

$$\frac{k_c \times 0,8}{2,6 \times 10^{-5}} = 173 \Rightarrow k_c = \frac{173 \times 2,6 \times 10^{-5}}{0,8} \Rightarrow k_c = 0,0056 \text{ m} \cdot \text{s}^{-1}.$$

A taxa de evaporação é dada por

$$\hat{M}_A = k_c A(\hat{c}_{AS} - \hat{c}_{A\infty})$$

em que $\hat{c}_{AS}$ e $\hat{c}_{A\infty}$ são as concentrações de vapor de água no filme fino de ar que toca a superfície da água e na corrente de ar, respectivamente. Sabendo que a pressão de vapor da água a 24 ºC, p_w = 2985 Pa e que a constante dos gases ideais é R = 8,314 m³ · Pa · mol⁻¹ · K⁻¹, essas concentrações são dadas por

$$\hat{c}_{AS} = \frac{p_{AS}}{RT} = \frac{p_w \, UR/100}{RT} = \frac{2985 \times 1}{297 \times 8,314} = 1,21 \, \text{mol} \cdot \text{m}^{-3}$$

$$\hat{c}_{A\infty} = \frac{p_{A\infty}}{RT} = \frac{p_w \, UR/100}{RT} = \frac{2985 \times 0,40}{297 \times 8,314} = 0,48 \, \text{mol} \cdot \text{m}^{-3}$$

Assim,

$$\hat{M}_A = 0,0056 \, (0,20 \times 0,80)(1,21 - 0,48)$$

$$\dot{M}_A = 6,5 \times 10^{-4} \ \text{mol} \cdot \text{s}^{-1} \ \text{ou} \ \dot{M}_A = 1,17 \times 10^{-5} \ \text{kg} \cdot \text{s}^{-1}.$$

Resposta: A taxa de evaporação da água é de $6,5 \times 10^{-4}$ mol · s⁻¹.

EXEMPLO 15.18

Uma partícula esférica de glicose de 0,32 cm de diâmetro é colocada no seio de uma corrente de água a 25 ºC, que flui a 0,15 m · s⁻¹. Sabe-se que o coeficiente de difusão da glicose na água é $6,9 \times 10^{-10}$ m² · s⁻¹, que a densidade da água a 25 ºC é 997,1 kg · m⁻³ e que a viscosidade da água é $880,637 \times 10^{-6}$ Pa · s. Estime o coeficiente de transferência de massa entre a esfera e a água.

Solução

Calculando os números de Reynolds e de Schmidt

$$N_{Re} = \frac{\overline{v} D \rho}{\mu} = \frac{0,15 \times 0,0032 \times 997,1}{880,637 \times 10^{-6}} = 543$$

$$N_{Sc} = \frac{\mu}{D_{AB} \rho} = \frac{880,637 \times 10^{-6}}{6,9 \times 10^{-10} \times 997,1} = 1280$$

Pode-se usar a correlação 11 da Tabela 15.8 para estimar o coeficiente de transferência de massa, ou seja:

$$\frac{k_c D}{D_{AB}} = 2,0 + 0,6 N_{Re}^{\frac{1}{2}} N_{Sc}^{\frac{1}{3}}$$

$$\frac{k_c \times 0,0032}{6,9 \times 10^{-10}} = 2,0 + 0,6 \times 543^{\frac{1}{2}} \times 1280^{\frac{1}{3}}$$

$$k_c = 3,32 \times 10^{-5} \ \text{m} \cdot \text{s}^{-1}$$

Resposta: O coeficiente de transferência de massa entre a esfera e a água é de $3,32 \times 10^{-2}$ mm · s⁻¹.

Tabela 15.8 Correlações para predição do coeficiente de transferência de massa

SITUAÇÃO FÍSICA	CORRELAÇÃO	VARIÁVEIS IMPORTANTES
1. Bolhas de gás em um tanque agitado	$\dfrac{k_c D}{D_{AB}} = 0,13 \left(\dfrac{(P_o/V)D^4}{\rho \, \nu^3} \right)^{\!\frac{1}{4}} \left(\dfrac{\nu}{D_{AB}} \right)^{\!\frac{1}{3}}$	k_c = coeficiente médio de transferência de massa; D = diâmetro característico das bolhas; D_{AB} = coeficiente de difusão de A em B; ρ e μ = densidade e viscosidade do líquido no tanque; $\nu = \dfrac{\mu}{\rho}$ = difusividade de quantidade de movimento; P_o/V = potência de agitação por unidade de volume do tanque

Continua

Tabela 15.8 *Continuação*

SITUAÇÃO FÍSICA	CORRELAÇÃO	VARIÁVEIS IMPORTANTES
2. Bolhas de gás em um tanque sem agitação	$\dfrac{k_c d}{D_{AB}} = 0,31\left(\dfrac{D^3 g \Delta\rho}{\rho v^2}\right)^{1/3}\left(\dfrac{v}{D_{AB}}\right)^{1/3}$	$\Delta\rho$ = diferença de densidade entre o fluido e a bolha; g = aceleração da gravidade
3. Gotas pequenas de líquido subindo em um tanque sem agitação	$\dfrac{k_c D}{D_{AB}} = 1,13\left(\dfrac{Dv}{D_{AB}}\right)^{0,8}$	v = velocidade de ascensão das gotas. Gotas pequenas se comportam como esferas rígidas
4. Filmes descendentes	$\dfrac{k(z)z}{D_{AB}} = 0,69\left(\dfrac{z\bar{v}}{D_{AB}}\right)^{1/2}$	$\bar{v}$ = velocidade média do filme líquido descendente; z = posição do filme a partir da entrada; $k(z)$ = coeficiente local de transferência de massa
5. Membrana separando duas fases	$\dfrac{k_c e_m}{D_{AB}} = 1$	e_m = espessura da membrana
6. Escoamento laminar sobre uma placa plana	$\dfrac{k_c L}{D_{AB}} = 0,646\left(\dfrac{L\bar{v}}{v}\right)^{1/2}\left(\dfrac{v}{D_{AB}}\right)^{1/3}$	L = comprimento da placa; $\bar{v}$ = velocidade média da corrente de fluido que escoa paralelamente à placa. Essa correlação pode ser demonstrada teoricamente, a partir de uma análise da camada-limite
7. Escoamento turbulento no interior de dutos de seção circular	$\dfrac{k_c D}{D_{AB}} = 0,026\left(\dfrac{D\bar{v}}{v}\right)^{0,8}\left(\dfrac{v}{D_{AB}}\right)^{1/3}$	$\bar{v}$ = velocidade média da corrente de fluido no interior do duto; D = diâmetro interno do duto
8. Escoamento laminar no interior de dutos de seção circular	$\dfrac{k_c D}{D_{AB}} = 1,62\left(\dfrac{D^2\bar{v}}{LD_{AB}}\right)^{1/3}$	$\bar{v}$ = velocidade média da corrente de fluido no interior do duto; D = diâmetro interno do duto; L = comprimento do duto Não é confiável para $N_{Re} < 10$ por causa da influência da convecção natural
9. Escoamento externo, paralelo a um leito de capilares	$\dfrac{k_c D}{D_{AB}} = 1,25\left(\dfrac{D_e^2\bar{v}}{vL}\right)^{0,93}\left(\dfrac{v}{D_{AB}}\right)^{1/3}$	$\bar{v}$ = velocidade média da corrente de fluido que escoa paralelamente aos capilares; L = comprimento do capilar
10. Escoamento externo, perpendicular a um leito de capilares	$\dfrac{k_c D}{D_{AB}} = 0,80\left(\dfrac{D\bar{v}}{v}\right)^{0,47}\left(\dfrac{v}{D_{AB}}\right)^{1/3}$	$\bar{v}$ = velocidade média da corrente de fluido que escoa perpendicularmente ao feixe de capilares Há várias correlações na literatura obtidas por analogia com a transferência de calor
11. Convecção forçada ao redor de uma esfera sólida	$\dfrac{k_c D}{D_{AB}} = 2,0 + 0,6\left(\dfrac{Dv}{v}\right)^{1/2}\left(\dfrac{v}{D_{AB}}\right)^{1/3}$	D = diâmetro da esfera; v = velocidade relativa entre a esfera e a corrente de fluido
12. Convecção natural ao redor de uma esfera sólida	$\dfrac{k_c D}{D_{AB}} = 2,0 + 0,6\left(\dfrac{D^3\Delta\rho g}{\rho v^2}\right)^{1/4}\left(\dfrac{v}{D_{AB}}\right)^{1/3}$	D = diâmetro da esfera; $\Delta\rho$ = diferença de densidade na mistura. A convecção forçada em água é importante para esferas de 1 cm, quando $\Delta\rho = 10^{-9}\,g \cdot cm^{-3}$.
13. Leito de partículas (*packed bed*)	$\dfrac{k_c}{v_s} = 1,17\left(\dfrac{Dv_s}{v}\right)^{-0,42}\left(\dfrac{D_{AB}}{v}\right)^{2/3}$	v_S = velocidade superficial do fluido, definida como a velocidade que o fluido teria com a coluna vazia; D = diâmetro característico das partículas que compõem o leito

As correlações foram compiladas por Cussler (2004) a partir de dados de Calderbank (1967), McCabe, Smith e Harriot (1980), Schlichting (1979), Sherwood, Pigford e Wilke (1975) e Treybal (1980). Elas também podem ser apresentadas em função dos números adimensionais:

Número de Reynolds, $N_{Re} = \dfrac{d\bar{v}}{v} = \dfrac{d\bar{v}\rho}{\mu}$, em que d é a dimensão característica do escoamento (comprimento, L, da placa; diâmetro, D, do duto; diâmetro, D, da partícula, gota ou bolha); Número de Schmidt, $N_{Sc} = \dfrac{v}{D}$; Número de Grashöf, $N_{Gr} = \dfrac{d^3\Delta\rho g}{\rho v^2}$; Número de Sherwood, $N_{Sh} = \dfrac{k_c L}{D_{AB}}$ e Número de Stanton, $N_{SM} = \dfrac{k_c}{\bar{v}}$.

15.9.6 Transferência de massa entre fases

As relações de equilíbrio

Nas seções anteriores, analisaram-se a transferência de massa por difusão no interior de uma fase e a transferência de massa desde uma interface até o seio de uma corrente fluida. Vamos agora analisar a transferência de uma espécie entre duas fases separadas por uma interface. Essa situação é de grande importância para o estudo das operações unitárias de transferência de massa (técnicas industriais usadas para separar um ou mais componentes de interesse de uma solução). Para isso, essas operações utilizam equipamentos adequados para promover o contato entre duas fases, uma fase (solução) que contém o(s) soluto(s) de interesse (fase 1) e uma fase que vai extrair o(s) soluto(s) da solução (fase 2) que está sendo tratada. Para que um componente seja transferido de uma fase para outra, é preciso que ele atravesse a interface que separa essas fases. Assim, a solubilidade do soluto em cada uma das fases é um aspecto fundamental a ser considerado. Em outras palavras, é preciso saber como um dado soluto se reparte espontaneamente entre duas fases em contato. A Figura 15.43 ilustra esquematicamente essa situação, para contato gás-líquido, líquido-líquido, sólido-líquido e sólido-gás.

Quando uma fase gasosa contendo um componente A é colocada em contato com uma fase líquida (Figura 15.43a), o componente A se distribuirá entre as duas fases até que seu potencial químico seja igual nas duas fases. O caso mais simples ocorre quando a pressão parcial de A na fase gasosa é diretamente proporcional à fração molar de A na fase líquida, conforme dado pela Lei de Raoult, Equação 15.164.

$$p_{Ai} = x_A P_A \tag{15.164}$$

em que p_{Ai} é a pressão parcial de equilíbrio do componente A na fase gasosa, x_A é a fração molar de A na fase líquida, no equilíbrio, P_A é a pressão de vapor de A puro, na temperatura de equilíbrio.

Se a fase gasosa pode ser considerada ideal, a lei de Dalton pode ser aplicada, e então

$$x_A P_A = y_{Ai} P \tag{15.165}$$

Para soluções diluídas, o comportamento da relação de equilíbrio é linear, dado pela lei de Henry,

$$P_{Ai} = H_i \, \hat{c}_{Ai} \tag{15.166}$$

em que H_i é a constante de Henry para dadas condições de temperatura e pressão, expressa em $kPa \cdot m^3 \cdot mol^{-1}$. Valores da constante de Henry para várias soluções diluídas são apresentadas em livros-texto de termodinâmica. As unidades dessa constante dependem das unidades de concentração utilizadas para expressar as concentrações nas fases líquida e gasosa.

Quando duas fases líquidas imiscíveis são colocadas em contato (Figura 15.43b), a distribuição de um soluto A entre elas é dada por uma relação de partição do tipo:

$$\hat{c}_{A, \text{Líquido 1}} = \hat{k}\hat{c}_{A, \text{Líquido 2}} \tag{15.167}$$

em que $\hat{k}$ é o coeficiente de partição do soluto A entre as duas fases, a uma dada temperatura.

Quando um sólido contendo uma espécie A é imerso em uma fase líquida (em um solvente) (Figura 15.43c), a distribuição de um soluto A entre ele e o solvente líquido é dada por relações semelhante à Equação 15.166.

A situação ilustrada pela Figura 15.43d (equilíbrio gás-sólido) é muito familiar para os estudantes e profissionais que trabalham com conservação de alimentos, pois dela se define o conceito de atividade de água em alimentos. A repartição da água entre o alimento e o ar atmosférico, em situação de equilíbrio, a uma dada temperatura, depende diretamente da higroscopicidade do alimento. Os dados de umidade de equilíbrio de um alimento com o ar a diferentes umidades relativas são normalmente obtidos em recipientes herméticos (dessecadores) contendo soluções salinas saturadas. Se a temperatura for mantida constante, essas soluções condicionam a umidade relativa do ar no interior do dessecador de modo muito preciso. A Figura 15.44 ilustra uma curva de equilíbrio (isoterma de sorção de umidade) de um alimento, em função da umidade relativa do ar.

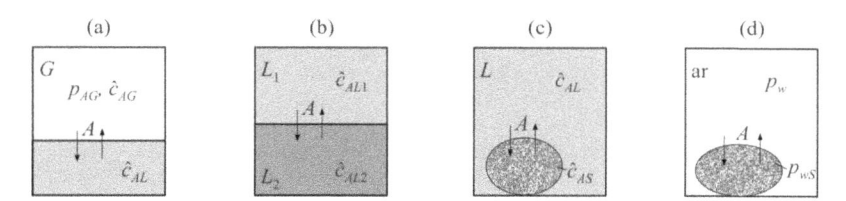

Figura 15.43 Equilíbrio de fases para contato: a) gás-líquido; b) líquido-líquido; c) sólido-líquido; d) gás-sólido.

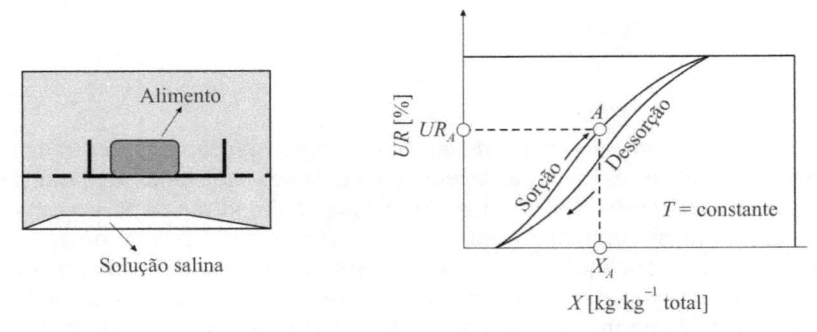

Figura 15.44 Equilíbrio de fases para contato gás-sólido. Esse tipo de curva de equilíbrio é chamada de isoterma de sorção de umidade.

Teoria das duas resistências

A teoria das duas resistências é usada para analisar a transferência de uma espécie A entre duas fases imiscíveis. Essa transferência envolve três etapas, quais sejam: (i) a transferência de A no seio da fase 1 até a interface que separa a fase 1 da fase 2; (ii) a transferência de massa através dessa interface; e (iii) a transferência de A no seio da fase 2. Essa teoria considera que, em cada fase, a transferência de massa ocorre por difusão através de filmes finos que existem junto da interface. Também é assumido que não existe resistência à transferência de massa na interface que separa os dois fluidos. A transferência de uma espécie A de uma fase gasosa para uma fase líquida está ilustrada graficamente na Figura 15.45.

A transferência da espécie A na fase gasosa ocorre em razão da diferença entre a pressão parcial de vapor de A no seio da mistura gasosa (p_{AG}) e a pressão parcial de vapor de A no filme gasoso que se encontra junto da interface gás-líquido, (p_{Ai}).

Analogamente, a transferência da espécie A na fase líquida ocorre em razão da diferença entre a concentração de A no filme líquido que se encontra junto da interface líquido-gás ($\hat{c}_{Ai}$) e a concentração de A no seio da mistura líquida ($\hat{c}_{AL}$). Se não há resistência à transferência de massa na interface, as concentrações p_{Ai} e $\hat{c}_{Ai}$ são as concentrações de equilíbrio, que representam a situação em que o potencial químico de $\underline{A}$ é igual nas fases gasosa e líquida, ou seja, $\mu_{A,L} = \mu_{A,G}$.

Se a transferência de massa (da espécie A) ocorre da fase líquida para a fase gasosa, $\hat{c}_{AL} > \hat{c}_{Ai}$ e $p_{Ai} > p_{AG}$. Se a transferência da espécie A ocorrer da fase gasosa para a fase líquida, $p_{AG} > p_{Ai}$ e $\hat{c}_{Ai} > \hat{c}_{AL}$.

Coeficientes de transferência de massa individuais

Para a transferência de massa de uma espécie A da fase gasosa para a fase líquida, em regime estacionário, as taxas de transferência dessa espécie, de cada lado da interface, são dadas pelas Equações 15.168 e 15.169.

$$\hat{N}_{Az} = k_G(p_{AG} - p_{Ai}) \tag{15.168}$$

$$\hat{N}_{Az} = k_L(\hat{c}_{Ai} - \hat{c}_{AL}) \tag{15.169}$$

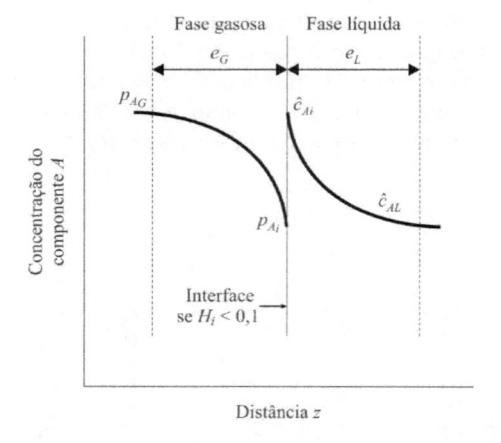

Figura 15.45 Teoria das duas resistências. Transferência de uma espécie A de uma fase gasosa para uma fase líquida.

em que

- $(p_{AG} - p_{Ai})$ é força motriz para transferência de massa na fase gasosa;
- $(\hat{c}_{Ai} - \hat{c}_{AL})$ é a força motriz para transferência de massa na fase líquida;
- k_G é o coeficiente de transferência de massa por convecção na fase gasosa (quantidade molar $\cdot$ tempo^{-1} $\cdot$ área^{-1} $\cdot$ pressão^{-1}), com a diferença de pressões (Δp_A) em kPa;
- k_L é o coeficiente de transferência de massa por convecção na fase líquida (quantidade molar $\cdot$ tempo^{-1} $\cdot$ área^{-1} $\cdot$ concentração^{-1}), que é comumente expresso em m $\cdot$ s^{-1}, quando a diferença $\Delta \hat{c}_A$ é dada em mol $\cdot$ m^{-3}.

Se a transferência de massa ocorre da fase gasosa para a fase líquida, em regime estacionário, o fluxo do componente A da fase gasosa para a interface é igual ao fluxo desse componente da interface para o seio da fase líquida. Essa situação é expressa pela Equação 15.170.

$$\hat{N}_{Az} = k_G (p_{AG} - p_{Ai}) = -k_L (\hat{c}_{AL} - \hat{c}_{Ai}) \tag{15.170}$$

Os coeficientes individuais de transferência de massa são definidos em função da situação física (difusão em filme estagnado ou contradifusão equimolar) e das unidades usadas para expressar a diferença de concentração.

Coeficiente global de transferência de massa

Podem-se definir coeficientes globais de transferência de massa, baseados na força motriz total, mas as concentrações da espécie A nas fases gasosa (p_{AG}) e líquida ($\hat{c}_{AL}$) são dadas em bases diferentes, impossibilitando a determinação direta da diferença de concentração global que provoca o fluxo de massa. No entanto, pode-se definir um gradiente de concentração e um coeficiente global de transferência de massa do seguinte modo:

$$\hat{N}_A = K_G \ (p_{AG} - p_A^*) \tag{15.171}$$

em que

- p_{AG} tem o mesmo significado apresentado anteriormente, representando a pressão parcial de A no seio da fase gasosa;
- p_A^* é a pressão parcial de A em equilíbrio com a concentração $\hat{c}_{AL}$ da fase líquida, sendo uma medida indireta desta última;
- K_G é o coeficiente global de transferência de massa, com base no gradiente de pressão parcial, apresentando unidades (quantidade molar $\cdot$ tempo^{-1} $\cdot$ área^{-1} $\cdot$ pressão^{-1}).

Analogamente, pode-se definir um coeficiente global de transferência de massa com base no gradiente de concentração na fase líquida, $\Delta \hat{c}_A$, ou seja,

$$\hat{N}_A = K_L (\hat{c}_A^* - \hat{c}_{AL}) \tag{15.172}$$

em que

- $\hat{c}_A^*$ é a concentração de A em equilíbrio com p_{AG}, sendo uma medida indireta desta última;
- $\hat{c}_{AL}$ tem o mesmo significado apresentado anteriormente, sendo a concentração de A no seio da fase líquida;
- K_L é o coeficiente global de transferência de massa, com base no gradiente de concentração, apresentando unidades de mol $\cdot$ tempo^{-1} $\cdot$ área^{-1} $\cdot$ concentração^{-1}, ou simplesmente m $\cdot$ s^{-1} (SI).

Relação entre os coeficientes individuais e o coeficiente global

A Figura 15.46 mostra os gradientes de concentração (forças motrizes) em cada fase e a força motriz total. As resistências relativas das fases são obtidas dividindo-se as resistências individuais pela resistência global de transferência de massa, ou seja:

$$\frac{\text{Resistência na fase gasosa}}{\text{Resistência global}} = \frac{\Delta p_{A,\text{filme gás}}}{\Delta p_{A,\text{total}}} = \frac{1/k_G}{1/K_G} \tag{15.173}$$

$$\frac{\text{Resistência na fase líquida}}{\text{Resistência global}} = \frac{\Delta \hat{c}_{A,\text{filme líquido}}}{\Delta \hat{c}_{A,\text{total}}} = \frac{1/k_L}{1/K_L} \tag{15.174}$$

Se a equação de equilíbrio que relaciona as concentrações da espécie A nas duas fases (interface) é linear, pode-se escrever genericamente que

$$p_{Ai} = m\,\hat{c}_{Ai} \tag{15.175}$$

em que $m = H_i/P$ é uma constante. Isso acontece quando se pode aplicar a Lei de Raoult para a fase líquida e a Lei de Dalton para a fase gasosa ou quando a Lei de Henry é válida (soluções diluídas), como discutido brevemente no início desta seção.

Nesses casos, pode-se deduzir uma equação que relaciona os coeficientes individuais com o coeficiente global de transferência de massa.

A partir da Equação 15.175 os gradientes de concentração total entre as fases podem ser calculados, ou seja:

$$p_{AG} = m\hat{c}_A^*, \quad p_A^* = m\hat{c}_{AL} \quad \text{e} \quad p_{Ai} = m\,\hat{c}_{Ai}$$

Assim, a Equação 15.171 pode ser reescrita como

$$\frac{1}{K_G} = \frac{p_{AG} - p_A^*}{\hat{N}_{Az}} = \frac{p_{AG} - p_{Ai}}{\hat{N}_{Az}} + \frac{p_{Ai} - p_A^*}{\hat{N}_{Az}} \tag{15.176}$$

Da equação de equilíbrio $p_{Ai} = m\,\hat{c}_{Ai}$ vem que:

$$\frac{1}{K_G} = \frac{p_{AG} - p_{Ai}}{\hat{N}_{Az}} + \frac{m(\hat{c}_{Ai} - \hat{c}_{AL})}{\hat{N}_{Az}} \tag{15.177}$$

Substituindo as equações que definem os coeficientes individuais (Equações 15.168 e 15.169) na Equação 15.177, obtém-se uma relação entre o coeficiente global e os coeficientes individuais de transferência de massa, ou seja:

$$\frac{1}{K_G} = \frac{1}{k_G} + \frac{m}{k_L} \tag{15.178}$$

De modo análogo, se pode demonstrar que a relação entre o coeficiente global de transferência de massa escrito para a fase líquida, K_L, e os coeficientes individuais é dada por

$$\frac{1}{K_L} = \frac{1}{m\,k_G} + \frac{1}{k_L} \tag{15.179}$$

As Equações 15.178 e 15.179 mostram que as importâncias relativas das resistências dependem da solubilidade do soluto A no líquido. Essa solubilidade é dada pelo valor da constante de equilíbrio m. Para valores pequenos de m o com-

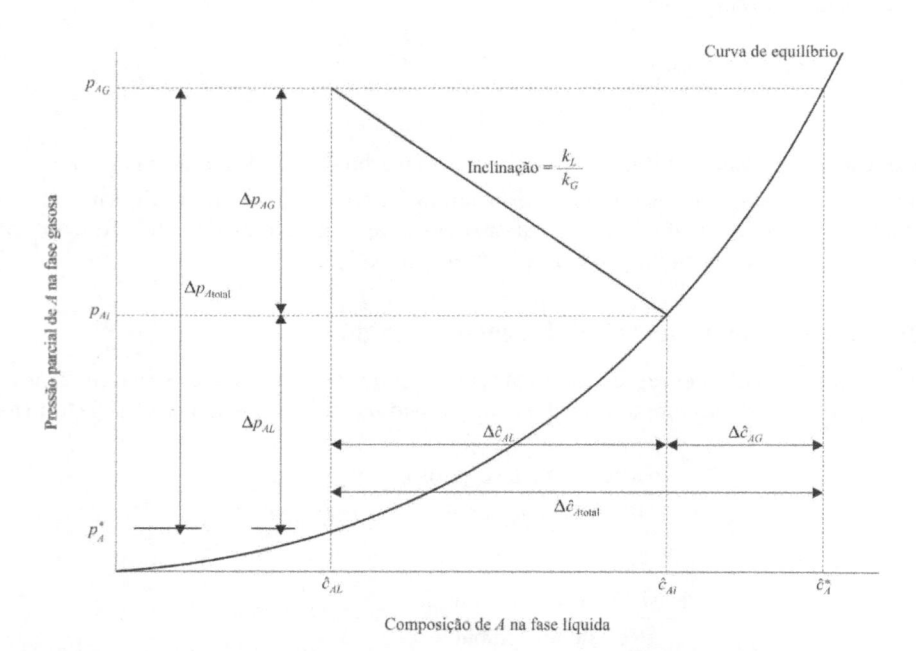

Figura 15.46 Forças motrizes para transferência de massa na fase gasosa, na fase líquida e entre a fase gasosa e a fase líquida.

ponente A é muito solúvel no líquido (amônia em água, por exemplo) e então $\dfrac{1}{K_G} \cong \dfrac{1}{k_G}$, indicando que a resistência à transferência do soluto na fase gasosa controla o processo de transferência de massa (a resistência é desprezível na fase líquida). Para valores grandes de m grande o componente A é pouco solúvel no líquido (gás carbônico em água, por exemplo) e então $\dfrac{1}{K_L} \cong \dfrac{1}{k_L}$, indicando que a resistência à transferência do soluto está concentrada na fase líquida (a resistência é desprezível na fase gasosa).

EXEMPLO 15.19

Estime o coeficiente global de transferência de massa em termos do gradiente de concentração equivalente na fase líquida para a situação de transferência do oxigênio dissolvido em água para o ar. Assuma que cada coeficiente de transferência de massa individual é dado por $k = \dfrac{D_{AB}\ (\mathrm{cm^2 \cdot s^{-1}})}{0,01\ (\mathrm{cm})}$. Os coeficientes de difusão do oxigênio no ar atmosférico e na água líquida são iguais a 0,23 cm² · s⁻¹ e 2,1 × 10⁻⁵ cm² · s⁻¹, respectivamente, enquanto o valor da constante de Henry é $H_{O2} = 8 \times 10^7\ \mathrm{kPa \cdot cm^3 \cdot mol^{-1}}$.

Solução

O cálculo do valor de k_L é direto, ou seja,

$$k_L = \frac{2,1 \times 10^{-5}}{0,01} = 0,0021\,\mathrm{cm \cdot s^{-1}}$$

Para o cálculo do valor de k_G é preciso fazer uma conversão de unidades:

$$k_G = \frac{k}{RT} = \frac{D_{O_2 - \mathrm{ar}}}{0,01\ (RT)} \Rightarrow$$

$$k_G = \frac{0,23\,\mathrm{cm^2 \cdot s^{-1}}}{(0,01\,\mathrm{cm}) \times (83,1\,\mathrm{cm^3 \cdot kPa \cdot mol^{-1} \cdot K^{-1}}) \times (298\,\mathrm{K})}$$

$$k_G = 9,4 \times 10^{-4}\,\mathrm{mol \cdot cm^{-2} \cdot s^{-1} \cdot kPa^{-1}}$$

O valor do coeficiente global K_L pode ser calculado pela Equação 15.179, em que $m = H_{O2}/P = 8 \times 10^7\ \mathrm{kPa \cdot cm^3 \cdot mol^{-1}}/1,01325 \times 10^2\ \mathrm{kPa} = 7,9 \times 10^5\ \mathrm{cm^3 \cdot mol^{-1}}$.

$$\frac{1}{K_L} = \frac{1}{m\,k_G} + \frac{1}{k_L} \Rightarrow \frac{1}{K_L} = \frac{1}{(7,9 \times 10^5)(9,4 \times 10^{-4})} + \frac{1}{0,0021}$$

$$\frac{1}{K_L} = 476,19 \Rightarrow K_L = 0,0021\,\mathrm{cm \cdot s^{-1}}$$

Resposta: O coeficiente global de transferência de massa na fase líquida K_L é de 2,1 mm · s⁻¹.

Nesse caso, a resistência à transferência de massa na fase líquida controla o processo. O cálculo do coeficiente global de transferência de oxigênio em termos do gradiente de concentração equivalente na fase gasosa fica a cargo do leitor.

15.10 EXERCÍCIOS

1. (i) Interprete fisicamente a equação abaixo e explique o que é convecção induzida por difusão.

$$\hat{N}_{Az} = -\hat{c}D_{AB}\frac{dy_A}{dz} + y_A(\hat{N}_{Az} + \hat{N}_{Bz})$$

(ii) O que significa contradifusão equimolar? Em que situações ela ocorre?

2. (i) Estime o coeficiente de difusão do hidrogênio no argônio a 25 ºC e $P = 101,3$ kPa utilizando as correlações de Chapman-Enskog e Fuller e colaboradores e compare com dados experimentais.

  (ii) Qual seria o valor desse coeficiente na temperatura de 80 ºC e pressão atmosférica? Utilize a correlação de Chapman-Enskog.

 (iii) Qual seria o valor desse coeficiente na temperatura de 60 ºC e $P = 20$ kPa? Discuta os resultados obtidos.

[**Respostas:** (i) o coeficiente de difusão do H_2 no Ar calculado pela correlação de Chapman-Enskog é $7,72 \times 10^{-5}$ m²·s⁻¹ e pela correlação de Fuller e colaboradores é $7,84 \times 10^{-5}$ m²·s⁻¹; (ii) o coeficiente de difusão do H_2 no Ar na temperatura de 80 ºC é igual a $1,03 \times 10^{-4}$ m²·s⁻¹; (iii) o valor do coeficiente de difusão do H_2 no Ar na temperatura de 60 ºC e $P = 20$ kPa é $4,73 \times 10^{-4}$ m²·s⁻¹]

3. Determine os valores dos coeficientes de difusão, a 25 °C, dos seguintes solutos em água. Utilize a correlação que melhor se ajusta ao problema e compare com dados experimentais: (i) oxigênio; (ii) dióxido de carbono; (iii) amônia.

[**Resposta:** Os coeficientes de difusão dos gases na água, a 25 °C, são: (i) oxigênio, $2,26 \times 10^{-9}$ m²·s⁻¹; (ii) dióxido de carbono, $1,90 \times 10^{-9}$ m²·s⁻¹; (iii) amônia, $2,25 \times 10^{-9}$ m²·s⁻¹]

4. Um material úmido é secado em leito fixo, onde o ar de secagem, a 50 ºC e 101,3 kPa, flui à velocidade de 0,1 m · s⁻¹. Em uma dada seção do leito, a pressão parcial de vapor d'água no ar é 1,67 kPa e o gradiente de pressão parcial de vapor na direção do escoamento é igual a 0,017 kPa · cm⁻¹. Determine os fluxos por difusão e por escoamento nessa seção.

[**Resposta:** Os fluxos convectivo e difusivo de umidade através do leito são 0,0622 mol · m⁻² · s⁻¹ e -2×10^{-5} mol · m⁻² · s⁻¹. O fluxo total é 3,7704 mol · m⁻² · s⁻¹.

5. Escreva a equação da conservação da massa de A, as condições de contorno, assim como as simplificações usadas para as seguintes situações:
   (i) Monóxido de carbono difunde através de uma película estagnada de ar seco de 0,05 cm de profundidade em um capilar que contém ácido sulfúrico. Considere que o CO é absorvido instantaneamente na superfície do ácido. A fração molar do CO na boca do capilar é de 0,03 mol · mol⁻¹.
   (ii) Uma esfera de naftaleno está sujeita à sublimação em ar seco estagnado à $P = 101,3$ kPa e 60 ºC. Sabe-se que a pressão de vapor do naftaleno pode ser calculada por $\log P_A = 10,56 - \dfrac{3472}{T}$, T em K, P em mmHg.
   (iii) Uma gota de água é suspensa em um ambiente que contém ar seco e estagnado a 25 °C e 101,3 kPa. Nessas condições a pressão de vapor da água é de 2932 Pa.

6. Célula de Arnold é um dispositivo que permite a medição de coeficientes de difusão mássica. Ela consiste em um capilar com um líquido volátil até certo nível, com ar estagnado até o topo. Em uma célula de Arnold, clorofórmio evapora e difunde através do ar, durante 10 h. Nesse período nota-se uma diminuição do nível de líquido, cuja distância até o topo vai de (7,40 até 7,84) cm. O experimento é feito a 25 °C e 101,3 kPa, condições em que a pressão de vapor do clorofórmio é de 26,6 kPa. Calcule o coeficiente de difusão do clorofórmio no ar. Dados: $\rho_A = 1480$ kg · m⁻³; $M_{MA} = 119$ g · mol⁻¹; $\hat{c}_A = 0,0409$ kmol · m⁻³.

[**Resposta:** O coeficiente de difusão do clorofórmio no ar é igual a $9,3 \times 10^{-6}$ m²·s⁻¹]

7. As faces de um sólido de dimensões $(25 \times 10 \times 0,1)$ cm, com teor de umidade inicial igual a 0,25 kg de água · kg⁻¹ (base seca), foram submetidas a secagem durante 25 min. Sabendo que após esse período a umidade média adimensional (calculada a partir de valores em base seca) é de 0,4 e que $N_{BiM} = 0,5$, estime o valor do coeficiente de difusão aparente. Faça as considerações que julgar necessárias.

[**Resposta:** O coeficiente de difusão aparente da água no sólido é igual a $3,58 \times 10^{-10}$ m²·s⁻¹]

8. Partículas esféricas de 0,2 cm de ácido benzoico foram usadas para preparar um leito fixo de 100 cm de altura, com o objetivo de estudar o coeficiente de transferência de massa para o escoamento de um líquido através do leito. A área superficial específica do leito é 23 cm² · cm⁻³. Quando o líquido flui pelo leito com velocidade superficial de 5 cm · s⁻¹, a concentração de saída da solução é 60 % da concentração de saturação do ácido benzoico em água a 25 °C. Com base nessas informações, estime o coeficiente de transferência de massa e discuta suas considerações e a definição do coeficiente determinado. Como se poderia tratar o problema, se a área superficial específica do leito não fosse conhecida?

[**Resposta:** O coeficiente de transferência de massa entre o ácido benzoico e o fluido é $1,99 \times 10^{-5}$ m·s⁻¹]

9. Uma bolha de oxigênio de 2 mm de diâmetro é injetada em um tanque de água sob agitação. Depois de 8 min o diâmetro da bolha de ar é reduzido para a metade do valor inicial. Em outro tanque, repete-se o mesmo experimento, mas a bolha de ar injetada apresenta diâmetro inicial de 1 mm. Se esse diâmetro também é reduzido para a metade depois de 8 min, em que situação o coeficiente de transferência de massa é maior? Justifique sua resposta.

[**Resposta:** O coeficiente de transferência de massa da bolha de 2 mm é quatro vezes maior do que o da bolha de 1 mm]

10. Um recipiente fechado de 25 L de capacidade contém ar seco (anidro). Em um dado instante, o fundo do recipiente é umedecido com um filme de água líquida a 19 °C, enquanto as outras superfícies internas (topo e superfícies laterais) permanecem secas. Após 1 min, mediu-se a *UR* do ar, obtendo-se o valor de 4 %. Sabendo que a área molhada no interior do recipiente é igual a 300 cm^2, determine:

  (i) O coeficiente de transferência de massa entre o ar e a água.

  (ii) O tempo necessário para que a *UR* do ar atinja 90 %.

[**Resposta:** (i) o coeficiente de transferência de massa entre o ar e a água é igual a 5,69 × 10^{-4} m·s^{-1}; (ii) o tempo para que a *UR* do ar atinja 90 % é de 56,5 min]

15.11 BIBLIOGRAFIA RECOMENDADA

BIRD, R. B.; STEWART, W. E.; LIGHTFOOT, E. N. *Transport phenomena*. 2. ed. Nova York: John Wiley & Sons, 2007.

CALDERBANK, P. H. Gas absorption from bubbles. Review series n. 3, *Chem. Eng.*, p. 209-233, 1967.

CARCIOFI, B. A. M. *Resfriamento de carcaças de frango por imersão em água*. Dissertação (Mestrado em Engenharia de Alimentos), Universidade Federal de Santa Catarina, Florianópolis, 2005. 80 f.

_____; LAURINDO, J. B. Water uptake by poultry carcasses during cooling by water immersion. *Chemical Engineering and Processing*, v. 45, p. 444-450, 2007.

CRANK, J. *The mathematics of diffusion*. 2. ed. Oxford: Oxford Science Publications, 1975.

CREMASCO, M. A. *Fundamentos de transferência de massa*. Campinas: Unicamp, 1998.

CUSSLER, E. L. *Diffusion mass transfer in fluid systems*. 2. ed. Cambridge: University of Cambridge, 2004.

FULLER, E. N.; SCHETTLER, P. D.; GIDDINGS, J. C. New method for prediction of binary gas-phase diffusion coefficients. *Ind. Eng. Chem.*, v. 58, n. 5, p. 18-27, 1966.

GEANKOPLIS, J. C. *Transport processes and separation process principles*. 4. ed. Nova Jersey: Prentice Hall, 2003.

HINES, A. L.; MADDOX, R. N. *Mass transfer*: fundamentals and applications. Nova Jersey: Prentice Hall, 1984.

HIRSCHFELDER, J. O.; CURTISS, C. F.; BIRD, R. B. Molecular theory of gases and liquids. Nova York: John Wiley and Sons, 1954.

HOFMEISTER, L. *Estudo da impregnação a vácuo em alimentos porosos*. Dissertação (Mestrado em Engenharia de Alimentos), Universidade Federal de Santa Catarina, Florianópolis, 2003. 75 f.

INCOPRERA, F. P.; DEWITT, D. P. *Fundamentos de transferência de calor e de massa*. 5. ed. Rio de Janeiro: LTC, 2003.

LAURINDO, J. B.; NOVAES, A. F. Determinação do coeficiente de transferência de massa em leito fixo: uma proposta didática. In: IX CONGRESSO BRASILEIRO DE ENGENHARIA QUÍMICA. *Anais...*, Salvador, BA, 1992.

MCCABE, W. L.; SMITH, J. C.; HARRIOT, P. *Unit operations of chemical engineering*. 4. ed. Cingapura: McGraw-Hill, 1980.

MIDDLEMAN, S. *An introduction to mass and heat transfer*: principles of analysis and design. Nova York: John Wiley & Sons, 1997.

OFFER, G.; COUSIN, T. The mechanism of drip production: formation of 2 compartments of extracellular-space in muscle postmortem. *Journal of the Science of Food and Agriculture*, n. 58, p. 107-116, 1992.

PANAGIOTOU, N. M.; KROKIDA, M. K.; MAROULIS, Z. B.; SARAVACOS, G. D. Moisture diffusivity: literature data compilation for foodstuffs. *International Journal of Food Properties*, v. 7, n. 2, p. 273-299, 2004.

REICHARD, K. *Processos de transferência no sistema solo-planta-atmosfera*. Campinas: Fundação Cargill, 1985.

REID, R. C.; PRAUSNITZ, J. M.; POLING, B. E. *The properties of gases and liquids*. 4. ed. Nova York: McGraw-Hill, 1987.

SCHLICHTING, H. *Boundary layer theory*: seventh edition hardcover. Nova York: McGraw-Hill. 1979.

SCHMIDT, F. C. *Estudo das trocas de massa em filés de peito de frango submetidos ao tratamento osmótico*. Dissertação (Mestrado em Engenharia de Alimentos), Universidade Federal de Santa Catarina, Florianópolis, 2006. 90 f.

_____; CARCIOFI, B. A. M.; LAURINDO, J. B. Salting operational diagrams for chicken breast cuts: hydration dehydration. *Journal of Food Engineering*, v. 88, p. 36-44, 2008.

SHERWOOD, T. K.; PIGFORD, R. L.; WILKE, C. R. *Mass transfer*. Nova York: McGraw Hill, 1975.

TREYBAL, R. E. *Mass-transfer operations*. Nova York: McGraw-Hill, 1980.

WELTY, R. R.; WILSON, R. E.; WICKS, C. E. *Fundamentals of momentum, heat, and mass transfer*. Nova York: John Wiley & Sons, 1984.

YASUDA, H.; STANNETT, V. *Permeability coefficients. Polymer handbook*. 3. ed. Nova York: Wiley, 1975.

16

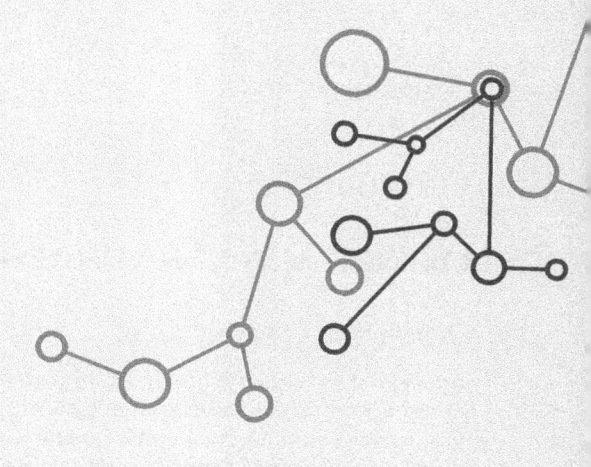

DESIDRATAÇÃO

Vânia Regina Nicoletti Telis*
Maria Aparecida Mauro*

* Universidade Estadual Paulista Júlio de Mesquita Filho (Unesp).

16.1 INTRODUÇÃO

16.1.1 Definição, objetivos, importância na indústria de alimentos

16.1.1.1 Definição

A secagem é tradicionalmente definida como a operação unitária que converte um material sólido, semissólido ou líquido em um produto sólido de umidade consideravelmente baixa. Implica a transferência da água do material para uma fase gasosa não saturada. Na maioria dos casos, a remoção da água se dá por evaporação e envolve a aplicação de energia térmica, a qual provoca a mudança de fase da água líquida para vapor. A liofilização é uma exceção, uma vez que o vapor de água é formado diretamente pela sublimação do gelo.

Os requerimentos de energia térmica, mudança de fase e produto final sólido distinguem a operação de secagem dos métodos mecânicos de separação entre um líquido e um sólido, como prensagem ou centrifugação. Esses métodos mecânicos, em geral, não são considerados como secagem, embora sejam utilizados, por exemplo, para a remoção de água da madeira ou ainda como etapa prévia a operações de secagem. Também não serão discutidos neste capítulo aqueles processos de desidratação que não se enquadram na definição mais geral das operações de secagem, como destilação extrativa, adsorção e desidratação osmótica. A discussão se restringirá às operações de remoção da umidade de sólidos, semissólidos e líquidos por evaporação em uma corrente de gás.

A definição de secagem, ainda que pareça bem restritiva, contempla na prática tecnologias que diferem marcantemente entre si. Há vários métodos de secagem e tipos de secadores desenvolvidos para necessidades específicas, que se distinguem pela maneira como a energia é transmitida ao alimento ou como o alimento é transportado pelo secador. O secador pode operar de modo contínuo ou em batelada, a transferência de calor pode ser direta ou indireta e a natureza do alimento apresenta uma enorme gama de possibilidades, que vão desde o líquido até o sólido.

Quando se trata de alimentos, considerar a secagem tão somente como um processo de redução de umidade pode depreciar o valor do produto desidratado. Isso porque a secagem afeta propriedades como cor, textura, aroma e retenção de nutrientes, que geralmente são associadas à percepção de qualidade. Essas propriedades, por sua vez, dependem das condições empregadas na operação de secagem. Em geral, são muito influenciadas pela temperatura e pelo conteúdo de água do produto. Essas duas variáveis são funções do tempo de secagem e da posição, tanto no produto quanto no equipamento. O controle dessa operação é complexo, pois envolve transferências simultâneas de massa, de calor e de momento em regime transiente. Diversas transformações costumam ocorrer no alimento, como encolhimento, reações químicas e bioquímicas e até transformações de estado, como transição vítrea e cristalização. O número de variáveis envolvidas na secagem de alimentos é alto, o que, em muitos casos, impossibilita o dimensionamento exato de um secador.

16.1.1.2 Objetivos e importância na indústria de alimentos

A humanidade aprendeu, através dos milênios, que a remoção da água de produtos perecíveis aumenta a vida útil dos mesmos. O método mais antigo de secagem é a natural, pela exposição do produto ao sol. A vida de prateleira de muitos alimentos é estendida de dias ou semanas para meses ou anos com a secagem. Os menores custos de transporte e armazenamento associados à redução de peso e volume por causa da remoção de água são incentivos econômicos adicionais na ampliação do uso dos processos de desidratação. A variedade de alimentos desidratados oferecidos comercialmente tem estimulado uma competição sem precedentes para maximizar seus atributos de qualidade, bem como otimizar os processos e o consumo de energia e melhorar as embalagens e as práticas de distribuição.

A água, componente predominante na maioria dos alimentos, é um fator comum aos processos bioquímicos, biológicos e físicos que degradam os alimentos, tornando-os inadequados para o consumo. Portanto, qualquer redução do conteúdo de água que venha a retardar ou inibir tais processos contribuirá naturalmente para a preservação do alimento. No entanto, as alterações físicas, químicas e bioquímicas decorrentes do processo de secagem têm seu papel na qualidade, na estabilidade e na segurança do alimento, ocupando lugar de destaque nos avanços tecnológicos da indústria de alimentos, por meio das condições de processo, de processamentos adicionais, de aditivos, de embalagens eficientes, entre outros.

Mudanças físicas e estruturais provocadas pela secagem têm um papel significativo sobre a qualidade dos alimentos desidratados. Dentro dessas alterações os defeitos mais comuns são a dureza, a compactação e a reidratação lenta ou incompleta. Uma das alterações mais importantes diz respeito a textura. As propriedades de crocância de um vegetal fresco são perdidas com o desaparecimento do turgor celular durante a secagem. A reidratação, na maioria das vezes, não restabelece essas características.

Alterações em propriedades de produtos que são consumidos com baixa umidade geralmente ocorrem por causa da absorção de umidade durante o armazenamento, caso a embalagem não seja adequada. Alguns produtos podem perder a crocância. Alimentos em pó podem apresentar grumos ou empedrar.

Mesmo com embalagens adequadas, mudanças de estado de algumas substâncias podem ser críticas para a estabilidade do produto se ocorrerem durante o armazenamento. Açúcares no estado amorfo podem cristalizar durante o armazenamento, liberando água que, por sua vez, alterará as propriedades do produto. Se for uma mistura em pó, poderá se tornar pegajosa e apresentar grumos.

A perda de substâncias como vitaminas, carotenoides ou compostos fenólicos em função das condições de processo e de armazenamento é comum em produtos desidratados e representa um tópico relevante na seleção do método de secagem e da embalagem.

A deterioração dos alimentos depende tanto da atividade de água, uma propriedade termodinâmica, quanto da natureza das substâncias que compõem o alimento. Crescimento microbiano, reações enzimáticas, escurecimento não enzimático e oxidação lipídica são alguns exemplos de deterioração de alimentos. Em baixos níveis de umidade, o crescimento microbiano e praticamente todas as reações são quase que totalmente inibidas, exceto a taxa de oxidação lipídica, a qual diminui com o abaixamento da atividade de água, mas que em baixos níveis de umidade passa a ser fortemente favorecida.

O conhecimento das propriedades termodinâmicas envolvidas no comportamento de sorção da água nos alimentos é um dos tópicos mais importantes para a desidratação, sob diversos aspectos. As propriedades termodinâmicas envolvidas relacionam a concentração da água presente no alimento com sua pressão parcial, o que é crucial na análise dos fenômenos de transferência de massa e calor durante a desidratação. Além disso, elas estabelecem o ponto final do processo de secagem, de modo que o produto desidratado apresente estabilidade e um conteúdo ótimo de água. A entalpia de sorção também dá uma ideia da quantidade mínima teórica de energia requerida para remover dada quantidade de água do alimento.

16.1.2 Introdução aos métodos de secagem e exemplos de aplicações

A operação de secagem pode ser classificada de diversas maneiras, descritas a seguir.

i) *Quanto ao método de operação*

Uma das classificações mais usadas na operação de secagem é quanto ao tipo de operação, isto é, *contínua* ou em *batelada*. Esses termos são aplicados especificamente do ponto de vista da substância que está sendo secada. Assim, a operação denominada secagem em batelada geralmente se refere a certa quantidade de material a ser desidratado que é exposto, sem escoar, a uma corrente de ar de secagem que escoa continuamente através do sistema e na qual a água é evaporada e transportada para fora do sistema. Sendo assim, essa operação é, na realidade, uma operação semicontínua. Em operações contínuas, tanto o material a ser seco quanto a corrente gasosa escoam continuamente pelo equipamento de secagem.

Para operações descontínuas ou em batelada, os equipamentos podem ser operados intermitentemente ou ciclicamente: o secador é carregado com o material, que permanece no equipamento até secar, quando então é descarregado e nova carga é introduzida no equipamento. Essa operação se dá em condições de regime não estacionário.

Alguns tipos de secadores podem operar apenas na forma contínua, como secagem por atomização, secadores rotatórios, instantâneos ou *flash dryer* (por transporte pneumático) e secadores de tambor. Por outro lado, secadores de leito fluidizado e de recirculação do produto podem operar de maneira contínua ou em batelada.

ii) *Quanto ao fornecimento de calor necessário para a evaporação (ou modo de transferência de calor)*

A operação de secagem também é classificada segundo o modo de transferência de calor. Quando a transferência de calor é direta, o calor é fornecido integralmente pelo contato direto do ar aquecido com o material a ser seco, na superfície ou no interior do qual ocorre a evaporação, sendo que a transferência de calor ocorre por *convecção*. O processo é chamado de secagem adiabática, pois o calor latente de vaporização da água contida no produto é totalmente obtido do calor sensível do ar aquecido. Aplicando-se o conceito do ponto de vista do gás, o processo é uma umidificação adiabática (esse conceito será visto com mais detalhes na Seção 16.2.2).

Quando o calor é fornecido ao produto independentemente do gás usado para carregar a umidade vaporizada, temos os secadores indiretos. Por exemplo, o aquecimento pode ser fornecido por *condução* por meio de uma placa metálica (prateleiras de suporte ocas por onde passa vapor) em contato com a substância ou, menos frequentemente, por exposição da substância à *radiação infravermelha* ou por *aquecimento dielétrico*. Neste último, o calor é gerado no interior do sólido por um campo elétrico de alta frequência.

Há secadores que utilizam métodos combinados, que é o caso de convecção e micro-ondas, ou então secadores que utilizam convecção juntamente com condução e radiação, por meio do aquecimento das paredes do secador por meio de vapor superaquecido.

iii) *Quanto à natureza da substância a ser secada*

A natureza da substância a ser desidratada é o que geralmente determina o método de secagem e o tipo de secador a ser utilizado. A substância pode ser um sólido rígido, um material flexível, um sólido granular, um material pastoso ou um líquido. A forma física da substância e os diversos métodos de manuseio influenciam na escolha do processo a ser utilizado.

A secagem de materiais que são resistentes à quebra ou que serão posteriormente moídos pode ser feita em equipamentos que operam com agitação, como secadores rotatórios ou com transportador parafuso, sendo este último recomendado para materiais finos ou pegajosos demais, inadequados para secadores rotatórios. Para materiais resistentes também são utilizados secadores instantâneos (*flash*) ou leitos fluidizados. Secadores de leito móvel são adequados a materiais que caem por gravidade, como grãos.

Materiais frágeis como folhas de chá ou alimentos em fatias não devem ser submetidos à agitação durante o processo de secagem para que mantenham a estrutura, sendo recomendado o uso de bandejas, telas ou ainda secadores de correia transportadora.

Em geral os secadores em batelada são preferidos para produção em pequena escala, longos tempos de residência e quando o controle da qualidade dentro da batelada for essencial, por exemplo, no caso dos produtos farmacêuticos.

Substâncias sensíveis ao calor geralmente são submetidas a operações sob vácuo para reduzir a temperatura de secagem. Porém, secadores instantâneos e atomizadores também são recomendados para produtos termossensíveis, uma vez que o sólido raramente atinge temperaturas elevadas nesses equipamentos.

O tempo de secagem requerido para dado produto também é fator-chave na escolha do secador. Substâncias termicamente sensíveis ou facilmente oxidáveis não devem ficar sujeitas às condições de processo por longos tempos. Apenas secadores instantâneos e por atomização apresentam curto tempo de residência (menos que um minuto), enquanto apenas um secador de bandejas de batelada pode proporcionar tempos de residência de diversas horas de maneira economicamente viável.

16.1.3 Psicrometria

16.1.3.1 Importância e aplicações

A maioria dos processos de secagem se baseia no contato do material a ser seco com uma corrente de ar aquecido e de baixa umidade, de modo a propiciar um potencial para a transferência de umidade desse material para o ar. A quantificação desse potencial depende do conhecimento das propriedades de equilíbrio da mistura de ar seco e vapor de água em função das condições de umidade, temperatura e pressão, bem como de suas propriedades térmicas. O estudo de tais propriedades, incluindo as mudanças causadas por processos de transferência de massa e/ou energia, é denominado *psicrometria* (do grego *psychro*, que originalmente significava "esfriar pelo sopro").

Além da secagem, o conhecimento das propriedades psicrométricas do ar úmido é importante em estudos e projetos de climatização de ambientes, no armazenamento refrigerado, em torres de resfriamento de água, na umidificação e desumidificação do ar, no controle ambiental e em meteorologia.

A seguir serão apresentadas definições de propriedades e processos importantes no estudo da psicrometria.

16.1.3.2 Definições de ar seco, umidade absoluta, umidade de saturação e umidade relativa

Considera-se *ar seco* a mistura de gases que compõem o ar atmosférico, excluindo-se todo o vapor de água e possíveis contaminantes (partículas suspensas ou outros gases). A composição aproximada do ar limpo e seco é apresentada na Tabela 16.1, o que leva a uma massa molar média para o ar seco ($\bar{M}_{Mar}$) igual a 29,1 kg $\cdot$ kmol^{-1}.

A *umidade absoluta* ($\bar{Y}_w$) é a massa de vapor de água (m_w) presente em uma unidade de massa de ar seco (m_{ar}). Considerando que o ar úmido se comporte como um gás ideal e usando a Lei de Dalton, segundo a qual a pressão parcial (p_i) de um componente é igual à sua fração molar na fase vapor multiplicada pela pressão total do sistema (P) (Seção 22.2), pode-se relacionar a umidade absoluta com a pressão parcial do vapor de água (p_w) no ar por meio da Equação 16.1.

$$\bar{Y}_w = \frac{m_w}{m_{ar}} = \frac{n_w M_{Mw}}{n_{ar}\bar{M}_{Mar}} = \frac{y_w M_{Mw}}{y_{ar}\bar{M}_{Mar}} = \frac{p_w M_{Mw}}{(P - p_w)\bar{M}_{Mar}} \tag{16.1}$$

Tabela 16.1 Composição do ar limpo e seco

COMPONENTE	COMPOSIÇÃO MOLAR [mol $\cdot$ 100 mol^{-1} total]
Nitrogênio (N_2)	78,08
Oxigênio (O_2)	20,95
Argônio (Ar)	0,93
Dióxido de Carbono (CO_2)	0,03
Outros	0,01

em que $\overline{Y}_w$ é a umidade absoluta [kg água · kg⁻¹ de ar seco]; n_w é a quantidade de água [mol]; n_{ar} é a quantidade de ar seco [mol]; y_w é a fração molar de água [mol · mol⁻¹ total]; y_{ar} é a fração molar de ar seco [mol · mol⁻¹ total]; M_{Mw} é a massa molar da água [kg · kmol⁻¹]; $\overline{M}_{Mar}$ é massa molar média do ar seco [kg · kmol⁻¹]; p_w é a pressão parcial do vapor de água [Pa] e P é a pressão total [Pa]. Na Equação 16.1 está implícito que a pressão total do sistema é igual à soma das pressões parciais ($P = p_w + p_{ar}$).

Quando determinada massa ou corrente de ar é colocada em contato com uma massa ou corrente de água líquida, ocorrerá transferência de água, na forma de vapor, da fase líquida para a corrente gasosa. Quando o sistema atingir o equilíbrio, a pressão parcial da água (p_w) no ar úmido será igual à pressão de vapor da água pura (P_{vw}) na temperatura (T) do sistema. Nessa condição, diz-se que o ar está *saturado* e sua umidade absoluta corresponde à *umidade de saturação* ($\overline{Y}_w^*$).

A *umidade relativa* (*UR*) é a razão percentual entre a fração molar de vapor de água no ar úmido e a fração molar de água no ar saturado, nas mesmas condições de T e P (Equação 16.2). Pode-se dizer que a umidade relativa é uma medida do "afastamento" da umidade do ar em relação à sua condição de saturação.

$$UR = 100\frac{y_w}{y_w^*} = 100\frac{y_w P}{y_w^* P} = 100\frac{p_w}{p_w^*} = 100\frac{p_w}{P_{vw}} \qquad (16.2)$$

Na Equação 16.2 y_w^* e p_w^* indicam, respectivamente, a fração molar de água e a pressão parcial da água na fase gasosa na condição de equilíbrio, isto é, na saturação.

16.1.3.3 Definições de volume úmido, calor úmido, ponto de orvalho, entalpia do ar úmido, processo de saturação adiabática e das temperaturas de bulbo seco e bulbo úmido

Em função de sua umidade, temperatura e pressão, o ar úmido pode também ser caracterizado em termos de seu volume específico ou *volume úmido* (υ_H), que é definido como sendo o volume ocupado pelo ar úmido por unidade de massa de ar seco nele contido. Assumindo comportamento de gás ideal, o volume úmido é dado pela Equação 16.3:

$$\upsilon_H = \frac{RT}{P}\left(\frac{1}{\overline{M}_{Mar}} + \frac{\overline{Y}_w}{M_{Mw}}\right) \qquad (16.3)$$

em que υ_H é o volume úmido [m³ · kg⁻¹]; R é a constante universal dos gases [8,314 J · mol⁻¹ · K⁻¹]; T é a temperatura absoluta [K] e P é a pressão [Pa].

Em pressão atmosférica, a Equação 16.3 fica:

$$\upsilon_H = \frac{8,314 \times 10^3}{1,01 \times 10^5}\frac{\text{J} \cdot \text{kmol}^{-1} \cdot \text{K}^{-1}}{\text{N} \cdot \text{m}^{-2}}\left(\frac{1}{29,1 \text{ kg} \cdot \text{kmol}^{-1}} + \frac{\overline{Y}_w}{18 \text{ kg} \cdot \text{kmol}^{-1}}\right)T(\text{K})$$

ou

$$\upsilon_H = \left[(2,83 \times 10^{-3} + 4,56 \times 10^{-3}\overline{Y}_w)(\text{m}^3 \cdot \text{kg}^{-1} \text{ ar seco} \cdot \text{K}^{-1})\right]T(\text{K}) \qquad (16.4)$$

O *calor úmido* (C_H) é o calor necessário para elevar, em um grau, a temperatura de uma unidade de massa de ar seco incluindo também a massa de vapor de água nela contida. Assumindo que o calor específico do ar seco e do vapor de água sejam aproximadamente constantes na faixa usual de temperaturas, e iguais a 1,005 kJ · kg⁻¹ de ar seco · K⁻¹ e 1,88 kJ · kg⁻¹ vapor de água · K⁻¹, respectivamente, o calor úmido em kJ · kg⁻¹ de ar seco · K⁻¹ é dado pela Equação 16.5:

$$C_H = (1,005 \text{ kJ} \cdot \text{kg}^{-1} \text{ ar seco} \cdot \text{K}^{-1}) + (1,88 \text{ kJ} \cdot \text{kg}^{-1} \text{ vapor de água} \cdot \text{K}^{-1})\overline{Y}_w \qquad (16.5)$$

A *temperatura de orvalho* (T_d), ou simplesmente *ponto de orvalho*, é a temperatura na qual se inicia a condensação do vapor de água, isto é, a temperatura na qual é atingida a condição de saturação do ar úmido durante seu resfriamento, mantendo-se $\overline{Y}_w$ e P constantes.

A *entalpia específica* do ar úmido (H_H) em relação a uma temperatura de referência T_{ref} inclui a parcela de calor sensível correspondente à mistura do ar seco mais o vapor de água nele contido e a parcela de entalpia ($\Delta_{vap}H$) necessária para a vaporização deste último, sendo dada pela Equação 16.6:

$$H_H = C_H(T - T_{ref}) + \overline{Y}_w\Delta_{vap}H \qquad (16.6)$$

em que H_H é a entalpia específica de ar úmido [J · kg⁻¹ ar seco]; $\Delta_{vap}H$ é a entalpia de vaporização [J · kg⁻¹] a T_{ref}. Geralmente adotamos $T_{ref} = 0$ ºC e, portanto, $\Delta_{vap}H = 2501,6$ kJ · kg⁻¹ de água.

Um evento importante no estudo da psicrometria é o *processo de saturação adiabática*. Considere um fluxo de ar sendo forçado a escoar em contato com uma corrente de água líquida, como mostrado na Figura 16.1. A vazão mássica de ar seco na entrada do equipamento ($\dot{m}_{ar}$) é igual à de saída, porém a temperatura e a umidade da corrente de ar na saída

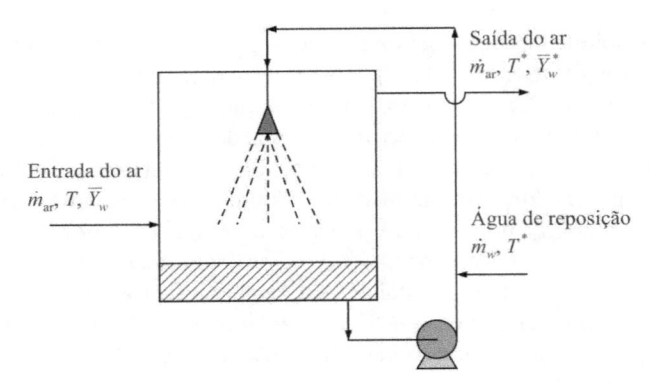

Figura 16.1 Saturação adiabática do ar.

são diferentes daquelas observadas na corrente de entrada. Isso ocorre porque uma parte da água líquida que é aspergida na corrente gasosa é vaporizada, aumentando a umidade do ar. Para suprir a necessidade da entalpia de vaporização da água, o ar cede calor sensível, o que faz com que sua temperatura diminua. Se o tempo de contato entre a corrente de ar de entrada e a água aspergida for suficiente para que ambos entrem em equilíbrio, o ar de saída estará saturado. É aproximadamente desse modo que funcionam as torres de resfriamento, empregadas para reduzir a temperatura da água que é posteriormente utilizada nos trocadores de calor. Admitindo que o processo seja adiabático, os balanços de massa e energia permitem calcular a temperatura de saturação adiabática (T^*) e a umidade de saturação do ar ($\overline{Y}_w^*$).

Balanço de massa para a água:

$$\dot{m}_{ar}\overline{Y}_w + \dot{m}_w = \dot{m}_{ar}\overline{Y}_w^* \tag{16.7}$$

Balanço de energia:

$$\dot{m}_{ar}C_H(T - T^*) = \dot{m}_{ar}(\overline{Y}_w^* - \overline{Y}_w)\Delta_{vap}H \tag{16.8}$$

A Equação 16.8 pode ser reescrita na forma:

$$\frac{(\overline{Y}_w^* - \overline{Y}_w)}{(T - T^*)} = -\frac{C_H}{\Delta_{vap}H} \tag{16.9}$$

que, em um gráfico de $\overline{Y}_w$ em função de T, descreve uma linha passando pelos pares de coordenadas $(T^*, \overline{Y}_w^*)$ e $(T, \overline{Y}_w)$ com inclinação $(-C_H/\Delta_{vap}H)$, denominada *curva de saturação adiabática*.

A temperatura de saturação adiabática (T^*) é conhecida como *temperatura de bulbo úmido termodinâmica*, porque sua determinação supõe que seja alcançado o equilíbrio entre as correntes de água e do ar de saída. Por outro lado, na prática sua determinação experimental é inviável.

Um método alternativo e de uso corrente se baseia na determinação da *temperatura de bulbo úmido psicrométrica* (T_{bu}), que utiliza um termômetro de bulbo úmido (Figura 16.2), isto é, um termômetro cujo bulbo seja envolvido por um material absorvente (algodão ou gaze, por exemplo) completamente umedecido com água. Esse termômetro é inserido na corrente de ar para a qual se quer determinar T_{bu}. Se a umidade do ar for menor que $\overline{Y}_w^*$, a água líquida que envolve o bulbo irá evaporar, inicialmente à custa do calor cedido pela própria água, causando a redução da temperatura indicada no termômetro. Surgirá, então, um gradiente de temperatura, fazendo com que haja transferência de calor sensível do ar para a água. Admitindo-se que a massa da corrente de ar seja muito maior que a massa de água e que o bulbo seja mantido sempre completamente úmido, as condições iniciais do ar não serão alteradas e o sistema alcançará o estado estacionário, isto é, o calor latente de vaporização será compensado pelo fluxo de calor convectivo do ar para a água, levando a um valor de temperatura constante no bulbo úmido (T_{bu}), que será inferior à temperatura da corrente de ar. Por sua vez, a temperatura da corrente de ar, medida por um termômetro comum, com o bulbo completamente exposto ao ar, é denominada *temperatura de bulbo seco*.

Por meio de um balanço de energia no estado estacionário, quando o bulbo já atingiu a temperatura T_{bu}, e as taxas de transferência de calor do ar para o bulbo e vice-versa são iguais, pode-se escrever:

$$\dot{q} = h(T - T_{bu})A = \dot{M}_w\Delta_{vap}H \tag{16.10}$$

em que $\dot{q}$ é a taxa de transferência de calor [W]; h é o coeficiente de transferência de calor por convecção [W·m⁻²·K⁻¹]; A é a área de transferência de calor e de massa [m²]; $\dot{M}_w$ é a taxa de transferência de massa de água [kg·s⁻¹] e $\Delta_{vap}H$ é entalpia

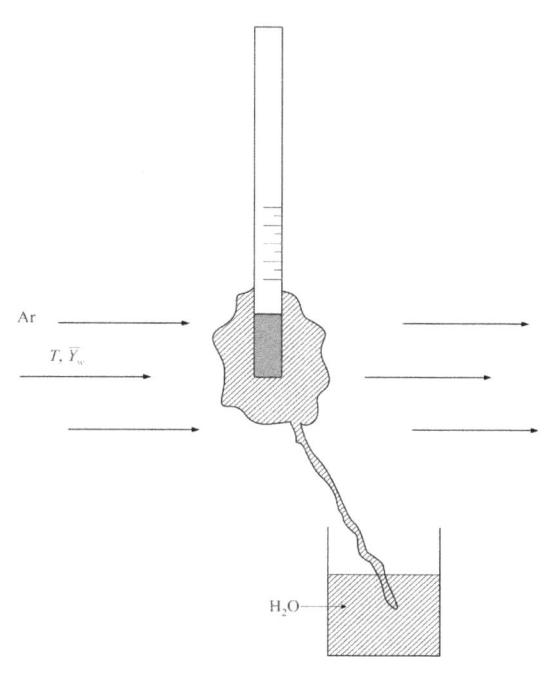

Figura 16.2 Medida da temperatura de bulbo úmido.

de vaporização da água a T_{bu}. A taxa de transferência de vapor de água do bulbo para a corrente gasosa pode ser determinada pela equação:

$$\dot{M}_w = \hat{N}_w M_{Mw} A = k_y (y_{wbu} - y_w) M_{Mw} A \tag{16.11}$$

em que $\hat{N}_w$ é o fluxo molar de transferência de massa da água [mol $\cdot$ m^{-2} $\cdot$ s^{-1}]; k_y é o coeficiente individual de transferência de massa na fase gasosa com base na diferença de fração molar [mol $\cdot$ m^{-2} $\cdot$ s^{-1} $\cdot$ (mol $\cdot$ mol^{-1} total)$^{-1}$] e y_{wbu} e y_w são as frações molares do vapor de água na superfície do bulbo úmido e no seio da fase gasosa, respectivamente [mol $\cdot$ mol^{-1} total]; as quais podem ser relacionadas com $\overline{Y}_{wbu}$ e $\overline{Y}_w$ por meio da Equação 16.1. Admitindo que p_w e p_{wbu} sejam muito menores que P, chega-se a:

$$y_w = \frac{p_w}{P} = \frac{\overline{Y}_w (P - p_w) \overline{M}_{Mar}}{P M_w} \cong \frac{\overline{Y}_w \overline{M}_{Mar}}{M_w} \tag{16.12}$$

$$y_{wbu} = \frac{p_{wbu}}{P} = \frac{\overline{Y}_{wbu} (P - p_{wbu}) \overline{M}_{Mar}}{P M_w} \cong \frac{\overline{Y}_{wbu} \overline{M}_{Mar}}{M_w} \tag{16.13}$$

em que y_{wbu} é a fração molar do vapor de água na superfície do bulbo úmido [mol $\cdot$ mol^{-1} total] e $\overline{Y}_{wbu}$ é a umidade absoluta na superfície do bulbo úmido [kg água $\cdot$ kg^{-1} ar seco].

Substituindo as Equações 16.12 e 16.13 em 16.11 e o resultado em 16.10 obtém-se:

$$\dot{q} = h(T - T_{bu}) A = k_y (\overline{Y}_{wbu} - \overline{Y}_w) \overline{M}_{Mar} A \Delta_{vap} H \tag{16.14}$$

Da Equação 16.14, pode-se escrever:

$$\frac{(\overline{Y}_{wbu} - \overline{Y}_w)}{(T_{bu} - T)} = -\frac{h/(k_y \overline{M}_{Mar})}{\Delta_{vap} H} \tag{16.15}$$

Dados experimentais demonstram que, para o sistema ar/água em temperaturas inferiores a 100 °C, desde que durante a medição de T_{bu} a velocidade da corrente de ar seja superior a 3,5 m $\cdot$ s^{-1}, o valor numérico de $h/(k_y \overline{M}_{Mar})$ é praticamente igual ao valor de C_H. Isso significa que as Equações 16.9 e 16.15 descrevem curvas aproximadamente iguais e que $T^* \cong T_{bu}$.

Um instrumento muito útil é o *psicrômetro*, o qual é constituído de dois termômetros, um de bulbo seco e um de bulbo úmido, permitindo a medição simultânea de T e T_{bu}, a partir das quais se calculam as demais propriedades do ar úmido.

16.1.3.4 Uso da carta psicrométrica; balanços de massa e energia envolvendo o sistema ar/água

Um modo conveniente de relacionar as propriedades do ar úmido entre si é pelo uso de *cartas psicrométricas*, que consistem em gráficos construídos para um valor fixo da pressão total e que permitem que, pela especificação de apenas duas propriedades do ar, todas as demais propriedades possam ser obtidas por essa carta. Na carta psicrométrica, a umidade absoluta do ar é representada em função de sua temperatura de bulbo seco, como mostram a carta real para pressão atmosférica da Figura 16.3 e o diagrama esquemático da Figura 16.4.

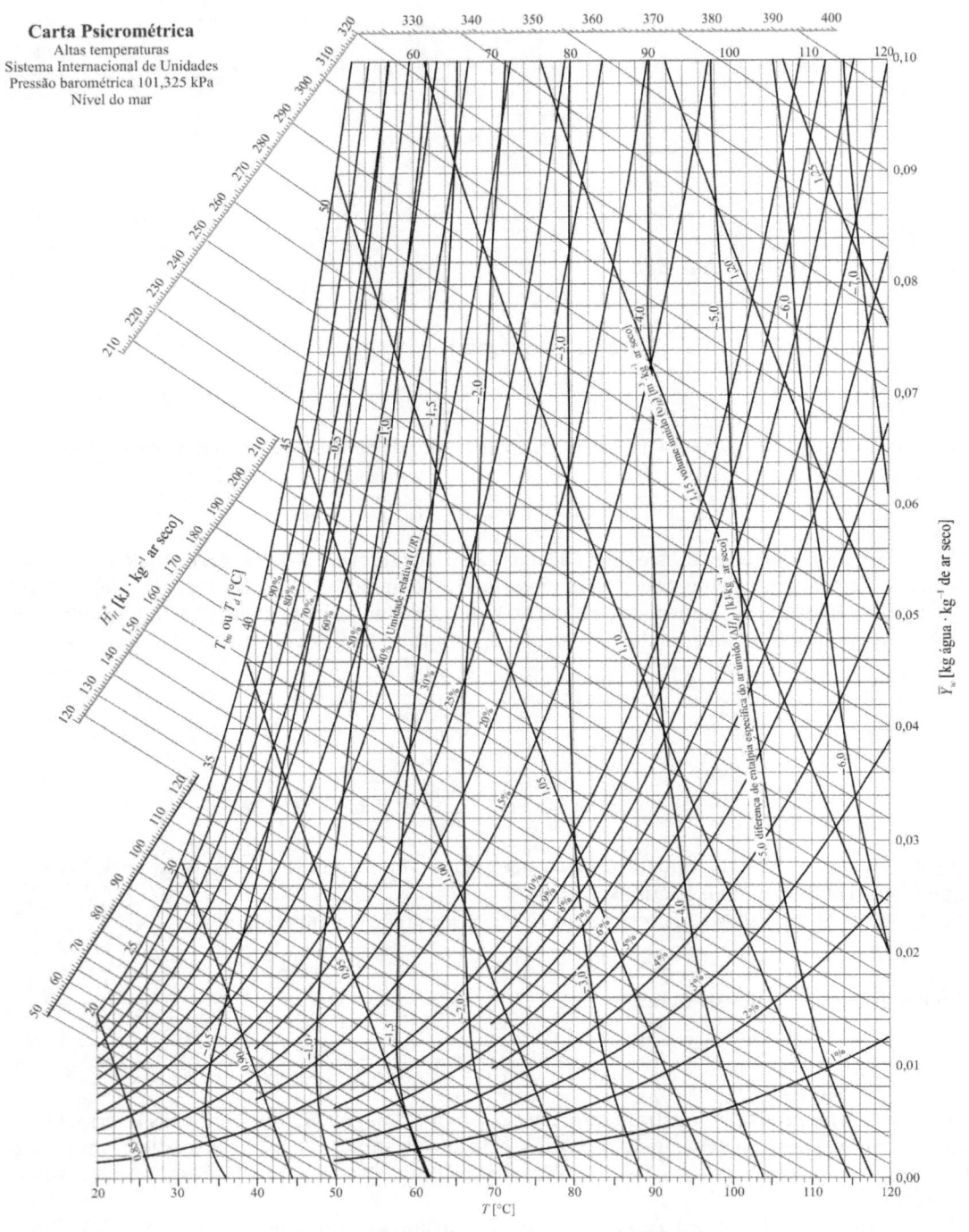

Figura 16.3 Carta psicrométrica (reproduzida com permissão da Carrier Corporation).

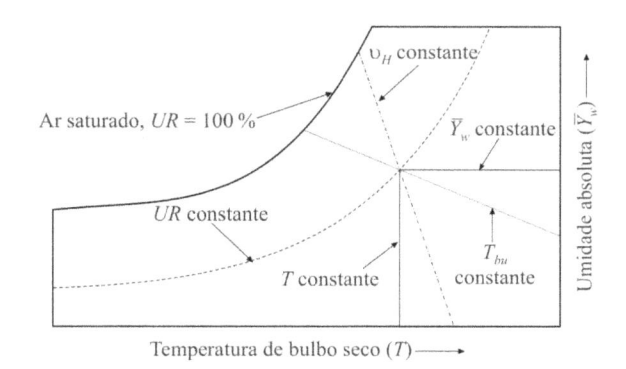

Figura 16.4 Esquema de uma carta psicrométrica.

No diagrama da Figura 16.4 é possível observar a disposição geral das linhas que indicam as propriedades do ar incluídas nas cartas psicrométricas: temperatura de bulbo seco (T) na abscissa, umidade absoluta ($\overline{Y}_w$) na ordenada, curvas de umidade relativa (UR) constante, reta de volume úmido (υ_H) constante e reta de temperatura de bulbo úmido (T_{bu}) constante. É importante lembrar que, no caso do sistema ar/água, $T_{bu} \cong T^*$, de modo que a reta de T_{bu} constante corresponde também a um processo de saturação (ou resfriamento) adiabático. As linhas de resfriamento adiabático são linhas de entalpia quase constante para a mistura ar/água, no entanto o valor indicado na escala posicionada à esquerda da carta psicrométrica corresponde à entalpia de uma mistura na condição de saturação (H_H^*). Para determinar a entalpia do ar úmido com UR inferior a 100 % é necessário subtrair o fator de correção, normalmente pequeno, representado nas linhas curvas que sobem a partir do eixo da temperatura do bulbo seco.

Uma carta psicrométrica real, como a da Figura 16.3 pode ser construída para determinado valor fixo da pressão total usando as Equações 16.1 a 16.9, juntamente com uma correlação que permita calcular P_{vw} em função de T como, por exemplo:

$$\ln(P_{vw}) = A - \frac{B}{T} - C \times \ln(T) \tag{16.16}$$

em que $A = 60,43$; $B = 6834,27$ e $C = 5,17$, para T em K e P_{vw} em Pa, válidos na faixa de 273,15 K $\leq T \leq$ 363,15 K. Também é possível encontrar diversos programas de computador, de acesso livre, que permitem a construção de cartas psicrométricas para diferentes valores de pressão total. Um desses programas é o JPsye0926.exe, disponível na página <http://ecaaser3.ecaa.ntu.edu.tw/weifang/psy/cea2-5.htm>, desenvolvido por Jian e Fang (2001).

Além do processo de saturação adiabática, descrito na Seção 16.1.3.3, outros processos que envolvem o ar úmido e causam alterações em seu estado têm aplicação importante nas operações unitárias de transferência de calor e de massa. A seguir será apresentado o equacionamento básico dos balanços de massa e energia que se aplicam a alguns desses processos.

i) *Aquecimento/resfriamento do ar sem modificação de sua umidade absoluta*

A Figura 16.5 descreve a passagem do ar através de um duto provido de um sistema de aquecimento, como um feixe de resistências elétricas ou um trocador de calor de feixe tubular, sem contato direto do fluido de aquecimento com o ar. Como não existe introdução de umidade no sistema, $\overline{Y}_w$ não se altera. Por outro lado, por causa da introdução de calor sensível através do aquecedor, T e H_H terão um aumento. Nessa situação o balanço de energia é dado por:

$$\dot{q} = \dot{m}_{ar}(H_{H2} - H_{H1}) = \dot{m}_{ar}C_H(T_2 - T_1) \tag{16.17}$$

em que $\dot{m}_{ar}$ é a vazão mássica de ar seco [kg · s⁻¹] e $\dot{q}$ é a taxa de transferência de calor no aquecedor [W].

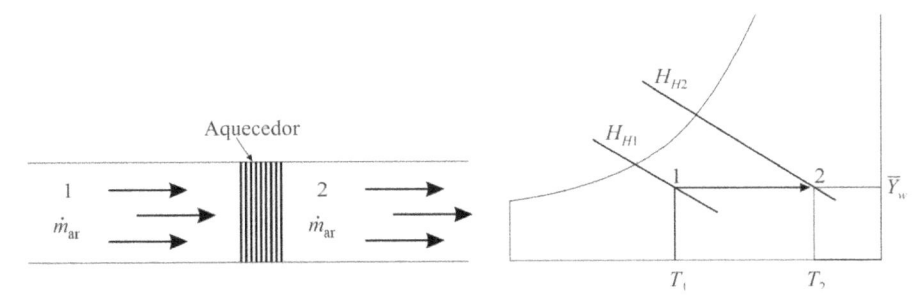

Figura 16.5 Representação do processo de aquecimento do ar.

A Equação 16.17 também pode ser aplicada para um processo de resfriamento do ar, desde que sua temperatura final seja maior que seu ponto de orvalho. Caso contrário, haverá condensação do vapor de água e a umidade do ar será reduzida.

ii) *Mistura de duas correntes de ar em estados distintos*

A Figura 16.6 mostra a mistura de uma corrente de ar no estado 1 (T_1, $\overline{Y}_{w1}$) com uma corrente de ar no estado 2 (T_2, $\overline{Y}_{w3}$), o que resulta em uma corrente de ar no estado 3 (T_3, $\overline{Y}_{w3}$), Os balanços de massa e energia são escritos como:

$$\dot{m}_{ar3} = \dot{m}_{ar1} + \dot{m}_{ar2} \tag{16.18}$$

$$H_{H3} = \frac{(\dot{m}_{ar1}H_{H1} + \dot{m}_{ar2}H_{H2})}{(\dot{m}_{ar1} + \dot{m}_{ar2})} \tag{16.19}$$

A umidade $\overline{Y}_{w3}$ pode ser determinada por:

$$\overline{Y}_{w3} = \frac{(\dot{m}_{ar1}\overline{Y}_{w1} + \dot{m}_{ar2}\overline{Y}_{w2})}{(\dot{m}_{ar1} + \dot{m}_{ar2})} \tag{16.20}$$

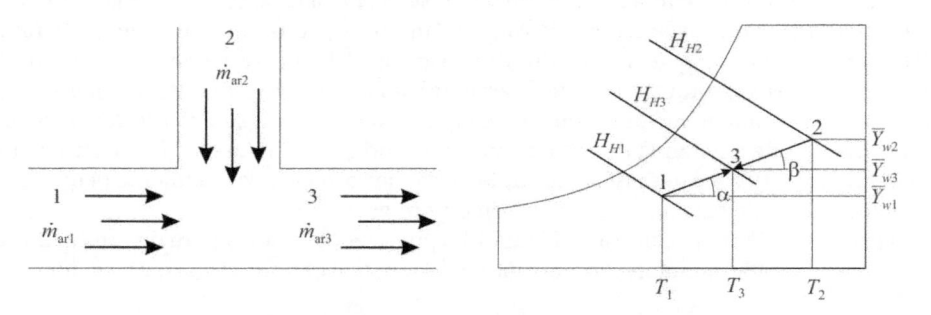

Figura 16.6 Representação da mistura de duas correntes de ar.

É possível demonstrar que o ponto que descreve as propriedades da mistura final (estado 3) se encontra em uma reta que também passa pelos pontos que correspondem aos estados das correntes originais (pontos 1 e 2), como indicado na Figura 16.6. Caso essa hipótese seja verdadeira os ângulos α e β indicados na figura devem ser iguais. A verificação pode ser feita da seguinte maneira:

$$\text{sen}(\alpha) = \frac{\overline{Y}_{w3} - \overline{Y}_{w1}}{H_{H3} - H_{H1}} \tag{16.21}$$

Substituindo as Equações 16.19 e 16.20 na 16.21:

$$\text{sen}(\alpha) = \frac{\overline{Y}_{w3} - \left\{\left[\overline{Y}_{w3}(\dot{m}_{ar1} + \dot{m}_{ar2}) - \overline{Y}_{w2}\dot{m}_{ar2}\right]\Big/\dot{m}_{ar1}\right\}}{H_{ar3} - \left\{\left[H_{H3}(\dot{m}_{ar1} + \dot{m}_{ar2}) - H_{H2}\dot{m}_{ar2}\right]\Big/\dot{m}_{ar1}\right\}} = \frac{\overline{Y}_{w2} - \overline{Y}_{w3}}{H_{H2} - H_{H3}} = \text{sen}(\beta) \tag{16.22}$$

A Equação 16.22 mostra que a hipótese considerada é verdadeira. Disso decorre que a localização do ponto 3 pode ser obtida pela relação entre os comprimentos das linhas que unem os pontos 1 e 3 (comprimento $\overline{13}$) e 2 e 3 (comprimento $\overline{23}$). A Equação 16.20 pode ser escrita como:

$$\dot{m}_{ar1}(\overline{Y}_{w3} - \overline{Y}_{w1}) = \dot{m}_{ar2}(\overline{Y}_{w2} - \overline{Y}_{w3}) \tag{16.23}$$

$$\dot{m}_{ar1}\text{sen}(\alpha)\overline{13} = \dot{m}_{ar2}\text{sen}(\alpha)\overline{23}$$

ou

$$\frac{\dot{m}_{ar1}}{\dot{m}_{ar2}} = \frac{\overline{23}}{\overline{13}} \tag{16.24}$$

Analogamente é possível demonstrar que:

$$\frac{\dot{m}_{ar1}}{\dot{m}_{ar1} + \dot{m}_{ar2}} = \frac{\overline{23}}{\overline{12}}$$ (16.25)

A seguir apresenta-se o Exemplo 16.1, indicando como obter e calcular propriedades do ar úmido a partir das temperaturas de bulbo seco e bulbo úmido.

EXEMPLO 16.1

Em um ambiente situado no nível do mar, isto é, onde a pressão barométrica é igual a 101,3 kPa, as temperaturas de bulbo seco e bulbo úmido registradas em psicrômetro são iguais a 32 °C e 26 °C, respectivamente. Determine a umidade relativa, umidade absoluta, o calor úmido, volume úmido e ponto de orvalho do ar contido nesse ambiente.

Solução

A umidade relativa, a umidade absoluta e o volume úmido podem ser obtidos diretamente na carta psicrométrica:

$$UR = 62\ \%$$

$$\overline{Y}_w = 0,019\ \text{kg água} \cdot \text{kg}^{-1}\ \text{ar seco}$$

$$\upsilon_H = 0,89\ \text{m}^3 \cdot \text{kg}^{-1}\ \text{ar seco}$$

O calor úmido é calculado pela Equação 16.5:

$$C_H = (1,005\ \text{kJ} \cdot \text{kg}^{-1}\ \text{ar seco} \cdot \text{K}^{-1}) + (1,88\ \text{kJ} \cdot \text{kg}^{-1}\ \text{água} \cdot \text{K}^{-1})(0,019\ \text{kg água} \cdot \text{kg}^{-1}\ \text{ar seco})$$

$$C_H = 1,041\ \text{kJ} \cdot \text{kg}^{-1}\ \text{ar seco} \cdot \text{K}^{-1}$$

O ponto de orvalho é obtido na carta psicrométrica, percorrendo a linha de umidade absoluta constante igual a $\overline{Y}_w = 0,019$ kg água $\cdot$ kg^{-1} ar seco até atingir a condição de saturação. Nesse ponto, faz-se a leitura da temperatura de bulbo seco correspondente, o que resulta em:

$$T_d = 24\ °\text{C}$$

Respostas: A umidade relativa é 62 %, a umidade absoluta é 0,019 kg água $\cdot$ kg^{-1} ar seco, o calor úmido é 1,041 kJ $\cdot$ kg^{-1} ar seco $\cdot$ K^{-1}, o volume úmido é 0,89 m^3 $\cdot$ kg^{-1} ar seco e o ponto de orvalho é 24 °C.

Os Exemplos 16.2 e 16.3 apresentam aplicações de cálculos psicrométricos a um secador e a uma torre de resfriamento, respectivamente.

EXEMPLO 16.2

Em uma unidade de produção de fatias de abacaxi desidratadas, um secador opera nas seguintes condições: 1200 m³ · h⁻¹ de ar ambiente, com temperatura média de 27 °C e umidade relativa em torno de 70 %, que é aquecido pela passagem através de um trocador de calor indireto, sem contato do fluido de aquecimento com o ar. Ao sair do aquecedor, o ar se encontra a 60 °C e é forçado a escoar sobre as bandejas que contêm as fatias de abacaxi. Finalmente, o ar de exaustão deixa o secador a 36 °C e com 55 % de umidade relativa. Calcule a taxa de transferência de calor no aquecedor e a massa de água perdida pelas fatias de abacaxi.

Solução

Utilizando a carta psicrométrica obtém-se a umidade e o volume úmido de ar nos diferentes estágios do processo (Tabela 16.2), lembrando que a umidade absoluta do ar após a passagem pelo aquecedor continua a mesma do ar ambiente. A entalpia pode ser calculada pela Equação 16.6, adotando $T_{ref} = 0$ °C.

A vazão mássica de ar seco que escoa pelo secador é calculada por:

$$\dot{m}_{ar} = \left(\frac{1200}{0,872}\frac{\text{m}^3 \cdot \text{h}^{-1}}{\text{m}^3 \cdot \text{kg}^{-1}\ \text{ar seco}}\right)\left(\frac{1}{3600\ \text{s} \cdot \text{h}^{-1}}\right) = 0,382\ \text{kg ar seco} \cdot \text{s}^{-1}$$

A taxa de transferência de calor no aquecedor é obtida pela Equação 16.17:

Tabela 16.2 Condições do ar nos diferentes estágios do processo correspondente ao Exemplo 16.2

	T [°C]	UR [%]	$\overline{Y}_w$ [kg água · kg⁻¹ ar seco]	H_H[kJ · kg⁻¹ ar seco]	υ_H[m³ · kg⁻¹ ar seco]
Ar ambiente	27	70	0,0157	67,2	0,872
Ar aquecido	60	12,5	0,0157	101,3	0,968
Ar de exaustão	36	55	0,0207	89,5	0,905

$$\dot{q} = 0,382 \text{ kg ar seco} \cdot \text{s}^{-1}(101,3 - 67,2) \text{ kJ} \cdot \text{kg}^{-1} \text{ ar seco} = 13,0 \text{ kW}$$

A massa de água perdida pelas fatias de abacaxi é incorporada ao ar, aumentando sua umidade. Seu valor corresponde a:

$$\dot{M}_w = 0,382 \text{ kg ar seco} \cdot \text{s}^{-1}(0,0207 - 0,0157) \text{ kg água} \cdot \text{kg}^{-1} \text{ ar seco} = 1,91 \times 10^{-3} \text{ kg água} \cdot \text{s}^{-1}$$

Respostas: A taxa de transferência de calor no aquecedor é igual a 13,0 kW e a massa de água perdida pelas fatias de abacaxi é igual a 1,91g água · s⁻¹.

EXEMPLO 16.3

Uma autoclave de esterilização de latas de extrato de tomate utiliza 220 m³ · h⁻¹ de água para resfriamento das latas após o tratamento térmico. Durante esse processo, a temperatura da água varia de 27 °C a 38 °C. Para que seja possível reciclar essa água, uma torre de resfriamento será utilizada para resfriá-la novamente, de 38 °C até 27 °C. A torre de resfriamento está instalada em uma região onde a temperatura média do ar é de 23 °C e sua umidade relativa é de 53 %. Considere que o ar na saída da torre esteja a aproximadamente 83 % de umidade relativa e sua temperatura seja 29,5 °C. Qual é a vazão de ar seco necessária para o resfriamento, considerando que o processo seja adiabático? Qual é a taxa de reposição de água necessária para manter a vazão constante na entrada da autoclave?

Solução

Da carta psicrométrica obtêm-se os valores de umidade absoluta do ar na entrada e na saída da torre (Tabela 16.3), enquanto a entalpia correspondente pode ser calculada pela Equação 16.6:

Tabela 16.3 Condições do ar nos diferentes estágios do processo correspondente ao Exemplo 16.3

	T [°C]	UR [%]	$\overline{Y}_w$ [kg água · kg⁻¹ ar seco]	H_H [kJ · kg⁻¹ ar seco]
Ar de entrada (1)	23	53	0,0093	46,78
Ar de saída (2)	29,5	83	0,0218	85,39

A vazão mássica de água é:

$$\dot{m}_w = (220 \text{ m}^3 \cdot \text{h}^{-1})(1000 \text{ kg água} \cdot \text{m}^{-3})\left(\frac{1}{3600 \text{ s} \cdot \text{h}^{-1}}\right) = 61,1 \text{ kg água} \cdot \text{s}^{-1}$$

Considerando o processo adiabático e, inicialmente admitindo como muito pequena a massa de água evaporada, o balanço de energia é escrito como:

$$\dot{m}_{ar}H_{H1} + \dot{m}_w C_{pw}(T_1 - T_{ref}) = \dot{m}_{ar}H_{H2} + \dot{m}_w C_{pw}(T_2 - T_{ref})$$

em que T_{ref} é uma temperatura de referência. A vazão de ar seco é:

$$\dot{m}_{ar} = \frac{(61,1 \text{ kg água} \cdot \text{s}^{-1})(4,187 \text{ kJ} \cdot \text{kg}^{-1} \text{ água} \cdot \text{K}^{-1})(38\,°\text{C} - 27\,°\text{C})}{(85,39 - 46,78) \text{ kJ} \cdot \text{kg}^{-1} \text{ ar seco}} = 72,9 \text{ kg ar seco} \cdot \text{s}^{-1}$$

A massa de água a ser reposta corresponde à água evaporada, e é dada por:

$$\dot{M}_w = \dot{m}_{ar}(\overline{Y}_{w2} - \overline{Y}_{w1}) = (72,9 \text{ kg ar seco} \cdot \text{s}^{-1})(0,0218 - 0,0093) \text{ kg água} \cdot \text{kg}^{-1} \text{ ar seco}$$

$$\dot{M}_w = 0,91 \text{ kg água} \cdot \text{s}^{-1}$$

Em termos de vazão volumétrica, será necessário repor 3,28 m$^3 \cdot$ h^{-1}, ou seja, 1,5 % da água resfriada, o que torna razoável a aproximação de desconsiderar a parcela associada à evaporação de água no balanço de energia.

Respostas: A vazão de ar seco necessária para o resfriamento é 72,9 kg ar seco $\cdot$ s^{-1} e a taxa de reposição de água necessária é de 0,91 kg água $\cdot$ s^{-1}.

16.2 CLASSIFICAÇÃO E TIPOS DE SECADORES

Existem diferentes critérios de classificação dos equipamentos de secagem, incluindo o método de aquecimento utilizado (direto ou indireto), se operam a vácuo ou a pressão atmosférica, ou ainda quanto às características do fluxo de carga ou descarga (contínuos ou em batelada).

Nos secadores diretos, como os secadores de bandejas, túnel ou esteira, entre outros, o material a ser seco é exposto diretamente ao ar quente, o que traz como vantagens o fato de que, em geral, os equipamentos são mais simples e baratos e existe menor possibilidade de danos causados ao produto em razão de seu superaquecimento. Por outro lado, a eficiência térmica dos secadores diretos é menor.

Nos secadores indiretos, o calor para a secagem é transmitido ao sólido úmido por uma superfície metálica aquecida, como no secador de tambor. Nesse caso, apesar da maior eficiência térmica do processo, existe risco de superaquecimento do produto em contato direto com a superfície aquecida. Secadores nos quais o aquecimento é feito por micro-ondas ou por radiação por infravermelho também são considerados indiretos.

16.2.1 Secadores contínuos e em batelada

Os secadores em batelada operam de modo descontínuo, isto é, a secagem é feita separando o material em lotes que serão processados individualmente. O secador é carregado com um lote, o qual será seco até atingir a umidade final desejada. Um novo lote de material só será introduzido no secador após a descarga completa do lote processado anteriormente. Equipamentos que operam em batelada têm menor custo, pois exigem menor grau de automação do processo, além de oferecer maior flexibilidade de uso, uma vez que o mesmo equipamento pode ser empregado na secagem de diferentes produtos, como diversos tipos de frutas.

Nos secadores que operam de modo contínuo, o material úmido é continuamente alimentado ao equipamento, enquanto material já seco é continuamente produzido. O secador tem mecanismos para o transporte do material alimentado em direção à saída, a uma velocidade tal que o tempo de permanência dele em seu interior seja suficiente para a secagem até a umidade final desejada. A operação adequada dos secadores contínuos depende de um maior grau de automação e, em geral, são projetados para uma aplicação mais restrita. Por outro lado, apresentam menor custo de operação e facilitam a integração da operação de secagem com as demais etapas do processo.

Nos secadores contínuos, os fluxos do ar de secagem e do material a ser seco podem ocorrer de forma paralela, em concorrente ou em contracorrente, ou ainda de forma cruzada. Cada um desses arranjos apresenta vantagens e desvantagens, como indicado na Tabela 16.4.

16.2.2 Secadores adiabáticos e não adiabáticos

Nos secadores nos quais o aquecimento e o arraste da umidade do produto é efetuado pelo uso de ar quente, pode-se fazer uso de uma hipótese simplificadora, que consiste em assumir que o secador opera de modo adiabático e que a transferência de calor do ar quente para o material úmido ocorre apenas por convecção. O calor eventualmente transferido por condução ou radiação é desconsiderado. A hipótese de operação adiabática implica que a transferência de calor ocorra apenas entre o ar quente e o material úmido. Dessa maneira, durante sua passagem pelo secador, o ar percorre um processo de umidificação adiabática, como o descrito na Seção 16.1.3.3. O ar, que inicialmente tem alta temperatura e baixa umidade absoluta, transfere calor sensível para o material úmido. Essa energia é convertida em calor latente para vaporização da água. Como o vapor de água gerado é incorporado ao ar, este tem sua umidade aumentada, ao mesmo tempo em que é resfriado. Assim, o ar percorre uma curva de saturação adiabática e o material úmido atinge a temperatura de saturação adiabática — igual à temperatura de bulbo úmido do ar de secagem (T_{bu}) — que permanece constante durante toda a secagem.

Essa última condição implica que o aquecimento do material a temperaturas superiores a T_{bu} só acontece depois de atingida a umidade final do produto, o que nem sempre acontece na realidade, principalmente na secagem de materiais sólidos não granulares. No entanto, a adoção da hipótese de secador adiabático é muito útil para simplificar os balanços de massa e energia necessários aos cálculos do tempo de secagem em secadores contínuos, como veremos mais adiante neste capítulo.

Tabela 16.4 Vantagens e limitações dos diferentes tipos de fluxos em secadores contínuos

FLUXO	VANTAGENS	DESVANTAGENS
Concorrente	Secagem inicial rápida. Menor risco de danos a produtos sensíveis ao calor.	Dificuldade de remoção da umidade final do produto.
Contracorrente	Maior eficiência energética. Facilidade de remoção da umidade final.	Risco de danos a produtos sensíveis ao calor. Risco de deterioração do produto durante a secagem, pois o ar morno e úmido entra em contato com o sólido com maior umidade.
Cruzado	Flexibilidade de controle da secagem em razão da separação de zonas de aquecimento, levando à secagem rápida e uniforme.	Maior complexidade e maiores custos fixos e operacionais.

16.2.3 Descrição dos principais tipos de secadores: bandejas, túnel, esteira, leito fluidizado e variantes, pneumático, rotatório, tambor, atomização

i) *Secadores de bandejas*

O secador de bandejas (Figura 16.7) é o tipo mais simples de secador e consiste em uma câmara ou gabinete com várias bandejas sobrepostas, perfuradas ou não, nas quais se deposita uma camada de sólido a ser seco (Figura 16.8). O ar, soprado por um ventilador, é forçado a escoar através de um sistema de aquecimento e, em seguida, através das bandejas, em fluxo paralelo (escoando ao longo do canal formado pelas bandejas inferior e superior) ou cruzado (atravessando as bandejas). O sistema de aquecimento pode ser um feixe de resistências elétricas, um feixe tubular por onde escoa vapor de água, ou com base na queima de gás liquefeito de petróleo (GLP). A profundidade das camadas de produto sobre as bandejas pode variar na faixa de 0,02 m a 0,10 m e a temperatura do ar deve estar em torno de 60 °C a 70 °C para a secagem de produtos alimentícios, os quais geralmente são sensíveis ao calor.

Por causa de sua construção simples, o secador de bandejas tem baixo custo, além de oferecer grande flexibilidade de operação. O mesmo equipamento pode ser utilizado para a secagem de vários produtos, com apenas alguns ajustes nas condições de operação. Por exemplo, o mesmo secador pode ser utilizado para a secagem de diferentes frutas, legumes ou ervas aromáticas ou medicinais. Por outro lado, é muito difícil conseguir condições uniformes de secagem em todos os pontos do secador, uma vez que, na medida em que o ar escoa sobre as bandejas, este tem sua umidade e temperaturas alteradas. Assim, o produto mais próximo da alimentação do ar de secagem será seco mais rapidamente do que aquele situado próximo à saída. É, portanto, necessário proceder à troca de posição das bandejas durante o processo, ou retirar o produto do secador em lotes, após tempos de secagem diferentes, de acordo com sua posição no interior do mesmo. Tais limitações demandam aumento da mão de obra envolvida no processo, fazendo do secador de bandejas um equipamento usado para operações em pequena escala.

Para aumentar a eficiência térmica de um secador de bandejas, é possível estabelecer a recirculação parcial do ar de secagem, como mostra a Figura 16.7.

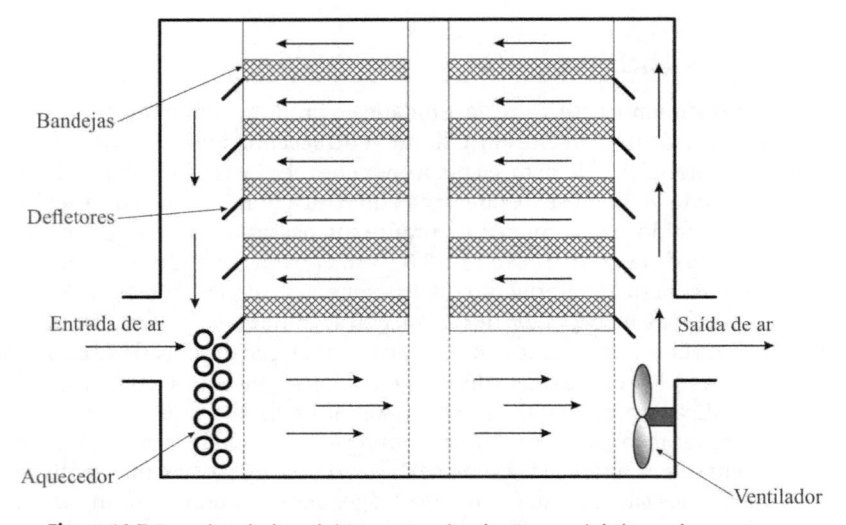

Figura 16.7 Secador de bandejas com recirculação parcial do ar de secagem.

Figura 16.8 Disposição do produto em um secador de bandejas.

ii) *Secadores de túnel e de esteira*

Os secadores de túnel foram criados a partir da modificação dos secadores de bandejas para operação em modo contínuo. Nesse tipo de equipamento, as bandejas são instaladas sobre estantes adaptadas a um sistema de movimentação mecânico (vagonetes) que permite seu deslocamento contínuo ao longo de um túnel onde escoa o ar de secagem (Figuras 16.9 e 16.10). O fluxo de ar pode ser em paralelo ou em contracorrente com o material a ser seco.

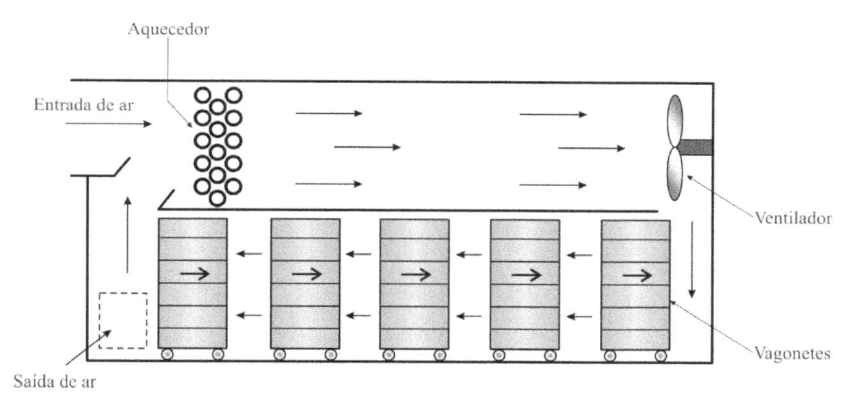

Figura 16.9 Esquema de um secador de túnel com fluxo de ar em contracorrente.

Figura 16.10 Secador de túnel industrial (cortesia da Aeroglide Corporation).

Os secadores de esteira (Figuras 16.11 e 16.12) são variantes dos secadores de túnel, sendo o produto depositado sobre uma esteira transportadora instalada no interior de uma câmara de secagem. A esteira pode ser confeccionada em tela, com malha de abertura adequada à granulometria do material a ser seco. Desse modo, o fluxo de ar pode ocorrer em paralelo, em contracorrente, ou transversalmente ao leito de sólidos depositado sobre a esteira. No caso de fluxo de ar transversal à esteira, pode ser conveniente que o ar escoe de baixo para cima na seção do secador onde o material se encontre mais úmido, sendo invertido na seção seguinte, isto é, onde o material já esteja parcialmente seco, de modo a evitar que a baixa densidade do produto seco provoque seu arraste pelo ar de secagem.

Os secadores de esteira podem ser projetados para operação em temperatura constante ou com zonas de temperaturas diferentes, permitindo o controle preciso das condições de secagem. Podem-se encontrar secadores de esteiras com largura em torno de 2 m e comprimento variando de 4 m a 50 m. Na indústria de alimentos esse tipo de secador é utilizado em linhas de processamento contínuo de massas alimentícias, gelatina, arroz parboilizado, erva-mate, entre outros.

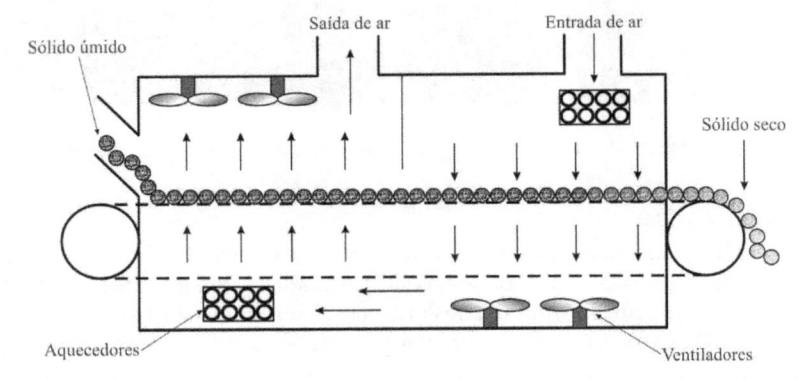

Figura 16.11 Esquema de um secador de esteira com fluxo de ar transversal.

Figura 16.12 Secador de esteira usado na secagem de batatas (cortesia da Aeroglide Corporation).

Os secadores de túnel ou de esteira são adequados para a secagem de grandes quantidades de material em períodos relativamente curtos. Por exemplo, frutas e vegetais podem ser secos em períodos de 2 h a 3,5 h, com taxas de produção em torno de $1,5 \text{ kg} \cdot \text{s}^{-1}$.

iii) *Secadores de leito fluidizado e variantes*

A denominação "leito fluidizado" está associada ao processo de fluidização, no qual um leito de material particulado, submetido a determinadas condições de operação, passa a exibir um comportamento de fluido como resultado do escoamento de um líquido ou gás através das partículas. No caso da secagem em leito fluidizado, utiliza-se o próprio ar de secagem para fluidizar as partículas do material a ser seco.

A ocorrência da fluidização exige que o ar seja soprado a uma *velocidade mínima de fluidização*, suficiente para manter as partículas do leito suspensas na fase gasosa, com máxima porosidade e máxima queda de pressão (Seção 6.3.2 do Capítulo 6 do Volume 1).

Os secadores de leito fluidizado apresentam, como principais vantagens, uma grande eficiência em razão da alta mobilidade e intensa mistura das partículas, o que resulta em altas taxas de transferência de calor e massa, além da uniformidade de temperatura no leito. Além disso, consistem de equipamentos compactos, de construção simples e de custo relativamente baixo; a ausência de partes móveis, exceto ventilador e mecanismos de carga e descarga do sólido, exige baixa manutenção.

A Figura 16.13 apresenta um secador de leito fluidizado no qual a secção do leito é circular. Leitos circulares usualmente apresentam maior profundidade (0,5 m a 2,0 m). Por outro lado, também existem secadores de leito fluidizado retangulares, nos quais a profundidade máxima do leito é de 0,2 m. Um secador de leito fluidizado retangular, usado na produção de *snacks* expandidos, é apresentado na Figura 16.14.

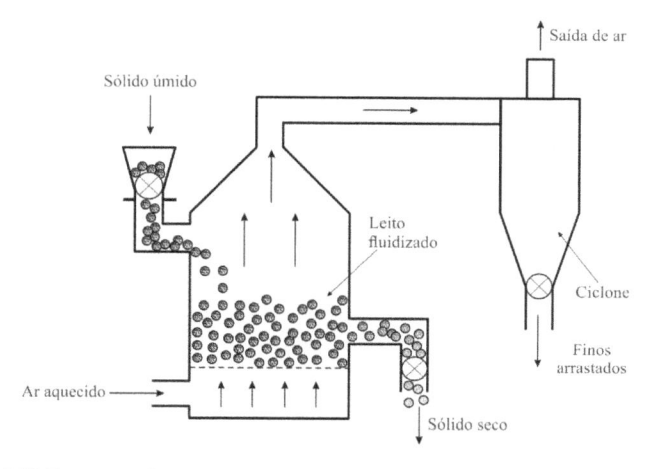

Figura 16.13 Esquema de um secador de leito fluidizado com leito circular.

Figura 16.14 Secador de leito fluidizado para produção de *snacks* expandidos com estágio de resfriamento (cortesia da Aeroglide Corporation).

Secadores de leito fluidizado podem operar de modo contínuo ou em batelada e são adequados para secagem de grãos ou vegetais cortados em pequenos pedaços, coco ralado, queijo parmesão ralado e outros materiais particulados. Podem, ainda, ser aplicados na secagem de líquidos ou pastas. Nesse caso, o leito deve ser preenchido com partículas inertes (esferas de teflon, por exemplo), as quais servirão de suporte para a formação de uma fina camada do material úmido aspergido sobre as mesmas. Ao secar, a película de produto se torna frágil e quebradiça, desprendendo-se das partículas por causa das colisões entre elas. O material na forma de pó é então arrastado pela corrente de ar e separado por um ciclone conectado ao secador. Um secador de leito fluidizado pode ainda ser utilizado em combinação com outros métodos de secagem, como, por exemplo, na instantaneização de produtos em pó obtidos na secagem por atomização (*spray drying*, Seção 16.6). Nesse caso, o leito fluidizado é instalado na saída do secador por atomização, de modo que o pó produzido sofra um processo de aglomeração, resultando em partículas porosas e de maior solubilidade, sendo esse processo geralmente utilizado na secagem de café solúvel e derivados do leite.

As variantes do leito fluidizado incluem o leito de jorro e o leito vibrofluidizado. O leito de jorro é constituído por uma câmara de secagem cilíndrica, conectada a uma base cônica que apresenta um pequeno orifício em sua extremidade inferior pelo qual é alimentado o ar de secagem. O ar, ao ser introduzido no leito de partículas sólidas, provoca a aceleração ascendente das mesmas, formando um canal central menos denso, no qual as partículas apresentam velocidade elevada, formando a região do jorro. Ao redor desse canal central, forma-se um leito mais denso de partículas com movimento descendente, traçando uma trajetória parabólica em relação à região central do equipamento.

Os secadores de leito de jorro com partículas inertes têm sido bastante estudados como alternativa para secagem de pastas e suspensões, incluindo polpas de frutas, suspensões de leveduras, leite, extratos farmacológicos, entre outros. O interesse nesse tipo de equipamento é a possibilidade de substituir a secagem por atomização a um custo significativamente inferior.

O leito vibrofluidizado surgiu do interesse na aplicação de movimentos vibratórios para intensificar a transferência de quantidade de movimento, calor e massa em diversos tipos de operações, incluindo a secagem de materiais granulares.

A configuração mais popular dos secadores de leito vibrofluidizado é aquela em que o fundo do secador é perfurado e o vetor de vibração é ligeiramente inclinado para promover o transporte dos sólidos. O uso de molas adequadas possibilita menor consumo energético e a vibração causa uma redução na velocidade mínima de fluidização necessária para o ar de secagem, o que também reduz a capacidade do sistema de ventilação a ser instalado.

Os secadores de leito vibrofluidizado têm aplicação na secagem de materiais pastosos, granulares e pós, como por exemplo: sal comum, pastas antibióticas, grânulos farmacêuticos, açúcar, entre outros.

iv) *Secadores pneumáticos*

A diferença básica entre um secador de leito fluidizado e um secador pneumático é que, no primeiro, a velocidade do ar é suficiente apenas para manter os sólidos em suspensão, como se estivessem levitando sobre o leito, enquanto, no segundo, o fluxo de ar é estabelecido de modo a provocar o arraste dos sólidos, os quais são secos ao mesmo tempo em que são transportados pelo duto de secagem. Ao final da operação, os sólidos são separados da corrente de ar por um ciclone (Figura 16.15).

Esse tipo de secador é adequado para remover a umidade livre de sólidos porosos, ou nos quais a resistência interna à difusão da água seja baixa, com a secagem ocorrendo em questão de segundos, motivo pelo qual o secador pneumático é também denominado *flash dryer* em inglês. Costuma ser aplicado para a remoção da umidade livre de sólidos previamente separados por filtração ou centrifugação.

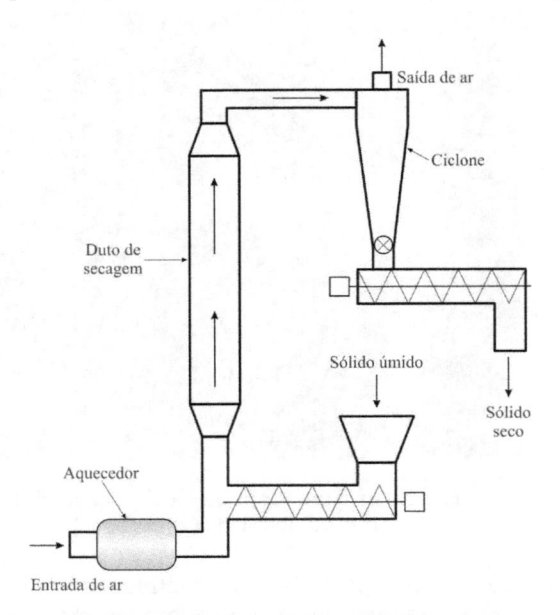

Figura 16.15 Esquema de um secador pneumático.

v) *Secadores rotatórios*

Trata-se de secadores de operação contínua, adequados para materiais particulados difíceis de serem retidos em uma esteira ou cujas partículas tendem a aglomerar-se de maneira indesejável.

São equipamentos cilíndricos, montados de maneira ligeiramente inclinada e acoplados a motores que lhes imprimem um lento movimento giratório sobre seu próprio eixo (Figura 16.16). Seu interior é oco e provido de defletores responsáveis pela movimentação das partículas em forma de cascata. O aquecimento pode ser direto, pelo escoamento de ar aquecido ou gases quentes em contracorrente, ou indireto, por tubos internos instalados longitudinalmente, por onde escoa vapor de água ou, ainda, através de uma camisa de vapor na superfície cilíndrica. As partículas úmidas são alimentadas na parte mais alta do cilindro rotatório e avançam gradualmente, percorrendo uma trajetória em espiral em direção à saída, sendo constantemente elevadas e derrubadas na corrente de ar pelos defletores internos.

O movimento constante das partículas faz com que todas as suas faces sejam expostas ao ar de secagem e é responsável pelos altos coeficientes de transferência de calor e massa, bem como pela quebra de eventuais aglomerados de partículas.

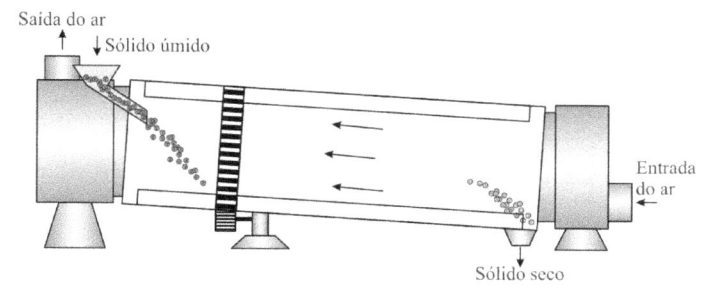

Figura 16.16 Esquema de um secador rotatório.

Os secadores rotatórios são construídos em diâmetros de (0,75 a 3,5) m e comprimentos de até 25 m, sendo muito eficientes e adequados à secagem de produtos com baixo valor agregado, como *pellets* de bagaço de laranja, amendoim com casca, proteína de soja, açúcar, sal, ração para animais, tabaco, grãos utilizados em cervejarias, gengibre e raízes em geral, castanhas de caju e outras castanhas etc.

Nas Figuras 16.17 e 16.18, podem ser observados os defletores no interior de um secador rotatório e o equipamento sendo utilizado para secar tabaco, respectivamente.

Figura 16.17 Vista do interior de um secador rotatório (cortesia de Aeroglide Corporation).

Figura 16.18 Secador rotatório utilizado na secagem de tabaco (cortesia de Aeroglide Corporation).

vi) *Secadores de tambor*

Os secadores de tambor são secadores indiretos, apropriados para a secagem de pastas. São constituídos de um ou mais cilindros metálicos ocos (tambores), com circulação de vapor de água em seu interior. A pasta a ser seca é aplicada formando uma camada fina em contato direto com a superfície externa do tambor. O calor transmitido para o produto por condução, através da parede metálica, provoca a secagem. Os tambores têm um mecanismo que lhes imprime um movimento giratório lento, a uma velocidade de rotação entre 1 rpm e 10 rpm, de modo que a secagem do material ocorra no intervalo de tempo necessário para que o tambor complete o giro desde o ponto da alimentação do material úmido até a retirada do material seco, a qual é efetuada por um sistema de lâminas raspadoras, como mostra a Figura 16.19. Os secadores de tambor também podem operar a vácuo, desde que sejam instalados no interior de uma câmara hermeticamente fechada.

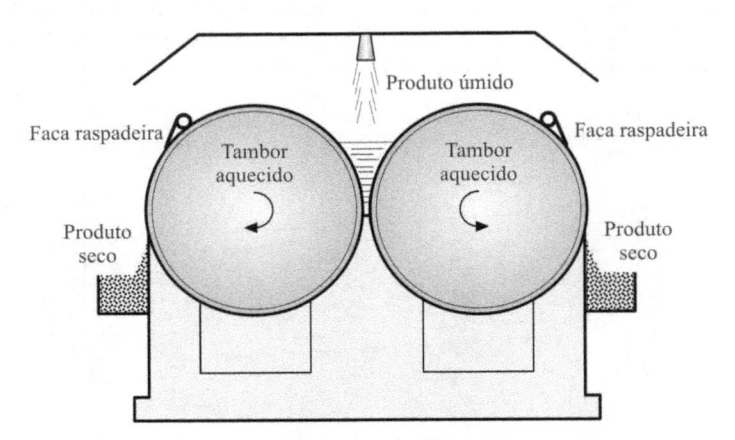

Figura 16.19 Esquema de um secador de tambor duplo.

Os tambores apresentam diâmetros de 0,6 m a 3 m, com comprimentos variando de 0,6 m a 4 m. A velocidade de rotação, a espessura da camada de material e a temperatura da superfície do tambor devem ser ajustadas para que o produto esteja seco ao alcançar a faca raspadeira. A espessura da camada de produto depende das propriedades da pasta, principalmente de sua viscosidade e tensão superficial, além do espaçamento entre os tambores, no caso de secador de tambor duplo. As taxas de secagem são altas e apresentam boa eficiência térmica.

Os maiores problemas encontrados na secagem em tambor são o risco de superaquecimento do produto em contato direto com a superfície, o que pode ocorrer por eventuais falhas no controle da operação, além da dificuldade de formação de uma camada uniforme sobre a superfície, no caso de alguns produtos.

Esse tipo de equipamento de secagem pode ser encontrado na produção de purês de frutas desidratados em flocos, farinha láctea, flocos de cereais pré-cozidos, purê de tomate em flocos, purê de batata em flocos etc. São inadequados para secagem de suspensões que contenham partículas cristalinas relativamente grandes em razão da possibilidade de abrasão da superfície do tambor.

vii) *Secadores de grãos em batelada*

Existem inúmeros sistemas de secagem e resfriamento de grãos em bateladas. Em alguns sistemas as operações são realizadas no próprio silo de armazenamento, sem movimentar o lote, e em outros sistemas há a recirculação ou agitação da batelada de grãos. Há também a secagem em camadas. Um exemplo é um silo dotado de uma superfície perfurada sob o teto do mesmo, onde camadas sequenciais de grãos são secas em camada fina e descarregadas no próprio silo, onde são resfriadas.

viii) *Secadores de leito móvel*

Um exemplo de leito móvel é dado por um tipo de secador comercial muito utilizado para grãos, que é um secador contínuo do tipo coluna com fluxo cruzado, também chamado de secador em cascata. Adequado para sólidos particulados que fluem livremente e que são pouco pulverulentos, por exemplo, grãos de café, soja, milho, trigo, cevada e arroz. A maior parte desse tipo de secadores encontrada no mercado tem o fluxo de ar perpendicular ao fluxo de grãos, que são alimentados no topo e escoam através de colunas retangulares construídas em telas de arame. A velocidade de escoamento é controlada pela alimentação e o fluxo de ar incide perpendicularmente às colunas. Esses secadores são construídos para diversas capacidades, desde pequenos, em torno de $(10 \text{ a } 15) \text{ t} \cdot \text{h}^{-1}$, até grande porte (podendo chegar a $250 \text{ t} \cdot \text{h}^{-1}$).

16.3 RELAÇÕES DE EQUILÍBRIO E ISOTERMAS DE SORÇÃO

Na preservação de alimentos a forma como a água interage com os componentes do alimento é mais importante que o conteúdo de água. O termo que descreve o estado da água nos alimentos é denominado *atividade de água* e indica sua disponibilidade para participar de reações químicas e bioquímicas, assim como para permitir germinação de esporos e crescimento de micro-organismos.

A atividade de água também determina o potencial para a transferência de água do alimento para o ambiente ao qual ele está exposto ou vice-versa. O conhecimento desse potencial de transferência de matéria é fundamental no projeto de processos de secagem e na seleção de embalagens.

Para introduzir o conceito de atividade de água, devem-se inicialmente introduzir os conceitos de *potencial químico* e *equilíbrio de fases*.

16.3.1 Potencial químico, equilíbrio de fases e atividade

A força motriz para a ocorrência de determinado fenômeno origina-se da combinação da entalpia, que representa a energia total viável para realizar trabalho, com a entropia, que, em dada temperatura, produz perda de trabalho (energia indisponível). A diferença entre a entalpia $(\underline{H})$ e o termo de entropia $(T\underline{S})$ é a energia viável para realização de trabalho, representada pela energia de Gibbs, para um sistema ideal, segundo a equação:

$$\underline{G} = \underline{H} - T\underline{S} = \underline{U} + PV - T\underline{S} \tag{16.26}$$

em que $\underline{G}$ é a energia de Gibbs [J]; $\underline{H}$ é a entalpia [J]; $\underline{S}$ é a entropia [J · K^{-1}]; $\underline{U}$ é a energia interna [J]; T é a temperatura absoluta [K]; P é a pressão [Pa] e V é o volume [m³].

A forma diferencial da Equação 16.26 para um sistema fechado, isto é, de massa constante, é dada por:

$$d\underline{G} = d\underline{U} + PdV + VdP - Td\underline{S} - \underline{S}dT = VdP - \underline{S}dT \tag{16.27}$$

Na simplificação da Equação 16.27 foi considerado o fato de que em uma mudança de estado reversível em um sistema fechado, sem o envolvimento de trabalho de eixo, isto é, envolvendo apenas trabalho de compressão ou expansão, a variação da energia interna é dada por $d\underline{U} = Td\underline{S} - PdV$.

Nas mudanças de estado de sistemas abertos, de composição variável, a energia de Gibbs dependerá, além da temperatura e da pressão, da composição do sistema, isto é:

$$\underline{G} = \underline{G}(P, T, n_i) \tag{16.28}$$

em que n_i representa a quantidade de matéria de cada componente i presente no sistema [mol].

A Equação 16.28 pode ser expressa na forma diferencial para um sistema multicomponente, como uma função de T, P e n_i segundo:

$$d\underline{G} = \left(\frac{\partial \underline{G}}{\partial P}\right)_{T,n_i} dP + \left(\frac{\partial \underline{G}}{\partial T}\right)_{P,n_i} dT + \sum_i \left(\frac{\partial \underline{G}}{\partial n_i}\right)_{T,P,n_{j\neq i}} dn_i \tag{16.29}$$

em que $(\partial \underline{G}/\partial n_i)_{T,P,n_{j\neq i}}$ é a energia de Gibbs parcial molar, também chamada de potencial químico do componente i ($\overline{G}_i$), isto é:

$$\mu_i = \overline{G}_i = \left(\frac{\partial \underline{G}}{\partial n_i}\right)_{T,P,n_{j\neq i}} \tag{16.30}$$

em que μ_i é o potencial químico do componente i [J · mol^{-1}].

O potencial químico representa a variação da energia de Gibbs do sistema correspondente a uma variação infinitesimal da quantidade de matéria do componente i, quando a temperatura, a pressão e a quantidade de matéria dos outros componentes j ($j \neq i$) são mantidas constantes.

A partir das Equações 16.27, 16.29 e 16.30 obtém-se a expressão para a diferencial $d\underline{G}$, para uma mudança de estado reversível:

$$d\underline{G} = VdP - \underline{S}dT + \sum_i \mu_i dn_i \tag{16.31}$$

Para sistemas com composição constante, como substâncias puras ou sistemas em que nenhuma reação química ocorre ($dn_i = 0$), a Equação 16.31 se reduz à Equação 16.27, isto é, $d\underline{G} = VdP - \underline{S}dT$.

Independentemente de o sistema ser simples, com uma única substância e com somente duas fases, ou complexo, com diversas substâncias e fases, a condição necessária e suficiente de equilíbrio é dada pela igualdade dos potenciais químicos de cada componente:

$$\mu_i^I = \mu_i^{II} = \mu_i^{III} = \dots \tag{16.32}$$

em que os subscritos se referem ao componente i e os sobrescritos se referem às fases *I, II, III*, e assim por diante.

O potencial químico é a força motriz na transferência de matéria a partir de uma fase para outra e proporciona um critério básico para o equilíbrio de fases. Apesar de extremamente útil, o potencial químico não pode ser medido diretamente e é preciso relacioná-lo com a composição de cada fase.

Se a Equação 16.30 for diferenciada com respeito a P, com a temperatura do sistema mantida constante ($dT = 0$), então:

$$\left(\frac{\partial \mu_i}{\partial P}\right)_T = \frac{\partial}{\partial P}\left(\frac{\partial G}{\partial n_i}\right)_{T,P,n_{j\neq i}} = \frac{\partial}{\partial n_i}\left(\frac{\partial G}{\partial P}\right)_{T,n_{j\neq i}} = \left(\frac{\partial V}{\partial n_i}\right)_{T,P,n_{j\neq i}} = \overline{V}_i \tag{16.33}$$

em que $\overline{V}_i$ é o volume parcial molar do componente i [$m^3 \cdot mol^{-1}$].

A Equação 16.33 pode ser escrita de forma alternativa, como:

$$d\mu_i = \overline{V}_i dP \quad \text{(a } T \text{ constante)} \tag{16.34}$$

Para o caso particular em que a fase vapor se comporta como um gás ideal, isto é, onde a pressão tende a zero e não existem interações entre as moléculas do sistema, o volume parcial molar do componente i é igual ao volume molar do composto i puro, isto é, $\overline{V}_i = \tilde{V}_i$. Além disso, o volume molar do composto i no estado de gás ideal é expresso por $P\tilde{V}_i = RT$. Assim, a Equação 16.34 torna-se:

$$d\mu_i = RT\frac{dP}{P} \tag{16.35}$$

Para a integração de Equação 16.35, como não se conhece o valor absoluto do potencial químico, toma-se um estado de referência ou um estado-padrão, com temperatura, pressão e composição definidas, isto é:

$$\mu_i = \mu_i^0 + RT \ln\frac{P}{P^0} \tag{16.36}$$

em que μ_i^0 é o potencial químico no estado-padrão, isto é, é o potencial químico na pressão de referência, P^0, e na mesma temperatura que o sistema considerado.

Uma vez que o potencial químico representa a contribuição do componente i para a energia de Gibbs da mistura, é conveniente multiplicar o numerador e o denominador no argumento do logaritmo da Equação 16.36 pela fração molar de i na mistura gasosa. Lembrando que a pressão parcial de i é dada por $p_i = y_i P$, então:

$$\mu_i = \mu_i^0 + RT \ln\frac{p_i}{p_i^0} \tag{16.37}$$

em que p_i^0 é a pressão parcial do componente i na condição de referência [Pa].

A forma da Equação 16.37 revela alguns problemas matemáticos associados ao potencial químico em dois limites muito importantes: (i) quando a fração molar do componente i tende a zero, isto é, em diluição infinita ($y_i \to 0$), e (ii) quando a pressão tende a zero ($P \to 0$). Em ambos os casos, a pressão parcial tende a zero e o potencial químico tende a menos infinito. Para contornar essa inconveniência matemática, o físico-químico norte-americano Gilbert Newton Lewis propôs a definição de uma nova propriedade termodinâmica: a *fugacidade* ($\hat{f}_i$), a qual tem unidades de pressão e é válida em toda a faixa de pressões, inclusive para gases reais.

A definição de fugacidade é feita por uma equação análoga à Equação 16.37:

$$\mu_i = \mu_i^0 + RT \ln\frac{\hat{f}_i}{\hat{f}_i^0} \tag{16.38}$$

em que $\hat{f}_i$ é a fugacidade do componente i na mistura [Pa] e $\hat{f}_i^0$ a fugacidade no estado de referência [Pa]. A definição de fugacidade corrige a Equação 16.37 para todos os valores de pressão. Além disso, a fugacidade não se restringe à fase gasosa. Ela também se aplica a líquidos e sólidos.

É preciso lembrar que tanto μ_i^0 quanto $\hat{f}_i^0$ devem ser selecionados em um mesmo estado de referência. Para atender a esse requisito, a definição de fugacidade é completada pela condição de que quando a pressão tende a zero ($P \to 0$), todos os gases se comportam como gases ideais e a fugacidade torna-se idêntica à pressão parcial. Matematicamente, essa condição é representada por:

$$\lim_{P \to 0}\left(\frac{\hat{f}_i}{p_i}\right) = 1 \tag{16.39}$$

Medidas de pressão e concentração do gás permitem substituir a pressão parcial pela fugacidade, corrigindo os desvios da idealidade que, por conveniência, são expressos por um coeficiente de fugacidade $\hat{\phi}_i$, definido como:

$$\hat{\phi}_i = \frac{\hat{f}_i}{p_i} \tag{16.40}$$

O coeficiente de fugacidade representa uma grandeza adimensional que compara a fugacidade do componente i com a pressão parcial que ele exerceria caso o sistema apresentasse comportamento de gás ideal. Comparando as Equações 16.39 e 16.40, conclui-se que para gases ideais $\hat{\phi}_i = 1$.

O critério de equilíbrio em termos da igualdade dos potenciais químicos dado pela Equação 16.32 pode também ser escrito em termos da igualdade das fugacidades. Para um sistema constituído das fases líquido e vapor em equilíbrio, a substituição da Equação 16.38 na 16.32, lembrando que os estados de referência dependem apenas da temperatura (que é a mesma para as fases em equilíbrio), resulta em:

$$\hat{f}_i^L = \hat{f}_i^V \tag{16.41}$$

A fugacidade na fase vapor pode ser relacionada com a pressão parcial por meio da Equação 16.40. Por outro lado, precisamos expressar a fugacidade na fase líquida em termos da composição do sistema.

Para os líquidos, o estado de referência mais adequado é a solução ideal, isto é, uma solução onde todas as interações intermoleculares são iguais. Essa condição é alcançada nos extremos de composição das misturas, isto é, quando a fração molar do componente i tende a 1 ou tende a zero. Para soluções reais, a não idealidade é expressa por meio do coeficiente de atividade (γ_i), definido como a razão entre a fugacidade do componente i em uma mistura líquida real e a fugacidade em uma solução ideal $(\hat{f}_i^{\text{ideal}})$, na mesma composição e na mesma temperatura e pressão:

$$\gamma_i = \frac{\hat{f}_i^L}{\hat{f}_i^{\text{ideal}}} = \frac{\hat{f}_i^L}{x_i f_i^0} \tag{16.42}$$

em que γ_i é o coeficiente de atividade [adimensional]; x_i é a fração molar do componente i na fase líquida [mol $\cdot$ mol^{-1}] e f_i^0 é a fugacidade do composto i puro no estado de referência, na mesma temperatura do sistema [Pa]. Da Equação 16.42 decorre que, quando a mistura real se comporta como uma solução ideal, o coeficiente de atividade é igual a 1.

A razão entre a fugacidade do componente i na mistura e a fugacidade do composto i puro no estado de referência, ambas tomadas à mesma temperatura, constitui a definição de atividade do componente i, a_i, na mistura:

$$a_i = \frac{\hat{f}_i^L}{f_i^0} \tag{16.43}$$

Então a substituição da Equação 16.43 na 16.42 fornece:

$$a_i = \gamma_i x_i \tag{16.44}$$

e, no caso de uma solução ideal, $\gamma_i = 1$ e a atividade do componente i na mistura será igual à sua fração molar.

A fugacidade do composto i no estado de referência (f_i^0) é a fugacidade de um líquido puro contendo somente moléculas do componente i na temperatura e pressão do sistema. De acordo com a discussão apresentada no Capítulo 22, em sistemas afastados do ponto crítico (pressão e temperatura suficientemente baixas), a seguinte expressão é válida:

$$f_i^0 = \phi_i^* P_{vi} \tag{16.45}$$

em que ϕ_i^* é o coeficiente de fugacidade do composto i puro na condição de equilíbrio (equilíbrio líquido-vapor) e P_{vi} é a pressão de vapor do composto i puro, na temperatura do sistema.

Substituindo as Equações 16.42 e 16.45 na 16.41, tem-se:

$$\gamma_i x_i \phi_i^* P_{vi} = \hat{\phi}_i p_i \tag{16.46}$$

Em pressões relativamente baixas, quando o gás tem comportamento de gás ideal $(P \rightarrow 0)$ e a não idealidade do sistema se restringe à fase líquida, os coeficientes de fugacidade são iguais a 1 e a Equação 16.46 se reduz a:

$$\gamma_i x_i P_{vi} = p_i \tag{16.47}$$

ou, substituindo a Equação 16.44:

$$a_i = \frac{p_i}{P_{vi}} \tag{16.48}$$

Quando a fase líquida do sistema multicomponente for considerada como uma solução ideal (caso de dois compostos cujas moléculas sejam parecidas entre si ou de soluções muito diluídas), a Equação 16.47 se reduz à Lei de Raoult, isto é:

$$p_i = x_i P_{vi} \tag{16.49}$$

Para alimentos em geral, a Equação 16.49 não é aplicável, uma vez que os desvios da idealidade são significativos por causa das interações entre solvente e solutos que compõem esses sistemas.

16.3.2 Atividade de água em alimentos

Como visto, a atividade de água de um alimento descreve o estado da água e indica sua disponibilidade para participar de reações de deterioração, sejam elas químicas ou bioquímicas, ou ainda para permitir atividade microbiana.

De uma maneira geral, a atividade de um componente determina seu potencial de transferência entre diferentes fases que compõem um sistema, sendo útil para descrever as relações de equilíbrio desse componente entre essas fases.

Em sistemas constituídos por alimentos sólidos, o conhecimento das relações de equilíbrio entre fase gasosa e fase sólida é de crucial importância, uma vez que a sorção de gases ou de vapor de água pode afetar a qualidade e a conservação dos mesmos. Nas operações de secagem, o sistema usualmente é definido por uma fase gasosa constituída pelo ar de secagem e pelo alimento sólido a ser desidratado. Quando se trata de armazenamento de alimentos, a fase gasosa poderá ser constituída tanto pelo ar quanto por outros gases contidos no interior de sua embalagem.

Considera-se o sistema formado pelo alimento, constituído de uma matriz sólida (matéria seca) e água, exposto a determinada fase gasosa. Na maioria dos casos de interesse, essa fase gasosa é constituída por uma mistura de ar e água (umidade do ar). É importante lembrar que, nessas aplicações, a fase gasosa se encontra na pressão atmosférica ou abaixo dela, no caso da secagem a vácuo, o que permite o uso das Equações 16.47 e 16.48, válidas para fase gasosa com comportamento de gás ideal.

Na secagem ou nos processos de adsorção ou dessorção de umidade durante o armazenamento, a água é o único composto que se transfere entre as fases, então a aplicação da Equação 16.48 para a água como componente i define a atividade de água (a_w):

$$a_w = \frac{p_w}{P_{vw}} \tag{16.50}$$

A comparação da Equação 16.50 com a Equação 16.2 permite concluir que, para um alimento (ou qualquer material úmido) em equilíbrio com uma fase gasosa composta pela mistura ar/água, a atividade de água é igual à umidade relativa do ambiente no equilíbrio (UR^*):

$$a_w = \left(\frac{p_w}{P_{vw}} \right)_T = \frac{UR^*}{100} \tag{16.51}$$

Então, se um alimento for introduzido em um recipiente hermético, com o restante do espaço disponível preenchido pelo ar e esse recipiente for mantido em temperatura constante, a água presente no sistema irá se distribuir entre o alimento e o ar. Após um tempo suficiente para que o sistema entre em equilíbrio, o potencial químico do vapor de água na fase gasosa será igual ao potencial químico da água no alimento (Equação 16.32) e as fugacidades da água em ambas as fases também serão iguais (Equação 16.41). Além disso, a umidade relativa da fase gasosa será igual à atividade de água no alimento.

Qualquer que seja o material alimentício que entra em equilíbrio com o ar ambiente, a atividade de água será determinada com base na atividade do vapor de água medido no ambiente. Caso a umidade do ambiente seja conhecida e mantida constante, a uma temperatura também constante, para cada umidade relativa o alimento apresentará, no equilíbrio, determinado conteúdo de água.

16.3.3 Umidade de equilíbrio

A umidade de equilíbrio é o conteúdo de água presente no sólido quando este está em equilíbrio com o ar a uma dada umidade absoluta (do ar), temperatura e pressão. Em secagem, é bastante conveniente trabalhar com o conceito de equilíbrio em termos de pressão de vapor ou atividade de água. A umidade de equilíbrio pode ser representada por:

$$\overline{X}_w^* = f(a_w, T) \tag{16.52}$$

em que $\overline{X}_w^*$ é a umidade de equilíbrio em base seca [kg água·kg^{-1} de matéria seca] e a_w é a atividade de água do alimento na condição de equilíbrio [adimensional]. Nessa condição, a_w será igual à atividade do vapor de água no ar úmido que, por sua vez, corresponde à umidade relativa do ar ($UR^*/100$).

A umidade de equilíbrio pode ser determinada por método gravimétrico (com base em diferenças de peso), assumindo que apenas a água deixa a amostra. O conteúdo de água pode ser determinado a partir da secagem da amostra pré-pesada até que ela atinja um peso constante. Deve-se tomar cuidado com materiais alimentícios para que não ocorra formação de crosta sobre a amostra ou decomposição desta em razão de algum tipo de reação ou por degradação microbiana durante a determinação experimental da variação de peso.

A relação entre a umidade de equilíbrio e a atividade de água de misturas de solutos formando soluções aquosas em um alimento é dada pela Equação 16.44, escrita em termos da água:

$$a_w = \gamma_w x_w^* \tag{16.53}$$

em que γ_w é o coeficiente de atividade da água [adimensional] e x_w^* é a fração molar de água na mistura [mol · mol⁻¹] que, por sua vez, é dada por:

$$x_w^* = \frac{\overline{X}_w^*}{1 + \overline{X}_w^*} \frac{\overline{M}_M}{M_{Mw}}$$
(16.54)

Substituindo a Equação 16.54 na 16.53:

$$a_w = \gamma_w \frac{\overline{X}_w^*}{1 + \overline{X}_w^*} \frac{\overline{M}_M}{M_{Mw}}$$
(16.55)

em que $\overline{M}_M$ é a massa molar média de todas as substâncias que compõem a solução. A aplicação da Equação 16.55 em sua forma analítica pode ser bastante difícil, pois como será visto no Capítulo 22 (Tabela 22.1), os modelos disponíveis para o cálculo do coeficiente de atividade são relativamente complicados. Além disso, a composição exata do alimento nem sempre é conhecida, de modo que não se conhece o valor de $\overline{M}_M$.

Outra complexidade surge quando o alimento é um sólido, pois as interações da água com o alimento não ocorrem apenas na solução aquosa. O potencial químico da água presente no alimento dependerá também de fatores como capilaridade e forças de hidratação, responsáveis por ligar mais fortemente a água às macromoléculas insolúveis do alimento.

Para contornar esses problemas, a relação entre a umidade de equilíbrio e a atividade de água em alimentos é, geralmente, obtida de maneira experimental e apresentada na forma de gráficos, como será discutido a seguir.

16.3.4 Isotermas de sorção

Se diferentes valores de $\overline{X}_w^*$ forem relacionados com os respectivos valores de a_w *da fase gasosa* no equilíbrio — que, por sua vez, será igual à atividade de água no alimento — em temperatura constante e expressos graficamente, o resultado será uma função da forma $\overline{X}_w^* = f(a_w)$ chamada *isoterma de sorção*.

Isotermas de sorção de alimentos geralmente apresentam uma forma sigmoidal, referida como isoterma do tipo II (Figura 16.20), segundo classificação de Brunauer et al. (1940). Curvas que apresentam aumento gradual também são encontradas, porém com menos frequência (tipo III). Quando o alimento é composto por grande quantidade de substâncias solúveis de baixa massa molar, como açúcares, e pouca quantidade de polímeros, o ponto de inflexão ocorre em conteúdos muito baixos de água e a isoterma exibe a forma do tipo III (Figura 16.20).

Em baixos níveis de umidade (região A) a maior parte das moléculas de água encontra-se fortemente ligada a sítios de sorção polares individuais de macromoléculas rígidas, com baixíssima mobilidade, comportando-se quase que como parte do sólido. Essa água é frequentemente referida como monocamada, isto é, a primeira camada de moléculas de água adsorvida sobre a superfície das macromoléculas que constituem a estrutura do alimento sólido. Na região B, uma fração de água está menos firmemente ligada que a monocamada. Suas moléculas estão adsorvidas em camadas adicionais cuja força de ligação decresce conforme a distância da superfície da macromolécula aumenta. Nessa região, a água se encontra essencialmente em pequenos capilares. Na região C, a água está presente em grandes capilares, é relativamente livre para

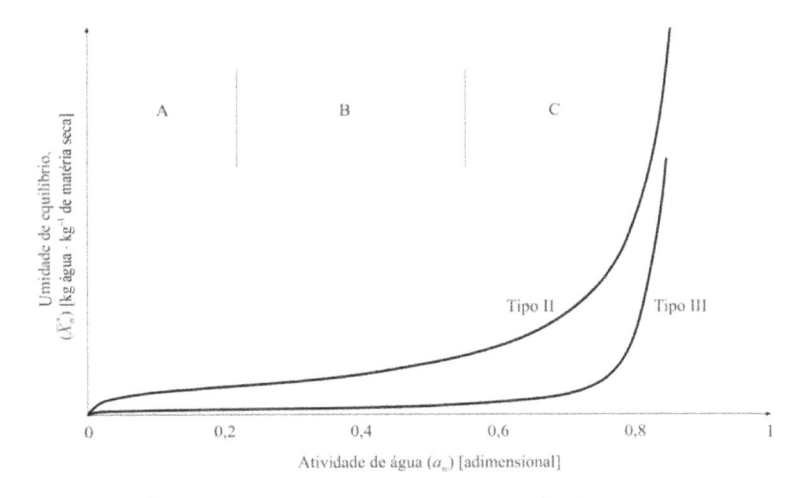

Figura 16.20 Isotermas de sorção típicas de alimentos.

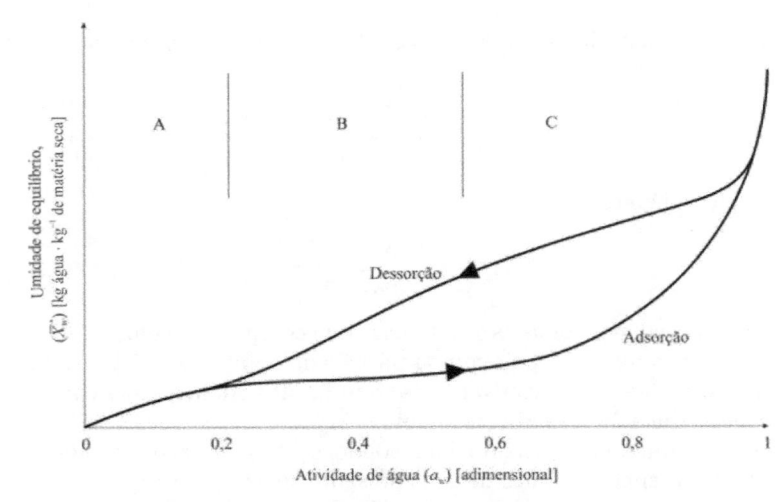

Figura 16.21 Histerese de sorção de umidade.

reações químicas e é capaz de atuar como solvente. O aumento da umidade em altas atividades indica dissolução dos principais componentes do sistema.

Quando o alimento contém *sólidos insolúveis* como polímeros, a água pode se ligar fortemente a uma macromolécula por meio de pontes de hidrogênio, com as camadas de moléculas de água mais próximas da macromolécula tendo menor mobilidade, enquanto as camadas mais distantes apresentam mobilidade cada vez maior à medida que a distância aumenta. A natureza polar dos polímeros leva a interações fortes com a água. Consequentemente, a importância dessas interações sobre o potencial químico da água no alimento aumenta conforme a umidade decresce, o que aumenta também os requerimentos energéticos para retirar essa água.

Quando se trata de *sólidos solúveis*, a contribuição importante sobre o potencial químico da solução ocorre acima de sua pressão de saturação. Os sólidos que são solúveis na água geralmente apresentam conteúdo insignificante de água quando expostos a pressões inferiores à pressão de vapor da solução saturada do sólido. Isso significa que, se uma solução saturada é exposta a uma pressão inferior à sua pressão de saturação, haverá evaporação e o sólido residual irá reter uma quantidade muito pequena de água. Cristais hidratados podem apresentar relações mais complicadas. Um exemplo é o sulfato de cobre, cujo grau de hidratação varia com a pressão parcial de vapor à qual ele é exposto.

A Figura 16.21 representa histerese de sorção de umidade, um fenômeno no qual existem dois diferentes caminhos entre as isotermas de adsorção e a de dessorção. Ela mostra que um mesmo produto preparado de duas maneiras diferentes pode apresentar atividade de água diferente para um mesmo conteúdo de água. Na região A, que representa essencialmente adsorção da monocamada de água, não existe distinção entre as isotermas. Geralmente a isoterma de dessorção apresenta-se acima da curva de adsorção. Não existem explicações conclusivas na literatura para esse fenômeno. Uma delas se baseia no encolhimento e nas deformações do material que ocorrem durante a secagem, os quais reduziriam o número de sítios polares para a ligação da água no subsequente ciclo de adsorção. A histerese sugere, portanto, que esses sistemas, ainda que reprodutíveis, não estejam no equilíbrio, mas sim, em um estado de "pseudoequilíbrio".

Outros efeitos da sorção de água sobre as alterações estruturais em alimentos podem ser exemplificados. Com o passar do tempo, as substâncias amorfas tendem a se tornar cristalinas, pois esse estado é termodinamicamente mais estável. Em uma embalagem fechada, como cristais não ligam nenhuma água ou ligam menos água do que seu estado amorfo, a pressão de vapor aumentará, o que poderá alterar o material, com aparecimento de pegajosidade e formação de massas sólidas por aglutinação (grumos). Um exemplo é o açúcar comercial na forma de sacarose amorfa, que após longos períodos de armazenamento costuma apresentar empedramento no interior da embalagem. Outro exemplo é o soro de leite em pó. A lactose, cuja fração presente no soro de leite é bastante alta (em torno de 70 % dos sólidos do leite), quando no estado amorfo representa um problema severo para o escoamento do soro em pó. No processo de fabricação de soro de leite em pó, a introdução de uma etapa de cristalização da lactose antes da atomização evitará a formação de lactose amorfa durante a secagem.

16.4 TAXAS E MECANISMOS DE SECAGEM

Durante a secagem de um sólido ocorrem dois processos fundamentais e simultâneos: (i) transferência de calor para evaporar o líquido — o calor deve fluir para a superfície do sólido e daí para seu interior; (ii) transferência de massa na forma de líquido ou vapor no interior do sólido e na forma de vapor a partir da superfície exposta do sólido.

Os fatores que governam as velocidades desses dois processos determinam a velocidade de secagem.

As condições externas principais envolvidas em qualquer investigação ou análise da operação de secagem são a temperatura, a umidade e a velocidade do ar, e podem ser correlacionadas com as taxas de secagem, sendo esta uma maneira simplificada de analisar o processo. Modelos teóricos de secagem frequentemente consideram não apenas as condições externas, mas também os mecanismos internos de movimento da umidade. Alguns dos mecanismos possíveis para explicar o movimento da umidade são apontados brevemente a seguir.

(i) *Difusão líquida*: a água se difunde pelo meio sólido em razão de um gradiente de concentração entre as posições mais internas do sólido, no qual a concentração de água é alta, e a superfície, no qual a concentração é baixa.

(ii) *Difusão de vapor em razão de gradientes de pressão parcial de vapor*: a água migra no interior do sólido na forma de vapor, desde que um gradiente de temperatura seja estabelecido por aquecimento, provocando um gradiente de pressão de vapor. O movimento do vapor pode ser explicado pelo mecanismo de difusão de Knudsen, segundo o qual o fluxo de água na forma de vapor é uma função da concentração e da difusividade do vapor dentro do sólido, que por sua vez depende do diâmetro médio dos poros e de sua fração (porosidade), da tortuosidade e da forma geométrica do sólido. A difusão de Knudsen é governada pelas colisões das moléculas do gás com as paredes dos poros e esse mecanismo prevalece se a distância média entre as colisões moleculares (caminho médio livre) for maior que o diâmetro do poro, pois dessa maneira as moléculas colidirão mais frequentemente com as paredes dos poros do que com outras moléculas. Em secagem, esse mecanismo é considerado importante apenas em condições de alto vácuo (como na liofilização).

(iii) *Movimento de líquido em razão de forças capilares*: ocorre em poros de materiais granulares ou sólidos porosos, nos quais o líquido movimenta-se através dos interstícios e capilares por um mecanismo que envolve atração molecular entre sólido e líquido. Conforme a água é removida dos poros, a curvatura na interface líquido–gás aumenta, criando uma pressão capilar, responsável pela sucção do líquido nos capilares.

(iv) *Movimento de líquido ou vapor provocado por diferenças na pressão total*: causados por uma força externa, pela contração do material (encolhimento), por altas temperaturas e por capilaridade. O movimento de líquido provocado por forças gravitacionais é frequentemente negligenciado em secagem de alimentos, pois é desprezível quando os poros têm dimensões muito pequenas. Altas temperaturas podem aumentar substancialmente a pressão em um poro e causar um fluxo hidrodinâmico de vapor que, por sua vez, ao exercer pressão sobre o líquido, poderá também causar um fluxo de líquido no material poroso.

Deve-se notar que a palavra *difusão* se refere ao movimento molecular da água dentro do sólido em razão de gradientes de concentração, ou de gradientes de pressão resultantes de diferenças de temperatura. Já o *movimento de líquido* se refere ao deslocamento de porções de líquido em função da diferença de pressão total em razão da gravidade, da aplicação de uma força externa ou da capilaridade. Também pode ocorrer deslocamento de porções de vapor que não se caracterizam como difusão molecular, resultantes da aplicação de pressão externa ou da contração do material.

16.4.1 Tipos de umidade

Existe na literatura alguma incongruência entre os termos que se referem à classificação do estado da água no alimento. Água ligada, água livre, água estruturada, água não congelável são alguns dos termos utilizados para se referir à mobilidade da água em biopolímeros.

Os termos geralmente utilizados em secagem para descrever o conteúdo de água ou umidade de um sólido ou de uma solução, são apresentados a seguir:

(i) *Umidade em base úmida* ou fração mássica de água (X_w): razão entre a massa de água e a massa da amostra úmida. É expressa em kg água $\cdot$ kg^{-1} total. Relaciona-se com o conteúdo de matéria seca:

$$X_w + X_{ms} = 1 \tag{16.56}$$

em que X_{ms} é o conteúdo de matéria seca (sólidos totais) em base úmida ou a fração mássica de matéria seca, razão entre a massa de matéria seca e a massa da amostra úmida.

(ii) *Umidade em base seca* ou razão mássica de água ($\overline{X}_w$): razão entre a massa de água e a massa seca da amostra. É expressa em kg água $\cdot$ kg^{-1} de matéria seca.

$$\overline{X}_w = \frac{X_w}{X_{ms}} \tag{16.57}$$

Pode-se relacionar umidade em base úmida e em base seca por:

$$X_w = \frac{\overline{X}_w}{\overline{X}_w + 1} \tag{16.58}$$

(iii) *Umidade crítica* ($\overline{X}_{wc}$): é a umidade de uma substância a partir da qual a taxa de secagem deixa de ser constante e começa a cair, sob condições constantes de temperatura, umidade relativa e velocidade de secagem.

(iv) *Umidade de equilíbrio* ($\overline{X}_w^*$): é o conteúdo de água de uma substância que está em equilíbrio com uma mistura de gás–vapor, a dadas temperatura e pressão. Se uma substância não é totalmente higroscópica, sua umidade de equilíbrio será nula.

(v) *Umidade ligada*: refere-se ao conteúdo de água ligada química ou fisicamente a uma substância que exerce pressão de vapor menor que a pressão de vapor da água pura, à mesma temperatura.

(vi) *Umidade não ligada*: refere-se ao conteúdo de água de uma substância que exerce pressão de vapor igual à pressão de vapor da água pura, à mesma temperatura.

(vii) *Umidade livre*: é o conteúdo de água de uma substância que excede seu conteúdo de água de equilíbrio com uma mistura de gás–vapor ($\overline{X}_w$ $\overline{X}_w - \overline{X}_w^*$), a dada temperatura e pressão.

A Figura 16.22 apresenta os diferentes tipos de umidade. Apenas o conteúdo de água livre pode ser evaporado durante a secagem e seu valor depende da concentração de vapor existente no ar de secagem. A umidade de equilíbrio não deixa o sólido, qualquer que seja o tempo de secagem. A água não ligada é aquela que se comporta quase como água pura e que é removida durante o período de taxa de secagem constante.

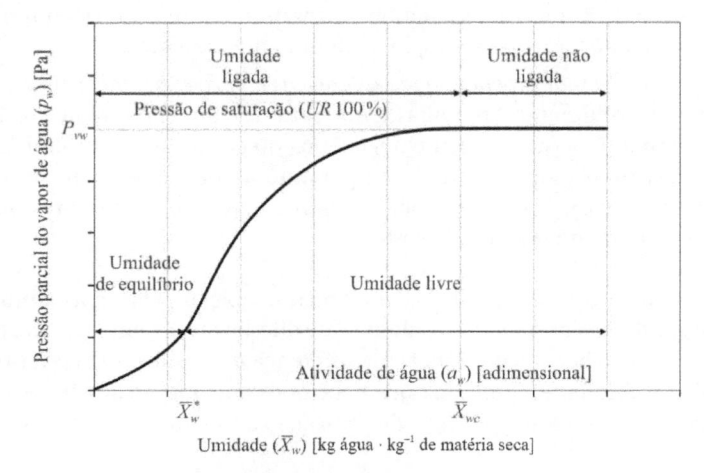

Figura 16.22 Tipos de umidade.

O Exemplo 16.4 indica o uso das umidades em base úmida e seca nos cálculos de balanço de massa.

EXEMPLO 16.4

Para obter 100 kg de alho desidratado com 8 % de umidade (base úmida), qual quantidade de alho deve ser desidratada e quanta água deverá ser evaporada? O alho descascado apresenta, em média, 68 % de umidade (base úmida).

Solução

Calcula-se a umidade inicial em base seca:

$$\overline{X}_{w0} = \frac{X_{w0}}{X_{ms0}} = \frac{0,68}{(1 - 0,68)} = 2,125 \text{ kg água} \cdot \text{kg}^{-1} \text{ matéria seca}$$

Calcula-se a umidade final em base seca:

$$\overline{X}_{wf} = \frac{X_{wf}}{X_{mf}} = \frac{0,08}{(1 - 0,08)} = 0,0870 \text{ kg água} \cdot \text{kg}^{-1} \text{ matéria seca}$$

A massa de matéria seca (m_{ms}) é calculada a partir da massa final (m_f) de alho desidratado e de seu conteúdo de matéria seca:

$$m_{ms} = m_f X_{mf} = 100 \text{ kg total } (1 - 0,08) \text{ kg matéria seca} \cdot \text{kg}^{-1} \text{ total}$$

$$m_{ms} = 92 \text{ kg matéria seca}$$

A massa de água a ser evaporada (m_w) será calculada a partir das umidades inicial e final, em base seca:

$$m_w = m_{ms} (\overline{X}_{w0} - \overline{X}_{wf}) = 92 \text{ kg matéria seca } (2,125 - 0,0870) \text{ kg água} \cdot \text{kg}^{-1} \text{ matéria seca}$$

$$m_w = 187,5 \text{ kg água}$$

A massa total de alho cru (ou massa inicial, m_0) será a soma da massa final desejada mais a massa de água evaporada:

$$m_0 = m_w + m_f = 187,5 \text{ kg} + 100 \text{ kg} = 287,5 \text{ kg total}$$

Resposta: A quantidade de alho a ser desidratada é 287,5 kg e a massa de água a ser evaporada é 187,5 kg.

16.4.2 Construção de curvas de secagem

Para o projeto do processo e dimensionamento dos equipamentos de secagem é necessário realizar testes na condição de secagem desejada. Também se recomenda que os testes sejam realizados em diferentes condições, para que as influências sobre o processo sejam conhecidas.

Algumas recomendações devem ser seguidas durante a realização de ensaios: as amostras devem ser representativas; a posição das amostras deve ser semelhante; as condições do ar de secagem (T, UR) e a velocidade (v) devem ser constantes no ensaio; devem-se conduzir diversos ensaios com amostras de diferentes tamanhos ou espessuras, quando possível.

Os ensaios em laboratório ou em pequena escala devem representar o máximo possível o processo de secagem em larga escala. Uma amostra representativa pode ser pendurada em uma balança e ser submetida a condições constantes de secagem, isto é, um fluxo de ar seco com temperatura, velocidade e umidade relativa constantes. Entretanto, para representar a amostra em escala industrial, por exemplo, com o alimento disposto em bandejas ou em telas metálicas, bandejas ou telas similares às do secador industrial devem ser utilizadas nos ensaios em pequena escala. Em uma bandeja, a posição do alimento também deve ser semelhante, de modo que a razão entre a área da amostra que fica exposta ao meio secante e a que não fica exposta seja a mesma. As amostras também devem ser submetidas a condições similares de transferência de calor radiante.

A partir dos ensaios de secagem pode ser construída uma curva mostrando a variação da umidade em função do tempo, a qual é denominada curva de secagem. Para construir a curva de secagem tomam-se dados de peso em função do tempo. A massa de matéria seca da amostra também deve ser medida e com isso calcula-se a umidade da amostra em função de sua massa.

16.4.3 Características da curva de secagem

Uma curva típica de secagem é apresentada na Figura 16.23, na qual as umidades, em base seca, são representadas na ordenada em função do tempo de secagem, para condições constantes de velocidade, temperatura e umidade relativa no meio secante.

A curva de secagem poderá ter utilidade direta na determinação do tempo de secagem requerido para processos em batelada sob as mesmas condições de secagem. Entretanto, muita informação poderá ser obtida se esses dados forem convertidos em taxas de secagem ou ainda em fluxos de transferência de massa de água, o que implica o conhecimento da área exposta ao ar de secagem.

A equação que representa o fluxo de transferência de massa de água durante a secagem, ou a taxa de secagem ($\dot{R}_s$), expressa em ($\text{kg} \cdot \text{s}^{-1} \cdot \text{m}^{-2}$), é dada segundo:

$$\dot{R}_s = -m_{ms} \frac{d\overline{X}_w}{dt} \frac{1}{A_T} = -m \frac{dX_w}{dt} \frac{1}{A_T} \tag{16.59}$$

em que $\dot{R}_s$ é a taxa de secagem [$\text{kg} \cdot \text{m}^{-2} \cdot \text{s}^{-1}$]; m_{ms} é a massa de matéria seca [kg]; $d\overline{X}_w/dt$ é a velocidade da secagem em base seca [kg água $\cdot$ kg^{-1} matéria seca $\cdot$ s^{-1}]; m é a massa total [kg]; dX_w/dt é a velocidade da secagem em base úmida [kg $\cdot$ kg^{-1} total $\cdot$ s^{-1}] e A_T é a área de transferência de massa [m²], a qual se assume que seja igual à área de transferência de calor.

A Figura 16.24 representa a taxa de secagem ($\dot{R}_s$) em função da umidade em base seca.

Os trechos de secagem A–B–C–D–E nas Figuras 16.23 e 16.24 correspondem aos períodos característicos de taxas de secagem, que serão descritos a seguir.

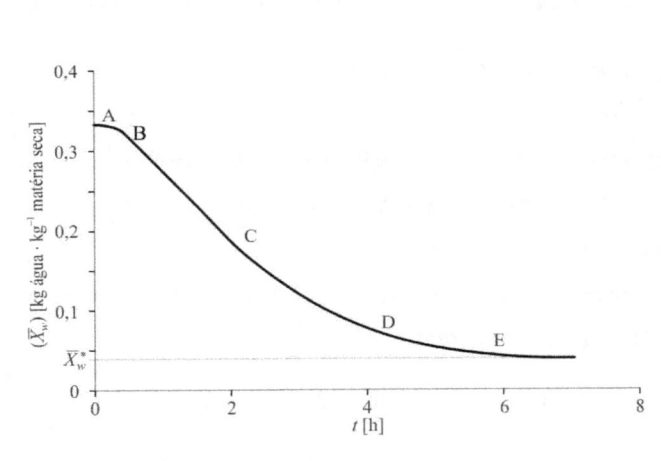

Figura 16.23 Curva típica de secagem.

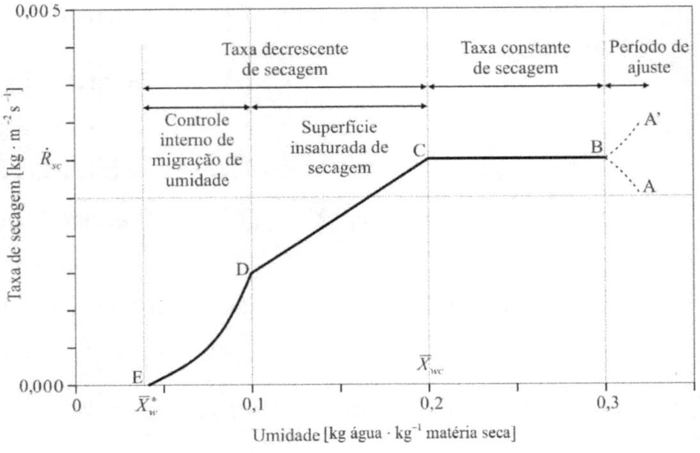

Figura 16.24 Taxas de secagem.

Gráficos como a Figura 16.24 algumas vezes apresentam na ordenada a velocidade de secagem ($d\bar{X}_w/dt$), em vez da taxa de secagem ($\dot{R}_s$). Se a variação da área de transferência de calor e massa em função do tempo de processo for negligenciada, os períodos de secagem serão iguais.

16.4.3.1 Período de taxa (ou velocidade) constante

Quando um alimento sólido bastante úmido é exposto a uma corrente de ar de velocidade, temperatura e umidade fixas, sua temperatura irá se ajustar às condições do meio secante (ar) até que ela atinja estado estacionário. Antes de atingir esse estado estacionário, a temperatura do sólido e a velocidade de secagem podem aumentar ou diminuir (Figura 16.24, trecho A–B ou A'–B). Entretanto, a temperatura e a velocidade da secagem do alimento podem ou não entrar em regime estacionário, pois isso dependerá de sua umidade e estrutura. Se a secagem do alimento realmente apresentar esse regime, a temperatura da sua superfície molhada será igual à temperatura de bulbo úmido do ar de secagem. A temperatura no interior do alimento tende a se igualar à temperatura da superfície, isto é, o perfil de temperatura desenvolvido a partir da superfície vai se tornando cada vez mais plano, se aproximando do valor da temperatura de bulbo úmido. Entretanto, nem sempre o sólido todo atinge a temperatura de bulbo úmido, pois isso depende do tamanho do sólido e também do estabelecimento de um equilíbrio que é função da umidade e da estrutura do sólido.

Se as temperaturas do sólido realmente atingirem a temperatura de bulbo úmido, enquanto essa condição permanecer, a taxa de secagem será constante. Esse período de secagem é denominado "período de secagem a taxa constante" (Figura 16.24, trecho B–C). Sua magnitude não depende de mecanismos internos de transferência de massa. Durante esse período, a secagem ocorre pela difusão do vapor a partir da superfície do material para a corrente de ar. A superfície do material encontra-se saturada de água na forma líquida e o vapor de água aí formado se difunde através da película de ar formada em torno da superfície do alimento. Poucos alimentos apresentam esse período de secagem e, quando apresentam, ele costuma ser relativamente curto em relação aos outros períodos, como no caso de alguns vegetais com umidade elevada, que proporcionam períodos de taxa de secagem constante apenas nos primeiros minutos de secagem. Por outro lado, para alguns resíduos agroindustriais, como bagaço de cana-de-açúcar ou borra de café, que apresentam fragmentos de pequeno tamanho e estrutura celular parcialmente destruída, esse período de taxa constante tende a se estender por mais tempo.

A água, que cobre toda a superfície sólida e poros superficiais abertos, não é ligada e exerce sua pressão de vapor total, isto é, de saturação (se o efeito dos solutos for desprezível). O mecanismo de remoção da água é equivalente ao da evaporação de água, independentemente da natureza do sólido. O movimento de migração de água dentro do sólido é suficiente para compensar a evaporação e manter a condição de saturação na superfície e a velocidade de secagem é controlada pela velocidade de transferência de calor do ar para a superfície de evaporação.

Em um secador operando de modo adiabático, o calor para a evaporação é fornecido unicamente pelo ar aquecido e desconsidera-se qualquer outra transferência de calor que não seja por convecção. Portanto, no período de taxa constante de secagem, a temperatura da superfície do sólido será aproximadamente igual à temperatura de bulbo úmido. Entretanto, quando ocorre transferência de calor por radiação, condução ou uma combinação destas com a convecção, a temperatura da superfície ficará entre a do bulbo úmido e do ponto de bolha. Nessas circunstâncias a velocidade de transferência de calor será maior que no caso anterior e, consequentemente, a velocidade de secagem também será maior.

Já em um secador indireto, por exemplo, se a transferência de calor ocorre por condução através de superfícies quentes e a transferência de calor por convecção é desprezível, a temperatura dos sólidos se aproximará mais da temperatura de ebulição. Geralmente esse método de transferência de calor em secadores indiretos é usado com produtos termicamente sensíveis ou facilmente oxidáveis sob pressões reduzidas e atmosferas inertes.

16.4.3.2 Período de taxa (ou velocidade) decrescente

Esse período inicia-se a partir da umidade crítica $\overline{X}_{wc}$. Na curva de secagem (Figura 16.23) aparece uma inflexão no ponto C, que corresponde ao vértice C da Figura 16.24. É importante apontar que $\overline{X}_{wc}$ não é uma propriedade física, pois varia com as condições de secagem. Esse período é usualmente dividido em duas zonas de secagem:

1. Zona de superfície insaturada (ou estado funicular), também referido como primeiro período de taxa decrescente de secagem, que corresponde ao trecho C–D.
2. Zona de controle de difusão interna de umidade (ou estado pendular), que corresponde ao trecho D–E.

Deve-se destacar que estado funicular e estado pendular são termos usualmente aplicados quando se trata de materiais não higroscópicos.

No "primeiro período de taxa decrescente", a superfície fica paulatinamente mais pobre em líquido. A umidade é transferida principalmente por capilaridade. Parte da superfície pode se apresentar saturada e parte se tornar não saturada em pontos esparsos. A velocidade de secagem diminui na fração não saturada da superfície e por causa disso ela diminui em relação a toda a área de secagem superficial. A temperatura se eleva acima da temperatura de bulbo úmido. O valor da taxa dependerá do transporte interno da umidade e da difusão de vapor de água a partir da superfície saturada, ou seja, o controle ainda não é totalmente interno. Uma vez que o fluxo de transferência de massa de água passa a ser menor em comparação com a superfície totalmente saturada, a pressão parcial de vapor na superfície diminui. Usualmente, a taxa de secagem nessa zona varia linearmente com o conteúdo de água.

No "segundo período de taxa decrescente", a secagem é controlada pela difusão interna de umidade, isto é, o movimento interno de umidade controla a taxa, e a influência das variáveis externas diminui. Se as taxas de secagem forem independentes da velocidade do gás, isso implicará resistência externa negligenciável e, consequentemente, apenas a umidade do gás de secagem controlará a concentração de umidade de equilíbrio na superfície.

Em geral, à medida que o conteúdo de água diminui a taxa de migração interna de umidade também diminui, até atingir a umidade de equilíbrio (Figura 16.23). Nesse ponto a secagem cessa, pois a pressão de vapor parcial exercida pelo alimento iguala-se à pressão parcial de vapor do ar de secagem.

A constituição do material definirá a predominância dos períodos de secagem. Podem-se separar os materiais em duas classes principais em função do grau de higroscopicidade, isto é, aqueles que retêm pouquíssima umidade (baixa higroscopicidade) e aqueles que se associam bastante com a água (alta higroscopicidade). A primeira classe é constituída de sólidos granulares ou cristalinos que retêm a umidade nos interstícios entre as partículas ou em poros superficiais, rasos e abertos. Geralmente esses materiais são inorgânicos, como o dióxido de titânio e fosfatos de sódio. Nesse caso, a umidade migra quase livremente e dependerá essencialmente de forças gravitacionais e de forças de tensão superficial (ou forças capilares). Em um gráfico de fluxo de massa de água em função da umidade, o período de taxa constante alonga-se quase até o fim da secagem, atingindo valores muito baixos de umidade. O período de taxa decrescente frequentemente assume a forma de uma única reta. Os valores de umidade de equilíbrio são geralmente próximos de zero. O sólido, quando interage pouco com a água, também é pouco afetado pela secagem.

A maioria dos alimentos tem sua estrutura constituída por macromoléculas, na forma de substâncias amorfas, fibrosas e gelatinosas. Sabe-se que existe forte interação entre a superfície de uma macromolécula e as primeiras camadas de água adsorvidas sobre essa superfície, como descrito na Seção 16.3.4. Além dessas interações, a água pode se encontrar no interior de fibras ou de poros internos, conferindo tortuosidade e porosidade ao sistema. Por essa razão, na secagem de alimentos, o movimento da água é lento e acredita-se que durante a maior parte do tempo ocorra pela difusão de líquido através da estrutura do sólido. Isso implica períodos muito curtos de taxa de secagem constante, algumas vezes nem detectáveis experimentalmente. A umidade crítica é geralmente alta se comparada com materiais de baixa higroscopicidade. Por essas mesmas razões, frequentemente o primeiro período de taxa decrescente é muito breve e a maior parte do processo de secagem é controlada pela difusão interna, sendo o segundo período dominante no tempo total de secagem. Os valores de umidade de equilíbrio, por sua vez, costumam ser altos, se comparados com materiais de menor higroscopicidade, em virtude da afinidade da grande maioria das substâncias que compõem os alimentos com a água.

Alimentos desidratados costumam ser muito afetados pela remoção de água, uma vez que ela faz parte de sua estrutura original. É frequente, em alimentos muito úmidos, que suas camadas superficiais sequem rapidamente e o interior se apresente bastante úmido, como consequência de altas velocidades de secagem no início do processo. Os elevados gradientes de umidade podem causar deformações do sólido, como o aparecimento de rachaduras ou empenamento. Além disso, há casos em que se forma uma crosta relativamente impermeável à água na superfície do alimento, fenômeno conhecido como "endurecimento superficial", comprometendo a secagem do interior do sólido. Nesses casos, o alimento pode sofrer deterioração. Quando há a ocorrência de endurecimento superficial, as condições de secagem devem ser escolhidas de tal forma que as velocidades iniciais de secagem não desidratem tão rapidamente a superfície do alimento.

16.4.4 Modelos de secagem para sistemas em batelada

Modelar a operação de secagem é complicado porque mais de um mecanismo de migração da água pode contribuir ao mesmo tempo para a taxa de transferência de massa, além de esses mecanismos poderem variar durante o processo de secagem.

No período de taxa de secagem constante a modelagem por meio do balanço de energia costuma ser recomendada, uma vez que variações no coeficiente de transferência de calor geram menores desvios em comparação com coeficientes de transferência de massa.

No período de taxa decrescente, o mecanismo de difusão na fase líquida é o mais frequentemente utilizado para a modelagem da secagem que ocorre a temperaturas abaixo do ponto de ebulição do líquido sob a pressão existente no interior do secador.

16.4.4.1 Modelagem no período de taxa de secagem constante

No período de taxa de secagem constante, a partir do fornecimento de calor ao alimento para a evaporação de água, é estabelecido um *equilíbrio dinâmico* entre o fluxo de transferência de *calor* e o fluxo de transferência de *massa* de água evaporada. Portanto, o sistema opera em regime estacionário. O calor que chega à superfície do sólido, seja por radiação, convecção ou condução, é removido pela evaporação da umidade, isto é, na forma de calor latente, em uma velocidade tal que a superfície permanece saturada e, consequentemente, com temperatura constante. Ao mesmo tempo, a migração de água do interior do sólido para a superfície é suficiente para mantê-la saturada. Por sua vez, o fluxo de vapor, que é constante na interface sólido–gás, ocorre por difusão a partir da superfície saturada do material para a corrente de ar através de uma película de ar que ocupa a região próxima à superfície do material.

A seguir será discutido o caso da secagem em batelada considerando os diferentes mecanismos de transferência de calor.

Na secagem de um alimento sólido disposto em bandejas dentro de um secador com fluxo de ar aquecido, a equação que representa a taxa de transferência de calor total que chega à superfície do sólido, por convecção, condução e radiação, expressa em W, é dada segundo:

$$\dot{q} = \dot{q}_c + \dot{q}_k + \dot{q}_r \tag{16.60}$$

em que $\dot{q}_c$ é a taxa de transferência de calor por convecção [W], que ocorre na superfície de evaporação do alimento; $\dot{q}_k$ é a taxa de transferência de calor por condução através do sólido [W] e $\dot{q}_r$ é a taxa de transferência de calor por radiação [W].

Na interface sólido–gás, a equação de fluxo de calor pode ser representada por meio de um coeficiente global de transferência de calor:

$$\frac{\dot{q}_S}{A_S} = U(T - T_{\text{sup}}) \tag{16.61}$$

em que $\dot{q}_S/A_S$ representa o fluxo de calor na superfície [W·m⁻²]; U é o coeficiente global de transferência de calor [W·m⁻²·K⁻¹]; T é a temperatura do ar de secagem [K] e T_{sup} é a temperatura na superfície de evaporação [K].

O fluxo de massa que ocorre na interface sólido–gás, por difusão do vapor a partir da superfície saturada do material para a corrente de ar aquecido, referido como taxa de secagem $(\dot{R}_s)$, também pode ser representado por meio de coeficientes de transporte, no caso, de transferência de massa:

$$\dot{R}_s = -m\frac{dX_w}{dt}\frac{1}{A_T} = k_G M_{Mw}(P_{vw} - p_w) = k_{\bar{Y}}(\bar{Y}_w^* - \bar{Y}_w) \tag{16.62}$$

em que k_G é o coeficiente individual de transferência de massa da fase gasosa, com base na diferença de pressão parcial [mol·m⁻²·s⁻¹·Pa⁻¹]; P_{vw} é a pressão de vapor da água na temperatura da superfície de evaporação (T_{sup}) e $k_{\bar{Y}}$ é o coeficiente individual de transferência de massa na fase gasosa, com base na diferença da umidade absoluta na fase gasosa [kg água·m⁻²·s⁻¹·(kg água·kg⁻¹ ar seco)⁻¹].

Caso o equilíbrio dinâmico entre o fluxo de transferência de calor e de massa seja estabelecido, a taxa de secagem será constante $(\dot{R}_{sc})$. Portanto, a Equação 16.59 pode ser escrita para o regime estacionário:

$$\dot{R}_{sc} = -m_{ms}\frac{d\bar{X}_w}{dt}\frac{1}{A_T} \tag{16.63}$$

Uma vez que no estado estacionário a temperatura permanece constante na superfície saturada, a entalpia de vaporização da água, nessa mesma temperatura, converterá o fluxo de calor em fluxo de massa, isto é:

$$\dot{R}_{sc} = \frac{\dot{q}_S / A_S}{\Delta_{vap} H} \tag{16.64}$$

em que $\Delta_{vap} H$ é o calor latente ou entalpia de vaporização da água na temperatura superficial do sólido (T_{sup}) constante, recordando que se assume que área de transferência de massa seja igual à de transferência de calor.

É importante destacar que, na Equação 16.64, o calor requerido para superaquecer a umidade evaporada para o gás, que elevaria a temperatura de evaporação até a temperatura do gás de secagem, é negligenciado e considera-se apenas o calor latente de evaporação.

As Equações 16.63 e 16.64 podem ser igualadas, resultando em:

$$\dot{R}_{sc} = -m_{ms} \frac{d\bar{X}_w}{dt} \frac{1}{A_T} = \frac{\dot{q}_S / A_S}{\Delta_{vap} H} \tag{16.65}$$

A substituição das Equações 16.61 e 16.62 na Equação 16.65 requer algumas considerações importantes, que são feitas a seguir.

Quando a transferência de calor ocorre apenas por convecção, então U corresponde ao coeficiente de troca térmica por convecção (h). Nesse caso, se o sistema atingir o regime estacionário, a temperatura da superfície (T_{sup}) será a temperatura de bulbo úmido do ar de secagem (T_{bu}) e a pressão de vapor na superfície será a pressão de vapor da água nessa mesma temperatura.

Quando a transferência de calor ocorre também por radiação, se todas as superfícies da câmara de secagem estiverem na temperatura do ar de secagem, então U corresponderá à soma de $h + h_r$, em que h_r é o coeficiente de troca térmica por radiação. Nesse caso, a temperatura de superfície será mais elevada que a temperatura de bulbo úmido correspondente ao ar de secagem. Situação semelhante será encontrada quando a transferência ocorrer por convecção, condução e radiação simultaneamente. Nesse caso, tem-se:

$$\dot{q}_c = A_S h (T - T_{sup}) \tag{16.66}$$

$$\dot{q}_k = A_S U_k (T - T_{sup}) \tag{16.67}$$

$$\dot{q}_r = A_S h_r (T_r - T_{sup}) \tag{16.68}$$

em que h é o coeficiente de troca térmica por convecção [W $\cdot$ m^{-2} $\cdot$ K^{-1}]; U_k é um coeficiente de troca térmica que leva em conta a contribuição da condução [W $\cdot$ m^{-2} $\cdot$ K^{-1}]; h_r é o coeficiente de troca térmica por radiação [W $\cdot$ m^{-2} $\cdot$ K^{-1}] e T_r é a temperatura da superfície radiante [K].

Portanto, a partir da combinação das equações de balanço de massa (Equação 16.62) e balanço de calor (Equação 16.60), se todos os mecanismos de transferência de calor forem considerados (Equações 16.66 a 16.68), a Equação 16.65 se converterá na Equação 16.69:

$$\dot{R}_{sc} = \frac{(h + U_k)(T - T_{sup}) + h_r (T_r - T_{sup})}{\Delta_{vap} H} = k_{\bar{Y}} (\bar{Y}_w^* - \bar{Y}_w) \tag{16.69}$$

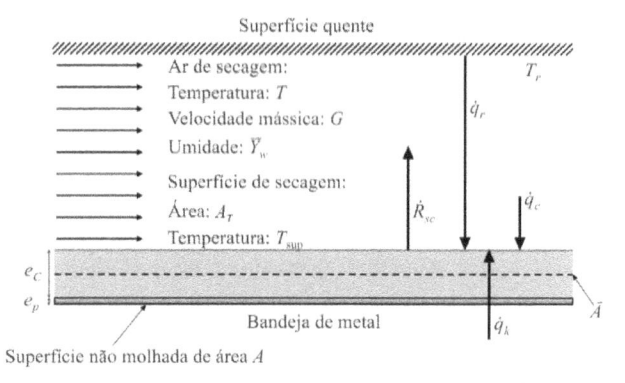

Figura 16.25 Material sólido disposto em bandeja no período de taxa constante de secagem com transferência de calor por diferentes mecanismos.

Para exemplificar a aplicação do modelo, toma-se a Figura 16.25, que representa a seção de um material úmido disposto em uma bandeja, sendo que apenas a superfície superior do material é exposta ao escoamento do ar de secagem. O ar aquecido escoa em direção paralela à bandeja através de uma seção retangular. Avalia-se a secagem durante o período de taxa constante, isto é, enquanto ocorre, na superfície, evaporação de umidade não ligada. Suponha que o material é disposto em uma camada de espessura e_C sobre uma bandeja de espessura e_P, e é submetido a uma corrente de ar aquecido à temperatura T, com umidade absoluta $\overline{Y}_w$, que incide paralelamente à superfície de secagem a uma velocidade mássica G. A evaporação da umidade ocorre a partir da superfície de secagem, de área A_T, que está à temperatura T_{sup}. Essa superfície recebe calor de diversas fontes:

$\dot{q}_c$ por convecção a partir da corrente gasosa de ar aquecido
$\dot{q}_k$ por condução através do sólido
$\dot{q}_r$ por radiação direta de uma superfície aquecida à temperatura T_r

A seguir os três tipos de calor são avaliados separadamente.

(i) *Convecção*

Nos fenômenos de convecção, os coeficientes de transferência de calor dependem da geometria do sistema, da velocidade do gás sobre a superfície de evaporação e das propriedades físicas do gás de secagem. É preferível utilizar coeficientes de transferência de calor do que coeficientes de transferência de massa para estimar taxas de secagem. Isso porque, quando se calculam coeficientes de transferência de massa, a pressão parcial e a correspondente umidade na superfície são usualmente determinadas a partir da temperatura medida ou calculada na superfície de evaporação. Uma vez que pressão parcial varia bastante com a temperatura, os erros na determinação da temperatura interfacial influenciarão mais os coeficientes de transferência de massa do que os de transferência de calor.

Para um gás que escoa paralelamente à superfície do material submetido à secagem e é confinado entre duas placas paralelas, os coeficientes de transferência de calor são descritos a partir da analogia transferência de massa-calor, para $N_{Reeq} = 2.600 - 22.000$, segundo:

$$j_H = N_{St}N_{Pr}^{2/3} = 0,11N_{Reeq}^{-0,29} \tag{16.70}$$

em que j_H é o grupo adimensional de transferência de calor; N_{St} é o número de Stanton para transferência de calor (h/C_pG) [adimensional]; sendo h o coeficiente de troca térmica por convecção [W · m^{-2} · K^{-1}], C_P o calor específico à pressão constante [J · kg^{-1} · K^{-1}] e G a velocidade mássica do gás de secagem [kg · m^{-2} · s^{-1}]; N_{Pr} é o número de Prandtl (μ/C_pk) [adimensional] sendo k a condutividade térmica [W · m^{-1} · K^{-1}] e μ a viscosidade newtoniana [Pa · s]; N_{Reeq} é o número de Reynolds para fluxo em um duto não circular ($D_{eq}G/\mu$) [adimensional] sendo D_{eq} o diâmetro equivalente [m].

A Equação 16.70, portanto, resulta em:

$$\left(\frac{h}{C_PG}\right)\left(\frac{\mu}{C_Pk}\right)^{2/3} = 0,11\left(\frac{D_{eq}G}{\mu}\right)^{-0,29} \tag{16.71}$$

O diâmetro equivalente (D_{eq}) é igual a quatro vezes o raio hidráulico (R_h) ou quatro vezes a área da seção de escoamento (A_s) dividida pelo perímetro molhado (P_w) do canal de escoamento:

$$D_{eq} = 4R_h = \frac{4A_s}{P_w} \tag{16.72}$$

A velocidade mássica do ar de secagem pode ser determinada por:

$$G = \frac{\dot{m}}{A_s} = \frac{\dot{Q}\rho}{A_s} = \rho v \tag{16.73}$$

em que $\dot{m}$ é a vazão mássica [kg · s^{-1}]; $\dot{Q}$ é a vazão volumétrica [m^3 · s^{-1}]; ρ é a densidade do ar [kg · m^{-3}] e v a velocidade do ar de secagem [m · s^{-1}].

Na ausência de informação específica para obter o coeficiente de transferência de calor convectivo (h), quando o escoamento do ar de secagem ocorre em direção paralela à superfície de evaporação, pode-se estimá-lo por meio da Equação 16.74:

$$h = \frac{8,8G^{0,8}}{D_{eq}^{0,2}} \tag{16.74}$$

em que valores médios das propriedades do ar a 95 °C foram incorporados à equação.

Quando o fluxo de ar é perpendicular à superfície e as velocidades do ar se encontram entre (0,9 e 4,5) m · s⁻¹, a equação recomendada é:

$$h = 24,2G^{0,37} \tag{16.75}$$

(ii) *Condução*

O calor que chega à superfície evaporante do sólido através da condução e convecção, pelo lado da bandeja (superfície não molhada), pode ser computado pelo método usual de resistências em série:

$$\frac{\dot{q}_k}{A_S} = U_k(T - T_{\text{sup}}) \tag{16.76}$$

em que o coeficiente global de troca térmica (U_k) pode, nesse caso, ser expresso por:

$$U_k = \frac{1}{\dfrac{1}{h}\dfrac{A_T}{A} + \dfrac{e_P}{k_M}\dfrac{A_T}{A} + \dfrac{e_C}{k_S}\dfrac{A_T}{\bar{A}}} \tag{16.77}$$

em que A_T é a área de transferência de massa e calor [m²]; A é a área superficial da bandeja metálica (superfície não molhada dos sólidos) [m²]; e_P é a espessura da bandeja [m]; k_M é a condutividade térmica do metal da bandeja [W · m⁻¹ · K⁻¹]; e_C é a espessura da camada de sólidos submetidos à secagem [m]; k_S é a condutividade térmica dos sólidos submetidos à secagem [W · m⁻¹ · K⁻¹] e $\bar{A}$ é a média entre áreas da camada de sólidos.

(iii) *Radiação*

O calor recebido por radiação pelo material de secagem, a partir de uma superfície radiante, pode ser estimado pela Equação 12.63, considerando duas placas paralelas como superfícies cinzas (Seção 12.4.7) do Capítulo 12 do Volume 1:

$$\dot{q}_{1\to2}\zeta_{12}A_1\sigma_{SB}(T_1^4 - T_2^4) \tag{12.63}$$

Aplicada a esse caso, a Equação 12.63 torna-se a Equação 16.78:

$$\frac{\dot{q}_r}{A_S} = \zeta_{12}(5,670 \times 10^{-8})(T_r^4 - T_{\text{sup}}^4) \tag{16.78}$$

em que σ_{SB} é a constante de Stefan-Boltzmann [5,670 × 10⁻⁸ W · m⁻² · K⁻⁴] e ζ_{12} é o fator de vista do corpo cinza [adimensional], que depende dos fatores de vista das superfícies, da emissividade das superfícies e de suas áreas. Para essa geometria, o fator de vista pode ser calculado pela expressão:

$$\zeta_{12} = \frac{1}{\dfrac{1}{\xi_1} + \dfrac{1}{\xi_2} - 1} \tag{16.79}$$

em que ξ_1 é a emissividade da fonte de calor [adimensional] e ξ_2 é a emissividade (ou absorvidade) do receptor, ou seja, do sólido submetido à secagem.

Como discutido no Capítulo 12, a emissividade é relacionada com a radiação emitida, e a quantidade e a qualidade (distribuição espectral) da energia emitida dependem da temperatura. A capacidade de uma superfície de emitir energia radiante ou emissividade (ξ) é definida como a razão entre o fluxo de energia emitido pelo corpo e o que seria emitido por um corpo negro na mesma temperatura. A emissividade de metais é baixa, especialmente se a superfície é polida, aumentando bastante com a oxidação e a rugosidade da superfície. Alumínio apresenta valores de emissividade inferiores a 0,1; enquanto materiais como vidro, gesso, borracha, madeira, papel e rocha, apresentam emissividade em torno de 0,9.

O calor recebido por radiação também pode ser expresso em função de um coeficiente de transferência de calor h_r:

$$\frac{\dot{q}_r}{A_S} = h_r(T_r - T_{\text{sup}}) \tag{16.80}$$

Portanto,

$$h_r = \frac{\zeta_{12}(5,670 \times 10^{-8})(T_r^4 - T_{\text{sup}}^4)}{(T_r - T_{\text{sup}})} \tag{16.81}$$

O Exemplo 16.5 a seguir discute o uso das equações de transferência de calor para o cálculo da taxa de secagem.

EXEMPLO 16.5

O bagaço de cana-de-açúcar, resíduo da indústria sucroalcooleira, tem sido objeto de muitas pesquisas visando seu aproveitamento, seja como combustível utilizado na produção de energia elétrica para uso interno e venda do excedente ao mercado, como biomassa para a produção de álcool, através de sua hidrólise e fermentação, como meio poroso em processos de fermentação em estado sólido, como substrato para produção de mudas, entre outros. O bagaço de cana moído apresenta umidade em torno de 50 %. A diminuição da umidade do bagaço destinado à queima em caldeiras para cogeração de energia é uma estratégia industrial importante, pois aumenta seu poder calorífico e a eficiência energética da caldeira, ao mesmo tempo em que diminui a temperatura e o volume de gases de saída (Sosa-Arnao et al., 2006).

Para avaliar o efeito dos diferentes mecanismos de troca de calor durante uma operação de secagem, considera-se que bagaço úmido de cana-de-açúcar será submetido a um fluxo de ar aquecido. O bagaço é depositado em uma bandeja de alumínio quadrada de 0,65 m de lado e 0,025 m de profundidade. O material ocupa toda a profundidade da bandeja. A espessura do metal é 0,001 m. Ar escoa paralelamente à bandeja a 90 °C com velocidade de 3 m·s^{-1} e sua umidade absoluta é 0,01 kg água · kg^{-1} ar seco. A superfície dos sólidos está voltada para um conjunto de tubos dentro dos quais passa vapor aquecido e cuja superfície encontra-se a 130 °C. A superfície dos tubos dista 0,10 m da superfície de sólidos. A condutividade térmica média estimada para o resíduo é 0,20 W · m^{-1} · K^{-1} e para o alumínio é igual a 237 W · m^{-1} · K^{-1}. Considere a emissividade do bagaço igual a 0,90 e dos tubos metálicos oxidados igual a 0,95. Determine: (i) a taxa de secagem, considerando que a secagem ocorra integralmente no período de taxa constante e a contribuição de todos os mecanismos de transferência de calor (convecção, radiação e condução); (ii) novamente a taxa de secagem considerando apenas a contribuição da convecção e compare com o valor calculado no item (i).

Solução

Calcula-se inicialmente o volume úmido (υ_H) do ar, segundo a Equação 16.4, isto é:

$$\upsilon_H = \{[2,83 \times 10^{-3} + 4,56 \times 10^{-3}(0,01)]m^3 \cdot kg^{-1} \text{ ar seco} \cdot K^{-1}\}(363,15 \text{ K})$$

$$\upsilon_H = 1,04 \ m^3 \text{ ar úmido} \cdot kg^{-1} \text{ ar seco}$$

Calcula-se, então, a densidade do ar úmido, somando a massa de água à massa de ar seco, isto é:

$$\rho = \frac{(1 \text{ kg ar seco} + 0,01 \text{ kg água}) \cdot kg^{-1} \text{ ar seco}}{1,041 \ m^3 \text{ ar úmido} \cdot kg^{-1} \text{ ar seco}} = 0,971 \text{ kg} \cdot m^{-3} \text{ ar úmido}$$

A velocidade mássica do ar úmido será:

$$G = \rho v = (0,971 \text{ kg} \cdot m^{-3} \text{ ar úmido}(3 \text{ m} \cdot s^{-1}) = 2,912 \text{ kg ar úmido} \cdot m^{-2} \cdot s^{-1}$$

O diâmetro equivalente é calculado segundo a Equação 16.72:

$$D_{eq} = \frac{4(0,65 \text{ m})(0,10 \text{ m})}{2(0,65 \text{ m}) + 2(0,10 \text{ m})} = 0,173 \text{ m}$$

Assumindo-se que a Equação 16.74 é válida, determina-se h:

$$h = \frac{8,8(2,912)^{0,8}}{(0,173)^{0,2}} = 29,38 \text{ W} \cdot m^{-2} \cdot K^{-1}$$

Para calcular o coeficiente de troca térmica que combina os mecanismos de condução e convecção, U_k, aplica-se a Equação 16.77, em que

$$A_T = \overline{A} = (0,65 \text{ m})(0,65 \text{ m}) = 0,4225 \text{ m}^2$$

$$A = (4 \times 0,65 \text{ m})(0,025 \text{ m}) + A_T = 0,4875 \text{ m}^2$$

$$U_k = \cfrac{1}{\left(\cfrac{1}{h} + \cfrac{e_P}{k_M}\right)\cfrac{A_P}{A} + \cfrac{e_C}{k_S}\cfrac{A_T}{\overline{A}}}$$

$$U_k = \cfrac{1}{\left[\left(\cfrac{1}{29,38 \text{ W} \cdot m^{-2} \cdot K^{-1}}\right) + \left(\cfrac{0,001 \text{ m}}{237 \text{ W} \cdot m^{-1} \cdot K^{-1}}\right)\right]\left(\cfrac{0,4225 \text{ m}^2}{0,4875 \text{ m}^2}\right) + \left(\cfrac{0,025 \text{ m}}{0,2 \text{ W} \cdot m^{-1} \cdot K^{-1}}\right)\left(\cfrac{0,4225 \text{ m}^2}{0,4225 \text{ m}^2}\right)}$$

$$U_k = 6,47 \text{ W} \cdot m^{-2} \cdot K^{-1}$$

Para calcular o calor recebido por radiação pela Equação 16.78, é necessário estimar o fator de vista, que pode ser calculado segundo a Equação 16.79:

$$\zeta_{12} = \frac{1}{\dfrac{1}{\xi_1} + \dfrac{1}{\xi_2} - 1} = \frac{1}{\dfrac{1}{0,95} + \dfrac{1}{0,9} - 1} = 0,859$$

Para determinar h_r há necessidade de iniciar o cálculo com uma estimativa inicial de T_{sup}, pois essa temperatura não é conhecida. Com o intuito de determinar a umidade absoluta no ar contíguo à superfície úmida do sólido, aplica-se balanço de massa e calor segundo a Equação 16.69.

Como já foi discutido na Seção 16.1.3.3, o calor úmido (C_H), também denominado razão psicrométrica, é praticamente igual ao valor numérico de $h/(k_y \bar{M}_{Mar})$, isto é:

$$C_H = \frac{h}{k_y \bar{M}_{Mar}} = \frac{h}{k_{\bar{Y}}} \tag{16.82}$$

Então, Equação 16.69 combinada com a Equação 16.82:

$$(\bar{Y}_w^* - \bar{Y}_w)\frac{\Delta_{vap}H}{C_H} = \left(1 + \frac{U_k}{h}\right)(T - T_{sup}) + \frac{h_r}{h}(T_r - T_{sup}) \tag{16.83}$$

Se h_r for corrigido pelo fator $(T - T_{sup})/(T_r - T_{sup})$, a Equação 16.83 será representada por uma reta segundo:

$$(\bar{Y}_w^* - \bar{Y}_w) = \frac{C_H}{h\Delta_{vap}H} = \left(h + U_k\frac{h_r(T_r - T_{sup})}{(T - T_{sup})}\right)(T - T_{sup}) = \frac{UC_H}{h\Delta_{vap}H}(T - T_{sup}) \tag{16.84}$$

em que

$$U = \left(h + U_k + \frac{h_r(T_r - T_{sup})}{(T - T_{sup})}\right) \tag{16.85}$$

A Equação 16.83 ou a 16.84 deverá ser solucionada simultaneamente com a curva de saturação de umidade da carta psicrométrica (Figura 16.3). Para tanto se inicia com a estimativa da temperatura de 45 °C, que é superior a de bulbo úmido correspondente ao ar de secagem a 90 °C e umidade absoluta igual a 0,01 (ao nível do mar é 33,2 °C) (Figura 16.26).

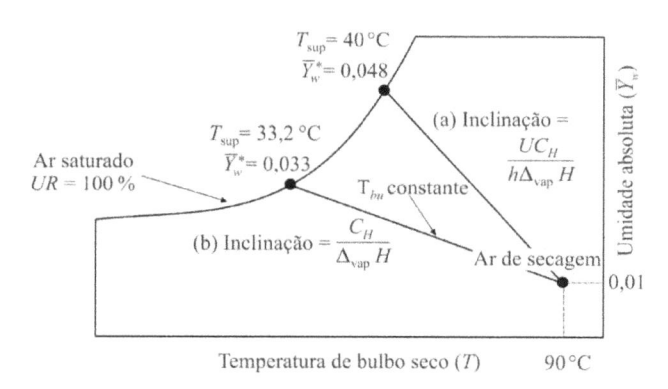

Figura 16.26 Solução do Exemplo 16.5.

(i) determina-se o coeficiente de transmissão de calor radiante com a temperatura estimada de 45 °C, segundo a Equação 16.81:

$$h_r = \frac{\zeta_{12}(5,670 \times 10^{-8})(T_r^4 - T_{sup}^4)}{T_r - T_{sup}} = \frac{0,859(5,670 \times 10^{-8} \text{ W} \cdot \text{m}^{-2} \cdot \text{K}^{-4})(403,15^4 - 318,15^4) \text{ K}^4}{(403,15 - 318,15) \text{ K}}$$

$$h_r = 9,27 \text{ W} \cdot \text{m}^{-2} \cdot \text{K}^{-1}$$

Calcula-se o calor úmido pela Equação 16.5:

$$C_H = (1,005 \text{ kJ} \cdot \text{kg}^{-1} \text{ ar seco} \cdot \text{K}^{-1}) + (1,88 \text{ kJ} \cdot \text{kg}^{-1} \cdot \text{água} \cdot \text{K}^{-1})(0,01 \text{ kg água} \cdot \text{kg}^{-1} \text{ ar seco})$$

$$C_H = 1023,8 \text{ J} \cdot \text{kg}^{-1} \text{ ar seco} \cdot \text{K}^{-1}$$

Calcula-se U segundo a Equação 16.85:

$$U = \left(29,38 \text{ W} \cdot \text{m}^{-2} \cdot \text{K}^{-1} + 6,47 \text{ W} \cdot \text{m}^{-2} \cdot \text{K}^{-1} + \frac{9,27 \text{ W} \cdot \text{m}^{-2} \cdot \text{s}^{-1}(403,15 - 318,15) \text{ K}}{(363,15 - 318,15) \text{ K}} \right)$$

$$U = 53,36 \text{ W} \cdot \text{m}^{-2} \cdot \text{K}^{-1}$$

A entalpia de vaporização a 45 °C é estimada em $2394,3 \times 10^3$ J $\cdot$ kg^{-1} água. Substituindo-se então todos os valores na Equação 16.84, obtém-se:

$$\overline{Y}_w^* = \frac{(53,36 \text{ W} \cdot \text{m}^{-2} \cdot \text{K}^{-1})(1023,8 \text{ J} \cdot \text{kg}^{-1} \text{ ar seco} \cdot \text{K}^{-1})}{(29,38 \text{ W} \cdot \text{m}^{-2} \cdot \text{K}^{-1})(2394,3 \times 10^3 \text{ J} \cdot \text{kg}^{-1} \text{ água})}(363,15 - 318,15) \text{ K} + 0,01 \text{ kg água} \cdot \text{kg}^{-1} \text{ ar seco}$$

$$\overline{Y}_w^* = 0,045 \text{ kg água} \cdot \text{kg}^{-1} \text{ ar seco}$$

Portanto, para $T_{\text{sup}} = 45$ °C, $\overline{Y}_w^* = 0,045$ kg água $\cdot$ kg^{-1} ar seco.

Pela carta psicrométrica, a intersecção da Equação 16.84 com a linha de saturação a 0,045 kg água $\cdot$ kg^{-1} ar seco corresponde aproximadamente à temperatura de 39 °C. Em uma segunda tentativa estima-se que a temperatura seja 40 °C. Calcula-se o coeficiente de transmissão de calor radiante nessa nova temperatura:

$$h_r = \frac{0,859(5,670 \times 10^{-8})(403,15^4 - 313,15^4)}{(403,15 - 313,15)} = 9,09 \text{ W} \cdot \text{m}^{-2} \cdot \text{K}^{-1}$$

Calcula-se novamente U segundo a Equação 16.85:

$$U = \left(29,38 \text{ W} \cdot \text{m}^{-2} \cdot \text{K}^{-1} + 6,47 \text{ W} \cdot \text{m}^{-2} \cdot \text{K}^{-1} + \frac{9,09 \text{ W} \cdot \text{m}^{-2} \cdot \text{K}^{-1}(403,15 - 313,15) \text{ K}}{(363,15 - 313,15) \text{ K}} \right) = 52,21 \text{ W} \cdot \text{m}^{-2} \cdot \text{K}^{-1}$$

A entalpia de vaporização a 40 °C é estimada em $2406,2 \times 10^3$ J $\cdot$ kg^{-1} água. Substituindo-se esses novos valores na Equação 16.84, obtém-se:

$$\overline{Y}_w^* = \frac{(52,21 \text{ W} \cdot \text{m}^{-2} \cdot \text{K}^{-1})(1023,8 \text{ J} \cdot \text{kg}^{-1} \text{ ar seco} \cdot \text{K}^{-1})}{(29,38 \text{ W} \cdot \text{m}^{-2} \cdot \text{K}^{-1})(2406,2 \times 10^3 \text{ J} \cdot \text{kg}^{-1} \text{ água})}(363,15 - 313,15) \text{ K} + 0,01 \text{ kg água} \cdot \text{kg}^{-1} \text{ ar seco}$$

$$\overline{Y}_w^* = 0,048 \text{ kg água} \cdot \text{kg}^{-1} \text{ ar seco}$$

Pela carta psicrométrica, a intersecção da Equação 16.84 com a linha de saturação a 0,048 kg água $\cdot$ kg^{-1} ar seco corresponde a 40 °C (curva (a) da Figura 16.26). Portanto, com a temperatura de 40 °C calcula-se a velocidade mássica de evaporação da água com todas as contribuições, usando a Equação 16.69:

$$\dot{R}_{sc} = \frac{(h + U_k)(T - T_{\text{sup}}) + h_r(T_r - T_{\text{sup}})}{\Delta_{vap} H} k_{\overline{Y}}(\overline{Y}_w^* - \overline{Y}_w)$$

$$\dot{R}_{sc} = \frac{(29,38 + 6,47) \text{ W} \cdot \text{m}^{-2} \cdot \text{K}^{-1}(363,15 - 313,15) \text{ K} + 9,09 \text{ W} \cdot \text{m}^{-2} \cdot \text{K}^{-1}(403,15 - 313,15) \text{ K}}{2406,2 \times 10^3 \text{ J} \cdot \text{kg}^{-1} \text{ água}}$$

$$\dot{R}_{sc} = 1,08 \times 10^{-3} \text{ kg água} \cdot \text{m}^{-2} \cdot \text{s}^{-1}$$

(ii) quando se assume que nenhuma radiação ou condução de calor através do sólido ocorre durante a secagem, então a temperatura de superfície do sólido é considerada a temperatura de bulbo úmido do ar de secagem. A temperatura de bulbo úmido correspondente ao ar de secagem a 90 °C com umidade absoluta de 0,01 kg água $\cdot$ kg^{-1} ar seco, ao nível do mar, é igual a 33,2 °C. Calcula-se a taxa da secagem adiabática:

$$\dot{R}_{sc} = \frac{h(T - T_{bu})}{\Delta_{vap} H} = \frac{29,38 \text{ W} \cdot \text{m}^{-2} \cdot \text{K}^{-1}(90 - 33,2)\,^\circ\text{C}}{2422,4 \times 10^3 \text{ J} \cdot \text{kg}^{-1} \text{ água}} = 6,9 \times 10^{-4} \text{ kg água} \cdot \text{m}^{-2} \cdot \text{s}^{-1}$$

Nesse caso, a umidade absoluta é encontrada por meio da linha adiabática, quando intercepta a curva de umidade saturada (curva (b) da Figura 16.26), resultando em $\overline{Y}_w^* = 0,033$ kg água $\cdot$ kg^{-1} ar seco. Nesse exemplo, a radiação e a condução contribuíram com quase 40 % da taxa total de secagem.

Na Figura 16.26 constata-se uma considerável variação de umidade e temperatura entre o ar de secagem que chega à borda da bandeja e o ar que passa sobre o material que está sendo seco. Isso promove baixa uniformidade na secagem ao longo da bandeja. Nesses casos, recomenda-se inverter o fluxo do ar ou girar as bandejas periodicamente.

Resposta: (i) considerando a contribuição de todos os mecanismos de transferência de calor, a taxa de secagem resulta em $\dot{R}_{sc} = 1{,}08 \times 10^{-3}$ kg água $\cdot$ m^{-2} $\cdot$ s^{-1}; (ii) considerando apenas a contribuição da convecção, o resultado é $\dot{R}_{sc} = 6{,}9 \times 10^{-4}$ kg água $\cdot$ m^{-2} $\cdot$ s^{-1}, o que leva à conclusão que, nesse exemplo, a contribuição por radiação e condução representou quase 40 % da taxa total de secagem.

16.4.4.2 Modelagem no período de taxa de secagem decrescente

(i) *Período de superfície não saturada*

Desde que o mecanismo de evaporação durante o período de superfície não saturada é o mesmo que no período de taxa de secagem constante, então os efeitos de variáveis como a temperatura, a umidade e a velocidade do gás sobre a taxa de secagem serão similares, isto é:

$$\dot{R}_s = -m\frac{dX_w}{dt}\frac{1}{A_T} = \frac{U(T - T_{\text{sup}})}{\Delta_{\text{vap}}H} = k_G M_{Mw}(P_{vw} - p_v) = k_{\bar{Y}}(\bar{Y}_{w\,\text{sup}}^* - \bar{Y}_w) \tag{16.86}$$

(ii) *Período de controle interno*

a) Mecanismo da difusão

A teoria da difusão da umidade como líquido e/ou vapor é a principal teoria utilizada para interpretar a secagem de alimentos. Esta é representada pela segunda Lei de Fick:

$$\frac{\partial \bar{X}_w}{\partial t} = D_{\text{ef}}\nabla^2 \bar{X}_w \tag{16.87}$$

em que D_{ef} é a difusividade efetiva [m^2 $\cdot$ s^{-1}]; t é o tempo [s] e $\bar{X}_w$ é a umidade em base seca [kg água $\cdot$ kg^{-1} matéria seca], definida pela Equação 16.57; ou por (c_w/c_{ms}), a razão entre a concentração de água [kg $\cdot$ m^{-3}] e a concentração de matéria seca [kg $\cdot$ m^{-3}] que, por sua vez, pode ser representada por (c_w/ρ_{ms}), em que ρ_{ms} é a densidade da matéria seca [kg $\cdot$ m^{-3}].

Em estudos de secagem, quando o sistema é definido por dois componentes, água e sólidos, é conveniente utilizar conteúdo de água em base seca. Entretanto, a equação de Fick, apresentada no Capítulo 15, é definida em termos de concentração (mássica ou molar) e considera que a densidade global do meio é constante. Portanto, substituindo-se c_w por $\rho_{ms}\bar{X}_w$ na equação de Fick, considerando ρ_{ms} constante, obtém-se a Equação 16.87. Deve-se ressaltar que a consideração de ρ_{ms} constante implica a hipótese de que não há encolhimento, o que não é verdadeiro quando o alimento é altamente deformável. Além disso, a difusividade é dependente da temperatura e da concentração simultaneamente, além de englobar outros efeitos que podem intervir nesse fenômeno de migração de umidade, como o encolhimento anteriormente mencionado, a porosidade e a tortuosidade. Por essa razão a Equação 16.87 não é capaz de representar todas as variáveis que afetam a transferência de massa na secagem e, portanto, trabalha-se com uma difusividade efetiva. Essas hipóteses simplificativas fazem o modelo de difusão ser, em muitos casos, uma representação empírica do período de taxa decrescente de secagem.

Para sólidos de formas geométricas simples e constantes ao longo do processo, aplicam-se soluções analíticas da Equação 16.87.

Admitindo-se que o alimento, no estado inicial, tem umidade uniformemente distribuída, que o sólido apresenta simetria, que as condições de superfície são constantes e que a resistência externa é desprezível, para uma *placa plana infinita*, com espessura $2e_P$, isto é, $-e_P < z < e_P$, a Equação 16.87 pode ser escrita como:

$$\frac{\partial \bar{X}_w}{\partial t} = D_{\text{ef}}\frac{\partial^2 \bar{X}_w}{\partial z^2} \tag{16.88}$$

Sujeita às condições:

$$t = 0, \text{ para todo } z, \ \bar{X}_w = \bar{X}_{w0} \tag{16.89}$$

$$t > 0, z = 0, \ \left.\frac{\partial \bar{X}_w}{\partial z}\right|_{z=0} = 0 \tag{16.90}$$

$$t > 0, z = e_P, \ \bar{X}_w = \bar{X}_w^* \tag{16.91}$$

em que $\overline{X}_{w0}$ refere-se à umidade em base seca no instante zero $t = 0$ e $\overline{X}_w^*$ se refere à umidade na superfície do sólido na condição do equilíbrio entre a superfície e o meio.

Seguindo as mesmas considerações anteriores, para *cilindros infinitos* de raio R, isto é, $0 < r < R$, a Equação 16.87 pode ser escrita como:

$$\frac{\partial \overline{X}_w}{\partial t} = D_{ef}\left(\frac{\partial^2 \overline{X}_w}{\partial r^2} + \frac{1}{r}\frac{\partial \overline{X}_w}{\partial r}\right)$$

(16.92)

Sujeita às condições:

$$t = 0, \text{ para todo } r, \ \overline{X}_w = \overline{X}_{w0}$$

(16.93)

$$t > 0, r = 0, \ \left.\frac{\partial \overline{X}_w}{\partial r}\right|_{r=0} = 0$$

(16.94)

$$t > 0, r = R, \ \overline{X}_w = \overline{X}_w^*$$

(16.95)

Para o caso de *esferas* de raio R, isto é, $0 < r < R$, a Equação 16.87 torna-se:

$$\frac{\partial \overline{X}_w}{\partial t} = D_{ef}\left(\frac{\partial^2 \overline{X}_w}{\partial r^2} + \frac{2}{r}\frac{\partial \overline{X}_w}{\partial r}\right)$$

(16.96)

Sujeita às condições:

$$t = 0, \text{ para todo } r, \ \overline{X}_w = \overline{X}_{w0}$$

(16.97)

$$t > 0, r = 0, \ \left.\frac{\partial \overline{X}_w}{\partial r}\right|_{r=0} = 0$$

(16.98)

$$t > 0, r = R, \ \overline{X}_w = \overline{X}_w^*$$

(16.99)

As soluções analíticas das equações diferenciais anteriores, quando integradas ao longo da distância, expressam a quantidade média $\overline{X}_{wm}$ da água distribuída no sólido, após determinado tempo. As soluções integradas apresentam o número de Fourier para transferência de massa, N_{Fo_M}, grupo adimensional equivalente ao originalmente proposto em transferência de calor.

Para *placa* infinita, $-e_P < z < e_P$, $N_{Fo_M} = D_{ef}t/e_P^2$

$$\frac{\overline{X}_{wm} - \overline{X}_w^*}{\overline{X}_{w0} - \overline{X}_w^*} = \frac{8}{\pi^2}\left[e^{\left(\frac{-\pi^2}{4}N_{Fo_M}\right)} + \frac{1}{9}e^{\left(\frac{-9\pi^2}{4}N_{Fo_M}\right)} + \frac{1}{25}e^{\left(\frac{-25\pi^2}{4}N_{Fo_M}\right)} + \frac{1}{49}e^{\left(\frac{-49\pi^2}{4}N_{Fo_M}\right)} + \ldots\right] = f(N_{Fo_M})_{\substack{\text{placa} \\ \text{infinita}}}$$

(16.100)

em que $\overline{X}_{wm}$ representa a umidade média no sólido.

Para *cilindro* infinito, $0 < r < R$, $N_{Fo_M} = D_{ef}t/R^2$

$$\frac{\overline{X}_{wm} - \overline{X}_w^*}{\overline{X}_{w0} - \overline{X}_w^*} = 4\left[\frac{1}{5,783}e^{(-5,783\,N_{Fo_M})} + \frac{1}{30,472}e^{(-30,472\,N_{Fo_M})} + \frac{1}{74,887}e^{(-74,887\,N_{Fo_M})} + \right.$$

$$\left. + \frac{1}{139,09}e^{(-139,09\,N_{Fo_M})} + \ldots\right] = f(N_{Fo_M})_{\substack{\text{cilindro} \\ \text{infinito}}}$$

(16.101)

Para *esfera*, $0 < r < R$, $N_{Fo_M} = D_{ef}t/R^2$

$$\frac{\overline{X}_{wm} - \overline{X}_w^*}{\overline{X}_{w0} - \overline{X}_w^*} = \frac{6}{\pi^2}\left[e^{(-\pi^2\,N_{Fo_M})} + \frac{1}{4}e^{(-4\pi^2\,N_{Fo_M})} + \frac{1}{9}e^{(-9\pi^2\,N_{Fo_M})} + \frac{1}{16}e^{(-16\pi^2\,N_{Fo_M})} + \ldots\right] = f(N_{Fo_M})_{\text{esfera}}$$

(16.102)

Quando o valor de N_{Fo_M} é alto, as séries convergem rapidamente, necessitando de poucos termos para descrever a concentração média em função do tempo. Se $N_{Fo_M} > 0,2$, basta o primeiro termo das séries. Quando o corpo é um cilindro curto (bidimensional), um cubo ou um paralelepípedo (tridimensional), pode-se utilizar o produto das soluções integradas, compondo o sólido a partir das geometrias envolvidas. Por exemplo:

$$\left(\frac{\overline{X}_{wm} - \overline{X}_{w}^{*}}{\overline{X}_{w0} - \overline{X}_{w}^{*}}\right)_{cubo(e_{p_x} \times e_{p_y} \times e_{p_z})} = f(N_{Fo_M})_{\substack{placa \\ infinita\ (e_{p_x})}} \times f(N_{Fo_M})_{\substack{placa \\ infinita\ (e_{p_y})}} \times f(N_{Fo_M})_{\substack{placa \\ infinita\ (e_{p_z})}} \quad (16.103)$$

$$\left(\frac{\overline{X}_{wm} - \overline{X}_{w}^{*}}{\overline{X}_{w0} - \overline{X}_{w}^{*}}\right)_{\substack{cilindro \\ curto\ (e_{p} \times R)}} = f(N_{Fo_M})_{\substack{placa \\ infinita\ (e_{p})}} \times f(N_{Fo_M})_{\substack{cilindro \\ infinito\ (R)}} \quad (16.104)$$

Quando a transferência de massa do vapor de água da superfície do alimento para a corrente gasosa influencia a taxa de secagem, significa que a resistência externa é importante e que deve ser considerada. Nesse caso, as Equações 16.91, 16.95 e 16.99, que representam condições constantes na superfície, fortemente dependentes da temperatura e umidade relativa do ar de secagem, deverão ser substituídas por condições de contorno que expressem o fluxo do vapor na superfície do alimento em função de parâmetros físicos e cinéticos como velocidade, viscosidade e densidade do ar de secagem, assim como a difusividade da umidade no meio gasoso.

Para efeitos práticos, durante um processo de secagem, geralmente os gradientes de temperatura ao longo do alimento ou do secador são desconsiderados e as temperaturas médias são consideradas. Entretanto, existe uma forte influência da temperatura sobre a difusividade, o que se constata por meio de curvas de secagem geradas em diferentes temperaturas. A dependência do coeficiente de difusão com a temperatura pode ser descrita pela equação de Arrhenius:

$$D_{ef} = D_{ref}\exp\left(-\frac{E_a}{RT}\right) \quad (16.105)$$

em que E_a é a energia de ativação [J · mol^{-1}]; D_{ref} é um coeficiente de difusão referência [m^2·s^{-1}]; R é a constante universal dos gases [8,314 J · mol^{-1} · K^{-1}] e T é a temperatura [K].

O Exemplo 16.6 apresenta o cálculo do tempo de secagem de grãos de milho utilizando a solução analítica da equação de Fick para a geometria esférica.

EXEMPLO 16.6

A difusividade em milho foi determinada por Doymaz e Pala (2003) para secagem dos grãos em temperaturas entre 55 ºC e 75 °C. O milho, parcialmente desidratado ao sol até umidade média em torno de 0,30 kg · kg^{-1} total (base úmida), foi submetido a secagem em equipamento piloto. Como resultado dos ensaios, foram encontradas as difusividades efetivas de 9,488 × 10^{-11} m^2 · s^{-1} a 55 °C, 1,153 × 10^{-10} m^2 · s^{-1} a 65 °C e 1,768 × 10^{-10} m^2 · s^{-1} a 75 °C. Na temperatura de 60 °C determine o tempo de secagem necessário para grãos com diâmetro médio de 8 mm atingirem a umidade de 0,12 kg · kg^{-1} total (base úmida). Considere o conteúdo de umidade de equilíbrio desprezível.

Solução

Inicialmente determina-se a energia de ativação para, a seguir, calcular a difusividade a 60 °C. Para tanto, constrói-se um gráfico de $\ln(D_{ef})$ em função de $1/RT$. A regressão linear resulta em:

$$D_{ef} = 4,75 \times 10^{-6}\ m^2 \cdot s^{-1}\ \exp\left(\frac{-29648\ J \cdot mol^{-1}}{RT}\right),\ com\ r^2 = 0,95.$$

Portanto, para a secagem a 60 °C, a difusividade estimada será:

$$D_{ef} = 4,75 \times 10^{-6}\ m^2 \cdot s^{-1}\ \exp\left(\frac{-29648\ J \cdot mol^{-1}}{8,314\ J \cdot mol^{-1} \cdot K^{-1}(273,15 + 60)\ K}\right) = 1,07 \times 10^{-10}\ m^2 \cdot s^{-1}$$

Para longos tempos de secagem, normalmente acima de 3 h a 4 h, o número de Fourier, $N_{Fo_M} = D_{ef}t/R^2$, será maior que 0,2; o que satisfaz o critério para que a série apresente convergência para o primeiro termo. Utiliza-se o primeiro termo da série da equação para esfera (Equação 16.102), isto é:

$$\frac{\overline{X}_{wm} - \overline{X}_{w}^{*}}{\overline{X}_{w0} - \overline{X}_{w}^{*}} = \frac{6e^{(-\pi^2 N_{Fo_M})}}{\pi^2} = \frac{6e^{\left(-\pi^2 \frac{D_{ef}t}{R^2}\right)}}{\pi^2}$$

As umidades em base seca são calculadas:

$$\overline{X}_{wm} = \frac{X_w}{X_{ms}} = \frac{0,12}{(1 - 0,12)} = 0,136 \text{ kg água} \cdot \text{kg}^{-1} \text{ matéria seca}$$

$$\overline{X}_{w0} = \frac{X_{w0}}{X_{ms0}} = \frac{0,30}{(1 - 0,30)} = 0,429 \text{ kg água} \cdot \text{kg}^{-1} \text{ matéria seca}$$

Portanto, substituindo-se os valores na equação, para uma esfera com raio médio de 4 mm, obtém-se:

$$t = -\ln\left(\frac{\pi^2 \overline{X}_{wm}}{6\overline{X}_{w0}}\right)\frac{R^2}{\pi^2 D_{ef}} = -\ln\left(\frac{\pi^2 \times 0,136 \text{ kg água} \cdot \text{kg}^{-1} \text{ matéria seca}}{6 \times 0,429 \text{ kg água} \cdot \text{kg}^{-1} \text{ matéria seca}}\right)\frac{(4 \times 10^{-3}\text{m})^2}{\pi^2 \times 1,07 \times 10^{-10}\text{m}^2 \cdot \text{s}^{-1}}$$

$$t = 9800 \text{ s} \cong 3 \text{ h}$$

Para 3 h de secagem, a hipótese de o número de Fourier ser maior que 0,2 não é válida. Entretanto, utilizando-se mais termos da série, o tempo de secagem foi apenas 5 % maior que o anteriormente calculado (10300s).

Resposta: O tempo de secagem necessário é de cerca de 3 h.

---

b)   Mecanismo da capilaridade

A teoria da capilaridade é adequada para leitos de sólidos granulados ou substâncias que apresentam poros abertos, nos quais o mecanismo de difusão molecular não se aplica. Nesses materiais o movimento do líquido dentro dos interstícios e capilares ocorre por causa da atração molecular entre o líquido e o sólido. A tensão superficial da água gera uma curvatura na interface do líquido–gás que, por sua vez, cria uma pressão capilar responsável pela sucção do líquido nos poros. A diferença de pressão entre a água e o ar nessa interface curva é chamada de força impulsora do fluxo no capilar insaturado. A ascensão do líquido no capilar pode ser determinada mediante um balanço de forças, sob a hipótese de que o líquido molha completamente o capilar e que o ângulo de contato da parede com o líquido é igual à zero. Entretanto, as dimensões dos poros de um sólido não são uniformes e as paredes podem não ser completamente molhadas. Para condições isotérmicas, o fluxo de umidade por causa da capilaridade pode ser expresso em termos de um parâmetro de condutividade líquida multiplicado pelo gradiente de umidade. Nesse caso, a equação que governa o transporte tem a mesma forma da equação de difusão. Uma revisão dessa teoria pode ser encontrada em Fortes e Okos (1980).

16.4.5 Cálculo do tempo de secagem nos períodos de taxa constante e decrescente em secadores em batelada

As curvas de secagem são úteis para determinar o tempo de secagem em bateladas, nas mesmas condições de secagem. Porém, é possível estimar o tempo de secagem de um alimento a partir de uma curva de secagem, em condições diferentes daquelas usadas nos experimentos. Tomam-se os limites de tempo inicial e final e correspondentes umidades determinadas nas condições de secagem utilizadas nos experimentos e, dentro desses limites, estima-se a taxa de secagem ($\dot{R}_s$, Equação 16.59). Com base nas taxas de secagem, é possívlel avaliar condições diferentes daquelas usadas nos experimentos, desde que estejam dentro dos limites estudados.

Parte-se da Equação 16.59, que representa o fluxo de transferência de massa de água durante a secagem, ou a taxa de secagem ($\dot{R}_s$). A representação dos dados de variação da umidade por unidade de tempo em função da umidade fornece tipicamente uma curva como a da Figura 16.24.

A Equação 16.59 pode ser integrada no intervalo de tempo correspondente a um conteúdo inicial $\overline{X}_{w1}$ até $\overline{X}_{w2}$, isto é:

$$t = \int_0^t dt = -\frac{m_{ms}}{A_T}\int_{\overline{X}_{w1}}^{\overline{X}_{w2}}\frac{d\overline{X}_w}{\dot{R}_s} \tag{16.106}$$

Para período de *taxa de secagem constante*, $\dot{R}_s = \dot{R}_{sc}$ e $\overline{X}_{wc} < \overline{X}_{w2} < \overline{X}_{w1}$. A integração da Equação 16.106 resulta em:

$$t = \frac{m_{ms}(\overline{X}_{w1} - \overline{X}_{w2})}{A_T \, \dot{R}_{sc}} \tag{16.107}$$

Para período de *taxa de secagem decrescente*, $\overline{X}_w^* < \overline{X}_{w2} < \overline{X}_{w1} < \overline{X}_{wc}$. No caso mais geral tem-se uma equação de qualquer funcionalidade representando a taxa decrescente de secagem em função de $\overline{X}_w$, isto é, $\dot{R}_s = f(\overline{X}_w)$, que pode ser inserida na Equação 16.106 para efetuar a integração. Outra maneira de determinar o tempo de secagem é realizar uma integração gráfica calculando-se a área sob uma curva de $(1/\dot{R}_s)$ na ordenada em função de $\overline{X}_w$ na abscissa, cujo resultado corresponderá ao valor da integral na Equação 16.106.

A seguir apresenta-se o caso em que a *taxa de secagem decrescente*, $\dot{R}_s = f(\overline{X}_w)$, apresenta comportamento *linear* em função da umidade, isto é:

$$\dot{R}_s(\overline{X}_w) = a\overline{X}_w + b \tag{16.108}$$

em que a é o coeficiente angular da reta e b é o coeficiente linear.

Substituindo-se a Equação 16.108 na 16.106 e integrando-se no intervalo de tempo correspondente a um conteúdo inicial $\overline{X}_{w1}$ até $\overline{X}_{w2}$, obtém-se

$$t = \int_0^t dt = -\frac{m_{ms}}{A_T}\int_{\overline{X}_{w1}}^{\overline{X}_{w2}}\frac{d\overline{X}_w}{a\overline{X}_w + b} = \frac{m_{ms}}{aA_T}\ln\frac{a\overline{X}_{w1} + b}{a\overline{X}_{w2} + b} \tag{16.109}$$

em que

$$a = \frac{\dot{R}_{s2} - \dot{R}_{s1}}{\overline{X}_{w2} - \overline{X}_{w1}} \tag{16.110}$$

$$b = \dot{R}_{s1} - a\overline{X}_{w1} = \dot{R}_{s2} - a\overline{X}_{w2} \tag{16.111}$$

Combinando-se as Equações 16.109, 16.110 e 16.111, obtém-se:

$$t = \frac{m_{ms}}{A_T}\frac{\overline{X}_{w2} - \overline{X}_{w1}}{\dot{R}_{s2} - \dot{R}_{s1}}\ln\frac{\dot{R}_{s2}}{\dot{R}_{s1}} = \frac{m_{ms}}{A_T}\frac{\overline{X}_{w2} - \overline{X}_{w1}}{\dot{R}_{\ln}} \tag{16.112}$$

em que $\dot{R}_{\ln}$ é a média logarítmica da taxa $\dot{R}_{s1}$ na umidade $\overline{X}_{w1}$ e da taxa $\dot{R}_{s2}$ na umidade $\overline{X}_{w2}$, isto é:

$$\dot{R}_{\ln} = \frac{\dot{R}_{s2} - \dot{R}_{s1}}{\ln(\dot{R}_{s2}/\dot{R}_{s1})} \tag{16.113}$$

Caso o intervalo *total de taxa decrescente*, isto é, entre $\overline{X}_{wc}$ e $\overline{X}_w^*$ seja tomado como uma função *linear*, então:

$$\dot{R}_s = a(\overline{X}_w - \overline{X}_w^*) \tag{16.114}$$

e

$$a = \frac{\dot{R}_{sc} - 0}{\overline{X}_{wc} - \overline{X}_w^*} \tag{16.115}$$

Evidentemente avalia-se o tempo de secagem antes de atingir o equilíbrio, pois no equilíbrio a taxa de secagem tende a zero. Combinando-se as Equações 16.106, 16.114 e 16.115, obtém-se:

$$t = \int_0^t dt = -\frac{m_{ms}}{A_T}\int_{\overline{X}_{w1}}^{\overline{X}_{w2}}\frac{d\overline{X}_w}{a(\overline{X}_w - \overline{X}_w^*)} = \frac{m_{ms}}{A_T}\frac{\overline{X}_{wc} - \overline{X}_w^*}{\dot{R}_{sc}}\ln\frac{\overline{X}_{w1} - \overline{X}_w^*}{\overline{X}_{w2} - \overline{X}_w^*} \tag{16.116}$$

O problema apresentado como Exemplo 16.7 discute o cálculo dos tempos de secagem nos períodos de taxa de secagem constante e taxa de secagem decrescente.

EXEMPLO 16.7

Uma batelada de sólidos está sendo seca em condições idênticas àquelas usadas para determinar a curva de secagem representada na Figura 16.27. Os dados utilizados para a construção da curva são apresentados na Tabela 16.5. A área de superfície de secagem é estimada em 0,03 m² · kg⁻¹ sólidos secos. Determine os tempos de secagem para cada período de secagem (A–B, B–C e C–D) de uma batelada de 100 kg de sólidos, inicialmente com uma fração mássica de água em base úmida de 0,19 kg água · kg⁻¹ total, até 0,085 kg água · kg⁻¹ total. Considere que o trecho C–D é bem representado pela função $\dot{R}_s = 1{,}03\times10^{-2}\ \overline{X}_w^2 - 6{,}24\times10^{-4}\ \overline{X}_w + 7{,}34\times10^{-6}$ (coeficiente de determinação $r^2 = 0{,}998$).

Solução

Pela Figura 16.27 é possível identificar a umidade crítica e a umidade de equilíbrio, isto é:

$$\overline{X}_{wc} = 0{,}20\ \text{kg água} \cdot \text{kg}^{-1}\ \text{matéria seca}$$

$$\overline{X}_w^* = 0{,}04\ \text{kg água} \cdot \text{kg}^{-1}\ \text{matéria seca}$$

Tabela 16.5 Dados de umidade em base seca e taxa de secagem
do processo correspondente ao Exemplo 16.7

UMIDADE $\overline{X}_w$ [kg · kg⁻¹ matéria seca]	TAXA DE SECAGEM $\dot{R}_s \times 10^3$ [kg · m⁻² · s⁻¹]
0,040	0
0,064	0,008
0,070	0,013
0,082	0,024
0,090	0,037
0,100	0,050
0,120	0,080
0,130	0,100
0,135	0,108
0,140	0,115
0,150	0,129
0,170	0,158
0,200	0,200
0,205	0,201
0,225	0,200
0,240	0,201

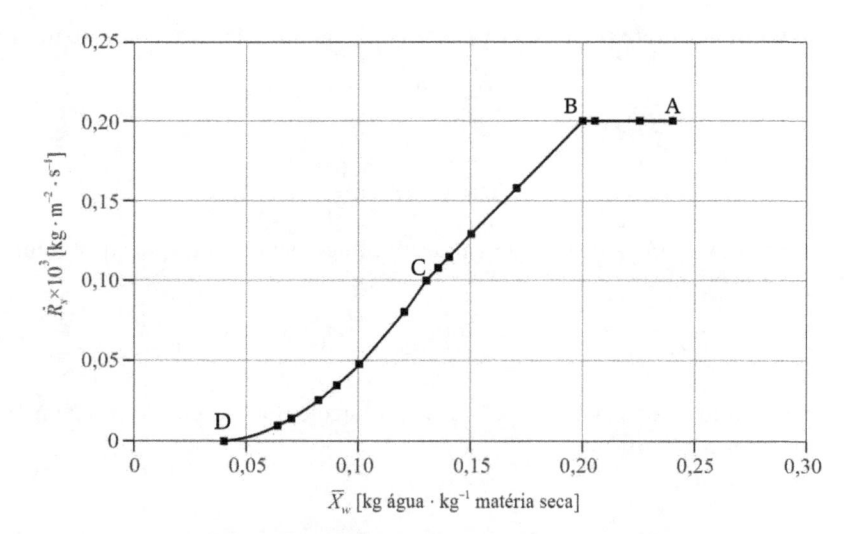

Figura 16.27 Taxa de secagem referente ao Exemplo 16.7.

Além disso, o trecho C–D se inicia quando a umidade é igual a 0,13 kg água · kg⁻¹ matéria seca. A umidade inicial e a final são calculadas em base seca:

$$\overline{X}_w = \frac{X_w}{X_{ms}} = \frac{0,19}{(1 - 0,19)} = 0,235 \text{ kg água} \cdot \text{kg}^{-1} \text{ matéria seca}$$

$$\overline{X}_w = \frac{X_w}{X_{ms}} = \frac{0,085}{(1 - 0,085)} = 0,093 \text{ kg água} \cdot \text{kg}^{-1} \text{ matéria seca}$$

Para calcular o tempo de secagem no período de taxa constante (trecho A–B), substituem-se os valores de umidade correspondentes ao trecho com taxa constante na Equação 16.106. Substitui-se também a área de transferência de massa e a massa de sólidos secos, que são representados por:

$$\frac{A_T}{m_{ms}} = 0,03 \text{ m}^2 \cdot \text{kg}^{-1} \text{ sólidos secos}$$

Observe que o tamanho da batelada não interfere no tempo de secagem.

A Equação 16.107 resulta em:

$$t = \frac{m_{ms}(\overline{X}_{w1} - \overline{X}_{w2})}{A_T \, \dot{R}_{sc}} = \frac{1}{0,03 \text{ m}^2 \cdot \text{kg}^{-1} \text{ matéria seca}} \frac{(0,235 - 0,2) \text{ kg água} \cdot \text{kg}^{-1} \text{ matéria seca}}{0,2 \times 10^{-3} \text{ kg água} \cdot \text{m}^{-2} \cdot \text{s}^{-1}}$$

$$t = 5750 \text{ s} \cong 1,5 \text{ h}$$

Para calcular o tempo de secagem no período de taxa decrescente linear (trecho B–C), utiliza-se a Equação 16.112. Para tanto, calcula-se a média logarítmica da taxa de secagem correspondente à umidade crítica (0,20 kg água · kg⁻¹ matéria seca) e à umidade no ponto C (0,13 kg água · kg⁻¹ matéria seca):

$$\dot{R}_{\ln} = \frac{\dot{R}_{s2} - \dot{R}_{s1}}{\ln(\dot{R}_{s2}/\dot{R}_{s1})} = \frac{(0,2 - 0,1) \times 10^{-3} \text{ kg água} \cdot \text{m}^{-2} \cdot \text{s}^{-1}}{\ln\left(\dfrac{0,2 \times 10^{-3} \text{ kg água} \cdot \text{m}^{-2} \cdot \text{s}^{-1}}{0,1 \times 10^{-3} \text{ kg água} \cdot \text{m}^{-2} \cdot \text{s}^{-1}}\right)} = 0,144 \times 10^{-3} \text{ kg água} \cdot \text{m}^{-2} \cdot \text{s}^{-1}$$

Com a introdução desse resultado e das umidades na Equação 16.112, obtém-se:

$$t = \frac{m_{ms}}{A_T} \frac{(\overline{X}_{w2} - \overline{X}_{w1})}{\dot{R}_{\ln}} = \frac{(0,2 - 0,13) \text{ kg água} \cdot \text{kg}^{-1} \text{ matéria seca}}{(0,03 \text{ m}^2 \cdot \text{kg}^{-1} \text{ matéria seca})(0,144 \times 10^{-3} \text{ kg água} \cdot \text{m}^{-2} \cdot \text{s}^{-1})}$$

$$t = 16200 \text{ s} \cong 4,5 \text{ h}$$

Para calcular o tempo de secagem no período de taxa decrescente não linear (trecho C–D), limitado pelos valores de umidade 0,13 kg água · kg⁻¹ matéria seca e 0,093 kg água · kg⁻¹ matéria seca, substitui-se na Equação 16.106 a função $\dot{R}_s = 1,03 \times 10^{-2} \, \overline{X}_w^2 - 6,24 \times 10^{-4} \, \overline{X}_w + 7,34 \times 10^{-6}$, e procede-se à integração:

$$t = \frac{-1}{0,03 \text{ m}^2 \cdot \text{kg}^{-1} \text{ matéria seca}} \int_{\overline{X}_{w1}}^{\overline{X}_{w2}} \frac{d\overline{X}_w (\text{kg água} \cdot \text{kg}^{-1} \text{ matéria seca})}{(1,03 \times 10^{-2} \, \overline{X}_w^2 - 6,24 \times 10^{-4} \, \overline{X}_w + 7,34 \times 10^{-6})(\text{kg água} \cdot \text{m}^2 \cdot \text{s}^{-1})}$$

A integral de $(1/ax^2 + bx + c)$ é:

$$\int \frac{dx}{ax^2 + bx + c} = \frac{1}{\sqrt{-\Delta}} \ln \frac{2ax + b - \sqrt{-\Delta}}{2ax + b + \sqrt{-\Delta}} \quad \text{para } \Delta < 0$$

em que $\Delta = 4ac - b^2$

$$\Delta = 4 \times 1,03 \times 10^{-2} \times 7,34 \times 10^{-6} - (6,24 \times 10^{-4})^2 = -8,70 \times 10^{-8}$$

Portanto,

$$t = \left(\frac{-1}{0,03}\right)(3390) \ln \frac{2(1,03 \times 10^{-2})\overline{X}_w - 6,24 \times 10^{-4} - 2,95 \times 10^{-4}}{2(1,03 \times 10^{-2})\overline{X}_w - 6,24 \times 10^{-4} + 2,95 \times 10^{-4}} \Bigg|_{0,13}^{0,093} = 19850 \text{ s} \cong 5,5 \text{ h}$$

O tempo total gasto para atingir um conteúdo de água de 0,085 kg água · kg⁻¹ de massa total será aproximadamente 11,5 h.

Caso se queira calcular de forma aproximada o trecho B–D, correspondente ao período total de taxa decrescente de secagem, como uma reta, então se utiliza a Equação 16.116:

$$t = \frac{m_{ms}}{A_T} \frac{\overline{X}_{wc} - \overline{X}_w^*}{\dot{R}_{sc}} \ln \frac{\overline{X}_{w2} - \overline{X}_w^*}{\overline{X}_{w1} - \overline{X}_w^*} = \frac{1}{0,03} \frac{(0,2 - 0,04)}{(0,2 \times 10^{-3})} \ln \left(\frac{0,2 - 0,04}{0,093 - 0,04}\right) = 29460 \text{ s} \cong 8 \text{ h}$$

Nesse caso, de acordo com o cálculo aproximado, o tempo total gasto para atingir 0,085 kg água · kg⁻¹ de massa total resultou em cerca de 10 h, um pouco inferior ao estimado anteriormente (11,5 horas).

Resposta: Os tempos de secagem para os períodos de secagem A–B, B–C e C–D são, respectivamente, 1,5 h, 4,5 h e 5,5 h.

16.5 CÁLCULOS DE SECADORES

16.5.1 Balanços de massa e energia em secadores em batelada e contínuos

De acordo com o tipo de secador ou de operação de secagem, seja ela contínua ou em batelada, o cálculo da quantidade necessária de ar quente e do tempo de secagem implica a necessidade de efetuar balanços de massa e de energia ao longo do secador. Por meio de tais balanços, é possível avaliar as mudanças de umidade e temperatura sofridas pelo ar de secagem durante o processo.

Considerando, como exemplo, um secador contínuo, em contracorrente, com suas respectivas correntes de entrada e saída (Figura 16.28), um balanço de massa para a água pode ser escrito como:

$$\dot{m}_{ms}\overline{X}_{w1} + \dot{m}_{ar}\overline{Y}_{w2} = \dot{m}_{ms}\overline{X}_{w2} + \dot{m}_{ar}\overline{Y}_{w1} \tag{16.117}$$

em que $\dot{m}_{ms}$ é a vazão mássica de matéria seca contida na corrente de material a ser seco [kg · s^{-1}] e os índices 1 e 2 se referem às extremidades do secador, de acordo com a Figura 16.28.

Um balanço de energia nesse mesmo secador é dado por:

$$\dot{m}_{ms}H_{S1} + \dot{m}_{ar}H_{H2} = \dot{m}_{ms}H_{S2} + \dot{m}_{ar}H_{H1} + \dot{q} \tag{16.118}$$

em que H_H é a entalpia específica do ar úmido [J · kg^{-1}], dada pela Equação 16.6 e H_S é a entalpia específica do material que está sendo seco [J · kg^{-1}], a qual pode ser calculada pela Equação 16.119. A taxa de transferência de calor, $\dot{q}$, representa o calor perdido pelo secador em caso de operação não adiabática. Quando se tratar de secador adiabático, $\dot{q} = 0$.

$$H_s = C_{P_s}(T_s - T_{ref}) + \overline{X}_w C_{Pw}(T_s - T_{ref}) \tag{16.119}$$

em que C_{Ps} é o calor específico da fração de sólidos contidos no material que está sendo seco [J · kg^{-1} · K^{-1}]; C_{Pw} é o calor específico da água [J · kg^{-1} · K^{-1}] e T_{ref} é uma temperatura de referência, usualmente adotada como sendo 0 °C.

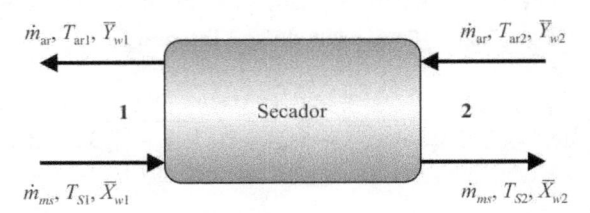

Figura 16.28 Representação das correntes de entrada e saída de um secador.

A partir das Equações 16.117 a 16.119, desde que sejam conhecidas as condições do ar disponível para a secagem, é possível calcular a quantidade de ar necessária para secar determinada quantidade de produto e as condições do ar na saída do secador. Equações similares podem ser escritas para um secador com fluxo de ar concorrente apenas invertendo os subíndices 1 e 2, que indicam as condições de entrada e saída do ar.

O Exemplo 16.8 mostra a aplicação do balanço de energia para o cálculo da vazão de ar necessária para operação de um secador.

EXEMPLO 16.8

Um secador de esteira será utilizado para a secagem contínua de 1350 kg · h^{-1} de folhas de erva-mate provenientes de uma etapa de processamento anterior. Ao entrar no secador, as folhas se encontram a 35 °C e contêm 0,40 kg água · kg^{-1} total (base úmida). O ar de secagem é alimentado ao secador em contracorrente, a 90 °C e com *UR* de 3 %. O produto deve deixar o secador com umidade máxima de 0,05 kg água · kg^{-1} matéria seca (base seca) e o calor específico da fração de sólidos secos da erva-mate é igual a 2,2 kJ · kg^{-1} · K^{-1}. Considere que o secador seja bem isolado termicamente e opere em condições adiabáticas, e que o produto deixe o secador na temperatura de bulbo úmido do ar de secagem. O ar, por sua vez, atinge a temperatura de 45 °C na saída do secador. Determine a vazão necessária de ar de secagem e a umidade do ar na saída do secador.

Solução

Para o cálculo da vazão do ar de secagem e de sua umidade na saída do secador, serão utilizados os balanços de massa e energia, contando com o auxílio da carta psicrométrica (Figura 16.3).

(i) Condições do produto na entrada do secador (ponto 1):

$$X_{w1} = 0,40 \text{ kg água} \cdot \text{kg}^{-1} \text{ total}$$

$$\overline{X}_{w1} = \frac{\overline{X}_{w1}}{(1 - \overline{X}_{w1})} = \frac{0,40 \text{ kg água} \cdot \text{kg}^{-1} \text{ total}}{(1 - 0,40) \text{ kg matéria seca} \cdot \text{kg}^{-1} \text{ total}} = 0,67 \text{ kg água} \cdot \text{kg}^{-1} \text{ matéria seca}$$

$$\dot{m}_{ms} = \left(\frac{1350 \text{ kg total}}{3600 \text{ s}} \right)(1 - 0,40) \text{ kg matéria seca} \cdot \text{kg}^{-1} \text{ total} = 0,225 \text{ kg matéria seca} \cdot \text{s}^{-1}$$

(ii) Condições do ar de secagem na entrada do secador (ponto 2):

$UR_2 = 3 \%$

$T_{ar2} = 90 \text{ °C}$

Da carta psicrométrica obtém-se:

$\overline{Y}_{w2} = 0,0132 \text{ kg água} \cdot \text{kg}^{-1} \text{ ar seco}$

$T_{bu} = 35 \text{ °C}$

(iii) Cálculo das entalpias das correntes de entrada e saída:

Para as folhas de erva-mate, usando a Equação 16.119:

$H_{S1} = (2,2 \text{ kJ} \cdot \text{kg}^{-1} \text{ matéria seca} \cdot \text{K}^{-1})(35 - 0) \text{ °C} +$

$+ (0,67 \text{ kg água} \cdot \text{kg}^{-1} \text{ matéria seca})(4,19 \text{ kJ} \cdot \text{kg}^{-1} \text{ água} \cdot \text{K}^{-1})(35 - 0) \text{ °C}$

Então:

$H_{S1} = 175,26 \text{ kJ} \cdot \text{kg}^{-1} \text{ matéria seca}$

Como o secador é adiabático, a temperatura de bulbo úmido do ar permanece constante ao longo da secagem. Assumindo que, ao deixar o secador, o produto ainda esteja na temperatura de bulbo úmido correspondente ao ar de secagem:

$H_{S2} = (2,2 \text{ kJ} \cdot \text{kg}^{-1} \text{ matéria seca} \cdot \text{K}^{-1})(35 - 0) \text{ °C} +$

$+ (0,05 \text{ kg água} \cdot \text{kg}^{-1} \text{ matéria seca})(4,19 \text{ kJ} \cdot \text{kg}^{-1} \text{ água} \cdot \text{K}^{-1})(35 - 0) \text{ °C}$

Então:

$H_{S2} = 84,33 \text{ kJ} \cdot \text{kg}^{-1} \text{ matéria seca}$

Para o ar, combinando as Equações 16.5 e 16.6:

$H_{H2} = [(1,005 \text{ kJ} \cdot \text{kg}^{-1} \text{ ar seco} \cdot \text{K}^{-1}) + (1,88 \text{ kJ} \cdot \text{kg}^{-1} \text{ água} \cdot \text{K}^{-1})(0,0132 \text{ kg água} \cdot \text{kg}^{-1} \text{ ar seco})] \times$

$\times (90 - 0) \text{ °C} + (0,0132 \text{ kg água} \cdot \text{kg}^{-1} \text{ ar seco})(2501,6 \text{ kJ} \cdot \text{kg}^{-1} \text{ água})$

Então:

$H_{H2} = 125,70 \text{ kJ} \cdot \text{kg}^{-1} \text{ ar seco}$

Com $T_{bu} = 35 \text{ °C}$ e com a temperatura do ar de saída, $T_{ar1} = 45 \text{ °C}$, na carta psicrométrica obtém-se $\overline{Y}_{w1} = 0,0322$ kg água $\cdot$ kg^{-1} ar seco.

$H_{H1} = [(1,005 \text{ kJ} \cdot \text{kg}^{-1} \text{ ar seco} \cdot \text{K}^{-1}) + (1,88 \text{ kJ} \cdot \text{kg}^{-1} \text{ água} \cdot \text{K}^{-1})(0,0322 \text{ kg água} \cdot \text{kg}^{-1} \text{ ar seco})] \times$

$\times (45 - 0) \text{ °C} + (0,0322 \text{ kg água} \cdot \text{kg}^{-1} \text{ ar seco})(2501,6 \text{ kJ} \cdot \text{kg}^{-1} \text{ água})$

Então:

$H_{H1} = 128,50 \text{ kJ} \cdot \text{kg}^{-1} \text{ ar seco}$

Assim, pela Equação 16.118:

$$\dot{m}_{ms} H_{S1} + \dot{m}_{ar} H_{H2} = \dot{m}_{ms} H_{S2} + \dot{m}_{ar} H_{H1} + \dot{q}$$

$$\dot{m}_{ar} = (0,225 \text{ kg matéria seca} \cdot \text{s}^{-1}) \frac{(84,33 - 175,26) \text{ kJ} \cdot \text{kg}^{-1} \text{ matéria seca}}{(125,70 - 128,50) \text{ kJ} \cdot \text{kg}^{-1} \text{ ar seco}} = 7,31 \text{ kg ar seco} \cdot \text{s}^{-1}$$

Resposta: A vazão necessária de ar de secagem é de $\dot{m}_{ar} = 7,31$ kg ar seco $\cdot$ s^{-1} e a umidade do ar na saída do secador é $\overline{Y}_{w1} = 0,0322$ kg água $\cdot$ kg^{-1} ar seco.

16.5.2 Perfis de temperatura no interior de secadores

O perfil de temperatura no interior de um secador, isto é, a maneira como a temperatura evolui ao longo do processo de secagem, tanto sob o ponto de vista do ar de secagem quanto do material que está sendo seco, depende de uma série de fatores como a natureza do produto, as condições do ar, o tempo de secagem, entre outros. Por outro lado, com o objetivo de simplificar e reduzir o trabalho envolvido nos cálculos da taxa e do tempo de secagem pode-se agrupar esses perfis de acordo com alguns padrões comuns encontrados em secadores, os quais são apresentados na Figura 16.29.

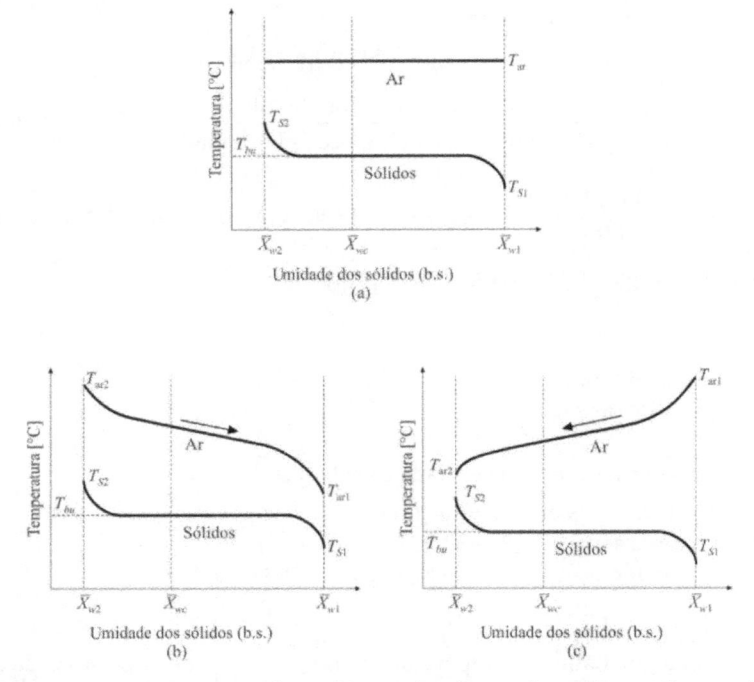

Figura 16.29 Perfis típicos de temperatura em secadores: (a) secador descontínuo; (b) secador contínuo em contracorrente; (c) secador contínuo concorrente.

Em um secador em batelada (descontínuo) (Figura 16.29a), assume-se que o ar de secagem permanece a uma temperatura constante, enquanto a temperatura do sólido ao entrar no secador sobe rapidamente até atingir a temperatura de secagem correspondente ao período de taxa constante, na qual permanece durante grande parte do tempo de secagem. Em um secador adiabático essa temperatura é igual, ou muito próxima, à temperatura de bulbo úmido (T_{bu}). Isso significa que durante a maior parte da secagem, o sólido permanece em uma temperatura bem inferior à temperatura de bulbo seco do ar. Apenas no estágio final da secagem a temperatura do sólido volta a subir, atingindo T_{S2}, cujo afastamento em relação a T_{bu} dependerá das condições de operação do secador.

Nos secadores contínuos, na medida em que são transportados ao longo do secador, os sólidos passam pelas mesmas alterações de temperatura descritas anteriormente, permanecendo na temperatura de bulbo úmido enquanto ocorre a maior parte da secagem, desde que se trate de um secador adiabático. Por outro lado, a temperatura do ar de secagem varia em função do tipo de escoamento. No caso de fluxo em contracorrente (Figura 16.29b), o ar mais quente é introduzido na extremidade do secador por onde são retirados os sólidos secos, enquanto os sólidos úmidos, na entrada do secador, encontram o ar mais frio e com maior umidade. Quando o fluxo é arranjado em concorrente (Figura 16.29c), o ar quente e seco é introduzido na mesma extremidade em que os sólidos úmidos, são alimentados, o que significa menor risco de danos térmicos para o produto, uma vez que este atingirá, no máximo, a temperatura de bulbo úmido. As vantagens e desvantagens de cada um desses arranjos foram apresentadas na Tabela 16.4.

16.5.3 Cálculos de secadores: bandejas em batelada, secadores de túnel ou de esteira com fluxo de ar paralelo, secadores de esteira com fluxo de ar cruzado, secadores rotatórios

Os cálculos envolvidos no projeto de secadores geralmente têm como finalidade principal determinar o tempo de secagem necessário para que o produto atinja as condições desejadas, além das necessidades energéticas do processo em função das condições operacionais do secador. Muitas das etapas envolvidas nesses cálculos se baseiam em relações empíricas, de modo que cada tipo de secador costuma ser projetado de acordo com uma abordagem particular. Além disso, na maioria dos casos, tais cálculos necessitam ser complementados com informações experimentais obtidas a partir de testes em escala piloto.

O tempo de secagem pode ser calculado a partir da Equação 16.59 que fornece a taxa de secagem ($\dot{R}_s$), integrada de acordo com as condições discutidas na Seção 16.4.5.

Considerando o tempo transcorrido desde o início da secagem até o final do período de taxa de secagem constante, $t = t_c$, $\overline{X}_w = \overline{X}_{wc}$ e $\dot{R}_s = \dot{R}_{sc}$, de modo que:

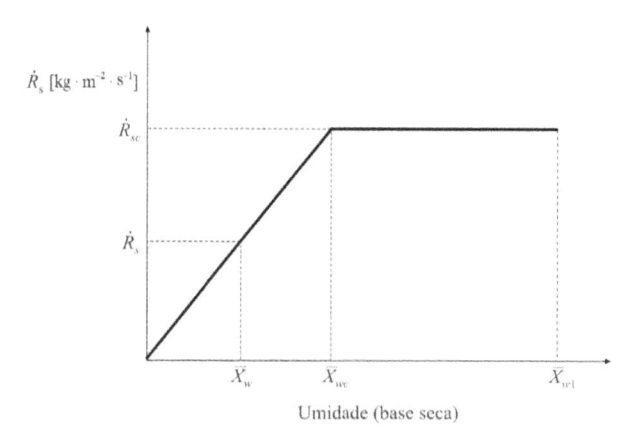

Figura 16.30 Representação de período de taxa decrescente proporcional à umidade livre.

$$t_c = \frac{m_{ms}}{A_T} \frac{(\overline{X}_{w1} - \overline{X}_{wc})}{\dot{R}_{sc}}$$ (16.120)

Essa equação é equivalente à 16.107.

Para o período de taxa de secagem decrescente, uma discussão detalhada foi apresentada na Seção 16.4.5. No entanto, em alguns casos, é possível simplificar os cálculos assumindo que a curva de velocidade de secagem é uma reta que se estende desde a umidade crítica, $\overline{X}_{wc}$, até a origem, de acordo com a Figura 16.30. Isso equivale a admitir que a taxa de secagem durante o período decrescente é proporcional ao conteúdo de água livre. Nesse caso, a taxa de secagem obedece à Equação 16.114 na qual o valor da umidade de equilíbrio é considerado negligenciável. Então o valor do coeficiente angular da reta que descreve a taxa de secagem em função da umidade é igual a:

$$a = \frac{\dot{R}_{sc}}{\overline{X}_{wc}}$$ (16.121)

E a taxa de secagem no período decrescente pode ser escrita como:

$$\dot{R}_s = \frac{\dot{R}_{sc}}{\overline{X}_{wc}} \overline{X}_w$$ (16.122)

Inserindo a Equação 16.122 na 16.59 e integrando, obtém-se a seguinte equação para o tempo de secagem total:

$$t = t_c + \frac{m_{ms}}{A_T} \frac{\overline{X}_{wc}}{\dot{R}_{sc}} \ln\left(\frac{\overline{X}_{wc}}{\overline{X}_{w2}}\right)$$ (16.123)

Note que o segundo componente à direita na equação anterior é equivalente à Equação 16.116 tomando-se $\overline{X}_w^* = 0$.

A seguir, por meio de exemplos resolvidos, serão apresentados métodos aplicados ao cálculo de alguns dos principais tipos de secadores.

Secador de bandejas

O Exemplo 16.9 mostra a determinação dos tempos de secagem nos períodos de taxa constante e taxa decrescente, em um secador de bandejas em batelada.

EXEMPLO 16.9

A quitosana é um polissacarídeo produzido a partir da quitina, que por sua vez é extraída do exoesqueleto de crustáceos. É utilizada como suplemento alimentar destinado à redução do colesterol e também para aplicações como biomaterial ou como adsorvente em processos de purificação de compostos, entre outras. A secagem é uma das operações fundamentais para sua obtenção. Considere a secagem de quitosana com umidade inicial de 0,95 kg água · kg⁻¹ total (base úmida) até 0,06 kg água · kg⁻¹ total (base úmida) em um secador de bandejas quadradas (1,0 m de lado), carregadas com o material úmido de espessura igual a 3 mm, a uma razão de 4 kg · m⁻², sendo apenas a superfície superior da bandeja exposta ao ar de secagem. O espaçamento vertical entre as bandejas é tal que se formam canais retangulares de 6 cm de altura e 1 m de largura por onde o ar de secagem (70 °C e *UR* = 7,5 %) escoa em direção paralela às bandejas, a uma velocidade de 2,0 m · s⁻¹.

Soares, Batista e Pinto (2003) estudaram a secagem da quitosana e observaram que a mesma apresenta umidade crítica ($\overline{X}_{wc}$) igual a 6,7 kg água · kg^{-1} matéria seca. Considerando que a taxa de secagem durante o período decrescente seja proporcional ao conteúdo de água livre, determine o tempo de secagem no secador.

Solução

Para o cálculo do tempo de secagem é necessário conhecer a taxa de secagem no período de taxa constante, que pode ser obtida pela Equação 16.69. Considerando que a transferência de calor ocorre apenas por convecção e que a superfície do sólido permanece na temperatura de bulbo úmido durante o período de taxa constante, tem-se:

$$\dot{R}_{sc} = \frac{h(T - T_{bu})}{\Delta_{vap}H}$$

O coeficiente de transferência de calor por convecção, h, pode ser obtido da Equação 16.74:

$$h = \frac{8,8G^{0,8}}{D_{eq}^{0,2}}$$

O diâmetro equivalente do duto formado por duas bandejas sucessivas é dado por:

$$D_{eq} = 4R_h = 4\frac{(0,06 \text{ m})(1 \text{ m})}{[2(1 \text{ m}) + 2(0,06 \text{ m})]} = 0,11 \text{ m}$$

A velocidade mássica pode ser determinada por:

$$G = \frac{\dot{m}}{A_s} = \frac{\dot{Q}\rho}{A_s} = \frac{(A_s v)\rho}{A_s} = \rho v$$

A densidade do ar de secagem pode ser obtida a partir do volume úmido, υ_H, obtido da carta psicrométrica (Figura 16.3) nas condições do ar de entrada, 70 °C e $UR = 7,5$ %, onde também serão obtidas a umidade absoluta e a temperatura de bulbo úmido:

$$\upsilon_H = 0,995 \text{ m}^3 \cdot \text{kg}^{-1} \text{ ar seco}$$

$$T_{bu} = 32,5 \text{ °C}$$

$$\overline{Y}_{w1} = 0,015 \text{ kg água} \cdot \text{kg}^{-1} \text{ ar seco}$$

A densidade do ar nas condições de entrada do secador é dada por:

$$\rho = \frac{1}{0,995 \text{ m}^3 \cdot \text{kg}^{-1} \text{ ar seco}} \frac{(1 + 0,015) \text{ kg ar total}}{1 \text{ kg ar seco}} = 1,02 \text{ kg ar total} \cdot \text{m}^{-3}$$

$G = (1,02 \text{ kg ar total} \cdot \text{m}^{-3})(2 \text{ m} \cdot \text{s}^{-1}) = 2,04 \text{ kg ar total} \cdot \text{m}^{-2} \cdot \text{s}^{-1}$

$$h = \frac{8,8(2,04 \text{ kg ar total} \cdot \text{m}^{-2} \cdot \text{s}^{-1})^{0,8}}{(0,11 \text{ m})^{0,3}} = 30,18 \text{ W} \cdot \text{m}^{-2} \cdot \text{K}^{-1}$$

O calor latente de vaporização da água deve ser avaliado na temperatura da superfície do sólido, que está a T_{bu}. Da Tabela A1 (Propriedades termofísicas da água saturada):

$$\Delta_{vap}H = 2423,37 \text{ kJ} \cdot \text{kg}^{-1} \text{ água}$$

$$\dot{R}_{sc} = \left(\frac{30,18 \text{ W} \cdot \text{m}^{-2} \cdot \text{K}^{-1}}{2423,37 \times 10^3 \text{ J} \cdot \text{kg}^{-1} \text{ água}}\right)(70 - 32,5) \text{ °C} = 4,67 \times 10^{-4} \text{ kg água} \cdot \text{m}^{-2} \cdot \text{s}^{-1}$$

Considerando que as bandejas são alimentadas com quitosana a uma razão de 4 kg · m^{-2}, então para $A_T = 1 \text{ m}^2$, temos:

$$\frac{m_{ms}}{A_T} = \left(\frac{(4 \text{ kg total})(1 - 0,95) \text{ kg matéria seca} \cdot \text{kg}^{-1} \text{ total}}{1 \text{ m}^2}\right) = 0,20 \text{ kg matéria seca} \cdot \text{m}^{-2}$$

$$\overline{X}_{w1} = \frac{0,95 \text{ kg água} \cdot \text{kg}^{-1} \text{ total}}{(1 - 0,95) \text{ kg matéria seca} \cdot \text{kg}^{-1} \text{ total}} = 19 \text{ kg água} \cdot \text{kg}^{-1} \text{ matéria seca}$$

Usando a Equação 16.120:

$$t_c = (0,20 \text{ kg matéria seca} \cdot \text{m}^{-2}) \left[\frac{(19 - 6,7) \text{ kg água} \cdot \text{kg}^{-1} \text{ matéria seca}}{4,67 \times 10^{-4} \text{ kg água} \cdot \text{m}^{-2} \cdot \text{s}^{-1}} \right] = 5268 \text{ s}$$

ou $t_c \cong 1$ h e 28 min

$$\overline{X}_{w2} = \frac{0,06 \text{ kg água} \cdot \text{kg}^{-1} \text{ total}}{(1 - 0,06) \text{ kg matéria seca} \cdot \text{kg}^{-1} \text{ total}} = 0,064 \text{ kg água} \cdot \text{kg}^{-1} \text{ matéria seca}$$

$$t - t_c = (0,20 \text{ kg matéria seca} \cdot \text{m}^{-2}) \left(\frac{6,7 \text{ kg água} \cdot \text{kg}^{-1} \text{ matéria seca}}{4,67 \times 10^{-4} \text{ kg água} \cdot \text{m}^{-2} \cdot \text{s}^{-1}} \right) \times$$

$$\times \ln \left(\frac{6,7 \text{ kg água} \cdot \text{kg}^{-1} \text{ matéria seca}}{0,064 \text{ kg água} \cdot \text{kg}^{-1} \text{ matéria seca}} \right) = 13345 \text{ s} = 3 \text{ h e } 42 \text{ min}$$

O tempo total de secagem será:

$$t = 13345 \text{ s} + 5268 \text{ s} = 18613 \text{ s} = 5 \text{ h e } 10 \text{ min}$$

Resposta: O tempo de secagem será de 5 h e 10 min.

O Exemplo 16.10 a seguir mostra cálculos de parâmetros de operação de um secador de bandejas, por meio de balanços de massa e energia.

EXEMPLO 16.10

Um secador de bandejas (Figura 16.31) será utilizado para a secagem de um pigmento cristalino vermelho obtido da oxidação de ácido 2-aminoascórbico (L-scorbamic acid) (Kurata, Fujimaki e Sakurai, 1973) provido de 20 bandejas de alumínio de 0,80 m × 0,80 m × 0,025 m espaçadas de 0,1 m. Ar escoa paralelamente às bandejas com velocidade igual a 3 m · s⁻¹ e no ponto (1) está a 90 °C com 10 % de umidade relativa. O ar fresco que entra no ponto (3) está a 25 °C e a umidade relativa é igual a 76 %. Determine: (i) a taxa de secagem no período de taxa constante, supondo que a transferência de calor ocorra apenas por convecção; (ii) a vazão do ar no ventilador; (iii) a porcentagem de ar que está sendo reciclado; (iv) a temperatura do ar em (2), considerando que o secador seja bem isolado termicamente e opere em condições adiabáticas; (v) o calor necessário para aquecer a mistura de ar.

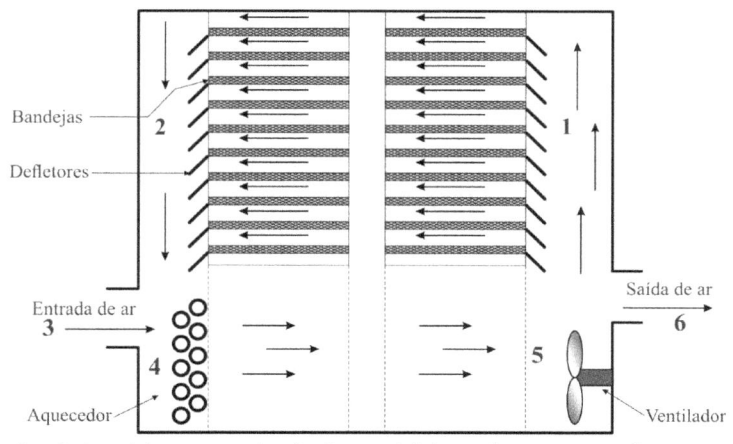

Figura 16.31 Secador de bandejas com recirculação parcial do ar de secagem referente ao Exemplo 16.10.

Solução

Para calcular a vazão do ar de secagem no ventilador, a porcentagem de ar que está sendo reciclado, a temperatura do ar na saída das bandejas e o calor requerido, balanços de massa e energia serão realizados com o auxílio da carta psicrométrica.

(i) Para calcular a taxa de secagem no período de taxa constante, considera-se que todo calor é transferido por convecção (secagem adiabática). Utiliza-se a Equação 16.69 escrita como:

$$\dot{R}_{sc} = \frac{h(T - T_{bu})}{\Delta_{vap} H}$$

O coeficiente de transferência de calor por convecção, h, será obtido da Equação 16.74:

$$h = \frac{8,8 G^{0,8}}{D_{eq}^{0,2}}$$

Na carta psicrométrica, considerando 1 atm de pressão (101,325 kPa), determinam-se as condições do ar de secagem que se encontra a 90 °C e $UR = 10$ %, antes de passar pelas bandejas, na posição (1):

$$\overline{Y}_{w1} = 0,0457 \text{ kg água} \cdot \text{kg}^{-1} \text{ ar seco}$$

$$T_{bu} = 45,1 °C$$

Calcula-se o volume úmido (υ_H) do ar na posição (1) segundo a Equação 16.4, isto é:

$$\upsilon_H = \{[2,83 \times 10^{-3} + 4,56 \times 10^{-3}(0,0457)]\text{m}^3 \cdot \text{kg}^{-1} \text{ ar seco} \cdot \text{K}^{-1}\}(363,15 \text{ K})$$

$$\upsilon_H = 1,10 \text{ m}^3 \text{ ar úmido} \cdot \text{kg}^{-1} \text{ ar seco}$$

Calcula-se então a densidade do gás na posição (1):

$$\rho = \frac{1}{1,10 \text{ m}^3 \cdot \text{kg}^{-1} \text{ ar seco}} \frac{(1 + 0,0457) \text{ kg ar total}}{1 \text{ kg ar seco}} = 0,951 \text{ kg ar total} \cdot \text{m}^{-3}$$

A velocidade mássica do ar úmido será determinada pela Equação 16.73:

$$G = \frac{\dot{m}}{A_s} = \frac{\dot{Q}\rho}{A_s} = \frac{(A_s v)\rho}{A_s} = \rho v = (0,951 \text{ kg ar total} \cdot \text{m}^{-3})(3 \text{ m} \cdot \text{s}^{-1}) = 2,853 \text{ kg ar total} \cdot \text{m}^{-2} \cdot \text{s}^{-1}$$

O diâmetro equivalente D_{eq} é calculado segundo a Equação 16.72:

$$D_{eq} = 4R_h = \frac{4A_s}{P_w} = \frac{4(0,80 \text{ m})(0,10 \text{ m})}{2(0,80 \text{ m} + 0,10 \text{ m})} = 0,178 \text{ m}$$

O coeficiente de transferência de calor por convecção, h, será:

$$h = \frac{8,8(2,853)^{0,8}}{(0,178)^{0,2}} = 28,75 \text{ W} \cdot \text{m}^{-2} \cdot \text{K}^{-1}$$

A entalpia de vaporização a 45,1 °C é estimada em $2394,1 \times 10^3$ J $\cdot$ kg^{-1} água (Tabela A1). Portanto, substituindo todos os valores na equação de fluxo, o fluxo de transferência de massa será:

$$\dot{R}_{sc} = \frac{h(T - T_{bu})}{\Delta_{vap} H} = \frac{28,75 \text{ W} \cdot \text{m}^{-2} \cdot \text{K}^{-1}(363,15 - 318,25) \text{ K}}{2394,1 \times 10^3 \text{ J} \cdot \text{kg}^{-1}} = 5,4 \times 10^{-4} \text{ kg água} \cdot \text{m}^{-2} \cdot \text{s}^{-1}$$

Esse fluxo de massa de água evaporada, quando multiplicado pela área das 20 bandejas, resulta na massa de água evaporada por unidade de tempo no período de taxa constante:

$$\dot{M}_w = 5,4 \times 10^{-4} \text{ kg água} \cdot \text{m}^{-2} \cdot \text{s}^{-1}(20)(0,80 \text{ m})^2 = 6,9 \times 10^{-3} \text{ kg água} \cdot \text{s}^{-1}$$

(ii) Cálculo da vazão de ar no ventilador

A área através da qual o ar escoa sobre cada bandeja é $A_s = 0,08$ m². No entanto, o secador tem 10 bandejas dispostas em paralelo, de modo que a vazão total de ar que passa na posição (1) é igual a:

$$\dot{Q}_1 = 10(0,080 \text{ m}^2)(3 \text{ m} \cdot \text{s}^{-1}) = 2,40 \text{ m}^3 \cdot \text{s}^{-1}$$

Com o volume úmido calculado na posição (1) determina-se a vazão mássica de ar seco que circula nessa posição:

$$\dot{m}_{ar1} = \frac{2,4 \text{ m}^3 \cdot \text{s}^{-1}}{1,10 \text{ m}^3 \cdot \text{kg}^{-1} \text{ ar seco}} = 2,18 \text{ kg ar seco} \cdot \text{s}^{-1}$$

Para determinar a vazão de ar nas outras posições do secador, realiza-se um balanço de massa de ar seco entre as posições (4) e (5) do secador. O ar seco que chega em (4) é resultado da mistura de (2) (saída das bandejas) e (3) (ar fresco). Em (5), o ar será distribuído em (1) (entrada das bandejas) e (6) (ar de saída do secador). Portanto,

$$\dot{m}_{ar2} + \dot{m}_{ar3} = \dot{m}_{ar1} + \dot{m}_{ar6}$$

A vazão de ar seco que sai das bandejas em (2) é a mesma que entra em (1): $\dot{m}_{ar2} = \dot{m}_{ar1}$. Logo: $\dot{m}_{ar3} = \dot{m}_{ar6}$

Realiza-se um balanço de umidade, considerando que em (4) entra ar fresco proveniente de (3) que se mistura com o ar em (2). O ar em (2) contém a umidade original de (1) mais a vazão mássica de água evaporada $\dot{M}_w$ em todas as bandejas. Em (5) o ar terá a umidade de (1), sendo que parte é reciclada sobre as bandejas e parte sai do secador (6).

Na carta psicrométrica, considerando 1 atm de pressão (Figura 16.3), determina-se as condições do ar fresco que se encontra a 25 °C e UR = 76 %, na posição (3):

$$\overline{Y}_{w3} = 0,015 \text{ kg água} \cdot \text{kg}^{-1} \text{ ar seco}$$

Portanto, o balanço de massa para a água será:

$$\dot{m}_{ar2}\overline{Y}_{w1} + \dot{M}_w + M_{ar3}\overline{Y}_{w3} = \dot{m}_{ar1}\overline{Y}_{w1} + \dot{m}_{ar6}\overline{Y}_{w1}$$

Substituindo $\dot{m}_{ar2} = \dot{m}_{ar1}$ e $\dot{m}_{ar3} = \dot{m}_{ar6}$ e rearranjando:

$$\dot{m}_{ar3} = \frac{\dot{m}_w}{(\overline{Y}_{w1} - \overline{Y}_{w3})} = \frac{6,9 \times 10^{-3} \text{ kg água} \cdot \text{s}^{-1}}{(0,0457 - 0,015) \text{ kg água} \cdot \text{kg}^{-1} \text{ ar seco}} = 0,23 \text{ kg ar seco} \cdot \text{s}^{-1}$$

O ar seco que passa pelo ventilador (posição 5) é a soma de

$$\dot{m}_{ar5} = \dot{m}_{ar1} + \dot{m}_{ar6} = \dot{m}_{ar1} + \dot{m}_{ar3} = (2,18 + 0,23) \text{ kg ar seco} \cdot \text{s}^{-1} = 2,41 \text{ kg ar seco} \cdot \text{s}^{-1}$$

A vazão volumétrica da mistura que passa pelo ventilador será:

$$\dot{Q}_5 = (2,41 \text{ kg ar seco} \cdot \text{s}^{-1})(1,10 \text{ m}^3 \cdot \text{kg}^{-1} \text{ ar seco}) = 2,65 \text{ m}^3 \cdot \text{s}^{-1}$$

Portanto, essa vazão requer um ventilador axial de alta vazão, podendo ser de baixa pressão, cuja potência seria de aproximadamente 2,2 kW.

(iii) Para calcular a porcentagem de ar que está sendo reciclada, basta calcular a razão entre a vazão mássica de ar seco em (1) e a vazão no ventilador (5), ou, se preferir, a vazão volumétrica de ar nesses dois pontos:

$$\% \text{ Reciclo} = 100\frac{\dot{Q}_1}{\dot{Q}_5} = 100\frac{(2,18 \text{ kg ar seco} \cdot \text{s}^{-1})}{(2,41 \text{ kg ar seco} \cdot \text{s}^{-1})} = 90,6 \%$$

(iv) Considerando que o secador seja bem isolado termicamente e opere em condições adiabáticas, a temperatura após as bandejas cairá, seguindo a linha adiabática. Isso praticamente não altera a temperatura de bulbo úmido (as linhas são praticamente coincidentes). É importante lembrar que, no caso do sistema ar/água, $T_{bu} \cong T$, de modo que a reta de T_{bu} constante corresponde também a um processo de saturação (ou resfriamento) adiabático.

Para calcular a umidade após as bandejas (posição 2), deve-se tomar a umidade absoluta do ar que incide sobre as bandejas em (1) $(\overline{Y}_{w1})$ e somá-la à umidade proveniente da água evaporada nas bandejas. Para calcular essa umidade correspondente à evaporação, divide-se a taxa de transferência de massa de água evaporada $(\dot{M}_w)$ pela vazão mássica de ar seco que circula através das bandejas $(\dot{m}_{ar1})$:

$$\frac{\dot{M}_w}{\dot{m}_{ar1}} = \frac{6,9 \times 10^{-3} \text{ kg água} \cdot \text{s}^{-1}}{2,18 \text{ kg ar seco} \cdot \text{s}^{-1}} = 0,0032 \text{ kg água} \cdot \text{kg}^{-1} \text{ ar seco}$$

Portanto, a umidade em (2) será:

$$\overline{Y}_{w2} = (0,0457 + 0,0032) \text{ kg água} \cdot \text{kg}^{-1} \text{ ar seco} = 0,0489 \text{ kg água} \cdot \text{kg}^{-1} \text{ ar seco}$$

Seguindo a linha de saturação adiabática na carta psicrométrica, a temperatura de saída será 81,2 °C.

(v) O calor requerido para aquecer a mistura de ar é estimado por meio de um balanço de energia. O ar no ponto (4) é resultado da mistura de (2) (saída das bandejas) e (3) (ar fresco). Na carta psicrométrica, para 1 atm de pressão obtêm-se as entalpias do ar úmido nas posições (2) e (3) e pelas Equações 16.18 e 16.19 calcula-se a entalpia na posição (4):

$$H_{H4} = \frac{(\dot{m}_{ar2}H_{H2} + \dot{m}_{ar3}H_{H3})}{(\dot{m}_{ar2} + \dot{m}_{ar3})}$$

$$H_{H4} = \frac{(2,18 \text{ kg ar seco} \cdot \text{s}^{-1})(212,5 \times 10^3 \text{ J} \cdot \text{kg}^{-1} \text{ ar seco}) + (0,23 \text{ kg ar seco} \cdot \text{s}^{-1})(63,3 \times 10^3 \text{ J} \cdot \text{kg}^{-1} \text{ ar seco})}{2,41 \text{ kg ar seco} \cdot \text{s}^{-1}}$$

$$H_{H4} = 198,3 \times 10^3 \text{ J} \cdot \text{kg}^{-1} \text{ ar seco}$$

Para calcular o calor que deve ser fornecido entre os pontos (4) e (5) $(\dot{q}_{4-5})$ faz-se a diferença:

$$\dot{q}_{4-5} = \dot{m}_{ar5} H_{H5} - \dot{m}_{ar4} H_{H4}$$

No entanto, a vazão mássica de ar seco não varia entre os pontos (4) e (5), sendo dada por:

$$\dot{m}_{ar4} = \dot{m}_{ar5} = \dot{m}_{ar2} + \dot{m}_{ar3} = 2,18 \text{ kg ar seco} \cdot \text{s}^{-1} + 0,23 \text{ kg ar seco} \cdot \text{s}^{-1} = 2,41 \text{ kg ar seco} \cdot \text{s}^{-1}$$

A entalpia no ponto (5) deve ser igual à entalpia no ponto (1). Por outro lado, como o secador é considerado adiabático, então:

$$H_{H5} = H_{H1} = H_{H2} = 212,5 \times 10^3 \text{ J} \cdot \text{kg}^{-1} \text{ ar seco}$$

Finalmente:

$$\dot{q}_{4-5} = (2,41 \text{ kg ar seco} \cdot \text{s}^{-1})(212,5 \times 10^3 \text{ J} \cdot \text{kg}^{-1} \text{ ar seco} - 198,3 \times 10^3 \text{ J} \cdot \text{kg}^{-1} \text{ ar seco}) = 34,2 \text{ kW}$$

Conclui-se que o requerimento energético é alto para a operação prevista para o secador, o que poderia ser diminuído com uma velocidade menor de circulação do ar dentro do secador e/ou com a diminuição da temperatura do ar de secagem.

Resposta: A taxa de secagem no período de taxa constante é $\dot{R}_{sc} = 5,4 \times 10^{-4}$ kg água $\cdot$ m^{-2} $\cdot$ s^{-1}, a vazão do ar no ventilador é $\dot{Q}_5 = 2,65$ m$^3 \cdot$ s^{-1}, a porcentagem de ar que está sendo reciclado é de 90,6 %, a temperatura do ar em (2) é 81,2 °C e o calor requerido para aquecer a mistura de ar é de 34,2 kW.

Secadores de túnel ou de esteira com fluxo de ar paralelo

Nos secadores contínuos de túnel ou de esteira, quando o fluxo de ar é paralelo ao material que está sendo seco, a abordagem é similar à de um secador de bandejas, com a diferença de que a temperatura do ar varia ao longo do secador, o que irá interferir no cálculo das taxas de secagem. O Exemplo 16.11 mostra como isso pode ser feito.

EXEMPLO 16.11

Deseja-se secar o resíduo do abacaxi usado na industrialização de suco, uma vez que se trata de material rico em fibras dietéticas e que pode ser utilizado como alimento funcional. O material será seco em um túnel de secagem, operando em contracorrente, com o fluxo de ar paralelo às bandejas contendo o resíduo. As bandejas têm o fundo perfurado (dimensões: 2 m de largura por 1 m de comprimento) e estão dispostas umas sobre as outras em vagonetes, de modo a formar dutos de 10 cm de altura para o ar escoar paralelamente à superfície de secagem. As fibras são alimentadas no secador a uma razão de 15 kg por bandeja, com umidade inicial de 0,81 kg água $\cdot$ kg^{-1} total (base úmida). A umidade crítica é 0,765 kg água $\cdot$ kg^{-1} total (base úmida) (Waughon e Pena, 2006) e o material deverá deixar o secador com umidade máxima de 0,12 kg água $\cdot$ kg^{-1} total (base úmida). O ar é introduzido no secador a uma velocidade de 3 m $\cdot$ s^{-1} e a 65 °C, com umidade inicial de 0,015 kg água $\cdot$ kg^{-1} ar seco. Admite-se que, durante toda a secagem, o sólido permanece na temperatura de bulbo úmido do ar. A velocidade mássica do ar é de 2,9 kg ar $\cdot$ m$^{-2} \cdot$ s^{-1}. Calcule: (i) o tempo total de secagem; (ii) o comprimento do secador, considerando que a velocidade dos vagonetes é de 1,5 m $\cdot$ h^{-1}.

Solução

Como no exemplo anterior, para o cálculo do tempo de secagem é necessário conhecer a taxa de secagem no período de taxa constante. No entanto, em um secador contínuo em contracorrente, é preciso ter em mente que o ar de secagem tem sua temperatura constantemente modificada ao longo do secador, de acordo com a Figura 16.29b. Assim, a taxa de secagem no período de taxa constante deverá ser calculada da seguinte maneira:

$$\dot{R}_{sc} = \frac{h \Delta \overline{T}_{\ln}}{\Delta_{vap} H}$$

em que $\Delta \overline{T}_{\ln} = \dfrac{(T_{ar1} - T_{S1}) - (T_{arc} - T_{Sc})}{\ln \dfrac{(T_{ar1} - T_{S1})}{(T_{arc} - T_{Sc})}}$ é a média logarítmica das diferenças de temperatura na entrada do secador e no

ponto onde a umidade do sólido atinge a umidade crítica $(\overline{X}_{wc})$. Assumindo que o secador seja adiabático e que, durante a secagem, o sólido permaneça na temperatura de bulbo úmido do ar, $T_{s1} = T_{Sc} = T_{bu}$. O valor da temperatura do ar correspondente à umidade crítica (T_{arc}) pode ser determinado a partir dos balanços de massa para a água, aplicando a Equação 16.117.

As condições do produto são:

$$X_{w1} = 0,81 \text{ kg água} \cdot \text{kg}^{-1} \text{ total}$$

$$X_{w2} = 0,12 \text{ kg água} \cdot \text{kg}^{-1} \text{ total}$$

$$\overline{X}_{w1} = \frac{X_{w1}}{(1 - X_{w1})} = \frac{0,81 \text{ kg água} \cdot \text{kg}^{-1} \text{ total}}{(1 - 0,81) \text{ kg matéria seca} \cdot \text{kg}^{-1} \text{ total}} = 4,26 \text{ kg água} \cdot \text{kg}^{-1} \text{ matéria seca}$$

$$\overline{X}_{w2} = \frac{X_{w2}}{(1 - X_{w2})} = \frac{0,12 \text{ kg água} \cdot \text{kg}^{-1} \text{ total}}{(1 - 0,12) \text{ kg matéria seca} \cdot \text{kg}^{-1} \text{ total}} = 0,136 \text{ kg água} \cdot \text{kg}^{-1} \text{ matéria seca}$$

A base de cálculo será a matéria seca contida em uma bandeja de 1 m de comprimento que se desloca com velocidade de 1,5 m · h^{-1}. São alimentados 15 kg de resíduo em cada bandeja, então a vazão mássica de matéria seca é dada por:

$$\dot{m}_{ms} = \left[\frac{(15 \text{ kg total} \cdot \text{m}^{-1})(1,5 \text{ m} \cdot \text{h}^{-1})}{3600 \text{ s} \cdot \text{h}^{-1}} \right] (1 - 0,81) \text{ kg matéria seca} \cdot \text{kg}^{-1} \text{ total}$$

$$\dot{m}_{ms} = 1,19 \times 10^{-3} \text{ kg matéria seca} \cdot \text{s}^{-1}$$

As condições do ar são:

$$T_{ar2} = 65 \text{ °C}$$

$$\overline{Y}_{w2} = 0,015 \text{ kg água} \cdot \text{kg}^{-1} \text{ ar seco}$$

Da carta psicrométrica obtém-se a temperatura de bulbo úmido: $T_{bu} = 31,6$ °C.

A vazão de ar seco pode ser determinada a partir da velocidade mássica:

$$\dot{m} = GA_s = (2,9 \text{ kg ar total} \cdot \text{m}^{-2} \cdot \text{s}^{-1})[(2 \text{ m})(0,10 \text{ m})] = 0,58 \text{ kg ar total} \cdot \text{s}^{-1}$$

$$\dot{m}_{ar} = (0,58 \text{ kg ar total} \cdot \text{s}^{-1}) \left[\frac{1 \text{ kg ar seco}}{(1 + 0,015) \text{ kg ar total}} \right] = 0,571 \text{ kg ar seco} \cdot \text{s}^{-1}$$

Considerando o comprimento total do secador, o balanço de massa é dado por:

$$\dot{m}_{ms} \overline{X}_{w1} + \dot{m}_{ar} \overline{Y}_{w2} = \dot{m}_{ms} \overline{X}_{w2} + \dot{m}_{ar} \overline{Y}_{w1}$$

Então a umidade final do ar é:

$$\overline{Y}_{w1} = \left(\frac{1,19 \times 10^{-3} \text{ kg matéria seca} \cdot \text{s}^{-1}}{0,571 \text{ kg ar seco} \cdot \text{s}^{-1}} \right) [(4,26 - 0,136) \text{ kg água} \cdot \text{kg}^{-1} \text{ matéria seca}] +$$

$$+ 0,015 \text{ kg água} \cdot \text{kg}^{-1} \text{ ar seco} = 0,0236 \text{ kg água} \cdot \text{kg}^{-1} \text{ ar seco}$$

Com esse valor de umidade e com a temperatura de bulbo úmido, obtém-se a temperatura final do ar na carta psicrométrica:

$$T_{ar1} = 47,4 \text{ °C}$$

Considerando apenas a região do secador onde a secagem ocorre em taxa constante:

$$\dot{m}_{ms} \overline{X}_{w1} + \dot{m}_{ar} \overline{Y}_{wc} = \dot{m}_{ms} \overline{X}_{wc} + \dot{m}_{ar} \overline{Y}_{w1}$$

As condições do produto são:

$$X_{wc} = 0,765 \text{ kg água} \cdot \text{kg}^{-1} \text{ total}$$

$$\overline{X}_{wc} = \frac{X_{wc}}{(1 - X_{wc})} = \frac{0,765 \text{ kg água} \cdot \text{kg}^{-1} \text{ total}}{(1 - 0,765) \text{ kg matéria seca} \cdot \text{kg}^{-1} \text{ total}} = 3,255 \text{ kg água} \cdot \text{kg}^{-1} \text{ matéria seca}$$

$$\overline{Y}_{wc} = \left(\frac{1,19 \times 10^{-3} \text{ kg matéria seca} \cdot \text{s}^{-1}}{0,571 \text{ kg ar seco} \cdot \text{s}^{-1}} \right) [(3,255 - 4,26) \text{ kg água} \cdot \text{kg}^{-1} \text{ matéria seca}] +$$

$$+ 0,0236 \text{ kg água} \cdot \text{kg}^{-1} \text{ ar seco} = 0,0215 \text{ kg água} \cdot \text{kg}^{-1} \text{ ar seco}$$

Com esse valor de umidade e com a temperatura de bulbo úmido, da carta psicrométrica obtém-se:

$$T_{arc} = 51,6\ °C$$

Então:

$$\Delta \overline{T}_{ln} = \frac{(T_{ar1} - T_{S1}) - (T_{arc} - T_{Sc})}{\ln \dfrac{(T_{ar1} - T_{S1})}{(T_{arc} - T_{Sc})}} = \frac{(47,4 - 31,6)\ °C - (51,6 - 31,6)\ °C}{\ln \dfrac{(47,4 - 31,6)\ °C}{(51,6 - 31,6)\ °C}} = 17,8\ °C$$

O diâmetro equivalente do canal por onde escoa o ar de secagem é dado por:

$$D_{eq} = 4R_h = 4\frac{(0,10\ m)(2\ m)}{[2(2\ m) + 2(0,10\ m)]} = 0,19\ m$$

Então o coeficiente de transferência de calor por convecção (h) pode ser obtido da Equação 16.74:

$$h = \frac{8,8G^{0,8}}{D_{eq}^{0,2}} = 8,8\frac{(2,9\ kg\ ar \cdot m^{-2} \cdot s^{-1})^{0,8}}{(0,19\ m)^{0,2}} = 28,75\ W \cdot m^{-2} \cdot K^{-1}$$

O calor latente de vaporização da água deve ser avaliado na temperatura da superfície do sólido, que está a T_{bu}. Da Tabela A1:

$$\Delta_{vap}H = 2426,0\ kJ \cdot kg^{-1}\ água$$

$$\dot{R}_{sc} = \left(\frac{28,75\ W \cdot m^{-2} \cdot K^{-1}}{2426,0 \times 10^3\ J \cdot kg^{-1}\ água}\right)17,8\ °C = 2,11 \times 10^{-4}\ kg\ água \cdot m^{-2} \cdot s^{-1}$$

Lembrando que a secagem ocorre pelas duas faces de cada bandeja (fundo perfurado), a área de secagem é:

$$A_T = 2(2\ m^2 \cdot bandeja^{-1}) = 4\ m^2 \cdot bandeja^{-1}$$

Cada bandeja é alimentada com 15 kg de sólidos úmidos, então:

$$\frac{m_{ms}}{A_T} = \frac{(15\ kg\ total \cdot bandeja^{-1})(1 - 0,81)\ kg\ matéria\ seca\ kg^{-1}\ total}{4\ m^2 \cdot bandeja^{-1}} = 0,713\ kg\ matéria\ seca \cdot m^{-2}.$$

Usando a Equação 16.120:

$$t_c = (0,713\ kg\ matéria\ seca \cdot m^{-2})\left[\frac{(4,26 - 3,255)\ kg\ água \cdot kg^{-1}\ matéria\ seca}{2,11 \times 10^{-4}\ kg\ água \cdot m^{-2} \cdot s^{-1}}\right] = 3396\ s$$

Para o período de taxa decrescente, deve-se considerar a variação da temperatura do ar ao longo do secador e a taxa de secagem deve ser corrigida pelo uso de uma nova média logarítmica das diferenças de temperatura, dada por:

$$\Delta \overline{T}_{ln} = \frac{(T_{ar2} - T_{S2}) - (T_{arc} - T_{Sc})}{\ln \dfrac{(T_{ar2} - T_{S2})}{(T_{arc} - T_{Sc})}} = \frac{(65 - 31,6)\ °C - (51,6 - 31,6)\ °C}{\ln \dfrac{(65 - 31,6)\ °C}{(51,6 - 31,6)\ °C}} = 26,1\ °C$$

$$\dot{R}_{sc} = \left(\frac{28,75\ W \cdot m^{-2} \cdot K^{-1}}{2426,0 \times 10^3\ J \cdot kg^{-1}\ água}\right)26,1\ °C = 3,09 \times 10^{-4}\ kg\ água \cdot m^{-2} \cdot s^{-1}$$

$$t - t_c = (0,713\ kg\ matéria\ seca \cdot m^{-2})\left(\frac{3,255\ kg\ água \cdot kg^{-1}\ matéria\ seca}{3,09 \times 10^{-4}\ kg\ água \cdot m^{-2} \cdot s^{-1}}\right) \times$$

$$\times \ln\left(\frac{3,255\ kg\ água \cdot kg^{-1}\ matéria\ seca}{0,136\ kg\ água \cdot kg^{-1}\ matéria\ seca}\right) = 23849\ s$$

O tempo total de secagem será:

$$t = 3396\ s + 23849\ s = 24245\ s = 7\ h\ 34\ min$$

(ii) O comprimento total do secador deverá ser de:

$$L = \left(\frac{1,5 \text{ m} \cdot \text{h}^{-1}}{3600 \text{ s} \cdot \text{h}^{-1}} \right)(27245 \text{ s}) = 11,35 \text{ m}$$

Todos os cálculos foram realizados considerando apenas uma das bandejas de cada vagonete. Considerando que se pode ter em torno de 15 bandejas sobrepostas, a taxa de produção de resíduo com 0,12 kg água · kg⁻¹ total de umidade será:

$$\dot{m} = 15(1,19 \times 10^{-3} \text{ kg matéria seca} \cdot \text{s}^{-1})(3600 \text{ s} \cdot \text{h}^{-1})[(1 + 0,12) \text{ kg total} \cdot \text{kg}^{-1} \text{ matéria seca}]$$

$$\dot{m} = 72 \text{ kg resíduo total} \cdot \text{h}^{-1}$$

Na resolução desse problema deve ser destacado o fato de que a taxa de secagem corrigida, utilizada no cálculo do período de taxa decrescente, resultou em um valor mais alto do que o obtido para o período de taxa constante. Esse resultado parece contraditório à primeira vista, mas pode ser explicado considerando que, em um secador em contracorrente, a temperatura do ar de secagem é mais alta na última etapa da secagem. Além disso, deve-se recordar que para obter a Equação 16.123, assumiu-se que a taxa de secagem no período de taxa decrescente diminui linearmente, de acordo com a Equação 16.122, de modo que o valor corrigido de $\dot{R}_{sc}$ é apenas um parâmetro da função que define a taxa de secagem no período decrescente.

Resposta: O tempo total de secagem é de sete horas e 34 minutos e o comprimento do secador é 11,35 m.

Secadores de esteira com fluxo de ar cruzado

Nos secadores contínuos de esteira, quando o fluxo de ar é cruzado em relação ao leito de material que está sendo seco, a diferença principal reside no cálculo do coeficiente de transferência de calor e no perfil de temperaturas, que será similar ao apresentado na Figura 16.29a no caso de um secador sem recirculação do ar, isto é, à medida que o produto é transportado pela esteira, recebe o ar sempre nas mesmas condições de temperatura e umidade. Isso irá alterar o cálculo das taxas de secagem, de acordo com o que se mostra no Exemplo 16.12.

EXEMPLO 16.12

Um secador de esteira é usado para a secagem de ervilhas verdes, de uma umidade inicial de 0,78 até 0,15 kg água · kg⁻¹ total (base úmida). A umidade crítica é de 0,74 kg água · kg⁻¹ total (base úmida) e os grãos deixam o secador a 50 °C. Quando depositadas sobre a esteira, as ervilhas formam um leito de 15 cm de espessura com densidade aparente de 827 kg · m⁻³. Ar com temperatura de 90 °C e 3 % de umidade relativa é soprado perpendicularmente ao leito, com velocidade de 1,5 m · s⁻¹. A esteira tem 2,5 m de largura e 15 m de comprimento. Os grãos têm diâmetro em torno de 7 mm e a densidade real das ervilhas secas é igual a 1468 kg · m⁻³. Assumindo que não ocorra encolhimento dos grãos durante a secagem e que a área de transferência de calor e massa de um leito de partículas esféricas seja dada por $a_e = 6(1 - \varepsilon_b)/D_p$ (Geankoplis, 1998), em que a_e é a área efetiva de transferência de massa por unidade de volume do leito [m² · m⁻³]; D_p é o diâmetro da partícula [m] e ε_b é a porosidade global do leito [adimensional]. Calcule: (i) o tempo de secagem; (ii) a velocidade de deslocamento da esteira.

Solução

(i) As condições do produto são:

$X_{w1} = 0,78$ kg água · kg⁻¹ total
$X_{w2} = 0,15$ kg água · kg⁻¹ total

$$\overline{X}_{w1} = \frac{X_{w1}}{(1 - X_{w1})} = \frac{0,78 \text{ kg água} \cdot \text{kg}^{-1} \text{ total}}{(1 - 0,78) \text{ kg matéria seca} \cdot \text{kg}^{-1} \text{ total}} = 3,545 \text{ kg água} \cdot \text{kg}^{-1} \text{ matéria seca}$$

$$\overline{X}_{wc} = \frac{X_{wc}}{(1 - X_{wc})} = \frac{0,74 \text{ kg água} \cdot \text{kg}^{-1} \text{ total}}{(1 - 0,74) \text{ kg matéria seca} \cdot \text{kg}^{-1} \text{ total}} = 2,846 \text{ kg água} \cdot \text{kg}^{-1} \text{ matéria seca}$$

$$\overline{X}_{w2} = \frac{X_{w2}}{(1 - X_{w2})} = \frac{0,15 \text{ kg água} \cdot \text{kg}^{-1} \text{ total}}{(1 - 0,15) \text{ kg matéria seca} \cdot \text{kg}^{-1} \text{ total}} = 0,176 \text{ kg água} \cdot \text{kg}^{-1} \text{ matéria seca}$$

As condições de entrada do ar são:

$T_{ar} = 90\ °C$

$UR = 3\ \%$

Da carta psicrométrica obtêm-se as demais propriedades:

$\overline{Y}_w = 0{,}013$ kg água $\cdot$ kg^{-1} ar seco

$T_{bu} = 34{,}5\ °C$

$\upsilon_H = 1{,}05$ m$^3 \cdot$ kg^{-1} ar seco

A velocidade mássica do ar é dada por:

$$G = \rho v = \frac{v}{\upsilon_H}(1 + \overline{Y}_w) = \frac{1{,}5 \text{ m} \cdot \text{s}^{-1}}{1{,}05 \text{ m}^3 \cdot \text{kg}^{-1} \text{ ar seco}}(1 + 0{,}013) \text{ kg ar total} \cdot \text{kg}^{-1} \text{ ar seco}$$

$$G = 1{,}447 \text{ kg ar total} \cdot \text{m}^{-2} \cdot \text{s}^{-1}$$

O coeficiente de transferência de calor por convecção, para fluxo de ar perpendicular ao leito pode ser calculado pela Equação 16.75:

$$h = 24{,}2G^{0{,}37} = 24{,}2(1{,}447 \text{ kg ar total} \cdot \text{m}^{-2} \cdot \text{s}^{-1})^{0{,}37} = 27{,}74 \text{ W} \cdot \text{m}^{-2} \cdot \text{K}^{-1}$$

O calor latente de vaporização da água na temperatura de bulbo úmido é:

$$\Delta_{vap}H = 2420{,}2 \text{ kJ} \cdot \text{kg}^{-1} \text{ água}$$

E a taxa de secagem no período de taxa constante é:

$$\dot{R}_{sc} = \left(\frac{27{,}74 \text{ W} \cdot \text{m}^{-2} \cdot \text{K}^{-1}}{2420{,}2 \times 10^3 \text{ J} \cdot \text{kg}^{-1} \text{ água}}\right)(90 - 34{,}5)\ °C = 6{,}36 \times 10^{-4} \text{ kg}^{-1} \text{ água} \cdot \text{m}^{-2} \cdot \text{s}^{-1}$$

Para o cálculo da área de secagem é necessário conhecer a porosidade do leito, definida no Capítulo 6 e dada por:

$$\varepsilon_b = \frac{\text{volume de espaço vazio}}{\text{volume total do leito}} = 1 - \frac{\rho_{ap}}{\rho_P} = 1 - \frac{827 \text{ kg} \cdot \text{m}^{-3}}{1468 \text{ kg} \cdot \text{m}^{-3}} = 0{,}437$$

$$a_e = \frac{6(1 - \varepsilon_b)}{D_P} = \frac{6(1 - 0{,}437)}{0{,}007 \text{ m}} = 482{,}57 \text{ m}^2 \cdot \text{m}^{-3}$$

O tempo de secagem no período de taxa constante é:

$$t_c = \frac{(1468 \text{ kg matéria seca} \cdot \text{m}^{-3})}{(482{,}57 \text{ m}^2 \cdot \text{m}^{-3})}\left[\frac{(3{,}545 - 2{,}846) \text{ kg água} \cdot \text{kg}^{-1} \text{ matéria seca}}{6{,}36 \times 10^{-4} \text{ kg água} \cdot \text{m}^{-2} \cdot \text{s}^{-1}}\right] = 3343 \text{ s}$$

No período de taxa decrescente, a temperatura dos sólidos varia desde T_{bu} até a temperatura de saída (50 °C), então se deve usar a média logarítmica das diferenças de temperatura (veja a discussão no final do Exemplo 16.11):

$$\Delta\overline{T}_{ln} = \frac{(T_{ar} - T_{bu}) - (T_{ar} - T_{S2})}{\ln\dfrac{(T_{ar} - T_{bu})}{(T_{ar} - T_{S2})}} = \frac{(90 - 34{,}5)\ °C - (90 - 50)\ °C}{\ln\dfrac{(90 - 34{,}5)\ °C}{(90 - 50)\ °C}} = 47{,}3\ °C$$

A taxa de secagem corrigida será:

$$\dot{R}_{sc} = \left(\frac{27{,}74 \text{ W} \cdot \text{m}^{-2} \cdot \text{K}^{-1}}{2420{,}2 \times 10^3 \text{ J} \cdot \text{kg}^{-1} \text{ água}}\right)47{,}3\ °C = 5{,}42 \times 10^{-4} \text{ kg}^{-1} \text{ água} \cdot \text{m}^{-2} \cdot \text{s}^{-1}$$

$$t - t_c = \frac{(1468 \text{ kg matéria seca} \cdot \text{m}^{-3})}{(482{,}57 \text{ m}^2 \cdot \text{m}^{-3})}\left(\frac{2{,}846 \text{ kg água} \cdot \text{kg}^{-1} \text{ matéria seca}}{5{,}42 \times 10^{-4} \text{ kg água} \cdot \text{m}^{-2} \cdot \text{s}^{-1}}\right) \times$$

$$\times \ln\left(\frac{2{,}846 \text{ kg água} \cdot \text{kg}^{-1} \text{ matéria seca}}{0{,}176 \text{ kg água} \cdot \text{kg}^{-1} \text{ matéria seca}}\right) = 44457 \text{ s}$$

O tempo total de secagem será:

$$t = 3343 \text{ s} + 44457 \text{ s} = 47800 \text{ s} = 13 \text{ h } 17 \text{ min}$$

(ii) A velocidade da esteira deve ser:

$$v_{\text{esteira}} = \frac{15 \text{ m}}{47800 \text{ s}} = 4,19 \times 10^{-4} \text{ m} \cdot \text{s}^{-1} = 1,13 \text{ m} \cdot \text{h}^{-1}$$

A taxa de produção de ervilhas com 15 kg água · kg⁻¹ total será:

$$\dot{m} = (1468 \text{ kg matéria seca} \cdot \text{m}^{-3})(2,5 \text{ m})(0,15 \text{ m})(1,13 \text{ m} \cdot \text{h}^{-1}) \times$$

$$\times [(1 + 0,15) \text{ kg total} \cdot \text{kg}^{-1} \text{ matéria seca}] = 715 \text{ kg total} \cdot \text{h}^{-1}$$

Resposta: O tempo total de secagem é 13 h e 17 min; a velocidade de deslocamento da esteira é igual a 1,13 m · h⁻¹.

Secadores rotatórios

Nos secadores rotatórios adiabáticos, a transferência de calor ocorre por uma combinação dos três mecanismos: condução, convecção e radiação. Além disso, por causa da movimentação constante das partículas no interior do cilindro de secagem (Figura 16.16), a modelagem é feita considerando um coeficiente global de transferência de calor. A taxa de transferência de calor ($\dot{q}$) é dada por:

$$\dot{q} = (Ua_S)V\Delta\overline{T}_{\text{ln}} \tag{16.124}$$

em que V é o volume do secador [m³]; $\Delta\overline{T}_{\text{ln}}$ é a média logarítmica das diferenças de temperatura [K]; U é o coeficiente global de transferência de calor [W · m⁻² · K⁻¹] e a_S é a área superficial específica de transferência de calor e massa por unidade de volume do secador [m² · m⁻³].

Para secadores rotatórios, o coeficiente global de transferência de calor e a área específica podem ser calculados, de forma combinada, por uma correlação empírica (McCabe, Smith e Harriot, 2004):

$$Ua_S = \frac{0,5G^{0,67}}{D} \tag{16.125}$$

em que G é a velocidade mássica do ar e D é o diâmetro do secador. A Equação 16.125 é usualmente apresentada em unidades inglesas: Ua_S é dado em BTU · ft⁻³ · h⁻¹ · °F⁻¹, G em lbm · ft⁻² · h⁻¹ e D em ft. Sua conversão para o SI resulta em:

$$Ua_S = \frac{236,75G^{0,67}}{D} \tag{16.126}$$

em que Ua_S é dado em W · m⁻³ · K⁻¹, G em kg · m⁻² · s⁻¹ e D em m.

A estimativa da temperatura de saída do ar é feita em termos do número de unidades de transferência (NTU) com base na fase gasosa. Em um secador, o número de unidades de transferência é expresso por:

$$\text{NTU} = \int_{T_{\text{ar0}}}^{T_{\text{arf}}} \frac{dT_{\text{ar}}}{T_{\text{ar}} - T_S} \tag{16.127}$$

No caso de secadores, uma unidade de transferência pode ser interpretada como a seção do equipamento na qual a mudança de temperatura do ar é igual ao potencial médio de mudança de temperatura. Para o cálculo do NTU, assume-se que o sólido permaneça na temperatura de bulbo úmido durante a secagem (secador adiabático), isto é, $T_S = T_{bu}$, e a integração da Equação 16.127 resulta em:

$$\text{NTU} = \ln\frac{(T_{\text{ar0}} - T_{bu})}{(T_{\text{arf}} - T_{bu})} \tag{16.128}$$

em que T_{ar0} e T_{arf} são as temperaturas inicial e final do ar, respectivamente.

As Equações 16.127 e 16.128 se aplicam independentemente da configuração do secador, isto é, contracorrente ou concorrente, uma vez que a temperatura inicial do ar será sempre maior do que sua temperatura final, sempre resultando em valores positivos para *NTU*.

Empiricamente, já foi demonstrado que as condições de temperatura que tornam a operação dos secadores rotatórios mais eficiente sob o ponto de vista econômico são aquelas que conduzem a $1,5 \leq NTU \leq 2,5$ (McCabe, Smith e Harriot, 2004).

O Exemplo 16.13 apresenta os cálculos associados ao dimensionamento de um secador rotatório.

EXEMPLO 16.13

Pretende-se secar proteína texturizada de soja em um secador rotatório com fluxo em contracorrente. O equipamento deverá ter capacidade para 1500 kg · h⁻¹ de proteína com umidade inicial de 0,22 kg água · kg⁻¹ total (base úmida) e que se encontra a 25 °C. O produto final deverá apresentar umidade máxima de 0,06 kg água · kg⁻¹ total (base úmida) e sua temperatura não deve ultrapassar 42 °C. O ar de aquecimento será introduzido no secador a 110 °C e com umidade de 0,01 kg água · kg⁻¹ ar seco. Dimensione o secador de modo que a velocidade mássica do ar não ultrapasse 3100 kg · m⁻² · h⁻¹. O calor específico da proteína texturizada de soja seca é igual a 2,05 kJ · kg⁻¹ · K⁻¹.

Solução

As condições do produto são:
X_{w0} = 0,22 kg água · kg⁻¹ total
X_{wf} = 0,06 kg água · kg⁻¹ total

$$\overline{X}_{w0} = \frac{X_{w0}}{(1 - X_{w0})} = \frac{0,22 \text{ kg água} \cdot \text{kg}^{-1} \text{ total}}{(1 - 0,22) \text{ kg matéria seca} \cdot \text{kg}^{-1} \text{ total}} = 0,282 \text{ kg água} \cdot \text{kg}^{-1} \text{ matéria seca}$$

$$\overline{X}_{wf} = \frac{X_{wf}}{(1 - X_{wf})} = \frac{0,06 \text{ kg água} \cdot \text{kg}^{-1} \text{ total}}{(1 - 0,06) \text{ kg matéria seca} \cdot \text{kg}^{-1} \text{ total}} = 0,064 \text{ kg água} \cdot \text{kg}^{-1} \text{ matéria seca}$$

As condições de entrada do ar são:

$$T_{ar0} = 110 \text{ °C}$$

$$\overline{Y}_{w0} = 0,010 \text{ kg água} \cdot \text{kg}^{-1} \text{ ar seco}$$

Da carta psicrométrica obtém-se:

$$T_{bu} = 36,5 \text{ °C}$$

Para determinar a temperatura final do ar, é necessário assumir um valor para NTU. Fazendo NTU = 1,5 na Equação 16.128:

$$1,5 = \ln \frac{(110 \text{ °C} - 36,5 \text{ °C})}{(T_{arf} - 36,5 \text{ °C})}$$

$$T_{arf} = 52,9 \text{ °C}$$

Para calcular a vazão de ar necessária para a secagem, deve-se determinar a taxa de transferência de calor do ar para o produto. Isso é feito a partir de um balanço de energia que considera as diferentes etapas que ocorrem ao longo do processo de secagem:

$$[\text{Calor cedido pelo ar}] = \begin{bmatrix} \text{Calor para aquecimento da alimentação} \\ \text{(matéria seca + umidade inicial)} \\ \text{até a temperatura de secagem} \end{bmatrix} + \begin{bmatrix} \text{Calor para vaporização} \\ \text{da água} \end{bmatrix} +$$

$$+ \begin{bmatrix} \text{Calor para aquecimento do produto} \\ \text{(matéria seca + umidade final)} \\ \text{até a temperatura final} \end{bmatrix} + \begin{bmatrix} \text{Calor para aquecimento do} \\ \text{vapor de água} \\ \text{até a temperatura final} \end{bmatrix}$$

Matematicamente, esse balanço de energia é escrito como:

$$\dot{q} = \dot{m}_{ms} \left[(C_{PS} + \overline{X}_{w0} C_{Pw})(T_{bu} - T_{S0}) + \Delta_{vap} H(\overline{X}_{w0} - \overline{X}_{wf}) + (C_{PS} + \overline{X}_{wf} C_{Pw})(T_{Sf} - T_{bu}) \right] +$$
$$+ \dot{m}_{ms} \left[C_{Pw}(\overline{X}_{w0} - \overline{X}_{wf})(T_{arf} - T_{bu}) \right]$$

Cada um dos termos da equação anterior é expresso em dimensões de [energia · tempo⁻¹].

A vazão de matéria seca no secador é:

$$\dot{m}_{ms} = \frac{(1500 \text{ kg total} \cdot \text{h}^{-1})}{3600 \text{ s} \cdot \text{h}^{-1}}(1 - 0,22) \text{ kg matéria seca} \cdot \text{kg}^{-1} \text{ total}$$

$$\dot{m}_{ms} = 0,325 \text{ kg matéria seca} \cdot \text{s}^{-1}$$

Na faixa de temperatura considerada, o calor específico da água líquida e do vapor de água são iguais a 4,19 e 1,88 kJ $\cdot$ kg^{-1} $\cdot$ K^{-1}, respectivamente. O calor latente de vaporização em T_{bu} é:

$$\Delta_{vap}H = 2414,1 \text{ kJ} \cdot \text{kg}^{-1} \text{ água}$$

Então:

$$\frac{\dot{q}}{0,325 \text{ kg matéria seca} \cdot \text{s}^{-1}} =$$

$$= [2,05 \text{ kJ} \cdot \text{kg}^{-1} \text{ matéria seca} \cdot \text{K}^{-1} + (0,282 \text{ kg água} \cdot \text{kg}^{-1} \text{ matéria seca})(4,19 \text{ kJ} \cdot \text{kg}^{-1} \text{ água} \cdot \text{K}^{-1})] \times$$
$$\times (36,5 - 25) \text{ °C} + [(2414,1 \text{ kJ} \cdot \text{kg}^{-1} \text{ água})(0,282 - 0,064) \text{ kg água} \cdot \text{kg}^{-1} \text{ matéria seca}] +$$
$$+ [(2,05 \text{ kJ} \cdot \text{kg}^{-1} \text{ matéria seca} \cdot \text{K}^{-1}) + (0,064 \text{ kg água} \cdot \text{kg}^{-1} \text{ matéria seca}) \times$$
$$\times (4,19 \text{ kJ} \cdot \text{kg}^{-1} \text{ água} \cdot \text{K}^{-1})] \times (42 - 36,5) \text{ °C} +$$
$$+ [(1,88 \text{ kJ} \cdot \text{kg}^{-1} \text{ água} \cdot \text{K}^{-1})(0,282 - 0,064) \text{ kg água} \cdot \text{kg}^{-1} \text{ matéria seca} (52,9 - 36,5) \text{ °C}]$$

$$\frac{\dot{q}}{0,325 \text{ kg matéria seca} \cdot \text{s}^{-1}} = 37,16 \text{ kJ} \cdot \text{kg}^{-1} \text{ matéria seca} + 526,27 \text{ kJ} \cdot \text{kg}^{-1} \text{ matéria seca} +$$

$$+ 12,75 \text{ kJ} \cdot \text{kg}^{-1} \text{ matéria seca} + 6,72 \text{ kJ} \cdot \text{kg}^{-1} \text{ matéria seca}$$

$$\dot{q} = (0,325 \text{ kg matéria seca} \cdot \text{s}^{-1})(582,90 \text{ kJ} \cdot \text{kg}^{-1} \text{ matéria seca}) = 189,44 \text{ kJ} \cdot \text{s}^{-1}$$

A vazão mássica de ar de secagem necessária para fornecer essa taxa de transferência de calor é calculada como:

$$\dot{q} = \dot{m}_{ar} C_H (T_{ar0} - T_{arf})$$

em que o calor úmido (C_H) é dado pela Equação 16.5:

$C_H = (1,005 \text{ kJ} \cdot \text{kg}^{-1} \text{ ar seco} \cdot \text{K}^{-1}) + (1,88 \text{ kJ} \cdot \text{kg}^{-1} \text{ água} \cdot \text{K}^{-1})(0,010 \text{ kg água} \cdot \text{kg}^{-1} \text{ ar seco})$

$C_H = 1,024 \text{ kJ} \cdot \text{kg}^{-1} \text{ ar seco} \cdot \text{K}^{-1}$

$$\dot{m}_{ar} = \frac{189,44 \text{ kJ} \cdot \text{s}^{-1}}{(1,024 \text{ kJ} \cdot \text{kg}^{-1} \text{ ar seco} \cdot \text{K}^{-1})(110 - 52,9) \text{ °C}} = 3,24 \text{ kg ar seco} \cdot \text{s}^{-1}$$

Considerando a umidade do ar de entrada:

$$\dot{m} = 3,24 \text{ kg ar seco} \cdot \text{s}^{-1} \left[\frac{(1 + 0,010) \text{ kg ar total}}{1 \text{ kg ar seco}} \right] = 3,27 \text{ kg ar total} \cdot \text{s}^{-1}$$

A partir dessa informação, pode-se calcular o diâmetro do secador:

$$A_s = \frac{\pi D^2}{4} = \frac{\dot{m}}{G}$$

ou

$$D = \left(\frac{4\dot{m}}{\pi G} \right)^{1/2} = \left(\frac{4}{\pi} \frac{3,37 \text{ kg} \cdot \text{s}^{-1}}{3100 \text{ kg} \cdot \text{m}^{-2} \cdot \text{h}^{-1}} \frac{3600 \text{ s}}{1 \text{ h}} \right)^{1/2} = 2,20 \text{ m}$$

Para calcular o comprimento do secador, deve-se obter seu volume, por meio da Equação 16.124. Usando a Equação 16.126, calcula-se o coeficiente global de transferência de calor:

$$Ua_s = \frac{236,75(0,86 \text{ kg} \cdot \text{m}^2 \cdot \text{s}^{-1})^{0,67}}{2,2 \text{ m}} = 97,27 \text{ W} \cdot \text{m}^{-3} \cdot \text{K}^{-1}$$

A média logarítmica das diferenças de temperatura, considerando fluxo contracorrente, é:

$$\Delta \overline{T}_{\text{ln}} = \frac{(T_{ar0} - T_{Sf}) - (T_{arf} - T_{S0})}{\ln \dfrac{(T_{ar0} - T_{Sf})}{(T_{arf} - T_{S0})}} = \frac{(110 - 42)\ °C - (52,9 - 25)\ °C}{\ln \dfrac{(110 - 42)\ °C}{(52,9 - 25)\ °C}} = 45,0\ °C$$

$$V = \frac{\dot{q}}{(Ua_S)\Delta \overline{T}_{\text{ln}}} = \frac{189,44 \times 10^3\ \text{J} \cdot \text{s}^{-1}}{(97,27\ \text{J} \cdot \text{m}^{-3} \cdot \text{s}^{-1} \cdot \text{K}^{-1})(45,0\ °C)} = 43,28\ \text{m}^3$$

Então o comprimento do secador deverá ser igual a:

$$L = \frac{4V}{\pi D^2} = \frac{4(43,28\ \text{m}^3)}{\pi(2,20\ \text{m})^2} = 11,4\ \text{m}$$

Caso a opção fosse pelo fluxo em concorrente, então $\Delta \overline{T}_{\text{ln}} = 36,1\ °C$ e o comprimento do secador deveria ser de 14,2 m.

Resposta: O cilindro rotatório do secador deverá ter 2,20 m de diâmetro e 11,4 m de comprimento.

16.6 SECAGEM POR ATOMIZAÇÃO

Os secadores por atomização, mais conhecidos por sua denominação em inglês, *spray dryers*, são equipamentos de operação contínua, desenvolvidos para a secagem de soluções ou suspensões líquidas, ou de qualquer material que possa ser bombeado, incluindo soluções, emulsões ou suspensões, que resultam em alimentos diretamente na forma de pó, sem necessidade de uma etapa posterior de moagem. A secagem por atomização é o processo industrial mais utilizado para a formação de partículas e sua posterior secagem. É altamente adequada para a produção contínua de sólidos secos na forma de pós, granulados ou aglomerados.

Seu princípio de operação se baseia na maximização da área para transferência de calor e massa. Na indústria de alimentos são tradicionalmente utilizados na produção de leite em pó, café solúvel e produtos desidratados de ovos (clara, gema e suas misturas). Também são largamente utilizados para secar extratos e produtos à base de plantas, corantes, soro de leite, chá instantâneo, sucos de fruta com carreadores (*drying aids*) e purês de hortaliças. A atomização também tem aplicação na desidratação de enzimas como amilases, utilizadas em panificação e cervejarias, dentre outras, assim como microrganismos como *Saccharomices cerevisiae*, utilizada em panificação e cervejarias, ou bactérias, como *Lactobacillus casei*, utilizado na fabricação de leites fermentados, ou *Streptococcus lactis*, utilizado na fabricação de queijos e manteiga.

16.6.1 Equipamentos

Um típico secador por atomização (Figuras 16.32 e 16.33) consiste em uma câmara cilíndrica com fundo cônico, em cujo topo se situa um dispositivo responsável pela atomização do produto na forma de gotículas. As gotículas se dispersam na corrente de ar quente que escoa pela câmara e devem ser muito finas, formando uma névoa e garantindo que a secagem

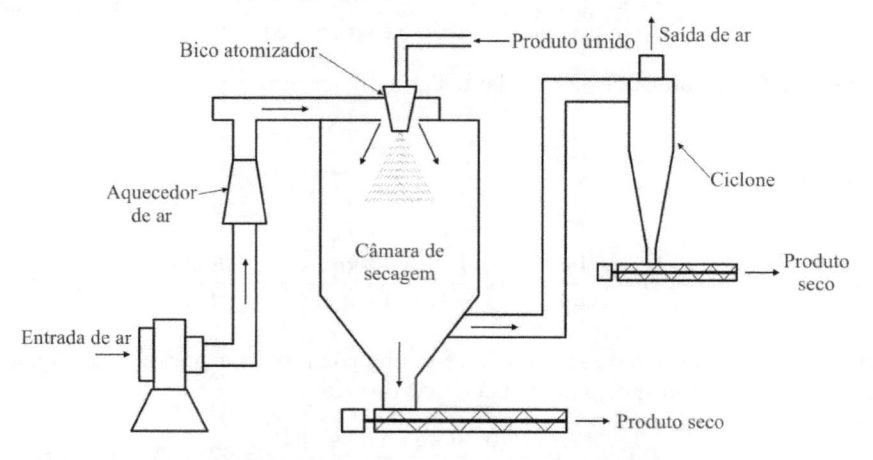

Figura 16.32 Esquema de um secador por atomização.

Figura 16.33 Secador por atomização em indústria de produtos lácteos (cortesia GEA Niro).

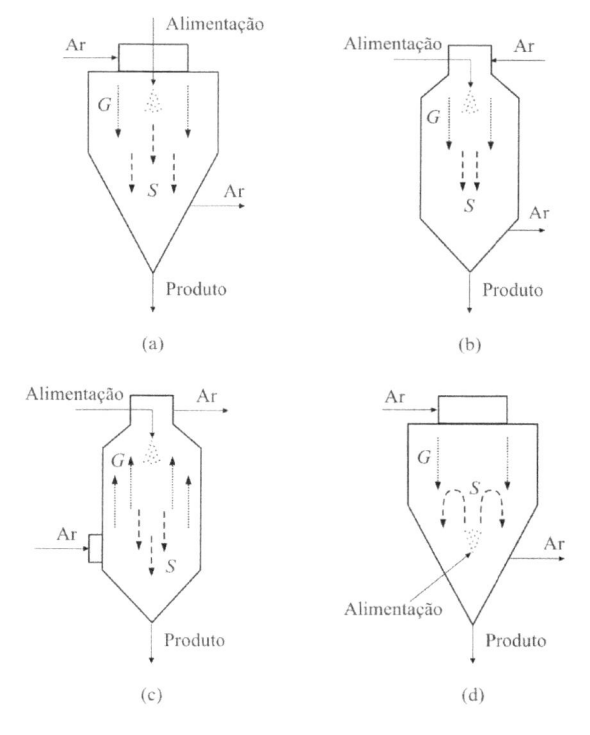

Figura 16.34 Padrões de escoamento no interior de secadores por atomização: (a), (b) concorrente; (c) contracorrente; (d) misto.

de cada uma delas ocorra antes de tocarem as paredes do secador. A maior parte das partículas secas escoa em direção ao fundo cônico da câmara, onde são coletadas. O ar quente pode escoar em concorrente, em contracorrente, com padrão misto ou em outros arranjos, de acordo com projetos para aplicações específicas (Figura 16.34). Ao deixar o secador, o ar é direcionado a um ciclone para a recuperação das partículas mais finas de produto, as quais podem ser arrastadas pela corrente gasosa.

Embora a temperatura do ar utilizado na secagem por atomização – na faixa de 150 °C a 200 °C para aplicações em alimentos – seja relativamente alta em relação às temperaturas usadas em outros secadores que processam produtos sensíveis ao calor, não existe risco de danos térmicos ao produto por causa da secagem extremamente rápida, na qual as partículas não ultrapassam a temperatura de bulbo úmido do ar, em torno de 55 °C.

Os secadores de atomização industriais podem ter tamanhos variados, com até 12 m de diâmetro e até 30 m de altura, atingindo taxas de produção tão altas como 25.000 kg · h⁻¹.

O princípio fundamental da secagem por atomização é a criação de uma fase líquida finamente dispersa (material a ser seco) em uma fase gasosa aquecida (ar de secagem), seguida pela rápida evaporação da água e consequente secagem das gotículas. Esse processo envolve a ocorrência simultânea de três operações importantes: 1. atomização; 2. mistura das gotículas com a fase gasosa; 3. secagem das gotículas líquidas e separação do ar de secagem. O tamanho e a uniformidade da distribuição de tamanho das gotículas produzidas na etapa de atomização irá influenciar a eficiência das outras duas etapas, de modo que a atomização tem importância preponderante para o bom desempenho do processo.

16.6.2 Atomizadores

A magnitude do aumento de área de transferência de calor e massa obtida pela atomização pode ser ilustrada considerando-se a dispersão de determinada massa de líquido, inicialmente contida em uma única e grande gota esférica de diâmetro D, em um número n de gotículas esféricas de diâmetro uniforme e igual a D_P. A área superficial de cada gotícula será πD_P^2 e o volume será $\frac{1}{6}\pi D_P^3$. O número de gotas formadas será dado por $n = \dfrac{D^3}{D_P^3}$. O aumento relativo de área interfacial por causa da dispersão em n gotículas é $\left(\dfrac{n\pi D_P^2 - \pi D^2}{\pi D^2}\right)$ ou, de outra forma, $\left(\dfrac{D}{D_P} - 1\right)$. Tomando como exemplo uma gota de diâmetro inicial $D = 1$ cm dividida em gotículas de diâmetro $D_P = 100$ µm, o aumento relativo na área interfacial será de 99 vezes, enquanto se as gotículas produzidas tiverem diâmetro $D_P = 10$ µm, o aumento será de 999 vezes. A maior área interfacial levará a maiores coeficientes de transferência de calor e massa, elevando consideravelmente a taxa de secagem.

Existem três tipos principais de atomizadores: bico de pressão, bico de duplo fluido e disco rotativo. A aplicação de cada um é função do tipo de material a ser processado, da faixa e uniformidade de tamanho de partículas a serem produzidas, do gasto energético e da capacidade de produção.

16.6.2.1 Bico atomizador de pressão

O bico atomizador de pressão opera com base no bombeamento a alta pressão do líquido de (5 a 7) MPa, o qual é, então, obrigado a escoar através de uma abertura muito pequena de 0,4 mm a 4 mm. Seu princípio de operação é a conversão da energia de pressão em energia cinética. As camadas de líquido se rompem em função das propriedades físicas do líquido, incluindo a tensão superficial, viscosidade e densidade, e dos efeitos de atrito com o ar (Figura 16.35).

É o atomizador com menor gasto energético, porém exige bombas especiais de alta pressão e materiais resistentes à abrasão para a construção do bico. Além disso, o tamanho reduzido dos orifícios favorece o entupimento, de modo que os atomizadores de pressão raramente são usados para soluções concentradas.

Quando se utiliza o atomizador de pressão, a câmara de secagem deve ter menor diâmetro e maior altura em razão da trajetória mais vertical das partículas em seu interior.

Esse tipo de atomizador tem capacidade máxima em torno de 100 L · h⁻¹, sendo necessária a combinação de vários bicos em uma mesma câmara para permitir o processamento de maiores vazões de alimentação.

A capacidade do bico atomizador é diretamente proporcional à raiz quadrada da pressão, de acordo com:

$$\dot{m} = K\sqrt{P} \tag{16.129}$$

em que K é a constante de proporcionalidade [kg^{0,5} · m^{0,5}]. Em geral, quanto maiores a viscosidade, a densidade e a tensão superficial e quanto menor a pressão, maiores as partículas resultantes.

O diâmetro das gotas produzidas por um atomizador de pressão pode ser calculado pela seguinte correlação:

$$\bar{D} = 286\left[(2,54 \times 10^{-2})D_b + 0,17\right]\exp\left[\frac{39}{v_{ax}} - (3,13 \times 10^{-3})v\right] \tag{16.130}$$

em que v_{ax} é a velocidade axial e v é a velocidade de entrada [m · s⁻¹] são determinadas como segue:

$$v_{ax} = \frac{D^2}{2D_b e_f}v \tag{16.131}$$

$$v = \frac{\dot{Q}}{A_s} \tag{16.132}$$

em que $\bar{D}$ é o diâmetro médio das gotas (diâmetro médio de Sauter) [μm]; D_b é o diâmetro do orifício do bocal [m]; D é o diâmetro do canal de entrada [m]; A_s é a área de escoamento do canal de entrada [m²]; $\dot{Q}$ é a vazão volumétrica [m³ · s⁻¹] e e_f é a espessura do filme na saída do bocal [m].

Figura 16.35 Bico atomizador de pressão (cortesia GEA Niro).

16.6.2.2 Bico atomizador de duplo fluido

No bico atomizador de duplo fluido, também denominado pneumático, o material líquido é pulverizado por causa do cisalhamento resultante da diferença de velocidades de escoamento do próprio líquido e de um fluido auxiliar, geralmente ar (Figura 16.36). Esse tipo de atomizador é o que apresenta maior gasto energético, embora a pressão de bombeamento do líquido seja menor que no bico de pressão. Por outro lado, é um sistema que propicia alta capacidade de produção e ótimo controle do tamanho e uniformidade das gotículas geradas. É o único atomizador capaz de produzir gotas muito pequenas, especialmente a partir de fluidos muito viscosos.

É necessário um volume de ar em torno de 0,5 m³ para atomizar 1 kg de fluido e a capacidade máxima da cada atomizador é de cerca de 1000 kg · h⁻¹ de alimentação.

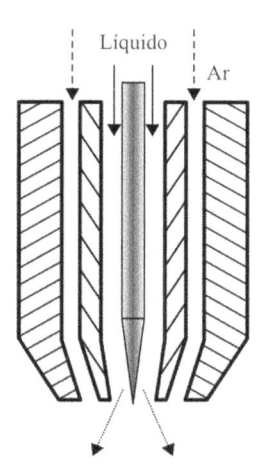

Figura 16.36 Bocal atomizador de duplo fluido.

O diâmetro médio da gota (diâmetro médio de Sauter) pode ser estimado pela seguinte correlação (Filkova e Mujumdar, 1995):

$$\overline{D} = \frac{535 \times 10^3}{v_R}\left(\frac{\sigma_S}{\rho}\right)^{0,5} + 597\left(\frac{\mu}{\sqrt{\sigma_S\rho}}\right)^{0,45}\left(\frac{1000\dot{Q}}{\dot{Q}_{ar}}\right) \tag{16.133}$$

em que σ_S é a tensão superficial [N · m⁻¹]; ρ é a densidade do líquido [kg · m⁻³]; μ é a viscosidade do líquido [Pa · s]; $\dot{Q}$ é a vazão do líquido [m³ · s⁻¹]; $\dot{Q}_{ar}$ é a vazão do ar [m³ · s⁻¹]; e v_R é a velocidade do ar relativa à velocidade do líquido [m · s⁻¹].

16.6.2.3 Atomizador de disco rotativo

O atomizador de disco rotativo ou centrífugo é o mais utilizado industrialmente e consiste em um disco que gira em alta velocidade na extremidade de um eixo onde é injetado o líquido. O líquido sofre grande aceleração em razão da força centrífuga, escoando em direção à extremidade do disco e sendo pulverizado na câmara de secagem (Figuras 16.37 e 16.38).

Figura 16.37 Atomizador de disco rotativo (cortesia GEA Niro).

Figura 16.39 Detalhes do disco de um atomizador rotativo com orifícios retangulares (cortesia GEA Niro).

Figura 16.38 Atomizador de disco rotativo (cortesia GEA Niro).

O tipo mais comum de atomizador de disco rotativo tem pás radiais retas ou curvadas, que formam canais para o escoamento do fluido desde um orifício central até a borda do atomizador, terminando em orifícios que podem ser circulares, ovais ou retangulares, como os mostrados na Figura 16.39.

Os atomizadores de disco rotativo são muito flexíveis e podem trabalhar com uma grande variedade de líquidos com diferentes propriedades físicas. Em razão da trajetória mais horizontal das gotículas formadas pelos atomizadores rotativos, as câmaras de secagem deverão ter grandes diâmetros.

A distribuição de tamanhos das gotículas geradas pelos atomizadores de disco pode ser controlada pela velocidade de rotação, mas é pouco influenciada pela vazão. A velocidade de rotação deve resultar em velocidades periféricas no disco da ordem de (100 a 200) m · s⁻¹. A necessidade de alta velocidade periférica no disco exige alta rotação para evitar que o disco atomizador seja muito grande. Como exemplo, para atingir uma velocidade periférica de 100 m · s⁻¹, um disco de 0,2 m de diâmetro deverá apresentar uma velocidade de rotação de 10^4 rpm (Filkova e Mujumdar, 1995).

Para estimar o tamanho das gotas formadas pelo atomizador de disco rotativo, deve-se conhecer o diâmetro do disco e sua velocidade de rotação. Caso esses dados sejam desconhecidos, recomenda-se (Okos et al., 1992) estimar esses dados usando um procedimento de tentativa e erro até encontrar o diâmetro de gota que possa ser seco com o menor custo e, em seguida, dimensionar o atomizador que produza o tamanho de gota selecionado. Uma das equações que correlaciona o diâmetro médio das gotas e os parâmetros de operação do atomizador é:

$$\bar{D} = 4 \times 10^5 R \left(\frac{60\dot{m}}{n_o H_o \rho N R^2} \right)^{0,6} \left(\frac{n_o H_o \mu}{\dot{m}} \right)^{0,2} \left[\frac{\sigma_S \rho (n_o H_o)^3}{\dot{m}^2} \right]^{0,1} \tag{16.134}$$

em que R é o raio do disco atomizador [m]; $\dot{m}$ é a vazão mássica do líquido a ser atomizado [kg · s⁻¹]; N é a frequência rotacional [rpm]; n_o é o número de orifícios do atomizador [adimensional] e H_o é a altura de cada orifício [m]. Uma relação alternativa e mais simples é dada por (Filkova e Mujumdar, 1995):

$$\bar{D} = 1,62 \times 10^3 \left(\frac{N}{60} \right)^{-0,53} \dot{m}^{0,21} (2R)^{-0,39} \tag{16.135}$$

16.6.3 Balanços de energia em secadores por atomização

A vazão de ar necessária para a secagem por atomização de determinado produto a uma taxa de produção especificada pode ser estimada a partir de um balanço de energia, escrito da seguinte forma:

$$\dot{m}_{ar} C_H (T_{ar0} - T_{arf}) = \dot{q} \tag{16.136}$$

em que T_{ar0} e T_{arf} são as temperaturas do ar na entrada e na saída do secador [K] e $\dot{q}$ é a taxa de transferência de calor necessária para a secagem [W].

Por sua vez, a taxa de transferência de calor pode ser obtida a partir de um balanço de energia que considera a taxa de evaporação necessária e as parcelas de calor sensível para o sólido e para o vapor:

$$\dot{q} = \dot{m}_{ms}\Delta_{vap}H(\overline{X}_{w0} - \overline{X}_{wf}) + \dot{m}_{ms}C_{PS}(T_{Sf} - T_{bu}) + \dot{m}_{ms}C_{Pv}(\overline{X}_{w0} - \overline{X}_{wf})(T_{arf} - T_{bu}) \tag{16.137}$$

Na equação anterior cada um dos termos tem unidade de $[w^{-1}]$ e não estão incluídas as eventuais perdas de calor no secador. Caso as perdas existam e possam ser quantificadas, a taxa de calor perdido $(\dot{q}_{perdido})$ deve ser adicionada do lado direito da Equação 16.137.

A aplicação das Equações 16.136 e 16.137 exige o conhecimento da temperatura do ar na saída do secador, o que depende de diversas variáveis, como taxa de secagem, grau de atomização, eficiência de transferência de calor e massa, altura do secador, propriedades do produto etc., tornando seu cálculo muito complexo. Muitas vezes a estimativa de T_{arf} é feita com base em experiências anteriores ou a partir de testes experimentais.

Uma forma de contornar esse problema pode ser por meio do conceito do número de unidades de transferência (NTU) de maneira similar ao tratamento apresentado para os secadores rotatórios, no qual a taxa de transferência de calor é dada pela Equação 16.124 e o NTU é dado pela Equação 16.128.

Considerando que o sólido permaneça na temperatura de bulbo úmido durante a secagem, a média logarítmica das diferenças de temperatura é dada por:

$$\Delta\overline{T}_{ln} = \frac{(T_{ar0} - T_{bu}) - (T_{arf} - T_{bu})}{\ln\dfrac{(T_{ar0} - T_{bu})}{(T_{arf} - T_{bu})}} \tag{16.138}$$

A substituição da Equação 16.128 na 16.138 leva a:

$$\Delta\overline{T}_{ln} = \frac{(T_{ar0} - T_{arf})}{NTU} \tag{16.139}$$

A combinação das Equações 16.136 com 16.124 e 16.139, resulta em:

$$NTU = \frac{(Ua_S)V}{\dot{m}_{ar}C_H} = \frac{(T_{ar0} - T_{arf})}{\Delta\overline{T}_{ln}} \tag{16.140}$$

Caso existisse alguma maneira de estimar NTU, então se poderia usar um procedimento de tentativa e erro envolvendo as equações anteriores, uma vez que T_{arf} também aparece em $\Delta\overline{T}_{ln}$. Porém, dados genéricos de NTU ou Ua_S não estão disponíveis para secadores por atomização.

Outra abordagem para a estimativa da temperatura do ar na saída do secador se baseia na eficiência global e na eficiência de evaporação, definidas, respectivamente, pelas Equações 16.141 e 16.142:

$$\eta_{global} = 100\left(\frac{T_{ar0} - T_{arf}}{T_{ar0} - T_{amb}}\right) \tag{16.141}$$

$$\eta_{evap} = 100\left(\frac{T_{ar0} - T_{arf}}{T_{ar0} - T_{bu}}\right) \tag{16.142}$$

em que T_{amb} é a temperatura do ar ambiente.

A eficiência de evaporação indica o grau de aproximação da saturação alcançado pelo ar de secagem, enquanto a eficiência global indica a fração do calor total fornecido que é efetivamente usada para secagem, mas essas equações são aproximadas, uma vez que não levam em conta a variação da capacidade calorífica do ar úmido ao longo da secagem.

O Exemplo 16.14 mostra o projeto de um secador por atomização de suco concentrado de maracujá.

EXEMPLO 16.14

Com o objetivo de projetar um secador para secar por atomização suco concentrado de maracujá contendo maltodextrina como carreador (material empregado para evitar a pegajosidade e tendência à aglomeração dos sucos de frutas naturais), testes experimentais foram realizados em um *spray dryer* em escala piloto, resultando nos dados apresentados a seguir. Calcule: (i) a taxa de transferência de calor necessária para a secagem e a vazão mássica do ar; (ii) as eficiências global e de evaporação; (iii) o produto do coeficiente global de transferência de calor pela área específica, Ua_S, também denominado coeficiente global volumétrico de transferência de calor.

Dados experimentais:

Suco concentrado com maltodextrina: $X_{w0} = 0{,}550$ kg água · kg⁻¹ total (base úmida); $X_{wf} = 0{,}05$ kg água · kg⁻¹ total; $\dot{m}_{pó} = 227$ kg · h⁻¹; $C_{Ps} = 1{,}5$ kJ · kg⁻¹ · K⁻¹; $T_{Sf} = 41$ °C;

Ar: $T_{ar0} = 130$ °C; $T_{arf} = 60$ °C; $T_{amb} = 26$ °C; $X_{wamb} = 0{,}01$ kg água · kg⁻¹ ar seco;

Câmara de secagem: $V = 12{,}5$ m³

Solução

(i) O cálculo da taxa de transferência de calor necessária para a secagem pode ser feito por meio do balanço de energia dado pela Equação 16.137. Para isso, devemos calcular a vazão mássica de matéria seca, dada por:

$$\dot{m}_{ms} = \dot{m}_{pó}(1 - X_{wf}) = \left(\frac{227 \text{ kg total} \cdot \text{h}^{-1}}{3600 \text{ s} \cdot \text{h}^{-1}} \right)(1 - 0{,}05) \text{ kg matéria seca} \cdot \text{kg}^{-1} \text{ total}$$

$$\dot{m}_{ms} = 0{,}06 \text{ kg matéria seca} \cdot \text{s}^{-1}$$

As umidades em base seca são:

$$\overline{X}_{w0} = \frac{X_{w0}}{(1 - X_{w0})} = \frac{0{,}50 \text{ kg água} \cdot \text{kg}^{-1} \text{ total}}{(1 - 0{,}50) \text{ kg matéria seca} \cdot \text{kg}^{-1} \text{ total}} = 1{,}0 \text{ kg água} \cdot \text{kg}^{-1} \text{ matéria seca}$$

$$\overline{X}_{wf} = \frac{X_{wf}}{(1 - X_{wf})} = \frac{0{,}05 \text{ kg água} \cdot \text{kg}^{-1} \text{ total}}{(1 - 0{,}05) \text{ kg matéria seca} \cdot \text{kg}^{-1} \text{ total}} = 0{,}0526 \text{ kg água} \cdot \text{kg}^{-1} \text{ matéria seca}$$

Da carta psicométrica a temperatura de bulbo úmido é obtida, $T_{bu} = 39{,}2$ °C. A entalpia de vaporização da água e o calor específico do vapor de água nessa temperatura podem ser obtidos por interpolação na Tabela A1:

$$\Delta_{vap}H = 2406{,}7 \text{ kJ} \cdot \text{kg}^{-1} \text{ água}; \quad C_{Pv} = 1{,}93 \text{ kJ} \cdot \text{kg}^{-1} \cdot \text{K}$$

Aplicando então os valores na Equação 16.137 resulta em:

$$\dot{q} = \dot{m}_{ms}\Delta_{vap}H(\overline{X}_{w0} - \overline{X}_{wf}) + \dot{m}_{ms}C_{Ps}(T_{Sf} - T_{bu}) + \dot{m}_{ms}C_{Pv}(\overline{X}_{w0} - \overline{X}_{wf})(T_{arf} - T_{bu})$$

$$\frac{\dot{q}}{0{,}06 \text{ kg matéria seca} \cdot \text{s}^{-1}} = (2406{,}7 \text{ kJ} \cdot \text{kg}^{-1} \text{ água})(1{,}0 - 0{,}0526) \text{ kg água} \cdot \text{kg}^{-1} \text{ matéria seca} + 1{,}5 \text{ kJ} \cdot \text{kg}^{-1} \text{ matéria seca} \cdot$$

$$\text{K}^{-1}(41 - 39{,}2) \text{ °C} + (1{,}93 \text{ kJ} \cdot \text{kg}^{-1} \text{ água} \cdot \text{K}^{-1})(1{,}0 - 0{,}0526) \text{ kg água} \cdot \text{kg}^{-1} \text{ matéria seca}(60 - 39{,}2) \text{ °C}$$

$$\dot{q} = 139{,}3 \text{ kW}$$

Observa-se que a parcela de calor sensível para aquecimento do sólido seco é muito pequena e poderia ser negligenciada sem afetar significativamente o resultado. Da mesma maneira, no balanço anterior poderíamos ter incluído o calor necessário para aumentar a temperatura do suco alimentado ao secador desde seu valor inicial até a temperatura de bulbo úmido, mas essa parcela também seria pequena frente ao calor necessário para a evaporação da umidade.

A vazão mássica de ar quente necessária para a secagem pode ser obtida pela Equação 16.136, mas para isso precisamos calcular o calor úmido do ar, por meio da Equação 16.5:

$$C_H = (1{,}005 \text{ kJ} \cdot \text{kg}^{-1} \text{ ar seco} \cdot \text{K}^{-1}) + (1{,}93 \text{ kJ} \cdot \text{kg}^{-1} \text{ água} \cdot \text{K}^{-1})(0{,}01 \text{ kg água} \cdot \text{kg}^{-1} \text{ ar seco})$$

$$C_H = 1{,}024 \text{ kJ} \cdot \text{kg}^{-1} \text{ ar seco} \cdot \text{K}^{-1}$$

$$\dot{m}_{ar} = \frac{139{,}3 \text{ kJ} \cdot \text{s}^{-1}}{(1{,}024 \text{ kJ} \cdot \text{kg}^{-1} \text{ ar seco} \cdot \text{K}^{-1})(130 \text{ °C} - 60 \text{ °C})} = 1{,}94 \text{ kg ar seco} \cdot \text{s}^{-1}$$

(ii) A eficiência global pode ser obtida pela Equação 16.141:

$$\eta_{global} = 100 \left(\frac{T_{ar0} - T_{arf}}{T_{ar0} - T_{amb}} \right) = 100 \left(\frac{130 \text{ °C} - 60 \text{ °C}}{130 \text{ °C} - 26 \text{ °C}} \right) = 67{,}3 \%$$

E a eficiência de evaporação pode ser calculada empregando a Equação 16.142:

$$\eta_{evap} = 100 \left(\frac{T_{ar0} - T_{arf}}{T_{ar0} - T_{bu}} \right) = 100 \left(\frac{130 \text{ °C} - 60 \text{ °C}}{130 \text{ °C} - 39{,}2 \text{ °C}} \right) = 77{,}1 \%$$

(iii) Para o cálculo de Ua_s usamos a Equação 16.124, com a média logarítmica das diferenças de temperatura:

$$\Delta \bar{T}_{\text{ln}} = \frac{(130\ ^\circ C - 39,2\ ^\circ C) - (60\ ^\circ C - 39,2\ ^\circ C)}{\ln \dfrac{(130\ ^\circ C - 39,2\ ^\circ C)}{(60\ ^\circ C - 39,2\ ^\circ C)}} = 47,5\ ^\circ C$$

$$Ua_s = \frac{\dot{q}}{V \Delta \bar{T}_{\text{ln}}} = \frac{139,3\ kJ \cdot s^{-1}}{(12,5\ m^3)(47,5\ ^\circ C)} = 0,23\ kJ \cdot s^{-1} \cdot m^{-3} \cdot K^{-1}$$

Respostas: A taxa de transferência de calor necessária para a secagem é $\dot{q}$ = 139,3 kW; a vazão mássica do ar é $\dot{m}_{ar}$ = 1,94 kg ar seco · s⁻¹; a eficiência global é 67,3 %; a eficiência de evaporação é 77,1 % e o coeficiente global volumétrico de transferência de calor é Ua_s = 0,23 kJ · s⁻¹ · m⁻³ · K⁻¹.

16.7 EXERCÍCIOS

1. Determine a taxa à qual um secador contínuo deve ser alimentado com maçãs frescas em fatias e a produção de maçãs desidratadas, sabendo que o equipamento nas condições estabelecidas para esse processo tem capacidade para evaporar 200 kg · h⁻¹. A umidade inicial é igual a 0,85 kg água · kg⁻¹ total (base úmida) e a umidade final deverá ser igual a 0,5 kg água · kg⁻¹ total (base úmida).

   [**Resposta:** $\dot{m}_0$ = 237,5 kg · h⁻¹ e $\dot{m}_f$ = 37,5 kg · h⁻¹]

2. A figura a seguir apresenta o esquema de alimentação de um forno contínuo para assar biscoitos, com reciclo de biscoitos quebrados impróprios para serem embalados. A massa fresca é inicialmente preparada a uma taxa de 1500 kg · h⁻¹ ($\dot{m}_1$) e apresenta umidade igual a 0,16 kg água · kg⁻¹ total (base úmida). Sabe-se que parte dos biscoitos assados que apresentam trincas são reaproveitados. Eles são misturados à massa fresca (vazão mássica $\dot{m}_1$), o que resulta na vazão mássica $\dot{m}_2$ que alimenta o forno. Outra parte, imprópria para retornar à massa (reciclo), é descartada. Aproximadamente 3 % dos biscoitos que saem assados do forno são adicionados à massa fresca, enquanto 2 % são descartados. Uma porcentagem de biscoitos já assados e que sofreram trincas é misturada a essa massa fresca. O biscoito assado sai do forno ($\dot{m}_3$) com 2,5 % de umidade (base úmida). Determine qual é a vazão de massa de biscoito com que se deve alimentar o forno contínuo ($\dot{m}_2$), a taxa de evaporação de água no forno ($\dot{M}_w$) e a vazão mássica de biscoitos apropriados para consumo ($\dot{m}_5$).

   [**Resposta:** $\dot{M}_w$ = 208 kg · h⁻¹, $\dot{m}_2$ = 1.540 kg · h⁻¹ e $\dot{m}_5$ = 1.265 kg · h⁻¹]

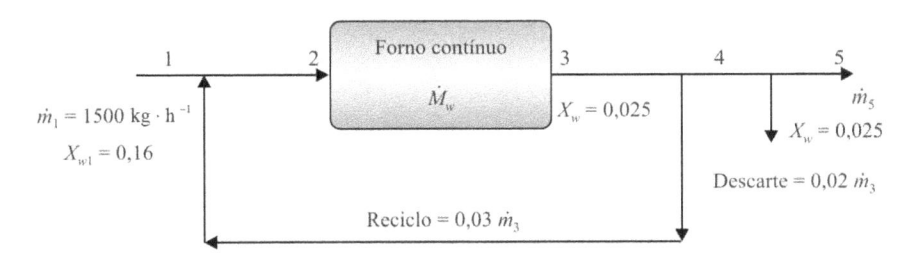

3. Com base no Exemplo 16.10, calcule a umidade do ar em (2), para o caso do ar reciclado ser 88 % do ar que passa pelas bandejas. Para tanto, calcule a nova velocidade do ar de secagem sobre as bandejas e o fluxo de água evaporada nas bandejas do secador. Qual é a nova vazão volumétrica da mistura que passa pelo ventilador na condição de reciclo dada?

   [**Resposta:** v = 0,74 m · s⁻¹; $\dot{M}_w$ = 2,25 × 10⁻³ kg água · s⁻¹; $\bar{Y}_{w2}$ = 0,0499 kg água · kg⁻¹ ar seco; $\dot{Q}_5$ = 0,67 m³ · s⁻¹]

4. Com base no Exemplo 16.10, estime a taxa de evaporação da água durante o período de taxa constante considerando que a transferência de calor ocorra por convecção, condução e radiação. Considere a condutividade térmica do pigmento igual a 1,3 W · m⁻¹ · K⁻¹ e sua emissividade igual a 0,9. Suponha que as bandejas sejam de alumínio com espessura igual a 0,002 m e que o pigmento ocupe toda a profundidade das bandejas. Inclua os efeitos de radiação a partir da superfície de cada bandeja acima da superfície de secagem, considerando a emissividade do metal igual a 0,2 e sua condutividade igual a 237 W · m⁻¹ · K⁻¹.

   [**Resposta:** $\dot{M}_w$ = 1,1 × 10⁻² kg água · s⁻¹]

5. A figura a seguir representa os períodos de secagem obtidos em um secador de bandejas com ar a 80 °C e umidade absoluta igual a 0,03 kg água · kg⁻¹ ar seco. O secador tem 20 resistências de 1,2 kW cada. A área transversal através da qual o ar de secagem flui é de 0,6 m² e a velocidade do ar sobre o produto é igual a 3 m · s⁻¹. Calcule: (i) a porcentagem de ar reciclado necessária para que a taxa de secagem durante o período de taxa de evaporação constante seja a mesma da figura a seguir, considerando que o ar ambiente (ar fresco) a ser misturado com o ar de secagem tem temperatura média igual a 27 °C e umidade relativa de 80 %, e que a área de transferência de massa seja de 1 m²; (ii) a vazão do ventilador necessária para movimentar a mistura do ar que recircula no secador com o ar fresco; (iii) a temperatura do ar após passar pelo produto, considerando o secador bem isolado termicamente. As resistências são suficientes?; (iv) o tempo transcorrido até atingir a umidade crítica, para uma massa seca de material igual a 20 kg; (v) o tempo que durará a secagem no período linear, no período de taxa decrescente; (vi) o tempo que durará a secagem até que o material chegue à umidade de 0,5 kg · kg⁻¹ matéria seca, supondo que todas as etapas possam ser bem representadas por funções lineares.

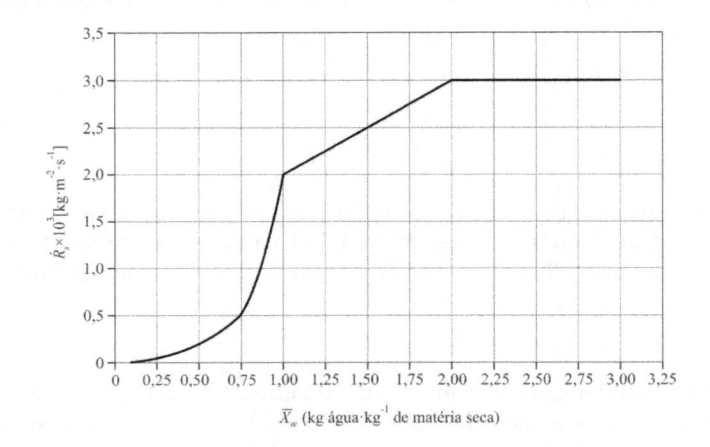

$\overline{X}_w$ (kg água·kg⁻¹ de matéria seca)

[**Resposta:** (i) 87 %; (ii) $\dot{Q}$ = 2,1 m³ · s⁻¹; (iii) 75,5 °C; sim, pois o secador requer 21,6 kW; (iv) 1h e 50 min; (v) 2h e 15 min; (vi) 9h e 40 min]

6. Em determinado processo industrial deve-se misturar 5 m³ · s⁻¹ de ar a 25 °C e UR = 75 % com 2 m³ · s⁻¹ de ar a 32 °C e UR = 50 %. Considerando que a pressão seja igual a 101,3 kPa, determine a temperatura e umidade relativa do ar resultante dessa mistura.

    [**Resposta:** 27 °C e 67 %]

7. Deseja-se aquecer 1,0 m³ · s⁻¹ de ar que se encontra a 22 °C e 85 % de umidade relativa até 60 °C. Calcule a umidade relativa do ar resultante e a quantidade de calor adicionada para as seguintes formas de aquecimento, que ocorrem na pressão de 101,3 kPa: (i) um trocador de calor indireto; (ii) uma fornalha a lenha, de aquecimento direto, na qual se adiciona $2{,}5 \times 10^{-3}$ kg · s⁻¹ de vapor de água ao ar que está sendo aquecido.

    [**Resposta:** i) 11,5 % e 46 kW; ii) 13 % e 52,5 kW]

8. Uma batelada de 100 kg de sólidos granulares, contendo 0,30 kg água · kg⁻¹ total de umidade (base úmida), deve ser seca em um secador de bandejas até atingir 0,155 kg água · kg⁻¹ total. Ar a 77 °C escoa paralelamente às bandejas, a uma velocidade tal que a taxa de secagem no período de taxa constante, sob essas condições, é igual a $7{,}0 \times 10^{-4}$ kg água · m⁻² · s⁻¹ e o conteúdo de umidade crítica é 0,15 kg água · kg⁻¹ matéria seca. Calcule o tempo de secagem assumindo que a superfície de secagem é igual a 0,03 m² · kg⁻¹ matéria seca.

    [**Resposta:** 3 h e 15 min]

9. Deve-se projetar um secador em contracorrente para secar 230 kg · h⁻¹ de sólido com 1,50 kg água · kg⁻¹ matéria seca até 0,11 kg água · kg⁻¹ matéria seca. O ar empregado tem temperatura de bulbo seco igual a 49 °C e de bulbo úmido igual a 21 °C. A umidade do ar de saída é 0,012 kg água · kg⁻¹ ar seco. O conteúdo de umidade crítica é 0,4 kg água · kg⁻¹ matéria seca. No secador, o coeficiente de transferência de calor é 68,23 J · m⁻² · s⁻¹ · K⁻¹. A superfície de secagem é 0,225 m² · kg⁻¹ matéria seca. Quanto tempo os sólidos deverão permanecer no secador?

    [**Resposta:** 4 h e 10 min]

10. Um material granular, contendo 0,40 kg água · kg⁻¹ total é alimentado a um secador rotatório em contracorrente, a uma temperatura de 22 °C, sendo retirado a 37 °C e com 0,05 kg água · kg⁻¹ total. O ar que entra no secador contém 0,006 kg água · kg⁻¹ ar seco e está a 112 °C. O secador trabalha com 0,125 kg sólido úmido · s⁻¹. O ar sai do secador a 42 °C. Assumindo que

existam perdas de calor por radiação da ordem de 20 kJ · kg^{-1} ar seco, determine a quantidade de ar seco que deve ser alimentada ao secador e a umidade do ar de saída. O calor específico do sólido seco é 0,88 kJ · kg^{-1} K^{-1}.

[**Resposta:** 2,26 kg ar seco · s^{-1} e 0,026 kg água · kg^{-1} ar seco]

11. Em um secador de túnel, operando em contracorrente com fluxo de ar paralelo, deseja-se secar um material alimentado a uma velocidade de 318 kg sólido seco · h^{-1}, desde uma umidade inicial de 0,413 até 0,037 kg água · kg^{-1} matéria seca, sendo o conteúdo crítico de umidade de 0,096 kg água · kg^{-1} matéria seca. O ar é introduzido no secador a uma vazão mássica de 6000 kg ar seco · h^{-1} e 94 °C, com umidade inicial de 0,056 kg água · kg^{-1} ar seco. Na saída do secador o sólido atinge a temperatura de 67 °C. A área superficial disponível para a secagem é de 0,7 m^2· kg^{-1} matéria seca e a velocidade mássica do ar é de 3400 kg · h^{-1} · m^{-2}. O ar de secagem escoa através de uma seção transversal de 0,15 m × 1 m. Calcule o tempo total de secagem.

[**Resposta:** 2 h e 17 min]

12. Um secador de esteira será utilizado para secar um material alimentício granulado que apresenta umidade inicial de 0,35 kg água · kg^{-1} matéria seca e está a 35 °C. A umidade crítica desse material é igual a 0,1 kg água · kg^{-1} matéria seca. O ar de secagem escoa em contracorrente, entrando no secador a uma taxa de 40.000 kg · h^{-1}, a 80 °C, e com umidade de 0,028 kg água · kg^{-1} ar seco. A esteira transportadora tem 2 m de largura e move-se com velocidade de 11 m · h^{-1}, sendo carregada com sólido úmido a uma razão de 125 kg · m^{-2} de esteira. Sob essas condições, pode-se considerar que o coeficiente de transferência de calor por convecção é de 0,57 kW · m^{-2}· K^{-1}. O sólido deverá deixar o secador com umidade máxima de 0,05 kg água · kg^{-1} matéria seca e 45 °C. Qual deverá ser o comprimento do secador, quais serão as condições finais do ar de secagem e qual é a taxa de produção do secador?

[**Resposta:** 17,6 m; 0,0437 kg água · kg^{-1} ar seco, 45 °C; 2139 kg · h^{-1}]

13. Um secador rotatório deve ser dimensionado para secar pellets de bagaço de laranja. O bagaço entrará no secador a 20 °C, com 0,60 kg água · kg^{-1} matéria seca. O ar flui em contracorrente, entrando no secador a 112 °C e com 0,01 kg água · kg^{-1} ar seco. O produto deverá deixar o secador a 70 °C e com 0,05 kg água · kg^{-1} matéria seca, a uma taxa de 450 kg · h^{-1}. O calor específico do bagaço de laranja seco é 0,837 kJ · kg^{-1} K^{-1}. A velocidade mássica do ar não deverá ultrapassar 3500 kg · m^{-2}· h^{-1} em qualquer parte do secador. O secador será isolado, sendo as perdas de energia térmica negligenciáveis. Escolha um secador entre os seguintes tamanhos padrões e determine a taxa de escoamento do ar a ser utilizada. Tamanhos padrões de secadores: 1 m por 8 m; 1,4 m por 10 m; 1,5 m por 12 m; 2 m por 14 m.

[**Resposta:** 2 m por 14 m; 2,7 kg ar seco · s^{-1}]

16.8 BIBLIOGRAFIA RECOMENDADA

BARBOSA-CÁNOVAS, G.; VEGA-MERCADO, H. *Dehydration of foods*. Nova York: Chapman & Hall, 1996. 330 p.

BROD, F. P. R. *Avaliação de um secador vibrofluidizado*. Tese (Doutorado em Engenharia Agrícola) — Faculdade de Engenharia Agrícola, Unicamp, Campinas, 2003. 335 p.

BRUNAUER, S. et al. On a theory of the Van der Waals adsorption of gases. *Journal of the American Chemical Society*, v. 62, p. 1723-1732, jul. 1940.

CREMASCO, M. A. *Fundamentos de transferência de massa*. 2. ed. Campinas: Unicamp, 2002. 736 p.

DOYMAZ, I.; PALA, M. The thin-layer drying characteristics of corn. *Journal of Food Engineering*, v. 60, p. 125-130, 2003.

FILKOVA, I.; MUJUMDAR, A. S. Industrial spray drying systems. In: MUJUMDAR, A. S. (Ed.). *Handbook of industrial drying*. Nova York: Marcel Dekker, 1995. p. 263-307.

FORTES, M.; OKOS, M. R. Drying theories: their bases and limitations as applied to foods and grains. In: MUJUMDAR, A. S. (Ed.). *Advances in drying*. Washington: Hemisphere Publishing Co., 1980. v. 1, p. 119-154.

FOUST, A. S. et al. *Princípios das operações unitárias*. Rio de Janeiro: Guanabara Dois, 1982. 670 p.

GEANKOPLIS, C. J. *Procesos de transporte y operaciones unitárias*. 3. ed. México D. F.: Cecsa, 1998. 1007 p.

HIMMELBLAU, D. M. *Engenharia química*: princípios e cálculos. 6. ed. Rio de Janeiro: Prentice-Hall do Brasil, 1998. 592 p.

IBARZ, A.; BARBOSA-CÁNOVAS, G. V. *Operaciones unitarias en la ingeniería de alimentos*. Lancaster: Technomic Publishing Co., 1999. 882 p.

JIAN, Z. H.; FANG, W. *Applications and update of computer software for bioenvironmental control engineering – I. Psychrometrics*. 2001. Disponível em: <http://ecaaser3.ecaa.ntu.edu.tw/weifang/psy/cea2-5.htm>. Acesso em: 27 jan. 2011.

KEEY, R. B. Theoretical foundations of drying technology. In: MUJUMDAR, A. S. (Ed.). *Advances in drying*. Washington: Hemisphere Publishing Co., 1980. v. 1, p. 1-22.

KORETSKY, M. D. *Termodinâmica para a engenharia química*. Rio de Janeiro: LTC, 2007. 520 p.

KURATA, T.; FUJIMAKI, M.; SAKURAI, Y. Red pigment produced by the oxidation of L-scorbamic acid. *Journal of Agricultural and Food Chemistry*, v. 21, n. 4, p. 676-680, 1973.

MARSHALL JR., W. R. *Atomization and spray drying*. Nova York: American Institute of Chemical Engineers, 1954. 122 p.

MCCABE, W.; SMITH, J.; HARRIOT, P. *Unit operations of chemical engineering*. 7. ed. Nova York: McGraw-Hill, 2004. 1152 p.

MEDEIROS, M. F. D. et al. Escoabilidade de leitos de partículas inertes com polpa de frutas tropicais. Efeitos na secagem em leito de jorro. *Revista Brasileira de Engenharia Agrícola e Ambiental*, Campina Grande, v. 5, n. 3, p. 475-480, 2001.

OKOS, M. R. et al. Food dehydration. In: HELDMAN, D. R.; LUND, D. B. (Ed.). *Handbook of food engineering*. Nova York: Marcel Dekker, 1992. p. 437-562.

PARK, K. J.; BROD, F. P. R.; OLIVEIRA, R. A. Transferência de massa e secagem em leitos vibrofluidizados: uma revisão. *Engenharia Agrícola*, Jaboticabal, v. 26, n. 3, p. 840-855, set./dez. 2006.

PERRY, R. H.; CHILTON, C. H. *Manual de engenharia química*. 5. ed. Rio de Janeiro: Guanabara Dois, 1986.

RIZVI, S. S. H. Thermodynamic properties of foods in dehydration. In: RAO, M. A.; RIZVI, S. S. H. (Ed.). *Engineering properties of foods*. 2. ed. rev. e ampl. Nova York: Marcel Dekker, 1995. p. 223-309.

ROSA, E. D.; TSUKADA, M.; FREITAS, L. A. P. Secagem por atomização na indústria alimentícia: fundamentos e aplicações. p. 1-12. Disponível em: <http://www.fcf.usp.br/Ensino/Graduacao/Disciplinas/Exclusivo/Inserir/Anexos/LinkAnexos/secagem de materiais.pdf>. Acesso em: 27 jan. 2011.

RUAN, R.; CHEN, L. *Water in foods and biological materials*: a nuclear magnetic resonance approach. Lancaster: Technomic Publishing Co., 1998. 307 p.

SIEGEL, R.; HOWELL, J. R. *Thermal radiation heat transfer*. 3. ed. Washington: Taylor & Francis, 1992. 1072 p.

SOARES, N. M.; BATISTA, L. M.; PINTO, L. A. A. Caracterização da secagem de quitosana purificada em camada delgada. In: XVIII CONGRESSO REGIONAL DE INICIAÇÃO CIENTÍFICA E TECNOLÓGICA, ENGENHARIA QUÍMICA (CRICTE). *Anais...*, Itajaí, 2003. p. 1-5.

SOSA-ARNAO J. H. et al. Sugar cane bagasse drying: a review. *International Sugar Journal*, v. 108, n. 1291, p. 381-386, 2006.

TREYBAL, R. E. *Mass-transfer operations*. 3. ed. Nova York: McGraw-Hill, 1980. 784 p.

WAUGHON, T. G. M.; PENA, R. S. Estudo da secagem da fibra residual do abacaxi. *Alimentos e Nutrição*, Araraquara. v. 17, n. 4, p. 373-379, out./dez. 2006.

WESTERGAARD, V. *Milk powder technology*: evaporation and spray drying. Copenhagen: Niro A/S, 2004. 337 p. Disponível em: <http://www.niro.com/NIRO/CMSDoc.nsf/webdoc/ndkw5y4brl>. Acesso em: 16 nov. 2010.

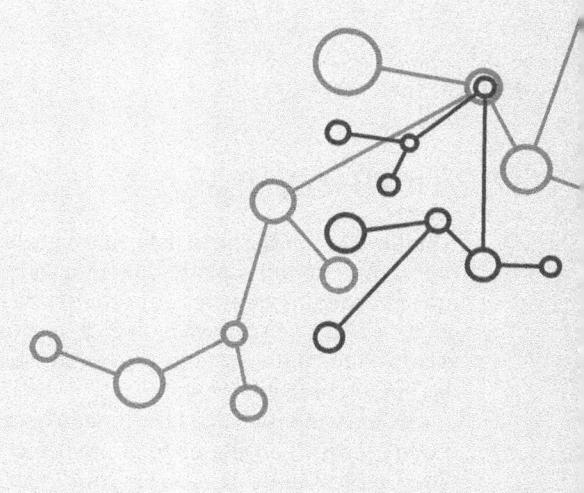

17

OUTROS PROCESSOS DE DESIDRATAÇÃO*

Renata Valeriano Tonon**
Alessandra Faria Baroni***
Miriam Dupas Hubinger****

   * As autoras agradecem ao professor Lincoln Neves de Camargo Filho a leitura e sugestões feitas.

  ** Embrapa Agroindústria de Alimentos (Rio de Janeiro).

 *** BRPas – Material de Referência e Ensaios de Proficiência.

**** Universidade Estadual de Campinas (Unicamp).

17.1 LIOFILIZAÇÃO

A liofilização, ou secagem pelo emprego do frio e vácuo, foi usada pela primeira vez em escala industrial na década de 1940, representando um método de remoção de água que não envolve a exposição do produto a altas temperaturas, podendo preservar alguns aspectos importantes de sua qualidade. O processo consiste em duas etapas básicas: o congelamento da água contida na estrutura biológica de interesse, seguido pela retirada por sublimação do gelo, que passa diretamente do estado sólido para o estado gasoso. Dessa maneira, as vantagens dos métodos de congelamento e secagem são acumuladas em um único processo.

O fundamento físico relacionado com o processo de liofilização é a coexistência dos três estados da água (sólido, líquido e gasoso) no chamado ponto triplo, que ocorre a uma temperatura de aproximadamente 0 °C, abaixo do ponto eutético, e pressão de 614 Pa (Figura 17.1). Quando a água está no estado sólido, em temperatura e pressão muito baixas, o aumento gradativo da temperatura ou a redução da pressão permitem sua passagem direta para o estado gasoso, sem passar pela fase líquida.

A principal vantagem do processo de liofilização em relação aos outros métodos de secagem reside, sobretudo, na qualidade do produto final, uma vez que não há movimentação do líquido dentro do sólido e, desse modo, não ocorre encolhimento do produto e os solutos não migram para a superfície. A retirada da água por sublimação também faz com que o material mantenha sua geometria original ao final do processo, apresentando uma estrutura leve e porosa, que permite uma reidratação mais rápida e completa. A ausência de ar durante o processamento previne a deterioração do material por oxidação. Além disso, a temperatura a que os produtos são expostos é inferior às empregadas em outros métodos de secagem, resultando em uma melhor preservação das características sensoriais (sabor, odor e aroma) e nutricionais (redução da desnaturação de proteínas, manutenção das vitaminas) dos alimentos. Assim, quando corretamente embalado, ou seja, protegido do vapor de água e do oxigênio do ar, o produto pode ser estocado por um tempo ilimitado, sem o emprego de refrigeração, mantendo a maior parte das propriedades físico-químicas e sensoriais do produto fresco.

Por outro lado, uma das maiores limitações do processo de liofilização é seu alto custo operacional e de investimento. Para que a secagem seja completa, é necessário o uso de temperaturas e pressões muito baixas, o que implica um longo tempo de secagem e um alto consumo de energia, resultando em um custo final muito elevado. Isso torna o processo, em alguns casos, inviável economicamente.

17.1.1 Componentes de um liofilizador

Os principais componentes de um liofilizador operando em batelada são: câmara de vácuo (ou câmara de secagem), sistema de aquecimento, sistema frigorífico para retirada do vapor, sistema de vácuo e controles (Figura 17.2).

O material a ser desidratado por liofilização deve, necessariamente, ser inserido no equipamento na forma congelada. Uma vez que o alimento congelado é colocado na câmara de secagem, a pressão deve ser reduzida rapidamente, a fim de evitar a fusão do gelo. Depois de estabelecido o vácuo, a baixa pressão deve ser mantida durante todo o ciclo de secagem.

O calor de sublimação necessário para o processo é fornecido pelas placas aquecidas. As bandejas contendo o alimento de interesse são colocadas entre as placas fixas, que são aquecidas internamente por vapor, água quente, outros fluidos

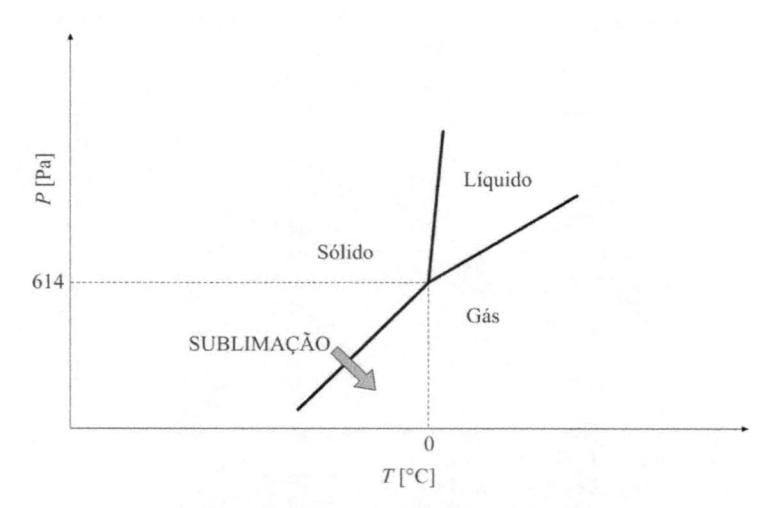

Figura 17.1 Diagrama de fases da água.

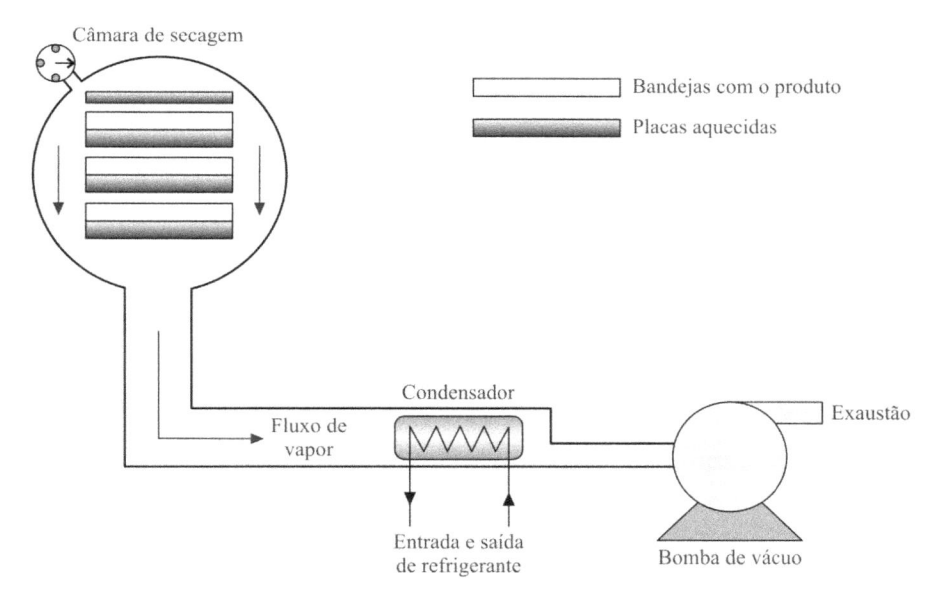

Figura 17.2 Esquema básico ilustrativo de um liofilizador.

ou sistema dielétrico. O calor é transferido pelas placas de cima, por radiação e/ou pelas placas de baixo, por condução. As bandejas e placas devem ser dimensionadas de forma a fornecerem a melhor troca térmica possível.

O chamado condensador do liofilizador, em geral um conjunto de placas ou serpentinas, é o evaporador de um sistema frigorífico; pode estar localizado dentro da câmara de secagem ou conectado a ela por um duto. O vapor de água formado na sublimação congela no condensador, mantendo assim a baixa pressão de vapor de água dentro da câmara. A temperatura do líquido refrigerante que circula no condensador deve estar abaixo da temperatura de saturação correspondente à pressão na câmara. Essa temperatura está geralmente na faixa de –10 °C a –50 °C. À medida que a secagem ocorre, uma maior quantidade de gelo vai sendo formada na superfície do condensador, o que reduz sua efetividade. Dessa maneira, quando não ocorre a retirada do gelo, é necessário usar um condensador com uma grande área de troca térmica. A retirada do gelo pode ser feita nos sistemas que utilizam dois condensadores conectados à câmara de secagem por válvulas, de modo que enquanto um deles é isolado para a eliminação do gelo, o outro permanece em operação.

A bomba de vácuo ainda remove os gases não condensáveis. Em geral, duas bombas em série são usadas para garantir a total eliminação desses gases. Em alguns sistemas industriais, ejetores de vapor para evacuar as câmaras de liofilização foram utilizados, podendo eliminar tanto o vapor de água quanto os gases não condensáveis. No entanto, a maioria deles acabou sendo substituída pelo sistema anteriormente descrito, por causa de sua baixa eficiência energética.

17.1.2 Mecanismos de liofilização (etapa de congelamento, etapas de secagem primária e secundária)

O processo de liofilização consiste de duas etapas: congelamento e secagem. A etapa de secagem é ainda dividida em dois estágios: secagem primária e secagem secundária. Essas etapas estão ilustradas na Figura 17.3.

O congelamento inicial do material a ser introduzido no liofilizador pode ser feito por qualquer um dos métodos convencionais, que incluem imersão, congelamento a placas ou a gás (com N_2 líquido, por exemplo), ou por ar frio forçado, sendo este último o mais comumente usado. É fundamental que a maior quantidade possível de água seja congelada. No caso de materiais com alto conteúdo de sólidos solúveis como sucos de frutas concentrados, isso pode ser difícil, uma vez que à medida que a água congela nesse material, o conteúdo de sólidos do líquido remanescente aumenta e seu ponto de congelamento abaixa. Para conseguir uma operação de liofilização bem-sucedida, recomenda-se que no mínimo 95 % da água presente no material sejam convertidos em gelo (Brennan, 2006). A etapa de congelamento deve ser muito rápida, de modo a resultar na formação de pequenos cristais de gelo no estado amorfo, que não danifiquem a membrana celular do alimento. Quando o congelamento é lento, no caso de tecidos vegetais ou animais com a estrutura celular preservada, os cristais formados são grandes e podem romper a membrana celular, provocando uma perda do líquido citoplasmático e consequentemente um encolhimento do produto, que fica com aspecto de "murcho".

A secagem primária é o estágio no qual o gelo é sublimado do produto. Isso ocorre quando a energia correspondente ao calor latente de sublimação é fornecida ao material. Os perfis de temperatura e umidade no alimento, durante a sublimação, dependem dos coeficientes de transferência de calor e de massa. O calor pode ser transferido até a frente de subli-

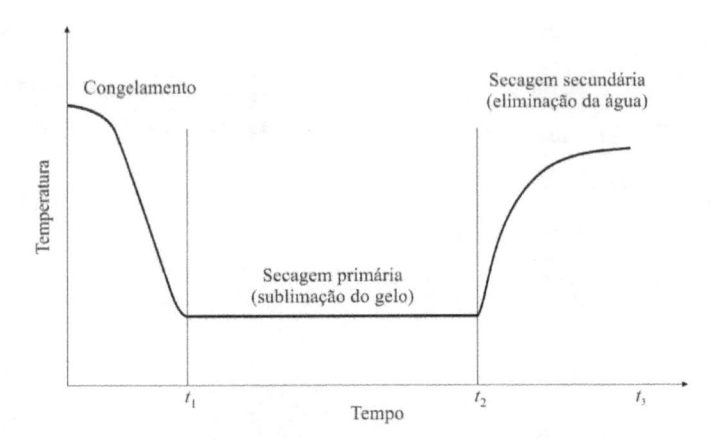

Figura 17.3 Etapas da liofilização.

mação (fronteira entre a porção do produto seca e a porção congelada) através da camada seca, da camada congelada ou de ambas, dependo da localização da fonte de energia. O vapor gerado na frente de sublimação é eliminado através dos poros do material, por causa da baixa pressão na câmara de secagem, e o condensador previne o retorno do vapor para o produto. A força motriz para que a sublimação ocorra é a diferença entre a pressão de vapor de água na interface do gelo e a pressão de vapor parcial da água na câmara de secagem. A energia necessária para sublimar todo o gelo pode ser fornecida por radiação ou condução através das placas.

Assim que a sublimação começa, a interface em que ocorre a mudança de fase se retrai, deixando uma camada desidratada porosa, que normalmente é a principal resistência à transferência de calor e à movimentação dos vapores formados. Ao mesmo tempo, a taxa de secagem do processo é determinada pela taxa na qual a água se movimenta através dessa camada seca e na qual o calor atravessa essa mesma camada.

Quando o último cristal de gelo desaparece, o material é cuidadosamente aquecido a uma temperatura em torno de 20 °C a 60 °C. Essa etapa final da desidratação, chamada de secagem secundária, acontece ainda sob alto vácuo, para garantir que a água remanescente que não cristalizou se evapore. Durante esse período, a umidade residual é constantemente reduzida até um nível suficientemente baixo, que garanta a conservação do produto à temperatura ambiente, podendo chegar a valores entre (0,02 a 0,06) kg água · kg^{-1} total (base úmida). A taxa de aquecimento na secagem secundária deve ser menor, para que a temperatura do produto permaneça relativamente baixa 30 °C a 50 °C, a fim de prevenir o colapso, uma alteração estrutural indesejável do material, que leva a uma redução de volume e da porosidade e a uma maior suscetibilidade a reações de degradação.

A modelagem matemática dos fenômenos de transferência de calor e de massa durante o processo de liofilização depende do projeto do equipamento, da localização do alimento e das fontes de aquecimento.

Como exemplo, considere uma fatia sólida (placa plana) sendo seca em um liofilizador no qual o calor vem apenas de cima e atravessa a camada seca. Nesse caso, a retirada de água ocorre apenas pelo lado superior do produto e um estado de equilíbrio é alcançado entre a transferência de calor e de massa (Figura 17.4).

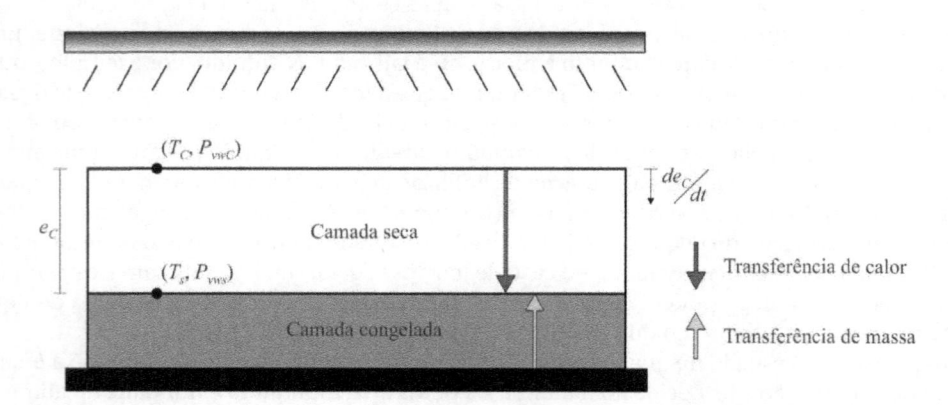

Figura 17.4 Transferência de calor e de massa ocorrendo durante a liofilização de uma placa plana.

A fatia a ser seca é aquecida por radiação na parte superior (superfície seca). Para facilitar os cálculos, os efeitos de borda são desprezados. Assumindo-se que a temperatura na parte superior da camada seca seja atingida instantaneamente e mantida constante, e que a pressão parcial da água na câmara de secagem, que é a mesma na parte superior da camada seca, seja também constante, a taxa de secagem ($\dot{R}_s$), em [kg · m^{-2} · s^{-1}] pode ser representada pela seguinte equação:

$$\dot{R}_s = -\frac{m_{ms}}{A}\frac{d\overline{X}_w}{dt} = \frac{k(T_C - T_s)}{e_C \Delta_{sub} H} = \frac{P_m(P_{vws} - P_{vwC})}{e_C} = \rho_C(\overline{X}_{w0} - \overline{X}_{wf})\frac{de_C}{dt} \tag{17.1}$$

em que m_{ms} é a massa de matéria seca contida na fatia [kg matéria seca]; A é área de secagem [m^2]; $\overline{X}_w$ é a umidade em base seca [kg água · kg^{-1} matéria seca]; t é o tempo [s]; k é a condutividade térmica da camada seca [W · m^{-1} · K^{-1}]; T_C é a temperatura na superfície da camada seca [°C]; T_s é a temperatura na frente de sublimação [°C]; $\Delta_{sub}H$ é o calor latente ou entalpia de sublimação [J · kg^{-1}]; e_C é a espessura da camada seca [m]; P_{vws} é a pressão de vapor da água na frente de sublimação [Pa]; P_m é a permeabilidade mássica [kg · m · m^{-2} · s^{-1} · Pa^{-1}]; P_{vwC} é a pressão de vapor da água na superfície da camada seca [Pa]; ρ_C é a densidade da camada seca [kg · m^{-3}]; $\overline{X}_{w0}$ é a umidade inicial do material [kg água · kg^{-1} matéria seca]; $\overline{X}_{wf}$ é a umidade final do material [kg água · kg^{-1} matéria seca] ed $\frac{de_C}{dt}$ é a taxa de variação da espessura da camada seca [m · s^{-1}].

O parâmetro P_m é a permeabilidade mássica da camada seca ao vapor de água e se relaciona com a permeabilidade volumétrica, P'_m, dada em [m^3 · m · m^{-2} · s^{-1} · Pa^{-1}], da seguinte maneira:

$$P_m = P'_m\left(\frac{P}{RT_C}M_{Mw}\right) \tag{17.2}$$

em que P é a pressão total do sistema [Pa]; M_{Mw} é a massa molar da água [kg · kmol^{-1}]; R é a constante universal dos gases [8,314 J · mol^{-1} · K^{-1}] e T_C é a temperatura na camada seca [K].

Integrando a Equação 17.1 entre os limites $t = 0$ e $t = t_{total}$, $ec = 0$ e $ec = e_{total}$, em que e_{total} é a espessura total da fatia, calcula-se o tempo de liofilização t_{total}:

$$t_{total} = \frac{\rho_C \Delta_{sub} H(\overline{X}_{w0} - \overline{X}_{wf})}{k(T_C - T_s)}\frac{(e_{total})^2}{2} = \frac{\rho_C(\overline{X}_{w0} - \overline{X}_{wf})}{P_m(P_{vws} - P_{vwC})}\frac{(e_{total})^2}{2} \tag{17.3}$$

Quando o calor é fornecido por outras fontes, dependendo da localização e da forma de transferência de calor e de massa, uma modelagem matemática mais complexa pode ser necessária.

O Exemplo 17.1 ilustra o cálculo do tempo de liofilização necessário para secar um filé de frango até determinada umidade.

EXEMPLO 17.1

Deseja-se secar, por liofilização, um filé de frango de 100 g, com área superficial igual a 40 cm^2 e espessura de 1 cm. O filé, que recebe calor por radiação em apenas uma de suas superfícies, tem umidade inicial igual a 0,75 kg água · kg^{-1} total (base úmida) e deve ser seco até atingir 0,05 kg água · kg^{-1} total de umidade (base úmida). Sabendo-se que a temperatura de sublimação da água na carne de frango é igual a –21 °C e que a temperatura da câmara de secagem é de 35 °C, calcule o tempo necessário para secar o filé de frango. O calor latente de sublimação da água é igual a 2800 kJ · kg^{-1} e a condutividade térmica do frango é igual a 0,5 W · m^{-1} · K^{-1}. Considere que a temperatura na superfície do produto seja igual à temperatura da câmara de secagem, que permanece constante durante o processo.

Solução

A partir da massa inicial do filé e da umidade inicial, tem-se que:

$$m_{ms} = 0,1 \text{ kg} \cdot (1 - 0,75) \text{ kg matéria seca} \cdot \text{kg}^{-1} = 0,025 \text{ kg matéria seca}$$

As umidades em base seca são obtidas por:

$$\overline{X}_{w0} = \frac{0,75}{(1-0,75)} = 3,0 \text{ kg água} \cdot \text{kg}^{-1} \text{ matéria seca}$$

$$\overline{X}_{wf} = \frac{0,05}{(1-0,05)} = 0,0526 \text{ kg água} \cdot \text{kg}^{-1} \text{ matéria seca}$$

De acordo com a Equação (17.1):

$$-\frac{m_{ms}}{A}\frac{d\bar{X}_w}{dt} = \frac{k(T_c - T_s)}{e_C \Delta_{sub} H}$$

Assim:

$$-\int_{\bar{X}_{w0}}^{\bar{X}_{wf}} \frac{m_{ms}}{A} d\bar{X}_w = \int_0^{t_{total}} \frac{k(T_c - T_s)}{e_C \Delta_{sub} H} dt$$

$$t_{total} = \frac{m_{ms} e_C \Delta_{sub} H}{Ak(T_c - T_s)}(\bar{X}_{w0} - \bar{X}_{wf})$$

$$t_{total} = \frac{0,025 \text{ kg matéria seca} \times 0,01 \text{ m} \times 2800 \times 10^3 \text{ J}\cdot\text{kg}^{-1}}{0,004 \text{ m}^2 \times 0,5 \text{ W}\cdot\text{m}^{-1}\cdot\text{K}^{-1}[35-(-21)]\,^{\circ}\text{C}}(3,0-0,0526) \text{ kg}\cdot\text{kg}^{-1} \text{ matéria seca}$$

$$t_{total} = 18421,25 \text{ s} = 5 \text{ h e } 7 \text{ min}$$

Resposta: O tempo total de secagem será de cinco horas e sete minutos.

17.1.3 Aplicações

A liofilização foi utilizada pela primeira vez em larga escala nos idos de 1940, na secagem de plasma sanguíneo e outros produtos derivados de sangue. Depois disso, o processo passou a ser usado na produção de antibióticos e outros materiais biológicos. Com o passar dos anos, a liofilização passou a ser empregada como um método substituto da secagem convencional para produtos com alta concentração de compostos aromáticos, uma vez que o processo é muito eficiente na preservação dessas substâncias.

De acordo com Lombraña (2008), duas características devem ser consideradas na escolha da liofilização como método de secagem: o valor do produto fresco e a qualidade do produto desidratado. Esses dois fatores têm levado à aplicação da liofilização a diversos produtos biológicos e biomédicos, como plasma sanguíneo, soluções de hormônios, proteínas, vacinas, soro, células vivas (bactérias, leveduras), entre outros. A liofilização tem sido utilizada nesses tipos de produtos por um ou mais dos seguintes motivos: os ingredientes da formulação não são estáveis no estado líquido e outros métodos de desidratação podem destruir ou reduzir seu agente ativo; a quantidade de agente ativo é muito pequena; a secagem do produto diretamente no frasco onde será armazenado (previamente esterilizado) minimiza o manuseio, reduzindo os riscos de contaminação; a estrutura desejada para um produto só pode ser obtida quando o mesmo se encontra na fase sólida.

Além disso, a liofilização é especialmente interessante no caso de alimentos que apresentam dificuldades de secagem, como extrato de café, sopas, extratos vegetais, frutas, camarões inteiros e cogumelos fatiados, nos quais a qualidade dos produtos liofilizados é consideravelmente maior do que naqueles processados por outros métodos de secagem. Esses produtos, após a liofilização, em geral apresentam apenas 10 % a 15 % de seu peso original e não necessitam de estocagem refrigerada.

Apesar de todas as vantagens citadas, o uso da liofilização em produtos alimentícios ainda é bastante caro, conforme já discutido. Por essa razão, esse método tem sido aplicado com mais frequência em produtos nobres e que necessitem de reidratação rápida e completa.

17.2 OUTROS TIPOS DE SECAGEM

17.2.1 Desidratação osmótica

A desidratação osmótica é um método de remoção parcial de água dos alimentos, que se baseia na imersão dos mesmos, inteiros ou em pedaços, em soluções hipertônicas de um ou mais solutos, com pressão osmótica mais alta e atividade de água mais baixa. Dessa maneira, dois fluxos simultâneos opostos são gerados: um fluxo de saída de água do produto para a solução e um fluxo de solutos da solução para o produto (Figura 17.5). Existe ainda um terceiro fluxo, quase que irrelevante, que consiste na perda de alguns sólidos naturais do alimento, como açúcares, minerais, entre outros nutrientes. Embora esse fluxo seja insignificante quando comparado aos outros dois, pode ser importante no que diz respeito às características sensoriais e nutricionais do produto.

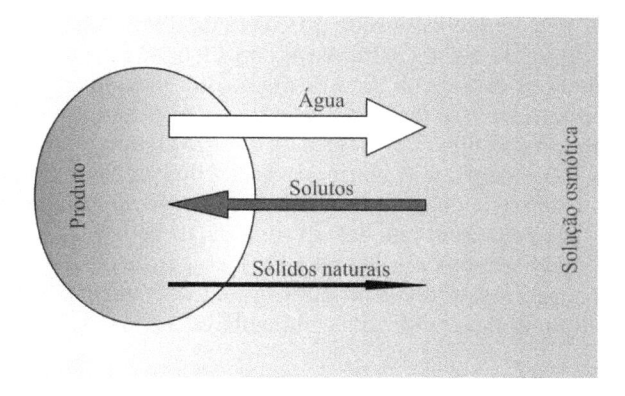

Figura 17.5 Fluxos ocorrendo durante o processo de desidratação osmótica.

A seleção do soluto a ser utilizado deve considerar as características sensoriais do produto que será desidratado, o custo e a massa molar do soluto. Quanto maior a massa molar, mais difícil é a sua penetração nas moléculas do alimento. Em geral, os solutos mais utilizados são a sacarose, o cloreto de sódio, a glicose, a lactose, a frutose, o glicerol, entre outros.

A força motriz para que ocorra a transferência de massa no processo de desidratação osmótica é a diferença de potenciais químicos entre o produto e a solução que, por sua vez, estão relacionados com suas atividades de água. À medida que o processo ocorre, o produto perde água e incorpora solutos, de modo que sua atividade de água diminui, ao contrário do que ocorre na solução osmótica. O equilíbrio é atingido quando as atividades de água do produto e da solução se igualam.

O processo de desidratação osmótica apresenta duas diferenças básicas em relação aos processos convencionais de desidratação de alimentos. A primeira delas é que, além de promover o efeito de desidratação esse processo resulta também em um efeito de formulação direta, graças à incorporação dos solutos presentes na solução infusora. Esses solutos podem ser depressores de pH ou de atividade de água, componentes fisiologicamente ativos ou antimicrobianos, que podem favorecer a preservação sensorial e nutricional dos alimentos, além de permitir a formulação de produtos funcionais. A segunda diferença vem do fato de que a desidratação osmótica por si só nem sempre resulta em produtos estáveis, sendo necessário um processamento complementar, como secagem por ar quente, congelamento, pasteurização, liofilização ou, ainda, adição de agentes de preservação ao alimento que está sendo processado para garantir sua estabilidade.

Embora seja, em geral, aplicada como um pré-tratamento em frutas e vegetais, a desidratação osmótica também pode ser utilizada na salga de queijos e carnes. No caso das frutas, as principais vantagens do uso desse processo como um pré-tratamento são a melhora de qualidade do produto final e a economia de energia. A melhora da qualidade está relacionada com o efeito de formulação direta, que permite o aumento da razão açúcar/acidez, maior preservação da textura e maior estabilidade dos pigmentos durante os processos posteriores. Além disso, o uso de temperaturas relativamente baixas faz com que, no caso de sistemas biológicos, as estruturas celulares naturais possam ser preservadas. A economia de energia está relacionada com o fato de a água ser removida sem mudança de fase e o produto ser processado em fase líquida, fornecendo assim coeficientes de transferência de calor e de massa mais elevados. Além disso, o pré-tratamento osmótico representa uma redução do consumo de energia no processo subsequente de secagem.

Os principais fatores que influenciam a transferência de massa no processo de desidratação osmótica são: concentração da solução (e suas propriedades físicas associadas, como viscosidade e densidade), temperatura, pressão, tempo de contato do produto com a solução, nível de agitação, tamanho e geometria do produto, proporção produto: solução, natureza e massa molar do soluto utilizado e estrutura do produto a ser desidratado. Vários estudos têm sido realizados para verificar a influência desses fatores na transferência de massa durante o processo osmótico (Heredia et al., 2009; Ozdemir et al., 2008; Tonon, Baroni e Hubinger, 2007), demonstrando, em geral, que a temperatura e a concentração da solução são as variáveis que exercem maior influência sobre a perda de água e a incorporação de solutos. O aumento da temperatura, além de acarretar um aumento da permeabilidade da membrana celular, provoca a redução da viscosidade da solução, o que representa uma redução da resistência externa à transferência de massa. Já o aumento da concentração da solução, embora resulte em maior gradiente de concentração que pode favorecer a transferência de massa, também implica maior viscosidade do meio desidratante, incorrendo em aumento da resistência externa à transferência de massa.

A modelagem matemática da transferência de massa durante o processo de desidratação osmótica é importante para que haja um controle adequado da composição do produto final. Diferentes aproximações têm sido utilizadas para modelar o processo osmótico, podendo basear-se em modelos empíricos, semiempíricos e fundamentais. Os primeiros utilizam equações ajustadas a dados experimentais para calcular coeficientes de transferência de massa. Esses modelos normalmente são simples e fáceis de serem aplicados, no entanto é necessária uma grande quantidade de experimentos para obter os parâmetros necessários. Já os modelos semiempíricos tentam levar em consideração alguns fenômenos observados no processo, mas ainda apresentam alguns parâmetros empíricos. O terceiro tipo de modelagem, mais fundamental, baseia-se na análise dos fenômenos de transferência de massa que ocorrem no processo. O principal mecanismo por meio do qual ocorre a transferência de massa durante a desidratação osmótica é a difusão. Dessa maneira, os modelos mais simples utilizam a Lei de Fick para obter coeficientes de difusão efetivos para a água e os solutos. Há ainda outro tipo de modelagem fundamental que leva em conta a termodinâmica dos processos irreversíveis, como é o caso da aproximação de Stefan-Maxwell para transferência de massa em sistemas multicomponentes.

Um grande número de pesquisadores tem descrito a perda de água e o ganho de solutos no processo de desidratação osmótica por meio de modelos baseados, em sua maioria, na segunda Lei de Fick, segundo a qual o fluxo de massa é proporcional ao gradiente de concentração entre o produto e a solução (Corzoa, Bracho e Alvarez, 2008; Mayor et al., 2007; Mujaffar e Sankat, 2006). Em sistemas de coordenadas retangulares, a equação de difusão, no caso da água, é expressa como:

$$\frac{\partial \overline{X}_w}{\partial t} = \frac{\partial}{\partial x}\left(D_{ef} \frac{\partial \overline{X}_w}{\partial x} \right) + \frac{\partial}{\partial y}\left(D_{ef} \frac{\partial \overline{X}_w}{\partial y} \right) + \frac{\partial}{\partial z}\left(D_{ef} \frac{\partial \overline{X}_w}{\partial z} \right) \tag{17.4}$$

em que x, y e z [m] são as coordenadas cartesianas e D_{ef} [m$^2 \cdot$ s^{-1}] é a difusividade efetiva ou aparente da água no produto.

Considerando-se, por exemplo, um alimento com a forma geométrica de uma placa infinita com espessura e_p, sendo a transferência de massa durante a desidratação osmótica predominantemente unidirecional, assumindo regime não estacionário, e considerando D_{ef} constante, a Equação (17.4) se reduz a:

$$\frac{\partial \overline{X}_w}{\partial t} = D_{ef} \frac{\partial^2 \overline{X}_w}{\partial y^2} \tag{17.5}$$

Para a situação de concentração inicial $\overline{X}_{w0}$ uniforme, desprezando as resistências externas à transferência de massa e o encolhimento do produto durante a desidratação e considerando que na interface a umidade seja igual à umidade de equilíbrio, a solução analítica da Equação 17.5 é:

$$\frac{\overline{X}_w - \overline{X}_w^*}{\overline{X}_{w0} - \overline{X}_w^*} = \frac{8}{\pi^2} \sum_{n=0}^{\infty} \frac{1}{(2n+1)^2} \exp\left[-(2n+1)^2 \pi^2 D_{efw} \frac{t}{e_P^2} \right] \tag{17.6}$$

em que $\overline{X}_w$ é a umidade (base seca) no tempo t; $\overline{X}_{w0}$ é a umidade inicial; $\overline{X}_w^*$ é a umidade no equilíbrio e D_{efw} é a difusividade efetiva da água no alimento.

No caso da incorporação de solutos, pode-se escrever, para um soluto A:

$$\frac{\overline{X}_A - \overline{X}_A^*}{\overline{X}_{A0} - \overline{X}_A^*} = \frac{8}{\pi^2} \sum_{n=0}^{\infty} \frac{1}{(2n+1)^2} \exp\left[-(2n+1)^2 \pi^2 D_{efA} \frac{t}{e_P^2} \right] \tag{17.7}$$

em que $\overline{X}_A$ é a concentração mássica, em base seca, do soluto A no alimento [kg $A \cdot$ kg^{-1} de matéria seca] no tempo t; $\overline{X}_{A0}$ é a concentração inicial; $\overline{X}_A^*$ é a concentração no equilíbrio e D_{efA} é a difusividade efetiva do soluto A no alimento. Todas as umidades ou concentrações de soluto nas Equações 17.6 e 17.7 representam médias espaciais no alimento.

A Figura 17.6 apresenta soluções gráficas para a segunda Lei de Fick para três formas geométricas (placa de espessura e_p, cilindro infinito de raio R e esfera de raio R), em que evolução da umidade média espacial, ou da concentração mássica média espacial do soluto A ao longo do tempo é representada em função do número de Fourier para transferência de massa, dado pelas Equações 17.8 e 17.9, respectivamente, para placa ou para cilindro infinito ou esfera.

$$N_{Fo_M} = \left(\frac{D_{ef} t}{e_P^2} \right) \tag{17.8}$$

$$N_{Fo_M} = \left(\frac{D_{ef} t}{R^2} \right) \tag{17.9}$$

O Exemplo 17.2 apresenta os cálculos de um processo de desidratação osmótica, considerando-se a difusão da água e dos solutos.

EXEMPLO 17.2

Esferas de melão com diâmetro de 2 cm são desidratadas osmoticamente em uma solução contendo 40 kg de sacarose/100 kg de solução. A umidade e a concentração de sacarose iniciais do melão são de 0,88 kg água $\cdot$ kg^{-1} total (base úmida) e 5 g/100 g, respectivamente. Após três horas de processo, a concentração de sacarose é de 12 g/100 g e a umidade é de

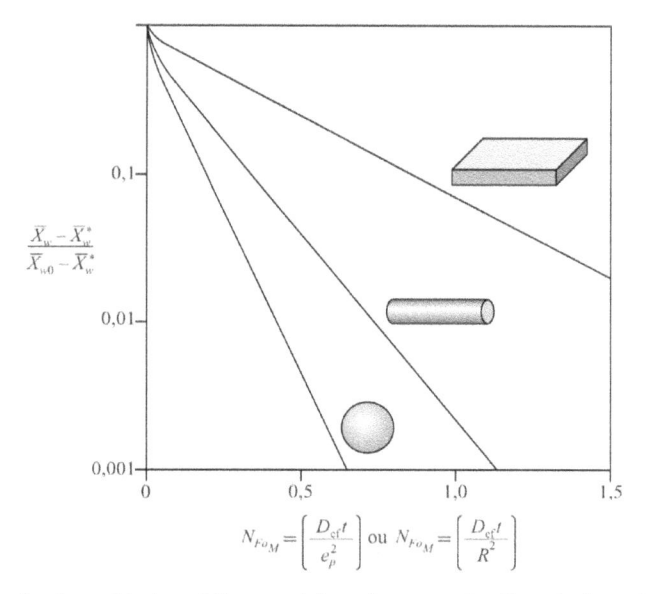

Figura 17.6 Evolução da umidade média espacial ou da concentração mássica média espacial do soluto A ao longo do tempo, em três formas geométricas (placa, cilindro infinito e esfera).

0,75 kg água · kg⁻¹ total sendo que no equilíbrio a fruta apresenta 0,65 kg água · kg⁻¹ total de umidade e 18 g/100 g de sacarose. O processo é realizado sob agitação, de modo a evitar efeitos de diluição na interface entre a fruta e a solução, e a quantidade de solução utilizada é suficientemente maior que a quantidade de fruta, para garantir que sua concentração permaneça constante durante o processo. Considerando-se que a resistência à difusão exista apenas na fruta, determine: (i) as difusividades efetivas da água e do açúcar no melão; (ii) a umidade do produto após cinco horas de processo.

Solução

(i) Para o cálculo da difusividade efetiva da água, devem ser determinadas as umidades em base seca. Após três horas de processo:

$$\overline{X}_w = \frac{0,75}{(1-0,75)} = 3,0 \text{ kg água} \cdot \text{kg}^{-1} \text{ matéria seca}$$

enquanto no início e no equilíbrio têm-se, respectivamente:

$$\overline{X}_{w0} = \frac{0,88}{(1-0,88)} = 7,33 \text{ kg água} \cdot \text{kg}^{-1} \text{ matéria seca}$$

$$\overline{X}_w^* = \frac{0,65}{(1-0,65)} = 1,86 \text{ kg água} \cdot \text{kg}^{-1} \text{ matéria seca}$$

Assim:

$$\frac{\overline{X}_w - \overline{X}_w^*}{\overline{X}_{w0} - \overline{X}_w^*} = \frac{3,0-1,86}{7,33-1,86} = 0,21$$

Na Figura 17.6, considerando a geometria esférica, verifica-se que:

$$\text{para } \frac{\overline{X}_w - \overline{X}_w^*}{\overline{X}_{w0} - \overline{X}_w^*} = 0,21, \quad N_{Fo_M} = \left(\frac{D_{efw}t}{R^2}\right) = 0,1$$

de forma que:

$$D_{efw} = \frac{0,1(0,01 \text{ m})^2}{3 \text{ h} \times 3600 \text{ s} \cdot \text{h}^{-1}} = 9,26 \times 10^{-10} \text{ m}^2 \cdot \text{s}^{-1}$$

Para o cálculo da difusividade efetiva da sacarose, o procedimento é similar:

$$\overline{X}_A = \frac{0,12}{(1-0,75)} = 0,480 \text{ kg sacarose} \cdot \text{kg}^{-1} \text{ matéria seca}$$

$$\overline{X}_{A0} = \frac{0,05}{(1-0,88)} = 0,417 \text{ kg sacarose} \cdot \text{kg}^{-1} \text{ matéria seca}$$

$$\overline{X}_A^* = \frac{0,18}{(1-0,65)} = 0,514 \text{ kg sacarose} \cdot \text{kg}^{-1} \text{ matéria seca}$$

$$\frac{\overline{X}_A - \overline{X}_A^*}{\overline{X}_{A0} - \overline{X}_A^*} = \frac{0,48-0,514}{0,417-0,514} = 0,35$$

Da Figura 17.6:

$$\text{para } \frac{\overline{X}_A - \overline{X}_A^*}{\overline{X}_{A0} - \overline{X}_A^*} = 0,35, \quad N_{Fo_M} = \left(\frac{D_{efA}t}{R^2}\right) = 0,06$$

$$D_{efA} = \frac{0,06(0,01 \text{ m})^2}{3 \text{ h} \times 3600 \text{ s} \cdot \text{h}^{-1}} = 5,56 \times 10^{-10} \text{ m}^2 \cdot \text{s}^{-1}$$

(ii) Após cinco horas de processo:

$$N_{Fo_M} = \frac{9,26 \times 10^{-10} \text{ m}^2 \cdot \text{s}^{-1} \times 5 \text{ h}}{(0,01 \text{ m})^2}\left(\frac{3600 \text{ s}}{1 \text{ h}}\right) = 0,17$$

De acordo com a Figura 17.6:

$$\text{para } N_{Fo_M} = \left(\frac{D_{efw}t}{R^2}\right) = 0,17, \quad \frac{\overline{X}_w - \overline{X}_w^*}{\overline{X}_{w0} - \overline{X}_w^*} = 0,11 \text{ e}$$

$$\overline{X}_w = (7,33-1,86)0,11+1,86 = 2,46 \text{ kg água} \cdot \text{kg}^{-1} \text{ matéria seca}$$

Em base úmida:

$$X_w = \frac{\overline{X}_w}{\overline{X}_w + 1} = \frac{2,46}{2,46+1} = 0,711 \text{ kg água} \cdot \text{kg}^{-1} \text{ total}$$

Resposta: (i) as difusividades efetivas da água e do açúcar no melão são, respectivamente, $D_{efw} = 9,26 \times 10^{-10} \text{ m}^2 \cdot \text{s}^{-1}$ e $D_{efA} = 5,56 \times 10^{-10} \text{ m}^2 \cdot \text{s}^{-1}$; (ii) após cinco horas de processo, a umidade do produto será de 0,711 kg água $\cdot$ kg^{-1} total.

17.2.2 Secagem solar

A secagem baseada no uso da energia solar é o método mais antigo e barato de secagem e preservação dos produtos agrícolas. A energia solar penetra por meio da atmosfera e é, em parte, absorvida pelas moléculas de ar, gotas de água e poeira, de modo que a energia restante chega à terra e pode ser utilizada na secagem dos alimentos. A energia solar pode ser empregada na secagem de quatro formas:

(i) *secagem ao sol*, em que o produto é submetido à radiação solar direta e as condições ambientais (temperatura, umidade e velocidade do ar ambiente) são fundamentais para o sucesso da secagem;

(ii) *secadores solares diretos*, em que o material a ser seco é colocado em um recipiente com uma tampa transparente, para aumentar a absorção solar;

(iii) *secadores solares indiretos*, em que o ar é aquecido em coletor solar e insuflado até uma câmara de secagem que contém o produto;

(iv) *sistemas híbridos*, em que se usa um sistema de energia suplementar à energia solar para o aquecimento e a ventilação.

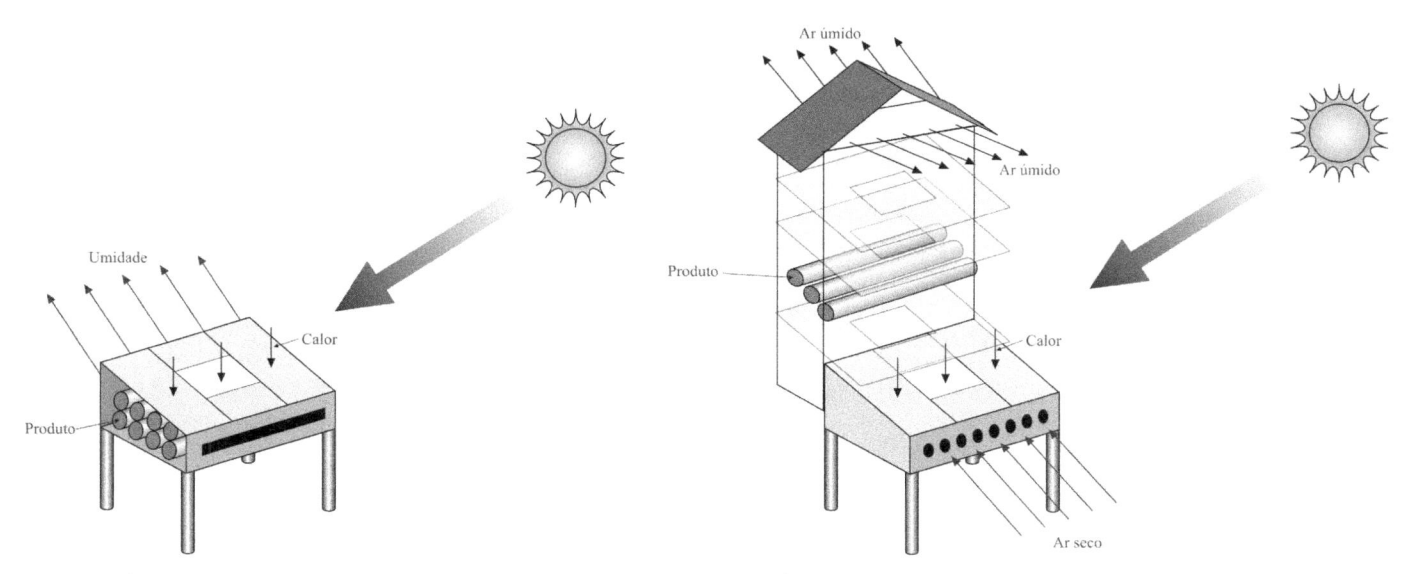

Figura 17.7 Exemplo de equipamento para secagem ao sol direta.

Figura 17.8 Secador solar com aquecimento indireto.

Na secagem ao sol, os produtos agrícolas são espalhados em esteiras no campo ou em lajes de cimento. Alguns exemplos de materiais secos ao sol são cereais, leguminosas, especiarias, café em grão, entre outros. A energia radiante do sol fornece calor para evaporar a água, enquanto o vento ajuda a carregar a umidade e a acelerar o processo. A energia solar é natural, abundante e sua utilização não causa impacto no meio ambiente. Esse tipo de secagem é bastante eficiente em regiões quentes e com pouca incidência de chuvas, não podendo ser utilizado durante a noite e nos períodos chuvosos. As condições de processo da secagem solar são baseadas principalmente na experiência e na tradição. A temperatura do produto é geralmente 5 °C a 15 °C superior à temperatura ambiente e o processo dura de três a quatro dias. Uma forma de diminuir o tempo de secagem é utilizar concentradores da energia solar, por meio de placas apropriadas que captam a radiação solar e aquecem o ar próximo ao produto, transferindo-lhe calor também por convecção natural (Figura 17.7). Os secadores naturais solares (por exemplo, de armário, barraca, ou estufa) são muito simples e populares. O produto úmido é colocado em um recipiente e o calor solar gerado como uma conversão da radiação solar acelera a evaporação da umidade do produto. O fluxo de ar dentro do armário é conduzido pela convecção natural. As estufas e terraços são muito práticos e utilizados para grandes produções de produtos agrícolas a um custo relativamente baixo.

Na secagem solar indireta, a energia do sol é utilizada para aquecer o ar utilizado nas câmaras de secagem por convecção (Figura 17.8). Um ventilador sopra o ar no interior de tubos ou placas que são aquecidas pelo calor radiante do sol. Esse tipo de secagem é muito utilizada em sistemas híbridos, em que o alimento é aquecido e seco inicialmente pelo ar oriundo dos coletores solares (período com taxa constante de secagem), seguido pela secagem convencional convectiva (período com taxa de secagem decrescente), reduzindo assim consideravelmente o custo total do processo. Diversos tipos convencionais de secadores podem ser usados em combinação com coletores da energia solar, como secadores a gás, fornalha, fornos elétricos, bombas de calor, entre outros.

17.3 SECADORES TIPO TAMBOR; SECADORES DE LEITO FLUIDIZADO; SECADORES POR MICRO-ONDAS

17.3.1 Secadores tipo tambor

O secador do tipo tambor, também conhecido como secador de rolo ou de película (*drum dryer*), é constituído por um ou mais tambores rotativos, com diâmetro variando entre 0,5 m e 1,5 m e comprimento variando entre 2 m e 5 m. Os tambores consistem em cilindros metálicos que giram horizontalmente, dentro dos quais circula o meio de aquecimento, em geral vapor, que faz com que a superfície dos cilindros atinja temperaturas de 120 °C a 170 °C.

Nesse tipo de secador, utilizado principalmente para a secagem de materiais líquidos ou em pasta, a transferência de calor sensível e do calor latente de evaporação ocorre por condução, ao se colocar o produto úmido em contato com a superfície quente, resultando em uma eficiência térmica maior do que na secagem com ar quente. O produto é aplicado como uma fina película sobre a superfície externa do tambor, recebendo calor através de sua parede. A desidratação geralmente termina antes que o tambor complete a volta e o produto é então desprendido da superfície com uma lâmina ou raspador. As partículas secas podem, ainda, ser moídas para adquirirem a forma de um pó fino. A camada do produto deve ser muito fina, de forma a favorecer a transferência de calor e de massa, evitando o aquecimento excessivo e o encolhimento do produto durante a secagem.

Os secadores de tambor em geral permitem uma produção elevada e são bastante econômicos. São normalmente utilizados na produção de alimentos em flocos, como purê de batata desidratado, sopas, leite, cereais instantâneos, entre outros. No caso de alimentos sensíveis ao calor, o tambor pode ser operado à pressão reduzida (vácuo), permitindo o uso de temperaturas mais baixas.

A taxa de secagem global $(\dot{R}_s)$ que ocorre na camada de produto em contato com a superfície do secador pode ser expressa como (Heldman e Singh, 1981):

$$\dot{R}_s = -\frac{m_{ms}}{A}\frac{d\overline{X}_w}{dt} = \frac{U\Delta\overline{T}_{\ln}}{\Delta_{vap}H} \tag{17.10}$$

em que U é o coeficiente global de troca térmica $[W \cdot m^{-2} \times K^{-1}]$; $\Delta\overline{T}_{\ln}$ é a média logarítmica das diferenças de temperatura entre a superfície do secador e o produto $[°C$ ou $K]$ e $\Delta_{vap}H$ é o calor latente (ou entalpia) de vaporização na temperatura da superfície do secador $[J \cdot kg^{-1}]$. Nos secadores de tambor o coeficiente global de troca térmica varia de $60\ W \cdot m^{-2} \cdot K^{-1}$, em um material difícil de ser seco, a $400\ W \cdot m^{-2} \times K^{-1}$, em um material mais fácil de ser seco.

O Exemplo 17.3 ilustra o cálculo da taxa de secagem em um secador tipo tambor.

EXEMPLO 17.3

Um secador de tambor único com 1 m de diâmetro e 3 m de comprimento, operando a uma temperatura de 150 °C, é usado para secar 2 kg de purê de batata desde (0,08 até 10) kg água $\cdot$ kg^{-1} total de umidade (base úmida). As temperaturas de entrada e de saída do purê são de 30 °C e 80 °C, respectivamente. O coeficiente global de transferência de massa é igual a 300 W $\cdot$ m^{-2} $\cdot$ K^{-1}. Sabendo que o calor de vaporização da água é igual a 2250 kJ $\cdot$ kg^{-1}, calcule o tempo de secagem do purê.

Solução

A massa de matéria seca contida no material é:

$$m_{ms} = (1 - 0,8)\ \text{kg matéria seca} \cdot \text{kg}^{-1} \times 2\ \text{kg} = 0,4\ \text{kg matéria seca}$$

e as umidades em base seca são:

$$\overline{X}_{w0} = \frac{0,80}{(1-0,80)} = 4,0\ \text{kg água} \cdot \text{kg}^{-1}\ \text{matéria seca}$$

$$\overline{X}_{wf} = \frac{0,10}{(1-0,10)} = 0,11\ \text{kg água} \cdot \text{kg}^{-1}\ \text{matéria seca}$$

A média logarítmica das diferenças de temperatura entre a superfície do secador e o produto, no início e no final da secagem, é dada por:

$$\Delta\overline{T}_{\ln} = \frac{(150 - 30)\ °C - (150 - 80)\ °C}{\ln\dfrac{(150 - 30)\ °C}{(150 - 80)\ °C}} = 92,76\ °C$$

De acordo com a Equação 17.10:

$$-\frac{m_{ms}}{A}\frac{d\overline{X}_w}{dt} = \frac{U\Delta\overline{T}_{\ln}}{\Delta_{vap}H}$$

E a integração ao longo do tempo de secagem resulta em:

$$-\int_{\overline{X}_{w0}}^{\overline{X}_{wf}} \frac{m_{ms}}{A}\,d\overline{X}_w = \int_0^t \frac{U\Delta\overline{T}_{\ln}}{\Delta_{vap}H}dt$$

$$\frac{m_{ms}}{A}(\overline{X}_{w0} - \overline{X}_{wf}) = \frac{U\Delta\overline{T}_{\ln}}{\Delta_{vap}H}t$$

$$t = \left(\frac{0,4 \text{ kg matéria seca}}{2\pi \times 0,5 \text{ m} \times 3 \text{ m}} \right) \frac{(4,0 - 0,11) \text{ kg água} \cdot \text{kg}^{-1} \text{ matéria seca}}{300 \text{ W} \cdot \text{m}^{-2} \cdot \text{K}^{-1} \times 92,76 \text{ °C}} \times 2250 \times 10^3 \text{ J} \cdot \text{kg}^{-1} \text{ água}$$

$$t = 13,35 \text{ s}$$

Resposta: O tempo de secagem é de apenas 13,35 s pelo fato de que uma pequena quantidade de produto a ser seco foi distribuída sobre uma grande área de secagem.

Dentre os tipos de secadores de tambor mais utilizados na indústria, destacam-se os secadores de tambor único, tambor duplo e tambores gêmeos. Eles podem utilizar diferentes sistemas de aplicação, como: imersão em banho, aspersão ou ainda rolos auxiliares de alimentação. Alguns dos principais tipos de secadores de tambor são apresentados na Figura 17.9.

A Figura 17.9a ilustra um secador de tambor único com aplicação por rolos. De acordo com o número de rolos usados, a camada formada no secador pode ser mais fina ou mais grossa. Quanto maior o número de rolos, mais fina é a camada. Esse arranjo é adequado para a produção de cereais matinais, amidos pré-gelatinizados, polpas de frutas desidratadas e flocos de batatas. Já na Figura 17.9b é apresentado um tipo mais específico de secador, bastante utilizado na indústria química, no qual o rolo de aplicação fica localizado embaixo do secador e mergulha no produto, formando um filme líquido que é então transferido para o tambor. Esse tipo de arranjo é usado na produção de cola, gelatina e pesticidas. O secador apresentado na Figura 17.9c é uma das formas mais básicas do secador de tambor, na qual um filme do produto a ser seco entra em contato com a superfície do tambor, à medida que este gira sobre uma bandeja que contém o produto. Essa bandeja pode ser resfriada ou equipada com um sistema de recirculação para prevenir o superaquecimento do produto. Esse sistema é usado, por exemplo, na secagem de cereais e de fermento. O arranjo apresentado na Figura 17.9d é um sistema usado para a secagem de materiais sensíveis ao calor, como produtos derivados de leite e extratos de plantas. Nele, um rolo realiza a alimentação do produto, que passa por outro rolo intermediário antes de formar a película no tambor. O rolo intermediário também pode

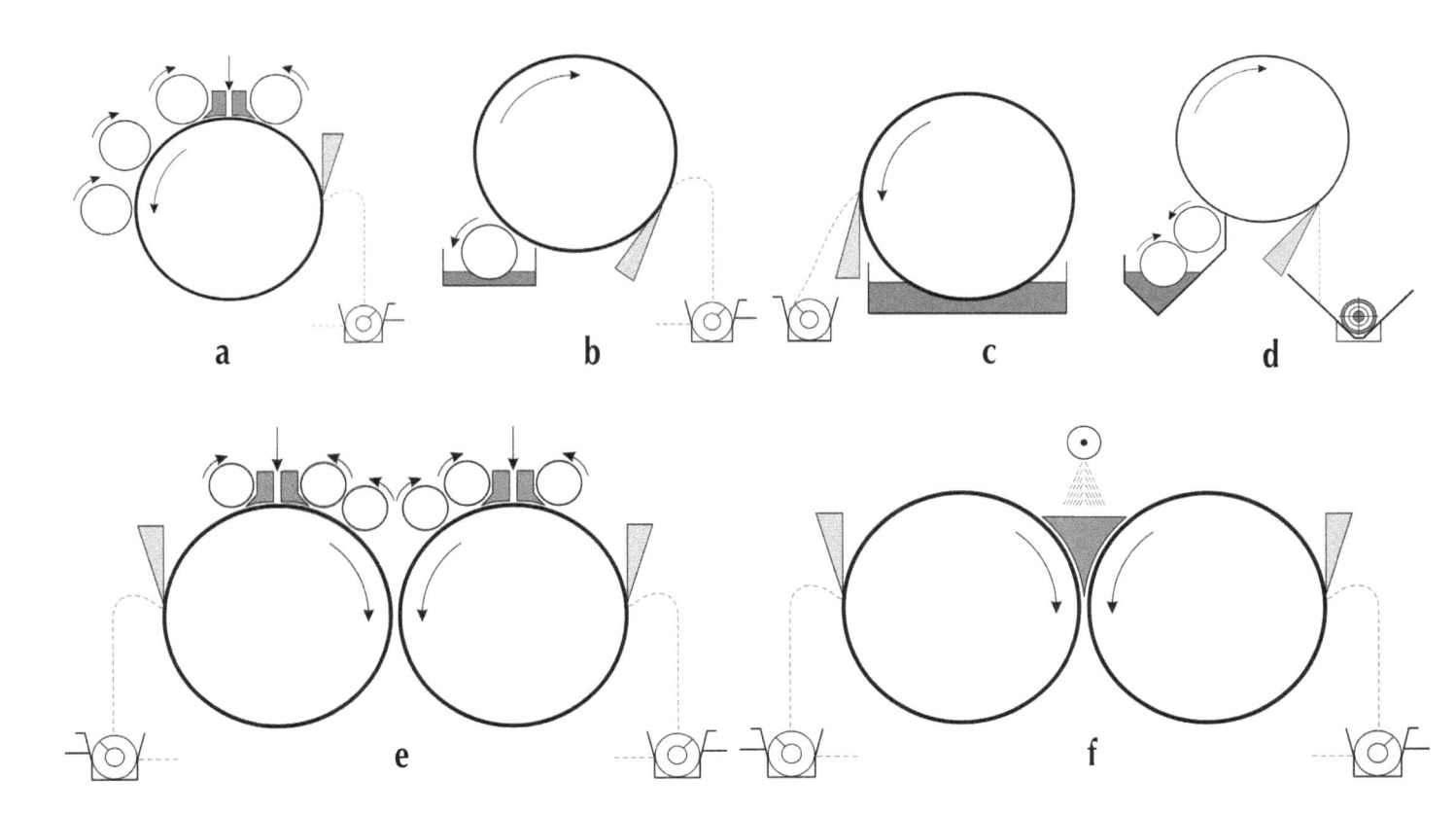

Figura 17.9 Tipos de secadores: de tambor único (a, b, c, d), tambores duplos (e) e tambores gêmeos (f).

ser resfriado. Já o sistema apresentado na Figura 17.9e corresponde a um secador de tambor duplo com aplicação por rolos, sendo utilizado principalmente quando se deseja "reforçar" certas características (particularmente a densidade) em alguns produtos específicos, como cereais matinais, produtos para bebês e polpas de frutas. Finalmente, a Figura 17.9f ilustra um secador de tambores gêmeos, onde o material a ser seco é bombeado ou aspergido no espaço formado entre os dois tambores, de modo que espessura da película formada pode ser controlada pelo ajuste da distância entre os dois tambores. Suas principais aplicações são em produtos como fermentos, derivados do leite, detergentes e corantes.

17.3.2 Secadores de leito fluidizado

Fluidização é o mecanismo no qual um leito de partículas é suspenso por uma corrente de fluido (gás ou líquido) ascendente, fazendo com que as partículas se movimentem ascendente e descendentemente. A partir de determinado nível de velocidade do fluido, quando a fluidização se inicia, a queda de pressão no leito permanece aproximadamente constante. O sistema nessas condições se assemelha a um fluido. Daí, o nome "fluidizado".

Um secador de leito fluidizado é um equipamento no qual uma alimentação contínua de material particulado úmido é seca por contato com ar aquecido, soprado através do leito desse material para mantê-lo em um estado fluidizado (Figura 17.10). Esse tipo de secador é utilizado em uma ampla variedade de indústrias, por apresentar grande capacidade, baixo custo de construção, fácil operação e alta eficiência térmica.

Quando a corrente gasosa está a uma baixa velocidade, ela escoa nos espaços entre as partículas, sem promover movimentação do material — é uma simples percolação e o leito permanece fixo. À medida que a velocidade do gás aumenta, as partículas se afastam e algumas começam a apresentar uma leve vibração — tem-se, nesse momento, um leito expandido. Com velocidade ainda maior, atinge-se uma condição em que a soma das forças causadas pelo escoamento do gás no sentido ascendente se iguala ao peso das partículas. Nessa situação, em que o movimento do material é mais vigoroso, atinge-se o que se chama de leito fluidizado. À velocidade do gás nessa condição dá-se o nome de mínima velocidade de fluidização, que é a velocidade correspondente ao regime de fluidização incipiente.

A secagem em leitos fluidizados pode ser conduzida em uma grande variedade de equipamentos. Para suprir energia ao processo de secagem, a maneira mais simples é promover o aquecimento do gás antes de introduzi-lo no equipamento. Em alguns sistemas, porém, também existe fonte de aquecimento interna. No Capítulo 6 do Volume 1, são apresentados os fundamentos relacionados com a operação de fluidização.

A escolha do tipo de secador passa por uma análise do tipo de partícula a ser seca, da capacidade de produção, da eventual necessidade de recuperação de solvente e da demanda energética do processo.

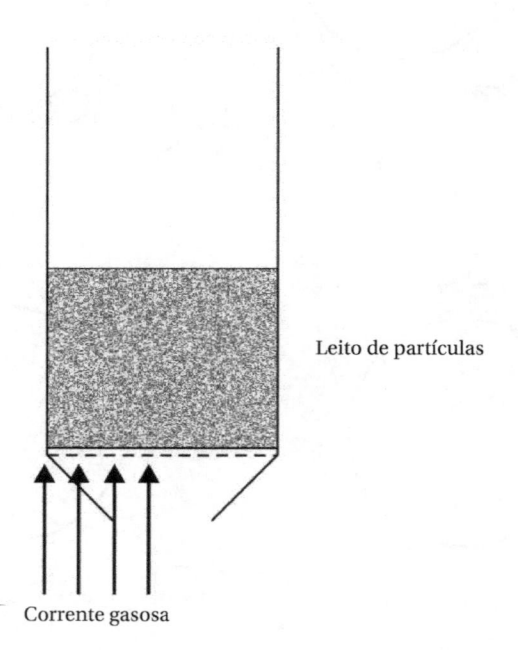

Figura 17.10 Leito de partículas percolado por uma corrente gasosa ascendente.

17.3.3 Secadores por micro-ondas

Micro-ondas podem ser descritas como ondas eletromagnéticas de curtos comprimentos de onda, na ordem de centímetros. Essa energia provém de uma fonte que converte a energia da rede elétrica em energia a altas voltagens que, por sua vez, é aplicada ao gerador de energia na frequência de micro-ondas. O tubo de micro-ondas mais comumente utilizado em fornos de micro-ondas é o *magnetron*, que distribui sua energia na cavidade do forno. A energia de micro-ondas não é uma energia térmica; ao contrário, nos materiais ocorre a conversão da energia eletromagnética em térmica.

Nos alimentos, as moléculas polares, principalmente a água, interagem com as micro-ondas que causam o seu aquecimento. A molécula de água tem um polo positivo e outro negativo que, em reposta ao campo eletromagnético, tendem a se alinhar. Como o campo de micro-ondas alterna a polaridade e intensidade milhões de vezes por segundo, as moléculas não conseguem seguir a rápida polarização e então parte dessa energia perdida é convertida em calor. A condução iônica é outro importante mecanismo de aquecimento por micro-ondas. Os íons carregados eletricamente são afetados pelas alterações no campo eletromagnético, sendo levados a acompanhar as mudanças constantes na polaridade, vibrando e aquecendo (Decareau, 1985). No Capítulo 12 do Volume 1, os mecanismos de aquecimento por micro-ondas, bem como as propriedades dielétricas dos alimentos, estão descritos em detalhe.

O mecanismo de secagem por micro-ondas é completamente distinto do mecanismo da secagem convectiva convencional. Enquanto a secagem por ar quente é limitada pela taxa de difusão da água de dentro do alimento até a superfície na qual evapora, na secagem assistida por micro-ondas o calor é gerado internamente no alimento pela interação das suas moléculas com o campo eletromagético, provocando um gradiente de pressão interna que efetivamente "bombeia" a água até a superfície, a qual então é transportada até a saída do secador por uma corrente de ar quente.

Usualmente utiliza-se a secagem de micro-ondas nas etapas finais de secagem convencional, em que a taxa de difusão da água é muito baixa e o tempo para alcançar a umidade final de processo torna-se muito longo. Biscoitos e massas alimentícias são exemplos de aplicação de secagem por micro-ondas no final do processo.

As vantagens do uso de energia de micro-ondas em processos de secagem são:

(i) *eficiência*: na maioria das vezes, a maior parte da energia é absorvida pelo solvente e não pelo substrato;

(ii) *melhor preservação dos componentes termossensíveis*: baixas temperaturas podem ser usadas; não há necessidade de altas temperaturas na superfície do alimento;

(iii) *redução da migração interna*: como a água é transportada para a superfície na forma de vapor, nenhum outro composto é carregado com ela;

(iv) *rapidez*: o tempo de processo pode ser reduzido em até 50 %, quando comparado às tecnologias tradicionais;

(v) *melhora na qualidade do produto*: aumento de porosidade em frutas, diminuição no endurecimento e colapso causado por deformações internas da estrutura do alimento.

A primeira aplicação industrial na área de alimentos ocorreu em 1967, utilizando energia de micro-ondas na finalização da secagem de chips de batata. O equipamento fabricado nos Estados Unidos pela Cryodry ® operava com potência de 800 kW e era capaz de reduzir a umidade do produto a até 0, 02 kg água · kg^{-1} total , valor que não era obtido pelas fritadeiras convencionais. Atualmente, com o desenvolvimento de fritadeiras mais modernas, a secagem por micro-ondas é utilizada na fabricação de chips de batata com baixo ou nenhum teor de gordura, com propriedades de textura diferenciadas do produto convencional, mais crocantes e rugosos.

Outros exemplos de aplicação da energia de micro-ondas são: têmpera de produtos congelados, pré-cozimento de bacon, assamento de pão, torração de cacau, secagem de ovos, de frutas e até liofilização utilizando energia de micro-ondas combinada a vácuo.

17.4 EXERCÍCIOS

1. Uma fatia de peixe de 2 cm de espessura está sendo seca em um liofilizador onde recebe calor de radiação em suas duas superfícies, conforme ilustrado na Figura 17.11. Inicialmente, o peixe tem uma umidade de 0,70 kg água · kg^{-1} total (base úmida) e deseja-se que, após a liofilização, esse valor seja reduzido a 0,10 kg água · kg^{-1} total (base úmida). A densidade inicial do peixe é de aproximadamente 1100 kg · m^{-3} e sua permeabilidade mássica é igual a $6,5 \times 10^{-5}$ kg · m · m^{-2} · s^{-1} · Pa^{-1}. (i) Se a pressão de sublimação for mantida em 0,040 Pa e uma pressão de 0,015 Pa for mantida no condensador, calcule o tempo necessário para secar a fatia de peixe. Despreze a transferência de calor pelas extremidades da fatia. (ii) Qual seria o tempo necessário para liofilizar a fatia de peixe, caso ela estivesse recebendo calor apenas por uma das faces?

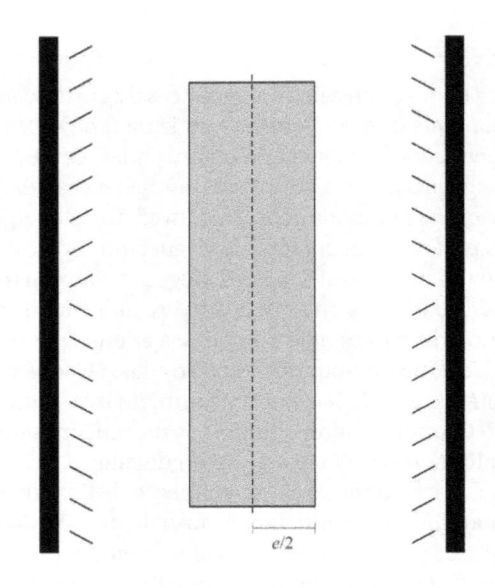

Figura 17.11

[**Respostas:** (i) 22.562 s ≈ 6,3 h; (ii) 90.247 s ≈ 25 h]

2. Uma fatia de maçã é seca em um liofilizador semelhante ao apresentado na Figura 17.4. A pressão de sublimação é mantida em 0,04 Pa e uma pressão de 0,02 Pa é mantida no condensador. Sabendo-se que a temperatura de sublimação da água na maçã é igual a –7 °C, sua condutividade térmica é de aproximadamente $3 \times 10^{-2}\,W \cdot m^{-1} \cdot K^{-1}$ e sua permeabilidade mássica é de $2,5 \cdot 10^{-5}\,kg \cdot m \cdot m^{-2} \cdot s^{-1} \cdot Pa^{-1}$, calcule a temperatura da câmara de secagem. O calor latente de sublimação da água é igual a $2800\,kJ \cdot kg^{-1}$. Considere que a temperatura da câmara de secagem seja constante e igual à temperatura na superfície do produto.

[**Resposta:** 39,7 °C]

3. Uma fatia de manga, com 1,0 cm de espessura e superfície retangular de 5,0 cm × 10,0 cm, é desidratada osmoticamente em uma solução contendo 50 kg de sacarose/100 kg de solução. A manga apresenta inicialmente uma concentração de sacarose de 10 g/100 g (em massa) e umidade de 0,85 kg água $\cdot$ kg^{-1} total (base úmida). Ao final de 3 h de processo, o teor de sacarose é de 15 g/100 g e a umidade é de 0,75 kg água $\cdot$ kg^{-1} total. No equilíbrio, a fruta apresenta um teor de sacarose de 20 g/100 g e umidade de 0,60 kg água $\cdot$ kg $\cdot$ kg. O processo é realizado sob agitação, de forma a evitar efeitos de diluição na interface entre a fruta e a solução, e a quantidade de solução utilizada é suficientemente maior que a quantidade de fruta, de modo a garantir que sua concentração permaneça constante durante o processo. Considerando-se que a resistência à difusão exista apenas na fruta: (i) calcule as difusividades da água e do açúcar na manga; (ii) calcule o tempo necessário para que a umidade da manga caia para 0,70 kg água $\cdot$ kg^{-1} total (base úmida); (iii) refaça o item (ii), considerando que uma das faces da fatia de manga está protegida pela casca, que é impermeável.

[**Respostas:** (i) $D_{efw} = 7,4 \times 10^{-10}\,m^2 \cdot s^{-1}$, $D_{efA} = 3,2 \times 10^{-10}\,m^2 \cdot s^{-1}$; (ii) 4,3 h; (iii) 17,2 h]

17.5 BIBLIOGRAFIA RECOMENDADA

BRENNAN, J. G. Evaporation and dehydration. In: BRENNAN, J. G. (Ed.). *Food processing handbook.* Weinheim: Wiley-VCH, 2006. p. 71-124.

CORZOA, O.; BRACHO, B. N.; ALVAREZ, C. Water effective diffusion coefficient of mango slices at different maturity stages during air drying. *Journal of Food Engineering*, Oxford, v. 67, n. 4, p. 479-484, 2008.

DECAREAU, R. V. *Microwaves in the food processing industry.* Orlando: Academic Press, 1985.

HELDMAN, D. R.; SINGH, R. P. *Food process engineering.* 2. ed. Connecticut: AVI Publishing Company Inc., 1981.

HEREDIA, A.; PEINADO, I.; BARRERA, C.; GRAU, A. A. Influence of process variables on colour changes, carotenoids retention and cellular tissue alteration of cherry tomato during osmotic dehydration. *Journal of Food Composition and Analysis*, San Diego, v. 22, n. 4, p. 285-294, 2009.

LOMBRAÑA, J. I. Fundamentals and tendencies in freeze-drying of foods. In: RATTI, C. (Ed.). *Advances in food dehydration.* Boca Raton: CRC Press, 2008. p. 209-236.

MAYOR, L.; MOREIRA, R.; CHENLO, F.; SERENO, A. M. Osmotic dehydration kinetics of pumpkin fruits using ternary solutions of sodium chloride and sucrose. *Drying Technology*, Filadélfia, v. 25, n. 10, p. 1749-1758, 2007.

MUJAFFAR, S.; SANKAT, C. L. The mathematical modeling of the osmotic dehydration of shark fillets at different brine temperatures. *International Journal of Food Science and Technology*, Oxford, v. 41, n. 4, p. 405-416, 2006.

NITZ, M.; GUARDANI, R. Fluidização gás-sólido: fundamentos e avanços. *Revista Brasileira de Engenharia Química*, São Paulo, n. 4, p. 24-27, 2008.

OZDEMIR, M.; OZEN, B. F.; DOCK, L. L.; FLOROS, J. D. Optimization of osmotic dehydration of diced green peppers by response surface methodology. *LWT*: food science and technology, Amsterdã, v. 41, n. 10, p. 2044-2050, 2008.

TONON, R. V.; BARONI, A. F.; HUBINGER, M. D. Osmotic dehydration of tomato in ternary solutions: influence of process variables on mass transfer kinetics and an evaluation of the retention of carotenoids. *Journal of Food Engineering*, Oxford, v. 82, n. 4, p. 509-517, 2007.

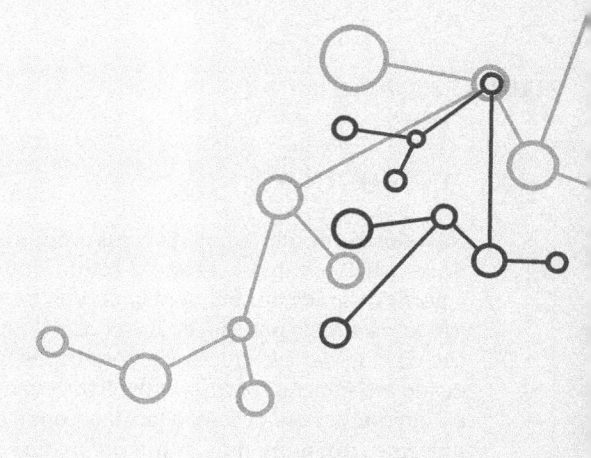

18

EXTRAÇÃO SÓLIDO-LÍQUIDO

Camila Gambini Pereira*
Juliana Martin do Prado**
Antonio José de Almeida Meirelles***
Maria Ângela de Almeida Meireles***

* Universidade Federal do Rio Grande do Norte (UFRN).

** Universidade Federal de São Carlos (UFSCar).

*** Universidade Estadual de Campinas (Unicamp).

18.1 INTRODUÇÃO

Na indústria de alimentos, diversos produtos e ingredientes alimentícios são obtidos pela operação unitária de transferência de massa denominada extração sólido-líquido (ESL). Um caso típico de utilização desse processo é a obtenção de cafeína a partir de grãos de café. A primeira patente desse processo é referenciada em 1905, por Roselius L., sendo repatenteada três anos depois por Meyer, Roselius e Wimmer (1908). A partir de então, muitas outras foram apresentadas para a extração da cafeína. A importância dessa operação unitária é compreendida se visualizarmos a sua grande faixa de aplicação: desde a obtenção de café solúvel até a extração de óleos vegetais, corantes, açúcar, essências, compostos nutracêuticos e funcionais. Esse processo também pode ser utilizado para remover compostos indesejáveis, contaminantes ou toxinas presentes nos alimentos, como pigmentos, taninos e aflatoxinas.

Neste capítulo, discute-se o processo de extração sólido-líquido aplicado a alimentos e à obtenção de compostos nutricionais e funcionais. A abordagem será dada em termos de conceitos fundamentais, fatores que influenciam o processo, modo operacional, tipos de equipamentos utilizados, cálculos de projeto e principais aplicações na indústria de alimentos.

18.2 DEFINIÇÃO DE EXTRAÇÃO SÓLIDO-LÍQUIDO

A extração sólido-líquido é um processo que se baseia na dissolução preferencial de um ou mais constituintes de uma matriz sólida pelo contato com um solvente líquido. Sob o ponto de vista fenomenológico, é um processo de transferência de massa de um ou mais componentes de uma matriz sólida para o solvente. Originalmente, esse processo se referia à percolação de um líquido por um leito de sólidos. Existem diversas nomenclaturas para esse processo, dependendo da aplicação ou do formato operacional: (i) lixiviação: extração de álcali de cinzas de madeira; (ii) decocção: quando se utiliza solvente na sua temperatura de ebulição; (iii) eluição: quando ocorre apenas a lavagem superficial do soluto. Alguns autores utilizam ainda o termo "extração" para processos exclusivamente mecânicos, como a prensagem, processo que não faz parte do escopo deste capítulo. Por outro lado, existem processos que vinculam operações mecânicas similares à prensagem com a extração com uso de solvente, por exemplo, a moenda para extração de açúcar de cana é um processo que pode ser calculado da forma desenvolvida neste capítulo.

O mecanismo da extração pode ser representado esquematicamente pela Figura 18.1, e segue as seguintes etapas:

1) Inicialmente, o solvente é transferido da fase líquida até a superfície do sólido e o umedece;
2) Em seguida, o solvente penetra na matriz sólida por difusão molecular;
3) O material solúvel é então solubilizado. O limite da solubilização seria a concentração de equilíbrio entre as fases. Em algumas aplicações, em que equilíbrio sólido-líquido verdadeiro ocorre, por exemplo, na lavagem de precipitados, essa condição é atingida. Mas nas aplicações práticas desse processo na indústria de alimentos essa situação nunca é observada, tendo em vista que a quantidade de substâncias solúveis é sempre pequena diante da quantidade de solvente disponível, resultando, assim, em uma solução diluída.

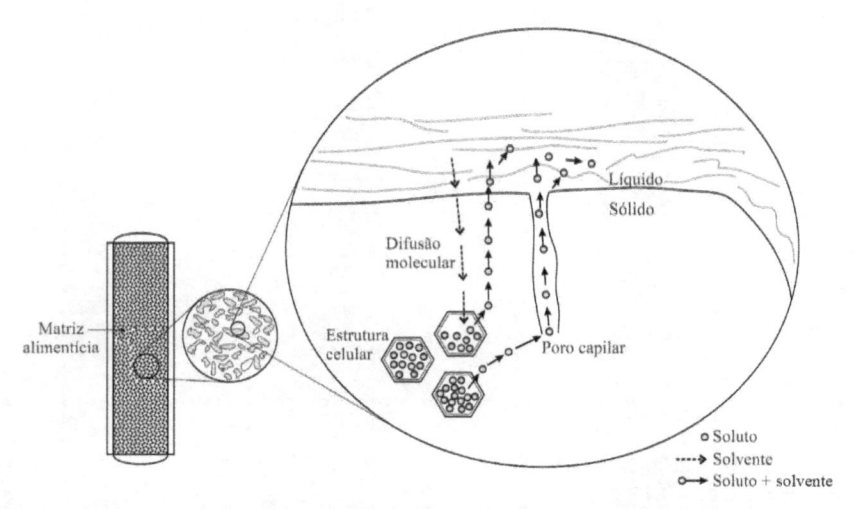

Figura 18.1 Desenho esquemático do transporte de soluto pela dissolução no solvente através da matriz alimentícia sólida.

4) A solução contendo o soluto retorna à superfície do sólido por difusão molecular;
5) A solução é então transferida da superfície do sólido para o seio do líquido por convecção natural ou forçada.

Na extração de constituintes de alimentos, alguns fatores devem ser levados em consideração, como interação solvente-matriz, resistência da parede celular, localização do soluto na matriz, presença de poros na estrutura celular e porosidade do leito, dentre outros. Em termos de processo, é necessário avaliar inicialmente as características de cada material tomando alguns cuidados de modo a se evitar perda de material e processo ineficiente. Sob esse aspecto, os fatores mais importantes são:

(i) *Tamanho da partícula*: a taxa de transferência de massa da superfície do sólido é diretamente proporcional à área superficial desse sólido. Dessa maneira, a redução do tamanho das partículas resultará na obtenção de sólidos com maiores áreas superficiais e com isso haverá aumento na taxa de extração. No entanto, existem alguns limites para a cominuição do sólido. Partículas muito finas podem causar compactação do leito com consequente aumento da perda de carga e formação de canais preferenciais. O resultado é a diminuição da eficiência do processo. Portanto, a trituração do sólido deve respeitar esses limites;

(ii) *Taxa de difusão*: em materiais biológicos, em razão da complexidade da estrutura celular, existência de poros e diferentes compartimentos na célula, a difusividade é dita efetiva (D_{ef}). A difusividade efetiva depende ainda da composição e da localização do soluto na matriz sólida;

(iii) *Umidade do material*: água presente no material sólido pode competir com o solvente na dissolução do soluto, afetando a eficiência do processo. No entanto, em alguns casos a umidade é necessária para permitir o transporte do soluto durante a extração. Para substâncias hidrossolúveis, a presença de água é benéfica para o processo. No entanto, para substâncias lipossolúveis, existe a necessidade de se realizar uma pré-secagem do material antes do processo de extração; essa etapa deve ser realizada de forma controlada para não degradar os compostos termossensíveis;

(iv) *Temperatura do processo de extração*: o aumento da temperatura em geral aumenta a taxa de extração por causa do aumento da solubilidade do soluto no solvente. Entretanto, em se tratando de alimentos, existe um fator importante que está intimamente relacionado com a qualidade do produto final, que são as mudanças físico-químicas indesejáveis causadas pela elevação da temperatura, como degradação térmica, ação enzimática e alterações sensoriais. Assim, para manter a qualidade do produto final, requer-se em geral o uso de temperaturas amenas, atendendo aos limites de temperatura para cada caso. A elevação da temperatura pode provocar a gelatinização do amido presente em algumas matrizes vegetais; nesse caso, a temperatura de processo deve ser mantida abaixo da temperatura de gelatinização do amido para essa matéria-prima.

(v) *Vazão do solvente*: em geral, o aumento de velocidade e turbulência causa aumento na taxa de extração. No entanto, excessiva agitação pode causar indesejável desintegração das partículas sólidas.

18.2.1 Exemplos de aplicação de ESL na indústria de alimentos

A indústria de alimentos apresenta diversos processos que utilizam a ESL como base operacional para obtenção de produtos primários ou secundários. No processamento do café podemos ter os dois casos: obtenção de café livre de cafeína (descafeinado), e extração da cafeína para posterior utilização, seja para aplicação em produtos alimentícios, como bolos, bolachas ou até café (*blends*), ou ainda em produtos farmacêuticos. Outro exemplo é a produção de óleos vegetais, em cujo processamento podem-se obter, além do óleo vegetal propriamente dito, subprodutos como a lecitina, bastante empregada na fabricação de chocolates, margarina, bolachas, balas e pós instantâneos, dentre outros. A seguir são apresentados alguns fluxogramas representativos de processos cuja principal operação unitária é a extração sólido-líquido:

(i) Produção de café solúvel

No processamento do café solúvel (Figura 18.2), a extração é realizada utilizando água como solvente em temperaturas que podem variar de 373 K a 453 K. Normalmente, a extração ocorre empregando o sistema Shanks[1] como unidade extratora. A solução extrato obtida contém cerca de (25 a 30) g de sólidos solúveis/100g de solução. Após a extração (sólidos solúveis + aromas), ocorre a remoção dos compostos voláteis para posterior reincorporação ao material evaporado antes da secagem final. Na sequência, ocorre a concentração do extrato por evaporação ou crioconcentração, sendo este então estocado em silos com temperatura e umidade controlados. A secagem final do material é realizada por atomização ou liofilização.

---

[1] Na Seção 18.4, é apresentado o modo de operação desse equipamento.

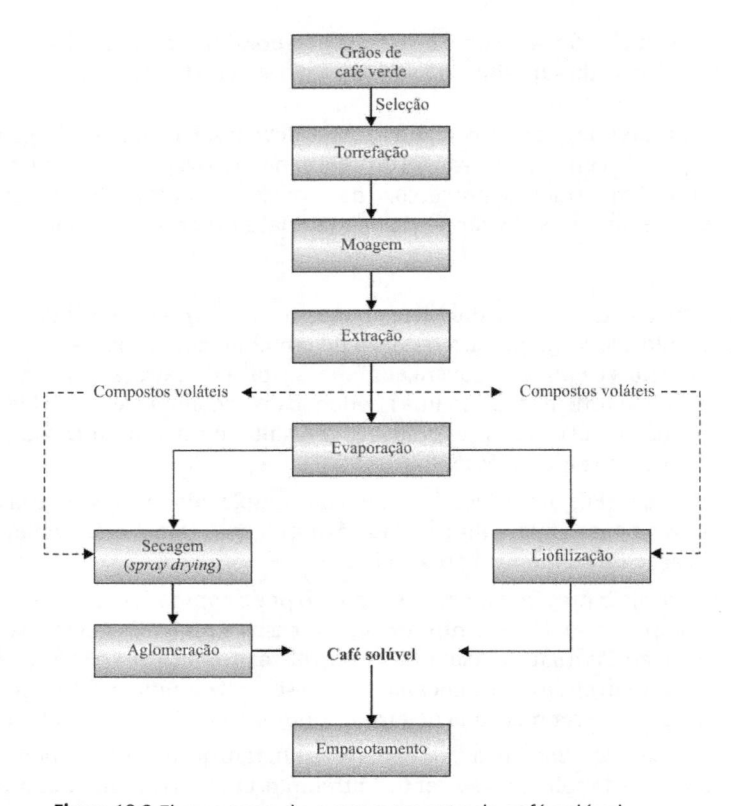

Figura 18.2 Fluxograma do processamento de café solúvel.

(ii) Obtenção da cafeína a partir do café

Industrialmente, a cafeína pode ser extraída de grãos de café utilizando três tipos de solventes: água, solvente orgânico ou dióxido de carbono (CO_2) supercrítico. Para esses processos de extração, empregam-se grãos de café verdes frescos ou semiumedecidos. Isso porque, além de promover o inchamento da matriz, a água serve como veículo condutor do soluto, ou seja, a cafeína, por ser solúvel em água, é extraída da estrutura celular pelo transporte da mistura água-cafeína da matriz sólida para a solução extratora que percola o leito de sólidos.

Para os processos utilizando solvente orgânico, existe a necessidade de umedecer os grãos em até (40 a 50) g de água/100 g de grãos. O processo de extração ocorre a temperaturas que variam de 323 K a 378 K, a uma razão de 4:1 de solvente para alimentação de sólidos. Na indústria, é observada a aplicação de diversos solventes orgânicos. Originalmente era utilizado benzeno, no entanto, em razão de sua elevada toxicidade, foi substituído por outros solventes menos tóxicos como etil-metil-cetona, tricloroetileno, acetato de etila, acetato de metila e diclorometano. No entanto, a água é o solvente mais empregado por apresentar maior taxa de extração, sem a necessidade de processos posteriores de dessolventização. Esse processo foi desenvolvido em 1941 pela General Foods, sendo patenteado em 1943.

A desvantagem do uso de água como solvente é que esta possui baixa seletividade, dissolvendo muitos outros compostos solúveis em água além da cafeína. Assim, quando se emprega água como solvente, é necessário realizar uma etapa posterior para separação desses compostos indesejáveis (extração líquido-líquido).

A tecnologia supercrítica é uma alternativa que tem sido empregada com sucesso na indústria alimentícia. A primeira aplicação dessa tecnologia na indústria de alimentos foi a extração de cafeína com CO_2 supercrítico (CO_2-SC), na década de 1970, na Alemanha. O processo consiste na passagem de CO_2-SC por leitos fixos a temperaturas de 343 K a 363 K e pressões de 16 MPa a 22 MPa. Três variações do processo foram sugeridas na mesma década: 1) a cafeína sendo removida do fluido supercrítico pela lavagem com água; 2) a cafeína sendo removida do CO_2-SC pela passagem através de um leito recheado com carbono ativado; 3) grãos de café verde misturados ao carvão ativado empacotados no leito fixo, sendo a cafeína então removida do CO_2 por adsorção no carvão ativado. Após essas descobertas, diversas outras patentes surgiram sobre a obtenção de cafeína de grãos de café com uso de CO_2 sub e supercrítico.

(iii) Produção de óleos vegetais

Para a obtenção de óleos vegetais, os métodos comumente utilizados são a prensagem, a extração com solvente orgânico ou a combinação dos dois. O primeiro é basicamente um processo em batelada que utiliza prensas a alta pressão. A grande desvantagem desse processo é o elevado grau de retenção de óleo na torta (6 a 10) g de óleo/100 g de torta, além do alto consumo de energia. A combinação com extração com solvente reduz o grau de retenção para (3 a 4) g de óleo/100 g de torta, no entanto o processo mais empregado utiliza solventes orgânicos, em razão da maior eficiência do processo, menor gasto de energia e menor grau de óleo residual na torta, de (0,8 a 1,0) g de óleo/100 g de torta. O solvente mais utilizado na extração de óleos vegetais é o hexano, no entanto acetona e éter etílico também são encontrados em alguns casos. A Figura 18.3 mostra o fluxograma simplificado para a obtenção de óleo vegetal bruto. A extração com solvente ocorre basicamente por percolação em extratores com movimento do leito, como Rotocel ou extrator contínuo horizontal.[2]

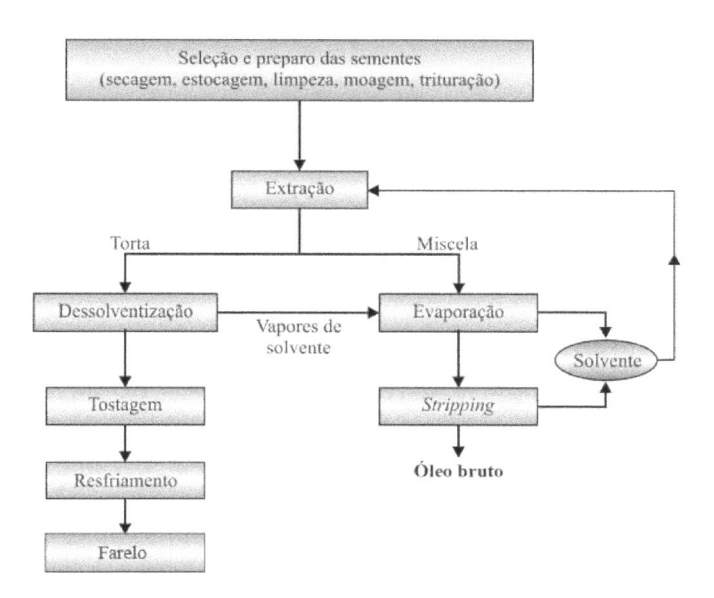

Figura 18.3 Fluxograma simplificado da produção de óleo vegetal bruto.

(iv) Extração de açúcar

O açúcar pode ser obtido a partir da cana-de-açúcar ou da beterraba açucareira. No Brasil, emprega-se basicamente a cana-de-açúcar, e a extração é, em geral, realizada em moendas, que são uma série de ternos de extração, nos quais se utiliza água como solvente. No entanto, hoje em dia mesmo no Brasil já existe uma quantidade significativa de difusores usados como equipamentos de extração do caldo de cana. Os extratores podem ser ainda do tipo Hildebrandt ou Bonotto.[3] Após o processo de extração, a solução extrato final geralmente contém aproximadamente 15 g de sólidos solúveis/100 g de solução. Essa solução é submetida a processos de sedimentação e filtração e, subsequentemente, de concentração em evaporadores de múltiplos estágios, que trabalham a vácuo. Ao final ocorre a cristalização do açúcar seguido da separação dos cristais por centrifugação. Uma representação de todo o processo é apresentada na Figura 18.4.

18.3 PROCESSOS DE EXTRAÇÃO A BAIXA E A ALTA PRESSÃO

18.3.1 Extração por solventes a baixa pressão (LPSE[4])

O emprego mais comum e antigo de extração sólido-líquido é por meio do uso de solventes a baixa pressão. Os pontos-chave da extração sólido-líquido são definidos em termos do material a ser processado, do solvente utilizado, do produto a ser obtido, e das condições operacionais.

---

[2]Na Seção 18.4, é apresentado o modo de operação desses equipamentos.

[3]Na Seção 18.4, é apresentado o modo de operação desses equipamentos.

[4]LPSE: *low-pressure solvent extraction.*

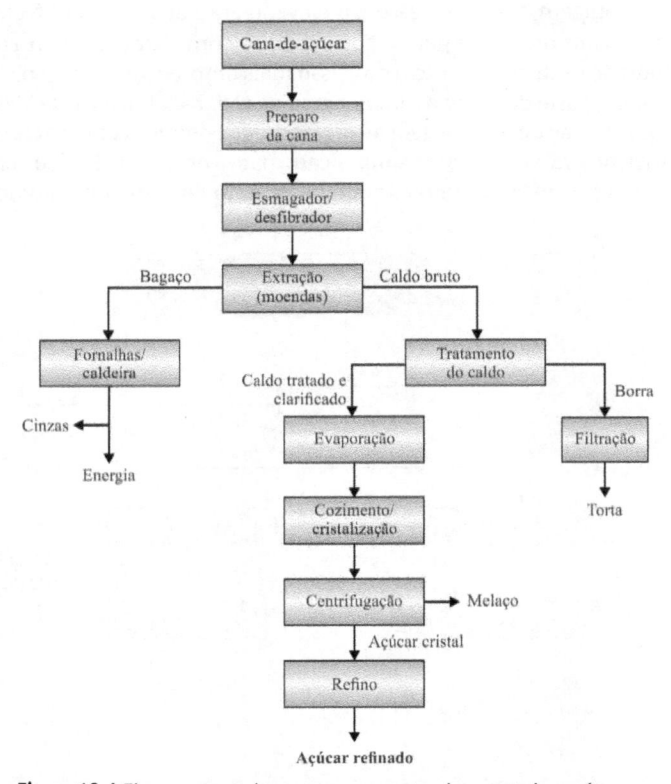

Figura 18.4 Fluxograma do processamento de cana-de-açúcar.

A escolha do solvente é feita com base em características relevantes do processo como solubilidade da substância no solvente, viscosidade, toxicidade, reatividade, estabilidade, tensão superficial e custo do solvente. Por se tratar da fabricação de um produto alimentício ou para fins medicinais, a Food and Drug Administration (FDA) classifica os solventes conforme apresentado na Tabela 18.1. Apesar de não existir uma classificação oficial no Brasil, a preocupação crescente da população com a exposição a resíduos de solventes tóxicos leva à adoção dessa classificação informalmente ao nível de mercado. Na Classe 3, estão relacionados os solventes aceitáveis para uso alimentício, permitindo-se uma pequena porcentagem residual no produto final. Na Classe 2, encontram-se aqueles solventes cujo uso é permitido em casos e condições específicas (limite de concentração variando de 50 μg/g a 3.880 μg/g, dependendo do solvente utilizado), pois se trata de solventes com considerável toxicidade. Na Classe 1, estão aqueles que são expressamente proibidos em razão de sua elevada toxicidade e efeitos maléficos ao ambiente. Tendo em vista as características de cada solvente e necessidades mencionadas, observa-se que na indústria alimentícia a aplicação acaba se restringindo a alguns solventes, sendo água, etanol, mistura etanol-água e hexano os solventes mais utilizados.

Tabela 18.1 Classificação dos solventes orgânicos segundo a FDA (2003)

CLASSIFICAÇÃO	EXEMPLOS DE SOLVENTES ORGÂNICOS
Classe 1	Benzeno, tetracloreto de carbono, 1,2 dicloroetano, 1,1 dicloroetano, 1,1,1 tricloroetano
Classe 2	Acetonitrila, clorofórmio, hexano, metanol, tolueno, etilmetilcetona, diclorometano
Classe 3	Acetona, etanol, acetato de etila, 1 propanol, 2 propanol, acetato de propila

18.3.2 Extração a alta pressão

Esse processo de extração tem sido bastante aplicado para a obtenção de produtos de alto valor agregado, como substâncias ou frações bioativas. O princípio da extração é similar ao processo convencional de extração sólido-líquido, com o diferencial de empregar solventes sob alta pressão, os quais possuem alto poder de dissolução das substâncias de interesse.

Um fluido é considerado em seu estado supercrítico quando sua temperatura e pressão encontram-se acima dos seus valores críticos. A Figura 18.5 mostra o diagrama de fases de uma substância pura no qual é possível visualizar a região supercrítica. Os solventes no estado supercrítico ou em condições próximas a ele (estado subcrítico) possuem propriedades

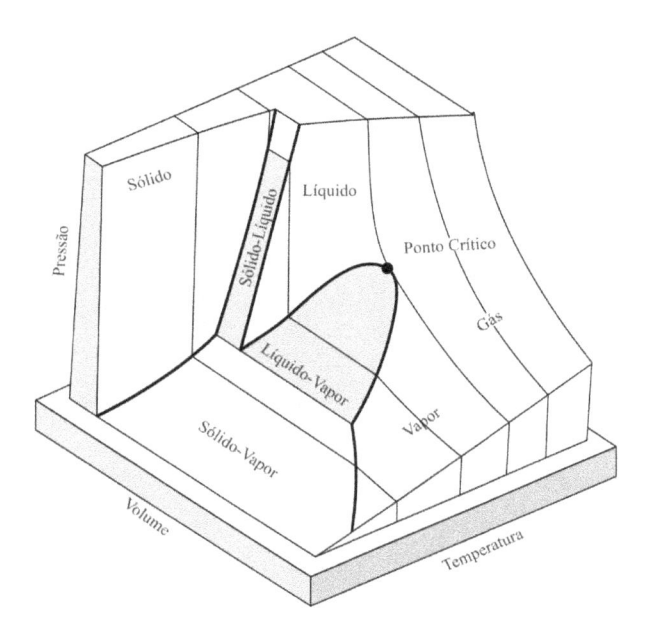

Figura 18.5 Diagrama *PVT* de uma substância pura.

que aumentam significativamente o poder de solubilização de compostos. A alta densidade do fluido supercrítico lhe confere elevado poder de solubilização, enquanto baixos valores de viscosidade combinados com altos valores de difusividade atribuem ao fluido supercrítico alto poder de penetração na matriz sólida, o que leva a elevadas taxas de transferência de massa. Uma das grandes vantagens de se utilizar um fluido em estado supercrítico se deve ao fato de a densidade do solvente poder ser facilmente alterada por mudanças na temperatura e pressão, principalmente na região próxima ao ponto crítico. Essa característica proporciona mudanças na seletividade do solvente, e ainda facilita a separação final entre o soluto extraído e o solvente supercrítico. As mudanças de seletividade com alterações de pressão e temperatura permitem selecionar quais os principais compostos que se deseja extrair da matriz sólida.

Comparada a processos convencionais a baixa pressão, a extração com fluido supercrítico consome menos energia, o que resulta em menor custo operacional. No entanto, o custo de investimento no equipamento é mais elevado, em grande parte pela necessidade de confeccionar um equipamento que suporte pressões elevadas. O processo de extração utilizando essa tecnologia se justifica quando se deseja obter compostos de alto valor agregado, necessários principalmente em algumas áreas das indústrias de alimentos e farmacêutica.

Diversos solventes têm sido aplicados para a extração de compostos funcionais de alimentos ou plantas a alta pressão, como propano, etano, éter dimetílico e água, mas o mais utilizado é o dióxido de carbono. Isso porque o CO_2 é um solvente atóxico, não inflamável, inodoro, com custo relativamente baixo e alta disponibilidade. Além disso, possui alta difusividade, baixa viscosidade e pequena entalpia de vaporização. A Tabela 18.2 apresenta uma lista dos principais solventes empregados com suas propriedades críticas.

O CO_2 supercrítico é um excelente solvente para extrair compostos apolares. No entanto, compostos mais polares, como flavonoides, apresentam solubilidade reduzida nesse solvente. Para contornar essa limitação, normalmente é adicionado um cossolvente ou modificador ao fluido supercrítico. A adição do cossolvente pode melhorar a eficiência do processo pelo aumento da solubilidade do soluto. Esse efeito tem sido atribuído a diversos fatores: alteração na estrutura da matriz, mudança nas propriedades de transporte do solvente, interações soluto/cossolvente/solvente, modificação da força ligante soluto-matriz (principalmente relacionada com pontes de hidrogênio). Os cossolventes mais utilizados são etanol, isopropanol, metanol, água e misturas dessas substâncias.

Água pressurizada também é outro solvente bastante empregado. Diferentemente do CO_2, a água tem alta polaridade, o que permite que compostos como carboidratos possam ser extraídos facilmente. Nesse caso, o processo opera a elevadas pressões e temperaturas, porém mantendo o fluido na fase líquida. Por esse motivo, esse procedimento também é conhecido como extração acelerada com solvente, extração com água subcrítica ou extração com água quente. O processo é aplicado principalmente para a obtenção de compostos que não são facilmente extraídos a baixas temperaturas, como saponinas, peptídeos e aflatoxinas.

A flexibilidade dos processos a alta pressão ainda permite que diversas classes de compostos possam ser obtidas em um mesmo processo. Isso ocorre pela facilidade em se realizar mudanças nas condições operacionais por simples ajuste da temperatura e pressão do processo. Nesse caso, utilizam-se colunas sob diferentes condições operacionais (Seção 18.4.5).

Tabela 18.2 Propriedades críticas de substâncias puras

SOLVENTE	Tcr [K]	P_{Cr} [MPa]	$\tilde{V}_{Cr}$ [cm³ · mol⁻¹]
Dióxido de carbono	304,1	7,37	94,1
Etileno	282,3	5,04	131,0
Xenônio	290,1	5,80	118,0
Éter dimetílico	400,1	5,27	171,0
Etano	305,3	4,87	145,5
Propano	369,8	4,25	200,0
Amônia	405,4	11,35	72,5
Hexano	507,5	3,02	368,0
Metanol	512,6	8,09	118,0
Água	647,1	22,06	55,9

18.4 EQUIPAMENTOS DE EXTRAÇÃO

A extração sólido-líquido pode ser realizada em um estágio simples ou em múltiplos estágios. Existem diversos equipamentos, cada um com sua particularidade. O projeto de sistemas de extração e a seleção do equipamento adequado dependem do material a ser processado, bem como do produto que se deseja obter.

Os extratores podem ser classificados nas seguintes categorias: tanques agitados, sistemas Shanks, extratores contínuos com movimento do leito, extratores especiais, extratores a alta pressão.

18.4.1 Tanque agitado

Os tanques agitados (Figura 18.6) são bastante empregados em processamento de materiais que se encontram na forma de partículas finas (~200 mesh = 0,074 mm). Isso porque a agitação do material evita a compactação do leito e a formação de caminhos preferenciais que reduzem a eficiência do processo. Os tanques agitados podem ser horizontais ou verticais e possuem volume variando de 2 m³ a 10 m³. A agitação ocorre com o uso de pás internas sob rotação controlada. Existe outro tipo de tanque no qual a mistura do material sólido e do solvente é realizada por rotação do tambor.

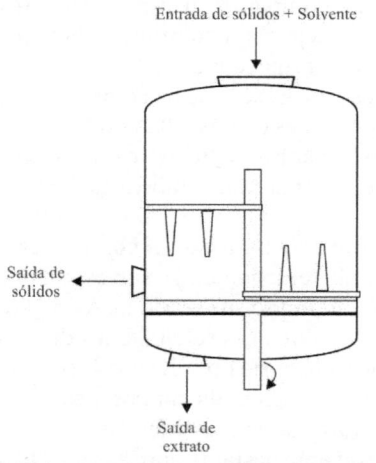

Figura 18.6 Tanque agitado no formato vertical.

18.4.2 Sistema Shanks (SMB[5])

O processo de extração pelo sistema Shanks se baseia na utilização de tanques de percolação com passagem de solvente em contracorrente ao fluxo do material sólido (Figura 18.7). O processo de extração acontece da seguinte maneira: o tan-

[5]SMB: *simulated moving bed.*

que 6 está a princípio vazio, e permanece assim até ser preenchido com material sólido novo em uma etapa posterior. Os tanques 1 a 5 encontram-se cheios de material sólido para extração, de modo que o tanque 5 foi o último tanque a ser preenchido e o tanque 1 foi o primeiro. A solução de extração é também adicionada em cada tanque, sendo o solvente puro adicionado ao tanque 1 e a solução mais concentrada em sólidos solúveis empregada como solvente extratante no tanque 5, o qual deve conter a matriz sólida com o teor mais elevado de sólidos solúveis, pois foi preenchido mais recentemente com a alimentação de sólido (foi o último tanque a ser preenchido).

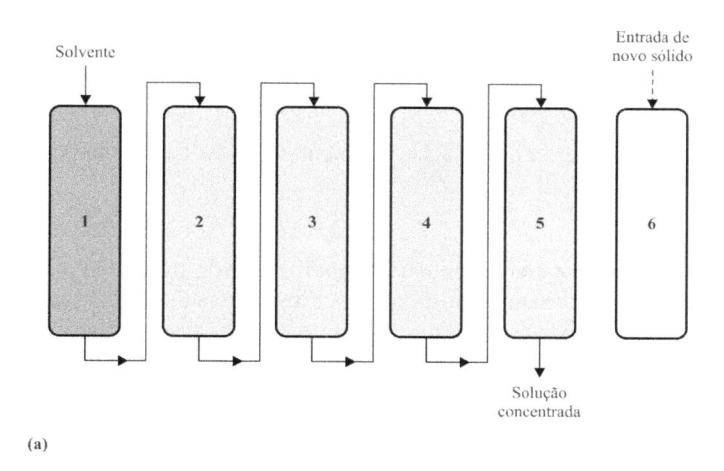

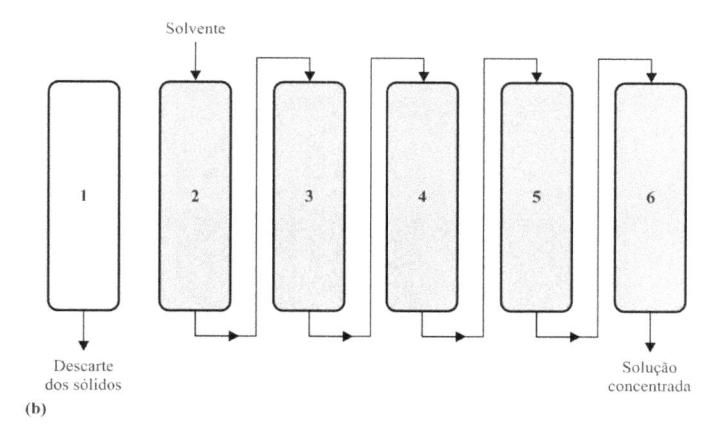

Figura 18.7 Sistema Shanks, a) estágio inicial; b) novo estágio após um ciclo completo de extração.

Nesse formato, a solução de extração obtida como resultado da extração no tanque 1 é empregada como solvente no tanque 2, a obtida na extração do tanque 2 é transferida para o tanque 3, e assim por diante, até chegar ao tanque 5, obtendo-se na saída deste último tanque a solução extrato final. Após um ciclo completo, o material do tanque 1 é descartado e esse tanque é colocado temporariamente fora do processo, enquanto o tanque 6, com novo material sólido, é introduzido no processo como o último tanque a ser atravessado pela solução extratante. O processo continua, agora a partir do tanque 2, sendo esse tanque aquele que receberá o solvente puro para o início das extrações. Nesse procedimento, nem os tanques nem os sólidos no interior dos tanques são movimentados, porém o mesmo permite simular, em escala industrial, o funcionamento de um processo em contracorrente com múltiplos estágios.

O sistema Shanks representa a versão mais simples do que atualmente é denominado leito móvel simulado (SMB), e encontra diversas aplicações na área biotecnológica para purificação e fracionamento de misturas de biomoléculas. No caso do SMB, o conjunto de leitos costuma conter, como fase sólida, resinas cromatográficas, de adsorção ou de troca iônica, e possui regiões de adsorção propriamente dita e de regeneração (eluição) da fase sólida, além de apresentar alimentações da mistura a ser fracionada e da solução de regeneração. Como correntes de saída geram-se o extrato e o rafinado, cada uma das quais é rica em biomoléculas diferentes que estavam, originalmente, misturadas na alimentação do processo.

18.4.3 Extratores contínuos com movimento do leito

Os extratores contínuos podem operar de duas maneiras: pelo processo de *percolação* ou por *imersão*. No processo de *percolação*, o solvente flui através do material sólido empacotado em leito fixo e extrai o material solúvel. A base desse método está na boa difusividade do solvente pelo material sólido. Uma das vantagens é o emprego de materiais que sofreram leve pré-tratamento, ou seja, materiais de partículas não muito finas, visto que o equipamento não faz uso de agitação do leito. Além disso, a passagem da solução (soluto + solvente) através da matriz sólida promove a própria "filtração" do extrato, diminuindo a quantidade de partículas finas no extrato final. No processo por *imersão*, o material é inserido diretamente no solvente e então se realiza a extração. A desvantagem é que nesse caso o processo requer uma etapa posterior de filtragem da solução, uma vez que a pré-filtragem no próprio leito não é realizada nesse procedimento.

A maioria dos extratores opera por percolação, apresentando diversos formatos, como detalhado a seguir.

18.4.3.1 Extrator Rotocel

O extrator Rotocel (Figura 18.8) é essencialmente uma modificação do sistema Shanks, no qual cada "célula" do tanque se move continuamente, permitindo descarte contínuo de sólidos. Nesse tipo de extrator, um tanque cilíndrico é dividido em 18 "células" que giram lentamente sobre um tanque coberto por um disco perfurado. O solvente é adicionado ao sistema por um sistema de pulverização localizado acima do tanque sobre a última célula antes do descarte do material sólido. O solvente de cada pulverização percola o material sólido e é recolhido no compartimento inferior para ser então bombeado para a próxima célula, no sentido contrário ao sentido de movimento do material sólido. Depois de um ciclo completo, o sólido é automaticamente descartado. A altura do leito pode variar de 1,8 m a 3 m, e o tempo de extração pouco mais de uma hora, dependendo do grau de extração do sólido.

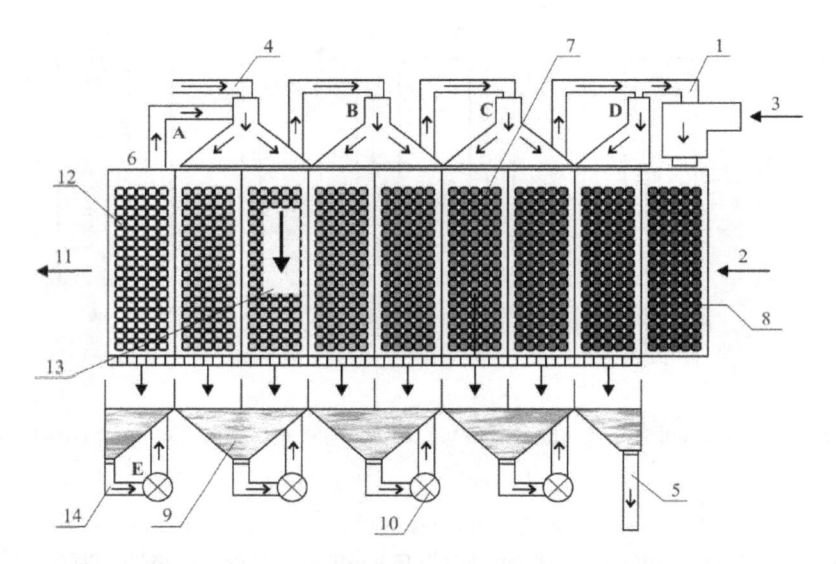

Figura 18.8 Extrator Rotocel: (1) entrada da miscela; (2) entrada dos vagões; (3) entrada da matéria-prima; (4) entrada do solvente; (5) saída da miscela concentrada; (6) vagão drenado; (7) típico vagão sob percolação; (8) vagão para o preenchimento de matéria-prima; (9) reservatório; (10) bombas; (11) saída dos flocos; (12) seção de drenagem; (13) fluxo de miscela no interior do vagão; (14) fluxo de miscela após a drenagem; (A, B, C, D) distribuidores de miscela (fonte: Thomas, Krioukova e Vielmo, 2005).

18.4.3.2 Extrator Kennedy

O extrator Kennedy é outro equipamento disposto em estágios, como apresentado na Figura 18.9. Esse equipamento foi originalmente utilizado para a extração de taninos a partir de cascas de árvores. Hoje em dia é utilizado na extração de óleos a partir de sementes oleaginosas. Os sólidos são "lavados" em cestas dispostas em série, e são transferidos de uma cesta para outra com o uso de pás, enquanto o solvente flui em contracorrente.

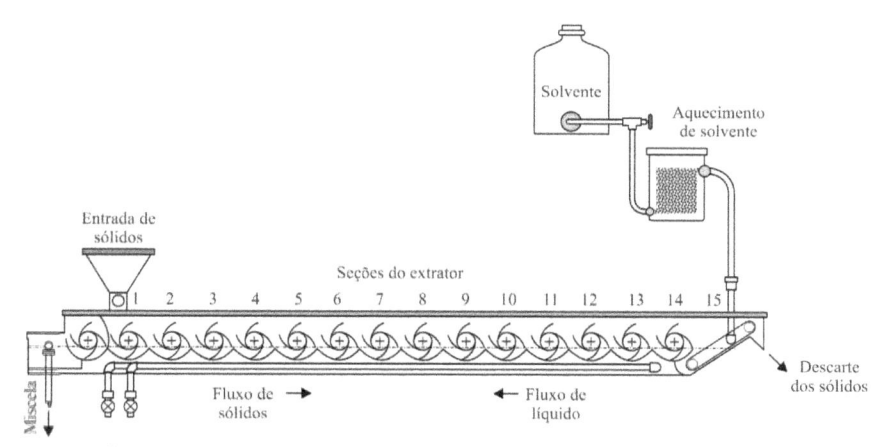

Figura 18.9 Extrator Kennedy (fonte: Mckinney, Rose e Kennedy, 1944).

18.4.3.3 Extrator Bollmann

O extrator Bollmann (Figura 18.10) é basicamente um equipamento contendo um "elevador" interno, com cestas perfuradas nas quais se adiciona o material a ser submetido à extração. O sólido é alimentado nas cestas que descem por um lado e é percolado pela mistura soluto(s)-solvente (solução extrato parcial) no mesmo sentido, ou seja, em cocorrente. No processamento de óleos vegetais a solução extrato parcial é chamada de meia miscela. As cestas, ao inverterem o sentido para ascendente, são percoladas por solvente puro que flui em contracorrente. A solução extrato parcial (meia miscela) é resultado da mistura diluída da solução extrato (descendente pelo lado contracorrente) que é recuperada no fundo do extrator e então bombeada para o topo para nova aplicação no sentido cocorrente. A solução extrato final (miscela completa) é obtida após percolação da solução extrato parcial (meia miscela) através do sólido descendente, sendo recuperada na parte inferior do extrator.

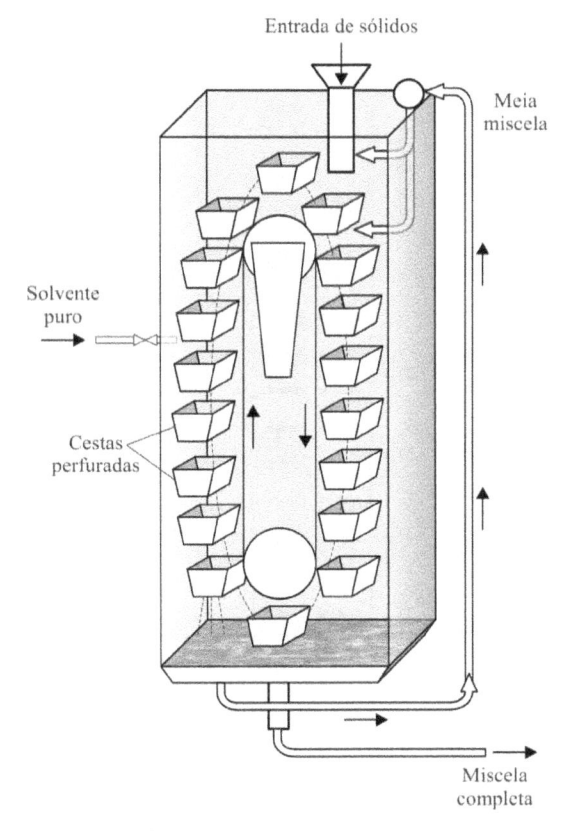

Figura 18.10 Extrator Bollmann.

18.4.3.4 Extrator contínuo horizontal

No extrator contínuo horizontal (Figura 18.11), o princípio da extração é semelhante ao extrator Rotocel. Neste, o material sólido é adicionado em cestas com filtros que se movem em dois patamares. No patamar superior, o sólido sofre a primeira etapa de extração com aplicação da meia miscela como solução de extração. Ao passar para o patamar inferior, o material sólido sofre novas extrações, agora utilizando solvente puro. O produto dessa segunda etapa é a meia miscela. Ao final do processo, o material é descartado das cestas para adição de novo material. A miscela completa é obtida como resultado da passagem da meia miscela na primeira série de cestas.

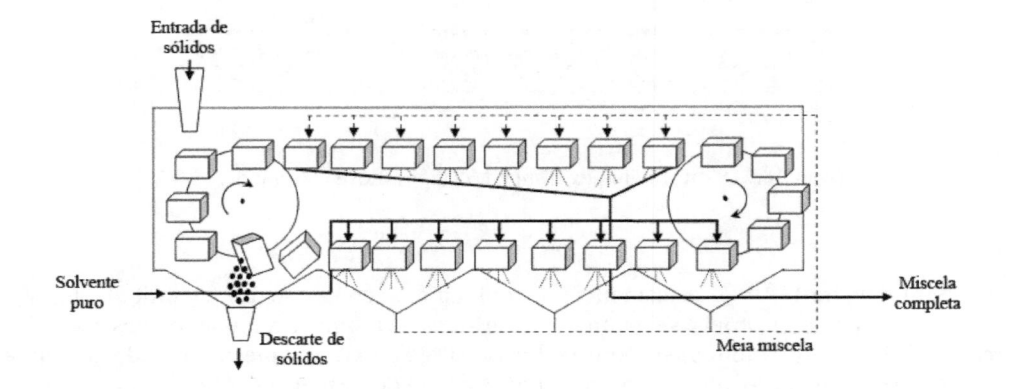

Figura 18.11 Extrator contínuo horizontal.

18.4.3.5 Extrator Bonotto

Essa unidade de extração é um caso típico de extração por imersão em contracorrente. O equipamento consiste em uma simples torre vertical dividida em seções por pratos horizontais, conforme apresentado na Figura 18.12. Cada prato possui aberturas por onde o sólido pode passar para o prato seguinte. A rotação da pá da hélice faz com que o sólido desça em forma de espiral até a base da torre. O solvente entra pela base e é bombeado até o topo em contracorrente com o sólido.

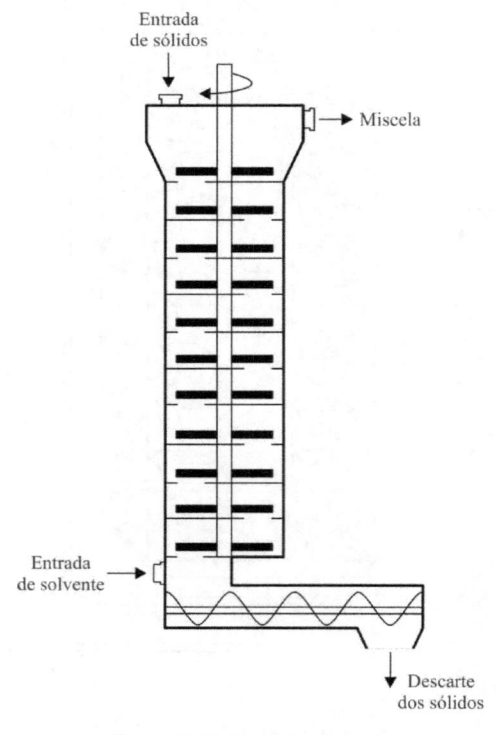

Figura 18.12 Extrator Bonotto.

18.4.3.6 Extrator de Hildebrandt

Esse é outro caso de extração por imersão em contracorrente. Neste, um aparato em forma de parafuso conduz o material sólido em contracorrente ao fluxo do solvente (Figura 18.13). É um processo bastante aplicado na extração de óleos vegetais de sementes oleaginosas.

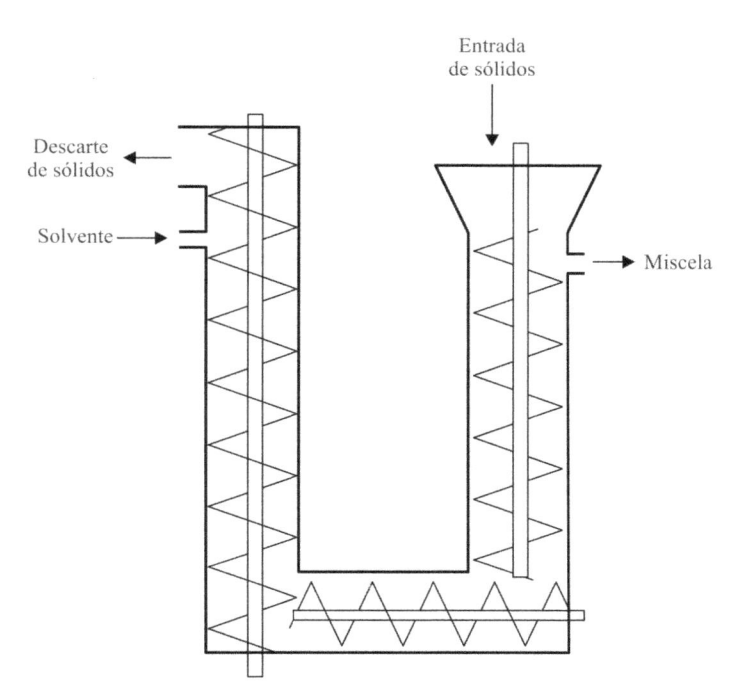

Figura 18.13 Extrator de Hildebrandt.

18.4.4 Extratores especiais (micro-ondas, ultrassom)

O princípio do processo de extração por micro-ondas e ultrassom é diferente do processo tradicional de extração sólido-líquido. Enquanto a extração sólido-líquido se baseia nos princípios de transferência de massa e ocorrência de equilíbrio, com aplicação ou não de calor, as extrações por micro-ondas e ultrassom ocorrem em razão das modificações nas estruturas celulares induzidas pelo efeito das ondas eletromagnéticas ou de ultrassom. Para obter tal resultado, diferentes equipamentos são construídos com características específicas.

18.4.4.1 Extração assistida por micro-ondas

As micro-ondas são ondas eletromagnéticas de energia não ionizada com frequência de 0,3 GHz a 300 GHz. Nesse tipo de extração, a energia das micro-ondas penetra no material sólido e interage com moléculas polares, gerando calor. Oposto ao requerido na extração convencional, na extração por micro-ondas a presença de água no material sólido é essencial para que ocorra o processo extrativo. Isso porque a água presente na matriz é a principal responsável pela absorção da energia. A exposição do material às micro-ondas gera aquecimento interno do material, o que resulta na ruptura da estrutura celular aumentando a transferência das substâncias da matriz sólida para o solvente. Os equipamentos para extração por micro-ondas podem ser classificados em dois tipos: 1) forno de micro-ondas focadas a pressão atmosférica (sistema aberto); 2) extrator em sistema fechado sob pressão e temperatura controladas (multímodo), conforme representado na Figura 18.14.

O sistema de extração fechado é normalmente utilizado para processos realizados a temperaturas elevadas, acima da temperatura de ebulição do solvente. A pressão depende da temperatura utilizada e volume da unidade de extração. A vantagem desse sistema é a possibilidade de se empregar diversas unidades de extração simultaneamente. Já no sistema aberto (micro-ondas focado), o sistema opera a pressão atmosférica. Desse modo, a máxima temperatura possível é a temperatura de ebulição do solvente.

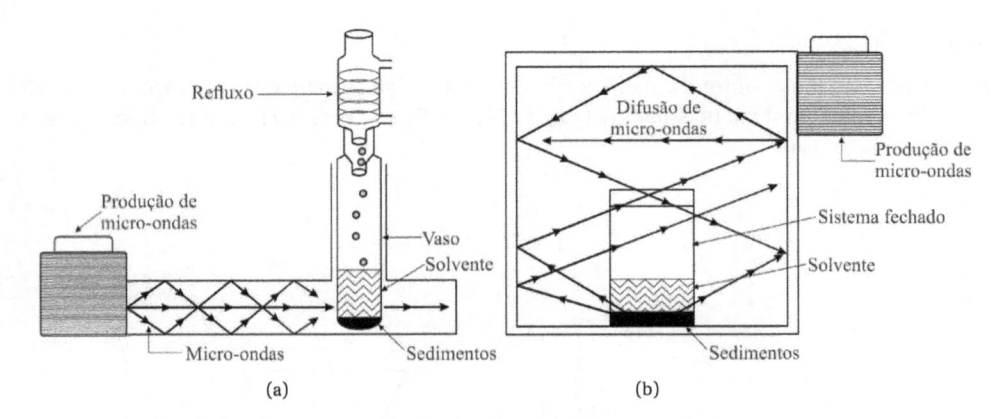

Figura 18.14 Representação dos equipamentos para extração por micro-ondas: (a) forno de micro-ondas focadas; (b) forno de micro-ondas multímodo (fonte: Letellier e Budzinski, 1999).

18.4.4.2 Extração assistida por ultrassom

As ondas de ultrassom são vibrações mecânicas com frequências acima de 20 kHz que podem ser aplicadas a materiais sólidos, líquidos ou gasosos. Estas são, por definição, diferentes das ondas eletromagnéticas. Isso porque ondas de ultrassom necessitam de um material através do qual transferir energia, o que não é requisito imprescindível para as ondas eletromagnéticas, visto que estas últimas podem se propagar no vácuo.

O efeito do ultrassom no material é a ocorrência de ciclos de expansão e compressão. A expansão pode criar bolhas no líquido e produzir pressão negativa. As bolhas podem entrar em colapso por causa do crescimento e com isso ocorrer cavitação no meio. A cavitação ocorrendo próxima às paredes celulares produz ruptura da célula. Com a quebra da parede celular, a penetração do solvente na célula é facilitada, o que resulta no aumento de transferência de massa. Outro efeito do ultrassom sobre a matriz é o inchamento e a hidratação causados pelo alargamento dos poros das paredes celulares. Esse efeito melhora o processo de difusão e aumenta a transferência de massa.

A maioria das unidades de extração por ultrassom envolve dois tipos de sistemas: unidade por sonda e sistema de banho. Embora essas unidades sejam práticas, o sistema operando de forma contínua tem sido bastante empregado por utilizar menores quantidades de matéria-prima e solvente. Para os sistemas operando de forma contínua (Figura 18.15), dois formatos são apresentados: sistema aberto e fechado. A principal diferença entre os dois sistemas é que a solução extrato obtida no sistema fechado é mais concentrada do que aquela obtida pelo sistema aberto. Esse sistema permite o acoplamento de módulos analíticos na sua sequência.

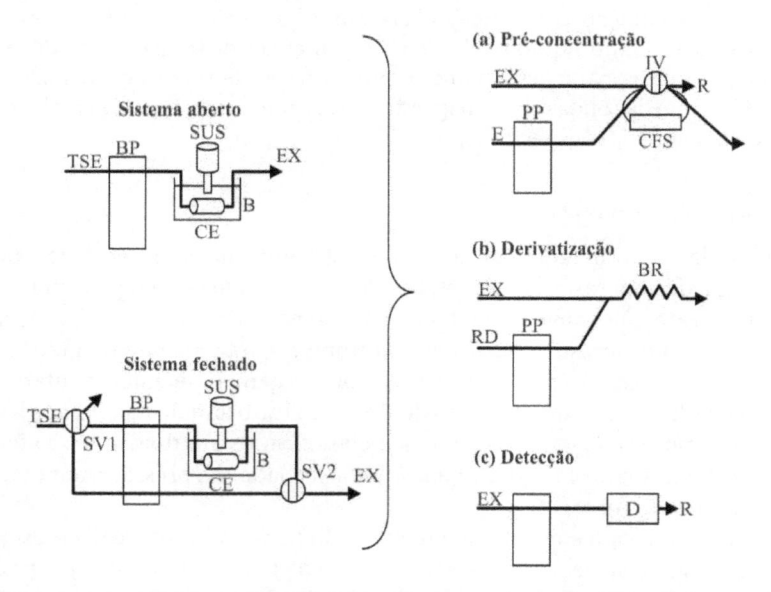

Figura 18.15 Unidades de extração por ultrassom em sistema contínuo seguido de possíveis métodos analíticos acoplados, sendo TSE: transporte da solução extratora; BP: bomba peristáltica; SUS: sonda de ultrassom; CE: câmara de extração; B: banho; R: resíduo; SV: válvula de seleção; EX: extrato; E: eluente; IV: válvula de injeção; CFS: coluna em fase-sólida; RD: reagente de derivação; BR: bobina de reação; D: detector (fonte: Luque-Garcia e Castro, 2003).

18.4.5 Extratores a alta pressão

Os equipamentos de extração a alta pressão podem ser delineados utilizando uma, duas ou mais colunas de extração, conforme a Figura 18.16.

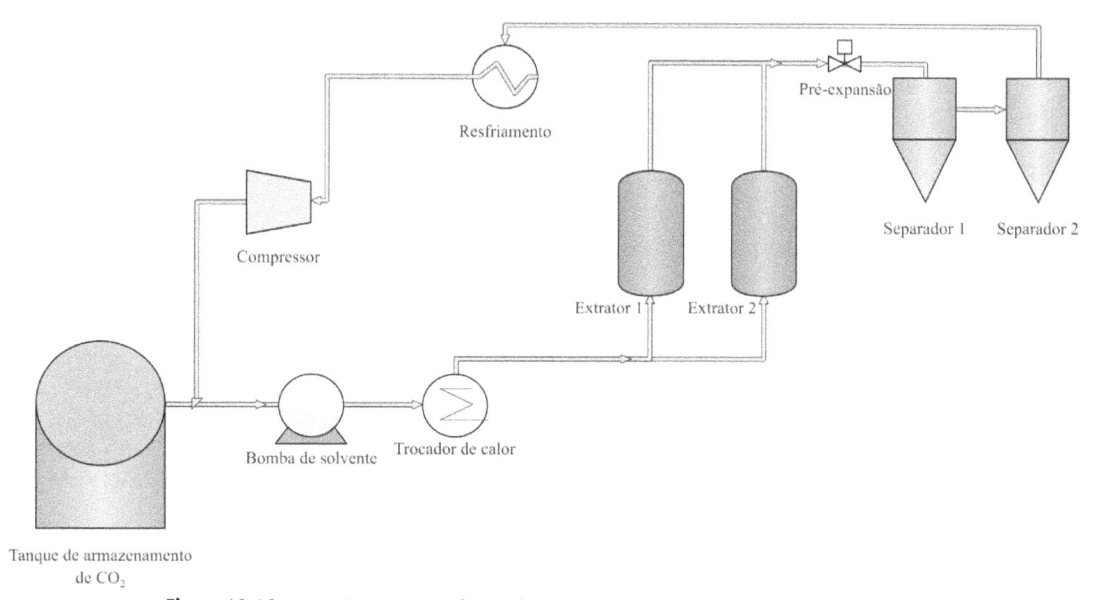

Figura 18.16 Desenho esquemático de uma unidade de extração supercrítica.

Em termos de processo, a extração com fluidos a alta pressão consiste basicamente em duas etapas: 1) a extração; e 2) a separação do extrato (soluto ou mistura de solutos) do solvente. Inicialmente, o solvente é alimentado no extrator e distribuído uniformemente no interior do leito fixo. Durante a extração, o solvente escoa continuamente através do leito fixo e solubiliza os componentes extraíveis. A mistura soluto(s)-solvente sai do extrator e passa pelo(s) precipitador(es), onde ocorre a separação pelo abaixamento da pressão e/ou aumento da temperatura.

As unidades de extração podem ainda ser ajustadas de modo a oferecer operações de fracionamento tanto na etapa de extração quanto na etapa de separação. Esse tipo de alteração é normalmente realizado para aumentar a seletividade do processo, podendo ser obtidas separadamente diversas classes de compostos a partir de uma mesma matriz em um único processo. As operações de fracionamento podem se apresentar de três formas:

1) A extração ocorre a baixa densidade do solvente no primeiro estágio de extração, recuperando compostos leves, e em seguida o material é extraído utilizando o solvente em uma densidade mais elevada, o que acarreta na extração de compostos mais pesados.
2) A extração ocorre em um único estágio, no entanto a etapa de separação é realizada em módulos sequenciais de diferentes condições operacionais. Os separadores operam com diferentes temperaturas e pressões, o que permite manipular a seletividade do solvente e obter diferentes produtos em cada separador.
3) Uma terceira alternativa é a aplicação de cossolvente no segundo estágio da extração. Dessa maneira, a polaridade do solvente de extração é alterada e compostos mais polares podem então ser extraídos da matriz.

18.5 EQUILÍBRIO REAL (OU PRÁTICO) E EQUILÍBRIO VERDADEIRO

Na extração de constituintes alimentícios, nem sempre se observa o equilíbrio verdadeiro. Isso porque nesses processos, efeitos como estrutura do material, interações sólido-soluto-matriz, localização do soluto na matriz sólida, tipo de leito (fixo ou agitado) atuam diretamente no processo de extração. Para esses casos, o que se considera é o que chamamos de equilíbrio prático ou real, sendo este obtido de forma empírica. Desse modo, o equilíbrio observado depende não somente das condições físico-químicas (temperatura, pressão, solvente), como também das condições físicas do contato entre as fases (tamanho do sólido, tempo de contato, forma de separação, interação solutos-matriz sólida, soluto-solvente e solvente-matriz sólida etc.), condições de preparo do sólido e tipo de contato (leito agitado ou fixo).

18.6 MÉTODOS DE EXTRAÇÃO: TIPO DE CONTATO SÓLIDO-LÍQUIDO

Os processos de extração podem ser classificados em dois grupos: operações em estágios e operações de contato diferencial. As operações em estágios são analisadas por meio de um modelo generalizado que é aplicado a todas as operações de transferência de massa que se baseiam no princípio de estágios de equilíbrio. Nesse caso, a extração ocorre considerando que as duas correntes efluentes de qualquer estágio no interior da unidade extratora deixam o estágio em questão em condições de equilíbrio entre si. Já nas operações de contato diferencial, os modelos se baseiam nas taxas cinéticas de transferência de massa. No presente capítulo daremos prioridade aos modelos de cálculo baseados no conceito de estágios de equilíbrio, uma vez que estes representam de forma aproximadamente correta os principais equipamentos utilizados nas indústrias de alimentos e agroindústrias nacionais.

18.6.1 Extração sólido-líquido em equipamentos de contato por estágios

Nas operações em estágios, considera-se um equipamento composto por dispositivos (estágios), nos quais duas correntes ou fases entram em contato, atingem o equilíbrio (geralmente trata-se do equilíbrio prático) e são separadas, gerando duas novas correntes de saída. Admite-se que essas correntes de saída encontram-se em equilíbrio. As operações podem ocorrer em um estágio simples ou em múltiplos estágios. Nesse último caso, o escoamento das correntes ao longo do equipamento pode-se dar, em princípio, em uma das seguintes formas: cocorrente, contracorrente, ou corrente cruzada. Na prática industrial, a opção contracorrente é a principal, por permitir o melhor aproveitamento da força motriz de transferência de massa e com isso garantir melhor eficiência de extração ou o uso de um equipamento com menor número de estágios, ou ainda o emprego de menor quantidade de solvente.

18.6.1.1 Estágio único

Na operação em estágio único, ocorre somente um estágio de equilíbrio, como representado pela Figura 18.17. Temos diariamente um exemplo desse processo quando fazemos café, empregando água quente como solvente extrator. Em um estágio de extração obtém-se dois produtos resultantes do processo: a corrente (operação contínua) ou massa (operação em batelada) de extrato, contendo o solvente e os sólidos solúveis, e a corrente ou massa de rafinado, contendo sólidos insolúveis ou fibras originárias da matriz sólida mais uma quantidade residual de solvente e de sólidos solúveis que permanece aderida à superfície e à estrutura do material sólido insolúvel.

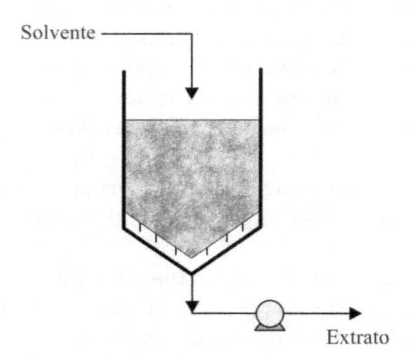

Figura 18.17 Extração em estágio único.

18.6.1.2 Estágios múltiplos

Contato em cocorrente

O processo de contato em cocorrente ocorre quando se tem o fluxo do solvente na mesma direção que o fluxo da matriz sólida, ou seja, as correntes (fase sólida e fase líquida) seguem de forma paralela ao longo do processo (Figura 18.18). A matriz sólida e o solvente entram na primeira etapa e são conduzidos na mesma direção até o descarte de material sólido e a obtenção da solução extrato no último estágio. A solução extrato é definida como uma solução contendo o material solúvel extraído e o solvente que sai na mesma corrente. Esse formato não é muito utilizado em razão da baixa eficiência de processo.

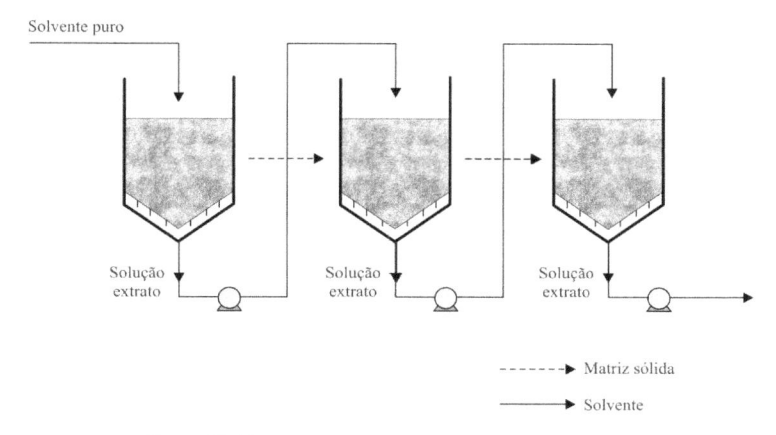

Figura 18.18 Extração com contato em cocorrente.

Contato em corrente cruzada

Nessa operação, a cada estágio o material sólido entra em contato com uma nova corrente de solvente puro. Uma representação dessa operação é apresentada na Figura 18.19. Essa alternativa de organização do processo de extração também não é muito utilizada por normalmente exigir quantidades mais elevadas de solventes do que a utilizada na versão em contracorrente.

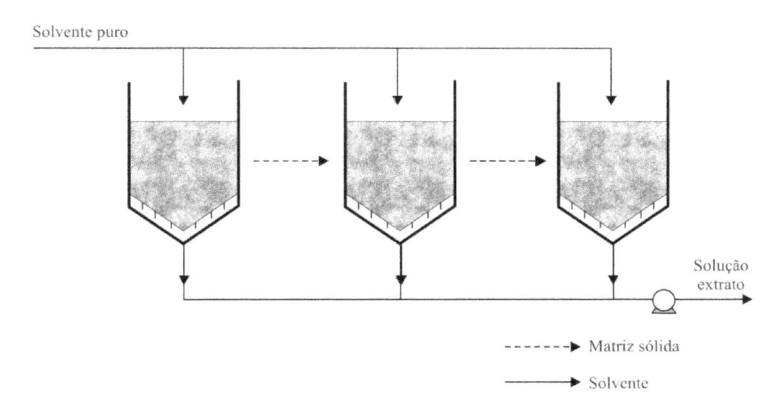

Figura 18.19 Extração com contato em corrente cruzada.

Contato em contracorrente

Esse formato de operação é o mais aplicado nos processos de extração sólido-líquido. Nesse caso, o solvente escoa na direção oposta ao fluxo de material sólido (Figura 18.20). A eficiência desse processo se torna maior, uma vez que o material que já sofreu etapas anteriores de extração entra em contato com solvente puro ou quase puro, o qual consegue recuperar da matriz pequenas quantidades de soluto que ainda se encontram aderidas à sua estrutura. Por outro lado, o material sólido novo que ainda contém alto teor de sólidos solúveis é submetido à extração empregando o extrato do estágio anterior como solvente (ou seja, empregando solução relativamente concentrada, já contendo quantidade significativa de sólidos solúveis), de modo a reduzir a quantidade total requerida de solvente.

18.6.2 Extração sólido-líquido em equipamentos de contato diferencial

Conforme mencionado anteriormente, nos processos que envolvem o contato diferencial a operação de extração está diretamente relacionada com as taxas cinéticas de transferência. Nesses casos, a análise se baseia na força motriz de transferência de massa. No contato entre as duas fases presentes na extração sólido-líquido, essa força motriz é definida como a diferença entre o valor de concentração do composto que se transfere no interior da fase sólida (sólidos solúveis) e o valor de concentração que essa fase hipoteticamente teria se estivesse em equilíbrio com a outra fase (fase

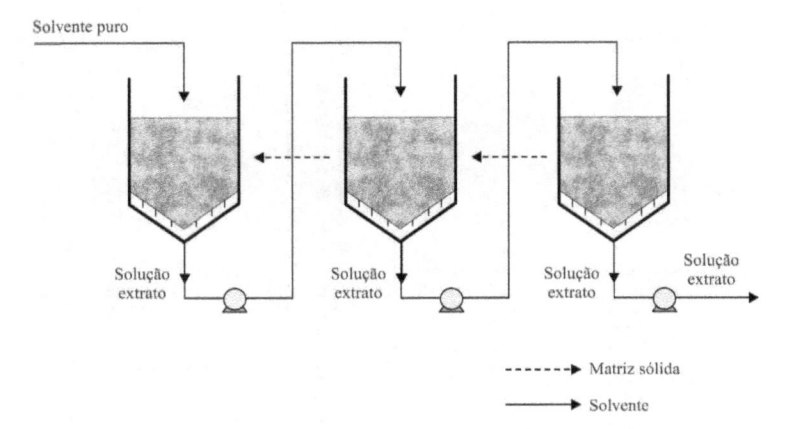

Figura 18.20 Extração com contato em contracorrente.

rica em solvente). Se essa diferença existir, então ocorre a transferência de massa com vistas a estabelecer o equilíbrio entre as fases. De fato, irá ocorrer fluxo de massa no interior da fase sólida, indo da região de elevada concentração para a região de baixa concentração, e estando esta última região localizada junto à interface entre as fases sólida e líquida. Na interface os sólidos solúveis migram para a fase solvente e se transferem, no interior dessa fase, da região próxima à interface para o seio da fase líquida.

A taxa de dissolução de um soluto no solvente de extração é controlada pela taxa de transferência de massa do soluto que sai da matriz e flui para o líquido. A transferência do soluto dentro da partícula sólida ocorre por causa do gradiente de concentração no interior dessa fase e é caracterizada exclusivamente pela difusão molecular. A equação que descreve esse fenômeno da difusão é baseada na Lei de Fick:

$$\frac{M_A}{A_T} = -D_{AB}\frac{dc_{AS}}{dz}$$

(18.1)

em que M_A é a taxa de transferência de massa do soluto A [kg · s⁻¹], A_T é a área de transferência de massa [m²], no caso representada pela área da interface sólido-líquido, D_{AB} é o coeficiente de difusão do soluto A na matriz sólida B [m² · s⁻¹], c_{AS} é a concentração de A na fase sólida S [kg de A · m⁻³] e z é a distância medida a partir do interior da matriz sólida [m].

Na superfície da partícula sólida, a transferência do soluto ocorre com transporte difusional e convectivo de forma simultânea. Nessa etapa, a taxa de transferência de massa pode ser expressa pela equação:

$$\dot{M}_A = k_L A_T (c_{ALI} - c_{AL})$$

(18.2)

em que k_L é o coeficiente individual de transferência de massa da fase líquida [m · s⁻¹], c_{ALI} é a concentração do soluto A na solução localizada junto à interface sólido-líquido [kg · m⁻³], e c_{AL} é a concentração do soluto A no seio da solução (fase líquida localizada à distância da interface) [kg · m⁻³]. Assume-se normalmente que as concentrações das duas fases junto à interface, c_{ALI} e c_{ASI}, estejam em equilíbrio entre si.

Dentro do equipamento, o gradiente de concentração pode variar com a posição e com o tempo. Assim, a análise do processo é feita com base nas mudanças que ocorrem num elemento de volume e, após, estende-se a análise para toda a coluna de extração. Em termos matemáticos, isso é feito integrando as equações de transferência considerando-se as variações que podem ocorrer no volume de controle.

Detalhes do estudo de transferência de massa difusional são apresentados no Capítulo 15. Aqui, nosso intuito será avaliar o processo em termos dos cálculos para projeto de equipamentos de extração sólido-líquido.

De modo geral, algumas diferenças são facilmente observadas entre os processos ocorrendo em estágio e os de contato diferencial. Nos equipamentos de contato por estágio, a composição muda em cada estágio, sendo cada etapa tratada como um estágio de equilíbrio. Nas colunas de contato diferencial, as fases se deslocam resultando na mudança de composição ao longo da coluna que pode ser equivalente a uma fração de um estágio ideal. De fato, o equilíbrio entre as fases em qualquer posição do equipamento nunca é verdadeiramente estabelecido. Para que o equilíbrio real em qualquer situação ocorra, seria necessário um número equivalente a infinitos estágios.

Outra diferença é que nas operações em estágio a influência do tempo de contato entre as fases é considerada principalmente pela eficiência de transferência de massa em cada estágio, com o estágio ideal sendo aquele com eficiência igual a 100 %. Nos processos de contato diferencial, a influência do tempo é captada principalmente pela cinética de transferência de massa por difusão no interior da fase sólida.

Em se tratando de projeto para a construção de uma unidade de extração, nos modelos de contato por estágio o principal parâmetro a ser calculado é o número de estágios, enquanto nas colunas de contato diferencial o que deve ser determinado é a altura do leito de sólidos no interior da coluna.

Para se obter o contato diferencial entre duas fases, são bastante utilizadas as colunas recheadas (ou torres empacotadas) nos processos de absorção, destilação e extração (para o caso de absorção e esgotamento, veja o Capítulo 24). No caso de extração sólido-líquido, a própria matriz sólida, empacotada em forma de leito fixo, representa o recheio sólido da coluna nesse processo de transferência de massa.

18.7 PROJETO DE PROCESSOS

18.7.1 Cálculo do número de estágios

Os processos de operação em estágios estão intimamente relacionados com o estado de equilíbrio de dado sistema a ser avaliado. Dessa maneira, nos cálculos de operação desses equipamentos, além do balanço de massa, existe a necessidade de se dispor dos dados de equilíbrio para o sistema em questão. Na extração sólido-líquido, assume-se que a quantidade de solvente é suficiente para que todo soluto solúvel presente na matriz sólida possa ser dissolvido pelo solvente.

Existem duas formas de se realizar os cálculos dos estágios de equilíbrio: numérica e gráfica. No cálculo numérico, toda a análise é feita utilizando equações de balanço de massa e equações que relacionam dados de equilíbrio com a composição. Na forma gráfica, os dados de equilíbrio são representados em um diagrama de extração (diagrama triangular), juntamente com as equações do balanço de massa, sendo estas últimas representadas por linhas denominadas retas de operação. A forma gráfica é mais rápida, porém é menos precisa.

18.7.1.1 Estágio único

Considere o processo de extração representado na Figura 18.21. As correntes de entrada são representadas por $\dot{F}$ (alimentação sólida) e $\dot{S}_1$ (solvente), e as de saída por $\dot{R}_1$ (rafinado) e $\dot{E}_1$ (extrato). A alimentação $\dot{F}$ é constituída pela matriz inerte (sólidos insolúveis ou fibras, representadas pelo composto B) e sólidos solúveis (composto A). Considerando uma operação simples, a corrente de solvente ($\dot{S}_1$) contém somente solvente puro (composto C). O processo de extração em um único estágio (estágio 1) produz duas correntes de saída: a solução extrato ($\dot{E}_1$) que é rica em solvente e em sólido solúveis ($A + C$), e o rafinado ($\dot{R}_1$), que consiste basicamente na matriz inerte (B) e na solução aderida ($A + C$). Em um processo contínuo essas correntes são usualmente expressas em unidades de massa·tempo^{-1} [kg · s^{-1}], embora possam também ser expressas em unidades molares. No caso de processos em batelada, as correntes são substituídas pelas massas de alimentação F [kg], de solvente S_1 [kg], de extrato E_1 [kg] e de rafinado R_1 [kg].

Com base na Figura 18.21, o balanço de massa global e os balanços para os componentes A e C podem ser representados pelas equações a seguir:

$$\dot{F} + \dot{S}_1 = \dot{M}_1 = \dot{R}_1 + \dot{E}_1 \tag{18.3}$$

$$X_{AF}\dot{F} + Y_{AS_1}\dot{S}_1 = \dot{M}_1 X_{AM_1} = X_{AR_1}\dot{R}_1 + Y_{AE_1}\dot{E}_1 \tag{18.4}$$

$$X_{CF}\dot{F} + Y_{CS_1}\dot{S}_1 = \dot{M}_1 X_{CM_1} = X_{CR_1}\dot{R}_1 + Y_{CE_1}\dot{E}_1 \tag{18.5}$$

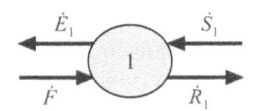

Figura 18.21 Representação de um estágio único de extração.

em que $\dot{M}_1$ é denominado o ponto de mistura do estágio 1 e representa a vazão total que é introduzida nesse estágio e X_{iF}, Y_{iS_1}, X_{iR_1}, Y_{iE_1} e X_{iM_1} são as frações mássicas do componente i ($i = A$, B ou C) nas correntes de alimentação ($\dot{F}$), de solvente ($\dot{S}_1$), de rafinado ($\dot{R}_1$), de solução extrato ($\dot{E}_1$) e da vazão total correspondente ao ponto de mistura ($\dot{M}_1$), respectivamente.

O índice de retenção (R^*) é definido como a razão entre a quantidade de solução aderida ($A + C$) na matriz sólida e a massa de sólido inerte (B).

$$R^* = \frac{\text{massa de solução aderida}}{\text{massa de sólido inerte}} = \frac{(X_{AR_1} + X_{CR_1})\dot{R}_1}{X_{BR_1}\dot{R}_1} \tag{18.6}$$

Logo,

$$R^* = \frac{X_{AR_1} + X_{CR_1}}{X_{BR_1}} = \frac{1 - X_{BR_1}}{X_{BR_1}} \tag{18.7}$$

sendo X_{AR_1}, X_{BR_1} e X_{CR_1} as frações mássicas de A, B e C, respectivamente, na corrente de rafinado.

Rearranjando as equações, tem-se:

$$X_{BR_1} = \frac{1}{R^* + 1} \tag{18.8}$$

Logo,

$$X_{AR_1} + X_{CR_1} = \frac{R^*}{R^* + 1} \tag{18.9}$$

O balanço de massa para os sólidos inertes (sólidos insolúveis ou fibras) presentes na matriz sólida é dado pela Equação 18.10:

$$X_{BF}\dot{F} = X_{BR_1}\dot{R}_1 \tag{18.10}$$

O balanço descrito pela Equação 18.10 supõe que não haja qualquer arraste de sólidos insolúveis pela corrente de extrato, de forma que o total de sólidos insolúveis ou fibras permanece na corrente de rafinado. Então, substituindo a Equação 18.8 na Equação 18.10, a corrente de rafinado pode ser expressa pela Equação 18.11:

$$\dot{R}_1 = X_{BF}\dot{F}(R^* + 1) \tag{18.11}$$

O emprego da Equação 18.11 requer informações sobre a retenção de solução aderida R^*. Basicamente, dois comportamentos distintos podem ser observados quanto ao valor desse parâmetro. Se a quantidade de solução aderida for independente da concentração da solução extrato, observa-se um comportamento bastante simples, com a retenção mantendo-se constante mesmo que a quantidade extraída mude no estágio único do equipamento, ou então no caso de equipamentos com vários estágios, mantendo-se constante ao longo de seus diferentes estágios. Por outro lado, se a quantidade de solução aderida for dependente da concentração da solução extrato, um comportamento provável para soluções extrato que alcancem concentrações elevadas, a retenção de solução não permanecerá constante. No caso de extratos concentrados, as propriedades físicas da fase leve podem variar significativamente no interior do equipamento, pelo fato da faixa de variação das concentrações de sólidos solúveis ser grande, indo do valor nulo observado para o solvente até aquele obtido para a solução extrato final. Propriedades físicas como viscosidade, tensão superficial e densidade afetam a espessura e aderência do filme líquido que fica retido sobre a superfície das partículas sólidas.

A retenção de solução na superfície das partículas sólidas é um dos aspectos característicos da extração sólido-líquido e deve ser quantificada por medidas experimentais de laboratório ou de planta empregando-se sólidos preparados da mesma forma que a matriz utilizada em escala industrial. A retenção deve ser considerada como um dos parâmetros do equilíbrio prático que se pretende alcançar entre as correntes de extrato e rafinado que deixam um mesmo estágio do equipamento de extração.

Outro parâmetro desse equilíbrio é a relação entre a composição da solução que fica aderida à superfície do sólido e a composição da solução extrato, ambas associadas às correntes que deixam um mesmo estágio. Note que enquanto o primeiro parâmetro, o da retenção, está associado à quantidade de solução aderida, esse segundo parâmetro está associado à composição dessa solução. Dois comportamentos distintos também são possíveis nesse caso. Se houver adsorção preferencial de algum dos compostos da fase líquida, solvente ou sólidos solúveis, então as composições da solução aderida e da solução extrato serão diferentes entre si. Um comportamento mais simples acontece no caso de não existir adsorção preferencial, ou seja, no caso de não haver diferença entre as afinidades do solvente e dos sólidos solúveis pela superfície da matriz sólida insolúvel. Neste último caso, a composição da solução aderida à superfície da matriz sólida, em base livre desses sólidos insolúveis, é igual à composição da solução extrato que deixa o mesmo estágio n.

Essa última situação pode ser expressa analiticamente pelas equações apresentadas a seguir. A concentração em massa da solução aderida em base livre de sólidos insolúveis para um estágio n qualquer pode ser calculada pelas Equações 18.12 e 18.13, sendo denominadas razões mássicas dos compostos A (X'_{AR_n}) e C (X'_{CR_n}):

$$X'_{AR_n} = \frac{X_{AR_n}}{1 - X_{BR_n}}$$ (18.12)

$$X'_{CR_n} = \frac{X_{CR_n}}{1 - X_{BR_n}}$$ (18.13)

Já a igualdade de concentrações entre a solução aderida e a solução extrato que deixam um mesmo estágio n é dada pelas Equações 18.14 e 18.15:

$$X'_{AR_n} = Y_{AE_n}$$ (18.14)

$$X'_{CR_n} = Y_{CE_n}$$ (18.15)

Desse modo, o equilíbrio prático entre rafinado e extrato que deixam um mesmo estágio n qualquer do equipamento é, na situação mais simples (retenção constante e ausência de adsorção preferencial), representado pelas Equações 18.16 a 18.18:

$$R^* = \text{valor constante}$$ (18.16)

$$X_{AR_n} = Y_{AE_n}\left(1 - X_{BR_n}\right)$$ (18.17)

$$X_{CR_n} = Y_{CE_n}\left(1 - X_{BR_n}\right)$$ (18.18)

Nos casos mais complexos, com retenção variável e adsorção preferencial, é necessário obter, a partir de dados experimentais, equações empíricas que indiquem como a retenção é alterada com a concentração das soluções obtidas nos estágios e como a concentração da solução aderida se relaciona com a concentração do extrato.

O mais comum é que uma dessas duas situações extremas represente, ainda que aproximadamente, o comportamento observado em casos específicos do processo de extração. No entanto, como alguns dos fatores que afetam a retenção, por exemplo, a viscosidade da solução, não tem conexão direta com a preferência relativa de cada componente da solução por ficar adsorvido à superfície da matriz sólida, é possível imaginar, teoricamente, situações com retenção variável e com solução aderida apresentando, em base livre, a mesma composição da solução extrato, assim como a situação contrária desse último caso.

A análise do processo também pode ser realizada pelo método gráfico. O ponto de mistura $\dot{M}_1$ representa a etapa de mistura das duas correntes de entrada no estágio único (estágio 1) do equipamento. A composição nesse ponto é determinada pela seguinte equação:

$$X_{iF}\dot{F} + Y_{iS_1}\dot{S}_1 = X_{iM_1}\dot{M}_1$$ (18.19)

em que o composto i representa qualquer um dos três compostos A, B ou C. Para o soluto A e o solvente C, as frações mássicas podem ser determinadas pelas Equações 18.20 e 18.21:

$$X_{AM_1} = \frac{X_{AF}\dot{F} + Y_{AS_1}\dot{S}_1}{\dot{M}_1}$$ (18.20)

$$X_{CM_1} = \frac{X_{CF}\dot{F} + Y_{CS_1}\dot{S}_1}{\dot{M}_1}$$ (18.21)

Considerando que a alimentação é livre de solvente e que o solvente é puro, as Equações 18.20 e 18.21 podem ser reescritas, resultando em:

$$X_{AM_1} = \frac{X_{AF}\dot{F}}{\dot{M}_1}$$ (18.22)

$$X_{CM_1} = \frac{\dot{S}_1}{\dot{M}_1}$$ (18.23)

Vale enfatizar que a suposição de alimentação isenta de solvente é normalmente verdadeira quando se emprega solventes orgânicos, mas no caso de esse solvente ser água, tal componente costuma fazer parte das matrizes sólidas naturais utilizadas nos processos de extração, sendo necessário considerar sua presença na corrente de alimentação.

A Figura 18.22 representa graficamente os cálculos de um extrator com um único estágio. O ponto de mistura $\dot{M}_1$ é representado pela interseção das curvas de balanço de massa (segmento de linha $\overline{F\dot{S}_1}$) e de equilíbrio prático (segmento de linha $\overline{\dot{R}_1\dot{E}_1}$). Como a solução extrato não contém sólidos insolúveis ($Y_{BE_1} = 0$), sua composição está necessariamente localizada sobre a hipotenusa do triângulo (linha dos extratos), pois somente nessa linha $Y_{AE_1} + Y_{CE_1} = 1$. Por outro lado, para retenção constante, todo e qualquer rafinado terá um teor de sólidos insolúveis que também é constante (Equação 18.8), o que corresponde a uma linha de rafinados paralela à hipotenusa. De fato, nesse caso o valor da soma do teor de sólidos solúveis e de solvente na solução aderida à matriz sólida do rafinado também é necessariamente constante (Equação 18.9). Com base nessas premissas é possível localizar as duas linhas nas quais se situarão tanto o extrato como o rafinado do estágio 1, como indicado na Figura 18.22. Adicionalmente, como não há adsorção preferencial, o rafinado pode ser visto como uma mistura que contém fibras ou sólidos insolúveis puros, representados no gráfico pela origem do diagrama, e uma solução aderida de composição igual à da solução extrato $\dot{E}_1$, em uma proporção tal de fibras e solução aderida que a retenção R^* seja obtida. Desse modo, o fato de não ocorrer adsorção preferencial exige que a origem do diagrama (fibras puras), a composição do rafinado $\dot{R}_1$, a composição do ponto de mistura $\dot{M}_1$ e a composição da solução extrato $\dot{E}_1$ estejam todas alinhadas na mesma reta. A composição do rafinado pode então ser determinada pela interseção da curva de rafinados com a curva de equilíbrio prático, conforme representado pela Figura 18.22.

Pelo método gráfico, o balanço de massa pode ser realizado aplicando a Regra da Alavanca, ilustrada na Figura 18.23. A distância $\overline{\dot{R}_1\dot{M}_1}$, como fração de $\overline{\dot{R}_1\dot{E}_1}$, representa a proporção de solução de extrato na vazão total correspondente ao ponto de mistura ($\dot{E}_1/\dot{M}_1$). Da mesma maneira, a distância $\overline{\dot{M}_1\dot{E}_1}$ representa a proporção de rafinado no ponto de mistura ($\dot{R}_1/\dot{M}_1$). Assim,

$$\frac{\dot{E}_1}{\dot{M}_1} = \frac{\overline{\dot{R}_1\dot{M}_1}}{\overline{\dot{R}_1\dot{E}_1}} \tag{18.24}$$

$$\frac{\dot{R}_1}{\dot{M}_1} = \frac{\overline{\dot{M}_1\dot{E}_1}}{\overline{\dot{R}_1\dot{E}_1}} \tag{18.25}$$

Dessa maneira, as vazões das correntes $\dot{E}_1$ e $\dot{R}_1$ podem ser calculadas, já que o valor de $\dot{M}_1$ é conhecido (Equação 18.3). Por outro lado, a regra da alavanca aplicada às correntes de entrada $\dot{F}$ e $\dot{S}_1$ também permite marcar o próprio ponto de mistura no gráfico (na verdade, marcar a sua composição), de forma alternativa aos cálculos de balanço expressos nas Equações 18.20 e 18.21. De fato, o segmento $\overline{\dot{M}_1\dot{S}_1}$, como fração de $\overline{F\dot{S}_1}$, representa a proporção da vazão de alimentação $\dot{F}$ na vazão total correspondente ao ponto de mistura $\dot{M}_1$, assim como o segmento $\overline{F\dot{M}_1}$, como fração de $\overline{F\dot{S}_1}$, representa a participação da vazão de solvente $\dot{S}_1$ no ponto de mistura $\dot{M}_1$, como indicado nas Equações 18.26 e 18.27 a seguir:

$$\frac{\dot{F}}{\dot{M}_1} = \frac{\overline{\dot{M}_1\dot{S}_1}}{\overline{F\dot{S}_1}} \tag{18.26}$$

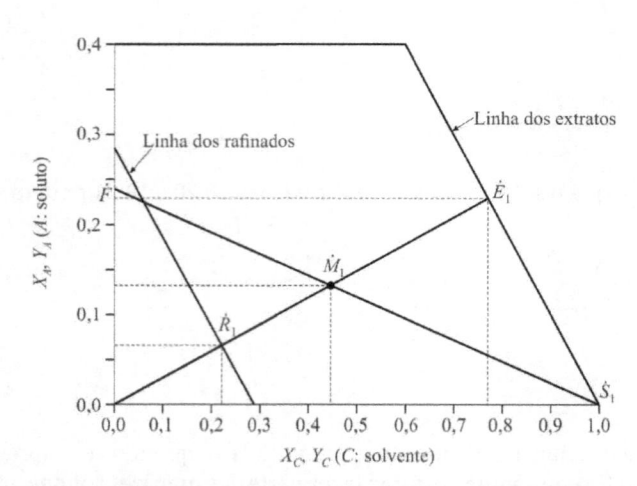

Figura 18.22 Solução gráfica para extração em estágio único.

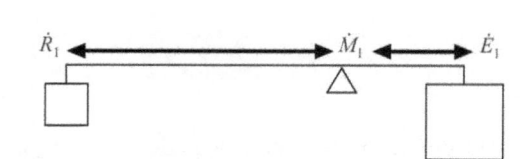

Figura 18.23 Ilustração da Regra da Alavanca.

$$\frac{\dot{S}_1}{\dot{M}_1} = \frac{\overline{\dot{F}\dot{M}_1}}{\overline{\dot{F}\dot{S}_1}}$$ (18.27)

18.7.1.2 Estágios múltiplos

Contato em corrente cruzada

Conforme mencionado anteriormente, nesse tipo de extração a corrente de rafinado do estágio n é alimentada ao estágio $n+1$ e utiliza-se solvente puro em todos os estágios. A Figura 18.24 mostra um desenho representativo do processo de extração em corrente cruzada com dois estágios.

Para o primeiro estágio, a resolução é a mesma da extração em estágio único. Para o segundo estágio, a alimentação $\dot{R}_1$ contém sólidos inertes (B), solutos ainda não solubilizados (A) e solvente residual (C). Os balanços de massa global e de sólidos inertes para o segundo estágio são dados pelas Equações 18.28 e 18.29, respectivamente:

$$\dot{R}_1 + \dot{S}_2 = \dot{M}_2 = \dot{R}_2 + \dot{E}_2$$ (18.28)

$$X_{BR_1}\dot{R}_1 = X_{BR_2}\dot{R}_2$$ (18.29)

Se o índice de retenção for constante, então:

$$X_{BR_1} = \frac{1}{R^* + 1}$$ (18.30)

O ponto de mistura para o segundo estágio é representado pelas Equações 18.28 e 18.31:

$$X_{iR_1}\dot{R}_1 + Y_{iS_2}\dot{S}_2 = X_{iM_2}\dot{M}_2$$ (18.31)

Para o soluto A e o solvente C as frações mássicas podem ser determinadas por:

$$X_{AM_2} = \frac{X_{AR_1}\dot{R}_1 + Y_{AS_2}\dot{S}_2}{\dot{M}_2}$$ (18.32)

$$X_{CM_2} = \frac{X_{CR_1}\dot{R}_1 + Y_{CS_2}\dot{S}_2}{\dot{M}_2}$$ (18.33)

Da mesma maneira que apresentado na metodologia de cálculo de extração em estágio único, o método gráfico também pode ser aplicado para equipamentos com vários estágios organizados na forma de correntes cruzadas, como ilustrado na Figura 18.25.

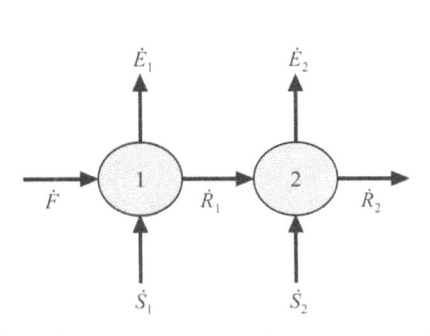

Figura 18.24 Representação de um processo de extração em corrente cruzada com dois estágios.

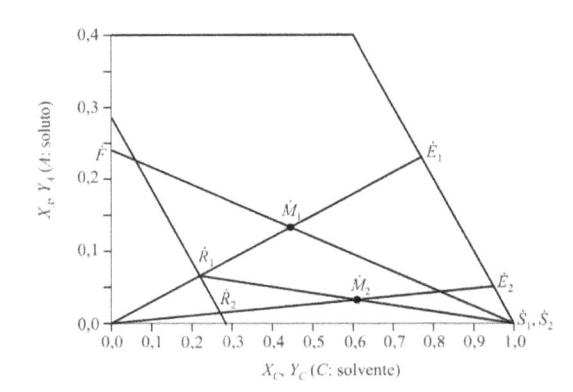

Figura 18.25 Solução gráfica para extração em corrente cruzada com dois estágios.

Contato em contracorrente

Essa operação é caracterizada pelo enriquecimento da solução extrato ao longo do extrator, pois a corrente de extrato de determinado estágio é empregada como solução extratante de outro estágio (Figura 18.26). Tanto a alimentação $\dot{F}$ quan-

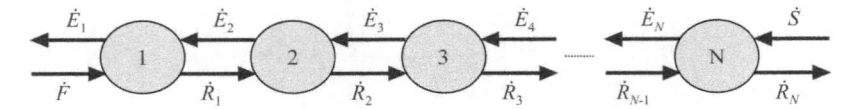

Figura 18.26 Representação de um processo de extração em contracorrente com N estágios.

to a solução extrato final $\dot{E}_1$ estão associadas ao primeiro estágio (estágio 1). Por outro lado, tanto a entrada de solvente puro $\dot{S}$, quanto a saída do rafinado final $\dot{R}_N$ estão associadas ao último estágio (estágio N da Figura 18.26). Desse modo, somente uma entrada de solvente é utilizada, sendo a solução extrato obtida em determinado estágio novamente aplicada como solução extratora no estágio seguinte, e assim sucessivamente.

O balanço de massa global em torno de todo o equipamento, do estágio 1 até o estágio N, é dado pela Equação 18.34:

$$\dot{F} + \dot{S} = \dot{R}_N + \dot{E}_1 \tag{18.34}$$

No caso dos balanços de massa de componentes em torno de todo o equipamento, obtêm-se as seguintes equações:

$$X_{AF}\dot{F} + Y_{AS}\dot{S} = X_{AR_N}\dot{R}_N + Y_{AE_1}\dot{E}_1 \tag{18.35}$$

$$X_{BF}\dot{F} + Y_{BS}\dot{S} = X_{BR_N}\dot{R}_N + Y_{BE_1}\dot{E}_1 \tag{18.36}$$

$$X_{CF}\dot{F} + Y_{CS}\dot{S} = X_{CR_N}\dot{R}_N + Y_{CE_1}\dot{E}_1 \tag{18.37}$$

Vale lembrar que no caso de situações encontradas frequentemente, como alimentação isenta de solvente ($X_{CF} = 0$), solvente puro ($Y_{CS} = 1$) e extrato isento de fibras ($Y_{BE_1} = 0$), as Equações 18.35 a 18.37 tornam-se mais simples.

Para cada estágio, o balanço de massa global é representado conforme descrito a seguir:

Estágio	Balanço Global	Fase pesada – Fase leve	
1	$\dot{F} + \dot{E}_2 = \dot{R}_1 + \dot{E}_1$	$\dot{F} - \dot{E}_1 = \dot{R}_1 - \dot{E}_2 = \dot{\Delta}$	(18.38)
2	$\dot{R}_1 + \dot{E}_3 = \dot{R}_2 + \dot{E}_2$	$\dot{R}_1 - \dot{E}_2 = \dot{R}_2 - \dot{E}_3 = \dot{\Delta}$	(18.39)
3	$\dot{R}_2 + \dot{E}_4 = \dot{R}_3 + \dot{E}_3$	$\dot{R}_2 - \dot{E}_3 = \dot{R}_3 - \dot{E}_4 = \dot{\Delta}$	(18.40)
N	$\dot{R}_{N-1} + \dot{S} = \dot{R}_N + \dot{E}_N$	$\dot{R}_{N-1} - \dot{E}_N = \dot{R}_N - \dot{S} = \dot{\Delta}$	(18.41)

Note que a variável $\dot{\Delta}$ representa uma diferença de vazões entre a corrente de fase pesada e de fase leve, a qual deve permanecer constante ao longo de todo o extrator. Essa variável pode ser entendida como uma vazão fictícia cuja constância é requerida para que o balanço de massa estágio a estágio seja respeitado no equipamento. A depender dos valores das correntes de alimentação e de solvente empregadas no processo e do quanto é transferido ao longo do equipamento, o valor da corrente $\dot{\Delta}$ pode ser inclusive negativo. Como o aspecto relevante é que a diferença de valor entre as correntes que escoam entre dois estágios adjacentes seja constante, o fato de essa diferença ser negativa não representa qualquer problema. Por outro lado, se for desejado, a diferença pode também ser definida ao contrário, como (fase leve – fase pesada), ou seja, como $\dot{E}_1 - \dot{F} = \dot{\Delta}$, sendo nesse caso necessário preservar a nova definição ao longo de todo o desenvolvimento matemático.

As Equações 18.38 a 18.41 geram a seguinte fórmula de recorrência:

$$\dot{R}_n - \dot{E}_{n+1} = \dot{\Delta} \qquad \text{válida para } 1 \leq n < N \tag{18.42}$$

De maneira análoga aos balanços globais de massa estágio a estágio apresentados acima, pode-se também desenvolver balanços de massa por componente estágio a estágio. O balanço de massa para o soluto A é dado pelas Equações 18.43 e 18.44:

$$X_{AR_n}\dot{R}_n - Y_{AE_{n+1}}\dot{E}_{n+1} = X_{A\Delta}\dot{\Delta} \qquad \text{válida para } 1 \leq n < N \tag{18.43}$$

$$Y_{AE_{n+1}} = \frac{X_{AR_n}\dot{R}_n - X_{A\Delta}\dot{\Delta}}{\dot{E}_{n+1}} \qquad \text{válida para } 1 \leq n < N \tag{18.44}$$

Para os estágios situados nas duas extremidades do equipamento, têm-se ainda os seguintes balanços de massa para o soluto A:

$$X_{A\Delta} \dot{\Delta} = X_{AF} \dot{F} - Y_{AE_1} \dot{E}_1 \tag{18.45}$$

$$X_{A\Delta} \dot{\Delta} = X_{AR_N} \dot{R}_N - Y_{AS} \dot{S} \tag{18.46}$$

Note que equações similares às Equações 18.45 e 18.46, desenvolvidas para os componentes B e C, permitem calcular a composição completa da corrente $\dot{\Delta}$, ou seja, determinar $X_{A\Delta}$, $X_{B\Delta}$ e $X_{C\Delta}$. Essa composição incluirá valores negativos e/ou valores maiores do que 1, mas ainda assim $X_{A\Delta} + X_{B\Delta} + X_{C\Delta} = 1$. O que interessa é que essa corrente fictícia $\dot{\Delta}$ e sua composição, com valores negativos ou maiores do que 1, estão associadas a diferenças de valores de correntes totais ou de componentes que escoam entre estágios adjacentes do equipamento e que essas diferenças devem ser preservadas para que o balanço de massa global e de componentes seja respeitado estágio a estágio.

O cálculo básico do projeto de equipamentos contracorrente em estágios consiste na determinação do número de estágios exigido para se atingir o grau desejado de extração de sólidos solúveis. Para esse cálculo é necessário conhecer completamente a corrente de alimentação ($\dot{F}$, X_{AF}, X_{BF}, X_{CF}), a corrente de solvente ($\dot{S}$, Y_{AS}, Y_{BS}, Y_{CS}) e os dados de equilíbrio (retenção R^* e a relação entre composição da solução aderida e solução extrato). Além disso, é necessária alguma informação sobre uma das correntes de saída, por exemplo, o máximo aceitável de perda de sólidos solúveis no rafinado final do processo (X_{AR_N} ou $X_{AR_N} \dot{R}_N$), ou então a concentração ou a recuperação desejadas de sólidos solúveis no extrato final do processo (Y_{AE_1} ou $Y_{AE_1} \dot{E}_1$). Pode-se ainda fixar o grau desejado de extração dos sólidos solúveis, informação a partir da qual é possível calcular os valores referentes às correntes de saída.

Com base nessas informações, é possível determinar o número de estágios do equipamento. O procedimento de cálculo fica particularmente simples no caso de retenção constante e ausência de adsorção preferencial. Vale lembrar que nesse caso valem adicionalmente as seguintes equações:

$$R_n^* = \text{valor constante para qualquer } n \tag{18.47}$$

$$X_{BR_n} = \frac{1}{R_n^* + 1} \tag{18.48}$$

$$X_{AR_n} = Y_{AE_n} (1 - X_{BR_n}) \tag{18.49}$$

Desse modo, pode-se calcular o número de estágios com base no seguinte procedimento:

1) Calcular vazões e composições das correntes de saída ($\dot{R}_N$, X_{AR_N}, X_{BR_N}, X_{CR_N} e $\dot{E}_1$, Y_{AE_1}, Y_{BE_1}, Y_{CE_1}), empregando para isso as equações de balanço de massa global e de componentes em torno de todo o equipamento (Equações 18.34 a 18.37).
2) Calcular o valor da corrente fictícia $\dot{\Delta}$, empregando os valores de $\dot{F}$ e $\dot{E}_1$ (Equação 18.38) ou de $\dot{R}_N$ e $\dot{S}$ (Equação 18.41).
3) Calcular o valor das correntes de extrato e rafinado internas do equipamento, empregando equações do tipo das Equações 18.38 a 18.41 ou a fórmula de recorrência expressa na Equação 18.42.
4) Calcular o valor de $X_{A\Delta} \dot{\Delta}$ empregando a Equação 18.45 ou 18.46. Note que para solvente puro ($Y_{AS} = 0$), $X_{A\Delta} \dot{\Delta}$ corresponde exatamente à quantidade de sólidos solúveis perdida no rafinado final ($X_{AR_N} \dot{R}_N$).
5) Com base no valor constante de retenção R_n^*, calcular o teor, também constante, de fibras em todos os rafinados X_{BR_n} (Equação 18.48) e, em seguida, obter a relação de equilíbrio entre as correntes de extrato e rafinado que deixam o mesmo estágio, expressa pela Equação 18.49.
6) Partindo da composição do extrato final obtida no item 1 do procedimento, em particular do seu teor de sólidos solúveis (Y_{AE_1}), calcular o teor de sólidos solúveis em todas as correntes de rafinado e extrato, empregando alternadamente as relações de equilíbrio (Equação 18.49) e de balanço de sólidos solúveis estágio a estágio (Equação 18.44), até que se atinja um teor de sólidos solúveis para a corrente de rafinado de um estágio n qualquer, de tal forma que $X_{AR_n} \leq X_{AR_N}$, em que X_{AR_N} é o valor de sólidos solúveis do rafinado final calculado no item 1 desse procedimento. Dessa maneira, o número correspondente ao último estágio N será exatamente igual ao valor assumido pelo contador de estágios n ao final desse procedimento.

Graficamente, a resolução para a operação em contracorrente considera o ponto $\dot{\Delta}$ como um ponto de apoio na resolução do problema, da forma indicada na Figura 18.27. Note que o ponto $\dot{\Delta}$, o qual corresponde à composição da corrente fictícia $\dot{\Delta}$, foi obtido pela interseção das linhas $\overline{\dot{F}\dot{E}_1}$ e $\overline{\dot{R}_N\dot{S}}$, como os balanços nos estágios extremos do extrator indicam

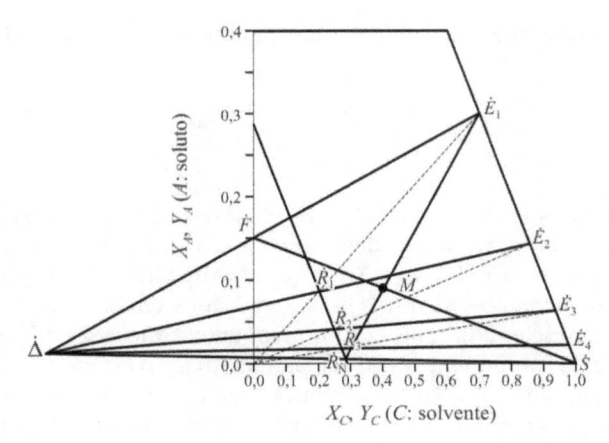

Figura 18.27 Solução gráfica para extração em contracorrente.

ser possível (Equações 18.38 e 18.41). Uma vez calculados os balanços de massa global e por componentes em torno de todo o equipamento, as composições correspondentes às quatro correntes de entrada e saída $(\dot{F}, \dot{S}, \dot{R}_N, \dot{E}_1)$ podem ser marcadas no diagrama e, como consequência, é possível localizar o ponto $\dot{\Delta}$. Partindo-se, então, da concentração do extrato final $\dot{E}_1$ e empregando alternadamente as informações do equilíbrio prático (linhas de amarração que passam pela origem do diagrama) e as equações de balanço de massa estágio a estágio (linhas que passam pelo ponto $\dot{\Delta}$), é possível obter o número de estágios para que a composição de determinado estágio n atenda à restrição $X_{AR_n} \leq X_{AR_N}$. Note que a linha dos rafinados é paralela à hipotenusa do triângulo, como é requerido para o caso de retenção constante, e note ainda que as linhas de amarração, as quais conectam as composições de extrato e rafinado em equilíbrio associadas ao mesmo estágio, passam necessariamente pela origem, como é exigido para o caso de não ocorrer adsorção preferencial.

Os procedimentos descritos anteriormente devem sofrer adaptações caso as relações de equilíbrio se tornem mais complexas, como nos casos de retenção variável e adsorção preferencial. Para a solução gráfica é necessário representar a linha dos rafinados com base nos dados experimentais de retenção e traçar linhas de amarração de acordo com os dados de equilíbrio, também experimentais. A solução via cálculo, embora em linhas gerais seja similar ao procedimento proposto acima, pode exigir soluções numéricas e processo iterativo, pelo fato de as relações de equilíbrio, expressas pelas Equações 18.47 a 18.49, poderem, em conjunto, apresentar comportamento não linear.

18.8   EXERCÍCIOS RESOLVIDOS

Os procedimentos para cálculo de equipamentos de extração serão apresentados nos seguintes exemplos:

1) Extração de óleo de fígado de bacalhau com éter etílico – estágio único (Exemplo 18.1);
2) Extração de óleo de fígado de bacalhau com éter etílico – múltiplos estágios em corrente cruzada (Exemplo 18.2);
3) Extração de óleo de fígado de bacalhau com éter etílico – múltiplos estágios em contracorrente (Exemplo 18.3).

EXEMPLO 18.1

Óleo de fígado de bacalhau será extraído com éter etílico. Os dados de retenção variável encontram-se na Tabela 18.3. Verificou-se experimentalmente que a concentração de óleo na solução extrato é igual à concentração na solução aderida aos sólidos (em base livre de inertes). Determine a concentração da solução de extrato obtida pelo contato, em um único estágio, quando se emprega 15.000 kg · h⁻¹ de alimentação sólida (torta de fígado de bacalhau, com concentração inicial igual a 0,5 kg de óleo · kg⁻¹ fibras, ou seja, sólidos insolúveis) com 10.000 kg · h⁻¹ de solvente (puro).

Tabela 18.3 Dados de retenção para o sistema óleo de fígado de bacalhau-éter etílico

X_{AR}	0	0,0328	0,0735	0,1208	0,1766	0,2425	0,3212	0,4660
X_{CR}	0,2893	0,2954	0,2941	0,2819	0,2649	0,2425	0,2141	0,1165
X_{BR}	0,7107	0,6718	0,6324	0,5973	0,5585	0,5150	0,4647	0,4175
R*	0,4071	0,4885	0,5813	0,6742	0,7905	0,9417	1,1519	1,3952

Solução

(i) Resolução numérica:

Os dados de entrada são: $\dot{F}$ = 15.000 kg · h^{-1}, $\dot{S}_1$ = 10.000 kg · h^{-1}, Y_{CS_1} = 1.

O enunciado informa que a alimentação entra no extrator com concentração inicial igual a 0,5 kg de óleo · kg^{-1} fibras. Note que esse valor representa a concentração de alimentação em base livre de soluto $\overline{X}_{AF}$. Como a alimentação é composta somente de sólidos solúveis e material inerte, então a concentração de sólidos na alimentação é dada por:

$$X_{AF} = \frac{\overline{X}_{AF}}{\overline{X}_{AF} + 1} = \frac{0,5 \text{ kg de óleo}}{0,5 \text{ kg de óleo} + 1,0 \text{ kg de material inerte}} = \frac{1}{3} \tag{18.50}$$

$$X_{AF} = 0,3333$$

Portanto,

$$X_{BF} = 1 - X_{AF} = 0,6667 \tag{18.51}$$

A partir dos dados da Tabela 18.3 é possível obter a Figura 18.28 e ajustar a Equação 18.52 relacionando a retenção com o teor de sólidos solúveis na corrente de rafinado, com a = 2,1549 e b = 0,4177:

$$R^* = aX_{AR} + b \tag{18.52}$$

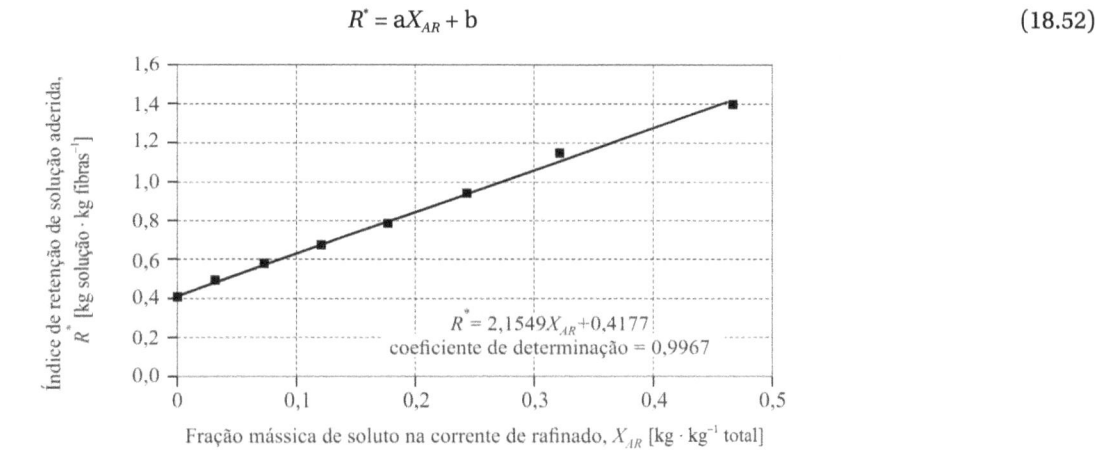

Figura 18.28 Índice de retenção em função da fração mássica de soluto no rafinado (resolução numérica do Exemplo 18.1).

Com base na Equação 18.52 e nos balanços de massa e relações de equilíbrio, é possível organizar um sistema de equações que permite calcular as vazões e concentrações das correntes de saída do estágio. Esse sistema de cinco equações (Equações 18.53 a 18.57) está indicado a seguir e pode ser resolvido para as seguintes incógnitas: $\dot{R}_1, X_{AR_1}, X_{BR_1}, \dot{E}_1, Y_{AE_1}$:

$$\dot{F} + \dot{S}_1 = \dot{R}_1 + \dot{E}_1 \tag{18.53}$$

$$X_{AF}\dot{F} = X_{AR_1}\dot{R}_1 + Y_{AE_1}\dot{E}_1 \tag{18.54}$$

$$X_{BF}\dot{F} = X_{BR_1}\dot{R}_1 \tag{18.55}$$

$$X_{BR_1} = \frac{1}{R^* + 1} = \frac{1}{(a X_{AR_1} + b) + 1} \tag{18.56}$$

$$X_{AR_1} = Y_{AE_1}(1 - X_{BR_1}) \tag{18.57}$$

Para a solução do sistema acima, com cinco equações e cinco incógnitas, é conveniente expressar todo o sistema na forma de uma única equação dependente exclusivamente do teor de sólidos solúveis do rafinado X_{AR_1}. Isso pode ser realizado combinando as Equações 18.55 e 18.56. Desse modo, obtém-se a seguinte expressão para a vazão de rafinado como função de X_{AR_1}:

$$\dot{R}_1 = X_{BF}\dot{F}(aX_{AR_1} + b + 1) \tag{18.58}$$

O mesmo pode ser obtido para a vazão de extrato combinando as Equações 18.53 e 18.58:

$$\dot{E}_1 = \dot{F} + \dot{S}_1 - X_{BF}\dot{F}(aX_{AR_1} + b + 1) \tag{18.59}$$

A combinação das Equações 18.56 e 18.57 permite obter uma expressão para a concentração de extrato:

$$Y_{AE_1} = \frac{X_{AR_1}(aX_{AR_1} + b + 1)}{(aX_{AR_1} + b)} \tag{18.60}$$

A substituição das Equações 18.58 a 18.60 em 18.54, com a posterior reorganização e simplificação, permite obter uma equação de segundo grau em termos da incógnita X_{AR_1} (Equação 18.61), pois todos os outros termos se referem a informações disponíveis das correntes de entrada no extrator de um único estágio (X_{AF}, B_{BR}, $\dot{F}$ e $\dot{S}_1$) e da retenção na fase rafinado (R^*):[6]

$$\left[(X_{BF}\dot{F} - (\dot{F} + \dot{S}_1))\,a\right]\cdot(X_{AR_1})^2 + \left[aX_{AF}\dot{F} + (X_{BF}\dot{F} - (\dot{F} + \dot{S}_1))\cdot(b+1)\right]\cdot(X_{AR_1}) + b\,X_{AF}\dot{F} = 0 \tag{18.61}$$

As raízes dessa equação podem ser obtidas por:

$$X_{AR_1} = \frac{-(aX_{AF}\dot{F} + (X_{BF}\dot{F} - (\dot{F} + \dot{S}_1))\cdot(b+1)) \pm \sqrt{delta}}{2((X_{BF}\dot{F} - (\dot{F} + \dot{S}_1))\,a)} \tag{18.62}$$

Com delta sendo calculado por:

$$delta = \left[aX_{AF}\dot{F} + (X_{BF}\dot{F} - (\dot{F} + \dot{S}_1))\cdot(b+1)\right]^2 - 4\left[(X_{BF}\dot{F} - (\dot{F} + \dot{S}_1))\,a\right]bX_{AF}\dot{F} \tag{18.63}$$

A raiz positiva dessa equação corresponde à concentração de sólidos solúveis no rafinado, X_{AR_1}, que garante o respeito ao balanço de massa desse composto (Equação 18.54), assim como de todas as outras relações expressas nas Equações de 18.53 a 18.57. As raízes da equação são $X_{AR_1} = -0{,}4639$ e $X_{AR_1} = 0{,}1393$, sendo somente o segundo valor um resultado com significado físico. Obtendo o valor de X_{AR_1}, todos os demais valores podem ser obtidos diretamente pelas Equações 18.53 a 18.57. Assim, têm-se os seguintes resultados: $X_{AR_1} = 0{,}1393$, $X_{BR_1} = 0{,}5821$, $\dot{R}_1 = 17.179$ kg $\cdot$ h^{-1}, $\dot{E}_1 = 7.821$ kg $\cdot$ h^{-1}, $Y_{AE_1} = 0{,}3333$. A retenção pode ser calculada pela Equação 18.52, resultando em $R^* = 0{,}7178$ kg de solução $\cdot$ kg fibras^{-1}.

Note que toda a dificuldade na resolução desse exercício deriva do fato de que o valor de retenção é dependente do teor de sólidos solúveis no rafinado, gerando um sistema de equações que deve ser resolvido considerando todas as equações simultaneamente. Se modificarmos o enunciado do problema e admitirmos que a retenção seja constante para qualquer valor de X_{AR_1}, sendo igual, por exemplo, a $R^* = 0{,}7$ kg de solução $\cdot$ kg^{-1} fibras, o cálculo todo se torna bem simples e pode ser feito diretamente, iniciando pela Equação 18.56 (cálculo de X_{BR_1}), e passando em sequência pelas Equações 18.55 (cálculo de $\dot{R}_1$), 18.53 (cálculo de $\dot{E}_1$) e pelas Equações 18.54 e 18.57 conjuntamente para se obter X_{AR_1} e Y_{AE_1}. Nesse caso, os resultados são: $X_{AR_1} = 0{,}1372$, $X_{BR_1} = 0{,}5882$, $\dot{R}_1 = 17.001$ kg $\cdot$ h^{-1}, $\dot{E}_1 = 7999$ kg $\cdot$ h^{-1}, $Y_{AE_1} = 0{,}3333$. Os resultados são diferentes, pois foi considerada retenção constante e em valor diferente do anterior. No entanto, como o valor de retenção constante admitido é muito próximo ao valor observado para a situação de retenção variável, os novos valores associados às correntes de saída não são muito diferentes dos anteriores. De toda forma, isso indica como o cálculo torna-se bem mais simples no caso de retenção constante.

(ii) Resolução gráfica:

O problema também pode ser resolvido graficamente. Nesse caso, é preciso encontrar o ponto de mistura $\dot{M}_1$. Fazendo o balanço de massa para os componentes A e C, o ponto de mistura é obtido pelas Equações 18.64 e 18.65:

$$X_{AM_1} = \frac{X_{AF}\dot{F}}{\dot{M}_1} = \frac{0{,}3333 \times 15.000}{25.000} = 0{,}2 \tag{18.64}$$

$$X_{CM_1} = \frac{\dot{S}_1}{\dot{M}_1} = \frac{10.000}{25.000} = 0{,}4 \tag{18.65}$$

---

[6]No caso em que a dependência da retenção em relação à variável X_{AR_1} for não linear, expressa pela função genérica $R^*(X_{AR_N})$, a equação obtida ao final pode ser bem mais complexa e não apresentar solução analítica. Nesse caso, deve-se expressar a equação final na forma de uma função do tipo $f(X_{AR_1}) = \left| X_{AF}\dot{F} - X_{AR_1}(X_{BF}\dot{F}(R^*(X_{AR_1}) + 1)) - \left(\dfrac{X_{AR_1}(R^*(X_{AR_1}) + 1)}{R^*(X_{AR_1})}\right)(\dot{F} + \dot{S}_1 - X_{BF}\dot{F}(R^*(X_{AR_1}) + 1)) \right|$, cuja raiz deve ser encontrada de forma iterativa, empregando algum método numérico, como o de Newton ou das secantes, ou ainda o procedimento Solver de uma planilha Excel.

Colocando o ponto $\dot{M}_1$ (0,4; 0,2) no diagrama (Figura 18.29), é possível traçar uma reta, unindo os pontos de concentração referente ao solvente puro ($Y_{AS_1} = 0$, $Y_{CS_1} = 1$) à alimentação ($X_{AF} = 0,3333$, $X_{FB} = 0,6667$), a qual necessariamente também passa pela concentração de $\dot{M}_1$, de acordo com o balanço global para o estágio único. O balanço global também indica que as concentrações do ponto $\dot{M}_1$, do extrato $\dot{E}_1$ e do rafinado $\dot{R}_1$ devem estar alinhadas. Além disso, como não há adsorção preferencial, as linhas de amarração unindo concentrações das correntes em equilíbrio que deixam o estágio 1 passam, quando extrapoladas, pela origem do diagrama (fibras ou sólidos insolúveis puros, correspondente a $X_B = 1$). Os dados de retenção apresentados na Tabela 18.3 permitem plotar a curva de rafinados, bastando inserir no gráfico da Figura 18.22 os valores dos pontos (X_{CR}, X_{AR}) e uni-los. A curva de rafinados cruza a reta que une a composição de $\dot{E}_1$ à origem do diagrama exatamente no ponto $\dot{R}_1$. Assim, considerando que as composições das correntes de saída devem estar sobre as linhas de rafinado e extrato (Figura 18.29), obtêm-se então os pontos $\dot{R}_1$ e $\dot{E}_1$, que informam a concentração dos componentes ao final do processo:

Na corrente de extrato $\dot{E}_1$: $Y_{AE_1} = 0,33$, $Y_{CE_1} = 0,67$.

Na corrente de rafinado $\dot{R}_1$: $X_{AR_1} = 0,14$, $X_{CR_1} = 0,28$.

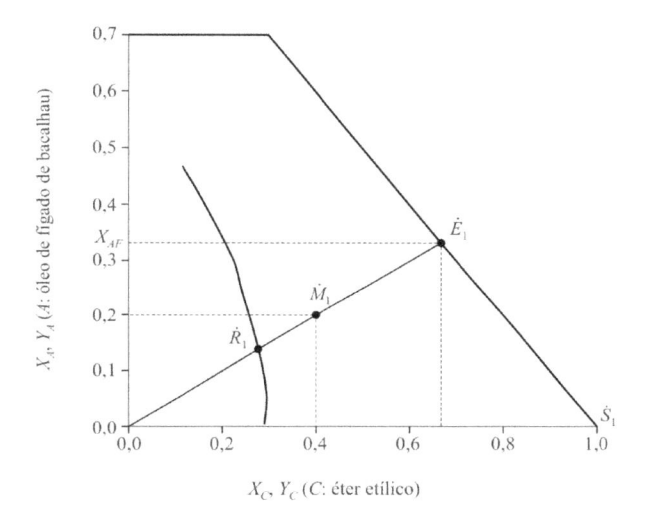

Figura 18.29 Resolução gráfica para extração de óleo de fígado de bacalhau com éter etílico por contato em estágio único.

Para obter as vazões das correntes, aplica-se o balanço de massa utilizando a Regra da Alavanca, por meio das Equações 18.66 e 18.67:

$$\frac{\dot{E}_1}{\dot{M}_1} = \frac{\overline{\dot{R}_1 \dot{M}_1}}{\overline{\dot{R}_1 \dot{E}_1}} = 0,3235 \tag{18.66}$$

$$\frac{\dot{R}_1}{\dot{M}_1} = \frac{\overline{\dot{M}_1 \dot{E}_1}}{\overline{\dot{R}_1 \dot{E}_1}} = 0,6765 \tag{18.67}$$

Portanto,

$$\dot{E}_1 = 0,3235 \, \dot{M}_1 = 0,3235 \times 25.000 = 8.087,5 \ \text{kg} \cdot \text{h}^{-1} \tag{18.68}$$

$$\dot{R}_1 = 0,6765 \, \dot{M}_1 = 0,6765 \times 25.000 = 16.912,5 \ \text{kg} \cdot \text{h}^{-1} \tag{18.69}$$

A pequena diferença nos valores observada da resolução numérica para o método gráfico é devida à pouca precisão na leitura dos valores no diagrama.

Resposta: A solução de extrato obtida contém 0,33 kg óleo $\cdot$ kg^{-1} total (Y_{AE_1}) e 0,67 kg éter $\cdot$ kg^{-1} total (Y_{CE_1}).

EXEMPLO 18.2

Considere agora o processo de extração anterior ocorrendo em corrente cruzada, com dois estágios de contato, sendo que a massa de solvente utilizada em cada estágio é igual a 10.000 kg · h^{-1} de solvente puro. Determine a concentração da solução extrato que deixa o segundo estágio e a concentração residual de óleo nos sólidos lavados, considerando os índices de retenção apresentados na Tabela 18.3 e que a concentração de solução aderida em base livre de inertes é igual à concentração da solução extrato.

Solução

(i) Resolução numérica:

A Figura 18.24 pode auxiliar a descrever o balanço global de massa em cada estágio. Pelo balanço de massa global no estágio 1, demonstrado no Exemplo 18.1, o rafinado da primeira etapa apresenta vazão de 17.179 kg · h^{-1} com a seguinte composição: $X_{AR_1} = 0,1393$, $X_{BR_1} = 0,5821$. Nesse caso, o estágio 2 é alimentado por $\dot{R}_1$. Por causa da retenção variável, novamente se emprega um sistema de cinco equações para determinar as seguintes incógnitas: $\dot{R}_2$, X_{AR_2}, X_{BR_2}, $\dot{E}_2$, Y_{AE_2}.

$$\dot{R}_1 + \dot{S}_2 = \dot{R}_2 + \dot{E}_2 \tag{18.70}$$

$$X_{AR_1}\dot{R}_1 = X_{AR_2}\dot{R}_2 + Y_{AE_2}\dot{E}_2 \tag{18.71}$$

$$X_{BR_1}\dot{R}_1 = X_{BR_2}\dot{R}_2 \tag{18.72}$$

$$X_{BR_2} = \frac{1}{R^* + 1} = \frac{1}{(aX_{AR_2} + b) + 1} \tag{18.73}$$

$$X_{AR_2} = Y_{AE_2}(1 - X_{BR_2}) \tag{18.74}$$

Resolvendo o sistema de equações acima de forma similar à apresentada no exemplo anterior, tem-se: $X_{AR_2} = 0,0477$, $X_{BR_2} = 0,6577$, $\dot{R}_2 = 15.205$ kg · h^{-1}, $\dot{E}_2 = 11.974$ kg · h^{-1}, $Y_{AE_2} = 0,1393$ e $R^* = 0,5204$.

(ii) Resolução gráfica:

Da mesma maneira, deve-se encontrar o ponto de mistura para o estágio 2, $\dot{M}_2$. Fazendo o balanço de massa para os componentes A e C, no ponto de mistura têm-se as Equações 18.75 e 18.76:

$$X_{AM_2} = \frac{X_{AR_1}\dot{R}_1 + Y_{AS_2}\dot{S}_2}{\dot{M}_2} = \frac{0,1393 \times 17.179}{27.179} = 0,0880 \tag{18.75}$$

$$X_{CM_2} = \frac{X_{AR_2}\dot{R}_1 + Y_{CS_2}\dot{S}_2}{\dot{M}_2} = \frac{0,2786 \times 17.179 + 1 \times 10.000}{27.179} = 0,5440 \tag{18.76}$$

Marcando o ponto $\dot{M}_2$ (0,5440; 0,0880) no diagrama (Figura 18.30), é possível traçar a reta, partindo do ponto de origem ($Y_{AS_2} = 0$, $Y_{CS_2} = 0$) em direção a $\dot{M}_2$ e cruzando as linhas de rafinado e extrato para encontrar $\dot{R}_2$ e $\dot{E}_2$. Pelo diagrama, ao se identificar os pontos $\dot{R}_2$ e $\dot{E}_2$, determinam-se as concentrações dos componentes ao final do processo:

Na corrente de extrato $\dot{E}_2$: $Y_{AE_2} = 0,14$, $Y_{CE_2} = 0,86$.

Na corrente de rafinado $\dot{R}_2$: $X_{AR_2} = 0,05$, $X_{CR_2} = 0,30$.

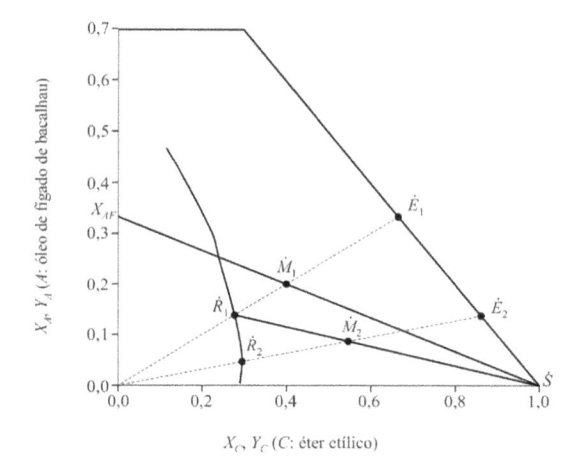

Figura 18.30 Resolução gráfica para extração de óleo de fígado de bacalhau com éter etílico por contato em corrente cruzada.

Com as composições obtidas pelo diagrama, os valores das correntes de saída podem ser determinados por meio da **Regra da Alavanca**:

$$\frac{\dot{E}_2}{\dot{M}_2} = \frac{\overline{\dot{R}_2\dot{M}_2}}{\overline{\dot{R}_2\dot{E}_2}} = 0,439 \tag{18.77}$$

$$\frac{\dot{R}_2}{\dot{M}_2} = \frac{\overline{\dot{M}_2\dot{E}_2}}{\overline{\dot{R}_2\dot{E}_2}} = 0,561 \tag{18.78}$$

Portanto,

$$\dot{E}_2 = 0,439 \times 27.129 = 11.932 \text{ kg} \cdot \text{h}^{-1} \tag{18.79}$$

$$\dot{R}_2 = 0,561 \times 27.129 = 15.247 \text{ kg} \cdot \text{h}^{-1} \tag{18.80}$$

Respostas: A solução de extrato obtida no segundo estágio contém 0,14 kg óleo $\cdot$ kg^{-1} total (Y_{AE_1}) e 0,86 kg éter $\cdot$ kg^{-1} total (Y_{CE_1}); e a concentração residual de óleo é 0,05 kg óleo $\cdot$ kg^{-1}.

EXEMPLO 18.3

O processo de extração de óleo de fígado de bacalhau será conduzido em um extrator contínuo de múltiplos estágios em contracorrente. A quantidade de solvente utilizada será de 10.000 kg $\cdot$ h^{-1}. Os sólidos, inicialmente, não contêm solvente. Pretende-se recuperar 95 g/100 g do óleo alimentado no extrator, sendo empregado éter etílico puro como solvente extrator. O processo de separação dos sólidos lavados e da solução extrato não permite a passagem de sólidos para a fase extrato. Determine o número de estágios necessários. Considere que o processo é alimentado com 15.000 kg $\cdot$ h^{-1} de sólido seco (torta de fígado de bacalhau, com concentração inicial igual a 0,5 kg de óleo kg^{-1} $\cdot$ fibras). Para esse processo, considere duas situações:

a) índice de retenção constante igual a 0,7;
b) índice de retenção variável de acordo com dados obtidos a partir da Tabela 18.3.

Solução

a) Índice de retenção constante igual a 0,7
    a.i) Resolução numérica:
          Nesse caso, considera-se que o processo de extração de óleo de fígado de bacalhau ocorre com índice de retenção constante. Aplicando a Equação 18.8:

$$X_{BRi} = \frac{1}{R^* + 1} = \frac{1}{1,70} = 0,5882$$

Fazendo o balanço de massa para os compostos inertes (B, Equação 18.10), tem-se:

$$X_{BF} \dot{F} = X_{BR_i} \dot{R}_i \qquad (18.10)$$

$$0,6667 \times 15.000 = 0,5882 \dot{R}_i$$

$$\dot{R}_i \cong 17.002 \text{ kg} \cdot \text{h}^{-1}$$

Note que para retenção constante a vazão de todas as correntes de rafinado internas ao equipamento e também a de rafinado final $\dot{R}_N$ apresentam o mesmo valor calculado para $\dot{R}_i$. Escrevendo o balanço de massa global para todo o extrator, e sendo $\dot{R}_i = \dot{R}_n = 17.002$ kg $\cdot$ h^{-1}, em que n corresponde a qualquer estágio variando de 1 a N:

$$\dot{F} + \dot{S} = \dot{R}_N + \dot{E}_1 \qquad (18.34)$$

$$15.000 + 10.000 = 17.002 + \dot{E}_1$$

$$\dot{E}_1 = 7.998 \text{ kg} \cdot \text{h}^{-1}$$

O enunciado informa que para cada 100 g de óleo de alimentação, 95 g serão recuperados ao final da extração, ou seja:

$$0,95 X_{AF} \dot{F} = Y_{AE_1} \dot{E}_1 \qquad (18.81)$$

$$0,95 \times 0,3333 \times 15.000 = 7.998 Y_{AE_1}$$

$$Y_{AE_1} = 0,5938$$

Pelo balanço de massa para o componente A em torno de todo o extrator, tem-se:

$$X_{AF} \dot{F} + Y_{AS} \dot{S} = X_{AR_N} \dot{R}_N + Y_{AE_1} \dot{E}_1 \qquad (18.35)$$

$$0,3333 \times 15.000 = 17.002 X_{AR_N} + 0,5938 \times 7.998$$

$$X_{AR_N} = 0,0147$$

Na corrente de rafinado do estágio N, tem-se:

$$X_{AR_N} + X_{BR_N} + X_{CR_N} = 1 \qquad (18.82)$$

Então, substituindo cada fração, tem-se:

$$X_{CR_N} = 1 - 0,0147 - 0,5882$$

$$X_{CR_N} = 0,3971$$

Para definir o número de estágios é necessário identificar o valor da corrente $\dot{\Delta}$. A análise do balanço de massa em termos de $\dot{\Delta}$ para o componente A nos leva à Equação 18.45:

$$X_{A\Delta} = \frac{X_{AF} \dot{F} - Y_{AE_1} \dot{E}_1}{\dot{\Delta}} \qquad (18.45)$$

em que

$$\dot{\Delta} = \dot{F} - \dot{E}_1 \qquad (18.38)$$

$$\dot{\Delta} = 15.000 - 7.998 = 7.002 \text{ kg} \cdot \text{h}^{-1}$$

E sendo $Y_{AE_1} = 0,5938$, então:

$$X_{A\Delta} = \frac{0,3333 \times 15.000 - 0,5938 \times 7.998}{7.002}$$

$$X_{A\Delta} = 0,0357$$

Partindo da Equação 18.44 (equação de balanço de sólidos solúveis estágio a estágio), pode-se calcular a composição da corrente extrato para um estágio n qualquer:

$$Y_{AE_{n+1}} = \frac{X_{AR_n}\dot{R}_n - X_{A\Delta}\dot{\Delta}}{\dot{E}_{n+1}}$$ (18.44)

$$Y_{AE_{n+1}} = \frac{17.002 X_{AR_n} - 0,0357 \times 7.002}{E_{n+1}}$$ (18.83)

Pelas Equações 18.38 a 18.41, é possível avaliar as correntes de entrada e de saída de qualquer estágio n, sendo observada a seguinte correlação:

$$\dot{F} - \dot{E}_1 = \dot{R}_1 - \dot{E}_2 = ... = \dot{R}_n - \dot{E}_{n+1} = ... = \dot{R}_N - \dot{S} = \dot{\Delta}$$ (18.84)

Como $\dot{R}_n$ é o mesmo para qualquer estágio n, então: $\dot{E}_{n+1} = 10.000 \text{ kg} \cdot \text{h}^{-1}$, para $1 \leq n < N$. Assim, a Equação 18.83 torna-se:

$$Y_{AE_{n+1}} = \frac{17.002 X_{AR_n} - 249,975}{10.000}$$ (18.85)

A equação de equilíbrio prático em cada estágio é dada pela Equação 18.49:

$$X_{AR_n} = Y_{AE_n}(1 - X_{BR_n})$$ (18.49)

Sendo $X_{BR_n} = 0,5882$, então:

$$X_{AR_n} = 0,4118 Y_{AE_n}$$ (18.86)

A partir das equações de balanço de sólidos solúveis e do equilíbrio prático, é possível calcular as composições de entrada e saída de cada estágio, e com essas composições define-se o número de estágios do processo, como apresentado na Tabela 18.4. Note que a equação de equilíbrio (Equação 18.86) permite andar ao longo das linhas da Tabela 18.4, indo de uma coluna para a outra à medida que se calcula X_{AR_n} a partir de Y_{AE_n}. Já a relação de balanço de sólidos solúveis (Equação 18.85) permite ir de uma linha superior para uma linha inferior à medida que se calcula $Y_{AE_{n+1}}$ a partir de X_{AR_n}.

Os cálculos terminam quando $X_{AR_n} \leq X_{AR_N}$, ou seja, quando $X_{AR_n} \leq 0,0147$. Essa inequação é satisfeita no presente caso quando o contador de estágios n assume o valor 6. Portanto, nesse caso são necessários 6 estágios para ocorrer a separação desejada (N, a variável que indica o número do último estágio, assume o valor 6).

Tabela 18.4 Concentrações das correntes de saída em cada estágio para o processo de extração de óleo de fígado de bacalhau com éter etílico por contato em contracorrente, com índice de retenção constante

ESTÁGIO n	Y_{AE_n}	X_{AR_n}
1	0,5932	0,2442
2	0,3903	0,1607
3	0,2483	0,1023
4	0,1489	0,0613
5	0,0793	0,0327
6	0,0306	0,0126

a.ii) Resolução gráfica:

A partir dos balanços de massa global e de sólidos solúveis foram determinados os valores das correntes $\dot{E}_1$ e $\dot{R}_N$, com suas respectivas composições, da mesma maneira que indicado anteriormente para a resolução numérica: $\dot{F} = 15.000 \text{ kg} \cdot \text{h}^{-1}$, $\dot{E}_1 = 7.998 \text{ kg} \cdot \text{h}^{-1}$, $\dot{R}_N = 17.002 \text{ kg} \cdot \text{h}^{-1}$.

Composição de alimentação $\dot{F}$: $X_{AF} = 0,3333$, $X_{BF} = 0,6667$.

Composição do extrato $\dot{E}_1$: $Y_{AE_1} = 0,5938$, $Y_{CE_1} = 0,4062$.

Composição do rafinado $\dot{R}_N$: $X_{AR_N} = 0,0147$, $X_{BR_N} = 0,5882$, $X_{CR_N} = 0,3971$.

Na resolução gráfica do processo de extração em contracorrente é necessário identificar o ponto $\dot{\Delta}$. A determinação desse ponto é realizada pelas Equações 18.38 a 18.41, ou simplesmente pela Equação 18.87, tem-se:

$$\dot{\Delta} = \dot{F} - \dot{E}_1 = \dot{R}_1 - \dot{E}_2 = ... = \dot{R}_n - \dot{E}_{n+1} = ... = \dot{R}_N - \dot{S} \qquad (18.87)$$

$$\dot{\Delta} = \dot{F} - \dot{E}_1 = 7.002 \ \text{kg} \ \text{h}^{-1}$$

As igualdades acima relacionam as concentrações das correntes de entrada e saída de cada estágio. Interligando cada linha ao ponto $\dot{\Delta}$, é possível determinar o número de estágios requeridos nesse processo. Para encontrar o ponto $\dot{\Delta}$, faz-se o balanço de massa por componente. Para o componente A, aplicando a Equação 18.45:

$$X_{A\Delta}\dot{\Delta} = X_{AF}\dot{F} - Y_{AE_1}\dot{E}_1 \qquad (18.45)$$

$$X_{A\Delta} = \frac{0,3333 \times 15.000 - 0,5938 \times 7.998}{7.002} = 0,0357$$

Fazendo o mesmo para o solvente C, tem-se:

$$X_{C\Delta} = \frac{0 \times 15.000 - 0,4062 \times 7.998}{7.002} = -0,4639$$

Partindo do ponto $\dot{\Delta}$ (–0,4639; 0,0357), traçam-se as retas que ligam as correntes de cada estágio ($\overline{\dot{F}\dot{E}_1}$, $\overline{\dot{R}_1\dot{E}_2}$, ..., $\overline{\dot{R}_n\dot{E}_{n+1}}$) ao ponto $\dot{\Delta}$ (Figura 18.31). As composições das correntes de rafinado ($\dot{R}_n$) são obtidas pelo cruzamento da reta que liga o ponto de extrato $\dot{E}_n$ à origem. Pelo diagrama obtém-se então os pontos das correntes de rafinado e da solução extrato, que informam as concentrações dos componentes em cada estágio e ao final do processo. De acordo com o diagrama, para obter um processo que recupere 95 g para cada 100 g do óleo de fígado de bacalhau são necessários seis estágios.

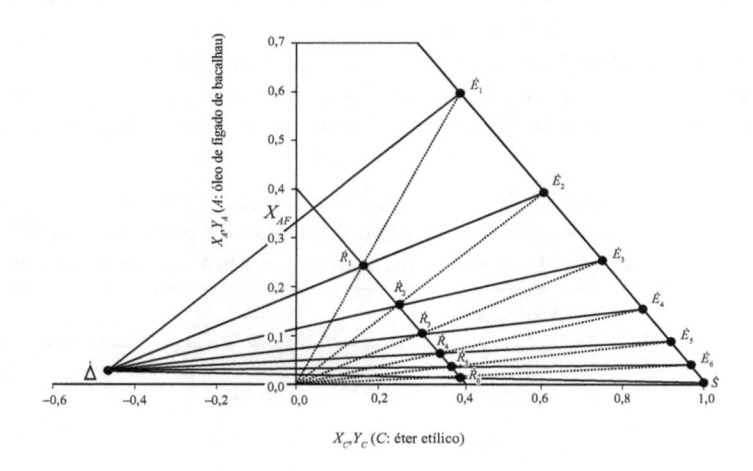

Figura 18.31 Resolução gráfica para extração de óleo de fígado de bacalhau com éter etílico por contato em contracorrente, com índice de retenção constante.

Alternativamente, pode-se marcar o ponto $\dot{\Delta}$ simplesmente pelo cruzamento das linhas $\overline{\dot{F}\dot{E}_1}$ e $\overline{\dot{R}_N\dot{S}}$, as quais correspondem aos balanços de massa nos estágios extremos do equipamento.

As vazões das correntes de saída (extrato e rafinado) podem ser também determinadas graficamente. A partir das vazões de alimentação e de solvente realiza-se o cálculo do ponto de mistura global do extrator. Dessa maneira, com base nos balanços de massa global e para os componentes A e C, o ponto de mistura pode ser obtido pelas Equações 18.88, 18.89 e 18.90:

$$\dot{F} + \dot{S} = \dot{M} = 15.000 + 10.000 = 25.000 \qquad (18.88)$$

$$X_{AM} = \frac{X_{AF}\dot{F}}{\dot{M}} = \frac{0,3333 \times 15.000}{25.000} = 0,2 \tag{18.89}$$

$$X_{CM} = \frac{\dot{S}}{\dot{M}} = \frac{10.000}{25.000} = 0,4 \tag{18.90}$$

Com as composições para o ponto de mistura definidas no diagrama, $\dot{M}$ (0,4; 0,2), os valores das vazões de saída (rafinado e extrato) podem ser determinados por meio da Regra da Alavanca (Figura 18.32):

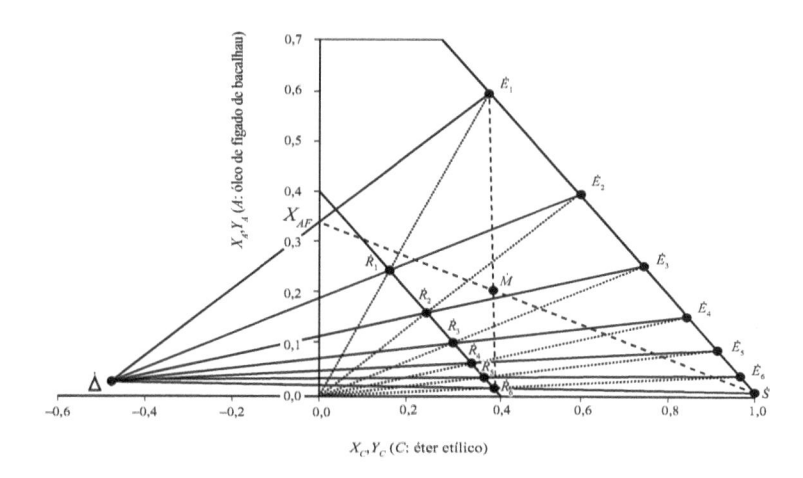

Figura 18.32 Resolução gráfica para extração de óleo de fígado de bacalhau com éter etílico por contato em contracorrente, com índice de retenção constante, utilizando a Regra da Alavanca.

$$\frac{\dot{E}_1}{\dot{M}} = \frac{\overline{\dot{R}_N \dot{M}}}{\overline{\dot{R}_N \dot{E}_1}} = 0,322 \tag{18.91}$$

$$\frac{\dot{R}_N}{\dot{M}} = \frac{\overline{\dot{M}\dot{E}_1}}{\overline{\dot{R}_N \dot{E}_1}} = 0,678 \tag{18.92}$$

Portanto,

$$\dot{E}_1 = 0,322 \times 25.000 = 8.050 \ \text{kg h}^{-1} \tag{18.93}$$

$$\dot{R}_N = 0,678 \times 25.000 = 16.950 \ \text{kg h}^{-1} \tag{18.94}$$

b) Índice de retenção variável
   b.i) Resolução numérica:
      Para a solução desse problema as seguintes equações de balanço de massa global e de componentes para todo o equipamento podem ser formuladas:
      Balanço global:

$$\dot{F} + \dot{S} = \dot{E}_1 + \dot{R}_N \tag{18.34}$$

Balanço de sólidos solúveis:

$$X_{AF}\dot{F} = Y_{AE_1}\dot{E}_1 + X_{AR_N}\dot{R}_N \tag{18.35}$$

Balanço de fibras:

$$X_{BF}\dot{F} = X_{BR_N}\dot{R}_N \tag{18.95}$$

A informação fornecida sobre as correntes de saída (extração = 95 g/100 g) e as informações sobre a retenção variável (Tabela 18.3) permitem ainda elaborar as seguintes equações:

$$0,95 X_{AF} \dot{F} = Y_{AE_1} \dot{E}_1 \tag{18.96}$$

$$R^* = a X_{AR_n} + b \tag{18.97}$$

$$X_{BR_n} = \frac{1}{R^* + 1} = \frac{1}{(a X_{AR_n} + b) + 1} \tag{18.98}$$

A combinação das Equações 18.35 e 18.96 permite formular a Equação 18.99, a qual indica que somente 5 g são perdidos na corrente de rafinado para cada 100 g.

$$0,05 X_{AF} \dot{F} = X_{AR_N} \dot{R}_N \tag{18.99}$$

As Equações 18.95, 18.98 e 18.99 podem ser organizadas num sistema com três equações e três incógnitas ($\dot{R}_N$, X_{AR_N}, X_{BR_N}), as quais podem ser conjuntamente expressas na forma de uma equação de segundo grau em termos da incógnita X_{AR_N} (Equação 18.100):[7]

$$a \dot{F} X_{BF} \ (X_{AR_N})^2 + (b+1) \dot{F} X_{BF} \ (X_{AR_N}) - 0,05 \dot{F} X_{AF} = 0 \tag{18.100}$$

A Equação 18.100 possui pelo menos uma raiz positiva capaz de compatibilizar a recuperação desejada de soluto e a retenção variável de solução. As duas raízes possíveis podem ser encontradas pela Equação 18.101:

$$X_{AR_N} = \frac{-(b+1) \dot{F} X_{BF} \pm \sqrt{((b+1) \dot{F} X_{BF})^2 + 4(a \dot{F} X_{BF}) \cdot 0,05 \dot{F} X_{AF}}}{2a \dot{F} X_{BF}} \tag{18.101}$$

Para os valores especificados de dados de entrada (X_{AF}, X_{BF} e $\dot{F}$) e de retenção (R^*) as raízes dessa equação são X_{AR_N} = –0,6751 e X_{AR_N} = 0,0172, sendo somente o segundo valor um resultado com significado físico.

A partir desse resultado e empregando em sequência as Equações 18.99, 18.98, 18.95, 18.34 e 18.96 pode-se determinar os valores das principais incógnitas restantes referentes às correntes de saída. A composição dessas correntes pode ser complementada pelas Equações 18.102 e 18.103:

$$X_{CR_n} = 1 - X_{AR_n} - X_{BR_n} \tag{18.102}$$

$$Y_{CE_1} = 1 - Y_{AE_1} \tag{18.103}$$

Assim, resolvendo o sistema de equações, têm-se os seguintes resultados: $\dot{R}_N$ = 14.548 kg · h^{-1}, X_{AR_N} = 0,0172, X_{BR_N} = 0,6874, X_{CR_N} = 0,2954, $\dot{E}_1$ = 10.452 kg · h^{-1}, Y_{AE_1} = 0,4544, Y_{BE_1} = 0, Y_{CE_1} = 0,5456.

Para o cálculo do número de estágios do equipamento deve-se partir do seguinte conjunto de equações: Balanço global estágio a estágio:

$$\dot{E}_{n+1} = \dot{R}_n - \dot{\Delta} \qquad \text{válido para } 1 \le n < N \tag{18.42}$$

Balanço de sólidos solúveis estágio a estágio:

$$Y_{AE_{n+1}} = \frac{X_{AR_n} \dot{R}_n - X_{A\Delta} \dot{\Delta}}{\dot{E}_{n+1}} \qquad \text{válido para } 1 \le n < N \tag{18.44}$$

Balanço de fibras por estágio:

$$\dot{R}_1 = \frac{X_{BF} \dot{F}}{X_{BR_1}} \qquad \text{válido para } n = 1 \tag{18.104}$$

$$\dot{R}_n = \frac{X_{BR_{n-1}} \dot{R}_{n-1}}{X_{BR_n}} \qquad \text{válido para } 1 < n \le N \tag{18.105}$$

---

[7]No caso de a retenção depender da concentração do rafinado de forma não linear expressa por $R^*(X_{AR_N})$, as equações anteriores podem ser combinadas na seguinte função, $f(X_{AR_N}) = \left| 0,05 \dot{F} X_{AF} - \dot{F} X_{BF} \times X_{AR_N} - \dot{F} X_{BF} \times X_{AR_N} \times R^*(X_{AR_N}) \right|$, a qual pode ser resolvida numericamente, como indicado em nota anterior.

Teor de fibras segundo equação da retenção variável:

$$X_{BR_n} = \frac{1}{R^* + 1} = \frac{1}{(a\,X_{AR_n} + b) + 1} \qquad \text{válido para } 1 \le n \le N \tag{18.106}$$

Relação de equilíbrio prático:

$$X_{AR_n} = Y_{AE_n}(1 - X_{BR_n}) \qquad \text{válida para } 1 \le n \le N \tag{18.49}$$

O uso das Equações 18.42 e 18.44 requer informações sobre o ponto $\dot{\Delta}$, as quais podem ser obtidas com base nos valores das correntes $\dot{E}_1$ e $\dot{R}_N$ determinados no item anterior. Com esse objetivo, empregam-se as equações de balanço do ponto $\dot{\Delta}$ indicadas a seguir:

$$\dot{\Delta} = \dot{F} - \dot{E}_1 \tag{18.38}$$

$$X_{i\Delta} = \frac{X_{iF}\,\dot{F} - Y_{iE_1}\,\dot{E}_1}{\dot{\Delta}} \qquad \text{para } i = A, B \text{ ou } C \tag{18.107}$$

Ou alternativamente:

$$\dot{\Delta} = \dot{R}_N - \dot{S} \tag{18.41}$$

$$X_{i\Delta} = \frac{X_{iR_N}\,\dot{R}_N - Y_{iS_1}\,\dot{S}}{\dot{\Delta}} \qquad \text{para } i = A, B \text{ ou } C \tag{18.108}$$

A partir dessas equações obtêm-se os seguintes valores para a corrente fictícia: $\dot{\Delta} = 4.548 \text{ kg} \cdot \text{h}^{-1}$, $X_{A\Delta} = 0{,}0550$, $X_{B\Delta} = 2{,}1989$, $X_{C\Delta} = -1{,}2539$.

Utilizando as equações, pode-se montar o seguinte sistema de equações, já apresentado na sequência em que deve ser empregado na solução do problema, partindo do teor de sólidos solúveis na corrente de extrato final Y_{AE_1} e de sua vazão $\dot{E}_1$ e procedendo ao cálculo em direção ao teor de sólidos solúveis na corrente de extrato do próximo estágio Y_{AE_2} e da vazão correspondente $\dot{E}_2$:

1) Empregando a relação de equilíbrio (Equação 18.49) e a Equação 18.97 determinam-se os valores de X_{AR_1} (ou de qualquer X_{AR_n}) e de X_{BR_1} (ou X_{BR_n}) a partir de Y_{AE_1} (ou de Y_{AE_n}). Para isso é necessário combinar as duas equações indicadas acima, gerando uma equação de segundo grau (Equação 18.109), cujas raízes podem ser calculadas pela Equação 18.110. A raiz positiva fornece o valor desejado de X_{AR_1} (ou de X_{AR_n}), e assim X_{BR_1} (ou X_{BR_n}) pode ser obtido pela Equação 18.98;

$$a(X_{AR_n})^2 + (b + 1 - a\,Y_{AE_n}) \cdot (X_{AR_n}) - b\,Y_{AE_n} = 0 \tag{18.109}$$

$$X_{AR_n} = \frac{-(b + 1 - a\,Y_{AE_n}) \pm \sqrt{(b + 1 - a\,Y_{AE_n})^2 + 4ab\,Y_{AE_n}}}{2a} \tag{18.110}$$

2) Calcula-se $\dot{R}_1$ (ou $\dot{R}_n$) utilizando a Equação 18.104 (ou 18.105);
3) Calcula-se X_{CR_1} (ou X_{CR_n}) utilizando a Equação 18.102;
4) Calcula-se $\dot{E}_2$ (ou $\dot{E}_{n+1}$) utilizando a Equação 18.42;
5) Calcula-se Y_{AE_2} (ou $Y_{AE_{n+1}}$) utilizando a Equação 18.44;
6) Calcula-se Y_{CE_2} (ou $Y_{CE_{n+1}}$) utilizando a Equação 18.103;
7) Reinicia-se o processo na etapa 1, partindo de Y_{AE_2} (ou de $Y_{AE_{n+1}}$) e prossegue-se o cálculo até que se obtenha $X_{AR_n} \le X_{AR_N}$.

Com base nesse procedimento foram obtidos os resultados de concentração apresentados na Tabela 18.5. Foram indicados em negrito os resultados diretamente calculados ao longo do procedimento, enquanto as demais composições foram obtidas considerando as correntes de extrato como isentas de fibras e a presença de solvente na solução aderida às fibras.

Tabela 18.5 Concentrações das correntes em cada estágio para o processo de extração de óleo de fígado de bacalhau com éter etílico por contato em contracorrente, com índice de retenção variável

ESTÁGIO n	X_{CR_n}	X_{BR_n}	X_{AR_n}	Y_{AE_n}	Y_{CE_n}	Y_{BE_n}
1	0,2545	0,5335	0,2120	0,4544	0,5456	0
2	0,2873	0,6106	0,1021	0,2623	0,7377	0
3	0,2950	0,6646	0,0404	0,1203	0,8797	0
4	0,2952	0,6944	0,0104	0,0340	0,9660	0

A retenção pode ser calculada utilizando a Equação 18.97. Os valores das vazões e da retenção estão apresentados na Tabela 18.6.

Tabela 18.6 Vazões das correntes e retenção em cada estágio para o processo de extração de óleo de fígado de bacalhau com éter etílico por contato em contracorrente, com índice de retenção variável

ESTÁGIO n	$\dot{R}_n$ (kg · h^{-1})	$\dot{E}_n$ (kg · h^{-1})	R^* (kg · h^{-1})
1	18.746	10.452	0,8745
2	16.379	14.198	0,6378
3	15.047	11.831	0,5046
4	14.402	10.499	0,4401

Note que são necessários quatro estágios para se atingir a situação correspondente à inequação $X_{AR_4} \leq X_{AR_N}$. Portanto, o número total de estágios, correspondendo ao último estágio do extrator, é $N = 4$. Note ainda que o valor de vazão do rafinado correspondente ao quarto estágio ($\dot{R}_4 = 14.402$ kg · h^{-1}), calculado pelas relações de balanço estágio a estágio, apresenta uma pequena diferença, de aproximadamente 1,0 %, em relação ao valor calculado via balanço em torno de todo o equipamento ($\dot{R}_N = 14.548$ kg · h^{-1}). Essa pequena incoerência é decorrência do próprio procedimento de cálculo estágio a estágio, o qual exige um balanço prévio completo em torno de todo o equipamento. Essa incoerência pode ser corrigida com pequenas alterações de valor nas correntes de saída ($\dot{R}_N$, $\dot{E}_1$, e suas composições) e com a realização de novas sequências de cálculo até que os balanços em torno do todo equipamento e estágio a estágio coincidam dentro de uma margem de erro ainda menor. A realização de tais sequências de cálculo não tem, no entanto, efeito sobre o número de estágios, modificando apenas um pouco as concentrações e vazões anteriormente calculadas.

b.ii) Resolução gráfica:

A partir dos balanços de massa global e de sólidos solúveis foram determinados os valores das correntes $\dot{F} = 15.000$ kg · h^{-1}, $\dot{E}_1 = 10.452$ kg · h^{-1}, $\dot{R}_N = 14.548$ kg · h^{-1}, com suas respectivas composições:

Composição de alimentação $\dot{F}$: $X_{AF} = 0,3333$, $X_{FB} = 0,6667$.

Composição do Extrato $\dot{E}_1$: $Y_{AE1} = 0,4544$, $Y_{CE1} = 0,5456$.

Composição do Rafinado $\dot{R}_N$: $X_{AR_N} = 0,0172$, $X_{BR_N} = 0,6874$, $X_{CR_N} = 0,2954$.

Ainda das equações de balanço de massa, tem-se que $\dot{\Delta} = 4.548$ kg · h^{-1}. Para o componente A, aplicando a Equação 18.45:

$$X_{A\Delta} = \frac{(0,3333 \times 15.000) - (0,4544 \times 10.452)}{4.548} = 0,0551$$

Fazendo o mesmo para o solvente C, tem-se:

$$X_{C\Delta} = \frac{(0 \times 15.000) - (0,5456 \times 10.452)}{4.548} = -1,2539$$

Conhecendo o ponto $\dot{\Delta}$ (-1,2539; 0,0551), traçam-se as retas que ligam as correntes para cada estágio $(\overline{\dot{F}\dot{E}_1},\ \overline{\dot{R}_1\dot{E}_2},\ ...,\ \overline{\dot{R}_n\dot{E}_{n+1}})$ ao ponto $\dot{\Delta}$, e a partir das retas de equilíbrio operacional em cada estágio obtém-se as composições das correntes de rafinado $(\dot{R}_n)$ (Figura 18.33). De acordo com o diagrama, para obter um processo que recupere 95 g de cada 100 g do óleo de fígado de bacalhau são necessários quatro estágios.

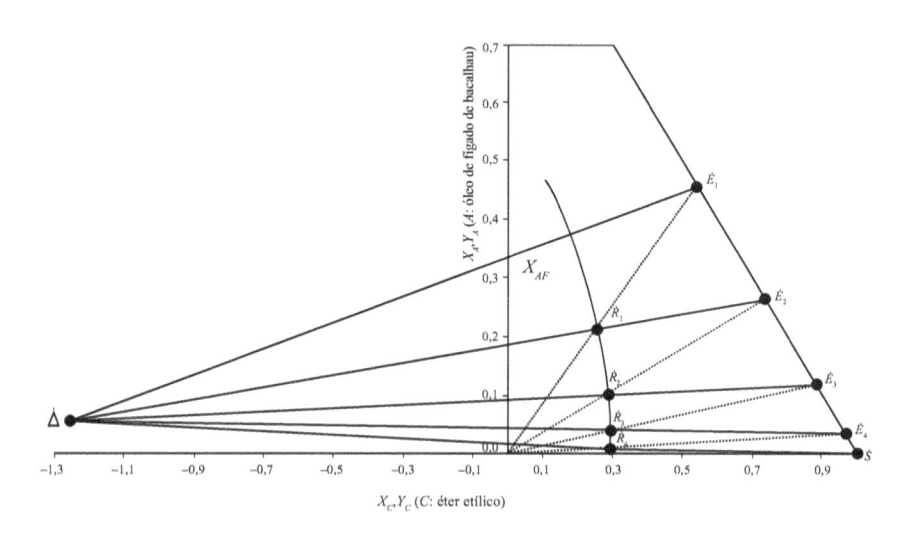

Figura 18.33 Resolução gráfica para extração de óleo de fígado de bacalhau com éter etílico por contato em contracorrente, com índice de retenção variável.

Vale lembrar que os valores das correntes de saída (extrato e rafinado) podem ser determinados por meio da Regra da Alavanca. Com base nos balanços de massa global e para os componentes A e C (Equações 18.88, 18.89 e 18.90) obtém-se a vazão e a composição do ponto de mistura, $\dot{M}$ = 25.000 kg · h^{-1} e (X_{CM} = 0,4; X_{AM} = 0,2). Pode-se então traçar a reta $\overline{\dot{R}_N \dot{E}_1}$ associada ao balanço global em torno de todo o equipamento tendo como base as correntes de saída. Desse modo, os valores das vazões de saída (rafinado e extrato) podem ser determinados por meio da Regra da Alavanca (Figura 18.34):

$$\frac{\dot{E}_1}{\dot{M}} = \frac{\overline{\dot{R}_N \dot{M}}}{\overline{\dot{R}_N \dot{E}_1}} = 0,4225 \tag{18.111}$$

$$\frac{\dot{R}_N}{\dot{M}} = \frac{\overline{\dot{E}_1 \dot{M}}}{\overline{\dot{R}_N \dot{E}_1}} = 0,5775 \tag{18.112}$$

Portanto,

$$\dot{E}_1 = 0,4225 \times 25.000 = 10.562,5 \ \text{kg} \, \text{h}^{-1} \tag{18.113}$$

$$\dot{R}_N = 0,5775 \times 25.000 = 14.437,5 \ \text{kg} \, \text{h}^{-1} \tag{18.114}$$

Respostas: O número de estágios será 6, considerando o índice de retenção constante; o número de estágios será 4, considerando o índice de retenção variável.

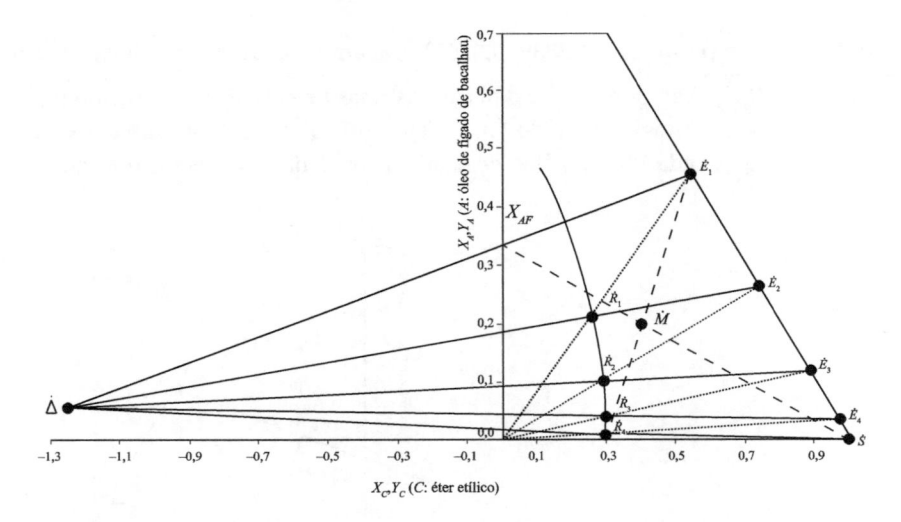

Figura 18.34 Resolução gráfica para extração de óleo de fígado de bacalhau com éter etílico por contato em contracorrente, com índice de retenção variável, utilizando a Regra da Alavanca.

Com o objetivo de aprofundar e consolidar o aprendizado, apresenta-se a seguir uma lista de exercícios com as respostas correspondentes.

18.9 EXERCÍCIOS

1. Sementes de canola contendo 35,2 de óleo/100 g de sementes a uma vazão de 2.000 kg · h⁻¹ são colocadas em contato com 2.800 kg · h⁻¹ de hexano. Sabe-se que 1 kg de fibras absorve 1,2 kg de solução. Nessas condições, qual será a quantidade de óleo obtido para um processo ocorrendo em estágio único?

   [**Resposta:** 391,6 kg · h⁻¹]

2. Farelo de soja contendo 22 de óleo/100 g de farelo na vazão de 2.000 kg · h⁻¹ será misturado com 12.000 kg · h⁻¹ de hexano puro. Determine a vazão da solução extrato, a quantidade de solução aderida na matriz e as composições finais de cada fase. Dados de extração e equilíbrio encontram-se na figura a seguir.

   [**Respostas:** $\dot{E}_1$ = 11.496,0 kg · h⁻¹, massa de solução aderida = 944 kg · h⁻¹; X_{AR_1} = 0,0133, X_{BR_1} = 0,6230, Y_{AE_1} = 0,0354]

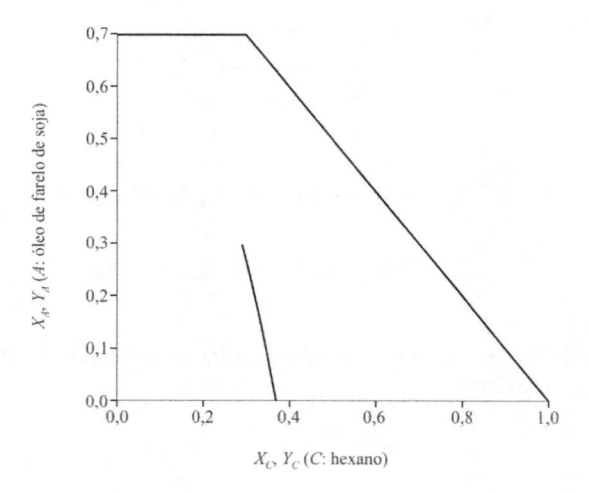

3. Refaça o Exercício 1, numérica e graficamente, considerando o índice de retenção constante para os seguintes casos:
   i) Corrente cruzada com $\dot{S}_1 = \dot{S}_2 = \dot{S}_3 = 2.800 \text{ kg} \cdot \text{h}^{-1}$;
   ii) Corrente cruzada com $\dot{S}_1 = 2.800 \text{ kg} \cdot \text{h}^{-1}$, $\dot{S}_2 = 2.000 \text{ kg} \cdot \text{h}^{-1}$, $\dot{S}_3 = 3.600 \text{ kg} \cdot \text{h}^{-1}$.

   As figuras a seguir auxiliarão na resolução do problema.

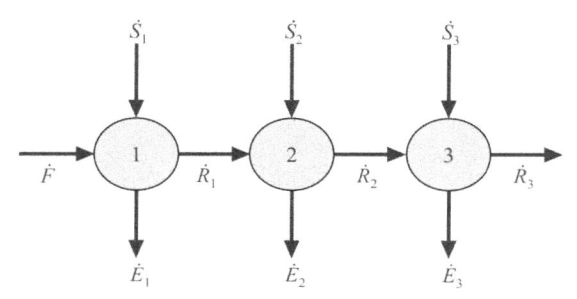

Desenho auxiliar representativo do processo de extração em corrente cruzada.

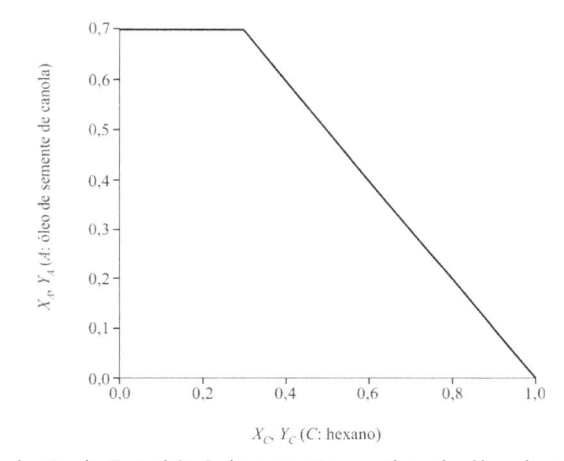

Diagrama auxiliar para resolução do Exercício 3 de extração envolvendo óleo de semente de canola e hexano.

[**Resposta:** A quantidade de óleo será de: (i) 664,4 kg $\cdot$ h^{-1}; (ii) 663,0 kg $\cdot$ h^{-1}]

4. No processamento de óleo de semente de algodão, 5000 kg $\cdot$ h^{-1} de sementes trituradas são introduzidas em um extrator que opera em corrente cruzada, com passagem de 3500 kg $\cdot$ h^{-1} de hexano em cada estágio. A quantidade inicial de óleo nos grãos é de 0,191 kg $\cdot$ kg^{-1} de semente em base livre de óleo (kg de óleo $\cdot$ kg de sólido inerte^{-1}). Sabendo que 1 kg de fibras absorve 0,85 kg de solução, qual a concentração da solução extrato que deixa o terceiro estágio e a concentração residual de óleo na torta, considerando a retenção de solução aderida constante?

[**Respostas:** $Y_{AE_3} = 0,0475$, $X_{AR_3} = 0,0218$]

5. Beterraba seca e moída contendo 41,18 g/100 g de açúcar (base seca) será extraída, a vazão de 10.000 kg $\cdot$ h^{-1}, por um processo contínuo em contracorrente utilizando água quente como solvente. Dados de processo indicam que para cada 1 kg de material inerte existe retenção de 3 kg de solução, e que a concentração de açúcar na solução extrato é de 40 g/100 g (base seca). A partir desses dados determine o número de estágios ideais e a quantidade de solvente necessária para que 90 g/100 g do açúcar seja extraído da beterraba.

[**Respostas:** 22.793,5 kg $\cdot$ h^{-1}, sete estágios]

6. Deseja-se obter óleo de fígado de bacalhau utilizando éter etílico como solvente. Estudos prévios indicaram que a quantidade de solução aderida na matriz varia a cada estágio. O processo será realizado em contracorrente e a quantidade de óleo inicial na matéria-prima é igual a 0,32 kg $\cdot$ kg de material^{-1} em base livre de óleo. Para ser economicamente viável, a recuperação de óleo obtida pelo processo deve ser de pelo menos 95 g para cada 100 g. Se 15.000 kg $\cdot$ h^{-1} de material forem tratados com éter etílico na razão $\dot{F}/\dot{S} = 2,13$, determine a vazão mássica de extrato e de rafinado, as respectivas concentrações e o número de estágios ideais para se atingir tal separação. Os dados referentes ao índice de retenção são apresentados na Tabela 18.7.

[**Respostas:** $\dot{E}_1 = 8.374,6 \text{ kg} \cdot \text{h}^{-1}$, $\dot{R}_N = 13.667,7 \text{ kg} \cdot \text{h}^{-1}$, $X_{AR_N} = 0,0133$, $X_{BR_N} = 0,8316$, $Y_{AE_1} = 0,4125$, três estágios]

Tabela 18.7 Valores de concentração de óleo no rafinado
e de retenção da solução na matriz

X_{ARn}	R^* [kg solução · kg^{-1} fibras]
0,0174	0,2107
0,0397	0,2477
0,0694	0,3009
0,1080	0,3703
0,1565	0,4560
0,2147	0,5579
0,2821	0,6761
0,3578	0,8105

18.10 BIBLIOGRAFIA RECOMENDADA

BERRY, N. E.; WALTERS, R. H. *Process of decaffeinating coffee*. Patente US 2309092, 9 maio 1941, 26 jan. 1943.

FDA. U.S. FOOD AND DRUG ADMINISTRATION. *Guidance for industry*. 2003. Disponível em: <http://www.fda.gov/cder/guidance>. Acesso em: fev. 2010.

FOUST, A. F. et al. *Princípios de operações unitárias*. 2. ed. Rio de Janeiro: LTC, 1992. 670 p.

GEANKOPLIS, C. J. *Transport processes and separation process principles (includes unit operations)*. 4. ed. Nova Jersey: Prentice Hall, 2003. 1009 p.

KHOURY, F. M. *Multistage separation processes*. 3. ed. Boca Raton: CRC, 2005. 468 p.

KING, C. J. *Separation process*. 2. ed. Nova York: McGraw-Hill, 1980. 325 p.

KING, M. B.; BOTT, T. R. *Extraction of natural products using near-critical solvents*. Glasgow: Chapman & Hall, 1993. 336 p.

LETELLIER, M.; BUDZINSKI, H. Microwave assisted extraction of organic compounds. *Analysis*, n. 27, p. 259-271, 1999.

LUQUE-GARCIA, J. L.; CASTRO, M. D. Ultrasound: a powerful tool for leaching. *Trends in Analytical Chemistry*, n. 22, p. 41-47, 2003.

MCKINNEY, R. S.; ROSE, G.; KENNEDY, A. Continuous process for solvent extraction of tung oil. *Industrial and Engineering Chemistry*, v. 36, p. 138-144, 1944.

MEYER JR., J. F.; ROSELIUS, L.; WIMMER, K. *Treatment of coffee*. Patente US 897763, 4 maio 1906, 1º set. 1908.

PARKIN, F. P. Solvent extraction of drying oils. *The Journal of The American Oil Chemist's Society*, p. 451-454, 1950.

SANDLER, S. I. *Chemical and engineering thermodynamics*. 3. ed. Nova Jersey: John Wiley & Sons, 1999. 772 p.

TAKEUCHI, T. M. et al. Low-pressure solvent extraction (solid-liquid extraction, microwave-assisted and ultrasound assisted) from condimentary plants. In: MEIRELES, M. A. A. (Ed.). *Extracting bioactive compounds for food products*: theory and applications. Boca Raton: CRC, 2009. p. 138-218.

THOMAS, G. C.; KRIOUKOVA, V. G.; VIELMO, H. A. Simulation of vegetable oil extraction in counter-current crossed flows using the artificial neural network. *Chemical Engineering and Processing*, v. 44, p. 581-592, 2005.

TREYBAL, R. E. *Mass transfer operations*. 3. ed. Cingapura: McGraw-Hill, 1981. 784 p.

ZOSEL, K. *Process for recovering caffeine*. Patente US 3806619, 3 maio 1972, 23 abr. 1974.

_____. *Process for the caffeination of coffee*. Patente US 4247570, 19 maio 1977, 27 jan. 1981.

_____. *Process for the separation of mixtures of substances*. Patente US 3969196, 9 dez. 1969, 13 jul. 1976.

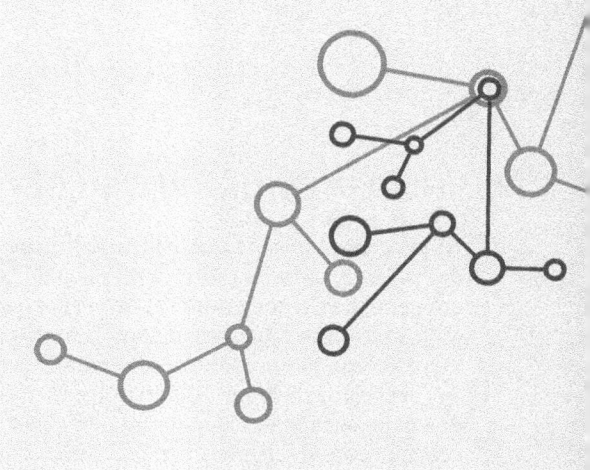

19

EXTRAÇÃO LÍQUIDO-LÍQUIDO

Christianne Elisabete da Costa Rodrigues*
Cintia Bernardo Gonçalves*

* Universidade de São Paulo (USP).

19.1 FUNDAMENTOS E DEFINIÇÕES

Os processos de separação na indústria de alimentos utilizam-se, na maioria das vezes, das operações unitárias concebidas pela engenharia química clássica. Porém deve-se considerar que na indústria de alimentos as matérias-primas são, em geral, bastante complexas, apresentando, principalmente no caso de material de origem biológica, sensibilidade em relação à temperatura, bem como a meios extremamente ácidos ou alcalinos. Por isso, esses materiais não podem ser tratados convencionalmente, o que reforça a necessidade de busca de processos alternativos de separação.

A escolha de determinado processo de separação é realizada com base em uma análise prévia do problema em termos de custo-benefício. De maneira geral, vários processos são elegíveis para realizar determinada separação e uma análise detalhada com base nas características da matéria-prima, como características sensoriais, estruturais e de estabilidade, deve ser realizada.

Pode-se inferir que os processos de destilação e evaporação são concorrentes diretos do processo de separação por extração líquido-líquido. Os processos de destilação e evaporação produzem produtos praticamente puros e, em geral, não requerem tratamento posterior das correntes geradas nesses processos. A extração, por outro lado, gera produtos intermediários, ou seja, transfere um componente solubilizado em uma solução (soluto na alimentação) para outro solvente, formando-se, consequentemente, uma nova solução a qual necessita de um tratamento posterior, por exemplo, por destilação, evaporação ou outros.

Um processo completo de separação baseado na extração líquido-líquido inclui, desse modo, a unidade de extração acoplada às unidades de recuperação do solvente das correntes de extrato e rafinado, como esquematizado na Figura 19.1.

Na indústria de processamento de alimentos a técnica de extração líquido-líquido é utilizada para concentrar componentes de alto valor agregado ou para remover compostos indesejáveis, ou nocivos, presentes em uma matéria-prima. Desse modo, como a extração líquido-líquido pode ser eficientemente realizada sob temperatura ambiente ou moderada, essa técnica pode ser empregada como alternativa a outros processos de separação quando esses não são recomendáveis, por exemplo, na recuperação de componentes termossensíveis. No caso da separação de biomoléculas é possível controlar durante o processo de extração parâmetros como pH, força iônica e temperatura, de modo a evitar a desnaturação de proteínas ou a perda de atividade enzimática, por exemplo.

De fato, os processos de separação embasados na diferença de volatilidade dos componentes da solução, como destilação e evaporação, são economicamente vantajosos para substâncias que têm diferentes pressões de vapor a qualquer temperatura. No caso de destilação de componentes com volatilidades relativas próximas à unidade, o processo de separação por extração líquido-líquido torna-se uma alternativa atraente, uma vez que utiliza a diferença de solubilidade dos componentes no solvente escolhido.

A extração líquido-líquido, também chamada de extração líquida ou extração por solvente, é uma operação de transferência de massa na qual uma solução líquida, a alimentação, é colocada em contato com um segundo líquido denominado solvente. O solvente é imiscível ou parcialmente miscível com a solução de alimentação e é escolhido de modo a extrair preferencialmente um ou mais componentes desejados, denominados solutos contidos na corrente de alimentação.

Determinado grau de separação entre os constituintes da corrente de alimentação ocorrerá considerando-se que as substâncias que constituem a solução original distribuem-se diferentemente entre as duas fases líquidas formadas. A extensão da separação pode ser controlada e aumentada utilizando-se múltiplos contatos.

Duas correntes resultam desse contato, o rafinado, que é a solução residual da alimentação, pobre em solvente, com um ou mais de um dos solutos removidos pela extração, e o extrato, rico em solvente, contendo o soluto extraído.

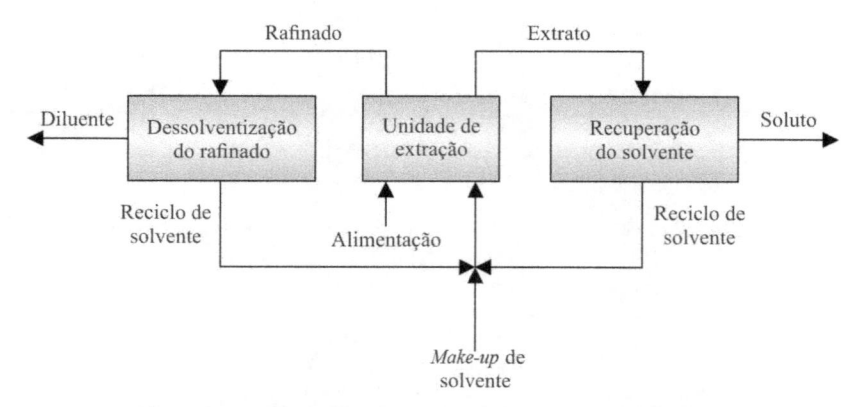

Figura 19.1 Unidade de extração e recuperação de solvente.

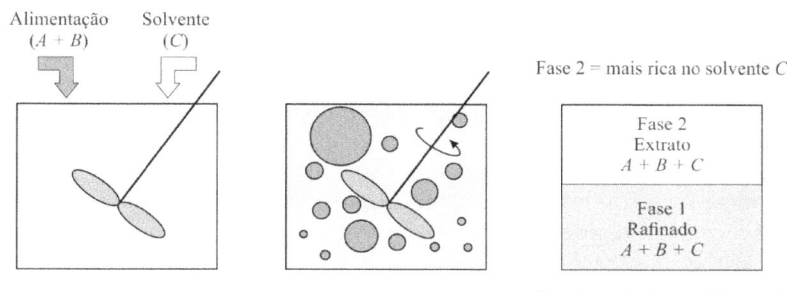

Figura 19.2 Etapas do processo de extração líquido-líquido.

Uma aplicação interessante da extração líquido-líquido na engenharia de alimentos é a extração de ácidos graxos livres contidos em óleos vegetais empregando-se como solventes alcoóis de cadeia curta. A análise desse exemplo contribui para o entendimento das principais características dessa operação de transferência de massa.

Considere que determinada quantidade de óleo de soja (B) contendo ácidos graxos livres (A), caracterizando uma corrente de alimentação, é misturada com quantidade similar de etanol (C), caracterizando a corrente de solvente (Figura 19.2).

Durante o processo de agitação, gotículas da solução oleosa são dispersas em meio a uma fase contínua formada pelo solvente. Nessa etapa do processo, ocorre a maior extensão da transferência de massa. Parte dos ácidos graxos livres contidos inicialmente na solução de alimentação transfere-se da fase dispersa para a fase contínua. Concomitantemente, pequenas quantidades de óleo de soja e de etanol se transferem para as fases contínua e dispersa, respectivamente. Com o cessar da agitação as gotículas da fase dispersa coalescem e, em razão da diferença de densidade das fases, estas decantam separando-se uma da outra. Pode-se observar, após a separação das duas novas fases formadas, rafinado e extrato, que a composição de ácidos graxos na fase rafinado é menor que a composição desses na solução de alimentação e, dessa maneira, determinado grau de separação ocorreu. Esse processo de mistura da alimentação e solvente com subsequente separação das novas fases formadas, rafinado e extrato, caracteriza um contato por estágio, o qual pode ser organizado em processos em batelada ou contínuos. Os ácidos graxos livres ainda presentes na fase rafinado podem ser extraídos se etanol for adicionado a essa fase, caracterizando um arranjo do tipo corrente cruzada, ou ainda se o processo for organizado de forma contracorrente. Outra possibilidade é a organização do processo de forma diferencial em contracorrente, no qual os estágios discretos não estão envolvidos.

No processo exemplificado de extração de ácidos graxos livres, nota-se que na etapa de agitação, na qual gotículas da fase dispersa estão distribuídas na fase contínua, forma-se de fato uma emulsão instável. A estabilidade dessa emulsão formada é de suma importância para o delineamento de um processo de separação por extração líquido-líquido, uma vez que o contato por estágio é caracterizado pela etapa de mistura da alimentação e solvente com subsequente separação das novas fases formadas. Emulsões estáveis são caracterizadas por processos lentos de coalescência e sedimentação das gotas, o que é altamente indesejável. De maneira geral a "quebra" da emulsão, ou seja, a coalescência e sedimentação das gotas da fase dispersa dependem das propriedades físicas das fases. A velocidade de sedimentação aumenta quanto maior for o tamanho das gotas da fase dispersa, maior a diferença de densidade entre os líquidos, e menor a viscosidade da fase contínua. Com relação à coalescência das gotas sedimentadas, pode-se inferir que ela é mais rápida quanto maior for a tensão interfacial.

19.2 APLICAÇÕES DA ELL NA INDÚSTRIA DE ALIMENTOS

A extração líquido-líquido pode ser utilizada pela indústria de processamento de alimentos tanto para concentrar compostos valiosos presentes naturalmente na matéria-prima, como para remover componentes indesejáveis e potencialmente tóxicos do alimento.

19.2.1 Purificação de compostos biológicos

Para o sucesso da produção comercial de enzimas e proteínas, são necessárias técnicas de processamento eficientes, que envolvem etapas de purificação delicadas, a fim de se preservar a atividade biológica desses compostos. Os protocolos de purificação envolvem várias etapas, como, precipitação com sulfato de amônia, cromatografia, diálise e filtração, as quais aumentam o custo do processo e diminuem o seu rendimento.

Os sistemas aquosos bifásicos (SABs) podem ser uma boa alternativa para a primeira etapa de purificação, pois permitem a remoção de vários contaminantes por meio de um processo simples e econômico. Os SABs são formados adicionando-se à água dois polímeros hidrofílicos estruturalmente diferentes, como dextrana e polietilenoglicol (PEG) ou maltodextrina (MD) e PEG, ou ainda um polímero e um sal, tais como PEG e fosfato de potássio ou PEG e sulfato de sódio.

Recentemente, por causa de suas vantagens em comparação aos sistemas PEG/dextrana, vem crescendo a aplicação do sistema PEG/sal para processos de separação em grande escala. Além do menor custo e maior seletividade, a separação nesses sistemas ocorre mais rapidamente em razão da grande diferença de densidade e de viscosidade entre as fases, agilizando o processo em extratores contínuos.

Dados de equilíbrio para o sistema de interesse são necessários para o projeto de extratores líquido-líquido. Albertsson (1971) e Zaslavsky (1995) reportaram diagramas de equilíbrio para um grande número de sistemas do tipo polímero-polímero. No entanto, tais dados de equilíbrio ainda não estão completos, principalmente em relação ao comportamento desses em diferentes condições experimentais, como temperatura e pH.

Silva, Coimbra e Meirelles (1997) estudaram o efeito da temperatura, pH e peso molecular do polímero sobre sistemas aquosos contendo PEG (1000 e 8000) e fosfato de potássio. Concluíram que com o aumento da massa molecular do polímero, a curva binodal se desloca para concentrações menores de PEG e fosfato de potássio. Quanto ao pH, os autores observaram que o mesmo acontece à medida que este aumenta. Eles também estudaram o efeito da temperatura para esses sistemas, concluindo que o aumento da temperatura resulta em um aumento da região bifásica.

Muitos trabalhos na literatura também reportam coeficientes de partição de enzimas e proteínas em sistemas aquosos bifásicos.

Vernau e Kula (1990) estudaram a extração de proteínas em sistemas PEG/citrato, que causam menos problemas ao ambiente, pois o citrato é biodegradável e menos tóxico. O fator de purificação (grau de pureza do componente obtido ao fim do processo de separação) para proteínas nesses sistemas foi menor do que os observados para os sistemas PEG/fosfato de potássio.

Alves et al. (2000) realizaram um estudo experimental sobre a partição de diferentes proteínas, como de queijo, trigo, α-La (α-lactoalbumina), β-Lg (β-lactoglobulina), albumina de soro bovino e insulina suína em SAB contendo PEG (1500, 600, 1450, 3350) e sal (fosfato de potássio, citrato de sódio), e PEG (1450, 8000, 10000) e MD (2000, 4000). Os resultados mostraram que a purificação da α-La e da β-Lg é viável. Coeficientes de partição de albumina de soro bovino, α-La e β-Lg também foram estudados por Silva e Meirelles (2001) em sistemas contendo polipropilenoglicol (PPG) 400 e MD, a 25 °C. Lima, Alegre e Meirelles (2002) investigaram a partição de quatro enzimas pectinolíticas de um preparado comercial de pectinase (Pectinex-3XL®) em SAB compostas por PEG e fosfato de potássio.

19.2.2 Purificação de ácidos orgânicos

Outra aplicação importante da extração líquido-líquido é a purificação de ácidos orgânicos, como cítrico, tartárico, lático e fosfórico.

A produção mundial de ácido cítrico excede 500 mil toneladas por ano. Em contraste com muitos produtos previamente obtidos por meio de métodos microbiológicos e que, hoje em dia, são obtidos por meio de métodos sintéticos, esse ácido continua sendo fabricado principalmente por meio de fermentação. Setenta por cento de todo o ácido cítrico produzido são utilizados pela indústria de alimentos, representando 55 % a 65 % do total do mercado de acidulantes, no qual 20 % a 25 % correspondem ao ácido fosfórico e 5 % ao ácido málico.

O método clássico para a recuperação de ácido cítrico se baseia na precipitação de sais de cálcio, pela adição de hidróxido de cálcio ao caldo de fermentação. O sólido é filtrado e tratado com ácido sulfúrico (H_2SO_4) para a precipitação preferencial de sulfato de cálcio. O ácido orgânico livre retido no filtro é purificado com carbono ativado ou troca iônica, e então é concentrado por evaporação. O ácido cristaliza com grande dificuldade e a eficiência do processo é muito baixa. Comparado aos processos de separação habituais, a extração líquido-líquido pode ser uma alternativa muito promissora.

O sucesso da ELL depende da seleção do solvente. No caso da purificação de compostos orgânicos, misturas de aminas terciárias e álcool são sugeridas como solventes apropriados para o processo. No entanto, essas misturas possuem grande toxicidade e um alto custo de purificação.

Lintomen et al. (2001) estudaram novos solventes para a recuperação de ácido cítrico por extração líquido-líquido utilizando os seguintes sistemas: água/ácido cítrico/álcool de cadeia curta (2-butanol ou 1-butanol) e água/ácido cítrico/álcool de cadeia curta/tricaprilina.

Assim como o ácido cítrico, o interesse na recuperação de ácido lático do caldo de fermentação vem aumentando, principalmente pela demanda do produto puro, naturalmente obtido, na indústria de alimentos (como aditivo e agente conservador). Yankov et al. (2004) investigaram a extração de ácido lático de soluções aquosas e caldo de fermentação sintético a partir de sistemas compostos por trioctilamina, um diluente ativo (decanol) e um inativo (dodecano).

19.2.3 Desterpenação de óleos essenciais

Óleos cítricos, principalmente laranja, limão e lima, estão entre os mais importantes óleos essenciais existentes, sendo amplamente utilizados como aditivos de aroma e sabor em uma grande variedade de produtos alimentícios.

De maneira geral, os óleos essenciais provenientes de frutas cítricas apresentam-se como misturas complexas de mais de 200 diferentes compostos químicos, dos quais 100 foram identificados. Esses compostos incluem componentes altamente voláteis como os hidrocarbonetos terpênicos, sesquiterpenos, que representam mais de 90 % do óleo, e uma vasta lista de compostos oxigenados como alcoóis, cetonas e aldeídos, além das outras classes de compostos não voláteis como pigmentos e ceras.

Os hidrocarbonetos terpênicos, classe principalmente representada pelo limoneno — principal componente dos óleos cítricos —, além de não contribuírem para o aroma dos óleos essenciais, são geralmente compostos insaturados facilmente decompostos pela ação do calor, luz e oxigênio, agindo como carreadores para os compostos oxigenados e facilitando a oxidação do óleo quando exposto ao ar. Sua insolubilidade em água é um fator adicional que justifica sua remoção do óleo, principalmente quando é utilizado para incrementar o aroma de sucos de frutas concentrados.

Diante desses fatores, é comum a aplicação de processos industriais que visem à remoção dos terpenos dos óleos essenciais e, consequentemente, sua concentração em compostos oxigenados, principais responsáveis pelo aroma agradável fornecido pelo óleo essencial. De fato, o teor de compostos oxigenados nos óleos essenciais tem se tornado um parâmetro definitivo na avaliação da qualidade do óleo, bem como no momento do estabelecimento de seu valor comercial.

Além dos óleos essenciais provenientes dos citros, pode-se enumerar uma série de compostos importantes encontrados em outras espécies de plantas aromáticas, como: d-limoneno e cineole no óleo de eucalipto, limoneno e carvona no óleo de hortelã, cimeno, timol e terpinen-4-ol no óleo de orégano.

Industrialmente, a remoção do limoneno e outros terpenos presentes no óleo essencial é realizada por meio de um processo conhecido como desterpenação. Além da melhoria em termos de qualidade do extrato, a desterpenação é realizada para melhorar a estabilidade oxidativa do óleo, aumentar sua solubilidade e reduzir custos de transporte e estocagem.

Processos como destilação sob vácuo, destilação a vapor, extração com fluidos supercríticos, adsorção e extração com solventes têm sido extensivamente propostos para concentrar os óleos essenciais em compostos oxigenados. De maneira geral, os obstáculos enfrentados durante a aplicação das técnicas de destilação, adsorção e extração com solventes na desterpenação de óleos essenciais são os baixos rendimentos, a formação de produtos de degradação e a adição de extratantes que devem ser removidos *a posteriori*. Em relação à utilização da tecnologia de extração com fluidos supercríticos para o fracionamento de óleos essenciais, muitos trabalhos têm reportado resultados promissores na obtenção de produtos de qualidade sob condições amenas de temperatura e pressão, porém esse tipo de tecnologia ainda não é aplicável na realidade econômica da indústria brasileira.

O processo de desterpenação por meio da metodologia de extração com solventes é, provavelmente, o mais comumente utilizado nas indústrias de óleos essenciais. Os solventes mais utilizados são o hexano e o clorofórmio, por causa, principalmente, de suas características intrínsecas de seletividade relacionadas com os compostos terpênicos e oxigenados.

Solventes alternativos têm sido propostos como substitutos ao hexano e clorofórmio, como: acetonitrila, nitrometano e dimetilformamida, 1,2-propanodiol e 1,3-propanodiol, etanolamina, metanol, 2-buteno-1,4-diol, etileno glicol e líquidos iônicos tais como o 1-etil-3-metilimidazolium metanossulfonato.

Com o objetivo de garantir uma maior segurança para a posterior utilização do extrato, seja para a aplicação deste em fármacos, cosméticos ou alimentos, alguns trabalhos têm reportado a utilização de etanol aquoso como solvente para o processo de desterpenação. Nesse contexto, é importante ressaltar que os componentes leves dos óleos essenciais são completamente solúveis em etanol, porém apresentam solubilidade reduzida em água. Dessa maneira, a utilização de solventes mistos, misturas de etanol com diferentes teores de água, podem propiciar uma partição diferenciada entre os componentes do sistema nas fases oleosa e aquosa formadas.

Ademais, deve-se levar em consideração que extratos alcoólicos de óleos essenciais são particularmente solicitados pelas indústrias por causa, principalmente, das seguintes razões: (i) extratos alcoólicos são extensivamente solúveis em soluções aquosas podendo ser facilmente adicionados a bebidas e perfumes; (ii) os extratos alcoólicos possuem grande poder aromático se comparado aos óleos essenciais antes da etapa de desterpenação; (iii) reações de oxidação dos compostos aromáticos são reduzidas na presença de etanol.

Cháfer et al. (2004 e 2005) estudaram a influência da temperatura no equilíbrio de fases de sistemas compostos por limoneno, etanol e água e linalol, etanol e água, respectivamente. Em ambos os trabalhos, os autores estudaram a faixa de temperatura de 25 °C a 50 °C e observaram que a temperatura exerce pouca influência, tanto na extensão da região de separação bem como no coeficiente de distribuição dos compostos orgânicos estudados.

Um amplo estudo relacionado com a escolha do solvente para a desterpenação de óleos essenciais tem sido desenvolvido por Arce e colaboradores (2002, 2003, 2004a, 2004b, 2005 e 2006). Entre os solventes estudados pelos autores estão: dietileno glicol, 1,2-propanodiol, 1,3-propanodiol, etanol + água, 2-aminoetanol, 2-buteno-1,4-diol, etilenoglicol e 1-etil-3-metilimidazolium metanossulfonato.

19.2.4 Lipídios

A extração líquido-líquido também vem sendo estudada como alternativa em processos envolvendo óleos e gorduras, por exemplo, na remoção de ácidos graxos livres, no fracionamento dos triacilgliceróis e na remoção ou manutenção de compostos minoritários presentes no óleo.

As sementes oleaginosas são as maiores fontes de óleos comestíveis, considerados de grande importância para a dieta, como fonte de energia, ácidos graxos essenciais (como o ácido linoleico), e vitaminas lipossolúveis (como vitaminas A e E). Os óleos vegetais brutos são compostos predominantemente por triacilgliceróis (95 % a 99 % do óleo), além de 1 % a 5 % de compostos minoritários que incluem ácidos graxos livres, mono e diacilgliceróis, entre outros, que devem ser removidos para a obtenção do óleo comestível. A remoção de impurezas do óleo é feita por meio de um processo chamado refino, que consiste em várias etapas, como: degomagem, branqueamento, desacidificação e desodorização.

A remoção dos ácidos graxos livres (desacidificação) é a mais importante das etapas do processo de purificação de óleos, principalmente por causa do rendimento de óleo neutro nessa etapa, que tem um efeito significativo no custo global final. De acordo com a Agência Nacional de Vigilância Sanitária (Anvisa), a porcentagem máxima de ácidos graxos livres permitida nos óleos vegetais é de 0,3 %. Para atingir esse valor, a desacidificação de óleos vegetais tem sido feita por refino químico ou refino físico.

No refino químico, a etapa de desacidificação é efetuada por neutralização com soda cáustica, ocasionando a conversão dos ácidos graxos livres em sabões, que são removidos posteriormente por meio de centrifugação ou decantação. No entanto, esse processo apresenta dificuldades quando aplicado a óleos com elevada acidez. Para esses óleos o refino químico não é econômico em razão das perdas causadas pela saponificação do óleo neutro e pelo arraste mecânico do mesmo nas emulsões.

O refino físico, por sua vez, consiste na remoção dos ácidos graxos livres por dessorção sob vácuo com injeção direta de vapor de água. O método se baseia na diferença considerável entre os pontos de ebulição dos ácidos graxos livres e dos triacilgliceróis à pressão de operação, facilitando a remoção dos primeiros com uma insignificante perda de óleo. Entretanto, para alguns óleos, as condições necessárias nesse processo (altas temperaturas: 200 °C a 250 °C; e baixas pressões: (667-1334) Pa [(5 a 10) mmHg] têm um grande impacto na qualidade do produto final. Óleos com grande teor de fosfatídeos não podem ser purificados por esse método, pois a decomposição térmica desses compostos origina um material de cor escura dificilmente removível, prejudicando a aparência e o sabor do produto final. Compostos nutracêuticos, como carotenoides e tocoferóis, são eliminados ou têm seu teor reduzido pelo refino físico.

Novas abordagens para a desacidificação de óleos vegetais têm sido propostas na literatura, como desacidificação biológica, reesterificação química, extração com fluido supercrítico, separação por membranas e extração com solvente (ou líquido-líquido).

A técnica de desacidificação por extração líquido-líquido consiste na remoção dos ácidos graxos livres com alcoóis ou outros solventes que tenham uma maior afinidade com os ácidos graxos do que com os triacilgliceróis. A razão do potencial desse processo está no fato de a perda de óleo neutro no extrato poder ser consideravelmente inferior à perda no refino químico para óleos de acidez elevada. Em adição, a extração líquido-líquido torna-se um processo alternativo no caso do processamento de óleos para os quais a temperatura normalmente requerida para o refino físico (220 °C a 270 °C) não seja aceitável, possibilitando, dessa maneira, a preservação dos compostos nutracêuticos. Além disso, em relação ao refino químico, elimina-se o problema de formação e descarte dos sabões produzidos. Vale destacar que, por causa da elevada diferença entre os pontos de ebulição do solvente e dos compostos graxos, a recuperação do solvente do óleo refinado e do extrato pode ser facilmente conduzida por evaporação ou destilação a temperaturas relativamente baixas.

A extração de ácidos graxos livres a partir de material graxo utilizando solventes tem uma longa história, sendo que vários estudos já tinham demonstrado que esse processo é, em princípio, viável utilizando alcoóis de cadeia curta, especialmente etanol, como solvente. O etanol tem baixa toxicidade, facilidade no processo de recuperação, e tem apresentado bons valores de seletividade e coeficiente de distribuição dos ácidos graxos livres, além de proporcionar baixa perda de compostos nutracêuticos.

Nos últimos anos, dados de equilíbrio para sistemas compostos por vários óleos vegetais (canola, milho, palma, farelo de arroz, castanha do Brasil, macadâmia, semente de uva, semente de gergelim, alho, óleos de soja e algodão), ácidos graxos saturados, monoinsaturados ou poli-insaturados (esteárico, palmítico, oleico e linoleico) e solvente (etanol + água) têm sido publicados. Esses trabalhos mostram que a mistura etanol + água é a mais recomendada para ser utilizada como solvente para a desacidificação de óleos vegetais.

19.3 EQUIPAMENTOS

As duas fases presentes no processo de extração líquido-líquido, corrente de alimentação contendo o soluto e corrente de solvente, precisam ser intimamente contatadas com alto grau de turbulência a fim de se obter altas taxas de transferência de massa. A taxa de transferência de massa do soluto A entre as duas fases líquidas pode ser descrita de acordo com a Equação 19.1:

$$\hat{M}_A = K_L A_T \Delta\hat{c}_{Aln}$$ (19.1)

sendo $\hat{M}_A$ a taxa molar de transferência de massa [mol · s⁻¹]; K_L o coeficiente global de transferência de massa baseado na diferença de concentração molar [m · s⁻¹]; A_T a área interfacial de transferência de massa entre as fases [m²] e $\Delta\hat{c}_{Aln}$, a força motriz média de diferença de concentração para o composto A, expressa em termos de concentração molar.

Desse modo, a taxa de transferência de massa pode ser aumentada por meio de uma eficiente dispersão de um dos líquidos, na forma de gotículas, no outro líquido, aumentando assim a área interfacial de contato entre as fases. Após esse contato, as fases precisam ser eficientemente separadas. Nos processos de destilação e absorção, essa separação é rápida e fácil por causa da grande diferença de densidade entre as duas fases envolvidas (fases gasosa ou vapor e fase líquida). Na extração por solvente, a diferença de densidade entre as duas fases não é tão elevada e a separação, por conseguinte, é mais difícil. Por causa dessa particularidade, uma grande variedade de equipamentos está disponível para utilização nos processos de extração por solvente.

A escolha do equipamento mais indicado para realizar determinada separação pode envolver diversos fatores, como facilidade no aumento de escala, número de estágios necessários para a separação, fluxos a serem processados, custos de fabricação, aspectos operacionais e de manutenção, espaço utilizado para instalação, tempo de residência, tendência à emulsificação e volatilidade do solvente. Geralmente em processos industriais são preferidos os equipamentos mais simples, em termos construtivos, com baixo custo de manutenção e que apresentem eficiência de separação.

Os equipamentos para extração líquido-líquido podem ser classificados com relação ao tipo de agitação que ocasiona a mistura dos fluidos, ou seja:

1) Equipamentos nos quais a agitação mecânica é responsável pela mistura.
2) Equipamentos nos quais a mistura é ocasionada pelos fluxos dos fluidos.

Adicionalmente, os extratores podem ser classificados com base no tipo de contato entre os líquidos:

1) Contato por estágios, no qual se observa claramente as etapas de mistura da alimentação e solvente com subsequente separação das novas fases formadas, rafinado e extrato.
2) Contato diferencial, no qual os estágios discretos não estão envolvidos, ou seja, nesse caso as fases fluem dentro do equipamento continuamente e em contato direto em praticamente toda a sua extensão, sem as repetidas situações de mistura e separação que caracterizam os equipamentos de contato por estágio.

19.3.1 Equipamentos para contato por estágios

(i) **Misturadores-decantadores:** esse equipamento constitui o mais antigo e conhecido tipo de extrator líquido-líquido no qual cada estágio apresenta duas regiões bem definidas e fisicamente delimitadas. A primeira região, de mistura, envolve a dispersão de um dos líquidos no outro, e a segunda, o decantador, é onde se dá a separação mecânica das fases. Esse tipo de equipamento fornece estágios de elevada eficiência em relação ao estágio ideal, 80 % a 90 %, alta capacidade de processamento com adequada flexibilidade e fácil *scale-up*. Possibilita processamento de líquidos viscosos e, também, apresenta versatilidade em relação à ampla faixa de razões alimentação/solvente que pode atender. Como principais desvantagens pode-se citar a grande área requerida para instalação e altos custos de instalação e operação no caso da necessidade de múltiplos estágios. A Figura 19.3 apresenta uma unidade básica de um misturador-decantador a qual pode operar em batelada ou continuamente. Na operação em batelada, o mesmo vaso pode ser utilizado para as duas etapas do processo, mistura e decantação. Nos processos contínuos, um conjunto de unidades básicas, como o da figura a seguir, pode ser organizado com conexões internas para formar uma cascata em corrente cruzada ou, mais comumente, em contracorrente.

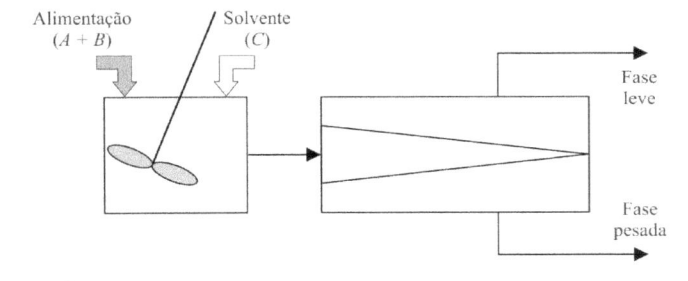

Figura 19.3 Extratores líquido-líquido: misturador-decantador.

(ii) **Colunas de pratos perfurados:** esse equipamento é similar às colunas de pratos comumente utilizadas nos processos de destilação. Os pratos apresentam canais nas extremidades, denominados vertedores, os quais permitem o escoamento da fase líquida pesada (fase contínua). Abaixo de cada prato, as gotas da fase leve (fase dispersa) coalescem e se acumulam como uma camada de líquido. Essa camada de líquido flui através dos furos do prato e é dispersa em um grande número de novas gotículas dentro da fase contínua, a qual escoa acima do prato. Esse tipo de equipamento, em razão de sua simplicidade de projeto, requer baixo investimento inicial, bem como baixos custos operacionais e de manutenção. Apresenta alta capacidade de processamento e adequada eficiência na transferência de massa, particularmente para sistemas com baixa tensão interfacial, os quais não requerem agitação mecânica para uma boa dispersão (Figura 19.4).

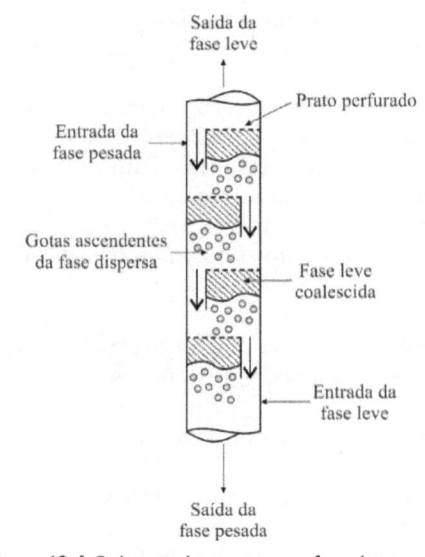

Figura 19.4 Colunas de pratos perfurados.

19.3.2 Equipamentos para contato diferencial

Nesse tipo de equipamento, os dois líquidos imiscíveis ou parcialmente miscíveis escoam de modo contínuo em contracorrente em razão da diferença de densidade, sem etapas de decantação. Os equipamentos diferenciais são, geralmente, verticais com a entrada de líquido pesado (ou mais denso) pelo topo e a entrada do líquido mais leve (ou menos denso) pela base. A completa separação das fases acontece somente em uma das extremidades da coluna, no topo, no caso de a fase dispersa ser a fase leve ou na base, no caso de a fase dispersa ser constituída pelo líquido mais denso.

(i) **Colunas *spray*:** as colunas *spray* apresentam-se como as colunas diferenciais mais simples. Consistem basicamente em um casco vazio com entradas e saídas para as correntes líquidas. Considerando como fase dispersa o líquido menos denso, a fase pesada entra pelo topo da coluna, através de um distribuidor, preenchendo todo o interior da mesma e deixando o equipamento pela base. O líquido leve, por sua vez, escoa para o interior do equipamento através de um distribuidor localizado na base da coluna. Esse dispositivo tem o objetivo de dispersar a fase leve na forma de gotículas dentro da fase contínua. Essas gotas escoam ascendentemente pelo equipamento, através da fase contínua, coalescem e formam uma interface no topo da coluna, na região acima da entrada do líquido mais denso, deixando em seguida o equipamento.

   Embora esse tipo de equipamento apresente simplicidade construtiva, como as colunas de pratos perfurados, apresenta baixa eficiência na transferência de massa, principalmente por causa da ausência de dispositivos internos que minimizem a dispersão axial. De fato, dispersão axial é um termo genérico utilizado para descrever efeitos que reduzam o desempenho do extrator, tais como arraste da fase dispersa pela fase contínua, ou o inverso, perfis de velocidade não uniformes de ambas as fases, entre outros. De maneira geral, pode-se considerar que a dispersão axial reduz severamente a transferência de massa por causa da minimização da diferença de concentração entre as fases, ou seja, da deterioração da força motriz.

(ii) **Colunas empacotadas:** nas colunas empacotadas, o casco do equipamento pode ser preenchido com recheio aleatório ou estruturado. O papel do recheio, independentemente da origem, é o de reduzir a dispersão axial, deslocar e distorcer as gotículas da fase dispersa, maximizando, dessa maneira, a eficiência da transferência de massa. No caso da utilização de recheio aleatório, este é constituído, na maioria das vezes, de elementos com cerca de 1/8 do diâmetro da coluna. Os elementos utilizados para melhorar o contato líquido-líquido podem ser moldados em material cerâmico, metálico ou polimérico, são similares àqueles utilizados no contato gás-líquido como os anéis de Raschig, Lessing e Paul e as selas de Berl e Intalox. Esses dispositivos são suportados em telas e distribuídos de maneira randômica dentro da coluna. Os recheios estruturados por sua vez são formados por finas placas verticais onduladas moldadas em material cerâmico, metálico ou plástico. Os ângulos das ondulações são organizados de modo a apresentar-se como uma estrutura do tipo "colmeia" de alta área superficial. Para facilitar a instalação desses tipos de recheios eles são comercializados em módulos com diâmetros próximos ao diâmetro da coluna. Nas colunas empacotadas o distribuidor é um dispositivo essencial para prevenir caminhos preferenciais do líquido no recheio que podem diminuir a eficiência de transferência de massa. Outro detalhe de extrema importância é o tipo de material de construção do recheio. Esse deve ser preferencialmente molhado pelo líquido constituinte da fase contínua, possibilitando a formação de um filme de líquido sobre a superfície sólida. Essa afinidade físico-química entre o material sólido e a fase contínua impede que as gotas da fase dispersa coalesçam por causa do contato com o sólido. Esse tipo de equipamento é recomendado para sistemas com baixa tensão interfacial e, embora a presença do recheio minimize a dispersão axial, as taxas de transferência de massa são relativamente baixas.

(iii) **Colunas agitadas mecanicamente:** uma das classes mais importantes de extratores diferenciais diz respeito aos extratores agitados mecanicamente. A agitação mecânica possibilita uma mistura eficiente de líquidos com alta tensão interfacial, aumentando significativamente a transferência de massa.

O primeiro exemplo dessa classe de extratores é a coluna de discos rotativos (*rotating disc contactor*, ou RDC) (Figura 19.5). Esse equipamento apresenta anéis estatores horizontais fixados no casco da coluna, os quais dividem o extrator em seções. Uma série de discos planos é fixada a um eixo central, ligado a um motor de velocidade variável, visando promover a dispersão e o contato entre as fases. Pode ser encontrada na literatura uma série de modificações da coluna RDC original, como o uso de pratos perfurados (*perforated rotating disc contactor*, ou PRDC) ou colunas sem estatores.

As colunas Kuhni apresentam impulsores fixados a um eixo central, que são dispostos em seções delimitadas por dois pratos perfurados adjacentes. Esses pratos permitem o controle da fração volumétrica da fase dispersa retida na coluna. Nas colunas do tipo York-Scheibel (Figura 19.6), a agitação é similar à coluna Kuhni, porém seções empacotadas separam cada seção contendo os impulsores. A Oldshue-Rushton (Figura 19.7) também é um exemplo de coluna mecanicamente agitada. De maneira geral, essas colunas apresentam boa capacidade de processamento mesmo quando muitos estágios são necessários ao processo, custo razoável de construção e baixos custos de operação e manutenção.

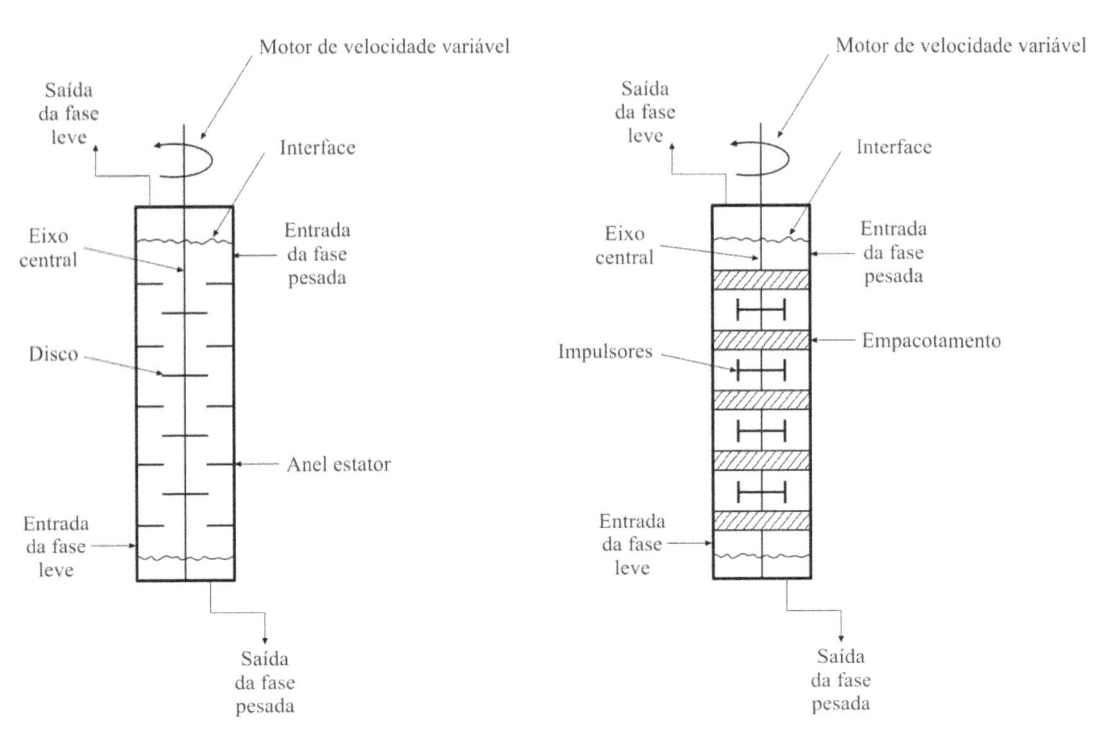

Figura 19.5 Coluna de discos rotativos.   **Figura 19.6** Coluna York-Scheibel.

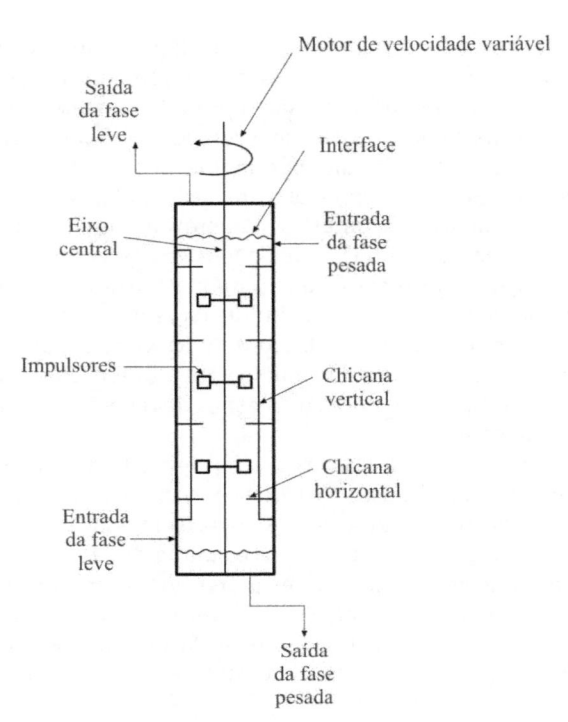

Figura 19.7 Coluna Oldshue-Rushton.

(iv)**Colunas pulsadas:** as colunas pulsadas apresentam-se como uma variação das colunas mecanicamente agitadas ou ainda como uma alternativa às colunas de pratos ou empacotadas.

Nas colunas pulsadas, os pratos perfurados, fixados a um eixo central, podem se mover para cima ou para baixo, promovendo a mistura dos líquidos, ou ainda os líquidos podem ser bombeados para o interior da coluna com pratos perfurados estacionários, na forma de um escoamento pulsante promovido por dispositivo externo, com essa pulsação gerando a mistura desejada. A coluna do tipo Karr representa essa classe de extratores. Apresenta alta capacidade de processamento, grande versatilidade e flexibilidade, simplicidade na construção e aplicabilidade na separação de sistemas com tendência a emulsificação. A agitação dos extratores pulsados pode ainda ser obtida por meio de sistema de injeção de gás comprimido conectado à alimentação de fase contínua para a coluna, realizada com determinada amplitude e frequência; dessa maneira, a transferência de massa pode ser controlada pela variação da pulsação. Esse tipo de equipamento com injeção de ar apresenta como principais vantagens a possibilidade de operação com sólidos suspensos e a possibilidade de economia de espaço por ser altamente compacto.

(v) **Extratores centrífugos:** essa classe de extratores apresenta como principais vantagens o curto tempo de operação, o que é de extrema valia quando se processa materiais instáveis. Possibilita ainda o processamento de sistemas altamente emulsionados e com pequena diferença de densidade entre os líquidos. Requer pouco espaço para instalação e, como os custos de fabricação e operação são elevados, torna-se economicamente viável para operações de separação que requerem acima de sete estágios teóricos. O extrator centrífugo mais importante é o extrator Podbielniak, o qual apresenta um eixo horizontal que possibilita o giro de 30 rps a 85 rps de um tambor cilíndrico, contendo cascos concêntricos perfurados dispostos em seu interior. Os dois líquidos são alimentados ao extrator por meio da haste. A força centrífuga faz com que o líquido menos denso escoe em direção ao centro e o líquido mais denso escoe em direção à parede interna do tambor, possibilitando uma configuração contracorrente. As fases rafinado e extrato deixam o equipamento através da haste, nos lados opostos aos locais de alimentação. Esses extratores centrífugos contínuos podem ser conectados a decantadores para acelerar a separação das fases. Além do extrator Podbielniak, são encontrados os extratores centrífugos Quadronic, Alfa-Laval, Westfalia e Robatel.

(vi)**Extratores de membrana:** essa classe de extratores geralmente apresenta alta capacidade de processamento por causa da característica de não ser suscetível à inundação. De fato, do ponto de vista industrial, um extrator líquido-líquido deve processar altas taxas de fluxo, mantendo altas taxas de transferência de massa. No entanto, não é possível aumentar as taxas de fluxo das fases indefinidamente, pois há um limite para a quantidade de uma fase que pode ser dispersa na segunda. Quando esse limite é excedido, atinge-se o ponto de inundação no qual uma operação estável da coluna não é possível, uma vez que o movimento das gotas da fase dispersa é limitado pelo fluxo da fase contínua. Como vantagens adicionais dos extratores de membrana, pode-se citar a diminuição de tendência a emulsificação dos líquidos e a pos-

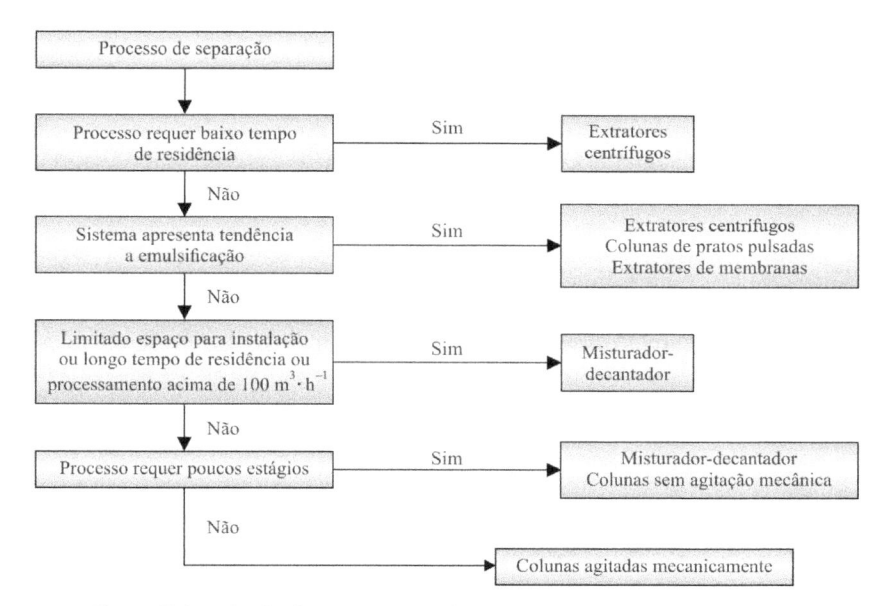

Figura 19.8 Rede de decisões para seleção de extratores líquido-líquido.

sibilidade de operação com baixíssimos fluxos. Nesse tipo de extrator deve-se considerar a compatibilidade química entre os líquidos a serem processados e o material constituinte da membrana. Os separadores Celgard apresentam-se como o exemplo clássico de extratores de membrana. De maneira geral, o equipamento possui membranas microporosas não seletivas dispostas em seu interior. As correntes de alimentação e solvente são alimentadas ao extrator cada uma em uma face da membrana porosa, preferencialmente em fluxo contracorrente. O soluto contido na alimentação permeia seletivamente através da membrana, sendo obtido como permeado no lado do solvente, enquanto o rafinado é obtido como retentado no lado da membrana pelo qual foi introduzida a corrente de alimentação.

Informações detalhadas sobre os diferentes tipos de extratores líquido-líquido, aplicações, cálculos hidrodinâmicos, taxas de transferência de massa e dados de capacidade podem ser encontradas em Treybal (1980), Wankat (2007), Godfrey e Slater (1994) e Lo (1997).

Segundo Wankat (2007) pode-se empregar um método heurístico para realizar uma primeira triagem de equipamentos de extração:

1) Misturadores-decantadores devem ser escolhidos se um ou dois estágios de equilíbrio são necessários.
2) Para três estágios de equilíbrio, equipamentos do tipo misturadores-decantadores, colunas de pratos, colunas empacotadas (com recheio estruturado ou aleatório) ou contatores de membranas podem ser utilizados convenientemente.
3) Se quatro ou cinco estágios de equilíbrio são necessários para realização de determinada separação, colunas de pratos, colunas empacotadas (com recheio estruturado ou aleatório) ou contatores de membranas apresentam-se como as escolhas mais acertadas.
4) Acima de cinco estágios, os equipamentos mecanicamente agitados são os mais indicados.

Uma rede de decisões, com base no esquema proposto por Lo (1997), é apresentada para a seleção de extratores líquido-líquido (Figura 19.8).

19.4 RELAÇÕES DE EQUILÍBRIO NO PROCESSO DE EXTRAÇÃO

19.4.1 Nomenclatura

Com o objetivo de facilitar a discussão do equilíbrio líquido-líquido bem como do cálculo de extratores, a seguinte nomenclatura é proposta: a corrente da solução alimentação, denominada $\dot{F}$, é formada pelos constituintes soluto (A) e diluente (B). A corrente denominada solvente, $\dot{S}$, é constituída pelo solvente da extração (C). $\dot{E}$ é a denominação da corrente de extrato, que pode ser formada por ($A + B + C$), porém com o predomínio do componente C, enquanto $\dot{R}$ refere-se à corrente de rafinado, que também pode ser formada por $(A + B + C)$, porém com o predomínio do componente B. Nas operações em batelada as quantidades F, S, E e R são expressas em massa, enquanto nos processos contínuos $\dot{F}$, $\dot{S}$, $\dot{E}$ e $\dot{R}$ são expressas como massa que escoa dividida pelo tempo.

As frações mássicas dos componentes na corrente de alimentação bem como na corrente de rafinado são denominadas X (X_{AF}, X_{BF} e X_{AR}, X_{BR}, X_{CR}, respectivamente), enquanto as frações mássicas dos componentes na corrente solvente e extrato são denominadas Y (Y_{CS} e Y_{AE}, Y_{BE}, Y_{CE}, respectivamente).

19.4.2 Regra das fases

Em um sistema de equilíbrio no qual as variáveis intensivas consideradas são temperatura, pressão e potencial químico, a regra das fases proporciona um meio de se determinar o número dessas variáveis que pode ser independentemente variado (dentro de limites prefixados) sem ocasionar mudança no estado do sistema. Esse número de variáveis é chamado de Graus de Liberdade (f), calculado pela Equação 19.2, e é relacionado com o número de componentes (n) e de fases (π) presentes no sistema.

$$f = n - \pi + 2 \tag{19.2}$$

Considerando-se um sistema parcialmente miscível no qual duas fases líquidas são formadas, no estado de equilíbrio as temperaturas e pressões das fases serão iguais e as composições das duas fases estarão relacionadas. Dessa maneira, para um sistema de extração ternário, o número de graus de liberdade calculado por meio da Equação 19.2 é $f = 3 - 2 + 2 = 3$. Sendo temperatura e pressão especificadas, tem-se somente 1 grau de liberdade para o sistema. Logo, se a concentração de um componente em uma fase for especificada, todas as outras composições estarão fixadas no equilíbrio.

19.4.3 Representação gráfica do equilíbrio líquido-líquido — diagramas triangulares e retangulares

De maneira geral, os sistemas de extração líquido-líquido podem apresentar uma grande variedade de comportamentos de equilíbrio, sendo, dessa maneira, mais facilmente analisados graficamente. Além disso, os processos de extração líquido-líquido envolvem sistemas compostos por pelo menos três substâncias e, apesar desses compostos apresentarem comportamentos químicos muito diferentes, geralmente todos os três componentes do sistema aparecem em ambas as fases.

Em um sistema ternário ($f = 3$), a representação gráfica no plano somente é possível se as variáveis pressão e temperatura forem fixadas. Os diagramas de fases ternários são muitas vezes graficados em triângulos equiláteros nos quais os componentes puros são representados pelos vértices, as misturas binárias pelos lados, e as misturas ternárias são representadas por pontos dentro do triângulo.

Um típico diagrama de fases isotérmico e isobárico pode ser visualizado na Figura 19.9a.

Nesse diagrama para uma mistura ternária, conhecido como Sistema do Tipo I, somente um dos pares binários apresenta miscibilidade parcial. O diagrama pode, desse modo, ser considerado como composto por um par parcialmente miscível (solvente-diluente) e dois pares completamente miscíveis (soluto-diluente e soluto-solvente), apresentando então uma região de duas fases líquidas em equilíbrio, dependente da concentração do soluto.

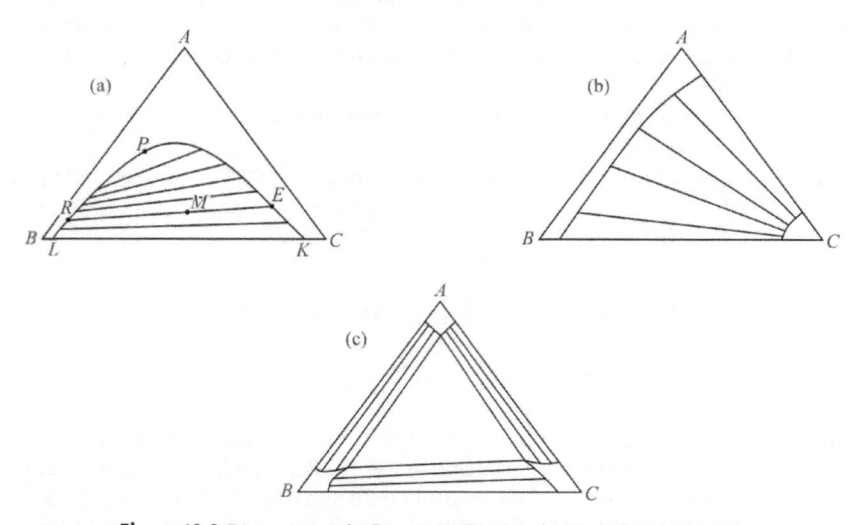

Figura 19.9 Diagramas de Fases: (a) Tipo I; (b) Tipo II; (c) Tipo III.

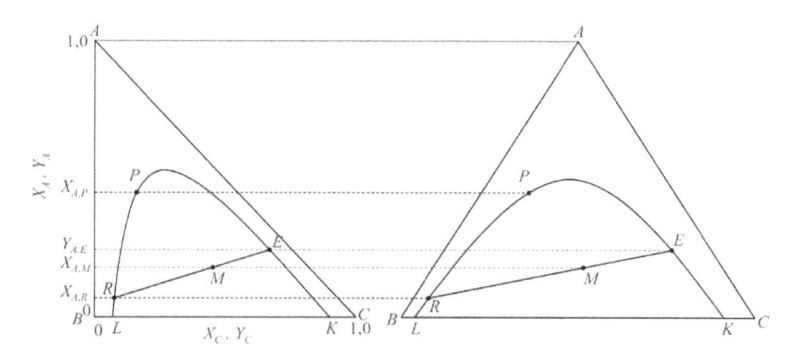

Figura 19.10 Coordenadas retangulares *versus* triangulares.

Nesse tipo de sistema, o aumento da concentração do soluto aumenta a miscibilidade mútua entre o diluente e o solvente, de modo que os três componentes formam uma fase homogênea, desde que haja quantidade suficiente de soluto no sistema.

No diagrama de equilíbrio (Figura 19.9a), os pontos localizados à direita (curva *PEK*) representam as composições obtidas experimentalmente para os componentes da fase extrato, enquanto os pontos localizados à esquerda (curva *LRP*) representam as composições na fase rafinado. Os pontos no centro do diagrama referem-se aos pontos de mistura (*M*), obtidos pela composição mássica inicial do sistema. O ponto *L* representa a solubilidade do componente *C* em *B* e o ponto *K* a solubilidade do componente *B* em *C*.

A curva *LRPEK* é a curva binodal e apresenta a mudança de solubilidade das fases extrato (*E*) e rafinado (*R*) com a adição do soluto *A*. Qualquer mistura na parte exterior dessa curva será uma solução homogênea de uma fase, enquanto qualquer mistura no interior do envelope formado por essa curva e a base do triângulo, por exemplo, a mistura *M*, formará duas fases líquidas imiscíveis com as composições indicadas em *R* (rica no componente *B*) e *E* (rica no componente *C*). A linha *RE* é a linha de amarração ou *tie line*, que deverá passar necessariamente pelo ponto *M*. O ponto *P*, conhecido como ponto crítico ou *plait point*, representa a última linha de amarração e o ponto onde as curvas de solubilidade das fases ricas nos componentes *B* e *C* se encontram.

As Figuras 19.9b e c apresentam os sistemas conhecidos como do Tipo II e III, respectivamente. Nesses sistemas pode-se observar, respectivamente, a existência de dois e três pares parcialmente miscíveis. No sistema do Tipo III, observa-se a existência de uma região de três fases para a qual o sistema é invariante (*f* = 0). As composições das três fases em equilíbrio são representadas pelos três pontos isolados conectados por um triângulo de amarração. Considera-se de fato que os diagramas dos Tipos II e III são oriundos da mescla de dois ou três sistemas do Tipo I.

As relações de equilíbrio líquido-líquido, por causa de sua complexidade, são raramente expressas algebricamente, por isso a utilização de gráficos para a análise do equilíbrio líquido-líquido se torna extremamente relevante. Para esse fim, o uso de coordenadas retangulares no lugar de coordenadas triangulares mostra-se mais eficiente por causa, principalmente, da possibilidade de se expandir a escala de concentração de um componente em relação aos outros (Figura 19.10).

19.4.4 Influência da temperatura, pressão e tipo de solvente no equilíbrio de fases

A dependência da temperatura de um sistema do Tipo I pode ser analisada de maneira genérica por meio de uma figura tridimensional, Figura 19.11a, na qual a temperatura é representada verticalmente e os triângulos isotérmicos podem ser observados nas seções por meio do prisma. Nesse exemplo, $T_3 > T_2 > T_1$.

Para a maioria dos sistemas desse tipo, a solubilidade mútua de *B* e *C* aumenta com o aumento da temperatura e, acima do valor de temperatura T_C (temperatura crítica da solução), *B* e *C* se dissolvem completamente. O aumento da solubilidade com o incremento da temperatura influencia grandemente o equilíbrio ternário, sendo esse efeito mais bem observado por meio da projeção das isotermas (Figura 19.11b).

O aumento da temperatura apresenta efeito significativo no tamanho da região de separação (região heterogênea) e pode, também, influenciar a inclinação das linhas de amarração. De fato, os processos de separação por extração líquido-líquido devem ser realizados a temperaturas abaixo da temperatura crítica, uma vez que somente são factíveis na região heterogênea.

A Figura 19.12 apresenta, utilizando coordenadas retangulares, a influência da temperatura no equilíbrio de fases de sistemas compostos por ácido palmítico (*A*), óleo de palma (*B*) e etanol anidro (*C*), nas temperaturas de 45 °C e 55 °C. Pode-se observar a diminuição da região de separação com o aumento da temperatura. Na linha de base do diagrama pode-se notar que o aumento da temperatura ocasiona um aumento da solubilidade mútua entre óleo de palma (*B*) e solvente (*C*) na ausência do soluto (*A*). A influência da temperatura para sistemas compostos por ácido oleico (*A*), óleo de canola (*B*) e solvente (*C*) (etanol, metanol ou isopropanol) pode ser observada em Batista et al. (1999).

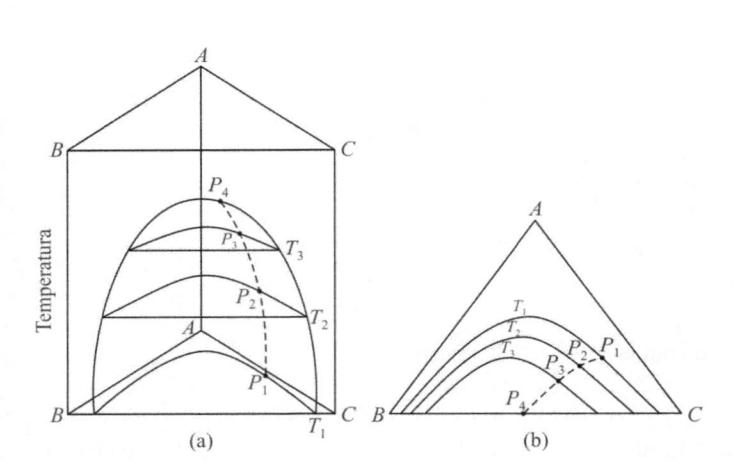

Figura 19.11 Equilíbrio líquido-líquido ternário: (a) Efeito da temperatura em sistema do tipo I; (b) projeções das isotermas.

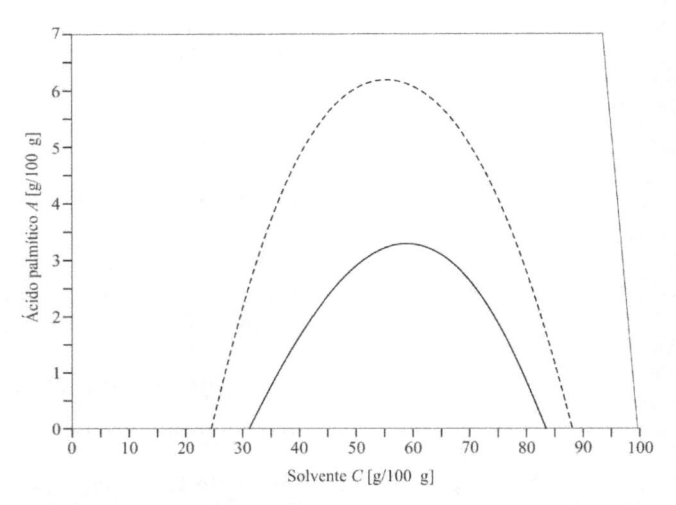

Figura 19.12 Curvas binodais para o sistema ácido palmítico (*A*) + óleo de palma (*B*) + etanol (*C*), a 45 °C (– – –) e a 55 °C (——).

De maneira geral, para os sistemas do Tipo II o aumento da temperatura também favorece o decréscimo da extensão da região de separação bem como uma alteração na inclinação das linhas de amarração. Nesse caso, em situações acima da temperatura crítica da solução BC, o sistema do Tipo II passa a se comportar como um sistema do Tipo I (Figura 19.13, na qual a temperatura T_2 é maior que T_1).

Diferentemente da temperatura, a pressão pouco influencia o equilíbrio líquido-líquido. De fato, considera-se que todos os diagramas apresentados foram obtidos em condições de pressão suficientemente altas para manter as fases do sistema completamente condensadas, isto é, pressões de trabalho bem acima das pressões de vapor dos componentes das soluções.

As características físico-químicas do solvente também influenciam grandemente esse tipo de processo de separação, uma vez que a técnica de extração líquido-líquido utiliza a diferença de solubilidade dos componentes da alimentação no solvente escolhido. Estudo realizado na área de desacidificação de óleos vegetais mostra que a utilização de metanol como solvente possibilita um aumento da região de separação em relação à utilização de etanol, e que este último possibilita maior área de heterogeneidade em relação ao solvente isopropanol, a 20 °C. De fato, pode-se inferir que o aumento da cadeia carbônica dos alcoóis utilizados como solventes no processo de desacidificação aumenta a solubilidade mútua entre diluente e solvente, diminuindo a região de separação (Figura 19.14).

Uma abordagem que pode ser utilizada para mudar as características do solvente de extração é a adição de outra substância, totalmente solúvel no componente *C*, porém com características específicas que modificam a interação entre o novo solvente misto formado e os outros componentes do sistema, soluto e diluente.

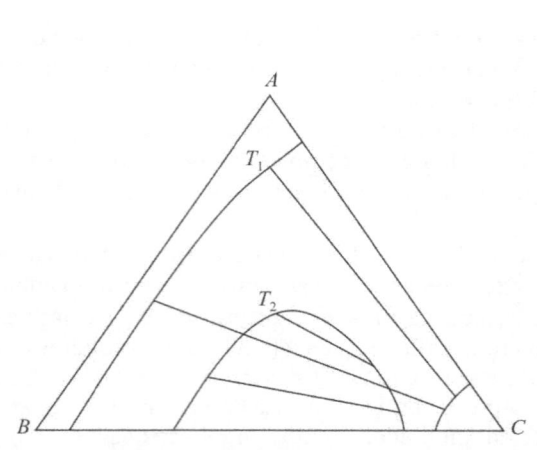

Figura 19.13 Efeito da temperatura em sistema do tipo II.

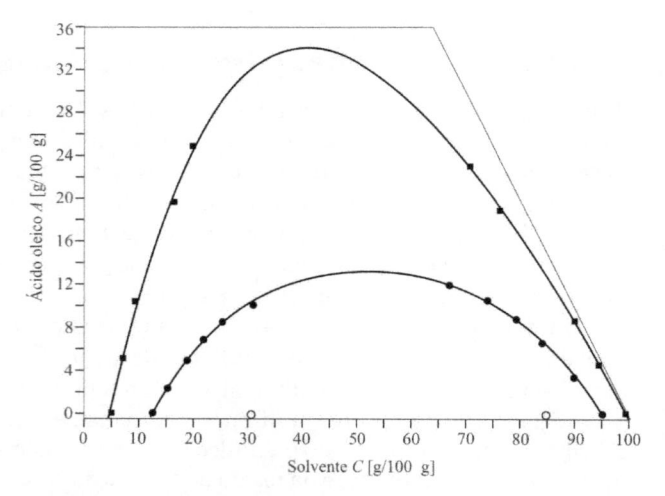

Figura 19.14 Curvas binodais para o sistema ácido oleico (*A*) + óleo de canola (*B*) + solvente (*C*), a 20 °C: metanol anidro (–■–), etanol anidro (–●–), isopropanol anidro (–○–).

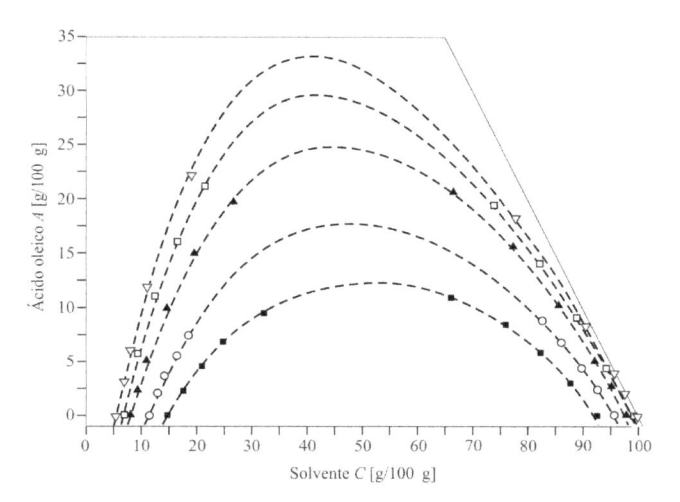

Figura 19.15 Curvas binodais para o sistema ácido oleico (A) + óleo de farelo de arroz (B) + solvente (C), a 25 °C: etanol anidro (–■–), etanol com 2 % de água (–○–), etanol com 6 % de água (–▲–); etanol com 10 % de água (–□–); etanol com 12 % de água (–▽–).

No processo de extração líquido-líquido aplicado à área de desacidificação de óleos vegetais, água pode ser adicionada ao solvente, geralmente alcoóis de cadeia curta, aumentando a polaridade do solvente misto. A Figura 19.15 apresenta as curvas binodais referentes ao sistema formado por ácido oleico (A), óleo de farelo de arroz (B) e etanol (C) com diferentes teores de água, a 25 °C.

Pode-se observar que o aumento do teor de água no solvente causa um aumento na região bifásica por causa da diminuição da solubilidade mútua entre o óleo e o solvente. De fato, a adição de água aumenta a seletividade do solvente, isto é, permite que este diferencie melhor o ácido graxo e o óleo, diminuindo o valor do coeficiente de distribuição do óleo. Consequentemente, a composição de solvente na fase rafinado também diminui com a adição de água.

19.4.5 Coeficiente de distribuição e seletividade

As definições de coeficiente de distribuição (k_i) e seletividade (β_{ij}) são de extrema valia para a análise de um processo de separação por extração líquido-líquido. A razão entre as composições do componente i na fase extrato (Y_i) e na fase rafinado (X_i), no equilíbrio, representa o coeficiente de distribuição desse componente i. Matematicamente o coeficiente de distribuição (k_i) é representado pela Equação 19.3:

$$k_i = \frac{Y_i}{X_i}$$ (19.3)

O coeficiente de distribuição também pode ser visualizado pela inclinação das linhas de amarração no diagrama de equilíbrio. No exemplo apresentado na Figura 19.9a, a composição do componente A na fase extrato é maior que na fase rafinado; portanto, o coeficiente de distribuição será maior que 1.

A capacidade do solvente de separar o soluto (A) do diluente (B) é medida pela razão entre o coeficiente de distribuição do soluto (k_A) e do diluente (k_B). Esse fator de separação é conhecido como seletividade, ou separação relativa, e representa a eficácia de determinado solvente no processo de extração (Equação 19.4).

$$\beta_{ij} = \frac{k_i}{k_j}$$ (19.4)

De fato, o conceito de seletividade na extração líquido-líquido é similar ao conceito de volatilidade relativa utilizado no processo de destilação. Desse modo, em relação ao coeficiente de distribuição, é altamente desejável, porém não necessária, a utilização de solvente que possibilite valores de k maiores que a unidade, uma vez que quanto maior o valor do coeficiente de distribuição menor a quantidade de solvente utilizada no processo e menor o tamanho do equipamento.

Em relação à seletividade, um processo de separação somente será possível se os valores de seletividade excederem a unidade.

19.4.6 Cálculo rigoroso do equilíbrio líquido-líquido

O equilíbrio líquido-líquido é mais difícil de ser previsto analiticamente que o equilíbrio líquido-vapor por causa, principalmente, da ausência da hipótese simplificadora de solução ideal a qual pode ser utilizada para o cálculo do equilíbrio em inúmeras situações.

O equilíbrio líquido-líquido envolve quase inteiramente interações não ideais, uma vez que parte do princípio da imiscibilidade ou miscibilidade parcial entre duas ou mais soluções líquidas. Por causa dessa particularidade, o sucesso desse processo de separação tem sido geralmente dependente da determinação de um número apreciável de dados experimentais utilizando inúmeros tipos de solventes antes da seleção de um solvente específico. Muitas vezes não é possível obter todos os dados para a mistura particular nas condições de temperatura, pressão e composição correspondentes às do estudo. É necessário, então, manipular os poucos dados experimentais obtidos de modo a obter-se a melhor interpolação e extrapolação dos resultados.

A esse respeito, deve-se considerar que as relações de equilíbrio são decisivas no cálculo da força motriz para transferência de massa e no cômputo das composições das fases que estão em contato no equipamento. É a partir do conhecimento dessas composições que outras propriedades físicas importantes no processo (densidade, viscosidade, tensão interfacial, difusividade etc.) podem ser estimadas.

Nas condições de equilíbrio termodinâmico de duas fases líquidas, tem-se que:

$$\hat{f}_i^{\mathrm{I}} = \hat{f}_i^{\mathrm{II}} \tag{19.5}$$

em que $\hat{f}_i^{\mathrm{I}}$ e $\hat{f}_i^{\mathrm{II}}$ são as fugacidades do componente i nas fases I e II, respectivamente. Assume-se que a fase I corresponde à fase líquida pesada (maior densidade) e a II à fase líquida leve (menor densidade).

Utilizando a definição do coeficiente de atividade, a Equação 19.5 pode ser reescrita como:

$$\gamma_i^{\mathrm{I}} x_i^{\mathrm{I}} \hat{f}_{ii}^{o} = \gamma_i^{\mathrm{II}} y_i^{\mathrm{II}} \hat{f}_i^{o} \tag{19.6}$$

Na Equação 19.6, tem-se que:

$$\gamma_i^{\mathrm{I}} x_i^{\mathrm{I}} = a_i^{\mathrm{I}} \quad \text{e} \quad \gamma_i^{\mathrm{II}} y_i^{\mathrm{II}} = a_i^{\mathrm{II}} \tag{19.7}$$

sendo x_i^{I} e y_i^{II} as frações molares do componente i nas fases I e II, respectivamente; γ_i^{I} e γ_i^{II} seus coeficientes de atividade nas duas fases; a_i^{I} e a_i^{II} os valores de suas atividades; e $\hat{f}_i^{o}$ a fugacidade do componente i no estado de referência, adotado como o mesmo para as duas fases.

Muitas expressões semiempíricas têm sido propostas na literatura para relacionar os coeficientes de atividade com a composição e a temperatura da mistura. Todas essas expressões contêm parâmetros ajustáveis a dados experimentais, sendo que os principais modelos moleculares sugeridos para o equilíbrio líquido-líquido são as equações NRTL (Non Random Two Liquid) e UNIQUAC (UNIversal QUAsi Chemical). A principal vantagem dessas equações é permitir a extensão dos parâmetros obtidos pelo ajuste dos modelos a sistemas binários para o cálculo do equilíbrio em sistemas multicomponentes contendo os mesmos constituintes (Abrams e Prausnitz, 1975).

Além dos modelos moleculares, modelos de contribuição de grupos podem ser aplicados ao cálculo das composições no equilíbrio líquido-líquido. A metodologia de contribuição de grupos baseia-se no fundamento de que o número de grupos funcionais (CH$_3$, CH$_2$, OH, CH=CH, entre outros) é bem menor que o número de moléculas de interesse para a indústria de alimentos ou química. Ademais, essa metodologia considera que um grande número de propriedades físicas pode ser calculado pela soma da contribuição dos grupos funcionais presentes na solução.

UNIFAC (UNIQUAC Functional–Group Activity Coefficients) (Fredenslund, Gmehling e Rasmussen, 1977) e ASOG (Analytical Solutions of Grouph) (Kojima e Tochigi, 1979) apresentam-se como os modelos de contribuição de grupos de maior aplicabilidade no processamento de fluidos alimentícios.

19.4.7 Fatores que influenciam a escolha do solvente

A preocupação com a saúde e a segurança pública leva à restrição do número de solventes que podem ser utilizados no processamento de alimentos. De maneira geral, os solventes considerados seguros (ou GRAS, *generally recognized as safe*) em processos de extração líquido-líquido são (Hamm, 1992):

1) **Alcoóis de cadeia curta:** possibilitam a extração de compostos mais polares. Deve-se levar em consideração que esses compostos apresentam miscibilidade total com água e, dessa maneira, não podem ser utilizados para extração em sistemas aquosos bifásicos. Os exemplos mais importantes dessa classe são etanol e isopropanol. Vale ressaltar que, para todos os usos, isopropanol deve apresentar o limite máximo residual em alimentos de 10 mg · kg^{-1};

2) **Misturas de alcoóis de cadeia curta e água:** como comentado anteriormente, em algumas situações a adição de água ao solvente pode ser utilizada como forma de modificação da polaridade do solvente;

3) **Cetonas de baixa massa molar:** a representante dessa classe de compostos com aplicação na área alimentícia é a acetona, porém o uso desse solvente em processo de refino de óleo de oliva, extraído da torta de prensagem, é proibido pela Comunidade Europeia. A metiletilcetona é, no entanto, empregada em processos de fracionamento de óleos e gorduras e remoção de substâncias amargas de chás e cafés. Porém, para essa cetona, o limite residual máximo aceitável em alimentos é de 5 mg · kg^{-1};

4) **Ésteres:** os acetatos de etila e butila são os ésteres mais comuns utilizados como solventes na indústria de processamento de alimentos. O acetato de metila, empregado em processos de descafeinação ou remoção de substâncias amargas de cafés e chás, apresenta limite tolerável de 20 mg · kg^{-1};

5) **Hidrocarbonetos halogenados:** é permitido o uso de um número extremamente restrito de hidrocarbonetos halogenados, como o diclorometano. No entanto, o limite residual máximo aceitável em alimentos é de 2 mg · kg^{-1} na utilização desse solvente em processos de descafeinação ou remoção de substâncias amargas de cafés e chás.

A seleção do solvente para uso em processos de separação por extração líquido-líquido deve ser realizada com base em um conjunto de critérios, como:

1) **Coeficiente de distribuição:** como já comentado, é altamente desejável, porém não necessária, a utilização de solvente que possibilite valores de *k* maiores que a unidade, uma vez que quanto maior o valor do coeficiente de distribuição menor a quantidade de solvente utilizada no processo e menor o tamanho do equipamento.

2) **Seletividade:** é altamente desejável que a seletividade assuma valores elevados.

3) **Estabilidade química:** é desejável que o solvente seja estável a fim de prevenir a contaminação do alimento processado. Ademais, o solvente deve ser inerte no contato com equipamentos a fim de minimizar gastos com manutenção.

4) **Propriedades físicas:** propriedades físicas como densidade, viscosidade, ponto de ebulição, calor latente de evaporação e tensão interfacial devem ser cuidadosamente avaliadas a fim de otimizar a etapa de extração, bem como as etapas associadas de recuperação do solvente e purificação da corrente de rafinado.
   – *Densidade*: a diferença de densidade entre as fases rafinado e extrato é decisiva para o sucesso de processos tanto na separação diferencial como por estágios. Quanto maior a diferença das densidades das fases, mais facilitado será o processo de separação;
   – *Viscosidade, pressão de vapor e ponto de congelamento*: os valores dessas propriedades devem ser, de maneira geral, baixos para facilitar o manuseio e estocagem;
   – *Tensão interfacial*: quanto maior a tensão interfacial mais rápido será o processo de coalescência das gotículas na emulsão. Por outro lado, mais difícil será o processo de mistura para a dispersão de uma fase na outra. A etapa de coalescência é, geralmente, mais importante e, desse modo, altos valores de tensão interfacial são preferidos.

5) **Recuperabilidade:** o processo de extração líquido-líquido só será economicamente viável se a etapa de recuperação do solvente for factível, tanto na fase extrato como na fase rafinado. Os processos associados de recuperação são também processos de transferência de massa, sendo a destilação o mais frequentemente utilizado. Nesse caso específico, é altamente desejável que o solvente não forme azeótropos com o soluto, bem como a solução a ser destilada apresente alta volatilidade relativa. Torna-se também desejável que a substância em menor proporção seja a mais volátil a fim de reduzir os custos para a volatilização. No caso específico de o solvente ser a substância a ser volatilizada, seu calor latente de vaporização deve ser, preferencialmente, baixo.

O solvente deve ainda apresentar como características desejáveis: alta pureza para uniformizar as características operacionais, grande oferta a baixos preços e baixa inflamabilidade a fim de prevenir acidentes.

19.5 CÁLCULO DE EXTRATORES LÍQUIDO-LÍQUIDO

Como já mencionado na Seção 19.4, para o desenvolvimento e o planejamento de um processo de extração líquido-líquido é essencial o conhecimento do equilíbrio de fases do sistema de interesse. Como a ELL é uma operação de transferência de massa, ela é fortemente afetada por considerações do equilíbrio de fases. Portanto, o conhecimento exato das relações de equilíbrio é vital para as considerações quantitativas dos processos de extração. A quantidade necessária de solvente para realizar determinada extensão de separação pode ser determinada pelos dados de equilíbrio líquido-líquido.

19.5.1 Regra da alavanca

A regra da alavanca nada mais é do que a solução de duas equações simultâneas de balanço de massa. Se uma mistura de massa *R* [kg] é adicionada à outra mistura de massa *E* [kg], ambas contendo os componentes *A*, *B* e *C*, uma nova mistura ternária com massa *M* [kg] é gerada, como representado pela Figura 19.16.

Pela regra das fases (Equação 19.2), para um sistema com três componentes e duas fases, três equações de balanço de massa são necessárias para resolver o problema. Escrevendo o balanço de massa global e o balanço de massa para dois componentes, *A* e *C*, tem-se:

Figura 19.16 Processo de mistura.

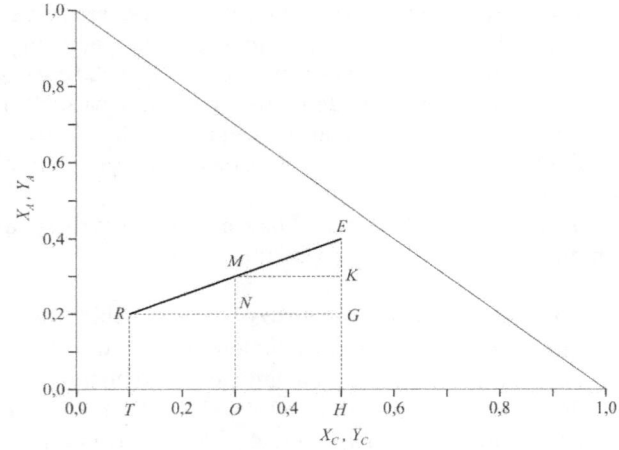

Figura 19.17 Regra da alavanca em coordenadas retangulares.

$$R + E = M \tag{19.8}$$

$$RX_{AR} + EY_{AE} = MX_{AM} \tag{19.9}$$

$$RX_{CR} + EY_{CE} = MX_{CM} \tag{19.10}$$

em que X representa as frações mássicas dos componentes A e C no ponto M e na fase rafinado R; Y representa as frações mássicas de A e C na fase extrato E.

Substituindo a Equação 19.8 na Equação 19.9 e rearranjando:

$$\frac{R}{E} = \frac{Y_{AE} - X_{AM}}{X_{AM} - X_{AR}} \tag{19.11}$$

Substituindo a Equação 19.8 na Equação 19.10 e rearranjando:

$$\frac{R}{E} = \frac{Y_{CE} - X_{CM}}{X_{CM} - X_{CR}} \tag{19.12}$$

Combinando as Equações 19.11 e 19.12 e rearranjando-as, obtém-se:

$$\frac{X_{AM} - X_{AR}}{X_{CM} - X_{CR}} = \frac{Y_{AE} - X_{AM}}{Y_{CE} - X_{CM}} \tag{19.13}$$

Representando essas variáveis no diagrama retangular, obtém-se a Figura 19.17.

A Figura 19.17 mostra que os pontos R, M e E devem estar alinhados. Observa-se ainda que:

$$X_{AR} = \text{linha } RT \text{ ou } \overline{RT}$$

$$Y_{AE} = \text{linha } EH \text{ ou } \overline{EH}$$

$$X_{AM} = \text{linha } MO \text{ ou } \overline{MO}$$

logo $\dfrac{R}{E} = \dfrac{Y_{AE} - X_{AM}}{X_{AM} - X_{AR}} = \dfrac{\overline{EH} - \overline{MO}}{\overline{MO} - \overline{RT}} = \dfrac{\overline{EK}}{\overline{MN}}$

Usando as propriedades de semelhança de triângulos, tem-se:

$$\frac{R}{E} = \frac{\overline{EK}}{\overline{MN}} = \frac{\overline{ME}}{\overline{RM}} \tag{19.14}$$

Ou seja, a regra da alavanca (Equação 19.14) estabelece que a relação entre as quantidades de R e E é igual à razão entre os comprimentos das linhas $\overline{EK}$ e $\overline{MN}$ ou $\overline{ME}$ e $\overline{RM}$. Dessa maneira, pode-se inferir que a regra da alavanca é útil para relacionar informações entre as quantidades de (ou vazões das correntes) alimentação e solvente, bem como de rafinado e extrato, com suas respectivas composições. A relação apresentada na Equação 19.14 pode ser utilizada quando já se conhece a localização do ponto de mistura. No entanto, quando apenas a relação entre as quantidades é conhecida, fica mais fácil marcar o ponto de mistura por meio das relações apresentadas na Equação 19.15.

$$\frac{R}{R + E} = \frac{R}{M} = \frac{\overline{ME}}{\overline{RE}} \qquad \frac{R}{R + E} = \frac{E}{M} = \frac{\overline{RM}}{\overline{RE}} \tag{19.15}$$

No exemplo mostrado na Figura 19.17, a regra da alavanca seria útil para o cálculo das quantidades de rafinado e extrato (R e E), aliando-se a essa informação (Equação 19.14) a equação do balanço de massa global (Equação 19.8).

O cálculo do número de estágios de extratores será desenvolvido com base nos três exercícios resolvidos apresentados a seguir.

Para se determinar as vazões (ou quantidades) e composições das correntes de saída de extratores simples, ou seja, equipamentos contendo um único estágio do tipo misturador-decantador, considere o Exemplo 19.1.

EXEMPLO 19.1

Uma corrente $\dot{F}$ = 100 kg · h^{-1} composta por um óleo vegetal com 10 g/100 g de ácidos graxos livres é misturada com 100 kg · h^{-1} de etanol puro ($\dot{S}_1$). O processo está esquematizado na Figura 19.18. Calcule as correntes de saída $\dot{R}_1$ (rafinado) e $\dot{E}_1$ (extrato) que deixam o extrator em situação de equilíbrio. Para resolver esse problema, o diagrama de equilíbrio de fases para o sistema ácidos graxos livres (A) + óleo vegetal (B) + etanol (C), apresentado na Figura 19.19, é essencial. OBS.: O processo ocorre a pressão e temperatura constantes.

Figura 19.18 Extração em um único estágio.

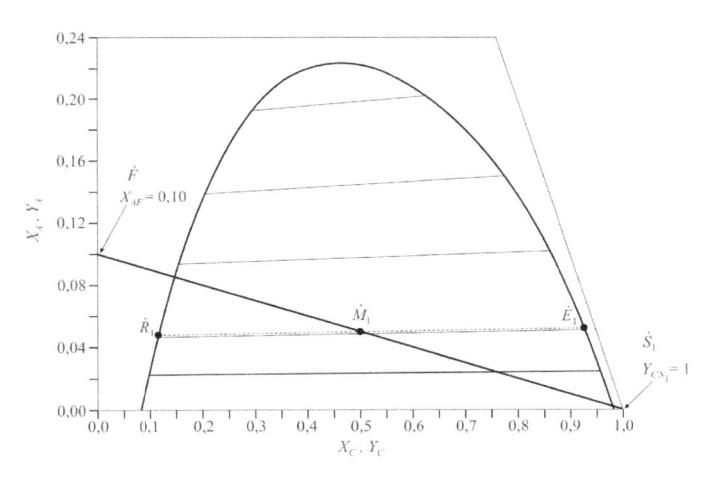

Figura 19.19 Diagrama de fases indicando o cálculo da extração em um único estágio.

Solução

Nesse exemplo, o objetivo é o cálculo das vazões e composições das correntes $\dot{E}_1$ e $\dot{R}_1$ que deixam o extrator. Uma vez que as quantidades e composições das correntes de entrada são conhecidas ($\dot{F}$, X_{AF}, X_{BF}, $\dot{S}_1$ e Y_C), é possível calcular os valores da mistura $\dot{M}_1$, X_{CM} e X_{AM} a partir das Equações 19.8 a 19.10.

Balanço de massa global:

$$\dot{F}_1 + \dot{S}_1 = \dot{M}_1 = 200 \text{ kg} \cdot \text{h}^{-1}$$

Balanço de massa para o componente A:

$$X_{AM_1} = \frac{X_{AF}\,\dot{F} + Y_{AS_1}\dot{S}_1}{\dot{M}_1}$$

$$X_{AM_1} = 0,05$$

Balanço de massa para o componente C:

$$X_{CM_1} = \frac{X_{CF}\dot{F} + Y_{CS_1}\dot{S}_1}{\dot{M}_1}$$

$$X_{CM_1} = 0,5$$

A composição do ponto $\dot{M}_1$ também pode ser obtida, traçando-se uma linha unindo os pontos $\dot{F}$ e $\dot{S}_1$ e, em seguida, aplicando-se a regra da alavanca para a composição global:

$$\frac{\overline{\dot{F}\dot{M}_1}}{\overline{\dot{F}\dot{S}_1}} = \frac{\dot{S}_1}{\dot{M}_1} = \frac{100}{200} = 0,5$$

Como o tamanho do segmento $\overline{\dot{F}\dot{S}_1}$ é conhecido por meio do gráfico, é possível encontrar $\overline{\dot{F}\dot{M}_1}$.

A composição do ponto de mistura $\dot{M}_1$ está localizada na linha que liga o ponto $\dot{F}$ ($X_{AF} = 0,10$) e $\dot{S}_1$ ($Y_{CS_1} = 1$). A partir do ponto $\dot{M}_1$ pode-se interpolar uma linha de amarração, originando os pontos $\dot{E}_1$ e $\dot{R}_1$, tornando possível a obtenção gráfica das composições das correntes de rafinado e extrato, respectivamente.

As composições das correntes de extrato ($\dot{E}_1$) e rafinado ($\dot{R}_1$) a partir do diagrama de equilíbrio da Figura 19.19, estão apresentadas na Tabela 19.1. Vale ressaltar que no diagrama de fases apresentado na Figura 19.19, é possível obter por leitura direta a composição de C e A nas fases $\dot{R}_1$ e $\dot{E}_1$. Dessa maneira, a composição de B (diluente) nas correntes de extrato e rafinado pode ser obtida por diferença.

Tabela 19.1 Composição das correntes de extrato ($\dot{E}_1$) e rafinado ($\dot{R}_1$) obtidas do diagrama de equilíbrio

$\dot{E}_1$	$\dot{R}_1$
$Y_{AE_1} = 0,052$	$X_{AR_1} = 0,048$
$Y_{CE_1} = 0,925$	$X_{CR_1} = 0,120$
$Y_{BE_1} = 1 - (Y_{CE_1} + Y_{AE_1})$	$X_{BR_1} = 1 - (X_{CR_1} + X_{AR_1})$
$\quad = 1 - (0,052 - 0,925)$	$\quad = 1 - (0,048 - 0,120)$
$\quad = 0,023$	$\quad = 0,832$

As vazões $\dot{E}_1$ e $\dot{R}_1$ podem ser determinadas por balanços de massa ou utilizando-se a regra da alavanca. Faz-se então o cálculo da vazão mássica das correntes de extrato e rafinado pela regra da alavanca:

$$\frac{\overline{\dot{R}_1\dot{M}_1}}{\overline{\dot{E}_1\dot{M}_1}} = \frac{\dot{E}_1}{\dot{R}_1} = 0,9$$

Associando-se essa informação à equação de balanço global de massa (Equação 19.8), tem-se:

$$\dot{M}_1 = \dot{R}_1 + \dot{E}_1 = 200 \text{ kg} \cdot \text{h}^{-1}$$

Obtendo-se:

$$\dot{E}_1 = 94,74 \text{ kg} \cdot \text{h}^{-1}$$
$$\dot{R}_1 = 105,26 \text{ kg} \cdot \text{h}^{-1}$$

Respostas: As vazões das correntes de saída são 94,74 kg · h^{-1} de extrato e 105,26 kg · h^{-1} de rafinado. A composição do extrato é 0,052 de A, 0,023 de B e 0,925 de C. A composição do rafinado é 0,048 de A, 0,832 de B e 0,120 de C.

De acordo com o Exemplo 19.1, após um estágio de equilíbrio, foi possível obter uma corrente de rafinado com concentração de ácidos graxos livres igual a 4,8 g/100 g ($X_{AR_1} = 0,048$). Como já mencionado na Seção 19.2, um óleo vegetal deve apresentar, no máximo, 0,3 g/100 g de ácidos graxos livres para ser considerado de grau comestível. Assim, fica claro que, nesse caso, apenas um estágio de equilíbrio não é suficiente para se atingir a condição desejada. Sugere-se, então, um processo que proporcione vários estágios, como o extrator de correntes cruzadas, apresentado no Exemplo 19.2.

EXEMPLO 19.2

Considere agora que a corrente $\dot{F}$ = 100 kg · h^{-1} composta por um óleo vegetal com 10 g/100 g de ácidos graxos livres seja misturada com 100 kg · h^{-1} de etanol puro $(\dot{S}_1)$ no primeiro estágio de um extrator de correntes cruzadas, como esquematizado na Figura 19.20. As correntes que entram em cada estágio n são misturadas, originando as correntes $\dot{E}_N$ e $\dot{R}_N$, as quais deixam o extrator em situação de equilíbrio. A partir do estágio 2, o rafinado $\dot{R}_n (\dot{R}_1, \dot{R}_2, \dot{R}_3, ..., \dot{R}_{N-1})$ é sucessivamente colocado em contato com solvente puro $\dot{S}_n (\dot{S}_2, \dot{S}_3, \dot{S}_4, ..., \dot{S}_N)$, e será considerado na resolução desse problema específico que a vazão de solvente alimentado a cada estágio é igual à vazão de rafinado alimentado no mesmo estágio, de modo que, em termos de vazão, $\dot{R}_{n-1} = \dot{S}_n$. Nesse exemplo, diferentemente do Exemplo 19.1, o objetivo é o cálculo do número de estágios de contato necessários para se obter uma corrente de rafinado $(\dot{R}_N)$ com composição em ácidos graxos livres igual, no máximo, a 0,005 (expressa em fração mássica). Novamente, considera-se que o processo ocorre a pressão e temperatura constantes.

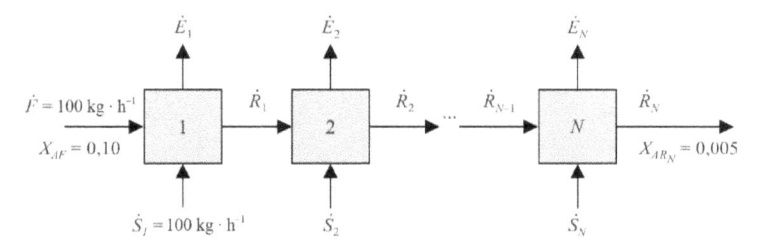

Figura 19.20 Esquema simplificado do processo: extrator de correntes cruzadas.

Solução

Como no Exemplo 19.1, para a localização do ponto $\dot{M}_1$ no diagrama de fases, faz-se o balanço de massa global no estágio 1 e, em seguida, une-se os pontos $\dot{F}$ e $\dot{S}_1$ (Figura 19.21) e aplica-se a regra da alavanca:

$$\dot{F} + \dot{S}_1 = \dot{M}_1 = 200 \text{ kg} \cdot \text{h}^{-1}$$

$$\frac{\overline{\dot{F}\dot{M}_1}}{\overline{\dot{F}\dot{S}_1}} = \frac{\dot{S}_1}{\dot{M}_1} = \frac{100}{200} = 0,5$$

Também é possível encontrar o ponto $\dot{M}_1$ pela aplicação de balanços de massa para os componentes A e C:

$$X_{AM_1} = \frac{X_{AF}\dot{F} + Y_{AS_1}\dot{S}_1}{\dot{M}_1} \qquad X_{AM_1} = 0,05$$

$$X_{CM_1} = \frac{X_{CF} \cdot \dot{F} + Y_{CS_1} \cdot \dot{S}_1}{\dot{M}_1} \qquad X_{CM_1} = 0,5$$

Vale lembrar que, se não houver linhas de amarração passando por $\dot{M}_1$ no diagrama de equilíbrio, é necessário fazer uma interpolação para achar $\dot{E}_1$ e $\dot{R}_1$ na curva binodal (Figura 19.21).

Para encontrar o ponto de mistura do segundo estágio, $\dot{M}_2$, repete-se o procedimento. O balanço de massa global no estágio 2 é dado por:

$$\dot{R}_1 + \dot{S}_2 = \dot{M}_2$$

Unindo-se os pontos $\dot{R}_1$ e $\dot{S}_2$ (Figura 19.21) e aplicando-se a regra da alavanca, encontra-se $\dot{M}_2$, lembrando que, se $\dot{R}_{N-1} = \dot{S}_N$, então $\dot{R}_1 = \dot{S}_2$. Como o segmento $\overline{\dot{R}_1\dot{S}_2}$ é conhecido, então $\overline{\dot{R}_1\dot{M}_2}$ pode ser calculado.

$$\frac{\overline{\dot{R}_1\dot{M}_2}}{\overline{\dot{R}_1\dot{S}_2}} = \frac{\dot{S}_2}{\dot{M}_2} = 0,5$$

Uma nova linha de amarração passando por $\dot{M}_2$ é traçada e os pontos $\dot{R}_2$ e $\dot{E}_2$ são encontrados sobre a linha binodal. Esse procedimento deve ser repetido até que $X_{AR_N} \leq 0,005$. Nesse exemplo, o extrator deve possuir quatro estágios para que essa condição seja atingida (Figura 19.21).

Os cálculos das vazões de extrato e rafinado para cada estágio podem ser realizados utilizando-se balanços de massa e a regra da alavanca, como segue:

Estágio 1:

$$\dot{S}_1 = 100 \text{ kg} \cdot \text{h}^{-1}$$

$$\dot{F} + \dot{S}_1 = \dot{M}_1 = 200 \text{ kg} \cdot \text{h}^{-1}$$

$$\dot{M}_1 = \dot{R}_1 + \dot{E}_1 = 200 \text{ kg} \cdot \text{h}^{-1}$$

$$\frac{\dot{E}_1}{\dot{R}_1} = \frac{\overline{\dot{R}_1 \dot{M}_1}}{\dot{E}_1 \dot{M}_1} = 0,9 \Rightarrow \dot{E}_1 = 0,9\dot{R}_1$$

Portanto,

$$\dot{R}_1 = 105,26 \text{ kg} \cdot \text{h}^{-1}$$

$$\dot{E}_1 = 94,74 \text{ kg} \cdot \text{h}^{-1}$$

Estágio 2:

$$\dot{R}_{n-1} = \dot{S}_n \text{ então } \dot{R}_1 = \dot{S}_2$$

$$\dot{S}_2 = 105,26 \text{ kg} \cdot \text{h}^{-1}$$

$$\dot{R}_1 + \dot{S}_2 = \dot{M}_2 = \dot{R}_2 + \dot{E}_2 = 210,52 \text{ kg} \cdot \text{h}^{-1}$$

$$\frac{\dot{E}_2}{\dot{R}_2} = \frac{\overline{\dot{R}_2 \dot{M}_2}}{\dot{E}_2 \dot{M}_2} = 1,16 \Rightarrow \dot{E}_2 = 1,16\dot{R}_2$$

Dessa maneira,

$$\dot{R}_2 = 97,46 \text{ kg} \cdot \text{h}^{-1}$$

$$\dot{E}_2 = 113,06 \text{ kg} \cdot \text{h}^{-1}$$

Estágio 3:

$$\dot{R}_{n-1} = \dot{S}_n \text{ então } \dot{R}_2 = \dot{S}_3$$

$$\dot{S}_3 = 97,46 \text{ kg} \cdot \text{h}^{-1}$$

$$\dot{R}_2 + \dot{S}_3 = \dot{M}_3 = \dot{R}_3 + \dot{E}_3 = 194,92 \text{ kg} \cdot \text{h}^{-1}$$

$$\frac{\dot{E}_3}{\dot{R}_3} = \frac{\overline{\dot{R}_3 \dot{M}_3}}{\dot{E}_3 \dot{M}_3} = 1,10 \Rightarrow \dot{E}_3 = 1,10\dot{R}_3$$

Então,

$$\dot{R}_3 = 92,82 \text{ kg} \cdot \text{h}^{-1}$$

$$\dot{E}_3 = 102,10 \text{ kg} \cdot \text{h}^{-1}$$

Estágio 4:

$$\dot{R}_{n-1} = \dot{S}_n \text{ então } \dot{R}_3 = \dot{S}_4$$

$$\dot{S}_4 = 92,82 \text{ kg} \cdot \text{h}^{-1}$$

$$\dot{R}_3 + \dot{S}_4 = \dot{M}_4 = \dot{R}_4 + \dot{E}_4 = 185,64 \text{ kg} \cdot \text{h}^{-1}$$

$$\frac{\dot{E}_4}{\dot{R}_4} = \frac{\overline{\dot{R}_4 \dot{M}_4}}{\dot{E}_4 \dot{M}_4} = 1,07 \Rightarrow \dot{E}_4 = 1,07\dot{R}_4$$

$$\dot{R}_4 = 89,68 \text{ kg} \cdot \text{h}^{-1}$$

$$\dot{E}_4 = 95,96 \text{ kg} \cdot \text{h}^{-1}$$

A vazão total de extrato $(\dot{E})$ pode ser obtida como a somatória das vazões de extrato obtidas em cada estágio teórico:

$$\dot{E} = \dot{E}_1 + \dot{E}_2 + \dot{E}_3 + \dot{E}_4 = 405,86 \text{ kg} \cdot \text{h}^{-1}$$

Da leitura direta do diagrama de equilíbrio líquido-líquido, é possível obter as composições, em ácidos graxos livres, das correntes de extrato obtidas em cada estágio teórico:

$$Y_{AE_1} = 0,052$$
$$Y_{AE_2} = 0,025$$
$$Y_{AE_3} = 0,012$$
$$Y_{AE_4} = 0,005$$

Assim, a composição média, em ácidos graxos livres, da corrente global de extratos é dada por:

$$Y_{AE} = \frac{\displaystyle\sum_{n=1}^{4} \dot{E}_n Y_{AE_n}}{\dot{E}} = 0,023$$

em que n representa o número do estágio, variando de um até número total de estágios teóricos $N = 4$.

Resposta: Serão necessários quatro estágios para se obter uma concentração de ácidos graxos livres no rafinado menor que 0,005 g/100 g.

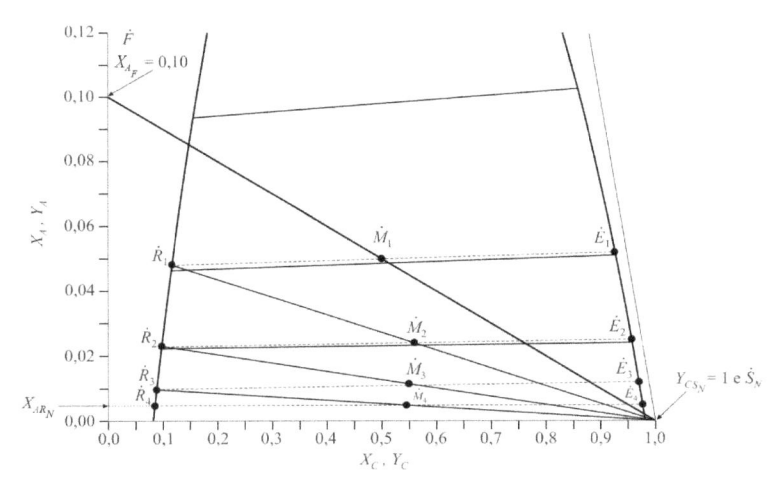

Figura 19.21 Diagrama de fases indicando o cálculo de um extrator de correntes cruzadas.

Em processos de extração que necessitam de múltiplos estágios, além da configuração em corrente cruzada discutida anteriormente, pode-se utilizar a configuração contracorrente, na qual as correntes de alimentação e solvente entram em lados opostos do extrator. De fato, extratores contracorrente são os mais usados industrialmente, pois permitem uma melhor distribuição da força motriz de transferência de massa quando comparados com extratores com correntes cruzadas. Por essa razão, para extrair a mesma quantidade de soluto, extratores contracorrente, como o representado no Exemplo 19.3, empregam uma menor quantidade de solvente, ou então, alternativamente, para a mesma quantidade total de solvente necessitam de um menor número de estágios, do que extratores com correntes cruzadas.

EXEMPLO 19.3

Nesse caso, a corrente $\dot{F}$ = 100 kg · h⁻¹ composta por um óleo vegetal com 10 g /100 g de ácidos graxos livres é misturada com 300 kg · h⁻¹ de etanol puro $(\dot{S})$ no lado oposto do extrator, ou seja, as correntes de extrato e rafinado escoam em contracorrente. O fluxograma do processo está esquematizado na Figura 19.22. As correntes de rafinado e extrato que deixam cada estágio do extrator estão em situação de equilíbrio. Determine o número de estágios para que a fração mássica de ácidos graxos livres (A) na corrente $\dot{R}_N$ seja menor ou igual a 0,005. OBS.: O processo ocorre a pressão e temperatura constantes.

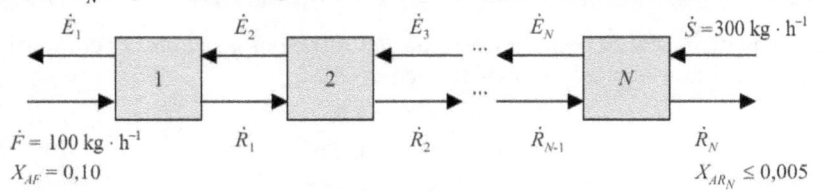

Figura 19.22 Esquema simplificado do processo: extrator contracorrente.

Solução

Note que as correntes $\dot{R}_N$ e $\dot{E}_1$ deixam o extrator em equilíbrio com as correntes $\dot{E}_N$ e $\dot{R}_1$, respectivamente. Assim, $\dot{E}_1$ está em equilíbrio com $\dot{R}_1$, $\dot{E}_2$ com $\dot{R}_2$, ..., $\dot{E}_N$ com $\dot{R}_N$.

Realizando-se o balanço global de massa para todo o extrator, tem-se:

$$\dot{F} + \dot{S} = \dot{M} = \dot{R}_N + \dot{E}_1 = 400 \text{ kg} \cdot \text{h}^{-1}$$

em que $\dot{M}$ representa a corrente total de mistura correspondente ao extrator como um todo.

Os balanços de massa para cada estágio podem ser escritos como:

Estágio 1:

$$\dot{E}_1 + \dot{R}_1 = \dot{F} + \dot{E}_2 \Rightarrow \dot{E}_1 - \dot{F} = \dot{E}_2 - \dot{R}_1$$

Estágio 2:

$$\dot{E}_2 + \dot{R}_2 = \dot{R}_1 + \dot{E}_3 \Rightarrow \dot{E}_2 - \dot{R}_1 = \dot{E}_3 - \dot{R}_2$$

$$...$$

Estágio N:

$$\dot{E}_N + \dot{R}_N = \dot{R}_{N-1} + \dot{S} \Rightarrow \dot{E}_N - \dot{R}_{N-1} = \dot{S} - \dot{R}_N$$

Agrupando as equações dos balanços de massa, percebe-se que a diferença entre as vazões mássicas das correntes interestágios, ou seja, a diferença entre as vazões das correntes que se cruzam entre dois estágios consecutivos é constante.

$$\dot{E}_1 - \dot{F} = \dot{E}_2 - \dot{R}_1 = \dot{E}_3 - \dot{R}_2 = \cdots = \dot{E}_N - \dot{R}_{N-1} = \dot{S} - \dot{R}_N = \dot{\Delta}$$

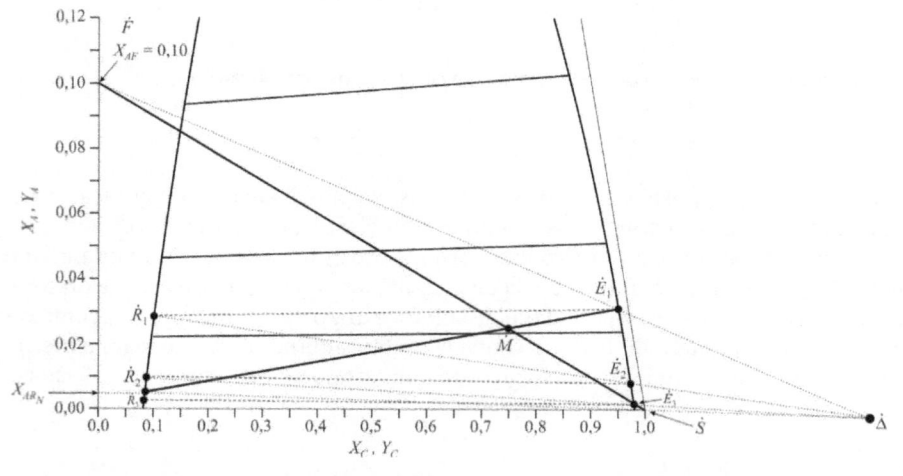

Figura 19.23 Diagrama de fases indicando os cálculos de um extrator contracorrente.

Pode-se atribuir, dessa maneira, o nome de corrente delta, representada por $\dot{\Delta}$, a essa vazão fictícia associada à diferença entre as vazões de extrato e rafinado que escoam entre os mesmos dois estágios consecutivos.

Do agrupamento das equações de balanço de massa, observa-se que:

$$\dot{E}_1 - \dot{F} = \dot{\Delta} \Rightarrow \dot{F} + \dot{\Delta} = \dot{E}_1$$

Assim, o ponto $\dot{E}_1$ está localizado sobre o segmento de reta que liga os pontos $\dot{F}$ e $\dot{\Delta}$.

Analogamente, $\dot{S} - \dot{R}_N = \dot{\Delta} \Rightarrow \dot{R}_N + \dot{\Delta} = \dot{S}$. Dessa relação, observa-se que o ponto relativo à vazão $\dot{S}$ está localizado no segmento de reta que liga os pontos relativos às vazões $\dot{R}_N$ e $\dot{\Delta}$. Portanto, pode-se deduzir que o ponto $\dot{\Delta}$ está localizado na interseção do prolongamento das retas que passam por $\dot{F}$ e $\dot{E}_1$ (segmento $\overline{\dot{E}_1\dot{F}}$) e por $\dot{R}_N$ e $\dot{S}$ (segmento $\overline{\dot{R}_N\dot{S}}$).

Nesse exemplo o objetivo principal é o cálculo do número de estágios necessários para se obter uma corrente de rafinado com, no máximo, 0,5 g/100 g de ácidos graxos livres. Como nos exemplos anteriores, primeiramente deve-se localizar o ponto de mistura $\dot{M}$ no diagrama de equilíbrio (Figura 19.23). Note, no entanto, que no extrator contracorrente o ponto de mistura $\dot{M}$ está associado ao balanço de massa em torno do extrator como um todo, não a estágios específicos. Já no exemplo anterior (extrator com correntes cruzadas), os pontos de mistura estavam associados a estágios específicos ($\dot{M}_1$, $\dot{M}_2$ etc.).

A localização do ponto $\dot{M}$ no diagrama de fases pode ser realizada aplicando-se a regra da alavanca ou por meio do cálculo do balanço de massa. No diagrama, unindo-se os pontos $\dot{F}$ e $\dot{S}$, obtendo-se o comprimento do segmento $\overline{\dot{F}\dot{S}}$ e considerando-se:

$$\frac{\overline{\dot{F}\dot{M}}}{\overline{\dot{F}\dot{S}}} = \frac{\dot{S}}{\dot{M}}$$

$$\dot{M} = \dot{F} + \dot{S} = 100 + 300 = 400 \text{ kg} \cdot \text{h}^{-1}$$

Assim:

$$\frac{\overline{\dot{F}\dot{M}}}{\overline{\dot{F}\dot{S}}} = \frac{\dot{S}}{\dot{M}} = \frac{300}{400} = \frac{3}{4}$$

Se a localização do ponto de mistura $\dot{M}$, for realizada pelo balanço, os balanços de massa para os componentes A e C devem ser escritos como:

$$X_{AM} = \frac{X_{AF}\,\dot{F} + Y_{AS}\,\dot{S}_1}{\dot{M}} \quad X_{AM} = 0,025$$

$$X_{CM} = \frac{X_{CF}\,\dot{F} + Y_{CS}\,\dot{S}_1}{\dot{M}} \quad X_{CM} = 0,750$$

Do balanço global de massa para o extrator contracorrente, tem-se:

$$\dot{F} + \dot{S} = \dot{M} = \dot{R}_N + \dot{E}_1$$

Assim, as correntes $\dot{R}_N$ e $\dot{E}_1$ são necessariamente alinhadas pelo balanço de massa. Dessa maneira, o ponto $\dot{M}$ está localizado sobre o segmento de reta que une os pontos $\dot{R}_N$ e $\dot{E}_1$ ($\overline{\dot{R}_N\dot{E}_1}$). Portanto, unindo-se os pontos $\dot{R}_N$ e $\dot{M}$ e prolongando a reta até a curva binodal, pode-se encontrar o ponto $\dot{E}_1$.

De acordo com a Figura 19.23, nota-se que a corrente $\dot{E}_1$ sai do estágio 1 em situação de equilíbrio com a corrente $\dot{R}_1$. Dessa maneira, existe uma linha de amarração no diagrama de fases que liga as correntes de saída $\dot{R}_1$ e $\dot{E}_1$. A partir dessa informação, pode-se localizar o ponto $\dot{R}_1$ sobre a parte da curva binodal referente à fase rafinado. Nessa etapa, pode-se utilizar um diagrama de distribuição para se determinar a composição da corrente de rafinado em equilíbrio com a composição da corrente de extrato (Figura 19.24).

A partir deste momento, os cálculos relativos ao estágio 2 somente serão possíveis se for levada em conta a informação referente à vazão fictícia $\dot{\Delta}$, a qual foi definida, por meio de balanço de massa, também como $\dot{E}_2 - \dot{R}_1 = \dot{\Delta}$. De fato, tem-se que a corrente delta pode ser obtida por $\dot{S} - \dot{R}_N = \dot{\Delta}$ ou por $\dot{E}_1 - \dot{F} = \dot{\Delta}$, ou ainda, em termos gerais, por $\dot{\Delta} = \dot{E}_{N+1} - \dot{R}_N$, para $N \geq 1$, onde N representa o número do estágio considerado.

Desse modo, somente com a localização do ponto $\dot{\Delta}$ será possível a localização do ponto $\dot{E}_2$ sobre a curva binodal, uma vez que $\dot{E}_2$ está localizado sobre o segmento que une $\dot{R}_1$ e $\dot{\Delta}$ ($\overline{\dot{R}_1\dot{\Delta}}$). Deve-se, portanto, encontrar o ponto $\dot{\Delta}$, que é a interseção das extrapolações das linhas $\overline{\dot{E}_1\dot{F}}$ e $\overline{\dot{R}_N\dot{S}}$ (Figura 19.23). Pelo balanço de massa, os pontos $\dot{F}$, $\dot{E}_1$ e $\dot{\Delta}$ e os pontos $\dot{R}_N$, $\dot{S}$ e $\dot{\Delta}$ estão alinhados, como comentado anteriormente. Assim, $\dot{E}_1 - \dot{F} = \dot{S} - \dot{R}_N = \dot{\Delta}$.

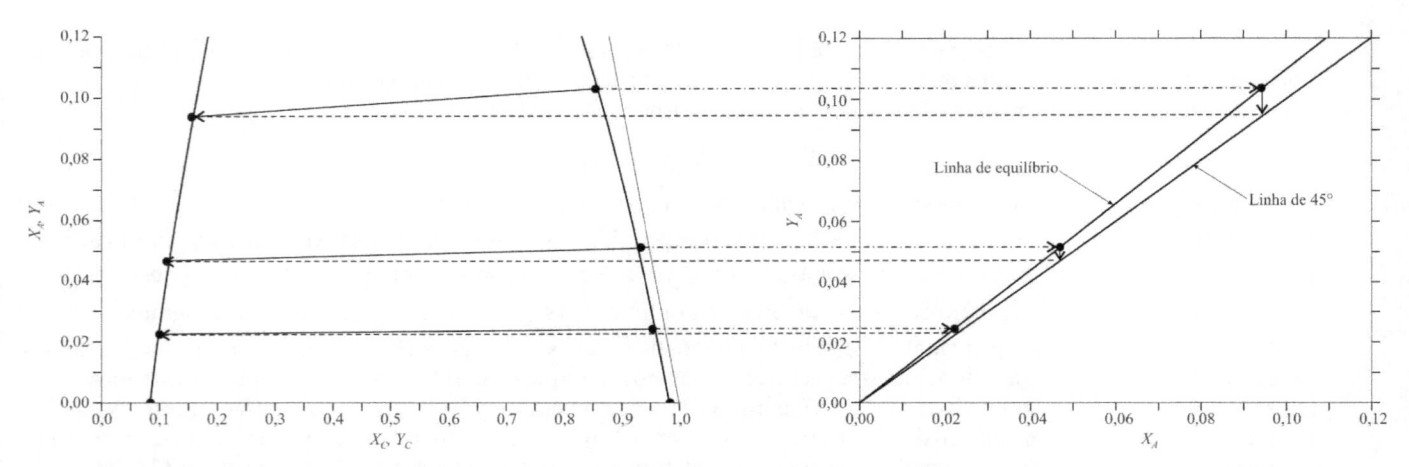

Figura 19.24 Diagrama de equilíbrio e diagrama de distribuição para o sistema ácidos graxos livres (A) + óleo vegetal (B) + etanol (C).

Após a localização do ponto $\dot{E}_2$, via segmento $\overline{\dot{R}_1\dot{\Delta}}$, deve-se utilizar a relação de equilíbrio para localizar o ponto $\dot{R}_2$, ou seja, $\dot{R}_2$ será localizado sobre a curva binodal com base na linha de amarração que une as correntes de saída do estágio 2 ($\dot{R}_2$ e $\dot{E}_2$).

Esse procedimento, balanço de massa interestágio via ponto $\dot{\Delta}$ e relação de equilíbrio via utilização das linhas de amarração, deve ser repetido até que se obtenha uma corrente de rafinado com fração mássica em ácidos graxos livres X_{ARN} ≤ 0,005. Nesse exemplo, são necessários três estágios para se atingir a condição requerida na corrente final de rafinado.

Finalmente, as vazões mássicas das correntes de extrato, $\dot{E}_1$, e rafinado, $\dot{R}_{N=3}$ ou $\dot{R}_3$, podem ser obtidas utilizando se a regra da alavanca associada à equação de balanço de massa global:

$$\dot{E}_1 + \dot{R}_3 = \dot{M} = 400 \text{ kg} \cdot \text{h}^{-1}$$

$$\frac{\overline{\dot{R}_3\dot{M}}}{\overline{\dot{E}_1\dot{M}}} = \frac{\dot{E}_1}{\dot{R}_3} = 3,3 \Rightarrow \dot{E}_1 = 3,3\dot{R}_3$$

Assim,

$$\dot{R}_{N=3} = 93,02 \text{ kg} \cdot \text{h}^{-1} \text{ e } \dot{E}_1 = 306,98 \text{ kg} \cdot \text{h}^{-1}$$

Resposta: Serão necessários três estágios para se obter uma concentração de ácidos graxos livres no rafinado menor que 0,5 g/100 g.

Como pode ser observado, o extrator em contracorrente permitiu o alcance da condição requerida em apenas três estágios de equilíbrio, contra quatro estágios requeridos pelo extrator de correntes cruzadas. Além disso, a vazão de solvente empregada no extrator contracorrente foi menor que a vazão total de solvente utilizada no extrator com correntes cruzadas. De fato, para que a transferência de massa ocorra, é fundamental que haja uma diferença de concentração entre as correntes que são introduzidas no extrator. A configuração contracorrente proporciona maior diferença média de concentrações entre essas correntes do que o extrator de correntes cruzadas.

19.5.2 Vazão mínima de solvente

Nos Exemplos 19.1 a 19.3, foram apresentados métodos gráficos para o cálculo de extratores líquido-líquido. Esse procedimento de cálculo estágio a estágio pressupõe a existência de uma vazão de solvente, a qual, dada a alimentação a ser processada no equipamento, deve garantir que as correntes alimentadas em cada estágio do extrator estejam distantes da condição de equilíbrio. Dessa maneira, haverá em cada estágio a força motriz necessária para a transferência de massa, a qual levará as correntes de saída do estágio considerado à condição de equilíbrio. No entanto, se a quantidade de solvente for seguidamente diminuída, a força motriz de transferência de massa em cada estágio também diminuirá e a quantidade de soluto transferida em cada um cairá correspondentemente, exigindo um número bem maior de estágios para que a quantidade total de soluto a ser transferida no equipamento possa ser alcançada. No limite, se a vazão de solvente for diminuída ainda mais, a seguinte situação pode ocorrer: em alguma parte do equipamento as correntes que deveriam entrar em um estágio podem se encontrar quase em uma situação de equilíbrio, de modo que no máximo uma quantidade infinitesimal de soluto poderá ser transferida nesse estágio e um número de estágios tendendo ao infinito será requerido para realizar a transferência da quantidade total de soluto desejada.

De fato, se certa vazão mínima de solvente for escolhida, a separação só será possível se um número de estágios tendendo a um valor infinito for utilizado.

Em termos práticos deve-se selecionar uma vazão de solvente acima desse valor mínimo, garantindo-se a força motriz em cada estágio (gradiente de concentração em relação ao equilíbrio para as correntes alimentadas nesse estágio) para que a transferência de massa seja possível. No procedimento descrito no Exemplo 19.3, para o cálculo do número de estágios no extrator contracorrente, fica claro que se a extensão de qualquer reta a partir do ponto operacional $\dot{\Delta}$ (linha de operação) coincidir com uma linha de amarração, serão necessários infinitos estágios para se alcançar a separação especificada. A razão entre as vazões de solvente $(\dot{S})$ e de alimentação $(\dot{F})$ tem influência direta nesse comportamento. Para entender o efeito da relação de vazões $\dot{S}/\dot{F}$, considere a Figura 19.23 e admita que as concentrações referentes à alimentação $\dot{F}$, solvente $\dot{S}$ e rafinado $\dot{R}_N$ sejam conhecidas. Nesse caso, quanto menor a relação $\dot{S}/\dot{F}$, mais próximo do valor de concentração de $\dot{F}$ estará o ponto $\dot{M}$. Consequentemente, o ponto $\dot{E}_1$ estará localizado mais acima (ou seja, o extrato estará mais concentrado, pois se empregou uma vazão menor de solvente), elevando o número de estágios do equipamento acima do valor $N = 3$ indicado na Figura 19.23 e deslocando o ponto $\dot{\Delta}$ para regiões mais à direita e distantes do diagrama de equilíbrio. Reduções adicionais da vazão de solvente aumentarão ainda mais o número de estágios e deslocarão o ponto $\dot{\Delta}$ em direção a $+\infty$. Como as linhas de amarração do diagrama de equilíbrio da Figura 19.23 têm uma pequena inclinação positiva (coeficiente de distribuição do soluto um pouco maior do que a unidade), a vazão de solvente pode ainda ser diminuída adicionalmente, com o ponto $\dot{\Delta}$ migrando para as regiões à esquerda do diagrama de equilíbrio, bem mais distante desse diagrama e próximo a $-\infty$. Só para determinado valor de vazão de solvente próximo dessa última situação é que alguma das linhas de operação que passam pelo ponto $\dot{\Delta}$ (linhas de balanço de massa associadas a cada um dos estágios) também coincidirão com uma linha de amarração, gerando desse modo o número infinito de estágios, correspondente ao mínimo teoricamente possível de vazão de solvente.

No exemplo da Figura 19.23, por causa da inclinação das linhas de amarração, pode-se deduzir que o ponto $\dot{\Delta}$ associado à vazão mínima de solvente, $\dot{\Delta}_{min}$, está localizado à esquerda do diagrama e em uma posição muito distante do gráfico, tornando difícil o cálculo com exatidão da vazão mínima correspondente $\dot{S}_{min}$. Dessa maneira, para facilitar a demonstração do procedimento de cálculo da vazão mínima de solvente, vamos utilizar o exemplo da Figura 19.25.

No diagrama de fases genérico mostrado na Figura 19.25, as linhas de amarração apresentam inclinação negativa (valores de coeficiente de distribuição menores do que a unidade, Equação 19.3). Sabe-se que a região de interesse do processo de extração está delimitada pelos valores de composições da alimentação $(\dot{F})$ e da corrente de rafinado $(\dot{R}_N)$ (composições máxima e mínima de soluto, respectivamente). Existem infinitas linhas de amarração nessa região entre $\dot{F}$ e $\dot{R}_N$, uma das quais deve coincidir, em termos de inclinação, com uma linha de operação do equipamento, resultando em um número infinito de estágios necessário para a referida extração e permitindo, assim, obter a vazão mínima de solvente.

Para se determinar a linha de operação que coincide com alguma das linhas de amarração deve-se, primeiramente, traçar no diagrama de fases a linha inferior associada ao ponto $\dot{\Delta}$, a saber, o segmento de reta $\overline{\dot{R}_N\dot{S}}$. Em seguida, devemse prolongar as linhas de amarração localizadas na região de interesse, ou seja, abaixo da composição de alimentação, até que essas interceptem o segmento $\overline{\dot{R}_N\dot{S}}$. Obtemos desse procedimento diversos pontos $\dot{\Delta}$ referentes a diferentes quantidades de solvente colocadas em contato com a alimentação $\dot{F}$. O ponto de interseção com $\overline{\dot{R}_N\dot{S}}$ que corresponde à vazão mínima de solvente $(\dot{S}_{min})$ é nomeado de $\dot{\Delta}_{min}$ e será o ponto $\dot{\Delta}$ mais próximo do ponto $\dot{S}$. Note que, quanto mais à di-

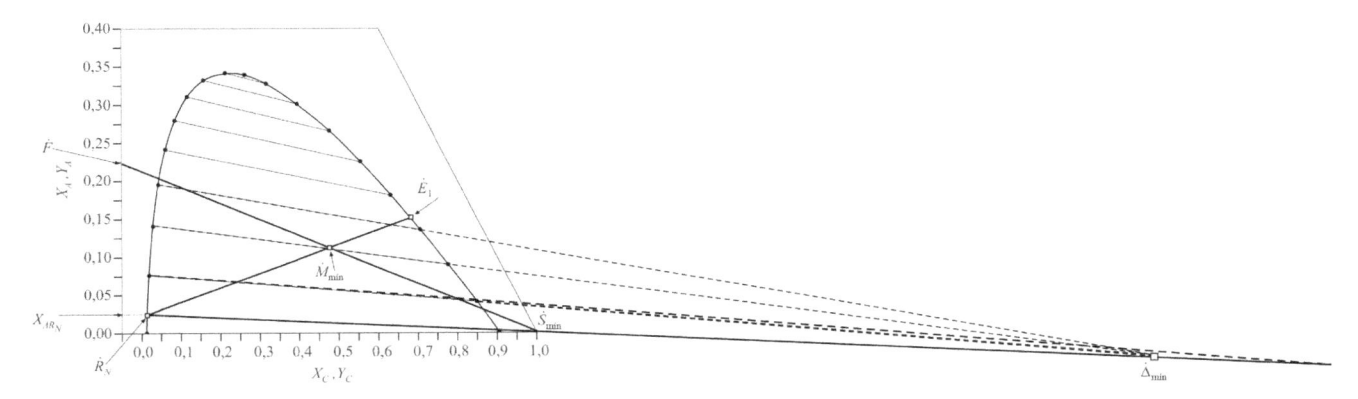

Figura 19.25 Diagrama de equilíbrio genérico com o procedimento de cálculo da vazão mínima de solvente.

reita um desses pontos $\dot{\Delta}$ estiver, menor será a vazão de solvente correspondente; logo, essa vazão será menor que aquela associada ao ponto $\dot{\Delta}_{min}$ que está localizado mais próximo do ponto $\dot{S}$. Uma vez que esse ponto $\dot{\Delta}_{min}$ mais próximo do ponto $\dot{S}$ já está associado a um número infinito de estágios e à vazão mínima de solvente, qualquer ponto $\dot{\Delta}$ relacionado com uma vazão ainda menor torna a separação desejada impossível, mesmo que se empregue, hipoteticamente, um equipamento com número infinito de estágios.

Uma vez localizado o ponto correspondente ao $\dot{\Delta}_{min}$, esse deve ser ligado ao ponto $\dot{F}$ para que seja localizado, sobre o ramo à direita da curva binodal, o ponto correspondente ao $\dot{E}_{1\,min}$, ou seja, a composição da corrente de extrato gerada pela mistura de $\dot{F}$ e $\dot{S}_{min}$. A interseção entre as retas $\overline{\dot{R}_N \dot{E}_{1\,min}}$ e $\overline{\dot{F}\dot{S}_{min}}$ fornecerá a localização do ponto $\dot{M}_{min}$, ou seja, o ponto de mistura gerado pela mistura das correntes $\dot{F}$ e $\dot{S}_{min}$.

Com a localização do ponto $\dot{M}_{min}$ conhecida, pode-se determinar o valor da vazão mínima de solvente pela regra da alavanca ou pelo balanço de massa. Pela regra da alavanca, tem-se que:

$$\frac{\dot{S}_{min}}{\dot{F}} = \frac{\overline{\dot{F}\dot{M}_{min}}}{\overline{\dot{M}_{min}\dot{S}_{min}}} \tag{19.16}$$

Por outro lado, pelo balanço global de massa, tem-se que:

$$\dot{F} + \dot{S}_{min} = \dot{M}_{min} \tag{19.17}$$

Escrevendo o balanço para o componente C, obtém-se:

$$\dot{F}X_{CF} + \dot{S}_{min}Y_{CS_{min}} = \dot{M}_{min}X_{CM_{min}} \tag{19.18}$$

Rearranjando:

$$\frac{\dot{S}_{min}}{\dot{F}} = \frac{X_{CF} - X_{CM_{min}}}{X_{CM_{min}} - Y_{CS_{min}}} \tag{19.19}$$

Na prática, devem ser utilizados valores de $\dot{S}$ sempre superiores ao $\dot{S}_{min}$ calculado. Por outro lado, devem-se evitar vazões muitos elevadas de solvente, seja porque isso aumenta o diâmetro do equipamento de extração (para que esse possa suportar maiores vazões) ou, então, porque eleva os custos de recuperação do solvente a partir das correntes de extrato e rafinado. Em adição, deve-se considerar que acima de determinado valor de vazão de solvente o ponto de mistura $\dot{M}$ correspondente pode cair fora da região de miscibilidade parcial, impossibilitando a separação por extração líquido-líquido.

No Exemplo 19.4 é apresentado o procedimento de cálculo da vazão mínima de solvente para um sistema composto por ácidos graxos livres (A) + óleo vegetal (B) + etanol (C) (Figura 19.26). Nesse diagrama as linhas de amarração apresentam inclinação positiva (valores de coeficiente de distribuição maiores do que a unidade, Equação 19.3).

EXEMPLO 19.4

Considere uma corrente $\dot{F}$ = 100 kg $\cdot$ h^{-1} composta por um óleo vegetal com 8 g/100 g de ácidos graxos livres. Deseja-se calcular qual é o mínimo valor admissível para a vazão de solvente ($\dot{S}$), etanol puro, que deve ser utilizada para se obter uma corrente de rafinado ($\dot{R}_N$) com composição em ácidos graxos livres de, no máximo, 0,005 (expressa em fração mássica). OBS.: O processo ocorre a pressão e temperatura constantes.

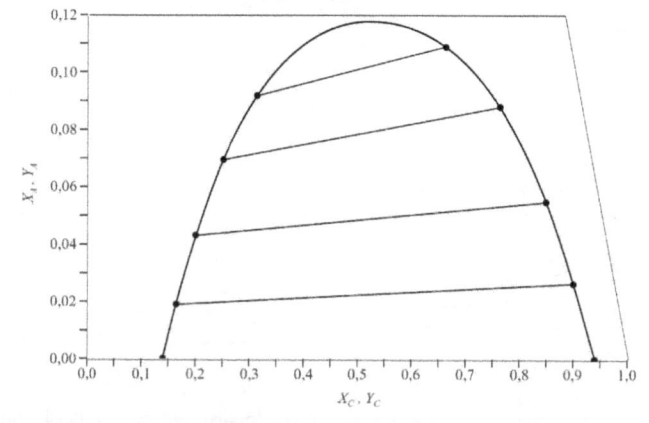

Figura 19.26 Diagrama de equilíbrio para o sistema ácidos graxos livres (A) + óleo vegetal (B) + etanol (C).

Solução

No diagrama apresentado na Figura 19.26 devem-se marcar os pontos $\dot{F}$, $\dot{R}_N$, e $\dot{S}$ referentes às composições da alimentação, rafinado e solvente. Após esse procedimento, a linha inferior associada ao ponto $\dot{\Delta}$ pode ser traçada, sendo o segmento de reta $\overline{\dot{R}_N\dot{S}}$ estendido para o lado esquerdo do diagrama. Em seguida, devem-se prolongar as linhas de amarração localizadas na região de interesse, ou seja, abaixo da composição de alimentação, até que essas interceptem o segmento $\overline{\dot{R}_N\dot{S}}$. O ponto de interseção com $\overline{\dot{R}_N\dot{S}}$ que corresponde à vazão mínima de solvente ($\dot{S}_{min}$) é nomeado de $\dot{\Delta}_{min}$ e será o ponto $\dot{\Delta}$ mais distante do ponto $\dot{S}$, uma vez que nesse exemplo de cálculo as linhas de amarração apresentam inclinação positiva (Figura 19.27).

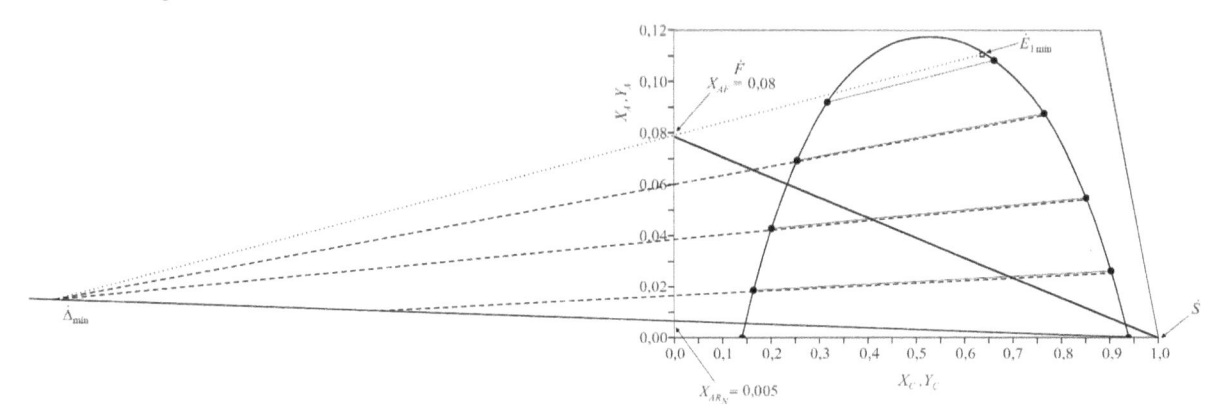

Figura 19.27 Diagrama de equilíbrio para o sistema ácidos graxos livres (A) + óleo vegetal (B) + etanol (C) com o procedimento de cálculo da vazão mínima de solvente (parte 1).

Uma vez localizado o ponto correspondente ao $\dot{\Delta}_{min}$, este deve ser ligado ao ponto $\dot{F}$ para que seja localizado o ponto correspondente ao $\dot{E}_{1\,min}$, sobre o ramo à direita da curva binodal, $\dot{E}_{1\,min}$, ou seja, a composição da corrente de extrato gerada pela mistura de $\dot{F}$ e $\dot{S}_{min}$. A interseção entre as retas $\overline{\dot{R}_N\dot{E}_{1\,min}}$ e $\overline{\dot{F}\dot{S}_{min}}$ (Figura 19.28) fornecerá a localização do ponto $\dot{M}_{min}$, ou seja, o ponto de mistura gerado pela mistura das correntes $\dot{F}$ e $\dot{S}_{min}$.

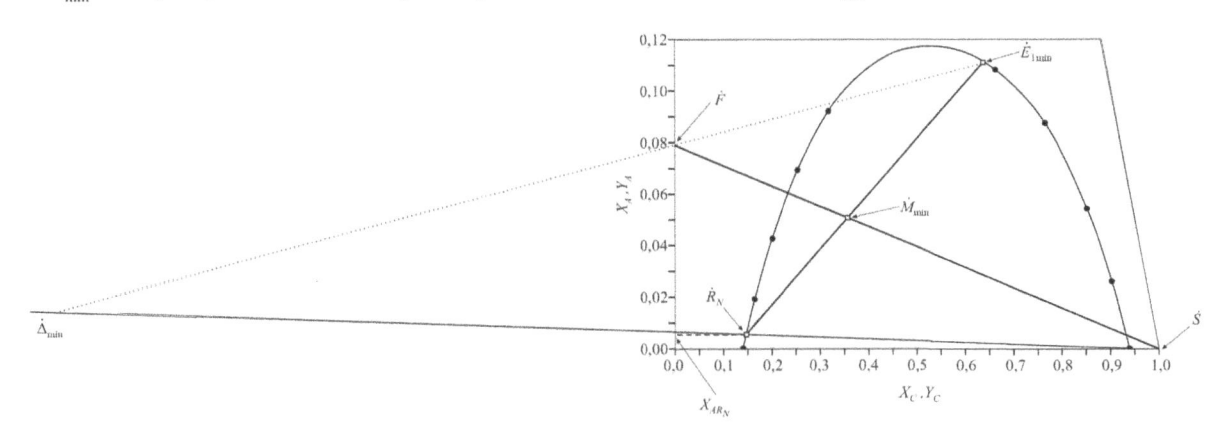

Figura 19.28 Diagrama de equilíbrio para o sistema ácidos graxos livres (A) + óleo vegetal (B) + etanol (C) com o procedimento de cálculo da vazão mínima de solvente (parte 2).

Com a localização do ponto $\dot{M}_{min}$ conhecida, pode-se determinar o valor da vazão mínima de solvente pela regra da alavanca:

$$\frac{\dot{S}_{min}}{\dot{F}} = \frac{\overline{\dot{F}\dot{M}_{min}}}{\overline{\dot{M}_{min}\dot{S}_{min}}} = 0,57$$

$$\frac{\dot{S}_{min}}{100} = 0,57$$

Desse modo, $\dot{S}_{min}$ pode ser calculado, sendo igual a 57 kg · h⁻¹.

Resposta: O valor mínimo admissível para a vazão do etanol puro é de 57 kg · h⁻¹.

Nos exemplos apresentados, 19.1 a 19.4, foram discutidos os procedimentos para o cálculo de vazões e composições das correntes de saída de extratores simples (Exemplo 19.1), procedimentos para o cálculo do número de estágios de contato de um extrator de correntes cruzadas (Exemplo 19.2) e contracorrente (Exemplo 19.3), e procedimento para o cálculo da vazão mínima de solvente (Exemplo 19.4). Nesses casos, os procedimentos de cálculo foram realizados utilizando-se diagramas retangulares e os exemplos consideraram sistemas genéricos com miscibilidade parcial entre o diluente e solvente.

Se for considerada uma situação limite na qual diluente e solvente são totalmente imiscíveis e o soluto (único composto que se transfere) apresenta-se em concentração muito baixa (solução diluída), pode ser aplicado um procedimento de cálculo simplificado para o cálculo do número de estágios bem como da vazão mínima de solvente.

Nesse caso, dada a hipótese de solução diluída, a transferência de massa do soluto não modifica as vazões das fases, ou seja, a vazão de rafinado é praticamente igual à de alimentação e a vazão da corrente de extrato é praticamente igual à vazão de solvente.

Considerando-se um extrator em contracorrente como o esquematizado na Figura 19.22, pode-se escrever o balanço de massa global como:

$$\dot{F} + \dot{S} = \dot{R}_N + \dot{E}_1 \tag{19.20}$$

Pode-se escrever o balanço de massa para o componente A considerando que

$$\dot{F} \cong \dot{R}_N \tag{19.21}$$

e

$$\dot{S} \cong \dot{E}_1 \tag{19.22}$$

$$\dot{R}_N X_{AF} + \dot{E}_1 Y_{AS} = \dot{R}_N X_{AR_N} + \dot{E}_1 Y_{AE_1} \tag{19.23}$$

Rearranjando a equação, obtém-se:

$$\frac{\dot{R}_N}{\dot{E}_1} = \frac{(Y_{AE_1} - Y_{AS})}{(X_{AF} - X_{AR_N})} \tag{19.24}$$

Ou então

$$\frac{\dot{F}}{\dot{S}} = \frac{(Y_{AE_1} - Y_{AS})}{(X_{AF} - X_{AR_N})} \tag{19.25}$$

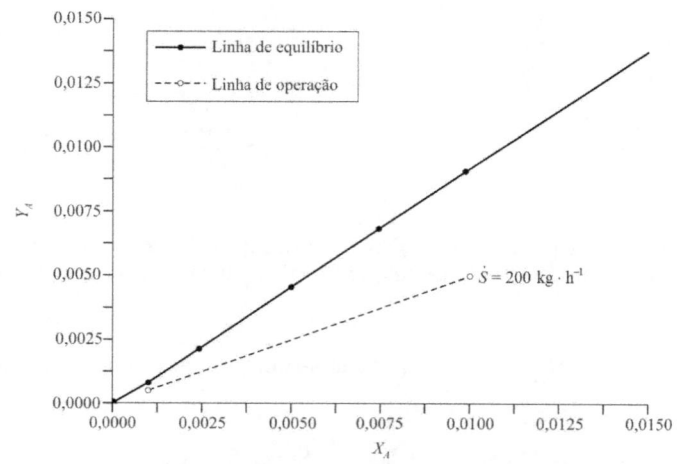

Figura 19.29 Diagrama de distribuição para o sistema genérico soluto (*A*) + diluente (*B*) + solvente (*C*): linha de operação com vazão de solvente igual a 200 kg · h⁻¹.

Desse modo, obtém-se uma única linha de operação para todo o equipamento, a qual possui inclinação $\dot{R}_N/\dot{E}_1$ ou, de forma equivalente, $\dot{F}/\dot{S}$.

A Figura 19.29 apresenta um diagrama de distribuição para um sistema genérico composto por soluto (A) + diluente (B) + solvente (C). Nessa figura, pode-se observar a curva de equilíbrio, a qual é construída com base na composição de cada linha de amarração e representa a concentração de soluto na fase rica em solvente Y_A em função de sua concentração na fase rica em diluente X_A. Por outro lado, a curva de operação mostrada na figura foi obtida por meio da ligação de dois pontos relativos à composição do componente A nos extremos do extrator, considerando nesse caso as entradas e saídas das fases ricas em solvente e diluente. De fato, a linha de operação corresponde à representação gráfica da reta indicada pela Equação 19.23. O uso desse tipo de procedimento será ilustrado na solução do Exemplo 19.5 a seguir.

EXEMPLO 19.5

Considere que a Figura 19.29 represente os dados de um extrator no qual uma corrente $\dot{F}$ = 100 kg · h⁻¹, composta por diluente e 1 g/100 g de soluto, seja misturada, em contracorrente, com 200 kg · h⁻¹ de solvente ($\dot{S}$), o qual contém 0,05 g/100 g de soluto. Deseja-se calcular o número de estágios teóricos do extrator para se obter uma corrente de rafinado com 0,1 g/100 g de soluto e, posteriormente, verificar se o valor da corrente de solvente pode ser diminuído, calculando-se para isso a vazão mínima de solvente.

Solução

Considerando que diluente e solvente são imiscíveis e admitindo-se para o teor de soluto em questão que a solução possa ser considerada diluída, a concentração de soluto no extrato pode ser calculada via balanço de massa representado pela Equação 19.24.

$$Y_{AE_1} \cong \frac{\dot{F}}{\dot{S}} = (X_{AF} - X_{AR_N}) + Y_{AS} = \frac{100}{200}(0,01 - 0,001) + 0,0005 = 0,005$$

Note que um cálculo de balanço do soluto sem aproximação resultaria em Y_{AE_1} = 0,004982, o que corresponde a um desvio de 0,36 %, gerado pelo cálculo aproximado. Após o cálculo, localiza-se no diagrama de distribuição o par cartesiano referente à composição de A na corrente de rafinado $\dot{R}_N$ e no solvente $\dot{S}$, (X_{AR_N} ; Y_{AS}) = (0,001; 0,0005), e o outro par cartesiano referente à composição de A na corrente de alimentação $\dot{F}$ e na corrente de extrato $\dot{E}_1 (X_{AR_N}$; Y_{AE_1}) = (0,01; 0,005). Esse tipo de diagrama também é conhecido como diagrama de McCabe-Thiele.

O diagrama de McCabe-Thiele pode ser utilizado para se estimar o número de estágios teóricos necessários para se obter determinada extração do soluto, como serão mostrados nos casos de separação por destilação e absorção (Figura 19.30). Por meio da Figura 19.30 é possível visualizar que são necessários cinco estágios teóricos no processo de extração considerado. Note que, no caso de cinco estágios teóricos, a concentração de composto A no rafinado X_{AR_5} vai ser um pouco menor do que o valor de X_{AR_N} utilizado no balanço global. Todos os métodos gráficos para cálculo do número de estágios costumam gerar essa pequena inconsistência entre o balanço global, expresso na linha de operação, e os balanços estágio a estágio, expressos na linha traçada na forma de uma escada. No cálculo de equipamentos via computador isso é facilmente resolvido por meio de uma sequência de iterações utilizadas no programa computacional, a qual acaba por compatibilizar os balanços estágio a estágio com o balanço global. No caso do cálculo gráfico isso exigiria realizar novos gráficos como o da Figura 19.30, com uma pequena redução no valor de X_{AR_N} e, em consequência, um pequeno aumento em Y_{AE_1} até que $X_{AR_5} \cong X_{AR_N}$. O efeito disso sobre o número de estágios é, geralmente, nenhum, de modo que esse permanece $N = 5$, mas as composições de saída de cada estágio costumam sofrer pequenas alterações de valor. Note que essa pequena inconsistência também pode ocorrer no cálculo de extratores empregando o diagrama de equilíbrio em coordenadas retangulares, como no caso da Figura 19.23.

Nas Figuras 19.29 e 19.30, nota-se que a distância entre as curvas de equilíbrio e operação denota a extensão da força motriz da transferência de massa, ou seja, o gradiente de concentração. Assim, quanto menor a inclinação da curva de operação, maior o gradiente de concentração.

Pode-se observar que a razão entre a vazão de solvente ($\dot{S}$) e a vazão de alimentação ($\dot{F}$) tem influência direta na inclinação da curva de operação (Figura 19.31). Nota-se que à medida que a vazão de solvente é aumentada, a separação é facilitada, porém são obtidas soluções de extrato cada vez mais diluídas. Por outro lado, fica claro que para as vazões de solvente menores do que 150 kg · h⁻¹, mantendo-se a vazão de alimentação fixa em 100 kg · h⁻¹, a inclinação da curva de operação se aproxima da inclinação da curva de equilíbrio.

Dessa maneira, pode-se inferir que existe um valor mínimo de vazão de solvente ($\dot{S}_{min}$) para o qual a curva de operação intercepta a curva de equilíbrio (ponto P, Figura 19.32).

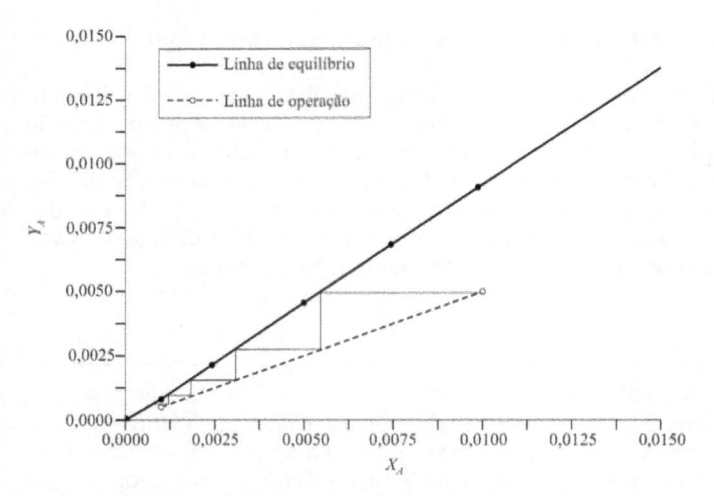

Figura 19.30 Diagrama de distribuição para o sistema genérico soluto (A) + diluente (B) + solvente (C): cálculo do número de estágios por meio do método de McCabe-Thiele.

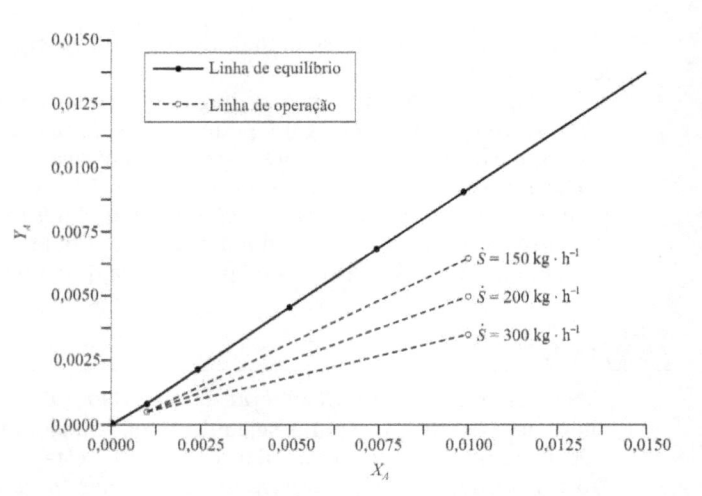

Figura 19.31 Diagrama de distribuição para o sistema genérico soluto (A) + diluente (B) + solvente (C): linhas de operação com diferentes vazões de solvente.

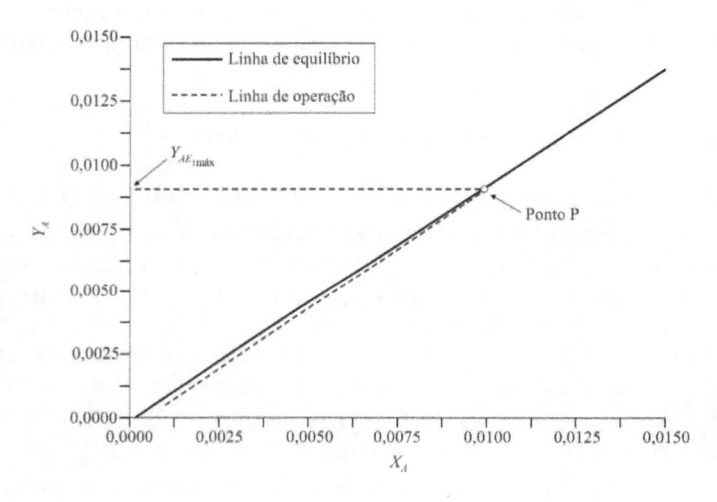

Figura 19.32 Diagrama de distribuição para o sistema genérico soluto (A) + diluente (B) + solvente (C): linha de operação para cálculo de vazão de solvente mínima.

De fato, se uma quantidade mínima de solvente é misturada à alimentação $\dot{F}$, a partir desse contato será gerada uma corrente de extrato $\dot{E}_1$ com composição $Y_{AE_{1máx}}$, ou seja, aquela de maior composição em A. Mantendo-se a hipótese de solução diluída, o valor de $\dot{S}_{min}$ pode ser obtido pelo balanço de massa do soluto, uma vez obtido pelo gráfico o valor de $Y_{AE_{1máx}}$. Para o valor de $Y_{AE_{1máx}}$ = 0,0091 correspondente ao ponto P na Figura 19.32 tem-se:

$$\dot{S}_{min} \cong \frac{(X_{AF} - X_{AR_N})}{(Y_{AE_{1máx}} - Y_{AS})} = \frac{100(0,01 - 0,001)}{(0,0091 - 0,0005)} = 104,7 \text{ kg} \cdot \text{h}^{-1}$$

Vale ressaltar que essa metodologia de cálculo via diagrama de McCabe-Thiele, tanto para estimativa do número de estágios assim como para estimativa de $\dot{S}_{min}$, pode ser amplamente aplicada para o caso de processos de extração utilizando líquidos completamente imiscíveis com concentração muito baixa de soluto (solução diluída). Nesse caso, a admissão das igualdades $\dot{S} = \dot{E}_1$ e $\dot{F} = \dot{R}_N$ possibilita uma boa aproximação.

No caso do diluente e solvente serem imiscíveis, mas o soluto apresentar concentração não muito baixa (solução não diluída), essa metodologia será aplicável somente se os cálculos forem realizados em base livre de soluto, como indicado pelo conjunto de equações a seguir.

$$\dot{F}_i = \dot{F}(1 - X_{AF}) \tag{19.26}$$

$$\dot{R}_{iN} = \dot{R}_N(1 - X_{AR_N}) \tag{19.27}$$

$$\dot{S}_i = \dot{S}(1 - X_{AS}) \tag{19.28}$$

$$\dot{E}_{i1} = \dot{E}(1 - Y_{AE_1}) \tag{19.29}$$

$$\overline{X}_{AF} = \frac{X_{AF}}{(1 - X_{AF})} \tag{19.30}$$

$$\overline{X}_{AR_N} = \frac{X_{AR_N}}{(1 - X_{AR_N})} \tag{19.31}$$

$$\overline{Y}_{AS} = \frac{Y_{AS}}{(1 - Y_{AS})} \tag{19.32}$$

$$\overline{Y}_{AE_1} = \frac{Y_{AE_1}}{(1 - Y_{AE_1})} \tag{19.33}$$

nas quais $\dot{F}_i$ representa a vazão de alimentação em base livre do soluto, ou seja, representa exclusivamente a vazão de diluente. Da mesma maneira, $\dot{S}_i$ expressa a vazão exclusivamente de solvente, sem contabilizar qualquer soluto presente. Se diluente e solvente são totalmente imiscíveis, eles não se transferem ao longo de todo o extrator, de modo que $\dot{F}_i = \dot{R}_{iN}$ e $\dot{S}_i = \dot{E}_{i1}$. As vazões totais ao longo do equipamento mudam exclusivamente por causa da transferência de soluto. Assim, as vazões contabilizadas em base livre do soluto que se transfere mantêm-se constantes. De fato, a consideração de diluente e solvente completamente imiscíveis significa que, do ponto de vista da transferência de massa, tais compostos se comportariam como inertes. $\overline{X}_{AF}$, $\overline{X}_{AR_N}$, $\overline{Y}_{AS}$ e $\overline{Y}_{AE_1}$ representam as composições de soluto das diversas correntes, também expressas em base livre do próprio soluto.

Empregando-se essas novas variáveis, as equações de balanço do soluto podem ser expressas da seguinte maneira:

$$\frac{\dot{R}_{iN}}{\dot{E}_{i1}} = \frac{(\overline{Y}_{AE_1} - \overline{Y}_{AS})}{(\overline{X}_{AF} - \overline{X}_{AR_N})} \tag{19.34}$$

Ou então

$$\frac{\dot{F}_i}{\dot{S}_i} = \frac{(\overline{Y}_{AE_1} - \overline{Y}_{AS})}{(\overline{X}_{AF} - \overline{X}_{AR_N})} \tag{19.35}$$

As duas equações anteriores representam retas e, nesse caso, o cálculo do número de estágios bem como da vazão mínima é viável em um diagrama tipo McCabe-Thiele, mas o mesmo deve necessariamente empregar unidades de concentração em base livre de soluto, tanto para a linha de operação como para a curva de equilíbrio.

Utilizando essa última abordagem para o Exemplo 19.5, obtêm-se os seguintes resultados: $\overline{Y}_{AE_1}$ = 0,005007, que corresponde a $\overline{Y}_{AE_1}$ = 0,004982 em base total, e $\dot{S}_{i\,min}$ = 103,40 kg · h^{-1}, que corresponde a $\dot{S}_{min}$ = 103,45 kg · h^{-1} em base total, mas o número total de estágios na primeira parte do problema não sofre qualquer alteração ($N = 5$).

Resposta: O número de estágios teóricos é cinco.

No caso de sistemas com miscibilidade parcial, as vazões ao longo do extrator se modificam tanto pela transferência de soluto, como pela transferência de quantidades de diluente e de solvente. Assim, a utilização desse procedimento deixa de ser válida, podendo ser empregado como uma estimativa inicial, tanto para o número de estágios como para a vazão mínima de solvente. Posteriormente, o cálculo gráfico correto poderá ser realizado utilizando o diagrama triangular, mas agora com maior facilidade, pois já se dispõem de estimativas iniciais dos valores.

19.6 EXERCÍCIOS

1. Represente graficamente, utilizando coordenadas retangulares, os dados de equilíbrio dos sistemas apresentados nas tabelas a seguir. Represente, também, a curva de distribuição (Y_{AE} *versus* X_{AR}) para os sistemas.

Dados de equilíbrio para o sistema metanol (A) – água (B) – dietiléter (C) [g/100 g]

FASE EXTRATO			FASE RAFINADO		
A	B	C	A	B	C
1,32	8,18	90,50	12,03	85,12	2,85
15,39	11,33	73,28	17,48	76,10	6,42
19,44	13,05	67,51	23,97	64,00	12,03
24,30	17,10	58,60	27,60	55,00	17,40
28,16	21,64	50,20	30,15	46,00	23,85

Fonte: Merzougui, Hasseine, Kabouche e Korichi (2011).

Dados de equilíbrio para o sistema propanol (A) – água (B) – diclorometano (C) [g/100 g]

FASE EXTRATO			FASE RAFINADO		
A	B	C	A	B	C
1,86	6,04	92,10	0,23	99,33	0,44
7,76	6,37	85,87	0,54	98,99	0,47
26,57	11,43	62,00	3,42	96,00	0,58
35,92	19,08	45,00	5,07	94,00	0,93
40,05	28,45	31,50	5,02	93,95	1,03
42,50	32,30	25,20	5,90	93,00	1,10

Fonte: Merzougui, Hasseine, Kabouche e Korichi (2011).

2. Considere os dados de equilíbrio apresentados nas tabelas do exercício anterior. Determine em cada caso o coeficiente de distribuição (k_i) para o soluto A, o coeficiente de distribuição para o componente B, e a seletividade, β_{AB}, para cada linha de amarração, representando-a em função da concentração de A na fase aquosa.

3. Considere que uma solução com 45 g/100 g de piridina em água, vazão de 7500 kg · h^{-1}, deve ser submetida a um processo de extração contínuo, configurado em contracorrente utilizando-se como solvente clorobenzeno puro. O processo de extração deve ser conduzido até que se obtenha uma corrente de rafinado com concentração final de 2,5 g/100 g de piridina. Os dados de equilíbrio estão apresentados nas tabelas a seguir. Determine: (i) a vazão mínima de clorobenzeno; (ii) assumindo uma vazão de solvente 25 % maior que a vazão mínima determinada no item (i), calcule: o número de estágios teóricos necessários para a realização do processo de separação; a concentração final da fase extrato; as vazões das correntes de extrato e rafinado.

Dados de solubilidade (curva binodal) para o sistema piridina (A) – água (B) – clorobenzeno (C) [g/100 g]

FASE EXTRATO			FASE RAFINADO		
A	B	C	A	B	C
0,00	0,05	99,95	53,05	18,06	28,79
10,50	0,65	88,85	54,20	20,35	25,45
15,60	0,90	83,50	54,95	22,25	22,80
18,58	1,17	80,25	55,60	23,80	20,60
27,20	1,80	71,00	55,80	25,15	19,05
30,00	2,50	67,50	55,68	28,90	15,42
36,50	4,50	59,00	55,00	32,55	12,45

Continua

Continuação

FASE EXTRATO			FASE RAFINADO		
A	*B*	*C*	*A*	*B*	*C*
39,40	5,85	54,75	52,70	38,90	8,40
41,20	6,80	52,00	48,40	45,85	5,75
43,58	8,22	48,20	40,75	56,40	2,85
46,40	10,60	43,00	39,40	58,00	2,60
48,02	12,38	39,60	31,31	67,50	1,19
50,16	14,54	35,30	22,60	77,00	0,40
51,60	16,05	32,35	0,00	99,92	0,08

Dados adicionais para a construção das linhas de amarração [g/100 g]

FASE EXTRATO	FASE RAFINADO
A	*A*
11,05	5,02
18,95	11,05
24,10	18,90
28,60	25,50
31,55	36,10
35,05	44,95
40,60	53,20

Fonte: Peake e Thompson (1952).

[**Respostas:** (i) 5290 kg $\cdot$ h^{-1}; (ii) quatro estágios; $Y_{AB_1} = 0,325$, $Y_{AC_1} = 0,025$, $Y_{CE_1} = 0,65$; $\dot{E}_1 = 4018$ kg $\cdot$ h^{-1} $\dot{R}_N = 10095$ kg $\cdot$ h^{-1}]

4. Considere que 1500 kg $\cdot$ h^{-1} de uma solução de limoneno com 5 g/100 g de linalol deve ser submetida a um processo de extração utilizando-se 2500 kg $\cdot$ h^{-1} de etanol hidratado como solvente. A corrente de rafinado obtida da primeira extração deve passar por nova extração, também com etanol hidratado, em quantidade igual à massa do rafinado; esse processo deve prosseguir até que o rafinado final apresente 0,5 g/100 g de linalol. Utilize os dados de equilíbrio apresentados na tabela a seguir. Determine: (i) utilizando diagrama com coordenadas retangulares, quantos estágios teóricos são necessários para a referida separação; (ii) qual a quantidade total de solvente que deve ser empregada no processo de extração; (iii) o número de estágios teóricos necessários para a realização do processo de separação utilizando um equipamento contínuo, configurado em contracorrente.

Dados de equilíbrio para o sistema linalol (A) – limoneno (B) – etanol hidratado (C) [g/100 g]

FASE RICA EM LIMONENO			FASE RICA EM ETANOL		
A	*B*	*C*	*A*	*B*	*C*
0,00	97,25	2,75	0,00	2,24	97,76
1,58	94,55	3,87	1,49	2,97	95,54
2,61	92,80	4,59	2,11	3,40	94,49
5,71	87,09	7,20	3,97	3,50	92,53
12,41	74,31	13,28	7,03	5,05	87,92
19,25	57,91	22,84	9,11	5,17	85,72

[**Respostas:** (i) três estágios; (ii) $\dot{S} = 5433$ kg $\cdot$ h^{-1}; (iii) três estágios]

5. Com base nos dados de equilíbrio apresentados nas tabelas a seguir, responda as seguintes questões: (i) em média, qual dos solventes é mais seletivo para separar o ácido lático da água?; (ii) qual o solvente mais indicado para possibilitar a obtenção de uma corrente de extrato com 40 g/100 g de ácido lático a partir de uma solução concentrada de ácido lático em água? Fundamente sua resposta; (iii) sabendo-se que, ao se misturar 75 kg de uma solução 5 g/100 g de ácido lático e 95 g/100 g de água com 65 kg de solução 30 g/100 g de ácido lático e 70 g/100 g de álcool isoamílico a 25 °C formam-se duas fases líquidas em equilíbrio, determine a quantidade (em kg) das soluções formadas e suas respectivas composições mássicas.

Dados de solubilidade (curva binodal) para o sistema ácido lático (A) – água (B) – álcool isoamílico (C) [g/100 g]

FASE EXTRATO			FASE RAFINADO		
A	B	C	A	B	C
0,00	9,75	90,25	0,00	97,52	2,48
23,80	23,80	52,40	7,41	89,86	2,73
31,40	47,70	20,90	10,99	86,23	2,78
			14,50	82,46	3,04
			21,20	75,30	3,50
			28,90	64,90	6,20

Dados adicionais para a construção das linhas de amarração [g/100 g]

FASE EXTRATO	FASE RAFINADO
A	A
3,00	5,54
6,21	10,83
9,70	15,80
14,40	21,60
20,20	27,30
24,90	30,40
28,30	31,10

Fonte: Weiser e Geankoplis (1955).

Dados de solubilidade para o sistema ácido lático (A) – água (B) – octanol (C) [g/100 g]

FASE EXTRATO			FASE RAFINADO		
A	B	C	A	B	C
2,08	4,07	93,85	5,89	93,85	0,26
4,56	4,61	90,83	12,07	87,62	0,31
7,18	4,85	87,97	19,82	79,81	0,37
9,25	5,01	85,74	25,05	74,55	0,40
13,20	5,38	81,42	33,74	65,82	0,44

Fonte: Sahin, Kirbaslar e Bilgin (2009).

[**Resposta:** (iii) $E = 62$ kg, $R = 78$ kg, $Y_{AE} = 0,13$, $Y_{BE} = 0,07$, $Y_{CE} = 0,70$, $X_{AR} = 0,20$, $X_{BR} = 0,78$, $X_{CR} = 0,02$]

6. Uma solução de água-ácido lático, com 40 g/100 g de ácido lático e vazão de 100 kg · h^{-1}, deve ser extraída continuamente e em contracorrente com 1-octanol puro até uma composição final na corrente de rafinado de 5 g/100 g de ácido lático (veja

os dados de equilíbrio na tabela do Exercício 5). Determine: (i) a vazão mínima de solvente necessária para o processo; (ii) para uma vazão de 300 kg · h⁻¹ de solvente, quantos estágios ideais serão necessários para realizar a referida operação?

[**Respostas:** (i) $\dot{S}_{min}$ = 217 kg · h⁻¹; (ii) cinco estágios]

7. A desacidificação de óleos vegetais pode ser realizada por extração líquido-líquido. Considere os diagramas de equilíbrio, a 25 °C, para os sistemas compostos por ácidos graxos livres (A), óleo vegetal (B) e etanol anidro (C), e ácidos graxos livres (A), óleo vegetal (B) e etanol com 5 g/100 g de água (C) (veja as figuras a seguir). Compare os dois solventes do ponto de vista da seletividade, do coeficiente de distribuição do soluto e do tamanho da região de separação de fases. Qual entre os dois solventes testados é o melhor solvente? Qual o efeito da água no equilíbrio de fases? Fundamente suas respostas com valores dos parâmetros citados, seletividade e coeficiente de distribuição.

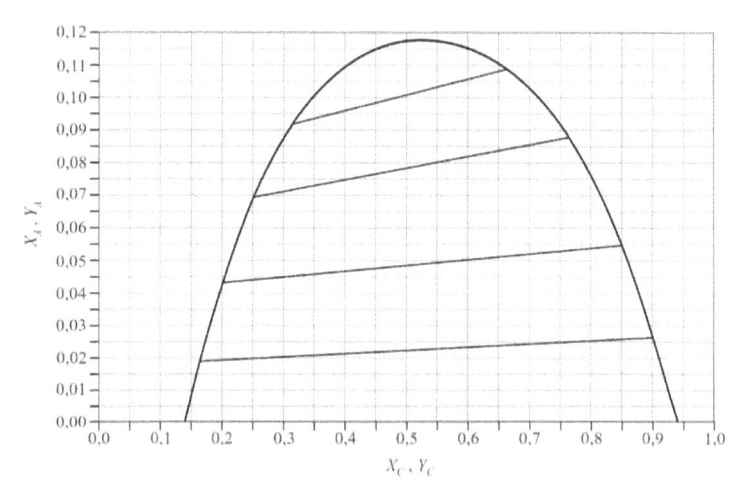

Diagrama de fases para o sistema ácidos graxos livres (A) + óleo vegetal (B) + etanol anidro (C).

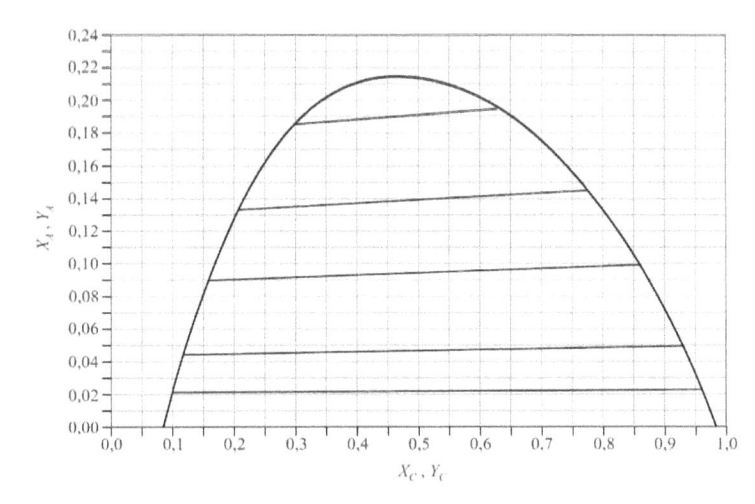

Diagrama de fases para o sistema ácidos graxos livres (A) + óleo vegetal (B) + etanol com 5 g/100 g de água (C).

8. Uma extração é realizada em um estágio de equilíbrio o qual é alimentado com 400 kg de uma solução contendo 35 g/100 g de ácido acético em água e 400 kg de éter isopropílico puro. Calcule as quantidades e composições do rafinado e do extrato obtidos. Resolva algebricamente e, também, por meio da regra da alavanca. Qual a porcentagem de ácido acético recuperada no processo? (Veja os dados de equilíbrio na tabela a seguir.)

Dados de equilíbrio para o sistema ácido acético
(A) – água (B) – éter isopropílico (C) [g/100 g]

FASE RICA EM ÉTER			FASE RICA EM ÁGUA		
A	B	C	A	B	C
0,00	0,54	99,46	0,00	98,90	1,10
4,25	0,95	94,80	12,05	86,20	1,75
8,49	1,44	90,07	21,02	76,82	2,16
13,06	1,95	84,99	28,36	68,71	2,93
17,32	2,52	80,16	34,06	62,27	3,67
19,23	2,82	77,95	37,03	58,99	3,98
23,85	3,73	72,42	41,09	54,15	4,76
28,05	4,68	67,27	45,23	49,10	5,67
31,15	5,35	63,50	46,37	46,68	6,95
31,89	5,65	62,46	47,87	45,22	6,91

Fonte: Zhang et al. (2010).

[**Resposta:** $E_1 = 438$ kg; $R_1 = 362$ kg; $Y_{AE_1} = 0,110$, $Y_{BE_1} = 0,020$, $Y_{CE_1} = 0,870$, $X_{AR_1} = 0,250$, $X_{BR_1} = 0,725$, $X_{CR_1} = 0,025$; recuperação = 34,4 %]

9. Uma quantidade de 200 kg de um solvente misto contendo água, ácido acético e éter isopropílico, de composição desconhecida, são alimentados em um extrator de um único estágio com 280 kg de uma mistura contendo 40 g/100 g de ácido acético, 10 g/100 g de água e 50 g/100 g de éter isopropílico. O extrato resultante, 320 kg, contém 29,5 g/100 g de ácido acético, 66,5 g/100 g de água e 4 g/100 g de éter isopropílico. Determine a composição do solvente misto alimentado ao extrator e a composição do rafinado resultante. Use os dados de equilíbrio da tabela do Exercício 8, mas note que agora a mistura de alimentação é rica em éter isopropílico e, portanto, o solvente deverá necessariamente ser rico em água. Por esse motivo, deve-se alterar a nomenclatura usada na referida tabela, denominando a água composto C e o éter composto B, já que o ácido acético (composto A) será extraído de uma fase rica em éter para uma fase rica em água.

[**Resposta:** $Y_{AS} = 0,027$, $Y_{BS} = 0,017$ $Y_{CS} = 0,956$; $X_{AR_1} = 0,140$, $X_{BR_1} = 0,839$ $X_{CR_1} = 0,021$]

10. Água pura será utilizada para extrair ácido acético de uma solução com 400 kg contendo 25 g/100 g de ácido acético em éter isopropílico. Utilize os dados de equilíbrio da tabela do Exercício 8, levando em consideração a mesma questão de nomenclatura já indicada no Exercício 9, e calcule: (i) a porcentagem de ácido acético recuperada na fase aquosa se 400 kg de água pura forem utilizados como solvente em um extrator de um único estágio; (ii) a porcentagem global de recuperação de ácido acético se água pura for utilizada como solvente em um extrator de correntes cruzadas de quatro estágios (considere a utilização de 100 kg de água pura em cada estágio).

[**Respostas:** (i) 56,4 %; (ii) 66,8 %]

11. Uma mistura de vazão 1000 kg $\cdot$ h^{-1} com 40 g/100 g de acetona em água deve ser submetida à extração contínua em um sistema em contracorrente usando como solvente 1,1,2-tricloroetano. O objetivo é obter uma corrente de rafinado com 10 g/100 g de acetona. Utilize os dados de equilíbrio fornecidos na tabela a seguir e determine: (i) a vazão mínima de solvente; (ii) o número de estágios necessários para a realização da extração considerando uma vazão de solvente duas vezes a vazão de solvente mínima.

Dados de equilíbrio para o sistema acetona
(A) – água (B) – 1,1,2-tricloroetano (C) [g/100 g]

FASE EXTRATO			FASE RAFINADO		
A	B	C	A	B	C
8,75	0,32	90,93	5,96	93,52	0,52
10,28	0,40	89,32	6,51	92,95	0,54
20,78	0,90	78,32	14,97	84,35	0,68
25,14	1,10	73,76	17,04	82,23	0,73

Continuação

Continua

FASE EXTRATO			FASE RAFINADO		
A	*B*	*C*	*A*	*B*	*C*
27,66	1,33	71,01	19,05	80,16	0,79
37,06	2,09	60,85	26,00	73,00	1,00
38,52	2,27	59,21	26,92	72,06	1,02
39,39	2,40	58,21	27,63	71,33	1,04
41,67	2,85	55,48	29,54	69,35	1,11
42,97	3,11	53,92	30,88	67,95	1,17
48,21	4,26	47,53	35,73	62,67	1,60
53,95	6,05	40,00	40,90	57,00	2,10
57,40	8,90	33,70	46,05	50,20	3,75
60,34	13,40	26,26	51,78	41,70	6,52

Fonte: Treybal, Weber e Daley (1946).

[**Respostas:** (i) $\dot{S}_{min}$ = 250 kg · h^{-1}; (ii) quatro estágios]

12. O destilado de uma coluna de destilação contém 45 g/100 g de álcool isopropílico, 50 g/100 g de éter isopropílico e 5 g/100 g de água. A empresa pretende recuperar o éter contido nessa corrente por extração líquido-líquido em uma coluna utilizando água como solvente. A alimentação da coluna será introduzida pelo fundo da mesma enquanto a água será introduzida pelo topo, de modo que seja produzida uma fase rica em éter com, no máximo, 2,5 g/100 g de álcool. A fase rica em água deve ter uma concentração de, no mínimo, 20 g/100 g de álcool. Assuma que a relação entre a alimentação e o solvente é igual a 1:2 (em massa) e determine o número de estágios teóricos necessários para se realizar a dada separação (veja os dados de equilíbrio na tabela a seguir).

Dados de equilíbrio para o sistema álcool isopropílico (*A*) – éter isopropílico (*B*) – água (*C*) [g/100 g]

FASE RICA EM ÉTER			FASE RICA EM ÁGUA		
A	*B*	*C*	*A*	*B*	*C*
2,80	96,40	0,80	6,90	1,00	92,10
5,80	93,00	1,20	9,80	1,20	89,00
8,40	90,10	1,50	11,90	1,20	86,90
11,90	86,10	2,00	13,40	1,20	85,40
14,50	82,80	2,70	15,00	1,20	83,80
19,70	76,30	4,00	16,30	1,30	82,40
22,90	72,10	5,00	17,00	1,40	81,60
28,80	64,20	7,00	18,80	0,90	80,30
35,60	54,20	10,20	20,70	1,50	77,80
40,60	45,40	14,00	23,60	2,30	74,10
44,40	36,90	18,70	25,90	2,90	71,20
45,50	31,50	23,00	28,00	3,70	68,30
45,70	25,30	29,00	30,70	4,70	64,60

Fonte: Frere (1949).

[**Resposta:** Três estágios]

19.7 BIBLIOGRAFIA RECOMENDADA

ABRAMS, D. S.; PRAUSNITZ, J. M. Statistical thermodynamics of liquid-mixtures: new expression for excess Gibbs energy of partly or completely miscible systems. *AIChE J.*, v. 21, p. 116-128, 1975.

ALBERTSSON, P. A. *Partition of cell particles and macromolecules.* Nova York: John Wiley, 1971.

ALVES, J. G. L. F.; CHUMPITAZ, L. D. A.; SILVA, L. H. M.; FRANCO, T. T.; MEIRELLES, A. J. A. Partitioning of whey proteins, bovine serum albumin and porcine insulin in aqueous two-phase systems. *J. Chromatogr. B.*, v. 743, p. 235-239, 2000.

ANTONIASSI, R.; ESTEVES, W.; MEIRELLES, A. J. A. Pretreatment of corn oil for physical refining. *J. Am. Oil Chem. Soc.*, v. 75, p. 1411-1415, 1998.

ANVISA. Resolução RDC nº 270, de 22 de setembro de 2005. Agência Nacional de Vigilância Sanitária aprova o "Regulamento técnico para óleos vegetais, gorduras vegetais e creme vegetal". *Diário Oficial da União*, 23 set. 2005.

ARCE, A.; MARCHIARO, A.; SOTO, A. Liquid-liquid equilibria of linalool + ethanol + water, water + ethanol + limonene, and limonene + linalool + water systems, *J. Sol. Chem.*, v. 33, p. 561-569, 2004a.

_____; _____; _____. Phase stability of the system limonene + linalool + 2-aminoethanol. *Fluid Phase Equilib.*, v. 226, p. 121-127, 2004b.

_____; _____; _____. Propanediols for separation of citrus oil: liquid-liquid equilibria of limonene + linalool + (1,2-propanediol or 1,3-propanediol). *Fluid Phase Equilib.*, v. 211, p. 129-140, 2003.

_____; _____; _____; MARTÍNEZ-AGEITOS, J. M. Citrus essential oil deterpenation by liquid-liquid extraction. *Can. J. Chem. Eng.*, v. 83, p. 366-370, 2005.

_____; _____; _____; RODRÍGUEZ, O. Essential oil terpenless by extraction using organic solvents or ionic liquids. *AIChE J.*, v. 52, p. 2089-2097, 2006.

_____; _____; _____; _____. Liquid-liquid equilibria of limonene + linalool + diethylene glycol system at different temperatures. *Chem. Eng. J.*, v. 89, p. 223-227, 2002.

AZEVEDO, E. G.; MATOS, H. A. Phase equilibria of ethene + limonene and ethene + cineole from 285 K to 308 K and pressures to 8 MPa. *Fluid Phase Equilib.*, v. 83, p. 193-2002, 1993.

BARYEH, E. A. Effects of palm oil processing parameters on yield. *J. Food Eng.*, v. 48, p. 1-6, 2000.

BATISTA, E.; MONNERAT, S.; KATO, K.; STRAGEVITCH, L.; MEIRELLES, A. J. A. Liquid-liquid equilibrium for systems of canola oil, oleic acid and short-chain alcohols. *J. Chem. Eng. Data.*, v. 44, p. 1360-1364, 1999.

CHÁFER, A.; DE LA TORRE, J.; MUÑOZ, R.; BURGUET, M. C. Liquid-liquid equilibria of the mixture linalool + ethanol + water at different temperatures. *Fluid Phase Equilib.*, v. 238, p. 72-76, 2005.

CHÁFER, A.; MUÑOZ, R.; BURGUET, M. C.; BERNA, A. The influence of the temperature on the liquid-liquid equlibria of the mixture limonene + ethanol + H2O. *Fluid Phase Equilib.*, v. 224, p. 251-256, 2004.

CHARARA, Z. N.; WILLIAMS, J. W.; SCHMIDT, R. H.; MARSHALL, M. R. Orange flavor absorption into various polymeric packaging materials. *J. Food Sci.*, v. 57, p. 963-972, 1992.

DUGO, P.; MONDELLO, L.; BARTLE, K. D.; CLIFFORD, A. A.; BREEN, D. G. P. A.; DUGO, G. Deterpenation of sweet orange and lemon essential oils with supercritical carbon dioxide using silica gel as an adsorbent. *Flavour Frag. J.*, v. 10, p. 51-58, 1995.

FOOD AND AGRICULTURE ORGANIZATION OF THE UNITED NATIONS (FAO). *Subsidiary legislation 231.41*. Extraction solvents for foodstuffs (Regulations), 1999.

FRANCHESCHI, E.; GRINGS, M. B.; FRIZZO, C. D.; OLIVEIRA, J. V.; DARIVA, C. Phase behavior of lemon and bergamot peel oils in supercritical CO2. *Fluid Phase Equilib.*, v. 226, p. 1-8, 2004.

FREDENSLUND, A.; GMEHLING, J.; RASMUSSEN, P. *Vapor-liquid equilibrium using Unifac.* Amsterdã: Elsevier, 1977.

FRERE, F. J. Ternary system diisopropyl ether-isopropyl alcohol-water at 25° C. *Ind. Eng. Chem.*, v. 41, p. 2365-2367, 1949.

GODFREY, J. C.; SLATER, M. J. *Liquid-liquid extraction equipment.* Chichester: John Wiley & Sons, 1994.

GONÇALVES, C. B. *Equilíbrio de fases de sistemas compostos por óleos vegetais, ácidos graxos e etanol hidratado.* Tese (Doutorado em Engenharia de Alimentos) — Faculdade de Engenharia de Alimentos, Universidade Estadual de Campinas. Campinas, 2004. 153 f.

_____; MEIRELLES, A. J. A. Liquid-liquid equilibrium data for the system palm oil + fatty acids + ethanol + water at 318.2K. *Fluid Phase Equilib.*, v. 221, p. 139-150, 2004.

HAMM, W. Liquid-liquid extraction in the food industry. In: LO, T. C.; BAIRD, M. H.; HANSON, C. *Handbook of solvent extraction.* Nova York: John Wiley and Sons, 1983. p. 593-597.

_____. Liquid-liquid extraction in food processing. In: THORNTON, J. D. *Science and practice of liquid-liquid extraction.* Oxford: Clarendon Press, 1992. v. 2, cap. 4, p. 309-352.

HARTMAN, L. *Tecnologia moderna da indústria de óleos vegetais*. Campinas: Fundação Centro Tropical de Pesquisas e Tecnologia de Alimentos, 1971. p. 330.

KERTES, A. S.; KING, C. J. Extraction chemistry of fermentation product carboxylic acids. *Biotechn. Bioeng.*, v. 28, p. 269-282, 1986.

KIM, K. H.; HONG, H. Equilibrium solubilities of spearmint oil components in supercritical carbon dioxide. *Fluid Phase Equilibr.*, v. 164, p. 107-115, 1999.

KOJIMA, K.; TOCHIGI, T. *Prediction of vapor-liquid equilibrium by the Asog method*. Amsterdã: Elsevier, 1979.

LEIBOVITZ, Z.; RUCKENSTEIN, C. Our experiences in processing maize (corn) germ oil. *J. Am. Oil Chem. Soc.*, v. 60, p. 347A-351A, 1983.

LIMA, A. S.; ALEGRE, R. M.; MEIRELLES, A. J. A. Partitioning of pectinolytic enzymes in polyethylene glycol/potassium phosphate aqueous two-phase systems. *Carbohydr. Polym.*, v. 50, p. 63-68, 2002.

LINTOMEN, L.; PINTO, R. T. P.; BATISTA, E.; MEIRELLES, A. J. A.; MACIEL, M. R. W. Liquid-liquid equilibrium of the water plus citric acid plus short chain alcohol plus tricaprylin system at 298.15 K. *J. Chem. Eng. Data*, v. 46, p. 546-550, 2001.

LO, T. C. Commercial Liquid-liquid extraction equipment. In: SCHWEITZER, P. A. *Handbook of separation techniques for chemical engineers*. Nova York: McGraw-Hill, 1997. parte 1, seç. 1.10, p. 1-449-1-518.

MARCOS, J. C.; FONSECA, L. P.; RAMALHO, M. T.; CABRAL, J. M. S. Partial purification of penicillin acylase from *Escherichia coli* in poly(-ethylene glycol)-sodium citrate aqueous two-phase systems. *J. Chromatogr. B.*, v. 734, p. 15-22, 1999.

MEIRELES, M. A. A.; NIKOLOV, Z. L. Extraction and fractionation of essential oils with liquid carbon dioxide. In: CHARALAMBOUS, G. (Ed.). *Spices, herbs, and edible fungi*. Amsterdã: Elsevier Science, 1994. p. 171-199.

MERZOUGUI, A; HASSEINE, A; KABOUCHE, A; KORICHI, M. LLE for the extraction of alcohol from aqueous solutions with diethyl ether and dichloromethane at 293.15 K, parameter estimation using a hybrid genetic based approach. *Fluid Phase Equilibr.*, v. 309, p. 161-167, 2011.

MOYLER, D. A.; STEPHENS, M. A. Counter current deterpenation of cold pressed weet orange peel oil. *Perf. Flav.*, v. 17, p. 37-38, 1992.

NEWSHAM, D. M. T. Liquid-liquid equilibria. In: THORNTON, J. D. *Science and practice of liquid-liquid extraction*. Oxford: Clarendon Press, 1992. v. 1, cap. 1, p. 1-39.

OWUSU-YAM, J.; MATHEWS, R. F.; WEST, P. F. Alcohol deterpenation of orange oil. *J. Food Sci.*, v. 51, p. 1180-1182, 1986.

PEAKE, J. S.; THOMPSON JR., K. E. Four ternary liquid systems involving monochorobenzene: phase equilibria and tie line data. *Ind. Eng. Chem.*, v. 44, p. 2439-2441, 1952.

PINA, C. G.; MEIRELLES, A. J. A. Deacidification of corn oil by solvent extraction in a perforated rotating disc column. *J. Am. Oil Chem. Soc.*, v. 77, p. 553-559, 2000.

PRATT, H. R. C.; BAIRD, M. H. I. Axial dispersion. In: LO, T. C.; BAIRD, M. H. I.; HANSON, C. *Handbook of solvent extraction*. Nova York: John Wiley & Sons, 1983. p. 199-247.

RENON, H.; PRAUSNITZ, M. Local compositions in thermodynamic excess functions for liquid mixtures. *AIChE J.*, v. 14, p. 135-144, 1968.

RODRIGUES, C. E. C. *Desacidificação do óleo de farelo de arroz por extração líquido-líquido*. Tese (Doutorado em Engenharia de Alimentos) — Faculdade de Engenharia de Alimentos, Universidade Estadual de Campinas. Campinas, 2004. 221 f.

_____; PEIXOTO, E. C. D.; MEIRELLES, A. J. A. Phase equilibrium for systems composed by refined soybean oil + commercial linoleic acid + ethanol + water, at 323.2 K. *Fluid Phase Equilib.*, v. 238, p. 193-203, 2007.

SAHIN, S.; KIRBASLAR, I.; BILGIN, M. (Liquid + liquid) equilibria of (water + lactic acid + alcohol) ternary systems. *J. Chem. Thermodyn.*, v. 41, p. 97-102, 2009.

SARTORATTO, A.; MACHADO, A. L. M.; DELARMELINA, C.; FIGUEIRA, G. M.; DUARTE, M. C. T.; REHDER, V. L. G. Composition and antimicrobial activity of essential oils from aromatic plants used in Brazil. *Braz. J. Microbiol.*, v. 35, p. 275-280, 2004.

SILVA, L. H. M.; MEIRELLES, A. J. A. Bovine serum albumin, -lactoalbumin and -lactoglobulin partitioning in polyethylene glycol/maltodextrin aqueous two-phase systems. *Carbohydr. Polym.*, v. 42, p. 279-282, 2000.

_____; _____. Phase equilibrium in aqueous mixtures of maltodextrin with polypropylene glycol. *Carbohydr. Polym.*, v. 46, p. 267-274, 2001.

_____; _____; COIMBRA, J. R. Equilibrium behavior of poly(ethylene glycol) + potassium phosphate + water two-phase systems at various pH and temperatures. *J. Chem. Eng. Data*, v. 42, p. 398-401, 1997.

THOMOPOULOS, C. Méthode de desacidification des huiles par solvant sélectif. *Rev. Fran. Corps Gras.*, v. 18, p. 143-150, 1971.

TREYBAL, R. E. *Liquid extraction*. Cingapura: McGraw-Hill, 1963. cap. 2, p. 5-55.

_____. *Mass transfer operations*. Cingapura: McGraw-Hill, 1980. parte 3, cap. 10. p. 477-561.

_____; WEBER, L. D.; DALEY, J. F. The system acetone – water-1,1,2-trichloroethane – ternary liquid and binary vapor equilibria. *Ind. Eng. Chem.*, v. 38, p. 817-821, 1946.

TRUJILLO-QUIJANO, J. A. *Aproveitamento integral do óleo de palma*. Tese (Doutorado) — Faculdade de Engenharia de Alimentos, Universidade Estadual de Campinas, Campinas, 1994.

VERNAU, J.; KULA, M. R. Extraction of proteins from biological raw material using aqueous polyethylene glycol: citrate phase systems. *Biotechnol. Appl. Bioc.*, v. 12, p. 397-404, 1990.

WANKAT, P. C. *Separation process engineering*. Boston: Prentice-Hall, 2007. cap. 13-14, p. 424-489.

WEISER, R. B.; GEANKOPLIS, C. J. Lactic acid purification by extraction. *Ind. Eng. Chem.*, v. 47, p. 858-863, 1955.

YANKOV, D.; MOLINIER J.; ALBET, J.; MALMARYB, G.; KYUCHOUKOV, G. Lactic acid extraction from aqueous solutions with tri-n-octylamine dissolved in decanol and dodecane. *Biochem. Eng. J.*, v. 21, p. 63-71, 2004.

ZASLAVSKY, B. Y. *Aqueous two-phase partitioning*. Nova York: Marcel Dekker, 1995.

ZHANG, H.; ZHANG, L.; GONG, Y.; LI, C.; ZHU, C. Liquid-liquid equilibria for the ternary system water (1) + acetic acid (2) + diisopropyl ether (3) at (293.15, 303.15, and 313,15) K. *J. Chem. Eng. Data*, v. 55, p. 5354-5358, 2010.

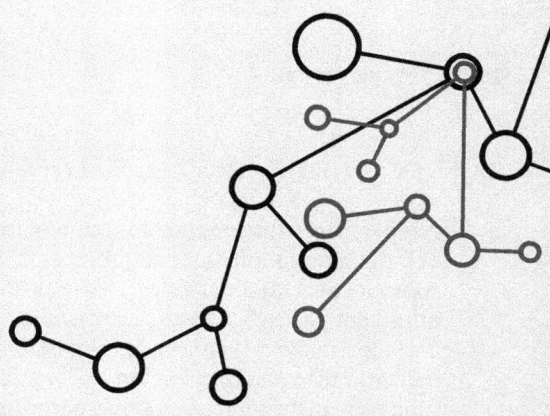

20

PROCESSOS DE SEPARAÇÃO COM MEMBRANAS

José Carlos Cunha Petrus*
Isabel Cristina Tessaro**

* Universidade Federal de Santa Catarina (UFSC).

** Universidade Federal do Rio Grande do Sul (UFRGS).

20.1 INTRODUÇÃO À TECNOLOGIA DE MEMBRANAS

A separação, o fracionamento, a concentração e a purificação de substâncias são operações de rotina em praticamente todas as indústrias químicas, petroquímicas, biotecnológicas e de alimentos. De modo geral, essas operações são responsáveis não somente pela qualidade dos produtos finais, mas também pelo maior consumo energético dessas indústrias. Nos últimos anos, tem-se verificado que a crescente preocupação com a questão energética, a busca de produtos de melhor qualidade e a valorização dos subprodutos gerados vêm privilegiando o surgimento de processos alternativos de fracionamento e concentração não convencionais. Dentre esses processos, destacam-se os de separação com membranas que apresentam uma série de vantagens que lhes permitem competir com as operações clássicas de separação, como a evaporação, a destilação, a adsorção e a troca iônica, entre outras. Essas vantagens consistem em um menor consumo de energia, facilidade de operação e automação do sistema, maior eficiência na separação e, na maioria das vezes, maior qualidade do produto final. Além disso, a separação por membranas pode ser combinada com outros processos de separação e permite, com facilidade, a ampliação de escala. Por essas razões, as membranas vêm ocupando cada vez mais um lugar de destaque no espectro dos processos de separação.

Quando se comparam os processos de separação com membranas com os processos convencionais de separação, verifica-se que as principais desvantagens são relacionadas com o baixo fluxo permeado, que requer grandes áreas filtrantes, e o tempo destinado à limpeza das membranas que pode ser relativamente longo, dependendo do processo. Além disso, necessita-se de mão de obra especializada para a operação dos equipamentos. Entretanto, a cada ano esses obstáculos vêm sendo minimizados com o desenvolvimento de membranas de alta eficiência, tanto em termos de seletividade quanto de fluxo permeado. Atualmente, também estão disponíveis no mercado equipamentos mais versáteis, mais resistentes, fáceis de operar e de menor custo.

Os processos com membranas foram utilizados praticamente em escala laboratorial até 1960. A partir daí, cresceu o interesse por esses processos em razão do desenvolvimento de membranas de fluxo muito superior àquelas existentes à época. Essas membranas foram preparadas a partir de polímeros, pela técnica desenvolvida por Loeb e Sourirajan (1962) e apresentavam poros gradualmente maiores em sua seção transversal — da pele filtrante em direção ao suporte. Por causa dessa morfologia, receberam a denominação de membranas assimétricas, ou seja, membranas constituídas de duas ou mais estruturas planas de diferentes morfologias. Mais tarde, verificou-se que essa morfologia singular reduzia a resistência ao fluxo de massa, sem que as membranas perdessem suas propriedades seletivas. Assim, aumentava-se o fluxo permeado, mantendo-se o nível de retenção de solutos desejado. Antes, as membranas eram homogêneas, ou seja, apresentavam a mesma estrutura e as mesmas propriedades de transporte ao longo de sua espessura. Alcançava-se a seletividade desejada, mas à custa de um fluxo permeado muito baixo. Isso comprometia a produtividade do sistema, particularmente quando se trabalhava com grandes volumes. Mais tarde, o acondicionamento das membranas assimétricas em módulos compactos de grande área filtrante a um custo aceitável aumentou o interesse da aplicação dos processos de separação com membranas em escala industrial. Na década de 1980, com o desenvolvimento da área de materiais, desenvolveram-se novos materiais poliméricos com características físico-químicas mais adequadas à preparação de membranas, contribuindo decisivamente para maior aplicação e aceitação desses processos. Entretanto, muitas etapas são necessárias até que uma unidade industrial de membranas chegue ao mercado. Normalmente os fabricantes de membranas as colocam em módulos que são repassados aos fabricantes de equipamentos que os comercializam.

Atualmente, as aplicações dos processos de separação com membranas têm lugar de destaque nas indústrias biotecnológica, farmacêutica e alimentícia, no tratamento de água e no polimento de efluentes previamente tratados por processos físico-químicos e/ou biotecnológicos. As principais aplicações dos processos de separação com membranas nas indústrias de alimentos serão apresentadas ao longo deste capítulo.

A principal diferença entre a filtração convencional, abordada no Capítulo 7, e a filtração com membranas é que, nesta última, a barreira separadora, onde os solutos são rejeitados, constitui-se em uma camada ou pele filtrante muito delgada, com espessura da ordem de poucos micrômetros, ocorrendo o que se denomina de filtração de superfície. Nas membranas poliméricas, esse filme é suportado por outro material polimérico macroporoso, com espessura variando entre 150 μm e 250 μm, que não influencia a seletividade, tendo também pouca importância sobre o fluxo permeado, mas que confere resistência mecânica à membrana. Além disso, as membranas retêm partículas e solutos muito menores do que aqueles retidos na filtração convencional. Normalmente, considera-se que o tamanho de 10 μm representa o limite entre processos com membranas e a filtração convencional.

A maioria das membranas apresenta poros muito pequenos em sua superfície, com tamanhos variando entre 0,001 μm e 10 μm, dependendo do tipo de membrana e de sua aplicação. Dessa maneira, torna-se possível realizar uma separação ou fracionamento em nível molecular. De modo geral, somente as moléculas que diferem consideravelmente no tamanho podem ser separadas eficazmente através de membranas porosas.

Na filtração convencional a retenção se dá não somente na superfície do filtro, mas também em seu interior, ocorrendo uma filtração denominada filtração de profundidade, o que dificulta a limpeza após o uso. Nesse tipo de filtração é frequente a passagem ao permeado de solutos retidos no interior do filtro, após longos períodos de filtração.

Por outro lado, na filtração com membranas o processo de limpeza é facilitado, possibilitando a recuperação do fluxo permeado mesmo após longos períodos de filtração, podendo a membrana, quando bem utilizada, apresentar vida útil superior a 10.000 h de uso.

20.1.1 Definição de membrana

Uma membrana pode ser entendida como uma barreira capaz de separar duas fases, restringindo total ou parcialmente o transporte de uma ou mais espécies químicas presentes nessas fases.

Em um processo de separação com membranas utilizado em escala industrial têm-se duas correntes distintas: uma corrente denominada concentrado ou retido, enriquecida em componentes não permeados pela membrana (*upstream side*), e outra corrente denominada permeado ou filtrado, a qual é diluída nesses mesmos componentes (*downstream side*), conforme ilustrado na Figura 20.1.

Como será detalhado mais adiante, a força motriz responsável pelo fluxo de permeado pode ser de naturezas distintas. As mais importantes são o potencial químico e o potencial elétrico.

De modo geral, o desempenho de um processo de separação com membranas pode ser avaliado mediante dois parâmetros muito importantes: o fluxo permeado e a seletividade.

Assim como em qualquer processo de separação, nos processos com membranas tanto o permeado quanto o retido, ou ambos, podem ser de interesse. Por exemplo, na clarificação de suco de frutas pela microfiltração, o permeado é a corrente de interesse, enquanto na concentração de proteínas do soro lácteo por ultrafiltração, a corrente de interesse é o retido. Se considerarmos a possibilidade de, no exemplo anterior, aproveitar o permeado para recuperação da lactose, as duas correntes serão importantes. Indiferentemente do interesse pelo permeado ou pelo retido, quanto maior o fluxo permeado, tanto melhor, desde que seja alcançada a seletividade desejada.

Dependendo das características das espécies envolvidas e da natureza da membrana, a separação pode estar relacionada com aspectos físicos ou físico-químicos das micropartículas, moléculas ou íons a serem separados. Por exemplo, muitos compostos presentes em materiais coloidais apresentam radicais negativos. Se a superfície da membrana igualmente tem carga negativa, haverá menor tendência à adsorção desses coloides. Isso contribui para a manutenção de um bom fluxo permeado, reduzindo os problemas relacionados com o entupimento da membrana e facilitando sua posterior limpeza.

Apesar de a maioria das separações por membranas envolver água como solvente, é expressivo o número de separações gás-líquido e gás-gás, as quais não serão abordadas em profundidade neste capítulo por não terem aplicações relevantes no processamento de alimentos. Uma abordagem detalhada desses processos pode ser encontrada em Mulder (1996).

São muitas as classificações possíveis para as membranas. Elas podem ser classificadas segundo sua natureza (biológicas ou sintéticas); quanto à sua estrutura (porosas ou não porosas); quanto à sua aplicação (separação gás-gás, gás-líquido, líquido-líquido, gás-sólido ou líquido-sólido) e, ainda, pelo mecanismo de transporte (convectivo e/ou difusivo).

20.1.2 Classificação das membranas — membranas biológicas e membranas sintéticas; membranas porosas e não porosas (densas)

Inicialmente, será abordada a classificação mais abrangente, em relação à natureza das membranas, as quais podem ser divididas em dois grandes grupos: membranas biológicas e membranas sintéticas.

(i) *Membranas biológicas*

As membranas biológicas, também denominadas membranas celulares ou plasmáticas, apresentam estrutura bastante complexa. Elas envolvem as células, definindo os limites entre o meio intracelular e o extracelular. São as principais responsáveis pelo controle do transporte das substâncias que entram e saem das células. Constituem-se basicamente por duas camadas lipídicas contínuas, onde estão localizadas moléculas proteicas e receptores específicos. As membranas biológicas representam a perfeição da natureza em relação à seletividade, transporte ativo e passivo, porque devem exercer inúmeras atividades de alta especificidade.

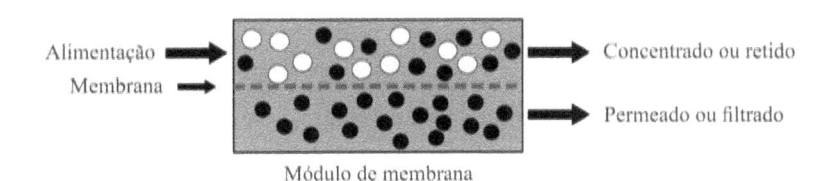

Figura 20.1 Representação esquemática de um processo de separação por membranas.

(ii) *Membranas sintéticas*

As membranas sintéticas podem ser subdivididas em orgânicas e inorgânicas. As membranas orgânicas são preparadas a partir de materiais poliméricos puros ou em misturas com outros polímeros ou aditivos inorgânicos, que lhes conferem maior estabilidade estrutural e química, tornando-as, dependendo de sua aplicação, mais ou menos hidrofílicas, com mais ou menos cargas, por exemplo. Entretanto, são poucos os polímeros que apresentam propriedades adequadas para a preparação de membranas, como resistência física, química e flexibilidade das cadeias poliméricas. Mesmo assim, grande parte das membranas utilizadas em escala industrial é de natureza polimérica. Dentre os polímeros utilizados, destacam-se a poliamida, a polissulfona, a polietersulfona, a polieterimida, o polipropileno, o acetato de celulose e o polifluoreto de vinilideno.

As membranas inorgânicas podem ser preparadas a partir de materiais cerâmicos, principalmente alumina (γ-Al_2O_3) e zircônia (ZrO_2). Apesar de apresentarem uma relação desfavorável de área filtrante/volume do módulo em relação às membranas orgânicas, além de um custo elevado, elas apresentam vantagens relacionadas com as resistências química, mecânica e térmica, sendo quimicamente inertes e suportando pressões e temperaturas elevadas. Outros materiais, como os metálicos, também podem ser empregados na preparação de membranas, mas têm aplicação limitada. Existem, ainda, as membranas líquidas, de aplicação ainda mais restrita. Nessas membranas, a barreira seletiva onde ocorre a transferência de massa é um líquido suportado em uma estrutura microporosa ou estabilizado em um líquido não aquoso com o emprego de surfactantes, formando uma emulsão. Tais membranas têm sido estudadas como modelos que se assemelham às membranas biológicas, viabilizando o fracionamento de substâncias químicas iônicas e neutras, presentes em soluções em concentrações muito baixas. Exemplos de membranas orgânicas e inorgânicas são mostrados na Figura 20.2.

(iii) *Membranas porosas e não porosas (densas)*

As membranas também podem ser classificadas em porosas e não porosas (ou densas). As primeiras podem ser consideradas as mais simples do ponto de vista de transferência de massa e mecanismo de separação, o qual é baseado no tamanho relativo entre partículas e poros. Portanto, nessas membranas as dimensões dos poros determinam as características da separação. A escolha do tipo de material para a preparação dessas membranas é fundamental em relação com as estabilidades química, térmica e mecânica, mas também tem influência, em uma extensão muito menor, sobre o fluxo de permeado e a seletividade. Nessa classificação encontram-se as membranas de microfiltração e ultrafiltração.

Já as membranas densas, como aquelas utilizadas na osmose inversa, não apresentam poros superficiais definidos. Além disso, há controvérsia em relação ao mecanismo de transporte de massa por membranas de nanofiltração. Alguns autores consideram que, embora haja escoamento convectivo, ocorre fundamentalmente transporte por difusão, semelhante ao que se verifica em membranas de osmose inversa. Isso porque os poros superficiais das membranas de nanofiltração são muito pequenos ou mesmo inexistentes e, por essa razão, ocorre uma interação muito íntima entre o penetrante e a matriz polimérica que constitui a membrana. Em razão disso, a afinidade física e química entre o polímero constituinte da membrana e o penetrante é de fundamental importância para o transporte de espécies moleculares e iônicas.

É válido considerar que, quando a seletividade de uma membrana de nanofiltração se aproxima do limite inferior de uma membrana de ultrafiltração, predomina o transporte por convecção. Quando esse limite se aproxima do limite superior de uma membrana de osmose inversa, predomina o transporte por difusão.

As membranas sintéticas, de um modo geral, podem ser preparadas por sinterização (membranas cerâmicas, metálicas e algumas poliméricas como polietileno e polipropileno), estiramento de filmes e por inversão de fases (membranas orgânicas). Esta última técnica é a mais utilizada para a preparação de membranas comerciais, como será visto mais adiante.

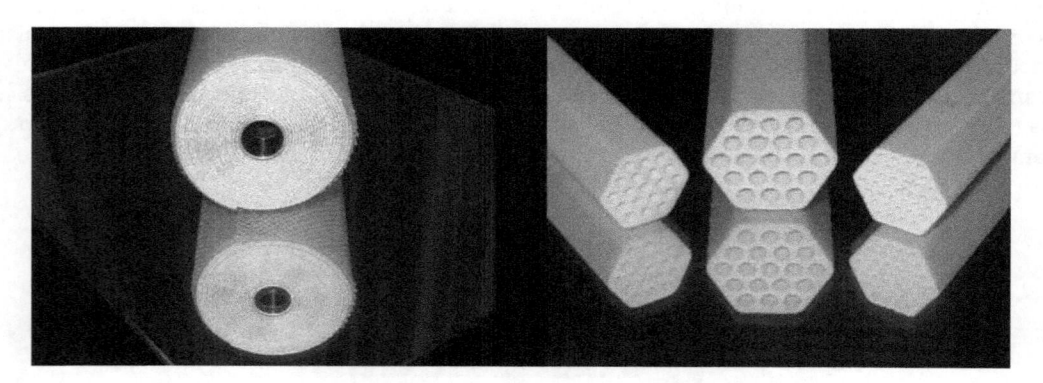

Figura 20.2 Membrana orgânica na configuração espiral (esquerda) e membrana inorgânica (cerâmica) tubular (cortesia da T.I.A. Techniques Industrielles Appliquées).

Em função dos vários processos de separação com membranas disponíveis no mercado e das inúmeras possibilidades de aplicação, não é uma tarefa fácil classificá-los e compará-los entre si. Alguns dos processos de separação com membranas com aplicação em grande escala e algumas características que lhes são peculiares são relacionados na Tabela 20.1. Verifica-se que os processos de microfiltração, ultrafiltração, nanofiltração e osmose inversa, os quais são os mais utilizados nas indústrias de alimentos e bebidas, são empregados para remover partículas progressivamente menores. Em função disso, requerem também, progressivamente, maiores pressões transmembrana para promover a separação de solutos/solvente.

Tabela 20.1 Características dos principais processos de
separação com membranas, funções e principais aplicações

PROCESSOS COM MEMBRANAS	FORÇA MOTRIZ PARA A SEPARAÇÃO	FAIXA DE PRESSÃO NORMALMENTE UTILIZADA [bar]	FUNÇÕES E PRINCIPAIS APLICAÇÕES
Microfiltração	Diferença de pressão	0,5 a 2	Remover gordura e partículas em suspensão, incluindo microrganismos. Clarificação e estabilização biológica de sucos.
Ultrafiltração	Diferença de pressão	2 a 6	Fracionar/concentrar macromoléculas. Clarificação e concentração de proteínas.
Nanofiltração	Diferença de pressão	5 a 15	Concentrar açúcares, corantes alimentícios e têxteis e sais bi e trivalentes. Abrandamento de águas.
Osmose inversa	Diferença de pressão	10 a 60	Remover solutos de baixa massa molar. Dessalinizar água salobra e concentrar sucos de frutas.
Pervaporação	Pressão de vapor	—	Recuperar compostos aromáticos ou de baixa massa molar. Desalcoolização de bebidas e desidratação de álcoois.
Diálise	Diferença de concentração	—	Permear solutos de baixa massa molar. Hemodiálise e recuperação de sais.
Eletrodiálise	Diferença de potencial elétrico	—	Separar íons. Desmineralização e purificação de águas.
Destilação osmótica	Diferença de potencial químico	—	Desidratar soluções. Concentração de sucos e extratos vegetais.
Separação de gases	Diferença de pressão e concentração	—	Recuperar e fracionar gases. Concentração de hidrogênio, oxigênio e fracionamento do ar.

Para a escolha do processo de separação com membranas mais adequado a determinado propósito, algumas informações preliminares são necessárias. As principais informações dizem respeito às características e ao volume da solução a ser tratada, como a massa molar dos diversos componentes e sua natureza química, além das condições de operação, como a temperatura. Escolhido o processo com membrana, define-se, na sequência, a natureza da mesma, em termos de composição química, buscando-se aquela com as melhores características de fluxo e seletividade e que seja de fácil limpeza. Essa não é uma tarefa fácil porque raramente os fabricantes fornecem a composição exata da membrana, informando apenas o polímero-base, ou seja, aquele que é utilizado em maior quantidade em sua preparação. Contudo, em razão do desenvolvimento já atingido na área de tecnologia de membranas, é possível encontrar no mercado membranas para fins específicos. Essas membranas apresentam bons desempenhos em termos de fluxo permeado, retenção de solutos e facilidade de limpeza. A Figura 20.3 mostra, esquematicamente e de modo simplificado, a relação entre o tipo de processo com membrana e as espécies comumente retidas.

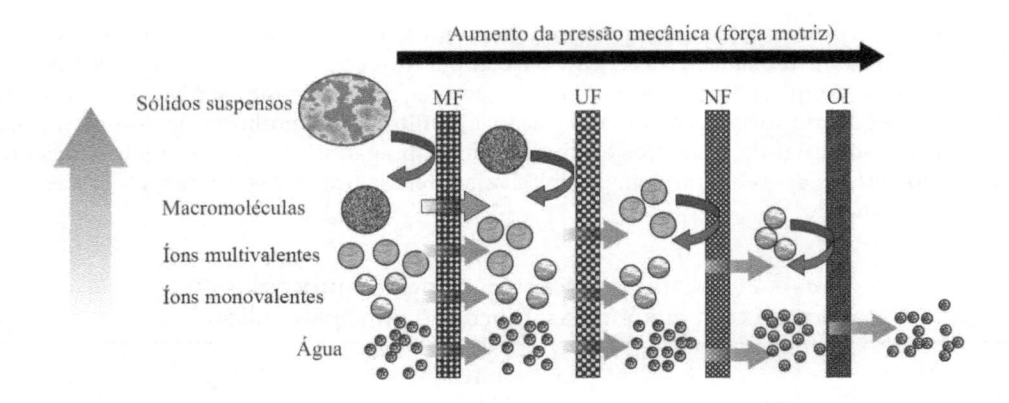

MF – Microfiltração   UF – Ultrafiltração   NF – Nanofiltração   OI – Osmose inversa

Figura 20.3 Principais processos de separação com membranas e espécies retidas e permeadas.

20.1.3 Configuração de escoamento em processos com membranas — filtração estática e filtração tangencial

Dois tipos de configurações hidrodinâmicas podem ser utilizados no processo de separação com membranas: filtração estática (convencional), denominada *dead-end*, mais empregada em escala laboratorial ou para filtração de pequenos volumes, e a filtração tangencial ou *crossflow*, utilizada em unidades piloto ou industrial, conforme ilustrado na Figura 20.4.

(i) *Filtração estática*

Na filtração estática a solução (corrente de alimentação) passa perpendicularmente ao filtro, gerando uma corrente única denominada permeado ou filtrado. Com o tempo de filtração, os solutos ou partículas retidas formam uma "torta" na superfície da membrana. Isso leva a uma maior resistência à transferência de massa que, além de reduzir drasticamente o fluxo permeado, altera sensivelmente as propriedades seletivas da membrana, aumentando a discriminação de solutos. Para minimizar esse efeito são exigidas paradas frequentes no processo para limpeza ou troca da membrana. Assim, essa configuração é mais empregada para filtrar suspensões que contêm baixo teor de sólidos ou quando os solutos ou partículas a serem separadas apresentam alta massa molar ou, ainda, para pequenos volumes a serem filtrados.

(ii) *Filtração tangencial*

Nessa configuração, a solução escoa paralelamente à superfície da membrana e o permeado é recolhido separadamente da corrente do retido. A filtração tangencial pode ser realizada em quatro diferentes configurações, conforme ilustrado na Figura 20.5.

Na filtração tangencial, utilizada em unidades em escalas piloto e industrial, o processo é contínuo e apresenta maior eficiência quando comparado à filtração estática porque o fluido quando escoa paralelamente à superfície da membrana

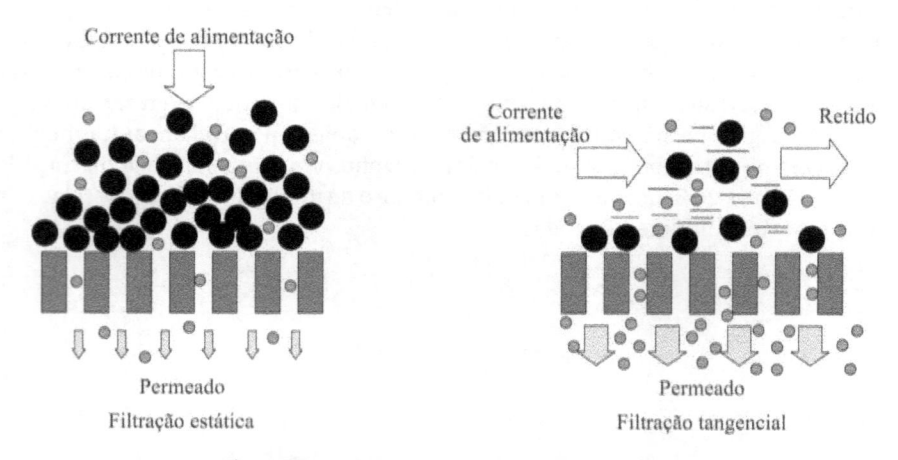

Figura 20.4 Filtração estática e filtração tangencial.

faz com que a maior parte dos solutos depositados em sua superfície seja arrastada continuamente pela corrente de alimentação. O permeado atravessa a membrana enquanto o retido contém os solutos ou sólidos suspensos que não permeiam a membrana. Portanto, é possível utilizar unidades que empregam o fluxo tangencial para soluções com alta concentração de solutos, trabalhando com maior volume de solução e operando em sistemas contínuos e automatizados.

20.1.4 Terminologia utilizada na tecnologia de membranas

A seguir são apresentados alguns termos e definições utilizados em processos com membranas a fim de facilitar o entendimento deste capítulo.

(i) *Massa molar de corte*

Como já visto, a capacidade de retenção de solutos por uma membrana porosa está intimamente relacionada com o tamanho médio dos poros em sua superfície. Essa relação é expressa como massa molar de corte ou simplesmente capacidade de retenção da membrana. A massa molar de corte é definida como a massa molar para a qual a membrana apresenta uma retenção superior a 90 %. Por exemplo, uma membrana de ultrafiltração com massa molar de corte igual a 10 kg · mol⁻¹, ou 10 kDa, deverá reter não menos que 90 % de solutos com essa massa molar e permear não mais que 10 % de solutos com massa molar igual ou superior a esse valor.

A retenção está intimamente relacionada com a seletividade da membrana que, por sua vez, depende dos tamanhos de poros em sua superfície. No entanto, não se encontram membranas isoporosas e, sim, com certa distribuição em torno do tamanho médio de poros. Um perfil de distribuição normal de poros de uma membrana hipotética de microfiltração é mostrado na Figura 20.6.

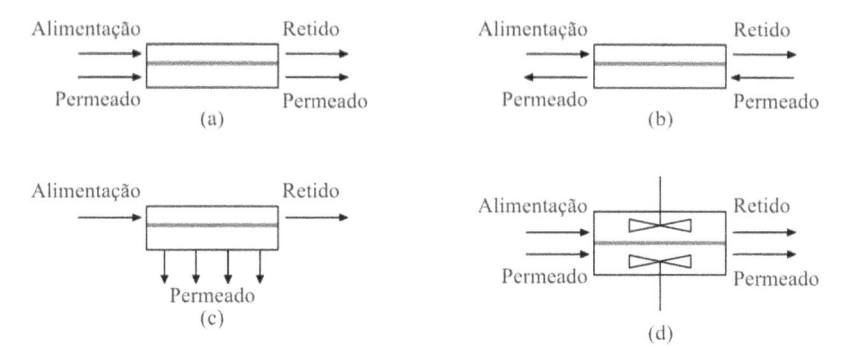

Figura 20.5 Diferentes configurações para o escoamento tangencial:
(a) concorrente; (b) contracorrente; (c) fluxo cruzado; e (d) mistura perfeita.

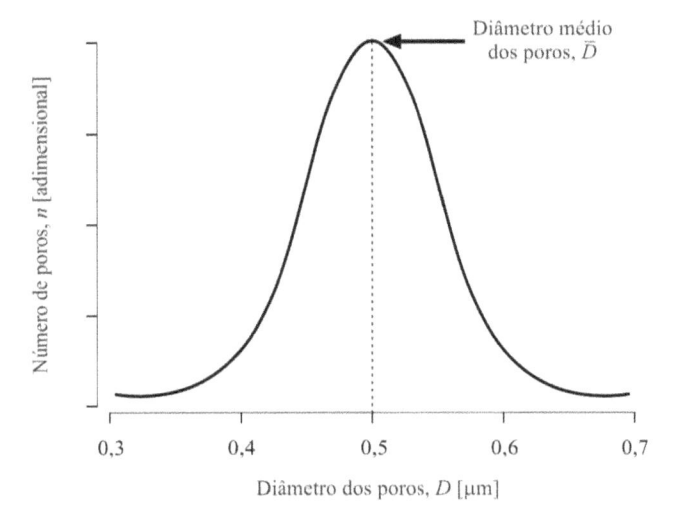

Figura 20.6 Perfil característico de distribuição de poros em uma membrana de microfiltração.

Para as membranas de microfiltração frequentemente utiliza-se o tamanho médio dos poros da membrana, em lugar da massa molar de corte. Por exemplo, membranas com tamanhos de poros nominais de (0,2; 0,5; 0,8 ou 1,0) μm.

Existem muitas técnicas para determinação do tamanho e distribuição dos poros de uma membrana. Entre as mais utilizadas estão: medida direta com auxílio do microscópio eletrônico de varredura com um analisador de imagens acoplado; porometria de mercúrio; porometria de deslocamento de líquido; e uso de soluções de polímeros polidispersos. Detalhes dessas e de outras técnicas para determinação do tamanho e distribuição de poros em uma membrana podem ser encontrados em Mulder (1996).

Para as membranas de osmose inversa e nanofiltração faz-se referência à capacidade dessas membranas de reterem sais. Por exemplo, as membranas de osmose inversa normalmente retêm 99 % de NaCl, enquanto membranas de nanofiltração atingem um percentual próximo a 70 % para o $CaCl_2$. Entretanto, não é raro encontrar especificação da massa molar de corte de membranas de nanofiltração referindo-se à massa molar da menor molécula retida, como utilizado na ultrafiltração. Essa massa molar de corte varia, frequentemente, entre (0,2 e 1) kg $\cdot$ mol^{-1} (0,2 e 1) kDa.

(ii) *Fluxo permeado*

Por definição, o fluxo permeado N' [m³ $\cdot$ m^{-2} $\cdot$ s^{-1}] é a relação entre o volume do permeado (V_P) por unidade de área (A) em determinado período de tempo (t):

$$N' \equiv \frac{V_P}{At} \tag{20.1}$$

A equação de Darcy pode ser utilizada para calcular o fluxo permeado:

$$N' = L_P \Delta P = \frac{\Delta P}{\mu R} \tag{20.2}$$

em que ΔP é a diferença de pressão transmembrana [Pa]; L_P é a permeabilidade hidráulica da membrana [m² $\cdot$ s $\cdot$ kg^{-1}]; μ é a viscosidade da solução [Pa $\cdot$ s] e R é a resistência à transferência de massa do sistema [m^{-1}], que pode ser desdobrada em outras resistências, conforme será mostrado mais adiante. Quando o solvente for água pura, a única resistência à transferência de massa é causada pela própria membrana, R_m. Frequentemente, o fluxo permeado também é expresso em [L $\cdot$ m^{-2} $\cdot$ s^{-1}] ou [kg $\cdot$ m^{-2} $\cdot$ s^{-1}]. Assim, podem ser comparados fluxos permeados entre membranas distintas, indiferentemente de suas áreas filtrantes.

(iii) *Permeabilidade*

A permeabilidade (P_m') é um parâmetro característico de cada membrana que mede sua capacidade em permear determinado composto. A permeabilidade é uma relação entre o fluxo permeado e a força motriz [m³ $\cdot$ m $\cdot$ m^{-2} $\cdot$ s^{-1} $\cdot$ Pa^{-1}] podendo ser estimada por meio da Equação 20.3:

$$P_m' = \frac{N'}{\Delta P / e_m} \tag{20.3}$$

em que e_m é a espessura da membrana [m].

A permeabilidade é um parâmetro que pode ser utilizado para comparar diferentes membranas independentemente da pressão de operação.

(iv) *Seletividade, retenção e fator de separação*

A seletividade é expressa geralmente pela retenção (R_{et}) ou pelo fator de seletividade. Por exemplo, para soluções aquosas diluídas de um soluto, é mais conveniente expressar a seletividade em termos de retenção do soluto. O soluto é parcialmente ou totalmente retido enquanto o solvente (normalmente, água) passa livremente através da membrana. A retenção observada, R_{et}^{obs}, e a retenção intrínseca ou verdadeira, R_{et}^{int}, são dadas, respectivamente, por:

$$R_{et}^{obs} = \frac{c_F - c_P}{c_F} = 1 - \frac{c_P}{c_F} \tag{20.4}$$

$$R_{et}^{int} = \frac{c_m - c_P}{c_m} = 1 - \frac{c_P}{c_m} \tag{20.5}$$

em que c_F é a concentração do soluto na alimentação: c_P a concentração do soluto no permeado e c_m é a concentração do soluto próximo à superfície da membrana. Como R_{et} é um parâmetro adimensional, não depende da unidade na qual é expressa a concentração dos solutos. O valor R_{et} varia entre 1 (100 %) (completa retenção do soluto) e 0 (0 %) (soluto e solvente passam livremente através da membrana).

A seletividade de uma membrana para misturas gasosas ou de líquidos é usualmente expressa em termos de fator de separação ou fator de seletividade. Para uma mistura consistindo em componentes A e B, o fator de seletividade é dado pela Equação 20.6:

$$\alpha_{AB} = \frac{\dfrac{Y_A}{Y_B}}{\dfrac{X_A}{X_B}} \tag{20.6}$$

em que Y_A e Y_B representam as frações mássicas dos componentes A e B no permeado e X_A e X_B representam as frações mássicas dos mesmos componentes no retido. A massa dos componentes é frequentemente expressa em quilogramas, portanto, as concentrações podem ser expressas tanto em concentração mássica, c_i [kg $\cdot$ m^{-3}], ou concentração molar, $\hat{c}_i$ [mol $\cdot$ m^{-3}]. A composição de uma solução ou de uma mistura pode também ser descrita por meio das frações molar, mássica ou volumétrica. A seletividade é escolhida de maneira que seu valor seja maior do que a unidade. Então, se a taxa de permeação do componente A através da membrana é maior do que o componente B, o fator de separação é denotado como α_{AB}. Se o componente B permeia preferencialmente a membrana, então o fator de separação é dado por α_{BA}. Se $\alpha_{AB} = \alpha_{BA}$, nenhuma separação ocorre.

(v) *Força motriz*

Em todos os processos de separação com membranas, é necessária uma força motriz para que ocorra a separação. Portanto, essa força motriz está intimamente relacionada com o fluxo permeado. Considerando-se que o potencial químico é função da pressão, temperatura e concentração e que praticamente todos os processos são operados à temperatura constante, tanto gradientes de concentração quanto gradientes de pressão podem agir como força motriz capaz de promover a separação. A força motriz difere entre os processos com membranas, conforme mostrado na Tabela 20.1. Ela é responsável pela superação das resistências que se opõem ao fluxo permeado, incluindo a resistência da própria membrana, como será visto mais adiante.

(vi) *Pressão transmembrana ou gradiente de pressão*

Como já abordado, a pressão é a força motriz que é aplicada, de maneira crescente, considerando-se os processos de microfiltração, ultrafiltração, nanofiltração e osmose inversa. Dentro de certos limites, o aumento de pressão resulta em aumento do fluxo permeado, quando todos os outros parâmetros são mantidos constantes. Entretanto, o aumento do fluxo permeado leva a uma maior polarização por concentração, resultando em maior deposição de solutos na superfície da membrana, podendo contribuir para a formação da camada de gel e, finalmente, na colmatagem da membrana. Todas as membranas orgânicas são sensíveis a pressões elevadas, podendo ocorrer compactação resultando na alteração de suas propriedades seletivas e de fluxo.

(vii) *Osmose e osmose inversa*

A osmose é um fenômeno físico-químico que ocorre naturalmente na natureza. Um exemplo desse fenômeno ocorre quando duas soluções de diferentes concentrações, portanto de diferentes potenciais químicos, são dispostas em um mesmo recipiente, separadas por uma membrana semipermeável. De imediato, inicia-se a passagem do solvente da solução mais diluída para a solução mais concentrada, até que o equilíbrio osmótico seja atingido. Nos seres vivos, por exemplo, a osmose está intimamente associada à troca de substâncias entre as células e o ambiente intercelular. A pressão osmótica de uma solução é uma propriedade coligativa e, portanto, depende do tipo de soluto e da sua concentração. Na ausência de soluto, ou seja, tratando-se de água pura, por exemplo, a pressão osmótica é zero. Quanto menor a massa molar de um soluto e quanto maior for sua concentração, maior será a pressão osmótica da solução, conforme exemplificado na Tabela 20.2.

Tabela 20.2 Pressão osmótica de alguns alimentos à temperatura ambiente

SUBSTÂNCIA	CONCENTRAÇÃO	PRESSÃO OSMÓTICA [kPa]
Cloreto de sódio	1 g/100 mL	552
Lactose	5 g/100 mL	380
Leite	9 g/100 g	690
Soro lácteo	6 g/100 g	690
Suco de maçã	15 g/100 g	2070
Suco de laranja	11 g/100 g	1587
Suco de uva	16 g/100 g	2070

Adaptado de Cheryan (1986).

A osmose inversa é obtida pela aplicação mecânica de uma pressão superior à pressão osmótica do lado da solução mais concentrada, resultando na passagem do solvente para a solução mais diluída, contrariando o processo natural de difusão, conforme ilustrado na Figura 20.7.

A pressão osmótica é calculada empregando a equação:

$$\Pi = \hat{c}RTi \qquad (20.7)$$

em que Π é a pressão osmótica da solução [Pa]; $\hat{c}$ representa a concentração molar do soluto na solução [mol · m^{-3}]; R é a constante universal dos gases [8,314 J · mol^{-1} · K^{-1}]; T é a temperatura absoluta [K] e i representa o fator de correção de Van't Hoff.

(viii) *Diafiltração*

A diafiltração é um recurso adicional utilizado quando o objetivo é purificar o retido ou aumentar a recuperação dos solutos que permeiam a membrana, normalmente nos processos de micro e ultrafiltração. A diafiltração consiste em adicionar solvente à corrente de alimentação de modo contínuo ou descontínuo.

O retido pode ser diluído uma ou mais vezes e novamente filtrado, conforme mostrado, esquematicamente, na Figura 20.8. Esse processo pode ser utilizado, por exemplo, quando se quer aumentar a concentração de proteínas no retido, eliminando no permeado os açúcares, sais, corantes e outras substâncias de pequena massa molar. Nesse caso, utiliza-se a água como solvente.

(ix) *Fator de redução de volume*

O fator de redução de volume (*FRV*) indica quantas vezes o volume inicial foi reduzido após a filtração. É calculado de modo simples, por meio do quociente entre o volume inicial da alimentação V_F e o volume final do retido V_R, conforme a equação:

$$FRV = \frac{V_F}{V_R} \qquad (20.8)$$

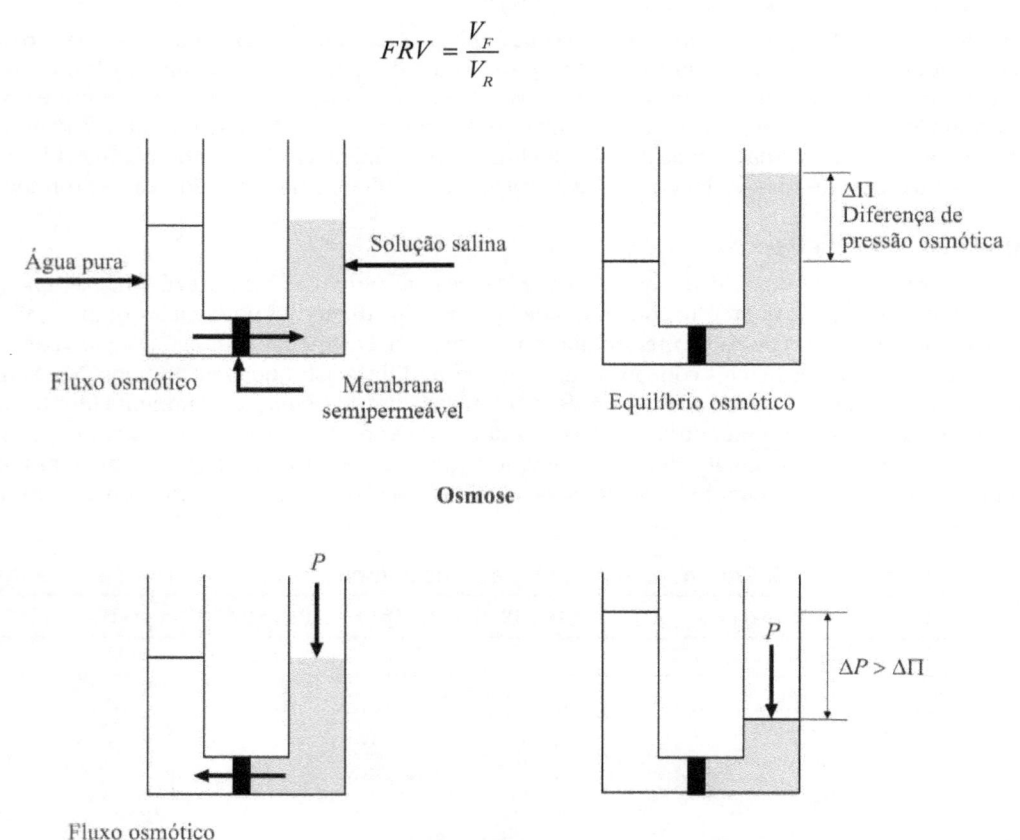

Figura 20.7 Princípios da osmose e da osmose inversa (PM = pressão mecânica).

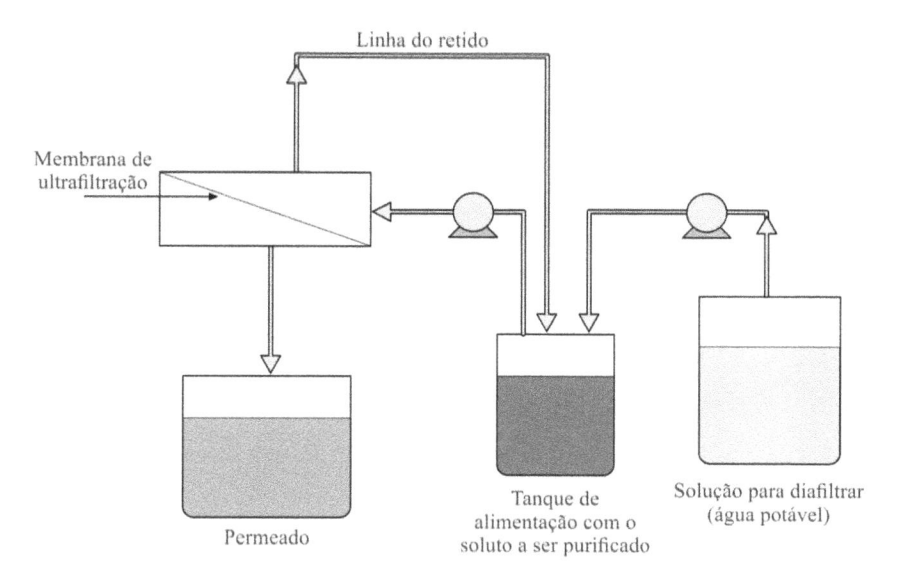

Figura 20.8 Fluxograma para purificação de solutos por diafiltração.

(x) *Fator de retenção ou concentração*

O fator de retenção ou de concentração, F_R, de determinado soluto é expresso pelo quociente entre as concentrações do soluto na alimentação (c_F) e no retido (c_R), conforme Equação 20.9.

$$F_R = \frac{c_F}{c_R}$$

(20.9)

(xi) *Difusão*

A difusão pode ser entendida como a tendência que as moléculas apresentam de migrar de uma região de concentração elevada para outra região de menor concentração. Isso acontece como consequência direta do movimento *browniano*, que na verdade, é um movimento ao acaso. O processo fundamenta-se em aspectos relacionados principalmente com soluto e solvente, temperatura, pressão e potencial químico. A difusão é um mecanismo muito importante nos processos com membranas, principalmente por ocorrer no transporte em membranas de osmose inversa, nanofiltração e nas camadas de polarização e de gel que se formam junto à superfície da membrana. Detalhes sobre o processo de difusão são apresentados no Capítulo 15.

20.2 RESISTÊNCIAS AO FLUXO PERMEADO QUE SE ESTABELECEM DURANTE A FILTRAÇÃO COM MEMBRANAS — DA RESISTÊNCIA DA MEMBRANA, DA CAMADA DE GEL, DA POLARIZAÇÃO POR CONCENTRAÇÃO E DA COLMATAGEM

Na Figura 20.9 estão representadas as resistências à transferência de massa que se estabelecem durante a filtração nos processos que utilizam o gradiente de pressão como força motriz.

20.2.1 Resistência causada pela membrana (R_m)

Quando se filtra água pura, ou seja, na ausência de solutos, a única resistência ao fluxo de massa no processo é resultante da própria membrana. Algumas de suas características são importantes para a resistência da membrana ao transporte dos permeantes durante um processo de separação. As características principais são a porosidade, a espessura e a seletividade. A porosidade não deve ser entendida como uma informação a respeito do tamanho de poros e sim como uma relação entre a parte sólida e os poros da membrana, ou seja, a "quantidade de vazios" em sua estrutura (porosidade global). A porosidade pode ser relativa à parte superficial ou à membrana como um todo. Quanto maior a porosidade da subcamada, menor será a resistência ao transporte através da membrana. Vale destacar que um aumento na porosidade

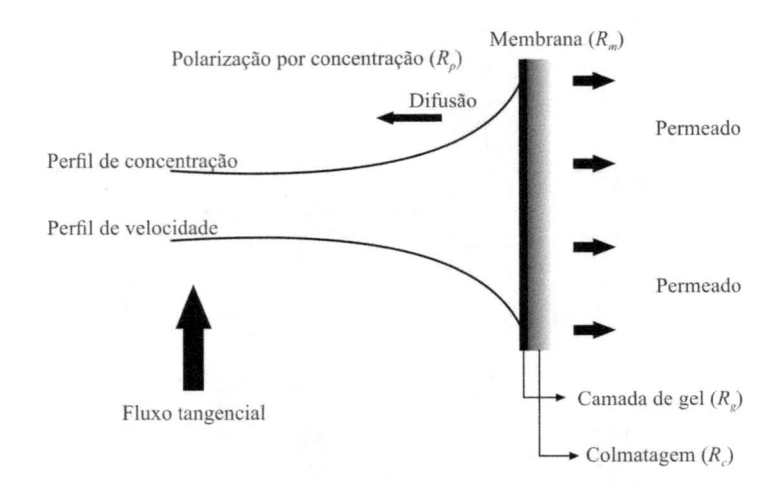

Figura 20.9 Esquema simplificado mostrando as resistências que se estabelecem durante a filtração com membranas.

superficial não implica necessariamente a redução nos níveis de retenção de solutos, já que esse aumento pode ser causado pelo aumento no número de poros e não um aumento em seus tamanhos.

20.2.2 Resistência causada pela polarização por concentração (R_p)

Polarização por concentração é o termo utilizado para descrever a tendência dos solutos de se acumularem na interface solução-superfície da membrana, resultando em maior concentração na camada-limite, na qual a velocidade tangencial e, por conseguinte, a turbulência, tende a zero. Esse fenômeno é causado pela existência de diferentes taxas de permeação para os diferentes constituintes presentes na solução a ser filtrada. A espessura dessa camada-limite é determinada fundamentalmente pela hidrodinâmica do escoamento. Ela decresce em espessura na medida em que aumenta a turbulência. A polarização por concentração frequentemente leva à formação de uma camada de gel na superfície da membrana e, se não for controlada, pode resultar na colmatação da membrana.

20.2.3 Resistência causada pela camada de gel (R_g)

Como visto, no decorrer da filtração, a camada de polarização passa a ser uma condição importante para que os solutos se concentrem, cada vez mais, junto à superfície da membrana. Quando a concentração desses solutos se torna muito elevada, eles podem se tornar insolúveis, precipitando ou coagulando sobre a superfície da membrana, formando um gel. Esse gel se traduz, na prática, em uma resistência adicional ao escoamento do solvente. Acredita-se que fenômenos de adsorção estejam envolvidos na formação da primeira camada de solutos sobre a superfície da membrana, e dependem de interações físico-químicas entre esses solutos e a membrana. Após a formação da primeira camada, as camadas seguintes serão unidas por forças tipo Van der Waals, de menor intensidade. Como as forças de interação são de natureza eletrostática, o fenômeno de adsorção correlaciona-se estritamente com as cargas do material que constitui a membrana com os elementos da suspensão (Martinez et al., 2000; Lee et al., 2001).

Em se tratando de produtos alimentícios líquidos, os principais compostos formadores da camada de gel na superfície das membranas são as proteínas, os carboidratos e os lipídios, podendo, também, serem de natureza microbiológica. De maneira geral, a resistência oferecida pela camada de gel ao fluxo de solvente será tanto maior quanto maior for a massa molar da substância formadora do gel, quanto maior sua interação com a membrana, quanto menor a porosidade e quanto maior a área específica desse depósito. A pressão utilizada no sistema influencia na resistência específica, uma vez que a pressão exercida sobre a camada de gel pode implicar uma diminuição da sua porosidade e, consequentemente, aumentar a resistência ao transporte de solvente (Ognier, 2002). Nesse caso, pode ocorrer preferencialmente transporte difusivo, que é, em geral, duas ordens de magnitude menor do que o transporte convectivo que ocorre no seio da solução (Van Den Berg, 1988). É importante considerar que a camada de gel pode oferecer não somente uma resistência à passagem do solvente, mas também alterar a seletividade da membrana. Isso é particularmente verdadeiro em membranas de microfiltração nas quais os poros superficiais são maiores. Nesse caso, dependendo da natureza da camada de gel, pode ocorrer a colmatagem, como será visto a seguir, reduzindo-se artificialmente o tamanho dos poros da membrana, aumentando, desse modo, sua seletividade a solutos menores. Na prática, esse fenômeno se manifesta pelo aumento da retenção de solutos com o tempo, atingindo-se uma estabilização após alguns minutos ou mesmo horas de processo.

20.2.4 Resistência causada pela colmatagem (R_c)

Colmatagem (ou colmatação), em um sentido amplo, significa preencher, entupir. Na tecnologia de membranas, colmatagem se refere à penetração de solutos ou partículas presentes em soluções de macromoléculas ou de suspensões coloidais nos poros da membrana. Fica evidente que isso leva a uma redução no fluxo de permeado, além de também alterar as características de retenção ou de seletividade da membrana. As substâncias que levam à colmatagem de uma membrana podem ser de origem microbiológica (fungos, leveduras e bactérias), orgânica (proteínas, carboidratos e lipídios) e inorgânica (óxidos metálicos e sais). Dependendo da complexidade da solução a ser filtrada, em termos de sua composição em compostos de diferentes massas molares ou tamanhos e formas, pode ocorrer o bloqueio parcial ou total dos poros superficiais ou daqueles localizados imediatamente abaixo da superfície da membrana. Esse fenômeno se torna crítico quando os perfis de distribuição de tamanho de poros da membrana e também dos solutos são largos. Esse entupimento pode ocorrer pela simples oclusão física dos poros pela precipitação de sais ou pela adsorção progressiva de solutos de pequena massa molar pela membrana que, no decorrer da filtração, vai aumentando a resistência ao fluxo do solvente. A esse entupimento se denomina retenção estérica. Os principais tipos de colmatagem de uma membrana estão apresentados na Figura 20.10.

Sendo assim, é importante que seja escolhida uma membrana que tenha menor afinidade não somente com os solutos que se deseja reter, mas também com aqueles que permeiam a membrana. Por exemplo, na concentração de proteínas do soro lácteo por meio da ultrafiltração, deve-se evitar o uso de membranas hidrofóbicas, como aquelas preparadas a partir de polissulfonas puras, porque as proteínas, principais componentes a serem retidos, têm uma especial afinidade por superfícies hidrofóbicas. Nesse caso devem ser utilizadas membranas preparadas a partir de polietersulfona, ou polieterimida, por apresentarem menor hidrofobicidade.

20.3 PREPARAÇÃO DOS PRINCIPAIS TIPOS DE MEMBRANAS — MEMBRANAS ORGÂNICAS E MEMBRANAS CERÂMICAS

20.3.1 Membranas orgânicas

As membranas poliméricas podem ser preparadas por sinterização, estiramento (após extrusão) e, principalmente, pelo método de inversão de fases. Esse último método consiste em transformar, de maneira rigorosamente controlada, o polímero em solução em uma estrutura sólida. Essa inversão de fases pode ser feita por precipitação do polímero por meio da evaporação do solvente ou por imersão em um banho de não solvente, denominado, também, banho de precipitação. Essa última técnica é a mais utilizada. Inicialmente, faz-se a dissolução do polímero ou polímeros em uma concentração variando, frequentemente, entre (15 a 20) g/100 g em um solvente, formando-se uma solução viscosa, denominada pré-membrana. Os solventes mais utilizados são a dimetilformamida, dimetilacetamida e metilpirrolidona. Particularmente, na preparação de membranas planas, que serão utilizadas na construção de módulos planos ou espirais, essa solução é espalhada com espessura pre-definida sobre um suporte macroporoso que dará resistência mecânica à membrana a ser

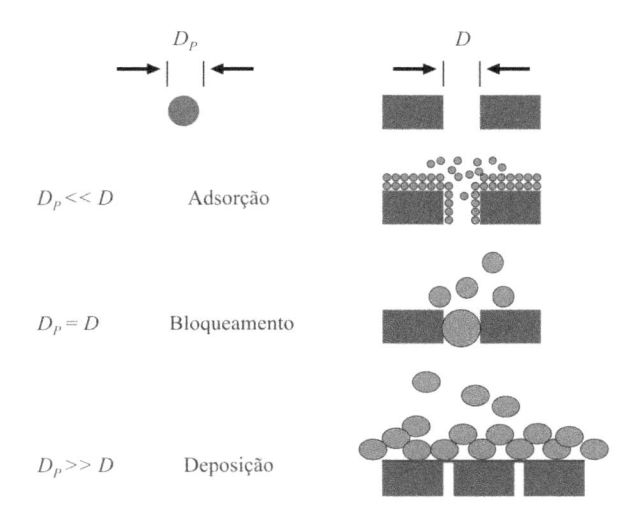

Figura 20.10 Tipos de colmatagem e deposição de solutos na superfície de uma membrana porosa.

formada. Desse modo, a pele filtrante e o suporte macroporoso funcionarão como resistências decrescentes e em série em relação ao transporte de massa. Após o espalhamento, o sistema é mergulhado normalmente em água pura ou adicionada de aditivos que controlam a cinética da coagulação, já que os polímeros normalmente utilizados são insolúveis em água. Após a completa coagulação do polímero, a membrana é lavada até a eliminação completa do solvente e secada à temperatura ambiente ou conservada em uma solução adequada. As membranas tipo fibra-oca, diferentemente das membranas planas, são preparadas pelo processo de fiação úmida utilizando-se uma extrusora, através da qual são bombeados o líquido interno e a solução polimérica.

A característica da membrana será função do polímero utilizado, de sua concentração, da composição e da temperatura da solução polimérica, dos aditivos utilizados e também da composição e da temperatura do banho de coagulação. Se a pele e o suporte forem do mesmo material, a membrana é denominada anisotrópica (assimétrica) integral, caso contrário, denomina-se anisotrópica composta. Na Figura 20.11 são mostrados detalhes da morfologia interna de uma membrana orgânica, preparada pela técnica de precipitação e coagulação em banho de não solvente.

Após sua formação, a membrana poderá sofrer pós-tratamentos para melhorar seu desempenho em termos de fluxo e seletividade. Frequentemente, esses tratamentos compreendem uma oxidação química, tratamento com plasma ou inserção de grupos iônicos. Em seguida, a membrana é acondicionada em módulos de diferentes configurações. Industrialmente, também são preparadas membranas especiais para fins muito específicos, como aquelas destinadas às indústrias farmacêuticas e para uso odontológico. Essas membranas precisam apresentar morfologias especiais e padronizadas e são preparadas em ambientes com rigoroso controle microbiológico, conforme ilustrado na Figura 20.12.

20.3.2 Membranas cerâmicas

As membranas cerâmicas são muito mais resistentes que as membranas orgânicas por serem biologicamente e quimicamente inertes, podendo operar em pHs variando entre 2 e 12 e na presença de solventes orgânicos. Além disso, suportam temperaturas da ordem de 200 °C a 250 °C sem que ocorram alterações em suas propriedades seletivas e de fluxo. Essas membranas são produzidas por sinterização a temperaturas da ordem de 1200 °C, a partir de pós muito finos de zircônia, alumina, titânio ou sílica. A porosidade da membrana é resultado dos interstícios entre os grãos de cerâmica sinterizados. Portanto, quanto menor a granulometria, menores os interstícios e menores os tamanhos dos poros. Conforme mostrado na Figura 20.13, a membrana cerâmica também tem estrutura assimétrica, ou seja, a granulometria do material cerâmico diminui em direção à camada filtrante, a qual é responsável pela seletividade da membrana e que, naturalmente, oferece maior resistência ao transporte.

Essas membranas encontram larga aplicação, principalmente em processos conduzidos a altas temperaturas e pressões. Por outro lado, conforme abordado anteriormente, essas membranas não apresentam boa relação área filtrante/volume do módulo e têm custos elevados. Graças ao desenvolvimento atingido na área de materiais, hoje já se encontram no mercado membranas cerâmicas de nanofiltração com bom desempenho, preparadas com pós de baixíssima granulometria.

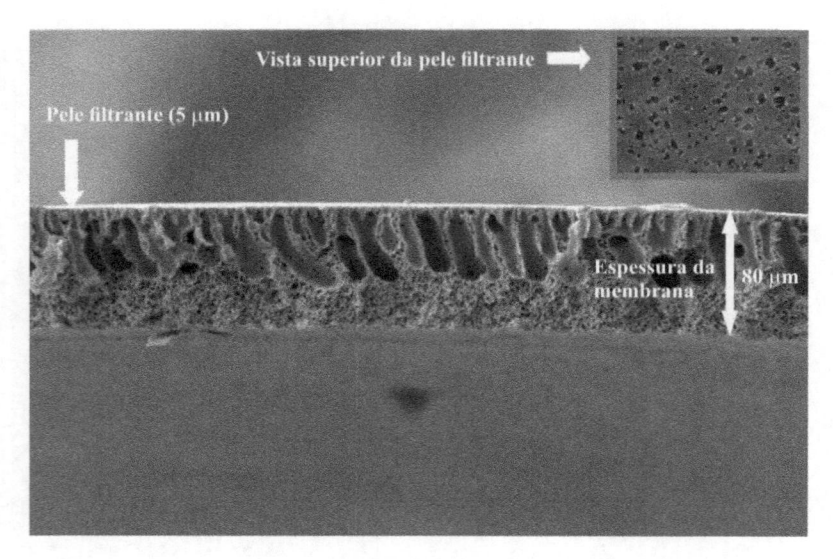

Figura 20.11 Detalhes da morfologia interna e externa de uma membrana orgânica assimétrica de ultrafiltração preparada a partir de polifluoreto de vinilideno.

Figura 20.12 Preparação de membranas especiais sob rigoroso controle de qualidade (cortesia da Pall Membranes).

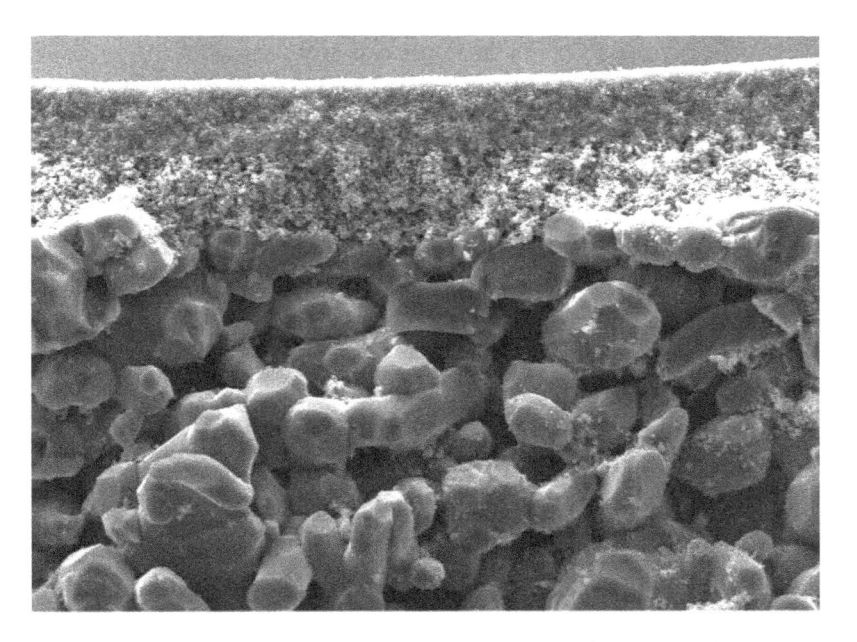

Figura 20.13 Detalhes da morfologia interna de uma membrana cerâmica assimétrica mostrando a redução na granulometria do pó cerâmico em direção à camada filtrante superior (cortesia da Pall Membranes).

20.4 PRINCIPAIS PROCESSOS DE SEPARAÇÃO COM MEMBRANAS DE INTERESSE PARA AS INDÚSTRIAS DE ALIMENTOS E DE BEBIDAS

20.4.1 Microfiltração (MF) e ultrafiltração (UF)

Os processos de microfiltração e ultrafiltração são muito similares. Essa similaridade diz respeito não somente aos tipos de membranas utilizadas nos dois processos, mas também quanto à natureza da força motriz necessária à separação e ao transporte convectivo de solventes em estruturas porosas. As membranas de microfiltração e ultrafiltração diferem apenas no tamanho médio dos poros que são menores para a ultrafiltração. Ambos os processos empregam, como força motriz, pressões menores, comparativamente à nanofiltração e à osmose inversa. Por meio desses dois processos, consegue-se a concentração diferencial de uma solução complexa, ou seja, alguns solutos são retidos e outros são permeados através da membrana.

Inicialmente, a microfiltração era usada quase que exclusivamente em pequena escala e uma de suas primeiras aplicações foi no tratamento de água em laboratório para uso em pesquisas nas áreas de bioquímica e de microbiologia.

No caso particular da microfiltração, são utilizadas membranas que retêm partículas ou macromoléculas dissolvidas com tamanhos superiores a 0,05 μm. Na prática, é utilizada para remover sólidos em suspensão com diâmetros entre 0,1 μm e 10 μm, enquanto solutos orgânicos e sais são permeados.

A maioria das membranas de microfiltração disponíveis no mercado apresenta tamanho de poros na faixa entre 0,1 μm e 0,8 μm. Para esterilização de soluções, utilizam-se membranas com tamanho de poros de até 0,22 μm e os testes são baseados em um dos menores microrganismos, a *Pseudomonas diminuta*, que tem um tamanho médio entre 0,3 μm e 0,4 μm, podendo variar conforme a idade da cultura. A pressão transmembrana normalmente empregada nos processos industriais de microfiltração se situa na faixa de 0,5 bar a 2 bars e a velocidade tangencial da alimentação entre (1 e 3) $m \cdot s^{-1}$. Comum também a outros processos com membranas, o principal problema na microfiltração e na ultrafiltração é o declínio do fluxo permeado por causa da polarização por concentração — que pode ser minimizada por meio do controle das condições hidrodinâmicas do sistema, mas não evitada — e da colmatagem, que é um fenômeno mais grave. Assim, o conhecimento das propriedades dos solutos a serem retidos é fundamental para a escolha do polímero que será utilizado na preparação das membranas, de modo a reduzir a colmatagem e facilitar a limpeza da membrana após o uso.

A clarificação de sucos de frutas e de bebidas é a principal aplicação da microfiltração nas indústrias de alimentos, como será visto posteriormente.

Por outro lado, a ultrafiltração é utilizada para a retenção de partículas ou macromoléculas dissolvidas com tamanhos entre 2 nm e 0,1 μm. Ou seja, separa água e microssolutos de coloides e macromoléculas. A maioria das membranas de ultrafiltração tem tamanho médio de poros entre 0,1 μm e 0,001 μm (1 a 10) nm, ou retenção de moléculas com massa molar maior que $1 kg \cdot mol^{-1}$. A retenção não depende somente da massa molar da molécula, mas também de sua forma estrutural, se globular ou linear, e de sua flexibilidade sob ação, principalmente, de tensões de cisalhamento. Quando a determinação da massa molar de corte de uma membrana de ultrafiltração é feita, por exemplo, com moléculas lineares solúveis em água, como polidextrana ou polietilenoglicol, a retenção será menor, comparativamente com proteínas de mesma massa molar, em razão de suas estruturas globulares, mais fáceis de serem retidas. Compostos orgânicos de pequena massa molar e sais dissolvidos, como cloreto de sódio, cloreto de cálcio, sais de magnésio e manganês, não são retidos por membranas de ultrafiltração. Como essas membranas retêm apenas macromoléculas, o diferencial de pressão osmótica entre os dois lados da membrana pode ser negligenciável. Portanto, baixas pressões, da ordem de (2 a 6) bars, são suficientes para alcançar bons fluxos permeados.

As primeiras aplicações industriais bem-sucedidas da ultrafiltração ocorreram no início da década de 1970. Primeiramente, na recuperação de pigmentos das águas de lavagem da indústria automobilística e, logo após, na concentração de proteínas lácteas — albuminas e globulinas, presentes no soro de leite. Nos anos seguintes, centenas de unidades industriais foram instaladas em todo o mundo para fins diversos. Na indústria de alimentos, a ultrafiltração é largamente utilizada na concentração de proteínas do soro lácteo e na clarificação de sucos e bebidas.

Atualmente, encontram-se disponíveis no mercado membranas de microfiltração e ultrafiltração tanto orgânicas quanto minerais, de diferentes configurações e preparadas com materiais distintos, o que facilita a escolha de uma membrana com bom desempenho para uma aplicação específica. Entre os polímeros mais utilizados na preparação de membranas de microfiltração e de ultrafiltração estão os policarbonatos, o polifluoreto de vinilideno, o politetrafluoretileno, o polipropileno, as poliamidas, a polissulfona e a polieterimida. Encontram-se também disponíveis membranas cerâmicas de micro e ultrafiltração preparadas principalmente a partir de alumina e zircônia.

20.4.2 Nanofiltração (NF) e osmose inversa (OI)

Os mecanismos de transporte de solventes através de membranas de nanofiltração e de osmose inversa são muito semelhantes. Entretanto, esses mecanismos são distintos daqueles que ocorrem em membranas de microfiltração e ultrafiltração, em que predomina o transporte convectivo, em razão da presença de poros relativamente maiores naquelas membranas. Na osmose inversa há o predomínio quase que absoluto do transporte através da solubilização-difusão, porque as membranas são fundamentalmente densas. Em membranas de nanofiltração, apesar de alguns autores as considerarem parcialmente porosas, o transporte por solubilização-difusão também predomina. Isso se explica pela sua alta seletividade aos solutos de baixa massa molar, resultando em interação íntima entre o material constituinte da membrana, o solvente e os solutos permeantes. A rejeição de solutos com massas molares semelhantes pode ser muito diferente em membranas de nanofiltração, pois a exclusão não ocorre apenas em função do tamanho das partículas. Portanto, é relevante considerar a carga e densidade de carga desses solutos. Quanto à capacidade de retenção, as membranas de nanofiltração estão situadas entre as de ultrafiltração e as de osmose inversa. Dessa maneira, a nanofiltração é utilizada quando a osmose inversa e a ultrafiltração não são as melhores opções para a separação desejada.

As membranas de nanofiltração devem ser capazes de reter moléculas dissolvidas com massa molar da ordem de (0,2 a 0,3) kg · mol^{-1}, ou superior. Elas permeiam preferencialmente íons monovalentes como Na$^+$, K$^+$, Cl$^-$, em detrimento dos íons polivalentes, como Mg^{++} e Fe^{+++}. Isso ocorre porque as membranas de nanofiltração são preparadas a partir de polímeros carregados, como a poliamida aromática, polissulfona e acetato de celulose. Dependendo das propriedades dos polímeros, as membranas de nanofiltração podem apresentar características neutras, aniônicas ou catiônicas. Portanto, o nível de retenção de determinado sal (íon) vai depender de sua carga e de sua intensidade.

Em certas aplicações, quando não se quer reter totalmente os sais (90 % ou menos), é mais interessante utilizar a nanofiltração do que a osmose inversa na retenção de moléculas de baixa massa molar, pois assim se consegue maior fluxo permeado. Além disso, a diferença da pressão osmótica entre as soluções de cada lado da membrana é menor na nanofiltração, já que a retenção de sais é parcial, o que resulta em uma pressão de operação menor na nanofiltração, comparada com a osmose inversa, implicando menor custo de bombeamento. Porém, quando se quer a retenção quase completa de sais, é necessário utilizar a osmose inversa. Hoje, a nanofiltração é utilizada com sucesso no abrandamento de águas pela retenção de sais de cálcio e magnésio e na concentração de corantes e açúcares.

Na osmose inversa, consegue-se uma concentração verdadeira porque ocorre retenção quase que absoluta dos solutos presentes em uma solução. Nesse caso, a osmose inversa compete diretamente com os processos de concentração por evaporação, com a vantagem de retirar a água de uma solução sem mudança de fase, tornando o processo energeticamente favorável. Por isso, a osmose inversa é utilizada na dessalinização de águas salobras, em que é desejada uma retenção superior a 99,5 % dos sais, e na pré-concentração de sucos de frutas. A pressão de operação deve ser maior que a pressão osmótica da solução para que ocorra a separação, conforme mostrado na Figura 20.7. Na dessalinização de águas é necessário um pré-tratamento por micro ou ultrafiltração, antes da osmose inversa, para evitar colmatagem da membrana.

20.4.3 Pervaporação (PV)

A pervaporação pode ser considerada um processo muito especial, que utiliza membranas não porosas (densas) nas quais, necessariamente, os compostos que permeiam a membrana por solução-difusão devem ter grande afinidade pela mesma. Por meio da pervaporação, pode-se separar tanto o álcool de uma solução aquosa, quanto obter compostos aromáticos a partir de extratos vegetais, ou separar hidrocarbonetos. É possível, também, separar componentes de uma mistura azeotrópica, que se caracteriza por ter um comportamento particular, como se fosse constituída por uma substância pura em relação à ebulição, isto é, a temperatura da mistura não se altera até o final da ebulição e a composição da fase vapor formada pela evaporação é exatamente igual à da fase líquida que lhe dá origem. Outra característica particular da pervaporação é que a mudança de fase de líquido para gás se dá após o composto permear a membrana. Em muitos casos, a pervaporação pode substituir com vantagens a destilação convencional, principalmente por ser mais econômica em termos energéticos. Por outro lado, as membranas de pervaporação também são caracterizadas por fornecerem baixos fluxos permeados, tornando o processo economicamente viável somente para pequenos volumes do composto que permeia a membrana ou quando o produto recuperado apresentar alto valor agregado. Essas condições são importantes para justificar os custos com a aquisição da unidade de pervaporação e sua manutenção.

As membranas utilizadas na pervaporação podem ser de natureza hidrofílica ou hidrofóbica, de acordo com a aplicação. Por exemplo, membranas hidrofílicas são empregadas para remover água de soluções orgânicas, e membranas hidrofóbicas para separar ácidos graxos essenciais a partir de extratos vegetais aquosos. Misturas de polímeros como álcool polivinílico e poliacrilonitrila, e também de poliuretano e polissulfona, são frequentemente utilizadas na preparação de membranas de pervaporação. A força motriz responsável pela separação dos componentes no processo de pervaporação é o gradiente de potencial químico, que pode ser mantido em seu máximo pela redução da pressão parcial do componente que se transfere no lado permeado, por meio da aplicação de vácuo. Após permear a membrana, os vapores são imediatamente condensados e frequentemente congelados em um sistema refrigerado, como ilustrado na Figura 20.14.

Recentemente, tem-se estudado a associação da pervaporação com reatores de membrana. Nesse processo, faz-se a associação de uma reação química com a separação por pervaporação, na qual os produtos da mistura líquida reacional permeiam a membrana e o vapor é removido. Esse processo apresenta características equivalentes à coluna de destilação reativa, por propiciar o deslocamento do equilíbrio da reação no sentido da formação dos produtos. Além disso, melhora a seletividade, remove os produtos da zona reacional, evitando-se reações consecutivas e, finalmente, utiliza o calor fornecido pela reação no processo de separação (Franco, Hori e Murata, 2005).

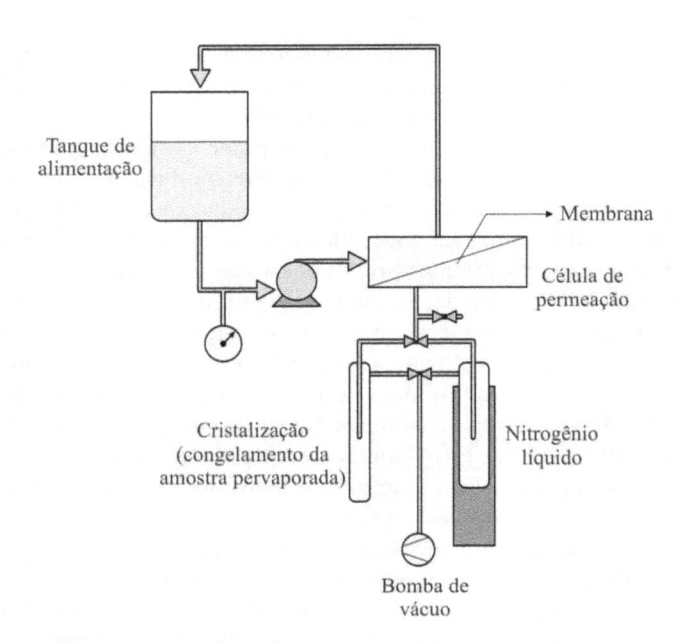

Figura 20.14 Esquema mostrando o princípio de funcionamento de um pervaporador.

20.4.4 Diálise

Atribui-se ao químico escocês Thomas Graham (1805-1869) a criação do termo diálise, que foi utilizado para descrever o fenômeno por ele constatado em 1854, quando, na presença de uma membrana semipermeável, de origem vegetal, observou a purificação de substâncias coloidais. A diálise é hoje entendida como um processo físico-químico que permite separar solutos de pequena massa molar a partir de soluções sintéticas ou de macromoléculas biológicas, quando soluções de concentrações distintas se encontram separadas por uma membrana semipermeável. A membrana de diálise retém as macromoléculas, deixando permear os solutos de baixa massa molar que são impelidos pela força motriz que, nesse caso, é a diferença de concentração entre as soluções. O movimento de solutos cessa quando ambas as soluções atingem igual potencial químico. A diálise é empregada na separação de sais de soluções de proteínas e de outras macromoléculas, em aplicações farmacêuticas e biológicas. A maior e mais importante aplicação da diálise é no tratamento de pacientes com insuficiência renal crônica ou aguda, por meio da hemodiálise. Nesse caso, a membrana exerce a função dos rins, em que solutos de baixa massa molar, como ureia e creatinina, são retirados do sangue para a solução dialisante ou dialisato que circula no lado permeado. Os dialisadores são constituídos por dois compartimentos, no primeiro circula o sangue e no segundo circula o dialisato em fluxo contrário (contracorrente), permitindo uma melhor distribuição dos solutos em toda a extensão da membrana. Essas membranas representam, hoje, o maior mercado mundial em relação aos processos de separação com membranas.

20.4.5 Eletrodiálise (ED)

A eletrodiálise é uma técnica eletroquímica que emprega membranas especiais, capazes de promover troca iônica. Por meio delas é possível remover íons de uma solução pela aplicação de um campo elétrico. A solução que contém íons circula pelos compartimentos do eletrodialisador. Os cátions permeiam facilmente as membranas carregadas negativamente, denominadas membranas de troca catiônica. Entretanto, eles são retidos pelas membranas de troca aniônica, carregadas positivamente. O contrário ocorre com os ânions: eles permeiam as membranas de troca aniônica e são bloqueados pelas membranas de troca catiônica.

As membranas são capazes de remover íons com cargas elétricas positivas ou negativas, com massa molar limite de $0,3 \, kg \cdot mol^{-1}$. O processo apresenta algumas vantagens como operar à pressão atmosférica e podem-se obter soluções concentradas com até 20 % em sais.

A eletrodiálise é considerada uma tecnologia limpa no tratamento de água e efluentes, pois permite a eliminação ou concentração de eletrólitos sem a adição de reagentes químicos. A Figura 20.15 ilustra o princípio de funcionamento de um sistema de eletrodiálise.

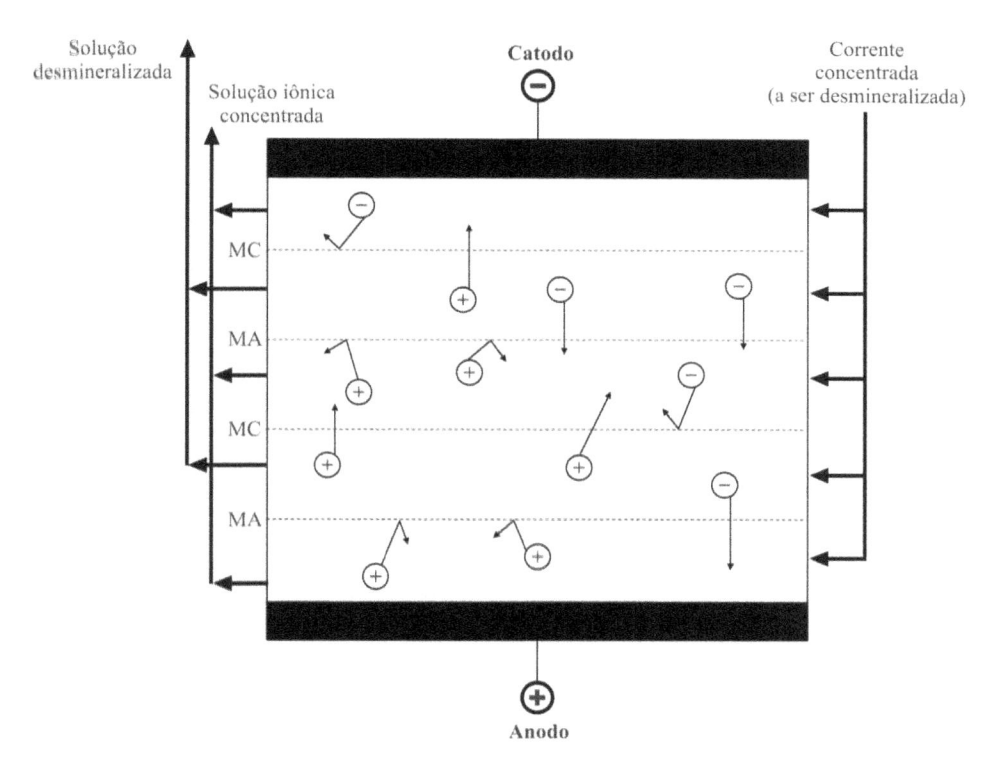

Figura 20.15 Esquema do princípio de funcionamento da eletrodiálise. MA: membrana aniônica; MC: membrana catiônica.

20.4.6 Destilação osmótica (DO)

No processo de destilação osmótica são utilizadas membranas semipermeáveis de natureza hidrofóbica. O processo, também conhecido como destilação por membrana ou evaporação por membrana, é empregado na concentração de soluções de diferentes naturezas. A força motriz para a separação é fornecida pela diferença de concentração, na verdade, de pressão osmótica, entre as soluções. Diferentemente da osmose, o solvente é transportado através da membrana no estado de vapor e condensa no lado permeado. O calor de vaporização é fornecido por condução ou convecção pelo líquido permeante. Essas membranas são normalmente preparadas a partir de polímeros como o polietileno, polipropileno ou politetrafluoretileno. O gradiente de temperatura entre os lados da membrana é tipicamente inferior a 2 °C, fazendo com que o processo seja praticamente isotérmico, o que assegura a estabilidade de compostos termossensíveis. Para que se tenha uma grande diferença de pressão osmótica entre as soluções, é necessário circular de um lado da membrana uma solução com alta concentração de sais. Com o tempo de processo a solução salina é diluída com a água que é retirada do produto que está sendo concentrado. Dessa maneira, faz-se necessário o acoplamento de um evaporador no sistema para manter a concentração da solução salina. Normalmente se utiliza o cloreto de sódio ou de cálcio. A concentração de suco de frutas (Alves e Coelho, 2006; Cassano e Drioli, 2007; Valdésa et al., 2009) e a desalcoolização de vinhos (Varavuth, Jiraratananon e Atchariyawut, 2009) são algumas das possíveis aplicações para a destilação osmótica. Um esquema mostrando o princípio de funcionamento desse processo é mostrado na Figura 20.16.

20.4.7 Separação de gases (SG)

O interesse industrial na separação ou fracionamento de gases tem aumentado recentemente. Trata-se de um processo em que os componentes do gás passam através de uma membrana não porosa por solução-difusão, análogo ao da osmose inversa. Portanto, a solubilidade do gás permeante e sua difusividade na membrana são condições importantes para um bom desempenho do processo. Podem ser preparadas membranas específicas para determinada separação, o que coloca esse processo em vantagem em relação a alguns processos clássicos de separação na indústria química, como a absorção e a adsorção. O fracionamento do ar e a concentração de hidrogênio são aplicações importantes desse processo. Outra aplicação das membranas assimétricas cerâmicas obtidas pelo método sol-gel é na separação de hidrocarbonetos com diferentes comprimentos de cadeia, principalmente em indústrias petroquímicas, e a separação de correntes gasosas em reatores que operam em altas temperaturas. Nesses processos a faixa de temperatura utilizada (200 °C a 1000 °C) torna

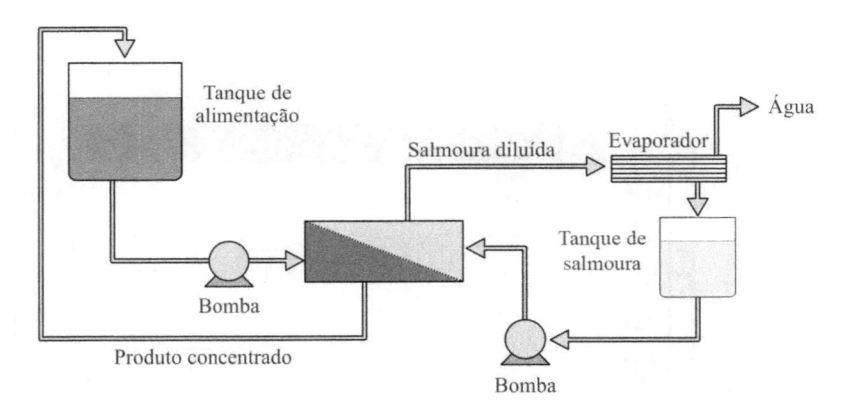

Figura 20.16 Princípio de funcionamento da destilação osmótica.

impraticável a utilização de filmes poliméricos. Para membranas com poros muito pequenos, as distâncias de parede a parede se tornam similares ao comprimento do caminho livre médio molecular que, para cada tipo de moléculas, depende da temperatura e da pressão do gás, obtendo-se o escoamento de Knudsen. Para poros na faixa de 10 nm a 100 nm, o fluxo é uma combinação dos mecanismos de Knudsen e do fluxo viscoso.

20.5   TIPOS DE CONFIGURAÇÃO DE MEMBRANAS

As membranas utilizadas industrialmente são comercializadas em módulos ou cartuchos, que estão disponíveis nas configurações tubular, espiral, placa plana e fibra-oca.

Independentemente da configuração da membrana em seu módulo, o sistema deve ter algumas características que o tornem técnica e economicamente atrativo: apresentar boa relação área filtrante/volume do módulo; promover alta turbulência para facilitar a transferência de massa do lado da alimentação; ter baixo consumo de energia por unidade de permeado produzido; apresentar baixo custo por unidade de área de membrana; apresentar *design* que facilite a limpeza e que permita, com facilidade, a modularização, ou seja, a alteração de área filtrante por meio da retirada ou acréscimo de novos módulos (Van Den Berg, 1988).

As características da solução a ser filtrada, principalmente a viscosidade e o teor de sólidos solúveis ou em suspensão, determinam o tipo de módulo mais adequado para cada propósito.

A razão entre a área filtrante de uma membrana e o volume que ela ocupa está intimamente relacionada com sua configuração, a qual influi também na hidrodinâmica do sistema e no custo dos módulos, conforme apresentado na Tabela 20.3.

20.5.1 Configuração tubular

As membranas tubulares são formadas por tubos individuais com diâmetros variando entre (1 e 2) cm e comprimentos que podem alcançar até 3 m. Essas membranas são montadas em carcaças, ou módulos, fabricados em aço inoxidável, fibra

Tabela 20.3 Relação área filtrante/volume dos módulos, turbulência e custo em relação às configurações dos módulos

CONFIGURAÇÃO DO MÓDULO	RELAÇÃO ÁREA FILTRANTE/VOLUME DOS MÓDULOS $[m^2 \cdot m^{-3}]$	TURBULÊNCIA	CUSTO
Tubular	50 – 100	Muito boa	Muito alto
Placa plana	100 – 200	Pobre	Alto
Espiral	800 – 1200	Pobre	Baixo
Fibra-oca	10.000 – 20.000	Pobre	Baixo

de vidro, acrílico ou PVC rígido, normalmente contendo de 4 a 30 unidades. A solução a ser filtrada circula sob pressão no interior dos tubos, enquanto o permeado é coletado nos interstícios entre os mesmos e é retirado pela lateral do módulo. Essa configuração é muito utilizada na filtração de soluções viscosas ou com altas concentrações de sólidos em suspensão, como os sucos de frutas com polpa, como aqueles produzidos a partir de maçã, pera, uva e abacaxi. Uma membrana tubular mineral cerâmica multicanal é mostrada na Figura 20.2.

20.5.2 Configuração de placas planas

Nessa configuração, as membranas são arranjadas de forma semelhante a um trocador de calor de placas. A solução a ser filtrada circula, sob pressão, de um lado da membrana, enquanto o permeado é recolhido no outro lado à pressão atmosférica, conforme ilustrado na Figura 20.17. Os módulos podem, também, consistir em placas delgadas, recobertas em ambas as faces pelas membranas. Nesse caso, o permeado atravessa cada placa e é coletado no espaçamento entre elas. Essa configuração não apresenta uma densidade de empacotamento alta, resultando em baixa relação área/volume do módulo. Além disso, proporciona baixa turbulência, o que intensifica os efeitos da polarização por concentração, principalmente em soluções com alto teor de sólidos em suspensão. No entanto, apresenta a vantagem de ser bastante versátil, permitindo, com facilidade, o aumento ou a redução da área filtrante.

20.5.3 Configuração espiral

O módulo espiral consiste em um envelope de membranas planas e espaçadores enrolados em torno de um tubo perfurado para coletar o permeado, enquanto a alimentação escoa no sentido longitudinal do cilindro e o permeado percorre todo caminho espiral até chegar ao tubo central, conforme ilustrado na Figura 20.18. Esse módulo apresenta uma boa densidade de empacotamento (relação área/volume) e as condições de escoamento turbulentas são alcançadas graças aos espaçadores do canal de alimentação que são projetados com uma geometria adequada para se obter as melhores condições hidrodinâmicas.

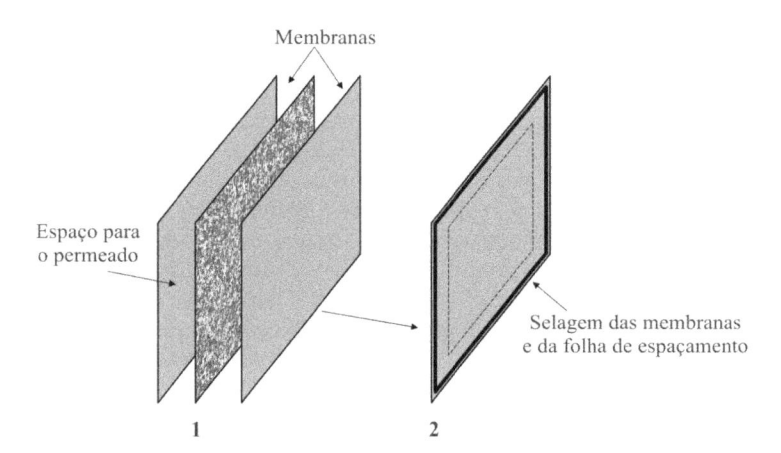

Figura 20.17 Arranjo de membranas na configuração de placas planas.

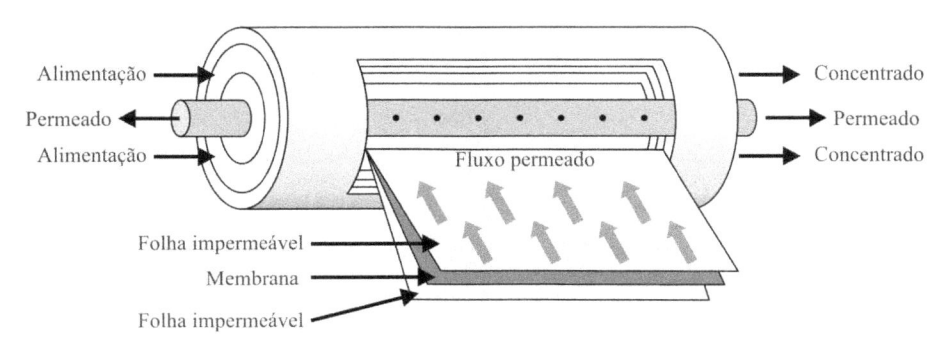

Figura 20.18 Esquema de uma membrana na configuração espiral.

20.5.4 Configuração tipo fibra-oca

Os módulos de fibras-ocas são muito similares às membranas tubulares, diferindo basicamente quanto ao diâmetro interno das fibras, que não ultrapassa 2 mm, conforme ilustrado na Figura 20.19. A pele filtrante dessas fibras pode estar localizada em seu interior ou exterior. No primeiro caso, o permeado é recolhido na parte externa, da mesma maneira que nas membranas tubulares. No segundo caso, mais utilizado para filtrar soluções com alto teor de sólidos em suspensão, o permeado é recolhido na parte interior da fibra. Cada cartucho pode conter milhares de fibras. A principal vantagem dessa configuração é a excelente relação área filtrante/volume do módulo, conforme mostrado na Tabela 20.3.

20.6 MODOS DE OPERAÇÃO DE UNIDADES DE SEPARAÇÃO POR MEMBRANAS

As unidades de separação por membranas podem ser operadas em várias configurações, conforme ilustrado na Figura 20.20. A configuração depende basicamente do volume de solução a ser filtrada. Para unidades laboratoriais o sistema com passagem única é o mais utilizado, enquanto o sistema intermitente é mais bem adaptado às unidades piloto. Industrialmente, em razão dos grandes volumes envolvidos, é mais utilizado o sistema de múltiplos estágios com e sem recirculação.

20.6.1 Limpeza e sanitização de membranas

As membranas utilizadas em escala laboratorial normalmente são de uso único, ou seja, são descartadas após sua utilização. No caso de membranas industriais, é necessário submetê-las a um programa periódico de limpeza, juntamente com o equipamento, utilizando-se o sistema CIP (*clean in place*) (Chen et al., 2006).

Normalmente, os produtos químicos e os procedimentos de limpeza são recomendados pelos fabricantes das membranas. Após o processamento, deve-se fazer uma pré-limpeza com água morna para retirada da sujeira superficial. Na limpeza são utilizadas soluções alcalinas com pH entre 9 e 11 e ácidas com pH entre 2 e 4, intercaladas com enxágue até pH neutro. As membranas poliméricas, com exceção de algumas preparadas a partir de celulose, são quimicamente resistentes, podendo ser submetidas a pHs variando de 2 a 11, por muitas horas, sem que haja alteração em suas propriedades seletivas e de fluxo. Eventualmente utilizam-se soluções detergentes ou enzimáticas para remover proteínas e soluções oxidantes para remoção de outras substâncias orgânicas (Petrus et al., 2008). No procedimento de limpeza cada solução deve circular no sistema a baixa pressão, por (20 a 30) min à temperatura entre 30 °C e 40 °C, dependendo das características do material que está incrustado na membrana. Membranas na configuração tubular e fibra-oca suportam limpeza com fluxo inverso. Nesse procedimento a solução de limpeza é forçada sob pressão no lado permeado, o que facilita o desentupimento da membrana. Mas o equipamento deve estar equipado adequadamente pelo fabricante para que se possa realizar esse processo. No processamento de produtos lácteos, por causa da presença de gordura, proteína, lactose e sais minerais, frequentemente é feita uma pré-lavagem com água por 5 min, seguida pelo fluxo de uma solução alcalina a pH 12 por 25 min, por um novo enxágue com água e, finalmente, pelo fluxo de uma solução ácida a pH 2 por 25 min e enxágue até pH neutro. Todas as etapas de limpeza e enxágue são, normalmente, feitas a 45 °C.

Indiferentemente do procedimento adotado, a limpeza deve ser feita de maneira criteriosa para não comprometer a integridade da membrana. Ela deve garantir o retorno do fluxo permeado, que é verificado com a filtração de água limpa, utilizada como parâmetro de eficiência da limpeza, mas também deve manter as características de seletividade.

Figura 20.19 Fibras-ocas de microfiltração antes e após montagem do módulo de filtração (vista frontal) (cortesia da PAM Membranas Seletivas Ltda.).

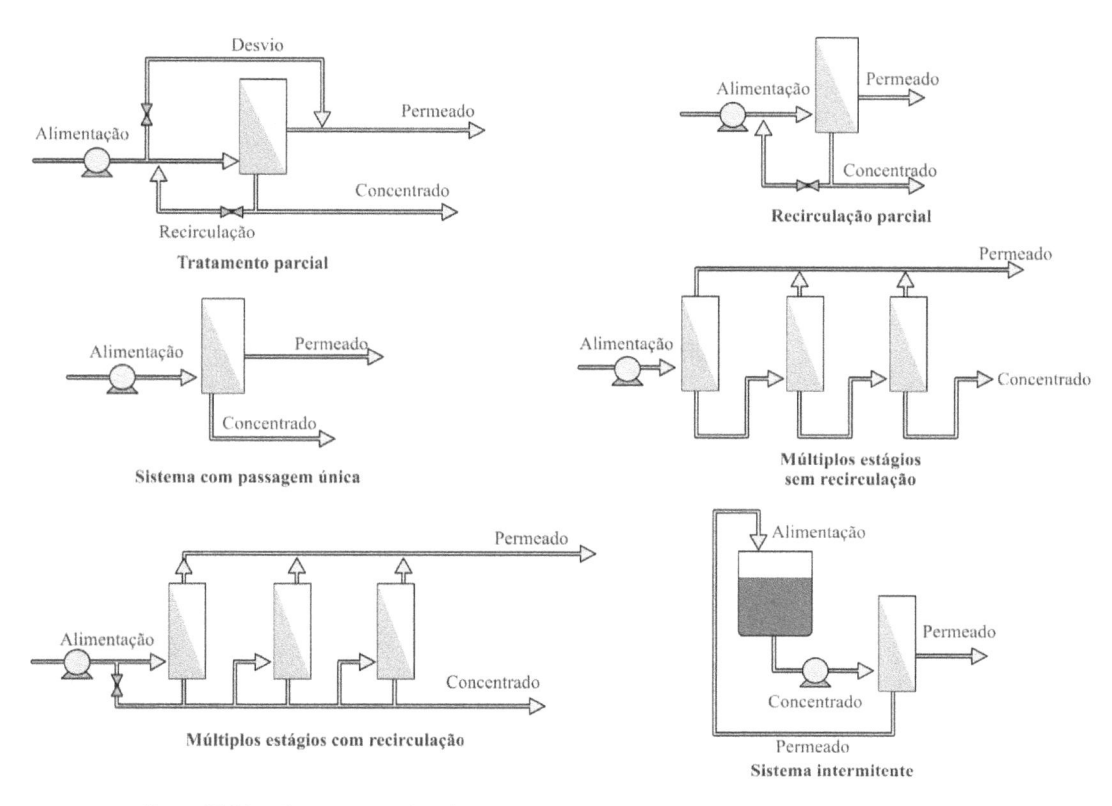

Figura 20.20 Diferentes modos de operação de unidades de separação por membranas.

Após a limpeza, a membrana e o equipamento devem ser sanitizados quimicamente, fazendo-se circular pelo sistema uma solução com o agente químico sob pressão para que ele permeie a membrana, sanitizando seu interior e a linha do permeado. Os agentes sanitizantes mais utilizados são o hipoclorito de sódio a 100 µg/g, ou quaternário de amônio a 16 g/100 g.

No sistema CIP pode-se descartar as soluções de limpeza, ou recuperá-las, pelo menos em parte, para uso posterior. É importante, também, drenar periodicamente as soluções de limpeza, para evitar sedimentação e compactação de sujidades no fundo dos tanques de armazenamento, além de monitorar frequentemente a concentração das soluções de limpeza e sanitização em uso.

20.7 APLICAÇÕES DOS PRINCIPAIS PROCESSOS COM MEMBRANAS NAS INDÚSTRIAS DE ALIMENTOS E DE BEBIDAS

20.7.1 Indústria de produtos lácteos

A indústria de laticínios é uma das pioneiras na utilização dos processos com membranas. As principais aplicações são encontradas na concentração do soro lácteo, resultante da fabricação de queijos, para produção do concentrado proteico e na concentração do leite para fabricação de iogurte e de queijos dos tipos minas frescal, *quark*, *cream cheese* e requeijão (Cuperus e Nijhuis, 1993). Outra aplicação importante é encontrada na produção de lactose, por meio da pré-concentração do soro por nanofiltração. A microfiltração pode ser utilizada no desnate, na redução de microrganismos do leite e também na pasteurização da salmoura para queijos, visando à sua reutilização. O processo de redução de microrganismos através de membranas também é conhecido como pasteurização a frio, porque é conduzido a baixas temperaturas, da ordem de 45 °C, portanto, bem inferior às temperaturas utilizadas na pasteurização convencional pelo calor. Outras aplicações dos processos com membranas nas indústrias lácteas são a pré-concentração de biomassas láticas através da microfiltração, antes do congelamento ou liofilização, e em reatores de membrana, para hidrólise da lactose. A seguir, são detalhadas algumas das aplicações mais relevantes dos processos com membranas nas indústrias de produtos lácteos.

(i) *Produção do concentrado proteico do soro de leite*

A concentração das proteínas do soro de leite, subproduto da fabricação de queijos, é uma das aplicações mais importantes dos processos com membranas na indústria láctea. A composição do soro está intimamente relacionada com a composição do leite e do queijo produzido. O soro resultante da fabricação de queijos ainda contém aproximadamente 50 g/100 g dos sólidos totais do leite que lhe deu origem, sendo a lactose o componente mais importante em termos percentuais, conforme mostrado na Tabela 20.4. Verifica-se, também, que cerca de 20 % das proteínas permanecem no soro, constituídas principalmente de albuminas e globulinas de alto valor biológico, superior inclusive ao da própria caseína.

O elevado conteúdo de água do soro o torna muito perecível, encarece seu transporte e limita sua utilização. Em razão disso, esse subproduto é pouco valorizado pelo mercado. Uma pequena parte é utilizada na produção de ricota e lactose e outra, muito maior, é destinada à alimentação animal, misturada, por exemplo, com farelo de soja ou descartada diretamente em cursos de água, sem nenhum tratamento prévio, provocando sérios problemas ambientais.

O concentrado proteico do soro, ou simplesmente CPS, apresenta proteínas de alto valor biológico (albuminas e globulinas), que não são coaguladas durante a fabricação do queijo. Tem sabor agradável e brando e boa solubilidade em água, o que favorece sua incorporação em muitos produtos alimentícios. O soro, após filtração para retirada de coágulos de caseína e desnate, é pasteurizado e ultrafiltrado, geralmente em membranas orgânicas na configuração espiral, com massa molar de corte da ordem de 10 kDa, até um fator de redução de volume (*FRV*) entre 5 e 8. Da ultrafiltração obtém-se um concentrado com teor de sólidos variando entre (12 e 15) g/100 g, igual ou superior ao do leite. No mesmo equipamento, o concentrado é diafiltrado, pelo menos quatro vezes, para aumentar a concentração de proteínas nos sólidos totais. A diafiltração permite eliminar ainda mais os sais minerais e a lactose, a qual é o principal sólido solúvel do soro. Após a concentração por membranas, o produto segue processamento idêntico àquele utilizado para a produção do leite em pó. É enviado aos evaporadores até atingir uma concentração próxima a 50 °Brix e, em seguida, desidratado em *spray dryer*. O CPS é classificado em função do seu teor proteico, por exemplo, o CPS-60 contém 60 g/100 g de proteína. O grande interesse no CPS vai além de seu aspecto nutricional, pois ele apresenta propriedades funcionais que permitem sua utilização em muitos produtos alimentícios, a seguir relacionadas.

— Formação de gel: as proteínas do CPS apresentam características próximas às da clara do ovo.

— Emulsificante: o CPS ajuda a estabilizar emulsões óleo/água. O CPS-80 tem excelente propriedade estabilizante.

— Formação de espuma: assim como as proteínas da clara do ovo, o CPS tem capacidade de formar espuma.

— Viscosidade e retenção de água: em soluções aquecidas, a viscosidade do CPS aumenta em razão de sua boa capacidade de retenção de água.

— Solubilidade: o CPS é solúvel em ampla faixa de pH.

Em função dessas características e de suas importantes propriedades nutricionais, os maiores mercados para o CPS são como ingrediente-base em dietas para atletas e como aditivos na fabricação de sorvetes, chocolates e bebidas lácteas.

O permeado resultante da concentração do soro para produção do CPS é rico em lactose, que representa cerca de 80 % de seus sólidos totais. O restante é constituído por sais minerais, peptonas e traços de vitaminas, principalmente a riboflavina, que permeia a membrana em função de sua pequena massa molar. Esse permeado pode ser tratado adequadamente, pela retirada de sais e peptonas, para a recuperação da lactose, conforme mostrado esquematicamente na Figura 20.21.

(ii) *Hidrólise da lactose em reator de membrana*

A lactose é hidrolisada no reator em sistema contínuo, com os produtos da hidrólise, essencialmente a glicose e a galactose, sendo constantemente permeados com retenção da enzima β-galactosidase (lactase) pela membrana de ultrafiltração (Mehaia, Alvarez e Cheryan, 1993; Carminatti, 2001; Czermak et al., 2004). Dessa maneira, uma maior quantidade de

Tabela 20.4 Composição média do leite de vaca integral e do soro lácteo resultante da fabricação de queijos

COMPONENTES	COMPOSIÇÃO MÁSSICA MÉDIA [g/100 g]	
	LEITE INTEGRAL DE VACA	SORO LÁCTEO
Água	87,0	93,5
Proteínas	3,5	0,8
Lipídios	3,9	0,6
Lactose	4,8	4,6
Sais minerais	0,8	0,5

lactose pode ser hidrolisada por unidade de enzima. A atividade da β-galactosidase é dependente principalmente do pH, da temperatura e da concentração do substrato. Os hidrolisados da lactose, obtidos principalmente do soro, são produtos com boas propriedades funcionais: doçura, solubilidade, fermentabilidade e digestibilidade. Um esquema de um reator de membranas operando em sistema contínuo para hidrólise da lactose é mostrado na Figura 20.22.

A hidrólise enzimática da lactose pura ou do soro tem sido conduzida em reatores de várias configurações, inclusive com enzima imobilizada. Entretanto, uma vez que o custo da enzima é o fator mais importante na economia do processo, apenas os sistemas contínuos podem ser considerados. Uma das principais vantagens dos reatores contínuos, quando comparados aos sistemas de enzimas imobilizadas, é a possibilidade de se trabalhar com a enzima na forma livre em soluções homogêneas do seu próprio substrato, explorando-se ao máximo suas propriedades cinéticas. Esse sistema contínuo de hidrólise da enzima é viável e econômico, resultando em pouca perda da atividade catalítica da enzima. A operação contínua do reator a pressões baixas e a seletividade pela escolha das membranas apropriadas são as vantagens mais importantes desse processo.

(iii) *Recuperação de salmouras*

Salmouras utilizadas na salga de queijos podem ser recuperadas (purificadas) utilizando-se a microfiltração após a decantação de material em suspensão e uma pré-filtração em filtro de profundidade. Normalmente se utilizam membranas com tamanho médio de poros da ordem de 0,2 μm para assegurar a esterilidade comercial da salmoura e permitir que ela seja reutilizada várias vezes. É importante realizar a microfiltração com frequência para evitar que o desenvolvimento de microrganismos possa alterar as características da salmoura, tornando-a imprópria para uso. Portanto, é de fundamental importância manter um rígido controle de qualidade microbiológico e sensorial da salmoura.

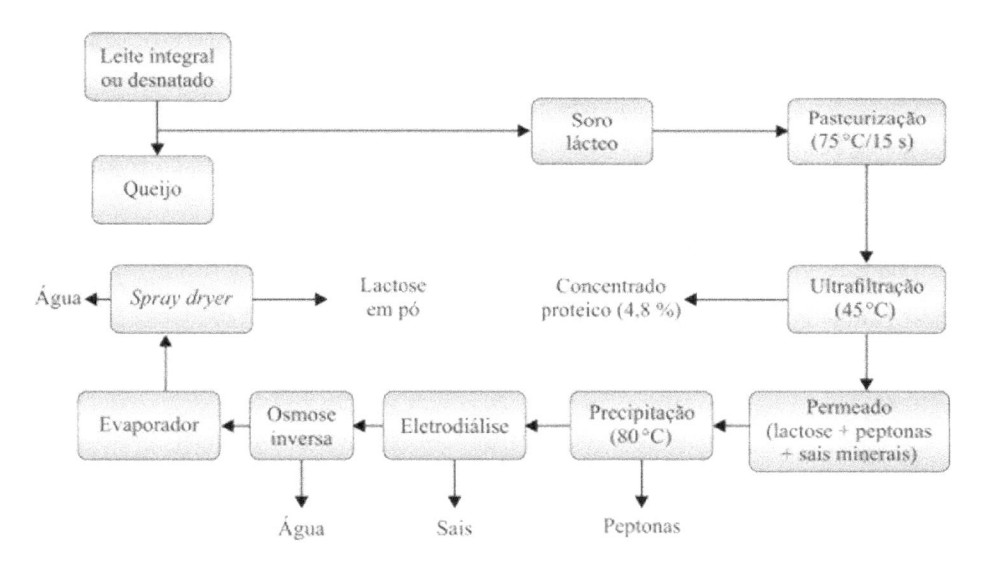

Figura 20.21 Possibilidades para recuperação dos constituintes do soro lácteo através de processos com membranas.

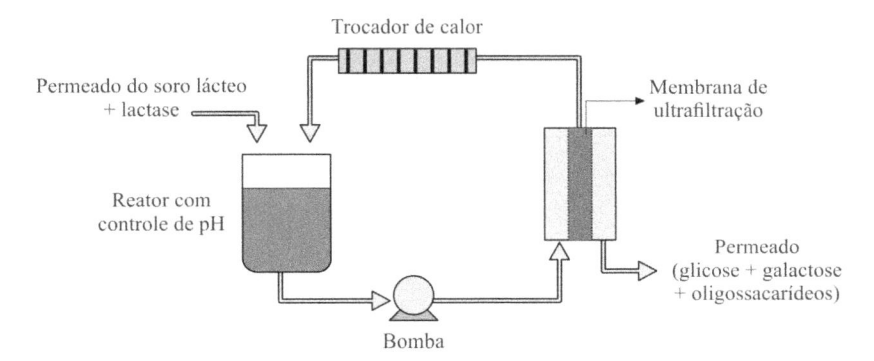

Figura 20.22 Princípio de funcionamento de um reator de membranas para hidrólise da lactose.

(iv) *Redução da carga microbiana no leite desnatado*

A carga microbiana do leite normalmente é reduzida pela pasteurização térmica, podendo-se empregar também a bactofugação, a qual consiste na eliminação parcial das bactérias contidas no leite, mediante o emprego de força centrífuga. Para que esse tratamento seja mais eficaz costuma-se realizá-lo sobre o leite aquecido, que oferece uma menor resistência ao deslocamento das células bacterianas. Por essa razão, na prática o bactofugador está integrado no sistema de pasteurização rápida. Quando o leite alcança a temperatura desejada na seção de pasteurização, é submetido à bactofugação, seguindo depois para a sessão de regeneração e resfriamento. Uma alternativa à pasteurização e bactofugação consiste na redução da carga microbiológica do leite através da microfiltração, utilizando-se membranas minerais ou cerâmicas com tamanho médio de poros da ordem de 0,4 μm a 0,6 μm. Nesse processo é importante o controle da pressão transmembrana durante a microfiltração. Normalmente pressões inferiores a 1 bar podem dificultar a permeação das proteínas. Por outro lado, pressões muito superiores a esse valor aumentam o fluxo permeado, mas, ao mesmo tempo, aumentam a polarização por concentração, dando sequência às outras resistências ao transporte, conforme discutido anteriormente.

Preferencialmente, o leite deve ser desnatado, uma vez que o tamanho dos glóbulos de gordura do leite são superiores aos tamanhos médios dos poros das membranas utilizadas, de modo que os mesmos ficarão retidos. Portanto, a microfiltração, além de reduzir a carga microbiana do leite, promove seu desnate. O inconveniente é que a gordura traz sérios problemas em relação à formação da camada de gel e à colmatagem da membrana.

(v) *Concentração de leite para produção de queijo*

Uma das mais tradicionais e antigas aplicações de membranas na indústria de laticínios é na produção de queijo tipo frescal, muito semelhante ao queijo tipo minas (Somkuti e Holsinger, 1997; Mistry e Maubois, 2004). O leite desnatado ou semidesnatado é pasteurizado e concentrado por ultrafiltração até um *FRV* entre 3 e 4. No processo são utilizadas membranas com massa molar de corte próxima a 10 kDa, a fim de concentrar as caseínas, albuminas e globulinas. O concentrado obtido tem, tipicamente, entre (30 e 35) g/100 g de sólidos totais e entre (13 e 17) g/100 g de proteínas. Esse teor de proteínas é suficiente para produzir queijos frescais, mas não para queijos mais secos e duros, como minas-padrão e parmesão. Após a ultrafiltração, são adicionados fermento lácteo ou ácido e enzimas proteolíticas ao concentrado. Em seguida, esse concentrado, denominado pré-queijo, é embalado e mantido à temperatura adequada para que ocorra a coagulação. A seguir, o produto é resfriado e mantido sob refrigeração. Nesse processo não há dessoragem e as proteínas do soro contribuem para evitar a sinerese do produto. As principais vantagens desse processo, esquematizado na Figura 20.23, são o alto rendimento — quando se considera a quantidade de queijo produzida em relação à quantidade de leite empregado — e a excelente qualidade microbiológica, já que não existe contato manual com a matéria-prima e, principalmente, com o produto final.

Esse processo é muito utilizado na Europa e há alguns anos no Brasil, com ótima aceitação, apesar de o custo ser ainda superior ao queijo tipo minas frescal fabricado pelo processo tradicional.

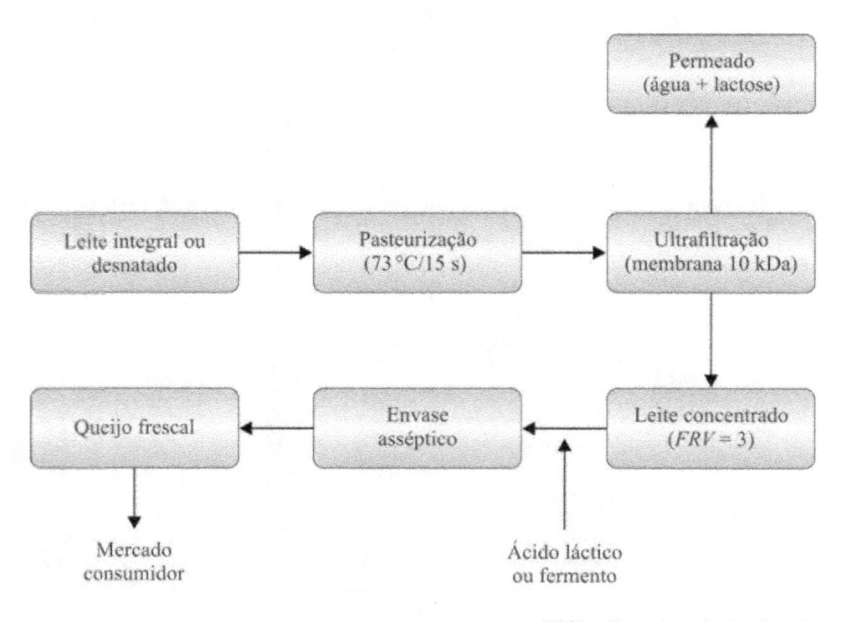

FRV — Fator de redução de volume

Figura 20.23 Fluxograma de produção de queijo frescal a partir do leite concentrado por ultrafiltração.

(vi) *Produção do queijo tipo* petit suisse

O queijo tipo *petit suisse* geralmente apresenta forma redonda ou cilíndrica, sendo produzido a partir de leite de vaca pasteurizado, com teor de gordura em torno de 40 g/100 g. A ultrafiltração já é utilizada há vários anos, na Europa e nos Estados Unidos, para a produção do queijo *quark*, pois o processo apresenta economia de energia, melhor rendimento e um produto final com maior valor nutritivo. O queijo *quark* é a base para a fabricação do queijo *petit suisse* (Prudencio et al., 2008).

As características do queijo *petit suisse* brasileiro diferem daquele produzido na Europa. No Brasil é costume consumir o queijo *petit suisse* como sobremesa e o mercado está dirigido principalmente ao público infantil. Embora o consumo venha crescendo, o mercado ainda é pequeno quando comparado ao de outros países. Pela nossa legislação, esse queijo deve ser fresco, não maturado, obtido por coagulação do leite com coalho e/ou enzimas específicas e/ou bactérias específicas, adicionado ou não de outras substâncias alimentícias. Essas substâncias podem ser: leite concentrado, creme, manteiga, caseinatos, proteínas lácteas, soro lácteo, além de frutas, polpa de frutas, sucos, mel, cereais, vegetais, frutas secas, chocolate e especiarias.

(vii) *Fracionamento de proteínas*

Tecnicamente é possível fracionar as proteínas do leite ou do soro lácteo utilizando-se a combinação de diferentes processos com membranas (Croguennec, O'Kennedy e Mehra, 2004). Como a força iônica e o pH do meio afetam sensivelmente a estrutura das proteínas, estas podem ter suas estruturas alteradas para facilitar a retenção ou permeação através de uma membrana porosa. Utilizando-se a microfiltração e a ultrafiltração e variando-se o pH do soro lácteo entre 5,3 e 9, é possível fracionar as proteínas do soro lácteo, como exemplificado na Figura 20.24.

Inicialmente o soro é filtrado para retirada de coágulos de caseína e desnatado para minimizar os problemas associados à formação da camada de gel e à colmatagem da membrana, facilitando, também, sua posterior limpeza. Verifica-se que no primeiro estágio, em pH 5,3, são permeadas as albuminas e globulinas, através da membrana de microfiltração com tamanho de poros da ordem de 0,1 μm, sendo rejeitadas as imunoglobulinas, lactoferrina, lactoperoxidase e albumina do soro bovino (BSA — *bovine serum albumin*, em inglês), por apresentarem massa molar elevada. No segundo estágio, em pH 6,5, fracionam-se as albuminas das globulinas. As primeiras passam para o permeado, enquanto as lactoglobulinas são rejeitadas, através da membrana de ultrafiltração com massa molar de corte de 40 kDa. No terceiro estágio, são retidas a BSA e permeadas as imunoglobulinas, em pH 7, e a lactoferrina e a lactoperoxidase, em pH 9. A principal vantagem dessa associação de membranas é a utilização de baixas temperaturas, importante para reduzir alterações nas propriedades funcionais das proteínas.

20.7.2 Indústria de sucos e bebidas

(i) *Clarificação de suco de frutas*

Logo após a extração, os sucos de frutas se comportam como um sistema coloidal complexo. Apresentam substâncias em solução verdadeira e partículas em suspensão, variando, principalmente, entre 0,1 μm e 100 μm. As partículas entre 0,1 μm e 2 μm são mantidas em suspensão graças à mútua repulsão de suas cargas e pela estabilização coloidal, importante

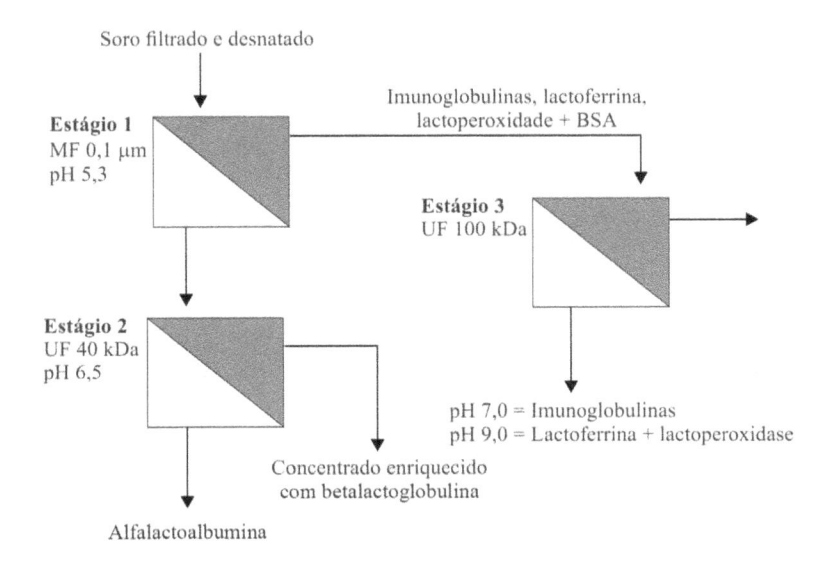

Figura 20.24 Fracionamento das proteínas do soro lácteo utilizando-se os processos com membranas.

em razão da presença dos polissacarídios como a pectina, o amido e as gomas. As partículas maiores decantam após um período de poucas horas. Como a pectina e o amido são os polissacarídios mais importantes por causarem turbidez, principalmente no suco de maçã, eles devem ser removidos para assegurar a estabilidade do produto. As proteínas e os polifenóis, na forma isolada ou em associação, também são responsáveis pela turbidez de sucos de frutas, pela produção de névoa e pela formação de sedimentos pós-clarificação. Essas proteínas têm massa molar pequena, variando entre (16 e 24) kg · mol^{-1}, e apresentam alto ponto isoelétrico, pH entre 5,2 e 8. Como o processo de ultrafiltração permite rejeitar solutos com tamanhos entre 0,001 μm e 0,1 μm, ou mais, o que corresponde a massas molares entre (1 a 300) kg · mol^{-1}, o produto, além de esterilizado, é também clarificado e isento de enzimas responsáveis pelo seu escurecimento.

A clarificação do suco de maçã através de ultrafiltração já é utilizada em vários países, inclusive no Brasil (Vaillant et al., 1999; Pereira et al., 2002). Os processos que utilizam filtros-prensa estão sendo progressivamente abandonados por não promoverem clarificação e estabilidade biológica desejáveis, pelo elevado consumo de enzimas e de coadjuvantes de filtração e problemas com sua disposição no meio ambiente. Na clarificação utiliza-se a ultrafiltração com membranas com massa molar de corte entre (10 e 30) kDa na configuração tubular. A Figura 20.25 ilustra, esquematicamente, a clarificação de suco de maçã pelo processo convencional e por ultrafiltração.

A remoção absoluta dos polissacarídios do suco de maçã permite concentrá-lo até (72 a 73) °Brix, sem que a viscosidade atinja valores extremos. Apesar de a concentração do suco a valores mais elevados envolver maiores gastos energéticos, há a compensação de maior valor agregado ao produto e menor gasto com transporte, considerando a relação sólidos totais-água, principalmente quando o suco concentrado é destinado ao mercado externo.

(ii) *Associação de processos na indústria de sucos de frutas*

A associação de tecnologias em uma indústria, independentemente de sua natureza, visa frequentemente à redução do tempo e do custo de processo e à melhoria de qualidade do produto final. Na indústria de sucos de frutas, por exemplo, é possível associar processos com membranas aos processos clássicos, conforme mostrado na Figura 20.26. Inicialmente, o suco é ultrafiltrado para retenção da polpa, que é pasteurizada separadamente. O permeado da ultrafiltração, livre de partículas em suspensão e de microrganismos, é concentrado por osmose inversa.

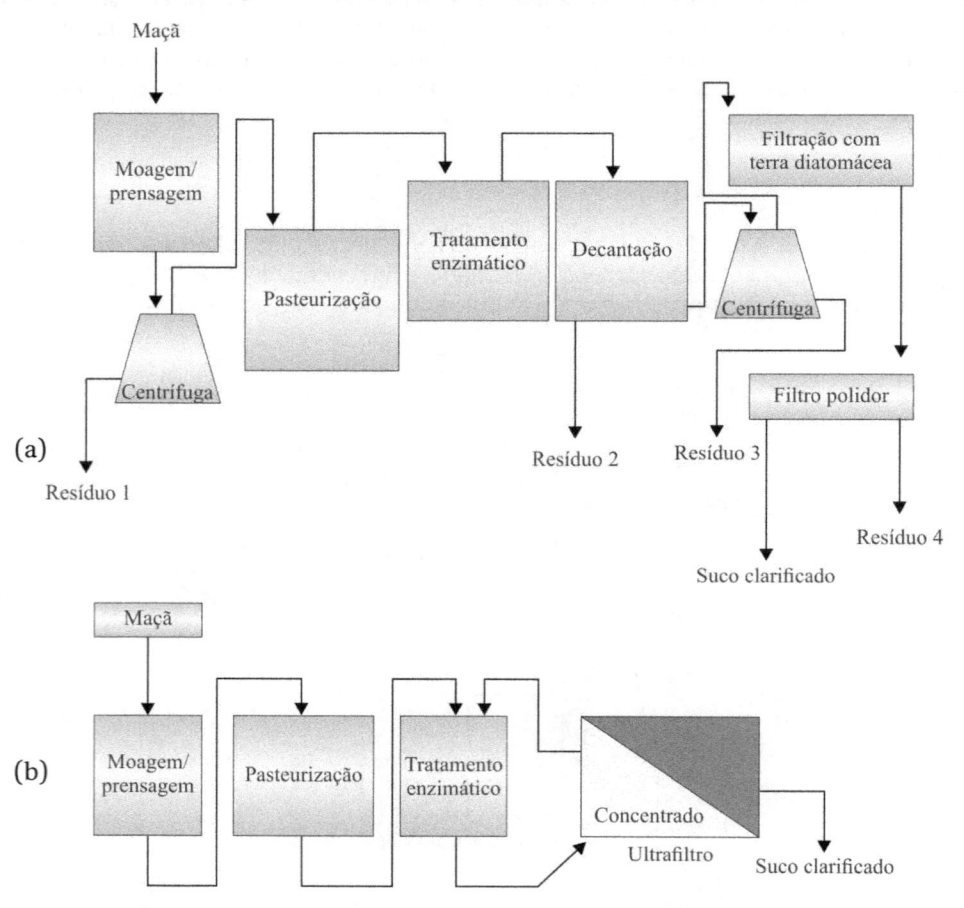

Figura 20.25 Clarificação do suco de maçã (a) pelo processo convencional e (b) através de membranas.

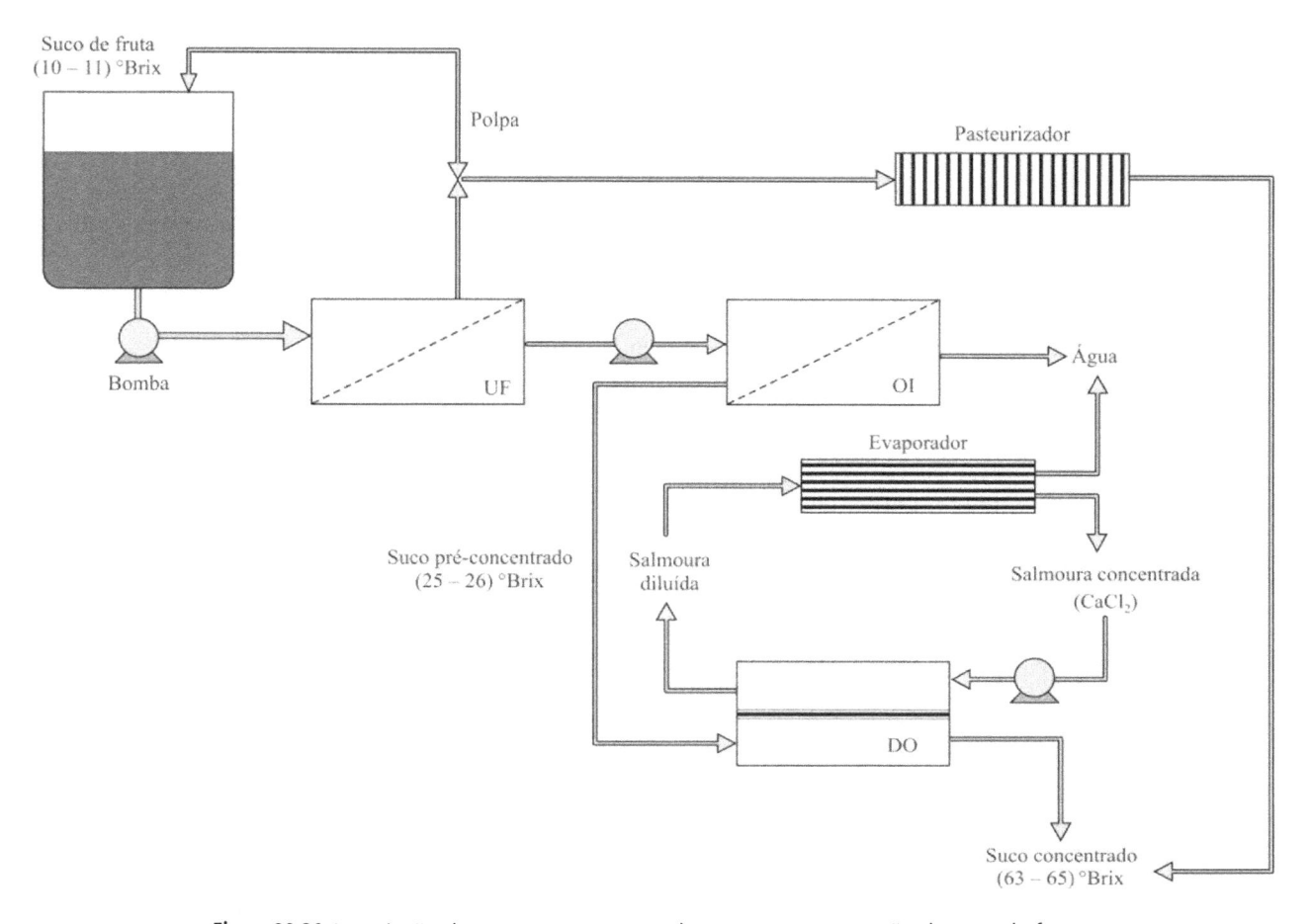

Figura 20.26 Associação de processos com membranas na concentração de suco de frutas.
UF: ultrafiltração; OI: osmose inversa; DO: destilação osmótica.

A retirada da polpa reduz a viscosidade do suco e minimiza sensivelmente os problemas relacionados com a polarização por concentração, a formação de gel e a colmatagem da membrana de osmose inversa. Dessa maneira, são obtidos fluxos permeados mais elevados e estáveis. Por meio da osmose inversa, o suco atinge entre (25 e 26) °Brix. Concentrações maiores levariam a uma redução drástica no fluxo permeado em razão do aumento na viscosidade do suco. A concentração é finalizada por meio da destilação osmótica, atingindo valores finais da ordem de (63 a 65) °Brix, semelhantes àqueles obtidos por meio da concentração em evaporadores convencionais.

(iii) *Pasteurização de cervejas e vinhos*

Diferentemente do chope, a cerveja é pasteurizada industrialmente por meio de trocadores de calor a placas ou diretamente na embalagem. O objetivo da pasteurização é a destruição dos microrganismos, essencialmente leveduras, empregados na fermentação da cerveja. Por meio da pasteurização, estende-se consideravelmente a vida de prateleira do produto. Um processo alternativo à pasteurização térmica é o uso de membranas de microfiltração, assegurando a retirada dos microrganismos.

A pasteurização a frio da cerveja por meio da microfiltração por membranas foi introduzida em escala comercial em 1963 e tem sido aplicada regularmente a diversos tipos de cerveja. A grande vantagem do uso da microfiltração é que, além de se alcançar uma redução de até 10^6 (seis ciclos logarítmicos) no número de microrganismos, o produto se torna mais límpido e cristalino, o que é desejável em alguns tipos de cerveja. Além disso, como o processo é conduzido a baixas temperaturas, as alterações em suas propriedades físico-químicas e sensoriais são minimizadas. Normalmente, são utilizadas membranas orgânicas na configuração tubular ou fibra-oca com tamanho médio de poros entre 0,1 μm e 0,4 μm.

Nas indústrias vinícolas, o processo convencional de filtração consiste em filtros de terra diatomácea ou de celulose. A microfiltração vem sendo utilizada, cada vez mais, em substituição a esses filtros, na clarificação dos vinhos brancos, *rosés* e nos tintos, com exceção dos vinhos de guarda, ou seja, aqueles que são destinados ao envelhecimento. Nesses, em que a estrutura natural do vinho é importante, todos os componentes devem ser preservados para que sofram alterações físico-químicas, que melhorarão as qualidades físicas e sensoriais do produto com o passar dos anos.

20.7.3 Indústria de óleos vegetais

O uso dos processos com membranas na indústria de óleos vegetais tem apresentado desenvolvimento crescente, apesar das dificuldades quanto à disponibilidade de membranas com estabilidade química a solventes, como o hexano (Cheryan, 2005; Coutinho et al., 2009). A membrana ideal para utilização no processamento de óleos vegetais deve combinar requerimentos específicos de retenção com fluxos permeados adequados aos processos industriais. Na escolha da membrana deve-se, portanto, considerar aspectos relacionados com as interações físico-químicas entre possíveis solventes, materiais constituintes da membrana e componentes presentes no óleo em questão.

Tecnicamente são várias as possibilidades de aplicação da tecnologia de membranas no processamento de óleos vegetais. A extração dos óleos vegetais frequentemente é realizada com uso do hexano, em uma relação 1:3 soja/solvente. A recuperação do solvente é feita por destilação. Na sequência, os óleos são refinados por meio das etapas de degomagem, neutralização, clarificação e desodorização, que visam a garantir um produto clarificado e estável durante a comercialização. A seguir, são descritas as etapas de degomagem e de recuperação do solvente, as quais podem ser substituídas integralmente, ou em parte, pelos processos com membranas.

Degomagem: pode ser feita, alternativamente, por meio da ultrafiltração do óleo bruto ou, preferencialmente, da micela óleo/soja, em função de sua menor viscosidade em comparação ao óleo dessolventizado. Desse modo, maiores fluxos permeados são alcançados a menores temperaturas de processo. São necessárias membranas especiais resistentes ao hexano, como aquelas preparadas a partir de politetrafluoretileno e polifluoreto de vinilideno e seus derivados (Moura et al., 2005; Ribeiro et al., 2008; Souza et al., 2008). Foi a partir do final da década de 1990 que surgiram as primeiras pesquisas utilizando-se membranas na retirada de fosfolipídios de óleos vegetais. Como as massas molares médias dos triglicerídios (0,9 kDa) e dos fosfolipídios (0,8 kDa) são muito próximas, aparentemente seria muito difícil separá-los através de membranas. Entretanto, os fosfolipídios tendem a formar micelas em meio não polar de hexano ou óleo, o que permite sua retenção. As principais vantagens do uso de membranas na degomagem de óleos vegetais são a eliminação de produtos químicos, a economia de água e energia e a redução de custos relacionados com o tratamento da água residuária. Além disso, como o processo é conduzido a baixas temperaturas, são preservadas as propriedades funcionais dos fosfolipídios, os quais podem ser purificados e comercializados como lecitina, um emulsificante largamente utilizado pelas indústrias de alimentos. Apesar de maiores fluxos permeados serem obtidos com a ultrafiltração da micela, em relação ao óleo dessolventizado, esses fluxos ainda são baixos quando se considera a realidade industrial. No caso do óleo de soja, que é produzido em larga escala, seriam necessárias grandes áreas de membranas para processamento, aumentando, consideravelmente, os custos de produção. Entretanto, estão ocorrendo grandes avanços na tecnologia de membranas e uma redução acentuada no custo dos equipamentos. Além disso, os bons resultados obtidos a partir da degomagem de micela em escala piloto, tanto na redução efetiva do teor de fosfolipídios quanto em fluxos permeados satisfatórios, evidenciam a transferência promissora dessa tecnologia ao setor industrial.

Recuperação de solvente: quando se utilizam membranas, a recuperação do solvente é realizada após a degomagem, diferentemente do que ocorre no processo tradicional. São utilizadas membranas de nanofiltração, que retêm o óleo degomado e permeiam o solvente (Ribeiro et al., 2006). Nesse processo não se consegue a dessolventização total do óleo, que é concluída por meio da destilação convencional. Na etapa com membranas não ocorre mudança de fase do solvente, diferentemente da destilação. Portanto, mesmo que a dessolventização através de membranas seja parcial, resulta em economia de energia no processo global.

Um esquema simplificado das possibilidades de uso de membranas na tecnologia de óleos e apresentado na Figura 20.27.

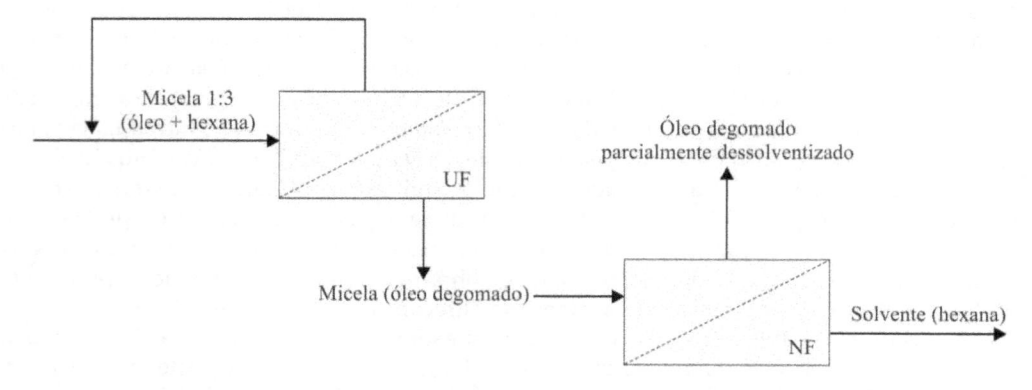

Figura 20.27 Representação esquemática da degomagem e dessolventização parcial de óleos vegetais através da associação de membranas de ultrafiltração e nanofiltração.

20.7.4 Associação de processos com membranas à extração com fluido supercrítico

Como o processo de extração com fluido supercrítico é abordado no Capítulo 18, aqui serão feitas apenas algumas considerações sobre o mesmo. A tecnologia que utiliza fluido supercrítico como solvente foi inicialmente aplicada para extração, fracionamento e purificação de compostos. Os fluidos supercríticos têm densidades, viscosidades e outras propriedades intermediárias entre aquelas da substância em seu estado gasoso e em seu estado líquido. Por exemplo, suas propriedades de solubilização estão próximas às de um líquido, enquanto as propriedades relacionadas com a difusão e a viscosidade apresentam valores típicos de um gás. Essas características são fundamentais e são responsáveis pelo desempenho de um fluido supercrítico como solvente. O dióxido de carbono é o fluido supercrítico mais empregado por apresentar temperaturas críticas baixas, ser inerte, abundante e de baixo custo. Entretanto, por apresentar características apolares, solubiliza preferencialmente compostos apolares. Assim, para a extração de compostos polares, é necessário associar aos fluidos supercríticos outros solventes com características polares, por exemplo, etanol, metanol ou éteres cíclicos.

Uma das principais vantagens da extração com fluido supercrítico é que ela pode ser conduzida a baixas temperaturas e a facilidade de recuperação do solvente supercrítico, após o processo. A extração de compostos naturais de origem botânica, especiarias, aromas, fármacos, descafeinização de café e chás, extração de óleos de sementes vegetais e frutas oleaginosas são as principais aplicações industriais para os fluidos supercríticos (Spricigo et al., 2001). Porém, as aplicações vêm tornando-se mais diversas, sendo o fluido supercrítico utilizado, por exemplo, como meio reacional, para cristalização de sais em solução e precipitação de polímeros.

Recentemente tem-se estudado, em escala laboratorial, a associação dos processos com membranas à extração supercrítica em uma mesma unidade extratora. Essa associação permite, em uma única operação, extrair compostos e separá-los ou fracioná-los através de uma membrana porosa ou densa, utilizando-se como força motriz a elevada pressão empregada na extração supercrítica (Spricigo et al., 2002 e 2004; Sarmento et al., 2004; Moura et al., 2007). Além disso, o sistema perde pouca pressão, normalmente de (10 a 20) bars, durante a etapa de separação com membranas e o fluido supercrítico pode ser novamente empregado na etapa de extração, recomprimido a um custo menor (Sarmento et al., 2008). A Figura 20.28 mostra, esquematicamente, em escala piloto, a associação da extração supercrítica com processos com membranas.

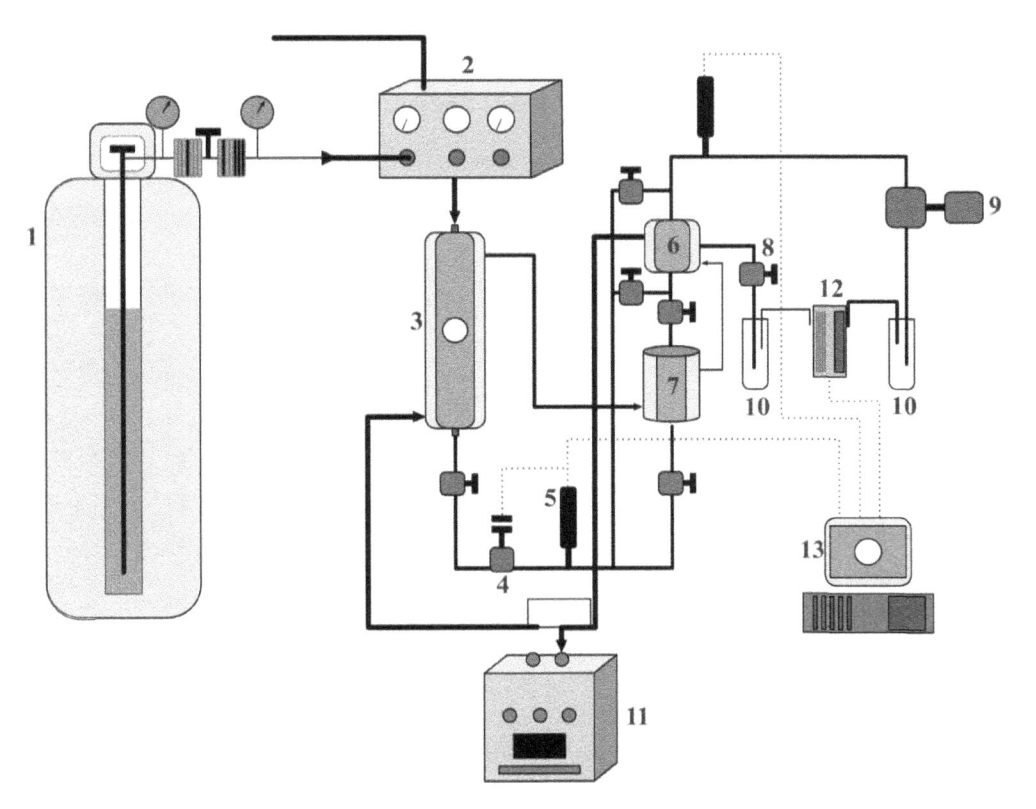

Figura 20.28 Associação da extração com fluido supercrítico e processos com membranas. (1) cilindro de CO_2; (2) controlador; (3) extrator; (4) válvula pneumática; (5) transdutores de pressão; (6 e 7) células de filtração; (8) válvula controladora de fluxo; (9) válvula de contrapressão; (10) coletores; (11) banho termostatizado; (12) medidor de vazão; e (13) computador.

20.7.5 Aplicação de membranas no reaproveitamento de água industrial

A escassez de água potável tem levado muitas indústrias a uma preocupação com sua gestão, no que diz respeito ao uso racional, tratamento adequado e possibilidade de reutilização nos mesmos processos em que ela foi gerada ou em outros processos que requerem água com menor grau de pureza. Além das questões relacionadas com a disponibilidade cada vez menor de água potável, existe a possibilidade de haver cobrança pela água, em um futuro próximo, mesmo quando captada e tratada pela própria indústria, como já vem ocorrendo em algumas regiões do país. A cobrança pela água levará, inevitavelmente, ao aumento no custo de produção que, se repassado aos produtos, poderá implicar dificuldades para a indústria, em um cenário em que o mercado é reconhecidamente competitivo.

Antes da implantação de um sistema de reutilização de água é importante que sejam verificadas as opções para redução do seu consumo. No caso da conveniência da reutilização, é fundamental que seja identificada a qualidade mínima da água necessária para determinado processo ou operação industrial e, em seguida, que sejam considerados os aspectos legais, institucionais, técnicos e econômicos. Dessa maneira, se torna imperativo que as indústrias, que são grandes consumidoras de água, implantem sistemas para sua gestão, incluindo sua racionalização com modificação de processos, escolha do melhor método de tratamento para despejo e/ou reúso total ou parcial. Para muitas indústrias, a gestão sistemática e o reúso de água poderão ser fatores preponderantes para sua própria sobrevivência.

Os processos com membranas são hoje uma excelente alternativa no tratamento terciário de efluentes, para fins de reúso. O tratamento consiste em uma série de processos destinados a melhorar a qualidade dos efluentes provenientes dos tratamentos primário e/ou secundário. Os principais processos com membranas utilizados no "polimento" dos efluentes são a microfiltração para a eliminação de materiais em suspensão, incluindo microrganismos e a ultrafiltração na redução da matéria orgânica total, contribuindo para a produção de um efluente límpido e com baixa DBO (demanda bioquímica de oxigênio).

Outra possibilidade para o tratamento de efluentes, que vem sendo cada vez mais utilizada, é o biorreator a membranas. O sistema consiste na utilização de membranas de microfiltração imersas em grandes tanques digestores. O sistema garante a retenção completa dos microrganismos que constituem o lodo ativado, aumentando a eficiência do tratamento e possibilitando a saída de um efluente límpido e descontaminado. A grande vantagem desse sistema é que ele é compacto por não necessitar de sedimentadores. Após o tratamento, indiferentemente do processo com membranas ou da técnica utilizada, o efluente pode ser empregado, por exemplo, na limpeza de caminhões, pisos internos e externos, calçadas e em jardinagem, ou onde não se requer água de alta pureza. Uma unidade de microfiltração utilizada no tratamento terciário de efluentes é mostrada na Figura 20.29.

Figura 20.29 Unidade industrial de microfiltração utilizada no tratamento terciário de efluentes (cortesia da PAM Membranas Seletivas Ltda.).

20.8 TRANSPORTE ATRAVÉS DE MEMBRANAS

Uma molécula ou partícula é transportada através de uma membrana, de uma fase para outra, porque uma força motriz está atuando sobre ela. Em última análise, essa força é determinada pela razão entre o gradiente ou diferença de potencial através da membrana e a espessura da membrana (e_m), isto é:

$$\text{força motriz} = \frac{\text{diferença de potencial}}{e_m} \tag{20.10}$$

Duas diferenças de potencial são importantes em processos com membranas: a diferença de potencial químico e a diferença de potencial elétrico. Outras forças, tais como campos magnéticos, centrífugos ou gravitacionais, não são consideradas.

O potencial químico de cada componente de uma mistura de n componentes (μ_i) é função da temperatura, pressão e da composição, isto é, $\mu_i = \mu_i(T, P, x_{1,2...,n})$ e, portanto:

$$d\mu_i = \left(\frac{\partial \mu_i}{\partial T}\right)_{P,x} dT + \left(\frac{\partial \mu_i}{\partial P}\right)_{T,x} dP + \sum_{i=1}^{n-1} \left(\frac{\partial \mu_i}{\partial x_i}\right)_{T,P,x_{j\neq i}} dx_i \tag{20.11}$$

em que x representa a fração molar de todos os componentes da mistura.

Considerando o transporte através da membrana pode-se escrever:

$$\frac{d\mu_i}{dz} = \left(\frac{\partial \mu_i}{\partial T}\right)_{P,x} \frac{dT}{dz} + \left(\frac{\partial \mu_i}{\partial P}\right)_{T,x} \frac{dP}{dz} + \sum_{i=1}^{n-1} \left(\frac{\partial \mu_i}{\partial x_i}\right)_{T,P,x_{j\neq i}} \frac{dx_i}{dz} \tag{20.12}$$

em que z indica a direção perpendicular à membrana.

Assim, a força motriz para a transferência de massa muitas vezes é interpretada como o gradiente de temperatura se esse termo for predominante sobre os demais, ou como gradiente de pressão se o termo de pressão for predominante sobre os demais, e assim por diante.

Para a maioria dos processos com membranas, o fluxo de permeado pode ser considerado proporcional à força motriz aplicada, quando são desprezados possíveis efeitos de interação do soluto com a membrana, resultando assim em uma relação fenomenológica linear, cuja expressão geral é dada pela Equação 20.13:

$$\text{fluxo de permeado} = - (\text{constante de proporcionalidade}) \frac{d(\text{força motriz})}{dz} \tag{20.13}$$

em que o fluxo de permeado pode ser mássico ou volumétrico; a constante de proporcionalidade depende da natureza da força motriz aplicada e $d(\text{força motriz})/dz$ é o gradiente da força motriz em relação à distância perpendicular à direção de transporte z. Essa equação é extremamente genérica e deve ser modificada para aplicação a condições específicas. Assim, para cada caso têm-se as clássicas equações fenomenológicas de transporte apresentadas a seguir.

O fluxo de massa é dado pela Lei de Fick:

$$\dot{J} = -D \frac{dc}{dz} \tag{20.14}$$

em que $\dot{J}$ é o fluxo de massa por difusão [$kg \cdot m^{-2} \cdot s^{-1}$]; D é a difusividade [$m^2 \cdot s^{-1}$] e c é a concentração [$kg \cdot m^{-3}$].

O fluxo volumétrico é dado pela Lei de Darcy, já apresentada como Equação 20.2, mas que pode ser escrita como:

$$N' = -P'_m \frac{dP}{dz} \tag{20.15}$$

em que P'_m é a permeabilidade volumétrica [$m^3 \cdot m \cdot m^{-2} \cdot s^{-1} \cdot Pa^{-1}$] e o sinal negativo é introduzido pelo fato de que a pressão diminui à medida em que z aumenta.

Nessas equações o transporte é considerado a partir de um ponto de vista puramente macroscópico, nas quais as interações moleculares não são levadas em conta na modelagem do fenômeno. Além da força motriz, a própria membrana é um fator determinante da seletividade e do fluxo, pois sua natureza direciona o tipo de aplicação, variando desde a separação de partículas microscópicas, até a separação de moléculas de formas ou tamanhos semelhantes.

Usando essas equações, o processo de transporte é considerado macroscópico e a membrana como uma incógnita. Portanto, nada se sabe sobre a natureza química ou física da membrana, nem como o transporte está relacionado com a estrutura da membrana. A constante de proporcionalidade, isto é, a difusividade (D) na Equação 20.14 ou a permeabilidade volumétrica (P_m') na Equação 20.15, determina o quão rápido o componente é transportado através da membrana, isto é, esse fator é uma medida da resistência da membrana como um meio de difusão quando uma dada força está agindo sobre esse componente. O transporte é dito passivo, pois ocorre sempre de um potencial maior para um potencial menor, conforme apresentado na Figura 20.30.

No caso de misturas multicomponentes não é possível obter os fluxos em termos de simples equações fenomenológicas, pois as forças motrizes envolvidas estão associadas umas às outras, indicando que a permeação de cada componente depende da permeação dos demais componentes da mistura. Assim, por exemplo, um gradiente de pressão através da membrana resulta em, além de um fluxo de permeado, um fluxo mássico difusivo e em um gradiente de concentração de soluto próximo à superfície da membrana.

Outro modo de transporte passivo é o transporte facilitado. Nesse caso, o transporte de um componente através da membrana é promovido pela presença de um agente transportador. O agente transportador interage especificamente com um ou mais componentes preferenciais da alimentação e um mecanismo adicional (além da difusão livre) resulta em um aumento do transporte (transferência de massa).

Algumas vezes, no transporte facilitado, componentes são transportados na direção contrária ao seu gradiente de potencial químico. Nesse caso, outro componente é transportado simultaneamente e a verdadeira força motriz é o potencial químico do agente transportador. Isso só é possível quando há adição de energia ao sistema, por exemplo, por meio de uma reação química.

O transporte ativo é encontrado principalmente em membranas de células vivas (biológicas) nas quais a energia é fornecida por hidrólise de ATP (adenosina trifosfatada). Agentes transportadores muito específicos e complexos podem ser encontrados em sistemas biológicos.

O transporte de substâncias através das membranas é inversamente proporcional à sua espessura. Nos processos com membranas são desejados fluxo e seletividade elevados, principalmente por questões econômicas, portanto as membranas devem apresentar a menor espessura possível.

20.8.1 Transporte através de membranas porosas — teoria da torta, teoria do filme, modelo da camada de gel, modelo da pressão osmótica e transporte de gases

Para descrever o mecanismo de permeação através de membranas porosas é utilizado o modelo do escoamento através dos poros, o qual considera que as substâncias permeiam a membrana em razão de um gradiente de pressão, de modo que o escoamento através dos poros é convectivo. Nesse caso, a separação ocorre principalmente pela diferença de tamanho entre os solutos e os poros da membrana.

Por outro lado, para descrever a separação através de membranas densas utiliza-se o modelo de solução-difusão. A separação ocorre pela diferença de solubilidade dos componentes na membrana e pela diferença na difusão desses componentes através da membrana.

A seguir serão apresentados alguns modelos utilizados na descrição da permeação através de membranas porosas, enquanto o transporte através de membranas densas será discutido na próxima seção.

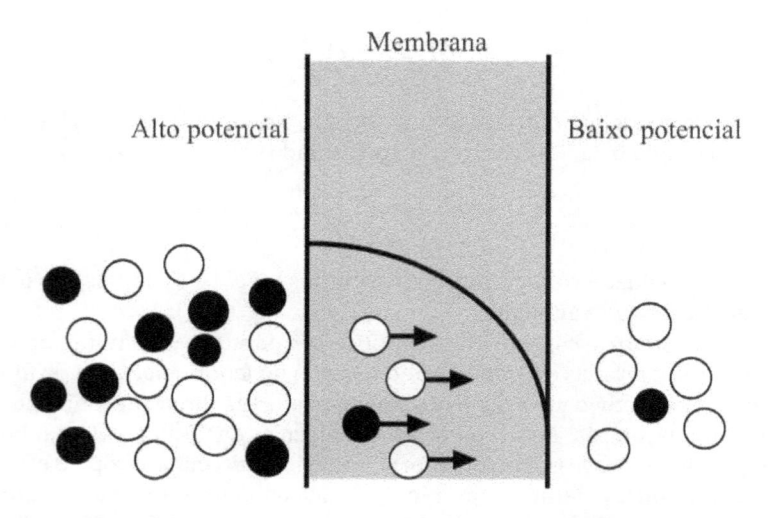

Figura 20.30 Representação do transporte passivo através de membranas da fase de maior potencial para a de menor potencial.

(i) Transporte passivo através de membranas porosas

Nos processos de microfiltração e de ultrafiltração são utilizadas membranas porosas, cuja faixa de tamanho de poros varia de 2 nm a 10 μm, aproximadamente. Dependendo do tipo de estrutura da qual é constituída a membrana, uma grande variedade de geometria de poros é possível. Essas membranas geralmente têm uma estrutura assimétrica onde a camada de topo porosa (pele ou camada filtrante) é que determina sua seletividade.

A existência de diferentes geometrias de poros permitiu que diferentes modelos matemáticos fossem desenvolvidos para descrever e prever o transporte de forma adequada. Um dos modelos mais simples é aquele que considera a membrana como uma estrutura composta por vários poros cilíndricos perpendiculares ou oblíquos à superfície da mesma. Considera-se que o comprimento dos poros é aproximadamente igual à espessura da membrana e que todos os poros têm o mesmo raio. Nesse caso, o fluxo volumétrico de permeado através dos poros pode ser descrito por meio da clássica equação de Hagen-Poiseuille, apresentada no Capítulo 4:

$$N' = \left(\frac{\varepsilon R^2}{8\mu\tau} \right) \frac{\Delta P}{e_m} \tag{20.16}$$

em que ε é a porosidade da membrana [adimensional]; R o raio dos poros [m]; μ a viscosidade da solução [Pa · s] e τ a tortuosidade [adimensional] (para poros cilíndricos e perpendiculares, a tortuosidade é igual a 1).

A Equação 20.16 mostra o efeito da estrutura da membrana sobre o transporte, em razão da presença dos termos que representam a porosidade, a tortuosidade e a espessura da barreira seletiva. Comparando-se com a Equação 20.15, que representa a Lei de Darcy para fluxo através de meios porosos, pode-se atribuir um significado à permeabilidade volumétrica (P'_m), obtendo-se:

$$P'_m = \frac{\varepsilon R^2}{8\mu\tau} \tag{20.17}$$

A porosidade da membrana é definida como a razão entre o volume dos poros e o volume total da membrana:

$$\varepsilon = \frac{n\pi R^2 e_m}{A e_m} \tag{20.18}$$

em que n é o número de poros da membrana e A é a área da membrana [m²].

As Equações 20.16 a 20.18 descrevem bem o transporte através de membranas quando a maioria dos poros tem uma estrutura semelhante à de poros cilíndricos e paralelos (que são em pequeno número), mas não descrevem bem o transporte para as demais estruturas, cujos formatos de poros são diferentes entre si ou têm geometrias mais complexas. Outro tipo de estrutura porosa, que ilustra esse exemplo, é aquele que consiste em um leito de esferas compactadas e próximas umas das outras (membrana preparada por meio da técnica de sinterização). Nesse caso específico, o fluxo é mais bem descrito pela equação de Kozeny-Cármán:

$$N' = \frac{\varepsilon^3}{K''\mu a_S^2 (1 - \varepsilon)^2} \frac{\Delta P}{e_m} \tag{20.19}$$

em que a porosidade ε [adimensional] é a fração volumétrica de poros ou de vazios (os espaços entre as esferas compactadas), a_S é a área superficial específica total interna dos poros [m² · m⁻³] e K' é a constante de Kozeny [adimensional], que depende do formato dos poros e da tortuosidade. Outra configuração é aquela semelhante a uma matriz esponjosa, com características tanto de poros cilíndricos quanto de leito de esferas compactadas.

A seguir, serão abordados alguns modelos matemáticos relativos à formação de camada-limite bem como modelos que procuram explicar o declínio do fluxo permeado decorrente da formação da camada polarizada de concentração e da colmatagem.

De acordo com Van den Berg (1988), o acúmulo de soluto próximo à membrana pode ser descrito de duas maneiras: a primeira assumindo-se que ocorra a formação de uma camada de torta semelhante ao que acontece nos processos convencionais de filtração (filtração estática); e a segunda, assumindo que se desenvolva um perfil de concentração ou filme de soluto próximo à superfície da membrana (filtração tangencial).

(ii) Teoria da torta

De acordo com a teoria da torta, uma camada estagnada de concentração constante forma-se próxima à superfície da membrana, conforme mostrado na Figura 20.31. A espessura dessa camada depende de fatores como pressão aplicada e concentração da alimentação.

Na Figura 20.31, c_p é a concentração de soluto na corrente de permeado, c_m e c_{cl} a concentração de soluto na superfície próxima à membrana e na camada-limite, respectivamente, c_F a concentração na região de escoamento livre longe da interface (sendo igual à concentração na alimentação), todas em [kg·m⁻³], enquanto e_C é a espessura da camada de torta [m]. Vale ressaltar que c_m e c_{cl} têm o mesmo significado e podem depender da distância em relação à superfície da membrana.

Para o caso de um processo de filtração transversal sem mistura perfeita, a concentração na camada-limite pode ser calculada com base em um simples balanço de massa através da membrana:

$$c_F R_{cl}^{obs} V_P = e_C A c_{cl} \tag{20.20}$$

em que R_{cl}^{obs} é a retenção observada [adimensional], definida de acordo com a Equação 20.4. A equação para o fluxo é dada pela Equação 20.2, escrita em função das resistências da membrana e da camada-limite:

$$N' = \frac{\Delta P}{\mu(R_m + R_{cl})} \tag{20.21}$$

A equação para a resistência total da camada-limite é dada por:

$$R_{cl} = e_{cl} R_{cl}^{esp} \tag{20.22}$$

em que R_{cl}^{esp} é a resistência específica da camada-limite [m⁻²], calculada em relação à espessura da camada-limite e e_{cl} é a espessura da camada-limite [m].

A equação de fluxo pode ser escrita como:

$$\frac{1}{N'} = \frac{1}{N'_w} + \frac{\mu R_{cl}}{\Delta P} \tag{20.23}$$

em que N'_w é o fluxo volumétrico permeado de água pura [m³·m⁻²·s⁻¹].

Assumindo que $e_C \cong e_{cl}$ na Equação 20.20 e substituindo e_{cl} na Equação 20.22, obtém-se:

$$R_{cl} = \frac{c_F R_{et}^{obs} V_P R_{cl}^{esp}}{A c_{cl}} \tag{20.24}$$

e substituindo na Equação 20.23:

$$\frac{1}{N'} = \frac{1}{N'_w} + \frac{\mu c_F R_{et}^{obs}}{\Delta P} \frac{R_{cl}^{esp}}{c_{cl}} \frac{V_P}{A} \tag{20.25}$$

Da Equação 20.1, pode-se escrever:

$$N' = \frac{1}{A} + \frac{dV_P}{dt} \tag{20.26}$$

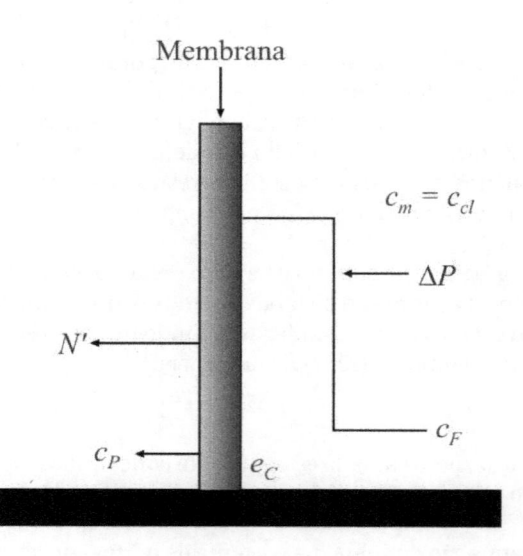

Figura 20.31 Esquema ilustrando a formação da torta durante a filtração estática.

Substituindo a Equação 20.26 em 20.25 e integrando, obtém-se:

$$t = \frac{\mu c_F R_{et}^{obs}}{\Delta P} \frac{R_{cl}^{esp}}{c_{cl}} \left(\frac{V_P}{A} \right)^2 \tag{20.27}$$

em que t representa o tempo necessário para permear o volume de permeado V_p. Essa equação é válida para escoamento transversal sem agitação e pode ser utilizada para estimar a tendência de colmatagem de uma solução, observando-se que $V_P \approx t^{0,5}$ e $N' \approx t^{-0,5}$.

(iii) *Teoria do filme*

Nessa abordagem, assume-se a formação de um perfil de concentração próximo à superfície da membrana, na forma de uma camada de filme estagnado, dando origem a uma camada-limite polarizada agora com espessura variável, conforme ilustrado na Figura 20.32.

O soluto, que fica retido gradualmente, se acumula sobre a membrana, aumentando a concentração e dando origem a um contrafluxo difusivo no sentido de retornar à zona de escoamento livre da solução, até que, a partir de certo tempo, as condições de estado estacionário são alcançadas. Dessa maneira, o fluxo de soluto em direção à superfície da membrana será contrabalançado pelo fluxo de soluto que atravessa a membrana, somado ao fluxo difusivo na direção contrária, a partir da membrana até a região de escoamento livre ou *bulk*, dando origem ao perfil de concentração indicado na Figura 20.32.

Matematicamente, esse fenômeno é expresso pela equação:

$$N'c = -D\frac{dc}{dz} + N'c_P \tag{20.28}$$

em que c é a concentração de soluto ao longo da espessura da camada-limite [kg $\cdot$ m^{-3}]; D é a difusividade do soluto na solução [m$^2 \cdot$ s^{-1}] e z é a distância a partir da superfície da membrana [m].

Na Equação 20.28, o termo à esquerda representa o fluxo de soluto a partir da solução em direção à membrana; o primeiro termo à direita representa o fluxo mássico de soluto em razão do gradiente de concentração existente no interior do filme. Finalmente, o segundo termo à direita representa o fluxo de soluto que atravessa a membrana e flui na corrente de permeado. A Figura 20.33 ilustra esse fenômeno.

Essa equação pode ser integrada com a aplicação das seguintes condições de contorno:

$$c\Big|_{z=0} = c_m$$

$$c\Big|_{z=e_c} = c_F$$

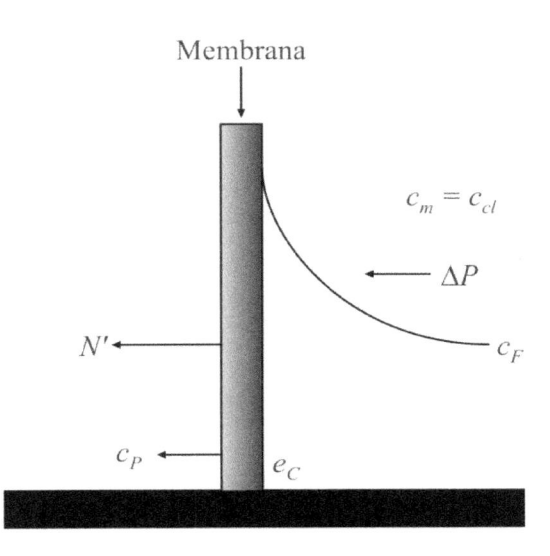

Figura 20.32 Esquema ilustrando a formação do perfil de concentração.

obtendo-se, após resolução:

$$N' = \left(\frac{D}{e_c}\right) \ln\left(\frac{c_m - c_P}{c_F - c_P}\right) \tag{20.29}$$

A razão D/e_c é também conhecida como o coeficiente de transferência de massa, k_L [m · s⁻¹], cujo valor é estimado a partir de correlações semiempíricas adimensionais (Gekas e Hallström, 1987), com base no número de Sherwood:

$$N_{Sh} = \frac{k_L D_h}{D} = a(N_{Re})^b (N_{Sc})^c \left(\frac{D_h}{L}\right)^d \tag{20.30}$$

em que N_{Sh} é o número de Sherwood [adimensional]; D_h é o diâmetro hidráulico [m], N_{Re} é o número de Reynolds ($\rho v D_h/\mu$) [adimensional], N_{Sc} é o número de Schmidt ($\mu/\rho D$) [adimensional], L é o comprimento característico do canal de escoamento [m] e as constantes a, b, c, e d são parâmetros adimensionais que dependem do regime de escoamento (se é laminar, turbulento ou misto). De acordo com Gekas e Hallström (1987), muitas dessas correlações, as quais são obtidas a partir de escoamentos em superfícies lisas de tubos, são usadas para a estimativa do coeficiente de transferência de massa em superfícies porosas, que é o caso das membranas, e em regiões onde a difusividade e a viscosidade variam fortemente com a concentração de soluto. Esses autores apresentam toda uma série de modificações de tais correlações com vistas a serem aplicáveis em escoamentos sobre meios porosos, para diferentes faixas de números de Reynolds e números de Schmidt. Todavia, muitos autores utilizam a correlação do número de Sherwood para a estimativa do coeficiente de transferência de massa experimental.

A partir da teoria do filme, vários modelos foram desenvolvidos com o objetivo de predizer o fluxo permeado através da membrana. Entre eles, estão os modelos da camada de gel e da pressão osmótica, os quais serão brevemente apresentados a seguir.

(iv) *Modelo da camada de gel*

O modelo da camada de gel baseia-se na teoria do filme para descrever a polarização de concentração. Nesse modelo, assume-se que a concentração próxima à superfície da membrana não ultrapassa um valor limite, denominado concentração de gel, c_g, conforme ilustrado na Figura 20.34. Assim, um aumento da pressão aplicada resultará somente em um aumento da espessura da camada de gel, sem aumentar o fluxo, de forma que este atingirá um valor limite.

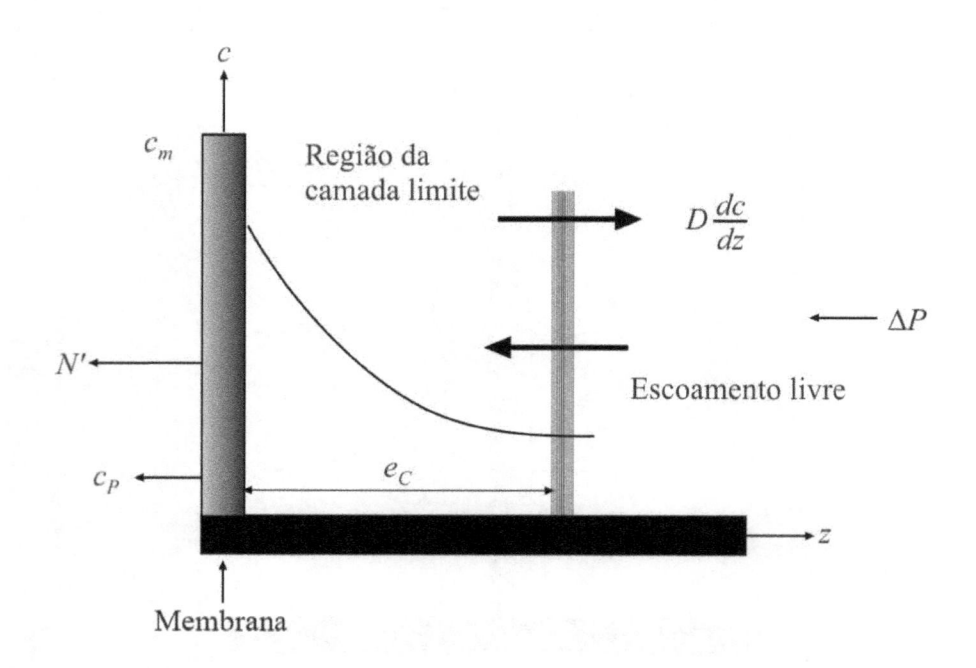

Figura 20.33 Esquema ilustrando a formação da camada-limite de concentração na membrana e o fluxo difusivo.

O fenômeno de formação de gel tende a ser mais comum na ultrafiltração, pois, em geral, os compostos a serem retidos são macromoléculas, que apresentam baixa difusividade. Desse modo, são obtidos altos valores de retenção, o que possibilita ao soluto quase que totalmente retido atingir uma concentração muito alta e constante próximo à superfície da membrana, que é a concentração de gel. Como o modelo assume retenção total, fazendo-se $c_p = 0$ na Equação 20.29, obtém-se:

$$N' = \left(\frac{D}{e_c}\right) \ln \left(\frac{c_g}{c_F}\right) \tag{20.31}$$

em que a concentração na superfície da membrana, c_m, foi substituída pela concentração na camada de gel, c_g.

Apesar de esse modelo ser considerado importante para o desenvolvimento da teoria de polarização por concentração e fluxo limite, especialmente no processo de ultrafiltração, ele tem sido contestado por alguns autores (Wijmans, Nakao e Smolders, 1984; Wijmans et al., 1985 apud Mulder, 1996; Nakao, Nomura e Kimura, 1979 apud Bowen e Jenner, 1995), os quais determinaram que a concentração de gel não apresenta um valor constante, mas sim dependente da concentração de *bulk* e da velocidade de escoamento tangencial.

Trettin e Doshi (1980) resolveram, analiticamente, a equação que descreve a ultrafiltração polarizada por gel, usando um método integral. Esses autores relatam a dificuldade de encontrar dados experimentais confiáveis na área de ultrafiltração macromolecular, pois é extremamente difícil medir a concentração de gel. Além disso, expressões que relacionam a dependência da difusividade e da viscosidade com a concentração de soluto nem sempre são adequadas para a maioria dos casos. Todavia, os valores previstos pela solução obtida encontram-se próximos aos dados experimentais de fluxo na ultrafiltração de BSA.

Vladisavljevic, Milonjic e Pavasovic (1995) estudaram o declínio do fluxo permeado e a resistência à transferência de massa da camada de gel usando partículas de óxido de alumínio. Os autores observaram que a resistência da camada de gel iguala a resistência da membrana em poucos segundos, concomitantemente a uma queda do fluxo permeado igual à metade do valor inicial.

(v) *Modelo da pressão osmótica*

O modelo da pressão osmótica considera que o declínio do fluxo permeado durante o processo de filtração deve-se, principalmente, ao aumento da pressão osmótica da solução próxima à superfície da membrana, que por sua vez é dependente da concentração. Quando comparados com soluções de sais com baixa massa molar à mesma concentração, soluções de componentes de alta massa molar apresentam baixos valores de pressão osmótica. Todavia, a filtração de uma solução de componentes macromoleculares quase sempre leva ao acúmulo de material próximo à superfície da membrana, como já mencionado anteriormente e, portanto, a concentração do componente aumenta até valo-

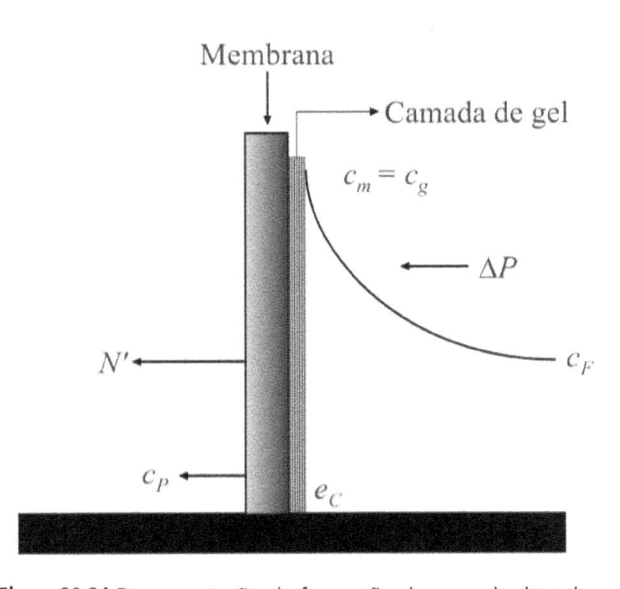

Figura 20.34 Representação da formação da camada de gel.

res muito elevados. Como consequência, a pressão osmótica de soluções macromoleculares concentradas aumenta drasticamente e, a partir daí, seus efeitos já não podem mais ser ignorados. A equação para o fluxo de permeado que representa esse modelo é:

$$N' = \frac{\Delta P - \Delta \Pi}{\mu R_m}$$ (20.32)

em que o termo ΔP corresponde à diferença de pressão através da membrana, ao passo que o termo $\Delta \Pi$ corresponde à diferença de pressão osmótica através da membrana [Pa]. O valor de $\Delta \Pi$ é determinado pela concentração de soluto na superfície da membrana, expressa por c, que para valores elevados, assume a seguinte maneira:

$$\Pi = ac^n$$ (20.33)

em que a é uma constante e n é um fator exponencial maior do que 1. No caso de soluções diluídas, aplica-se a equação de Van't Hoff, que será discutida mais adiante.

(vi) *Transporte de gases através de membranas porosas*

Membranas porosas podem ser utilizadas na separação de gases, em que as moléculas de gás irão difundir da região de maior pressão para a região de menor pressão. Vários mecanismos de transporte podem ser considerados, dependendo da estrutura da membrana, como difusão de Knudsen, escoamento viscoso nos poros maiores e difusão ao longo da parede dos poros. A Figura 20.35 apresenta a diferença entre o escoamento viscoso e a difusão de Knudsen, que dependem do tamanho dos poros.

A difusão de Knudsen pode ocorrer em membranas de ultrafiltração cujo tamanho dos poros está entre 20 nm e 0,2 µm. Em geral, o transporte por difusão de Knudsen apresenta taxas muito baixas e, portanto, somente é utilizado para separar substâncias de alto valor agregado.

20.8.2 Transporte através de membranas densas — membranas de osmose inversa, de permeação de gases, pervaporação e membranas íon-seletivas

Quando o tamanho das moléculas das substâncias a serem separadas é da mesma ordem de magnitude, são empregadas membranas densas. O transporte através de membranas densas será apresentado por meio de uma abordagem simples.

É importante ressaltar que, em geral, a afinidade entre líquidos e polímeros é maior que aquela entre gases e polímeros, isto é, a solubilidade de um líquido em um polímero é muito maior do que a de um gás. Algumas vezes a solubilidade de um líquido em um dado polímero é tão elevada que é necessário reforçar as ligações poliméricas (entrelaçamento das cadeias) para prevenir a dissolução do polímero. Outra diferença entre líquidos e gases em relação ao transporte em membranas é que, em uma mistura de gases, estes permeiam a membrana de um modo quase independente. Para misturas de líquidos o transporte é influenciado por interações termodinâmicas e por efeitos de transporte acoplado, isto é, o transporte de um componente afeta substancialmente o transporte do outro componente.

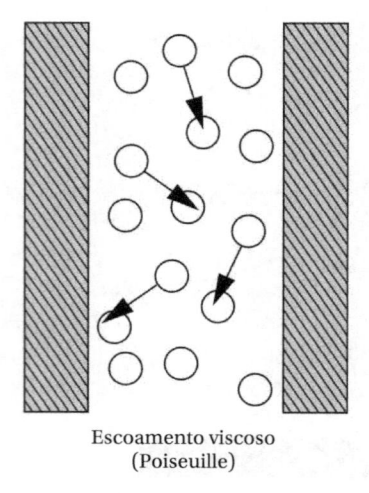
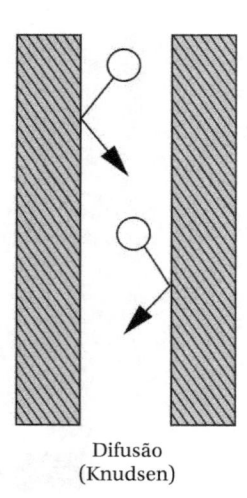

Escoamento viscoso
(Poiseuille)

Difusão
(Knudsen)

Figura 20.35 Representação esquemática do escoamento viscoso (Poiseuille) e da difusão de Knudsen.

O transporte de um gás, vapor ou líquido através de uma membrana densa é descrito em termos do mecanismo de solução-difusão proposto originalmente por Graham, em 1866. Esse mecanismo compreende três etapas: sorção na interface entre a corrente de alimentação e a membrana; difusão através da membrana e dessorção na interface entre a membrana e o fluxo de permeado. De modo geral, o fluxo molar do componente i em membranas densas, considerando condições ideais, pode ser expresso por:

$$\hat{N}_i = \frac{D_i \hat{c}_i}{RT} \frac{d\mu_i}{dz}$$ (20.34)

em que $\hat{N}_i$ é o fluxo molar de transferência de massa do componente i [mol $\cdot$ m^{-2} $\cdot$ s^{-1}]; D_i é a difusividade [m^2 $\cdot$ s^{-1}]; $\hat{c}_i$ é a concentração molar do componente i [mol $\cdot$ m^{-3}]; R é a constante universal dos gases [8,314 J $\cdot$ mol^{-1} $\cdot$ K^{-1}]; T é a temperatura absoluta [K] e $d\mu_i/dz$ é o gradiente de potencial químico do componente i [J $\cdot$ mol^{-1} $\cdot$ m^{-1}].

(i) Transporte através de membranas de osmose inversa

A força motriz para o transporte através de membranas no processo de osmose inversa é o gradiente de potencial químico expresso em termos de gradiente de pressão. O primeiro modelo utilizado para descrever o transporte através de membranas densas no processo de osmose inversa foi proposto por Lonsdale, Ridley e Merten em 1965, conhecido como modelo simples de solução-difusão. Nesse modelo considera-se que o solvente C e o soluto A permeiam através da membrana de modo independente:

$$\hat{N} = \hat{N}_A + \hat{N}_C$$ (20.35)

Por causa da seletividade das membranas, que atua no sentido de reter os solutos e permitir a passagem preferencial do solvente, o fluxo do solvente é muito maior quando comparado ao fluxo do soluto. Para baixas concentrações de soluto A no solvente C, pode-se escrever:

$$-RT \ln a_C = \int_{P_1}^{P_2} \tilde{V}_C \, dP$$ (20.36)

em que a_C é a atividade do solvente [adimensional]: $\tilde{V}_C$ é o volume molar do solvente puro [m^3 $\cdot$ mol^{-1}] e P_1 e P_2 são as pressões, respectivamente, do lado do solvente e do lado da solução. Admitindo que $\tilde{V}_C$ seja independente da pressão, a integral pode ser resolvida e o lado direito da Equação 20.36 resulta em:

$$\int_{P_1}^{P_2} \tilde{V}_C \, dP = \tilde{V}_C (P_1 - P_2)$$ (20.37)

Para baixas concentrações de soluto tem-se:

$$\ln a_C = \ln x_C = \ln(1 - x_A) = -x_A$$ (20.38)

em que x_C e x_A são as frações molares do solvente e do soluto, respectivamente. A diferença de pressão entre os lados da membrana corresponde à pressão osmótica, isto é:

$$(P_2 - P_1) = \Pi$$ (20.39)

Substituindo as Equações 20.37 a 20.39 na Equação 20.36 obtém-se a equação de Van't Hoff:

$$\Pi = \hat{c}_A RT$$ (20.40)

O cálculo do fluxo molar de solvente C é feito com base na discussão a seguir.

A diferença de pressão osmótica ($\Delta\Pi$) entre duas soluções de diferentes concentrações é a diferença de pressão que existe quando $\Delta\mu = 0$. Admitindo-se $\tilde{V}_C$ constante tem-se:

$$\Delta\mu_C = \tilde{V}_C (\Delta P - \Delta\Pi)$$ (20.41)

Substituindo essa expressão no modelo de solução-difusão (Equação 20.34) obtém-se:

$$\hat{N}_C = -\frac{D_{Cm} \hat{c}_{Cm}}{RT} \frac{d\mu_C}{dz}$$ (20.42)

em que D_{Cm} é a difusividade do solvente na membrana e $\hat{c}_{Cm}$ é a concentração molar de solvente na membrana. Substituindo a Equação 20.41 e fazendo $\Delta z = e_m$, chega-se a:

$$\hat{N}_C = -\frac{D_{Cm}\hat{c}_{Cm}\tilde{V}_C}{RT}\frac{(\Delta P - \Delta\Pi)}{e_m} \tag{20.43}$$

Comparando a Equação 20.43 com a Equação 20.3, a qual define a permeabilidade volumétrica, pode-se escrever:

$$\hat{P}_{mC} = -\frac{D_{Cm}\hat{c}_{Cm}\tilde{V}_C}{RT} \tag{20.44}$$

em que $\hat{P}_{mC}$ é a permeabilidade molar [mol · m · m^{-2} · s^{-1} · Pa^{-1}] da membrana ao solvente. A equação do fluxo de solvente através de uma membrana densa pode, então, ser expressa como:

$$\hat{N}_C = \hat{P}_{mC}\frac{(\Delta P - \Delta\Pi)}{e_m} \tag{20.45}$$

Quando se tem apenas fluxo de água pura $\Delta\Pi = 0$ e, portanto, $\hat{P}_{mC} = \dfrac{\hat{N}_C}{\dfrac{\Delta P}{e_m}}$.

O fluxo molar de soluto (A) é dado genericamente por:

$$\hat{N}_A = -\frac{D_{Am}\hat{c}_{Am}}{RT}\frac{d\mu_A}{dz} \tag{20.46}$$

em que o índice A indica que as variáveis referem-se ao soluto.

A contribuição do termo de pressão no transporte do soluto é desprezível quando comparada ao termo de concentração, dessa forma pode-se escrever:

$$\hat{N}_A = D_{Am}\frac{\Delta\hat{c}_{As}}{e_m} \tag{20.47}$$

O coeficiente de partição ou de distribuição, $\hat{k}_A$ [(mol · m^{-3}) · (mol · m^{-3})$^{-1}$] do soluto entre a membrana e a solução é dado por:

$$\hat{k}_A = \frac{\hat{c}_{Am}}{\hat{c}_{As}} \tag{20.48}$$

em que $\hat{c}_{As}$ é a concentração molar [mol · m^{-3}] do soluto na solução. Introduzindo esse termo na equação do fluxo tem-se:

$$\hat{N}_A = D_{Am}\hat{k}_A\frac{\Delta\hat{c}_{Am}}{e_m} \tag{20.49}$$

em que $\Delta\hat{c}_{As} = (\hat{c}_{AF} - \hat{c}_{AP})$, isto é, a diferença entre as concentrações molares do soluto na alimentação e no permeado.

(ii) *Transporte através de membranas nos processos de permeação de gases e de pervaporação*

Nos processos de permeação de gases e pervaporação a força motriz é o gradiente de potencial químico expresso em termos do gradiente de concentração ou da diferença de pressão parcial através da membrana. A Lei de Fick pode ser utilizada para descrever a difusão através de uma membrana polimérica:

$$\hat{J}_{iz} = -D_{im}\frac{d\hat{c}_i}{dz} \tag{20.50}$$

em que $\hat{J}_{iz}$ é o fluxo molar do composto i por difusão na direção z [mol · m^{-2} · s^{-1}].

Integrando para as seguintes condições de contorno:

$$z = 0 \rightarrow \hat{c}_i = \hat{c}_{i1} \text{ (concentração na interface alimentação/membrana)}$$

$$z = e_m \rightarrow \hat{c}_i = \hat{c}_{i2} \text{ (concentração na interface membrana/permeado)}$$

obtém-se:

$$\hat{J}_{iz} = D_{im} \frac{(\hat{c}_{i1} - \hat{c}_{i2})}{e_m} \tag{20.51}$$

Admitindo a validade da Lei de Henry, isto é, uma relação linear entre a concentração de determinado composto no polímero e sua pressão parcial na fase vapor tem-se:

$$\hat{c}_i = H_i p_i \tag{20.52}$$

em que H_i é a constante de solubilidade da Lei de Henry [mol $\cdot$ m^{-3} $\cdot$ Pa^{-1}], isto é, um parâmetro termodinâmico relacionado com a quantidade de substância sorvida pela membrana em condições de equilíbrio. A solubilidade de gases em polímeros no estado elastomérico (baixas concentrações) é muito pequena e pode ser descrita pela Lei de Henry. Entretanto, para vapores orgânicos ou líquidos não se pode considerar um comportamento ideal.

Combinando as Equações 20.51 e 20.52 aplicadas ao soluto A, obtém-se:

$$\hat{J}_{Az} = \hat{P}_{Am} \frac{\Delta p_A}{e_m} \tag{20.53}$$

em que Δp_A é a diferença de pressão parcial do componente que permeia a membrana (soluto A) e $\hat{P}_{Am} = D_{Am}H_A$ é a permeabilidade molar da membrana ao componente A.

O transporte através de uma membrana polimérica pode ser expresso como o produto da permeabilidade pela diferença de pressão parcial do permeante através da membrana. Para avaliar a eficiência com que determinada membrana separa dois compostos, A e B, pode ser utilizada a seletividade ideal, α_{AB}^{ideal}, a qual é definida como a razão entre as permeabilidades dos componentes puros:

$$\alpha_{AB}^{ideal} = \frac{\hat{P}_{Am}}{\hat{P}_{Bm}} = \frac{D_{Am} H_A}{D_{Bm} H_B} \tag{20.54}$$

Para misturas, a seletividade é definida como o aumento da relação entre as concentrações dos componentes A e B no permeado e no retido, de acordo com a Equação 20.6. O fator de separação real também depende da diferença de pressão parcial através da membrana.

(iii) *Transporte através de membranas íon-seletivas*

As membranas íon-seletivas consistem basicamente em polímeros com ligações cruzadas, densas, de modo a não permitir um fluxo significativo de água. Existem dois tipos de membranas trocadoras de íons:

— Membranas catiônicas, que contêm grupos negativos fixos na matriz polimérica.
— Membranas aniônicas, que contêm grupos positivos fixos na matriz polimérica.

Em uma membrana catiônica os ânions fixos estão em equilíbrio com os cátions móveis nos interstícios da matriz polimérica. Em contraste com os cátions móveis, chamados de contraíons, os ânions móveis, chamados de coíons, são quase completamente excluídos da matriz polimérica por causa da sua carga elétrica, a qual é idêntica à dos íons fixos. Esse tipo de exclusão é denominada exclusão de Donnan. Por causa da exclusão dos coíons, a membrana catiônica permite o transporte apenas dos cátions. Membranas aniônicas têm cargas fixas positivas, portanto elas excluem os cátions e são permeáveis somente aos ânions.

A seletividade de uma membrana trocadora de íons resulta da exclusão dos coíons na matriz polimérica. O equilíbrio no processo de exclusão de Donnan é alcançado entre o processo de difusão de um lado e o estabelecimento de uma diferença de potencial elétrico do outro. A atividade dos contraíons na membrana é maior do que em solução e a atividade dos coíons é menor, respectivamente.

Membranas íon seletivas não são utilizadas apenas em processos cuja força motriz é a diferença de potencial elétrico (eletrodiálise e eletrólise), mas também em processos como nanofiltração, osmose inversa (retenção de íons), na microfiltração e ultrafiltração (redução do problema de adsorção), na diálise (combinação de difusão com a exclusão de Donnan) e mesmo em processos como a pervaporação e a permeação de gases.

Quando as membranas íon-seletivas são utilizadas em processos em que é aplicada uma diferença de potencial elétrico, duas forças atuam sobre os solutos iônicos: o potencial químico, expresso em termos de concentração, e o potencial elétrico. O fluxo através das membranas pode ser calculado pela combinação dessas duas contribuições, resultando na equação de Nerst-Planck:

$$\hat{J}_{iz} = -D_{im}\frac{d\hat{c}_i}{dz} + \frac{z_i F\hat{c}_i D_{im}}{RT}\frac{dF_{CE}}{dz}$$ (20.55)

em que z_i é a carga do íon, F é a constante de Faraday [$9,64853399 \times 10^4$ C · mol⁻¹] e $\dfrac{dF_{CE}}{dz}$ é o gradiente de intensidade do campo elétrico [V · m⁻¹].

O equilíbrio da exclusão de Donnan, bem como o aumento da seletividade, depende de: (i) da concentração dos íons fixos; (ii) do aumento da valência dos coíons; (iii) da diminuição da valência dos contraíons; (iv) da redução da concentração do eletrólito em solução; e (v) da diminuição da afinidade entre a membrana trocadora e os contraíons.

Maiores detalhes sobre transporte em membranas podem ser vistos e pesquisados em outras fontes (Geankoplis, 1993; Singh e Heldman, 1993; Geankoplis, 2003; Judd e Jefferson, 2003; Habert, Borges e Nóbrega, 2006).

A seguir são apresentados alguns problemas resolvidos que exemplificam a aplicação dos conceitos abordados ao longo deste capítulo.

EXEMPLO 20.1

Para uma dada membrana, uma distribuição de poros bimodal foi determinada experimentalmente, conforme mostra a Figura 20.36. Mostre como você calcularia a porosidade superficial e a permeabilidade hidráulica para uma membrana com espessura de 1 μm. Qual é a contribuição dos poros de 10 nm para o fluxo permeado?

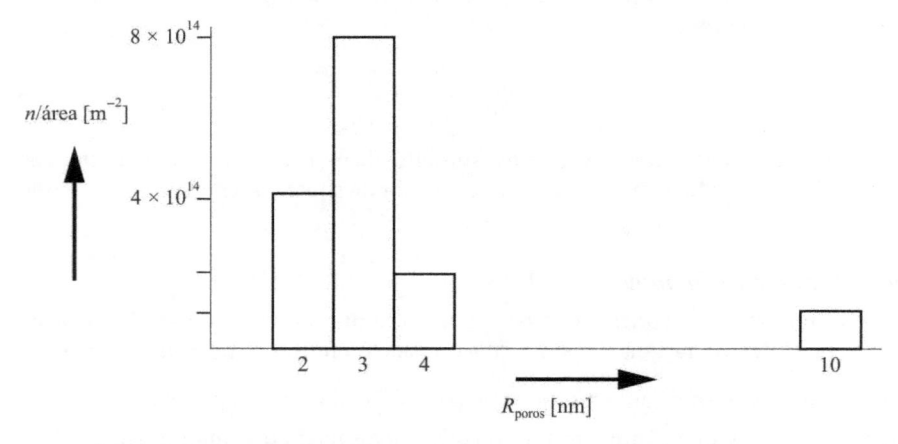

Figura 20.36 Distribuição de tamanho de poros em uma membrana.

Solução

A porosidade é dada por:

$$\varepsilon = \left(\sum_{i=1}^{n} n_p \pi r_p^2\right) \times 100 = 6,9\ \%$$

A permeabilidade é dada por:

$$P'_m = \left(\sum_{i=1}^{n} N'_i\right)\frac{e_m}{\Delta P} = 0,172\ \text{m}^3 \cdot \text{m}^{-2} \cdot \text{h}^{-1} \cdot \text{bar}^{-1}$$

Resposta: Os poros de 10 nm contribuem com 88 % do fluxo permeado.

EXEMPLO 20.2

Substâncias de diferentes massas molares podem ser separadas através de um arranjo apropriado de processos com membranas e condições de operação. Proponha um sistema de membranas para a separação de cinco substâncias K, X, Y, Z e W com massas molares de 100, 3000, 35.000, 37.000 e 5×10^6 Da, respectivamente.

Solução

A microfiltração (MF) retém o composto W e permeia K, X, Y e Z.

A ultrafiltração (UF), cuja massa molar de corte (MMC) é igual a 20.000, retém os compostos Y e Z e permeia K e X.

A nanofiltração (NF), com MMC = 1000, retém o composto X e permeia o composto K.

Finalmente, os compostos Y e Z devem ser separados por processos que considerem as diferentes afinidades dos compostos, por exemplo, se apresentam ponto isoelétrico e carga, o processo de eletrodiálise poderia ser utilizado; o importante nesse caso é conhecer as peculiaridades de cada substância para escolher o melhor método de separação.

EXEMPLO 20.3

Uma fábrica de conservas deseja purificar água a partir de uma fonte de água salobra por meio de um processo de osmose inversa (OI) em um único estágio. A água da fonte contém 3000 μg/100 g de sal (NaCl) e é necessário obter água com uma concentração de no máximo 200 μg/100 g de sal. A necessidade da fábrica é de 10 m³ · h⁻¹ e quatro módulos de membranas de OI estão disponíveis, conforme indicado na Tabela 20.5.

Tabela 20.5 Módulos de membranas, retenção e vazão

MÓDULO	RETENÇÃO [%]	VAZÃO POR MÓDULO (L · h⁻¹)
A	90	480
B	95	320
C	97	200
D	98	80

A retenção e o fluxo foram determinados para uma solução de 3000 μg/100 g de sal (NaCl), uma pressão de 28 bars e temperatura de 16 °C. Qual módulo você escolheria? Determine o número mínimo de módulos para uma recuperação de 75 %. A pressão de operação máxima é de 42 bars.

Solução

A retenção mínima desejada é dada pela Equação 20.4, escrita em termos de frações mássicas:

$$R_{et}^{obs} = 1 - \frac{200 \text{ μg/100 g}}{3000 \text{ μg/100 g}} = 0,933 \text{ ou } 93,3 \%$$

Portanto, o módulo A está descartado.

O balanço de massa no estágio de OI, assumindo que a massa específica de todas as correntes seja aproximadamente igual a 1000 kg · m⁻³, é dado por:

$$\dot{m}_F = \dot{m}_P + \dot{m}_R$$

em que $\dot{m}_F$, $\dot{m}_P$ e $\dot{m}_R$ são as vazões mássicas, respectivamente, da alimentação, do permeado e do retido.

Uma recuperação de 75 % significa que 75 % da água que entra no sistema de purificação devem sair na forma de permeado. Como as concentrações de NaCl são muito baixas, pode-se calcular a recuperação diretamente como:

$$\dot{m}_P = 0,75 \dot{m}_F$$

Então se tem que:

$$\dot{m}_F = \frac{10.000 \text{ kg} \cdot \text{h}^{-1}}{0,75} = 13.333 \text{ kg} \cdot \text{h}^{-1}$$

$$\dot{m}_R = \dot{m}_F - \dot{m}_P = 13.333 \text{ kg} \cdot \text{h-1} - 10.000 \text{ kg} \cdot \text{h-1} = 3333 \text{ kg} \cdot \text{h-1}$$

A concentração de NaCl no retido é obtida pelo balanço de massa para o componente:

$$X_R = \frac{13.333 \text{ kg} \cdot \text{h}^{-1} \times 3000 \text{ μg/100 g} - 10.000 \text{ kg} \cdot \text{h}^{-1} \times 200 \text{ μg/100 g}}{3333 \text{ kg} \cdot \text{h}^{-1}} = 11.401 \text{ μg/100 g}$$

Tomando-se uma concentração média entre a entrada e a saída da corrente que não permeia a membrana tem-se uma concentração de:

$$\overline{X_R} = \frac{3000 \text{ μg/100 g} + 11.401 \text{ μg/100 g}}{2} = 7200,5 \text{ μg/100 g}$$

e a retenção final é dada por:

$$R_{et}^{obs} = 1 - \frac{200 \text{ μg/100 g}}{7200,5 \text{ μg/100 g}} = 0,972 \text{ ou } 97,2 \text{ \%}$$

Nesse caso o melhor módulo, unindo vazão e seletividade seria o módulo C, retenção de 97 % e vazão de 200 L $\cdot$ h^{-1}. O número de módulos necessário é igual a

$$\frac{10 \text{ m}^3 \cdot \text{h}^{-1}}{0,2 \text{ m}^3 \cdot \text{h}^{-1}} = 50 \text{ módulos C}$$

Resposta: O número mínimo necessário de módulos C é igual a 50.

EXEMPLO 20.4

O ar enriquecido em N_2 é usado como gás inerte para isolar líquidos inflamáveis ou como selador para prevenir a oxidação de alimentos (frutas, vegetais etc.). Proponha um esquema para obter ar enriquecido em N_2 que deverá ser utilizado na indústria de alimentos.

Solução

O processo de obtenção de ar enriquecido em N_2 pode ser realizado utilizando diferentes modos de operação, mas em todas as configurações o ar deve ser comprimido antes de entrar no sistema de permeação de gases. A corrente rica em O_2 também pode ser aproveitada na indústria.

O custo do processo está diretamente relacionado com o tipo de membrana utilizado (permeabilidade e seletividade).

Para o mesmo tipo de membrana, três configurações podem ser sugeridas, conforme apresentado na Figura 20.37.

1) Na configuração passe único a área de membrana é maior, a corrente de retido sai com 99 % de N_2 e o permeado sai enriquecido em O_2.

2) Na configuração de dois passes a corrente de permeado final é rica em N_2, o retido do segundo passe é reciclado na corrente de alimentação do primeiro passe; nesse caso a área de membrana é um pouco menor.

3) Na configuração de três passes a corrente de retido final é rica em N_2, o retido do primeiro passe é reciclado para o primeiro e o permeado do terceiro passe é comprimido e reciclado para o segundo. Nesse caso, utiliza-se a menor área de membrana.

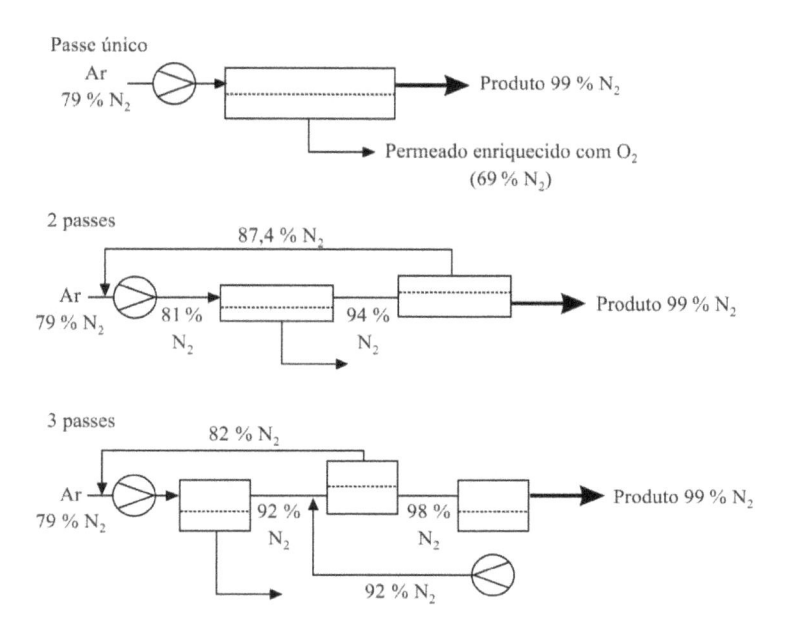

Figura 20.37 Esquema para obtenção de ar enriquecido em N_2.

EXEMPLO 20.5

Uma suspensão de células é concentrada por meio de um processo de microfiltração em batelada. A concentração inicial é de 1 g/100 g e a final de 10 g/100 g. Em razão de um eficiente método de contrafluxo, o fluxo permeado permanece constante e igual a 100 L $\cdot$ m$^{-2} \cdot$ h^{-1}. O fermentador tem um volume de 1 m^3 e a área de membrana é igual a 1,5 m^2. Calcule o tempo necessário para o processo. Considere a retenção das células igual a 100 %.

Solução

O balanço de massa para as células, assumindo que a densidade de todas as correntes seja aproximadamente igual a 1000 kg $\cdot$ m^{-3}, permite calcular o volume que deve ser retido pela membrana:

$$V_R = \frac{1 \text{ m}^3 \times 1000 \text{ kg} \cdot \text{m}^{-3} \times 0,01 \text{ kg células} \cdot \text{kg}^{-1}}{0,1 \text{ kg células} \cdot \text{kg}^{-1}} = \frac{100 \text{ kg}}{1000 \text{ kg} \cdot \text{m}^{-3}} = 0,1 \text{ m}^3$$

em que a concentração de células no permeado foi considerada igual a zero, isto é retenção de 100 % das células.

Assim, o volume de permeado produzido em cada batelada deve ser igual a:

$$V_P = 1 \text{ m}^3 - 0,1 \text{ m}^3 = 0,9 \text{ m}^3$$

Como o fluxo é de 0,1 m$^3 \cdot$ m$^{-2} \cdot$ h^{-1} e a área de membrana é de 1,5 m^2, o tempo necessário para o processo é:

$$t = \frac{0,9 \text{ m}^3}{0,1 \text{ m}^3 \cdot \text{m}^{-2} \cdot \text{h}^{-1} \times 1,5 \text{ m}^2} = 6 \text{ h}$$

Resposta: O tempo necessário para o processo é de 6 h.

20.9 EXERCÍCIOS

1. Substâncias de diferentes massas molares podem ser separadas por meio de um arranjo apropriado de processos com membranas e condições de operação. Proponha um sistema de membranas para a separação de quatro substâncias X, Y, Z e W com massas molares de 3000, 35.000, 37.000 e 5×10^6 Da, respectivamente.

2. A viabilidade econômica do sistema de membranas está diretamente ligada ao desempenho da membrana e ao tempo de vida útil da mesma. O tempo de vida útil da membrana é determinado pela sua manutenção e condição de limpeza.

  (i) Cite duas medidas para controlar os depósitos de sujeira no sistema de membranas.
 (ii) Cite três critérios para seleção de agentes de limpeza.
(iii) Qual o procedimento que você adotaria para avaliar a necessidade de limpeza do sistema de membranas?

20.10 BIBLIOGRAFIA RECOMENDADA

ALVES, V. D.; COELHO, I. M. Orange juice concentration by osmotic evaporation and membrane distillation: a comparative study. *Journal of Food Engineering*, v. 74, n. 1, p. 125-133, 2006.

BOWEN, W. R.; JENNER, F. Theoretical descriptions of membrane filtration of colloids and fine particles: an assessment and review. *Advances in Colloid and Interface Science*, v. 56, p. 141-200, 1995.

CARMINATTI, C. A. *Ensaios de hidrólise enzimática da lactose em reator a membrana utilizando betagalactosidase* Kluyveromyces lactis. Dissertação (Mestrado em Engenharia Química) — Programa de Pós-graduação em Engenharia Química, Universidade Federal de Santa Catarina, Florianópolis, 2001. 66 f.

CASSANO, A.; DRIOLI, E. Concentration of clarified kiwifruit juice by osmotic distillation. *Journal of Food Engineering*, v. 79, n. 4, p. 1397-1404, 2007.

CHEN, V. et al. Cleaning strategies for membrane fouled with protein mixtures. *Desalination*, v. 200, n. 1-3, p. 198-200, 2006.

CHERYAN, M. Membrane technology in the vegetable oil industry. *Membrane Technology*, v. 2005, n. 2, p. 5-7, 2005.

_____. *Ultrafiltration handbook*. Lancaster: Technomic Publishing Co., 1986. 375 p.

COUTINHO, C. M. et al. State of art of the application of membrane technology to vegetable oils: a review. *Food Research International*, v. 42, n. 5-6, p. 536-550, 2009.

CROGUENNEC, T.; O'KENNEDY, B. T.; MEHRA, R. Heat-induced denaturation/aggregation of β-lactoglobulin A and B: kinetics of the first intermediates formed. *International Dairy Journal*, v. 14, p. 399-409, 2004.

CUPERUS, F. P.; NIJHUIS, H. H. Applications of membrane technology to food processing. *Trends in Food Science & Technology*, v. 4, n. 9, p. 277-282, 1993.

CZERMAK, P. et al. Membrane-assisted enzymatic production of galactosyl-oligosaccharides from lactose in a continuous process. *Journal of Membrane Science*, v. 232, n. 1-2, p. 85-91, 2004.

FRANCO, T. V.; HORI, C. E.; MURATA, V. V. Estudo da esterificação em reatores de membrana com pervaporação. In: VI CONGRESSO BRASILEIRO DE ENGENHARIA QUÍMICA EM INICIAÇÃO CIENTÍFICA. *Anais...* Campinas, 2005.

GEANKOPLIS, C. J. *Transport processes and separation process principles (includes unit operations)*. 4. ed. Upper Saddle River: Prentice Hall, 2003. 1026 p.

_____. *Transport process and unit operations*. 3. ed. Englewood Cliffs: Prentice Hall, 1993. 921 p.

GEKAS, V.; HALLSTRÖM, B. Mass Transfer in the membrane concentration polarization layer under turbulent cross flow: critical literature review and adaptation of existing Sherwood correlations to membrane operations. *Journal of Membrane Science*, v. 30, p. 153-170, 1987.

HABERT, A. C.; BORGES, C. P.; NÓBREGA, R. *Processos de separação por membranas*. Rio de Janeiro: E-papers, 2006. 180 p.

JUDD, S.; JEFFERSON, B. *Membranes for industrial wastewater recovery and re-use*. Kidlington Oxford: Elsevier, 2003. 256 p.

LEE, J. C. et al. Potential and limitations of alum or zeolite addition to improve the performance of a submerged membrane bioreactor. *Water Science and Technology*, v. 43, n. 11, p. 59-66, 2001.

LOEB, S.; SOURIRAJAN, S. Sea water demineralization by means of an osmotic membrane. *Advances in Chemistry Series*, v. 38, p. 117-132, 1962.

MARTINEZ, F. et al. Protein adsorption and deposition onto microfiltration membranes: the role of solute-solid interaction. *Journal of Colloid and Interface Science*, v. 221, p. 254-261, 2000.

MEHAIA, M. A.; ALVAREZ, J.; CHERYAN, M. Hydrolysis of whey permeate lactose in a continuous stirred tank membrane reactor. *International Dairy Journal*, v. 3, n. 2, p. 179-192, 1993.

MISTRY, V. V.; MAUBOIS, J.-L. Application of membrane separation technology to cheese production. *Cheese*: chemistry, physics and microbiology, v. 1, p. 261-285, 2004.

MOURA, J. M. L. N. et al. Degumming of vegetable oil by microporous membrane. *Journal of Food Engineering*, v. 70, n. 4, p. 473-478, 2005.

_____ et al. Purification of structured lipids using $SCCO_2$ and membrane process. *Journal of Membrane Science*, v. 299, n. 1-2, p. 138-145, 2007.

MULDER, M. *Basic principles of membrane technology*. 2. ed. Nova York: Springer, 1996. 564 p.

NAKAO, S.; NOMURA, T.; KIMURA, S. Characteristics of macromolecular gel-layer formed on ultrafiltration tubular membrane. *AIChE Journal*, v. 25, p. 615-622, 1979.

OGNIER, S. *Contribution pour le contrôle dynamique du colmatage en bioreacteur à membranes*. Tese (Doutorado), Université Montpellier II, França, 2002.

PEREIRA, C. C. et al. Membrane for processing tropical fruit juice. *Desalination*, v. 148, n. 1-3, p. 57-60, 2002.

PETRUS, H. B. et al. Enzymatic cleaning of ultrafiltration membranes fouled by protein mixture solutions. *Journal of Membrane Science*, v. 325, n. 2, p. 783-792, 2008.

PRUDENCIO, I. D. et al. Petit suisse manufactured with cheese whey retentate and application of betalains and anthocyanins. *Food Science and Technology*, v. 41, n. 5, p. 905-910, 2008.

RIBEIRO, A. P. B. et al. Solvent recovery from soybean oil/hexane miscella by polymeric membranes. *Journal of Membrane Science*, v. 282, n. 1-2, p. 328-336, 2006.

_____ et al. The optimization of soybean oil degumming on a pilot plant scale using a ceramic membrane. *Journal of Food Engineering*, v. 87, n. 4, p. 514-521, 2008.

SARMENTO, L. A. V. et al. Extraction of polyphenols from cocoa seeds and concentration through polymeric membranes. *The Journal of Supercritical Fluids*, v. 45, n. 1, p. 64-69, 2008.

_____ et al. Performance of reverse osmosis membranes in the separation of supercritical CO_2 and essential oils. *Journal of Membrane Science*, v. 237, n. 1-2, p. 71-76, 2004.

SINGH, R. P.; HELDMAN, D. R. *Introduction to food engineering*. 2. ed. San Diego: Academic Press, 1993. 499 p.

SOMKUTI, G. A.; HOLSINGER, V. H. Use of membranes in the manufacture of hard and semi hard cheeses. *Desalination*, v. 53, n. 1-3, p. 129-133, 1997.

SOUZA, M. P. et al. Degumming of corn oil/hexane miscella using a ceramic membrane. *Journal of Food Engineering*, v. 86, n. 4, p. 557-564, 2008.

SPRICIGO, C. B. et al. Mathematical modeling of the membrane separation of nutmeg essential oil and dense CO_2. *Journal of Membrane Science*, v. 237, n. 1-2, p. 87-95, 2004.

_____ et al. Preparation and characterization of polyethersulfone membranes for use in supercritical medium. *Journal of Membrane Science*, v. 205, n. 1-2, p. 273-278, 2002.

_____ et al. Separation of nutmeg essential oil and dense CO_2 with a cellulose acetate reverse osmosis membrane. *Journal of Membrane Science*, v. 188, n. 2, p. 173-179, 2001.

TRETTIN, D. R.; DOSHI, M. R. Limiting flux in ultrafiltration of macromolecular solutions. *Chemical Engineering Communications*, v. 4, p. 507-522, 1980.

VAILLANT, F. et al. Crossflow microfiltration of passion fruit juice after partial enzymatic liquefaction. *Journal of Food Engineering*, v. 42, n. 4, p. 215-224, 1999.

VALDÉSA, H. et al. Concentration of noni juice by means of osmotic distillation. *Journal of Membrane Science*, v. 330, n. 1-2, p. 205-213, 2009.

VAN DEN BERG, G. B. *Concentration polarization in ultrafiltration*: models and experiments. Tese (Doutorado), Universiteit Twente, Nederlands, 1988.

VARAVUTH, S.; JIRARATANANON, R.; ATCHARIYAWUT, S. Experimental study on dealcoholization of wine by osmotic distillation process. *Separation and Purification Technology*, v. 66, n. 2, p. 313-321, 2009.

VLADISAVLJEVIC, G. T.; MILONJIC, S. K.; PAVASOVIC, V. L. Flux decline and gel resistance in unstirred ultrafiltration of aluminum hydrous oxide sols. *Journal of Colloid and Interface Science*, v. 176, p. 491-494, 1995.

WIJMANS, J. G. et al. Hydrodynamic resistance of concentration polarization boundary layers in ultrafiltration. *Journal of Membrane Science*, v. 22, n. 1, p. 117-135, 1985.

_____; NAKAO, S.; SMOLDERS, C. A. Flux limitation in ultrafiltration: osmotic pressure model and gel layer model. *Journal of Membrane Science*, v. 20, n. 2, p. 115-124, 1984.

21

CRISTALIZAÇÃO

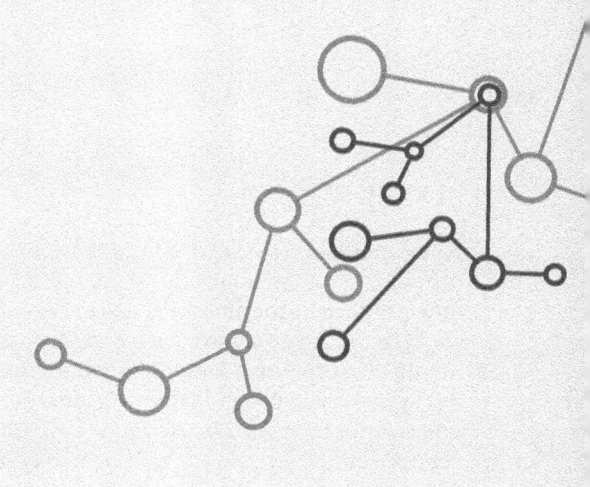

José Roberto Delalibera Finzer*
Ricardo Amâncio Malagoni**

* Universidade de Uberaba (Uniube) e Universidade Federal de Uberlândia (UFU).

** Universidade Federal de Uberlândia (UFU).

21.1 INTRODUÇÃO

Este capítulo apresenta os fundamentos e aplicações industriais de cristalização, sendo subdividido em quatro seções. A primeira inclui uma introdução ao estado da arte na cristalização e métodos de cristalização. A segunda seção, que trata do equilíbrio termodinâmico dos sistemas envolvidos nessa operação, ilustra os conceitos com dados de solubilidade e supersaturação do ácido cítrico e da sacarose, os quais são importantes exemplos da aplicação da cristalização no processamento de alimentos e ingredientes alimentícios. Ainda nessa seção são apresentadas as etapas de crescimento de cristais e nucleação e são discutidas as estruturas e sistemas cristalinos. A terceira seção mostra os principais tipos de equipamentos e acessórios comumente usados para viabilizar a cristalização industrial e, finalmente, na quarta seção, são desenvolvidos alguns estudos de casos de aplicação da cristalização em alimentos.

21.1.1 O estado da arte na cristalização

Nas indústrias químicas, farmacêuticas e de alimentos, diversas substâncias são comercializadas na forma cristalina, por exemplo, acetato de sódio, ácido salicílico, ácido cítrico, sacarose e outros produtos. Esses compostos são fabricados em sistemas que operam em batelada, de modo semicontínuo ou contínuo. Nos processos de cristalização contínuos, busca-se obter partículas uniformes em forma, teor de umidade e pureza.

A distribuição de tamanho de cristais e a pureza são os principais índices de qualidade dos cristais. Muitos fatores afetam essas propriedades, como a fluidodinâmica da suspensão de cristais e a existência de impurezas.

Por cristalização podem-se produzir produtos com alta pureza (até 99,9 %), sendo esta considerada uma etapa de polimento (acabamento) de um processo de purificação.

21.1.2 Métodos de cristalização

A cristalização é uma operação unitária muito importante que envolve a separação de uma fase sólida a partir de um sistema em fase líquida. Essa operação é realizada em, aproximadamente, 70 % dos sólidos produzidos pelas indústrias de processos químicos e farmacêuticos. O produto gerado deve ser adequado quanto aos requisitos de pureza, composição, granulometria e propriedades de armazenamento ou para uma utilização subsequente. A cristalização pode ser aplicada em diferentes finalidades, como na separação de um produto de uma solução remanescente, purificação de um produto e também na produção de cristais com propriedades especificadas.

Em processos de cristalização, as variáveis relevantes para a qualidade do produto são a intensidade de agitação ou vibração, a temperatura de operação e a supersaturação, além da população de sementes no caso de cristalização em batelada com semeadura. Etapas de lavagem após filtração ou centrifugação também são importantes no rendimento da produção. A Tabela 21.1 mostra os possíveis modos de realizar a operação de cristalização na indústria.

A cristalização contínua geralmente é realizada para uma produção superior a $50 \text{ kg} \cdot \text{h}^{-1}$. A cristalização por bateladas pode ser projetada para qualquer escala, sendo mais adequada para casos em que o crescimento dos cristais é mais lento. Em processos contínuos de cristalização, conseguem-se custos de operação mais baixos, menor demanda de operadores, classificação uniforme do produto, etapas de filtração e lavagem dos cristais mais efetivas e menores requisitos de área física. Como desvantagem dos cristalizadores que operam de forma contínua, pode-se citar: formação de incrustações em superfícies de troca de calor e na superfície livre do meio de cristalização. Os cristalizadores não operam continuamente por um período ilimitado: o tempo de funcionamento entre as limpezas normalmente está entre 200 e 2 mil horas (Nývlt et al., 2001).

Os cristalizadores por bateladas são mais simples, os operadores não precisam ser altamente especializados e os custos de manutenção são mais baixos. Entretanto, a qualidade do produto não é facilmente reprodutível, existe maior demanda na mão de obra e maior necessidade de área física.

Tabela 21.1 Possíveis modos de cristalização

PROCESSOS	MODO DE OPERAÇÃO
Contínuo	Regime permanente Evaporação e resfriamento simultâneos
Semicontínuo	Remoção do produto por bateladas: alimentação contínua com descarga ao obter o tamanho desejado do cristal
Batelada (com ou sem sementes)	Resfriamento natural Resfriamento programado Evaporação de solvente

21.2 EQUILÍBRIO E SUPERSATURAÇÃO

Nesta seção, serão discutidas a solubilidade e supersaturação de solutos em água, sendo tais conceitos exemplificados com dados e cálculos de ácido cítrico e sacarose.

21.2.1 Definições

O número de colisões de unidades elementares, como íons e moléculas, com as superfícies dos cristais depende do número de unidades por unidade de volume da fase fluida, V, conforme a Equação 21.1.

$$\frac{n_A N_A}{V} = \hat{c}_A N_A \tag{21.1}$$

em que n_A é a quantidade de matéria da espécie química que cristaliza (composto A) [mol]; $\hat{c}_A$ é a concentração molar do composto A [mol $\cdot$ m^{-3}] e N_A é a constante de Avogadro [mol^{-1}].

Quando uma solução contém a quantidade total de soluto que é capaz de dissolver, diz-se que se trata de uma solução saturada. Se uma solução está no estado líquido, a concentração de saturação (ou de equilíbrio) do soluto, $\hat{c}_A^*$, isto é, sua solubilidade, aumenta com o aumento da temperatura sendo pouco influenciada pela pressão. Se uma fase fluida tem mais unidades que $\hat{c}_A^* N_A$, logo, essa solução está supersaturada.

Os processos de cristalização ocorrem somente em situações de supersaturação e a taxa de cristalização é função do grau de supersaturação. A supersaturação é definida usualmente conforme apresentado na Equação 21.2:

$$\Delta \bar{X}_A = \bar{X}_A - \bar{X}_A^* \tag{21.2}$$

ou, como supersaturação relativa (S), como mostra a Equação 21.3:

$$S = \frac{\bar{X}_A}{\bar{X}_A^*} \tag{21.3}$$

em que $\bar{X}_A$ é a razão mássica do composto A na solução na condição de supersaturação e $\bar{X}_A^*$ é a razão mássica de A na solução na condição de saturação [kg de soluto $\cdot$ kg^{-1} de solvente], ambas na mesma temperatura.

21.2.2 Solubilidade e supersaturação do ácido cítrico

O ácido cítrico é solúvel em água. Na temperatura de 25 °C, sua solubilidade é igual a 0,625 kg de produto anidro $\cdot$ kg^{-1} de solução. É moderadamente solúvel em etanol (0,383 kg de produto anidro $\cdot$ kg^{-1} de solução a 25 °C) e pouco solúvel em éter dietílico. O ácido cítrico é insolúvel em clorofórmio, benzeno, dissulfito de carbono, tetracloreto de carbono e tolueno (Kirk et al., 1979).

A solubilidade do ácido cítrico anidro em água, quantificada por Nývlt (1971), é indicada Tabela 21.2.

A Figura 21.1 compara os dados de solubilidade do ácido cítrico anidro em água de Dalman (1937) com os dados de Nývlt (1971). Em temperaturas de 0 °C a 40 °C os dados de solubilidade são bem próximos, mas a partir de 40 °C os desvios relativos aumentam, chegando a 1,15 % para a temperatura de 100 °C.

Tabela 21.2 Solubilidade do ácido cítrico anidro
em função da temperatura de saturação (Nývlt, 1971)

T [°C]	$\bar{X}_A^*$ [kg $\cdot$ kg^{-1} de água]	X_A^* [kg $\cdot$ kg^{-1} solução]
0	0,96	0,4898
10	1,18	0,5413
20	1,46	0,5935
30	1,83	0,6466
40	2,15	0,6825
60	2,77	0,7347
80	3,72	0,7881
100	5,26	0,8403

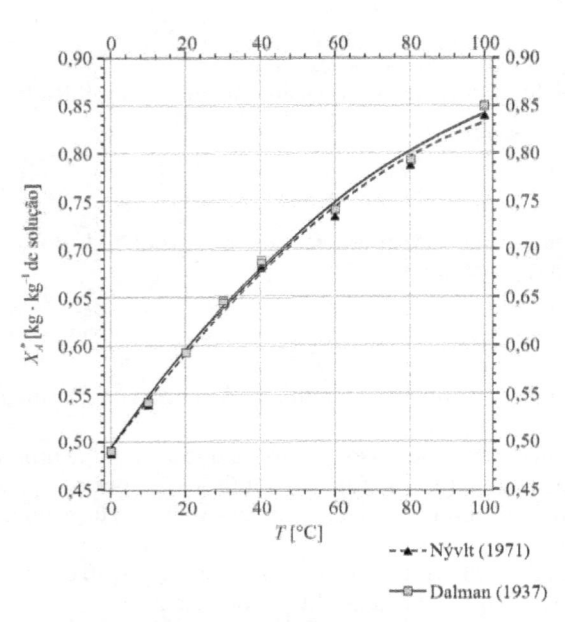

Figura 21.1 Solubilidade do ácido cítrico anidro em água.

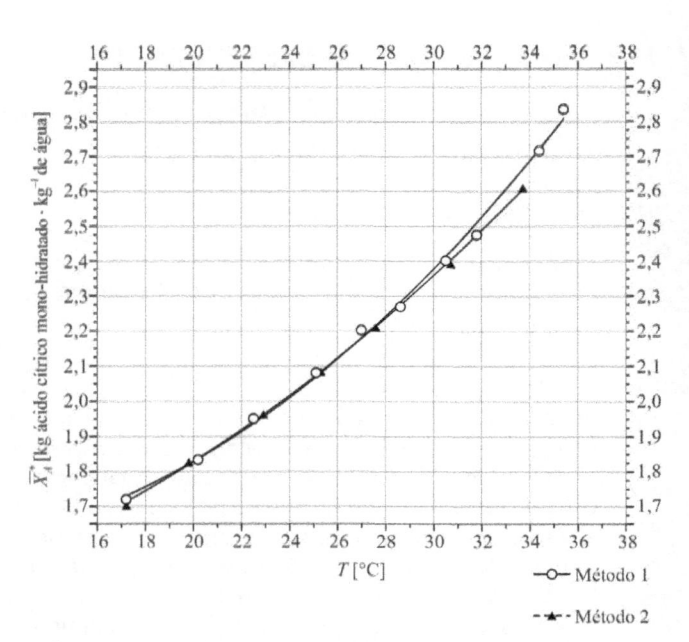

Figura 21.2 Solubilidade do ácido cítrico mono-hidratado em água em função da temperatura.

A Figura 21.2 apresenta os dados de Laguerie et al. (1976) para solubilidade do ácido cítrico mono-hidratado em água usando dois métodos experimentais. No primeiro, a concentração da solução foi determinada por gravimetria, ou seja, quantificando a massa de sólido decantado após filtração e secagem; no segundo método, a concentração foi determinada titulando uma porção da solução com hidróxido de sódio.

21.2.3 Solubilidade e supersaturação da sacarose

No processo de fabricação da sacarose, o caldo extraído dos colmos da cana-de-açúcar inicialmente é clarificado e processado em evaporadores onde parte da água do caldo é separada por evaporação. O caldo é concentrado de 15 °Brix até (55 a 70) °Brix (fração mássica de sólidos solúveis) e obtém-se um produto denominado xarope. Segue uma operação denominada cozimento e o xarope é concentrado até o aparecimento dos cristais, prosseguindo até a concentração máxima com a formação da mistura chamada massa cozida (termo já consagrado no setor sucroalcooleiro) com 92 a 95 °Brix. Na evaporação a quantidade de água a ser eliminada é de cerca de 750 kg de água a cada 1000 kg de caldo e, no cozimento 100 kg de água a cada 1000 kg de caldo.

A solubilidade da sacarose aumenta com o aumento da temperatura. A 40 °C, por exemplo, é possível dissolver 2,334 kg de açúcar puro em 1 kg de água; a 80 °C dissolvem-se 3,703 kg (Hugot, 1986).

Quando uma solução contém a quantidade total de sacarose que é capaz de dissolver, diz-se que é "saturada".

A Equação 21.4 representa adequadamente a solubilidade da sacarose (composto A) em soluções puras, na faixa de temperatura de 0 °C a 90 °C.

$$\overline{X}_A^* = 0{,}64397 + 7{,}251 \times 10^{-4}T + 2{,}05 \times 10^{-5}T^2 - 9{,}035 \times 10^{-8}T^3 \tag{21.4}$$

em que $\overline{X}_A^*$ é a solubilidade da sacarose [kg · kg⁻¹ de solução] e T a temperatura [°C]. A Tabela 21.3 mostra dados de solubilidade da sacarose pura gerados pela Equação 21.4.

21.2.3.1 Caldo de cana-de-açúcar

Na prática, trabalha-se somente com soluções impuras, isto é, soluções contendo não somente sacarose em dissolução, mas também outras matérias dissolvidas: glicose, sais orgânicos ou minerais. Essas matérias modificam a solubilidade do açúcar. No caldo de beterraba, elas aumentam a solubilidade, ou seja, uma mesma quantidade de água dissolve mais açúcar quando existem em solução as outras matérias que constituem as impurezas do caldo de beterraba. Na fabricação do açúcar de cana ocorre o contrário: a solubilidade do açúcar diminui na mesma proporção que a pureza. Isso se deve à ação particular das impurezas específicas de cada planta. Na cana-de-açúcar são os açúcares redutores que exercem a função principal e provocam a diminuição da solubilidade da sacarose.

Tabela 21.3 Solubilidade da sacarose

T [°C]	$\bar{X}_A^*$ [kg · kg⁻¹ de água]	X_A^* [kg · kg⁻¹ solução]
0	1,809	0,644
10	1,882	0,653
20	1,994	0,666
30	2,145	0,682
40	2,333	0,700
50	2,571	0,720
60	2,876	0,742
70	3,255	0,765
80	3,695	0,787
90	4,266	0,810
100	4,952	0,832

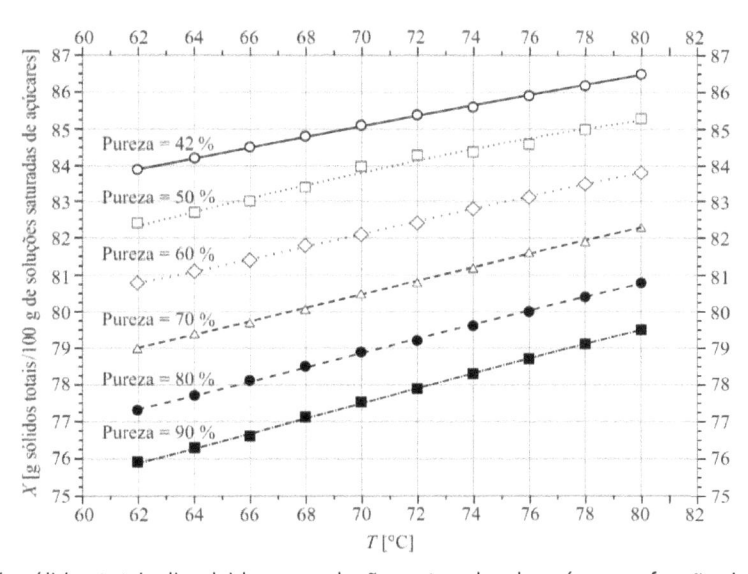

Figura 21.3 Porcentagem de sólidos totais dissolvidos em soluções saturadas de açúcar em função da temperatura e da pureza.

Chama-se coeficiente de solubilidade, K_S, a relação entre a quantidade de açúcar solúvel em uma unidade de massa de água de uma solução impura e a quantidade solúvel na água pura, à mesma temperatura, dada por:

$$K_S = \frac{(\bar{X}_A^*)_{\text{impura}}}{(\bar{X}_A^*)_{\text{pura}}} \tag{21.5}$$

O coeficiente de solubilidade dos caldos de cana aumenta com a temperatura, porém o efeito desta é relativamente pequeno. A Figura 21.3 fornece a porcentagem de sólidos totais em soluções saturadas de açúcar com diversos graus de pureza e temperaturas. A pureza consiste na razão entre a massa de sacarose existente na solução e a massa de sólidos dissolvidos (em porcentagem).

EXEMPLO 21.1

Calcular o coeficiente de solubilidade, K_S, para uma solução aquosa de sacarose saturada com pureza de 80 %, 78,9 °Brix e temperatura de 70 °C. OBS: A escala Brix consiste na fração mássica [%] de sólidos totais dissolvidos na solução.

Solução

Para a solução de 80 % de pureza a porcentagem de sacarose dissolvida (composto A) pode ser calculada da seguinte maneira:

$$X_A = \frac{0,80 \times 78,9 \; °\text{Brix}}{100} = 0,631 \; \text{kg sacarose} \cdot \text{kg}^{-1} \text{ solução}$$

Nessas condições, a solubilidade, $\overline{X}_A^*$, da sacarose em relação à massa de água (composto B) na solução será:

$$\overline{X}_A^* = \frac{0,631}{(1 - 0,789)} = 2,99 \; \text{kg sacarose} \cdot \text{kg}^{-1} \text{ água}$$

O mesmo raciocínio se aplica para a solução pura, usando a Tabela 21.3, da qual se obtém X_A^* igual a 0,765 (kg $\cdot$ kg^{-1} solução) a 70 °C. Então:

$$\overline{X}_A^* = \frac{0,765}{(1 - 0,765)} = 3,26 \; \text{kg sacarose} \cdot \text{kg}^{-1} \text{ água}$$

Portanto, o coeficiente de solubilidade será:

$$K_S = \frac{2,99 \; \text{kg sacarose} \cdot \text{kg}^{-1} \text{ água}}{3,26 \; \text{kg sacarose} \cdot \text{kg}^{-1} \text{ água}} = 0,917$$

Resposta: O coeficiente de solubilidade nesse caso é $K_S = 0,917$.

21.2.3.2 Supersaturação

A saturação é um estado de equilíbrio estável que, para as soluções de açúcar, não é alcançada rapidamente e nem facilmente. Concentrando uma solução por evaporação ou passando do ponto de saturação pelo resfriamento, os cristais não aparecem imediatamente ou obrigatoriamente na massa. Assim, o açúcar continua em solução e diz-se que a solução é "supersaturada". A relação entre a concentração de sacarose contida em uma solução aquosa supersaturada e a concentração de sacarose contida na solução saturada, estando ambas na mesma temperatura e possuindo o mesmo grau de pureza, define a supersaturação relativa, S, já apresentada pela Equação 21.3. As soluções supersaturadas e saturadas podem ser puras ou impuras.

EXEMPLO 21.2

Em uma solução supersaturada na temperatura de 70 °C, com $S = 1,2$, sendo a solução constituída por sacarose pura, qual é a concentração de sacarose na solução supersaturada? Usar os dados da Tabela 21.3.

Solução

Utilizando a Tabela 21.3, tem-se

$$\overline{X}_A^* = \frac{0,765}{(1 - 0,765)} = 3,26 \; \text{kg sacarose} \cdot \text{kg}^{-1} \text{ água}$$

Substituindo na Equação 21.3:

$$\overline{X}_A = S\overline{X}_A^* = 1,2 \times 3,6 = 3,91 \; \text{kg sacarose} \cdot \text{kg}^{-1} \text{ água}$$

A fração mássica de sacarose na solução é:

$$X_A = \frac{3,91 \; \text{kg sacarose} \cdot \text{kg}^{-1} \text{ água}}{(1 + 3,91) \; \text{kg solução} \cdot \text{kg}^{-1} \text{ água}} = 0,796 \; \text{kg sacarose} \cdot \text{kg}^{-1} \text{ solução}$$

ou 79,6 g/100 g de solução.

Resposta: A concentração de sacarose é $X_A = 79,6$ g/100 g.

OBS: Neste exemplo, o material solubilizado é apenas sacarose, representando, portanto, uma quantidade maior do que nas soluções impuras.

EXEMPLO 21.3

Qual é a concentração de sacarose que existe em uma solução aquosa de sacarose com pureza de 80 %, a 70 °C, supersaturada com $S = 1,2$?

Solução

Na Figura 21.3, observa-se que, para uma solução saturada de sacarose com 80 % de pureza, a 70 °C, a quantidade de sólidos totais na solução é igual a 78,9 g/100 g. Então, a concentração de sacarose nessa solução é dada por:

$$X_A = \frac{0,80 \times 78,9}{100} = 0,631 \text{ kg sacarose} \cdot \text{kg}^{-1} \text{ solução}$$

Isso indica que a solubilidade da sacarose nessas condições é:

$$\overline{X}_A^* = \frac{0,631}{(1 - 0,789)} = 2,99 \text{ kg sacarose} \cdot \text{kg}^{-1} \text{ água}$$

Utilizando a Equação 21.3, tem-se:

$$\overline{X}_A = S\overline{X}_A^* = 1,2 \times 2,99 \text{ kg sacarose} \cdot \text{kg}^{-1} \text{ água} = 3,59 \text{ kg sacarose} \cdot \text{kg}^{-1} \text{ água}$$

Resposta: A concentração de sacarose é $\overline{X}_A = 3,59$ kg sacarose $\cdot$ kg^{-1} água.

21.3 CRESCIMENTO DE CRISTAIS E NUCLEAÇÃO

Em um processo industrial, para que os cristais se formem é indispensável que haja uma supersaturação acentuada. Por outro lado, à medida que os cristais se formam e aumentam de tamanho, a supersaturação do licor-mãe diminui em razão da transferência do soluto para a fase sólida. Para manter a supersaturação é preciso que a água evaporada seja substituída por xarope ou mel (resíduo após ser efetuada a cristalização da sacarose) misturado com xarope.

Para entender a dinâmica do processo de nucleação e crescimento de cristais é importante avaliar a curva de saturação e as regiões adjacentes à mesma. Na Figura 21.4, são mostrados dados de solubilidade gerados a partir da Equação 21.4 e de supersaturação da sacarose em função da temperatura, tendo como parâmetro a supersaturação relativa. Na Figura 21.5, são mostrados dados de solubilidade e de supersaturação do ácido cítrico em função da temperatura. A curva correspondente a $S = 1$ na Figura 21.5 foi obtida pela Equação 21.6, que representa o ajuste dos dados de solubilidade do ácido cítrico em água de Nývlt (1971), na faixa de temperatura de 0 °C a 100 °C.

$$\overline{X}_A^* = 0,91176 + 3,486 \times 10^{-2}T - 2,879 \times 10^{-4}T^2 + 3,723 \times 10^{-6}T^3 \qquad (21.6)$$

em que $\overline{X}_A^*$ é a solubilidade ou a razão mássica de saturação do ácido cítrico anidro [kg $\cdot$ kg^{-1} água] e T é a temperatura [°C].

Na fase supersaturada, distinguem-se três regiões (Figura 21.4):

1) *Região metaestável*, a mais próxima da saturação: os cristais existentes aumentam em tamanho, porém não há formação de novos cristais. Para o caso da solução de sacarose quimicamente pura, essa região corresponde a $1,00 \leq S \leq 1,20$.
2) *Região intermediária*: nessa região pode haver a formação de novos cristais (novos núcleos, porém, somente na presença de cristais já existentes). A região correspondente está no intervalo $1,20 \leq S \leq 1,30$.
3) *Região lábil*: nessa região os cristais existentes aumentam de tamanho, havendo ao mesmo tempo formação de novos cristais. Nessa região existe ocorrência de nucleação espontânea. Corresponde a $S \geq 1,30$.

Para as purezas de 60 %, 70 % e 80 % os limites de supersaturação relativa entre as regiões metaestável e lábil são 1,55, 1,30 e 1,25, respectivamente (Hugot, 1986).

Durante o cozimento, é conveniente manter o licor-mãe o mais perto possível do limite superior da zona metaestável. Para a pureza de 60 %, observa-se a cristalização de 25,5 % a mais de açúcar no período de 1 h se a supersaturação relativa for de 1,55 em relação a $S = 1,45$.

Cristais são gerados após núcleos serem formados e então crescem. O processo cinético de nucleação e crescimento dos cristais requer um meio supersaturado. Para o desenvolvimento dos cristais no meio deve existir um número de corpos sólidos minúsculos: embriões, núcleos ou sementes e em torno de cada um deles ocorre o desenvolvimento dos cristais. A nucleação, que consiste na geração de novas partículas, pode ocorrer espontaneamente ou ser induzida artificialmente por agitação, choque mecânico ou atrito.

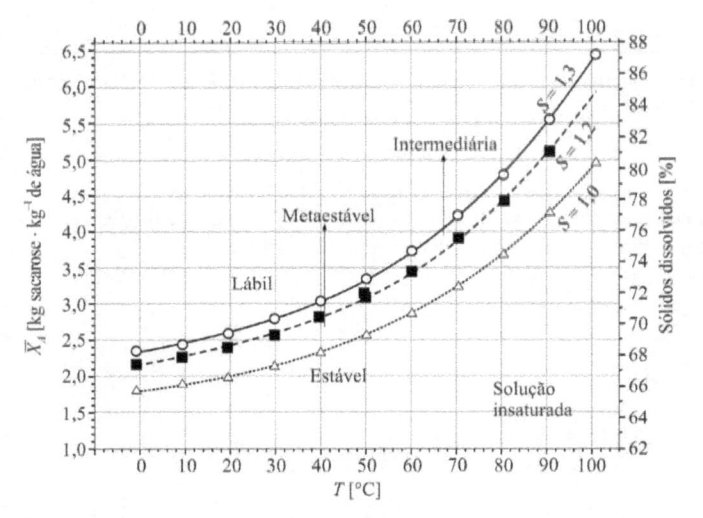

Figura 21.4 Curvas de saturação e de supersaturação para sacarose pura e informações de processo.

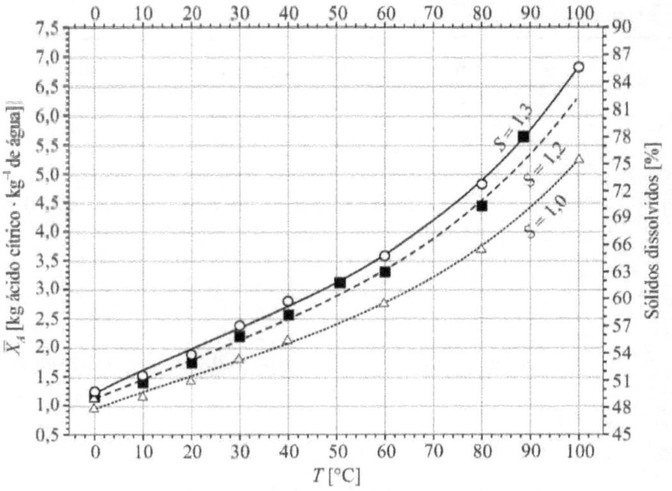

Figura 21.5 Curvas de saturação e de supersaturação para ácido cítrico puro.

A nucleação pode ser dividida em dois diferentes tipos: *nucleação primária*, que ocorre sem presença prévia de material cristalino, e *nucleação secundária*, a qual é induzida pela presença de cristais na solução. Os mecanismos envolvidos em cada um dos tipos de nucleação serão discutidos a seguir.

21.3.1 Nucleação primária

Nucleação primária é a forma clássica de nucleação. Ocorre principalmente em sistemas com níveis altos de supersaturação e, consequentemente, é a que prevalece na precipitação e em soluções muito puras. Esse modo de nucleação é dividido em: *homogênea*, a qual ocorre de forma espontânea a partir de uma solução límpida, e *heterogênea*, que ocorre na presença de partículas em suspensão (pó, coloides) ou em superfícies sólidas como as paredes do cristalizador.

a) *Nucleação homogênea*

O processo de nucleação homogênea é determinado pela formação de núcleos estáveis em uma solução com certa supersaturação. De acordo com a teoria clássica da nucleação, minúsculos grupos de partículas denominados *clusters* são formados na solução da seguinte forma (Mullin, 2001):

$$A \quad + A \rightleftharpoons A_2$$
$$A_2 \quad + A \rightleftharpoons A_3$$
$$A_{n-1} + A \rightleftharpoons A_n$$

em que A são as unidades elementares de formação dos cristais. Quando os *clusters* atingem um tamanho crítico L, as forças atrativas prevalecem sobre a ação de partículas próximas presentes na solução e o núcleo permanece estável, continuando a crescer e transformando-se em um cristal. De acordo com Nývlt, Hostomský e Giulietti (2001), uma relação muito utilizada para correlações de dados de nucleação é a chamada *lei da potência*, expressa pela Equação 21.7:

$$\dot{N}_N = K_N (\Delta \overline{X}_A)^n \tag{21.7}$$

em que $\dot{N}_N$ é a taxa de nucleação, que representa o número de núcleos gerados em um intervalo de tempo unitário, em uma quantidade de solução que contém uma quantidade unitária de solvente [número de núcleos $\cdot$ s^{-1} $\cdot$ kg^{-1} solvente]; K_N é constante da taxa de nucleação, (para $n = 1$) [número de núcleos $\cdot$ s^{-1} $\cdot$ kg^{-1} soluto]; $\Delta \overline{X}_A$ é a supersaturação [kg soluto $\cdot$ kg^{-1} solvente], definida pela Equação 21.2 e n é o expoente cinético da nucleação ou ordem de nucleação. A constante K_N depende das condições hidrodinâmicas do sistema, como: intensidade de vibração ou rotação do sistema de mistura, tamanho e material de fabricação do agitador, número de Reynolds, concentração de impurezas, temperatura e outros parâmetros. Quando a operação é conduzida na região metaestável não ocorre nucleação homogênea, assim deve-se ter cuidado ao utilizar a Equação 21.7.

De acordo com essa relação, a linearização de dados de nucleação pode ser feita construindo-se um gráfico de $\log \dot{N}_N$ em função de $\log \Delta \overline{X}_A$. A inclinação da reta resultante é igual à ordem da nucleação, n.

b) *Nucleação heterogênea*

A nucleação heterogênea é induzida por núcleos estranhos ou superfícies em contato com a solução; sua contribuição é significativa em baixos níveis de supersaturação.

21.3.2 Nucleação secundária

O atrito e a quebra de cristais causados por colisões com o agitador e com as paredes do cristalizador podem ser considerados fontes de formação de novos cristais. Diversos mecanismos de nucleação secundária são conhecidos e, provavelmente, atuam simultaneamente. Esses mecanismos podem ser subdivididos em três classes: *nucleação secundária aparente*, *nucleação por contato* e *nucleação na camada intermediária*.

Apesar de não existir uma delimitação clara entre as classes, as concepções dos modelos que as descrevem são muito diferentes, necessitando, por isso, serem tratadas separadamente.

a) *Nucleação secundária aparente*

Nesse tipo de nucleação, os núcleos ou sementes são introduzidos na solução, isto é, a nucleação inicial ocorre após a submersão de um pequeno cristal na solução supersaturada. Na superfície desse cristal há microcristais aderidos por forças eletrostáticas ou capilares, geradas pelo atrito dos cristais ou pela secagem de licor-mãe. Após a submersão do cristal na solução, os microcristais começam a se soltar da superfície aderida, servindo de núcleos de crescimento. Esse tipo de nucleação secundária pode ocorrer na cristalização em batelada semeada. Quando se estuda a cinética de crescimento de cristais, pode-se evitar esse tipo de nucleação fazendo um pré-tratamento das sementes antes de adicioná-las no vaso de cristalização, como mencionado em Malagoni et al. (2008).

A desintegração de policristais também pode contribuir para a formação de novos núcleos cristalinos. Em particular, cristais que cresceram irregularmente em altas supersaturações podem formar agregados policristalinos e estes, por sua vez, podem se partir em pequenos pedaços por causa da agitação, também gerando novos núcleos de crescimento.

b) *Nucleação por contato*

Na nucleação por contato, os núcleos são gerados na fase sólida por macroatrito ou por microabrasão. O macroatrito pode ocorrer em suspensões submetidas a forte turbulência, levando à formação de partículas cristalinas de tamanhos comparáveis às já presentes no meio. A microabrasão produz cristais finos, comparáveis em tamanho aos núcleos críticos, ocorrendo na superfície ou nos vértices dos cristais-mãe, que crescem gradativamente.

Em supersaturações elevadas, podem-se formar estruturas do tipo estalagmites na superfície do cristal; em razão de forças hidrodinâmicas e dissolução da parte basal da formação (na qual a supersaturação é menor) pode ocorrer separação de partículas.

Há de se considerar também o mecanismo de cisalhamento do fluido, pois a solução escoando sobre o cristal pode criar uma tensão de cisalhamento capaz de retirar agrupamentos de partículas ou mesmo microcristais.

A nucleação por contato baseia-se no fato de que a superfície do cristal não é completamente lisa e contém inúmeras imperfeições de diversos tamanhos, que vão do núcleo crítico aos visíveis a olho nu. O impacto de um outro corpo

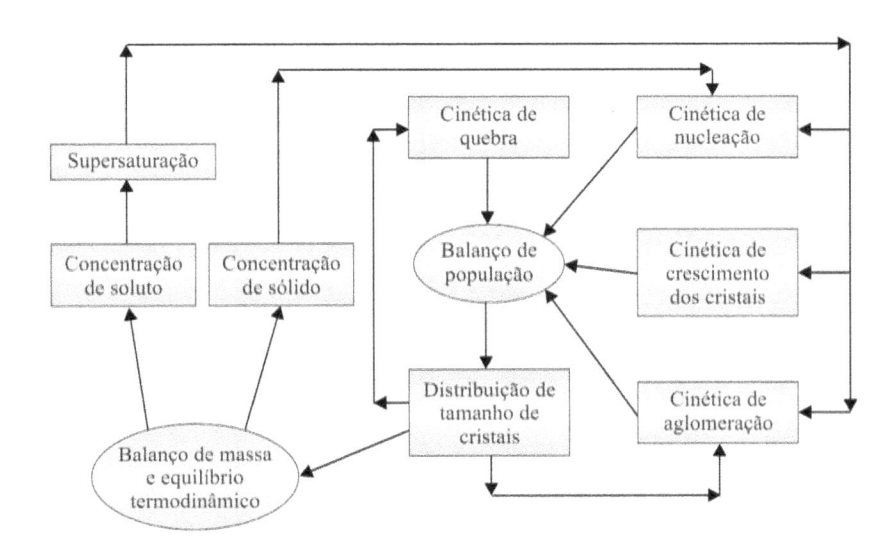

Figura 21.6 Relação entre as cinéticas de aglomeração, nucleação, crescimento, quebra e o balanço de população (adaptado de David et al., 1991).

sólido nessa superfície atua em uma área superficial muito menor do que no caso de uma face lisa; o esforço pode gerar quebras e os microcristais se tornam núcleos cristalinos.

c) *Nucleação na camada intermediária*

Nesse tipo de nucleação, novos núcleos são gerados na camada líquida aderida à superfície do cristal. Os mecanismos de nucleação na interface cristal-solução denominam-se nucleação vegetativa. Os contatos que levam à separação de partículas ocorrem em cristalizadores industriais de maneira desordenada, de três maneiras diferentes: contato entre cristal-agitador, contato entre cristal-paredes do cristalizador e contato cristal-cristal.

Nesse caso, existe uma dependência significativa da supersaturação por causa do pequeno tamanho das partículas desprendidas, já que permanecem no meio de cristalização somente aquelas partículas que são maiores que as correspondentes ao núcleo crítico para determinado grau de supersaturação.

A Figura 21.6 apresenta o resultado de todas as influências na população de partículas. O balanço de população de cristais se relaciona com as cinéticas de quebra, aglomeração, nucleação e crescimento dos cristais. O balanço fornece dados de distribuição de tamanho dos cristais.

O efeito da supersaturação na nucleação secundária pode ser explicado de diversas maneiras:

(i) as microrrugosidades das sementes aumentam com a supersaturação, aumentando a probabilidade de os *clusters* se soltarem em uma colisão;

(ii) o número de núcleos que permanecem em altas supersaturações aumenta, pois o tamanho crítico do núcleo é inversamente proporcional à supersaturação;

(iii) a camada adjacente à superfície dos cristais torna-se mais espessa em supersaturações mais elevadas e contém um maior número de *clusters* que são, em média, maiores, de forma que a probabilidade de um *cluster* poder permanecer também aumenta.

O conhecimento dos mecanismos da nucleação secundária não é suficiente para permitir uma descrição quantitativa do processo e as equações, mesmo aquelas elaboradas com base em concepções de modelos teóricos, incluem parâmetros empíricos ajustáveis. Dessa maneira, os dados experimentais são usualmente tratados por uma equação empírica, do tipo lei da potência, de acordo com a Equação 21.7.

A taxa de nucleação secundária é significativamente afetada pela intensidade de agitação, expressa, por exemplo, pela frequência rotacional do agitador (Morais, 2007) ou pela intensidade de vibração imposta à suspensão (Pereira, 1997; Bessa, 2001; Malagoni et al., 2008). Quando se aumenta a intensidade de agitação ou vibração, as interações mútuas entre os cristais tornam-se mais frequentes. O mesmo ocorre nos contatos cristal-agitador e cristal-paredes do vaso de cristalização.

21.3.3 Semeadura

Como já discutido anteriormente, a formação dos núcleos que se transformarão em cristais pode ser induzida por choque, por exemplo, com adição localizada de solução fria, ou então pela operação durante certo tempo na região lábil. Outra técnica muito utilizada é a semeadura, que consiste na adição de sementes (núcleos) à solução supersaturada e possibilita melhor controle e distribuição de tamanho de cristais mais uniforme. O uso dessa técnica pode ser exemplificado pelo procedimento comumente adotado na cristalização da sacarose.

Após extração do caldo dos colmos da cana-de-açúcar, com um refratômetro a quantidade de sólidos solúveis do caldo (na escala °Brix) é medida. Utilizando-se um sacarímetro quantifica-se a concentração de sacarose nesse caldo, o que na indústria açucareira denomina-se Pol (teor de sacarose aparente na cana contida em 100 g de solução aquosa). A pureza do caldo é, então, determinada pela relação:

$$\text{Pureza} = \frac{\text{Pol}}{X\,°\text{Brix}} \tag{21.8}$$

Quanto maior a pureza do caldo, melhor a qualidade da solução de sacarose. No caso de indústrias açucareiras, o açúcar bruto de padrão comercial consiste em cristais razoavelmente uniformes com tamanho de 0,8 mm a 1,0 mm e 98,8 % a 99,3 % de pureza.

No caso de sacarose, a supersaturação relativa no ponto de semeadura não deve exceder 1,15, de modo a evitar a ocorrência de nucleação espontânea. Isso corresponde a cerca de 80 °Brix. Nessa condição, são adicionadas as sementes que irão crescer para se transformarem nos cristais de padrão comercial.

As sementes usadas na fabricação de cristais de sacarose são preparadas pela moagem de açúcar de boa qualidade em álcool isopropílico ou álcool etílico anidro, num moinho de bolas até um tamanho uniforme de cerca de 4,5 μm, que são partículas tão pequenas que tendem a aglomerar-se. Para evitar a aglomeração após a sedimentação das partículas, costuma-se adicionar 1 g/100 g de fosfato de cálcio. Por esse e outros motivos, é comum adicionar-se à solução supersaturada, cerca de duas a três vezes a quantidade calculada de sementes.

A semeadura contínua pode contribuir significativamente para a viabilização de importantes processos industriais (cristalização contínua do açúcar). É necessário estudar a dependência do número de cristais do produto com o número de cristais de sementes. Embora esse problema seja trivial do ponto de vista da teoria, podem ser encontrados desvios significativos em cristalizadores industriais, por causa da nucleação secundária, dissolução ou recristalização em condições não homogêneas de temperatura no cristalizador (Nývlt et al., 2001). Uma relação simples é indicada pela Equação 21.9:

$$\frac{m_{cf}}{m_{c0}} = \left(\frac{L_{cf}}{L_{c0}}\right)^3 \tag{21.9}$$

em que m_{cf} é a massa final dos cristais; m_{c0} a massa das sementes; L_{cf} o tamanho final dos cristais e L_{c0} o tamanho das sementes. Porém, essa relação é válida apenas para cristais monodispersos e pode ser aplicada somente como uma primeira aproximação para cálculos em cristalização.

21.3.4 Estruturas e sistemas cristalinos

Cristais são sólidos em que átomos, moléculas ou íons são arranjados tridimensionalmente em células unitárias que se repetem periodicamente. Enquanto todos os cristais são sólidos, nem todos os sólidos são cristais. As células unitárias são caracterizadas por três dimensões espaciais (a, b, c) e três ângulos (α, β, γ). Os cristais de diferentes substâncias pertencem a um dos sete sistemas cristalinos mostrados na Tabela 21.4, que inclui as respectivas dimensões relativas e ângulos. A Figura 21.7 mostra os seguintes sistemas: (a) cúbico, em que os comprimentos são iguais entre si ($a = b = c$) e os ângulos são iguais a 90°; (b) monoclínico, correspondente à sacarose; e (c) ortorrômbico, correspondente ao ácido cítrico.

Quando um cristal cresce sem o impedimento de outros cristais ou de outros sólidos, a sua forma poliédrica pode manter-se fixa. É o que se chama um cristal invariante. Nesses cristais, pode-se usar uma única dimensão para caracterizar

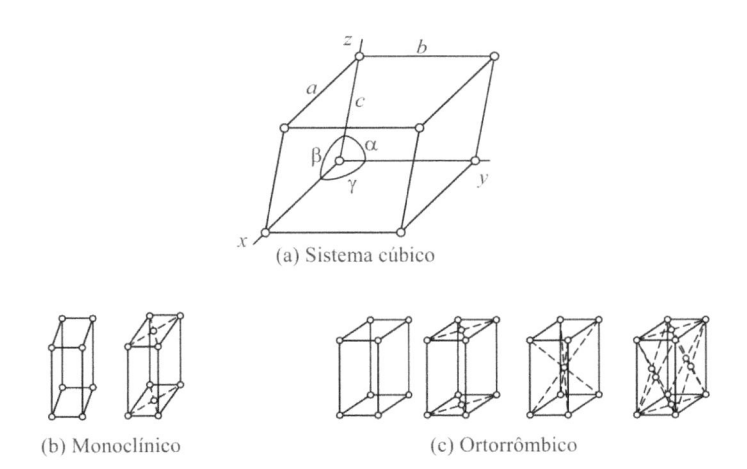

(a) Sistema cúbico

(b) Monoclínico   (c) Ortorrômbico

Figura 21.7 Sistemas cristalinos.

Tabela 21.4 Sistemas cristalinos

SISTEMA CRISTALINO	DIMENSÃO RELATIVA	ÂNGULOS DOS EIXOS
Triclínico	$a \neq b \neq c$	$\alpha \neq \beta \neq \gamma$
Monoclínico	$a \neq b \neq c$	$\alpha = \gamma = 90° \neq \beta$
Ortorrômbico	$a \neq b \neq c$	$\alpha = \beta = \gamma = 90°$
Tetragonal	$a = b \neq c$	$\alpha = \beta = \gamma = 90°$
Hexagonal	$a = b \neq c$	$\alpha = \beta = 90°; \gamma = 120°$
Romboédrico	$a = b = c$	$\alpha = \beta = \gamma \neq 90°$
Cúbico	$a = b = c$	$\alpha = \beta = \gamma = 90°$

o volume, a área superficial total, ou outros parâmetros, como a área superficial por unidade de volume. Mais frequentemente, porém, mesmo num ambiente sem obstáculos, a existência de potenciais não homogêneos provoca o crescimento mais rápido do cristal numa dimensão do que em outra, o que causa elongações e distorções.

Nos processos industriais de cristalização, o crescimento de cristais sem o impedimento de outros sólidos é uma rara exceção. Os cristais se aglomeram e as impurezas são ocluídas nas superfícies de crescimento. A nucleação ocorre não só na solução, mas também sobre as superfícies cristalinas e os cristais são fragmentados pelos rotores das bombas e pela agitação. O resultado é que todos esses fatores concorrem para a formação do *hábito* do cristal. Esse hábito tem grande importância para os operadores da cristalização, pois afeta a pureza do produto, a sua aparência, a tendência a formar torrões ou a pulverizar-se e influencia a aceitação dos consumidores.

O hábito dos cristais é fortemente afetado pelo grau de supersaturação, pela intensidade da agitação, pela densidade de população e pelas dimensões dos cristais nas vizinhanças durante o processo e pela pureza da solução. Então, a seleção e o projeto detalhado do cristalizador são importantes não apenas pela economia e operabilidade, mas também pela sua influência sobre o hábito cristalino, sobre a distribuição de dimensões dos cristais e sobre a aceitação comercial do produto.

21.3.5 Calor de cristalização

As substâncias químicas cujas solubilidades aumentam com o aumento da temperatura absorvem calor quando se dissolvem, sendo o calor absorvido denominado *calor ou entalpia de solução*. O calor de solução à diluição infinita (soluto em excesso do solvente) é igual, com o sinal oposto, ao *calor ou entalpia de cristalização* (desprezando-se o calor de diluição, o qual é pequeno quando comparado ao calor de solução). Como exemplo, a Tabela 21.5 apresenta calores de solução de algumas substâncias.

A sacarose absorve calor ao se dissolver em água, o que significa que em um processo adiabático (sem troca de calor com o ambiente) a temperatura da solução irá diminuir. Por outro lado, durante a cristalização da sacarose haverá liberação de calor e a camada de solução supersaturada que envolve os cristais em crescimento irá se aquecer. Ao mesmo tempo, a supersaturação irá diminuindo, pois a sacarose em solução será progressivamente incluída no cristal. Como resultado, a força motriz responsável pela transferência de massa será reduzida. Considerando que, para que a cristalização ocorra, a solução em contato com a superfície dos cristais deve estar saturada, é necessário que a camada de solução que os envolve seja constantemente renovada para manter a taxa de crescimento dos cristais em valores adequados. Por esse motivo é importante promover a movimentação dos cristais durante o processo de cristalização e os cristalizadores possuem dispositivos para possibilitar o escoamento das fases sólido e líquido e favorecer a ocorrência da transferência de massa.

21.4 TAXA DE CRESCIMENTO DE CRISTAIS

O crescimento de cristais é um processo de transporte e de integração de substâncias no qual ocorre a modificação das superfícies dos sólidos. A Figura 21.8 ilustra esse processo.

No processo apresentado na Figura 21.8, moléculas ou íons do soluto alcançam as faces de crescimento de um cristal por difusão através da fase líquida. Na superfície do cristal, as moléculas da espécie química se organizam na rede cristalina sobre camadas de integração. É importante ressaltar que as etapas de difusão e integração ocorrerão somente em condições de supersaturação. Na figura, na interface cristal-solução a concentração do soluto é $\overline{X}_{A\text{int}}$.

O processo de cristalização é, em geral, exotérmico, isto é, ocorre liberação de calor (calor de cristalização) à medida que o soluto presente na solução é adsorvido na superfície de cristalização.

Tabela 21.5 Valores de calor de solução ($\Delta_{sol}\hat{H}$) a diluição infinita de alguns compostos na temperatura ambiente

COMPOSTO	$\Delta_{sol}\hat{H}$ [kJ · mol^{-1}]
Ácido cítrico ($C_6H_8O_7$)	−22,6
Lactose ($C_{12}H_{22}O_{11} \cdot H_2O$)	−15,5
Sacarose ($C_{12}H_{22}O_{11}$)	−5,5
Sulfato de magnésio ($MgSO_4$)	+88,3
Citrato de sódio ($Na_3C_6H_5O_7$)	+22,1
Ureia (CH_4N_2O)	−15,1

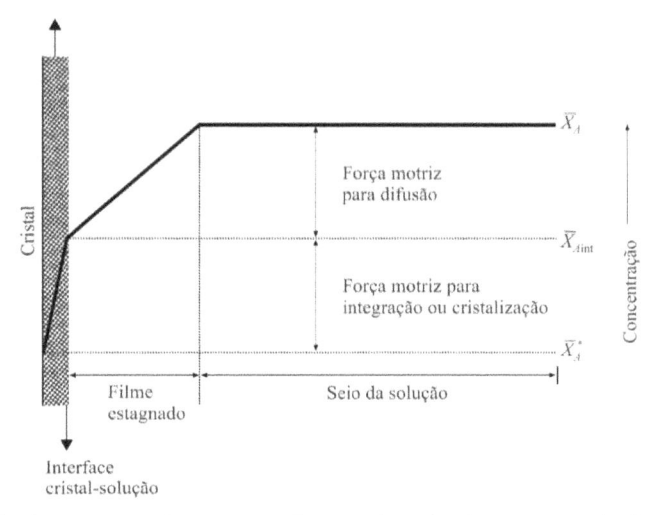

Figura 21.8 Perfis de concentração para crescimento dos cristais em uma solução supersaturada.

A taxa de crescimento de um cristal varia de uma substância química para outra, ou seja, depende da geometria das faces cristalográficas de determinado cristal. Variações na forma dos cristais ocorrem quando as faces individuais crescem a taxas diferentes, modificando o hábito do cristal.

O crescimento dos cristais a partir de uma solução envolve dois processos:

1) transporte de massa da solução para a superfície do cristal por difusão, convecção, ou pela combinação de ambos os mecanismos;
2) incorporação do soluto na rede cristalina por meio da integração na superfície.

O conhecimento da taxa de crescimento dos cristais é importante para o projeto de cristalizadores industriais, uma vez que a velocidade de crescimento afeta diretamente o tempo de processo necessário para que se obtenha determinado tamanho médio das partículas cristalinas. Os métodos existentes para determinação da taxa de crescimento dos cristais se dividem em diretos e indiretos e serão discutidos a seguir.

21.4.1 Medidas diretas da velocidade de crescimento de cristais

A esse grupo pertencem os métodos experimentais baseados na observação e nas medidas diretas realizadas em microscópio ótico. Geralmente, utiliza-se um único cristal. Os métodos mais utilizados são os seguintes:

a) medida do tamanho do cristal, sob microscópio, no início e no final do experimento;
b) medida direta com o uso de micrômetro.

21.4.2 Medidas indiretas da velocidade de crescimento de cristais

Esses métodos utilizam outras medidas experimentais como a distribuição de tamanho dos cristais obtidos:

a) em cristalizadores agitados em batelada, seguindo o aumento da massa dos cristais na suspensão;
b) em cristalizadores contínuos do tipo MSMPR (*mixed suspension, mixed product removal*);
c) medida da taxa de dessupersaturação em um sistema isotérmico isolado.

Os métodos de medida do aumento da massa dos cristais em soluções agitadas ou em escoamento são particularmente importantes pelo fato de sua característica geométrica aproximar-se daquela dos cristalizadores industriais. Entretanto, a taxa linear de crescimento dos cristais é obtida indiretamente, a partir da taxa de crescimento mássica ou volumétrica. Tendo em vista que cada face dos cristais contribui de modo diferente para o aumento da massa e que os cristais podem crescer com diferentes velocidades essa medida representa, de certa maneira, um valor médio da velocidade linear de crescimento.

A velocidade de crescimento depende da fluidodinâmica do cristalizador, da temperatura de operação, presença de sólidos suspensos (soluto não dissolvido) ou impurezas dissolvidas na solução, da velocidade relativa entre os cristais e a solução e da viscosidade da solução. Os modelos que representam a taxa de crescimento devem ser consistentes com o balanço de população e devem ser funções contínuas do tamanho do cristal.

Tais modelos utilizam uma dimensão ou comprimento característico linear L_c, que melhor caracterize o estado de subdivisão do cristal. O método mais utilizado para determinar esse comprimento característico relaciona a maior e a menor dimensão linear do cristal, L_1 e L_3, respectivamente, como apresentado na Equação 21.10 (Randolph e Larson, 1988).

$$L_c = (L_1 L_3)^{1/2} \tag{21.10}$$

Uma segunda maneira de calcular L_c seria utilizando as três dimensões lineares do cristal, L_1, L_2 e L_3, sendo L_2 a dimensão intermediária, de acordo com:

$$L_c = (L_1 L_2 L_3)^{1/3} \tag{21.11}$$

A velocidade de crescimento dos cristais é expressa por meio da taxa de variação do comprimento característico, de acordo com

$$G_c = \frac{dL_c}{dt} \tag{21.12}$$

em que G_c é a velocidade linear de crescimento dos cristais [m · s^{-1}].

A massa e a área superficial de uma partícula cristalina podem ser relacionadas com a dimensão característica por meio da definição do fator de forma volumétrico, λ_V, e do fator de forma superficial, λ_A, dados, respectivamente, por:

$$\lambda_V = \frac{m_P}{\rho_P L_c^3} \tag{21.13}$$

$$\lambda_A = \frac{A_{SP}}{L_c^2} \tag{21.14}$$

em que m_P é a massa de uma partícula cristalina [kg]; A_{SP} é a área superficial da partícula [m^2] e ρ_P é a densidade da partícula cristalina [kg · m^{-3}].

O fluxo de massa na transferência e deposição do soluto sobre a superfície cristalina pode ser escrito como

$$\hat{N}_A = \frac{1}{M_{MA} A_{SP}} \frac{dm_P}{dt} = K_{\bar{x}} (\bar{x}_A - \bar{x}_A^*) = K_{\bar{x}} \Delta \bar{x}_A \tag{21.15}$$

em que $\hat{N}_A$ é o fluxo molar de transferência de massa do soluto A [mol · m^{-2} · s^{-1}]; M_{MA} é a massa molar do soluto [kg · mol^{-1}]; $\bar{x}_A$ e $\bar{x}_A^*$ são as razões molares do soluto no seio da solução (na condição de supersaturação) e na superfície do cristal (solução saturada), respectivamente [mol · mol^{-1} solvente] e $K_{\bar{x}}$ é o coeficiente global de transferência de massa, incluindo a transferência de soluto do seio da solução até a interface com a superfície do cristal e a deposição do material na fase cristalina [mol · m^{-2} · s^{-1} · (mol · mol^{-1} solvente)$^{-1}$]. A diferença $\Delta \bar{x}_A$ equivale à definição de supersaturação dada pela Equação 21.2 em termos de razões molares.

Substituindo as Equações 21.13 e 21.14 em 21.15, chega-se a

$$\frac{3\lambda_V \rho_P}{M_{MA} \lambda_A} \frac{dL_c}{dt} = K_{\bar{x}} \Delta \bar{x}_A \tag{21.16}$$

e substituindo a Equação 21.12, obtém-se uma expressão para a velocidade de crescimento dos cristais, dada por

$$G_c = \frac{M_{MA} \lambda_A}{3\lambda_V \rho_P} K_{\bar{x}} \Delta \bar{x}_A \tag{21.17}$$

A Equação 21.17 se aplica a um processo de primeira ordem, observado para a maioria das substâncias inorgânicas. Em alguns casos, o crescimento dos cristais obedece a uma cinética de ordem superior, de maneira que o termo $\Delta \bar{x}_A$ é elevado a uma potência g, em que $g > 1$. Nesse caso

$$G_c = \frac{M_{MA} \lambda_A}{3\lambda_V \rho_P} K_{\bar{x}} (\Delta \bar{x}_A)^g \tag{21.18}$$

A ordem da cinética de crescimento g e o coeficiente global de transferência de massa podem ser quantificados a partir de uma série de medidas realizadas para diferentes supersaturações, usando a forma linearizada da Equação 21.18:

$$\log G_c = \log \left(\frac{M_{MA} \lambda_A K_{\bar{x}}}{3\lambda_V \rho_P} \right) + g \log(\Delta \bar{x}_A) \tag{21.19}$$

em que g é dado pela inclinação da curva $\log G_c$ em função de $\log \Delta \bar{x}_A$ e $K_{\bar{x}}$ pode ser obtido da intercessão com a ordenada.

Uma equação alternativa que também possibilita o cálculo da velocidade de crescimento de cristais é dada por (Mullin, 2001; Nývlt et al., 2001):

$$G_c = \frac{m_{cf}^{1/3} - m_{c0}^{1/3}}{(\lambda_V \rho_P N_c)^{1/3} t_{\text{total}}} \tag{21.20}$$

em que m_{cf} e m_{c0} representam as massas final e inicial dos cristais, respectivamente; N_c é o número de cristais e t_{total} o tempo total de cristalização.

EXEMPLO 21.4

Sementes de cristais de ácido cítrico ($C_6H_8O_7$) foram selecionadas de uma fração de peneiras, tendo sido determinados a dimensão média $L_0 = 1{,}159 \times 10^{-3}$ m e os fatores de forma $\lambda_V = 0{,}61$ e $\lambda_A = 6{,}20$. A densidade do cristal é $\rho_P = 1665$ kg $\cdot$ m^{-3}. A partir de um ensaio de cristalização iniciado com tais sementes, foram obtidos os resultados apresentados na Tabela 21.6. A temperatura de operação foi 55 °C e a concentração de supersaturação corresponde a uma solução saturada na temperatura de 69 °C e resfriada até 55 °C. Sabe-se que a cinética de crescimento é de ordem $g = 1$. Quantificar o coeficiente de transferência de massa.

Tabela 21.6 Dados de cristalização do ácido cítrico

t [h]	$L_c \times 10^3$ [m]
0	1,159
0,5	1,316
1	1,494
1,5	1,577
2,0	1,720

Solução

O coeficiente de transferência de massa é quantificado usando a Equação 21.17 ou 21.18, já que $g = 1$. As concentrações de saturação e de supersaturação do ácido cítrico podem ser calculadas com uso da Equação 21.6. Uma solução saturada a 69 °C apresenta a seguinte concentração de ácido cítrico:

$$\overline{X}_A^* = 0{,}91176 + 3{,}486 \times 10^{-2}(69) - 2{,}879 \times 10^{-4}(69)^2 + 3{,}723 \times 10^{-6}(69)^3$$

$$\overline{X}_A^* = 3{,}17 \text{ kg ácido cítrico} \cdot \text{kg}^{-1} \text{ água}$$

Essa razão mássica pode ser transformada para razão molar usando a massa molar do ácido cítrico, que é igual a 192,13 kg $\cdot$ kmol^{-1}:

$$\overline{x}_A^* = 3{,}17 \text{ kg ácido cítrico} \cdot \text{kg}^{-1} \text{ água}\left(\frac{18 \text{ kg} \cdot \text{kmol}^{-1} \text{ água}}{192{,}13 \text{ kg} \cdot \text{kmol}^{-1} \text{ ácido cítrico}}\right) = 0{,}297 \text{ mol} \cdot \text{mol}^{-1} \text{ água}$$

Por outro lado, como a operação foi conduzida a 55 °C, a concentração de saturação correspondente é:

$$\overline{X}_A^* = 0{,}91176 + 3{,}486 \times 10^{-2}(55) - 2{,}879 \times 10^{-4}(55)^2 + 3{,}723 \times 10^{-6}(55)^3$$

$$\overline{X}_A^* = 2{,}58 \text{ kg ácido cítrico} \cdot \text{kg}^{-1} \text{ água}$$

$$\overline{x}_A^* = 2{,}58 \text{ kg ácido cítrico} \cdot \text{kg}^{-1} \text{ água}\left(\frac{18 \text{ kg} \cdot \text{kmol}^{-1} \text{ água}}{192{,}13 \text{ kg} \cdot \text{kmol}^{-1} \text{ ácido cítrico}}\right) = 0{,}242 \text{ mol} \cdot \text{mol}^{-1} \text{ água}$$

A velocidade linear de crescimento dos cristais pode ser obtida a partir dos dados experimentais apresentados na Tabela 21.6. Uma regressão linear de $L_c = f(t)$ fornece a seguinte equação

$$L_c = 1{,}18 \times 10^{-3} \text{ m} + (2{,}77 \times 10^{-4} \text{ m} \cdot \text{h}^{-1})t$$

cujo coeficiente de determinação, r^2, é igual a 0,994, indicando que de fato o tamanho dos cristais varia linearmente com o tempo de cristalização.

Assim, pode-se calcular G_c a partir da derivada de $L_c = f(t)$:

$$G_c = \frac{dL_c}{dt} = (2,77 \times 10^{-4} \text{ m} \cdot \text{h}^{-1})\left(\frac{1 \text{ h}}{3600 \text{ s}}\right) = 7,68 \times 10^{-8} \text{ m} \cdot \text{s}^{-1}$$

Os valores das grandezas e dos parâmetros conhecidos podem ser substituídos na Equação 21.17 para quantificação do coeficiente de transferência de massa:

$$K_{\bar{x}} = \frac{3\lambda_V \rho_P}{M_{MA}\lambda_A} \frac{G_c}{\Delta \bar{x}_A}$$

$$K_{\bar{x}} = \left(\frac{3 \times 0,61 \times 1665 \text{ kg} \cdot \text{m}^{-3}}{192,13 \text{ kg} \cdot \text{kmol}^{-1} \times 6,20}\right)\left(\frac{10^3 \text{ mol}}{1 \text{ kmol}}\right)\left(\frac{7,69 \times 10^{-8} \text{ m} \cdot \text{s}^{-1}}{(0,297 - 0,242) \text{ mol} \cdot \text{mol}^{-1} \text{ água}}\right)$$

$$K_{\bar{x}} = 3,58 \times 10^{-3} \text{ mol} \cdot \text{m}^{-2} \cdot \text{s}^{-1} \cdot (\text{mol} \cdot \text{mol}^{-1} \text{ água})^{-1}$$

Resposta: O coeficiente de transferência de massa é $K_{\bar{x}} = 3,58 \times 10^{-3} \text{ mol} \cdot \text{m}^{-2} \cdot \text{s}^{-1} \cdot (\text{mol} \cdot \text{mol}^{-1} \text{ água})^{-1}$.

21.5 CRISTALIZAÇÃO USANDO ENERGIA SOLAR

Sistemas bastante simples são utilizados na separação do cloreto de sódio da água do mar. As águas dos oceanos contêm cerca de 3 g/100 g de sais. Tanques são preenchidos com água do mar e, numa primeira fase, ocorre decantação para eliminar matéria em suspensão, além de uma etapa preliminar de evaporação da água. Em outros tanques ocorre a evaporação da água com utilização da energia solar e cristalização do cloreto de sódio impuro (misturado com outros sais), o qual deve ser beneficiado para obtenção de cloreto de sódio puro.

EXEMPLO 21.5

Sabe-se que as águas dos oceanos contêm cerca de 3 g/100 g de sais, 80 % dos quais são constituídos por cloreto de sódio, cuja solubilidade na temperatura ambiente é $\bar{X}_A^* = 0,36 \text{ kg NaCl} \cdot \text{kg}^{-1}$ água. A partir dessas informações e considerando um tanque de evaporação com utilização de energia solar que contenha inicialmente 100 t de água do mar, calcule: (i) a quantidade de água que deve ser evaporada para obter uma supersaturação relativa $S = 1,2$; (ii) a quantidade máxima de cristais de NaCl que poderia ser obtida até a solução tornar-se saturada após a cristalização do sal, considerando que 1 % da água da solução supersaturada fica aderida aos cristais; (iii) a energia proveniente da radiação solar utilizada para evaporar a água, considerando que a evaporação nos tanques ocorra na temperatura de 50 °C. Utilizar a seguinte correlação para o cálculo do calor latente de evaporação da água (kJ $\cdot$ kg^{-1}): $\Delta_{vap}H = 2492,9 - 2,0523T - 0,0030752T^2$, com T em °C e $\Delta_{vap}H$ em J $\cdot$ kg^{-1}.

Solução

(i) Para esse cálculo deve-se realizar o balanço de massa no tanque de evaporação. O balanço para a água (composto B) é:

$$m_{B0} - m_{Bevap} = m_{Bf}$$

enquanto o balanço para o NaCl (composto A) é

$$m_{B0}\bar{X}_{A0} = m_{Bf}\bar{X}_{Af}$$

em que m_{B0} e m_{Bf} são, respectivamente, as massas de água inicial e final no tanque de evaporação, m_{Bevap} é a massa de água evaporada e $\bar{X}_{A0}$ e $\bar{X}_{Af}$ são, respectivamente, as razões mássicas de NaCl no tanque antes e depois da evaporação, em kg $\cdot$ kg^{-1} água.

A massa de NaCl na água do mar é:

$$m_A = 100.000 \text{ kg} \times 0,03 \times 0,80 = 2400 \text{ kg NaCl}$$

e a massa de água inicial é

$$m_{B0} = 100.000 \times 0,97 = 97.000 \text{ kg água}$$

Então a razão mássica inicial de NaCl é:

$$\overline{X}_{A0} = \frac{2400 \text{ kg NaCl}}{97.000 \text{ kg água}} = 0,0247 \text{ kg NaCl} \cdot \text{kg}^{-1} \text{ água}$$

Utilizando a Equação 21.3 pode-se calcular a concentração de NaCl a ser atingida após a evaporação da água:

$$\overline{X}_{Af} = S\overline{X}_A^* = 1,2 \times 0,36 \text{ kg NaCl} \cdot \text{kg}^{-1} \text{ água} = 0,432 \text{ kg NaCl} \cdot \text{kg}^{-1} \text{ água}$$

Assim, a massa final de água pode ser obtida por:

$$m_{Bf} = \frac{m_{B0}\overline{X}_{A0}}{\overline{X}_{Af}} = \frac{97.000 \times 0,0247 \text{ kg NaCl} \cdot \text{kg}^{-1} \text{ água}}{0,432 \text{ kg NaCl} \cdot \text{kg}^{-1} \text{ água}} = 5555,6 \text{ kg}$$

e a massa de água a ser evaporada é:

$$m_{Bevap} = m_{B0} - m_{Bf} = 97.000 \text{ kg} - 5555,6 \text{ kg} = 91.444,4 \text{ kg}$$

(ii) Considerando que 1 % da água da solução supersaturada fica aderida aos cristais, a água que restará em solução após a evaporação é

$$(m_{Bf})_{\text{solução}} = 0,99 \times 5555,6 \text{ kg} = 5500 \text{ kg}$$

Para essa massa de água, a quantidade de sal que restará em solução na condição de saturação será

$$m_{\text{sal}} = 0,36 \text{ kg NaCl} \cdot \text{kg}^{-1} \text{ água} \times 5500 \text{ kg água} = 1980 \text{ kg NaCl}$$

Portanto, a massa de cristais formados será:

$$(m_{Af})_{\text{cristais}} = 2400 \text{ kg} - 1980 \text{ kg} = 420 \text{ kg NaCl}$$

Parte da solução saturada deve ser evaporada para atingir a supersaturação e permitir a recuperação do sal residual. A água que permanece aderida aos cristais consiste em solução salina e, portanto, arrasta uma pequena quantidade de sal dissolvido. Essa perda adicional de sal pode ser calculada por balanço de massa.

(iii) A energia solar utilizada para evaporar a água é calculada como:

$$Q = m_{Bevap}\Delta_{vap}H$$

em que o calor latente de vaporização é

$$\Delta_{vap}H = 2492,9 - 2,0523(50 \text{ °C}) - 0,0030752(50 \text{ °C})^2 = 2382,6 \text{ J} \cdot \text{kg}^{-1} \text{ água}$$

Então

$$Q = 91.444,4 \text{ kg água} \times 2382,6 \text{ J} \cdot \text{kg}^{-1} \text{ água} = 217.875.427 \text{ J} = 218 \text{ MJ}$$

Respostas: (i) A massa de água a ser evaporada é: m_{Bevap} = 91,44 ton; (ii) a quantidade máxima de cristais de NaCl é: $(m_{Af})_{\text{cristais}}$ = 420 kg NaCl; (iii) a energia proveniente da radiação solar é: Q = 218 MJ.

21.6 CRISTALIZADORES: EQUIPAMENTOS E ACESSÓRIOS

Os cristalizadores podem ser projetados para operação em batelada e contínua.

Os cristalizadores experimentais mais simples operam por batelada, como mostrado na Figura 21.9.

21.6.1 Cristalizadores experimentais com vibração

Sistemas mais sofisticados (Figura 21.10) possuem acessórios para controle da eliminação de finos gerados na cristalização por nucleação primária ou secundária e a agitação pode ser realizada com sistema vibrado (Pereira, 1997). O eixo vibratório (3) atravessa longitudinalmente o vaso de cristalização (1) e tem sua extremidade fixada no centro da membrana (2), dotando-a de um movimento oscilatório. O excêntrico (4) acoplado ao eixo do motor gera a amplitude de vibração. O motor elétrico (5) com um variador eletrônico de velocidade (6) possibilita a variação da frequência de vibração imposta ao sistema. A secção do eixo interna ao cristalizador contém discos perfurados acoplados horizontalmente a ele, os quais agem também como propagadores das perturbações. Uma mola (14) disposta abaixo do excêntrico completa o dispositivo de vibração. Uma

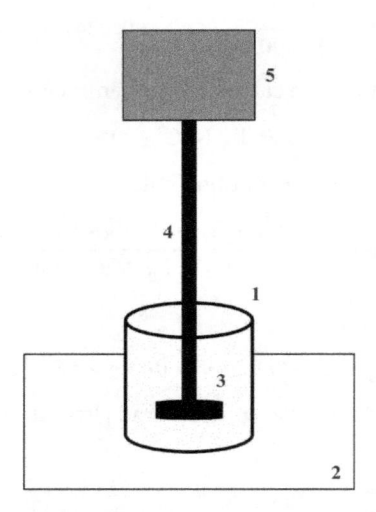

Figura 21.9 Unidade de cristalização experimental em batelada: 1) vaso de cristalização; 2) banho termostatizado; 3) agitador de paleta; 4) eixo; 5) motor e variador de velocidade.

válvula (7) é utilizada para regulagem da vazão de fluido do reservatório termostatizado (8) introduzida na camisa do cristalizador (parede dupla), visando o controle de temperatura do sistema. As válvulas (9) podem ser acopladas individualmente à bomba centrífuga (10), possibilitando a retirada de suspensão do interior do vaso e o escoamento por um bulbo de vidro trocador de calor (11), bem como seu retorno ao topo do cristalizador. Uma lâmpada de radiação infravermelha (12), possibilita a geração de calor variável por meio de um regulador de voltagem (18). O objetivo dessa instalação de reciclo é destruir, por efeito térmico, os núcleos eventualmente formados no interior do cristalizador. A válvula (13), localizada na base do vaso, possibilita a retirada de amostras e a descarga de seu conteúdo ao término da operação. A sonda (17) permite a retirada de amostras de suspensão do interior do cristalizador. A solução de processo é preparada no misturador basculante (15) e então transportada para o aparelho de cristalização. O misturador é provido de um agitador mecânico rotativo (16).

Outra possibilidade de transferir vibração ao conteúdo do cristalizador é dispondo o sistema de vibração no fundo do cristalizador o que facilita a alimentação, retirada de amostras, operação e a descarga ao final da cristalização (Figura 21.11).

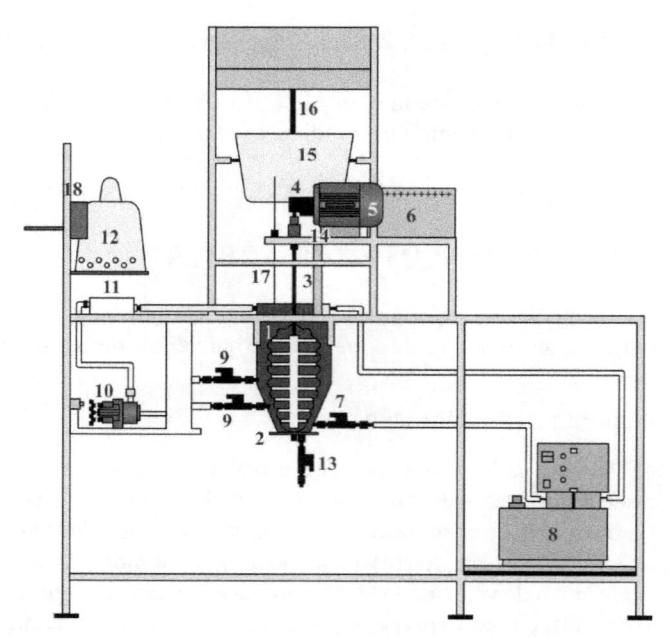

Figura 21.10 Unidade experimental de cristalizador em meio vibrado.

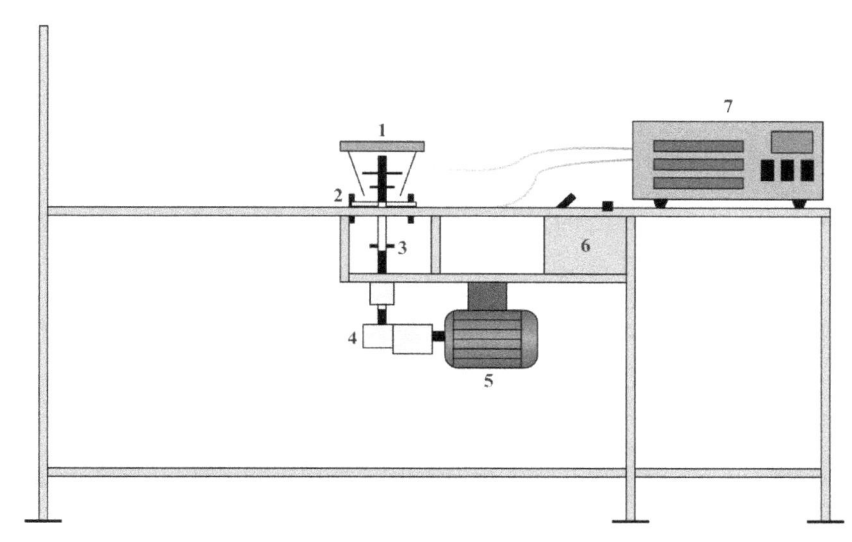

Figura 21.11 Unidade experimental do cristalizador de leito vibrado com sistema de vibração abaixo do cristalizador. 1) cristalizador troncocônico; 2) membrana de borracha sintética; 3) eixo vibratório; 4) excêntrico; 5) motor elétrico; 6) variador eletrônico de frequência angular; 7) banho termostatizado.

21.6.1.1 Acessórios de vibração

A avaliação e o uso da vibração mecânica no comportamento dinâmico de materiais granuladores é um tema de grande interesse na engenharia de processos, destacando-se as operações de aglomeração de partículas, carga e descarga de silos, classificação com peneiras vibratórias, filtração, fluidização, granulação, transporte em dutos, extração, adsorção, revestimento de partículas, secagem — onde se concentra o maior número de aplicações — e cristalização, na qual aplicam-se conceitos fenomenológicos de transferência simultânea de calor e massa (Finzer e Kieckbusch, 1992).

Há duas classes de vibração: natural e forçada. A primeira ocorre quando um sistema oscila sob a ação de suas próprias forças, ou seja, não existe atuação de forças externas e o corpo vibra em uma de suas frequências naturais, sendo essas propriedades de um sistema dinâmico estabelecido pela distribuição de massa e tenacidade. Já a vibração forçada exige uma excitação provocada por forças externas que levam o sistema a vibrar na frequência da excitação. O movimento oscilatório pode se comportar de duas formas: regularmente, como o pêndulo de um relógio ou irregularmente, como em um terremoto. Se o movimento oscilatório ocorre em intervalos de tempos iguais, ele é denominado periódico, sendo o tempo de repetição τ denominado período de oscilação, em s, e o seu recíproco, $f = 1/\tau$, chamado de frequência de oscilação, em s^{-1} ou Hz. O movimento oscilatório, isto é, o deslocamento na direção y [m], expresso pela Equação 21.21 pode ser visualizado na Figura 21.12, sendo obtido com o instrumental descrito a seguir (Sfredo, 2006).

$$y = \lambda_v sen2\pi\frac{t}{\tau} \tag{21.21}$$

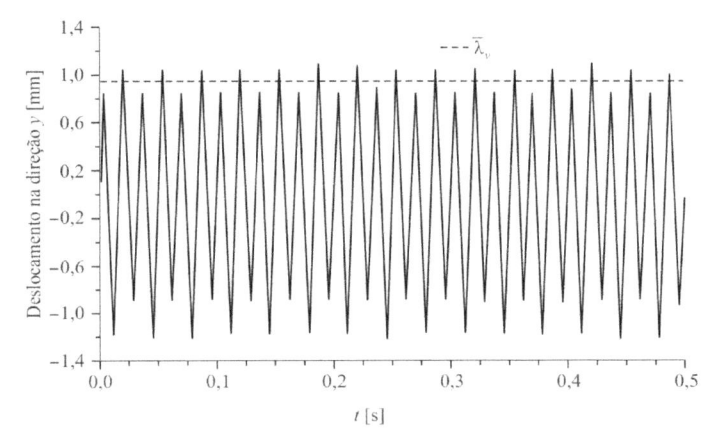

Figura 21.12 Registro de movimento oscilatório (adaptado de Sfredo, 2006).

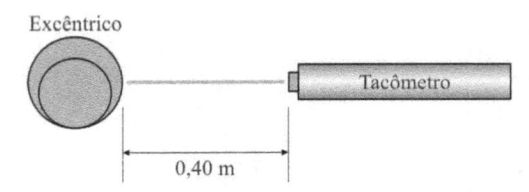

Excêntrico

Tacômetro

0,40 m

Figura 21.13 Quantificação da frequência de vibração de um excêntrico utilizando um tacômetro digital (adaptado de Malagoni, 2010).

em que λ_v a amplitude vibracional [m], medida a partir da posição de equilíbrio da massa m; t é o tempo [s] e τ é o período de vibração [s].

Na quantificação da amplitude de vibração utiliza-se um acelerômetro conectado ao suporte do corpo do vibrador. O acelerômetro deve ser conectado ao amplificador de sinal, que recebe os sinais de tensão e os envia para um osciloscópio. Os sinais enviados do amplificador para o osciloscópio podem ser medidos em mV, e cada 100 mV corresponde, por exemplo, a uma amplitude de 0,1 mm (correção estabelecida no amplificador). A frequência de vibração pode ser obtida na Figura 21.12 e corresponde ao intervalo de tempo para realização de um ciclo completo, sendo a amplitude média de vibração de 0,945 mm.

A frequência de vibração pode ser quantificada com a utilização de tacômetro digital, conforme mostrado na Figura 21.13. Uma fita refletiva é afixada no corpo do excêntrico, o tacômetro emite radiação que é refletida pela fita e a frequência é registrada no medidor.

Na vibração, o fenômeno da ressonância ocorre quando a frequência de vibração proveniente de excitação de forças externas coincide com a frequência natural do sistema (na ausência de forças externas), como por exemplo, quando um corpo é deslocado de sua posição de equilíbrio e a seguir solto (Eccles, 1990; Thomson e Dahleh, 1998). Nessa condição o sistema vibra com uma amplitude máxima, pois ocorre a absorção máxima de energia do sistema excitador.

O deslocamento é dado pela Equação 21.22. O movimento é repetido quando $t = \tau$ e como o movimento harmônico repete-se a cada 2π radianos tem-se a Equação 21.23, em que ω é a velocidade angular, em s^{-1} e f é a frequência [s^{-1}]:

$$y = \lambda_v sen\,\omega t \tag{21.22}$$

$$\omega = \frac{2\pi}{\tau} 2\pi f \tag{21.23}$$

O movimento de partículas sob vibração é promovido por dispositivos geradores da ação vibratória. Esses vibradores são classificados em: vibrador mecânico de inércia (vibração ocorre por rotação de massas desequilibradas); vibrador excêntrico (recomendado para geração de forças de excitação intensas e de baixa frequência); vibrador pneumático ou hidráulico (recomendado para promoção de alta frequência de vibração); vibrador sonoro (para material na forma de pó); e vibrador eletromagnético. Este último pode ser considerado o melhor dispositivo de geração de vibração, sendo amplamente utilizado nas máquinas que operam a alta frequência de vibração (alimentadores, dosadores e peneiras vibratórias). A Figura 21.14 ilustra o princípio de operação de um vibrador eletromagnético formado por um indutor, pelo induzido e por um sistema elástico. O indutor é alimentado pela rede elétrica e ao aumentar o fluxo magnético o induzido é atraído pelo indutor. Quando o fluxo diminui o induzido retrocede pela ação do sistema elástico.

As Figuras 21.15 e 21.16 consistem em esquemas de vibradores que utilizam o princípio de excêntrico. A Figura 21.15 mostra que o excêntrico é mantido solidário à sapata do eixo vibratório por intermédio de uma mola. Na Figura 21.16 indica-se que a mola está posicionada internamente a um cilindro de proteção.

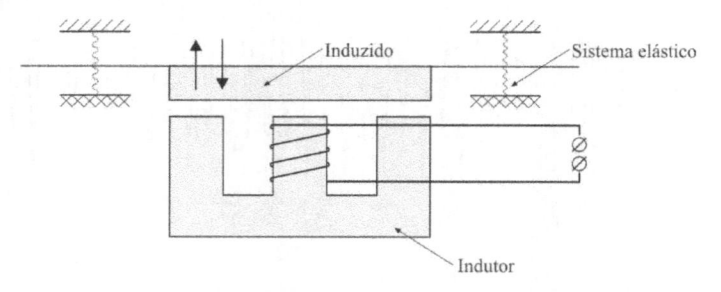

Figura 21.14 Vibrador eletromagnético (adaptado de Freitas, 1998; Sfredo, 2002).

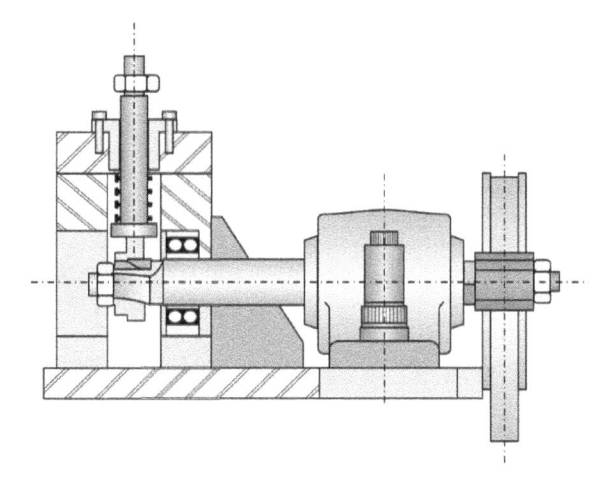

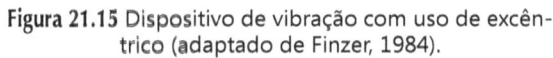

Figura 21.15 Dispositivo de vibração com uso de excêntrico (adaptado de Finzer, 1984).

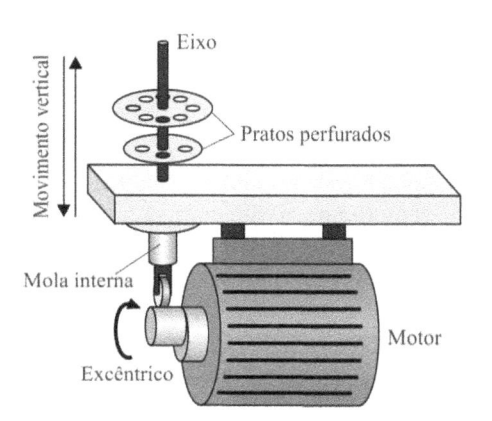

Figura 21.16 Mecanismo de produção de vibração mecânica mostrando conexão com eixo contendo discos para agitação em vaso de cristalização (adaptado de Malagoni et al., 2008).

Os leitos de partículas submetidos à influência da vibração na direção vertical apresentam uma variedade de regimes de comportamento. A Figura 21.17 apresenta três regimes de operação diferentes: leito vibrado (A), leito vibrofluidizado (B) e leito fluidizado vibrado (C), utilizando um gráfico da perda de pressão no leito em função da velocidade do ar em secadores, que consiste em uma operação onde ocorre transferência de calor e massa, como na cristalização. Contudo, na secagem as partículas perdem massa e na cristalização recebem massa à medida que os cristais se desenvolvem. Na Figura 21.17, v_{mvf} é a velocidade incipiente de vibrofluidização (Finzer, 1989).

Esses comportamentos estão relacionados com a intensidade de vibração Γ [adimensional], dada pela Equação 21.24, a qual é definida como a razão entre a máxima aceleração vibracional e a aceleração da gravidade. O leito é denominado vibrado (sem escoamento de fluido) quando $\Gamma > 1$ e para $\Gamma < 1$ geralmente ocorre uma compactação do leito. Os leitos vibrofluidizados (B) correspondem aos leitos onde o fluido escoa com velocidade inferior à velocidade mínima de fluidização (v_{mf}) e a vibração produz $\Gamma > 1$. Para situações em que a velocidade for maior do que v_{mf}, independentemente da aceleração vibracional, tem-se o leito fluidizado vibrado (Thomas et al., 1987; Finzer e Kieckbush, 1992; Thomson e Dahleh, 1998).

$$\Gamma = \frac{\lambda_v \omega^2}{g} \tag{21.24}$$

em que Γ é a intensidade de vibração [adimensional] e g é a aceleração da gravidade [9,81 m $\cdot$ s^{-2}].

As vantagens do uso da vibração sobre os meios contendo partículas são: controle mais fácil do tempo de residência das partículas pela seleção dos parâmetros vibracionais; diminuição da velocidade mínima de fluidização; redução das

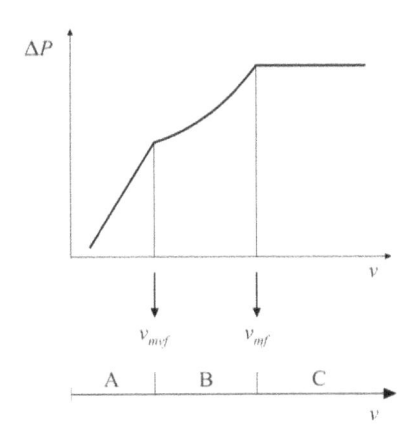

Figura 21.17 Classificação dos regimes de leitos submetidos à vibração (adaptado de Finzer, 1989).

dimensões dos equipamentos; transporte de massa mais uniforme; eliminação das zonas mortas dentro do equipamento, resultando em operações mais higiênicas e uniformes para produtos alimentícios, pela redução no risco de crescimento de microrganismos; energia vibracional transferida para as partículas na forma de impulsos propaga-se no volume do leito resultando em um movimento imediato, assim a direção e a intensidade do fluxo de massa e da circulação das partículas podem ser selecionadas e controladas pelos parâmetros de vibração (amplitude, frequência, ângulo de inclinação da força de excitação).

A vibração pode diminuir a espessura da camada limite (*boundary layers*) na interface sólido-líquido, o que é relevante para o crescimento do cristal. Ao aplicar a vibração, o gradiente de temperatura próximo da interface sólido-líquido pode ser alterado, assim como a taxa de crescimento de cristais e a direção do escoamento da solução supersaturada. A vibração pode ser usada como uma ferramenta simples e eficaz, para melhorar as condições de crescimento dos cristais e da qualidade do produto final (Fedyushkin et al., 2001).

Nos cristalizadores industriais, alguns dos quais são descritos a seguir, a tecnologia vibracional ainda é pouco utilizada.

21.6.2 Cristalizadores industriais

Os cristalizadores industriais são fabricados por diversas empresas nacionais e internacionais: Swenson Equipment, GEA Process Engineering, Dedini Indústrias de Base, Nacional Caldeirarias e Montagem, sendo alguns tipos descritos a seguir.

Os cristalizadores contínuos mais antigos (tipo Swenson-Walker) foram desenvolvidos há 80 anos (Figura 21.18). O cristalizador comum possui seção vertical em forma de U e é encamisado para realizar o resfriamento gradativo da solução supersaturada alimentada na extremidade do cristalizador. A movimentação do meio de cristalização é efetuada por agitação suave, operando o misturador a cerca de 8 rpm. A limitação do uso do cristalizador é o reduzido coeficiente global de transferência de calor, de cerca de $0,08 \text{ kW} \cdot \text{m}^{-2} \cdot \text{K}^{-1}$.

A circulação da suspensão de solução supersaturada e cristais com utilização de bomba e a utilização de trocador de calor para reduzir a temperatura do meio possibilita a renovação mais efetiva da camada de solução que envolve os cristais, ampliando a força motriz disponível para transferência de massa e, como resultado, ocorre ampliação do coeficiente global de transferência de calor (Figura 21.19). A mistura dos cristais pode ser efetuada com agitação do meio utilizando-se agitador de hélice e tubo interno para direcionar o escoamento dentro do cristalizador, como mostrado na Figura 21.20. O equipamento é utilizado na cristalização de $(NH_4)_2SO_4$, $NaCl$, KNO_3, Na_2SO_4, K_2SO_4, NH_4Cl, $Na_2CO_3H_2O$, $AgNO_3$, e $C_6H_8O_7$ (ácido cítrico).

Nos cristalizadores contínuos, horizontais ou verticais, o meio constituído por cristais dispersos em uma solução supersaturada vai sendo gradativamente resfriado. A transferência de calor pode ser realizada por água fria que escoa por canais no interior de discos que realizam a movimentação e o resfriamento da massa de cristais em solução supersaturada (Figuras 21.21 e 21.22) ou por serpentinas dispostas acima e abaixo dos discos de agitação fixados a um eixo central. A ação do dispositivo de agitação nas proximidades da parede do cristalizador evita que o material permaneça estagnado nas paredes do vaso e melhora a transferência de calor com as paredes externas. Detalhes desses equipamentos podem ser encontrados em literatura especializada (Hugot, 1986; Mullin, 2001; Rein, 2007) e em catálogos de fabricantes.

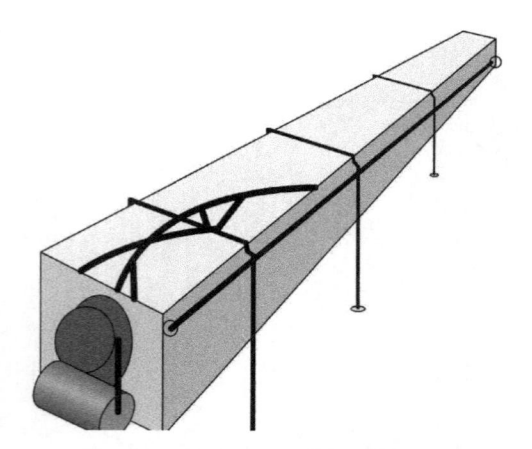

Figura 21.18 Esquema do cristalizador Swenson-Walker.

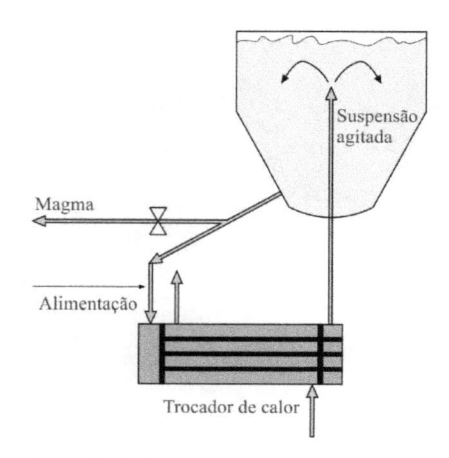

Figura 21.19 Cristalizador tanque-agitado.

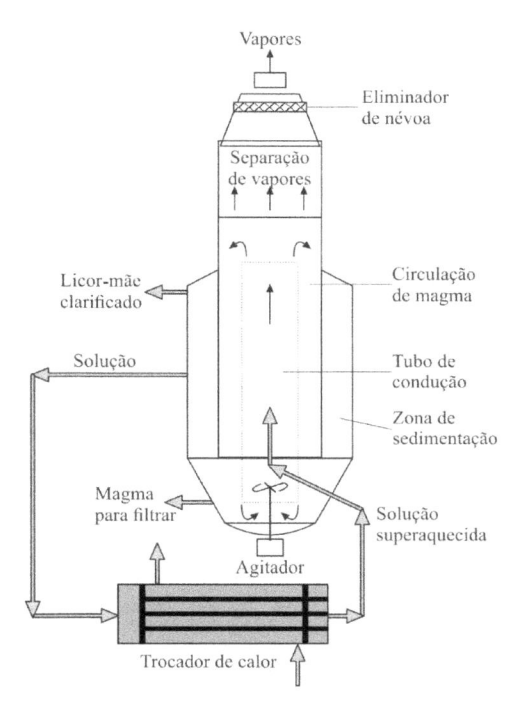

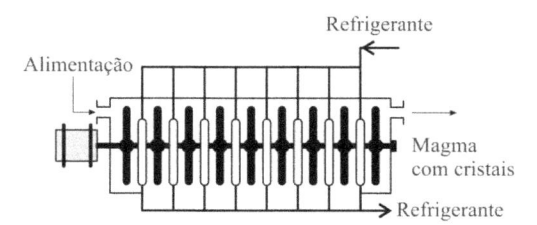

Figura 21.21 Cristalizador horizontal de discos resfriados.

Figura 21.20 Cristalizador tanque-agitado com tubo de arraste e circulação interna.

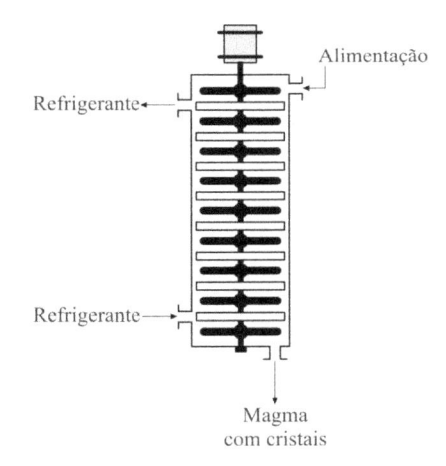

Figura 21.22 Cristalizador vertical de discos resfriados.

21.7 APLICAÇÕES NA INDÚSTRIA DE ALIMENTOS

A seguir são descritas aplicações na indústria de alimentos nas quais a purificação do produto é realizada por cristalização, como na indústria sucroalcooleira e na fabricação de ácido cítrico, além de processos em que pode ocorrer cristalização de substâncias no produto.

21.7.1 Cristalização da sacarose

O processo de fabricação de sacarose é constituído pelas seguintes operações: recepção da cana-de-açúcar, limpeza, moagem, purificação, evaporação, cozimento, cristalização e secagem (Figura 21.23).

O caldo de cana-de-açúcar contém diversos constituintes: sacarose (até 18 g/100 g), glicose, frutose, sais de ácidos orgânicos e inorgânicos, proteínas, amido, ceras, graxas e corantes. O caldo clarificado é processado nos evaporadores onde parte da água do caldo é separada por evaporação. O caldo é concentrado de 15 °Brix até cerca de 65 °Brix, obtendo-se um produto denominado xarope.

Quando o caldo é concentrado, sua viscosidade aumenta rapidamente com o aumento do teor de sólidos solúveis (°Brix) e, quando alcança de (78 a 80) °Brix, os cristais começam a aparecer e a constituição da massa se transforma, passando

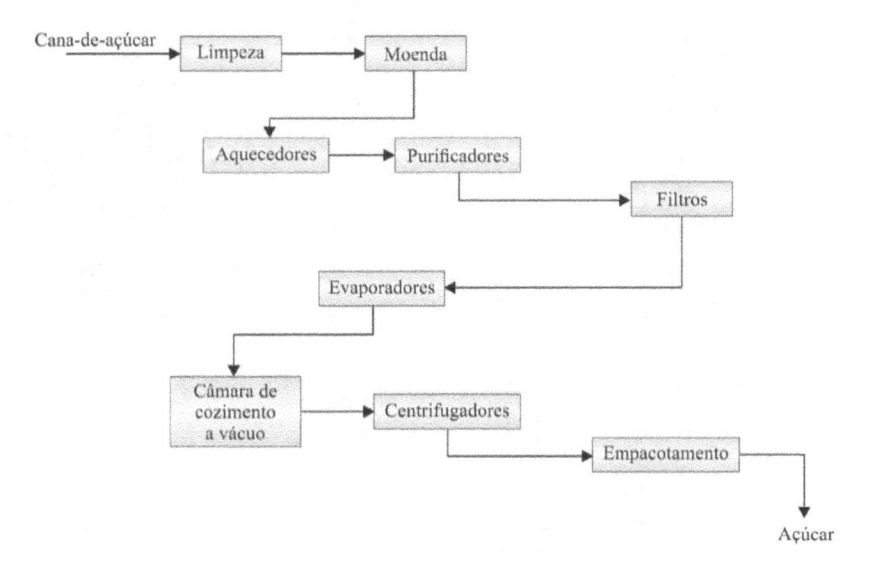

Figura 21.23 Diagrama de blocos do processo de fabricação de sacarose.

progressivamente do estado líquido a um estado pastoso e perdendo cada vez mais sua "fluidez"; consequentemente, seu estado reológico é modificado. Torna-se o que se denomina "massa cozida". Sua consistência não mais permite a ebulição em tubos de pequeno diâmetro e nem fazê-la circular facilmente de um vaso ao outro. Por isso se utiliza no processo um aparelho similar ao evaporador de simples efeito, denominado cozedor (*vacuum pan*), porém melhor adaptado ao produto viscoso que deve ser concentrado.

Na operação de cozimento ocorre a concentração do xarope, porém, os cristais não surgem espontaneamente, sendo necessária a adição de sementes cristalinas (cristais diminutos de sacarose com tamanho de 4,5 μm), a partir das quais os cristais se desenvolvem formando a mistura denominada massa cozida (*massecuite*); a concentração global de sacarose na massa cozida alcança de (92 a 95) °Brix (Hugot, 1986).

A Figura 21.24a representa um evaporador simples (na indústria sucroalcooleira utiliza-se múltiplos efeitos) e a Figura 21.24b um cozedor. Na calandra é admitido vapor para evaporar a água do caldo, no evaporador, ou do xarope, no cozedor. Os tubos das calandras dos evaporadores de múltiplos efeitos têm o diâmetro interior variando de 0,030 m a 0,053 m e espessura de 1,5 mm a 2 mm para tubos de aço e de latão, enquanto nos cozedores o diâmetro externo é de 0,124 m (5 polegadas). Além disso, a agitação facilita o escoamento da massa cozida.

A velocidade de circulação de soluções contendo cristais depende da concentração de cristais. Para exemplificar, em uma operação com circulação natural, a velocidade média durante o cozimento no processamento de sacarose é de 0,47 m · s⁻¹ durante a primeira hora de operação, diminuindo para 0,0043 m · s⁻¹ durante a sexta hora. Após duas horas do início do cozimento, a velocidade já diminui para um valor bem baixo e no final é ínfima. No caso de uma massa cozida operando com agitação (para misturas de baixa pureza), a velocidade varia desde 0,20 m · s⁻¹ no início do cozimento até a velocidade média de 0,08 m · s⁻¹ no final do processo. O último valor é muito superior ao obtido com circulação natural (Hugot, 1986).

Nos cozedores, o comprimento dos tubos e, consequentemente, a altura da calandra, variam geralmente de 0,75 m a 1,25 m. O diâmetro interior dos tubos varia de 89 mm a 127 mm. A altura da massa cozida deve ser limitada a 1,5 m acima do espelho superior da calandra, para o caso de cozedores com circulação natural. Com circulação mecânica essa altura pode chegar de 1,8 m a 2,0 m, sem inconvenientes no processo de cristalização. Para restringir o arraste é necessário prever uma altura de 85 % da altura máxima da massa cozida acima do espelho superior da calandra.

O coeficiente de evaporação de um cozedor é a massa de água evaporada da massa cozida por unidade de área de superfície de aquecimento na unidade de tempo. Geralmente, é expressa como kg · m⁻² · h⁻¹. Nas usinas açucareiras esse parâmetro é mais utilizado em projetos do que o coeficiente global de transferência de calor. No caso de uma massa cozida com pureza de 70 % e circulação natural, a taxa de evaporação média é de 11 kg · m⁻² · h⁻¹. No caso de circulação mecânica o valor médio é de 20 kg · m⁻² · h⁻¹.

A massa cozida descarregada de um cozedor apresenta uma supersaturação muito pronunciada. Deixando-a em repouso, o açúcar ainda contido no licor-mãe continua a depositar-se sobre os cristais. Porém, essa massa cozida é muito densa e o licor-mãe muito viscoso. Após muito pouco tempo, se a massa cozida ficar em repouso, a cristalização praticamente deixará de ocorrer, uma vez que a camada de licor-mãe envolvendo os cristais terá seu grau de supersaturação relativa rapidamente reduzido e a viscosidade da massa impedirá as moléculas de açúcar mais afastadas de difundirem-se e chegarem às proximidades dos cristais.

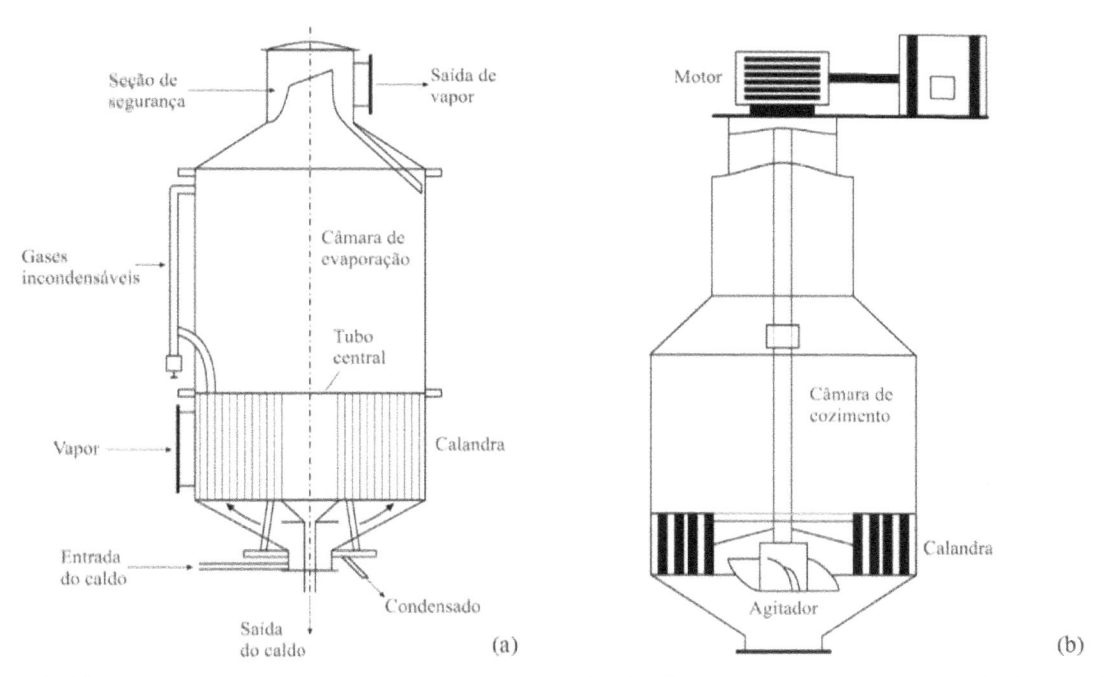

Figura 21.24 Esquema de equipamentos usados no processo de cristalização de sacarose: a) evaporador; b) cozedor.

Para aproveitar o grande potencial de cristalização que a massa cozida possui após o cozimento, é preciso promover a sua agitação, de modo a favorecer a transferência de massa do licor-mãe para os cristais.

No processo de fabricação de açúcar, nas etapas de cozimento e de cristalização, ocorre a cristalização da sacarose. Contudo, nas usinas de açúcar o termo cristalização é usado, particularmente, para a cristalização após a descarga da massa cozida dos cozedores. Portanto, na operação da cristalização efetua-se agitação da massa cozida descarregada dos cozedores para completar a formação dos cristais e aumentar o esgotamento do licor-mãe.

Quando o licor-mãe está quase esgotado é preciso separá-lo dos cristais para obter o açúcar comercial. Essa operação é realizada em turbinas centrífugas. A turbina consiste de uma cesta cilíndrica na qual é alimentada a massa cozida a ser centrifugada, sustentada por um eixo vertical que é acionado por um motor. A cesta é perfurada para possibilitar o escoamento do mel, e guarnecida com telas metálicas para reter o açúcar. As centrífugas modernas operam continuamente.

Após centrifugação e lavagem do açúcar com água na própria centrífuga, realiza-se a secagem dos cristais antes da embalagem. Os cristais são descarregados das centrífugas e enviados para secadores, onde o açúcar escoa em contracorrente com ar. Nas unidades modernas, na primeira metade do secador o ar quente reduz a umidade do açúcar, enquanto na segunda metade o ar frio tem a função de diminuir a temperatura dos cristais até a temperatura ambiente.

A Figura 21.25 ilustra a operação de cozimento e as etapas de cristalização e de centrifugação da sacarose. À medida que acontece o desenvolvimento dos cristais, os quais possuem maior pureza do que a solução, a concentração de sacarose e a pureza na solução diminuem. Na primeira etapa de cozimento (Figura 21.25), o cozedor A é alimentado externamente com xarope com pureza entre 83 % e 88 %. Efetua-se semeadura com sementes com tamanhos em torno de 4,5 μm, na supersaturação relativa $S = 1,15$, correspondendo a cerca de 80 °Brix.

Ocorrendo cristalização de menos que 60 % da sacarose, gera-se uma massa pastosa que ainda pode ser manuseada. A massa cozida descarregada é, agora, processada em cristalizadores, a massa dos cristais aumenta e são centrifugados para separar o mel. O mel obtido é denominado mel pobre. Como ainda permanece um filme de mel sobre os cristais, efetua-se lavagem rápida na própria centrífuga (ocorre pequena diluição dos cristais de alta pureza) e o mel obtido da centrifugação, denominado mel rico, retorna ao cozedor A. O mel pobre é enviado ao cozedor B, sendo processado como no cozedor A e gerando cristais de sacarose de menor tamanho e com menor pureza (não adequados para comercialização). Nesse cozedor a cristalização da sacarose é cerca de 10 % inferior ao cozedor A, pois a viscosidade da massa cozida é maior em razão da maior porcentagem de impurezas. Os cristais são dissolvidos e geram um magma (uma espécie de xarope) que alimenta o cozedor A. O mel final do cozedor B, após a centrifugação, denominado melaço, pode ser utilizado para produção de álcool etílico por fermentação do açúcar residual contido na mistura. Outros detalhes do processamento de sacarose podem ser obtidos em literatura especializada (Hugot, 1986; Payne, 1989; Rein, 2007; Chen e Chou, 1993; Jenkins, 1966).

O açúcar comercializado possui diâmetro geralmente situado entre 0,2 mm e 2 mm, o que depende de exigências do mercado, sendo o maior tamanho produzido na Índia. Uma faixa de tamanho comum é de 0,4 mm a 1,0 mm. O açúcar

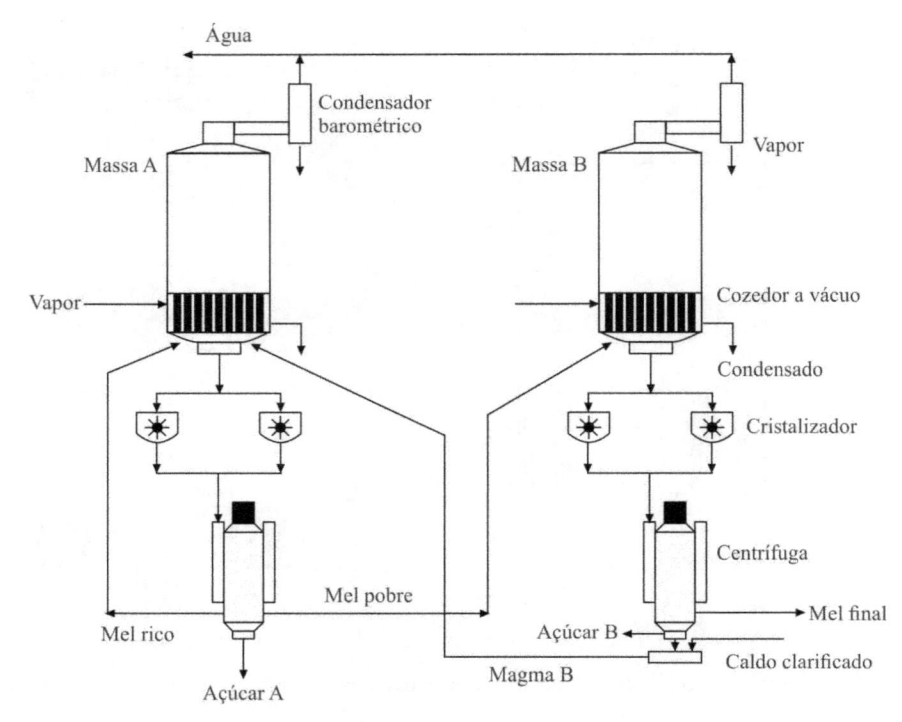

Figura 21.25 Fluxograma do processo de cristalização de sacarose.

bruto do padrão comercial requer cristais razoavelmente uniformes com tamanho de 0,8 mm a 1,0 mm e 98,8 a 99,3 de Pol (teor de sacarose).

A seguir apresenta-se um exemplo de aplicação de balanços de massa na operação de cristalização da sacarose.

EXEMPLO 21.6

Calcule a água retirada durante a evaporação do caldo e do xarope de cana-de-açúcar. Considere que 1000 kg de caldo de cana-de-açúcar são concentrados desde (15 a 60) °Brix na etapa de concentração e, em seguida, procede-se à operação de cozimento, na qual o xarope vai de (60 a 95) °Brix, obtendo-se a massa cozida. Calcule a massa de água evaporada em cada etapa da operação.

Solução

Para converter as concentrações em °Brix em razões mássicas, basta fazer a divisão por 100, de acordo com:

$$X_{A0} = \frac{15\ °\text{Brix}}{100} = \frac{15\ \text{kg sólidos solúveis}}{100\ \text{kg solução}} = 0,15\ \text{kg} \cdot \text{kg}^{-1}\ \text{solução}$$

$$(X_{Af})_{\text{conc}} = \frac{60\ °\text{Brix}}{100} = 0,60\ \text{kg} \cdot \text{kg}^{-1}\ \text{solução}$$

$$(X_{Af})_{\text{cozim}} = \frac{95\ °\text{Brix}}{100} = 0,95\ \text{kg} \cdot \text{kg}^{-1}\ \text{solução}$$

A aplicação da Equação 21.25 para a primeira etapa de evaporação resulta em:

$$m_0 X_{A0} = (m_f X_{Af})_{\text{conc}}$$

$$(m_f)_{\text{conc}} = \frac{1000\ \text{kg solução} \times 0,15\ \text{kg} \cdot \text{kg}^{-1}\ \text{solução}}{0,60\ \text{kg} \cdot \text{kg}^{-1}\ \text{solução}} = 250\ \text{kg xarope}$$

e a massa de água evaporada nessa primeira etapa é:

$$(m_{evap})_{evap} = m_0 - (m_f)_{conc} = 1000 \text{ kg} - 250 \text{ kg} = 750 \text{ kg água}$$

Na etapa do cozimento tem-se:

$$(m_f X_{Af})_{conc} = (m_f X_{Af})_{cozim}$$

$$(m_f)_{cozim} = \frac{250 \text{ kg solução} \times 0,60 \text{ kg} \cdot \text{kg}^{-1} \text{ solução}}{0,95 \text{ kg} \cdot \text{kg}^{-1} \text{ solução}} = 157,9 \text{ kg massa cozida}$$

e a massa de água evaporada no cozimento é:

$$(m_{evap})_{cozim} = (m_f)_{conc} - (m_f)_{cozim} = 250 \text{ kg} - 157,9 \text{ kg} = 92,1 \text{ kg água}$$

Resposta: A quantidade de água retirada na etapa de concentração é 750 kg e na de cozimento é de 92,1 kg.

EXEMPLO 21.7

Faça uma estimativa de quantas vezes aumenta o tamanho e a massa de cristais comerciais de sacarose após a alimentação de sementes no cozedor. Os cristais comerciais deverão apresentar tamanho médio de 0,9 mm (entre 0,8 mm e 1 mm), sendo as sementes de 4,5 μm.

Solução

As sementes são adicionadas na massa cozida e os cristais desenvolvem-se inicialmente no cozedor, completando seu crescimento no cristalizador. A relação entre o tamanho médio dos cristais finais e o tamanho das sementes é:

$$\frac{L_{cf}}{L_{c0}} = \frac{(0,8 \text{ a } 1,0) \text{ mm} \times 10^{-3} \text{ m} \cdot \text{mm}^{-1}}{4,5 \text{ μm} \times 10^{-6} \text{ m} \cdot \text{μm}^{-1}} = 178 \text{ a } 222 \text{ vezes}$$

Portanto, em média as sementes têm o tamanho aumentado em 200 vezes.

Para estimar o aumento da massa de cristais, utiliza-se a Equação 21.9. Considerando o tamanho final médio como 0,9 mm:

$$\frac{m_{cf}}{m_{c0}} = \left(\frac{L_{cf}}{L_{c0}}\right)^3 = \left(\frac{0,9 \text{ mm} \times 10^{-3} \text{ m} \cdot \text{mm}^{-1}}{4,5 \text{ μm} \times 10^{-6} \text{ m} \cdot \text{μm}^{-1}}\right)^3 = 8,0 \times 10^6$$

Resposta: Em média as sementes têm sua massa aumentada em 8 milhões de vezes.

21.7.2 Purificação do ácido cítrico de frutas cítricas

O ácido cítrico ($C_6H_8O_7$) é um componente encontrado em várias frutas cítricas, como o limão e a laranja, podendo apresentar concentrações em torno de 7 g/100 g no suco de limão. É um acidulante versátil que tem como principal característica uma alta solubilidade (Morais et al., 2008).

A separação do ácido cítrico do suco de limão é efetuada pela precipitação do citrato de cálcio pela adição de hidróxido de cálcio, $Ca(OH)_2$, ao suco. A formação do citrato de cálcio ocorre de acordo com a seguinte reação química:

$$2C_3H_5O(COOH)_3 + 3Ca(OH)_2 \rightarrow [C_3H_5O(COO)_3]_2Ca_3 + 6H_2O$$

Após a precipitação, o citrato de cálcio é filtrado a vácuo, lavado e submetido à secagem. Na recuperação do ácido cítrico adiciona-se ácido sulfúrico, de modo a provocar a precipitação do sulfato de cálcio di-hidratado (gesso) e a formação de ácido cítrico em solução aquosa, conforme a reação química mostrada a seguir:

$$[C_3H_5O(COO)_3]_2Ca_3 + 3H_2SO_4 + 6H_2O \rightarrow$$
$$\rightarrow 2C_3H_5O(COOH)_3 + 3CaSO_4.2H_2O$$

O licor remanescente que contém o ácido cítrico é filtrado a vácuo, sendo a solução filtrada submetida à concentração em evaporadores e o ácido cítrico cristalizado (Bessa, 2001).

O ácido cítrico é muito utilizado em indústrias alimentícias e farmacêuticas. As indústrias de alimentos e bebidas utilizam em torno de 60% da produção anual de ácido cítrico. Na indústria alimentícia, é usado como acidulante pela sua alta solubilidade, baixa toxicidade e sabor agradável. É utilizado para acentuar o sabor, como modificador e conservante. Por sua capacidade de formar quelatos com íons metálicos e pelo baixo pH, o ácido cítrico evita a rancificação e a descoloração de alimentos (Marison, 1988; Harrison et al., 2003).

21.7.3 Produção de ácido cítrico usando microrganismos

O ácido cítrico proveniente do suco de limão foi cristalizado pela primeira vez em 1784 e foi purificado pela primeira vez em 1869, formando o intermediário citrato de cálcio, conforme reações mostradas na seção anterior.

Em 1893 divulgou-se a produção de ácido cítrico proveniente do crescimento de fungos da espécie *Penicillium* em soluções contendo sacarose e sais inorgânicos e, em 1917, Currie estudou a produção do ácido usando o *Aspergillus niger*, o qual desenvolveu-se em substrato contendo sacarose em baixo pH (Marison, 1988; Kirk et al., 1979). O *Aspergillus niger* ainda é o microrganismo utilizado para produção do ácido cítrico e a Figura 21.26 mostra o fluxograma do processo.

21.7.4 Cristalização de chocolate

O chocolate é um produto obtido da mistura de massa de cacau, manteiga de cacau, sacarose, leite e derivados lácteos que são incluídos na produção de chocolate ao leite. O fruto do cacaueiro é colhido, aberto e, após da retirada da casca, as sementes são mantidas com a mucilagem açucarada que as envolve. Por fermentação natural, a polpa externa se degrada e pode ser separada no estado líquido. Segue-se a secagem de 0,65 kg · kg^{-1} total até cerca de 0,07 kg · kg^{-1} total de umidade.

A fermentação é essencial para o desenvolvimento do sabor do cacau que se complementa com um tratamento térmico. Esse tratamento térmico pode ser a torração das sementes, mas esse processo possui vários inconvenientes que podem ser evitados pelo uso de técnicas mais adequadas, à base de vapor saturado ou radiação infravermelha. Na sequência do processamento ocorre a trituração das sementes, com separação da casca e do gérmen. Os constituintes da amêndoa são amido e manteiga, a qual envolve os grânulos de amido. A manteiga de cacau encontra-se envolvida por parede celulósica e todo o conjunto por uma parede proteica. A amêndoa é então moída, obtendo-se a pasta de cacau que contém água (além das partículas de amido envolvidas pela manteiga de cacau). Essa umidade é eliminada da pasta por evaporação.

A separação dos sólidos da pasta de cacau (contendo a manteiga e o amido) é realizada por prensagem na temperatura de 90 °C a 100 °C. O resíduo sólido, denominado torta, no qual está contido o amido, é tratado com lecitina e produtos flavorizantes e moído (Beckett, 1994), sendo o componente principal na fabricação de chocolate. A fração líquida consiste na manteiga de cacau.

Os constituintes da formulação do chocolate, variável de acordo com o fabricante e tipo de chocolate, são misturados e procede-se ao refino em refinador de cilindros, com redução da granulometria das partículas, de modo que 90 % das partículas atinjam dimensões em torno de 20 μm a 50 μm. Os constituintes na formulação do chocolate consistem em um *blend* formado pelos sólidos do cacau, manteiga e outros constituintes como leite em pó. Em seguida, realiza-se a etapa denominada *conchagem*.

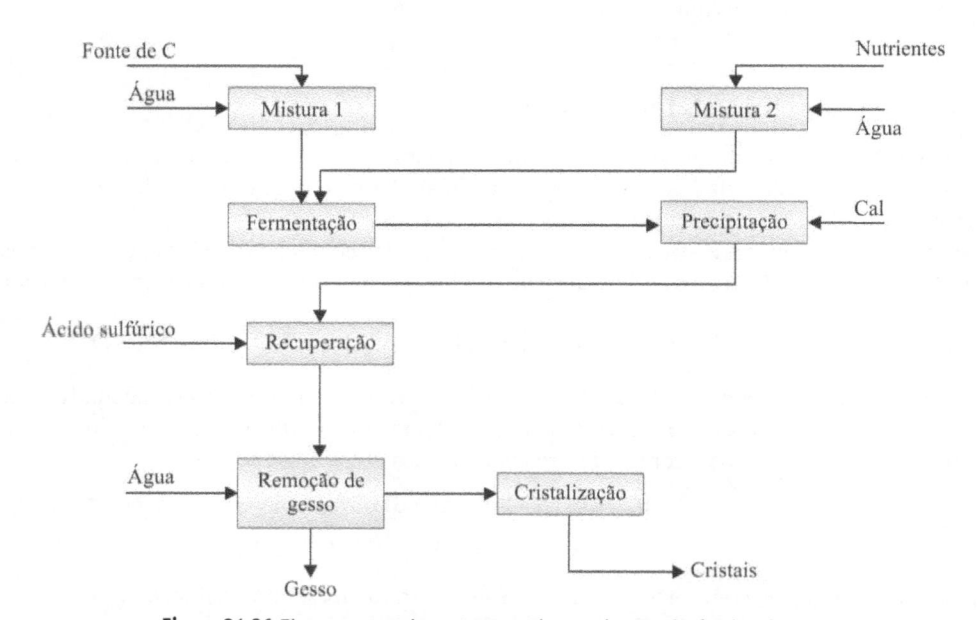

Figura 21.26 Fluxograma do processo de produção de ácido cítrico.

O processo de desenvolvimento do sabor iniciado durante as etapas de fermentação e torração complementa-se na conchagem. Durante o ciclo de conchagem são exercidos esforços de compressão e de cisalhamento. As partículas são recobertas com uma camada de gordura e se dispersam na fase de manteiga de cacau. A função da conchagem, realizada na temperatura de 60 °C a 70 °C, é dispersar, secar, eliminar substâncias voláteis e homogeneizar a massa com a finalidade de diminuir a viscosidade, aumentar a fluência, melhorar a textura e produzir um chocolate com boa característica de fusão. Nessa etapa o conteúdo de água da massa de chocolate diminui de 1,6 g/100 g para cerca de (0,6 a 0,8) g/100 g. Juntamente com a umidade, outros compostos de baixo ponto de ebulição são vaporizados, como ácido acético e aldeídos. Existem diversos modelos de equipamentos com sistemas de agitação utilizados nessa etapa do processo.

A manteiga de cacau que é uma gordura, consiste em uma mistura de triglicerídeos. Esses triglicerídeos (ou triacilgliceróis) apresentam as estruturas dos ácidos palmítico, oleico ou esteárico ligadas à estrutura central de glicerol e podem se cristalizar em três formas polimórficas principais, porém podem ocorrer transições entre essas diferentes formas. No chocolate armazenado em condições inadequadas, às vezes se encontra a superfície recoberta com uma camada branca, o que se deve à fusão da gordura e posterior recristalização. Esse fenômeno é conhecido como eflorescência do chocolate e, apesar de inócuo, deteriora a aparência do produto.

Para garantir a cristalização da gordura em sua forma cristalina mais estável, após a conchagem realiza-se a etapa de *temperagem* do chocolate. Esse processo consiste, essencialmente, em uma cristalização controlada em que, por meio de tratamentos térmicos e mecânicos, se produz uma porcentagem específica de cristais na forma mais estável da manteiga de cacau.

A viscosidade na temperagem é uma propriedade de fluência do chocolate. Na máquina de temperagem solidifica-se uma quantidade de (2 a 4) g/100 g de gordura em forma de cristais, o que faz com que aumente a viscosidade. Como os constituintes da manteiga de cacau podem cristalizar-se em diferentes formas polimórficas, isso influencia o acabamento da superfície, cor, tempo de solidificação e a conservação. Em temperatura superior a 45 °C, no equilíbrio, não existem cristais na manteiga de cacau. As formas polimórficas da manteiga de cacau são: γ (abaixo de 17 °C; o cristal é instável); β_1 (16,9 °C a 22,5 °C; o cristal é semiestável); β (22,5 °C a 33,6 °C). Os pontos de fusão das formas cristalinas da manteiga de cacau são indicações de suas estabilidades. Os cristais β são mais estáveis e quando presentes no chocolate conferem melhor cor, característica de dureza, manipulação e acabamento, completa fusão na boca, desprendimento de aroma e sabor na degustação. Além da temperatura, o tempo de processo é de fundamental importância no projeto de sistemas de temperagem. Se a temperagem for incompleta, a forma de solidificação dos cristais propiciará características insatisfatórias, como diferenças na cor em razão da luz refletida, a qual é desorientada por causa do crescimento desorganizado dos cristais.

A temperagem descontínua é realizada em reservatório com o meio agitado e cuja temperatura pode ser controlada dentro de limites especificados. Nos sistemas contínuos o chocolate é alimentado na base do reservatório e a descarga realizada no topo. A Figura 21.27 mostra o procedimento físico de realização da temperagem.

A temperagem do chocolate se inicia com aquecimento até 48 °C, provocando a fusão completa de todos os cristais na massa. Segue-se um pré-resfriamento lento até a temperatura de 30 °C, sem formação de cristais. Não se formam cristais instáveis, pois a temperatura é alta para ocorrência da cristalização; a forma γ, por exemplo, desenvolve-se em temperaturas menores do que 17 °C. O superesfriamento (temperatura em que ocorre a formação homogênea dos cristais) possibilita o desenvolvimento de núcleos e o crescimento de cristais estáveis do tipo β. Uma bomba realiza a circulação do chocolate, misturando

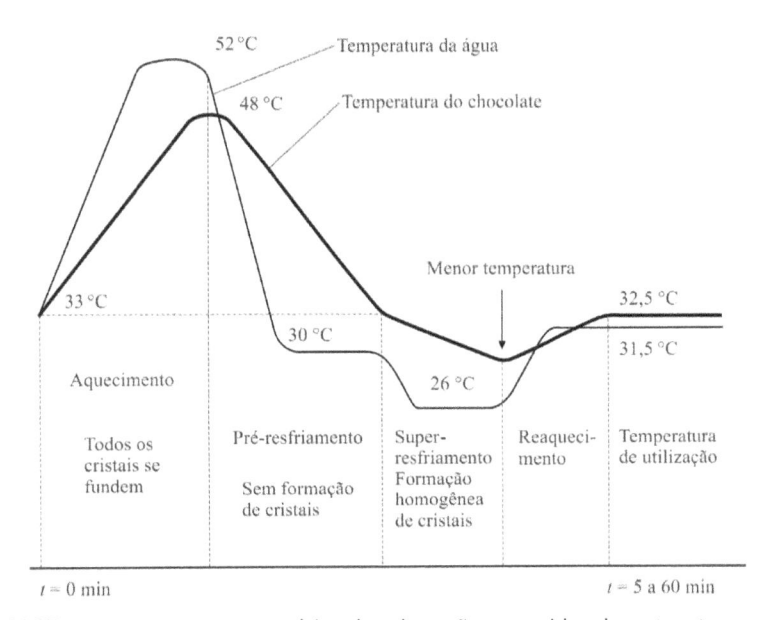

Figura 21.27 Representação esquemática das alterações ocorridas durante a temperagem.

a parte inferior com a superior. Um dispositivo de agitação cria perturbações suaves para aperfeiçoar a troca de calor com as paredes do sistema, no aquecimento e resfriamento. Em seguida, um novo aquecimento até 32,5 °C possibilita o crescimento e maturação dos cristais, que é a temperatura de utilização para confecção de produtos a base de chocolate e de consumo.

O tempo de temperagem é variável e depende das características desejadas para o produto, da formulação, do tempo de retenção na temperadeira e do tipo de equipamento utilizado. Quando o tempo de cristalização é prolongado, ocorre formação de maior número de cristais estáveis de maior ponto de fusão. Os materiais com maior ponto de fusão são adequados para geração de camadas finas em produtos ocos que necessitam maior resistência ao calor. Como referência, indicam-se tempos entre 5 min e 60 min.

Após a temperagem, seguem a moldagem e o resfriamento, que consistem em etapas de acabamento. O chocolate pastoso é depositado em moldes e resfriado, seguindo-se a desmoldagem e embalagem.

21.8 CÁLCULO E PROJETO DE CRISTALIZADORES

No projeto de cristalizadores o balanço de massa possibilita prever a quantidade máxima de cristais (teórica) que pode ser obtida na condição de equilíbrio. As equações apresentadas a seguir são úteis para essa finalidade.

Considera-se a operação de cristalização iniciada a partir de determinada massa de solução supersaturada composta de soluto A dissolvido no solvente B. Durante a cristalização forma-se uma massa de cristais que contém soluto A puro, restando uma massa final de solução que contém todo o solvente B, além de certa quantidade do soluto não cristalizado. O balanço de massa para o soluto é escrito como:

$$m_B \overline{X}_{A0} = m_{cf} + m_B \overline{X}_{Af} \tag{21.25}$$

ou

$$m_{cf} = m_B (\overline{X}_{A0} - \overline{X}_{Af}) \tag{21.26}$$

em que m_B é a massa de solvente presente no cristalizador; m_{cf} é a massa de cristais formada e $\overline{X}_{A0}$ e $\overline{X}_{Af}$ são, respectivamente, as razões mássicas de soluto na fase líquida presente no cristalizador, antes e depois da cristalização [kg · kg^{-1} água].

No caso de substâncias que cristalizam retendo água de hidratação, efetuando um balanço de massa, utilizando R_M a razão entre as massas molares do composto A na forma hidratada e do composto A na forma anidra:

$$R_M = \frac{M_{\text{hidratado}}}{M_{\text{anidro}}} = \frac{m_{cf}}{m_{\text{anidro}}}$$

Sendo a água de hidratação:

$$m_{\text{água hidratação}} = m_{cf} - \frac{m_{cf}}{R_M}$$

No balanço de massa para o soluto, a solução inicial contém todo soluto, enquanto após a cristalização parte do soluto fica contido na solução que envolve os cristais hidratados e outra parte fica nos próprios cristais hidratados, ou seja:

$$\overline{X}_{A0} m_B = \overline{X}_{Af} \left[m_B - \left(m_{cf} - \frac{m_{cf}}{R_M} \right) \right] + \frac{m_{cf}}{R_M}$$

$$\left(\overline{X}_{A0} - \overline{X}_{Af} \right) m_B = \overline{X}_{Af} \left[\frac{-m_{cf}(R_M - 1)}{R_M} \right] + \frac{m_{cf}}{R_M}$$

que resulta em:

$$m_{cf} = \frac{m_B R_M (\overline{X}_{A0} - \overline{X}_{Af})}{1 - \overline{X}_{Af}(R_M - 1)} \tag{21.27}$$

Também se aplica o balanço de energia total, apresentado no Capítulo 4, na Equação 4.22, dado por:

$$\dot{m}(\Delta H + \Delta E_K + \Delta E_P) = \dot{q} + \dot{W}_e \tag{21.28}$$

em que ΔH é a variação de entalpia específica [J · kg^{-1}]; ΔE_K é a variação de energia cinética por unidade de massa [J · kg^{-1}]; ΔE_P é a variação de energia potencial por unidade de massa [J · kg^{-1}]; $\dot{q}$ a taxa de calor transferido [W]; e $\dot{W}_e$ é o trabalho por unidade de tempo no eixo [W].

Outro parâmetro a ser determinado no projeto de cristalizadores é a área de troca térmica, que pode ser quantificada a partir da Equação 21.29:

$$\dot{q} = UA\Delta\overline{T}_{\ln}$$

(21.29)

em que U é o coeficiente global de transferência de calor [W · m^{-2} · K^{-1}]; A é a área de troca térmica [m^2] e $\Delta\overline{T}_{\ln}$ a média logarítmica da diferença das temperaturas [°C ou K] (Capítulo 9).

Os coeficientes globais de transferência de calor de cristalizadores industriais variam de (10 a 54) W · m^{-2} · K^{-1} e são relativamente baixos. Para efeito de comparação, os evaporadores apresentam coeficientes globais de transferência de calor entre (700 e 3000) W · m^{-2} · K^{-1}, demandando menores áreas de troca térmica do que os cristalizadores e sendo, portanto, menos onerosos. Os baixos coeficientes de troca térmica podem ser atribuídos ao fato de que a massa de cristalização (constituída por cristais e solução supersaturada) é submetida a baixas temperaturas para favorecer a formação dos cristais o que a torna viscosa. Mais detalhes sobre esse assunto podem ser obtidos em literatura especializada como Rein (2007).

21.8.1 Aplicação: cristalização de sacarose

No estudo de caso apresentado a seguir, discutem-se os cálculos envolvidos no projeto de um cristalizador de sacarose.

Considere o cristalizador operando em sistema vibrado, mostrado na Figura 21.28, cujas dimensões são apresentadas na Tabela 21.7. O cristalizador foi construído em aço inoxidável e possui duas seções: a seção superior é cilíndrica e a inferior de geometria troncocônica. Na região mais estreita da seção inferior foi acoplada uma membrana, a qual possui dupla função: reter o material no interior do vaso de cristalização e transmitir quantidade de movimento para o meio em suas imediações, mantendo os cristais em movimento por meio de um sistema de vibração. O número de discos perfurados instalados no cristalizador é igual a 8. Detalhes do mecanismo de vibração podem ser vistos na Figura 21.10. O cristalizador possui parede dupla para introdução de água na camisa, visando o resfriamento do meio de cristalização de modo a manter a supersaturação, a qual é a força motriz para o desenvolvimento de cristais.

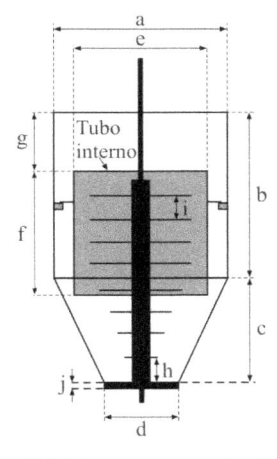

Figura 21.28 Esquema do cristalizador.

Tabela 21.7 Dimensões do cristalizador mostrado na Figura 21.28

PARÂMETRO	DIMENSÕES [m]
a	0,240
b	0,240
c	0,180
d	0,100
e	0,170
f	0,160
g	0,100
h	0,015

Tabela 21.8 Características do conjunto de peneiras utilizadas para caracterização das amostras retiradas do cristalizador

Número da malha	8	12	14	16	18	20	24	28	35
a_n [mm]*	2,56	1,63	1,23	1,04	1,00	0,903	0,756	0,648	0,469
Número da malha	36	40	45	50	60	70	80	100	120
a_n [mm]	0,45	0,43	0,36	0,30	0,27	0,21	0,17	0,15	0,14

*a_n é a abertura correspondente ao número da malha.

As medidas de tamanho dos cristais foram efetuadas por peneiramento, utilizando-se dois conjuntos de peneiras: (a) as peneiras de número 32 e 35 da série Tyler (mais detalhes no Capítulo 6, Tabela 6.2) para obtenção das sementes a partir do produto comercial, correspondente ao diâmetro médio de 0,456 mm e (b) um conjunto de pequenas peneiras para a classificação de amostras de cristais retiradas do cristalizador. As características do conjunto de peneiras utilizadas para avaliar as amostras são apresentadas na Tabela 21.8, a qual mostra a relação entre o número de malhas (*mesh*) — número de aberturas de uma mesma dimensão contido num comprimento de 25,4 mm (1 in) — e a abertura das peneiras.

Os parâmetros vibracionais do sistema excitador utilizados na operação do cristalizador foram frequência $f = 9,5$ Hz e amplitude de vibração $\lambda_v = 7,6 \times 10^{-3}$ m. A partir da substituição desses valores nas Equações 21.23 e 21.24 pode-se calcular a intensidade de vibração Γ:

$$\omega = 2\,\pi f = 2\,\pi(9,5\ \text{s}^{-1}) = 59,7\ \text{s}^{-1}$$

$$\Gamma = \frac{(7,6 \times 10^{-3}\ \text{m})(59,7\ \text{s}^{-1})^2}{9,81\ \text{m} \cdot \text{s}^{-2}} = 2,8$$

A semeadura foi realizada na solução de sacarose a 62,5 °C e com supersaturação relativa $S = 1,2$. A partir da semeadura, a temperatura do meio de cristalização foi diminuída gradativamente, sendo monitorada em três posições no interior do cristalizador por meio de termopares. Um banho termostatizado (Figura 21.10) foi usado para controle da temperatura da água de resfriamento, circulando a uma taxa de 100 kg h^{-1} pela camisa do cristalizador. Válvulas para entrada de água fria e saída de água quente foram instaladas para possibilitar o controle no abaixamento gradativo da temperatura do fluido de resfriamento, visando manter constante a supersaturação da fase líquida no cristalizador.

Para medir a concentração da solução durante o experimento determinada massa de água destilada foi quantificada (aproximadamente 5 g). Nesse mesmo recipiente, uma pequena amostra da solução de sacarose do cristalizador foi coletada, seguida de uma mistura vigorosa. Essa metodologia evitou a perda de massa na transferência entre recipientes e possibilitou a quantificação da concentração de sacarose em solução diluída por refratrometria. A partir do índice de refração, a concentração da solução diluída foi quantificada utilizando tabelas de propriedades físicas da sacarose (Norrish, 1967). Após correção da medida em função da temperatura, a concentração da solução no cristalizador pode ser quantificada por um balanço de massa:

$$(mX_A)_{\text{solução diluída}} = (mX_A)_{\text{solução concentrada}}$$

ou

$$(X_A)_{\text{cristalizador}} = \frac{(mX_A)_{\text{solução diluída}}}{(m)_{\text{solução concentrada}}}$$

A partir desse valor e usando-se a Equação 21.3 a supersaturação relativa foi calculada, o que permitiu efetuar o controle da operação de modo a manter $S = 1,2$. Os dados obtidos em um ensaio de cristalização utilizando essa metodologia são mostrados na Tabela 21.9.

Tabela 21.9 Dados experimentais obtidos em um ensaio de cristalização

m_A [kg]	m_B [kg]	m_{c0} [kg]	L_{c0} [mm]	X_{A0} [kg · kg^{-1} solução]	X_{Af} [kg · kg^{-1} solução]	T_i [°C]	T_{c0} [°C]	T_f [°C]
13,960	3,770	0,052	0,456	0,7874	0,7700	85,0	62,5	49,7

em que m_A e m_B são, respectivamente, as massas de sacarose e de água introduzidas no cristalizador (correspondem a uma solução saturada na temperatura de 80 °C); m_{c0} é a massa de sementes; L_{c0} é o tamanho médio das sementes; X_{A0} e X_{Af} são, respectivamente, as concentrações inicial e final de sacarose na fase líquida do cristalizador; T_i é a temperatura inicial; T_{c0} é a temperatura de semeadura e T_f é a temperatura final.

Ao final da operação de cristalização descargas de 80 mL do meio de cristalização foram efetuadas. A mistura heterogênea foi peneirada em um conjunto formado pelas peneiras de número de malhas igual a 8, 12, 14, 18, 20, 28, 35 e 45, além da peneira de fundo (peneira cega). Logo após o peneiramento, porções de 50 mL de álcool etílico a 96 °GL foram introduzidas imediatamente acima de cada peneira em sucessivas operações, possibilitando a lavagem dos cristais sem dissolução apreciável de sacarose e promovendo o arraste de partículas menores do que a malha da peneira, impedindo-as de formar aglomerados e promovendo uma boa classificação dos cristais. Em seguida as peneiras foram colocadas em estufa com circulação de ar à temperatura de 60 °C, por 30 min, para evaporação do álcool retido na superfície dos cristais. Os resultados obtidos são mostrados na Tabela 21.10, na qual a primeira coluna apresenta o par de peneiras entre as quais foi retida cada fração.

Os valores mostrados na última coluna da Tabela 21.10 expressam a razão *volume de cristais/volume de sementes*, a qual também corresponde a uma relação de massas, de acordo com a Equação 21.9. A análise dos resultados da Tabela 21.10 mostra que o volume dos cristais maiores foi 97 vezes maior que o volume das sementes, enquanto os cristais de tamanho dominante cresceram 15,4 vezes.

Os requisitos energéticos no cristalizador podem ser quantificados por meio do balanço de energia total (Equação 21.28). No cristalizador, podem-se desconsiderar as contribuições de energia cinética e potencial, bem como o trabalho realizado. Portanto, a troca de calor no sistema é igual à variação de entalpia.

$$\dot{q} = \dot{m}\Delta H$$

Utilizando como volume de controle o cristalizador e a camisa de resfriamento que o envolve, a taxa de calor cedido pelo meio de cristalização é recebida pela água de resfriamento. O calor recebido pela água de resfriamento consiste no calor sensível perdido pelo meio de cristalização somado ao calor de cristalização da sacarose. Assim, o balanço de energia para o sistema constituído pelo cristalizador é dado por:

$$Q_{\text{cristalizador}} = (\Delta \underline{H})_{\text{cristalização}} + (\Delta \underline{H})_{\text{sensível}}$$

em que

$$(\Delta \underline{H})_{\text{sensível}} = mC_P\Delta T,$$

em que a massa do meio de cristalização pode ser obtida dos dados da Tabela 21.9:

$$m = m_A + m_B = 13,96 \text{ kg} + 3,77 \text{ kg} = 17,73 \text{ kg}$$

e a diferença de temperatura de 12,8 K corresponde à temperatura do meio de cristalização na semeadura menos a temperatura ao final da cristalização. Assim,

$$(\Delta \underline{H})_{\text{sensível}} = 17,73 \text{ kg} \times 2208 \text{ J} \cdot \text{kg}^{-1} \cdot \text{K}^{-1} \times 12,8 \text{ K} = 501 \text{ kJ}$$

sendo o calor específico da solução quantificado como a média aritmética entre as condições de início e final de cristalização, nas respectivas concentrações (Norrish, 1967).

Tabela 21.10 Análise granulométrica e dados correlatos da amostra de cristais obtida ao final da cristalização

PENEIRAS*	m_{retida} [g]	FRAÇÃO RETIDA	L_{cf} [mm]	RAZÃO $(L_{cf}/L_{c0})^3$
−08+12	0,5041	0,06694	2,095	97,0
−12+14	0,6877	0,09131	1,428	30,7
−14+18	3,5928	0,47706	1,134	15,4
−18+20	2,7465	0,36469	0,973	9,7
−20+28	0	–	0,776	4,9
−28+35	0	–	0,559	1,8
−35+45	0	–	0,415	0,8
m_{total}	7,5311	1		

*O sinal negativo indica a peneira superior e o sinal positivo indica a peneira inferior do par de peneiras.

O calor de cristalização da sacarose corresponde ao calor de solução apresentado na Tabela 21.5 ($\Delta_{sol}\hat{H}$ = −5,5 kJ · mol^{-1}) com o sinal contrário. Para deixar esse valor em base de unidade de massa, usamos o valor da massa molar da sacarose, que é igual a 342 g · mol^{-1}. Então:

$$\Delta_{sol}H = \frac{-5,5 \text{ kJ} \cdot \text{mol}^{-1}}{342 \text{ g} \cdot \text{mol}^{-1}}\left(\frac{10^3 \text{ g}}{1 \text{ kg}}\right) = -16,08 \text{ kJ} \cdot \text{kg}^{-1}$$

e

$$(\Delta\underline{H})_{\text{cristalização}} = m_{cf}(-\Delta_{sol}H)$$

Para completar esse cálculo, é necessário quantificar a massa de cristais, o que é feito a partir dos resultados da análise granulométrica da amostra coletada do cristalizador (Tabela 21.10).

O meio saturado foi semeado com 52 g de sementes com tamanho médio de 0,456 mm (Tabela 21.9) e, a partir de então, os cristais se desenvolveram conforme mostrado na Tabela 21.10. Pode-se obter a massa de cristais correspondente a cada tamanho médio de partícula a partir da relação de volumes indicada na Tabela 21.10. Inicialmente, determina-se qual é a massa de sementes que deu origem aos cristais correspondentes a cada uma das frações retidas, como mostrado a seguir:

$$m_{c1} = 0,06694 \times 0,052 \text{ kg} = 3,48 \times 10^{-3} \text{ kg}$$
$$m_{c2} = 0,09131 \times 0,052 \text{ kg} = 4,75 \times 10^{-3} \text{ kg}$$
$$m_{c3} = 0,47706 \times 0,052 \text{ kg} = 24,81 \times 10^{-3} \text{ kg}$$
$$m_{c4} = 0,36469 \times 0,052 \text{ kg} = 18,96 \times 10^{-3} \text{ kg}$$

As massas finais de cristais (após o crescimento) correspondentes a cada uma das frações são obtidas multiplicando-se a respectiva massa de sementes pela relação volumétrica apresentada na Tabela 21.10 que, como já foi mencionado, é também a relação mássica entre a massa de sementes e a massa final de cristais (Equação 21.9):

$$m_{cf1} = 3,48 \times 10^{-3} \text{ kg} \times 97 = 0,3376 \text{ kg}$$
$$m_{cf2} = 4,75 \times 10^{-3} \text{ kg} \times 30,7 = 0,1458 \text{ kg}$$
$$m_{cf3} = 24,81 \times 10^{-3} \text{ kg} \times 15,4 = 0,3821 \text{ kg}$$
$$m_{cf4} = 18,96 \times 10^{-3} \text{ kg} \times 9,7 = 0,1839 \text{ kg}$$

Portanto, a massa total de cristais é

$$m_{cf} = m_{cf1} + m_{cf2} + m_{cf3} + m_{cf4} = 0,3376 \text{ kg} + 0,1458 \text{ kg} + 0,3821 \text{ kg} + 0,1839 \text{ kg} = 1,0594 \text{ kg}$$

Então, pode-se calcular a entalpia de cristalização:

$$(\Delta\underline{H})_{\text{cristalização}} = 1,0594 \text{ kg} \times 16,08 \text{ kJ} \cdot \text{kg}^{-1} = 17,04 \text{ kJ}$$

A massa de cristais teórica, isto é, a massa de sacarose que poderia ter sido cristalizada se a solução no cristalizador atingisse a saturação, pode ser quantificada efetuando-se o balanço de massa para a sacarose (Equação 21.26) com base nos dados da Tabela 21.9:

$$\overline{X}_{A0} = \frac{X_{A0}}{1 - X_{A0}} = \frac{0,7874}{1 - 0,7874} = 3,704 \text{ kg} \cdot \text{kg}^{-1} \text{ água}$$

$$\overline{X}_{A0} = \frac{X_{A0}}{1 - X_{A0}} = \frac{0,77}{1 - 0,77} = 3,348 \text{ kg} \cdot \text{kg}^{-1} \text{ água}$$

$$(m_{cf})_{\text{teórica}} = 3,77 \text{ kg água} (3,704 - 3,348) \text{ kg} \cdot \text{kg}^{-1} \text{ água} = 1,342 \text{ kg}$$

Verifica-se que a massa teórica de cristais é cerca de 27 % superior à massa obtida no ensaio de cristalização. Isso pode ser explicado considerando que ao final da cristalização a força motriz é pequena, o que reduz a velocidade de cristalização e influencia na massa de cristais produzida. Além disso, impurezas influenciam na cristalização e o atrito entre os cristais é responsável por nucleação secundária.

Agora é possível calcular o calor total retirado do meio de cristalização pelo sistema de resfriamento:

$$Q_{\text{cristalizador}} = 17 \text{ kJ} + (\Delta\underline{H})_{\text{sensível}} = 17 \text{ kJ} + 501 \text{ kJ} = 518 \text{ kJ}$$

De modo alternativo, a energia recebida pela água de resfriamento pode ser quantificada por meio da diferença média de temperatura da água na entrada e na saída da camisa de resfriamento, a qual foi de 0,62 °C. Então:

$$\dot{q} = \dot{m}C_P\Delta T = 100 \text{ kg} \cdot \text{h}^{-1}(4,187 \text{ kJ} \cdot \text{kg}^{-1} \cdot \text{K}^{-1})(0,62 \text{ °C}) = 259,6 \text{ kJ} \cdot \text{h}^{-1}$$

O tempo total de operação do cristalizador foi de 1,81 h, de modo que:

$$Q_{\text{água}} = 259,6 \text{ kJ} \cdot \text{h}^{-1} \times 1,81 \text{ h} = 469,9 \text{ kJ} \cong 470 \text{ kJ}$$

A diferença entre o calor liberado pelo cristalizador, $Q_{\text{cristalizador}} = 518$ kJ e o calor absorvido pela água, $Q_{\text{água}} = 470$ kJ, deve-se às perdas de calor para o ambiente. O cristalizador não é isolado termicamente e o calor liberado por radiação e convecção pela superfície externa, que permanece na temperatura média de 40 °C, para o ambiente em média a 25 °C, pode ser estimado a partir da emissividade do aço inoxidável que é igual a $\xi = 0,1$ (Keey, 1978). O resultado é:

$$\frac{\dot{q}}{A} = 17 \text{ W} \cdot \text{m}^{-2}$$

A área da superfície externa do cristalizador pode ser calculada a partir das dimensões e da geometria do equipamento (Tabela 21.7 e Figura 21.28) e corresponde à soma da área lateral cilíndrica, da área circular do topo e da área lateral da secção troncocônica:

$$A = \pi DH + \pi D^2 + \pi L\left(\frac{D}{2} + \frac{D_{\text{inf}}}{2}\right)$$

em que D e H são o diâmetro e a altura da seção cilíndrica, respectivamente; L é o comprimento da parede inclinada da seção troncocônica e D_{inf} é o diâmetro da seção inferior troncocônica. Na base do cristalizador, a área é pequena e a membrana flexível atua como isolante.

$$A = \pi(0,24 \text{ m})(0,24 \text{ m}) + \pi(0,24 \text{ m})^2 + \pi(0,18 \text{ m})\left(\frac{0,24 \text{ m}}{2} + \frac{0,10 \text{ m}}{2}\right) = 0,46 \text{ m}^2$$

Então as perdas de calor correspondem a:

$$Q_{\text{perdas}} = 17 \text{ W} \cdot \text{m}^{-2} \times 0,46 \text{ m}^2 \times 1,81 \text{ h} \times \frac{3600 \text{ s}}{1 \text{ h}} = 51 \text{ kJ}$$

Assim, pode-se escrever o balanço de energia térmica como:

$$Q_{\text{cristalizador}} = Q_{\text{água}} + Q_{\text{perdas}}$$

ou

$$518 \text{ kJ} \cong 470 \text{ kJ} + 51 \text{ kJ}$$

Observa-se que o balanço de energia térmica fecha, havendo apenas uma pequena diferença de 0,6 %.

No projeto de cristalizadores a área da superfície de troca térmica pode ser especificada com utilização de dados experimentais de coeficientes globais de troca de calor. Os dados disponíveis nesse estudo de caso possibilitam a quantificação desse parâmetro, como se apresenta a seguir.

Na Equação 21.29, a área a ser utilizada consiste na secção encamisada do cristalizador (Figura 21.28), a qual consiste na soma das áreas laterais:

$$A = \pi DH + \pi L\left(\frac{D}{2} + \frac{D_{\text{inf}}}{2}\right) = \pi(0,24 \text{ m})(0,24 \text{ m}) + \pi(0,18 \text{ m})\left(\frac{0,24 \text{ m}}{2} + \frac{0,10 \text{ m}}{2}\right) = 0,277 \text{ m}^2$$

A taxa de transferência de calor pode ser calculada como:

$$\dot{q} = \frac{Q_{\text{cristalizador}}}{t_{\text{cristalização}}} = \frac{518 \text{ kJ}}{1,81 \text{ h}}\left(\frac{1 \text{ h}}{3600 \text{ s}}\right) = 79,5 \text{ W}$$

e a média logarítmica da diferença das temperaturas é:

$$\Delta\overline{T}_{\text{ln}} = \frac{\Delta T_2 - \Delta T_1}{\ln\left(\dfrac{\Delta T_2}{\Delta T_1}\right)}$$

em que ΔT_2 e ΔT_1 são as diferenças de temperatura entre o meio de cristalização e a água de resfriamento na entrada e na saída do cristalizador. Como o cristalizador operou em batelada, a média logarítmica deve ser quantificada no início e no final da operação, utilizando-se o valor médio para o cálculo do coeficiente global de troca de calor. No início da cristalização:

$$\Delta \overline{T}_{\ln 0} = \frac{\Delta T_2 - \Delta T_1}{\ln\left(\dfrac{\Delta T_2}{\Delta T_1}\right)} = \frac{(62,5 - 55)\ °C - (62,5 - 55,6)\ °C}{\ln\left[\dfrac{(62,5 - 55)\ °C}{(62,5 - 55,6)\ °C}\right]} = 7,2\ °C$$

em que 62,5 °C é a temperatura do meio no momento da semeadura e 55 °C e 55,6 °C são, respectivamente, as temperaturas de entrada e saída da água, determinadas experimentalmente. No final da operação, utilizando os valores de temperatura correspondentes, obtém-se $\Delta \overline{T}_{\ln f} = 7,7\ °C$ e, portanto, assumimos:

$$\Delta \overline{T}_{\ln} = \frac{\Delta \overline{T}_{\ln 0} + \Delta \overline{T}_{\ln f}}{2} = \frac{7,2\ °C + 7,7\ °C}{2} = 7,45\ °C$$

O coeficiente global de transferência de calor pode, então, ser calculado por meio da Equação 21.29:

$$U \equiv \frac{\dot{q}}{A\Delta \overline{T}_{\ln}} = \frac{79,5\ W}{0,277\ m^2 \times 7,45\ °C} = 38,5\ W \cdot m^{-2} \cdot °C^{-1} = 38,5\ W \cdot m^{-2} \cdot K^{-1}$$

Como mencionado anteriormente, os coeficientes globais de troca de calor em cristalizadores comerciais variam de (10 a 54) $W \cdot m^{-2} \cdot K^{-1}$ para diversos tipos de cristalizadores, horizontais, verticais, contínuos e em bateladas, com uso de serpentinas ou tubos de troca de calor (Rein, 2007). O coeficiente global de troca de calor obtido no cristalizador experimental foi relativamente alto, considerando tratar-se de um sistema simples de troca de calor com parede dupla. O alto valor calculado para U provavelmente se deve à baixa concentração de cristais existentes no cristalizador experimental, o que propiciou facilidade de escoamento e de troca de calor. Os cristalizadores comerciais não operam nessas condições, pois a produção seria baixa e o custo operacional elevado. Contudo, o sistema de troca de calor nos cristalizadores industriais é mais eficiente, pois apesar da alta concentração de cristais, existem sistemas de refrigeração e de agitação que possibilitam o escoamento da massa em cristalização.

Na cristalização da sacarose, existem alguns parâmetros usuais que servem de base para o projeto dos cristalizadores, os quais são discutidos a seguir.

Admite-se que a superfície de troca de calor nos cristalizadores que usam água para resfriamento obedeça a uma relação *área de troca térmica/capacidade do cristalizador* na faixa de (1,0 a 2,5) $m^2 \cdot m^{-3}$.

A diferença de temperatura entre o meio de cristalização e a água de resfriamento não deve exceder 12 °C para evitar que cristais de açúcar fiquem aderidos à superfície de resfriamento, reduzindo a eficiência de troca de calor. No estudo de caso apresentado, a diferença de temperatura entre o meio de cristalização e a água de resfriamento (7,4 °C) evita a aderência de cristais na superfície de troca de calor.

O tempo de cristalização de sacarose nos cristalizadores (após o cozimento) para açúcar de alta pureza é de 12 h, o que se amplia para 72 h para açúcar de baixa pureza, como no processo final que usa três massas cozidas (Hugot, 1986).

A purificação da solução inicial também é importante para gerar cristais com maior pureza. Para exemplificar, apresenta-se o resultado da purificação de suco de limão Tahiti (Malagoni, 2010).

21.8.2   Aplicação: purificação de ácido cítrico

Na purificação de compostos obtidos de matérias-primas de origem vegetal ou animal, bem como de compostos produzidos por processos biotecnológicos, de modo frequente aplica-se a mesma sequência de etapas, que consiste de: 1) remoção de insolúveis por filtração ou centrifugação; 2) separação do composto desejado por destilação, evaporação ou adsorção; 3) purificação do composto por cromatografia ou eletroforese, o que possibilita a remoção de impurezas de funcionalidade química similar; 4) polimento por cristalização seguida por secagem.

A cromatografia pode ser usada para analisar a pureza do produto obtido e como exemplo de aplicação será discutido um estudo de caso de purificação de ácido cítrico a partir do suco de limão.

Após a extração do suco de limão com um extrator de suco de frutas, seguida do peneiramento em peneira de abertura de 1×10^{-3} m e centrifugação em batelada a 12.500 rpm, a separação do ácido cítrico contido no caldo pode ser efetuada de acordo com o procedimento apresentado na Seção 21.7.2.

Após a concentração do licor que contém o ácido cítrico, procede-se à sua clarificação por adsorção com uso de carvão ativo. Em seguida o ácido cítrico é cristalizado.

A quantificação da pureza do ácido cítrico obtido pode ser realizada por cromatografia líquida de alta eficiência (CLAE). Resultados de análises cromatográficas de ácido cítrico resultante do processo descrito anteriormente são mostrados nas Figuras 21.29 a 21.32. Cada pico que aparece nos cromatogramas refere-se a um composto químico presente na amostra que é injetada na coluna de adsorção do cromatógrafo. Essa coluna propicia a separação dos compostos, os quais são detectados na saída da coluna de adsorção em intervalos de tempo variáveis após a injeção da amostra. Esse tempo é indicado na abscissa do cromatograma. As áreas dos picos são proporcionais à concentração do composto químico correspondente e a identificação de cada um desses compostos é feita pela comparação do cromatograma obtido da amostra com cromatogramas de soluções-padrão, isto é, soluções nas quais a concentração de determinado composto químico é conhecida.

Os resultados dos cromatogramas apresentados nas Figuras 21.29 a 21.32 são sintetizados nas Tabelas 21.11 a 21.13. O pico correspondente ao ácido cítrico presente em cada uma das amostras aparece por volta de 2,5 min, sendo o composto presente em maior quantidade (maior área de pico) em todas as amostras analisadas. As Tabelas 21.11 a 21.13 mostram que a sequência das etapas de processamento leva ao aumento da área do pico correspondente ao ácido cítrico, ao mesmo tempo em que os picos menores (impurezas) desaparecem gradualmente.

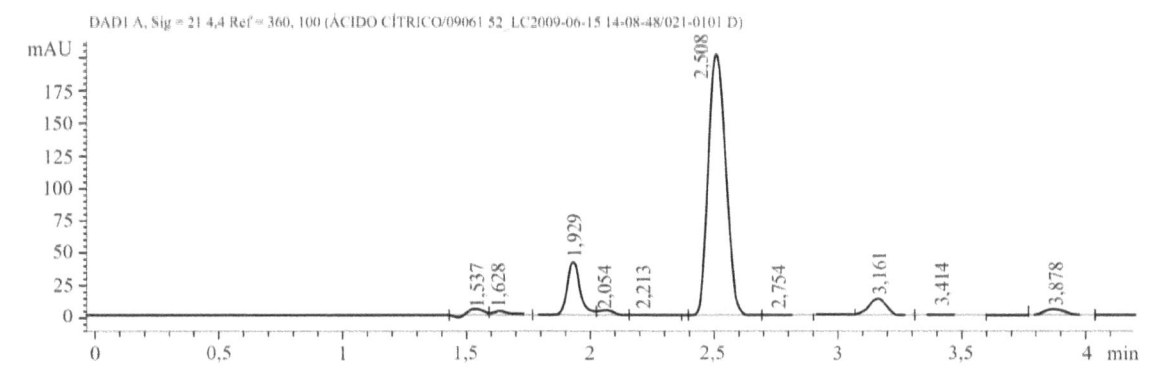

Figura 21.29 Cromatograma do suco de limão Tahiti.

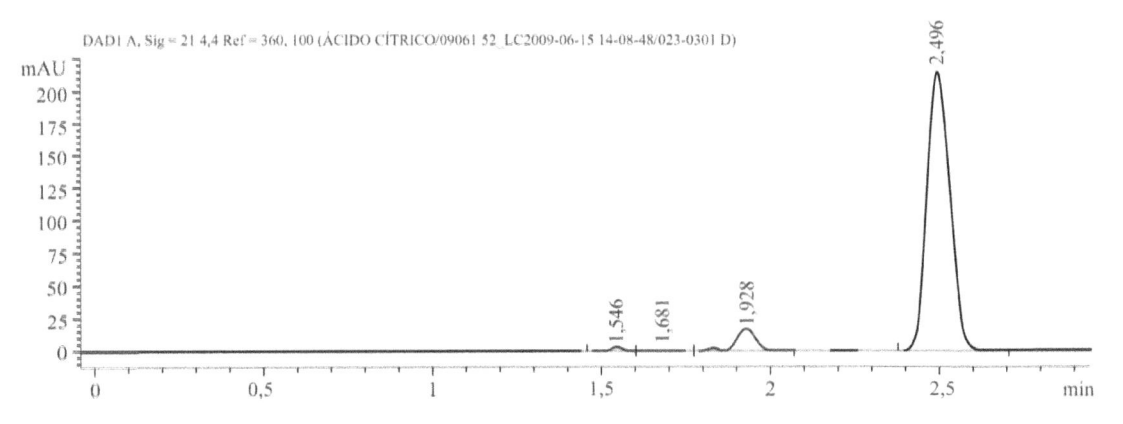

Figura 21.30 Cromatograma da solução de ácido cítrico obtida após a etapa de regeneração com ácido sulfúrico.

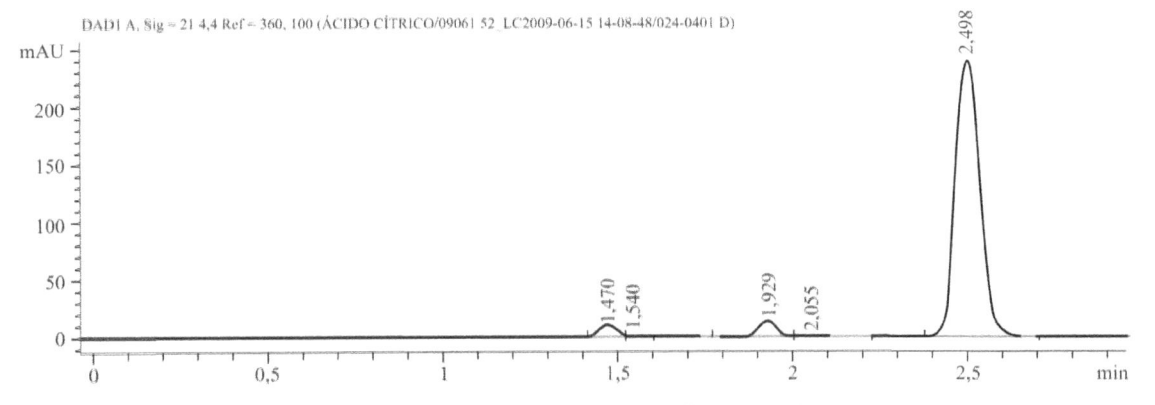

Figura 21.31 Cromatograma da solução de ácido cítrico obtida após a etapa de tratamento com carvão ativo.

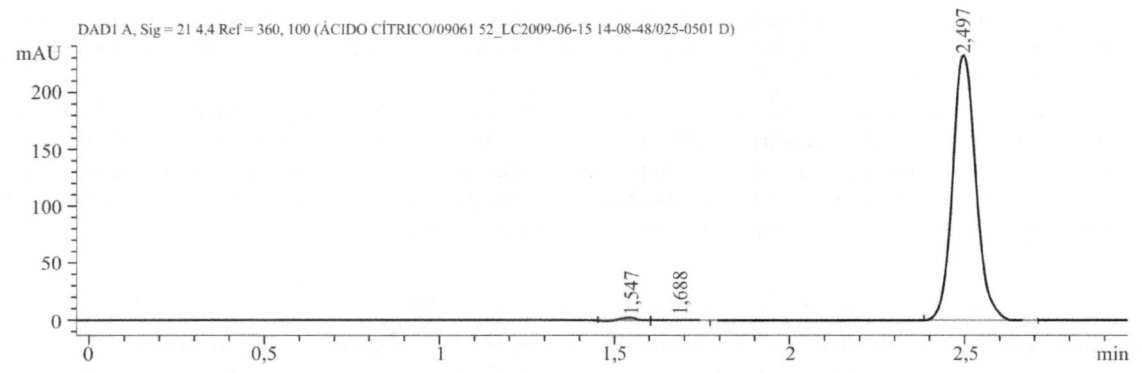

Figura 21.32 Cromatograma da solução de ácido cítrico obtida com cristais do processo de cristalização em leito vibrado.

Tabela 21.11 Áreas correspondentes aos picos detectados no cromatograma do suco de limão Tahiti (Figura 21.29)

t [min]	ÁREA CROMATOGRÁFICA [%]
1,537	3,03
1,628	1,77
1,929	12,94
2,054	1,25
2,213	1,16
2,508	72,66
2,754	0,69
3,161	4,32
3,414	0,63
3,878	1,53

Tabela 21.12 Áreas correspondentes aos picos detectados no cromatograma da solução de ácido cítrico obtida após a etapa de regeneração com ácido sulfúrico (Figura 21.30)

t [min]	ÁREA CROMATOGRÁFICA [%]
1,546	1,32
1,681	0,92
1,928	6,75
2,496	91,01

Tabela 21.13 Áreas correspondentes aos picos detectados no cromatograma da solução de ácido cítrico obtida após a etapa de tratamento com carvão ativo (Figura 21.31)

t [min]	ÁREA CROMATOGRÁFICA [%]
1,470	2,80
1,540	0,70
1,929	4,78
2,055	1,33
2,498	90,39

Tabela 21.14 Áreas correspondentes aos picos detectados no cromatograma da solução de ácido cítrico obtida com cristais do processo de cristalização em leito vibrado (Figura 21.32)

t [min]	ÁREA CROMATOGRÁFICA [%]
1,547	1,40
1,688	1,10
2,487	97,49

Após a extração, sem ser submetido a qualquer tratamento, o suco de limão apresentou uma concentração de 72,66 % de ácido cítrico (Figura 21.29 e Tabela 21.11). Após as etapas de centrifugação, filtração, precipitação e recuperação, a pureza aumentou para 91,01 % (Figura 21.30 e Tabela 21.12), enquanto após a descoloração com carvão ativo esse valor foi reduzido para 90,39 % (Figura 21.31 e Tabela 21.13), o que pode ser atribuído ao fato de que constituintes do carvão terem contaminado a solução. Finalmente, após cristalização do ácido cítrico na solução clarificada, a pureza alcançou 97,49 % (Figura 21.32 e Tabela 21.14), a qual é superior ao valor apresentado pelo ácido cítrico comercial (95,99 %) que foi usado para semeadura na cristalização.

21.8.3 Aplicação na cristalização de lactose

O principal carboidrato do leite é a lactose ($C_{12}H_{22}O_{11}$), um dissacarídeo constituído por glicose e galactose conectadas por ligação glicosídica β(1,4) e existe naturalmente na forma de dois isômeros: α-lactose e β-lactose (Figura 21.33).

A lactose possui baixa solubilidade em água: 70 g · L^{-1} para a α-lactose e 500 g · L^{-1} para a β-lactose, a 20 °C. No equilíbrio, a proporção entre os isômeros é de α/β = 1/1,6 e a solubilidade total é de 180 g · L^{-1} a 20 °C. Apesar da maior proporção da forma β, a forma α é a que cristaliza em alimentos de umidade intermediária, em razão de sua menor solubilidade. Durante a cristalização da forma α, a β-lactose permanece em solução e converte-se lentamente na forma α até que a solução se torne saturada.

Em temperaturas menores do que 93,5 °C, é a α-lactose que cristaliza, enquanto acima dessa temperatura cristaliza a β-lactose. A α-lactose cristaliza como mono-hidrato, enquanto a β-lactose forma cristais anidros. Por isso, o rendimento em massa da α-lactose é 5 % maior do que o da β-lactose. A α-lactose na forma de cristais mono-hidratados perde água de cristalização à temperatura de 120 °C.

Quando o leite ou o soro de leite é seco por atomização forma-se lactose amorfa que se mantém estável se o conteúdo de umidade é baixo. Se o conteúdo de umidade aumenta além de 6 % ocorre cristalização da α-lactose na forma hidratada. Cristais de α-lactose anidros em contato com água recristalizam na forma mono-hidratada. Os vários constituintes do leite, proteínas e sais minerais, afetam as características da forma cristalina produzida.

A cristalização de lactose em produtos em pó e sobremesas é fenomenologicamente dependente da temperatura de transição vítrea (T_g), o que governa a mobilidade das moléculas. Em sorvetes, o estado vítreo ocorre durante o rápido res-

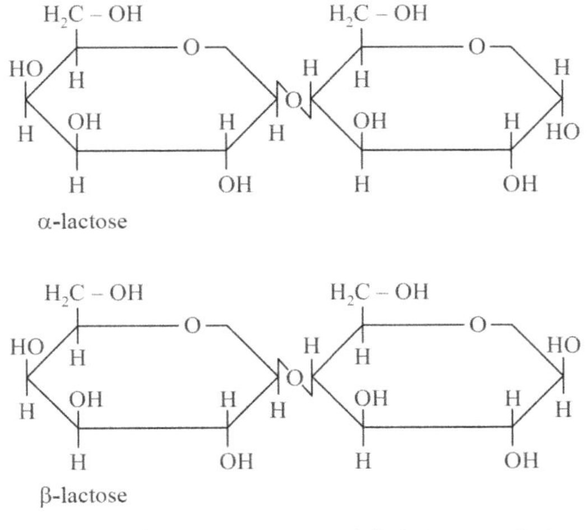

Figura 21.33 Configuração estrutural de isômeros de lactose.

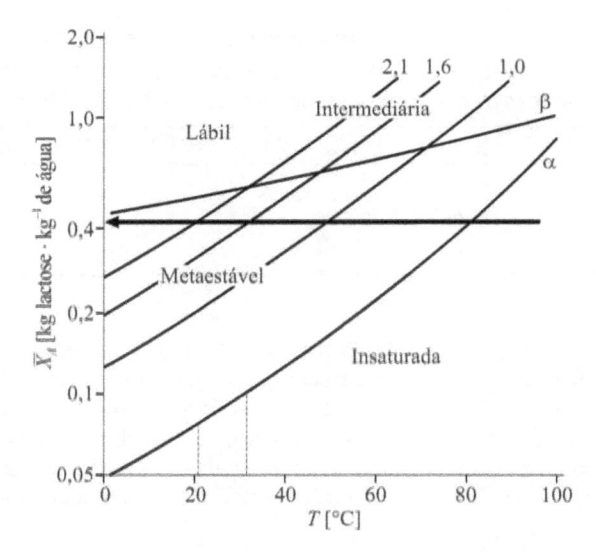

Figura 21.34 Curvas de saturação e de supersaturação para lactose pura e informações do processo.

friamento e estocagem abaixo da temperatura de transição vítrea ($T_g = -30\,°C$). No estado vítreo não ocorre cristalização, pois a mobilidade molecular é extremamente reduzida. Quando a temperatura e/ou o conteúdo de água excedem os valores críticos de transição vítrea, a mobilidade molecular aumenta e ocorre a cristalização.

A cristalização de lactose no leite em pó e em sorvetes é a causa principal de perda de qualidade de produtos. A cristalização gera um defeito conhecido como arenosidade, que é causado pela presença de cristais de lactose de tamanho superior a 16 μm (em quantidade que ultrapassa 4×10^8 cristais $\cdot$ g^{-1}) que são detectados pela língua no céu da boca. No caso do doce de leite é comum a arenosidade tornar-se aparente a partir de 30 dias de estocagem. Cristais menores do que 10 μm são desejados para evitar a percepção da arenosidade e também a sedimentação da lactose. Na fabricação de produtos de leite concentrado, utiliza-se a técnica de semeadura com sementes de lactose de 1 μm a 1,5 μm para controle do tamanho de cristais, de modo a evitar a ocorrência de arenosidade. Uma recomendação é efetuar a semeadura com 0,63 % de lactose em pó na temperatura de 30 °C e efetuar agitação vigorosa por 1 h, seguindo-se resfriamento à temperatura de 18 °C.

A lactose é preparada comercialmente em concentrado de soro de leite. Os cristais são separados por centrifugação como no processo de produção de sacarose. A Figura 21.34 consiste na solubilidade total da lactose com indicações das regiões instável, metaestável, intermediária e lábil.

Na fabricação de doce de leite realizando a semeadura com cristais de lactose de tamanho L_{c0} na proporção X_{c0}, o tamanho máximo esperado para os cristais de lactose é quantificado pela seguinte equação:

$$L_{cf} = 0{,}4106 L_{c0}(X_{c0})^{-1/3}$$ (21.30)

enquanto o número máximo de cristais por unidade de volume pode ser determinado por:

$$n_c = 3{,}78 \times 10^9 \frac{X_{c0}}{L_{c0}^3}$$ (21.31)

em que n_c é o número de cristais por unidade de volume [mm^{-3}]; L_{c0} é dado [μm] e X_{c0} é a fração mássica de sementes de lactose adicionadas no meio de cristalização em [kg $\cdot$ kg^{-1} total].

As Equações 21.30 e 21.31 são empíricas e mais detalhes sobre elas podem ser obtidos em literatura especializada (Fox, 1997). O Exemplo 21.8, mostra como essas equações podem ser aplicadas.

EXEMPLO 21.8

A solubilidade da lactose em doce de leite é $\overline{X}_A^* = 0{,}15$ kg lactose $\cdot$ kg^{-1} água na temperatura de 18 °C. O doce de leite obtido com leite integral possui umidade de 27 g/100 g e teor de lactose de 10,8 g/100 g. Para controle do tamanho dos cristais de lactose de modo a evitar a arenosidade, o doce de leite foi semeado com 0,2 % de pequenos cristais de lactose com tamanho de 1,5 μm. Determine: (i) a massa de cristais de lactose obtida; (ii) a forma isomérica dos cristais produzidos; (iii) o tamanho dos cristais; (iv) o número de cristais formados.

Solução

(i) Base de cálculo: 100 kg de doce de leite

$$\overline{X}_{A0} = \frac{10,8 \text{ kg lactose} \cdot 100 \text{ kg}^{-1} \text{ total}}{27 \text{ kg água} \cdot 100 \text{ kg}^{-1} \text{ total}} = 0,40 \text{ kg lactose} \cdot \text{kg}^{-1} \text{ água}$$

A massa de lactose que irá cristalizar consiste no excesso em relação à saturação, dado por

$$\overline{X}_A - \overline{X}_A^* = (0,40 - 0,15) \text{ kg lactose} \cdot \text{kg}^{-1} \text{ água} = 0,25 \text{ kg lactose} \cdot \text{kg}^{-1} \text{ água}$$

Então, a massa de cristais formada é calculada por um balanço de massa para a lactose (Equação 21.26):

$$m_{cf} = m_B(\overline{X}_{A0} - \overline{X}_{Af}) = m_B(\overline{X}_{A0} - \overline{X}_A^*)$$

Considerando a base de cálculo de 100 kg de doce de leite, a massa total de água é:

$$m_B = 100 \text{ kg total} \times \frac{27 \text{ kg água}}{100 \text{ kg total}} = 27 \text{ kg água}$$

Então

$$m_{cf} = 27 \text{ kg água}(0,40 - 0,15) \text{ kg lactose} \cdot \text{kg}^{-1} \text{ água} = 6,75 \text{ kg lactose}$$

Considerando a massa de sementes adicionada

$$m_{c0} = 0,002 \times 100 \text{ kg total} = 0,2 \text{ kg lactose}$$

a massa de cristais final será efetivamente igual a

$$m_{cf} = 6,75 \text{ kg lactose} + 0,2 \text{ kg lactose} = 6,95 \text{ kg lactose}$$

(ii) No equilíbrio, a proporção entre os isômeros é $\alpha/\beta = 1/1,6$. Usando essa proporção, a massa de α-lactose no doce de leite é:

$$m_\alpha = \frac{1 \text{ kg } \alpha\text{-lactose}}{2,6 \text{ kg lactose}} \times \frac{10,8 \text{ kg lactose}}{100 \text{ kg total}} \times 100 \text{ kg total} = 4,15 \text{ kg } \alpha\text{-lactose anidra}$$

enquanto a massa de β-lactose no doce de leite é:

$$m_\beta = \frac{1,6 \text{ kg } \beta\text{-lactose}}{2,6 \text{ kg lactose}} \times \frac{10,8 \text{ kg lactose}}{100 \text{ kg total}} \times 100 \text{ kg total} = 6,65 \text{ kg } \beta\text{-lactose}$$

Como a solubilidade da α-lactose é de 70 g · kg^{-1} de água e a massa de água presente no doce de leite é igual a 27 kg, a massa de α-lactose dissolvida no doce de leite na saturação será

$$(m_\alpha)_{\text{solução saturada}} = 0,07 \text{ kg } \alpha\text{-lactose} \cdot \text{kg}^{-1} \times 27 \text{ kg água} = 1,89 \text{ kg } \alpha\text{-lactose}$$

Portanto, a massa de α-lactose disponível para cristalização é

$$(m_\alpha)_{\text{cristalizada}} = (4,15 - 1,89) \text{ kg} \cdot \alpha\text{-lactose} = 2,26 \text{ kg} \cdot \alpha\text{-lactose anidra}$$

Sendo a solubilidade da β-lactose igual a 500 g · kg^{-1} de água, a massa de β-lactose necessária para que a fase aquosa do doce de leite atingisse a saturação, será:

$$(m_\beta)_{\text{solução saturada}} = 0,5 \text{ kg } \alpha\text{-lactose} \cdot \text{kg}^{-1} \text{ água} \times 27 \text{ kg água} = 13,5 \text{ kg } \beta\text{-lactose}$$

que é maior do que a quantidade total de lactose no doce de leite. Assim, a β-lactose não irá cristalizar. Após o início da cristalização da α-lactose, a β-lactose irá se converter em α-lactose até que se seja atingido o equilíbrio entre as formas isoméricas e os únicos cristais formados serão de α-lactose mono-hidratada.

Como a forma que se cristaliza é a hidratada, a massa efetiva de cristais é calculada por:

$$m_{cf} = \left(\frac{360 \text{ kg lactose mono-hid.} \cdot \text{kmol}^{-1}}{342 \text{ kg lactose anidra} \cdot \text{kmol}^{-1}} \right) 6,75 \text{ kg lactose anidra} + 0,20 \text{ kg lactose mono-hid.}$$

$$m_{cf} = 7,31 \text{ kg } \alpha\text{-lactose mono-hidratada}$$

(iii) O tamanho dos cristais pode ser calculado pela Equação 21.30:

$$L_{cf} = 0,4106\ L_{c0}(X_{c0})^{-1/3} = 0,4106(1,5\ \mu m)(0,002)^{-1/3} = 4,9\ \mu m$$

(iv) O número de cristais formados é calculado pela Equação 21.31:

$$n_c = 3,78 \times 10^9\ \frac{X_{c0}}{L_{c0}^3} = 3,78 \times 10^9 \times \frac{0,002}{(1,5\ \mu m)^3} = 2,24 \times 10^6\ \text{cristais} \cdot \text{mm}^{-3}$$

Respostas: (i) A massa de cristais de lactose obtida será 6,95 kg; (ii) somente cristalizará a forma isomérica α-lactose; (iii) o tamanho dos cristais será inferior ao limite de 10 μm; (iv) o número de cristais formados será menor do que 4×10^8 cristais $\cdot$ g^{-1}. Portanto, o doce de leite analisado não apresentará o defeito de arenosidade.

21.8.4 Aplicação: cristalização de tartarato de potássio em vinho

O bitartarato de potássio COOK-CHOH-CHOH-COOH (KHT), encontra-se dissolvido no vinho junto com outros sais. A formação do bitartarato ocorre durante a maturação da uva, proveniente do ácido tartárico que reage com potássio que difunde do solo. A concentração de ácido tartárico depende da variedade e cultivar da uva, condições climáticas, tipo de solo, localização e práticas culturais. A solubilidade do KHT em água na temperatura de 20 °C é de 4,92 g $\cdot$ L^{-1}. A porcentagem de tartarato em uva na forma de bitartarato de potássio é máxima em pH 3,7.

Os vinhos suportam supersaturação acentuada de KHT por causa da formação de complexos dos íons do sal com constituintes do vinho como metais, sulfatos, proteínas, gomas e polifenóis. Os pigmentos do vinho tinto frequentemente formam complexos com o ácido tartárico. Quando ocorre oxidação do vinho ocorre polimerização de pigmentos e a precipitação de KHT. Carboximetilcelulose (CMC), pectina de maçã e taninos podem inibir a formação de cristais. A complexidade das influências faz com que os vinhos tenham comportamentos peculiares.

Durante a fermentação do mosto em vinho produz-se etanol, o que diminui a solubilidade do KHT, e o vinho se torna supersaturado, possibilitando a ocorrência de precipitados desse sal. Esse fenômeno depende de fatores como temperatura, teor alcoólico, teor de coloides protetores e presença de núcleos de cristalização. Os cristais formados são inócuos para a saúde, mas quando se desenvolvem na garrafa prejudicam a apresentação dos vinhos comercializados. Em vinhos com grau alcoólico de 12 °GL (graus Gay-Lussac, que corresponde à porcentagem em volume) a solubilidade do KHT é de 2,77 g $\cdot$ L^{-1} a 20 °C; a 15 °C é de 2,40 g $\cdot$ L^{-1}; a 10 °C, 1,81 g $\cdot$ L^{-1}; a 2 °C, 1,36 g $\cdot$ L^{-1} e a –2 °C é de 1,28 g $\cdot$ L^{-1}.

Para evitar depósitos cristalinos na parede das garrafas de vinho, antes do engarrafamento a temperatura do vinho é diminuída e adicionam-se cristais de bitartarato de potássio. Existem várias possibilidades, por exemplo, adição de cristais com tamanho inferior a 60 μm, na proporção de cerca de 0,1 g $\cdot$ L^{-1} em temperatura da ordem de –4 °C; outra alternativa é a adição de 4 g $\cdot$ L^{-1} de cristais com tamanho de 40 μm na temperatura de 0 °C. Efetua-se agitação eficaz por 1 a 2 h para que os cristais cresçam e efetua-se a separação do vinho por centrifugação. A Figura 21.35 mostra um dispositivo de cristalização usado nesse processo.

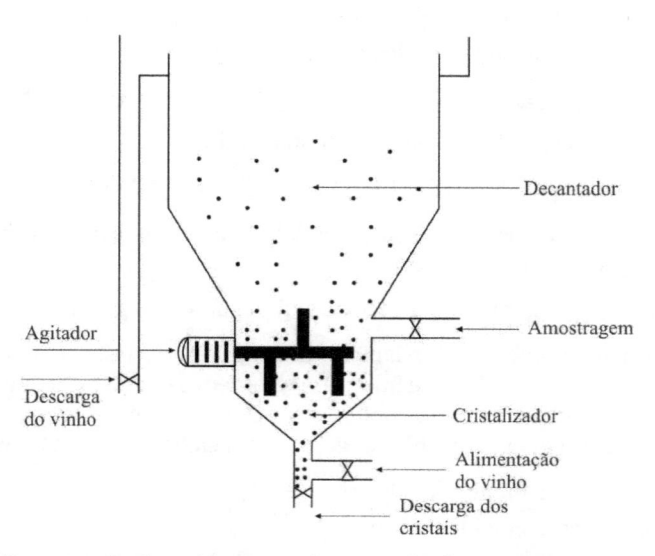

Figura 21.35 Esquema de dispositivo para efetuar a cristalização do tartarato de potássio.

Tabela 21.15 Temperatura de resfriamento do vinho
para cristalização do tartarato de potássio

TEOR ALCOÓLICO [°GL]	T [°C]
12,0	–5,20
12,5	–5,45
13,0	–5,70

Se a temperatura do vinho é menor, não é necessário usar sementes de tartarato de potássio, pois ocorre nucleação espontânea, evitando-se assim o contato com material externo ao vinho. A temperatura próxima do congelamento de um vinho pode ser obtida com o uso da Equação 21.32:

$$T = \frac{-(\text{Teor alcoólico} - 1)}{2} \tag{21.32}$$

sendo o teor alcoólico expresso em base volumétrica (°GL). Na prática, a temperatura de resfriamento do vinho em função da porcentagem volumétrica de etanol é indicada na Tabela 21.15.

Se a temperatura do vinho é menor que a de congelamento, formam-se cristais de gelo e a concentração de tartarato de potássio aumenta, aumentando a supersaturação. Após a cristalização do KHT, o gelo é fundido em um trocador de calor, sendo o vinho centrifugado para separação dos cristais de KHT.

EXEMPLO 21.9

Vinho tinto a 30 °C, com teor alcoólico de 12 °GL, possui um teor de 2,8 g · L⁻¹ de bitartarato de potássio (KHT). O vinho é resfriado até a temperatura de –5,2 °C e adicionam-se cristais de KHT com tamanho médio de 60 μm na proporção de 0,1 kg · m⁻³ de vinho. O tempo de cristalização é de 3 h e a concentração final de KHT é 5 % superior à de saturação. Determine: (i) o tamanho e a massa de cristais formados por unidade de volume de vinho processado; (ii) o tempo requerido para sedimentação dos cristais usando um cristalizador do tipo mostrado na Figura 21.35, com altura total de 2 m.

Dados: viscosidade do vinho, $\mu = 3$ mPa · s; densidade do vinho, $\rho_B = 1000$ kg · m⁻³; densidade do KHT, $\rho_A = 1250$ kg · m⁻³.

Solução

(i) Os dados de solubilidade de KHT em vinho, apresentados anteriormente, podem ser correlacionados pela equação:
$c_A^* = (0{,}756 - 0{,}0208T)^{-1}$

em que c_A^* é a concentração de KHT, em g · L⁻¹ vinho, na condição de saturação e T é a temperatura do vinho [°C].

O teor inicial de KHT no vinho é igual a 2,8 g · L⁻¹, que pode ser convertido para razão mássica usando-se a densidade do vinho

$$\overline{X}_{A0} = \frac{2{,}8 \text{ g KHT} \cdot \text{L}^{-1} \text{ vinho}}{1000 \text{ kg} \cdot \text{m}^{-3} \text{ vinho}} \times \frac{1 \text{ kg}}{1000 \text{ g}} \times \frac{1000 \text{ L}}{1 \text{ m}^3} = 2{,}8 \times 10^{-3} \text{ kg KHT} \cdot \text{kg}^{-1} \text{ vinho}$$

Usando a equação de ajuste, obtém-se a solubilidade do KHT no vinho a ⁻5,2°C

$$c_A^* = \left[0{,}756 - 0{,}0208 \times (-5{,}2)\right]^{-1} = 1{,}16 \text{ g KHT} \cdot \text{L}^{-1} \text{ vinho}$$

e, convertendo para razão mássica

$$\overline{X}_A^* = \frac{1{,}16 \text{ g KHT} \cdot \text{L}^{-1} \text{ vinho}}{1000 \text{ kg} \cdot \text{m}^{-3} \text{ vinho}} \times \frac{1 \text{ kg}}{1000 \text{ g}} \times \frac{1000 \text{ L}}{1 \text{ m}^3} = 1{,}16 \times 10^{-3} \text{ kg KHT} \cdot \text{kg}^{-1} \text{ vinho}$$

Como a concentração final de KHT no vinho é 5 % superior à de saturação

$$\overline{X}_{Af} = 1{,}05\overline{X}_A^* = 1{,}05 \times 1{,}16 \times 10^{-3} \text{ kg KHT} \cdot \text{kg}^{-1} \text{ vinho} = 1{,}22 \times 10^{-3} \text{ kg KHT} \cdot \text{kg}^{-1} \text{ vinho}$$

e a massa de KHT que cristaliza é dada por

$$\overline{X}_{A0} - \overline{X}_{Af} = (2{,}8 \times 10^{-3} - 1{,}22 \times 10^{-3}) \text{ kg KHT} \cdot \text{kg}^{-1} \text{ vinho} = 1{,}58 \times 10^{-3} \text{ kg KHT} \cdot \text{kg}^{-1} \text{ vinho}$$

Tomando como base de cálculo 1 m³ (equivalente a 1000 kg) de vinho e lembrando que são adicionadas sementes de cristais de KHT na proporção de 0,1 kg · m⁻³ de vinho, a razão mássica de cristais final é

$$\bar{X}_{cf} = 0{,}1 \text{ kg} \cdot \text{m}^{-3} \text{ vinho} \times \frac{1 \text{ m}^3}{1000 \text{ kg}} + 1{,}58 \times 10^{-3} \text{ kg} \cdot \text{kg}^{-1} \text{ vinho} = 1{,}68 \times 10^{-3} \text{ kg KHT} \cdot \text{kg}^{-1} \text{ vinho}$$

e a massa de cristais final é

$$m_{cf} = 1000 \text{ kg vinho} \times 1{,}68 \times 10^{-3} \text{ kg KHT} \cdot \text{kg}^{-1} \text{ vinho} = 1{,}68 \text{ kg KHT}$$

O tamanho final dos cristais pode ser determinado pela Equação 21.9, a partir do tamanho médio das sementes, $L_{c0} = 60$ μm e da massa inicial de sementes:

$$m_{c0} = 0{,}1 \text{ kg KHT}$$

$$L_{cf} = L_{c0} \left(\frac{m_{cf}}{m_{c0}} \right)^{1/3} = 60 \ \mu\text{m} \left(\frac{1{,}68 \text{ kg KHT}}{0{,}1 \text{ kg KHT}} \right)^{1/3} = 154 \ \mu\text{m}$$

Os cristais de bitartarato de potássio tiveram aumento de tamanho de 2,6 vezes o das sementes.
(ii) A velocidade terminal dos cristais pode ser calculada pela Lei de Stokes, aplicável ao escoamento em regime laminar (Equação 6.29, Capítulo 6)

$$v_t = \frac{(\rho_P - \rho)g D_P^2}{18 \ \mu} = \frac{(1250 \text{ kg} \cdot \text{m}^{-3} - 1000 \text{ kg} \cdot \text{m}^{-3})(9{,}8 \text{ m} \cdot \text{s}^{-2})(1{,}54 \times 10^{-4} \text{ m})^2}{18(3 \times 10^{-3} \text{ Pa} \cdot \text{s})} = 0{,}0011 \text{ m} \cdot \text{s}^{-1}$$

A verificação do regime de escoamento resulta em

$$N_{Re,P} = \frac{\rho_f v_t D_P}{\mu} = \frac{1000 \text{ kg} \cdot \text{m}^{-3} \times 0{,}0011 \text{ m} \cdot \text{s}^{-1} \times 1{,}54 \times 10^{-4} \text{ m}}{3 \times 10^{-3} \text{ Pa} \cdot \text{s}^{-1}} = 0{,}056 \leq 1$$

O que confirma que o escoamento ocorre em regime laminar e a equação de Stokes aplica-se à situação. O tempo de sedimentação pode ser calculado por

$$t = \frac{H_{\text{cristalizador}}}{v_t} = \frac{2 \text{ m}}{0{,}0011 \text{ m} \cdot \text{s}^{-1}} = 1.819 \text{ s}$$

Respostas: (i) O tamanho e a massa de cristais formados por unidade de volume de vinho processado serão respectivamente: 1,68 kg KHT e 154 μm; (ii) o tempo requerido para sedimentação dos cristais deverá ser de no mínimo 30 min.

21.9 EXERCÍCIOS

1. No processamento de lactose, se o cristalizador opera a 40 °C e com concentração de 50 g/100 g de solução, pode-se esperar que (selecionar a alternativa correta):

   a) os cristais se desenvolvam com alta taxa de crescimento;
   b) é necessário refrigerar e agitar o meio de cristalização para evitar que o crescimento dos cristais seja reduzido por causa do calor de cristalização;
   c) gradativamente deve-se repor a solução de lactose, pois à medida que os cristais crescem ocorre esgotamento de lactose na solução;
   d) as condições operacionais não são adequadas e deve acontecer nucleação primária;
   e) se não existirem sementes de lactose no meio de cristalização não ocorre formação de cristais e a solução permanece homogênea.

   [**Resposta:** d]

2. O fabricante de equipamentos para processamento de chocolate "K&Kurt Makina" descreve as vantagens de um equipamento em catálogo técnico: 1) distribuição homogênea de sementes em forma de cristais estáveis; 2) aumento da vida útil de prateleira e brilho excepcional pela presença expressiva de cristais estáveis; 3) melhoria da resistência ao calor do chocolate. Essa descrição corresponde a um equipamento a ser utilizado na (selecionar a alternativa correta):

a) fermentação
b) moagem
c) refinação
d) conchagem
e) temperagem

[**Resposta:** e]

3. Na rotulagem de chocolates insere-se a recomendação: "conservar em local fresco, seco e inodoro". Os distribuidores e os consumidores, ao seguirem a orientação, evitam (selecionar a alternativa correta):

a) a ocorrência de eflorescência do chocolate;
b) a formação de cristais na forma polimórfica β-hidratada;
c) a gelatinização dos grânulos amido que ficam envolvidos pela manteiga de cacau no chocolate;
d) a adsorção de água na área da superfície do chocolate o que é responsável pela ofuscação do brilho;
e) a dissolução das camadas externas do chocolate não gerando textura pegajosa.

[**Resposta:** a]

4. Determine os parâmetros (a, b, c e d) de uma equação polinomial de grau 3, a partir do ajuste aos dados experimentais de solubilidade do ácido cítrico em água apresentados na Tabela 21.2. No ajuste, use solubilidade ($kg \cdot kg^{-1}$ de água) em função da temperatura (°C). Utilize a equação: $\bar{X}_A^* = a + bT + cT^2 + dT^3$.

[**Resposta:** $\bar{X}_A^* = 9{,}12 \times 10^{-1} + 3{,}49 \times 10^{-2}T - 2{,}88 \times 10^{-4}T^2 + 3{,}72 \times 10^{-6}T^3$]

5. Utilizando a equação de predição da solubilidade do ácido cítrico em água obtida no Exercício 21.4, calcule a supersaturação relativa (S) de uma solução de ácido cítrico em um cristalizador que opera a 55 °C, nas seguintes temperaturas iniciais de saturação: (i) 59,5 °C; (ii) 62,3 °C; (iii) 65,0 °C.

[**Resposta:** (i) $S = 1{,}07$; (ii) $S = 1{,}11$; (iii) $S = 1{,}16$]

6. Foram realizados quatro ensaios de cristalização de ácido cítrico em leito vibrado utilizando um cristalizador em batelada com semeadura. A tabela a seguir apresenta as velocidades de crescimento linear dos cristais e as supersaturações obtidas em função do tempo de cristalização.

Velocidades de crescimento linear (Gc), e supersaturação ($\Delta\bar{X}_A$), em função do tempo de cristalização (t)

ENSAIO	t [s]	$G_c \times 10^{-8}$ [m · s^{-1}]	$\Delta\bar{X}_A$ [kg ácido · kg^{-1} H$_2$O]
1	1800	4,92	0,15
2	3600	4,58	0,11
3	5400	2,99	0,09
4	7200	2,10	0,07

Utilizando o modelo apresentado pela equação:

$$G_c = \frac{M_{MA}\lambda_A}{3\lambda_v\rho_P} K_{\bar{X}}(\Delta\bar{X}_A)^g$$

e considerando para os cristais de ácido cítrico os fatores de forma $\lambda_v = 0{,}5899$ e $\lambda_A = 6{,}2197$ e a densidade $\rho = 1665\ kg \cdot m^{-3}$, determine: (i) o coeficiente de transferência de massa ($K_{\bar{X}}$); (ii) a ordem da cinética de crescimento (g).

[**Resposta:** (i) $K_{\bar{X}} = 2{,}38 \times 10^{-4}\ kg \cdot m^{-2} \cdot s^{-1}$; (ii) $g = 1{,}17$]

7. Calcular a massa teórica de cristais puros de sacarose que pode ser obtida a partir de 100 kg de solução saturada na temperatura de 70 °C que foi resfriada até 10 °C.

[**Resposta:** $m_{ct} = 32{,}27\ kg$]

8. Calcular a massa teórica de cristais puros de ácido cítrico que pode ser obtida de 100 kg de solução saturada na temperatura de 60 °C que foi resfriada até 55 °C.

[**Resposta:** $m_{ct} = 5{,}04\ kg$]

9. Calcular a massa teórica de cristais puros de ácido cítrico que pode ser obtida de 100 kg de solução supersaturada na temperatura de 80 °C que foi resfriada até 10 °C. Sabe-se que a 10 °C o ácido cítrico cristaliza na forma mono-hidratada (quando a temperatura é maior do que 36,6 °C o ácido cristaliza na forma anidra).

[**Resposta:** m_{ct} = 66,22 kg]

10. Vinho tinto a 30 °C e com teor alcoólico de 12 °GL possui 2,8 g de $C_4H_5O_6K \cdot L^{-1}$ de vinho. O vinho é resfriado até −7,0 °C e ocorre formação de 15 g de gelo/100 g de solução em solução. Nessa condição adicionam-se cristais de bitartarato de potássio com tamanho médio de 60 μm na proporção de 0,1 kg $\cdot$ m^{-3} de vinho. A solubilidade do bitartarato de potássio se reduz em 20 % por causa do aumento do teor alcoólico com a formação de gelo. O tempo de cristalização é de 3 h e a concentração final de bitartarato é 10 % superior à de saturação. Quantificar: (i) a massa e o tamanho dos cristais formados por m^3 de vinho processado; (ii) a concentração de bitartarato de potássio no vinho após a fusão do gelo e a centrifugação dos cristais.
Dado: densidade do vinho = 1000 kg $\cdot$ m^{-3}.

[**Resposta: (i)** m = 1,92 kg, L = 161 μm; (ii) X = 0,000980 kg KHT $\cdot$ kg^{-1} vinho]

21.10 BIBLIOGRAFIA RECOMENDADA

BECKETT, S. T. *Fabricación y utilización industrial del chocolate*. Zaragoza: Acribia, 1994. 432 p.

BESSA, J. A. de A. *Cristalização de ácido cítrico*: influência da agitação com paleta rotativa e com discos vibrados. Dissertação (Mestrado em Engenharia Química), Universidade Federal de Uberlândia, Uberlândia, 2001. 93 p.

CHEN. J. C. P.; CHOU, C. C. *Cane sugar handbook*. 12. ed. Nova York: John Wiley, 1993. 1089 p.

DALMAN, L. H. The solubility of citric and tartaric acids in water. *Partial molal volume of potassium salts*, v. 59, p. 2547-2549, 1937.

DAVID, R.; VILLERMAUX, J.; MARCHAL, P.; KLEIN, J. P. Crystallization and precipitation engineering: kinetics model of adipic acid crystallization. *Chemical Engineering Science*, v. 46, n. 4, p. 1129-1136, 1991.

ECCLES, E. R. A. *Flow and heat transfer phenomena in aerated vibrated beds*. Tese (Doutorado em Engenharia Química), McGill University, Montreal, 1990. 202 p.

FEDYUSHKIN, A. I.; BOURAGO, N. G.; POLEZHAEV, V. I.; ZHARIKOV, E. V. Influence of vibrations on heat and mass transfer during crystal growth in ground-based and microgravity environments. In: 2nd PAN PACIFIC BASIN WORKSHOP ON MICROGRAVITY SCIENCES. *Anais...*, 2001.

FINZER, J. R. D. *Desenvolvimento de um secador de leito vibrojorrado*. Tese (Doutorado em Engenharia de Alimentos), Universidade Estadual de Campinas, Campinas, 1989. 257 p.

_____. *Secagem de fatias de cebola em leito vibrofluidizado*. Dissertação (Mestrado em Engenharia de Alimentos), Universidade Estadual de Campinas, Campinas, 1984. 134 f.

_____; KIECKBUSCH, T. G. Secagem em sistemas com vibração. In: FREIRE, J. T.; SARTORI, D. J. M. *Tópicos especiais em secagem*. São Carlos: UFSCar, 1992. v. 1, p. 87-127.

FOX, P. F. *Advanced dairy chemistry*: lactose, water, salts and vitamins. 2. ed. Londres: Chapman & Hall, 1997. 421 p.

FREITAS, A. O. *Secagem de café em múltiplas bandejas vibradas com recirculação*. Dissertação (Mestrado em Engenharia Química), Universidade Federal de Uberlândia, Uberlândia, 1998. 105 p.

HARRISON, R. G.; TODD, P.; RUDGE, S. R.; PETRIDES, D. P. *Bioseparations science and engineering*. 1. ed. Nova York: Oxford University Press, 2003. 406 p.

HUGOT, E. *Handbook of cane sugar engineering*. 3. ed. Amsterdã: Elsevier, 1986. 1166 p.

JENKINS, G.H. *Introduction to cane sugar technology*. Amsterdã: Elsevier, 1966. 478 p.

KEEY, R. B. *Drying*: principles and practice. Oxford: Pergamon, 1978. 358 p.

KIRK, R. E.; OTHMER, D. F.; GRAYSON, M.; ECKROTH, D. *Kirk-othmer encyclopedia of chemical technology*. 1. ed. Nova York: John Wiley & Sons, 1979. v. 6, 869 p.

LAGUERIE, C.; AUBRY, M.; COUDERC, J-P. Some physicochemical data on monohydrate citric acid solutions in water: solubility, density, viscosity, diffusivity, pH of standard solution, and refractive index. *Journal of Chemical and Engineering Data*, v. 21, n. 1, p. 85-87, 1976.

MALAGONI, R. A. *Cristalização de ácido cítrico em leito vibrado*. Tese (Doutorado em Engenharia Química), Universidade Federal de Uberlândia, Uberlândia, 2010. 297 p.

_____; SOUSA JR., A. C. G. de; FINZER, J. R. D. Cristalização em leito vibrado do ácido cítrico da lima ácida Tahiti. In: CONGRESSO BRASILEIRO DE ENGENHARIA QUÍMICA, 17.; CONGRESSO BRASILEIRO DE TERMODINÂMICA APLICADA, 4. Recife. *Anais....* Recife: UFPE, 2008. CD-Rom.

MARISON, I. W. Citric acid production. In: SCRAGG, A. *Biotechnology for engineers biological systems in technological processes.* 1. ed. Inglaterra: Ellis Harwood Limited, 1988. p. 232-334.

MCCABE, W. L.; SMITH, J. C.; HARRIOTT, P. *Unit operations of chemical engineering.* 5. ed. Nova York: McGraw-Hill, 1993. 1130 p.

MORAIS, A. dos S. *Cristalização de ácido cítrico*: otimização operacional. Dissertação (Mestrado em Engenharia Química), Universidade Federal de Uberlândia, Uberlândia, 2007. 95 f.

_____; FINZER, J. R. D.; LIMAVERDE, J. R. Cristalização de ácido cítrico: otimização operacional. *Brazilian Journal of Food Technology*, v. 11, n. 4, p. 313-321, 2008.

MULLIN, J. W. *Crystallization.* 4. ed. Oxford: Butterworth-Heinemann, 2001. 594 p.

NORRISH, R. S. Selected tables of physical properties of sugar solutions. *The British Food Manufac. Ind. Research Assoc.*, Londres, v. 51, p. 57-59, jul. 1967.

NÝVLT, J. *Industrial crystallisation from solutions.* 1. ed. Londres: Butterworths & Co (Publishers) Ltd, 1971. 189 p.

_____; HOSTOMSKÝ, J.; GIULIETTI, M. *Cristalização.* 1. ed. São Carlos: EdUFSCar/IPT, 2001. 160 p.

PAYNE, J. H. *Operações unitárias na produção de açúcar de cana.* São Paulo: Nobel, 1989. 245 p.

PEREIRA, A. G. *Cristalização de sacarose em leito vibrojorrado.* Dissertação (Mestrado em Engenharia Química), Universidade Federal de Uberlândia, Uberlândia, 1997. 144 f.

RANDOLPH, A. D.; LARSON, M. A. *Theory of particulate process*: analysis and techniques of continuous crystallization. 2. ed. San Diego: Academic Press, 1988. 369 p.

REIN, P. *Cane sugar engineering.* Berlim: Bartens, 2007. 768 p.

SFREDO, M. A. *Estudo da dispersão na secagem de frutos de café em secador de bandejas vibradas.* Tese (Doutorado em Engenharia Química), Universidade Federal de Uberlândia, Uberlândia, 2006. 319 f.

_____. *Secagem de café para obtenção de bebidas finas.* Dissertação (Mestrado em Engenharia Química), Universidade Federal de Uberlândia, Uberlândia, 2002. 197 f.

THOMAS, B.; LIU, Y. A.; CHAN, R.; SQUIRES, A. M. A method for observing phase-dependent phenomena in cyclic systems: application to study of dynamics of vibrated beds of granular solids. *Powder Technology*, v. 52, p. 77-92, 1987.

THOMSON, W. T.; DAHLEH, M. D. *Theory of vibration with applications.* 5. ed. Nova Jersey: Prentice-Hall, 1998. 524 p.

22

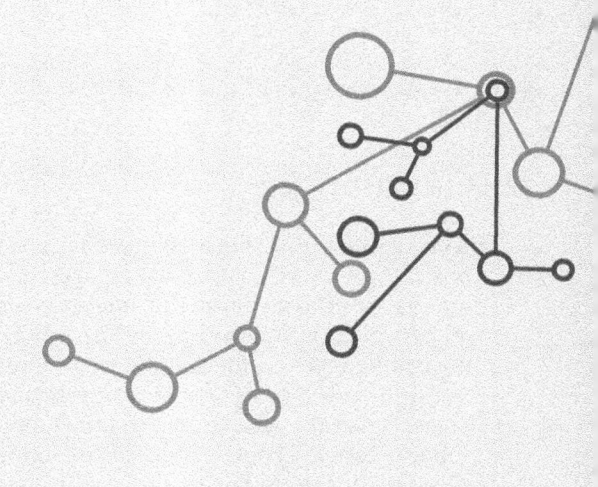

DESTILAÇÃO

Eduardo Augusto Caldas Batista*
Roberta Ceriani*
Antonio José de Almeida Meirelles*
Fábio Rodolfo Miguel Batista**

* Universidade Estadual de Campinas (Unicamp).

** Universidade de São Paulo (USP).

22.1 INTRODUÇÃO

A destilação é um método de separação ou purificação de componentes de uma mistura com base na diferença de composição que se estabelece entre as fases quando uma fase vapor é gerada pela vaporização parcial de uma mistura em fase líquida. No caso da destilação, todos os componentes estarão presentes em ambas as fases. Diferentemente da absorção ou dessorção, em que a segunda fase é formada pela adição de um novo componente, ou da evaporação, na qual somente um componente, conhecido como solvente pode ser completamente vaporizado de uma solução, na destilação a segunda fase é formada a partir da solução que se quer separar pela adição ou retirada de calor, ou seja, por vaporização ou condensação. Dessa maneira, se uma mistura líquida binária for parcialmente vaporizada pela adição de calor, uma segunda fase vapor se formará com composição diferente da original e da fase líquida remanescente e, portanto, certo grau de separação será atingido. Se sucessivas evaporações e condensações forem repetidas, é possível a separação dos dois componentes. Assim, para que o uso de destilação seja possível, os componentes da mistura devem se volatilizar de modo diferente.

A aplicação da destilação depende da compreensão do equilíbrio líquido-vapor das misturas de interesse. Para isso, este capítulo apresenta os cálculos de equilíbrio líquido-vapor e os vários comportamentos das misturas. Alguns equipamentos e modos de operação para destilação em batelada, batelada com refluxo e destilação contínua, serão apresentados na sequência. Em uma segunda parte serão apresentados os balanços de massa e condições de equilíbrio para destilação em batelada e o método gráfico de McCabe-Thiele para destilação binária contínua. Para casos de destilação multicomponente, serão discutidas em detalhes as equações para balanço de massa global e por componente, de energia e condição de equilíbrio, além de sugestão de solução do sistema de equações. Alguns exemplos ilustrativos serão propostos para complementar a compreensão dos assuntos abordados ao longo do capítulo.

22.2 EQUILÍBRIO LÍQUIDO-VAPOR (ELV)

Na simulação de processos que envolvem o contato direto entre as fases líquida e vapor, há a necessidade do conhecimento do equilíbrio entre essas fases. Como não é possível a determinação experimental de todos os dados necessários aos estudos de interesse, torna-se imprescindível o uso de equações ou modelos matemáticos que permitam a correta interpolação e extrapolação desses dados.

Para que se estabeleça o equilíbrio líquido-vapor, é necessário que haja igualdade das temperaturas e das pressões das fases, isto é, que haja equilíbrio térmico e mecânico, respectivamente, além da igualdade das fugacidades, $\hat{f}_i$ [Pa], de cada componente nas fases líquido e vapor, da seguinte forma:

$$\hat{f}_i^L = \hat{f}_i^V \tag{22.1}$$

em que o subscrito i refere-se ao componente e os sobrescritos L e V às fases líquida e vapor, respectivamente.

A fugacidade do componente i na fase líquida, $\hat{f}_i^L$, pode ser expressa como:

$$\hat{f}_i^L = x_i \gamma_i f_i^o \tag{22.2}$$

em que x_i é a fração molar do componente i na fase líquida, γ_i é o coeficiente de atividade do componente i, variável que reflete o desvio do comportamento ideal de uma mistura na fase líquida, e $\hat{f}_i^o$ é a fugacidade do componente i no estado padrão (25 °C e 101,3 kPa).

A fugacidade do componente i na fase vapor, $\hat{f}_i^V$, é dada por:

$$\hat{f}_i^V = \hat{\phi}_i y_i P \tag{22.3}$$

em que $\hat{\phi}_i$ é o coeficiente de fugacidade do componente i, uma variável que reflete o desvio do comportamento de gás ideal da fase vapor, y_i é a fração molar do componente i na fase vapor e P é a pressão total do sistema [Pa].

A fugacidade do componente i no estado-padrão, f_i^o, é a fugacidade de um líquido puro contendo somente moléculas do composto i à temperatura e pressão do sistema e pode ser dada por:

$$f_i^o = P_{vi} \phi_i^* \exp \int_{P_{vi}}^{P} \left(\frac{\tilde{V}_i^L}{RT} \right) dP \tag{22.4}$$

em que P_{vi} é a pressão de vapor do composto i puro na temperatura do sistema [Pa], ϕ_i^* é o coeficiente de fugacidade do composto i puro na condição de equilíbrio (equilíbrio líquido-vapor) e o termo exponencial é o fator de Poynting. No fator de Poynting, $\tilde{V}_i^L$ representa o volume molar do líquido i [m³ · mol⁻¹], R é a constante universal dos gases [8,314 J · mol⁻¹ · K⁻¹], e T, a temperatura absoluta [K]. Esse termo expressa a influência da pressão na fugacidade da fase líquida. Em baixas temperaturas, o líquido é aproximadamente incompressível, o efeito da pressão é negligenciável e o valor do fator de Poynting é muito próximo à unidade. Levando isso em consideração, a equação para cálculo do equilíbrio de fases pode ser expressa da seguinte forma:

$$\hat{\phi}_i y_i^* P = x_i \gamma_i P_{vi} \phi_i^* \tag{22.5}$$

em que o símbolo y_i^* indica se tratar da fração molar do componente i na fase vapor que se encontra em equilíbrio com a fase líquida na qual a fração molar do componente i é x_i.

A Equação 22.5 é usada na maioria dos casos de destilação de interesse na área de alimentos.

O grau de separação obtido pela destilação depende da volatilidade de cada componente presente na mistura. A volatilidade de cada componente em uma mistura multicomponente pode ser avaliada pela sua constante de equilíbrio, também conhecida como coeficiente de distribuição, K_i, definida como:

$$K_i = \frac{y_i^*}{x_i} = \frac{\gamma_i P_{vi} \phi_i^*}{\hat{\phi}_i P} \tag{22.6}$$

A diferença de volatilidade entre dois componentes pode ser avaliada pela volatilidade relativa do componente leve i em relação ao componente pesado j representado pela variável α_{ij} e calculada como a relação entre as constantes de equilíbrio de ambos os componentes:

$$\alpha_{ij} = \frac{K_i}{K_j} = \frac{\left(\dfrac{y_i^*}{x_i}\right)}{\left(\dfrac{y_j^*}{x_j}\right)} = \frac{\dfrac{\gamma_i P_{vi} \phi_i^*}{\hat{\phi}_i}}{\dfrac{\gamma_j P_{vj} \phi_j^*}{\hat{\phi}_j}} \tag{22.7}$$

Quanto maior a volatilidade relativa, maior será a facilidade de separação entre esses dois componentes por destilação. Quando o valor da volatilidade relativa é próximo à unidade, a separação por destilação convencional precisará de uma coluna com um número elevado de estágios e/ou uma razão de refluxo elevada, o que, sob o ponto de vista econômico, nem sempre é viável. Esse tipo de situação ocorre em misturas ideais cujos componentes possuem pressões de vapor muito próximas entre si, como pode ser observado em misturas de ácidos graxos. Se o intuito é o fracionamento dos componentes, nesses casos a destilação não é o processo indicado. O uso da destilação para separação de componentes com volatilidade relativa igual à unidade é impossível porque, nesses casos, os componentes tendem a se volatilizar de maneira idêntica e nenhuma separação entre os componentes é alcançada.

Em baixas pressões (menor ou igual à pressão atmosférica, 101,3 kPa) e baixas densidades, as interações entre as moléculas na fase vapor são muito fracas se comparadas às interações entre as moléculas do líquido. Portanto, para os cálculos do equilíbrio líquido-vapor é comum a simplificação de que a não idealidade se concentra na fase líquida, atribuindo à fase vapor o comportamento de um gás ideal. Nesse caso, o coeficiente de fugacidade de cada componente na mistura ($\hat{\phi}_i$) pode ser igualado à unidade e o desvio da idealidade será representado exclusivamente pelo coeficiente de atividade de cada componente na fase líquida. Entretanto, para misturas que contenham componentes que se associam fortemente na fase vapor, como no caso de ácidos carboxílicos, os coeficientes de fugacidade podem diferir apreciavelmente da unidade. Isso se deve ao fenômeno da dimerização, muito comum em misturas contendo ácidos carboxílicos. Nesse fenômeno, dois monômeros reagem entre si formando um novo composto. Assim, o número de moléculas da fase vapor diminui, causando um grande desvio da idealidade na fase vapor, mesmo em pressões abaixo da pressão atmosférica, tornando-se necessário o cálculo dos coeficientes de fugacidade para a correta descrição do equilíbrio líquido-vapor.

Também no caso de componentes muito leves, ou seja, componentes que, na temperatura de equilíbrio, possuem pressão de vapor muito maior do que a pressão do sistema, o coeficiente de fugacidade, principalmente aquele calculado para o componente puro (ϕ_i^*) pode ser diferente da unidade.

Geralmente, o coeficiente de fugacidade é calculado pela equação do *Virial* truncada após o segundo termo, mas para componentes que se associam fortemente, ele deve ser estimado pela teoria química. Nesse caso, a correlação de Hayden e O'Connell (1975) permite o cálculo do segundo coeficiente do *Virial* e a predição da constante do equilíbrio químico de dimerização.

O coeficiente de atividade γ_i, o qual descreve o desvio do comportamento de uma mistura ideal na fase líquida, pode ser calculado usando modelos moleculares semiempíricos, como Margules, Van Laar, Wilson, NRTL (Non-Random Two-Liquid) e Uniquac (Universal Quasi-Chemical). Esses modelos, na forma aplicável a misturas binárias, são apresentados na Tabela 22.1. Todos esses modelos apresentam parâmetros binários ajustáveis a dados experimentais de equilíbrio líquido-vapor.

Infelizmente, para muitas das misturas de interesse na área de alimentos que, em sua maioria, são misturas multicomponentes e complexas, não existem dados disponíveis de equilíbrio líquido-vapor. Na ausência desses dados, uma alternativa é o uso de métodos de predição do coeficiente de atividade γ_i baseados nos conceitos de contribuição de grupos, como o Unifac (Uniquac Functional-Group Activity Coefficient) e Asog (Analytical Solution of Groups). Esses métodos supõem que o comportamento dos componentes em uma mistura líquida pode ser representado em parte pela sua estrutura molecular, representada pela área superficial e volume da molécula do componente, conhecida como parte entrópica ou combinatorial e em parte pelas interações energéticas entre os grupos estruturais das moléculas dos constituintes da mistura, conhecida como parte entálpica ou residual. Para mais informações sobre esses métodos, veja Reid, Prausnitz e Poling (2001).

22.2.1 Soluções ideais e Lei de Raoult

Antes de examinar os casos mais complexos de equilíbrio líquido-vapor, nos quais os desvios de comportamento da idealidade da fase líquida e vapor tornam-se relevantes, será estudado um caso em que as fases líquida e vapor são ideais.

Uma solução ideal segue a Lei de Raoult, em que a pressão parcial de um componente em um sistema com temperatura fixa é igual à sua pressão de vapor nessa temperatura multiplicado pela sua fração molar na fase líquida. Portanto, a Lei de Raoult para uma mistura binária pode ser representada por:

$$p_A = x_A P_{vA} \tag{22.8a}$$

e

$$p_B = x_B P_{vB} = (1 - x_A)P_{vB} \tag{22.8b}$$

sendo p_A e p_B as pressões parciais dos componentes A (composto leve ou mais volátil) e B (composto pesado ou menos volátil), respectivamente.

Se a fase vapor também é ideal, a pressão parcial de um componente é igual à sua fração molar na fase vapor multiplicada pela pressão total do sistema. Essa relação é conhecida por Lei de Dalton e pode ser representada por:

Tabela 22.1 Modelos moleculares para cálculo do coeficiente de atividade em misturas binárias

MODELO		PARÂMETROS
Margules	$RT \ln \gamma_i = \left[A_{ij} + 2(A_{ji} - A_{ij})x_i \right]x_j^2$	A_{ij}
	$RT \ln \gamma_j = \left[A_{ji} + 2(A_{ij} - A_{ji})x_j \right]x_i^2$	A_{ji}
Van Laar	$RT \ln \gamma_i = A_{ij} \left(\dfrac{A_{ji}x_j}{A_{ij}x_i + A_{ji}x_j} \right)^2$	A_{ij}
	$RT \ln \gamma_j = A_{ji} \left(\dfrac{A_{ij}x_i}{A_{ij}x_i + A_{ji}x_j} \right)^2$	A_{ji}
Wilson	$RT \ln \gamma_i = -\ln(x_i + A_{ij}x_j) + x_j \left(\dfrac{A_{ij}}{x_i + A_{ij}x_j} - \dfrac{A_{ji}}{A_{ji}x_i + x_j} \right)$	A_{ij}
	$RT \ln \gamma_j = -\ln(x_j + A_{ji}x_i) - x_i \left(\dfrac{A_{ij}}{x_i + A_{ij}x_j} - \dfrac{A_{ji}}{A_{ji}x_i + x_j} \right)$	A_{ji}
NRTL	$\ln \gamma_i = x_j^2 \left[\tau_{ji} \left(\dfrac{G_{ji}}{x_i + x_j G_{ji}} \right)^2 + \left(\dfrac{\tau_{ij}G_{ij}}{(x_j + x_i G_{ij})^2} \right) \right]$	A_{ij}
	$\ln \gamma_j = x_i^2 \left[\tau_{ij} \left(\dfrac{G_{ij}}{x_j + x_i G_{ij}} \right)^2 + \left(\dfrac{\tau_{ji}G_{ji}}{(x_i + x_j G_{ji})^2} \right) \right]$	A_{ji}
	$\tau_{ij} = \dfrac{g_{ij} - g_{jj}}{RT} = \dfrac{A_{ij}}{RT} \quad \tau_{ji} = \dfrac{g_{ji} - g_{ii}}{RT} = \dfrac{A_{ji}}{RT}$	$\alpha_{ij} = \alpha_{ji}$
	$G_{ij} = \exp(-\alpha_{ij}\tau_{ij}) \quad G_{ji} = \exp(-\alpha_{ji}\tau_{ji})$	

Continua

Continuação

MODELO	PARÂMETROS
Uniquac	

$$\ln \gamma_i = \ln \gamma_i^C + \ln \gamma_i^R \qquad A_{ij}$$

$$\ln \gamma_i^C = \ln \frac{\varphi_i}{x_i} + \frac{z}{2} q_i \ln \frac{\theta_i}{\varphi_i} + \varphi_j \left(l_i - \frac{r_i}{r_j} l_j \right) \qquad A_{ji}$$

$$\ln \gamma_i^R = -q_i \ln(\theta_i + \theta j \tau_{ji}) + \theta_j q_i \left(\frac{\tau_{ji}}{\theta_i + \theta_j \tau_{ji}} - \frac{\tau_{ij}}{\theta_i \tau_{ij} + \theta_j} \right)$$

$$\ln \gamma_j = \ln \gamma_j^C + \ln \gamma_j^R$$

$$\ln \gamma_j^C = \ln \frac{\varphi_j}{x_j} + \frac{z}{2} q_j \ln \frac{\theta_j}{\varphi_j} + \varphi_i \left(l_j - \frac{r_j}{r_i} l_i \right)$$

$$\ln \gamma_j^R = -q_j \ln(\theta_j + \theta j \tau_{ij}) + \theta_i q_j \left(\frac{\tau_{ij}}{\theta_j + \theta_i \tau_{ij}} - \frac{\tau_{ji}}{\theta_j \tau_{ji} + \theta_i} \right)$$

$$l_i = \frac{z}{2}(r_i - q_i) - (r_i - 1) \qquad z = 10$$

$$\theta_i = \frac{q_i x_i}{\sum_j q_j x_j} \qquad \varphi_i = \frac{r_i x_i}{\sum_j r_j x_j}$$

$$\tau_{ij} \equiv \exp\left[-\left(\frac{u_{ij} - u_{jj}}{RT} \right) \right] = \exp\left[-\left(\frac{A_{ij}}{RT} \right) \right] \qquad \tau_{ij} \equiv \exp\left[-\left(\frac{u_{ji} - u_{ii}}{RT} \right) \right] = \exp\left[-\left(\frac{A_{ji}}{RT} \right) \right]$$

$$p_A = y_A P \tag{22.9a}$$

e

$$p_B = y_B P = (1 - y_A)P \tag{22.9b}$$

Sendo assim, as pressões parciais calculadas pela Lei de Raoult e pela Lei de Dalton podem ser igualadas, obtendo-se a seguinte relação:

$$y_A^* P = x_A P_{vA} \tag{22.10a}$$

e

$$y_B^* P = x_B P_{vB} \tag{22.10b}$$

Como a pressão total é a soma das pressões parciais, a seguinte expressão é definida:

$$P = p_A + p_B = x_A P_{vA} + x_B P_{vB} = x_A P_{vA} + (1 - x_A)(P_{vB} = P_{vA} - P_{vB})x_A + P_{vB} \tag{22.11}$$

A Equação 22.11 mostra que existe uma relação linear entre a pressão total e as pressões parciais em relação a x_A para uma temperatura fixa. O comportamento linear da pressão total em função da composição da mistura pode ser observado na linha correspondente ao ponto de bolha na Figura 22.1, mostrada no Exemplo 22.1 que discute a aplicação da Lei de Raoult.

Considerando que a volatilidade relativa α_{ij} é definida como a razão entre as constantes de equilíbrio K_i e K_j, para misturas binárias que seguem a Lei de Raoult ela pode ser expressa como:

$$\alpha_{AB} = \frac{K_A}{K_B} = \frac{\dfrac{y_A^*}{x_A}}{\dfrac{y_B^*}{x_B}} = \frac{P_{vA}}{P_{vB}} \tag{22.12}$$

Lembrando-se que a temperatura constante as pressões de vapor são constantes, então a volatilidade relativa também será constante. Reescrevendo a equação anterior se chega à seguinte relação:

$$y_A^* = \frac{K_A}{K_B} = \frac{\alpha_{AB} x_A}{[1 + x_A(\alpha_{AB} - 1)]} \tag{22.13}$$

EXEMPLO 22.1

Calcule o equilíbrio líquido-vapor à temperatura constante de 25 °C para a mistura metanol (A)/etanol (B) e compare com os dados experimentais. As pressões de vapor do metanol e do etanol podem ser obtidas pela equação de Antoine, escrita a seguir para cada um desses compostos:

$$\log P_{vA} = 7,76879 - \frac{1408,360}{(T + 223,600)}$$

$$\log P_{vB} = 8,11220 - \frac{1592,864}{(T + 226,184)}$$

em que P_{vi} é dada em mmHg e T em °C.

Solução

Para proceder aos cálculos, primeiro é necessário calcular as pressões de vapor do metanol e etanol a 25 °C pela equação de Antoine, o que resulta em:

$$P_{vA} = 10^{\left[7,76879 - \frac{1408,360}{(25 + 223,600)}\right]} = 126,95 \text{ mmHg} \times \frac{101,3 \text{ kPa}}{760 \text{ mmHg}} = 16,92 \text{ kPa}$$

$$P_{vB} = 10^{\left(8,11220 - \frac{1592,864}{(25 + 226,184)}\right)} = 58,99 \text{ mmHg} \times \frac{101,3 \text{ kPa}}{760 \text{ mmHg}} = 7,86 \text{ kPa}$$

O próximo passo é o cálculo da pressão total pela Equação 22.11:

$$P = x_A P_{vA} + (1 - x_A)P_{vB}$$

A fração molar de metanol e etanol na fase vapor pode ser calculada pela Equação 22.10:

$$y_A^* = \frac{x_A P_{vA}}{P} \quad \text{e} \quad y_B^* = \frac{x_B P_{vB}}{P}$$

Os resultados são apresentados na Tabela 22.2.

Tabela 22.2 Comparação entre os dados de equilíbrio experimentais para metanol (A)/etanol (B) e calculados assumindo solução ideal

	DADOS EXPERIMENTAIS			VALORES CALCULADOS	
x_A	y_A^*	P [kPa]		y_A^*	P [kPa]
0,0841	0,1610	8,35		0,1650	8,41
0,1353	0,2470	8,82		0,2519	8,86
0,1902	0,3310	9,32		0,3357	9,35
0,2919	0,4670	10,16		0,4701	10,25
0,3585	0,5430	10,76		0,5460	10,84
0,4414	0,6280	11,47		0,6297	11,57
0,5372	0,7150	12,32		0,7141	12,42
0,6392	0,7920	13,22		0,7922	13,32
0,7489	0,8650	14,22		0,8652	14,28
0,8535	0,9280	15,10		0,9261	15,21
0,9165	0,9610	15,72		0,9594	15,77
	Desvio médio relativo, δ %			0,72	0,64

O desvio médio relativo entre os valores experimentais e calculados é avaliado da seguinte forma:

$$\delta\% = \frac{\sum_{i=1}^{n} \frac{100\ abs(v_i^{exp} - v_i^{calc})}{v_i^{exp}}}{n} \tag{22.14}$$

em que v é a variável analisada que nesse caso é y_A^* e P, os sobrescritos exp e calc são relativos aos valores experimentais e calculados, respectivamente, e n é o número de pontos analisados.

As Figuras 22.1 e 22.2 apresentam os diagramas P-x-y^* e x-y^* incluindo os dados experimentais e calculados.

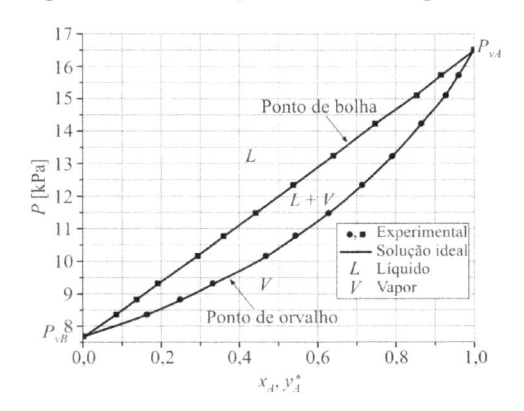

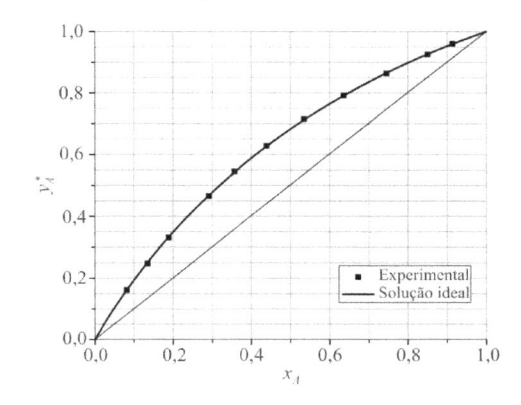

Figura 22.1 Diagrama P-x-y^* para metanol (A)/etanol (B) a 25 °C. **Figura 22.2** Diagrama x-y^* para metanol (A)/etanol (B) a 25 °C.

Ainda para esse caso, em que os dados isotérmicos de equilíbrio líquido-vapor seguem a Lei de Raoult, a volatilidade relativa entre metanol e etanol é constante e pode ser calculada pela Equação 22.12, enquanto a fração molar da fase vapor pode ser obtida pela Equação 22.13.

Respostas: Os dados de equilíbrio líquido-vapor a 25 °C para a mistura metanol (A)/etanol (B) são apresentados na Tabela 22.2 e nas Figuras 22.1 e 22.2; os desvios médios relativos entre os valores experimentais e calculados são de 0,72 % para a fração molar e de 0,64 % para a pressão.

22.2.2 Desvios da idealidade

A maioria das misturas apresenta comportamento conhecido como *desvio positivo da idealidade*, em que as pressões parciais dos componentes são maiores que as ideais ou calculadas pela Lei de Raoult. Esse desvio da idealidade é calculado pelo coeficiente de atividade γ_i. Considerando que a não idealidade esteja restrita à fase líquida, isto é, que a fase vapor seja ideal, a Equação 22.5 escrita para uma mistura binária toma a seguinte forma:

$$p_A = \gamma_A x_A P_{vA} \tag{22.15a}$$

e

$$P_B = \gamma_B x_B P_{vB} \tag{22.15b}$$

em que, nesse caso, os coeficientes de atividade γ_A e γ_B são maiores que a unidade.

Quando as pressões de vapor dos componentes não são muito diferentes entre si, a pressão total do sistema à temperatura constante pode aumentar até um máximo, conhecido como ponto azeotrópico de máximo de pressão. No ponto azeotrópico as composições das fases líquida e vapor são iguais e, para composições acima desse ponto, a volatilidade dos componentes se inverte.

A Figura 22.3 apresenta o diagrama P-x-y^* para a mistura etanol-água a 25 °C. Em pressão constante, a temperatura do sistema diminui até atingir um mínimo, conhecido como ponto azeotrópico de mínimo de temperatura. A mistura binária mais conhecida que apresenta esse comportamento é etanol (A)/água (B), cujo ponto azeotrópico a 101,3 kPa ocorre em $x_A = y_A^* = 0,894$ (fração molar de etanol) e $T = 78,2$ °C, como pode ser observado na Figura 22.4. Portanto, em um processo convencional de destilação da mistura etanol (A)/água (B) em pressão atmosférica, seria impossível concentrar etanol acima da composição correspondente ao seu ponto azeotrópico. Assim, para a obtenção de etanol anidro, ou seja, etanol com teores mínimos de água, é necessário o emprego de destilações especiais, como a extrativa e a azeotrópica.

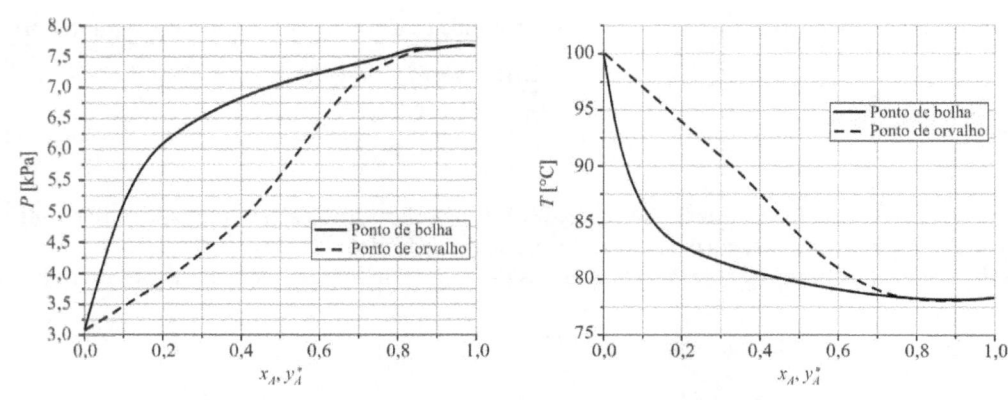

Figura 22.3 Diagrama P-x-y^* para etanol (A)/água (B) a 25 °C. **Figura 22.4** Diagrama T-x-y^* para etanol (A)/água (B) a 101,3 kPa.

Algumas misturas podem apresentar *desvio negativo da idealidade*, ou seja, as pressões parciais dos componentes das misturas são menores que as pressões parciais calculadas pela Lei de Raoult e, nesse caso, como pode ser visto pela Equação 22.15, os coeficientes de atividades serão menores que a unidade. Além disso, quando as pressões de vapor dos componentes não são muito diferentes entre si e os desvios negativos são relevantes, a curva de pressão total no equilíbrio em temperatura constante pode também passar por um mínimo e apresentar um ponto azeotrópico de mínimo de pressão. Se os dados de equilíbrio são isobáricos, a temperatura desse sistema aumentará até atingir um máximo no ponto de azeotropia. Uma mistura que apresenta esse comportamento é composta por água e ácido fórmico, como pode ser observado na Figura 22.5. A Figura 22.6 apresenta o diagrama x-y^* para esse sistema. O ponto azeotrópico pode ser visto onde a curva de equilíbrio cruza a diagonal de 45° ($x = y$).

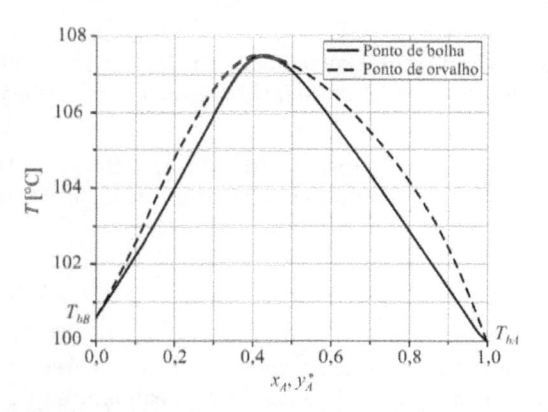 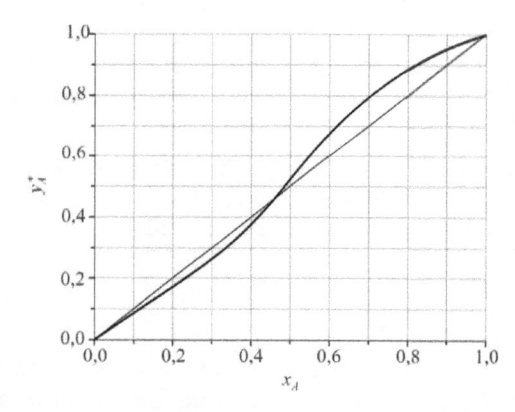

Figura 22.5 Diagrama T-x-y^* para água (A)/ácido fórmico (B) a 101,3 kPa. **Figura 22.6** Diagrama x-y^* para água (A)/ácido fórmico (B) a 101,3 kPa.

Alguns líquidos podem não ser completamente miscíveis, de modo que, no equilíbrio, duas fases líquidas são formadas. Esse caso é observado em misturas binárias de alguns álcoois superiores em água, por exemplo, na mistura 2-butanol (A)/água (B) (Figuras 22.7 e 22.8).

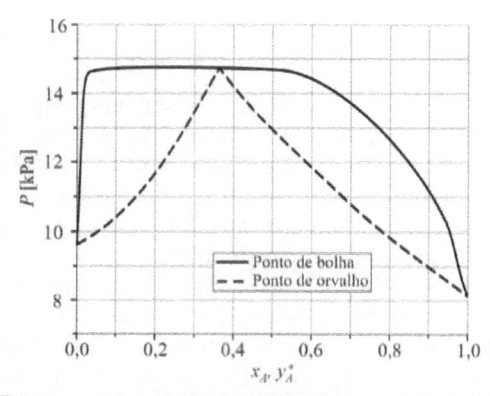 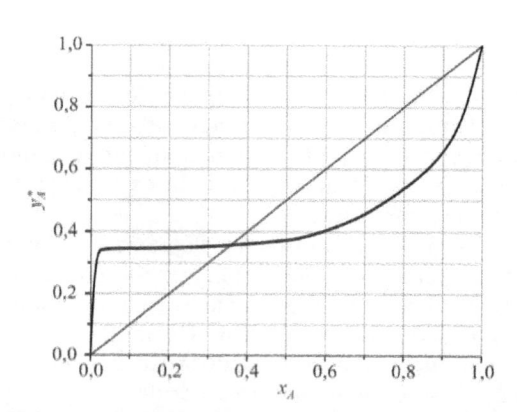

Figura 22.7 Diagrama P-x-y^* para a mistura 2-butanol (A)/água (B) a 45 °C. **Figura 22.8** Diagrama x-y^* para a mistura 2-butanol (A)/água (B) a 45 °C.

Para o cálculo do equilíbrio líquido-vapor à pressão constante, isto é, em sistemas isobáricos, um método numérico ou iterativo deverá ser usado para achar a temperatura de saturação (equilíbrio) para cada composição da fase líquida que minimize o desvio entre a pressão calculada e a estabelecida. Para sistema ideal, somente as pressões de vapor dos componentes são dependentes da temperatura, enquanto no caso de sistemas não ideais, os coeficientes de atividade também são afetados pela temperatura e, portanto, os desvios que devem ser minimizados são aqueles representados, para cada sistema, pelas Equações 22.16 e 22.17.

(i) Sistema ideal:

$$\left[\frac{x_A P_{vA}(T) + x_B P_{vB}(T)}{P}\right] - 1 = 0 \tag{22.16}$$

(ii) Sistema não ideal:

$$\left[\frac{\gamma_A(T)x_A P_{vA}(T) + \gamma_B(T)x_B P_{vB}(T)}{P}\right] - 1 = 0 \tag{22.17}$$

Os problemas resolvidos nos Exemplos 22.2 e 22.3 apresentam os cálculos de equilíbrio líquido-vapor assumindo as hipóteses de sistema ideal e sistema não ideal.

EXEMPLO 22.2

Calcule o equilíbrio líquido-vapor à temperatura constante de 25 °C para a mistura etanol (A)/água (B) e compare com os dados experimentais, assumindo:

(i) solução ideal;
(ii) solução não ideal.

A equação de Antoine escrita para cada um desses compostos é dada por:

$$\log P_{vA} = 8,1122 \frac{1592,864}{(T + 226,184)}$$

$$\log P_{vB} = 8,0713 \frac{1730,630}{(T + 233,426)}$$

em que P_{vi} é dada em mmHg e T em °C.

Para o cálculo dos coeficientes de atividade, os parâmetros binários do modelo de Van Laar ajustados aos dados de equilíbrio líquido-vapor da mistura etanol (A)/água (B) a 25 °C são:

$$\frac{A_{AB}}{RT} = 1,7693$$

$$\frac{A_{BA}}{RT} = 0,9409$$

Solução

(i) Assumindo solução ideal: seguir o procedimento já apresentado no Exemplo 22.1.
(ii) Assumindo solução não ideal: para proceder aos cálculos, em primeiro lugar calculam-se as pressões de vapor para o etanol (A) e para a água (B) a 25 °C usando a equação de Antoine, o que resulta em:

$$P_{vA} = 10^{\left(8,11220 - \frac{1592,864}{(25 + 226,184)}\right)} = 58,99 \text{ mmHg} \times \frac{101,3 \text{ kPa}}{760 \text{ mmHg}} = 7,86 \text{ kPa}$$

$$P_{vB} = 10^{\left[8,0713 - \frac{1408,360}{(25 + 223,426)}\right]} = 23,69 \text{ mmHg} \times \frac{101,3 \text{ kPa}}{760 \text{ mmHg}} = 3,16 \text{ kPa}$$

Para cada composição, x_A e x_B e à temperatura de 25 °C, calculam-se os coeficientes de atividade do etanol (γ_A) e da água (γ_B) pela equação de Van Laar (Tabela 22.1). Em seguida, calcula-se a pressão total, dada por:

$$P = p_A + p_B = \gamma_A x_A P_{vA} + \gamma_B x_B P_{vB} = \gamma_A x_A P_{vA} + \gamma_B (1 - x_B) P_{vB}$$

e as frações molares de etanol (A) e água (B) na fase vapor, y_A^* e y_B^*, de acordo com:

$$y_A^* = \frac{\gamma_A x_A P_{vA}}{P}$$

e

$$y_B^* = (1 - y_A^*) \frac{\gamma_B x_B P_{vB}}{P}$$

Os resultados são apresentados na Tabela 22.3.

Tabela 22.3 Comparação entre os dados experimentais de equilíbrio líquido-vapor para a mistura etanol (*A*)/água (*B*) e calculados assumindo solução ideal e solução não ideal

	DADOS EXPERIMENTAIS			SOLUÇÃO IDEAL		SOLUÇÃO NÃO IDEAL	
x_A	y_A^*	P [kPa]	y_A^*	P [kPa]	y_A^*	P [kPa]
0,0550	0,3230	4,33	0,1266	3,33	0,3342	4,40
0,1246	0,4970	5,47	0,2618	3,65	0,4839	5,38
0,2142	0,5790	6,24	0,4044	4,06	0,5683	6,09
0,3941	0,6480	6,81	0,6184	4,89	0,6507	6,79
0,5496	0,70050	7,17	0,7525	5,60	0,7079	7,16
0,7006	0,76850	7,39	0,8536	6,29	0,7754	7,45
0,7842	0,81850	7,50	0,9005	6,68	0,8227	7,58
0,8396	0,85850	7,63	0,9288	6,93	0,8595	7,63
0,8790	0,89950	7,60	0,9476	7,11	0,8888	7,66
0,9365	0,9390	7,68	0,9735	7,38	0,9372	7,68
Desvio médio relativo, δ %**			18,86	18,67	1,23	0,88

** Calculado pela Equação 22.14.

As Figuras 22.9 e 22.10 apresentam os diagramas P-x-y^* e x-y^* construídos com os dados experimentais e calculados. Pode-se concluir pela Tabela 22.3 e pelas Figuras 22.9 e 22.10 que os cálculos de equilíbrio líquido-vapor considerando solução não ideal descrevem melhor o comportamento observado experimentalmente para a mistura etanol (*A*)/água (*B*), como era esperado.

A Figura 22.11 apresenta os coeficientes de atividade de cada componente em função da fração molar de etanol na fase líquida, x_A. Como pode ser observado, os coeficientes de atividade são maiores que a unidade em toda a faixa de composição.

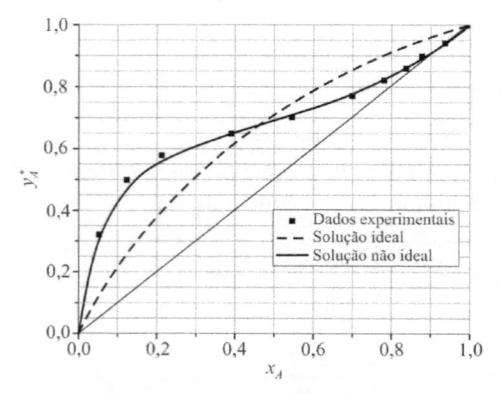

Figura 22.9 Diagrama x-y^* etanol (*A*)/água (*B*) a 25 °C.

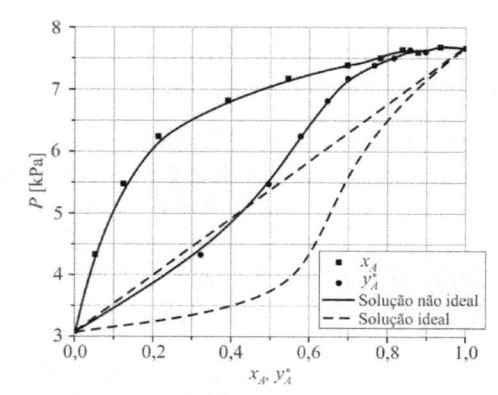

Figura 22.10 Diagrama P-x-y^* para etanol (*A*)/água (*B*) a 25 °C.

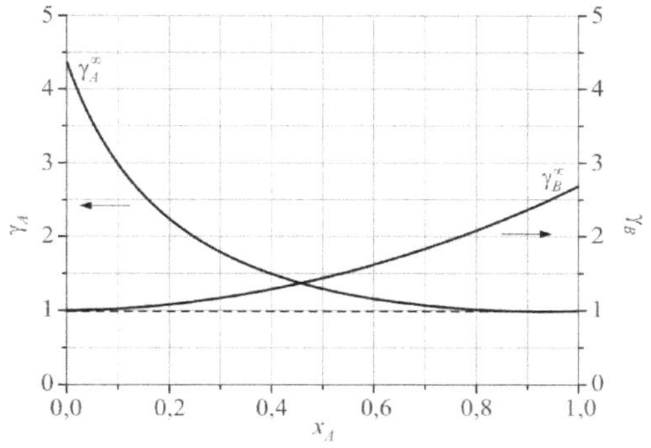

Figura 22.11 Coeficientes de atividade para o sistema etanol (A)/água (B) a 25 °C.

Respostas: Os dados de equilíbrio líquido-vapor a 25 °C para a mistura etanol (A)/água (B) são apresentados na Tabela 22.3 e nas Figuras 22.9 e 22.10. Os desvios médios relativos entre os valores experimentais e calculados são (i) assumindo solução ideal: 18,86 % para a fração molar e de 18,67 % para a pressão; (ii) assumindo solução não ideal: 1,23 % para a fração molar e de 0,88 % para a pressão.

EXEMPLO 22.3

Deseja-se obter uma relação entre y_A^* e x_A de forma termodinamicamente consistente, usando os dados experimentais para o sistema etanol (A)/água (B) a 25 °C e as equações de Antoine para esses compostos apresentadas no Exemplo 22.2. A condição de equilíbrio, para um sistema altamente não ideal e a baixas pressões, é dado por:

$$y_i^* P = x_i \gamma_i P_{vi}$$

Para representar os coeficientes de atividade e a energia de Gibbs em excesso, $\hat{G}^E$ [J · mol^{-1}], será testado o modelo de Van Laar (Tabela 22.1):

$$\hat{G}^E = \frac{A_{AB} x_A x_B}{x_A \left(\dfrac{A_{AB}}{A_{BA}} \right) + x_B}$$

$$RT \ln \gamma_A = A_{AB} \left(\frac{A_{BA} x_B}{A_{AB} x_A + A_{BA} x_B} \right)^2$$

$$RT \ln \gamma_B = A_{BA} \left(\frac{A_{AB} x_B}{A_{AB} x_A + A_{BA} x_B} \right)^2$$

Solução

O problema consiste em determinar os parâmetros A_{AB} e A_{BA} das equações acima. Conhecidos esses parâmetros, podem-se calcular os coeficientes de atividade em função da composição e, então, determinar as composições das fases em equilíbrio.

Para determinar os coeficientes de atividade, serão utilizados os dados de equilíbrio líquido-vapor experimentais apresentados no Exemplo 22.2 (Tabela 22.3). Serão desenvolvidas as seguintes etapas de cálculo:

1) Determinar as pressões de vapor para etanol (A) e água (B) a 25 °C, como calculado no Exemplo 22.2:

$$P_{vA} = 7,86 \text{ kPa}$$

$$P_{vB} = 3,16 \text{ kPa}$$

2) Calcular os coeficientes de atividade para os dois componentes com base nos dados experimentais (Tabela 22.3) por meio das seguintes equações:

$$\gamma_A = \frac{y_A^* P}{x_A P_{vA}}$$

e

$$\gamma_B = \frac{y_B^* P}{x_B P_{vB}}$$

3) Determinar a energia de Gibbs em excesso com base nos coeficientes de atividade:

$$\frac{\hat{G}^E}{RT} = x_A \ln \gamma_A + x_B \ln \gamma_B$$

4) Conhecidos os coeficientes de atividade e os valores de $\dfrac{\hat{G}^E}{RT}$ para cada um dos pontos experimentais, podemos determinar os valores dos coeficientes A_{AB} e A_{BA} por meio da linearização do modelo de $\hat{G}^E$, da seguinte forma:

$$\frac{x_A x_B}{\left(\dfrac{\hat{G}^E}{RT}\right)} = \frac{RT}{A_{AB}}\left(\frac{A_{AB}}{A_{BA}} - 1\right)x_A + \frac{RT}{A_{AB}}$$

Um gráfico $\dfrac{x_A x_B}{\left(\dfrac{\hat{G}^E}{RT}\right)}$ *versus* x_A será uma reta com os coeficientes angular $\left(\dfrac{A_{AB}}{A_{BA}} - 1\right)$ e linear $\dfrac{RT}{A_{AB}}$ como indicado na equação anterior.

A Tabela 22.4 apresenta os valores de γ_A e γ_B calculados a partir dos dados de equilíbrio líquido-vapor e os valores de $\dfrac{\hat{G}^E}{RT}$ e de $\dfrac{x_A x_B}{\left(\dfrac{\hat{G}^E}{RT}\right)}$.

Tabela 22.4 Dados experimentais e cálculos necessários para linearização de $\hat{G}^E$

DADOS EXPERIMENTAIS					VALORES CALCULADOS	
x_A	y_A^*	P [kPa]	γ_A	γ_B	$\dfrac{\hat{G}^E}{RT}$	$\dfrac{x_A x_B}{\left(\dfrac{\hat{G}^E}{RT}\right)}$
0,0550	0,3230	4,33	3,3182	1,0083	0,0738	0,7040
0,1246	0,4970	5,47	2,8440	1,0206	0,1481	0,7366
0,2142	0,5790	6,24	2,1986	1,0855	0,2333	0,7216
0,3941	0,6480	6,81	1,4608	1,2858	0,3017	0,7915
0,5496	0,70050	7,17	1,1920	1,5492	0,2937	0,8428
0,7006	0,76850	7,39	1,0564	1,8550	0,2234	0,9389
0,7842	0,81850	7,50	1,0213	2,0501	0,1714	0,9872
0,8396	0,85850	7,63	1,0173	2,1864	0,1399	0,9627
0,8790	0,89950	7,60	1,0146	2,0515	0,0997	1,0664
0,9365	0,9390	7,68	1,0045	2,3975	0,0598	0,9950

A Figura 22.12 apresenta o gráfico da linearização da função $\hat{G}^E$ *versus* x_A, os coeficientes linear e angular da regressão linear e o coeficiente de correlação.

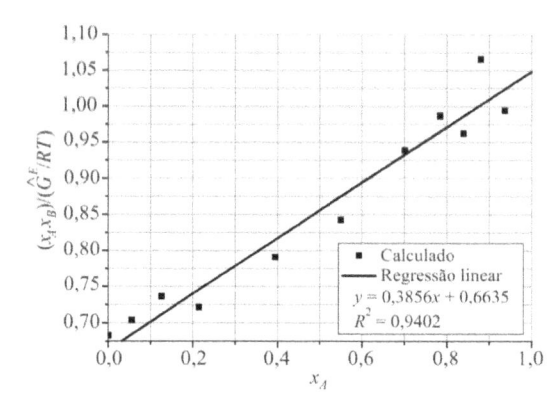

Figura 22.12 Regressão linear da função G^E em função da composição para o sistema etanol (A)/água (B) a 25 °C.

Pela regressão linear obtemos os valores dos parâmetros: $\dfrac{A_{AB}}{RT} = 1,5072$ e $\dfrac{A_{BA}}{RT} = 0,9532$ e, de acordo com o modelo de Van Laar, os coeficientes de atividade podem ser calculados pelas equações:

$$\ln \gamma_A = 1,5072 \left(\frac{0,9532 x_B}{1,5072 x_A + 0,9532 x_B} \right)^2$$

$$\ln \gamma_B = 0,9532 \left(\frac{1,5072 x_B}{1,5072 x_A + 0,9532 x_B} \right)^2$$

De posse dessas equações para o cálculo dos coeficientes de atividade, os valores de y_A e P podem ser calculados e comparados aos dados experimentais. Os resultados são apresentados na Tabela 22.5.

Tabela 22.5 Valores de γ_A, γ_B, y_A^* e P calculados

DADOS EXPERIMENTAIS			VALORES CALCULADOS			
x_A	y_A^*	P [kPa]	γ_A	γ_B	y_A^*	P [kPa]
0,0550	0,3230	4,33	3,5390	1,0068	0,338	4,42
0,1246	0,4970	5,47	2,7299	1,0327	0,484	5,39
0,2142	0,5790	6,24	2,0876	1,0903	0,565	6,07
0,3941	0,6480	6,81	1,4424	1,2777	0,647	6,74
0,5496	0,70050	7,17	1,1920	1,5121	0,706	7,12
0,7006	0,76850	7,39	1,0706	1,8053	0,776	7,42
0,7842	0,81850	7,50	1,0337	1,9968	0,824	7,54
0,8396	0,85850	7,63	1,0177	2,1357	0,861	7,61
0,8790	0,89950	7,60	1,0097	2,2404	0,891	7,64
0,9365	0,9390	7,68	1,0026	2,4023	0,939	7,67
Desvio médio relativo, δ %**			2,03	2,18	1,35	0,98

** Calculado pela Equação 22.14.

Resposta: Pode-se observar que os desvios para y_A^* e P, 1,35 % e 0,98 %, respectivamente, foram ligeiramente maiores que os obtidos no Exemplo 22.2 (1,23 % e 0,88 %, Tabela 22.3). Isso mostra que por meio da linearização de $\hat{G}^E$ é possível obter os parâmetros da equação de Van Laar e descrever o equilíbrio de fases com desvios próximos aos obtidos com parâmetros ajustados por métodos matemáticos mais robustos.

22.2.3 Sistemas com dois líquidos imiscíveis

A solubilidade mútua de alguns líquidos pode ser tão pequena que os mesmos podem ser considerados imiscíveis. É o caso de misturas de hidrocarbonetos e água. Na temperatura do sistema, cada componente exerce sua pressão de vapor. A pressão total, nesse caso, será a soma das pressões de vapor dos componentes (Equação 22.18) e quando o sistema atinge essa pressão total ele entra em ebulição. Nessa situação, a composição da fase vapor pode ser calculada pela Lei de Dalton (Equação 22.19):

$$P = p_A + p_B = P_{vA} + P_{vB} \tag{22.18}$$

$$y_A^* = \frac{P_{vA}}{P} \tag{22.19}$$

As Figuras 22.13 e 22.14 apresentam os diagramas T-x-y^* e P-x-y^* para a mistura binária hexano (A)/água (B) a 101,3 kPa e 25 °C, respectivamente. As fases L_A e L_B representam os líquidos A e B puros. Os pontos de mínimo na Figura 22.13 e de máximo na Figura 22.14 representam a existência de três fases em equilíbrio, ou seja, equilíbrio líquido-líquido-vapor (ELLV), em que coexistem duas fases líquidas constituídas pelos componentes puros e uma fase vapor, cuja composição está definida nos diagramas.

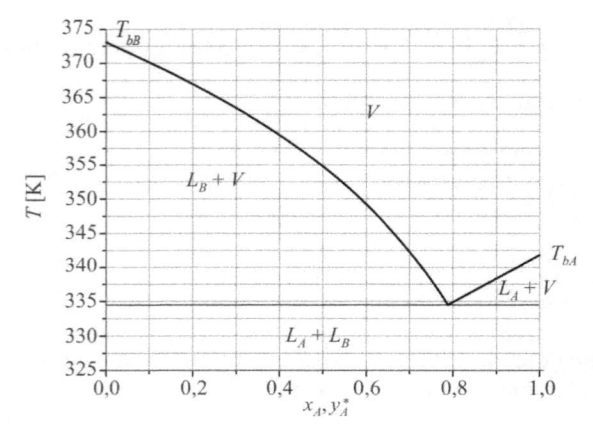

Figura 22.13 Diagrama T-x-y^* para o sistema hexano (A)/água (B) a 101,3 kPa (T_b — temperatura de ebulição).

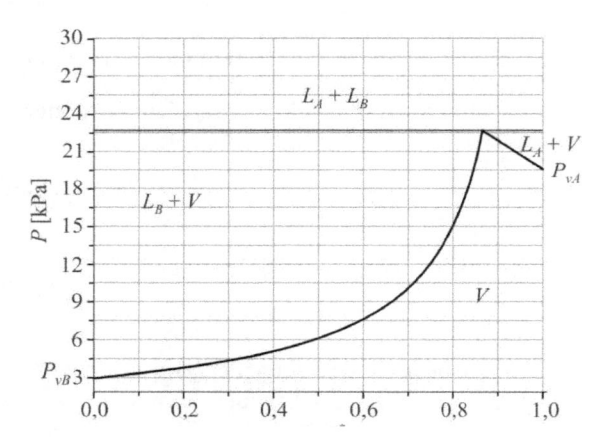

Figura 22.14 Diagrama P-x-y^* para o sistema hexano (A)/água (B) a 25 °C.

22.3 EQUIPAMENTOS E MODOS DE OPERAÇÃO

A separação de uma mistura por destilação é baseada na formação de uma segunda fase por evaporação ou condensação, em que os componentes estarão distribuídos em ambas as fases. Por exemplo, se uma mistura líquida contendo dois componentes com diferentes volatilidades for aquecida, uma segunda fase mais rica no componente leve ou mais volátil se formará por volatilização parcial e certo grau de separação será obtido. O contato entre as fases líquida e vapor pode ser conduzido de diferentes formas.

O caso mais simples é a destilação diferencial ou em batelada, que é o princípio da destilação em alambique para a produção de bebidas alcoólicas destiladas em pequena escala. O alambique recebe uma carga de vinho (mosto fermentado), o qual é aquecido por inserção de calor externo. As bolhas de vapor que se formam atravessam o líquido e contêm maior teor do componente mais volátil. A fase vapor é condensada no topo do alambique e acumulada em um reservatório. Esse tipo de operação só é indicado para misturas de componentes com grande diferença de volatilidade ou quando não é necessária pureza ou concentração elevada do componente mais leve no destilado. A Figura 22.15 representa, de forma esquemática, um alambique.

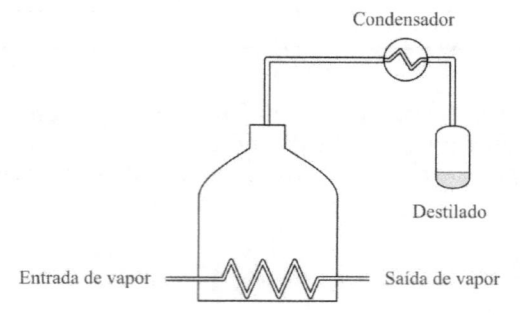

Figura 22.15 Representação esquemática da destilação em batelada ou em alambique.

Quando se deseja alta pureza ou elevado grau de separação, deve ser usada uma coluna de destilação com refluxo parcial do vapor condensado no topo do equipamento. A Figura 22.16 apresenta uma coluna de destilação em batelada com refluxo. Nesse equipamento, o líquido é aquecido e a fase vapor gerada sobe pela coluna por diferença de pressão. Nesse trajeto, o vapor atravessa pratos ou bandejas que contêm uma camada de líquido retido sobre os mesmos, favorecendo a transferência de calor e massa entre as fases. À medida que o vapor sobe, vai se enriquecendo cada vez mais no componente leve ou mais volátil, enquanto o líquido que desce a coluna por ação da gravidade vai se tornando cada vez mais rico no componente menos volátil ou pesado. O vapor que chega ao topo da coluna se condensa e uma parte desse condensado é reintroduzida na coluna, compondo uma corrente denominada *refluxo*. O refluxo representa a fonte primária de líquido retido nos pratos. Esse tipo de equipamento opera em contracorrente, embora em cada um dos pratos o escoamento seja mais bem descrito como sendo de correntes cruzadas. O refluxo e os múltiplos contatos entre as fases nos pratos propiciam uma melhor separação entre os componentes e consequentemente uma maior pureza do produto de topo.

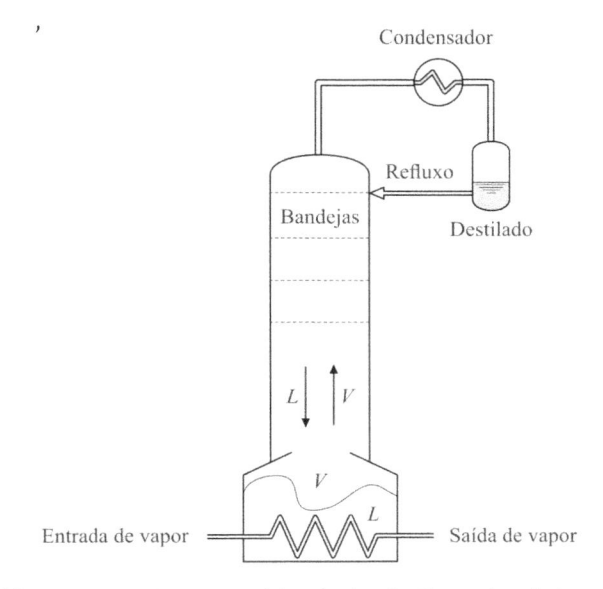

Figura 22.16 Representação esquemática da destilação em batelada com refluxo.

Equipamentos de destilação em batelada operam em estado transiente e a composição do destilado muda continuamente durante o processo. As primeiras porções de destilado são mais ricas nos componentes mais voláteis. À medida que a destilação prossegue esses componentes mais voláteis vão se esgotando na mistura e a composição do destilado vai se enfraquecendo nesses compostos. Durante o processo de destilação em batelada é comum a coleta de diferentes frações de destilado, gerando produtos com diferentes purezas denominados cortes.

Para a operação em grande escala, o uso da destilação em batelada torna-se inviável. Nesse caso é mais comum o emprego de colunas de destilação de operação contínua. A Figura 22.17 apresenta uma típica coluna de destilação contínua. A mistura que se deseja separar é alimentada próxima ao meio da coluna, dividindo a coluna em duas seções: a de enriquecimento, localizada acima da alimentação, e a de esgotamento, situada abaixo da alimentação. Duas correntes, no mínimo, são retiradas do equipamento: o destilado ou produto de topo, que deve ser rico no componente mais volátil, e o produto de fundo que deve conter preferencialmente o componente pesado. Nesse tipo de coluna pode haver ainda retiradas laterais de componentes de volatilidade intermediária em estágios onde eles estejam concentrados. Na seção de esgotamento, os componentes voláteis devem ser retirados do líquido para garantir que o produto de fundo contenha a menor quantidade possível desses compostos. Na seção de enriquecimento, os voláteis devem se concentrar na fase vapor para atingir a pureza de produto de topo desejada. A separação de uma mistura em uma coluna de destilação contínua depende da volatilidade relativa de seus componentes, do número de estágios e da razão de refluxo. A *razão de refluxo* é definida como a relação entre a vazão de líquido que retorna à coluna e a vazão de destilado.

Em uma coluna de destilação de bandejas ou pratos, o líquido e o vapor são colocados em contato em estágios de separação. Cada prato ou bandeja representa um estágio. Em cada estágio, o líquido escoa tangencialmente à bandeja e a profundidade da camada de líquido que se forma sobre a mesma é garantida por um dique ou comporta. O líquido que transborda sobre a altura da comporta é direcionado ao prato inferior por um canal de descida. O vapor escoa em sentido ascendente e só encontra passagem para o estágio superior através de orifícios nas bandejas. Tais orifícios garantem que o gás se disperse em bolhas ascendentes através da camada de líquido. Esse contato direto entre as fases líquida e vapor propicia a transferência de massa dos componentes. Grande parte da transferência de massa deve ocorrer durante esse

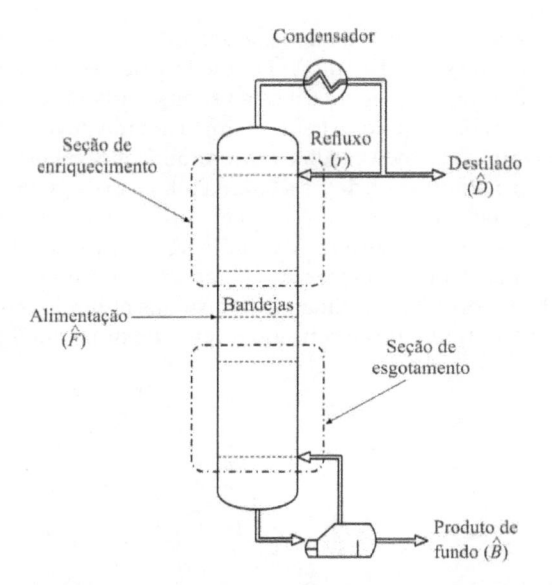

Figura 22.17 Representação esquemática de uma coluna de destilação contínua.

contato entre ambas as fases nos pratos. Somente líquido deve escoar no canal de descida e o vapor que já atravessou o líquido deve escoar sem nenhum contato adicional com o líquido até atingir o estágio superior.

A eficiência de transferência de massa de um prato pode ser calculada pela chamada eficiência de Murphree:

$$\eta_n = \frac{y_{in} - y_{in+1}}{y_{in}^* - y_{in+1}} \tag{22.20}$$

em que y_i é a fração molar na fase vapor do componente i, n é o número do prato, que nesse caso está sendo contado do topo para o fundo da coluna, e y_{in}^* é a fração molar do componente i na fase vapor que estaria em equilíbrio com a fase líquida do prato n. O numerador da Equação 22.20 representa a efetiva mudança em fração molar do componente i no prato n e o denominador indica a máxima mudança possível em fração molar do componente i no mesmo prato. O prato é considerado como um estágio de separação ideal ou teórico se as correntes de líquido e vapor que deixam esse prato estão em equilíbrio e, portanto, sua eficiência de Murphree será igual à unidade.

O problema resolvido como Exemplo 22.4 apresenta os cálculos associados a um estágio de equilíbrio, incluindo os balanços de massa correspondentes.

EXEMPLO 22.4

Um estágio de equilíbrio, usado na separação da mistura etanol (A)/água (B), está representado na Figura 22.18. A vazão de alimentação, $\hat{F}$, é de 200 kmol · h^{-1}, sendo a fração molar de etanol na alimentação $z_A = 0,3$. Após a separação, a fração molar de etanol na fase líquida é $x_A = 0,2142$. A partir dos dados fornecidos abaixo, determine: (i) os parâmetros para a equação de Van Laar; (ii) a concentração da fase vapor em equilíbrio com a fase líquida no estágio; (iii) as vazões de líquido e vapor que deixam o estágio; (iv) a pressão de equilíbrio.

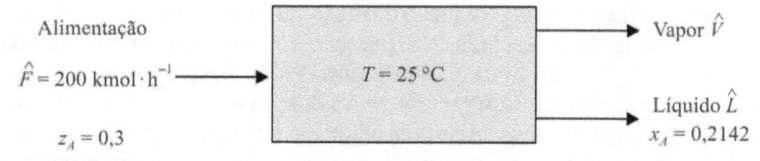

Figura 22.18 Representação esquemática de um estágio de equilíbrio líquido-vapor.

Dados:
Pressão de vapor:

$$\log P_{vA} = 8,1122 - \frac{1592,864}{(T + 226,184)}$$

$$\log P_{vB} = 8,0713 - \frac{1730,630}{(T + 233,426)}$$

em que P_{vi} é dada em mmHg e T em °C.

Coeficientes de atividade à diluição infinita:

$$\gamma_A^{\infty} = 4{,}5087 \text{ e } \gamma_B^{\infty} = 2{,}6300$$

Solução

Por meio dos valores dos coeficientes de atividade à diluição infinita para os componentes A e B é possível calcular os parâmetros A_{AB} e A_{BA} do modelo de Van Laar, como segue:

$$\gamma_A = \exp\left[\frac{A_{AB}}{RT}\left(\frac{A_{BA}x_B}{A_{AB}x_A + A_{BA}x_B}\right)^2\right] = \exp\left\{\frac{A_{AB}}{RT}\left[1 + \left(\frac{A_{AB}}{A_{BA}}\right)\left(\frac{x_A}{x_B}\right)\right]^{-2}\right\}$$

$$\gamma_B = \exp\left[\frac{A_{BA}}{RT}\left(\frac{A_{AB}x_A}{A_{AB}x_A + A_{BA}x_B}\right)^2\right] = \exp\left\{\frac{A_{BA}}{RT}\left[1 + \left(\frac{A_{BA}}{A_{AB}}\right)\left(\frac{x_B}{x_A}\right)\right]^{-2}\right\}$$

Os coeficientes de atividade à diluição infinita, γ_i^{∞}, são definidos como $\gamma_i^{\infty} = \lim_{x_i \to 0}\gamma_i$. Assim, tem-se que:

$$\gamma_A^{\infty} = \lim_{x_A \to 0}\gamma_A = \exp\left(\frac{A_{AB}}{RT}\right)$$

$$\gamma_B^{\infty} = \lim_{x_B \to 0}\gamma_B = \exp\left(\frac{A_{BA}}{RT}\right)$$

e, portanto,

$$\frac{A_{AB}}{RT} = 1{,}506$$

$$\frac{A_{BA}}{RT} = 0{,}907$$

Os coeficientes de atividade podem, então, ser calculados:

$$\gamma_A = \exp\left\{1{,}506\left[1 + 1{,}557\left(\frac{x_A}{x_B}\right)\right]^{-2}\right\}$$

$$\gamma_B = \exp\left\{0{,}967\left[1 + 0{,}642\left(\frac{x_B}{x_A}\right)\right]^{-2}\right\}$$

Para a fração molar na fase líquida $x_A = 0{,}2142$ os coeficientes de atividade resultam em:

$$\gamma_A = 2{,}1004$$

$$\gamma_B = 1{,}0897$$

e, a 25 °C, $P_{vA} = 58{,}99$ mmHg = 7,863 kPa e $P_{vB} = 23{,}68$ mmHg = 3,156 kPa. Assim, a pressão total será:

$$P = p_A + p_B = \gamma_A x_A P_{vA} + \gamma_B x_B P_{vB} = \gamma_A x_A P_{vA} + \gamma_B(1 - x_A)P_{vB}$$

$$P = 2{,}1004 \times 0{,}2142 \times 7{,}863 \text{ kPa} + 1{,}0897 \times (1 - 0{,}2142) \times 3{,}156 \text{ kPa} = 6{,}240 \text{ kPa}$$

e as frações molares de etanol (A) e água (B) na fase vapor, y_A^* e y_B^*:

$$y_A^* = \frac{\gamma_A x_A P_{vA}}{P} = \frac{1{,}0897 \times 0{,}2142 \times 7{,}863 \text{ kPa}}{6{,}240 \text{ kPa}} = 0{,}5669$$

e

$$y_B^* = (1 - y_A^*) = \frac{\gamma_B x_B P_{vB}}{P} = \frac{1,0897 \times (1 - 0,2142) \times 3,156 \text{ kPa}}{6,240 \text{ kPa}} = 0,4331$$

Para o cálculo das vazões de líquido e vapor, o sistema composto pelos balanços de massa de etanol e água deverá ser resolvido. Para o componente A:

$$\hat{F}z_A = \hat{L}x_A + \hat{V}y_A^*$$

$$200 \text{ kmol} \cdot \text{h}^{-1} \times 0,3 = 0,2142\hat{L} + 0,5669\hat{V}$$

$$\hat{V} = \frac{60 \text{ kmol} \cdot \text{h}^{-1} - 0,2142\hat{L}}{0,5669} = 105,84 \text{ kmol} \cdot \text{h}^{-1} - 0,3778\hat{L}$$

Para o componente B:

$$\hat{F}z_B = \hat{L}x_B + \hat{V}y_B^*$$

$$200 \text{ kmol} \cdot \text{h}^{-1} \times (1 - 0,3) = 0,7858\hat{L} + 0,4331\hat{V}$$

$$\hat{L} = 178,16 \text{ kmol} \cdot \text{h}^{-1} - 0,5512\hat{V}$$

A substituição de $\hat{V}$ leva a:

$$\hat{L} = \frac{178,16 \text{ kmol} \cdot \text{h}^{-1} - 58,34 \text{ kmol} \cdot \text{h}^{-1}}{0,7918} = 151,33 \text{ kmol} \cdot \text{h}^{-1}$$

e

$$\hat{V} = 105,84 \text{ kmol} \cdot \text{h}^{-1} - 0,3778(151,33 \text{ kmol} \cdot \text{h}^{-1}) = 48,67 \text{ kmol} \cdot \text{h}^{-1}$$

Respostas: (i) os parâmetros para a equação de Van Laar são $\dfrac{A_{AB}}{RT} = 1,506$ e $\dfrac{A_{BA}}{RT} = 0,967$; (ii) a concentração da fase vapor em equilíbrio com a fase líquida no estágio é $y_A^* = 0,5669$ e $y_B^* = 0,4331$; (iii) as vazões de líquido e vapor que deixam o estágio são $\hat{L} = 151,33 \text{ kmol} \cdot \text{h}^{-1}$ e $\hat{V} = 48,67 \text{ kmol} \cdot \text{h}^{-1}$; (iv) a pressão de equilíbrio é $P = 6,240$ kPa.

Existem vários tipos de pratos ou bandejas usados em uma coluna de destilação, sendo os principais os perfurados, com borbulhadores e com válvulas (Figura 22.19). Os pratos perfurados são os mais baratos, mas também os menos eficientes. Uma velocidade de vapor baixa permite que o líquido escoe pelos orifícios por causa da não sustentação do líquido pelo vapor, ao passo que uma alta velocidade de vapor pode causar a retenção de grande quantidade de líquido e inundar a coluna. Ainda, se houver pouco líquido sobre o prato, a exaustão do vapor pelo orifício não causará contato entre as fases e, portanto, nenhuma transferência de massa.

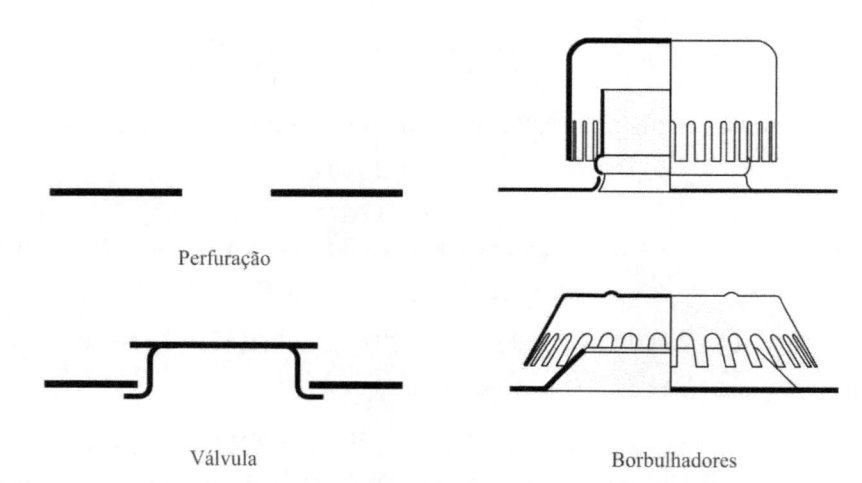

Perfuração

Válvula

Borbulhadores

Figura 22.19 Detalhe das aberturas para escoamento do vapor para os vários tipos de pratos: perfurados, com válvulas e borbulhadores.

Para melhorar o desempenho em relação aos pratos perfurados, utilizam-se os chamados borbulhadores, que consistem em pequenas chaminés cobertas com capacetes fixos (campânulas), colocados em cada perfuração do prato. No borbulhador, o vapor entra pela chaminé e colide com o topo do capacete, sendo redirecionado para os lados e para baixo, onde é forçado a atravessar as perfurações laterais existentes na base do capacete. Essas perfurações propiciam a dispersão de bolhas de vapor próximo ao fundo do leito de líquido retido sobre o prato, o que garante um maior contato entre as fases e melhor transferência de massa. Dessa maneira, os efeitos indesejáveis descritos para os pratos perfurados são minimizados.

No caso de pratos com válvulas, os orifícios nos pratos são cobertos com uma tampa móvel, cuja abertura é regulada pelo escoamento de vapor. Esses pratos são empregados em uma faixa extensa de condições operacionais sem perda de eficiência. Válvulas são mais baratas e ocupam um menor espaço na bandeja e, portanto, um maior número de válvulas por prato pode ser usado. Os borbulhadores são mais caros, mas as perfurações no capacete distribuem melhor o vapor no líquido.

Colunas de recheio aleatório ou estruturado também podem ser usadas em destilação. O objetivo do recheio é propiciar a formação de um filme de líquido descendente sobre a superfície da estrutura sólida, enquanto o vapor é forçado a escoar em sentido contrário através dos interstícios (espaços vazios remanescentes) da estrutura sólida. Os recheios aleatórios são compostos por pequenas peças sólidas de forma regular, cujo tamanho deve ser de no máximo 1/8 do diâmetro da coluna. Uma grande quantidade dessas peças é acondicionada de maneira aleatória dentro da coluna. Recheios estruturados são formados por uma matriz de placas corrugadas finas com as angulações de corrugações invertidas entre placas adjacentes que formam uma estrutura de colmeia com canais inclinados e elevada área superficial em relação ao volume ocupado. Para facilitar a montagem de colunas de recheio estruturado, as matrizes de recheio são construídas com diâmetro muito próximo ao diâmetro interno da coluna de destilação.

As colunas de recheio são usuais em destilação sob vácuo, por causa da menor perda de carga observada em relação às colunas de pratos para uma mesma taxa de transferência de massa. Por esse motivo, compostos termolábeis são geralmente purificados em colunas de recheio.

22.4 BALANÇOS DE MASSA E DE ENERGIA

22.4.1 Destilação em alambique

O modo mais simples de calcular a destilação em um alambique é considerá-la como destilação diferencial com taxa de vaporização constante. A caldeira do alambique é preenchida com o líquido contendo os componentes que se deseja separar sendo, então, aquecida. Quando essa mistura atinge seu ponto de ebulição, vapor começa a ser formado. Nesse caso, em cada instante, o vapor formado está em equilíbrio com o líquido. A fase vapor gerada a uma taxa constante de vaporização é condensada no topo do equipamento e acumulada na forma de líquido em um reservatório. As seguintes equações podem então ser definidas (Figura 22.20):

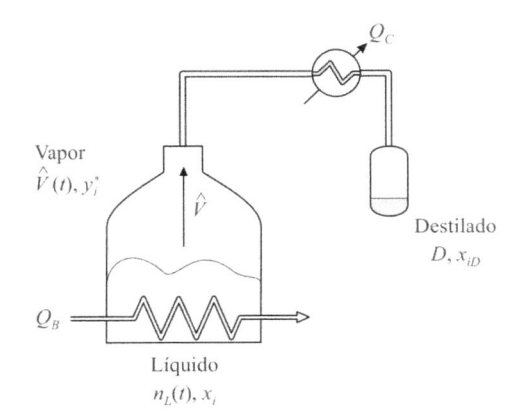

Figura 22.20 Definição de variáveis na destilação em alambique.

a) Balanços de massa global e por componente na caldeira:

$$\frac{dn_L}{dt} = -\hat{V} \tag{22.21}$$

$$\frac{d(n_L x_i)}{dt} = -\hat{V}y_i^*, \qquad \text{para } i = 1 \text{ a } C \tag{22.22}$$

em que n_L é a quantidade de líquido [mol] no instante t, $\hat{V}$ é a taxa de vaporização ou vazão da corrente de vapor [mol $\cdot$ s^{-1}], x_i e y_i^*, as frações molares do componente i nas fases líquida e vapor, respectivamente e C o número total de componentes na mistura. No instante t, a fase líquida está em equilíbrio com a fase vapor e, portanto, as frações molares de cada componente i nas fases líquida e vapor são composições de equilíbrio.

A Equação 22.22 pode também ser expressa da forma:

$$\frac{d(n_L x_i)}{dt} = \frac{n_L dx_i}{dt} + \frac{x_i dn_L}{dt} = -\hat{V}y_i^* \tag{22.23}$$

em que a multiplicação por dt resulta em

$$n_L dx_i + x_i dn_L = -\hat{V}y_i^* dt \tag{22.24}$$

Substituindo (22.21) em (22.24), tem-se:

$$n_L dx_i + x_i dn_L = y_i^* dn_L \tag{22.25}$$

Rearranjando a Equação 22.25:

$$\frac{dx_i}{(y_i^* - x_i)} = \frac{dn_L}{n_L} \tag{22.26}$$

A composição da fase vapor formada está relacionada com a composição da fase líquida por meio de uma relação de equilíbrio, dada por:

$$y_i^* = K_i x_i \tag{22.27}$$

em que K_i é a constante de equilíbrio.

Considerando uma mistura binária, constituída pelos componentes A e B, com volatilidade relativa (α_{AB}) constante, pode se calcular a fração molar do componente A na fase vapor pela Equação 22.13, apresentada anteriormente:

$$y_A^* = \frac{(\alpha_{AB} x_A)}{[1 + x_A(\alpha_{AB} - 1)]} \tag{22.28}$$

Substituindo a Equação 22.28 na Equação 22.25, em que i é o componente A, e integrando em um intervalo de tempo no qual o líquido mudará sua composição de x_{A0} para x_A e a quantidade de líquido passará de n_{L0} para n_L, chega-se a:

$$\int_{x_{A0}}^{x_A} \frac{dx_A}{\left[\dfrac{\alpha_{AB} x_A}{1 + x_A(\alpha_{AB} - 1) - x_A}\right]} = \int_{n_{L0}}^{n_L} \frac{dn_L}{n_L} \tag{22.29}$$

Resolvendo a integral anterior, a composição x_A a cada instante t pode ser calculada por:

$$\frac{1}{(\alpha_{AB} - 1)}\left[\ln\left(\frac{x_A}{x_{A0}}\right) - \alpha_{AB}\ln\frac{(1 - x_A)}{(1 - x_{A0})}\right] = \ln\left(\frac{n_L}{n_{L0}}\right) \tag{22.30}$$

ou, rearranjando:

$$n_L = n_{L0}\exp\left\{\frac{-1}{(\alpha_{AB} - 1)}\left[\ln\left(\frac{x_{A0}}{x_A}\right) + \alpha_{AB}\ln\frac{(1 - x_A)}{(1 - x_{A0})}\right]\right\} \tag{22.31}$$

O tempo total do processo, t_{total}, é definido como:

$$t_{\text{total}} = \frac{\text{quantidade vaporizada}}{\text{vazão de vapor}} = \frac{n_{L0} - n_{Lf}}{\hat{V}} \tag{22.32}$$

em que n_{Lf} é o número de mols de líquido que restam na caldeira do alambique após o tempo total.

Para um intervalo de tempo qualquer, pode-se escrever:

$$t = \frac{n_{L0} - n_L(t)}{\hat{V}} \tag{22.33}$$

A quantidade de destilado, D [mol], obtida após o tempo total é dada por:

$$D = n_{L0} - n_{Lf} \tag{22.34}$$

A composição média do destilado é igual à quantidade de componente A vaporizada dividida pela quantidade total de vapor:

$$(x_{AD})_{\text{média}} = (y_A)_{\text{média}} = \frac{n_{L0} x_{A0} - n_{Lf} x_{Af}}{n_{L0} - n_{Lf}} \tag{22.35}$$

em que x_{AD} é a fração molar do componente A no destilado e x_{Af} é a fração molar do componente A no líquido que resta na caldeira do alambique após o tempo total.

Os problemas resolvidos apresentados como Exemplos 22.5 a 22.7 tratam da aplicação do balanço de massa para o cálculo da quantidade de destilado produzido e respectiva composição em sistemas de destilação em alambique.

EXEMPLO 22.5

Deseja-se separar uma mistura de ácidos graxos saturados formados por ácido cáprico ($C_{10}H_{20}O_2$) e ácido esteárico ($C_{18}H_{36}O_2$). A quantidade inicial da mistura binária, formada por 0,50 mol $\cdot$ mol^{-1} total de cada componente, é 25 kmol. A taxa de evaporação é constante e igual a 10 kmol $\cdot$ h^{-1}. A cada intervalo regular de variação da fração molar de ácido cáprico no líquido, calcule a quantidade de líquido na caldeira $n_L(t)$, o tempo de processo t e a fração molar de ácido cáprico na fase vapor y_A^*. As pressões de vapor do ácido cáprico e esteárico a 240 °C são 40,159 kPa e 2,355 kPa, respectivamente.

Solução

A solução do problema envolve as seguintes etapas:

1) Calcula-se a volatilidade relativa do ácido cáprico em relação ao ácido esteárico pela razão entre as suas pressões de vapor, conforme Equação 22.12.
2) Para uma dada fração molar de ácido cáprico, menor que 0,5, por exemplo, 0,48, calcula-se a quantidade de líquido remanescente na caldeira pela Equação 22.31.
3) A partir da variação da quantidade de líquido na caldeira do alambique $[n_{L0} - n_L(t)]$ e da taxa de evaporação constante calcula-se, pela Equação 22.33, o tempo que essa etapa do processo durou.
4) Calcula-se a fração molar do ácido cáprico na fase vapor pela Equação 22.28.
5) Repete-se a sequência dos itens 2 a 4 para as próximas frações de ácido cáprico, usando a mesma variação na fração molar de ácido cáprico do início do exercício, que nesse caso foi 0,02. Os cálculos devem prosseguir até que a fração molar de ácido cáprico seja igual ao intervalo de variação adotado.
6) Calcula-se a quantidade de destilado e a composição média do destilado pelas Equações 22.34 e 22.35, respectivamente.

Os resultados dos itens 2 a 5 estão apresentados na Tabela 22.6.

Tabela 22.6 Resultados obtidos para x_A, $n_L(t)$, t e y_A^*

x_A	$n_L(t)$ [kmol $\cdot$ h^{-1}]	t [h]	y_A^*
0,50	25,00	0,00	0,945
0,48	23,92	0,11	0,940
0,46	22,92	0,21	0,936
0,44	21,99	0,30	0,931
0,42	21,12	0,39	0,925
0,40	20,31	0,47	0,919
0,38	19,56	0,54	0,913
0,36	18,84	0,62	0,906
0,34	18,17	0,68	0,898
0,32	17,54	0,75	0,889

continua

Tabela 22.6 *Continuação*

x_A	$n_L(t)$ [kmol · h⁻¹]	t [h]	y_A^*
0,30	16,94	0,81	0,880
0,28	16,37	0,86	0,869
0,26	15,83	0,92	0,857
0,24	15,31	0,97	0,843
0,22	14,81	1,02	0,828
0,2	14,33	1,07	0,810
0,18	13,87	1,11	0,789
0,16	13,42	1,16	0,765
0,14	12,98	1,20	0,735
0,12	12,55	1,25	0,699
0,10	12,11	1,29	0,655
0,08	11,67	1,33	0,597
0,06	11,20	1,38	0,521
0,04	10,68	1,43	0,415
0,02	10,01	1,50	0,258

A quantidade de destilado, calculada pela Equação 22.34, é igual a 14,99 kmol e a composição média do destilado $(x_{AD})_{média}$, calculada pela Equação 22.35 é igual a 0,821. A Figura 22.21 apresenta a variação de temperatura no alambique no diagrama T-x-y^* da mistura ácido cáprico (A)/ácido esteárico (B).

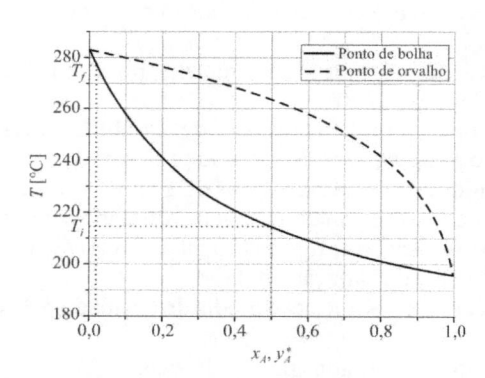

Figura 22.21 Diagrama T-x-y^* para ácido cáprico (A)/ácido esteárico (B) a 9,75 kPa.

A Figura 22.22 apresenta o perfil de temperatura do alambique em função do tempo. À medida que o líquido vai se esgotando no componente mais volátil (A), a temperatura de evaporação do líquido aumenta.

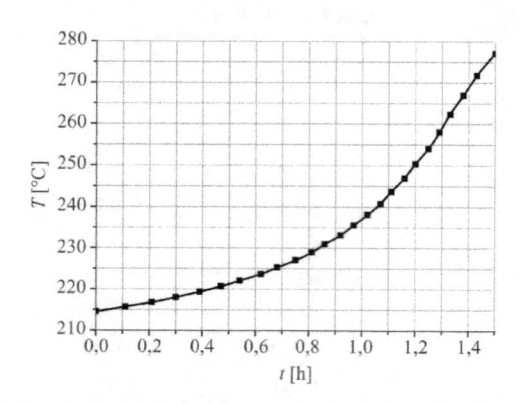

Figura 22.22 Histórico de temperatura no alambique.

Resposta: A quantidade de líquido na caldeira em função do tempo de processo, $n_L(t)$, e a fração molar de ácido cáprico na fase vapor, y_A^*, são apresentadas na Tabela 22.6.

EXEMPLO 22.6

No álcool grau alimentício a ser usado em bebidas, o metanol é um composto tóxico indesejado que deve ter sua concentração reduzida a níveis abaixo do valor estabelecido pela legislação. Considere uma carga inicial de 25 kmol de uma mistura contendo 0,06 mol $\cdot$ mol^{-1} total de metanol (A) e 0,84 mol $\cdot$ mol^{-1} total de etanol (B). A taxa de evaporação é constante e igual a 10 kmol $\cdot$ h^{-1}. A cada intervalo regular de variação da fração molar de metanol no líquido, calcule a quantidade de líquido na caldeira $n_L(t)$, o tempo de processo t, e a fração molar de metanol na fase vapor y_A^*. As pressões de vapor do metanol e etanol a 75 °C são 150,33 kPa e 88,781 kPa, respectivamente.

Solução

O procedimento de cálculo é exatamente igual ao adotado no exemplo anterior e os resultados são apresentados na Tabela 22.7.

Tabela 22.7 Resultados obtidos para x_A, $n_L(t)$, t e y_A^*

x_A	$n_L(t)$ [kmol $\cdot$ h^{-1}]	t [h]	y_A^*
0,060	25,00	0,00	0,097
0,056	22,39	0,26	0,091
0,052	19,90	0,51	0,085
0,048	17,54	0,75	0,079
0,044	15,30	0,97	0,072
0,040	13,19	1,18	0,066
0,036	11,21	1,38	0,059
0,032	9,36	1,56	0,053
0,028	7,63	1,74	0,046
0,024	6,04	1,90	0,040
0,020	4,59	2,04	0,033
0,016	3,29	2,17	0,027
0,012	2,15	2,29	0,020
0,008	1,18	2,38	0,013
0,004	0,43	2,46	0,007

A quantidade de destilado calculada pela Equação 22.34 é igual a 24,57 kmol e a composição média do destilado, $(x_{AD})_{\text{média}}$, calculada pela Equação 22.35 é igual a 0,061. Como pode ser observado na Tabela 22.7, mesmo obtendo-se uma pequena quantidade de etanol quase puro na fase líquida, 0,43 kmol com fração molar de 0,996 ($x_B = 1 - x_A$), grande parte do etanol foi vaporizada junto com o metanol, por causa da volatilidade relativa não ser elevada. Uma solução, nesse caso, seria o uso de destilação em batelada com refluxo para aumentar a concentração de metanol no destilado.

A Figura 22.23 apresenta a variação de temperatura no alambique em um diagrama T-x-y^* da mistura metanol (A)/etanol (B).

A Figura 22.24 apresenta o histórico de temperatura do alambique em função do tempo. Pode-se observar mais uma vez que, à medida que o líquido vai se esgotando no componente mais volátil (A), a temperatura de evaporação do líquido aumenta.

Resposta: A quantidade de líquido na caldeira em função do tempo de processo, $n_L(t)$, e a fração molar de metanol na fase vapor, y_A^*, são apresentadas na Tabela 22.7.

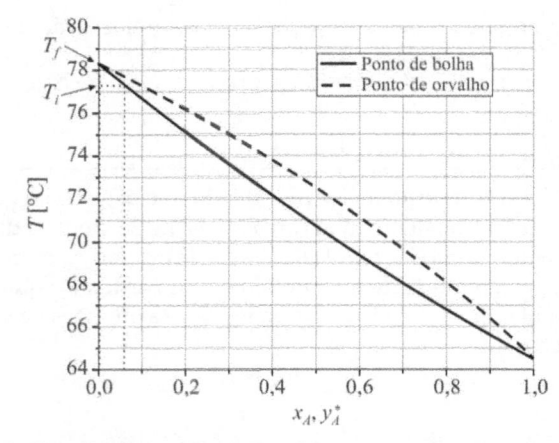

Figura 22.23 Diagrama T-x-y^* para metanol (A)/etanol (B) a 101,3 kPa.

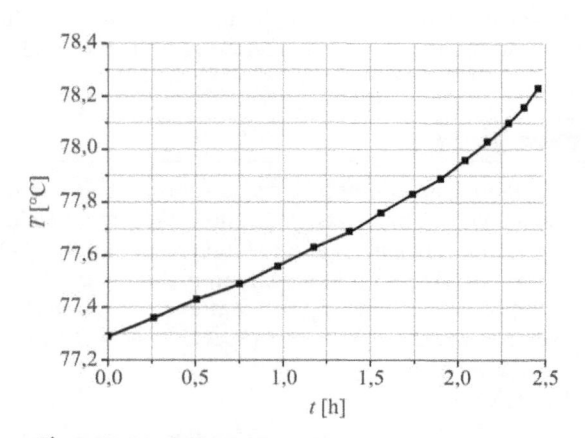

Figura 22.24 Histórico de temperatura no alambique em função do tempo.

EXEMPLO 22.7

Para facilitar o estudo da produção de cachaça por destilação em batelada, a composição do vinho fermentado de cana-de-açúcar pode ser expressa, de forma aproximada, em termos dos seus principais componentes de interesse, ou seja, etanol e água. Pretende-se separar 100 kmol de uma mistura etanol (A)/água (B) com fração molar de etanol igual a 0,033 (10 °GL, isto é, graus Gay-Lussac, equivalente à porcentagem em volume) até uma fração molar bastante baixa de etanol na fase líquida, por exemplo, 0,01 (0,03 °GL). A taxa de evaporação constante é de 10 kmol · h⁻¹. Qual é a quantidade e a composição do destilado formado?

Dados:

$$\log P_{vA} = 8,11220 - \frac{1592,864}{(T + 226,184)}$$

$$\log P_{vB} = 8,07131 - \frac{1730,630}{(T + 233,426)}$$

em que P_{vi} é dada em mmHg e T em °C.

Parâmetros do modelo de Van Laar:

$$\frac{A_{AB}}{RT} = 1,7693$$

$$\frac{A_{BA}}{RT} = 0,9409$$

Solução

Quando a mistura a ser separada é altamente não ideal, o procedimento de cálculo para destilação em batelada será diferente e, portanto, a Equação 22.31 simplificada por causa da consideração de volatilidade relativa constante não poderá ser usada. Nesse caso, a integração da Equação 22.29, para cálculo de líquido remanescente na caldeira do alambique n_L para intervalos regulares de mudança na fração molar de etanol na fase líquida x_A deverá ser numérica.

$$\int_{x_{A0}}^{x_A} \frac{dx_A}{(y_A^* - x_A)} = \int_{n_{L0}}^{n_L} \frac{dn_L}{n_L} = \ln\left(\frac{n_L}{n_{L0}}\right)$$

O valor da integral do primeiro termo da equação acima pode ser obtido a partir do cálculo da área sob a curva em um gráfico de $\frac{1}{(y_A^* - x_A)}$ *versus* x_A. Para obter os valores de y_A^* necessários para a construção desse gráfico, deve-se calcular o equilíbrio líquido-vapor da mistura binária etanol (A)/água (B) a 101,3 kPa na faixa de $x_{A0} = 0,033$ a $x_A = 0,01$. Como esses dados serão obtidos para um sistema isobárico, para cada composição de fase líquida a 101,3 kPa, a temperatura deverá ser calculada em um processo iterativo, de modo a minimizar o desvio entre a pressão calculada e a pressão estabelecida.

Para isso, é necessário o uso das equações de Antoine para cálculo das pressões de vapor, do modelo de Van Laar para o cálculo dos coeficientes de atividade e das equações de equilíbrio, já amplamente discutidas anteriormente. A Tabela 22.8 apresenta os resultados do equilíbrio líquido-vapor na faixa de interesse de concentrações de etanol (A).

Tabela 22.8 Dados de equilíbrio líquido-vapor para a mistura etanol (A)/água (B) a 101,3 kPa

x_A	y_A^*	$T\,[°C]$	$\dfrac{1}{(y_A^* - x_A)}$
0,010	0,1123	97,0	9,78
0,011	0,1216	96,7	9,04
0,012	0,1306	96,5	8,43
0,013	0,1393	96,2	7,92
0,014	0,1478	96,0	7,47
0,015	0,1560	95,7	7,09
0,016	0,1640	95,5	6,76
0,017	0,1717	95,3	6,46
0,018	0,1793	95,0	6,20
0,019	0,1866	94,8	5,97
0,020	0,1937	94,6	5,76
0,021	0,2006	94,4	5,57
0,022	0,2073	94,2	5,40
0,023	0,2139	94,0	5,24
0,024	0,2202	93,8	5,10
0,025	0,2264	93,6	4,96
0,026	0,2325	93,4	4,84
0,027	0,2383	93,2	4,73
0,028	0,2441	93,1	4,63
0,029	0,2497	92,9	4,53
0,030	0,2551	92,7	4,44
0,031	0,2604	92,5	4,36
0,032	0,2656	92,4	4,28
0,033	0,2707	92,2	4,21

Com esses dados é possível a construção do gráfico necessário para o cálculo da área sob a curva da função $\dfrac{1}{(y_A^* - x_A)}$ (Figura 22.25).

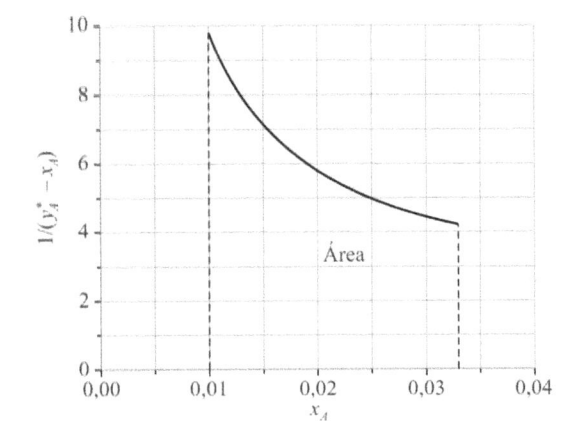

Figura 22.25 Gráfico para cálculo da área sob a curva.

O cálculo da área sob a curva pode ser feito pela regra de Simpson, da seguinte forma:

$$A = A_1 + A_2 + A_3 = \int_{x_0}^{x_f} f(x)dx = \frac{x_f - x_0}{6}\left(f(x_0) - f(x_f) + 4f\left(\frac{x_0 + x_f}{2}\right)\right)$$

$$\int_{0,01}^{0,033} \frac{dx_A}{y_A^* - x_A} = A = \frac{(0,033 - 0,01)}{6}(9,78 + 4,21 + 4 \times 5,48) = 0,138$$

$$\int_{x_{A0}}^{x_A} \frac{dx_A}{y_A^* - x_A} = \int_{n_{L0}}^{n_L} \frac{dn_L}{n_L}$$

$$\int_{0,033}^{0,01} \frac{dx_A}{y_A^* - x_A} = \ln\left(\frac{n_L}{n_{L0}}\right) = -A$$

Assim, obtém-se:

$$n_L = 87,1 \text{ kmol}$$

$$D = n_{L0} - n_L = 100 - 87,1 = 12,9 \text{ kmol}$$

$$(x_{AD})_{\text{média}} = \frac{n_{L0}x_{A0} - n_L x_A}{n_{L0} - n_L} = \frac{100 \text{ kmol} \times 0,033 - 87,1 \text{ kmol} \times 0,01}{100 \text{ kmol} - 87,1 \text{ kmol}} = 0,188$$

A quantidade de etanol (A) e água (B) no destilado são dadas por:

$$12,9 \text{ kmol} \times 0,188 = 2,43 \text{ kmol de etanol}$$

$$12,9 \text{ kmol} \times (1 - 0,188) = 10,47 \text{ kmol de água}$$

Considerando as densidades molares do etanol (A) e da água (B) a 20 °C:

$$\hat{\rho}_A = 17,16 \text{ kmol} \cdot \text{m}^{-3}$$

$$\hat{\rho}_B = 55,30 \text{ kmol} \cdot \text{m}^{-3}$$

os volumes de etanol (A) e água (B) no destilado são:

$$V_A = 0,1416 \text{ m}^3$$

$$V_B = 0,1893 \text{ m}^3$$

e a concentração em volume, dada em °GL (a graduação alcoólica da cachaça deve estar entre 33 °GL e 67 °GL) é:

$$°\text{GL} = \left(\frac{V_A}{V_A + V_B}\right)100 = 42,8 \text{ °GL}$$

A Figura 22.26 apresenta os perfis de concentração para o líquido x_A, para o vapor instantâneo formado e em equilíbrio com o líquido y_A^* e para fração molar média de etanol no destilado acumulado $(x_{AD})_{\text{média}}$ em função do tempo. Para o cálculo de x_{AD} a cada intervalo de tempo, deve-se calcular $n_L(t)$ seguindo o mesmo procedimento para o cálculo de n_L para o processo todo.

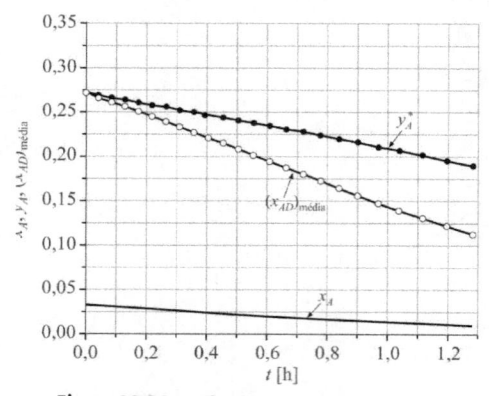

Figura 22.26 Perfis de x_A, y_A^* e $(x_{AD})_{\text{média}}$.

Respostas: A quantidade de destilado formado é 12,9 kmol e sua composição é 42,8 °GL.

22.4.2 Destilação contínua — método McCabe-Thiele

O método McCabe-Thiele é um método gráfico para projeto de colunas de destilação binária baseado na representação dos balanços de massa na forma de linhas de operação no diagrama x-y. É um método simplificado, no qual são feitas algumas considerações, descritas a seguir:

(i) os componentes da mistura apresentam calores latentes molares de vaporização iguais;

(ii) não ocorrem perdas de calor pela parede da coluna;

(iii) não há formação de calor de mistura;

(iv) não há variação do calor específico e do calor latente molar de vaporização dos componentes com a variação de temperatura ao longo da coluna.

O resultado dessas suposições é que se torna desnecessário considerar os balanços de energia ao longo da coluna, uma vez que as vazões de líquido e de vapor em cada seção da coluna são constantes e as linhas de operação são retas.

A Figura 22.27 apresenta uma coluna de destilação com alimentação $\hat{F}$ próxima ao meio da coluna e as retiradas do produto de topo ou destilado $\hat{D}$ e do produto de fundo $\hat{B}$. O balanço de massa global da coluna é dado por:

$$\hat{F} = \hat{D} + \hat{B} \tag{22.36}$$

em que $\hat{F}$, $\hat{D}$ e $\hat{B}$ são as vazões molares totais de alimentação, de destilado e de produto de fundo [mol $\cdot$ s^{-1}].

O balanço de massa para o componente mais volátil (componente A) é dado por:

$$\hat{F}z_{AF} = \hat{D}x_{AD} + \hat{B}x_{AB} \tag{22.37}$$

em que z_{AF}, x_{AD} e x_{AB} são as frações molares do componente A na alimentação, no destilado e no produto de fundo, respectivamente.

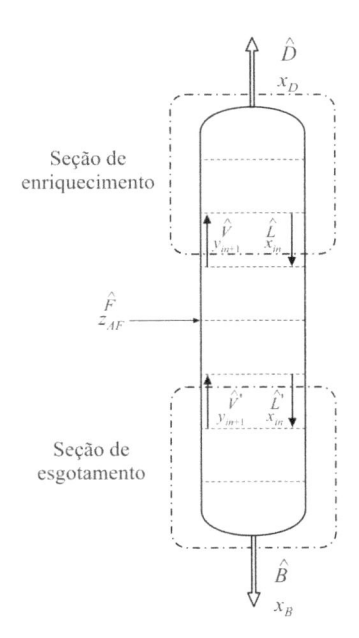

Figura 22.27 Representação esquemática de uma coluna de destilação contínua.

22.4.2.1 Seção de enriquecimento

Consideremos a seção da coluna situada acima do prato de alimentação, como mostrado na Figura 22.27. O destilado e o refluxo estão à temperatura de ponto de bolha da mistura, ou seja, estão a uma temperatura na qual a mistura binária forma sua primeira bolha de vapor. Se os calores latentes molares de vaporização são iguais, isso significa que o calor liberado pela quantidade (em mol) de vapor que condensa é usado para evaporar a mesma quantidade (em mol) de líquido, e, portanto, as vazões molares de líquido e de vapor em cada seção da coluna são constantes, não havendo mais a necessidade de identificá-las quanto ao estágio a que se referem.

Os estágios são teóricos ou ideais, isto é, a fração molar do componente i no líquido que deixa o estágio n, x_{in}, está em equilíbrio com a fração molar do componente i no vapor que deixa esse mesmo estágio, y_{in}^*. Portanto, cada um dos pontos $(x_{in},\ y_{in}^*)$ está situado sobre a curva de equilíbrio em um diagrama x-y^*. Deve-se recordar que os estágios da coluna são contados do topo para o fundo.

O balanço de massa global para a seção de enriquecimento, também chamada de seção de retificação, pode ser escrito como:

$$\hat{V} = \hat{L} + \hat{D} \tag{22.38}$$

em que $\hat{V}$ e $\hat{L}$ são as vazões molares totais de vapor e de líquido [mol · s⁻¹], respectivamente, na seção de retificação.

O balanço de massa para o componente A na seção de retificação é dado por:

$$\hat{V}y_{An+1} = \hat{L}x_{An} + \hat{D}x_{AD} \tag{22.39}$$

ou, rearranjando:

$$y_{An+1} = \frac{\hat{L}}{\hat{V}}x_{An} + \frac{\hat{D}}{\hat{V}}x_{AD} \tag{22.40}$$

Substituindo a Equação 22.38 na Equação 22.40:

$$y_{An+1} = \frac{\hat{L}}{\hat{L} + \hat{D}}x_{An} + \frac{\hat{D}}{\hat{L} + \hat{D}}x_{AD} \tag{22.41}$$

e reorganizando:

$$y_{An+1} = \frac{\frac{\hat{L}}{\hat{D}}}{\frac{\hat{L}}{\hat{D}} + 1}x_{An} + \frac{1}{\frac{\hat{L}}{\hat{D}} + 1}x_{AD} \tag{22.42}$$

A razão de refluxo r [mol · s⁻¹ · (mol · s⁻¹)⁻¹] é definida pela relação entre a vazão de líquido que retorna à coluna e a vazão de destilado:

$$r = \frac{\hat{L}}{\hat{D}} \tag{22.43}$$

Assim, substituindo a Equação 22.43 em 22.42:

$$y_{An+1} = \frac{r}{r + 1}x_{An} + \frac{x_{AD}}{r + 1} \tag{22.44}$$

Essa equação define a linha de operação da seção de enriquecimento e descreve uma reta de coeficiente angular $\dfrac{r}{r + 1}$ e coeficiente linear $\dfrac{x_{AD}}{r + 1}$, sendo que este último indica a posição onde a reta intercepta o eixo y em um diagrama x-y^*. Fazendo $x_{An} = x_{AD}$ na Equação 22.44, obtém-se que $y_{An+1} = x_{AD}$, então essa linha cruza a diagonal de 45° ($y = x$) em x_{AD}, como indicado na Figura 22.28.

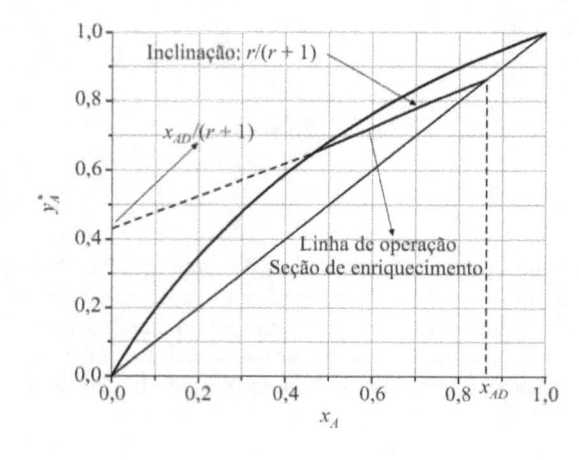

Figura 22.28 Linha de operação da seção de enriquecimento.

22.4.2.2 Seção de esgotamento

Consideremos a seção da coluna situada abaixo do prato de alimentação, como mostrado na Figura 22.27. Os estágios são ideais e as vazões molares totais de líquido $\hat{L}'$ e de vapor $\hat{V}'$ [mol · s⁻¹] são constantes, mas não necessariamente iguais aos valores correspondentes à seção de enriquecimento, $\hat{L}$ e $\hat{V}$. Isso ocorre por causa da perturbação causada pela introdução da vazão de alimentação, que provoca mudanças nas vazões de líquido e/ou de vapor entre as seções.

Na seção de esgotamento, o balanço de massa global é dado por:

$$\hat{L}' = \hat{V}' + \hat{B} \tag{22.45}$$

O balanço de massa para o componente A pode ser escrito como:

$$\hat{L}'x_{An} = \hat{V}'y_{An+1} + \hat{B}x_{AB} \tag{22.46}$$

e a substituição da Equação 22.45 resulta em:

$$y_{An+1} = \frac{\hat{L}'}{\hat{L}' - \hat{B}}x_{An} - \frac{\hat{B}}{\hat{L}' - \hat{B}}x_{AB} \tag{22.47}$$

Essa equação define a linha de operação da seção de esgotamento. Assim como na seção de enriquecimento, a Equação 22.47 representa uma reta de coeficiente angular $\dfrac{\hat{L}'}{\hat{L}' - \hat{B}}$ e coeficiente linear $-\dfrac{\hat{B}}{\hat{L}' - \hat{B}}$, como indicado na Figura 22.29. Fazendo $x_{An} = x_{AB}$ na Equação 22.47, obtém-se $y_{An+1} = x_{AB}$, então essa linha cruza a diagonal de 45° $(y = x)$ em x_{AB}.

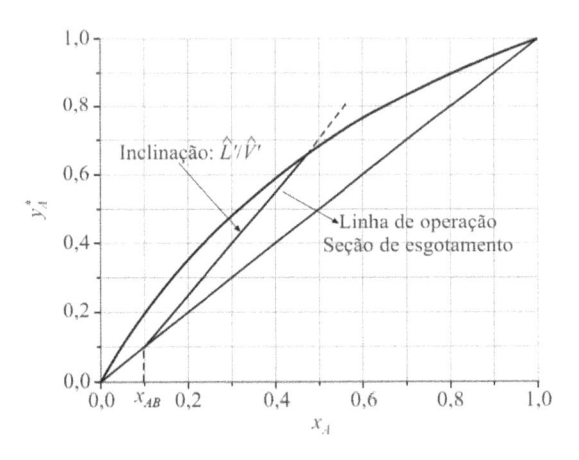

Figura 22.29 Linha de operação da seção de esgotamento.

22.4.2.3 Estágio de alimentação

Para obter a relação entre as vazões de líquido e de vapor nas seções de enriquecimento e de esgotamento, é necessário realizar balanços de massa e de energia ao redor do estágio de alimentação, isto é, o prato no qual a alimentação é introduzida na coluna (Figura 22.30).

O balanço de massa global pode ser escrito como:

$$\hat{F} + \hat{L} + \hat{V}' = \hat{L}' + \hat{V} \tag{22.48}$$

O balanço de energia é dado por:

$$\hat{F}\hat{H}_F + \hat{L}\hat{H}_{Ln-1} + \hat{V}'\hat{H}_{Vn+1} = \hat{L}'\hat{H}_{LF} + \hat{V}\hat{H}_{VF} \tag{22.49}$$

sendo $\hat{H}_V$ e $\hat{H}_L$ as entalpias molares [J · mol⁻¹] das correntes de vapor e de líquido saturados, respectivamente, e o subscrito F se refere à entalpia molar da alimentação.

Considerando que as temperaturas e as composições mudam pouco nos estágios próximos à alimentação, assim como são similares à composição da alimentação, as entalpias molares podem ser consideradas iguais, isto é, independentes do número do estágio a que se referem e pode-se escrever: $\hat{H}_{Vn+1} = \hat{H}_{VF} = \hat{H}_V$ e $\hat{H}_{Ln-1} = \hat{H}_{LF} = \hat{H}_L$. Sob tal consideração, a Equação 22.49 torna-se:

$$(\hat{L}' - \hat{L})\hat{H}_L = (\hat{V}' - \hat{V})\hat{H}_V + \hat{F}\hat{H}_F \tag{22.50}$$

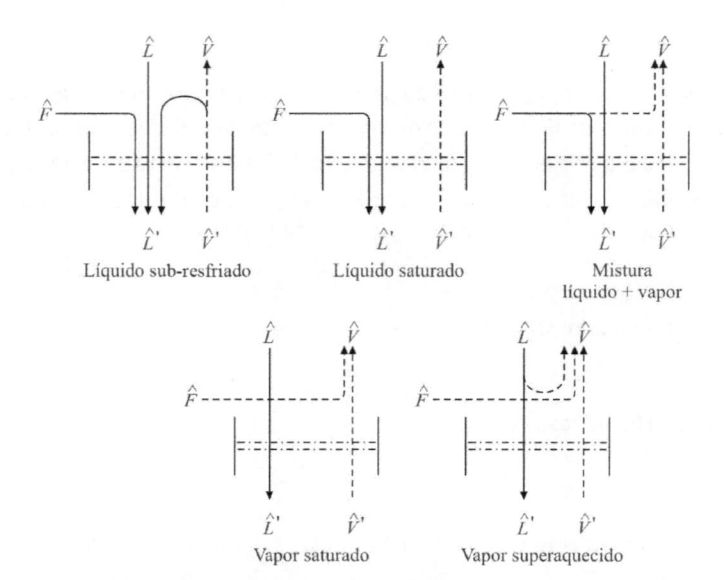

Figura 22.30 Estados térmicos da alimentação e correntes de líquido e de vapor entre as seções da coluna.

Combinando a Equação 22.50 com o balanço de massa global no estágio de alimentação (Equação 22.48), pode-se escrever:

$$\frac{\hat{L}' - \hat{L}}{\hat{F}} = \frac{\hat{H}_V - \hat{H}_F}{\hat{H}_V - \hat{H}_L} = \frac{\hat{H}_V - \hat{H}_F}{\Delta_{vap}\hat{H}} = q \tag{22.51}$$

A variável q [J · mol^{-1} · (J · mol^{-1})$^{-1}$] pode ser definida como a razão entre a quantidade de calor necessário para converter 1 mol de alimentação em vapor saturado dividido pelo calor latente molar de vaporização ($\Delta_{vap}\hat{H}$). Combinando as Equações 22.48 e 22.51 obtém-se:

$$\hat{V}' - \hat{V} = \hat{F}(q - 1) \tag{22.52}$$

Na interseção entre as duas linhas de operação (da seção de esgotamento e da seção de enriquecimento), tem-se que: $x_{An-1} = x_{An}$ e $y_{An} = y_{An+1}$. Então os balanços de massa em cada seção da coluna podem ser reescritos como:

$$y_A\hat{V} = \hat{L}x_A + \hat{D}x_{AD} \tag{22.53}$$

$$y_A\hat{V}' = \hat{L}'x_A + \hat{B}x_{AB} \tag{22.54}$$

Subtraindo a Equação 22.53 da 22.54:

$$(\hat{V}' - \hat{V})y_A = (\hat{L}' - \hat{L})x_A - (\hat{B}x_{AB} + \hat{D}x_{AD}) \tag{22.55}$$

Combinando as Equações 22.37, 22.51 e 22.52, tem-se:

$$y_A = \frac{q}{q - 1}x_A - \frac{z_A}{q - 1} \tag{22.56}$$

A Equação 22.56 é chamada linha da alimentação. Fazendo $x_A = z_A$ na Equação 22.56, obtém-se $y_A = z_A$, então essa linha cruza a diagonal de 45° em z_A.

O coeficiente angular da linha de alimentação dependerá do estado térmico da corrente de alimentação e os casos possíveis podem ser observados na Tabela 22.9 e nas Figuras 22.30 e 22.31.

A partir da representação das linhas de operação no diagrama de equilíbrio, é possível determinar o número de estágios teóricos necessários para determinada separação por meio de uma construção gráfica, que relaciona as mudanças de composição sofridas pelas fases líquida e vapor ao passar por cada um dos estágios (pratos) da coluna. Essa construção é baseada no fato de que as linhas de operação representam a relação entre a composição do líquido que deixa o estágio n (x_{An}) e o vapor que deixa o estágio $n + 1$ (y_{An+1}), enquanto a curva de equilíbrio relaciona as composições do líquido e vapor que deixam o estágio n (x_{An}, y_{An}).

Tabela 22.9 Correspondência entre o estado térmico de alimentação e os valores de q

ESTADO TÉRMICO	$\hat{H}_V$	$\hat{H}_L$	$\hat{H}_F$	q
Líquido sub-resfriado		$\hat{H}_L$	$\hat{H}_F < \hat{H}_L$	> 1
Líquido saturado		$\hat{H}_L$	$\hat{H}_F = \hat{H}_L$	1
Mistura vapor-líquido	$\hat{H}_V$	$\hat{H}_L$	$\hat{H}_V > \hat{H}_F > \hat{H}_L$	$1 > q > 0$
Vapor saturado	$\hat{H}_V$		$\hat{H}_F = \hat{H}_V$	0
Vapor superaquecido	$\hat{H}_V$		$\hat{H}_F > \hat{H}_V$	< 0

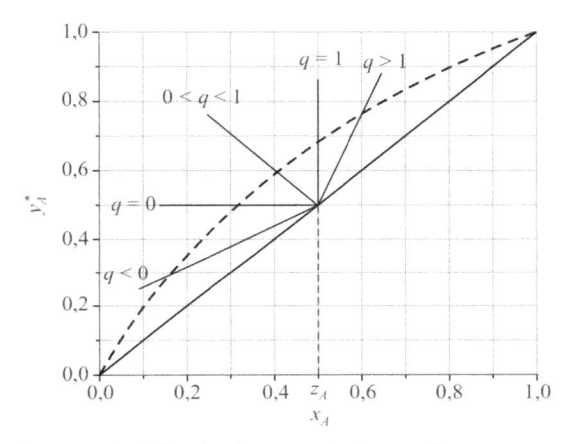

Figura 22.31 Inclinações da linha de alimentação de acordo com seu estado térmico.

22.4.2.4 Refluxo total ou razão de refluxo infinita

Quando a razão de refluxo r aumenta as vazões de líquido e vapor na coluna também aumentam, uma vez que aumentar a razão de refluxo significa diminuir a retirada de destilado $\hat{D}$ e aumentar a quantidade de líquido $\hat{L}$ que retorna à coluna. Esse aumento pode ocorrer até o limite em que nenhum destilado é retirado, isto é, $\hat{D} = 0$ e todo o vapor que chega ao topo é condensado e reintroduzido na coluna. Nessa situação, todo o líquido que chega ao fundo da coluna é evaporado no refervedor e a vazão de alimentação é reduzida a zero. Nesse caso, $r = \infty$ e $\dfrac{\hat{L}}{\hat{V}} = 1$.

Como os coeficientes angulares das linhas de operação são dados pela razão $\dfrac{\hat{L}}{\hat{V}}$ na seção de enriquecimento (Equação 22.40) e por $\dfrac{\hat{L}'}{\hat{V}'}$ na seção de esgotamento (o que se verifica pela substituição da Equação 22.45 em 22.47), quando as vazões de líquido e de vapor na coluna se igualam, as linhas de operação das seções de enriquecimento e de esgotamento coincidem com a diagonal de 45°. Sendo assim, as linhas de operação se afastam da curva de equilíbrio e o número de estágios teóricos necessários para a separação desejada se torna mínimo ($N_{mín}$) quando $r = \infty$ (Figura 22.32).

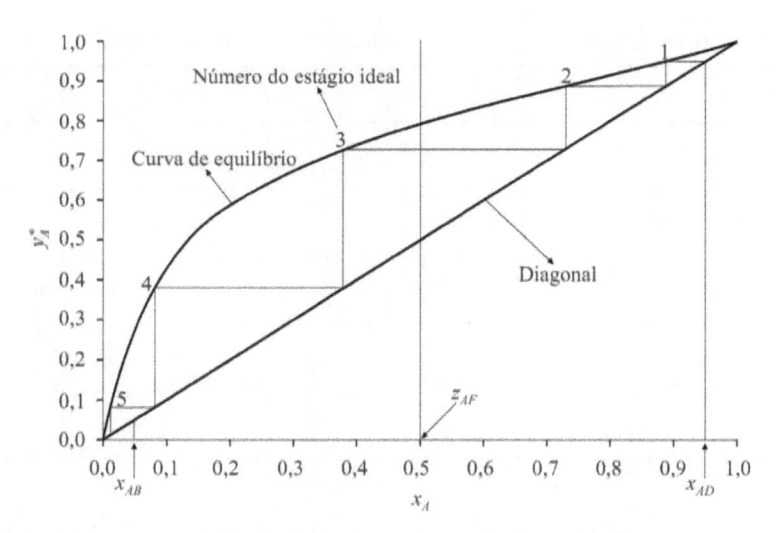

Figura 22.32 Construção gráfica representando a operação com refluxo total e o número mínimo de estágios teóricos.

22.4.2.5 Razão mínima de refluxo (r_{min})

Quando a razão de refluxo diminui, o coeficiente angular da linha de operação da seção de enriquecimento, $\dfrac{r}{r+1}$, diminui e o coeficiente linear, $\dfrac{x_{AD}}{r+1}$, aumenta. A linha de operação da seção de enriquecimento que passa pelo ponto de interseção da linha de alimentação com a curva de equilíbrio corresponde à operação da coluna com razão mínima de refluxo possível. Como essa linha de operação tangencia a curva de equilíbrio, seria necessário um número infinito de estágios para atingir esse ponto (Figura 22.33).

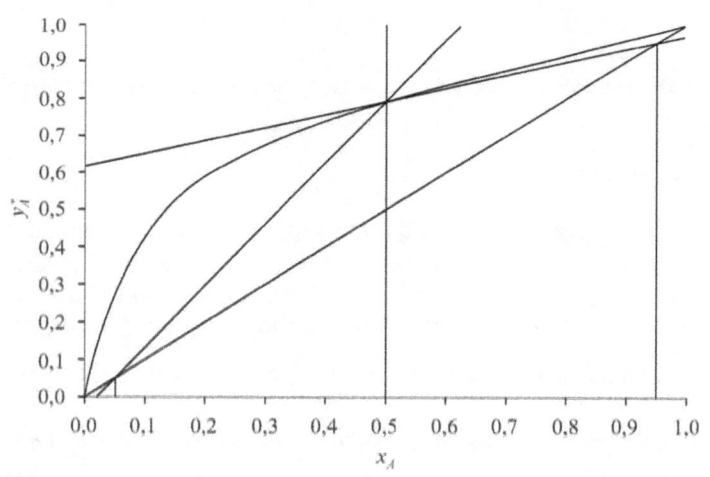

Figura 22.33 Razão mínima de refluxo (r_{min}) e número infinito de estágios.

Algumas curvas de equilíbrio podem apresentar mudanças de concavidade e, para esses casos, alguns cuidados devem ser tomados na escolha da razão mínima de refluxo. Ao traçar a linha de operação da seção de enriquecimento para determinação da razão de refluxo mínimo, é importante observar se, entre z_A e x_{AD}, alguma porção dessa linha ficou acima da curva de equilíbrio. Caso isso ocorra, a inclinação da linha de operação deve ser aumentada até encontrar a primeira tangente com a curva de equilíbrio, mantendo x_{AD} constante. Observe na Figura 22.34 que a linha de operação da seção de enriquecimento não foi traçada a partir do ponto de interseção da linha de alimentação com a curva de equilíbrio, porque parte dela ficaria acima da curva de equilíbrio. Para o cálculo da razão mínima de refluxo foi encontrada a primeira tangente da linha de operação da seção de enriquecimento com a curva de equilíbrio a partir de x_{AD}.

O Exemplo 22.8 discute a aplicação do método McCabe-Thiele para o cálculo do número de estágios de colunas de destilação.

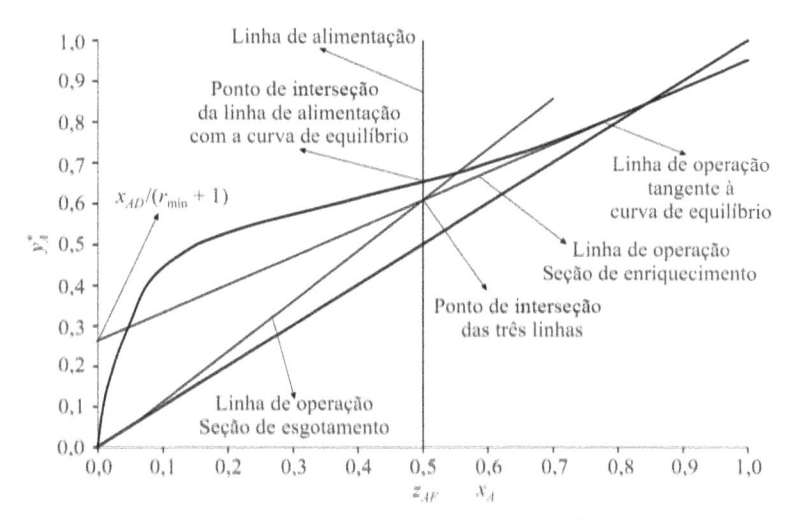

Figura 22.34 Escolha da razão mínima de refluxo no caso de curva de equilíbrio com mudança de concavidade.

EXEMPLO 22.8

Uma corrente de 500 kmol · h^{-1} contendo 0,50 (fração molar) de etanol (A) e 0,50 (fração molar) de água (B), deve ser fracionada usando uma coluna de destilação contínua. A vazão de produto de fundo deve ser igual a 210 kmol · h^{-1} e somente 4,9 % do total de etanol alimentado no equipamento pode ser retirado nessa corrente do fundo do equipamento.

(i) Determine a vazão de destilado e as composições das correntes de produto de fundo e destilado.

(ii) Qual o número de estágios ideais do equipamento para alimentação como líquido saturado e razão de refluxo igual a 1,5 $r_{mín}$? Qual o número do estágio de alimentação?

Solução

(i) A vazão de destilado e as composições das correntes que deixam a coluna podem ser calculadas por meio dos balanços de massa. A partir do balanço de massa global (Equação 22.36), tem-se que:

$$\hat{D} = \hat{F} - \hat{B} = 500 \text{ kmol} \cdot \text{h}^{-1} - 210 \text{ kmol} \cdot \text{h}^{-1} = 290 \text{ kmol} \cdot \text{h}^{-1}$$

Se a perda de etanol no produto de fundo deve ser de no máximo 4,9 % do etanol alimentado, então:

$$\hat{B}x_{AB} = 0,049(\hat{F}z_A) = 0,049(500 \text{ kmol} \cdot \text{h}^{-1} \times 0,5) = 12,25 \text{ kmol} \cdot \text{h}^{-1}$$

e

$$x_{AB} = \frac{12,25 \text{ kmol} \cdot \text{h}^{-1}}{210 \text{ kmol} \cdot \text{h}^{-1}} = 0,058$$

A partir do balanço de massa para o etanol (Equação 22.37) obtém-se:

$$x_{AD} = \frac{\hat{F}z_A - \hat{B}x_{AB}}{\hat{D}} = \frac{(500 \text{ kmol} \cdot \text{h}^{-1} \times 0,5) - (12,25 \text{ kmol} \cdot \text{h}^{-1})}{290 \text{ kmol} \cdot \text{h}^{-1}} = 0,82$$

(ii) Para o cálculo do número de estágios ideais, em primeiro lugar deve-se determinar a razão de refluxo mínima ($r_{mín}$), por meio do procedimento apresentado na Seção 22.4.2.5.

Como a curva de equilíbrio apresenta mudança de concavidade, a razão de refluxo mínima não será obtida por meio da interseção da linha de alimentação com a curva de equilíbrio, mas sim por meio da primeira tangente da linha de operação da seção de enriquecimento com a curva de equilíbrio, como indicado na Figura 22.35.

O coeficiente linear da linha de operação da seção de enriquecimento encontrado na Figura 22.35 é igual a 0,26, de forma que a razão mínima de refluxo é igual a:

$$\frac{x_{AD}}{r_{min} + 1} = 0,26$$

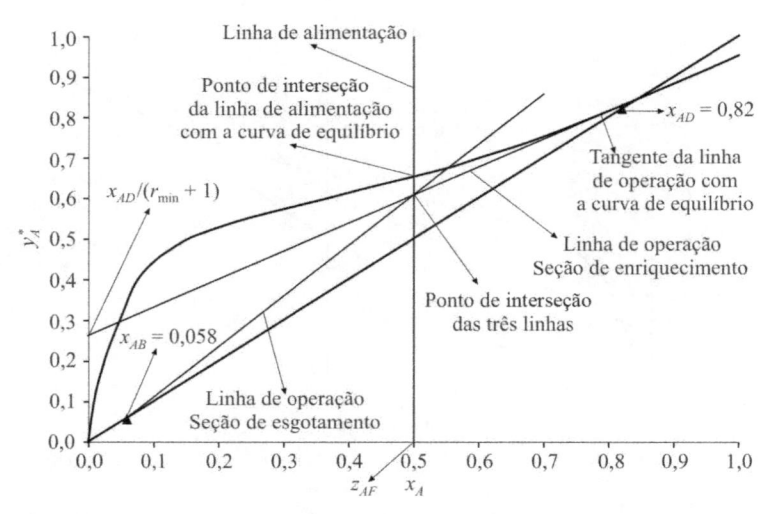

Figura 22.35 Construção gráfica para cálculo de rmin para o Exemplo 22.8.

e

$$r_{min} = 2,15$$

e

$$r = 1,5 \, r_{min} = 1,5 \times 2,15 = 3,23$$

Para o cálculo do número de estágios pelo método McCabe-Thiele é necessário traçar a linha de operação da seção de enriquecimento com o ponto $x_{AD} = 0,82$ sobre a diagonal de 45° e o coeficiente linear dado por

$$\frac{x_{AD}}{r+1} = \frac{0,82}{3,23+1} = 0,19$$

Em seguida deve-se traçar a linha de alimentação levando-se em conta que a mesma se encontra no estado de líquido saturado. Sendo assim, $q = 1$ e, portanto, a linha de alimentação é perpendicular ao eixo x. Com o valor de $x_{AB} = 0,058$ sobre a diagonal de 45° e o ponto de interseção da linha de operação da seção de enriquecimento com a linha de alimentação, pode-se traçar a linha de operação da seção de esgotamento.

Para definir o número de estágios ideais, os degraus são traçados a partir de x_{AD}, usando as linhas de operação e a curva de equilíbrio. Com o ponto x_{AD} traça-se uma linha horizontal até encontrar a curva de equilíbrio. Em seguida, a partir da curva de equilíbrio, traça-se uma linha vertical até encontrar a linha de operação. Esse processo deve ser repetido até que x_A seja menor que x_{AB} tomando-se o cuidado de que, após passar o ponto de cruzamento entre as três linhas de operação (as duas de operação e a de alimentação), é necessário trocar de linha de operação (Figura 22.36) passando da linha da seção de enriquecimento para a linha da seção de esgotamento. Essa troca da linha de operação da seção de enriquecimento para a de esgotamento define o número do estágio de alimentação da coluna. Os degraus devem ser traçados até que o valor de x_A no gráfico seja menor que $x_{AB} = 0,058$.

A Figura 22.37 apresenta detalhe da seção de enriquecimento para facilitar a visualização do número de estágios. Para a separação desejada serão necessários 19 estágios teóricos com alimentação no estágio número 17.

Respostas: (i) a vazão de destilado é $\hat{D} = 290 \, kmol \cdot h^{-1}$ e as composições das correntes de produto de fundo e destilado são, respectivamente, $x_{AB} = 0,058$ e $x_{AD} = 0,82$; (ii) o número de estágios ideais necessários é 19 com alimentação no estágio 17.

22.5 TÓPICOS ESPECIAIS EM DESTILAÇÃO ALCOÓLICA

Algumas misturas binárias não podem ser separadas pelo fracionamento direto das substâncias em um processo de destilação convencional por apresentarem azeotropia. Nesses casos, sob determinada pressão, a mistura binária líquida apresenta um ponto de ebulição constante que não varia com o grau de vaporização, de modo que as composições do líquido e do vapor em equilíbrio permanecem constantes. Isso faz com que os componentes da mistura passem a apresentar a

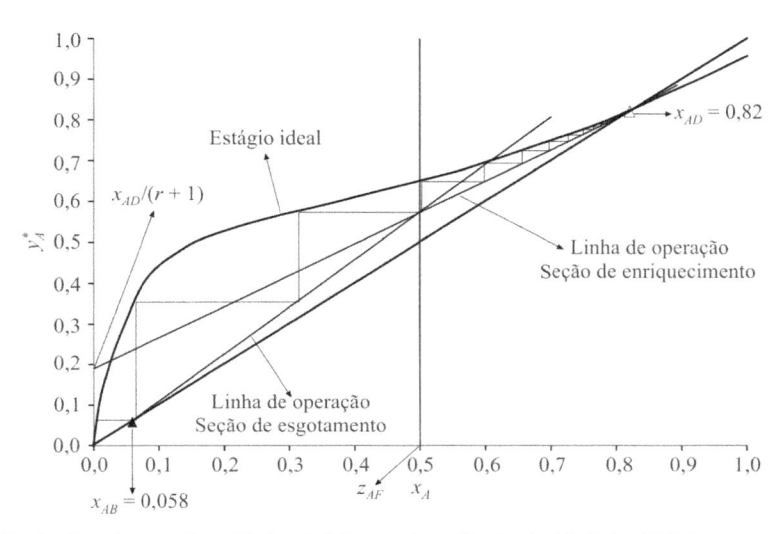

Figura 22.36 Cálculo do número de estágios teóricos pelo método de McCabe-Thiele para o Exemplo 22.8.

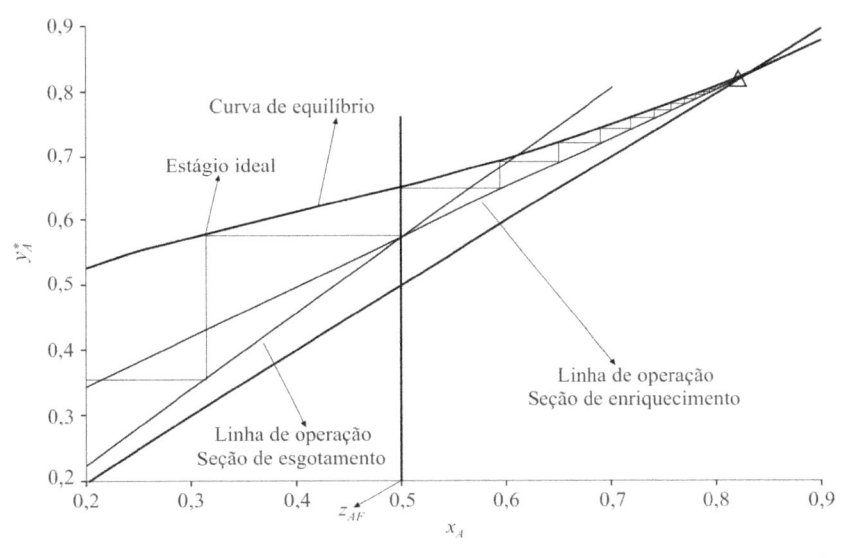

Figura 22.37 Detalhe do número de estágios na seção de enriquecimento para o Exemplo 22.8.

mesma volatilidade (volatilidade relativa unitária), inviabilizando a separação por destilação convencional. Nesses casos, a adição de um terceiro componente à mistura se faz necessária. Esse novo componente altera a volatilidade relativa dos constituintes da mistura original, distanciando-a da unidade, permitindo assim que o ponto azeotrópico seja ultrapassado e a mistura separada. Dependendo das características do componente adicionado, o processo será denominado destilação azeotrópica ou destilação extrativa, sendo ambos os processos de amplo emprego industrial e relacionados, principalmente, com a desidratação do etanol hidratado para a produção de etanol anidro.

22.5.1 Destilação azeotrópica

Destilação azeotrópica é um tipo especial de destilação no qual uma mistura líquida contendo azeótropo pode ser separada em seus constituintes originais pela adição de um terceiro componente denominado agente de arraste ou aditivo. A função desse agente de arraste é alterar a volatilidade relativa dos componentes da mistura original, de tal forma a "quebrar" o ponto azeotrópico e assim permitir a sua separação.

O aditivo empregado deverá dar origem a uma nova mistura azeotrópica ternária, de preferência heterogênea (uma fase vapor em equilíbrio com duas fases líquidas), contendo o próprio agente de arraste, um dos componentes da mistura original e uma pequena parte do segundo componente. Essa mistura azeotrópica ternária é então concentrada no topo da coluna, condensada e alimentada a um decantador líquido-líquido, sendo separada em duas fases líquidas. A fase sobrenadante ou fase orgânica, rica no aditivo, retorna à primeira coluna como refluxo. A segunda fase líquida, contendo o componente solubilizado pelo aditivo, traços de aditivo e do segundo componente da mistura original, é destilado em uma segunda coluna. Isso permite a recuperação do segundo componente e do aditivo a partir do produto de topo dessa coluna, os quais, por sua vez retornam à primeira coluna, concentrando o componente da mistura original no seu produto de fundo. Por meio do azeótropo ternário formado na primeira coluna, o aditivo funciona como um agente de arraste, carregando para o topo da primeira coluna grande parte de um dos componentes da mistura original e uma pequena parte do segundo componente, permitindo que o segundo componente seja retirado, praticamente puro, pelo fundo da primeira coluna.

A escolha do solvente (aditivo) a ser utilizado em uma destilação azeotrópica pode ser, muitas vezes, muito mais problemático do que a própria implementação do processo. Isso acontece porque o solvente selecionado deve ser capaz de formar uma mistura azeotrópica que entre em ebulição a temperaturas mais baixas, para que sua remoção seja feita pelo topo da coluna, ou então a temperaturas muito elevadas para que sua recuperação se dê pelo fundo da coluna. Da mesma maneira, a mistura azeotrópica formada deve ser preferencialmente do tipo heterogênea para facilitar o processo de separação. Levando-se em conta as características desejáveis desse aditivo, o número de compostos químicos aptos para tal processo se reduz consideravelmente.

Um exemplo clássico desse tipo de destilação, com larga aplicação industrial, é a destilação etanol/água para a produção de etanol anidro, um tipo de álcool, com no mínimo 99,3 g/100 g de etanol, utilizado como combustível misturado à gasolina na proporção de (20 a 25) %. Sabendo-se que o ponto azeotrópico da mistura etanol/água se dá quando a mistura atinge uma composição de aproximadamente 95 g/100 g de etanol, é fácil concluir que o teor mínimo de etanol exigido para o etanol anidro (99,3 g/100 g) não será atingido por destilação convencional, pois esse teor se apresenta acima do ponto azeotrópico da mistura. Assim, a adição de um terceiro componente à mistura se faz necessária com o objetivo de "quebrar" esse ponto azeotrópico, permitindo a concentração do etanol a teores mais elevados.

Dentre os agentes de arraste (aditivos) que podem ser utilizados para tal processo destacam-se benzeno, ciclo-hexano, hexano, heptano, entre outros. Nos primórdios da indústria sucroalcooleira no Brasil, o principal agente de arraste utilizado era o benzeno. No entanto, em razão do elevado poder carcinogênico apresentado por essa substância e em razão de sua alta sensibilidade a perturbações nas condições operacionais do processo, o que dificulta a estabilidade operacional e controle das colunas, esse aditivo foi totalmente abandonado. Hoje em dia, o principal aditivo utilizado industrialmente é o ciclo-hexano.

Seja qual for o aditivo utilizado, um esquema típico para a produção de etanol anidro por destilação azeotrópica a partir do etanol azeotrópico (etanol hidratado) é apresentado na Figura 22.38.

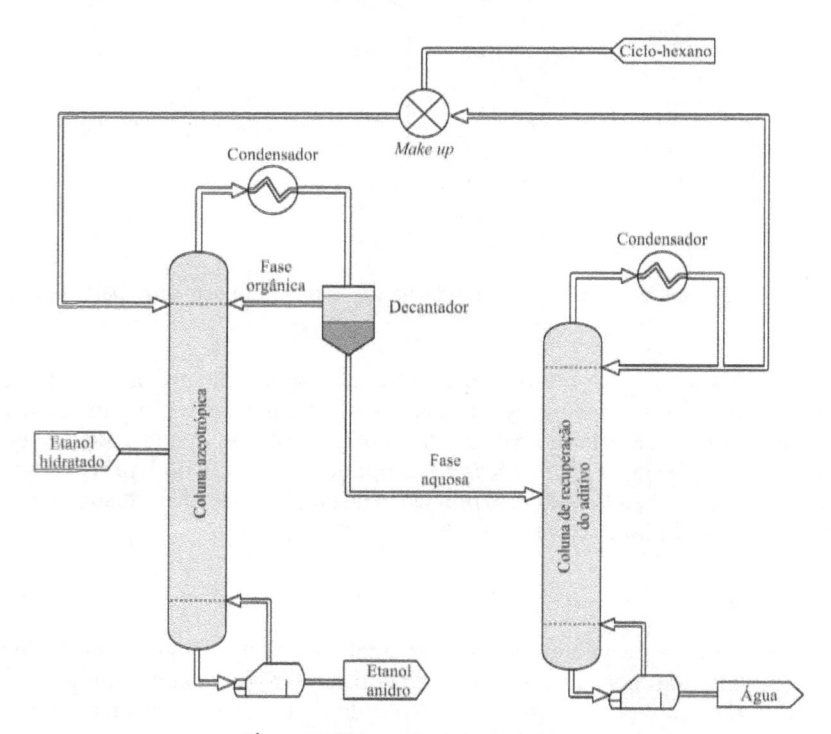

Figura 22.38 Destilação azeotrópica.

Nesse processo, o ciclo-hexano (agente de arraste) é alimentado no topo da coluna azeotrópica e o etanol hidratado a algumas bandejas abaixo. O ciclo-hexano forma uma mistura azeotrópica ternária com a água e uma pequena quantidade do etanol alimentado à coluna, arrastando a água para o topo dessa coluna. Essa mistura ternária é então condensada e separada em um decantador líquido-líquido. A fase orgânica, rica em ciclo-hexano, retorna à coluna azeotrópica como refluxo e a fase aquosa, rica em água e contendo pequenas quantidades de ciclo-hexano e etanol, é alimentada a uma segunda coluna para recuperar o ciclo-hexano restante e retirar a água do processo. A maior parte do etanol alimentado à coluna na forma de etanol hidratado é então recuperado pelo fundo da coluna na sua forma anidra. Na segunda coluna, uma mistura contendo ciclo-hexano, etanol e uma pequena quantidade de água é retirada pelo topo da coluna sendo re-alimentada no topo da coluna azeotrópica. Um *make up* do agente de arraste se faz necessário para a reposição deste em razão das perdas que ocorrem no processo. A grande maioria da água contida no etanol hidratado é então retirada do processo pelo produto de fundo da segunda coluna.

22.5.2 Destilação extrativa

A destilação extrativa também é considerada um tipo especial de destilação utilizada para a "quebra" do ponto azeotrópico de certas misturas, permitindo uma separação por destilação. O princípio básico desse processo consiste na adição de um terceiro componente, comumente chamado de solvente, à mistura binária original, aumentando substancialmente a volatilidade relativa entre os componentes originais da mistura. Esse solvente deve ser escolhido de forma a possuir uma baixa volatilidade e uma alta afinidade com um dos componentes da mistura, possibilitando a solubilização desse componente no solvente escolhido sem a formação de um novo azeótropo. Essa solubilização aumenta a volatilidade relativa entre o composto não solubilizado e a nova mistura formada pelo componente solubilizado mais o solvente, permitindo a separação de um dos componentes da mistura original. Note que, com a adição do solvente, a nova mistura formada se comporta como uma mistura pseudobinária, sem a formação de um novo azeótropo. Nessa mistura pseudobinária, um dos componentes é o composto não solubilizado puro, enquanto o segundo é formado pela mistura do componente solubilizado mais o solvente. Assim, uma destilação simples é capaz de separar os componentes da mistura binária original. O componente não solubilizado (mais volátil) é retirado puro no topo da coluna e a mistura formada pelo solvente mais o componente solubilizado é retirada como produto de fundo da coluna. Uma segunda coluna é necessária para a separação do solvente do componente original solubilizado, de tal forma que o solvente recuperado retorne ao processo na primeira coluna.

Assim como a destilação azeotrópica, o processo de destilação extrativa tem amplo emprego na produção industrial de etanol anidro. Um esquema industrial típico para a produção de etanol anidro por destilação extrativa está apresentado na Figura 22.39.

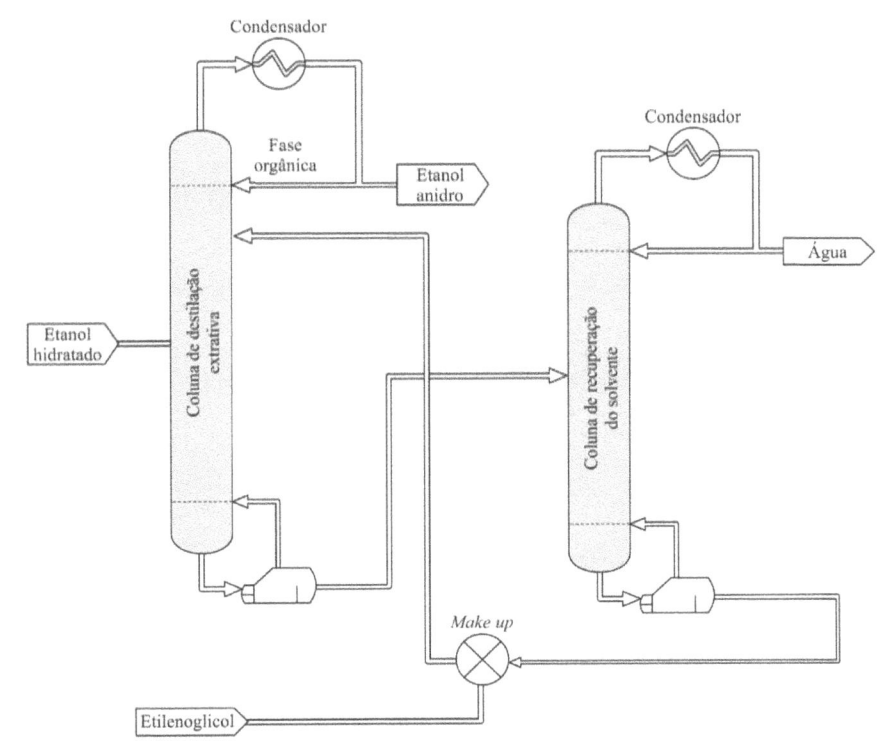

Figura 22.39 Destilação extrativa.

Em geral, os glicóis são solventes adequados para o processo de destilação extrativa aplicada à produção de etanol anidro industrial. Esses solventes possuem baixa volatilidade e apresentam uma grande afinidade com a água. Assim, são capazes de aumentar substancialmente a volatilidade relativa entre o etanol e a água, "quebrando" o ponto azeotrópico e permitindo a produção de etanol anidro.

O princípio da extração no esquema apresentado na Figura 22.39 é bastante simples. Etilenoglicol é alimentado no topo da coluna extrativa e etanol hidratado em bandejas próximas ao meio da coluna. O solvente solubiliza a água contida no etanol hidratado "quebrando" o azeótropo etanol/água. Por causa da alta volatilidade do etanol, quando comparada com os outros componentes da mistura (etilenoglicol e água), esse componente é retirado na forma anidra pelo topo da coluna extrativa. No fundo dessa mesma coluna é retirada uma mistura etilenoglicol/água que será alimentada em uma segunda coluna para recuperação do solvente. Pelo mesmo motivo comentado na destilação azeotrópica, um *make up* do solvente se faz necessário. A água é então retirada do processo pelo produto de topo dessa segunda coluna e o solvente pelo fundo, retornando ao processo no topo da coluna extrativa.

22.6 PROJETO DE COLUNAS DE DESTILAÇÃO CONTÍNUA MULTICOMPONENTE

Para o caso de destilação ternária ou com mais componentes, a análise da coluna não poderá mais ser feita por métodos gráficos, como o método McCabe-Thiele apresentado anteriormente. Nesse caso, a solução das equações dos balanços de massa e de entalpia e as condições de equilíbrio líquido-vapor deverão ser obtidas por programa computacional com a utilização de algum método numérico ou, ainda, pelo uso de simuladores comerciais disponíveis no mercado e, hoje em dia, bastante robustos como Aspen Plus® ou Aspen HYSYS®, ambos da Aspen Technology, Inc. (Estados Unidos).

A seguir, serão apresentadas as equações de balanço de massa e de entalpia e as condições de equilíbrio líquido-vapor para a análise de uma coluna de destilação contínua multicomponente em regime permanente com a utilização do método de Newton-Raphson para a solução do sistema de equações não lineares.

Na simulação computacional de colunas de destilação operando em regime permanente com N estágios e C componentes, para cada estágio n haverá C balanços de massa por componente, um balanço de entalpia e C equações de equilíbrio termodinâmico, totalizando $N(2C+1)$ equações que devem ser resolvidas simultaneamente. Três subgrupos de equações serão definidos, um para os estágios e os outros dois para o condensador e o refervedor ou "reboiler". Nesse caso, diferentemente do método McCabe-Thiele, a identificação do número do estágio começa na base da coluna e, assim, o primeiro estágio ($n = 1$) será o refervedor ou "reboiler" e o último estágio ($n = N$), o condensador. A Figura 22.40 apresenta um estágio com as respectivas correntes de líquido e de vapor, em que as correntes $\hat{S}_n^L$, $\hat{S}_{n+1}^L$ [mol · s⁻¹], representam possíveis retiradas de líquido, enquanto $\hat{S}_n^V$ e $\hat{S}_{n+1}^V$ [mol · s⁻¹] representam possíveis retiradas de vapor dos respectivos estágios.

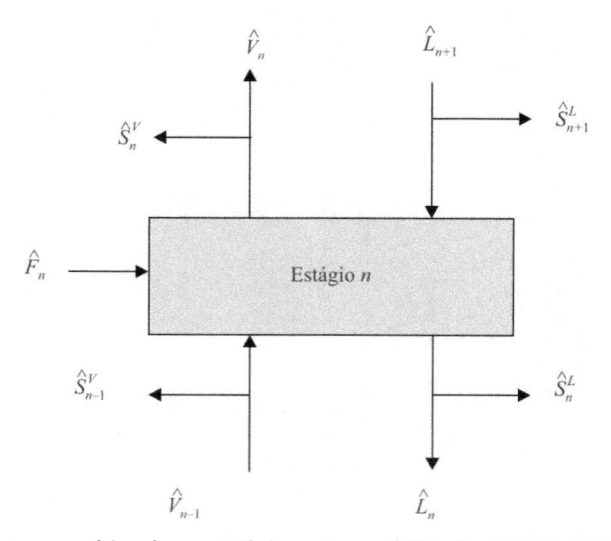

Figura 22.40 Representação esquemática de um estágio com possibilidade de retiradas laterais de líquido e vapor.

As equações que descrevem o balanço de massa do componente *i* são usadas para gerar as funções F_1 para C componentes e N estágios, totalizando CN equações:

$$F_{1(in)} = \left[1 + \frac{\hat{S}_n^L}{\hat{L}_n}\right]\hat{L}_{in} + \left[1 + \frac{\hat{S}_n^V}{\hat{V}_n}\right]\hat{V}_{in} - \hat{V}_{in-1} - \hat{L}_{in+1} - \hat{F}_{in} = 0 \text{ para } n = 2 \text{ a } N - 1 \qquad (22.57)$$

$$F_{1(i1)} = \left[1 + \frac{\hat{S}_1^L}{\hat{L}_1}\right]\hat{L}_{1i} + \left[1 + \frac{\hat{S}_1^V}{\hat{V}_1}\right]\hat{V}_{i1} - \hat{L}_{i2} - \hat{F}_{i1} = 0 \qquad (22.58)$$

$$F_{1(iN)} = \left[1 + \frac{\hat{S}_N^L}{\hat{L}_N}\right]\hat{L}_{iN} + \left[1 + \frac{\hat{S}_N^V}{\hat{V}_N}\right]\hat{V}_{iN} - \hat{V}_{iN-1} - \hat{F}_{iN} = 0 \qquad (22.59)$$

sendo $\hat{V}_N$ e $\hat{L}_1$ destilado e produto de fundo, respectivamente.

O balanço de entalpia é usado para gerar a função F_2 para $N - 2$ estágios, sendo dado por:

$$F_{2(n)} = \left[1 + \frac{\hat{S}_n^L}{\hat{L}_n}\right]\hat{H}_{Ln} + \left[1 + \frac{\hat{S}_n^V}{\hat{V}_n}\right]\hat{H}_{Vn} - \hat{H}_{Vn-1} - \hat{H}_{Ln+1} - \hat{H}_{Fn} = 0 \text{ para } n = 2 \text{ a } N - 1 \qquad (22.60)$$

Se o calor adicionado no refervedor, $\hat{Q}_1$ [J · mol^{-1}], e o calor removido do condensador, $\hat{Q}_N$ [J · mol^{-1}], forem variáveis especificadas, pode-se gerar as funções $F_{2(1)}$ e $F_{2(N)}$ com as seguintes equações:

$$\hat{Q}_1 = \left[1 + \frac{\hat{S}_1^L}{\hat{L}_1}\right]\hat{H}_{L1} + \left[1 + \frac{\hat{S}_1^V}{\hat{V}_1}\right]\hat{H}_{V1} - \hat{H}_{L2} - \hat{H}_{F1} = 0 \qquad (22.61)$$

$$-\hat{Q}_N = \left[1 + \frac{\hat{S}_N^L}{\hat{L}_N}\right]\hat{H}_{LN} + \left[1 + \frac{\hat{S}_N^V}{\hat{V}_N}\right]\hat{H}_{VN} - \hat{H}_{VN-1} - \hat{H}_{FN} = 0 \qquad (22.62)$$

Por outro lado, se a razão de refluxo e a vazão de destilado forem variáveis especificadas, as funções $F_{2(1)}$ e $F_{2(N)}$ são obtidas por:

$$F_{2(1)} = \sum_i^C \hat{L}_{i1} - \hat{L}_1 = 0 \qquad (22.63)$$

$$\hat{L}_1 = \sum_n^N \sum_i^C \hat{F}_{in} - \hat{V}_N = \sum_n^N (\hat{S}_n^L + \hat{S}_n^V) \qquad (22.64)$$

$$F_{2(N)} = \sum_i^C \hat{L}_{iN} - \hat{L}_N = 0 \qquad (22.65)$$

As condições de equilíbrio, considerando a eficiência de Murphree, servem de base para gerar a função F_3 para C componentes e N estágios, totalizando outras CN equações:

$$F_{3(in)} = \eta_{in} K_{in} \hat{V}_n \frac{\hat{L}_n}{\hat{L}_n} + (1 - \eta_{in})\hat{V}_n \frac{\hat{V}_{in-1}}{\hat{V}_{n-1}} - \hat{V}_{in} = 0 \qquad (22.66)$$

Para o refervedor, a eficiência de Murphree é 1, ou seja, $\eta = 1$ para todos os componentes.

As Equações 20.57 a 20.66 compõem um vetor de funções discrepância:

$$\vec{F}(\vec{x}) = \begin{Bmatrix} F_1 \\ F_2 \\ F_3 \end{Bmatrix} \qquad (22.67)$$

que contém $N(2C + 1)$ elementos e que podem ser resolvidos para as variáveis desconhecidas:

$$\vec{x} = \begin{Bmatrix} \hat{L}_{in} \\ \hat{V}_{in} \\ T \end{Bmatrix} \qquad (22.68)$$

O sistema de equações pode ser resolvido por iteração de Newton-Raphson, utilizando convergência simultânea de todas as variáveis independentes $\vec{x}$. Na iteração de Newton-Raphson um novo grupo de valores, $\vec{x}_r$ é gerado de uma estimativa prévia, $\vec{x}_{r-1}$, da seguinte forma:

$$\vec{x}_r = \vec{x}_{r-1} - \frac{F_{r-1}(\vec{x}_{r-1})}{\left(\dfrac{\partial F}{\partial x}\Big|_{\vec{x}_{r-1}}\right)} \tag{22.69}$$

Quando $|\vec{x}_r - \vec{x}_{r-1}|$ é suficientemente pequeno, o grupo correto de valores de $\vec{x}$ foi encontrado e a iteração cessa.

22.7 PRODUÇÃO INDUSTRIAL DE ETANOL COMBUSTÍVEL NO BRASIL

Como consequência das crises do petróleo e por causa da necessidade de substituição deste, criou-se no país, em 1975, o Programa Nacional do Álcool (Proálcool), oficializando o etanol como combustível em veículos leves. Desde a implantação desse programa, a produção de etanol no Brasil foi marcada por uma trajetória de altos e baixos, apresentando seu auge em meados dos anos 1980. A partir de 1986, o programa começou a entrar em colapso em razão principalmente da estabilização do preço do petróleo no mercado mundial, fazendo com que a produção do etanol ficasse esquecida na economia brasileira. Esse cenário mudou novamente a partir dos anos 2000, com a nova elevação do preço dos derivados de petróleo e com a grande preocupação com os efeitos dos combustíveis fósseis na degradação do meio ambiente. Impulsionado pelo aumento de vendas dos carros *flex fuel* no mercado nacional, a indústria sucroalcooleira ganhou forças novamente, fazendo do Brasil o país mais avançado, sob o ponto de vista tecnológico, na produção e no uso do etanol como combustível, seguido pelos Estados Unidos.

Os diversos tipos de etanol produzidos no Brasil são provenientes da cana-de-açúcar, por meio da destilação do seu caldo fermentado conhecido como mosto ou vinho. Após a colheita, a cana-de-açúcar é lavada e transferida para um sistema de moendas, dispostos aos ternos, no qual se processa a extração do caldo. Esse caldo, após passar por um processo de clarificação e correção de pH, segue para as dornas de fermentação onde será transformado no vinho por meio da ação fermentativa de leveduras, em especial as da espécie *Saccharomyces cerevisiae*. Após a fermentação, o vinho é alimentado ao conjunto de colunas de destilação para a produção do etanol combustível, cuja complexidade depende do padrão de qualidade do etanol a ser produzido.

Tabela 22.10 Composição típica de um vinho industrial de cana-de-açúcar

COMPONENTE	TEMPERATURA DE EBULIÇÃO [°C])	VINHO INDUSTRIAL
Água	100,00	0,942
Etanol	78,40	$5,748 \times 10^{-02}$
Metanol	64,70	$1,630 \times 10^{-05}$
Isopropanol	82,40	$1,000 \times 10^{-06}$
Propanol	97,10	$5,737 \times 10^{-05}$
Isobutanol	108,00	$4,748 \times 10^{-05}$
N-Butanol	118,00	$1,000 \times 10^{-06}$
2-Butanol	99,00	$1,850 \times 10^{-05}$
Álcool isoamílico	132,00	$1,712 \times 10^{-04}$
Álcool amílico ativo	127,50	$4,898 \times 10^{-05}$
Acetato de etila	77,10	$1,877 \times 10^{-05}$
Acetaldeído	20,20	$1,090 \times 10^{-05}$
Acetona	56,53	$1,000 \times 10^{-06}$
Ácido acético	118,10	$2,340 \times 10^{-04}$
Ácido propiônico	141,00	$5,043 \times 10^{-05}$
CO_2	−78,00	$1,100 \times 10^{-03}$

O vinho é considerado uma mistura hidroalcoólica bastante complexa formada por dois componentes majoritários, etanol e água, e uma infinidade de compostos minoritários, denominados congêneres, cujas concentrações estão na faixa de 10^{-4} a 10^{-6} em fração mássica, como mostrado na Tabela 22.10, que apresenta uma composição típica de um vinho industrial. Como é possível notar, os congêneres são formados por diferentes classes de compostos orgânicos destacando-se os aldeídos (acetaldeído), cetonas (acetona), ésteres de cadeia curta (acetato de etila), ácidos orgânicos (ácido acético), álcoois de cadeia longa e gases dissolvidos (CO_2).

Essa diversidade de classes de compostos presentes no vinho torna o processo de concentração do etanol nas colunas de destilação uma atividade extremamente complexa quando comparada a uma destilação binária. Levando em consideração que o objetivo da destilação alcoólica industrial é separar o etanol dos demais compostos presentes no vinho, o conhecimento da volatilidade desses componentes em soluções com diferentes concentrações de etanol é de fundamental importância para determinar a configuração das colunas de destilação e os pontos de retirada de subprodutos nessas colunas, de tal forma a garantir o padrão de qualidade desejado para o etanol a ser produzido.

A Figura 22.41 mostra a volatilidade relativa do etanol e de algumas classes de congêneres presentes no vinho, ou seja, aldeído (acetaldeído), ácidos orgânicos (ácido acético), álcoois de cadeia longa (álcool isoamílico) e metanol em relação à água. A análise dessa figura permite classificar os compostos do vinho em três classes diferentes descritas a seguir.

(i) *Componentes voláteis*: esses compostos apresentam volatilidade maior do que a água e o etanol, independentemente do teor de etanol na bandeja. Por serem compostos leves tendem a se concentrar na fase vapor, sendo arrastados para o topo das colunas onde são facilmente extraídos. Dos congêneres do vinho industrial, representam essa classe o acetaldeído (Figura 22.41), acetona, acetato de etila e metanol. No caso do metanol, ainda que esse composto possa ser considerado como volátil, a volatilidade relativa em relação ao etanol é muito próxima à unidade, dificultando a separação desses dois componentes. Quando essa separação é necessária, uma coluna específica é requerida. Esse procedimento será discutido posteriormente na seção sobre etanol neutro.

(ii) *Componentes pesados*: esses congêneres apresentam volatilidades sempre menores do que a água e o etanol, independentemente do teor de etanol nas bandejas. Assim sendo, tendem a se concentrar na fase líquida, acumulando-se na base (fundo) das colunas por onde são extraídos. São exemplos desses compostos os ácidos orgânicos (ácido acético e ácido propiônico).

(iii) *Compostos de volatilidade intermediária*: esses componentes apresentam uma inversão de volatilidade dependendo do teor de etanol na bandeja. Em soluções diluídas em etanol (fundo das colunas) esses congêneres se comportam como componentes voláteis tendendo a se concentrar na fase vapor. Por outro lado, em solução concentradas em etanol (topo das colunas), esses compostos se comportam como componentes pesados tendendo a se concentrar na fase líquida. Assim, esses congêneres tendem a ficar retidos em regiões intermediárias da coluna. A única maneira de extrair esses congêneres do processo, representados pelos álcoois de cadeia longa (álcool isoamílico na Figura 22.41), é por meio de retiradas laterais nessas regiões intermediárias. Um exemplo é a corrente lateral de óleo fúsel no processo de produção de etanol hidratado, que será discutido posteriormente.

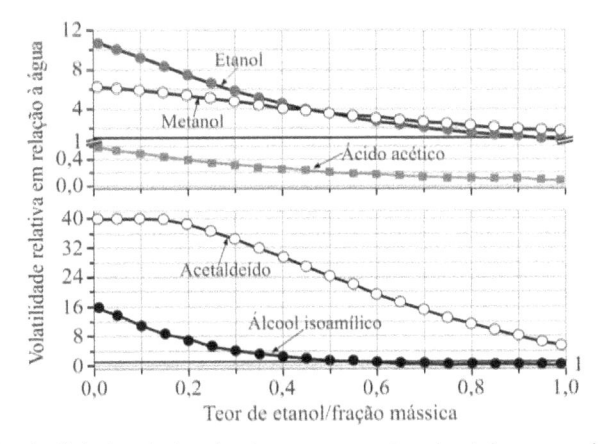

Figura 22.41 Volatilidade relativa de alguns compostos do vinho com relação à água.

Como mencionado anteriormente, o conhecimento do comportamento das classes de congêneres em diferentes concentrações de etanol permite inferir sobre locais de concentração desses compostos nas colunas de destilação. Esse fato se torna importante principalmente quando da produção de etanol de qualidade superior, o que requer um maior número de retiradas laterais com o intuito de purificar o etanol produzido. Uma discussão mais detalhada sobre o comportamento

Tabela 22.11 Padrão de qualidade dos diferentes tipos de etanol brasileiro

CARACTERÍSTICAS	UNIDADE		ETANOL ANP		ETANOL COOPERSUCAR					
					HIDRATADO			ANIDRO		
			AEAC	AEHC	H1	H2	HN	A1	A2	A3
Teor alcoólico	massa%	Mín.	99,3		92,6-93,8	92,8	93,8	94,0	99,8	99,7	99,8
	volume%	Mín.	–		–	–	96,0	96,1	–	–	–
Densidade (20 ºC)	kg/m³	–	≤791,5		807,6-811,0	–			–	–	–
Conteúdo de água	massa%	Máx.				–	–	–	0,200	0,300	0,200
Acidez (ácido acético)	mg/L	Máx.	30		30	20	10	10	30	30	20
Condutividade	µS/m	Máx.	500		500	500	500	50	500	500	500
pH	–	–	–		6,0-8,0	6,0-8,0	6,0-8,0	6,0-8,0	6,5-9,0	6,5-9,0	6,5-9,0
Hidrocarbonetos content	volume%	Máx.	3,0		3,0	–	–	–	–	–	–
Material não volátil	mg/L	Máx.	50		50	30	15	10	30	30	30
Ferro	mg/kg	Máx.	–		5	5	5	5	–	–	–
Sódio	mg/kg	Máx.	–		2	2	2	2	–	–	–
Sulfato	mg/kg	Máx.	–		4	4	4	0,2	4	4	4
Cloretos	mg/kg	Máx.	–		1	1	1	1	–	1	1
Cobre	mg/kg	Máx.	0,07		–	–	–	–	0,07	0,07	0,07
Nitrogênio	mg/kg	Máx.	–		–	–	–	–	–	1	1
Fósforo	mg/L	Máx.	–		–	–	–	–	–	0,5	0,5
Enxofre	mg/kg	Máx.	–		–	10	10	10	–	10	5
Acetaldeído	mg/L	Máx.	–		–	50	10	5	–	–	–
Metanol	mg/L	Máx.	–		–	40	20	5	–	300	100
Acetato de etila	mg/L	Máx.	–		–	120	80	5	–	–	100
Acetona	mg/L	Máx.	–		–	–	–	1	–	–	–
Isopropanol	mg/L	Máx.	–		–	20	5	2	–	–	–
n-Propanol	mg/L	Máx.	–		–	180	30	8	300	–	–
n-Butanol	mg/L	Máx.	–		–	10	10	0,5	–	–	–
Isobutanol	mg/L	Máx.	–		–	120	20	2	–	–	–
Acetal	mg/L	Máx.	–		–	100	50	5	450	–	–
Álcool Isoamílico	mg/L	Máx.	–		–	200	10	3	–	–	–
Álcoois superiores	mg/L	Máx.	–		–	400	50	15	750	1000	500
Benzeno	mg/kg	–	–		–	<0,1	<0,1	<0,1	–	–	–
Ciclo-hexano	mg/L	–	–		–	<0,1	<0,1	<0,1	400	–	15
Crotonaldeído	mg/kg	–	–		–	<0,5	<0,5	<0,5	–		
–	–	–									
Dioxano	mg/L	–	–		–	<0,01	<0,01	<0,01	–	–	–
Etilenoglicol	mg/L	Máx.	–		–	1,0	1,0	1,0	–	–	–
Dietilenoglicol	mg/L	Máx.	–		–	1,0	1,0	1,0	–	–	–
Teste permanganato	min	Mín.	–		–	10	10	30	10	–	5

dos congêneres em diferentes concentrações de etanol, com análise das volatilidades relativas, pode ser encontrada em Batista e Meirelles (2011).

No Brasil, a utilização do etanol se dá basicamente como etanol combustível, preferencialmente na forma de dois produtos específicos: álcool etílico anidro combustível (AEAC), que é adicionado à gasolina na proporção de (20 a 25) %, e o álcool etílico hidratado combustível (AEHC), utilizado diretamente em carros equipados com motores a álcool. Em menor proporção tem-se a utilização do etanol sob a forma de etanol neutro, um tipo especial de etanol hidratado com elevada pureza, muito usado nas indústrias de bebidas, farmacêuticas e de química fina.

Apesar da ampla aceitação do etanol como um biocombustível alternativo ao petróleo, a inexistência de um padrão de qualidade mundial faz com que as diversas destilarias ao redor do mundo tenham seus próprios padrões de qualidade, muitas vezes definidos em função dos seus principais compradores. Internamente ao Brasil, a Agência Nacional do Petróleo (ANP), por meio da Resolução nº 36, de 6 de dezembro de 2005, define o padrão de qualidade dos álcoois carburantes, como mostrado na Tabela 22.11.

É possível observar que o padrão de qualidade dos diferentes tipos de etanol envolve diversos aspectos além do grau alcoólico. Itens como acidez, pH, condutividade elétrica, presença de contaminantes, alguns dos quais podem sofrer reações que diminuem a qualidade do produto durante o armazenamento, precisam ser considerados para determinar a qualidade do etanol. No entanto, por causa da finalidade exclusivamente carburante do AEAC e do AEHC, para esses álcoois o mais importante é o teor alcoólico correto, uma vez que os demais contaminantes serão facilmente queimados nos motores à combustão. Por outro lado, seja por exigência dos compradores ou por aplicações mais finas do etanol a ser produzido, o teor máximo de alguns contaminantes deve ser estritamente respeitado, quando da produção de álcoois especiais. A mesma Tabela 22.11 apresenta um padrão de qualidade adotado pelos cooperados da Coopersucar, uma grande cooperativa nacional de produtores de etanol e açúcar.

Como é possível observar, a Copersucar possui três tipos de etanol anidro e hidratado. Dentre esses produtos, o etanol H1 possui uma qualidade muito semelhante ao etanol combustível padronizado pela ANP, indicando que o processo produtivo de ambos os produtos deve ser muito semelhante. No entanto, para alcançar o padrão de qualidade exigido pelo etanol HN, ou seja, etanol neutro, pode-se inferir que a complexidade do processo deve ser muito maior em razão do baixo teor de contaminantes admissível por esse tipo de etanol, principalmente em razão de este ter finalidades alimentícias. Assim, fica claro que quanto maior a qualidade exigida, maior será a complexidade do sistema de colunas de destilação necessário para a produção do etanol.

A seguir, será apresentada uma discussão sobre configurações industriais típicas para a produção de etanol hidratado carburante (AEHC) e etanol neutro em seus principais aspectos.

22.7.1 Produção de etanol hidratado combustível (AEHC)

O AEHC é o etanol utilizado diretamente pelos carros com motores de combustão a etanol ou *flex fuel*. Como mostrado na Tabela 22.11, a principal característica desse combustível, segundo a ANP, é a não definição dos teores máximos dos contaminantes e sua graduação alcoólica, na faixa de (92,6 a 93,8) g/100 g. Nessa faixa de concentração, a mistura etanol/água se encontra abaixo do ponto de azeotropia, indicando que apenas destilações simples possibilitam a produção desse tipo de etanol carburante. Uma planta industrial típica para a produção de AEHC é apresentada na Figura 22.42.

O vinho alimentado ao processo é preaquecido no condensador E com os vapores oriundos do topo da coluna BB1, sendo seu aquecimento completado no trocador de calor K, onde recupera parte do calor da vinhaça e atinge temperaturas próximas a 90 °C para, então, ser alimentado no topo da coluna AA1 (Seção A1). Essa coluna é dividida em duas seções, sendo a seção A1 conhecida como seção de depuração do vinho, e a seção A conhecida como seção de esgotamento do vinho. A seção A1 contém de 4 a 6 bandejas, tendo como principal função purificar o vinho de substâncias de maior volatilidade e gases contaminantes, além de complementar o seu aquecimento. Essas substâncias são então concentradas na fase vapor e, a partir da primeira bandeja da seção A1, são transferidas para a base da coluna D.

A coluna D, conhecida como coluna de concentração de álcool de segunda, contém de 6 a 8 bandejas e tem como função a produção do chamado álcool de segunda, obtido no topo da coluna D. Esse álcool é um produto com graduação alcoólica em torno de 85 g/100 g, contendo grande parte dos compostos voláteis exauridos na seção A1. Os vapores do topo da coluna D são condensados no trocador de calor R e no condensador auxiliar R1, sendo divididos em uma corrente de álcool de segunda e uma de refluxo realimentado ao topo da coluna. Muitas vezes, até mesmo a corrente de álcool de segunda acaba voltando para a coluna, de modo que a mesma opera na condição de refluxo total, ou seja, tudo o que é condensado nos trocadores de calor R e R1 retorna como refluxo da coluna D. Essa alternativa geralmente é adotada quando o etanol a ser produzido não requer elevado padrão de qualidade, uma vez que toda a contaminação de compostos voláteis extraídos na seção A1 acabará voltando ao processo e certamente irá contaminar o produto final. Em algumas usinas, os condensadores R e R1 podem trabalhar como condensadores parciais, não condensando totalmente o líquido que chega até os mesmos. Assim, a parte não condensada do último condensador (R1) é eliminada ao meio ambiente em um processo denominado degasagem. Essa degasagem consiste em uma pequena corrente de vapor, contendo um elevado teor de compostos voláteis, que será eliminada do processo, contri-

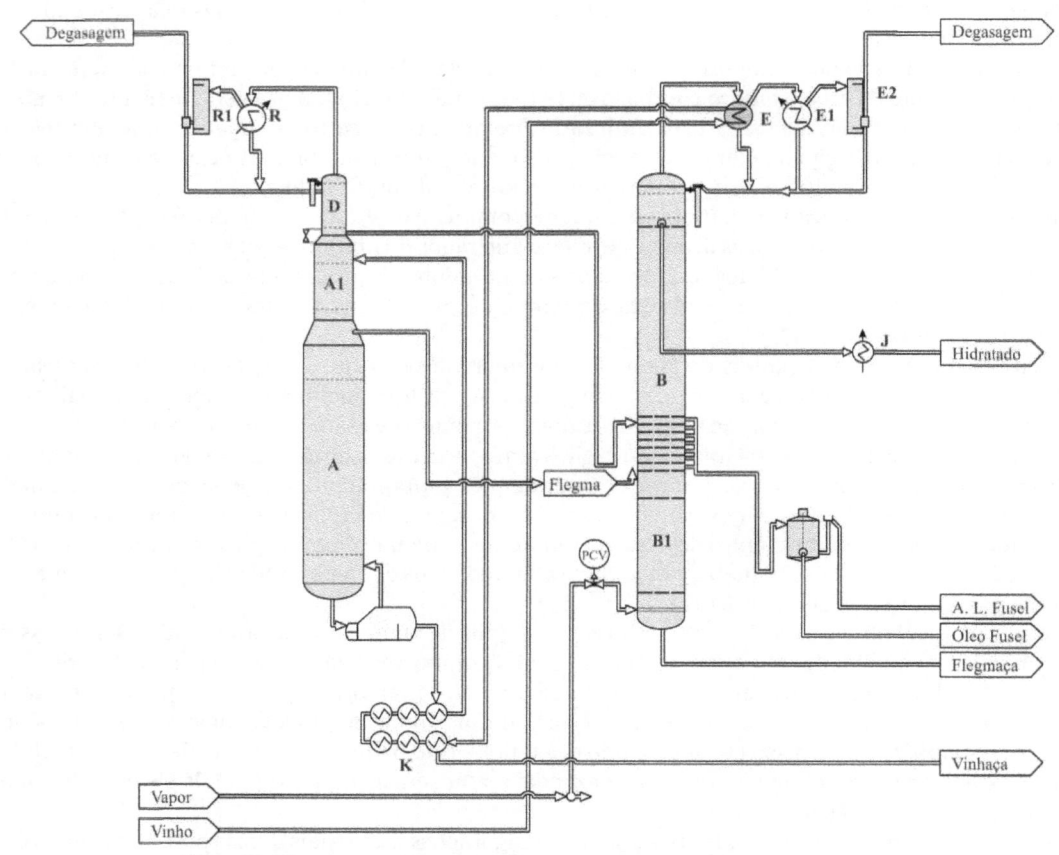

Figura 22.42 Instalação industrial típica para a produção de AEHC.

buindo para a uma menor concentração desses compostos no produto final. No fundo da coluna D, a presença de uma bandeja cega faz com que todo o produto de fundo dessa coluna, contendo aproximadamente 40 % em massa de etanol e cerca de 10 % de todo o etanol do vinho, seja transferido para a base da seção B, responsável pela produção do AEHC.

O líquido proveniente do fundo da seção A1, contendo o vinho livre de parte dos compostos voláteis, é então alimentado no topo da seção A. Essa seção contém aproximadamente 22 bandejas, podendo variar entre 18 e 24 bandejas. Sua função é purificar o etanol do vinho de modo a esgotar essa corrente em termos de compostos pesados (ácidos orgânicos e resíduos do processo fermentativo), os quais serão eliminados pela vinhaça no fundo da coluna AA1. Esse etanol purificado é retirado da seção A pela corrente de flegma no topo dessa seção e transferido para a base da seção B onde será concentrado para a produção do AEHC. A flegma é uma corrente de vapor que contém de (30 a 40) g/100 g em massa de etanol, representando cerca de 90 % de todo o etanol contido no vinho.

O fundo da coluna AA1 é responsável pela eliminação da vinhaça ou vinhoto. Esse efluente do processo de destilação do etanol combustível possui elevado poder poluente e fertilizante. O seu poder poluente, cerca de 100 vezes maior do que o esgoto doméstico, decorre da riqueza desse subproduto em matéria orgânica, baixo pH (alta concentração de ácidos orgânicos), elevado poder de corrosão e altos índices de demanda bioquímica de oxigênio (DBO), além de elevada temperatura. Por outro lado, a grande presença de matéria orgânica (N_2) e sais de potássio, cálcio e magnésio conferem à vinhaça um elevado poder fertilizante, característica essa amplamente aproveitada pelas usinas para a fertirrigação das lavouras de cana-de-açúcar.

A produção do AEHC propriamente dito é realizada na coluna BB1, normalmente dividida em duas seções conhecidas como seção de retificação do álcool carburante (B), e seção de esgotamento da flegma (B1). Diferentemente da coluna AA1 na qual a energia fornecida à coluna consiste em vapor indireto através de um refervedor, a energia da coluna BB1 é proveniente da injeção direta de vapor (aproximadamente 147 kPa) no interior da coluna, em um processo conhecido como borbotagem. Esse processo resulta em uma troca de calor mais eficiente tendo como desvantagem o aumento da produção de flegmaça que, assim como a vinhaça, é considerada um efluente do processo.

Toda a produção de AEHC na coluna BB1 inicia-se com a alimentação da corrente de fundo da coluna D e da corrente de flegma, na base (última bandeja) da seção B. Essa seção é composta por aproximadamente 45 bandejas e tem como principal função concentrar o etanol até os valores exigidos pela ANP (aproximadamente 93 % em massa) para a produção de

AEHC. Esse produto é retirado algumas bandejas abaixo do topo da seção B, normalmente na segunda bandeja, resfriado no trocador de calor J e então enviado aos tanques de armazenamento. Esse procedimento garante uma menor concentração de compostos voláteis no AEHC, uma vez que esses componentes tendem a se concentrar no topo da coluna BB1 onde é produzida uma segunda corrente de álcool de segunda, com concentração de etanol de aproximadamente (93,5 a 94) g/100 g. Assim como na coluna D, pode haver a presença do sistema de degasagem no condensador E2 e, na grande maioria das usinas, a corrente de álcool de segunda da seção B retorna à coluna BB1, caracterizando um refluxo total.

Em razão do caráter intermediário da volatilidade dos álcoois superiores, esses componentes tendem a se concentrar em bandejas próximas ao fundo da seção B onde são extraídos do processo pela corrente de óleo fúsel. Essa corrente normalmente é dividida em duas partes: óleo fúsel baixo, contendo álcoois superiores de menor volatilidade como os álcoois isoamílico, amílico e butílicos, e óleo fúsel alto, contendo álcoois superiores de maior volatilidade como o propanol. A bandeja exata de retirada dessas duas correntes pode variar bastante de acordo com as características da cana usada para a produção do vinho. Industrialmente existe uma região de aproximadamente 10 a 12 bandejas próximas ao fundo da seção B da qual são retiradas essas duas correntes, sendo que a bandeja exata de retirada dependerá das características do vinho utilizado. Essas correntes são então alimentadas a um decantador líquido-líquido para a recuperação do excesso de etanol presente nas mesmas e produção do óleo fúsel propriamente dito. A fase aquosa do decantador, rica em etanol e também conhecida como água de lavagem do óleo fúsel (A. L. Fúsel), retorna à dorna de vinho para entrar novamente no processo, e a fase orgânica é destinada aos tanques de armazenamento de óleo fúsel. Esse produto é considerado um subproduto do processo de produção de AEHC com valor comercial variável, empregado basicamente na indústria de cosméticos e como solvente.

A corrente líquida proveniente da última bandeja da seção B é alimentada na primeira bandeja da seção B1, composta por aproximadamente 18 bandejas. Essa seção tem como função exaurir o etanol contido na flegma que vem da seção B. O produto de topo volta para a seção B, na fase vapor, e no fundo dessa seção é produzida a corrente de flegmaça. Apesar de ser considerada como efluente do processo, a flegmaça contém basicamente água com traços de etanol e ácidos orgânicos. Assim, por causa de sua baixa toxicidade, essa corrente é muitas vezes utilizada como água de lavagem nas usinas produtoras de etanol combustível, ou descartada sem a necessidade de tratamento.

Algumas variações da planta industrial apresentada são utilizadas com a mesma eficiência por algumas usinas brasileiras. Essas variações consistem em simplificações do processo por meio da supressão de algumas colunas ou seções, em especial as colunas D, seção A1 e seção B1. Como consequência dessa supressão, o teor de alguns contaminantes no AEHC produzido será substancialmente maior. Porém, se a finalidade for a produção exclusiva de etanol hidratado combustível, a graduação alcoólica, principal parâmetro de qualidade regulado, não sofrerá alterações, possibilitando a utilização dessas configurações mais simplificadas (Batista e Meirelles, 2009; Batista et al., 2012).

Outro tipo de etanol combustível amplamente produzido no Brasil é o etanol anidro combustível (AEAC) que é adicionado à gasolina na proporção de (20 a 25) %. Esse tipo de etanol possui uma graduação alcoólica mínima de 99,3 % em massa, acima do ponto de azeotropia da mistura etanol/água. Assim, para a desidratação do AEHC e produção de AEAC, são necessários procedimentos especiais de destilação, como a destilação azeotrópica ou extrativa, já discutidas neste capítulo.

22.7.2 Produção de etanol neutro

O aumento do mercado exportador do etanol brasileiro vem ampliando a demanda por produtos de melhor qualidade, normalmente produzidos por destilação adicional ou por modificações nas instalações para a produção de AEHC. Dentre esses produtos, destaca-se o etanol neutro ou fino ou extrafino, que é um tipo especial de etanol hidratado com baixo teor de contaminantes (veja etanol HN na Tabela 22.11) com aplicações na indústria de alimentos, farmacêutica e de química fina. Na indústria de alimentos, sua aplicação está relacionada com a ação como agente precipitante ou solvente em processos de separação, para a correção do teor alcoólico de bebidas, ou mesmo na produção dessas bebidas, como é o caso da produção de licores. No caso da indústria de química fina, o etanol neutro pode ser aplicado na fabricação de tintas, detergentes, solventes ou como base para outros produtos mais finos, por exemplo, para a produção dos chamados plásticos verdes. Por fim, as indústrias farmacêuticas e de cosméticos absorvem esse produto para a extração de princípios ativos naturais, na manufatura de perfumes, desodorantes ou como diluentes de vacinas e outros medicamentos.

No Brasil, o processo produtivo do etanol neutro consiste na purificação do AEHC por meio da adição de três novas colunas, como mostrado na Figura 22.43.

A coluna de hidrosseleção, contendo aproximadamente 50 bandejas, é alimentada pelo AEHC e por uma corrente de água potável fria no seu topo. Essa água dilui o AEHC, alterando a volatilidade dos compostos intermediários que, em soluções diluídas em etanol, apresentam volatilidade elevada, tendendo a se concentrar na fase vapor (veja a Figura 22.41) e sendo eliminados pelo produto de topo dessa coluna juntamente com os compostos voláteis que não foram eliminados na coluna BB1. Pelo fundo da coluna de hidrosseleção é extraído o etanol diluído (aproximadamente 10 °GL) e purificado em termos de voláteis e álcoois superiores, sendo essa corrente alimentada na coluna subsequente. Assim, de maneira

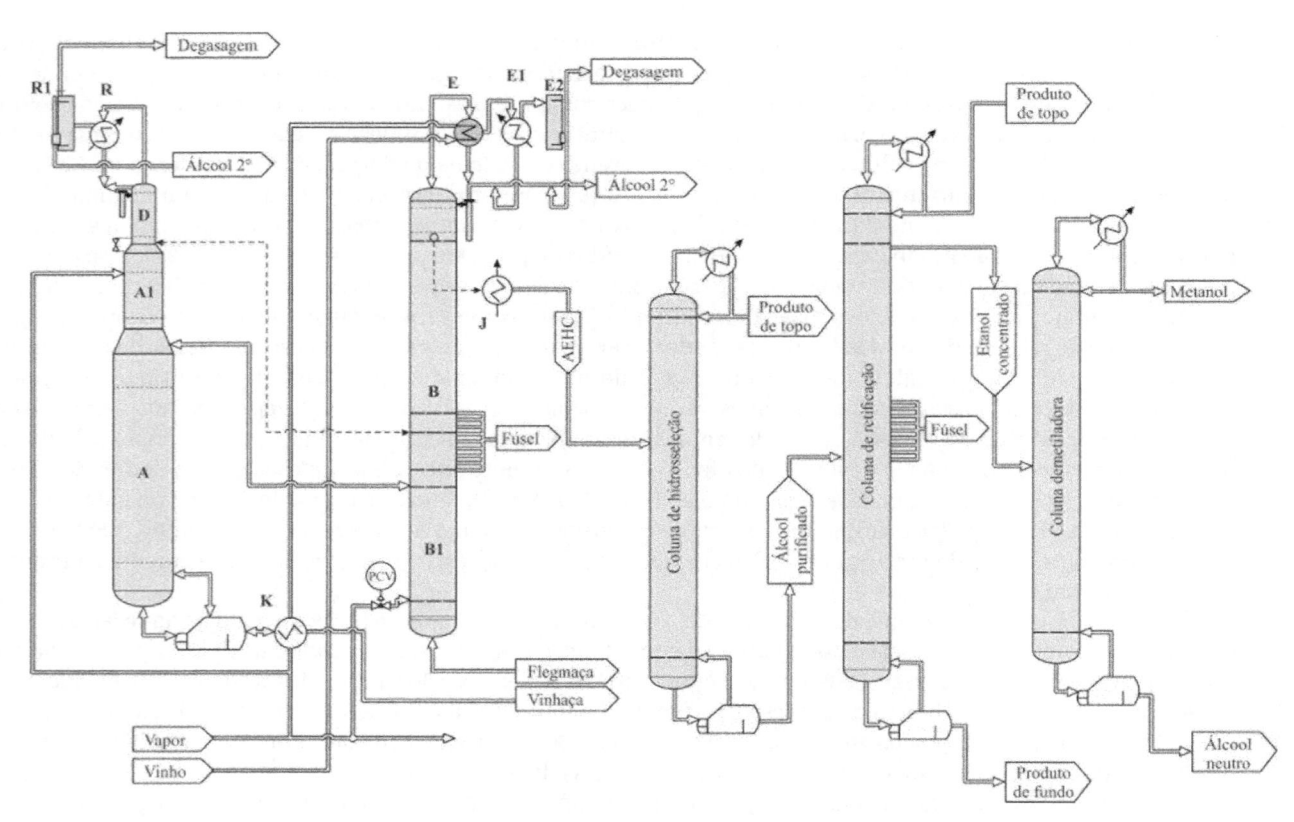

Figura 22.43 Instalação industrial típica para a produção de etanol neutro.

sucinta, a função da coluna de hidrosseleção é eliminar grande parte dos compostos intermediários (álcoois superiores) que não foram eliminados na coluna BB1 por meio da inversão da volatilidade dos mesmos pela ação da água.

A coluna de retificação é alimentada pelo etanol purificado e diluído produzido no fundo da coluna de hidrosseleção. Essa coluna, com aproximadamente 80 bandejas, tem como função reconcentrar (retificar) o etanol diluído até uma graduação alcoólica de, no mínimo, 94 g/100 g, função muito semelhante à coluna BB1. Esse etanol concentrado é produzido em alguma bandeja próxima ao topo da coluna, normalmente na segunda ou terceira bandeja antes do topo, permitindo que o etanol produzido tenha concentrações de compostos voláteis reduzidas. Como destilado da coluna, uma corrente de pequena vazão é retirada, concentrando os compostos voláteis, exceto o metanol, que ainda restaram no processo e não foram eliminados na coluna de hidrosseleção. Cabe ressaltar que o teor de voláteis nessa coluna deve ser extremamente baixo, de modo que o destilado da coluna de retificação é composto basicamente por etanol, um pouco de água e de metanol e traços dos compostos voláteis. No entanto, essa corrente é extremamente necessária em razão do caráter variável da concentração dos compostos no vinho, possibilitando que, no caso de uma maior contaminação de voláteis no vinho, o excesso desses compostos não retirado na coluna de hidrosseleção possa ser eliminado do processo pelo destilado da coluna de retificação. Da mesma maneira que na coluna BB1, a coluna de retificação também apresenta uma retirada de óleo fúsel com o objetivo de completar a eliminação desses compostos que não foram eliminados na coluna de hidrosseleção. Nessa corrente predomina a presença do propanol e traços de álcool isoamílico. O produto de fundo da coluna de retificação é composto basicamente por água e traços de etanol e ácidos orgânicos.

Por causa da baixa volatilidade relativa entre o metanol e o etanol e, principalmente, do caráter potável do etanol neutro, existe a necessidade de uma coluna específica para a retirada do metanol, composto altamente tóxico quando ingerido ou absorvido pelo homem. Essa coluna, denominada coluna demetiladora, contém aproximadamente 50 bandejas sendo alimentada pelo etanol reconcentrado proveniente da coluna de retificação. O processo de separação do metanol do etanol é extremamente custoso em termos de consumo de energia em razão da dificuldade de separação desses compostos em consequência da pequena diferença de volatilidade entre ambos os compostos, característica essa demonstrada pela proximidade da curva de equilíbrio com a diagonal. Essa característica indica a necessidade de um elevado número de bandejas para a separação desses componentes, associada a uma elevada razão de refluxo, o que confere a essa coluna um alto consumo de vapor. Assim, uma corrente pequena de destilado da coluna demetiladora concentra o metanol presente no processo, de modo que o etanol neutro seja produzido pelo produto de fundo dessa mesma coluna.

É fácil observar que, tendo o etanol neutro uma aplicação mais fina do que o etanol combustível, e em razão do alto custo de produção desse tipo de etanol, seja pelo número de colunas envolvidas ou pelo consumo de vapor requerido, aproximadamente 6 kg de vapor $\cdot$ L^{-1} de etanol neutro contra 2 kg de vapor $\cdot$ L^{-1} de AEHC, o etanol neutro possui um valor agregado bastante elevado.

22.8 EXERCÍCIOS

1. Considere 100 kmol de uma mistura contendo 80 % de ácido láurico (A) e 0,20 % de ácido esteárico (B) em fração molar. A pressão do sistema é igual a 10,13 kPa. A volatilidade relativa da mistura pode ser considerada constante. O processo de destilação diferencial é feito até que o líquido contido no tanque contenha 10 % do composto mais volátil (em % molar). Considere o diagrama T-x-y mostrado na figura a seguir. (i) Calcule a volatilidade relativa α_{AB} para uma temperatura média. Essa temperatura deve ser obtida utilizando as constantes da equação de Antoine dadas abaixo. (ii) Considere intervalos de 5 % para a concentração molar do composto mais volátil e $\hat{V} = 5$ kmol $\cdot$ h^{-1}. Calcule x_A, $n_L(t)$, t e y_A^* para cada um desses intervalos. (iii) Qual é o tempo total do processo? (iv) Calcule a quantidade total de destilado obtida e sua composição média final. (v) Quais são as temperaturas inicial e final do processo?

Dados: A equação de Antoine deve ser usada na forma $\log P_{vi} = A - \dfrac{B}{(T + C)}$, com T em [K] e P_{vi} em [bar]; para o ácido láurico, $C_{12}H_{24}O_2$, as constantes são: A = 5,55523, B = 2510,999 e C = −106,676; para o ácido esteárico, $C_{18}H_{36}O_2$, as constantes são: A = 5,72544, B = 3348,131 e C = −57,825.

[**Respostas:** (i) α_{AB} = 9,91; (iii) 17 h; (iv) D = 85,14 kmol; e $(x_{AD})_{\text{média}}$ = 0,922; (v) 225 °C e 266 °C]

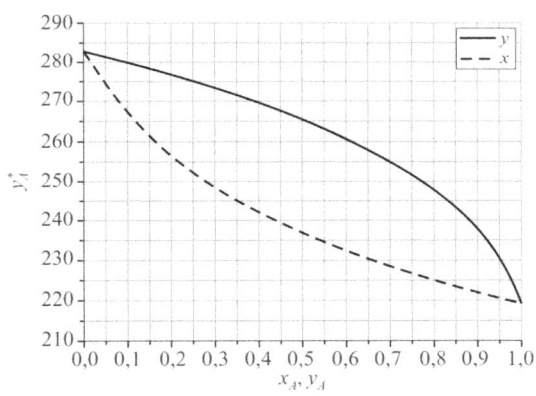

Diagrama T-x-y* para a mistura ácido láurico (A)/ácido esteárico (B) a 10,13 kPa.

2. O etanol pode ser recuperado do mosto fermentado por destilação diferencial. Considere uma carga inicial de 1000 L da mistura etanol (A) –água (B) a 20 °C, com uma concentração volumétrica de 12 °GL a 20 °C. A concentração volumétrica final do mosto deve ser igual a 2 %. Considere os diagramas mostrados nas figuras a seguir: (i) Calcule a quantidade inicial (em kmol) da carga da mistura etanol e água. (ii) Calcule a quantidade total e a concentração média do destilado. (iii) Calcule a concentração média em °GL do destilado. Esse valor está dentro do padrão para cachaça (33 e 67) °GL? (iv) Quais são as temperaturas de ebulição da mistura para as concentrações inicial e final a 101,3 kPa?

Dados: para o etanol, $M_{MA} = 46$ kg $\cdot$ kmol^{-1}, $\rho_A = 789,4$ kg $\cdot$ m^{-3} a 20 °C; para a água, $M_{MB} = 18$ kg $\cdot$ kmol^{-1}, $\rho_B = 995,4$ kg $\cdot$ m^{-3} a 20 °C.

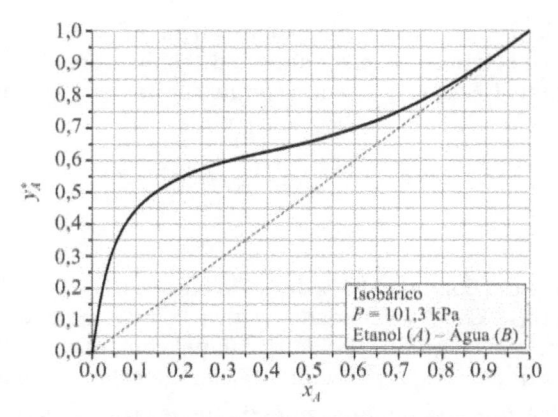

Diagrama x-y^* para a mistura etanol (A)/água (B) a 101,3 kPa.

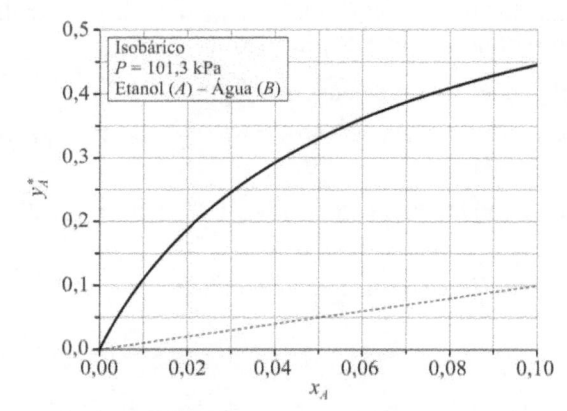

Diagrama x-y^* para a mistura etanol (A)/água (B) a 101,3 kPa — fase líquida diluída em etanol.

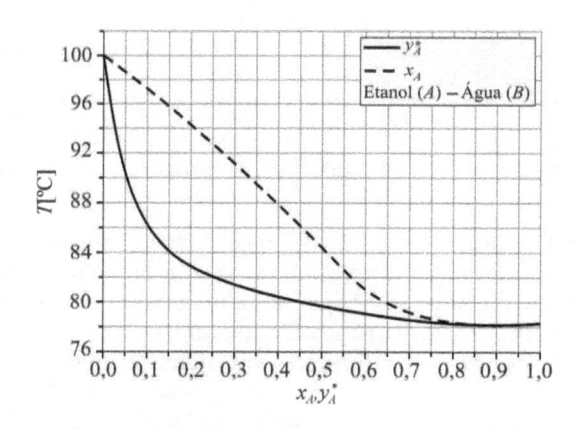

Diagrama T-x-y^* para a mistura etanol (A)/água (B) a 101,3 kPa.

[**Respostas:** (i) 50,72 kmol; (ii) 10,44 kmol e $(x_{AD})_{\text{média}} = 0,173$; (iii) 40,3 °GL; (iv) 91 °C e ~ 100 °C]

3. Uma coluna de destilação é alimentada com 100 kmol · h⁻¹ de uma mistura etanol (A) ⁻ água (B) no estado de vapor saturado. A fração molar de etanol na alimentação é $z_A = 0,4$, enquanto no destilado deve ser $x_{AD} = 0,8$. Sabendo-se que as correntes que deixam a coluna, isto é, o destilado $\hat{D}$ e o produto de fundo $\hat{B}$, estão na forma de líquido saturado, que 95 % do álcool presente na alimentação $\hat{F}$ deve ir para a corrente $\hat{D}$ e que a coluna opera a 101,3 kPa. Pede-se: (i) as vazões molares $\hat{D}$ e $\hat{B}$ e a fração molar x_{AB}; (ii) a razão mínima de refluxo; (iii) utilizando $r = 1,5\,r_{\text{mín}}$, qual será o número de estágios ideais? (iv) em que estágio deve ser introduzida a alimentação $\hat{F}$?

[**Respostas:** (i) $\hat{D}$ = 47,5 kmol h⁻¹; $\hat{B}$ = 52,5 kmol h⁻¹ e x_{AB} = 0,04; (ii) $r_{\text{mín}}$ = 1,22; (iii) 11 estágios ideais; (iv) estágio 10]

4. Você deve projetar uma coluna para destilar 200 kmol $\cdot$ h^{-1} de uma mistura etanol (A) $^-$ água (B) com concentração $z_A = 0,3$. Uma porcentagem de 95 % do álcool alimentado à coluna deve ser recuperada no destilado e sua fração molar no produto de fundo não deve ultrapassar $x_{AB} = 0,023$. Com base nesses dados calcule: (i) as concentrações e vazões molares do destilado e do produto de fundo; (ii) a razão mínima de refluxo dessa coluna para duas situações diferentes de estado térmico da alimentação: vapor saturado (situação I) e líquido saturado (situação II); (iii) compare o consumo energético das duas situações, usando $r_{mín}$ e o mesmo r para as duas colunas, por meio da relação $\dot{q}_R(\text{II}) - \dot{q}_R(\text{I})$, onde $\dot{q}_R(\text{I})$ e $\dot{q}_R(\text{II})$ são o calor trocado no refervedor nas situações I e II em [W], respectivamente. Considere o calor retirado no condensador como $\dot{q}_C = \hat{D}(r+1)\Delta_{vap}\hat{H}_D$.

[**Respostas:** (i) $x_{AD} = 0,819$; $\hat{B} = 130,43$ kmol h^{-1} e $\hat{D} = 69,57$ kmol h^{-1}; (ii) $r_{mín}(\text{I}) = 2,03$ e $r_{mín}(\text{II}) = 1,27$; (iii) $\hat{F}\Delta_{vap}\hat{H}_F - 0,76\hat{D}\Delta_{vap}\hat{H}_D$ e $\hat{F}\Delta_{vap}\hat{H}_F$]

5. Você pretende projetar uma coluna de destilação para concentrar uma mistura etanol (A) – água (B) com concentração $z_A = 0,3$ até $x_{AD} = 0,7$, sendo desprezível a presença do etanol no produto de fundo ($x_{AB} = 0,005$). Baseado na razão mínima de refluxo escolha um valor economicamente conveniente (por exemplo, $r = 1,3\, r_{mín}$) para o refluxo real e então determine o número de estágios ideais necessários. Indique os resultados intermediários relevantes e as suposições necessárias para os cálculos.

[**Resposta:** Oito estágios ideais ou teóricos e alimentação no estágio 5]

6. Considere que, no projeto anterior, você tenha se equivocado no cálculo da razão mínima de refluxo e tenha, como consequência, escolhido um valor para a razão de refluxo real igual 0,333. Partindo das mesmas vazões estabelecidas para a alimentação e para os produtos (destilado e produto de fundo) e do mesmo estado térmico e concentração da alimentação, determine as novas concentrações dos produtos e o número de estágios ideais dessa coluna. OBS.: Note que nesse caso r é menor que $r_{mín}$ do caso anterior, portanto não é possível obter $x_{AD} = 0,7$. *Sugestão:* tome o valor de $r_{mín}$ incorreto para calcular x_{AD}.

[**Respostas:** $x_{AD} = 0,6454$; $x_{AB} = 0,045$ e sete estágios ideais ou teóricos e alimentação no estágio 4]

7. Você construiu a coluna com esse número de pratos ideais calculado no problema anterior. Para corrigir o equívoco você deve calcular uma nova razão de refluxo que, para essa coluna já construída, permita atingir $x_{AD} = 0,7$, partindo das mesmas vazões e características da alimentação.

[**Resposta:** $r = 0,6$]

8. Os dados de equilíbrio da mistura água (A) $^-$ etilenoglicol (B) se encontram na Tabela 22.12. Se você deseja separá-los, garantindo uma alta pureza para o etilenoglicol ($x_{AB} \leq 0,001$), uma perda mínima do glicol no destilado ($x_{AD} \geq 0,999$) e tem como ponto de partida um líquido saturado com concentração $z_A = 0,4$, qual deve ser a razão de refluxo escolhida e o número de estágios teóricos da coluna?

Tabela 22.12 Dados de equilíbrio da mistura água (*A*) – etilenoglicol (*B*)

x_A	0,0034	0,0434	0,0688	0,1750	0,2746	0,4032	0,5514	0,6984	0,9017
y_A^*	0,0336	0,4469	0,6396	0,8489	0,9160	0,9591	0,9793	0,9941	0,9991

[**Resposta:** $r = 0,1113$, considerando $r = 1,5\, r_{mín}$ e sete estágios ideais ou teóricos]

9. A separação de misturas de ácidos graxos pode ser feita por destilação. No entanto, para evitar degradação térmica é necessário empregar temperaturas inferiores a 250 °C, o que implica uma baixa pressão de operação da coluna (<13,33 kPa). Nesse caso é razoável supor um comportamento ideal para uma fase vapor constituída de uma mistura de ácidos graxos. Já a volatilidade de ácidos graxos depende do número de carbonos na molécula, sendo tanto menor quanto maior for o número de carbonos na mesma. Por exemplo, para uma mistura de ácido mirístico (14 carbonos) e ácido palmítico (16 carbonos) a volatilidade relativa a baixas pressões α_{AB} é aproximadamente constante e igual a 2,75. Adotando essas considerações, projete uma coluna para a separação de uma mistura dos ácidos mirístico (A) e palmítico (B), com frações molares iguais a 0,5, no estado térmico de líquido saturado e vazão de 100 kmol $\cdot$ h^{-1}, determinando: (i) as vazões molares do destilado e do produto de fundo para que $x_{AB} = 0,1$ e $x_{AD} = 0,9$; (ii) a curva de equilíbrio; (iii) a razão mínima de refluxo e também o número mínimo de pratos teóricos que uma coluna deve ter para realizar essa separação; (iv) escolha uma razão de refluxo real conveniente (por exemplo, $r = 1,2\, r_{mín}$) e determine o número de pratos teóricos para essa coluna.

[**Respostas:** (i) $\hat{B} = 50$ kmol h^{-1} e $\hat{D} = 50$ kmol h^{-1}; (iii) $r_{mín} = 0,73$ e $N_{mín} = 5$ pratos teóricos; (iv) 10 pratos ideais ou teóricos e alimentação no estágio 4]

10. Você deseja separar uma mistura de metanol (A) – etanol (B) por destilação e obter produtos com as seguintes composições: $x_{AB} = 0,1$ e $x_{AD} = 0,85$. A vazão da mistura a ser separada, cuja concentração é $z_A = 0,45$, atinge o montante de 100 kmol $\cdot$ h^{-1}. A pressão da coluna deverá ser de 101,3 kPa. Em um primeiro momento, para simplificar o cálculo, você pretende aproximar a mistura acima por uma mistura ideal (fase vapor e fase líquida ideais), dispondo das constantes da equação de Antoine dadas no Exemplo 22.1 para determinar a curva de equilíbrio. Com base nesses dados resolva os seguintes itens: (i) determine a curva de equilíbrio e faça sua representação gráfica (use na ordenada, eixo y, uma escala que seja o dobro da escala da abcissa, eixo x); (ii) determine as vazões do produto de fundo e do destilado; (iii) determine a razão mínima de refluxo e escolha um valor adequado para a razão de refluxo real; (iv) calcule o número de pratos ideais para o equipamento.

Para calcular a curva de equilíbrio, admita que a volatilidade relativa da mistura é constante em um valor igual à média geométrica das volatilidades em $x_A \to 0$, $x_A \to 0,5$ e $x_A \to 1$, ou seja:

$$(\alpha_{AB})_{\text{média}} = \sqrt[3]{\alpha_{AB}\big|_{x_A \to 0} \times \alpha_{AB}\big|_{x_A \to 0,5} \times \alpha_{AB}\big|_{x_A \to 1}}$$

[**Respostas:** (ii) $\hat{D} = 46,67$ kmol $\cdot$ h^{-1} e $\hat{B} = 53,33$ kmol $\cdot$ h^{-1}; (iii) $r_{\text{mín}} = 2,04$ considerando líquido saturado; (iv) 13 pratos teóricos]

11. Desejando uma solução mais correta para o problema anterior, você pretende calcular a curva de equilíbrio, considerando que a fase líquida não seja realmente ideal (a fase vapor continua sendo considerada ideal). Para esse cálculo você dispõe dos seguintes dados: $\gamma_A^{\infty} = 1,0354$ e os coeficientes de atividade podem ser bem descritos pelas equações $RT\ln\gamma_A = Ax_B^2$ e $RT\ln\gamma_B = Ax_A^2$, em que A é a constante da equação de Margules dois sufixos.

[**Resposta:** Curva de equilíbrio igual à do exercício anterior]

12. Com intuito de projetar uma coluna de destilação para obter como produto uma bebida destilada forte (~50 °GL) a partir de um vinho com 3 mol $\cdot$ mol^{-1} total (~10 °GL) de etanol, admitiu-se o vinho como sendo uma mistura etanol (A) – água (B), em que a alimentação na coluna pode ser preaquecida e introduzida como líquido saturado. Desejando-se que o destilado contenha 95 % do álcool da alimentação (para $\hat{F} = 100$ kmol $\cdot$ h^{-1}), pergunta-se: (i) as correntes $\hat{B}$ e $\hat{D}$ e as concentrações de etanol no destilado e no produto de fundo; (ii) qual seria a concentração na fase vapor se esta estivesse em equilíbrio com um líquido de composição igual à da alimentação; (iii) se o vapor do item (ii) fosse condensado, qual seria sua concentração em °GL; (iv) admitindo-se uma razão de refluxo $r = 0,125$, qual é o número de pratos teóricos?

[**Respostas:** (i) $x_{AD} = 0,229$; $x_{AB} = 0,002$; $\hat{D} = 12,44$ kmol $\cdot$ h^{-1} e $\hat{B} = 87,56$ kmol $\cdot$ h^{-1}; (ii) $y_A = 0,25$; (iii) 54 °GL; (iv) quatro pratos teóricos e alimentação no estágio 1]

22.9 BIBLIOGRAFIA RECOMENDADA

BATISTA, F. R. M.; MEIRELLES, A. J. A. A strategy for controlling acetaldehyde content in an industrial plant of bioethanol. In: INTERNATIONAL SYMPOSIUM ON ADVANCED CONTROL OF CHEMICAL PROCESSES (ADCHEM). *Anais...* Istambul, Turquia, 2009.

_____; _____. Computer simulation applied to studying continuous spirit distillation and product quality control. *Food Control*, v. 22, n. 10, p. 1592-1603, 2011.

_____; _____; FOLLEGATTI-ROMERO, L. A.; BESSA, L. C. B. A. Computational simulation applied to the investigation of industrial plants for bioethanol distillation. *Computers & Chemical Engineering*, v. 46, p. 1-16, 2012.

CHALOV, N. V.; ALEKSANDROVA, O. A. Liquid-vapor phase equilibriums in the formic acid-water system. *Gidroliz. Lesokhim. Prom-st*, v. 10, p. 149-156, 1957.

ESCOBEDO-ALVARADO, G. N.; SANDLER, S. I. Vapor-liquid equilibrium of two aqueous systems that exhibit liquid-liquid phase separation. *Journal of Chemical Engineering Data*, v. 44, p. 319-322, 1999.

HALL, D. J.; MASH, C. J.; PEMBERTON, R. C. Vapor–liquid equilibria for the systems water + methanol, water + ethanol, methanol + ethanol, water + methanol + ethanol at 298:15 K determined by a rapidtranspiration method. *NPL-CHEM-95* (Report), p. 1-36, 1979.

HAYDEN, J. G.; O'CONNELL, J. P. A generalizaed method for predicting second virial coefficients. *Industrial & Engineering Chemistry Process Design and Development*, v. 14, n. 3, p. 209-216, 1975.

KOJIMA, K.; TOCHIGI, K.; SEKI, H.; WATASE, K. Determination of vapor-liquid equilibria from boiling point curves. *Kagaku Kogaku*, v. 32, p. 149-153, 1968.

REID, R. C.; PRAUSNITZ, J. M.; POLING, B. E. *The properties of gases and liquids*. 5. ed. Nova York: McGraw-Hill Book Company, 2001.

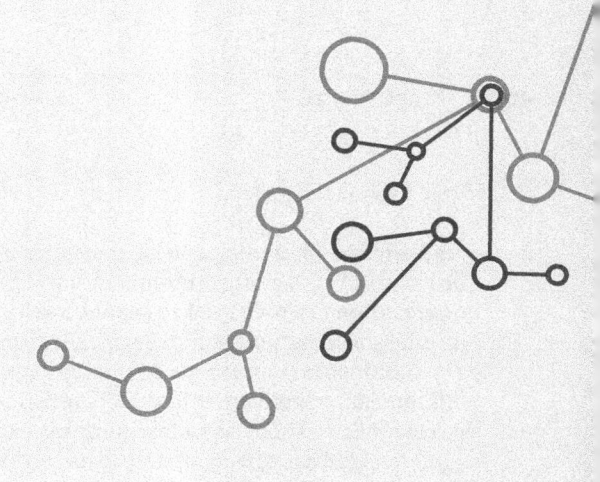

23

ADSORÇÃO E TROCA IÔNICA

Rafael da Costa Ilhéu Fontan*
Renata Cristina Ferreira Bonomo*
Jane Sélia dos Reis Coimbra**

* Universidade Estadual do Sudoeste da Bahia (Uesb).

** Universidade Federal de Viçosa (UFV).

23.1 INTRODUÇÃO

A adsorção é uma operação de transferência de massa do tipo fluido-sólido. Essa operação unitária explora a habilidade de certos sólidos concentrarem em sua superfície determinadas substâncias presentes em soluções líquidas ou gasosas. É o procedimento pelo qual se separa o soluto desejado dos demais componentes contidos nos fluidos avaliados por meio da aderência daquele soluto à superfície do sólido.

A indústria química e a de alimentos vêm fazendo uso da adsorção na: (i) remoção de cor, odor e de compostos que influenciam negativamente as características sensoriais de produtos, como açúcares líquidos e em forma de cristais, bebidas alcoólicas, sucos de frutas, gorduras e óleos comestíveis, dentre outros; (ii) purificação de ar e gases, na reciclagem de águas residuárias e na recuperação de solventes orgânicos; e (iii) separação e purificação de produtos de alto valor agregado na área alimentar, como cafeína, glutamato monossódico, diversos ácidos, proteínas, vitaminas e enzimas, bem como no isolamento de compostos com vistas a aplicações na vertente da química fina e para fins farmacêuticos.

Este capítulo enfoca os fundamentos da adsorção e da troca iônica, posto que a similaridade entre ambas permite a condução de estudos em paralelo. É apresentada também uma discussão sobre a modelagem da adsorção, usando as equações de conservação de massa e de energia bem como as relações de equilíbrio apropriadas. Por fim, espera-se que a sequência de exercícios proposta seja útil para uma melhor compreensão da abordagem adotada.

23.2 O FENÔMENO DE SORÇÃO

O fenômeno de sorção envolve a separação de substâncias que se distribuem de forma diferenciada entre duas fases, uma fluida e outra sólida. O sistema deve estar sob a condição de equilíbrio dinâmico. As operações envolvidas compreendem as de adsorção e de dessorção. Na adsorção, um constituinte é transferido da fase fluida para a fase sólida, enquanto o fenômeno reverso, isto é, o transporte de um composto da fase sólida para a fase fluida, é conhecido como dessorção.

23.2.1 Adsorção

A adsorção está associada ao enriquecimento de um ou mais componentes em uma região interfacial. Denomina-se adsorvente a substância em cuja superfície é retido o composto de interesse, chamado adsorvato.

É do conhecimento dos cientistas, desde o final do século XVIII, que quantidades significativas de gases condensáveis podem se acumular em sólidos porosos, como o carvão calcinado. Posto que o volume do gás retido depende tanto da natureza do sólido quanto do tipo de gás envolvido, a eficiência do processo é uma função da porosidade do material sólido e da área de contato do sólido exposta ao fluido.

No entanto, só no final do século XIX, mais especificamente em 1881, Kayser utilizou o termo adsorção para identificar o fenômeno da condensação de gases em superfícies sólidas, destacando sua diferença para a absorção de gases.

Na absorção, as moléculas de soluto se difundem de uma fase gasosa para uma fase líquida e, no equilíbrio, a distribuição do soluto entre as fases é homogênea até o nível molecular. Já na adsorção, as moléculas se difundem de um fluido para a superfície de um sólido, formando uma fase adsorvida distinta, e o soluto adsorvido é confinado a uma distribuição na superfície dos poros do sólido.

A adsorção ocorre quando moléculas, ao difundirem em uma fase fluida, são capturadas em certo período de tempo por forças atrativas de uma superfície sólida adjacente. A superfície apresenta descontinuidades na estrutura do sólido e, em adição, regiões nessa superfície disponibilizam energias residuais que não são contrabalançadas pela vizinhança presente no corpo da estrutura. As forças residuais superficiais mencionadas, comuns a todas às superfícies, nada mais são que as interações de Van der Waals.

A capacidade adsortiva por unidade de área de tais sólidos é pequena, por isso, para serem operacionalmente viáveis, os adsorventes utilizados são altamente porosos, com grande área interna por unidade de volume. As superfícies desses adsorventes são, em geral, heterogêneas, com grande possibilidade de variação na energia de ligação de um sítio para outro.

O principal motivo que leva um sólido a ser denominado adsorvente é o fato de ser produzido numa forma altamente porosa, gerando uma grande área superficial interna. Uma vez que os componentes adsorvidos se concentram sobre a superfície do sólido, quanto mais poroso for o adsorvente, maior será a superfície disponível por unidade de massa do sólido e mais favorável será o processo de adsorção.

A adsorção possui ainda características peculiares, destacando-se o alto grau de recuperação de compostos a partir de soluções diluídas e elevada especificidade na separação de moléculas por transferência de massa.

A escala e complexidade de uma unidade de adsorção dependem dos objetivos esperados, variando desde uma coluna cromatográfica de poucos milímetros de diâmetro em ensaios de laboratório, até leitos fluidizados com muitos metros de comprimento, usados em processos industriais; de simples tanques agitados a leitos móveis altamente automatizados.

No entanto, em todos esses casos, o que existe em comum é o fato do adsorvente ir se tornando saturado com o decorrer do processo adsortivo, necessitando de regeneração periódica ou de substituição do material adsorvente.

Natureza da adsorção

Neste ponto já sabemos que existem forças residuais livres na superfície dos adsorventes que criam pontos ativos de valências parciais. Quando moléculas em uma fase fluida são colocadas em contato com o sólido adsorvente e incidem nesses pontos ativos, forças de atração entre o adsorvente e tais moléculas podem provocar o acúmulo destas na superfície do sólido. A intensidade dessas forças de atração depende de características da superfície adsorvente e do tipo de molécula adsorvida, além de outros fatores, como a temperatura e a pressão em que a adsorção ocorre. De maneira geral, pode-se classificar o fenômeno de adsorção em duas categorias básicas:

- *Adsorção física*, ou fisissorção, ou ainda adsorção de Van der Waals: é prontamente reversível, resultado de forças de atração intermoleculares fracas entre o adsorvente e a molécula a ser adsorvida. A adsorção física de um gás ou vapor é acompanhada de liberação de energia, um pouco maior que a entalpia de condensação da substância adsorvida (adsorvato), sendo aproximadamente igual à sua entalpia de sublimação. Tal processo com gases e vapores assemelha-se à condensação, no entanto difere dela por ocorrer da mesma maneira quando a pressão parcial do soluto no vapor é inferior à sua pressão de vapor, à temperatura em que o processo ocorre. A adsorção física também pode ocorrer em fase líquida, sendo o equilíbrio entre o adsorvato e a fase fluida alcançado rapidamente, dada a pequena quantidade de energia envolvida. Outra característica importante é a possibilidade da adsorção em várias camadas superpostas de moléculas adsorvidas.
- *Adsorção química*, ou quimissorção: resultado de interações mais específicas entre o adsorvente e a primeira camada de soluto adsorvido, envolvendo a partilha de elétrons. A liberação de energia envolvida nesse processo é maior do que a liberada no processo de fisissorção, sendo cerca de 10 vezes maior que a entalpia de condensação. A quimissorção ocorre apenas na primeira camada de moléculas adsorvidas na superfície do adsorvente, podendo ser seguida por camadas adicionais de moléculas fisicamente adsorvidas. Normalmente, é um processo irreversível, em que a dessorção da substância original leva em geral a uma modificação química da mesma.

Ao ser adsorvida, uma molécula perde mobilidade e, consequentemente, seu teor energético é reduzido. Dependendo da magnitude dessa redução, poderá ocorrer um incremento da temperatura do meio, que levará a uma diminuição da capacidade adsorvente do sólido.

Nesse processo, a temperatura é uma variável de considerável importância, posto que temperaturas mais baixas em geral favorecem a adsorção física, enquanto temperaturas mais elevadas promovem a adsorção química. Assim, controlando-se a temperatura pode-se direcionar o processo de adsorção, bem como sua reversibilidade.

Outra variável-chave na distinção dos tipos de adsorção é a energia de ativação envolvida no processo. Na adsorção física ela é geralmente muito baixa ou nula, enquanto na adsorção química a energia de ativação é mais alta, sendo, no entanto, menor do que o necessário para uma reação química. Diz-se, então, que a adsorção é do tipo ativada quando a taxa de adsorção varia com a temperatura segundo equação semelhante à de Arrhenius e, do tipo não ativada quando a taxa de ativação é muito pequena e a adsorção ocorre rapidamente. A Tabela 23.1 apresenta algumas das principais diferenças entre adsorção física e química.

23.2.2 Dessorção

Dessorção é o processo contrário ao fenômeno de adsorção, em que moléculas de um dado soluto, inicialmente ligadas a uma superfície sólida, são transferidas para uma fase fluida. A etapa de dessorção pode ser realizada retirando-se o sistema adsorvato-adsorvente do equilíbrio de adsorção. Para tanto algumas técnicas podem ser utilizadas, entre elas, as principais envolvem o uso de calor ou mudanças na composição da fase fluida.

Tabela 23.1 Distinção entre adsorção física e química para um gás

CARACTERÍSTICA	FISISSORÇÃO	QUIMISSORÇÃO
Temperatura	Baixa (próxima a de condensação)	Maior (geralmente ambiente)
Cobertura	Geralmente multicamadas	Monocamada
Reversibilidade	Reversível	Irreversível
Energia de ativação	Nula ou muito baixa	Maior que zero

Para a regeneração de carvão ativado é comum a utilização de uma corrente de vapor de água saturado com temperaturas entre (130 e 150) ºC. No entanto, o uso de temperaturas elevadas não é desejável quando o composto dessorvido é termossensível e de interesse, como ocorre em muitos processos na indústria farmacêutica e de alimentos. Nesses casos, é mais adequado o processo de dessorção, em que a composição da fase fluida é alterada sem a necessidade do aumento da temperatura. Tal alteração na fase fluida desloca o equilíbrio adsortivo pelo aumento da afinidade do composto, pela fase móvel ou pela redução da afinidade com o adsorvente.

Em adsorventes cujo princípio de separação é a interação hidrofóbica é comum a utilização de certa quantidade de sal na fase fluida, para que a força iônica da mesma aumente e favoreça a interação do composto-alvo com o adsorvente. Posteriormente a dessorção do composto e regeneração do adsorvente são feitas utilizando-se a fase fluida sem adição de sal, deslocando o equilíbrio novamente no seu sentido.

Em resinas trocadoras iônicas é usual o procedimento inverso. A interação do composto de interesse com a resina (adsorvente) é favorecida quando a concentração de sais na fase fluida é baixa. O aumento da concentração destes leva a um aumento da força iônica, fazendo com que os íons dos sais tenham preferência pela interação com adsorvente, deslocando o composto-alvo novamente para a fase fluida.

23.2.3 Histerese de sorção

Alguns compostos em certos adsorventes, como a acetona em carvão ativado, ao adsorverem ou dessorverem, possuem a mesma relação de equilíbrio com o adsorvente, sendo ambos os processos representados por uma única curva de equilíbrio completamente reversível.

Com maior frequência, no entanto, ocorre uma diferença entre o equilíbrio de adsorção e de dessorção, levando a curvas de equilíbrio distintas. Tal diferença é denominada histerese, sendo a adsorção representada em um sentido e a dessorção em outro. Na Figura 23.1, observa-se uma isoterma de sorção com histerese.

A histerese na isoterma é de grande importância em processos industriais, principalmente naqueles em que ocorre a regeneração do adsorvente para sua reutilização. A cada vez que um adsorvente é usado e regenerado, por causa da histerese, ele perde parte de sua capacidade adsortiva. Após certo número de regenerações esse adsorvente não é mais viável operacionalmente, devendo ser substituído por outro novo ou com menor uso.

23.3 CARACTERÍSTICAS DOS PRINCIPAIS ADSORVENTES

A escolha adequada do adsorvente é uma variável crítica num processo de adsorção, sendo necessário que o adsorvente selecionado apresente um bom desempenho tanto no que se refere ao equilíbrio como em relação à cinética de adsorção. Para ser um adsorvente adequado, o material deve reter o máximo de soluto no seu interior no menor espaço de tempo possível. Os adsorventes usualmente empregados podem ser naturais ou sintéticos, de estrutura amorfa ou microcristalina. Apresentam-se como grânulos irregulares, pellets extrusados e esferoides, com diâmetro variando de 50 μm até 12 mm. O tamanho do sólido adsorvente a ser usado é ponderado com base nas necessidades de se obter a maior área superficial possível para um dado volume, ao se empacotar o adsorvente em um leito, e de se evitar uma elevada queda de pressão nesse leito para dado escoamento ao longo do mesmo.

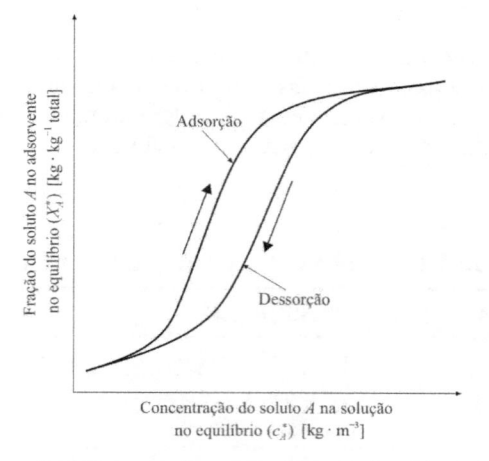

Figura 23.1 Isoterma de sorção mostrando a histerese.

Algumas características são necessárias para que um adsorvente seja comercialmente atrativo, entre elas:

- Alta resistência mecânica, inércia química e uma relação custo-benefício favorável.
- Ser regenerado facilmente e não perder a capacidade adsortiva após muitas reciclagens.
- Grande área superficial interna, com poros cujo tamanho seja suficiente para permitir o acesso das moléculas a adsorver e para excluir as moléculas de tamanho maior, aumentando a seletividade do adsorvente.
- Alta seletividade na adsorção de compostos específicos e alta capacidade adsortiva.
- Não tóxico, no caso de utilização de insumos para indústrias farmacêuticas, de cosméticos e de alimentos.

Entre as características mencionadas, a área superficial por unidade de massa e a resistência mecânica (ou dureza) são as que mais influenciam o processo adsortivo, por estarem diretamente relacionadas com a capacidade de adsorção e a praticidade no manuseio, respectivamente. A baixa resistência mecânica leva um adsorvente a ter maior fragilidade, não sendo recomendado seu uso, pois, para processos em batelada, pode ocorrer a redução da eficiência do processo e, em operações com leitos empacotados, pode levar a um aumento excessivo da perda de carga. Como regra geral, é comum o uso de adsorventes maiores em leitos empacotados e adsorventes menores em processos em batelada.

23.3.1 Principais tipos de adsorventes

Em tese, todo sólido poroso com grande área superficial em relação ao seu volume é um agente adsorvente em potencial. Peculiaridades dos processos envolvidos fazem com que esse número de sólidos porosos seja reduzido na prática. Assim, os principais adsorventes de importância industrial são:

- **Alumina:** possui alta afinidade por água e grupos hidroxil, sendo utilizada na secagem de gases e líquidos. Sua ativação é feita por aquecimento, retirando-se a umidade existente. Resta então uma rede cristalina porosa muito bem definida e de alta resistência. Sua reativação é feita com aquecimento em temperaturas de até 300 °C, dependendo do tipo de alumina usada. Possui granulometria entre 2 mm e 20 mm, porosidade de 25 % a 30 % e densidade aparente de 800 kg $\cdot$ m^{-3}.
- **Terra *fuller*:** é uma argila natural (silicato de alumínio e magnésio), semiplástica quando úmida e dura quando seca. Para ser usada como adsorvente, é seca em fornos rotativos e em seguida finamente moída, adquirindo a porosidade e a granulometria desejadas. É empregada no branqueamento, clarificação e neutralização de óleos minerais, vegetais e animais. A porosidade é da ordem de 55 % e a densidade aparente está entre (650 e 800) kg $\cdot$ m^{-3}, sendo sua regeneração feita em cerca de (15 a 30) min a 450 °C, em fornos rotativos.
- **Argila ativada:** algumas argilas, como a bentonita, possuem baixa capacidade adsortiva. Porém, quando tratadas com ácido clorídrico ou sulfúrico, lavadas, secas e moídas possuem propriedades adsortivas superiores às da terra *fuller*. São usadas especificamente para descolorir produtos de petróleo e possuem a desvantagem de ser descartadas depois de uma única utilização.
- **Bauxita:** tem uso na clarificação de produtos de petróleo, entre outros. É ativada em temperaturas que variam de 250 °C a 800 °C, sendo sua qualidade determinada pela temperatura de ativação. Emprega-se também na secagem de gases, possuindo granulometria entre 1 mm e 2 mm, porosidade de 35 % e densidade aparente de 850 kg $\cdot$ m^{-3}. Sua reativação é feita por aquecimento, sem perda sensível de eficiência.
- **Carvão ativado:** é um dos adsorventes com maior aplicabilidade, inclusive na área alimentícia. Por possuir baixa afinidade pela água, é usado preferencialmente para adsorver componentes a partir de soluções aquosas ou gases úmidos. É usado na forma de pó, o qual é adicionado ao líquido a ser tratado, sendo posteriormente removido por filtração. Pode ser empregado no refino de açúcares e de óleos; como agente descolorante, na recuperação de vapores orgânicos, e no fracionamento de hidrocarbonetos, entre outras aplicações.
- **Peneiras moleculares:** também conhecidos como zeólitos ou zeólitas. São cristais sintéticos porosos de aluminosilicatos metálicos, com estrutura extremamente definida, permitindo a separação de compostos de acordo com a massa molar, além de promover a separação por adsorção de acordo com a polaridade e o grau de insaturação da molécula. São usados para a desidratação de gases e líquidos (na produção de etanol anidro, por exemplo), na separação de hidrocarbonetos líquidos e gasosos e em uma grande variedade de outros processos.
- **Polímeros e resinas:** têm sido empregados recentemente na purificação de água, recuperação e separação de biocompostos e em processos cromatográficos em geral. São constituídos em geral de um núcleo cristalino envolto por uma matriz polimérica, que confere a porosidade ao adsorvente, na qual são ligados grupos químicos específicos e seletivos responsáveis pela adsorção.
- **Sílica gel:** junto com o carvão ativado é um dos adsorventes mais conhecidos. Tem emprego na secagem de gases e no fracionamento de hidrocarbonetos. É obtido pela acidificação do silicato de sódio produzindo um gel polimérico do ácido silícico na forma de micropartículas. As micropartículas são então aquecidas para retirar a água, deixando uma estrutura vítrea, dura e porosa. Possui superfície hidrofílica.

23.4 EQUILÍBRIO NOS PROCESSOS ADSORTIVOS

A distribuição do adsorvato entre a fase fluida e o adsorvente envolve um equilíbrio de fases, que é governado pelos princípios da termodinâmica. O equilíbrio de adsorção é um conceito dinâmico adotado quando a taxa em que moléculas se adsorvem na superfície sólida é igual à taxa de dessorção das mesmas. O equilíbrio é função de variáveis como a temperatura, concentração no fluido (pressão, no caso de gases) e concentração no sólido. Dada a complexidade da termodinâmica desse fenômeno, ainda são utilizadas as primeiras teorias sobre adsorção para realizar os cálculos de engenharia.

Assim, a condição de equilíbrio para um ou mais componentes de interesse, a uma temperatura constante, é o fator vital para o projeto da operação adsortiva. A condição de equilíbrio é representada graficamente na forma de isoterma de sorção, relacionando as concentrações de soluto na fase fluida e sólida adsorvida. Embora a forma mais usual de apresentação do equilíbrio seja a isoterma, existem também as representações gráficas do equilíbrio por meio de uma isóbara de adsorção, na qual a concentração do soluto no fluido (pressão, no caso de gases) é mantida constante, bem como de uma isóloga de adsorção, na qual a concentração do soluto na fase sólida é mantida constante.

A determinação experimental das isotermas é o primeiro passo no estudo de um novo sistema adsorvato/matriz adsorvente. A informação daí retirada é importante para estimar a quantidade total de adsorvente necessária para certo processo e, consequentemente, no dimensionamento dos equipamentos a serem utilizados em tal sistema. Dobrar a capacidade estequiométrica do adsorvente ou mudar significativamente a forma da isoterma quase sempre tem um impacto maior no processo do que dobrar as taxas de transferência de calor ou massa no processo envolvido. Portanto, na maioria dos casos tal relação de equilíbrio é mais importante do que os valores das taxas de transferência de calor e massa.

No caso de uma solução diluída, composta de um fluido contendo um solvente e um soluto (solução binária), poderá ocorrer a adsorção de qualquer um desses dois compostos ao se adicionar um adsorvente à solução. Como a adsorção total praticamente não pode ser determinada, em geral, obtém-se uma adsorção aparente ou relativa de soluto. A adsorção total não é utilizada, pois quando o solvente é adsorvido, a variação na entalpia é muito pequena e a variação no volume

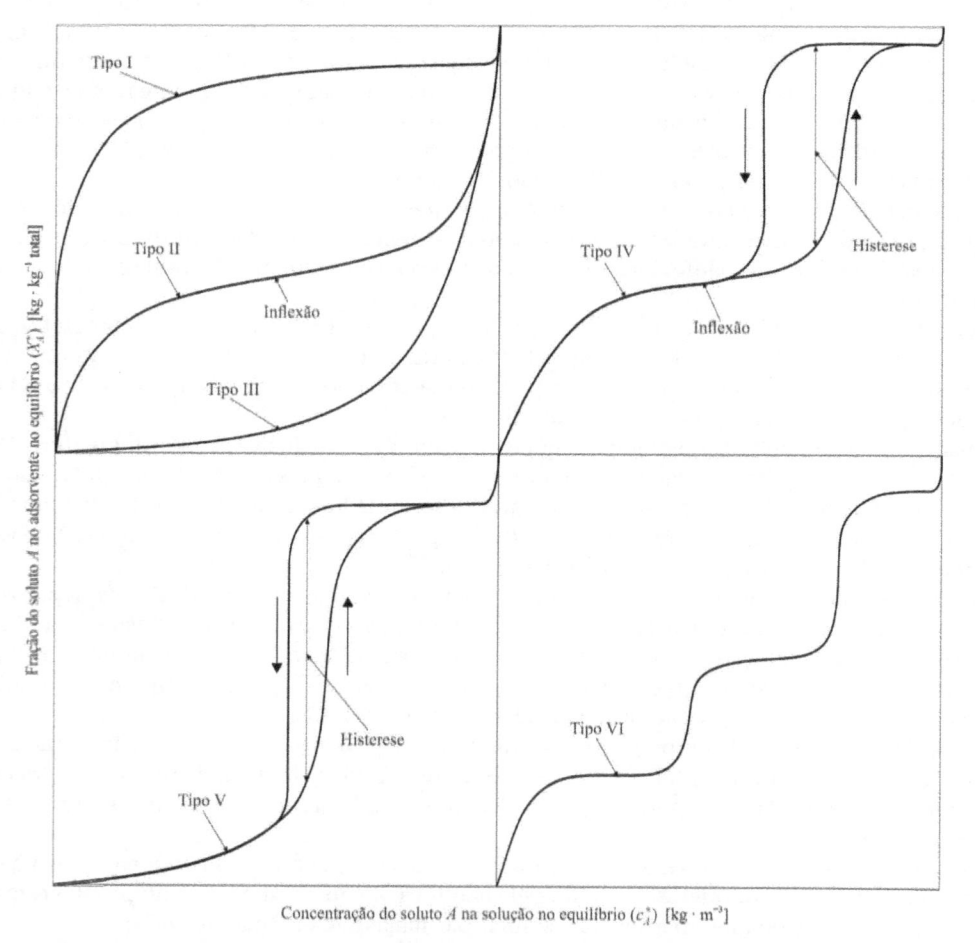

Concentração do soluto A na solução no equilíbrio (c_A^*) $[\mathrm{kg \cdot m^{-3}}]$

Figura 23.2 Classificação das isotermas de adsorção segundo a IUPAC.

ou massa da solução é insignificante, praticamente não mensurável. Desse modo, é muito difícil a distinção entre a quantidade de solvente adsorvida da quantidade que simplesmente ficou retida nos poros do adsorvente.

Posto que os sistemas gás-sólido são mais simples de analisar, o fenômeno da adsorção em gases é mais estudado e compreendido do que em líquidos. No entanto, as equações desenvolvidas para gases são normalmente aplicáveis a sistemas líquidos, exceto nos casos em que ocorre a condensação capilar.

23.4.1 Tipos de isotermas

A adsorção pode ser avaliada quantitativamente por meio das isotermas, as quais explicitam a relação de equilíbrio entre a concentração na fase fluida e a concentração nas partículas adsorventes, em dada temperatura. Atualmente, a IUPAC considera a existência de seis tipos diferentes de isotermas de adsorção, conforme visto na Figura 23.2. Nesses casos, os conceitos envolvidos na adsorção do soluto no meio poroso referem-se à adsorção química ou física e adsorção monocamada ou multicamada.

A curva do tipo I corresponde à adsorção em monocamada. No caso da adsorção física, a isoterma do tipo I indica a presença de microporos.

A isoterma do tipo II é a mais familiar. Representa um indicativo do processo de adsorção em multicamada e sugere a presença de superfícies não porosas ou macroporosas no sólido. A teoria de adsorção em multicamada de Brunauer, Emmett e Teller (BET) foi desenvolvida para esse tipo de matriz adsortiva. O ponto de inflexão, ou joelho, ocorre quando a primeira camada de cobertura estiver completa. Com o aumento da pressão relativa, o sólido ficará coberto de diversas camadas até que, na saturação, o número de camadas será infinito.

A isoterma do tipo III origina-se de superfícies não porosas ou macroporosas que interagem muito fracamente com as moléculas de adsorvente. É caracterizada, principalmente, por calores de adsorção inferiores ao calor de liquefação do adsorvato. Com o prosseguimento da adsorção, é facilitada a adsorção adicional porque a interação do adsorvato com a camada adsorvida é maior do que a adsorção do soluto com a superfície do adsorvente.

A isoterma do tipo IV fornece informações úteis sobre a estrutura dos mesoporos por meio da histerese, que é a não sobreposição de pelo menos parte das curvas de adsorção e dessorção.

A isoterma do tipo V é próxima da curva do tipo IV, mas com interações muito fracas entre o adsorvente e o adsorvato.

Finalmente, isotermas do tipo VI ocorrem com substratos não porosos, de superfície quase uniforme, formando multicamadas.

É enfatizado que, segundo classificação de Brunauer, as curvas de adsorção convexas para cima são as favoráveis à adsorção do soluto, e as que são côncavas para cima são as desfavoráveis à fixação do soluto.

23.4.2 Modelos de isotermas

Dados termodinâmicos fazem-se necessários para definir os adsorventes mais adequados à operação adsortiva, bem como para avaliar a capacidade de adsorção de sólidos adsorventes. E vários são os modelos de isotermas que podem ser utilizados para descrever o equilíbrio na adsorção. A escolha de um modelo específico depende de um conjunto de fatores, que inclui desde a concentração do soluto em solução até a explicação do fenômeno em questão por meio do modelo adotado. Em geral, dados experimentais são descritos por modelos de isotermas simples, como o linear, o de Langmuir (Langmuir, 1918) e o de Freundlich (Freundlich, 1906). Esses modelos são apresentados a seguir.

Isoterma linear

Muito usado para descrever o equilíbrio quando ocorre adsorção física e em baixas concentrações. A relação é linear com uma inclinação limite constante (K), podendo ser expressa por uma equação semelhante à Lei de Henry:

$$X_A^* = Kc_A^* \tag{23.1}$$

ou

$$X_A^* = Kp_A^* \tag{23.2}$$

em que X_A^* é a concentração de equilíbrio do soluto A na fase adsorvida [kg · kg^{-1}]; c_A^* é a concentração de equilíbrio do soluto A na fase fluida [kg · m^{-3}], especialmente no caso de líquidos, e p_A^* é a pressão parcial de equilíbrio do composto A na fase fluida [Pa], no caso de gases. Note que as unidades da constante de equilíbrio K dependem das unidades de composição, em particular das da fase fluida, sendo aquelas unidades iguais a [(kg · kg^{-1}) · (kg · m^{-3})$^{-1}$] no primeiro caso e [(kg · kg^{-1}) · Pa^{-1}] no segundo.

Como a elevação da concentração do soluto conduz a um aumento das interações entre essas moléculas adsorvidas, a relação linear entre as concentrações nas fases sólida e fluida deixa de existir, a fase sólida tende à saturação e formas mais complexas de isotermas passam a ocorrer.

Isoterma de Freundlich

Esse modelo, um dos mais divulgados para a adsorção de compostos em soluções líquidas, foi proposto originalmente por Boedeker em 1885 e popularizado por Freundlich (1906). Foi desenvolvido a partir de estudos sobre a adsorção de compostos orgânicos de soluções aquosas em carvão vegetal. O modelo obtido possui a forma:

$$X_A^* = K(c_A^*)^{\frac{1}{n}} \tag{23.3}$$

em que X_A^* e c_A^* têm o mesmo significado apresentado na equação anterior; K e n são constantes, sendo n normalmente muito maior do que a unidade. As unidades da constante de equilíbrio K são agora $[(kg \cdot kg^{-1}) \cdot (kg \cdot m^{-3})^{-1/n}]$.

Esse modelo corresponde, aproximadamente, a uma distribuição exponencial das entalpias de adsorção e pode ser usado para correlacionar dados em adsorventes heterogêneos em uma ampla faixa de concentrações.

Isoterma de Langmuir

As isotermas do tipo I, que são as mais comuns, são geralmente representadas pelo modelo de Langmuir. Esse modelo clássico de isoterma talvez seja o mais conhecido dentre todos e preferencialmente adotado como primeira escolha para o ajuste de dados experimentais. Foi proposto por Langmuir em 1916, e é representado por:

$$X_A^* = \frac{X_{Am\acute{a}x} K c_A^*}{1 + K c_A^*} \tag{23.4}$$

em que X_A^* e c_A^* têm exatamente o mesmo significado apresentado nas equações anteriores; $X_{Am\acute{a}x.}$ representa a capacidade adsortiva máxima do adsorvente para o soluto A [$kg \cdot kg^{-1}$]. A constante de equilíbrio K tem unidades iguais a $m^3 \cdot kg^{-1}$.

Esse modelo de isoterma foi inicialmente usado para adsorção de moléculas de gás sobre superfícies metálicas. Porém, tem sido aplicado com bons resultados a muitos outros casos de adsorção. Para a utilização do modelo algumas considerações devem ser feitas:

- A existência de um número fixo de sítios disponíveis para adsorção.
- A adsorção ocorre em monocamada.
- Reversibilidade da adsorção.
- Alcançar a condição de equilíbrio.
- Não existe interação entre as moléculas adsorvidas.

Na Figura 23.3, observa-se a representação gráfica típica para os três modelos citados.

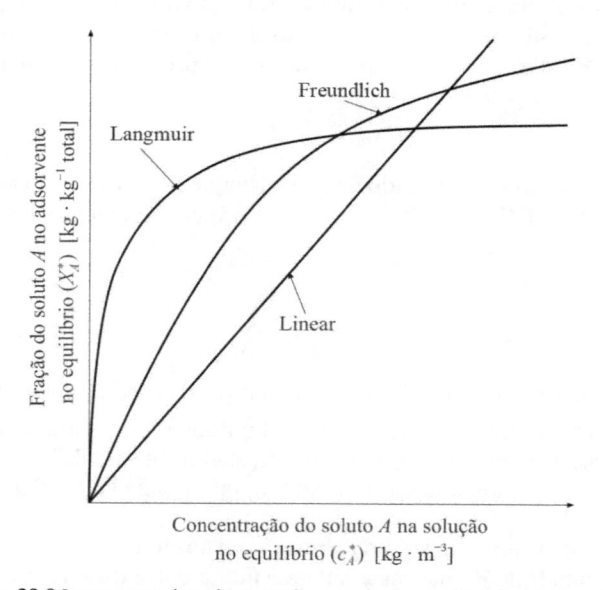

Figura 23.3 Isotermas de adsorção linear, de Freundlich e de Langmuir.

Outros modelos de isotermas

Diferentes modelos mais complexos de isotermas de adsorção podem ser utilizados para descrever o equilíbrio de um soluto entre a fase fluida e o adsorvente. São utilizados, entre outros, nos casos em que o adsorvente não é homogêneo e nos quais ocorre tanto a influência da presença dos outros componentes do fluido sobre a adsorção do soluto desejado quanto à competição pelos sítios de adsorção entre os diversos constituintes do fluido. Alguns dos modelos mais utilizados nesses casos são os de Toth, Bi-Langmuir, Langmuir Modificado, Jovanovic, BET e derivações destes para modelos competitivos entre dois ou mais adsorvatos.

23.5 OBTENÇÃO EXPERIMENTAL DAS ISOTERMAS DE ADSORÇÃO

O procedimento básico para a determinação dos parâmetros das isotermas de adsorção aparente do soluto envolve o tratamento de um volume predefinido de solução, V, com uma massa conhecida de adsorvente, m. A razão entre o volume de solução e a massa de adsorvente é dada por V/m. A concentração do soluto A na solução é reduzida de um valor inicial c_{A0} para um valor final de equilíbrio, c_A^*, quando ocorre a adsorção preferencial desse soluto. A adsorção aparente de soluto, desprezando qualquer mudança de volume da solução, é então dada por $\dfrac{V}{m}(c_{A0} - c_A^*)$. Essa relação é satisfatória para soluções diluídas quando a fração de solvente que pode ser adsorvida é muito pequena.

Com o aumento da concentração inicial do soluto na solução, a quantidade adsorvida também aumenta. No entanto, não se pode esquecer que o solvente também é adsorvido e que, se a extensão de sua adsorção for próxima à do soluto, a partir de certa concentração o solvente pode ser adsorvido preferencialmente.

Posto que as isotermas de adsorção são determinadas experimentalmente, existe um grande número de métodos disponíveis para a obtenção de tais dados empíricos. A escolha do método apropriado para gerar as isotermas de adsorção para um problema específico de separação de compostos de meios fluidos deve ser criteriosa, uma vez que não se trata de uma quantificação direta do soluto adsorvido e, sim, de um dado obtido a partir da condição de equilíbrio atingida com base somente na medida experimental da composição final da fase fluida. Os estudos de adsorção em condições estáticas se complementam com os dados de cinética de adsorção para determinar a resistência à transferência de massa e o coeficiente efetivo da difusão, bem como com resultados experimentais obtidos em colunas de adsorção.

As metodologias mais difundidas e mais bem compreendidas para a obtenção experimental das isotermas de adsorção são as técnicas em tanques agitados e de análise frontal.

23.5.1 Método em batelada ou em tanques agitados

A determinação de isotermas de sorção a partir de experimentos em batelada realizados em tanques agitados é adotada em geral por ser da fácil aplicação, não requerendo equipamentos sofisticados. É importante que nas condições experimentais exista tempo suficiente para que o equilíbrio termodinâmico seja alcançado em cada tanque. É também usada no estudo da transferência de massa entre a fase fluida e o adsorvente, por causa da simplicidade dos balanços de massa e da metodologia requerida.

A necessidade de conhecer os valores de concentração no equilíbrio nas fases sólida e fluida para o entendimento do processo adsortivo, bem como para o projeto e dimensionamento de equipamentos adsortivos, implica a obtenção dessas informações a partir de experimentos de adsorção em batelada, posto que os dados de concentração no equilíbrio não são determinados a partir de medidas em modo contínuo. Com essas informações é possível estabelecer uma relação exata entre o fluxo em processos difusivos e o acúmulo de adsorvato no interior de materiais adsorventes.

Na Figura 23.4 é apresentado um esquema para a determinação experimental de um ponto de uma curva de isoterma de adsorção, que consiste na utilização de um tanque agitado (ou reator) com volume exato de solução (líquida ou gasosa) com concentração inicial de adsorvato (ou soluto) conhecida. No reator, uma massa predefinida de adsorvente é colocada em contato com a solução, mantida sob agitação contínua, em condições de temperatura e pressão controladas, até que o equilíbrio seja alcançado.

Visando a determinar a condição de equilíbrio alcançada no reator, o adsorvato é quantificado na solução antes e após o término da operação adsortiva. Utilizando-se vários reatores com concentrações iniciais de soluto diferentes, chega-se a diferentes condições de equilíbrio. Assim, de cada reator ou tanque agitado obtém-se a informação acerca de um ponto experimental da isoterma de adsorção. Para cada tanque agitado a fração de adsorvato no adsorvente, no equilíbrio, é dada por:

$$X_{A,j}^* = \frac{V_j}{m_j}(c_{A0,j} - c_{A,j}^*)$$

(23.5)

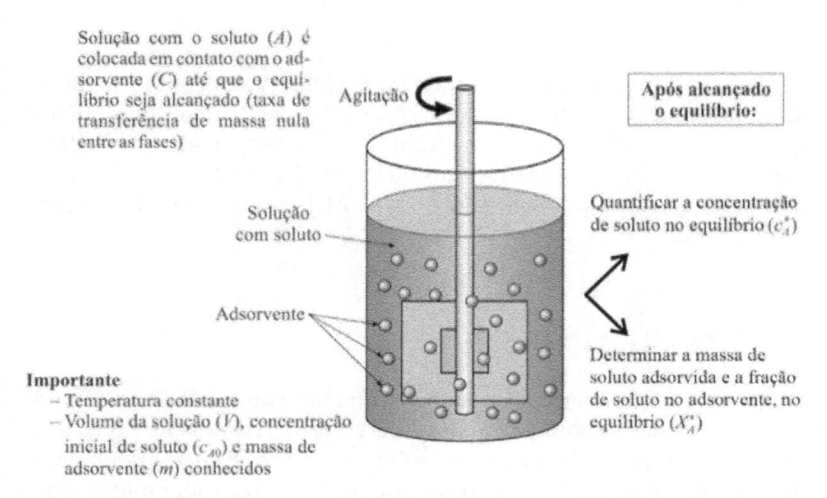

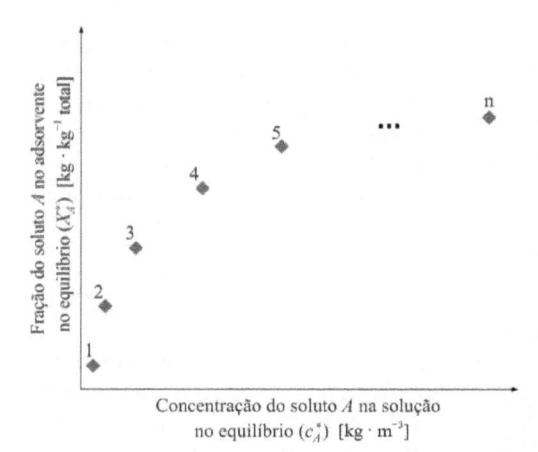

Figura 23.4 Montagem de um experimento para determinação da isoterma de adsorção pelo método em batelada.

Figura 23.5 Isoterma de adsorção experimental obtida pelo método da batelada.

em que X_A^* é a concentração de adsorvato no adsorvente [kg · kg⁻¹] quando o equilíbrio é atingido; V é o volume de solução no tanque [m³]; c_{A0} é a concentração [kg · m⁻³] inicial de adsorvato na solução colocada no tanque; c_A^* é a concentração [kg · m⁻³] de adsorvato na solução quando o equilíbrio for atingido e m é a massa [kg] de adsorvente. O índice j representa os diferentes tanques usados (j varia de 1 a n). O par de composições $(c_{A,J}^*, X_{A,J}^*)$ representa os pontos da isoterma determinados experimentalmente.

Na Figura 23.5 pode-se observar um perfil dos pontos experimentais na determinação da isoterma de adsorção. Cada ponto no gráfico é o resultado dos dados de equilíbrio em cada tanque agitado com concentração inicial diferente.

A determinação experimental de isotermas pode também ser realizada conjuntamente com experimentos promovidos para investigar a cinética de adsorção. No método estático o procedimento é similar ao dos experimentos indicados anteriormente, com determinada massa de adsorvente sendo colocada em contato com uma solução contendo o adsorvato de concentração inicial conhecida, sob temperatura constante, no tempo $t = 0$. Em intervalos de tempo predeterminados, são coletadas amostras da solução para a quantificação do adsorvato em estudo, até que sua concentração permaneça constante na solução (Figura 23.6).

Tal experimento é realizado para diferentes concentrações iniciais de adsorvato na solução, tendo-se como resultado várias curvas de concentração de soluto na solução em função do tempo. A concentração final do soluto na solução é a concentração de equilíbrio. Por meio de um balanço de massa pode-se determinar a quantidade de adsorvato adsorvido. A partir desses dados obtém-se a isoterma para o sistema estudado. Os experimentos cinéticos são importantes, pois des-

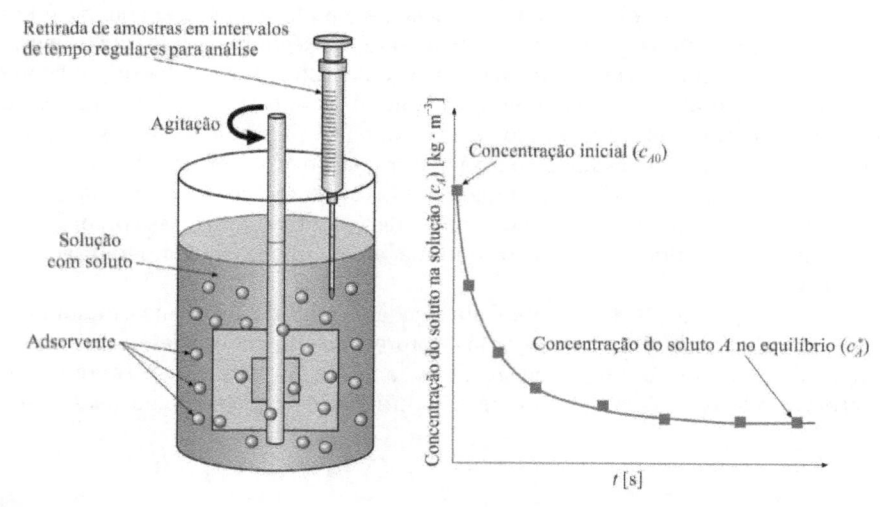

Figura 23.6 Obtenção experimental de uma curva da cinética de adsorção de um dado soluto em tanque agitado.

creverão o tempo necessário para os adsorventes atingirem o equilíbrio, nas condições avaliadas, como também podem permitir a obtenção de parâmetros cinéticos do processo de transferência de massa. Por exemplo, em condições de intensa agitação da solução, a resistência à transferência de massa no meio líquido tende a um valor desprezível, tornando possível estimar a difusividade do soluto A no interior da estrutura porosa do adsorvente.

23.5.2 Método da análise frontal

Entre os vários métodos disponíveis para se determinar isotermas de um único componente em um leito adsorvente, o da análise frontal é o mais utilizado por causa de sua precisão e relativa simplicidade. Nesse método, alterações sucessivas são impostas na concentração de adsorvato na entrada de uma coluna empacotada, sendo as curvas de ruptura então determinadas. A curva de ruptura nada mais é que o perfil de concentração *versus* tempo na fase fluida na saída da coluna. Mais detalhes são dados na Seção 23.8.2.

Em razão de uma série de vantagens, essa técnica é usualmente empregada em estudos de adsorção em colunas de pequeno diâmetro. A vantagem é a redução na quantidade de adsorvente, adsorvato e de solvente necessária aos experimentos. No entanto, é um método lento, pois necessita que a velocidade de escoamento seja baixa, para permitir que o equilíbrio entre as fases seja alcançado. A quantidade de composto adsorvido, $X_{A,t+1}^{*}$, por análise frontal, é determinada por:

$$X_{A,t+1}^{*} = X_{A,t}^{*} + \frac{(c_{A,t+1} - c_{A,t})(V_{R,t+1} - V_V)}{V_C}$$
(23.6)

em que $X_{A,t}^{*}$ e $X_{A,t+1}^{*}$ são as quantidades de composto A adsorvido em uma massa de adsorvente [kg · kg⁻¹] depois do *t-ésimo* e do $(t+1)$-*ésimo* passo, quando em equilíbrio com as concentrações de adsorvato na solução $c_{A,t}$ e $c_{A,t+1}$, respectivamente [kg · m⁻³]; $V_{R,t+1}$ é o volume da fase fluida que percola o leito empacotado até que se observe o ponto de inflexão da $(t+1)$-*ésima* curva de ruptura [m³]; V_V é o volume de vazios do leito empacotado no interior da coluna [m³] e V_C é o volume de adsorvente (composto C) empacotado no interior da coluna [m³].

23.6 BALANÇOS DE MASSA E DE ENERGIA PARA A ADSORÇÃO

Na representação de uma operação adsortiva são necessários balanços de massa, de energia e de momento. A complexidade de tais balanços e a forma de apresentação dependerão do rigor exigido na análise e das aplicações a serem avaliadas. Para ilustrar o uso de tais balanços, são apresentados a seguir os balanços de massa para a adsorção em batelada e em coluna de leito fixo e o balanço de energia para uma coluna de leito fixo.

23.6.1 Balanços de massa

Ao analisar a operação unitária de adsorção, tem-se que um soluto passível de adsorção pode ser encontrado em três regiões distintas: na fase adsorvida, no fluido dentro dos poros ou na fase fluida fora das partículas adsorventes. Assim sendo, devem ser considerados no balanço de massa os termos envolvendo a massa adsorvida, X_A (massa adsorvida por unidade de massa de adsorvente), a concentração de adsorvato no fluido contido nos poros do adsorvente, c_{Ap}, e a concentração de adsorvato extrapartícula, c_A.

Como não é possível determinar a concentração local dentro das partículas adsorventes, os termos X_A e c_{Ap} são usados como médias de concentração, X_{Am} e c_{APm}. Ressalta-se que o termo X_{Am} na Equação 23.8 abaixo representa a concentração média de adsorvato no adsorvente e que ele corresponde ao valor obtido na isoterma de equilíbrio de adsorção (o valor de X_A^{*} da isoterma). Tal consideração é válida quando a transferência do soluto para a superfície do adsorvente é rápida o suficiente para que o equilíbrio entre as fases seja alcançado em um curto período de tempo, se comparado ao tempo de processo. A Figura 23.7 explicita as regiões envolvidas no balanço de massa, nas quais o componente a ser adsorvido pode estar presente.

Para operações em batelada ou em tanques agitados, o balanço de massa para um componente A é dado pelas Equações 23.7 e 23.8. É importante observar que se o processo não possui alimentação ou retirada de material antes que o mesmo se encerre, o termo da direita na Equação 23.7 torna-se nulo.

$$m\frac{\mathrm{d}X_A}{\mathrm{d}t} + \frac{\mathrm{d}(Vc_A)}{\mathrm{d}t} = \dot{Q}_e c_{Ae} - \dot{Q}_s c_{As}$$
(23.7)

com

$$X_A = X_{Am} + \left(\frac{\varepsilon_P}{\rho_P}\right) c_{APm}$$
(23.8)

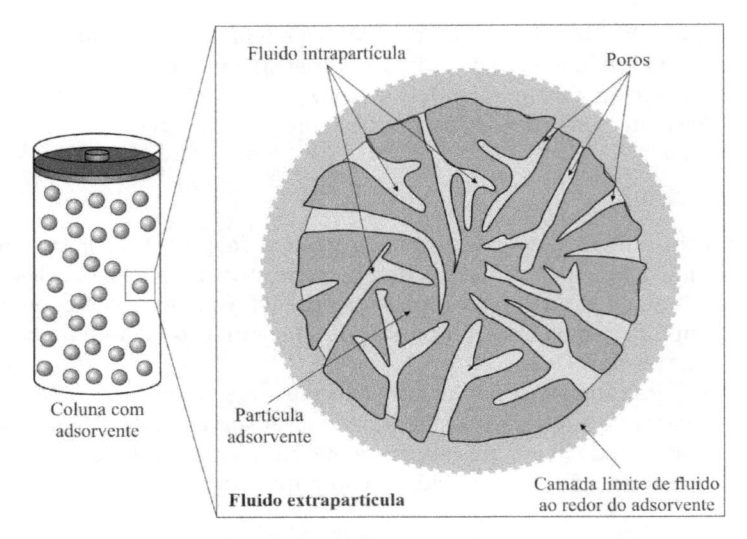

Figura 23.7 Representação da estrutura de um adsorvente.

em que m é a massa de adsorvente [kg]; X_A é a massa de soluto adsorvida [kg · kg⁻¹]; c_A é a concentração de soluto na solução extrapartícula [kg · m⁻³]; V é o volume de fluido extrapartícula [m³]; $\dot{Q}$ é a vazão volumétrica [m³ · s⁻¹] de entrada (subíndice e) ou saída (subíndice s); ρ_P é a densidade da partícula [kg · m⁻³]; t é o tempo [s] e ε_P é a porosidade da partícula [adimensional].

Para uma operação em leito fixo, o balanço de massa diferencial para o componente A em um elemento de volume do leito é usualmente descrito utilizando-se o modelo com dispersão axial, dado por:

$$\rho_b \frac{\partial X_A}{\partial t} + \varepsilon_L \frac{\partial c_A}{\partial t} + \varepsilon_L \frac{\partial (v_I c_A)}{\partial z} = \varepsilon_L D_d \frac{\partial^2 c_A}{\partial z^2} \tag{23.9}$$

em que ρ_b é a densidade global do leito obtida pela divisão da massa de adsorvente pelo volume do leito [kg · m⁻³]; ε_L é a porosidade do leito (fração de volume extrapartícula), v_I é velocidade intersticial do fluido [m · s⁻¹]; D_d é o coeficiente de dispersão axial aparente [m² · s⁻¹] e z é a distância axial no leito [m]. Mais detalhes sobre o coeficiente de dispersão axial aparente são dados na Seção 23.7. Na obtenção da Equação 23.9, foram admitidas certas simplificações, como: que o leito é isotrópico em relação à porosidade e a densidade global, com essas duas propriedades sendo, portanto, constantes em toda a sua extensão; e que o coeficiente de dispersão axial tem o mesmo valor ao longo de todo o leito. Essa equação pode ser adicionalmente simplificada no caso de soluções diluídas e submetidas a pouca variação de temperatura, resultando em densidade da fase fluida aproximadamente constante e velocidade intersticial v_I, por consequência, também constante. Nesse caso a velocidade intersticial v_I pode ser retirada da diferenciação e substituída pela velocidade superficial v_S, pois $v_S = \varepsilon_L v_I$. Note ainda que o primeiro termo à esquerda da Equação 23.9 corresponde ao acúmulo na fase sólida do componente que se transfere. Esse termo pode, por exemplo, ser expresso na forma de um coeficiente de transferência e de um gradiente de concentração, como no modelo da força motriz linear. Dessa forma, a integração da Equação 23.9, normalmente realizada por métodos numéricos, permite obter a variação dos perfis de concentração das fases líquida e sólida ao longo do tempo e, assim, predizer a curva de ruptura do processo. Mais detalhes a respeito podem ser encontrados em LeVan et al. (1997).

23.6.2 Balanço de energia

Os balanços de energia para os processos em que ocorre adsorção podem assumir diferentes formas, dependendo das variáveis a serem consideradas e do grau de precisão requerido nos cálculos. De modo geral, parte-se de uma relação simples entre a quantidade de energia transferida na forma de calor para dentro e para fora do sistema a ser avaliado, o que resulta em um acúmulo (que pode ser positivo, negativo ou nulo) no mesmo. No balanço de energia são incluídos tantos termos quantos o engenheiro ou pesquisador julgar importantes na sua avaliação, visando a uma aproximação adequada da realidade. Trabalhar com sistemas em condições isotérmicas levam a simplificações nos cálculos, uma vez que nessa condição a taxa de transferência de energia na forma de calor é nula.

Por exemplo, o balanço de energia para o processo de adsorção em um leito fixo pode ser dado por:

$$\rho_b \frac{\partial U_S}{\partial t} + \frac{\partial (\varepsilon_T \rho U_F)}{\partial t} + \frac{\partial (\varepsilon_L v_I \rho H_F)}{\partial z} = -\frac{2 h_p (T - T_p)}{R} \tag{23.10}$$

em que U_S e U_F são, respectivamente, a energia interna específica [J · kg⁻¹] da fase sólida estacionária e da fase fluida; ρ é a densidade da fase fluida [kg · m⁻³]; H_F é a entalpia específica [J · kg⁻¹] da fase fluida; h_p é o coeficiente de transferência de calor leito-coluna [W · m⁻² · K⁻¹]; R é o raio da coluna [m]; T é a temperatura [K] da solução e T_p é a temperatura [K] da parede da coluna. Note que no segundo termo à esquerda da Equação 23.10 a porosidade em questão é a porosidade total, incluindo a fração de vazios extrapartícula e também o volume dos poros do adsorvente. Isso ocorre porque o acúmulo de energia interna na fase líquida está considerando também aquela fração dessa fase retida no interior dos poros do adsorvente. A admissão de hipóteses adicionais, tais como a constância das porosidades do leito, o pequeno efeito da temperatura sobre a densidade do fluido e mudanças desprezíveis de velocidade intersticial por conta da própria adsorção (solução diluída), permite retirar tais variáveis dos diferenciais, simplificando a Equação 23.10. Para a porosidade total manter-se inalterada, no entanto, é importante que não haja variação expressiva do tamanho dos poros, o que poderia ser eventualmente provocado pelo próprio processo de adsorção, assim como restringir a faixa de temperatura considerada de forma a não ocorrer impacto maior sobre a densidade do fluido.

23.7 CINÉTICA DE ADSORÇÃO

Para um sistema fluido-sólido pode-se assumir que a operação de adsorção ocorre em duas etapas com o aumento da concentração de adsorvato:

1) Uma monocamada de moléculas se liga à superfície do sólido. Se tal processo envolve a quimissorção, uma mudança considerável na energia livre estará ocorrendo, o que influenciará as forças de atração atuantes.
2) As moléculas presentes na fase fluida poderão formar várias camadas sobre a primeira, por fisissorção. Tantas serão as camadas de moléculas adsorvidas quanto o tamanho dos poros e as interações intermoleculares permitirem.

Para a adsorção em sistemas gás-sólido, tem-se ainda que, quando a pressão parcial alcança um valor crítico relativo ao tamanho do poro, ocorre a condensação capilar, preenchendo-se os poros com o adsorvato condensado.

É importante ressaltar que a adsorção não ocorre necessariamente nessa ordem exata em todo o adsorvente, e sim de modo simultâneo em diferentes partes do sólido, dada sua heterogeneidade.

A operação de adsorção considera o escoamento de um fluido, que contém o soluto de interesse, entre os espaços vazios externos das partículas adsorventes. O soluto é transportado por difusão, por meio de um filme externo, para a partícula, sendo adsorvido na sua superfície exterior ou dentro dos poros. As moléculas do soluto são então adsorvidas em sítios ativos desocupados. Uma dada molécula pode ser adsorvida e dessorvida várias vezes enquanto permanecer dentro da mesma partícula. Depois de dessorvida, tal molécula atravessa o filme externo atingindo o fluido em movimento, onde é carregada com a mesma velocidade do fluido até que seja transportada por difusão para outra partícula, repetindo-se todo o processo.

A operação adsortiva assume algumas premissas, partindo dos mecanismos de transporte intrapartícula e extrapartícula descritos a seguir.

No transporte intrapartícula, a transferência de massa é influenciada pela difusão do soluto nos poros, difusão no sólido, cinética de reações químicas nos sítios ativos e, por dois ou mais desses mecanismos juntos.

No caso da *difusão do soluto nos poros*, considera-se que os poros são suficientemente grandes para que as moléculas adsorvíveis escapem do campo de força da superfície adsorvente. Essas forças podem ser determinadas por meio do gradiente da fração molar ou da concentração molar das espécies em difusão no interior dos poros.

Já a *difusão no sólido* ocorre quando a difusão nos poros é suficientemente pequena de modo que a molécula em difusão não escape do campo de força da superfície adsorvente. O transporte pode ocorrer por meio do fenômeno chamado de difusão de superfície, que envolve saltos entre os sítios de adsorção. Assim como na difusão nos poros, as forças que regem esse processo também podem ser estimadas pelo gradiente de concentração das espécies adsorvidas.

Em alguns casos, como na quimiossorção e adsorção de afinidade, a *cinética de reações químicas* ou cinética de formação de ligação pode ser excessivamente lenta e influenciar de maneira significativa a operação adsortiva. Para os outros casos, em geral, as taxas de adsorção e dessorção nos adsorventes porosos são controladas pela transferência de massa no interior dos poros e não pela cinética de sorção na superfície.

A *convecção intrapartícula* pode afetar o transporte de espécies que se difundem muito lentamente, como macromoléculas. Nesse caso, a queda de pressão sofrida pelo fluido ao escoar através dos poros das partículas adsorventes, gerada pela resistência friccional do escoamento, é o fenômeno que domina o processo adsortivo. Tal efeito é observado em leitos empacotados quando as partículas adsorventes possuem poros grandes e bem interligados. Normalmente, o escoamento através dos poros das partículas adsorventes é somente uma pequena fração do escoamento total, não sendo considerado na maioria dos casos.

Para situações nas quais o mecanismo de transporte extrapartícula deva ser avaliado, os principais fatores que podem afetá-lo são a configuração do equipamento usado e as condições hidrodinâmicas de escoamento externo aos adsorventes. A diferença de concentração do soluto entre a fase fluida e a superfície do adsorvente é a força motriz dominante para a transferência de massa nesse caso.

As condições hidrodinâmicas de escoamento no equipamento são afetadas pelas características de mistura da fase fluida. Quando a mistura é deficiente, pode ocorrer a formação de zonas mortas em leitos empacotados, prejudicando a homogeneidade do processo. Tal comportamento se reflete na alteração da taxa de transferência de massa da fase fluida para o adsorvente.

É usual, nos estudos de transferência de massa em leitos empacotados, definir um coeficiente de mistura axial que reúna os efeitos associados ao comportamento da operação de mistura. A esse coeficiente dá-se o nome de coeficiente de dispersão axial, que considera não só efeitos difusivos e convectivos, mas também diferenças nas velocidades locais ao longo da coluna.

Posto que a diferença de concentração de soluto entre as fases é a força motriz para a transferência de massa da fase fluida para o adsorvente, a operação de adsorção se processa nas seguintes etapas: inicialmente, por causa da influência de efeitos de mistura, moléculas de soluto se aproximam de um filme fluido estacionário ao redor de uma partícula adsorvente. A seguir, estas se difundem no filme, alcançando a superfície do adsorvente sólido e migram para dentro dos poros, sendo adsorvidas nos sítios ativos da matriz. É ainda possível acontecer a difusão das moléculas de soluto para dentro da estrutura do adsorvente; mas normalmente esse efeito pode ser desconsiderado, pois a taxa com que tal fenômeno pode ocorrer é muito baixa.

23.8   TIPOS DE OPERAÇÃO DE ADSORÇÃO

Nas últimas décadas, com o avançar das pesquisas e da agregação de conhecimento nas áreas de engenharia e de biotecnologia, a adsorção tornou-se uma operação unitária com aplicações potenciais em processos de separação e purificação de compostos. Apresenta-se, em muitos casos, como uma alternativa técnica e economicamente viável em relação a outras operações de separação convencionais na engenharia.

Em termos operacionais pode ser conduzida em modo contínuo, semicontínuo ou modo descontínuo (batelada). Cada uma dessas categorias de operação apresenta comportamentos semelhantes ao de outros processos que envolvem o fenômeno de transferência de massa, tendo em comum a saturação de uma das fases à medida que o processo transcorre. Assemelha-se à absorção de gases, sendo que na adsorção o adsorvente desempenha papel similar ao do solvente na absorção; e, em comparação com a extração sólido-líquido ou lixiviação, o adsorvente corresponde ao solvente de extração. Os processos de adsorção em batelada e em leito empacotado, bem como o dimensionamento deste último, são comentados a seguir.

23.8.1   Adsorção em batelada

Na adsorção em batelada, ou também adsorção em modo descontínuo, o contato íntimo entre as fases é estabelecido ao se adicionar o adsorvente à fase fluida em um tanque isotérmico sob agitação constante. Tem-se assim um único estágio de equilíbrio, como mostrado na Figura 23.8. Nessa categoria de operação, ambas as fases são removidas do equipamento após o equilíbrio ser alcançado.

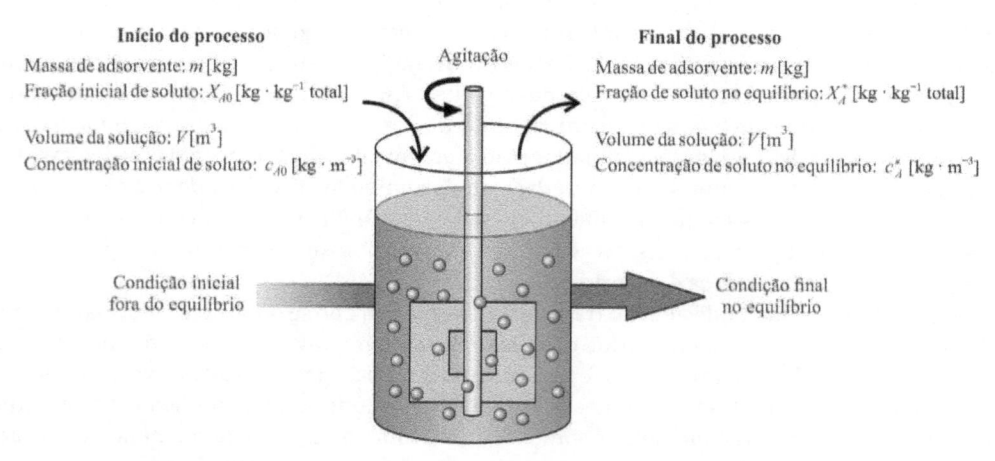

Início do processo

Massa de adsorvente: m [kg]
Fração inicial de soluto: X_{A0} [kg · kg⁻¹ total]

Volume da solução: V [m³]
Concentração inicial de soluto: c_{A0} [kg · m⁻³]

Agitação

Final do processo

Massa de adsorvente: m [kg]
Fração de soluto no equilíbrio: X_A^* [kg · kg⁻¹ total]

Volume da solução: V [m³]
Concentração de soluto no equilíbrio: c_A^* [kg · m⁻³]

Condição inicial fora do equilíbrio

Condição final no equilíbrio

Figura 23.8 Representação de um sistema para adsorção em batelada.

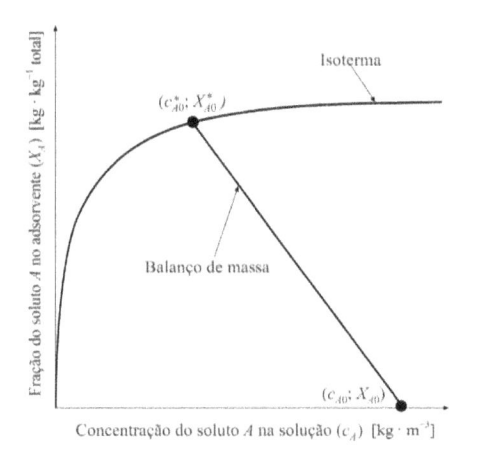

Figura 23.9 Representação gráfica para a determinação da concentração de equilíbrio do soluto na adsorção em batelada.

O balanço de massa para o adsorvato entre a fase fluida (no caso, um líquido) e o adsorvente, é representado pela Equação 23.11, considerando-se que não há consumo nem geração das espécies envolvidas e que o processo de adsorção não altera as massas das fases sólida e fluida, nem a densidade do fluido.

$$m_S X_{A0} + m_L Y_{A0} = m_S X_A^* + m_L Y_A^*$$

$$m_S X_{A0} + m_L \frac{c_{A0}}{\rho_L} = m_S X_A^* + m_L \frac{c_A^*}{\rho_L}$$

$$m_S X_{A0} + V_L c_{A0} = m_S X_A^* + V_L c_A^* \tag{23.11}$$

em que X_{A0} e X_A^* são, respectivamente, as concentrações inicial e final (equilíbrio) de soluto no adsorvente [kg · kg⁻¹]; c_{A0} e c_A^* são as concentrações inicial e final (equilíbrio) de soluto em solução [kg · m⁻³], respectivamente; Y_{A0} e Y_A^* são essas mesmas concentrações em [kg · kg⁻¹]; m_S é a massa de adsorvente [kg] e V_L é o volume de solução a ser tratada [m³].

Nos cálculos de engenharia para as etapas de adsorção em batelada, necessita-se, além do balanço de massa, de uma relação de equilíbrio, por exemplo, a isoterma de Freundlich ou de Langmuir. Os valores de concentração de soluto obtidos no equilíbrio, tanto no adsorvente quanto na solução, são determinados resolvendo conjuntamente o balanço de massa e a relação de equilíbrio, procedimento que pode ser representado graficamente a partir da representação da isoterma de adsorção e do balanço de massa no mesmo diagrama, como visto na Figura 23.9. Note que o balanço acima pode ser apresentado como:

$$\frac{X_{A0} - X_A^*}{c_{A0} - c_A^*} = -\frac{V_L}{m_S} \tag{23.12}$$

Isso indica que a inclinação da linha de balanço de massa representada na Figura 23.9 é dada pela relação entre o volume da fase líquida e a massa da fase adsorvente.

Vale enfatizar que se admitiu, no balanço acima, que o processo de adsorção não alterou a massa de adsorvente, como também não alterou a massa e a densidade da solução. Tais hipóteses são, obviamente, aproximações. No entanto, elas são tanto mais válidas quanto mais se tratar da adsorção de soluções diluídas em termos do adsorvato. De fato, muitos dos casos de maior interesse desse tipo de operação nas indústrias de alimentos e de biotecnologia se aproximam muito dessa situação.

EXEMPLO 23.1

A proteína α-lactoalbumina, uma das principais proteínas do soro de leite, será parcialmente purificada a partir de 2 m³ de soro por um processo de adsorção em batelada. O soro possui 1,0 kg · m⁻³ da proteína e serão utilizados 25 kg de um adsorvente, cuja isoterma segue o modelo de Langmuir, para tal processo. Sabendo que o soro e o adsorvente serão mantidos em contato até que o equilíbrio seja alcançado, determine a concentração restante da proteína no soro e a eficiência do processo.

Dado: isoterma de adsorção em questão $\Rightarrow X_A^* = \dfrac{48,86 \times 10^{-3} c_A}{0,04 + c_A}$, em que X_A é dado em [kg · kg⁻¹] e c_A em [kg · m⁻³].

Solução

Assumindo que a massa de proteína adsorvida resultará em alterações desprezíveis no volume total de soro e na massa de adsorvente, temos que o balanço de massa para o processo será:

$$25 \text{ kg} \times 0 + 2 \text{ m}^3 \times 1,0 \text{ kg} \cdot \text{m}^{-3} = 25 \text{ kg} \times X_A + 2 \text{ m}^3 \times c_A$$

$$X_A = \frac{2}{25} - \frac{2}{25}c_A = (0,08 - 0,08c_A) \text{ kg} \cdot \text{kg}^{-1} \tag{23.13}$$

A resolução do sistema de equações composto pelo balanço de massa (Equação 23.13) e a isoterma de adsorção gera uma equação de segundo grau, expressa em termos da concentração final da solução, que possui uma única raiz positiva: $c_A = 0,44$ kg $\cdot$ m^{-3}. A esse valor corresponde uma concentração na fase sólida de: $X_A = 44,8 \times 10$–3 kg $\cdot$ kg^{-1}. O diagrama de X_A versus c_A, visto na Figura 23.10, é uma representação gráfica dos dados fornecidos pelas equações de balanço de massa e isoterma de adsorção, para o caso avaliado no Exemplo 23.1.

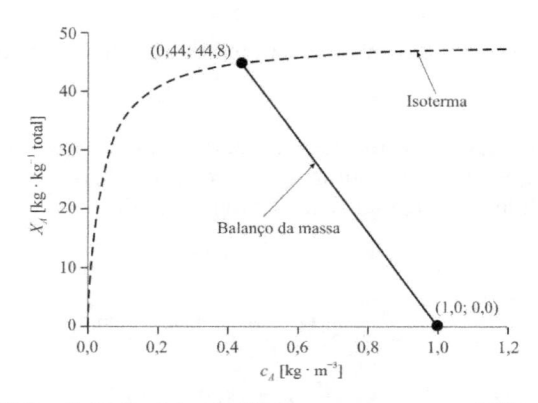

Figura 23.10 Condição final de equilíbrio para o processo do Exemplo 23.1.

O gráfico confirma que a partir das condições operacionais apresentadas, a condição de equilíbrio se dá na concentração de proteína no soro igual a 0,44 kg $\cdot$ m^{-3} e concentração no adsorvente igual a $44,8 \times 10^{-3}$ kg $\cdot$ kg^{-1}. Assim, a eficiência do processo realizado em um único estágio de equilíbrio é igual a:

$$\eta_a = \left(\frac{V_L c_{A0} - V_L c_A^*}{V_L c_{A0}} \right)100 = \left(\frac{1 - 0,44}{1} \right)100 = 56 \text{ \%} \tag{23.14}$$

Resposta: A concentração restante da proteína no soro é de 0,44 kg $\cdot$ m^{-3} e a eficiência do processo é de 56 %.

23.8.2 Adsorção em leito fixo

O leito fixo consiste de um vaso cilíndrico vertical contendo partículas sólidas adsorventes empacotadas, através do qual escoa a fase fluida. Têm-se unidades com cerca de até 4,5 m de diâmetro e altura superior a 10,0 m, contendo até 50.000 kg de adsorvente, suportadas numa peneira, ou tela, sobre uma placa perfurada. Para esse modo de operação a concentração de soluto em ambas as fases varia com o tempo de processo, bem como com a localização no leito, como observado na Figura 23.11.

O escoamento líquido normalmente tem um fluxo descendente, natural ou pressurizado. A coluna opera constantemente inundada, evitando desse modo a presença de ar no interior do leito e prolongando a vida útil do adsorvente.

No início do processo todo o leito de sólidos está isento de adsorvato. Escoando-se o fluido pelo leito, tem início a transferência de massa, em particular na região próxima à extremidade de entrada. Com o escoamento do fluido ao longo do leito, a concentração de soluto na fase fluida decresce rapidamente com a distância, até o valor zero, antes de alcançar a extremidade final do leito, em um tempo t_0.

Após um curto período de tempo, com a saturação do adsorvente na região próxima à extremidade de entrada, observa-se o deslocamento da zona da transferência de massa para o interior do leito, em direção à extremidade de saída, conforme indicado na Figura 23.11. Em termos do líquido que percola o leito, a região de transferência de massa separa as camadas superiores, ainda ricas em adsorvato, das inferiores, praticamente isentas do mesmo. Já em termos do leito de adsorvente, a zona de transferência de massa separa camadas superiores já saturadas de adsorvato e as inferiores ainda isentas do mesmo. Obviamente é na zona de transferência de massa que se concentra a migração do adsorvato a partir da

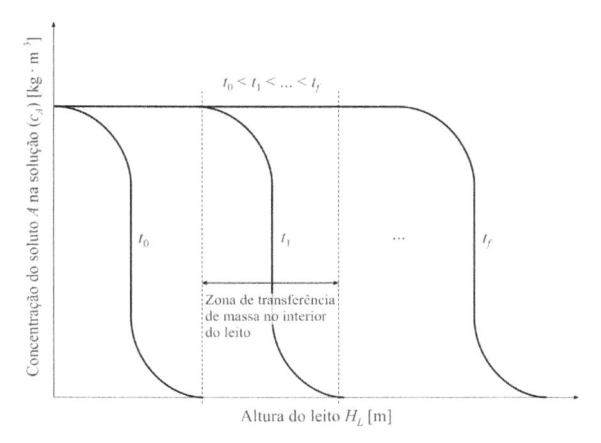

Figura 23.11 Saturação do leito empacotado.

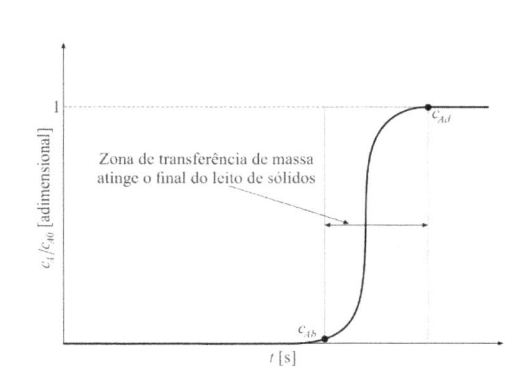

Figura 23.12 Curva de ruptura característica.

fase líquida para a fase sólida. Esse comportamento se repete sequencialmente ao longo de todo o leito, o qual é saturado por completo no decorrer de certo tempo t_f.

O perfil de cada curva da Figura 23.11 segue a forma de uma onda de saturação das partículas adsorventes no leito pelo soluto. Supondo que um observador acompanhe o processo apenas na extremidade de saída do leito, verificará que a concentração de soluto é aproximadamente zero por um longo período de tempo, até que praticamente toda a fase sólida esteja saturada, como mostrado na Figura 23.12. Nesse instante, o observador perceberá o aumento gradativo da concentração de soluto na saída do leito, até um valor c_{Ab} denominado ponto de ruptura (*break point*). O valor de c_{Ab} representa a quantidade máxima de soluto admitida para descarte e assume um valor em geral entre 1 % e 5 % do valor da concentração inicial de soluto na solução.

O tempo associado ao ponto de ruptura é denominado tempo de ruptura. Neste ponto o processo é interrompido para a regeneração da coluna e a dessorção do soluto, utilizando uma variação na temperatura e/ou mudanças na composição da fase fluida. Esse procedimento visa a maximizar o uso do adsorvente, além de reduzir custos para sua regeneração, quando o processo ocorre em uma região de transferência de massa estreita, ou seja, quando a curva de ruptura é muito íngreme. O fluxo de solução pode também ser desviado para um segundo leito, enquanto o primeiro é regenerado.

Caso o processo não seja interrompido no tempo de ruptura, o observador verificará, com o correr do tempo, o aumento rápido da concentração de soluto na saída do leito até um valor c_{Ad}, igual ou próximo à concentração inicial c_{A0} de soluto na solução. Esse ponto indica o fim da chamada curva de ruptura, no qual o leito tornou-se saturado, perdendo sua efetividade.

Inicialmente, na etapa de regeneração do adsorvente, o fluxo de líquido é interrompido e o que restar na coluna é drenado. Para a regeneração da matriz na própria coluna são conduzidas lavagens do leito com solventes apropriados. Em alguns casos a coluna é desmontada com posterior retirada do adsorvente para sua reativação.

A dessorção do soluto adsorvido usando solventes é chamada eluição. O solvente que provoca a dessorção é o eluente e a solução de saída contendo o eluente e o soluto que estava adsorvido é chamada eluato (ou eluído). Para um processo de eluição ser concluído com êxito a quantidade de soluto dessorvida deve ser igual à quantidade adsorvida, caso contrário a coluna perde eficiência gradativamente.

Essa operação, também chamada percolação, é empregada em etapas de descoloração de líquidos, como na clarificação de óleos vegetais e de derivados de petróleo, bem como na produção de açúcar, dos quais são retirados compostos responsáveis pela cor e cinzas (minerais). Nos processos de descoloração, a concentração de impurezas no efluente inicial é normalmente muito menor do que as especificações do produto e a curva de ruptura possui geralmente pequena inclinação. Consequentemente é uma prática comum acumular o líquido efluente num tanque após o leito e permitir a mistura do efluente inicial com o que sai na sequência, até que a especificação do produto seja atingida, chegando-se a um nível máximo tolerável de impureza. Desse modo, a máxima concentração possível de adsorvato pode ser acumulada no adsorvente.

Capacidade do leito e ampliação de escala

Metodologias para a predição dos perfis de concentração e da largura da zona de transferência de massa estão disponibilizadas na literatura, mas os cálculos frequentemente requeridos podem levar a resultados imprecisos, por causa das incertezas nas correlações de transferência de massa usadas. Portanto, além de cálculos teóricos, para a ampliação de escala e validação dos dados preditos são necessários experimentos para obter dados de transferência de massa associados à operação de adsorção.

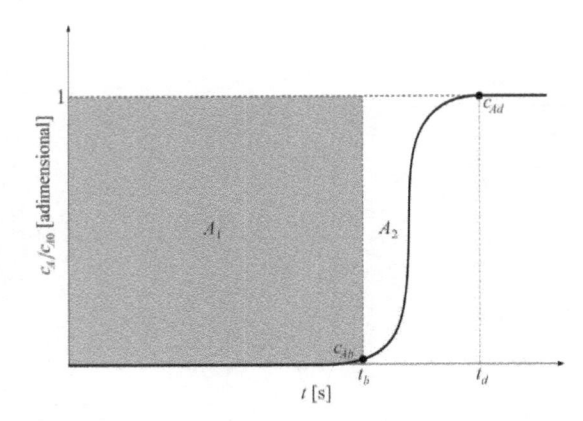

Figura 23.13 Capacidade total e útil de um leito empacotado.

É observável da Figura 23.13 que, ao considerar a existência de equilíbrio entre o leito adsortivo e a solução problema, em toda a extensão do leito, a capacidade total do leito empacotado será proporcional à área entre a curva e a linha horizontal em $c_A/c_{A0} = 1$. Como visto na Figura 23.12, quando a região de transferência de massa atinge o final do leito, o soluto que não foi adsorvido começa a sair na solução efluente, gerando as concentrações de ruptura e saturação, c_{Ab} e c_{Ad} respectivamente, também representadas na Figura 23.13. A área compreendida entre os valores de c_{Ab} e c_{Ad} ou, igualmente, t_b e t_d, corresponde àquela parte do leito que não é de fato utilizada em nível industrial, já que o processo deve ser interrompido quando a curva de ruptura atinge o valor referente à concentração de ruptura. Deve-se enfatizar que a área dessa região é função da velocidade de escoamento do fluido e independente do comprimento total da coluna. Note que ao mesmo tempo em que a solução escoa de modo descendente a certa velocidade, carregando o adsorvato em direção à saída do leito, esse mesmo adsorvato deve difundir pela solução em direção às partículas sólidas, para ser adsorvido em sua superfície externa ou interna (poros do adsorvente). Dessa forma, o comportamento da região de transferência de massa depende da relação entre as velocidades de escoamento da solução e de difusão e adsorção do adsorvato. Mudanças naquela relação alteram a região de transferência de massa e acabam por gerar modificações na forma da curva de ruptura. De fato, um processo no qual a velocidade de escoamento é muito pequena tende a gerar uma região de transferência de massa de pequena espessura e uma curva de ruptura próxima a uma curva vertical. A situação limite, de uma curva totalmente vertical (curva de ruptura ideal), ocorre quando a concentração e o tempo de ruptura se igualam à concentração e o tempo de saturação, respectivamente. Nessa situação limite a região de transferência de massa torna-se uma linha de fronteira, separando as camadas superiores de adsorvente, totalmente saturadas, das camadas inferiores, totalmente isentas de adsorvato; quando essa linha de fronteira alcança o final do leito gera-se a curva de ruptura ideal, correspondendo à plena saturação do leito, sem que haja qualquer parte desse leito não utilizada.

A capacidade total do leito, expressa em termos da massa total de adsorvato captada pelos sólidos, corresponde à área total $A_1 + A_2$ e pode ser calculada por meio da Equação 23.15.

$$m_{At} = c_{A0}\dot{Q}\int_0^{t_d}\left(1 - \frac{c_A}{c_{A0}}\right)dt \tag{23.15}$$

em que m_{At} representa a massa total de soluto A adsorvida pelo leito e $\dot{Q}$ a vazão volumétrica de solução. O termo integral na equação acima representa um período de tempo correspondente à capacidade total do leito, t_t, como indicado na Equação 23.16.

$$t_t = \int_0^{t_d}\left(1 - \frac{c_A}{c_{A0}}\right)dt \tag{23.16}$$

Note que o tempo t_t é, como regra, menor do que o tempo de saturação t_d. De fato, o tempo total t_t corresponde ao tempo de saturação de uma curva de ruptura ideal que seria obtida no mesmo leito. Somente nesse caso limite, quando a curva de ruptura experimental se aproxima do comportamento ideal, esses dois valores de tempo, tempo total e de saturação, tendem a coincidir. De acordo com a Figura 23.13, a área A_1 reflete a capacidade útil do leito e pode ser expressa em termos da massa efetivamente adsorvida pelo leito m_{Au} durante o intervalo de tempo transcorrido até se alcançar o ponto de ruptura, t_b, segundo a Equação 23.18.

$$m_{Au} = c_{A0}\dot{Q}\int_0^{t_b}\left(1 - \frac{c_A}{c_{A0}}\right)dt \tag{23.17}$$

$$t_u = \int_0^{t_b} \left(1 - \frac{c_A}{c_{A0}}\right) dt \qquad (23.18)$$

Nesse caso, o termo da integral representa um período de tempo t_u correspondente à capacidade útil do leito. Note que também t_u é, como regra, menor do que t_b, mas a diferença entre esses dois tempos é relativamente menor e diminui ainda mais se a concentração de ruptura c_{Ab} for fixada em um valor bem baixo.

Representando o comprimento total do leito por H_T [m], o comprimento utilizado até o ponto de ruptura por H_B [m] e a relação entre a capacidade útil do leito e a sua capacidade total por t_u/t_t, tem-se que:

$$H_B = \frac{t_u}{t_t} H_T \qquad (23.19)$$

Nos casos em que existem dificuldades de cálculo para avaliar t_u pode-se assumir a igualdade entre os valores de t_u e t_b. A parte utilizável do leito, em uma coluna de adsorção, pode ser obtida pelo cálculo do comprimento da coluna utilizado, H_B, até o ponto de ruptura. O valor de H_B é diretamente proporcional a t_b.

O comprimento do leito não utilizado, H_{UNB} [m], que representa a parte não saturada do adsorvente, é dado pelo produto:

$$H_{UNB} = \left(1 - \frac{t_u}{t_t}\right) H_T \qquad (23.20)$$

O valor de H_{UNB} pode ser medido experimentalmente em colunas de laboratório, com pequeno diâmetro, empacotadas com o adsorvente em estudo.

Para se obter o comprimento total H_T da coluna basta somar os valores de H_B e H_{UNB}.

Para o escalonamento de leitos empacotados têm-se as seguintes etapas: inicialmente, estabelecem-se as condições de funcionamento do leito, como por exemplo, a velocidade de escoamento da fase fluida, em uma coluna de pequena escala (laboratorial); em seguida determina-se o valor de H_{UNB} utilizando-se a curva de ruptura e as Equações 23.16, 23.18 e 23.20. Sendo o valor de H_B diretamente proporcional a t_b, determina-se H_B a partir da curva de ruptura para uma coluna de maior escala (por exemplo, de uma planta piloto) e a relação real t_u/t_t, mantendo-se constante a velocidade de escoamento da fase fluida. Esse procedimento é amplamente usado para o escalonamento de leitos empacotados e sua validação depende de as condições de trabalho nas colunas de laboratório assemelharem-se àquelas de uma unidade de grande escala. Ressalta-se que, mesmo que a dispersão axial ou mistura axial não sejam exatamente as mesmas nas duas condições, esse método pode ser empregado nos cálculos de engenharia.

EXEMPLO 23.2

Uma coluna para recuperação de limoneno a partir de uma mistura de ar deverá ser projetada de tal maneira que a taxa de recuperação seja de 0,004 kg · s^{-1} do composto. A mistura de ar contém 1,5 kg de limoneno por 100 m³ de ar, e está a 1 atm de pressão. O adsorvente usado é o carvão ativo, com densidade aparente das partículas sólidas de 750 kg · m^{-3} e densidade aparente de leito de 490 kg · m^{-3}. Sua capacidade adsortiva por massa de adsorvente é de 0,08 kg$_{limoneno}$ · (kg$_{carvão}$)$^{-1}$ até o ponto de ruptura. O ciclo de adsorção deverá durar 6 h, após o qual será feita a regeneração da coluna. Determinar a quantidade necessária de carvão ativo.

Solução

Como se deseja operar com uma taxa de recuperação do composto de 0,004 kg · s^{-1} por 6 h, tem-se que a quantidade total adsorvida será de:

$$m_{At} = 0,004 \times 6,0 \times 3600 \ (\text{kg} \cdot \text{s}^{-1}) \cdot \text{h} \cdot (\text{s} \cdot \text{h}^{-1}) = 86,4 \ \text{kg} \qquad (23.21)$$

A quantidade de carvão (composto C) requerida será igual a:

$$m_C = \frac{86,4}{0,08} \ \frac{\text{kg de soluto } A}{\text{kg de soluto } A \cdot (\text{kg de adsorvente } C)^{-1}} = 1080 \ \text{kg de carvão} \qquad (23.22)$$

Levando em conta que são necessários dois leitos, um em uso e o outro em regeneração, tem-se que a quantidade total de carvão ativado deverá ser igual a 1080 × 2 = 2160 kg de carvão. O volume de cada leito de adsorvente será:

$$V = \frac{1080}{490} \ \frac{\text{kg de carvão}}{\text{kg de carvão} \cdot \text{m}^{-3} \text{ de leito de sólidos}} = 2,20 \ \text{m}^3 \qquad (23.23)$$

Admitindo que cada leito tenha um diâmetro igual a 1,0 m, tem-se que a área transversal do leito será igual a:

$$A = \frac{\pi \times 1,0^2}{4} \ \text{m}^2 \cong 0,785 \ \text{m}^2 \qquad (23.24)$$

e a altura de cada leito será igual a:

$$H_L = \frac{2,20}{0,785} \frac{m^3}{m^2} = 2,80 \ m \tag{23.25}$$

Resposta: A quantidade necessária de carvão ativado será de 2160 kg.

EXEMPLO 23.3

Propano é retirado do ar por adsorção utilizando-se carvão ativado empacotado num leito de 7 cm de diâmetro e 25 cm de comprimento, contendo um total de 50 g de carvão. A entrada de ar tem uma concentração de propano Y_{A0} de 5×10^{-4} g de hidrocarboneto · (g de mistura gasosa)$^{-1}$ (500 µg/g) e densidade de 0,00115 g · cm^{-3}, adentrando o leito a uma vazão volumétrica de 500 cm^3 · s^{-1}. A curva de ruptura é apresentada na Figura 23.14 e o ponto de ruptura desejado ocorre quando $Y_A/Y_{A0} = 0,01$. Determine: (i) o tempo do ponto de ruptura (t_b); (ii) a fração da capacidade total do leito utilizada até o ponto de ruptura (H_B); e (iii) o comprimento não utilizado do leito, além da capacidade de saturação do carvão. Se uma nova coluna operando sob as mesmas condições possui um ponto de ruptura de 7 h, qual é o novo comprimento total da coluna? Se uma nova vazão de 800 cm^3 · s^{-1} é utilizada, qual o novo diâmetro da coluna, para que se mantenham condições operacionais semelhantes?

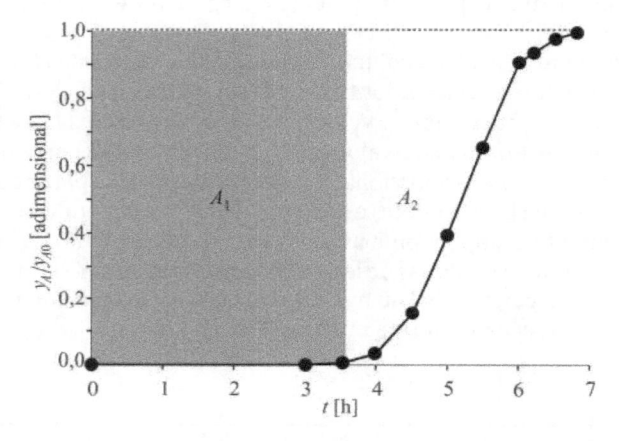

Figura 23.14 Curva de ruptura para o processo de adsorção de propano em carvão ativado mencionado.

Solução

A partir da Figura 23.14, pode-se observar que o ponto de ruptura para $Y_A/Y_{A0} = 0,01$ ocorre em aproximadamente $t_b = 3,7$ h, graficamente observa-se ainda que o valor de t_d é aproximadamente 6,9 h. Ao fazer a integração gráfica na figura, tem-se que a área A_1 é igual a 3,7 h e a área A_2 igual a 1,5 h. Logo, o tempo equivalente para que a capacidade total do leito seja atingida é:

$$t_t = \int_0^{t_d} \left(1 - \frac{Y_A}{Y_{A0}}\right) dt = \text{Áreas } (A_1 + A_2) = 3,7 + 1,5 = 5,2 \ h \tag{23.26}$$

O tempo equivalente à capacidade útil do leito até o ponto de ruptura será:

$$t_u = \int_0^{t_b} \left(1 - \frac{Y_A}{Y_{A0}}\right) dt = \text{Área } A_1 = 3,7 \ h \tag{23.27}$$

Então, a fração da capacidade total usada até o ponto de ruptura será:

$$\frac{t_u}{t_t} = \frac{3,7}{5,2} = 0,712 \tag{23.28}$$

E o comprimento utilizado da coluna será dado por:

$$H_B = \frac{t_u}{t_t} H_T = 0,712 \times 25 \ cm = 17,8 \ cm \tag{23.29}$$

Para calcular o comprimento não utilizado, pode-se usar a Equação 23.20:

$$H_{UNB} = \left(1 - \frac{t_u}{t_t}\right) H_T = (1 - 0,712) \times 25 \text{ cm} = 7,2 \text{ cm} \tag{23.30}$$

Para determinar a capacidade de saturação do carvão ativado tem-se que a vazão mássica de ar contaminado é:

$$\dot{m} = 500 \times 3600 \times 0,00115 \; (\text{cm}^3 \cdot \text{s}^{-1}) \cdot (\text{s} \cdot \text{h}^{-1}) \cdot (\text{g} \cdot \text{cm}^{-3}) = 2070 \text{ g} \cdot \text{h}^{-1} \tag{23.31}$$

Com um total de hidrocarboneto adsorvido igual a:

$$m_{At} = 5 \times 10^{-4} \times 2070 \times 5,2 (\text{g}_{\text{propano}} \cdot \text{g}_{\text{ar}}^{-1}) \cdot (\text{g} \cdot \text{h}^{-1}) \cdot \text{h} = 5,38 \text{ g}_{\text{propano}} \tag{23.32}$$

E a capacidade de saturação do carvão em base livre de soluto (propano) $\overline{X}_{A,\text{sat}}$ é igual a:

$$\overline{X}_{A,\text{sat}} = \frac{5,38}{50,0} (\text{g}_{\text{propano}} \cdot \text{g}_{\text{carvão}}^{-1}) = 0,108 \text{ g} \cdot \text{g}^{-1} \tag{23.33}$$

Se uma nova coluna com um t_b igual a 7 h for usada, o novo valor de H'_B é obtido pela multiplicação do valor antigo de H_B pela razão entre os t_b's novo e antigo, como a seguir:

$$H'_B = \frac{7,0}{3,7} \times 17,8 = 33,7 \text{ cm} \tag{23.34}$$

Tendo-se que H_{UNB} é constante, quando a velocidade da fase fluida mantém-se constante, o novo comprimento total da coluna será dado por:

$$H'_T = H'_B + H_{UNB} = 33,7 + 7,2 = 40,9 \text{ cm} \tag{23.35}$$

Nesse caso, admite-se que as não idealidades da curva de ruptura, para um leito com determinado adsorvente e padrão de empacotamento dos sólidos, são basicamente definidas pelas condições de escoamento do fluido. Como estas foram preservadas, H_{UNB} permanece constante. Para essa coluna, a fração utilizada do leito até o ponto de ruptura será agora:

$$\frac{H'_B}{H'_T} = \frac{33,7}{40,9} = 0,824 \tag{23.36}$$

Para uma coluna que mantenha as condições operacionais acima com uma vazão diferente, é necessário que a velocidade de escoamento na coluna se mantenha constante. Assim, inicialmente a velocidade era:

$$v = \frac{\dot{Q}}{A} = \frac{500}{\dfrac{\pi (7,0)^2}{4}} (\text{cm}^3 \cdot \text{s}^{-1}) \cdot \text{cm}^{-2} = 13,0 \text{ cm} \cdot \text{s}^{-1} \tag{23.37}$$

Para que uma nova coluna operando com vazão de 800 m³ · s⁻¹ tenha a mesma velocidade de escoamento, sua área transversal deverá ser:

$$A' = \frac{\dot{Q}'}{v} = \frac{800}{13} (\text{cm}^3 \cdot \text{s}^{-1}) \cdot (\text{cm}^{-1} \cdot \text{s}) = 61,4 \text{ cm}^2 \tag{23.38}$$

O novo diâmetro será então:

$$D' = \sqrt{\frac{4A'}{\pi}} = \sqrt{\frac{4 \times 61,54}{\pi}} = 8,85 \text{ cm} \tag{23.39}$$

Respostas: (i) $t_b = 3,7$ h; (ii) $H_B = 17,8$ cm; e (iii) $H_{UNB} = 7,2$ cm e $\overline{X}_{A,\text{sat}}$ é igual a 0,108 g · g⁻¹; H'_B é 33,7 cm; H'_T é 40,9 cm; D' é 8,85 cm.

23.8.3 Adsorção em leito expandido

A disposição convencional do adsorvente na forma de um leito empacotado exige a alimentação de meios isentos de partículas em suspensão, portanto, previamente clarificados. A remoção de partículas em suspensão demanda maior tempo de operação por causa da necessidade de clarificação, concentração e purificação inicial do fluido de alimentação. Essas etapas são introduzidas para facilitar o escoamento do fluido através do leito, assim como para evitar a colmatação (entupimento) do mesmo. Dessa forma, aquela remoção prevenirá um aumento na queda de pressão do sistema, o que inviabilizaria o processo. Como alternativa ao leito empacotado tem-se a adsorção em leito expandido, no qual as partículas

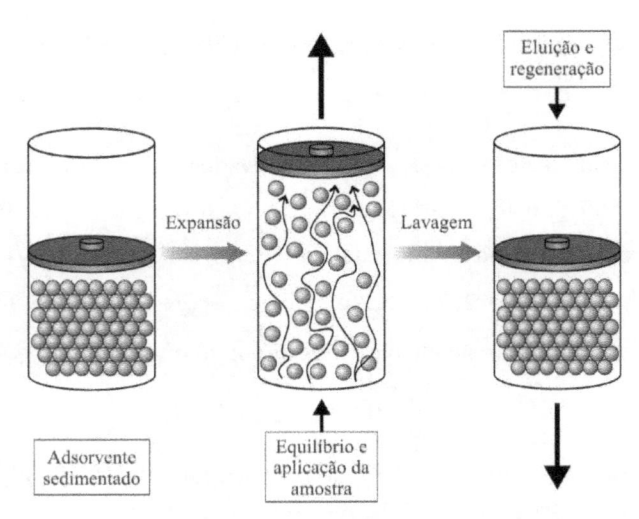

Figura 23.15 Princípio da adsorção em leito expandido.

de adsorvente encontram-se suspensas. Nesse caso, existe uma maior separação entre as partículas do sólido, o que promove um aumento na porosidade do leito, possibilitando a passagem de células, fragmentos de células e outras partículas em suspensão durante o escoamento da solução sem tratamento na coluna. Na Figura 23.15, é mostrada a operação de adsorção em leito expandido.

O equipamento utilizado na adsorção em leito expandido consiste basicamente de uma coluna com um distribuidor e um pistão, que permite a mudança de posicionamento durante o processo.

Inicialmente, o equilíbrio mecânico entre a fase fluida e o adsorvente é conduzido em fluxo ascendente e com o leito na forma expandida. Ou seja, nessa etapa o pistão é posicionado na parte superior da coluna permitindo assim a expansão de leito. As partículas de adsorvente estão suspensas, em equilíbrio mecânico, por causa do balanço entre a velocidade de sedimentação das partículas e o arraste exercido pela velocidade de escoamento do líquido. A seguir tem-se o escoamento da solução de alimentação, com a mesma vazão fluida utilizada para equilibrar o leito expandido. Essa etapa também é conduzida em fluxo ascendente e com o leito na forma expandida, ou seja, com uma maior porosidade do mesmo. Com a aplicação da solução problema, os solutos de interesse adsorvem-se às matrizes de adsorvente, enquanto os contaminantes passam através do leito ou ficam fracamente adsorvidos. Em seguida, realiza-se a lavagem, também com fluxo ascendente, para remover do leito o material fracamente ligado ao adsorvente, tais como células residuais, outros tipos de materiais particulados e moléculas não adsorvidas.

Após a lavagem, o fluxo da fase fluida através do leito é interrompido, aguarda-se a sedimentação do adsorvente e o pistão desce até a superfície do adsorvente. O sentido do fluxo é então invertido para fluxo descendente e a eluição é realizada com o leito fixo. Após a eluição, a regeneração do adsorvente é conduzida para retirar as moléculas mais fortemente ligadas que não foram removidas durante a fase de eluição. Finalmente, executa-se um procedimento de limpeza no local (*cleaning-in-place*) para eliminar do leito substâncias não adsorvidas, precipitadas e desnaturadas e restaurar o desempenho original do adsorvente.

Caracterizar o comportamento do leito em função das propriedades físicas das partículas sólidas e do fluido de alimentação é necessário para projetar e aperfeiçoar as operações usando a adsorção em leito expandido. Essa caracterização tem por base a medida da expansão do leito em função da velocidade linear do fluido, da distribuição de tamanho de partículas do sólido, da viscosidade e da presença de células no fluido. Deve-se considerar que a expansão do leito e os fatores a ela associados interferem na ligação adsorvato-adsorvente.

Outro fator a ser considerado é a estabilidade da fluidização, que combina as propriedades hidrodinâmicas de um leito fluidizado com as propriedades cromatográficas de um leito fixo. Essa variável influencia diretamente no número de unidades de transferência de massa ou de pratos teóricos no leito expandido, que pode ser reduzido pela formação de mistura retroativa, redemoinhos e turbulência no leito. Ressalta-se, ainda, que variáveis químicas relacionadas com a seletividade e capacidade dos processos de separação, como pH, força iônica, tipos de íons e tampões usados, influenciam a adsorção em leito expandido bem como em leito fixo.

23.9 TROCA IÔNICA

O princípio básico da operação de troca iônica reside na competição entre íons de interesse e contaminantes pelos grupos carregados da fase estacionária, como ilustrado na Figura 23.16. Os modos de operação usados na troca iônica são tão se-

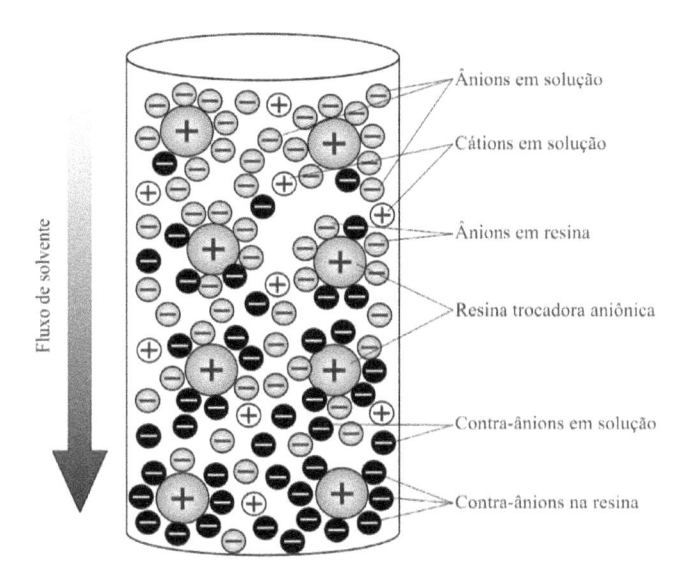

Figura 23.16 Ilustração de um processo de troca aniônica.

melhantes aos utilizados na adsorção que, para a maioria dos casos de interesse na engenharia, podem ser considerados como um caso especial da adsorção.

O primeiro estágio da adsorção de troca iônica é o equilíbrio do adsorvente (trocador iônico) em termos de pH e força iônica, o que permitirá a sua ligação com as moléculas de soluto desejadas. Os grupos trocadores ficam associados com contraíons, usualmente ânions ou cátions, como cloreto, hidroxila ou sódio. O segundo estágio é a aplicação da amostra seguida da adsorção, na qual os íons de soluto, carregados com cargas apropriadas, deslocam os contraíons e se ligam reversivelmente com a matriz de adsorvente. Substâncias não ligadas podem ser lavadas do leito trocador usando a fase móvel de trabalho. No terceiro estágio, as substâncias são removidas da coluna por mudanças das condições de eluição desfavoráveis à ligação iônica das moléculas de soluto. Esse procedimento normalmente envolve o aumento da força iônica do tampão de eluição ou troca do pH da solução tamponante. A dessorção pode ser alcançada, por exemplo, pela introdução de um tampão com um gradiente de força iônica e as moléculas de soluto são liberadas da coluna na ordem de suas forças de ligação. As moléculas fracamente ligadas são eluídas primeiro. No quarto e no quinto estágios ocorrem, respectivamente, a remoção das substâncias não eluídas da coluna e a reequilibração da coluna para restabelecer as condições iniciais de operação.

São várias as aplicações de troca iônica em diversas áreas de engenharia, dentre elas o abrandamento de águas para caldeiras, a deionização de água, a purificação de produtos farmacêuticos, como a vitamina B e antibióticos, a realização de processos metalúrgicos, e o fracionamento de misturas por cromatografia.

23.9.1 Trocadores iônicos

Trocadores iônicos são substâncias sólidas, porosas e insolúveis, que trocam alguns de seus íons por outros de cargas similares, contidos num meio fluido com o qual estão em contato. Embora sejam imiscíveis na solução, os seus íons de troca devem ser solúveis no meio reacional, porém, os mesmos não podem ser deslocados da matriz sem a consequente substituição. O sólido atua de maneira seletiva, retirando da solução os íons pelos quais possui mais afinidade.

De acordo com sua estrutura, os trocadores de íons são classificados em inorgânicos (naturais ou artificiais) e orgânicos. Quanto à função, são classificados em *catiônicos*, *aniônicos* e *anfóteros*, conforme os íons que podem ser trocados com a solução externa. Ainda podem ser classificados como trocadores fracos ou fortes, a depender da intensidade da interação dos grupos trocadores com os íons de interesse em solução.

Os trocadores catiônicos possuem em sua estrutura grupos funcionais ácidos, que o carregam negativamente. Essas cargas são neutralizadas por íons com cargas positivas (cátions) que são substituídos pelos cátions presentes em solução. Os principais grupos funcionais são o ácido sulfônico e seus derivados (para os trocadores fortes) e os ácidos carboxílicos e seus derivados (para os trocadores fracos), sendo comum o uso de íons de sódio (Na^+) e hidrogênio (H^+) como agentes de troca catiônica ou contraíons.

Os trocadores aniônicos possuem em sua estrutura grupos funcionais básicos ou alcalinos, que os carregam positivamente. Esses íons com carga positiva são neutralizados por íons com cargas negativas (ânions) que são substituídos pelos ânions presentes em solução. Os principais grupos funcionais são os quaternários de amônia e seus derivados (para os trocadores fortes) e os terciários de amina derivados (para os trocadores fracos), sendo comum o uso de íons cloreto (Cl^-) e hidroxila (OH^-) como agentes de troca aniônica ou contraíons.

Por fim os trocadores anfóteros possuem em sua estrutura ambos os grupos funcionais, atuando como agente de troca catiônica e aniônica simultaneamente.

23.9.2 Mecanismo da troca iônica

A teoria da dupla camada elétrica procura explicar o mecanismo pelo qual a troca iônica ocorre. Parte do princípio de que o contato entre duas fases de constituições químicas distintas, contendo espécies carregadas, gera uma diferença de potencial por causa da separação de cargas.

Na troca iônica, em que uma das fases é sólida e a outra é uma solução eletrolítica, várias estruturas são possíveis para a dupla camada. Supondo um trocador aniônico, em que a fase sólida é carregada positivamente e os íons a serem trocados possuem carga negativa (ânions), três estruturas podem ser apresentadas:

- **Dupla camada de Helmholtz:** considera que todo ânion necessário para neutralizar o potencial elétrico do sólido se disponha em uma única camada situada a uma distância mínima δ da sua superfície (Figura 23.17a).
- **Dupla camada de Gouy-Chapman:** a estrutura de distribuição dos ânions é completamente difusa, diminuindo sua densidade de carga em função da distância da superfície do sólido (Figura 23.17b).
- **Dupla camada de Stern:** admite uma estrutura intermediária em relação às duas anteriores, com uma parte da camada de ânions eletricamente densa e próxima da superfície sólida, enquanto a outra parte é difusa (Figura 23.17c).

Os mesmos mecanismos são válidos quando o sólido é carregado negativamente e existem cátions em solução. Enfatiza-se que as camadas elétricas não são estáticas e nem homogêneas e que, nos diversos sítios da superfície do trocador de íons, diferentes estruturas para as camadas podem existir.

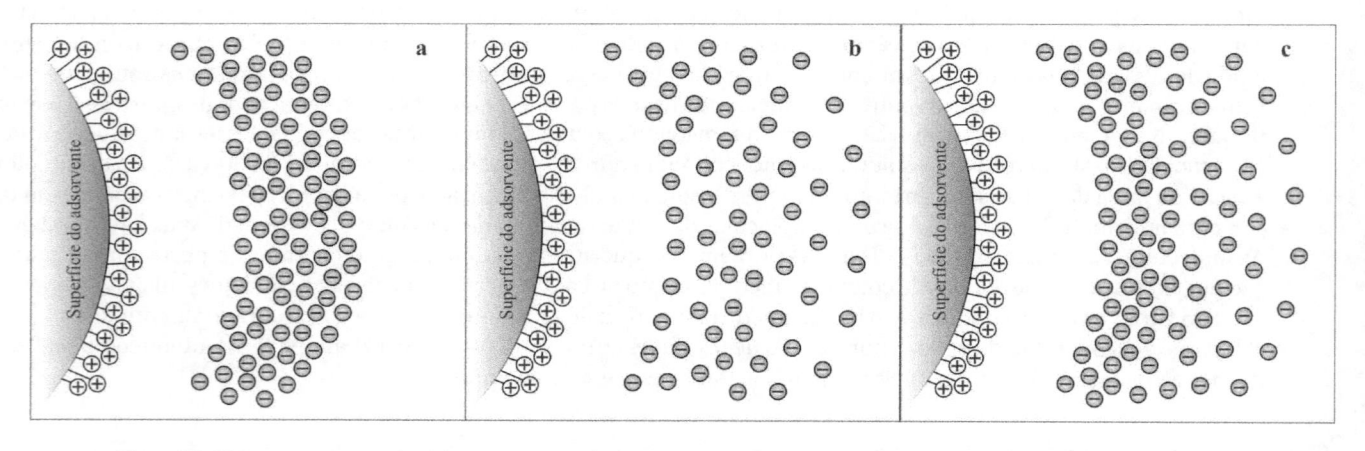

Figura 23.17 Representação de diferentes duplas camadas elétricas em processos de troca aniônica. (a) Helmholtz, (b) Gouy-Chapman e (c) Stern.

23.9.3 Equilíbrio na troca iônica

Um trocador de íons consiste basicamente de uma matriz sólida com grupos iônicos carregados (positivos ou negativos) ligados a essa matriz. Íons de cargas opostas, denominados contraíons, neutralizam essas cargas, mantendo o sistema em equilíbrio. Em contato com uma solução eletrolítica, o trocador de íons possibilita a substituição dos íons da solução pelos contraíons de mesma carga da estrutura, ocorrendo uma perturbação do sistema até que um novo equilíbrio seja estabelecido.

A troca iônica ocorre de maneira similar a uma reação reversível. À medida que a concentração de contraíons sobre a superfície do adsorvente diminui, sua concentração em solução aumenta. Do mesmo modo, a concentração dos íons que estavam em solução é reduzida, à medida que a concentração dos mesmos aumenta na superfície do adsorvente.

Para um trocador de ânions monovalentes, tal reação é representada por:

$$A^-_{sup}R^+ + A^-_{sol} \xrightleftharpoons{K} A^-_{sol}R^+ + A^-_{sup} \tag{23.40}$$

em que A_{sol} e A_{sup} são respectivamente, os ânions da solução e da superfície do trocador de íons, que estão sendo trocados.

Assim como na adsorção, as relações de equilíbrio para operações envolvendo troca iônica são apresentadas sob a forma de isotermas, desenvolvidas usando-se a lei de ação das massas. Por exemplo, para o trocador aniônico monovalente acima, se todos os sítios fixos de R estiverem ocupados pelos ânions A_{sup} ou A_{sol}, teremos o seguinte equilíbrio, expresso pela constante de reação K:

$$K = \frac{\hat{c}_{A^-_{sol}R^+} \times \hat{c}_{A^-_{sup}}}{\hat{c}_{A^-_{sol}} \times \hat{c}_{A^-_{sup}R^+}} \tag{23.41}$$

Desde que a concentração molar total de grupos iônicos $\hat{c}_{R^+}$ na resina seja fixa, tem-se:

$$\hat{c}_{R^+} = \text{constante} = \hat{c}_{A^-_{sup}R^+} + \hat{c}_{A^-_{sol}R^+} \tag{23.42}$$

Combinando as Equações 23.41 e 23.42, obtém-se:

$$\hat{c}_{A^-_{sol}R^+} = \frac{K\,\hat{c}_{R^+}\,\hat{c}_{A^-_{sol}}}{\hat{c}_{A_{sup}} + K\,\hat{c}_{A_{sol}}} \tag{23.43}$$

Se a solução é tamponada de tal modo que $\hat{c}_{A_{sup}}$ seja constante, a equação acima se assemelha à isoterma de Langmuir.

23.10 APLICAÇÕES DA ADSORÇÃO NA INDÚSTRIA DE ALIMENTOS

Inúmeras são as aplicações dos processos adsortivos, incluindo a troca iônica, na indústria de alimentos. As mais tradicionais envolvem o uso de adsorventes naturais nos processos de clarificação de óleos e bebidas, que levam à redução da turbidez desse tipo de produto.

Mas o uso de adsorventes não se limita aos processos de clarificação. Muitos processos de descoloração, como no processamento de açúcar e produção de xaropes de milho, e outros em que pigmentos naturais ou artificiais são removidos, também usam adsorventes. Na produção de açúcar, a adsorção é ainda empregada na desmineralização do produto final obtido.

Outra grande área de utilização de adsorventes é no tratamento de águas. A remoção de compostos orgânicos para se evitar a formação de trihalometanos, potencialmente carcinogênicos, pode ser feita com carvão ativado e o abrandamento da água, retirada de íons cálcio e magnésio para se evitar incrustações em tubulações e caldeiras, pode ser feita por troca iônica. A água que vai ser usada nos processos industriais também pode ser tratada por troca iônica para ser dealcalinizada, descolorida e ainda desmineralizada, de acordo com a necessidade.

Grande destaque também pode ser dado para a utilização da adsorção no tratamento de resíduos. Gases emitidos pelas indústrias podem ser tratados para diminuir o teor de enxofre, reduzindo o risco de chuva ácida. Águas residuárias também podem ser tratadas, com fins específicos para abaixar o teor de certos compostos a descartar, por exemplo, pesticidas da água de lavagem de frutas.

Outras aplicações vêm sendo testadas e ganham espaço nas indústrias, entre elas a remoção de micotoxinas de alimentos e a recuperação de compostos como pigmentos e proteínas. A gama de possibilidades de uso das técnicas adsortivas aumenta à medida que novos adsorventes são desenvolvidos e os custos operacionais se reduzem, abrindo um vasto campo para estudos na área.

23.11 CONSIDERAÇÕES FINAIS

Neste capítulo, foram apresentadas noções básicas sobre a operação unitária de adsorção, como os tipos de adsorventes, relações de equilíbrio, balanços de massa e de energia, modos de operação dos equipamentos e aplicações. O estudo dos fenômenos envolvidos nos processos adsortivos melhora a compreensão sobre os tipos de interações que os regem, possibilitando desenvolver adsorventes mais seletivos e eficientes e, consequentemente, aperfeiçoar projetos de purificação, extração e clarificação, entre outros. Dessa maneira, espera-se que o texto possa despertar o interesse pela adsorção e pelo seu potencial de uso. Por fim, sugere-se a lista de exercícios apresentada a seguir para testar os conhecimentos adquiridos e para complementar a formação sobre o assunto.

23.12 EXERCÍCIOS

1. Para o processo de adsorção, responda: (i) diferencie adsorção química de adsorção física; (ii) quais as características comuns a todos os adsorventes? Por que possuem alta porosidade?; (iii) o que são isotermas de adsorção? Para que servem? Quais

os principais modelos usados?; (iv) quais são os principais tipos de operações do processo de adsorção? Explique cada um deles, evidenciando suas vantagens e desvantagens.

2. Dados de equilíbrio para a adsorção de frutose a partir de uma solução aquosa em argila ativada são apresentados na Tabela 23.2:

Tabela 23.2 Dados de equilíbrio para a adsorção de frutose em argila ativada

c_A [g · cm^{-3}]	X_A^* [g$_{soluto}$ · (g$_{argila\ ativada}$)$^{-1}$]
0,0039	0,027
0,0085	0,052
0,0192	0,074
0,0268	0,084
0,0941	0,125
0,1952	0,130

Determine o modelo de isoterma que melhor se ajusta a esses dados.

[**Resposta:** Modelo de Langmuir (dica: ver linearização dos modelos)]

3. Em um processo em batelada, 2,5 m³ de esgoto contendo 0,25 kg de tartrazina por metro cúbico de esgoto são misturados com 3,0 kg de carvão ativado até que o equilíbrio seja alcançado. Para os dados de equilíbrio apresentados na Tabela 23.3, determine as concentrações no equilíbrio e a porcentagem de tartrazina extraída no processo.

Tabela 23.3 Dados de equilíbrio para a adsorção de tartrazina em carvão ativado

c_A [(kg · m^{-3}]	X_A^* [kg$_{tartrazina}$ · (kg$_{carvão}$)$^{-1}$]
0,001	0,050
0,006	0,060
0,040	0,090
0,120	0,120
0,320	0,150

[**Respostas:** $c_A^* = 0,104$ kg · m^{-3}; $X_A^* = 012$ kg$_{tartrazina}$ · (kg$_{carvão}$)$^{-1}$; porcentagem de tartrazina adsorvida = 58,4 %]

4. Você trabalha numa grande indústria de aditivos que vai utilizar o processo de adsorção em batelada para a extração de glutamato monossódico de um meio fermentado. Uma quantidade de 55 m³ do meio fermentado contendo 3,35 kg$_{glutamato}$/m³ de solução é misturada a 68 kg de adsorvente, até que o equilíbrio seja alcançado. Sabe-se que a isoterma de adsorção nesse caso é dada por $X_A^* = 0,64 c_A$. Determine a eficiência do processo de extração.

[**Resposta:** Eficiência = 44,8 %]

5. Uma indústria bioquímica utiliza o processo de adsorção em batelada para a extração de inosinato de sódio de um meio fermentado. Uma quantidade de 18 m³ do meio fermentado contendo 0,63 kg$_{inosinato}$ · m^{-3} é misturada a 10,5 kg de carvão ativado, até que o equilíbrio seja alcançado. Sabendo que a isoterma de adsorção para o inosinato no carvão ativado é dada por $X_A^* = 0,8 c_A^{0,5}$, determine as concentrações no equilíbrio (no líquido e no adsorvente) e a porcentagem de inosinato recuperado.

[**Respostas:** $c_A^* = 0,352$ kg · m^{-3}; $X_A^* = 0,475$ kg$_{inosinato}$ · (kg$_{carvão}$)$^{-1}$; porcentagem de inosinato adsorvida = 44 %]

6. Uma indústria de alimentos utiliza o processo de adsorção em batelada para a remoção de um composto tóxico do esgoto gerado. Uma quantidade de 250 m³ do esgoto contendo 0,30 kg$_{composto}$ · m^{-3} é misturada a 300 kg de carvão ativado, até que o equilíbrio seja alcançado. Sabendo que a isoterma de adsorção para o composto no carvão ativado é dada por $X_A^* = 0,82 c_A$, determine as concentrações no equilíbrio (no esgoto e no adsorvente) e a porcentagem do composto tóxico extraído.

[**Respostas:** $c_A^* = 0,151$ kg · m^{-3}; $X_A^* = 0,124$ kg$_{composto}$ · (kg$_{carvão}$)$^{-1}$; porcentagem m de composto adsorvido = 49,6 %]

7. Você trabalha numa indústria de antibióticos que vai utilizar o processo de adsorção em batelada para a extração de penicilina de um meio fermentado, mas precisa optar por um adsorvente entre dois disponíveis: o carvão ativado e a alumina.

Uma quantidade de 15 m³ do meio fermentado contendo 0,30 kg$_{penicilina}$ · m⁻³ é misturada a 18 kg de adsorvente, até que o equilíbrio seja alcançado. Sabe-se que a isoterma de adsorção para a penicilina no carvão ativado é dada por $X_A^* = 0,8c_A$ e para a penicilina na alumina é dada por $X_A^* = 0,82c_A^{0,7}$. Supondo que o custo de aquisição dos dois adsorventes seja igual, informe aos seus superiores qual dos mesmos deverá ser escolhido. Justifique.

[**Respostas:** Eficiência com carvão = 49 %; eficiência com alumina = 66 %. Utilizar alumina no processo]

8. Você trabalha numa indústria de óleos vegetais, e uma das etapas do processo produtivo é a clarificação do óleo com agentes adsorventes. Nesse processo compostos fenólicos são retirados, num processo descontínuo em batelada. Uma quantidade de 50 m³ de óleo contendo 0,5 kg$_{fenol}$ · m⁻³ são tratados até que 90 % do fenol seja removido. Para isso a empresa conta com duas opções de adsorventes: carvão ativado e terra diatomácea. A principal diferença para utilização dos adsorventes é o custo: enquanto o carvão ativado custa R$ 150,00/kg, a terra diatomácea custa R$ 68,00/kg. Você, como engenheiro de alimentos da empresa precisa decidir qual dos adsorventes será utilizado. Determine a massa de adsorvente que deve ser usada para cada uma das opções e justifique aos seus superiores, baseado nos custos de aquisição, qual dos adsorventes deverá ser usado no processo em questão.

Dado: isoterma para o carvão ativado: $X_A^* = \dfrac{0,1713c_A}{0,0436 + c_A}$; isoterma para a terra diatomácea: $X_A^* = 0,219c_A^{0,5072}$.

[**Respostas:** Massa de carvão = 247,3 kg; massa de terra diatomácea = 468,8 kg. Utilizar terra diatomácea no processo]

9. Uma corrente de ar contendo vapor de álcool é adsorvida por partículas de carvão ativado em um leito empacotado que tem um diâmetro de 4 cm e 14 cm de altura, contendo 79,2 g do adsorvente. A corrente de entrada tem uma concentração c_{A0} de 6×10^{-4} g · g⁻¹ (600 µg/g) e densidade igual a $1,15 \times 10^{-3}$ g · cm⁻³, com uma vazão igual a 754 cm³ · s⁻¹. Abaixo, são apresentados os dados da curva de ruptura, e a concentração no ponto de ruptura é dada por $c_A/c_{A0} = 0,01$. Determine: (i) o tempo do ponto de ruptura; (ii) a fração da capacidade total usada até o ponto de ruptura; (iii) o comprimento não utilizado do leito; e (iv) a capacidade de saturação do carvão ativado usado. Se um tempo de ponto de ruptura para uma nova coluna é de 6,0 h, qual é o novo comprimento total requerido?

Tabela 23.4 Dados da curva de ruptura para os Exercícios 9 e 10

t [h]	c_A/c_{A0} [adimensional]
0,0	0,000
3,0	0,000
3,5	0,002
4,0	0,030
4,5	0,155
5,0	0,396
5,5	0,658
6,0	0,903
6,2	0,933
6,5	0,975
6,8	0,993

[**Respostas:** $t_u \cong t_b \cong 3,7$ h; $t_u/t_t = 0,71$; $H_{UNB} = 4,06$ cm; capacidade de saturação do carvão = 0,123 kg$_{álcool}$/kg$_{carvão}$; $H_T = 20,2$ cm]

10. Para os mesmos dados apresentados na Tabela 23.4, se o tempo de ponto de ruptura para uma nova coluna é de 8,5 h, determine: (i) o novo comprimento total de coluna; (ii) o novo diâmetro; e (iii) a fração usada da capacidade total até o ponto de ruptura. Manter a vazão na coluna constante e igual a 754 cm³ · s⁻¹. Considerando as mesmas condições dadas, determine os mesmos parâmetros solicitados nos itens (i), (ii) e (iii), mas com a vazão aumentada para 2000 cm³ · s⁻¹.

[**Respostas:** (i) $H_T = 26,9$ cm; (ii) $D = 4,0$ cm; (iii) $t_u/t_t = 0,85$; para 2000 cm³ · s⁻¹: (i) $H_T = 26,9$ cm; (ii) $D = 6,5$ cm; (iii) $t_u/t_t = 0,85$]

11. Uma coluna de troca iônica contendo 99,3 g da resina amberlite trocadora de íons é usada para remover Cu^{2+} de uma solução onde $\hat{c}_{A0} = 0,18$ kmol · m⁻³ de $CuSO_4$. A altura da coluna é igual a 30,5 cm e o seu diâmetro é igual a 2,59 cm. A vazão de solução usada é de 1,37 cm³ · s⁻¹ e os dados da curva de ruptura são apresentados na Tabela 23.5. Se a concentração desejada no ponto de ruptura é $c_A/c_{A0} = 0,01$, determine: (i) o tempo de ponto de ruptura; (ii) a fração da capacidade total usada até o ponto de ruptura; (iii) o comprimento não utilizado do leito; e (iv) a capacidade de saturação do sólido utilizado.

Tabela 23.5 Dados da curva de ruptura para o Exercício 11

t [s]	$\hat{c}_A$ $\left[\mathrm{kmol}_{Cu^{+2}} \cdot m^{-3} \right]$
420	0,0000
480	0,0033
510	0,0075
540	0,0157
600	0,0527
660	0,1063
720	0,1433
780	0,1634
810	0,1722
870	0,1763
900	0,1800

[**Respostas:** $t_u \cong t_b \cong 455$ s; $t_u/t_t = 0,71$; $H_{UNB} = 8,85$ cm; capacidade de saturação da resina = $1,59 \times 10^{-6}$ mol$_{íons}$/g$_{resina}$]

12. O tratamento de águas para caldeiras em indústrias de alimentos envolve a remoção de íons de cálcio da água, o que pode ser feito em uma coluna de troca iônica. Em uma dada indústria, água ($\rho_L = 1001,00$ kg $\cdot$ m^{-3}) contendo $2,5 \times 10^{-4}$ kg $\cdot$ kg^{-1} de íons de cálcio entra a uma vazão de 0,30 m$^3 \cdot$ h^{-1} em uma coluna de 25 cm de diâmetro e 100 cm de altura, recheada com 40 kg do adsorvente. Para um ponto de ruptura em que $c_A/c_{A0} = 0,02$, dada a curva de ruptura apresentada na Figura abaixo, determine: (i) o tempo de ponto de ruptura (t_b); (ii) a fração útil do leito; (iii) o comprimento não utilizado do leito; e (iv) a capacidade de saturação do adsorvente utilizado. Se o tempo de ponto de ruptura para uma nova coluna é de 8 h, e a vazão passa a ser de 0,45 m$^3 \cdot$ h^{-1}, qual será o novo diâmetro e comprimento da coluna, para que se tenham as mesmas condições operacionais?

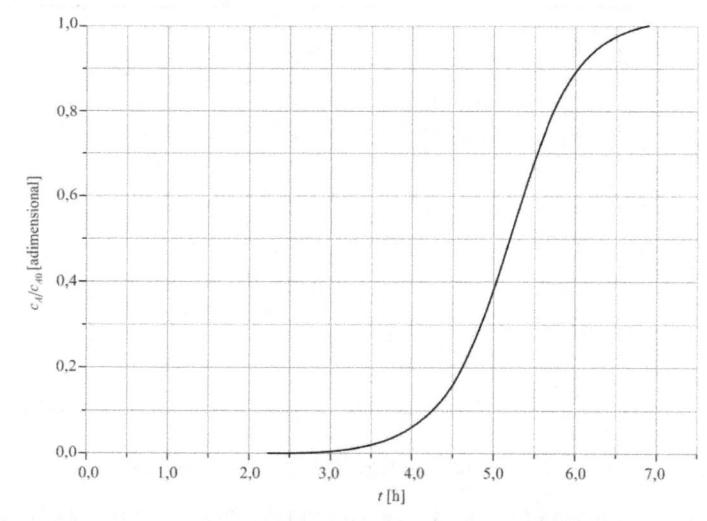

[**Respostas:** $t_u \cong t_b \cong 3,5$ h; $t_u/t_t = 0,67$; $H_{UNB} = 33$ cm; capacidade de saturação da resina = 0,01 kg$_{íons}$/kg$_{adsorvente}$; para 8 h: $D = 30,7$ cm; $H_T = 186,5$ cm]

13. Uma empresa trata os gases que produz para reduzir a emissão de enxofre (na forma de SO_2) na atmosfera. Para isso é utilizada uma coluna de adsorção tendo alumina como adsorvente. Sabendo que a vazão de gás ($\rho_G = 0,0011$ g $\cdot$ cm^{-3}) a ser tratada é de 100 m$^3 \cdot$ h^{-1}, contendo $1,5 \times 10^{-4}$ g $\cdot$ g^{-1} de moléculas de SO_2 e que a coluna possui 35 cm de diâmetro e 110 cm de altura, recheada com 42 kg do adsorvente, responda: (i) se o tempo de ruptura ($t_b = t_u$) é de 6,0 h e o tempo total (t_t) é de 8,2 h, qual a fração útil do leito, o comprimento não utilizado do leito e a capacidade de saturação do adsorvente utilizado?; (ii) se o tempo de quebra para uma nova coluna é de 11,8 h, e a vazão passa a ser de 250 m$^3 \cdot$ h^{-1}, qual o novo diâmetro e comprimento da coluna, para que se tenham as mesmas condições operacionais?

[**Respostas:** (i) $t_u/t_t = 0,73$; $H_{UNB} = 29,7$ cm; capacidade de saturação = 3,22 g$_{SO^2}$/kg$_{adsorvente}$; (ii) $D = 55,3$ cm; $H_T = 187,7$ cm]

23.13 BIBLIOGRAFIA RECOMENDADA

ADAMSON, A. W. *Physical chemistry of surfaces*. 5. ed. Nova York: John Wiley & Sons, 1990. 777 p.

BANSAL, R. C.; DONNET, J.-P.; STOECKLI, F. (Ed.). *Active carbon*. Nova York: Marcel Dekker, 1988. 482 p.

BONOMO, R. C. F. *Termodinâmica, modelagem e simulação do processo de adsorção e dessorção de BSA e β-lactoglobulina em cromatografia de interação hidrofóbica*. Tese (Doutorado), Universidade Federal de Viçosa, Viçosa, 2005. 117 p.

CASTELLAN, G. W. *Físico-química*. Rio de Janeiro: Livros Técnicos e Científicos, 1972. v. 1, 489 p.

COIMBRA, J. S. R.; TEIXEIRA, J. A. (Ed.). *Engineering aspects of milk and dairy products*. Boca Raton: CRC, 2010. 304 p.

COULSON J. M.; RICHARDSON, J. F. *Chemical engineering*: particle technology and separation processes. 4. ed. Oxford: Butterworth-Heinemann, 1996. v. 2, 979 p.

DAVIS, C. J. A. Large-scale chromatography: design and operation. In: SUBRAMANIAN, G. (Ed.). *Bioseparation and bioprocessing*. Weinheim: Wiley-VCH, 1998. v. 1, cap. 6, p. 125-143.

FONTAN, R. C. I. *Termodinâmica e modelagem da adsorção em sistemas mono e multicomponentes compostos por α-lactoalbumina e β-lactoglobulina*. Dissertação (Mestrado), Universidade Federal de Viçosa, Viçosa, 2005. 90 p.

FREUNDLICH, H. M. F. Uber die adsorption in losungen. *Zeitschrift für Physikalische Chemie*, v. 57, p. 385-470, 1906.

GEANKOPLIS, C. J. *Transport processes and unit operations*. 3. ed. Englewood Cliffs: Prentice-Hall, 1993. 921 p.

GOMIDE, R. *Operações unitárias*. Operações de transferência de massa. São Paulo: R. Gomide, 1988. v. 4, 448 p.

GRAHAM, D. The characterization of physical adsorption systems. I. The equilibrium function and standard free energy of adsorption. *Journal of Physical Chemistry*, Washington, v. 57, n. 7, p. 665-669, 1953.

GRANDISON, A. S. Ion-exchange and electrodialysis. In: GRANDISON, A. S.; LEWIS, M. J. (Ed.). *Separation process in the food and biotechnology industries*. Cambridge: Woodhead Publishing Limited, 1996. cap. 6, p. 153-176.

GREGG, S. J.; SING, K. S. W. *Adsorption, surface area and porosity*. 2. ed. Londres: Academic Press, 1982. 303 p.

GUIOCHON, G.; SHIRAZI, S. G.; KATTI, A. M. *Fundamentals of preparative and nonlinear chromatography*. Nova York: Academic Press, 1994. 700 p.

HOLMBERG, K. (Ed.). *Handbook of applied surface and colloid chemistry*. Chichester: John Wiley & Sons, 2002. v. 1 e 2.

KHYM, J. X. *Analytical ion-exchange procedures in chemistry and biology*: theory, equipment, techniques. Englewood Cliffs: Prentice-Hall, 1974. 257 p.

KUNIN, R. *Ion exchange resins*. 2. ed. Nova York: John Wiley & Sons, 1958. 466 p.

LANGMUIR, I. The adsorption of gases on plane surfaces of glass, mica and platinum. *Journal of the American Chemical Society*, v. 40, n. 9, p. 1361-1403, 1918.

LEHNINGER, A. L. *Princípios de bioquímica*. 2. ed. São Paulo: Sarvier, 1995. 839 p.

LEVAN, M. D.; CARTA, G.; YON, C. M. Adsorption and ion exchange. In: PERRY, R. H.; GREEN, D. W.; MALONEY, J. O. (Ed.). *Perry's chemical engineers' handbook*. 7. ed. Nova York: McGraw-Hill Companies, 1997. seç. 16.

MCCABE, W. L.; SMITH, J. C.; HARRIOT, P. *Unit operations of chemical engineering*. 7. ed. Nova York: McGraw-Hill Companies, 2005. 1140 p.

MYERS, D. *Surfaces, interfaces and colloids*: principles and applications. 2. ed. Nova York: John Wiley & Sons, 1999. 501 p.

SAMUELSON, O. *Ion exchange separations in analytical chemistry*. Nova York: John Willey & Sons, 1963. 474 p.

SOUZA, R. C. S. *Separação da lisozima, conalbumina e ovalbumina presentes na clara do ovo*: aspectos tecnológicos e termodinâmicos. Dissertação (Mestrado), Universidade Federal de Viçosa, Viçosa, 2008. 100 p.

TOTH, J. State equations of the solid-gas interface layers. *Acta Chimica Academiae Scientiarum Hungaricae*, Budapeste, v. 69, n. 3, p. 311-328, 1971.

TREYBAL, R. E. *Mass-transfer operations*. 3. ed. Cingapura: McGraw-Hill Book Co., 1980. 784 p.

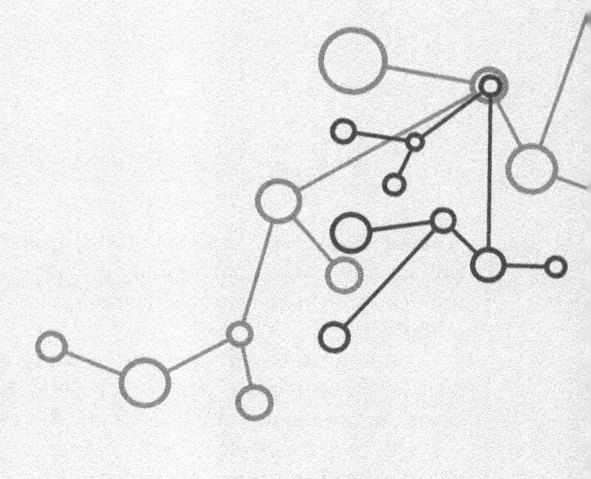

24

ABSORÇÃO E ESGOTAMENTO

Roberta Ceriani*

Antonio José de Almeida Meirelles*

* Universidade Estadual de Campinas (Unicamp).

24.1 INTRODUÇÃO

A absorção é uma operação unitária de contato gás-líquido na qual um ou mais componentes de uma mistura gasosa são transferidos para a fase líquida por causa de sua dissolução preferencial no solvente líquido. Nesse processo, empregado na recuperação ou remoção de componentes voláteis em correntes gasosas, a transferência de massa ocorre do gás para o líquido.

A operação unitária denominada esgotamento ou dessorção segue os mesmos princípios da absorção. No entanto, a transferência de massa ocorre do líquido para o gás, já que o objetivo, nesse caso, é o de remover ou recuperar um ou mais componentes da mistura líquida por sua evaporação e arraste para a fase gasosa.

Muitas são as aplicações na indústria química para essas duas operações unitárias, envolvendo a remoção de solventes como acetona, benzeno e tolueno, amônia, CO_2, CO e H_2S, pelo contato direto com uma corrente de líquido (água, óleo mineral, polímeros, NaOH em solução), com a ocorrência ou não de reação química. Na indústria de alimentos, os exemplos não são menos importantes. Alguns desses exemplos são enumerados a seguir:

(i) Sulfitação (absorção de SO_2) do caldo de cana

O processo de sulfitação do caldo de cana é realizado em colunas de pratos perfurados operando em contracorrente, sendo o caldo de cana alimentado na porção superior da coluna e o gás SO_2 na parte inferior. O contato entre as fases é realizado nos estágios da coluna (pratos perfurados). Os principais objetivos da sulfitação são o abaixamento do pH original do caldo de cana para valores entre 4,0 e 4,5 e o seu branqueamento.

(ii) Lavagem de gases de fermentação em usinas de álcool e açúcar

O dióxido de carbono formado durante a etapa de fermentação do mosto da cana de açúcar pode carrear parte do etanol produzido para a fase gasosa, aumentando as perdas do processo. Por esse motivo, a fermentação é geralmente realizada em dornas de fermentação fechadas, de forma que seja possível recuperar o etanol arrastado por lavagem dos gases de saída (principalmente CO_2). Nesse processo, são empregadas colunas de absorção, onde a fase líquida (corrente de água) absorve os vapores de álcool, recuperando-os e retornando-os para o processo.

(iii) Desalcoolização parcial de vinhos por esgotamento (Alcarde, 2006)

A desalcoolização parcial de vinhos consiste na eliminação parcial do etanol (nunca superior a 2mL/100mL do teor alcoólico) por esgotamento aplicado no início da fermentação. O gás de arraste empregado pode ser um gás inerte, como o nitrogênio. O processo é realizado a baixa temperatura (32 °C) e sob vácuo, e os componentes voláteis do mosto, carreados pelo gás, são recuperados por condensação.

(iv) Desodorização e desacidificação por via física de óleos vegetais em colunas de esgotamento (desodorizadores)

O processo de desodorização foi idealizado ao final do século XIX com o objetivo de retirar odores de óleos vegetais, que seriam utilizados como substitutos de gorduras animais em formulações de margarinas. O forte odor e sabor naturais dos óleos de soja e palma, os odores formados pelo processo de hidrogenação de óleos vegetais, e traços de n-hexano também são retirados pela desodorização. A separação das substâncias indesejáveis, que afetam o sabor, o odor, a cor e a estabilidade dos óleos vegetais, ocorre em razão da grande diferença de volatilidade entre esses compostos e o óleo nas condições do processo (altas temperaturas e alto vácuo). Nos desodorizadores, o vapor de água usado como fluido de arraste é utilizado para facilitar a mistura, de forma que todo o óleo fique exposto às condições de superfície, onde ocorre a transferência de massa das impurezas voláteis para a fase gasosa.

Em desodorizadores contínuos comerciais, duas configurações são utilizadas: corrente cruzada, na qual as direções das correntes se cruzam dentro do equipamento e contracorrente, na qual a entrada de vapor é feita junto à saída de líquido, e vice-versa. Desodorizadores de contato diferencial se baseiam na configuração contracorrente, enquanto desodorizadores de estágios são principalmente configurados em corrente cruzada.

(v) Recuperação de *hexana* da micela após extração de óleos vegetais com solvente a partir de sementes oleaginosas ou polpas de frutos

A *hexana* é uma mistura de hidrocarbonetos de petróleo saturados, tendo o n-hexano como seu principal componente. Mesmo sendo altamente tóxica, é largamente empregada no processo de extração de óleos vegetais de sementes oleaginosas ou polpa de frutos. Após a etapa de preparação, a matriz sólida oleaginosa é destinada ao processo de extração do óleo, que pode ser feito de três maneiras diferentes: extração mecânica, extração com solvente ou uma combinação das duas. Na extração mecânica, as sementes estão sujeitas a altas temperaturas e pressão que forçam o óleo a sair das células. Em muitos casos, a torta (massa de sementes) resultante contém certo teor de óleo residual, em geral de (0,02 a 0,03) $kg \cdot kg^{-1}$, que pode ser removido por contato com um solvente. O processo combinado (extração mecânica + extração com solvente) resulta em maior rendimento, pois uma maior quantidade de óleo, bem como de outros compostos, é removida pela ação do solvente. No óleo refinado, a concentração de solvente não

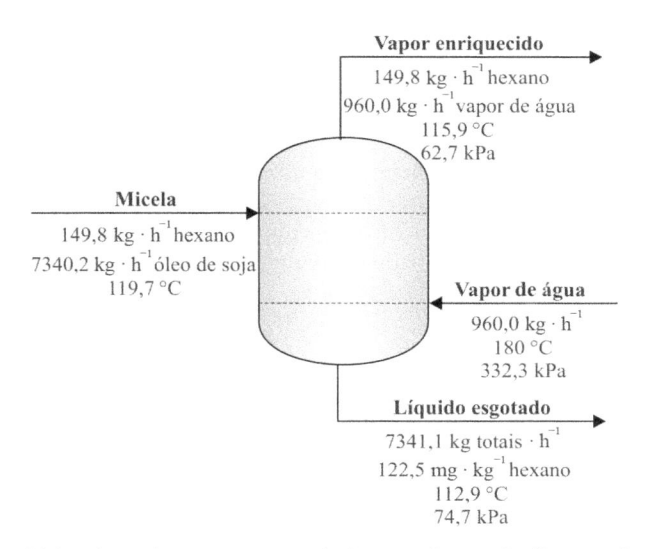

Figura 24.1 Coluna de esgotamento de *hexana* da micela óleo + solvente.

deve ser superior a 10^{-6} kg de solvente $\cdot$ kg^{-1} de óleo. Por esse motivo, após a extração do óleo, a micela (mistura óleo-solvente) deve passar por um processo de recuperação do solvente para que o óleo bruto, praticamente livre de solvente, seja destinado às etapas do refino. A alimentação (micela) é proveniente de uma sequência de evaporadores na qual é previamente concentrada a cerca de 0,9 kg $\cdot$ kg^{-1} ou mais de óleo em solvente. No topo dessa coluna, a micela passa por um *flash* sob alto vácuo, concentrando-se a 0,99 kg $\cdot$ kg^{-1} (em massa) de óleo e flui por gravidade através de uma série de estágios, em contracorrente com o vapor de arraste, onde ocorre a eliminação mais difícil do restante do solvente.

A Figura 24.1 apresenta condições operacionais típicas de uma coluna de recuperação de *hexana* (Paraíso, Andrade e Zemp, 2005). O objetivo da coluna de esgotamento é o de completar a remoção do resíduo de *hexana*, obtendo uma corrente de óleo bruto que contém entre (10^{-4} e 10^{-3}) kg de solvente $\cdot$ kg^{-1} de óleo.

24.2 EQUILÍBRIO GÁS-LÍQUIDO E LÍQUIDO-VAPOR

O equilíbrio de fases é definido em um sistema no qual duas fases homogêneas diferentes estão em equilíbrio. Para o equilíbrio líquido-vapor (ELV), o coeficiente de distribuição, K_i [(mol$\cdot$mol^{-1} total)$\cdot$(mol$\cdot$mol^{-1} total)$^{-1}$], relaciona as frações molares do componente i nas fases líquida, x_i, e vapor, y_i, pela relação a seguir:

$$K_i = \frac{y_i^*}{x_i}$$ (24.1)

em que y_i^*[mol $\cdot$ mol^{-1} total] representa a fração molar do componente i na fase vapor em equilíbrio com a fase líquida de composição x_i.

O cálculo do coeficiente de distribuição, K_i, pode ser feito de maneira mais ou menos rigorosa, e a acurácia dessa estimativa depende tanto da complexidade da expressão escolhida como da capacidade preditiva das correlações selecionadas para o cálculo das propriedades termodinâmicas (pressão de vapor, coeficientes de atividade e fugacidade, por exemplo) necessárias em cada uma dessas expressões.

A relação entre coeficientes de distribuição dos componentes i e j de uma mistura, definida como volatilidade relativa do composto i em relação ao composto j, α_{ij} [((mol$\cdot$mol^{-1}total)$\cdot$(mol$\cdot$mol^{-1} total)$^{-1}$)$\cdot$((mol$\cdot$mol^{-1} total)$\cdot$(mol$\cdot$mol^{-1} total)$^{-1}$)$^{-1}$] está associada à facilidade de separação dos mesmos sob uma determinada condição de processo:

$$\alpha_{ij} = \frac{K_i}{K_j}$$ (24.2)

Se a volatilidade relativa for menor do que a unidade ($\alpha_{ij} < 1$), o componente j (referência) é mais volátil do que o componente i. Se, ao contrário, $\alpha_{ij} > 1$, o componente i é mais volátil do que o componente j (referência). No caso de a volatilidade relativa ser muito próxima da unidade, a separação dos dois componentes por processos de contato gás-líquido se torna muito difícil.

Neste capítulo, o cálculo do coeficiente de distribuição será estudado de acordo com as seguintes abordagens: pela Lei de Henry (Equação 24.3), por meio de uma forma elaborada da equação do equilíbrio líquido-vapor, que envolve coeficientes de atividade e fugacidade (Equação 24.4), e pela Lei de Raoult (Equação 24.5), uma simplificação da Equação 24.4.

A Lei de Henry é dada por:

$$K_i = \frac{H_i}{P} \qquad (24.3)$$

em que P é a pressão total do sistema e H_i é um coeficiente empírico conhecido como constante da Lei de Henry [Pa].

De acordo com os conceitos já apresentados no Capítulo 22 sobre o equilíbrio líquido-vapor, o coeficiente de distribuição também pode ser obtido por uma relação mais complexa, que inclui o coeficiente de atividade do componente i na fase líquida, γ_i [adimensional], o coeficiente de fugacidade do componente i na fase vapor, $\hat{\phi}_i$ [adimensional], e o coeficiente de fugacidade do componente i puro na saturação, $\hat{\phi}_i$ [adimensional]:

$$K_i = \frac{\gamma_i P_{vi} \phi_i^*}{\hat{\phi}_i P} \qquad (24.4)$$

em que P_{vi} é a pressão de vapor do componente i puro na temperatura do sistema [Pa].

A Equação 24.4 é equivalente à Equação 22.6 e, de acordo com o apresentado na Seção 22.2.1, pode ser simplificada de forma a resultar na Lei de Raoult, dada por:

$$K_i = \frac{P_{vi}}{P} \qquad (24.5)$$

A Lei de Henry (Equação 24.3) relaciona a pressão parcial de um gás com sua solubilidade no líquido a determinada temperatura e é aplicável a soluções diluídas e sistemas a baixa pressão. Um exemplo bastante claro de aplicação da Lei de Henry é a perda de gás carbônico (CO_2) em garrafas de bebidas refrigerantes (bebidas carbonatadas) que foram refrigeradas, deixadas à temperatura ambiente, refrigeradas novamente e então consumidas. Popularmente, disse-se, que a bebida ficou "choca". De fato, quando a garrafa está fechada e refrigerada, o gás carbônico encontra-se dissolvido no líquido, sob pressão. Conforme o líquido se aquece, a solubilidade do gás diminui e este se concentra no *headspace* (espaço não ocupado pela fase líquida) da garrafa. Esse volume de gás, mesmo com novo abaixamento da temperatura, não volta a solubilizar-se no líquido, sendo instantaneamente perdido após a abertura da garrafa para consumo da bebida.

Do mesmo modo que a temperatura, a presença de açúcares também exerce um efeito negativo na solubilidade do CO_2 em bebidas carbonatadas. Por esses motivos, a carbonatação é feita sob refrigeração, em temperaturas não superiores a 6 °C. A 0 °C, 1 L de água dissolve cerca de 1,67 L de CO_2, enquanto a 25 °C são necessários 13 L de água para dissolver 1 L de CO_2 (Descoins et al., 2006; Jacobs, 1959; Varnam e Sutherland, 1994).

De acordo com Varnam e Sutherland (1994), os fatores determinantes do grau de carbonatação são: (i) pressão do sistema; (ii) temperatura do líquido; (iii) tempo de contato entre o líquido e o gás carbônico; (iv) área interfacial entre o líquido e o gás carbônico; (v) afinidade do líquido pelo CO_2, que reduz com o aumento da concentração de açúcares; e (vi) a presença de outros gases.

A Tabela 24.1 traz a solubilidade do dióxido de carbono em soluções de água e açúcar a 15,6 °C a pressão atmosférica. Nessas condições, um volume de água pura dissolve um volume de CO_2 (Jacobs, 1959).

A Tabela 24.2 apresenta alguns valores de constantes de Henry para gases dissolvidos em água a diferentes temperaturas (National Research Council, 1929).

Quando não disponível, a constante de Henry pode ser estimada a partir do coeficiente de atividade à diluição infinita, de acordo com a relação a seguir (Müller e Stage, 1961):

$$H_i = \gamma_i^\infty P_{vi} \phi_i^* \qquad (24.6)$$

em que γ_i^∞ é o coeficiente de atividade do composto i à diluição infinita.

Tabela 24.1 Solubilidade do CO_2 em soluções de açúcar a 15,6 °C e 101,3 kPa (Jacobs, 1959)

CONCENTRAÇÃO DE AÇÚCAR NA SOLUÇÃO [kg·kg^{-1} total]	VOLUME DE CO_2 DISSOLVIDO POR VOLUME DE SOLUÇÃO
0,01	0,995
0,02	0,989
0,04	0,975
0,08	0,943
0,12	0,907

Tabela 24.2 Constantes de Henry [H_i] para gases dissolvidos em água

TEMPERATURA [°C]	H_I [GPa·(mol·mol^{-1} total)$^{-1}$]*			
	CO_2	H_2S	N_2	O_2
0	0,0738	0,0272	5,36	2,58
10	0,105	0,0372	6,77	3,31
20	0,144	0,0489	8,15	4,06
30	0,189	0,0617	9,36	4,81

*1 GPa = 10^9 Pa.

Na Equação 24.4, o coeficiente de distribuição K_i está descrito de maneira rigorosa, considerando a não idealidade das fases líquida e vapor. Dependendo do sistema em estudo, em termos das características químicas dos componentes e de suas concentrações na mistura, da temperatura e da pressão a que está submetido, algumas simplificações podem ser consideradas na descrição matemática do equilíbrio líquido-vapor. Em baixas pressões inferiores a (500 ou 600) kPa, a razão entre os coeficientes de fugacidade, ϕ_i^* e $\hat{\phi}_i$, aproxima-se da unidade, e o coeficiente de distribuição K_i pode ser obtido em função da pressão de vapor $P_{vi} = f(T)$, do coeficiente de atividade $\gamma_i = f(T, x)$ e da pressão do sistema (P). Essa relação é conhecida como Lei de Raoult modificada (Equação 24.7).

$$K_i = \frac{\gamma_i P_{vi}}{P} \tag{24.7}$$

Se a fase líquida também for considerada ideal, como no caso de sistemas formados por moléculas semelhantes, o equilíbrio líquido-vapor é descrito pela Lei de Raoult (Equação 24.5). Nesse caso, os coeficientes de atividade e de fugacidade são iguais à unidade ($\gamma_i = \phi_i^* = \hat{\phi}_i = 1$).

É importante salientar que, no caso de substâncias cujas pressões de vapor, na temperatura do sistema, são elevadas, os valores calculados de ϕ_i^* podem desviar-se consideravelmente da unidade. É o caso, por exemplo, de ácidos graxos de cadeia carbônica curta (C6:0 a C12:0) em óleos vegetais (óleo de coco), submetidos ao processo de desacidificação por via física, e também do n-hexano na etapa de esgotamento da micela óleo + solvente. De acordo com Ceriani e Meirelles (2004a e 2004b), as elevadas temperaturas empregadas nesses processos geram valores de pressão de vapor suficientes para que os valores de ϕ_i^* calculados para esses compostos modifiquem, de forma relevante, o cálculo do equilíbrio líquido-vapor. Neste capítulo, a abordagem a ser adotada nos cálculos do equilíbrio líquido-vapor será simplificada, sendo empregada a Lei de Raoult modificada (Equação 24.7), ou seja, $\phi_i^* = \hat{\phi}_i = 1$.

A Tabela 24.3 apresenta os desvios absolutos nas temperaturas de ebulição, isto é, a diferença entre os valores de temperatura de ebulição calculados e experimentais, ($T_b^{calc} - T_b^{exp}$), de micelas óleo de amendoim e hexano calculados utili-

Tabela 24.3 Desvios absolutos da temperatura de ebulição ($T_b^{calc} - T_b^{exp}$) para micelas de n-hexano (A) + óleo de amendoim (B) a 21,3 kPa (Pollard, Vix e Gastrock, 1945; Ceriani e Meirelles, 2004a)

X_A [kg·kg^{-1} total]	T_b^{exp} [°C]	($T_b^{calc} - T_b^{exp}$) [°C]	
		EQUAÇÃO 24.7	EQUAÇÃO 24.4
0,849	25,27	1,55	1,56
0,751	25,64	1,52	1,53
0,654	26,13	1,48	1,50
0,549	26,98	1,37	1,40
0,446	28,08	1,43	1,49
0,348	30,51	0,88	0,97
0,239	35,46	−0,12	0,06
0,133	48,03	−3,75	−3,34
0,065	66,22	−6,56	−5,61
0,030	96,66	−15,08	−12,92
0,013	124,56	−12,75	−7,65
0,005	139,96	16,38	30,46
Média		5,24	5,71

zando duas abordagens diferentes para o equilíbrio líquido-vapor, ou seja, a Equação 24.4 que envolve a não idealidade das fases líquida e vapor, e a Equação 24.7, que inclui os coeficientes de atividade dos compostos envolvidos. Os dados experimentais foram obtidos a 21,3 kPa para diferentes frações mássicas de hexano (composto A), X_A [kg·kg^{-1} total], na micela óleo-solvente (Pollard, Vix e Gastrock, 1945).

Pode-se observar que a inclusão da não idealidade da fase vapor aumenta ligeiramente o desvio médio obtido. Esse aumento se torna mais significativo para micelas ricas em óleo vegetal (baixos valores de X_A), provavelmente como consequência da falta de acurácia na predição dos coeficientes de atividade do n-hexano nessa faixa de concentração.

24.2.1 Curvas de equilíbrio

24.2.1.1 Equilíbrio líquido-vapor

Curvas de equilíbrio líquido-vapor (y^* vs. x) podem ser estimadas a partir das relações para o coeficiente de distribuição, apresentadas anteriormente. Para o cálculo do coeficiente de distribuição K_i faz-se necessário o conhecimento das propriedades termodinâmicas envolvidas. Neste capítulo, o equilíbrio líquido-vapor será discutido em face de resultados relativos a misturas de compostos envolvidos em dois casos específicos da indústria de óleos vegetais: esgotamento de *hexana* da micela óleo + solvente e desacidificação de óleos vegetais, ambos os processos realizados com a injeção de vapor superaquecido. Nesses processos, além dos compostos graxos, também estão envolvidos a água e o n-hexano.

Em termos de dados experimentais de equilíbrio líquido-vapor de compostos graxos, a literatura é limitada (Pollard, Vix e Gastrock, 1945; Müller e Stage, 1961; Goodrum, Geller e Lee, 1998), apresentando dados que, em sua maioria, são antigos, obtidos quando as técnicas experimentais em geral, e analíticas em particular, eram menos desenvolvidas. Ceriani e Meirelles (2004a) trabalharam com a predição do equilíbrio líquido-vapor de misturas binárias de ácidos graxos, de ésteres graxos, de triacilgliceróis e de sistemas constituídos de óleos de algodão e de amendoim diluídos em *hexana*.

Partindo-se da Lei de Raoult modificada (Equação 24.7), o coeficiente de distribuição K_i pode ser estimado conhecendo-se a pressão de vapor P_{vi} e o coeficiente de atividade γ_i nas condições de interesse.

A pressão de vapor é definida como a pressão exercida pelo vapor quando está em equilíbrio com o líquido que lhe deu origem. É uma propriedade dependente da temperatura do sistema e pode ser estimada conhecendo-se os parâmetros de equações empíricas, como a equação de Antoine, dada por:

$$P_{vi} = \exp\left(a + \frac{b}{T + c} \right) \tag{24.8}$$

em que P_{vi} é a pressão de vapor do componente i puro [Pa]; T é a temperatura [°C ou K] e a [adimensional], b [°C ou K] e c [°C ou K] são parâmetros de ajuste.

A Tabela 24.4 apresenta os parâmetros a, b e c da Equação 24.8 para alguns compostos de interesse neste capítulo.

Para estimar o coeficiente de atividade de um composto, uma série de modelos matemáticos com diferentes graus de complexidade pode ser utilizada. Não é objetivo deste capítulo uma discussão aprofundada sobre modelos de coeficientes de atividade, que pode ser encontrada no Capítulo 22 ou em outros textos (Walas, 1985; Poling, Prausnitz e O'Connell, 2004). Por esse motivo, optou-se por apresentar a equação de Margules, a mais simples e também a mais antiga dentre aquelas ainda utilizadas. Para um sistema ternário, os coeficientes de atividade dos componentes A, B e C podem ser estimados, respectivamente, por:

Tabela 24.4 Parâmetros da equação de Antoine para alguns compostos de interesse*

COMPOSTO	a [adimensional]	b [°C]	c [°C]
Trioleína	80,15	−80.390	721,5
Ácido oleico	24,44	−6512	150,9
Trilaurina	30,1597	−13.446,0	228,8
Ácido láurico	21,4153	−4080,3	115,8
Água	23,3829	−3944,6	232,5002
n-Hexano	20,7901	−2720,2	224,9240

* Esses valores devem ser usados com temperatura em [°C] e pressão de vapor em [Pa].

$$RT \ln \gamma_A = A_{AB} x_B^2 + A_{AC} x_C^2 + (A_{AB} + A_{AC} - A_{BC}) x_B x_C \qquad (24.9)$$

$$RT \ln \gamma_B = A_{AB} x_A^2 + A_{BC} x_C^2 + (A_{AB} + A_{BC} - A_{AC}) x_A x_C \qquad (24.10)$$

$$RT \ln \gamma_C = A_{AC} x_A^2 + A_{BC} x_B^2 + (A_{AC} + A_{BC} - A_{AB}) x_A x_B \qquad (24.11)$$

em que x_A, x_B e x_C são, respectivamente, as frações molares dos componentes A, B e C da mistura; R é a constante universal dos gases [8,314 J·mol^{-1}·K^{-1}]; T é a temperatura [K] e A_{AB}, A_{AC} e A_{BC} são parâmetros de ajuste [J·mol^{-1}], que são função da temperatura, de acordo com a seguinte equação:

$$A_{ij} = A_{ij}^o + A_{ij}^1 T \qquad (24.12)$$

em que A_{ij}^o [J · mol^{-1}] e A_{ij}^1 [J · mol^{-1} · °C^{-1}] são obtidos por regressão de dados experimentais de equilíbrio líquido-vapor e T é a temperatura [°C].

A Tabela 24.5 apresenta os parâmetros da equação de Margules para três sistemas ternários de interesse neste capítulo, obtidos por regressão de dados experimentais de equilíbrio líquido-vapor a partir do trabalho realizado por Ceriani e Meirelles (2004a).

Para os sistemas ácido oleico (A) + água (B) + trioleína (C) e ácido láurico (A) + água (B) + trilaurina (C) a faixa de concentração do composto A variou entre (0 a 0,05) kg · kg^{-1}, enquanto, para o sistema hexano (A) + água (B) + trioleína (C), essa faixa foi mais restrita, de (0 a 0,02) kg · kg^{-1}. Ambas as faixas estão baseadas em valores usualmente encontrados na indústria de óleos vegetais.

A hipótese de transferência de um único componente pode ser considerada válida para os três sistemas supracitados. Em trabalhos anteriores, Ceriani e Meirelles (2004a) e Fornari, Bottini e Brignole (1994) demonstraram que, nas condições de operação das colunas de esgotamento empregadas no processo de recuperação de *hexana* da micela óleo + solvente, os triacilgliceróis podem ser considerados como não voláteis. Essa simplificação também pode ser aplicada no caso da desacidificação por via física de óleos vegetais de alto peso molecular (Ceriani e Meirelles, 2004b e 2006), para a qual a perda de óleo neutro pela vaporização dos acilgliceróis parciais (mono e diacilgliceróis) é desprezível.

Dados de equilíbrio líquido-vapor para os sistemas ácido oleico (A) + água (B) + trioleína (C) e ácido láurico (A) + água (B) + trilaurina (C) na forma $T - y_A - x_A$ a 133,3 Pa estão apresentados na Tabela 24.6. Pode-se observar que, em ambos os casos, as fases líquida e vapor são empobrecidas no componente mais volátil com o aumento da temperatura. Os valores de volatilidade relativa dos ácidos graxos em relação aos triacilgliceróis (α_{AC}) são bastante elevados, tornando

Tabela 24.5 Parâmetros da equação de Margules para alguns sistemas de interesse na indústria de óleos vegetais

SISTEMA	PARÂMETROS $\dfrac{A_{ij}^o}{R}$ [K]		
	$\dfrac{A_{AB}^o}{R}$	$\dfrac{A_{AC}^o}{R}$	$\dfrac{A_{BC}^o}{R}$
Ácido oleico (A) + Água (B) + Trioleína (C)	1043,7	47,5529	985,6
Ácido láurico (A) + Água (B) + Trilaurina (C)	–1005,4	45,0986	1036,3
Hexano (A) + Água (B) + Trioleína (C)	404,0	–222,5	1004,8
SISTEMA	PARÂMETROS $\dfrac{A_{ij}^1}{R} \left[\dfrac{K}{°C} \right]$		
	$\dfrac{A_{AB}^1}{R}$	$\dfrac{A_{AC}^1}{R}$	$\dfrac{A_{BC}^1}{R}$
Ácido oleico (A) + Água (B) + Trioleína (C)	0,2788	–0,4303	–0,204
Ácido láurico (A) + Água (B) + Trilaurina (C)	15,7015	–0,2994	0,4291
Hexano (A) + Água (B) + Trioleína (C)	3,99	–0,7586	0,182

Tabela 24.6 Dados de equilíbrio líquido-vapor para dois sistemas graxos:
ácido graxo (*A*) + água (*B*) + triacilglicerol (*C*)

SISTEMA	T [°C]	X_A [kg·kg⁻¹ total]	x_A [mol·mol⁻¹ total]	y_A [mol·mol⁻¹ total]	α_{AC} [((mol·mol⁻¹ total)· (mol·mol⁻¹ total)⁻¹)· ((mol·mol⁻¹ total)· (mol·mol⁻¹ total)⁻¹)⁻¹]
	205,81	0,050	0,14162	0,4777	$2,90 \times 10^5$
	207,12	0,045	0,12870	0,4629	$2,74 \times 10^5$
	208,58	0,040	0,11552	0,4462	$2,57 \times 10^5$
	210,24	0,035	0,10209	0,4274	$2,39 \times 10^5$
Ácido oleico (*A*) + água (*B*) + trioleína (*C*)	212,15	0,030	0,08838	0,4056	$2,20 \times 10^5$
	214,39	0,025	0,07440	0,3800	$2,00 \times 10^5$
	217,09	0,020	0,06013	0,3489	$1,78 \times 10^5$
	220,46	0,015	0,04556	0,3094	$1,55 \times 10^5$
	224,94	0,010	0,03069	0,2559	$1,28 \times 10^5$
	231,57	0,005	0,01551	0,1739	$9,66 \times 10^4$
	240,83	0,001	0,00313	0,0522	$6,52 \times 10^4$
	159,40	0,050	0,14376	0,8140	$6,65 \times 10^4$
	161,03	0,045	0,13067	0,8054	$6,26 \times 10^4$
	162,89	0,040	0,11732	0,7956	$5,84 \times 10^4$
	165,03	0,035	0,10370	0,7840	$5,39 \times 10^4$
Ácido láurico (*A*) + água (*B*) + trilaurina (*C*)	167,56	0,030	0,08980	0,7701	$4,91 \times 10^4$
	170,60	0,025	0,07561	0,7529	$4,40 \times 10^4$
	174,42	0,020	0,06112	0,7307	$3,84 \times 10^4$
	179,44	0,015	0,04633	0,6999	$3,22 \times 10^4$
	186,69	0,010	0,03122	0,6525	$2,51 \times 10^4$
	199,29	0,005	0,01578	0,5599	$1,65 \times 10^4$
	226,16	0,001	0,00318	0,3064	$6,99 \times 10^3$

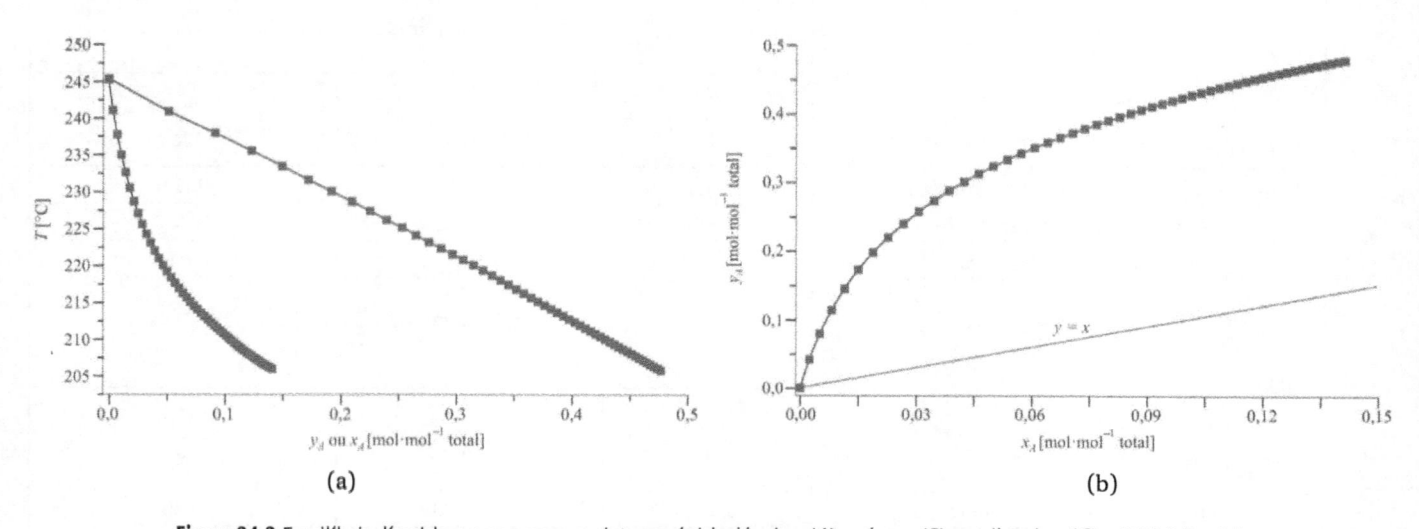

Figura 24.2 Equilíbrio líquido-vapor para o sistema ácido láurico (*A*) + água (*B*) + trilaurina (*C*) a 133,3 Pa: (a)
diagrama $T - x_A$ e (b) diagrama $y_A - x_A$.

a separação relativamente fácil nessas condições de operação. Para o sistema graxo mais volátil (ácido láurico + água + trilaurina) os valores de α_{AC} são menores, mostrando que a perda do triacilglicerol pode ocorrer de forma significativa ao longo do processo de desacidificação do óleo de coco, que pode ser representado por esse sistema, na forma de pseudocomponentes.

Os dados de equilíbrio líquido-vapor para o sistema ácido láurico (A) + água (B) + trilaurina (C) estão representados na Figura 24.2 em duas formas distintas: (a) T *versus* y_A ou x_A a P = 133,3 Pa; (b) y_A *versus* x_A a 133,3 Pa.

Geralmente os dois diagramas apresentam as concentrações do componente que se transfere em fração molar, ao invés de fração mássica, uma vez que as relações de equilíbrio são apresentadas em base molar.

Na Figura 24.2a, está indicado como as composições de equilíbrio dos componentes do sistema ácido láurico + água + trilaurina variam com a temperatura a 133,3 Pa. O ponto de ebulição da mistura na ausência do componente A (ácido graxo) é próxima a 245 °C. A curva superior mostra o perfil do ponto de orvalho (temperatura na qual se inicia a condensação do vapor) enquanto a curva inferior refere-se ao perfil do ponto de bolha (temperatura na qual se inicia a ebulição). Na Figura 24.2b é possível verificar que o sistema em questão está distante da relação $y_A = x_A$, na qual a separação entre os componentes seria impraticável.

24.2.1.2 Equilíbrio gás-líquido

Neste capítulo, a descrição do equilíbrio gás-líquido do sistema etanol (A) + gás carbônico (B) + água (C) presente na absorção do etanol arrastado para a fase vapor de dornas de fermentação também será feita com base na hipótese de transferência de um único composto (etanol, nesse caso). Para ser válida, deve-se considerar que: (i) a fase gasosa está saturada com vapor de água e, dessa maneira, esse composto não se transfere do líquido para o gás; (ii) gases (CO_2, no caso) são pouco solúveis em água e, portanto, não há transferência do mesmo do gás para o líquido.

Como base nessa hipótese, o equilíbrio gás-líquido pode ser descrito pela Equação 24.7 (Lei de Raoult modificada) para o sistema etanol-água, desprezando-se a solubilidade do CO_2 na solução. Note que, nesse caso, a contribuição do CO_2 no cálculo do equilíbrio gás-líquido está na pressão parcial que ele exerce na fase vapor, reduzindo o valor da soma das pressões parciais da água e do etanol necessárias para se igualar ao valor da pressão total do sistema.

O modelo de Van Laar (Equações 24.13 e 24.14) foi selecionado para o cálculo dos coeficientes de atividade do sistema etanol (A) + água (C). Os parâmetros são: $\frac{A_{AC}}{RT}$ = 1,7693 e $\frac{A_{CA}}{RT}$ = 0,9409 (Gmehling, Onken e Arlt, 1981). Já na equação de Antoine (Equação 24.8) para o etanol, os parâmetros são a = 23,80467, b = –3803,98 °C e c = 231,47 °C.

$$RT \ln \gamma_A = A_{AC} \left(\frac{A_{CA} x_C}{A_{AC} \cdot x_A + A_{CA} x_C} \right)^2 \qquad (24.13)$$

$$RT \ln \gamma_C = A_{CA} \left(\frac{A_{AC} x_A}{A_{AC} \cdot x_A + A_{CA} x_C} \right)^2 \qquad (24.14)$$

24.3 EQUIPAMENTOS DE ABSORÇÃO E ESGOTAMENTO

Industrialmente, os processos de absorção ou esgotamento podem ser realizados em colunas de estágios (bandejas ou pratos), colunas empacotadas (ou de recheio), colunas de borbulhamento (ou de bolhas) e leitos de contato centrífugo. Independentemente do equipamento escolhido, o objetivo é que este promova contato íntimo entre as fases líquido e vapor, melhorando a transferência de massa dos compostos de interesse. A Figura 24.3 apresenta, de forma esquemática, alguns dos equipamentos empregados nesse tipo de operação unitária.

A operação das colunas pode ser feita em duas configurações distintas (Figura 24.4): (a) contracorrente (colunas de estágios ou de recheio), na qual o líquido alimentado no topo flui por gravidade sendo retirado na base da coluna, enquanto o gás, alimentado no fundo da coluna, é removido no topo; ou (b) correntes cruzadas (colunas de estágios), na qual o gás é injetado em paralelo, em todos os estágios. Neste último caso, o líquido é colocado em contato com o gás isento de soluto a cada estágio. Vale lembrar que a configuração em contracorrente é a que oferece a maior eficiência na transferência de massa.

Ceriani e Meirelles (2006) estudaram, por simulação computacional, o desempenho dos dois tipos de configuração na desacidificação por via física de 4425 kg · h⁻¹ de óleo de palma (0,7523 kg · mol⁻¹) com 0,0369 kg · kg⁻¹ de acidez. A coluna de esgotamento com cinco estágios operava a 260 °C e 267 Pa. Valores similares de perda de óleo neutro (0,86 g/100g para operação em correntes cruzadas e 0,83 g/100g para operação em contracorrente) e de acidez final do óleo desacidificado (0,00084 kg · kg⁻¹ para operação em correntes cruzadas e 0,00085 kg·kg⁻¹ para operação em contracorrente) foram obtidos nos dois casos, considerando a injeção de 44,25 kg · h⁻¹ de vapor de arraste ($1,23 \times 10^{-2}$ kg · s⁻¹, divididos nos cinco estágios, ou $0,25 \times 10^{-2}$ kg · s⁻¹ em cada um) na configuração correntes cruzadas e 22,125 kg · h⁻¹ de vapor de arraste ($0,61 \times 10^{-2}$ kg · s⁻¹)

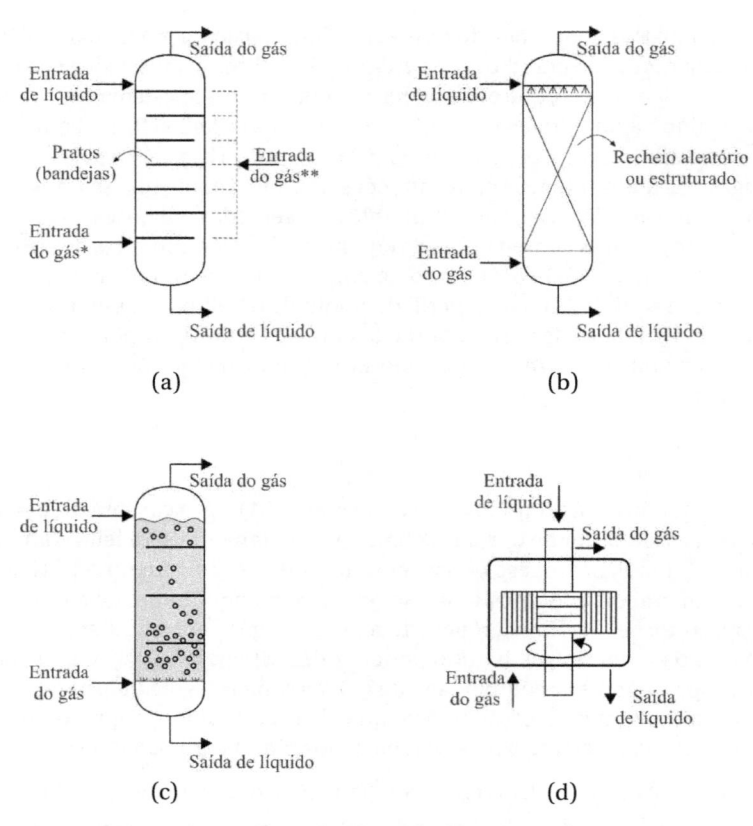

Figura 24.3 Diagramas esquemáticos de equipamentos de absorção e esgotamento: (a) coluna de estágio em contracorrente (*) e em corrente cruzada (**); (b) coluna de recheio; (c) coluna de borbulhamento; (d) leito de contato centrífugo.

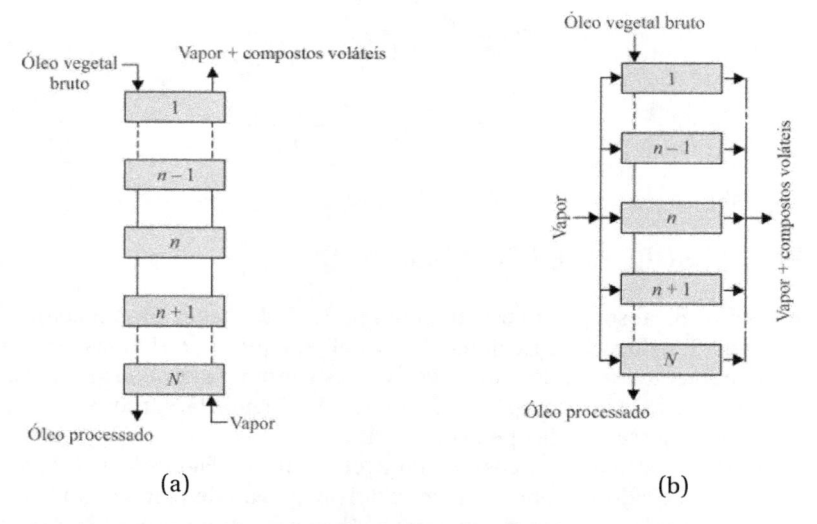

Figura 24.4 Operação em (a) contracorrente e (b) corrente cruzada.

na configuração contracorrente. Esse resultado mostra que a operação da coluna de esgotamento em contracorrente proporciona a mesma qualidade do produto final, com a metade do consumo de vapor de arraste.

Nas colunas de estágio, o contato entre o líquido e o gás pode ser feito por meio de pratos perfurados, pratos com campânulas ou com válvulas, como mostrado na Figura 24.5. A diferença entre eles está no custo, na perda de carga, na eficiência e na flexibilidade de operação. Os pratos perfurados são mais baratos, mas apresentam baixa flexibilidade, uma vez que, operando com baixa vazão de gás, o prato "chora", ou seja, há o retorno de líquido pelos orifícios e, com vazão

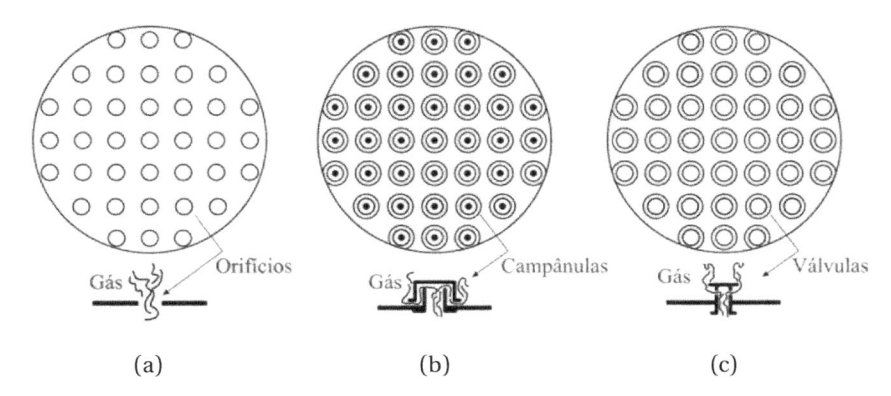

Figura 24.5 Tipos de pratos em colunas de estágios: (a) perfurados; (b) de campânulas e (c) de válvulas.

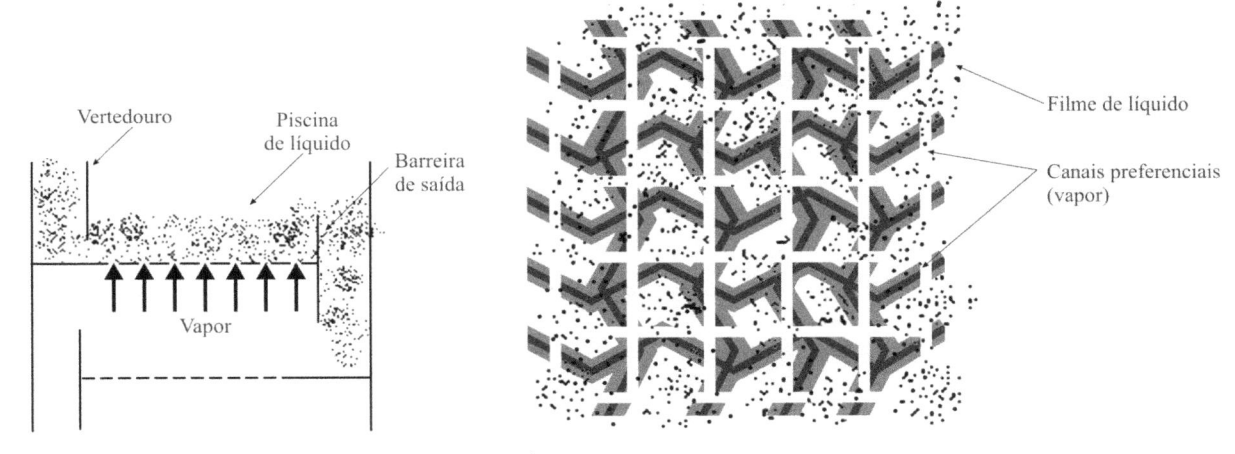

Figura 24.6 Contato entre fases em uma coluna de estágios.

Figura 24.7 Contato entre fases em uma coluna de recheio (estruturado).

elevada, o arraste de gotas de líquido pelo gás pode ser significativo, aumentando as perdas por arraste mecânico. Os pratos de campânulas oferecem alta eficiência de contato entre as fases, mas o custo é elevado. A relação custo-benefício é certamente mais favorável para os pratos de válvulas. Nesse tipo de prato, a abertura do orifício depende da vazão de gás, e a faixa de operação da coluna torna-se, portanto, mais flexível.

Em uma coluna de estágios, a fase líquida é conduzida do estágio superior para o estágio inferior através dos vertedouros. Sua capacidade pode ser expressa pelo tempo médio de residência do líquido no prato. Em cada estágio, a barreira de saída permite a formação de uma piscina de líquido sobre o prato, de forma que o vapor ascendente atravesse o líquido antes de escapar para o prato superior. O espaçamento entre os pratos deve ser projetado de modo que gotas de líquido e a espuma eventualmente formada se separem do vapor antes que este atinja o prato superior. A Figura 24.6 ilustra esses elementos.

Nas colunas empacotadas, o recheio pode ser aleatório ou estruturado, manufaturado em material metálico, cerâmico ou plástico, dependendo da aplicação (inerte e resistente à corrosão, por exemplo). A presença do recheio propicia uma área de transferência de massa muito maior nesse tipo de coluna, uma vez que o líquido escoa, em contracorrente com o gás, na forma de um filme de espessura reduzida (da ordem de milímetros) cobrindo grande parte da área superficial oferecida pelo recheio (Figura 24.7).

A Figura 24.8 apresenta alguns exemplos de recheios aleatórios. Nas páginas de fabricantes na internet (www.sulzer-chemtech.com e www.kochglitsch.com), muitos outros tipos de recheios aleatórios e também de recheios estruturados podem ser visualizados.

Os recheios aleatórios são os precursores desse tipo de estrutura interna. Os anéis cerâmicos de Raschig e as selas de Berl são os mais antigos dentre eles, não sendo mais especificados em projetos atuais. Outras gerações de recheios aleatórios, como os anéis de Pall (metálicos ou plásticos), as selas cerâmicas Intalox e as esferas plásticas Jaeger foram desenvolvidos, visando ao aprimoramento de alguns fatores relacionados com a eficiência, como o aumento da molhabilidade da área superficial por volume de recheio [$m^2 \cdot m^{-3}$] e a redução da perda de carga do vapor ascendente (porosidade). Para cada m^3

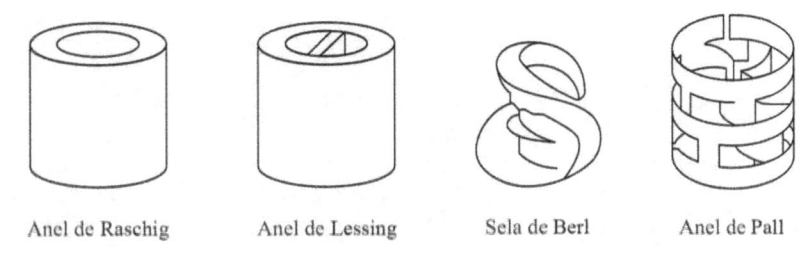

Anel de Raschig   Anel de Lessing   Sela de Berl   Anel de Pall

Figura 24.8 Exemplos de recheios aleatórios.

de recheio aleatório, a área de contato líquido-vapor pode variar entre 100 m² e 200 m². Recheios estruturados podem ser perfurados, fornecendo mais caminhos preferenciais à passagem do vapor, e também corrugados, de maneira a causar certa agitação no filme de líquido. São consideravelmente mais caros que os recheios aleatórios, pois são construídos para fins específicos, mas fornecem maior eficiência e capacidade de operação da coluna. Recheios estruturados têm área disponível para transferência de massa entre (165 e 330) m²·m⁻³ (Geankoplis, 2003).

No interior da coluna, o recheio é apoiado sobre um suporte que, logicamente, deve ser capaz de sustentar todo o peso do recheio bem como o do líquido aderido a ele, além de proporcionar uma área de seção transversal suficiente para um bom escoamento do gás ascendente, diminuindo sua perda de carga.

Com o intuito de garantir a distribuição homogênea do líquido em toda a seção transversal da coluna, evitando que porções do recheio fiquem secas e, consequentemente, ineficazes à transferência de massa, a alimentação de líquido é sempre feita por meio de um distribuidor. Os distribuidores de líquido podem ser tubos perfurados paralelos, tubos perfurados na configuração "espinha de peixe", bicos aspersores, dentre outros. Como regra geral (Perry e Chilton, 1973; Treybal, 1980) estipula-se que haja pelo menos cinco pontos de distribuição de líquido para cada 0,1 m² de área de seção transversal para colunas com diâmetro superior a 1,2 m, e uma relação ainda maior para colunas de menor diâmetro. No caso de recheios aleatórios, deve ser respeitada uma razão mínima de 8:1 entre o diâmetro da coluna e o diâmetro do recheio, de maneira a evitar a canalização do líquido em direção às paredes da coluna.

De maneira geral, a má distribuição de líquido em colunas empacotadas é consequência de pelo menos um dos cinco fatores citados a seguir: (i) o líquido não é distribuído igualmente ao longo da área da seção transversal da coluna pelo distribuidor; (ii) o líquido se move mais facilmente para as paredes da coluna do que no sentido oposto; (iii) a geometria do recheio inibe a distribuição lateral do líquido; (iv) o espaçamento do recheio varia de um ponto para outro dentro da coluna; e (v) a coluna não está devidamente alinhada. A presença de redistribuidores de líquido entre seções recheadas evita a canalização do líquido em determinados pontos dessas seções. Em uma coluna de recheio bem projetada e instalada, o espaçamento entre os redistribuidores pode variar entre (7 e 9) m (Perry e Chilton, 1973).

Os outros dois tipos de equipamentos de contato gás-líquido apresentados na Figura 24.3 são: a coluna de borbulhamento e o leito de contato centrífugo. Na coluna de borbulhamento, empregada, por exemplo, na absorção reativa de CO_2, a perda de carga e o tempo de residência são bastante elevados, uma vez que o gás deve atravessar a coluna de líquido em toda sua extensão. No leito de contato centrífugo, a alimentação de líquido é feita no centro do rotor, fluindo pela ação da força centrífuga para a porção mais externa da câmara, em contracorrente com o gás. Altas taxas de transferência de massa podem ser obtidas pela ação dessa força, de forma que unidades bastante compactas propiciam vários estágios teóricos de equilíbrio.

24.3.1 Equipamentos de esgotamento na indústria de óleos vegetais

As condições específicas de processo nas etapas de desacidificação por via física e de desodorização de óleos vegetais, de (133,3 a 799,7) Pa de pressão absoluta e temperaturas entre 200 °C e 260 °C, trazem algumas peculiaridades ao projeto das colunas de esgotamento e de seus acessórios nessa área de aplicação. Como exemplos, serão apresentados o desodorizador contínuo de estágios e o desodorizador contínuo de contato diferencial SoftColumn® da AlfaLaval (www.alfalaval.com).

Nos desodorizadores contínuos de estágio (Figura 24.9), o óleo bruto é bombeado através de um filtro e aspergido em um desaerador a vácuo. É então conduzido através de uma seção de recuperação de calor para uma seção de aquecimento, onde atinge a temperatura de processo, pelo contato indireto com um sistema de espirais aquecidas com vapor. O óleo é então desacidificado e desodorizado, fluindo sobre as bandejas e entrando em contato direto com o vapor de arraste. Ao sair do equipamento, o óleo já refinado passa pela seção de recuperação de calor, na qual aquece o óleo que alimenta o equipamento. É então resfriado sob vácuo por contato indireto com água e bombeado através de filtros para a estocagem.

A agitação é proporcionada pelo vapor de arraste que é injetado na base de cada seção através de tubos de distribuição. O tempo de permanência em cada estágio pode variar em torno de (10 a 30) min e o nível de líquido retido (piscina de

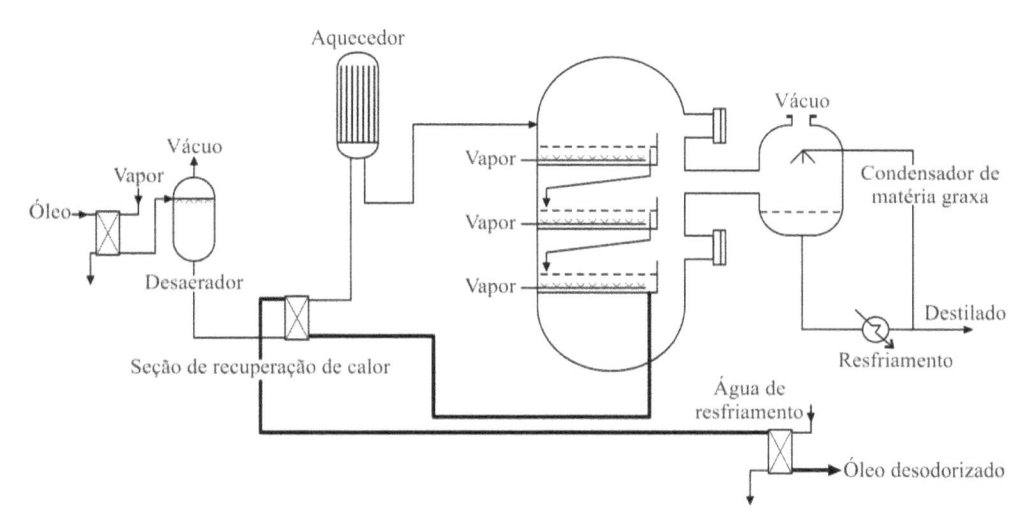

Figura 24.9 Diagrama esquemático de um desodorizador contínuo de estágios. Adaptado de Ahrens (1999).

líquido) varia entre 0,3 m e 0,8 m (Carlson, 1996). Acoplado ao desodorizador está o sistema de recuperação de destilado, no qual toda a corrente de vapor proveniente do equipamento é resfriada para causar a condensação dos ácidos graxos livres, o que permite a recuperação de uma corrente pura dos mesmos.

O sistema descrito utiliza bandejas especialmente desenvolvidas para esse fim (Figura 24.10), com o objetivo de expor, por agitação, todo o volume de óleo às condições de superfície, proporcionando contato suficiente entre o vapor e o óleo e, consequentemente, melhorando a eficiência na transferência de massa e reduzindo o tempo de residência do óleo em altas temperaturas.

Outra preocupação associada às condições de processo é a baixíssima densidade do vapor (reduzida pressão absoluta na coluna) que influencia largamente o volume do vapor de arraste quando injetado nas bandejas. Como consequência direta, partículas de líquido podem ser arrastadas de um prato a outro (arraste mecânico), causando perdas altamente indesejáveis. A velocidade do vapor acima da superfície do óleo, em geral, é da ordem de 2 m·s⁻¹. No entanto, esse valor pode chegar próximo dos 50 m·s⁻¹ na saída do equipamento em razão das condições de processo. Os desodorizadores atuais possuem sistemas eficientes para evitar perdas por arraste, reduzindo-as a valores entre 0,1 % e 0,2 % (Carlson, 1996).

Outra forma de melhorar o contato entre o líquido e o vapor de arraste é a utilização de colunas de recheio. A Figura 24.11 traz o esquema do desodorizador de contato diferencial SoftColumn®, da Alfalaval. Esse equipamento é dividido em duas seções com funções distintas: a primeira seção é uma coluna de recheio estruturado, onde o óleo flui continuamente em contracorrente com o vapor para a remoção dos ácidos graxos livres. A segunda seção é descontínua, havendo um tempo de retenção do óleo nos estágios para o branqueamento e a desodorização propriamente dita.

O sistema de desodorização de contato diferencial é composto por dois trocadores de calor externos, uma coluna de recheio disposta no topo de uma seção de retenção que opera em correntes cruzadas (Ceriani, Meirelles e Gani, 2010). Nos dois trocadores de calor tipo tubocarcaça, o óleo entra em contato com vapor de arraste sob vácuo enquanto é aquecido.

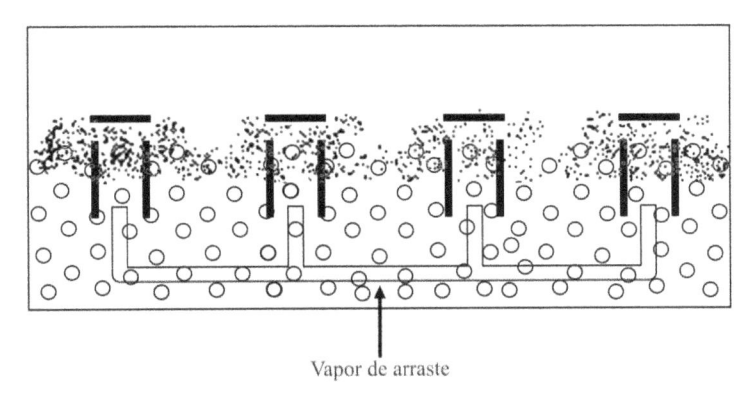

Figura 24.10 Sistema de injeção de vapor nos estágios do desodorizador contínuo.

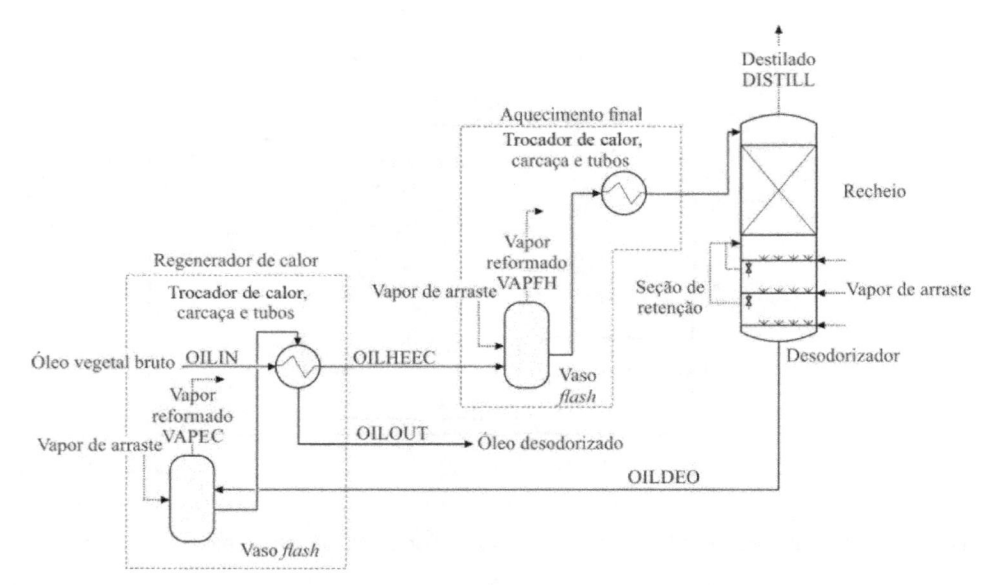

Figura 24.11 Diagrama de um desodorizador do tipo SoftColumn® (Ceriani, Meirelles e Gani, 2010).

Dessa forma, componentes indesejados produzidos por degradação térmica podem ser volatilizados rapidamente, antes mesmo da alimentação do óleo na coluna principal. Como mostrado na Figura 24.11, o óleo bruto desaerado (corrente OILIN) é alimentado na seção de recuperação de calor, onde é aquecido pelo óleo já desodorizado (lado da carcaça) que entra em contato com 0,1 % de vapor de arraste (relativo à vazão mássica da alimentação) para remoção de possíveis compostos voláteis indesejáveis formados.

Uma corrente de vapor chamada Vapec é então produzida na carcaça do trocador de calor. De acordo com informações obtidas na página da AlfaLaval na internet, uma programação típica de temperatura para esse equipamento é aquecer a alimentação (lado do tubo) de 100 °C a 210 °C. Duas correntes de líquido deixam esse equipamento: OILHEEC, conduzida para o segundo trocador de calor e OILOUT, que nada mais é do que o produto final desse processo. No segundo trocador de calor, a corrente de óleo OILHEEC entra em contato com vapor de arraste no lado da carcaça, sendo aquecida até a temperatura de desodorização. Uma nova corrente de vapor chamada VAPFH é produzida.

Como descrito por Hillström e Sjöberg (1999), a porção superior da coluna é preenchida com recheio estruturado e opera em contracorrente com o vapor proveniente dos estágios localizados na porção inferior da mesma. Ao todo, são três estágios que perfazem a chamada seção de retenção. Em cada um deles ocorre a injeção de vapor de arraste de maneira independente. O tempo de retenção do óleo em cada estágio pode ser ajustado pelo nível de líquido. Quanto maior o nível, maior será o tempo necessário para que o óleo escoe para o estágio seguinte, aumentando o tempo de retenção (Ahrens, 1999).

Duas correntes deixam a coluna principal do desodorizador: DISTILL, que é o destilado do processo (ácidos graxos e compostos minoritários voláteis, como vitaminas) e OILDEO, que é parcialmente resfriada no primeiro trocador de calor.

Os equipamentos de contato diferencial estão sendo introduzidos como uma nova alternativa para os processos de desacidificação e desodorização de óleos vegetais. A grande vantagem associada a essa tecnologia é a maior eficiência, o que permite o emprego de temperaturas mais baixas e menor quantidade de vapor de arraste. De acordo com Ahrens (1999), a grande área superficial de líquido exposto ao vácuo ($250 \ m^2 \cdot m^{-3}$ de óleo) na primeira seção do equipamento, faz com que o tempo de permanência (5 min) e a temperatura de operação do equipamento sejam menores do que no equipamento tradicional de estágios. Como consequência direta, reações químicas indesejáveis, como a produção de ácidos graxos *trans*, e a perda, por volatilização ou por degradação, de compostos de interesse, são diminuídas.

No Brasil, a AgroPalma (Belém/PA), o maior produtor de óleo de palma da América Latina, utiliza esse tipo de tecnologia para o refino físico de cerca de 320 toneladas $\cdot$ dia^{-1} de óleo de palma.

24.4 BALANÇOS DE MASSA E ENERGIA EM COLUNAS DE ABSORÇÃO E ESGOTAMENTO

Nos processos de absorção e esgotamento, duas correntes (líquido e gás/vapor) são colocadas em contato. Por causa da presença de uma força motriz, a transferência de massa de um ou mais componentes ocorre entre as fases líquida e vapor.

Na absorção, essa transferência se faz do gás para o líquido, enquanto no esgotamento o(s) composto(s) se transfere(m) do líquido para o gás.

A modelagem matemática desse tipo de processo é baseada em balanços de massa, balanços de energia e relações de equilíbrio, as quais estabelecem a distribuição dos componentes da mistura entre as fases líquida e gás. Inicialmente, serão apresentados os balanços de massa para uma situação mais simples, na qual a operação unitária é isotérmica e ocorre a transferência de um único componente entre as fases. Em seguida, serão apresentados os balanços para uma situação complexa, na qual a operação de absorção/esgotamento é não isotérmica e há transferência de massa multicomponente.

24.4.1 Balanços de massa em base livre do soluto

Os balanços de massa têm como objetivo estabelecer uma relação entre as vazões de gás e de líquido, bem como entre as concentrações do soluto (componente que se transfere) nas duas fases. Para facilitar a modelagem matemática do problema, adota-se um formato especial para os balanços de massa, considerando-se as vazões das correntes em base livre de soluto. A Figura 24.12 ilustra as correntes de entrada e saída na coluna. As variáveis $\hat{V}_i$ e $\hat{L}_i$ são definidas como a vazão molar de inertes na fase gasosa ou vapor [mol de inertes do gás $\cdot$ s^{-1}], e a vazão molar de inertes na fase líquida [mol de inertes do líquido $\cdot$ s^{-1}], respectivamente. Os índices sup e inf indicam se a variável refere-se, respectivamente, à entrada ou saída na parte superior da coluna e à entrada ou saída da parte inferior da coluna.

As razões molares do soluto em base livre de soluto, $\overline{x}$ e $\overline{y}$, são expressas em [mol$\cdot$mol^{-1} de inertes] no líquido ou gás, respectivamente, e podem ser calculadas da seguinte forma:

$$\overline{x} = \frac{x}{1-x} \tag{24.15}$$

$$\overline{y} = \frac{y}{1-y} \tag{24.16}$$

em que x é a fração molar de soluto na fase líquida [mol $\cdot$ mol^{-1} total] e y é a fração molar de soluto na fase vapor ou gás [mol $\cdot$ mol^{-1} total]. Aplicando-se o balanço de massa global na coluna para o componente i, obtém-se:

$$\hat{V}_i\overline{y}_{\text{inf}} + \hat{L}_i\overline{x}_{\text{sup}} = \hat{V}_i\overline{y}_{\text{sup}} + \hat{L}_i\overline{x}_{\text{inf}} \tag{24.17}$$

Note que em uma coluna de esgotamento, a concentração do soluto no líquido na entrada, $\overline{x}_{\text{sup}}$, é maior do que sua concentração na saída de líquido $\overline{x}_{\text{inf}}$, o mesmo ocorrendo para as concentrações no vapor ou gás $(\overline{y}_{\text{sup}} > \overline{y}_{\text{inf}})$. No caso da absorção, essas relações se invertem, ou seja, $(\overline{x}_{\text{sup}} < \overline{x}_{\text{inf}})$ e $(\overline{y}_{\text{sup}} < \overline{y}_{\text{inf}})$.

Rearranjando a Equação 24.17, obtém-se a equação de uma reta, conhecida como reta de operação, que determina a relação entre as frações $\overline{x}$ e $\overline{y}$ em qualquer ponto da coluna. Para a absorção, a reta de operação é descrita como:

$$\frac{\hat{L}_i}{\hat{V}_i} = \frac{(\overline{y}_{\text{inf}} - \overline{y}_{\text{sup}})}{(\overline{x}_{\text{inf}} - \overline{x}_{\text{sup}})} \tag{24.18}$$

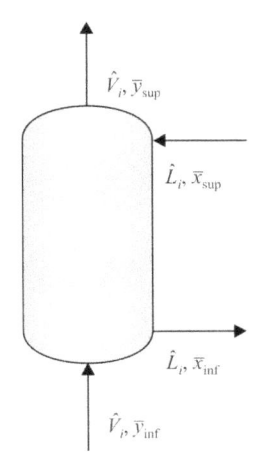

Figura 24.12 Correntes de entrada e de saída em uma coluna de absorção/esgotamento operando em contracorrente.

Já para o esgotamento, a reta de operação torna-se:

$$\frac{\hat{L}_i}{\hat{V}_i} = \frac{(\overline{y}_{sup} - \overline{y}_{inf})}{(\overline{x}_{sup} - \overline{x}_{inf})} \tag{24.19}$$

A reta de operação e a curva de equilíbrio em base livre de soluto ($\overline{y}^* = \overline{K}\overline{x}$) para as operações de absorção e esgotamento em contracorrente estão apresentadas na Figura 24.13. Uma vez que a faixa de concentração do soluto no líquido e no vapor é estreita, nesse trecho, a curva de equilíbrio pode ser igualada à equação de uma reta, cujo coeficiente angular é igual a $\overline{K}$, a constante de equilíbrio [(mol·mol^{-1} inertes)·(mol·mol^{-1} inertes)$^{-1}$] e $\overline{y}^*$ é a razão molar no equilíbrio.

No caso da absorção, a linha de operação está situada acima da curva de equilíbrio, uma vez que, dada uma concentração de soluto no líquido, a concentração do mesmo no gás é sempre maior do que o valor do equilíbrio, de maneira que haja força motriz para a transferência do soluto do gás para o líquido. No esgotamento, a linha de operação está abaixo da curva de equilíbrio, já que, nesse caso, a força motriz deve favorecer a transferência do soluto do líquido para o gás. Portanto, dada uma concentração de soluto no gás, a concentração do mesmo no líquido é sempre menor do que o valor do equilíbrio.

Considerando que o processo de absorção tem por objetivo transferir um componente de um gás para o líquido, fica fácil compreender que, geralmente, a variável desconhecida é $\overline{x}_{inf}$. Assim, a vazão de inertes na corrente gasosa, $\hat{V}_i$, a concentração de soluto da corrente gasosa de entrada, $\overline{y}_{inf}$, bem como a concentração de soluto que se deseja atingir na corrente gasosa de saída, $\overline{y}_{sup}$, são todas variáveis conhecidas. Reescrevendo o balanço de massa apresentado na Equação 24.17 para a concentração em um ponto (em uma determinada altura) qualquer no interior do equipamento ($\overline{x}_n$), obtém-se:

$$\overline{y}_{n+1} = \frac{\hat{L}_i/\hat{V}_i}{} \overline{x}_n + \overline{y}_{sup} - \frac{\hat{L}_i}{\hat{V}_i} \overline{x}_{sup} \tag{24.20}$$

Como mostrado na Figura 24.13, a diferença entre $\overline{y}_{n+1}$ e $\overline{y}^*$ para um dado $\overline{x}_n$ é a força motriz para a transferência de massa. O ponto ($\overline{x}_n, \overline{y}_{n+1}$), localizado sobre a reta de operação, representa a composição do gás que efetivamente está no equipamento. O ponto ($\overline{x}_n, \overline{y}^*$) sobre a curva de equilíbrio, indica a composição do gás que estaria em equilíbrio com o líquido que efetivamente está no equipamento. É claro que, quanto maior a força motriz, ou seja, quanto mais distantes estiverem a reta de operação e a curva de equilíbrio, menor será o número de estágios de contato necessários para atingir determinado grau de separação. No caso da absorção, quanto menor for a razão $\hat{L}_i/\hat{V}_i$, mais próximas serão a reta de operação e a curva de equilíbrio, aumentando o número de estágios (custo de projeto), mas reduzindo a vazão de solvente (custo de operação). Para o esgotamento, essa relação se inverte, ou seja, quanto maior for a razão $\hat{L}_i/\hat{V}_i$, maior o número de estágios.

O menor valor para a razão $\hat{L}_i/\hat{V}_i$, que corresponde à mínima vazão de solvente para certo processo de absorção (infinito número de estágios), é obtido quando a composição do líquido na saída ($\overline{x}_{inf}$) está em equilíbrio com a composição do gás na entrada do equipamento ($\overline{y}_{inf}$), ou seja, quando a reta de operação encontra a curva de equilíbrio. No caso do esgotamento, a mínima vazão de gás ou agente de arraste (infinito número de estágios) correspondendo ao maior valor para a razão $\hat{L}_i/\hat{V}_i$, é obtido quando a composição do gás na saída do equipamento ($\overline{y}_{sup}$) está em equilíbrio com a composição do líquido na entrada do equipamento ($\overline{x}_{sup}$).Geralmente, estabelece-se um fator de multiplicação de 1,3 a 1,5 para a vazão de solvente/gás de arraste em relação ao valor mínimo. A Figura 24.14 indica como é possível obter graficamente a vazão mínima de solvente/gás de arraste para os processos de absorção e esgotamento. Para a absorção (Figura 24.14a), o coeficiente angular da reta que liga os pontos ($\overline{x}_{sup}, \overline{y}_{sup}$) e ($\overline{x}_{inf}^*, \overline{y}_{inf}$) é igual à razão $\hat{L}_i^{min}/\hat{V}_i$. Então:

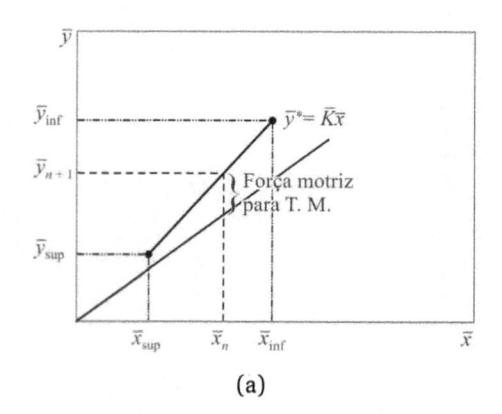

(a)

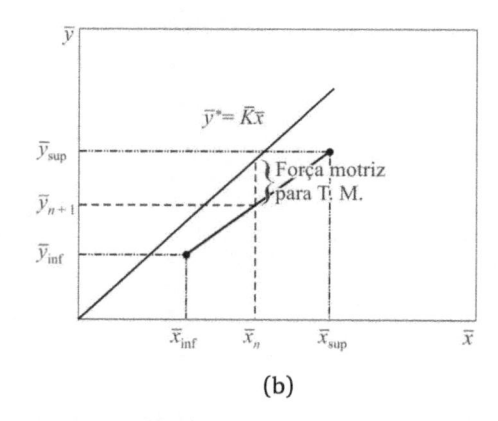

(b)

Figura 24.13 Reta de operação e curva de equilíbrio para as operações (a) absorção e (b) esgotamento em contracorrente.

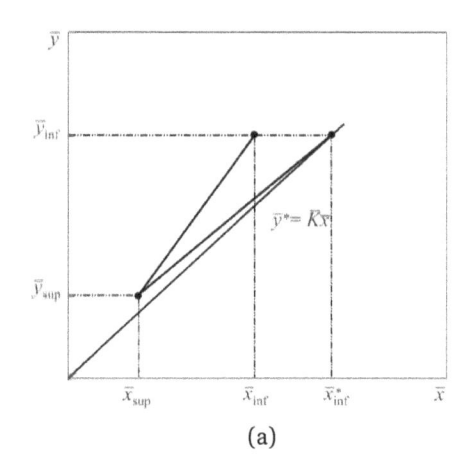 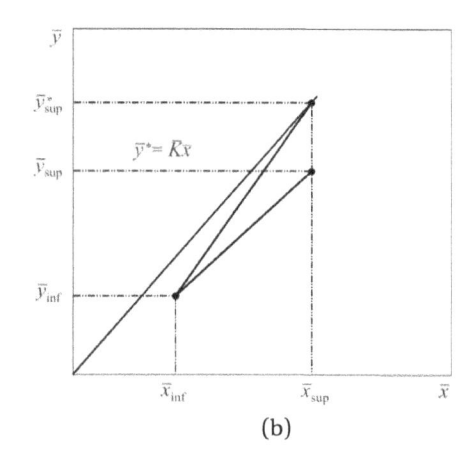

(a)   (b)

Figura 24.14 Vazão mínima (a) de solvente na absorção e (b) de gás/vapor de arraste no esgotamento em contracorrente.

$$\frac{\hat{L}_i^{min}}{\hat{V}_i} = \frac{\overline{y}_{inf} - \overline{y}_{sup}}{\overline{x}_{inf}^* - \overline{x}_{sup}} \tag{24.21}$$

Para o esgotamento (Figura 24.14b), o coeficiente angular da reta que liga os pontos $(\overline{x}_{inf}, \overline{y}_{inf})$ e $(\overline{x}_{sup}, \overline{y}_{sup}^*)$ é igual à razão $\hat{L}_i/\hat{V}_i^{min}$. Dessa forma:

$$\frac{\hat{L}_i}{\hat{V}_i^{min}} = \frac{\overline{y}_{sup}^* - \overline{y}_{inf}}{\overline{x}_{sup} - \overline{x}_{inf}} \tag{24.22}$$

24.4.2 Balanços para sistemas multicomponentes não isotérmicos

A formulação dos balanços para colunas de absorção/esgotamento com sistemas multicomponentes não isotérmicos inicia-se com a modelagem de um estágio de equilíbrio, como mostrado na Figura 24.15.

Um estágio de equilíbrio genérico n em uma coluna de absorção/esgotamento admite uma corrente de alimentação de líquido $\hat{F}_n^L$ [mol·s⁻¹] e uma corrente de alimentação de vapor $\hat{F}_n^V$ [mol·s⁻¹], cujas composições x_{in} e y_{in}, isto é, as frações molares de cada componente i no estágio n, temperatura T_n e pressão P_n são conhecidas. Podem existir ainda, duas outras entradas, sendo uma corrente de vapor $\hat{V}_{n+1}$ [mol·s⁻¹] proveniente do estágio inferior $n + 1$, de composição y_{in+1}, temperatura T_{n+1} e pressão P_{n+1}, e uma corrente de líquido $\hat{L}_{n-1}$ [mol·s⁻¹], proveniente do estágio superior $n - 1$, de composição x_{in-1}, temperatura T_{n-1} e pressão P_{n-1}. Como correntes de saída, o estágio de equilíbrio admite uma corrente de vapor $\hat{V}_n$ [mol·s⁻¹], de composição y_{in}, temperatura T_n e pressão P_n, e uma corrente de líquido $\hat{L}_n$ [mol·s⁻¹], de composição x_{in}, temperatura T_n e pressão P_n. É possível ainda que haja troca de calor do estágio de equilíbrio com o exterior, denotada por $\dot{q}_n$ [W].

Ceriani e Meirelles (2006) empregaram o método desenvolvido por Naphtali e Sandholm (1971) para simular computacionalmente o processo de desacidificação por via física de óleos vegetais, considerando-os como uma mistura mul-

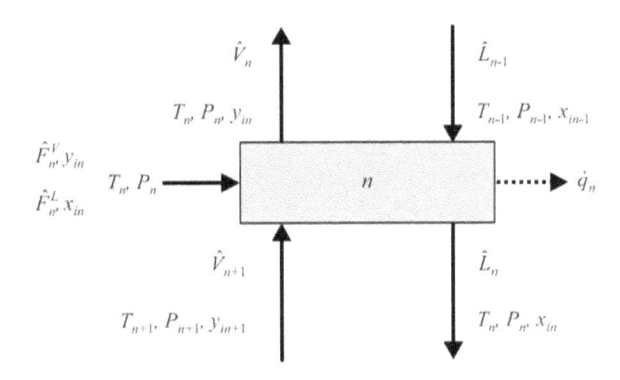

Figura 24.15 Estágio de equilíbrio em uma coluna de absorção/esgotamento com sistema multicomponente não isotérmico.

ticomponente. Para cada estágio n da coluna tem-se um sistema formado por $(2C + 1)$ equações, em que C representa o número de componentes, sendo C balanços de massa, C condições de equilíbrio e um balanço de energia. As variáveis (incógnitas) em cada estágio são: $\hat{L}_{in}$, $\hat{V}_{in}$ e T_n, respectivamente, as vazões de líquido e de vapor de cada componente i que deixam o estágio n e a temperatura do estágio.

O método de Naphtali e Sandholm (1971) emprega a técnica de particionamento de matrizes, uma vez que o sistema de equações formado apresenta elevada esparsidade (elevado número de elementos nulos), pois os balanços de massa, energia e a condição de equilíbrio do estágio de equilíbrio genérico n se relacionam apenas com os estágios $n-1$ e $n+1$.

Para uma coluna de absorção/esgotamento de N estágios, pode-se estabelecer um grupo de relações independentes, denominadas funções discrepância, $f_{k(in)}$, que devem ser satisfeitas quando a solução é encontrada. As funções discrepância correspondem aos balanços molares do componente i para cada estágio n (f_1), em um total de C relações, ao balanço de energia por estágio (f_2), em um total de N relações, e às relações de equilíbrio, derivadas da definição da eficiência de Murphree (definida na Seção 22.3 do Capítulo 22), η_{in}, para cada estágio e cada componente (f_3), em um total de NC relações.

Para uma coluna de absorção/esgotamento operando em contracorrente (Figura 24.4a), as funções discrepância podem ser definidas pelas relações a seguir:

$$f_{1(in)} = \hat{L}_{in} + \hat{V}_{in} - \hat{V}_{in+1} - \hat{L}_{in-1} - \hat{F}_{in}^V - \hat{F}_{in}^L = 0 \tag{24.23}$$

$$f_{2(n)} = \hat{H}_n^L \hat{L}_n + \hat{H}_n^V \hat{V}_n - \hat{H}_{n+1}^V \hat{V}_{n+1} - \hat{H}_{n-1}^L \hat{L}_{n-1} - \hat{H}_{Fn}^V \hat{F}_n^V - \hat{H}_{Fn}^L \hat{F}_n^L = 0 \tag{24.24}$$

$$f_{3(n)} = \eta_{in} K_{in} \hat{V}_n \frac{\hat{L}_{in}}{\hat{L}_n} - \hat{V}_{in} + (1 - \eta_{in})\hat{V}_n \frac{\hat{V}_{in+1}}{\hat{V}_{n+1}} = 0 \tag{24.25}$$

em que o subscrito n ($n = 1, 2, ..., N$) indica o número do estágio de origem do fluxo e o subscrito i ($i = 1, 2, ..., C$) refere-se ao componente i; $\hat{H}_n$ é a entalpia molar das correntes de líquido ou vapor que deixam o estágio n [J·mol⁻¹]; $\hat{H}_{Fn}$ é a entalpia molar da alimentação no estágio n e os sobrescritos L ou V indicam tratar-se da fase de líquido ou vapor, respectivamente.

Já para uma coluna de absorção/esgotamento operando em correntes cruzadas (Figura 24.4b), algumas modificações devem ser inclusas nas funções discrepância, como mostrado a seguir:

$$f_{1(in)} = \hat{L}_{in} + \hat{V}_{in} - \hat{L}_{in-1} - \hat{F}_{in}^V - \hat{F}_{in}^L = 0 \tag{24.26}$$

$$f_{2(n)} = \hat{H}_n^L \hat{L}_n + \hat{H}_n^V \hat{V}_n - \hat{H}_{n-1}^L \hat{L}_{n-1} - \hat{H}_{Fn}^V \hat{F}_n^V - \hat{H}_{Fn}^L \hat{F}_n^L = 0 \tag{24.27}$$

$$f_{3(n)} = \eta_{in} K_{in} \hat{V}_n \frac{\hat{L}_{in}}{\hat{L}_n} - \hat{V}_{in} + (1 - \eta_{in})\hat{V}_n \frac{\hat{F}_{in}}{\sum_i \hat{F}_{in}} = 0 \tag{24.28}$$

As relações anteriores formam um vetor de funções $\vec{f}(\vec{x}) = \{\vec{f}_1; \vec{f}_2; \vec{f}_3\} = 0$ que contém $N(2C + 1)$ elementos e que pode ser resolvido para o vetor de variáveis $\vec{x} = \{\vec{\hat{L}}; \vec{\hat{V}}; \vec{T}\}$, e o vetor $\vec{\hat{L}}$ contém todos os elementos $\hat{L}_{in}$, $\vec{\hat{V}}$ contém todos os elementos $\hat{V}_{in}$ e $\vec{T}$ contém todos os elementos T_n.

Uma vez conhecidos os valores de $\hat{L}_{in}$, $\hat{V}_{in}$ e T_n, as composições e vazões dos produtos e os perfis de concentrações, temperaturas e vazões ao longo da coluna podem ser calculados. O método iterativo Newton-Raphson resolve a relação $\vec{f}(\vec{x}) = 0$, a partir de uma estimativa inicial para o vetor $\vec{x}$. Essa estimativa considera um perfil linear de temperatura entre os estágios 1 a N, calculado a partir das temperaturas da alimentação de líquido e de vapor, bem com um perfil linear para as vazões de líquido e de vapor, considerando-se em um valor estimado para $\hat{L}_n$ (alimentação total de óleo vegetal bruto excluindo-se a acidez) e para $\hat{V}_n$ (alimentação total de vapor de água somando-se a acidez).

No método de Naphtali e Sandholm (1971), um novo conjunto de valores das funções discrepâncias $\vec{f}_{(\text{novo})}$ é gerado, a partir do valor previamente estimado, pela seguinte relação:

$$x_{(\text{novo})} = x_0 + \left(\frac{\partial f}{\partial x}\right)\bigg|_{x=x_0} (x_{(\text{novo})} - x_0) = 0 \tag{24.29}$$

As iterações cessam quando a função objetivo do programa de simulação, $\sum_{k=1}^{3}(\vec{f}_k)^2 \leq \varepsilon$, é alcançada. Geralmente, $\varepsilon <$ 0,0001. As variações entre as iterações subsequentes são limitadas como segue: (i) valores negativos de $\hat{L}_{in}$ e $\hat{V}_{in}$ são igualados a 1×10^{-10}; (ii) as variações máximas para as vazões dos componentes são iguais às suas vazões de alimentação e para a temperatura é igual a 10 K.

As derivadas da matriz $\vec{f}(\vec{x})$, agrupadas na matriz jacobiana $(\partial \vec{f}/\partial \vec{x})$, são calculadas analiticamente para a temperatura e numericamente para as vazões de líquido e de vapor.

Nas Equações 24.25 e 24.28 (relações de equilíbrio do componente i no estágio n) o termo η_{in} corresponde à eficiência de Murphree, que pode ser estimada por uma das correlações (Equações 24.30 e 24.31) sugeridas por MacFarland, Sigmund e Van Winkle (1972), que ajustaram 806 pontos experimentais de sistemas binários. A Equação 24.30 obteve um desvio médio de ajuste de 13,2 %, podendo ser considerada tão precisa quanto outras equações muito mais complexas, segundo Ludwig (1995). Já a Equação 24.31 obteve 10,6 % de desvio médio para o ajuste do mesmo banco de dados.

$$\eta_n = 7,0(N_{Dg})^{0,14}(N_{Sc})^{0,25}(N'_{Re})^{0,08}$$ (24.30)

$$\eta_n = 6,8(N_{Re}N_{Sc})^{0,1}(N_{Dg}N_{Sc})^{0,115}$$ (24.31)

em que N_{Dg} é o número de tensão superficial [adimensional]; N'_{Re} é o número de Reynolds modificado [adimensional] e N_{Sc} é o número de Schmidt [adimensional], definidos por:

$$N_{Dg} = \frac{\sigma_{SL}}{\mu_L v_{SV}}$$ (24.32)

$$N'_{Re} = \frac{\rho_V v_{SV} H_w}{\mu_L F_A}$$ (24.33)

$$N_{Sc} = \frac{\mu_L}{\rho_L D_L}$$ (24.34)

em que σ_{SL} é a tensão superficial do líquido [N·m^{-1}]; μ_L é a viscosidade do líquido [Pa · s]; v_{SV} é a velocidade superficial do vapor [m · s^{-1}]; ρ_L é a densidade do líquido e ρ_V é a densidade do vapor [kg · m^{-3}]; H_w é a altura da piscina de líquido no prato (estágio) da coluna [m]; F_A é a razão entre a área das perfurações no prato e a área da seção transversal da coluna [m^2·m^{-2}] e D_L é a difusividade do componente mais volátil na fase líquida à diluição infinita [m^2 · s^{-1}]. Esta última propriedade pode ser obtida pela equação de Siddiqi e Lucas (1986):

$$D_L = 9,89 \times 10^{-8} T(\mu_L)^{-0,907} (\tilde{V}_A^b)^{-0,45} (\tilde{V}_L^b)^{0,265}$$ (24.35)

em que D_L é expressa em [cm^2·s^{-1}]; μ_L é a viscosidade do líquido em solvente [mPa·s]; T é a temperatura [K]; $\tilde{V}_A^b$ e $\tilde{V}_L^b$ são os volumes molares, respectivamente, do composto A (soluto ou composto que se transfere) e da fase líquida na temperatura normal de ebulição [cm^3·mol^{-1}].

A viscosidade da fase líquida pode ser calculada pelos métodos sugeridos por Rabelo et al. (2000) e Ceriani et al. (2007). A densidade do líquido pode ser estimada pelo método proposto por Halvorsen, Mammel e Clements (1993) e a densidade do vapor pode ser facilmente calculada pela lei dos gases ideais. A tensão superficial pode ser estimada segundo Reid, Prausnitz e Poling (1987), baseada no número Parachor.

Esse método foi utilizado por Ceriani e Meirelles (2004c e 2006) no cálculo da eficiência de Murphree em colunas de esgotamento aplicadas à desacidificação por via física de óleos vegetais. Os autores, por questão de simplificação, consideraram que todos os valores η_{in} (eficiências de Murphree para cada componente i em cada estágio n) eram iguais ao valor calculado pelas equações sugeridas anteriormente (η_n). Nesse caso, o valor de v_{SV} foi igualado a 2,0 m·s^{-1}, seguindo indicações de Carlson (1996) e o valor de H_w foi considerando com sendo 0,15 m, estando dentro da faixa sugerida por Winkle (1967): 0,05 m a 0,15 m. A Tabela 24.7 apresenta os valores calculados por Ceriani e Meirelles (2004c) para três óleos vegetais distintos, utilizando as Equações 24.30 e 24.31, considerando 4425 kg · h^{-1} de alimentação, a 400 Pa, 260 °C e 1 % de vapor de arraste (44,25 kg · h^{-1}). Pode-se observar que, em todos os casos, a Equação 24.31 gerou um valor de eficiência mais conservativo.

Tabela 24.7 Valores de eficiência de Murphree calculados por Ceriani e Meirelles (2004c)

ÓLEO VEGETAL	MASSA MOLAR [kg·mol^{-1}]	ACIDEZ [%]	EFICIÊNCIA DE MURPHREE (η_n)	
			EQUAÇÃO 24.30	EQUAÇÃO 24.31
Soja	$864,61 \times 10^{-3}$	0,07	57,15	46,91
Gérmen de trigo	$848,26 \times 10^{-3}$	0,17	53,65	44,64
Palma	$752,33 \times 10^{-3}$	3,49	61,68	49,99

24.5 PROJETO DE COLUNAS DE ABSORÇÃO E ESGOTAMENTO

24.5.1 Colunas de estágios

O dimensionamento de uma coluna de absorção/esgotamento de estágios (pratos ou bandejas) inicia-se com o cálculo do número de estágios necessários para obter a separação desejada. Posteriormente, devem ser especificados o diâmetro da coluna, o tipo e a geometria dos pratos, o espaçamento entre os mesmos, bem como outros dispositivos, como os vertedouros que regulam a altura de líquido no estágio. Nessa etapa, o projetista deve levar em consideração a velocidade do gás, que se relaciona diretamente com o diâmetro da coluna e é função das condições de temperatura e pressão de operação (em razão de seu efeito sobre a densidade do gás), e a vazão de líquido, relacionada com a condição de inundação da coluna. Como salientado anteriormente, a velocidade do gás interfere também nas perdas por arraste de líquido, na eficiência do estágio e no vazamento de líquido pelas perfurações dos pratos. É possível encontrar correlações (Fair e Matthews, 1958) relacionando com porcentagem de inundação, o arraste mecânico fracional (relação entre a quantidade de líquido arrastado no vapor e a quantidade de líquido retido no estágio), vazões de líquido e vapor e suas respectivas densidades, para pratos de campânulas e pratos perfurados, a partir da regressão de dados experimentais de diversas colunas em diferentes condições de operação e sistemas. Neste capítulo, o projeto de colunas de estágios ficará restrito ao cálculo do número de estágios ideais.

24.5.1.1 Cálculo do número de estágios ideais

Um estágio teórico ou ideal é aquele no qual o líquido e o gás que deixam o mesmo prato ($\hat{V}_n$ e $\hat{L}_n$ na Figura 24.15) estão em equilíbrio. O cálculo do número de estágios ideais em uma coluna de absorção/esgotamento pode ser feito graficamente, a partir da curva de equilíbrio, em base livre do composto que se transfere, e da reta de operação da coluna, já apresentadas anteriormente (Figura 24.13).

A linha de operação relaciona a concentração do soluto no vapor e no líquido das correntes que passam através de um estágio ($\hat{V}_{n+1}$ e $\hat{L}_{n-1}$ na Figura 24.15). A curva de equilíbrio, por sua vez, relaciona a concentração de soluto das correntes de líquido e de vapor que deixam o estágio ($\hat{V}_n$ e $\hat{L}_n$ na Figura 24.15) e que, supostamente, atingiram o equilíbrio. A contagem do número de estágios de equilíbrio necessários no processo é feita por meio do número de pontos de interseção de cada "degrau", que se inicia na reta de operação, com a curva de equilíbrio, como mostrado na Figura 24.16 (em base livre do composto que se transfere). Esse método, conhecido como método de McCabe-Thiele, inicia-se com a marcação, no gráfico, da composição do gás que entra no prato 1 ($\overline{y}_{sup} = \overline{y}_1$), que corresponde ao topo da coluna (o prato N é a base da coluna). O estágio 1 é construído graficamente traçando uma linha horizontal passando por $\overline{y}_{sup} = \overline{y}_1$ até intersectar a curva de equilíbrio no ponto ($\overline{y}_1$, $\overline{x}_1$) e uma linha vertical que liga este último à reta de operação, no ponto ($\overline{y}_2$, $\overline{x}_1$). O procedimento segue até que se encontre um valor de $\overline{y}$ que seja maior ou igual a $\overline{y}_{inf}$, ou seja, à composição do gás que entra na coluna.

A determinação do número de pratos teóricos também pode ser feita analiticamente, pelo método simplificado de Kremser (1930), que se utiliza da definição dos fatores de absorção (A_b) e de esgotamento (S_t), ambos adimensionais, dados pela relação entre as vazões molares de líquido ($\hat{L}$) e de gás (ou vapor) ($\hat{V}$) e pelo coeficiente angular da curva de equilíbrio, K, como mostrado abaixo:

$$A_b = \frac{\hat{L}}{\hat{V}K} \tag{24.36}$$

$$S_t = \frac{1}{A_b} = \frac{\hat{V}K}{\hat{L}} \tag{24.37}$$

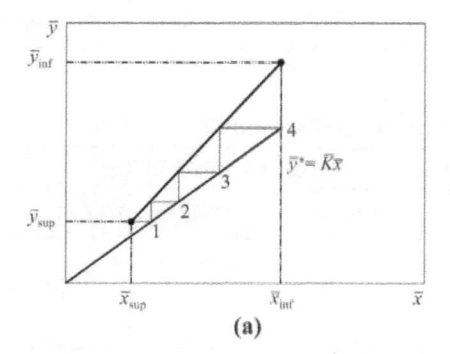

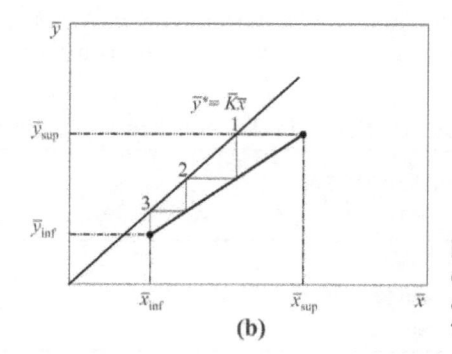

Figura 24.16 Determinação do número de estágios para as operações de (a) absorção e (b) esgotamento em contracorrente.

Reescrevendo a Equação 24.18 para um estágio genérico n (em base total):

$$\hat{V}_{n+1} y_n + 1 - \hat{L}_n x_n = \hat{V}_1 y_1 - \hat{L}_0 x_0 \qquad (24.38)$$

Já para o estágio N:

$$\hat{V}_{N+1} y_{N+1} - \hat{L}_N x_N = \hat{V}_1 y_1 - \hat{L}_0 x_0 \qquad (24.39)$$

Igualando-se as Equações 24.38 e 24.39 e substituindo as vazões $\hat{L}_n$ e $\hat{L}_N$ por sua média geométrica ($\hat{L}$), e as vazões $\hat{V}_{n+1}$ e $\hat{V}_{N+1}$ por sua média geométrica ($\hat{V}$):

$$\hat{L}x_n - \hat{V}y_{n+1} = \hat{L}x_N - \hat{V}y_{N+1} \qquad (24.40)$$

Substituindo o fator de absorção A_b e a fração molar y_{n+1} por Kx_{n+1} na Equação 24.40, obtém-se a relação a seguir:

$$x_{n+1} - A_b x_n = \frac{y_{N+1}}{K} - A_b x_N \qquad (24.41)$$

Resolvendo a Equação 24.41 para N, o número de estágios da coluna, pelo método de diferenças finitas, obtêm-se as relações a seguir, respectivamente, para a absorção e para o esgotamento (Geankoplis, 2003):

$$N = \frac{\ln\left[\dfrac{y_{N+1} - Kx_0}{y_1 - Kx_0}\left(1 - \dfrac{1}{A_b}\right) + \dfrac{1}{A_b}\right]}{\ln(A_b)} \qquad (24.42)$$

$$N = \frac{\ln\left[\dfrac{x_0 - (y_{N+1}/K)}{x_N - (y_{N+1}/K)}(1 - A_b) + A_b\right]}{\ln(1/A_b)} \qquad (24.43)$$

Nas Equações 24.42 e 24.43, o fator de absorção A_b a ser utilizado deve corresponder à média geométrica dos fatores de absorção calculados nos dois extremos da coluna.

24.5.2 Colunas de recheio

24.5.2.1 Diâmetro da coluna (D_C)

O primeiro passo no projeto de colunas de recheio é dimensionar o seu diâmetro, levando-se em conta fatores como a perda de carga do gás (ou vapor) ascendente e o limite de inundação da coluna. O diâmetro da coluna é uma das variáveis no cálculo das velocidades superficiais do líquido e do gás em base molar, $\hat{G}_L$ e $\hat{G}_V$, em $[\text{mol} \cdot \text{m}^{-2} \cdot \text{s}^{-1}]$, ou em base mássica, G_L e G_V, em $[\text{kg} \cdot \text{m}^{-2} \cdot \text{s}^{-1}]$, e calculadas como a razão entre a vazão molar (ou mássica) de líquido ou gás e a área da seção transversal da coluna. Essas velocidades são parâmetros de entrada no cálculo dos coeficientes de transferência de massa em colunas de recheio.

A perda de carga é geralmente influenciada tanto pela vazão do líquido como pela vazão do gás (ou vapor), além do tipo de recheio utilizado. De fato, a perda de carga do gás aumenta com o aumento da vazão de líquido, uma vez que a área livre para seu escoamento diminui em razão da presença do líquido no recheio. A partir de certo valor, o escoamento ascendente do gás começa a impedir o escoamento descendente do líquido, que se acumula, aumentando o seu tempo de retenção no recheio. Aumentando ainda mais a vazão do gás, forma-se uma camada de líquido na porção superior do recheio, que passa a ser arrastada pelo gás (arraste mecânico). Geralmente, colunas de absorção ou esgotamento são projetadas de forma que a perda de carga esteja entre (204 e 409) $\text{Pa}\cdot\text{m}^{-1}$ (Treybal, 1980).

Seader e Henley (1998) e Treybal (1980) fornecem algumas curvas experimentais correlacionando a perda de carga por altura de recheio e o volume de líquido retido por volume de recheio, como função da velocidade superficial do gás para diferentes valores de vazão de líquido.

24.5.2.2 Área de transferência de massa

O segundo passo no dimensionamento de uma coluna de recheio aplicada aos processos de absorção/esgotamento é o cálculo da área de transferência de massa (A_T).

Do balanço global (Equação 24.17), o número de moles de soluto transferidos por unidade de tempo em ambas as fases é dado por:

$$\hat{V}_i(\overline{y}_{\text{inf}} - \overline{y}_{\text{sup}}) = \hat{L}_i(\overline{x}_{\text{inf}} - \overline{x}_{\text{sup}}) = \hat{N}_A A_T \qquad (24.44)$$

em que $\hat{N}_A$ é o fluxo molar de transferência de massa do composto A [mols do composto $A \cdot m^{-2} \cdot s^{-1}$] e A_T é á área de transferência de massa [m^2]. A Equação 24.44 pode ser mais facilmente interpretada considerando-se as dimensões de cada uma das grandezas envolvidas, como segue:

$$\left[\frac{\text{mols de inerte}}{\text{tempo}}\right]\left[\frac{\text{mols do composto } A}{\text{mols de inerte}}\right] = \left[\frac{\text{mols do composto } A}{(\text{tempo})(\text{área})}\right][\text{área}]$$

Da teoria de transferência de massa na absorção/esgotamento, o número de mols de soluto A que se transfere é igual ao coeficiente global de transferência de massa com base nas unidades da fase vapor $K_{\overline{y}}$ [$\text{mol} \cdot m^{-2} \cdot s^{-1} \cdot (\text{mol} \cdot \text{mol}^{-1}$ de inertes)$^{-1}$], multiplicado pela área de transferência de massa A_T e pela média logarítmica da diferença de concentração $\Delta\overline{y}_{\ln}$, que é a força motriz média para a transferência de massa. Matematicamente:

$$\hat{N}_A A_T = K_{\overline{y}} A_T \Delta\overline{y}_{\ln} \qquad (24.45)$$

O lado esquerdo da equação acima pode ser calculado a partir das informações iniciais do problema, utilizando a Equação 24.44. Com isso, é possível isolar o termo A_T, que aparece no lado direito da equação, como função de K_y, $\Delta\overline{y}_{\ln}$ e do produto $\hat{N}_A A_T$, de acordo com:

$$A_T = \frac{\hat{N}_A A_T}{K_{\overline{y}} \Delta\overline{y}_{\ln}} \qquad (24.46)$$

A Figura 24.13 revela que a força motriz para a transferência de massa $\Delta\overline{y}$ varia ao longo da coluna, sendo necessário calcular um valor médio para esse parâmetro a ser utilizado na Equação 24.46. Como a curva de equilíbrio é uma reta, a força motriz média, $\Delta\overline{y}_{\ln}$, é calculada como a média logarítmica da diferença das forças motrizes no topo e na base da coluna, na unidade de concentração da fase vapor ou gasosa, ou seja, [mol do composto $A \cdot \text{mol}^{-1}$ de gás inerte], como mostrado a seguir:

$$\Delta\overline{y}_{\ln} = \frac{\Delta\overline{y}_{\text{inf}} - \Delta\overline{y}_{\text{sup}}}{\ln\left(\dfrac{\Delta\overline{y}_{\text{inf}}}{\Delta\overline{y}_{\text{sup}}}\right)} \qquad (24.47)$$

Para a absorção, as forças motrizes no topo $(\Delta\overline{y}_{\text{sup}})$ e na base da coluna $(\Delta\overline{y}_{\text{inf}})$ são dadas por:

$$\Delta\overline{y}_{\text{inf}} = \overline{y}_{\text{inf}} - \overline{y}_{\text{inf}}^*, \text{ em que } \overline{y}_{\text{inf}}^* = \overline{K}\overline{x}_{\text{inf}}$$

$$\Delta\overline{y}_{\text{sup}} = \overline{y}_{\text{sup}} - \overline{y}_{\text{sup}}^*, \text{ em que } \overline{y}_{\text{sup}}^* = \overline{K}\overline{x}_{\text{sup}} \qquad (24.48)$$

Já para o esgotamento, as relações se invertem:

$$\Delta\overline{y}_{\text{inf}} = \overline{y}_{\text{inf}}^* - \overline{y}_{\text{inf}}, \text{ em que } \overline{y}_{\text{inf}}^* = \overline{K}\overline{x}_{\text{inf}}$$

$$\Delta\overline{y}_{\text{sup}} = \overline{y}_{\text{sup}}^* - \overline{y}_{\text{sup}}, \text{ em que } \overline{y}_{\text{sup}}^* = \overline{K}\overline{x}_{\text{sup}} \qquad (24.49)$$

Da mesma forma, o coeficiente de transferência de massa $K_{\overline{y}}$ deve ser calculado com base na unidade de concentração da fase vapor ou gasosa, ou seja, [(mol do composto $A) \cdot m^{-2} \cdot s^{-1} \cdot (\text{mol} \cdot \text{mol}^{-1}$ de inertes)$^{-1}$] de acordo com a relação a seguir:

$$\frac{1}{K_{\overline{y}}} = \frac{1}{k_{\overline{y}}} + \frac{\overline{K}}{k_{\overline{x}}} \qquad (24.50)$$

em que $k_{\overline{x}}$ é o coeficiente individual de transferência de massa da fase líquida [$\text{mol} \cdot m^{-2} \cdot s^{-1} \cdot (\text{mol} \cdot \text{mol}^{-1}$ de inertes)$^{-1}$]; $k_{\overline{y}}$ é o coeficiente individual de transferência de massa da fase gasosa ou vapor em [$\text{mol} \cdot m^{-2} \cdot s^{-1} \cdot (\text{mol} \cdot \text{mol}^{-1}$ de inertes)$^{-1}$] e $\overline{K}$ é o coeficiente de distribuição do composto A em base livre do composto que se transfere.

A Equação 24.45 pode ainda ser expressa com base nas unidades de concentração da fase líquida:

$$\hat{N}_A A_T = K_{\bar{x}} A_T \Delta \bar{x}_{\ln}$$ (24.51)

em que $K_{\bar{x}}$ é o coeficiente global de transferência de massa com base nas unidades da fase líquida [mol·m^{-2}·s^{-1}·(mol·mol^{-1} de inertes)$^{-1}$] e $\Delta \bar{x}_{\ln}$, da mesma forma que $\Delta \bar{y}_{\ln}$, é a força motriz média, calculada como a média logarítmica da diferença das forças motrizes no topo e na base da coluna [mol do composto A·mol^{-1} de gás inerte], porém em unidades de concentração da fase líquida:

$$\Delta \bar{x}_{\ln} = \frac{\Delta \bar{x}_{\inf} - \Delta \bar{x}_{\sup}}{\ln\left(\dfrac{\Delta \bar{x}_{\inf}}{\Delta \bar{x}_{\sup}}\right)}$$ (24.52)

Para o esgotamento, as forças motrizes no topo $(\Delta \bar{x}_{\sup})$ e na base da coluna $(\Delta \bar{x}_{\inf})$ são dadas por:

$$\Delta \bar{x}_{\sup} = \bar{x}_{\sup} - \bar{x}_{\sup}^*, \text{ em que } \bar{x}_{\sup}^* = \frac{\bar{y}_{\sup}}{\bar{K}}$$

$$\Delta \bar{x}_{\inf} = \bar{x}_{\inf} - \bar{x}_{\inf}^*, \text{ em que } \bar{x}_{\inf}^* = \frac{\bar{y}_{\inf}}{\bar{K}}$$ (24.53)

E, para a absorção:

$$\Delta \bar{x}_{\sup} = \bar{x}_{\sup}^* - \bar{x}_{\sup}, \text{ em que } \bar{x}_{\sup}^* = \frac{\bar{y}_{\sup}}{\bar{K}}$$

$$\Delta \bar{x}_{\inf} = \bar{x}_{\inf}^* - \bar{x}_{\inf}, \text{ em que } \bar{x}_{\inf}^* = \frac{\bar{y}_{\inf}}{\bar{K}}$$ (24.54)

Da mesma forma, o coeficiente de transferência de massa $K_{\bar{x}}$ deve ser calculado com base em unidades de concentração da fase líquida, ou seja:

$$\frac{1}{K_{\bar{x}}} = \frac{1}{\bar{K} k_{\bar{y}}} + \frac{1}{k_{\bar{x}}}$$ (24.55)

É importante destacar que o coeficiente angular da curva de equilíbrio, $\bar{K}$, que aparece nas Equações 24.50 e 24.55, tem o mesmo valor quando a curva de equilíbrio é aproximadamente linear.

24.5.2.3 Cálculo dos coeficientes de transferência de massa e da área efetiva do recheio

Como visto na seção anterior, os coeficientes globais $K_{\bar{x}}$ e $K_{\bar{y}}$ devem ser calculados a partir do coeficiente angular da curva de equilíbrio, $\bar{K}$, e dos coeficientes individuais de transferência de massa $k_{\bar{x}}$ e $k_{\bar{y}}$, relacionados com as resistências à transferência de massa nas fases líquida e vapor, respectivamente.

Para soluções diluídas, ou seja, aquelas nas quais a concentração de soluto A é baixa, é bastante razoável supor que tanto $k_{\bar{x}}$ quanto $k_{\bar{y}}$, dados em [mol·m^{-2}·s^{-1}·$(\Delta \bar{x})^{-1}$] e [mol·m^{-2}·s^{-1}·$(\Delta \bar{y})^{-1}$], possam ser igualados, respectivamente a k_x e k_y, dados em [mol·m^{-2}·s^{-1}·$(\Delta x)^{-1}$] e [mol·m^{-2}·s^{-1}·$(\Delta y)^{-1}$]. Desta forma:

$$k_{\bar{x}} = k_x$$ (24.56)

$$k_{\bar{y}} = k_y$$ (24.57)

em que $k_{\bar{x}}$ é o coeficiente individual de transferência de massa da fase líquida, baseado na diferença de fração molar em base livre de soluto [mol·m^{-2}·s^{-1}·(mol·mol^{-1} inertes)$^{-1}$]; k_x é o coeficiente individual de transferência de massa da fase líquida, baseado na diferença de fração molar [mol·m^{-2}·s^{-1}·(mol·mol^{-1} total)$^{-1}$]; $k_{\bar{y}}$ é o coeficiente individual de transferência de massa da fase gasosa ou vapor, baseado na diferença de fração molar em base livre de soluto [mol·m^{-2}·s^{-1}·(mol·mol^{-1} inertes)$^{-1}$] e k_y é o coeficiente individual de transferência de massa da fase gasosa ou vapor, se baseia na diferença de fração molar [mol·m^{-2}·s^{-1}·(mol·mol^{-1} total)$^{-1}$].

Por sua vez, k_x e k_y podem ser facilmente obtidos a partir de k_L e k_G, de acordo com as definições que se seguem:

$$k_x = k_L \frac{\rho_L}{\bar{M}_{ML}}$$ (24.58)

$$k_y = k_G P$$ (24.59)

em que ρ_L é a densidade do líquido [kg·m^{-3}]; $\bar{M}_{ML}$ é a massa molar média do líquido [kg·mol^{-1} total] e P é a pressão total [Pa].

Neste capítulo, foram selecionadas as correlações empíricas desenvolvidas por Onda, Takeuchi e Okumoto (1967) para o cálculo de k_L e k_G, dadas por:

$$k_L = 0,0051 \left(\frac{\mu_L g}{\rho_L} \right)^{\frac{1}{3}} \left(\frac{G_L}{a_e \mu_L} \right)^{\frac{2}{3}} \left(\frac{\mu_L}{\rho_L D_L} \right)^{-0,50} (a_S D_P)^{0,4} \tag{24.60}$$

$$k_G = \frac{a_S D_V}{RT} C_1 \left(\frac{G_V}{a_S \mu_V} \right)^{0,7} \left(\frac{\mu_V}{\rho_V D_V} \right)^{\frac{1}{3}} (a_S D_P)^{-2,0} \tag{24.61}$$

em que a constante C_1 é igual a 5,23 para anéis e selas maiores que 12,7 mm (½ polegada) e igual a 2,0 para recheios aleatórios menores; a_S é a área superficial por volume unitário do recheio [m²·m⁻³]; a_e é a área efetiva de transferência de massa por unidade de volume do leito [m² · m⁻³]; μ_L e μ_V são as viscosidades do líquido e do vapor [Pa·s]; ρ_L e ρ_V são as densidades do líquido e do vapor [kg · m⁻³]; D_L e D_V são as difusividades do composto A no líquido e no vapor [m²·s⁻¹]; D_P é o diâmetro característico do recheio [m], calculado em função de a_S e da porosidade do leito (ε) [adimensional], isto é, $D_P = 6 \times (1 - \varepsilon)/a_S$; g é a aceleração da gravidade [9,81 m·s⁻²]; R é a constante universal dos gases, que deve ser usada com o valor de 82,06 × 10⁻³ m³ · atm · kmol⁻¹ · K⁻¹; G_L é a velocidade mássica superficial do líquido e G_V é a velocidade mássica superficial do vapor [kg · m⁻² · s⁻¹] e calculadas como a razão entre a vazão mássica total de líquido ou vapor (massa de inertes + massa de soluto por unidade de tempo), respectivamente, e a área da seção transversal da coluna [m²].

A difusividade do composto A na fase líquida, D_L, pode ser estimada pela Equação 24.35. Para o ácido oleico, Ceriani e Meirelles (2005) desenvolveram uma equação preditiva de D_L [m² · s⁻¹] como função da temperatura em [K], baseada em dado experimental da difusividade desse ácido em óleo de amendoim a 130 °C, no valor de 4,2 × 10⁻¹⁰ m²·s⁻¹, de acordo com Smits (1976):

$$D_L = 3,5135 \times 10^{-12} [1000 \times \mu_L]^{-0,907} T \tag{24.62}$$

Para estimar a difusividade do soluto na fase vapor ou gás, pode-se utilizar a equação proposta por Wilke e Lee, citada por Ceriani e Meirelles (2005):

$$D_V = \frac{0,0043 \times T^{\frac{3}{2}} \left(\dfrac{M_{MA} + \bar{M}_{MV}}{M_{MA} \bar{M}_{MV}} \right)^{\frac{1}{2}}}{\left[P \left(\tilde{V}_A^{b \frac{1}{3}} + \tilde{V}_V^{b \frac{1}{3}} \right)^2 \right]} \tag{24.63}$$

em que D_V é a difusividade no gás ou vapor [cm²·s⁻¹]; P é a pressão do sistema [atm]; T é a temperatura [K]; M_{MA} e $\bar{M}_{MV}$ são, respectivamente, as massas molares do composto A e a média da fase vapor ou gás [g·mol⁻¹] ou [kg·kmol⁻¹]; $\tilde{V}_A^b$ e $\tilde{V}_V^b$ são os volumes molares do composto A e da fase vapor ou gás na temperatura normal de ebulição [cm³ · mol⁻¹].

Para o ácido oleico, Ceriani e Meirelles (2005) estabeleceram uma equação preditiva de D_V [m² · s⁻¹] como função da temperatura absoluta [K], baseada na Equação 24.63:

$$D_V = 8,2265 \times 10^{-6} \frac{T}{P} \tag{24.64}$$

A área efetiva de transferência de massa do recheio, a_e, que aparece na Equação 24.60, está relacionada com a fração da área superficial específica total do recheio, a_S em [m²·m⁻³], que, envolta em líquido, está disponível para a transferência de massa (é função da molhabilidade do recheio). Onda, Takeuchi e Okumoto (1967), utilizando dados experimentais de líquidos orgânicos e água e recheios aleatórios, como anéis de Raschig e de Pall, selas de Berl e esferas, correlacionaram a_e com os números adimensionais de Reynolds, N_{Re}, de Froude, N_{Fr}, e de Weber, N_{We}:

$$a_e = a_S \left[1 - \exp \left(-1,45 \left(\frac{\sigma_{SC}}{\sigma_{SL}} \right)^{0,75} (N_{Re})^{0,1} (N_{Fr})^{-0,05} (N_{We})^{0,2} \right) \right] \tag{24.65}$$

em que σ_{SC} é tensão superficial crítica do material do recheio [N·m⁻¹] e σ_{SL} é tensão superficial da fase líquida [N·m⁻¹]. A tensão superficial crítica, σ_{SC}, corresponde ao valor da tensão superficial do líquido acima do qual o líquido não poderia molhar completamente o material sólido do recheio. Onda, Takeuchi e Okumoto (1967) reportam valores de σ_{SC} para alguns materiais, todos em [N·m⁻¹]: 0,056 para carbono, 0,061 para cerâmica, 0,073 para vidro, 0,020 para parafina, 0,033 para polietileno, 0,040 para policloreto de vinila e 0,075 para aço.

Os números adimensionais que aparecem na Equação 24.65 estão definidos a seguir.

$$N_{Re} = \frac{G_L}{a_S \mu_L} \tag{24.66}$$

$$N_{Fr} = \frac{G_L^2 a_S}{\rho_L^2 g} \tag{24.67}$$

$$N_{We} = \frac{G_L^2}{\rho_L \sigma_{SL} a_S} \tag{24.68}$$

24.5.2.4 Altura do leito de recheio

A altura do leito de recheio da coluna de absorção/esgotamento está diretamente relacionada com a área de transferência de massa pela seguinte equação:

$$A_T = A_s H_L a_e \tag{24.69}$$

em que H_L é a altura do leito de recheio [m]; A_s é a área da seção transversal da coluna [m²], definida pelo diâmetro escolhido para a coluna, isto é, $A_s = \pi D_C^2/4$ e a_e é a área efetiva de transferência de massa por unidade de volume do leito [m² · m⁻³].

24.6 EXEMPLOS RESOLVIDOS

Nos exemplos resolvidos a seguir, a aplicação dos métodos de cálculo apresentados acima, tanto para colunas de estágios (Exemplos 24.1 e 24.3) como para colunas de recheio (Exemplo 24.2) é discutida em detalhes, incluindo os cálculos associados à determinação das curvas de equilíbrio. O Exemplo 24.4 apresenta o estudo de caso de um sistema multicomponente.

EXEMPLO 24.1

Determine o número de estágios de equilíbrio necessários para realizar a dessorção de 5000 kg·h⁻¹ de óleo de coco contaminado com 0,02 kg·kg⁻¹ de ácidos graxos livres. Uma corrente de 32 kg·h⁻¹ de vapor de água puro é utilizada como meio para realizar essa operação unitária até que a concentração de ácidos graxos livres no óleo caia a 0,001 em fração mássica. Esse processo é realizado a 200 °C e 800 Pa. As massas molares dos componentes são: óleo de coco = 638 kg · kmol⁻¹; ácido graxo livre = 200 kg · kmol⁻¹; vapor de água = 18 kg · kmol⁻¹.

Solução

Para resolver o problema supõe-se que ocorre transferência de massa de um único componente, o ácido graxo livre. Dessa forma, o cálculo do equilíbrio é simplificado, podendo ser feito a partir da Equação 24.7 (Lei de Raoult modificada). Nesse caso, o óleo de coco e a sua acidez livre serão representados, respectivamente, por dois pseudocomponentes: trilaurina (componente C) e ácido láurico (componente A), cujas propriedades são apresentadas nas Tabelas 24.4 e 24.5. A água é considerada como sendo o componente B do sistema.

(i) *Cálculo das concentrações de entrada e saída do equipamento*

A fração mássica de A (acidez) na entrada da coluna (X_{sup}) é igual a 0,02 kg acidez · kg⁻¹ total, então a fração molar e a fração molar em base livre do composto que se transfere são dadas por:

$$x_{sup} = \frac{\left(\dfrac{X_{sup}}{M_{MA}}\right)}{\left(\dfrac{X_{sup}}{M_{MA}}\right) + \left(\dfrac{1 - X_{sup}}{M_{MC}}\right)} = \frac{\left(\dfrac{0,02}{200}\, \text{kg } A \cdot \text{kmol}^{-1}\right)}{\left(\dfrac{0,02}{200}\right)\text{kg } A \cdot \text{kmol}^{-1} + \left(\dfrac{0,98}{638}\right)\text{kg } C \cdot \text{kmol}^{-1}}$$

$x_{sup} = 0,0611$ kmol acidez · kmol⁻¹ total

$$\bar{x}_{sup} = \frac{x_{sup}}{1 - x_{sup}} = \frac{0,0611}{1 - 0,0611} = 0,0651 \text{ kmol acidez} \cdot \text{kmol}^{-1} \text{ inertes}$$

Na saída da coluna, a fração mássica de A é 0,001 kg acidez $\cdot$ kg^{-1} total, portanto:

$$x_{\text{inf}} = \frac{\left(\dfrac{X_{\text{inf}}}{M_{MA}}\right)}{\left(\dfrac{X_{\text{inf}}}{M_{MA}}\right) + \left(\dfrac{1 - X_{\text{inf}}}{M_{MC}}\right)} = \frac{\left(\dfrac{0,001}{200} \text{ kg } A \cdot \text{kmol}^{-1}\right)}{\left(\dfrac{0,001}{200} \text{ kg } A \cdot \text{kmol}^{-1}\right) + \left(\dfrac{0,999}{638}\right) \text{kg } C \cdot \text{kmol}^{-1}}$$

x_{inf} = 0,0032 kmol acidez $\cdot$ kmol^{-1} total

$$\overline{x}_{\text{inf}} = \frac{x_{\text{inf}}}{1 - x_{\text{inf}}} = \frac{0,0032}{1 - 0,0032} = 0,0032 \text{ kmol acidez} \cdot \text{kmol}^{-1} \text{ inertes}$$

Em relação à fase gasosa, como o vapor de água alimentado à coluna é puro, então $\overline{y}_{\text{inf}} = 0$. O valor de $\overline{y}_{\text{sup}}$ pode ser obtido a partir do balanço de massa global na coluna para o composto que se transfere (composto A), dado pela Equação 24.17, sendo necessário para isso o cálculo das vazões molares de inertes nas fases líquido e vapor.

(ii) *Cálculo das vazões de entrada no equipamento*

$$\dot{L} = 5000 \text{ kg} \cdot \text{h}^{-1} \text{ óleo de coco com 0,02 kg} \cdot \text{kg}^{-1} \text{ de acidez}$$

As vazões mássica e molar de inertes na fase líquida são calculadas como:

$$\dot{L}_i = \dot{L}(1 - X_{\text{sup}}) = 5000 \text{ kg total} \cdot \text{h}^{-1} \times (1 - 0,02) \text{ kg inertes} \cdot \text{kg}^{-1} \text{ total} = 4900 \text{ kg inertes} \cdot \text{h}^{-1}$$

$$\hat{L}_i = \frac{\dot{L}_i}{M_{MC}} = \frac{4900 \text{ kg inertes} \cdot \text{h}^{-1}}{638 \text{ kg inertes} \cdot \text{kmol}^{-1} \text{ inertes}} = 7,680 \text{ kmol inertes} \cdot \text{h}^{-1}$$

Na fase gasosa, como o vapor de água alimentado à coluna é puro, $\dot{V}_i = \dot{V}$, de forma que:

$$\dot{V}_i = 32 \text{ kg inertes} \cdot \text{h}^{-1}$$

$$\hat{V}_i = \frac{\dot{V}_i}{M_{MB}} = \frac{32 \text{ kg inertes} \cdot \text{h}^{-1}}{18 \text{ kg inertes} \cdot \text{kmol}^{-1} \text{ inertes}} = 1,778 \text{ kmol inertes} \cdot \text{h}^{-1}$$

Levando esses valores à Equação 24.17, pode-se calcular $\overline{y}_{\text{sup}}$:

$$\overline{y}_{\text{sup}} = \frac{\hat{L}_i}{\hat{V}_i}(\overline{x}_{\text{sup}} - \overline{x}_{\text{inf}}) + \overline{y}_{\text{inf}} = \frac{7,680 \text{ kmol inertes} \cdot \text{h}^{-1}}{1,778 \text{ kmol inertes} \cdot \text{h}^{-1}}(0,0651 - 0,0032) + 0$$

$$\overline{y}_{\text{sup}} = 0,2674 \text{ kmol acidez} \cdot \text{kmol}^{-1} \text{ inertes}$$

(iii) *Cálculo da curva de equilíbrio*

Para a Lei de Raoult modificada (Equação 24.7) é necessário conhecer os valores da pressão de vapor do ácido graxo livre (Equação 24.8) na temperatura de operação (200 °C), o seu coeficiente de atividade (Equação 24.9) e a pressão do sistema (800 Pa). Pela equação de Antoine (Equação 24.8), com os dados da Tabela 24.4:

$$P_{vA} = \exp\left(21,4153 - \frac{4080,3}{200 + 115,8}\right) = 4889,18 \text{ Pa}$$

O cálculo do coeficiente de atividade é feito considerando-se uma fração molar de água na fase líquida (x_B na Equação 24.9) igual a $3,26 \times 10^{-6}$. Esse valor é resultado dos cálculos de equilíbrio líquido-vapor realizados por Ceriani e Meirelles (2005). O valor de x_C (concentração do pseudocomponente trilaurina no líquido) varia ao longo da coluna, exercendo certa influência no valor do coeficiente de atividade. Dessa forma, serão realizados dois cálculos para γ_A, o primeiro considerando x_C igual à concentração de óleo neutro (sem acidez) na porção superior da coluna e o segundo considerando x_C igual à concentração de óleo neutro na porção inferior da coluna. Dessa forma, para a parte superior da coluna:

$$x_{C\text{sup}} = 1 - x_{A\text{sup}} - x_B = 1 - x_{\text{sup}} - x_B = 1 - 0,0611 - 3,26 \times 10^{-6}$$

$$x_{C\text{sup}} = 0,9389 \text{ kmol óleo neutro} \cdot \text{kmol}^{-1} \text{ total}$$

Para a porção inferior da coluna:

$$x_{Cinf} = 1 - x_{Ainf} - x_B = 1 - x_{inf} - x_B = 1 - 0,0032 - 3,26 \times 10^{-6}$$

$$x_{Cinf} = 0,9968 \text{ kmol óleo neutro} \cdot \text{kmol}^{-1} \text{ total}$$

Com os valores dos coeficientes da equação de Margules apresentados na Tabela 24.5, o coeficiente de atividade do ácido graxo γ_A pode ser calculado, para os valores de x_C obtidos acima:

$$\frac{A_{AB}}{R} = \frac{A_{AB}^o}{R} + \frac{A_{AB}^1}{R}T = -1005,4 \text{ (K)} + 15,7015\left(\frac{K}{°C}\right) \times 200\,(°C) = 2134,9 \text{ K}$$

$$\frac{A_{AC}}{R} = \frac{A_{AC}^o}{R} + \frac{A_{AC}^1}{R}T = 45,0986 \text{ (K)} - 0,2994\left(\frac{K}{°C}\right) \times 200\,(°C) = -14,7814 \text{ K}$$

$$\frac{A_{BC}}{R} = \frac{A_{BC}^o}{R} + \frac{A_{BC}^1}{R}T = 1036,3 \text{ (K)} + 0,4291\left(\frac{K}{°C}\right) \times 200\,(°C) = 1122,12 \text{ K}$$

Da Equação 24.9:

$$\gamma_A = \exp\left[\frac{(A_{AB}x_B^2 + A_{AC}x_C^2 + (A_{AB} + A_{AC} - A_{BC})x_B x_C)}{RT}\right]$$

Para a parte superior da coluna ($x_{Csup} = 0,9389$):

$$\gamma_A = \exp\left[\frac{2134,9 \times (3,26 \times 10^{-6})^2 - 14,7814 \times (0,9389)^2}{473,15} + ... \right.$$
$$\left. ... + \frac{(2134,9 - 14,7814 - 1122,12) \times 3,26 \times 10^{-6} \times 0,9389}{473,15}\right]$$

o que resulta em $\gamma_A = 0,9728$

Para a parte inferior da coluna ($x_{Cinf} = 0,9968$):

$$\gamma_A = \exp\left[\frac{2134,9 \times (3,26 \times 10^{-6})^2 - 14,7814 \times (0,9968)^2}{473,15} + ... \right.$$
$$\left. ... + \frac{(2134,9 - 14,7814 - 1122,12) \times 3,26 \times 10^{-6} \times 0,9968}{473,15}\right]$$

o que resulta em $\gamma_A = 0,9694$.

Observe que a diferença entre os coeficientes de atividade calculados para x_{Csup} e x_{Cinf} é da ordem de 0,003, podendo ser desconsiderada nos cálculos. Por esse motivo, pode-se considerar um valor constante, igual a 0,97, para γ_A ao longo da coluna.

Com os valores obtidos acima, uma combinação das Equações 24.1 e 24.7 permite o cálculo da curva de equilíbrio:

$$y^* = \frac{\gamma_A P_{vA}}{P}x = \frac{0,97 \times 4889,18 \text{ Pa}}{800 \text{ Pa}}x = 5,928x$$

Comparando o resultado anterior com a Equação 24.1, então a constante de equilíbrio K é igual a 5,928.

A curva de equilíbrio em base livre de soluto $\overline{y}^* = \overline{K}\overline{x}$ pode ser obtida manipulando-se a Equação 24.1 a partir das Equações 24.15 e 24.16:

$$K = \frac{y^*}{x} = \frac{\dfrac{\overline{y}^*}{(1 + \overline{y}^*)}}{\dfrac{\overline{x}}{(1 + \overline{x})}}$$

da qual se obtém:

$$\overline{y}^* = \frac{K\overline{x}}{1 + (1 - K)\overline{x}} = \frac{5,928\overline{x}}{1 - 4,928\overline{x}}$$

Os valores calculados para as concentrações no equilíbrio estão apresentados na Tabela 24.8.

Tabela 24.8 Concentrações de equilíbrio em fração molar e em fração molar em base livre do composto que se transfere

x	y^*	$\overline{x}$	$\overline{y}^*$
0,0380	0,2253	0,0395	0,2908
0,0200	0,1186	0,0204	0,1345
0,0100	0,0593	0,0101	0,0630
0,0095	0,0563	0,0096	0,0597
0,0050	0,0296	0,0050	0,0305
0,0010	0,0059	0,0010	0,0060

Dos dados da Tabela 24.8, obtém-se um coeficiente de distribuição em base livre do composto que se transfere $\overline{K}$ igual a 7,10.

(iv) *Cálculo da reta de operação*

De acordo com a Equação 24.19, a reta de operação para o esgotamento pode ser calculada pela relação:

$$\frac{\hat{L}_i}{\hat{V}_i} = \frac{7,680 \text{ kmol inertes} \cdot \text{h}^{-1}}{1,778 \text{ kmol inertes} \cdot \text{h}^{-1}} = 4,320$$

que é o coeficiente angular da reta de operação.

(v) *Cálculo do número de estágios pelo método de McCabe-Thiele*

Inicialmente devem ser representados, em um gráfico, os pares de concentrações da reta de operação, ou seja, $(\overline{x}_{\text{sup}}, \overline{y}_{\text{sup}})$ e $(\overline{x}_{\text{inf}}, \overline{y}_{\text{inf}})$. A curva de equilíbrio também deve ser representada no gráfico. O estágio 1 é construído graficamente traçando uma linha horizontal passando por $\overline{y}_{\text{sup}}$ até intersectar a curva de equilíbrio no ponto $(\overline{x}_1, \overline{y}_1)$ e uma linha vertical que liga este último à reta de operação, no ponto $(\overline{x}_1, \overline{y}_2)$. O procedimento segue até que se encontre um valor de $\overline{x}$ que seja menor ou igual a $\overline{x}_{\text{inf}}$, ou seja, à composição desejada do líquido na saída. O resultado final do método está apresentado na Figura 24.17.

As concentrações em cada estágio podem ser calculadas alternando-se o balanço de massa global (Equação 24.17) e a equação da curva de equilíbrio, iniciando-se por esta última:

$$K = \frac{y^*}{x} = \frac{\dfrac{\overline{y}^*}{(1 + \overline{y}^*)}}{\dfrac{\overline{x}}{(1 + \overline{x})}}$$

da qual se obtém:

$$\overline{x} = \frac{\overline{y}^*}{K + \overline{y}(K - 1)} = \frac{\overline{y}^*}{5,928 + 4,928\overline{y}^*}$$

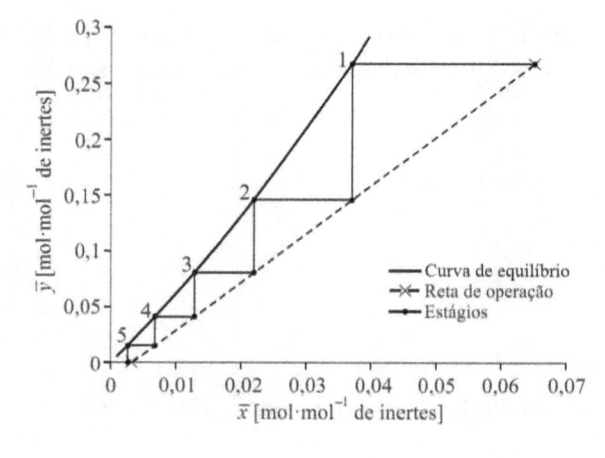

Figura 24.17 Determinação do número de estágios para a operação de desacidificação de óleo de coco.

Note que, a curva de equilíbrio está expressa na forma $\overline{x} = f(\overline{y}^{*})$ e foi obtida pela manipulação da Equação 24.1 a partir das Equações 24.15 e 24.16. Do balanço de massa global escrito para um ponto qualquer da coluna:

$$\frac{\hat{L}_{i}}{\hat{V}_{i}} = \frac{(\overline{y} - \overline{y}_{\text{inf}})}{(\overline{x} - \overline{x}_{\text{inf}})}$$

A substituição dos valores leva a:

$$\frac{7,680 \text{ kmol inertes} \cdot \text{h}^{-1}}{1,778 \text{ kmol inertes} \cdot \text{h}^{-1}} = \frac{(\overline{y} - 0)}{(\overline{x} - 0,0032)}$$

o que resulta em

$$\overline{y} = 4,320\overline{x} - 0,0138$$

Os valores calculados para as concentrações em cada estágio de equilíbrio são apresentados na Tabela 24.9.

Tabela 24.9 Concentrações calculadas para cada estágio de equilíbrio da coluna de desacidificação de óleo de coco

ESTÁGIO	$\overline{x}$	$\overline{y}$
1	0,0369	0,2674
2	0,0219	0,1456
3	0,0128	0,0809
4	0,0068	0,0414
5	0,0026	0,0154

(vi) *Cálculo do número de estágios pelo método de Kremser*

A determinação do número de pratos teóricos também pode ser feita pelo método simplificado de Kremser (1930). Inicialmente, calcula-se o fator de absorção (A_{b}) nos dois extremos da coluna:

$$A_{b(1)} = \frac{\hat{L}}{\hat{V}K} =$$

$$\frac{7,680 \text{ kmol inerte} \cdot \text{h}^{-1} \times (1 \text{ kmol inertes} \cdot \text{kmol inertes}^{-1} + 0,0651 \text{ kmol acidez} \cdot \text{kmol inertes}^{-1})}{1,778 \text{ kmol inertes} \cdot \text{h}^{-1} \times (1 \text{ kmol inertes} \cdot \text{kmol inertes}^{-1} + 0,2674 \text{ kmol acidez} \cdot \text{kmol inertes}^{-1}) \times 5,928}$$

$$= 0,61$$

$$A_{b(N)} = \frac{\hat{L}}{\hat{V}K} = \frac{7,680 \text{ kmol inerte} \cdot \text{h}^{-1} \times (1 + 0,0032)}{1,778 \text{ kmol inerte} \cdot \text{h}^{-1} \times (1 + 0,0) \times 5,928} = 0,73$$

Calcula-se então a média geométrica:

$$A_{b} = \sqrt{A_{b(1)} \times A_{b(N)}} = \sqrt{0,61 \times 0,73} = 0,67$$

E então, o número de estágios N, de acordo com a Equação 24.43 é:

$$N = \frac{\ln\left[\frac{x_{0} - (y_{N+1}/K)}{x_{N} - (y_{N+1}/K)} \ (1 - A_{b}) + A_{b}\right]}{\ln(1/A_{b})}$$

$$N = \frac{\ln\left[\frac{0,0611 - (0/5,928)}{0,0032 - (0/5,928)}(1 - 0,67) + 0,67\right]}{\ln(1/0,67)} = 4,85 \approx 5$$

Resposta: Ambos os métodos resultaram em cinco estágios de equilíbrio.

EXEMPLO 24.2

Uma corrente de óleo vegetal contaminado com hexano deve ser purificada em uma coluna de esgotamento (dessorção) empregando vapor de água puro como agente de arraste. A pressão de trabalho é 19998,4 Pa e a temperatura é 95 °C. A fração molar de hexano no óleo alimentado à coluna é igual a 0,10 e o vapor deve dessorver uma quantidade de hexano suficiente para que, ao final da operação, a fração molar do contaminante seja inferior a 0,0025. Com os dados adicionais fornecidos abaixo, resolva os itens a seguir: (i) Determine as composições e vazões das correntes de saída do equipamento. Quantos kmol·h⁻¹ de hexano devem ser transferidos da fase líquida para a fase gasosa?; (ii) Calcule o coeficiente global de transferência de massa e a força motriz (diferença de concentração) média; (iii) Qual a área de transferência de massa e a altura do recheio desse equipamento?; (iv) Qual a menor vazão teoricamente possível de vapor de água puro?

Dados: vazão molar de inertes no líquido: $8,5$ kmol $\cdot$ h⁻¹; vazão molar de vapor de água puro: $3,1$ kmol $\cdot$ h⁻¹; massas molares dos componentes: óleo vegetal = 884 kg $\cdot$ kmol⁻¹; hexano = 86 kg $\cdot$ kmol⁻¹; vapor de água = 18 kg $\cdot$ kmol⁻¹; área superficial específica por unidade de volume do recheio (anéis de Raschig cerâmicos de 25 mm e diâmetro característico de 0,0082 m): 190 m²·m⁻³; diâmetro da coluna: 1,50 m; densidade do líquido: 865,5 kg $\cdot$ m⁻³; densidade do vapor: 0,118 kg $\cdot$ m⁻³; viscosidade do líquido: $7,67 \times 10^{-3}$ Pa·s; viscosidade do vapor: $1,23 \times 10^{-5}$ Pa $\cdot$ s; tensão superficial do líquido: $3,15 \times 10^{-2}$ N $\cdot$ m⁻¹; volume molar do hexano à temperatura normal de ebulição (341,88 K): 28,053 m³ $\cdot$ kmol⁻¹; difusividade do hexano no líquido: $6,56 \times 10^{-10}$ m² $\cdot$ s⁻¹.

Solução

Para resolver o problema admite-se que ocorre a transferência de massa de um único componente (hexano, componente A). Dessa forma, o cálculo do equilíbrio é simplificado, podendo ser feito a partir da Equação 24.7 (Lei de Raoult modificada). Nesse caso, o óleo vegetal é representado por um pseudocomponente: trioleína (componente C). As propriedades da trioleína e do hexano são apresentadas nas Tabelas 24.4 e 24.5. A água é considerada como o componente B do sistema.

(i) *Cálculo das concentrações de entrada e saída do equipamento*

Na parte superior da coluna as frações molares de hexano são:

$$x_{sup} = 0,10 \text{ kmol} \cdot \text{kmol}^{-1} \text{ total}$$

$$\overline{x}_{sup} = \frac{x_{sup}}{1 - x_{sup}} = \frac{0,10}{1 - 0,10} = 0,1111 \text{ kmol} \cdot \text{kmol}^{-1} \text{ inertes}$$

A fração mássica de hexano pode ser calculada por:

$$X_{sup} = \frac{x_{sup}M_{MA}}{x_{sup}M_{MA} + (1 - x_{sup})M_{MC}} = \frac{0,10 \times 86 \text{ kg} \cdot \text{kmol}^{-1}}{0,10 \times 86 \text{ kg} \cdot \text{kmol}^{-1} + (1 - 0,10) \times 884 \text{ kg} \cdot \text{kmol}^{-1}}$$

$$X_{sup} = 0,0107 \text{ kg} \cdot \text{kg}^{-1} \text{ total}$$

Na parte inferior:

$$x_{inf} = 0,0025 \text{ kmol} \cdot \text{kmol}^{-1} \text{ total}$$

$$\overline{x}_{inf} = \frac{x_{inf}}{1 - x_{inf}} = \frac{0,0025}{1 - 0,0025} = 0,0025 \text{ kmol} \cdot \text{kmol}^{-1} \text{ inertes}$$

Em relação à fase gasosa, como o vapor de água alimentado à coluna é puro, então $\overline{y}_{inf} = 0$. O valor de $\overline{y}_{sup}$ pode ser obtido a partir do balanço de massa global na coluna para o componente que se transfere (Equação 24.17), sendo necessário o cálculo das vazões molares de inertes nas fases líquida e vapor.

(ii) *Cálculo das vazões de entrada no equipamento*

$$\hat{L}_i = 8,5 \text{ kmol inertes h}^{-1}$$

$$\dot{L}_i = \hat{L}_i M_{MC} = 8,5 \text{ kmol inertes} \cdot \text{h}^{-1} \times 884 \text{ kg} \cdot \text{kmol}^{-1} \text{ inertes} = 7514 \text{ kg inertes} \cdot \text{h}^{-1}$$

A vazão total de entrada da fase líquida é dada por:

$$\dot{L}_{sup} = \frac{\dot{L}_i}{(1 - X_{sup})} = \frac{7514 \text{ kg inertes} \cdot \text{h}^{-1}}{(1 - 0,0107) \text{ kg inertes} \cdot \text{kg}^{-1} \text{ total}} = 7595,3 \text{ kg total} \cdot \text{h}^{-1}$$

Para a fase vapor:

$$\hat{V}_i = 3,1 \text{ kmol inertes h}^{-1}$$

$$\dot{V}_i = \hat{V}_i M_{MB} = 3,1 \text{ kmol inertes} \cdot \text{h}^{-1} \times 18 \text{ kg} \cdot \text{kmol}^{-1} \text{ inertes} = 55,8 \text{ kg inertes} \cdot \text{h}^{-1}$$

Assim, a partir do balanço de massa global, podem-se obter as frações molares de hexano na saída da fase gasosa:

$$\overline{y}_{\text{sup}} = \frac{\hat{L}_i}{\hat{V}_i}(\overline{x}_{\text{sup}} - \overline{x}_{\text{inf}}) + \overline{y}_{\text{inf}} = \frac{8,5 \text{ kmol inertes} \cdot \text{h}^{-1}}{3,1 \text{ kmol inertes} \cdot \text{h}^{-1}}(0,1111 - 0,0025) + 0$$

$$\overline{y}_{\text{sup}} = 0,2978 \text{ kmol} \cdot \text{kmol}^{-1} \text{ inertes}$$

$$y_{\text{sup}} = \frac{\overline{y}_{\text{sup}}}{1 + \overline{y}_{\text{sup}}} = \frac{0,2978}{1 + 0,2978} = 0,2295 \text{ kmol} \cdot \text{kmol}^{-1} \text{ total}$$

(iii) *Cálculo das vazões de saída no equipamento*

As vazões molar e mássica da fase líquida são dadas por:

$$\hat{L}_{\text{inf}} = \hat{L}_i(1 + \overline{x}_{\text{inf}}) = 8,5 \text{ kmol inertes} \cdot \text{h}^{-1} \times (1 + 0,0025) \text{ kmol total} \cdot \text{kmol}^{-1} \text{ inertes}$$

$$\hat{L}_{\text{inf}} = 8,521 \text{ kmol total} \cdot \text{h}^{-1}$$

$$\dot{L}_{\text{inf}} = \hat{L}_i(1 M_{MC} + \overline{x}_{\text{inf}} M_{MA})$$

$$\dot{L}_{\text{inf}} = 8,5 \text{ kmol inertes} \cdot \text{h}^{-1} \times \left[\begin{array}{l} (1 \times 884) \text{ kg óleo} \cdot \text{kmol}^{-1} \text{ inertes} + ... \\ \qquad ... + (0,0025 \times 86) \text{ kg hexano} \cdot \text{kmol}^{-1} \text{ inertes} \end{array} \right]$$

$$\dot{L}_{\text{inf}} = 7515,8 \text{ kg total} \cdot \text{h}^{-1}$$

Para a fase gasosa:

$$\hat{V}_{\text{sup}} = \hat{V}_i(1 + \overline{y}_{\text{sup}}) = 3,1 \text{ kmol inertes} \cdot \text{h}^{-1} \times (1 + 0,2978) \text{ kmol total} \cdot \text{kmol}^{-1} \text{ inertes}$$

$$\hat{V}_{\text{sup}} = 4,023 \text{ kmol total} \cdot \text{h}^{-1}$$

$$\dot{V}_{\text{sup}} = \hat{V}_i(1 M_{MB} + \overline{y}_{\text{sup}} M_{MA})$$

$$\dot{V}_{\text{sup}} = 3,1 \text{ kmol inertes} \cdot \text{h}^{-1} \times \left[\begin{array}{l} (1 \times 18) \text{ kg água} \cdot \text{kmol}^{-1} \text{ inertes} + ... \\ \qquad ... + (0,2978 \times 86) \text{ kg hexano} \cdot \text{kmol}^{-1} \text{ inertes} \end{array} \right]$$

$$\dot{V}_{\text{sup}} = 135,2 \text{ kg total} \cdot \text{h}^{-1}$$

(iv) *Quantidade de hexano transferida*

A quantidade de hexano transferida pode ser calculada com base nas concentrações da fase líquida ou vapor, como mostrado a seguir:

$$\hat{M}_A = \hat{L}_i(\overline{x}_{\text{sup}} - \overline{x}_{\text{inf}}) = 8,5 \text{ kmol inertes} \cdot \text{h}^{-1} \times (0,1111 - 0,0025) \text{ kmol} \cdot \text{kmol}^{-1} \text{ inertes}$$

$$\hat{M}_A = 0,923 \text{ kmol hexano} \cdot \text{h}^{-1}$$

ou

$$\hat{M}_A = \hat{V}_i(\overline{y}_{\text{sup}} - \overline{y}_{\text{inf}}) = 3,1 \text{ kmol inertes} \cdot \text{h}^{-1} \times (0,2978 - 0) \text{ kmol} \cdot \text{kmol}^{-1} \text{ inertes}$$

$$\hat{M}_A = 0,923 \text{ kmol hexano} \cdot \text{h}^{-1}$$

(v) *Cálculo da curva de equilíbrio*

Para aplicar a Lei de Raoult modificada (Equação 24.7) é necessário conhecer os valores da pressão de vapor do hexano (Equação 24.8, com dados da Tabela 24.4) na temperatura de operação (95 °C), o seu coeficiente de atividade (Equação 24.9) e a pressão do sistema (19998,4 Pa).

$$P_{vA} = \exp\left(20,7901 - \frac{2720,2}{95 + 224,924}\right) = 216957,3 \text{ Pa}$$

O cálculo do coeficiente de atividade é feito considerando-se uma concentração de água na fase líquida (x_B na Equação 24.9) igual a $4,7 \times 10^{-3}$. Esse valor é resultado dos cálculos de equilíbrio líquido-vapor realizados por Ceriani e Meirelles (2004a). O valor de x_C (concentração do pseudocomponente trioleína no líquido) varia ao longo da coluna, exercendo certa influência no valor do coeficiente de atividade. Dessa forma, serão realizados dois cálculos para γ_A, o primeiro considerando x_C igual à concentração óleo neutro na porção superior da coluna e o segundo considerando x_C igual à concentração de óleo neutro na porção inferior da coluna. Dessa forma, para a parte superior da coluna:

$$x_{Csup} = 1 - x_{Asup} - x_B = 1 - x_{sup} - x_B = 1 - 0,10 - 4,7 \times 10^{-3} = 0,8953 \text{ kmol óleo neutro} \cdot \text{kmol}^{-1} \text{ total}$$

Para a porção inferior da coluna:

$$x_{Cinf} = 1 - x_{inf} - x_B = 1 - 0,0025 - 4,7 \times 10^{-3} = 0,9928 \text{ kmol óleo neutro} \cdot \text{kmol}^{-1} \text{ total}$$

Com os valores dos coeficientes da equação de Margules apresentados na Tabela 24.5, o coeficiente de atividade do ácido graxo γ_A pode ser calculado para os valores de x_C obtidos anteriormente:

$$\frac{A_{AB}}{R} = \frac{A_{AB}^o}{R} + \frac{A_{AB}^1}{R}T = 404,0(\text{K}) + 3,99\left(\frac{\text{K}}{°\text{C}}\right) \times 95 \ (°\text{C}) = 783,05 \text{ K}$$

$$\frac{A_{AC}}{R} = \frac{A_{AC}^o}{R} + \frac{A_{AC}^1}{R}T = -222,5(\text{K}) - 0,7586\left(\frac{\text{K}}{°\text{C}}\right) \times 95 \ (°\text{C}) = -294,57 \text{ K}$$

$$\frac{A_{BC}}{R} = \frac{A_{BC}^o}{R} + \frac{A_{BC}^1}{R}T = 1004,8(\text{K}) + 0,182\left(\frac{\text{K}}{°\text{C}}\right) \times 95 \ (°\text{C}) = 1022,09 \text{ K}$$

Da Equação 24.9:

$$\gamma_A = \exp\left[\frac{(A_{AB}x_B^2 + A_{AC}x_C^2 + (A_{AB} + A_{AC} - A_{BC})x_B x_C)}{RT}\right]$$

Para a parte superior da coluna ($x_{Csup} = 0,8953$):

$$\gamma_A = \exp\left[\frac{783,05 \times (4,7 \times 10^{-3})^2 - 294,57 \times (0,8953)^2}{368,15} + ... \\ ... + \frac{(783,05 - 294,57 - 1022,09) \times 4,7 \times 10^{-3} \times 0,8953}{368,15}\right]$$

o que resulta em

$$\gamma_A = 0,523$$

Para a parte inferior da coluna ($x_{Cinf} = 0,9928$):

$$\gamma_A = \exp\left[\frac{783,05 \times (4,7 \times 10^{-3})^2 - 294,57 \times (0,9928)^2}{368,15} + ... \\ ... + \frac{(783,05 - 294,57 - 1022,09) \times 4,7 \times 10^{-3} \times 0,9928}{368,15}\right]$$

o que resulta em

$$\gamma_A = 0,451$$

A diferença entre os coeficientes de atividade calculados para x_{Csup} e x_{Cinf} é da ordem de 0,072, podendo ainda ser considerada desprezível nos cálculos. Por esse motivo, pode-se considerar um valor constante, igual a 0,50, para γ_A ao longo da coluna.

Com os valores obtidos acima, uma combinação das Equações 24.1 e 24.7 permite o cálculo da curva de equilíbrio:

$$y = \frac{\gamma_A P_{vA}}{P}x = \frac{0,50 \times 216957,3 \text{ Pa}}{19998,4 \text{ Pa}}x = 5,424x$$

Portanto $K = 5,424$ e $\overline{K}$ igual a 6,798.

(vi) *Cálculo dos coeficientes de transferência de massa das fases líquida e vapor*

A difusividade do hexano na fase vapor, a 95 °C é dada pela Equação 24.63:

$$D_V = \frac{0,0043 T^{\frac{3}{2}} \left(\dfrac{M_{MA} + \bar{M}_{MV}}{M_{MA} \bar{M}_{MV}} \right)^{\frac{1}{2}}}{\left[P \left(\tilde{V}_A^{b\frac{1}{3}} + \tilde{V}_V^{b\frac{1}{3}} \right)^2 \right]}$$

em que $P = 19998,4$ Pa $= 0,1974$ atm, $T = 368,15$ K, as massas molares devem ser dadas em kg·kmol⁻¹ ou g·mol⁻¹ e os volumes molares em cm³·mol⁻¹. É importante respeitar essas unidades, uma vez que a constante que aparece na Equação 24.63 não é adimensional.

O volume molar da fase vapor na sua temperatura normal de ebulição (100 °C, considerando-se que é formada, em sua maior parte de vapor de água) é calculado por:

$$\tilde{V}_V^b = \frac{RT}{P} = \frac{8,3144 \times 10^6 \text{cm}^3 \cdot \text{Pa} \cdot \text{mol}^{-1} \cdot \text{K}^{-1} \times (100 + 273,15) \text{ K}}{101325 \text{ Pa}} = 30619,5 \text{ cm}^3 \cdot \text{mol}^{-1}$$

$$D_V = \frac{0,0043 \times (368,15 \text{ K})^{\frac{3}{2}} \left[\dfrac{(86 + 18) \text{ kg} \cdot \text{kmol}^{-1}}{(86 \times 18) \text{ kg}^2 \cdot \text{kmol}^{-2}} \right]^{\frac{1}{2}}}{0,1974 \text{ atm} \left[\left(28053^{\frac{1}{3}} + 30619,5^{\frac{1}{3}} \right) (\text{cm}^3 \cdot \text{mol}^{-1})^{\frac{1}{3}} \right]^2}$$

$$D_V = 0,0105 \text{ cm}^2 \cdot \text{s}^{-1} \times \frac{1 \text{ m}^2}{(100 \text{ cm}^2)} = 1,05 \times 10^{-6} \text{ m}^2 \cdot \text{s}^{-1}$$

As correlações de Onda, Takeuchi e Okumoto (1967) estabelecem que:

$$a_e = a_S \left[1 - \exp\left(-1,45 \left(\frac{\sigma_{SC}}{\sigma_{SL}} \right)^{0,75} (N_{Re})^{0,1} (N_{Fr})^{-0,05} (N_{We})^{0,2} \right) \right]$$

em que

$$N_{Re} = \frac{G_L}{a_S \mu_L}$$

$$N_{Fr} = \frac{G_L^2 a_S}{\rho_L^2 g}$$

$$N_{We} = \frac{G_L^2}{\rho_L \sigma_{SL} a_S}$$

Os seguintes dados são conhecidos:

$$\sigma_{SC} = 0,061 \text{ N·m}^{-1} \text{ (anéis de Raschig cerâmicos)}$$

$$a_S = 190 \text{ m}^2 \cdot \text{m}^{-3}$$

$$\sigma_{SL} = 0,0315 \text{ N·m}^{-1}$$

$$\rho_L = 865,5 \text{ kg·m}^{-3}$$

$$\mu_L = 7,67 \times 10^{-3} \text{ Pa·s}$$

A velocidade mássica superficial do líquido (G_L) expressa em [kg·m⁻²·s⁻¹] é dada por:

$$G_L = \hat{L}_i (1 M_{MC} + \bar{x}_{\text{med}} M_{MA}) \frac{1}{A_s}$$

em que $\overline{x}_{med}$ é um valor médio da concentração de hexano em base livre do composto que se transfere, o qual deve ser usado por causa da variação da concentração de hexano conforme o líquido escoa da entrada em direção à saída da coluna.

$$\overline{x}_{med} = \frac{\overline{x}_{sup} + \overline{x}_{inf}}{2} = \frac{0,1111 + 0,0025}{2} = 0,0568 \text{ kmol} \cdot \text{kmol}^{-1} \text{ inertes}$$

A área de escoamento da coluna é dada por:

$$A_s = \frac{\pi D_C^2}{4} = \frac{3,1416 \times (1,5 \text{ m})^2}{4} = 1,767 \text{ m}^2$$

Assim, a velocidade mássica superficial do líquido é:

$$G_L = \frac{8,5 \text{ kmol inertes} \cdot \text{h}^{-1}}{3600 \text{ s} \cdot \text{h}^{-1}} \times \frac{(1 \times 884 + 0,0568 \times 86) \text{ kg total} \cdot \text{kmol}^{-1} \text{ inertes}}{1,767 \text{ m}^2} = 1,188 \text{ kg total} \cdot \text{m}^{-2} \cdot \text{s}^{-1}$$

Os números de Reynolds, Froude e Weber podem, agora, ser calculados:

$$N_{Re} = \frac{1,188 \text{ kg total} \cdot \text{m}^{-2} \cdot \text{s}^{-1}}{190 \text{ m}^2 \cdot \text{m}^{-3} \times 7,67 \times 10^{-3} \text{ Pa} \cdot \text{s}} = 0,815$$

$$N_{Fr} = \frac{(1,188 \text{ kg total} \cdot \text{m}^{-2} \cdot \text{s}^{-1})^2 \times 190 \text{ m}^2 \cdot \text{m}^{-3}}{(865,5 \text{ kg total} \cdot \text{m}^{-3})^2 \times 9,81 \text{ m} \cdot \text{s}^{-2}} = 3,65 \times 10^{-5}$$

$$N_{We} = \frac{(1,188 \text{ kg total} \cdot \text{m}^{-2} \cdot \text{s}^{-1})^2}{865,5 \text{ kg total} \cdot \text{m}^{-3} \times 0,0315 \text{ N} \cdot \text{m}^{-1} \times 190 \text{ m}^2 \cdot \text{m}^{-3}} = 2,72 \times 10^{-4}$$

A área efetiva de transferência de massa é:

$$a_e = 190 \text{ m}^2 \cdot \text{m}^{-3} \times \ldots$$

$$\ldots \times \left[1 - \exp\left(-1,45 \left(\frac{0,061 \text{ N} \cdot \text{m}^{-1}}{0,0315 \text{ N} \cdot \text{m}^{-1}} \right)^{0,75} (0,815)^{0,1} (3,65 \times 10^{-5})^{-0,05} (2,72 \times 10^{-4})^{0,2} \right) \right]$$

$$a_e = 100,5 \text{ m}^2 \cdot \text{m}^{-3}$$

Os coeficientes de transferência de massa da fase líquida são dados por:

$$k_L = 0,0051 \left(\frac{\mu_L g}{\rho_L} \right)^{\frac{1}{3}} \left(\frac{G_L}{a_e \mu_L} \right)^{\frac{2}{3}} \left(\frac{\mu_L}{\rho_L D_L} \right)^{-0,50} (a_S D_P)^{0,4}$$

em que a difusividade do soluto no líquido é $D_L = 6,56 \times 10^{-10}$ m$^2 \cdot$s^{-1} e o diâmetro característico do recheio é $D_P = 0,0082$ m.

$$k_L = 0,0051 \times \left(\frac{7,67 \times 10^{-3} \text{ Pa} \cdot \text{s} \times 9,8 \text{ m} \cdot \text{s}^{-2}}{865,5 \text{ kg} \cdot \text{m}^{-3}} \right)^{\frac{1}{3}} \times \left(\frac{1,188 \text{ kg} \cdot \text{m}^{-2} \cdot \text{s}^{-1}}{100,5 \text{ m}^2 \cdot \text{m}^{-3} \times 7,67 \times 10^{-3} \text{ Pa} \cdot \text{s}} \right)^{\frac{2}{3}} \times \ldots$$

$$\ldots \times \left(\frac{7,67 \times 10^{-3} \text{ Pa} \cdot \text{s}}{865,5 \text{ kg} \cdot \text{m}^{-3} \times 6,56 \times 10^{-10} \text{m}^2 \cdot \text{s}^{-1}} \right)^{-0,50} \times (190 \text{ m}^2 \cdot \text{m}^{-3} \times 0,0082 \text{ m})^{0,4}$$

$$k_L = 3,10 \cdot 10^{-6} \text{ m} \cdot \text{s}^{-1}$$

$$k_{\overline{x}} \approx k_x = k_L \frac{\rho_L}{\overline{M}_{ML}} = 3,10 \times 10^{-6} \text{ m} \cdot \text{s}^{-1} \times \frac{865,5 \text{ kg} \cdot \text{m}^{-3}}{884 \text{ kg} \cdot \text{kmol}^{-1}}$$

$$k_{\overline{x}} = 3,03 \times 10^{-6} \text{ kmol} \cdot \text{m}^{-2} \cdot \text{s}^{-1} \cdot (\text{kmol} \cdot \text{kmol}^{-1} \text{ inertes})^{-1}$$

Para a fase gasosa:

$$k_G = \frac{a_S D_V}{RT} C_1 \left(\frac{G_V}{a_S \mu_V} \right)^{0,7} \left(\frac{\mu_V}{\rho_V D_V} \right)^{\frac{1}{3}} (a_S D_P)^{-2,0}$$

em que a velocidade mássica superficial do vapor é:

$$G_V = \hat{V}_i (1 M_{MB} + \overline{y}_{\text{med}} M_{MA}) \frac{1}{A_s}$$

e $\overline{y}_{\text{med}}$ é um valor médio da concentração de hexano na fase vapor em base livre do composto que se transfere, que deve ser usado por causa da variação da concentração de hexano conforme o vapor escoa da entrada em direção à saída da coluna.

$$\overline{y}_{\text{med}} = \frac{\overline{y}_{\text{sup}} + \overline{y}_{\text{inf}}}{2} = \frac{0,2978 + 0}{2} = 0,1489 \text{ kmol} \cdot \text{kmol}^{-1} \text{ inertes}$$

Assim:

$$G_V = \frac{3,1 \text{ kmol inertes} \cdot \text{s}^{-1}}{3600 \text{ s}^{-1} \cdot \text{h}^{-1}} \times \frac{(1 \times 18 + 0,1489 \times 86) \text{ kg total} \cdot \text{kmol}^{-1} \text{ inertes}}{1,767 \text{ m}^2}$$

$$G_V = 0,0150 \text{ kg total} \cdot \text{m}^{-2} \cdot \text{s}^{-1}$$

e

$$k_G = \frac{a_S D_V}{RT} C_1 \left(\frac{G_V}{a_S \mu_V} \right)^{0,7} \left(\frac{\mu_V}{\rho_V D_V} \right)^{\frac{1}{3}} (a_S D_P)^{-2,0}$$

$$k_G = \frac{190 \text{ m}^2 \cdot \text{m}^{-3} \times 1,05 \times 10^{-6} \text{m}^2 \cdot \text{s}^{-1}}{8314,4 \text{ J} \cdot \text{kmol}^{-1} \cdot \text{K}^{-1} \times 368,15 \text{ K}} \times 5,23 \times \left(\frac{0,0150 \text{ kg} \cdot \text{m}^{-2} \cdot \text{s}^{-1}}{190 \text{ m}^2 \cdot \text{m}^{-3} \times 1,23 \times 10^{-5} \text{ Pa} \cdot \text{s}} \right)^{0,7} \times ...$$

$$... \times \left(\frac{1,23 \times 10^{-5} \text{ Pa} \cdot \text{s}}{0,118 \text{ kg} \cdot \text{m}^{-3} \cdot 1,05 \times 10^{-6} \text{m}^2 \cdot \text{s}^{-1}} \right)^{\frac{1}{3}} \times (190 \text{ m}^2 \cdot \text{m}^{-3} \cdot 0,0082 \text{ m})^{-2,0}$$

$$k_G = 2,385 \times 10^{-9} \text{ kmol} \cdot \text{m}^{-2} \cdot \text{s}^{-1} \cdot \text{Pa}^{-1}$$

$$k_{\overline{y}} \approx k_y = k_G P = 2,385 \times 10^{-9} \text{ kmol} \cdot \text{m}^{-2} \cdot \text{s}^{-1} \cdot \text{Pa}^{-1} \times 19998,4 \text{ Pa}$$

$$k_{\overline{y}} = 4,77 \times 10^{-5} \text{ kmol} \cdot \text{m}^{-2} \cdot \text{s}^{-1} \cdot (\text{kmol} \cdot \text{kmol}^{-1} \text{ inertes})^{-1}$$

(vii) *Cálculo do coeficiente global de transferência de massa e da força motriz média*

Os coeficientes globais de transferência de massa podem ser calculados a partir das unidades de concentração da fase vapor ou da fase líquida, sem nenhuma alteração nos resultados finais obtidos. A seguir, serão apresentados os dois procedimentos separadamente.

Com base nas unidades de concentração da fase vapor:

$$\frac{1}{K_{\overline{y}}} = \frac{1}{k_{\overline{y}}} + \frac{\overline{K}}{k_{\overline{x}}}$$

$$\frac{1}{K_{\overline{y}}} = \frac{1}{4,77 \times 10^{-5} \text{ kmol} \cdot \text{m}^{-2} \cdot \text{s}^{-1} \cdot (\text{kmol} \cdot \text{kmol}^{-1} \text{ inertes})^{-1}} + ...$$

$$... + \frac{6,798}{3,03 \times 10^{-6} \text{ kmol} \cdot \text{m}^{-2} \cdot \text{s}^{-1} \cdot (\text{kmol} \cdot \text{kmol}^{-1} \text{ inertes})^{-1}}$$

$$K_{\overline{y}} = 4,42 \times 10^{-7} \text{ kmol} \cdot \text{m}^{-2} \cdot \text{s}^{-1} \cdot (\text{kmol} \cdot \text{kmol}^{-1} \text{ inertes})^{-1}$$

A força motriz média, $\Delta \overline{y}_{\text{ln}}$, é calculada como a diferença média logarítmica das forças motrizes no topo e na base da coluna:

$$\overline{y}_{\text{sup}}^* = \overline{K}\overline{x}_{\text{sup}} = 6,798 \times 0,1111 = 0,7553$$

$$\Delta \overline{y}_{\text{sup}} = \overline{y}_{\text{sup}}^* - \overline{y}_{\text{sup}} = 0,7553 - 0,2978 = 0,4575$$

$$\overline{y}_{\text{inf}}^* = \overline{K}\overline{x}_{\text{inf}} = 6,798 \times 0,0025 = 0,0170$$

$$\Delta \overline{y}_{\text{inf}} = \overline{y}_{\text{inf}}^* - \overline{y}_{\text{inf}} = 0,0170 - 0 = 0,0170$$

$$\Delta \overline{y}_{\text{ln}} = \frac{\Delta \overline{y}_{\text{inf}} - \Delta \overline{y}_{\text{sup}}}{\ln\left(\dfrac{\Delta \overline{y}_{\text{inf}}}{\Delta \overline{y}_{\text{sup}}}\right)} = \frac{0,0170 - 0,4575}{\ln\left(\dfrac{0,0170}{0,4575}\right)} = 0,1339$$

Com base nas unidades de concentração da fase líquida:

$$\frac{1}{K_{\overline{x}}} = \frac{1}{\overline{K}k_{\overline{y}}} + \frac{1}{k_{\overline{x}}}$$

$$\frac{1}{K_{\overline{x}}} = \frac{1}{6,798 \times 4,77 \times 10^{-5} \; \text{kmol} \cdot \text{m}^{-2} \cdot \text{s}^{-1} \cdot (\text{kmol} \cdot \text{kmol}^{-1} \; \text{inertes})^{-1}} + \ldots$$

$$\frac{1}{3,03 \times 10^{-6} \; \text{kmol} \cdot \text{m}^{-2} \cdot \text{s}^{-1} \cdot (\text{kmol} \cdot \text{kmol}^{-1} \; \text{inertes})^{-1}}$$

$$K_{\overline{x}} = 3,00 \times 10^{-6} \; \text{kmol} \cdot \text{m}^{-2} \cdot \text{s}^{-1} \cdot (\text{kmol} \cdot \text{kmol}^{-1} \; \text{inertes})^{-1}$$

A força motriz média, $\Delta \overline{x}_{\text{ln}}$, é calculada também como a diferença média logarítmica das forças motrizes no topo e na base da coluna:

$$\overline{x}_{\text{sup}}^* = \frac{\overline{y}_{\text{sup}}}{\overline{K}} = \frac{0,2978}{6,798} = 0,0438$$

$$\Delta \overline{x}_{\text{sup}} = \overline{x}_{\text{sup}} - \overline{x}_{\text{sup}}^* = 0,1111 - 0,0438 = 0,0673$$

$$\overline{x}_{\text{inf}}^* = \frac{\overline{y}_{\text{inf}}}{\overline{K}} = \frac{0}{6,798} = 0$$

$$\Delta \overline{x}_{\text{inf}} = \overline{x}_{\text{inf}} - \overline{x}_{\text{inf}}^* = 0,0025 - 0 = 0,0025$$

$$\Delta \overline{x}_{\text{ln}} = \frac{\Delta \overline{x}_{\text{inf}} - \Delta \overline{x}_{\text{sup}}}{\ln\left(\dfrac{\Delta \overline{x}_{\text{inf}}}{\Delta \overline{x}_{\text{sup}}}\right)} = \frac{0,0025 - 0,0673}{\ln\left(\dfrac{0,0025}{0,0673}\right)} = 0,0197$$

(viii) *Cálculo da área de transferência de massa*

Esse cálculo também pode ser executado a partir das unidades de concentração da fase vapor ou da fase líquida, sem qualquer alteração nos resultados finais obtidos, como mostrado a seguir. A taxa de transferência molar de hexano é:

$$\hat{N}_A A_T = \hat{M}_A = \frac{0,923 \; \text{kmol hexano} \cdot \text{h}^{-1}}{3600 \; \text{s} \cdot \text{h}^{-1}} = 2,564 \times 10^{-4} \; \text{kmol} \cdot \text{s}^{-1}$$

Com base nas unidades de concentração da fase vapor:

$$A_T = \frac{\hat{N}_A A_T}{K_{\overline{y}} \Delta \overline{y}_{\text{ln}}} = \frac{2,564 \times 10^{-4} \; \text{kmol} \cdot \text{s}^{-1}}{4,42 \times 10^{-7} \; \text{kmol} \cdot \text{m}^{-2} \cdot \text{s}^{-1} \cdot (\text{kmol} \cdot \text{kmol}^{-1} \; \text{inertes})^{-1} \times 0,1339} = 4332 \; \text{m}^2$$

Com base nas unidades de concentração da fase líquida:

$$A_T = \frac{\hat{N}_A A_T}{K_{\bar{x}} \Delta \bar{x}_{\text{ln}}} = \frac{2,564 \times 10^{-4} \text{ kmol} \cdot \text{s}^{-1}}{3,00 \times 10^{-6} \text{ kmol} \cdot \text{m}^{-2} \cdot \text{s}^{-1} \cdot (\text{kmol} \cdot \text{kmol}^{-1} \text{ inertes})^{-1} \times 0,0197} = 4338 \text{ m}^2$$

Observe que a diferença entre os valores da área de transferência de massa calculados com base nas unidades de concentração das fases líquida e vapor diferem em apenas 0,14 %. Adotaremos o valor médio, igual a 4335 m².

(ix) *Cálculo da altura do recheio*

A altura do leito de recheio é dada pela Equação 24.69:

$$H_L = \frac{A_T}{A_s a_e} = \frac{4335 \text{ m}^2}{1,767 \text{ m}^2 \times 100,5 \text{ m}^2 \cdot \text{m}^{-3}} = 24,4 \text{ m}$$

(x) *Cálculo da vazão mínima de agente de arraste*

Da Equação 24.22, tem-se:

$$\frac{\hat{L}_i}{\hat{V}_i^{\min}} = \frac{\bar{y}_{\text{sup}}^* - \bar{y}_{\text{inf}}}{\bar{x}_{\text{sup}} - \bar{x}_{\text{inf}}} = \frac{\bar{K}\bar{x}_{\text{sup}} - \bar{y}_{\text{inf}}}{\bar{x}_{\text{sup}} - \bar{x}_{\text{inf}}} = \frac{6,798 \times 0,1111 - 0}{0,1111 - 0,0025} = 6,955$$

$$\hat{V}_i^{\min} = \frac{\hat{L}_i}{6,955} = \frac{8,5 \text{ kmol inertes} \cdot \text{h}^{-1}}{6,955} = 1,22 \text{ kmol inertes} \cdot \text{h}^{-1}$$

Respostas: (i) $y_{\text{sup}} = 0,2295$ kmol $\cdot$ kmol^{-1} total; $\dot{L}_{\text{inf}} = 7515,8$ kg total $\cdot$ h^{-1}; $\dot{V}_{\text{sup}} = 135,2$ kg total $\cdot$ h^{-1}; $\hat{M}_A = 0,923$ kmol hexano $\cdot$ h^{-1}; (ii) $K_{\bar{y}} = 4,42 \times 10^{-7}$ kmol $\cdot$ m$^{-2} \cdot$ s$^{-1} \cdot$ (kmol $\cdot$ kmol^{-1} inertes)$^{-1}$; $\Delta\bar{y}_{\text{ln}} = 0,1339$; $K_{\bar{x}} = 3,00 \times 10^{-6}$ kmol $\cdot$ m$^{-2} \cdot$ s$^{-1} \cdot$ (kmol $\cdot$ kmol^{-1} inertes)$^{-1}$; $\Delta\bar{x}_{\text{ln}} = 0,0197$; (iii) $A_T = 4335$ m²; $H_L = 24,4$ m; (iv) $\hat{V}_i^{\min} = 1,22$ kmol inertes $\cdot$ h^{-1}.

EXEMPLO 24.3

Uma corrente de gás carbônico (CO_2) formada na fermentação do mosto da cana-de-açúcar em uma dorna de fermentação contém 0,012 kmol·kmol^{-1} em mols de vapor de etanol. Para a recuperação desse composto, é empregada uma coluna de absorção de estágios que opera a 30 °C e em pressão atmosférica, com água pura como solvente. A vazão molar da corrente gasosa é de 800 kmol $\cdot$ h^{-1} e da corrente de água pura é de 900 kmol $\cdot$ h^{-1}. Determine o número de estágios de equilíbrio necessários para que, na saída, o gás esteja praticamente livre de etanol ($y_{\text{sup}} < 0,001$). As massas molares dos componentes são: etanol = 76 kg $\cdot$ kmol^{-1}; água =18 kg $\cdot$ kmol^{-1}.

Solução

A resolução desse problema também se inicia com a suposição de que ocorre a transferência de massa de um único componente, no caso o etanol (componente *A*), e o cálculo do equilíbrio se torna simples, podendo ser feito a partir da Equação 24.7 (Lei de Raoult modificada). Nesse sistema, o coeficiente de atividade é calculado pela equação de Van Laar (Equações 24.13 e 24.14), considerando o componente *A* como o etanol e o componente *C* como a água. O CO_2 (componente *B*) é pouco solúvel em água ($x_B = 0$) e a fase gasosa está saturada com vapor de água.

(i) *Cálculo das concentrações de entrada e saída do equipamento*

$$y_{\text{sup}} = 0,0010 \text{ kmol} \cdot \text{kmol}^{-1} \text{ total}$$

$$\bar{y}_{\text{sup}} = \frac{\bar{y}_{\text{sup}}}{1 - \bar{y}_{\text{sup}}} = \frac{0,0010}{1 - 0,0010} = 0,0010 \text{ kmol} \cdot \text{kmol}^{-1} \text{ inertes}$$

$$y_{\text{inf}} = 0,0120 \text{ kmol} \cdot \text{kmol}^{-1} \text{ total}$$

$$\bar{y}_{\text{inf}} = \frac{\bar{y}_{\text{inf}}}{1 - \bar{y}_{\text{inf}}} = \frac{0,0120}{1 - 0,0120} = 0,0121 \text{ kmol} \cdot \text{kmol}^{-1} \text{ inertes}$$

O solvente líquido alimentado no topo da coluna é água pura, então:

$$x_{sup} = \overline{x}_{sup} = 0$$

O valor de $\overline{x}_{inf}$ pode ser obtido a partir do balanço de massa global na coluna para o componente que se transfere (Equação 24.17), sendo necessário o cálculo das vazões molares de inertes nas fases líquido e vapor.

(ii) *Cálculo das vazões de entrada no equipamento*

$$\hat{L}_i = 900 \text{ kmol inertes} \cdot \text{h}^{-1}$$

$$\hat{V}_i = \hat{V}(1 - y_{inf}) = 800 \text{ kmol total} \cdot \text{h}^{-1} \times (1 - 0,0120) \text{ kmol inertes} \cdot \text{kmol}^{-1} \text{ total}$$

$$\hat{V}_i = 790,4 \text{ kmol inertes} \cdot \text{h}^{-1}$$

Então:

$$\overline{x}_{inf} = \frac{\hat{V}_i}{\hat{L}_i}(\overline{y}_{inf} - \overline{y}_{sup}) + \overline{x}_{sup} = \frac{790,4 \text{ kmol inertes} \cdot \text{h}^{-1}}{900 \text{ kmol inertes} \cdot \text{h}^{-1}} \times (0,0121 - 0,0010) + 0$$

$$\overline{x}_{inf} = 0,0098 \text{ kmol} \cdot \text{kmol}^{-1} \text{ inertes}$$

(iii) *Cálculo da curva de equilíbrio*

Para a Lei de Raoult modificada (Equação 24.7) é necessário conhecer os valores da pressão de vapor do etanol (Equação 24.8) na temperatura de operação (30 °C), o seu coeficiente de atividade e a pressão do sistema (101.325 Pa).

$$P_{vA} = \exp\left(23,80467 - \frac{3803,98}{30 + 231,47}\right) = 10470,6 \text{ Pa}$$

O cálculo do coeficiente de atividade será feito a partir da Equação 24.13. Como o valor da concentração do etanol no líquido varia ao longo da coluna, exercendo certa influência no valor do coeficiente de atividade, serão realizados dois cálculos para γ_A, o primeiro considerando x_C igual à concentração de água na porção inferior da coluna e o segundo considerando x_C igual à concentração de água na porção superior da coluna. Dessa forma, para a parte inferior da coluna:

$$x_{Cinf} = 1 - x_{Ainf} - x_B = 1 - x_{inf} - x_B = 1 - 0,0097 - 0 = 0,9903 \text{ kmol água} \cdot \text{kmol}^{-1} \text{ total}$$

Para a porção superior da coluna:

$$x_{Csup} = 1 - x_{Asup} - x_B = 1 - x_{sup} - x_B = 1 - 0 - 0 = 1 \text{ kmol água} \cdot \text{kmol}^{-1} \text{ total}$$

Com os valores dos coeficientes da equação de Van Laar (veja a Seção 24.2), o coeficiente de atividade do etanol γ_A pode ser calculado para os valores de x_C obtidos usando os parâmetros $\frac{A_{AC}}{RT} = 1,7693$ e $\frac{A_{CA}}{RT} = 0,9409$ (Gmehling, Onken e Arlt, 1981).

$$\ln \gamma_A = \frac{A_{AC}}{RT}\left(\frac{\left(\frac{A_{CA}}{RT}\right)x_C}{\left(\frac{A_{CA}}{RT}\right)x_A + \left(\frac{A_{CA}}{RT}\right)x_C}\right)^2 = 1,7693\left(\frac{0,9409 x_C}{1,7693 x_A + 0,9409 x_C}\right)^2$$

Para x_{Cinf}:

$$\gamma_A = \exp\left[1,7693\left(\frac{0,9409 \times 0,9903}{1,7693 \times 0,0097 + 0,9409 \times 0,9903}\right)^2\right] = \exp(1,7059) = 5,5062$$

Para x_{Csup}:

$$\gamma_A = \exp\left[1,7693\left(\frac{0,9409 \times 1}{1,7693 \times 0 + 0,9409 \times 1}\right)^2\right] = \exp(1,7693) = 5,8667$$

Observe que a diferença entre os coeficientes de atividade calculados para $x_{C\inf}$ e x_{Csup} é da ordem de 0,36, podendo ser considerada desprezível nos cálculos. Por esse motivo, γ_A pode ser considerado como um valor constante ao longo da coluna e igual a 5,69. Com os valores obtidos, uma combinação das Equações 24.1 e 24.7 permite o cálculo da curva de equilíbrio:

$$y = \frac{\gamma_A P_{vA}}{P} x = \frac{5,69 \times 10470,6 \text{ Pa}}{101325 \text{ Pa}} x = 0,588x$$

A curva de equilíbrio em base livre do composto que se transfere $\overline{y}^* = \overline{K}\overline{x}$ pode ser obtida manipulando-se a Equação 24.1 a partir das Equações 24.15 e 24.16:

$$K = \frac{y^*}{x} = \frac{\dfrac{\overline{y}^*}{(1 + \overline{y}^*)}}{\dfrac{\overline{x}}{(1 + \overline{x})}}$$

de que se obtém:

$$\overline{y}^* = \frac{K\overline{x}}{1 + (1 - K)\overline{x}} = \frac{0,588\overline{x}}{1 - 0,412\overline{x}}$$

Os valores calculados para as concentrações no equilíbrio estão apresentados na Tabela 24.10.

Tabela 24.10 Concentrações de equilíbrio em fração molar e em fração molar em base livre de soluto

x	y^*	$\overline{x}$	$\overline{y}^*$
0,012	0,0071	0,0121	0,0071
0,010	0,0059	0,0101	0,0059
0,008	0,0047	0,0081	0,0047
0,005	0,0029	0,0050	0,0029
0,001	0,0006	0,0010	0,0006

Dos dados da Tabela 24.10, obtém-se um coeficiente de distribuição em base livre do composto que se transfere $\overline{K}$ igual a 0,586.

(iv) *Cálculo da reta de operação*

De acordo com a Equação 24.18, a reta de operação para a absorção pode ser calculada pela relação:

$$\frac{\hat{L}_i}{\hat{V}_i} = \frac{900 \text{ kmol inertes} \cdot \text{h}^{-1}}{790,4 \text{ kmol inertes} \cdot \text{h}^{-1}} = 1,1387$$

que é o coeficiente angular da reta de operação.

(v) *Cálculo do número de estágios pelo método de McCabe-Thiele*

Inicialmente, devem ser marcados em um gráfico os pares de concentrações da reta de operação, ou seja, $(\overline{x}_{sup}, \overline{y}_{sup})$ e $(\overline{x}_{inf}, \overline{y}_{inf})$. A curva de equilíbrio também deve ser representada no gráfico. O procedimento a ser seguido para a construção dos estágios de equilíbrio é o mesmo apresentado no Exemplo 24.1, iniciando-se pelas composições do estágio 1, localizadas próximo ao canto inferior esquerdo do gráfico. O resultado final do método está apresentado a seguir (Figura 24.18).

As concentrações em cada estágio podem ser calculadas alternando-se o balanço de massa global (Equação 24.17) e a equação da curva de equilíbrio, iniciando-se por esta última.

$$\overline{x} = \frac{\overline{y}^*}{K + \overline{y}^*(K - 1)} = \frac{\overline{y}^*}{0,588 + 0,412\overline{y}^*}$$

Note que, a curva de equilíbrio está expressa na forma $\overline{x} = f(\overline{y}^*)$ e foi obtida pela manipulação da Equação 24.1 a partir das Equações 24.15 e 24.16.

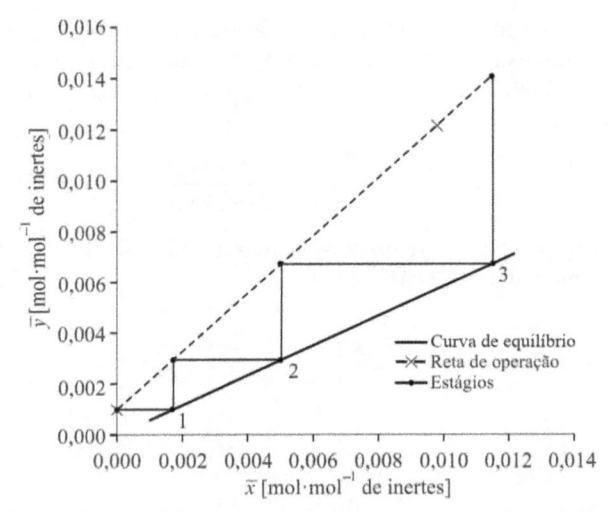

Figura 24.18 Determinação do número de estágios para a operação de recuperação de etanol.

Do balanço de massa global, escrito para um ponto qualquer da coluna:

$$\frac{\hat{L}_i}{\hat{V}_i} = \frac{(\bar{y} - \bar{y}_{sup})}{(\bar{x} - \bar{x}_{sup})} = \frac{900 \text{ kmol inertes} \cdot \text{h}^{-1}}{790,4 \text{ kmol inertes} \cdot \text{h}^{-1}} = \frac{(\bar{y} - 0,0010)}{(\bar{x} - 0)}$$

o que resulta em

$$\bar{y} = 1,1387\bar{x} + 0,0010$$

Os valores calculados para as concentrações em cada estágio de equilíbrio estão apresentados na Tabela 24.11.

Tabela 24.11 Concentrações calculadas para cada estágio de equilíbrio da coluna de recuperação de etanol

ESTÁGIO	$\bar{x}$	$\bar{y}$
1	0,0017	0,0010
2	0,0050	0,0029
3	0,0115	0,0067

Resposta: São necessários três estágios de equilíbrio.

EXEMPLO 24.4

Estudo de caso — sistema multicomponente: 1250 kg·h⁻¹ de óleo de coco com uma acidez inicial de 0,03 kg·kg⁻¹ de ácido oleico é desacidificado em uma coluna de esgotamento de cinco estágios que opera a 1 mmHg e 207,93 °C. A vazão de vapor de água puro (agente de arraste) é de 25 kg·h⁻¹. A perda de carga por estágio na coluna, que opera em contracorrente, é de 133,3 Pa (1 mmHg). Determine as vazões e as concentrações das classes de compostos graxos que compõem o sistema multicomponente em questão ao longo da coluna de esgotamento.

Solução

O óleo de coco (massa molar igual a 587,86 kg·kmol⁻¹) é uma mistura multicomponente, formada por triacilgliceróis (TAG), diacilgliceróis (DAG), monoacilgliceróis (MAG) e ácidos graxos livres (AGL). Na Tabela 24.12 estão apresentadas as vazões molares (mol·h⁻¹) de cada um dos componentes da alimentação de líquido da coluna de esgotamento (em um total de 40 componentes).

Tabela 24.12 Vazões [mol·h^{-1}] dos componentes da alimentação de líquido

CLASSE	COMPOSTO	$\hat{n}$ [mol·h^{-1}]
TAG (15 componentes)	CpCpL	62,79
	CpCL	100,86
	CpLL	239,47
	CLL	256,94
	LLL	366,08
	LLM	272,55
	LLP	169,14
	LMP	85,19
	LMS	32,92
	CpOL	38,81
	COL	36,21
	LOL	77,95
	LOM	44,98
	LOP	23,66
	LLiL	20,81
DAG (10 componentes)	CpCp -	2,92
	CpC -	3,84
	CpL -	19,22
	CL -	16,47
	LL -	29,43
	LM -	1,65
	LP -	5,47
	CO -	1,07
	LO -	4,31
	LLi -	1,11
MAG (7 componentes)	Cp - -	8,02
	C - -	5,83
	L - -	28,99
	M - -	0,58
	P - -	1,47
	O - -	1,66
	Li - -	0,49
AGL (8 componentes)	Ácido caprílico (Cp)	17,80
	Ácido cáprico (C)	12,37
	Ácido láurico (L)	65,72
	Ácido mirístico (M)	20,09
	Ácido palmítico (P)	8,20
	Ácido esteárico (S)	2,21
	Ácido oleico (O)	5,42
	Ácido linoleico (Li)	1,46

Utilizando a metodologia descrita na Seção 24.2, a coluna de esgotamento aplicada à desacidificação por via física do óleo de coco foi simulada computacionalmente. Além das equações já descritas, uma série de metodologias preditivas é necessária para se estimar as propriedades físicas de cada um dos componentes do sistema envolvido. Mais informações a respeito desses métodos preditivos podem ser obtidas em trabalhos publicados (Ceriani e Meirelles, 2004a, 2004b, 2004c e 2006). Nas condições de operação da coluna, parte dos acilgliceróis (TAG, DAG e MAG) é volatilizada juntamente com os ácidos graxos livres, caracterizando um problema com transferência de massa de múltiplos compostos de classes distintas. A acidez final do óleo obtida como resultado da simulação foi de 0,0002 kg·kg⁻¹ de ácido oleico.

A Figura 24.19 mostra que os ácidos graxos livres constituem a principal fração do destilado, seguido pelos MAG, DAG e TAG. De fato, no óleo desacidificado, os AGL e os MAG somam apenas 0,0006 kg·kg⁻¹ do total da corrente de produto.

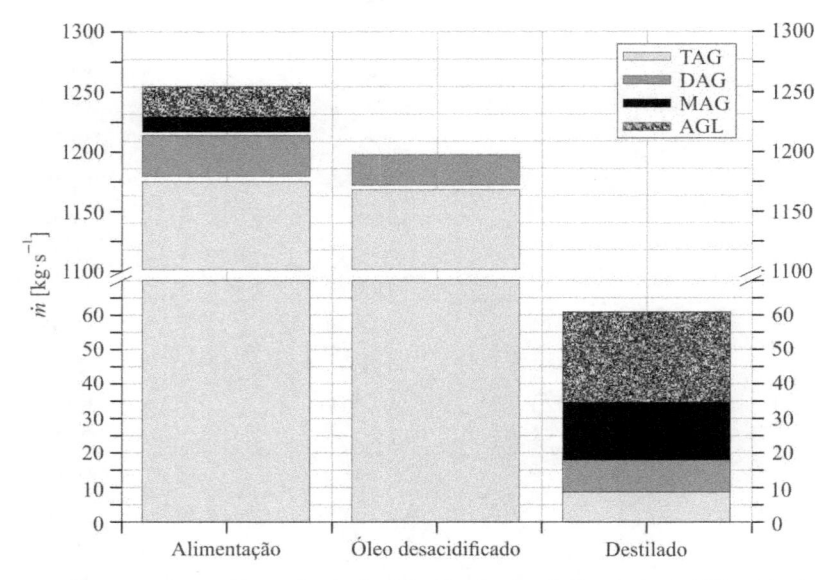

Figura 24.19 Ácidos graxos livres que constituem a principal fração do destilado na desacidificação do óleo de coco.

A Figura 24.20 mostra os perfis das frações mássicas das correntes de ácidos graxos livres e de acilgliceróis totais (TAG + DAG + MAG) nas fases líquido e vapor ao longo dos estágios da coluna de esgotamento. Como esperado, a concentração de AGL no óleo diminui do estágio 1 (entrada) para o estágio 5 (saída) enquanto a fase vapor se enriquece nos compostos mais voláteis.

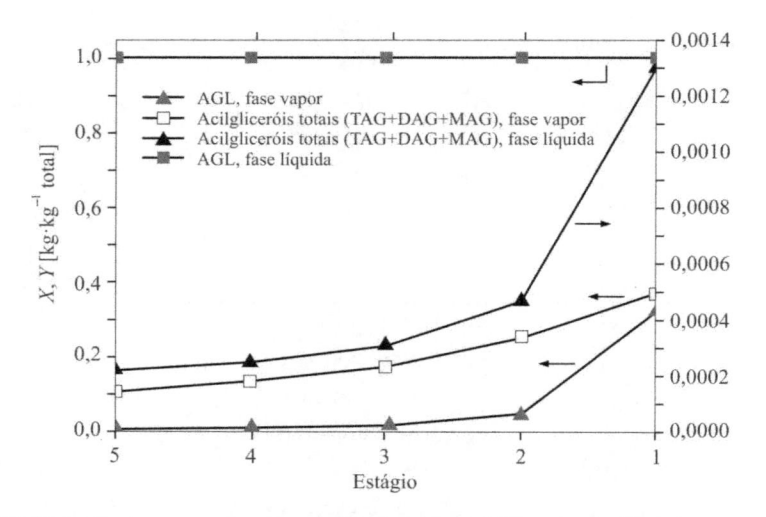

Figura 24.20 Perfis de concentração na coluna de desacidificação do óleo de coco.

Os resultados mostram que a perda de óleo neutro foi igual a 2,43 % do total alimentado à coluna, ou seja, 30,38 kg·h⁻¹ de TAG + DAG + MAG, que foram perdidos na corrente de destilado (corrente de vapor obtida no topo da coluna). Desse total, 27,4 % foi representado pelos TAG, 32,7 % pelos DAG e 39,9 % pelos MAG. Além disso, do total de 8,3 kg·h⁻¹ de TAG perdidos na corrente de destilado, cerca de 97,4 % era formado por TAG de cadeia carbônica mais curta (massa molar < 694 g·mol⁻¹). Resultados similares foram obtidos para as classes de DAG e MAG.

24.7 EXERCÍCIOS

1. Uma coluna de recheio empacotada com anéis de Raschig (tamanho nominal de 6 mm) é empregada na dessorção de óleo de soja contaminado com 0,10 mol·mol⁻¹ total de hexano ($x_{hexano} = 0,10$). Vapor de água puro será utilizado como meio para realizar o esgotamento do hexano até que sua fração molar na mistura com óleo caia a 0,005. Considerando que a coluna tem diâmetro interno de 0,55 m, determine a altura do recheio necessária para realizar esse processo na pressão de 101,3 kPa e temperatura de 110 °C.

   Dados: curva de equilíbrio do hexano em base livre do composto que se transfere: $\overline{y}^* = 1,9\overline{x}$; vazão molar total da alimentação: 10 kmol total·h⁻¹; vazão molar de vapor de água: 6,33 kmol h⁻¹; densidade do líquido: 856 kg·m⁻³; viscosidade do líquido: $4,35 \times 10^{-3}$ Pa·s; tensão superficial do líquido: $2,03 \times 10^{-2}$ N·m⁻¹; massas molares dos componentes: óleo vegetal = 870 kg·kmol⁻¹; hexano = 86 kg·kmol⁻¹; vapor de água =18 kg·kmol⁻¹; área superficial específica por unidade de volume do recheio (anéis de Raschig metálicos de 6 mm e diâmetro característico de 0,0024 m): 774 m²·m⁻³; densidade do vapor: 0,572 kg·m⁻³; viscosidade do vapor: $1,295 \times 10^{-5}$ Pa·s; volume molar do hexano à temperatura normal de ebulição (341,88 K): 28,053 m³·kmol⁻¹; difusividade do hexano no líquido: $1,14 \times 10^{-9}$ m²·s⁻¹.

   [**Resposta:** $H_L = 15,7$ m]

2. Determine o consumo de ácido sulfúrico para secar uma corrente de ar úmido em uma torre de lavagem de gases. A capacidade da torre é de 500 m³·h⁻¹ (calculada em relação ao ar seco em condições normais de temperatura e pressão). O teor inicial de umidade do ar é de 0,016 kg·kg⁻¹ ar seco, e o final é de 0,006 kg·kg⁻¹ ar seco. A concentração inicial de água na corrente de ácido sulfúrico é de 0,6 kg·kg⁻¹ ácido mono-hidratado, e a final é de 1,4 kg·kg⁻¹ ácido mono-hidratado. O ar é seco à pressão atmosférica.

   [**Resposta:** $\dot{L}_i = 8,08$ kg ácido sulfúrico · h⁻¹]

3. Uma torre de lavagem de gases destinada a absorver vapor de acetona dissolvido em uma corrente de ar é alimentada com uma corrente de água a uma vazão de 3000 kg·h⁻¹. A temperatura média de operação da torre é de 20 °C. Através da torre passa, à pressão atmosférica, uma mistura de ar-vapor de acetona contendo 6 mL/100mL (em volume) desta última. A vazão de ar seco que circula na torre é de 1400 m³·h⁻¹, determinado em condições normais. A torre de absorção capta 98 % da acetona alimentada à coluna. Determine o diâmetro e a altura da torre de absorção, se a mesma será empacotada com anéis de Raschig cerâmicos de 25 mm de tamanho nominal. A área efetiva do recheio pode ser considerada igual à sua área nominal.

   Dados: curva de equilíbrio da acetona em base livre do composto que se transfere: $\overline{y}^* = 1,68\overline{x}$; coeficiente global de transferência de massa com base nas unidades da fase gasosa: $K_{\overline{y}} = 0,40$ kmol · m⁻² · h⁻¹ · (kmol · kmol⁻¹ inertes)⁻¹; velocidade do gás na coluna de absorção: 1,14 m·s⁻¹; área superficial específica por unidade de volume do recheio: 190 m²·m⁻³.

   [**Resposta:** $D_C = 0,66$ m; $H_L = 19,1$ m]

4. Determine o coeficiente global de transferência de massa de uma torre de absorção quando dióxido de carbono é absorvido em água. A torre é alimentada com 5000 m³·h⁻¹ da mistura gasosa, determinados à pressão atmosférica e na temperatura de trabalho. A vazão mássica de água pura é de 650.000 kg·h⁻¹. O teor de dióxido de carbono na mistura gasosa que alimenta a coluna é de 28,4 mL/100mL, sendo reduzido a 0,2 mL/100mL na corrente gasosa que escoa no topo da coluna. A pressão da torre é de 16,5 atm e a temperatura é de 15 °C. A parte inferior da torre foi empacotada com 3000 kg de anéis cerâmicos de Raschig de tamanho nominal de 50 mm. Mais acima na torre, foram empregados 17.000 kg de anéis cerâmicos de Raschig de 38 mm de tamanho nominal. Considere que a área efetiva do recheio pode ser considerada igual à área nominal (ou seja, encontra-se totalmente molhada).

   Dados: coeficiente empírico da Lei de Henry ($H_{CO_2-água}$): 1250 atm·(mol·mol⁻¹)⁻¹; anéis de Raschig 50 mm: $a_e = 92$ m²·m⁻³ e densidade do leito de 657,6 kg·m⁻³; anéis de Raschig 38 mm: $a_e = 125$ m²·m⁻³ e densidade do leito de 737,3 kg·m⁻³.

   [**Resposta:** 0,35 kmol · m⁻² · h⁻¹ · (kmol · kmol⁻¹ inertes)⁻¹]

5. Determine o consumo mínimo teórico de absorvente líquido com massa molar de 224 kg·kmol⁻¹ necessário para extrair por completo propano e butano a partir de 1000 m³·h⁻¹ de uma mistura gasosa (determinada em condições normais: 0 °C e 1 atm). O teor de propano no gás é de 15 mL/100mL e o de butano é de 10 mL/100mL. A temperatura na coluna de absorção é igual a 30 °C e a pressão absoluta é de 3 atm. As solubilidades do butano e do propano no absorvente podem ser determinadas usando-se a Lei de Raoult.

   Dados: pressão de vapor do propano: 1,013 MPa; pressão de vapor do butano: 0,274 MPa.

   [**Resposta:** 30.814 kg absorvente · h⁻¹]

6. Uma corrente de 2000 kg·h⁻¹ de óleo contaminado contendo 0,02 kg·kg⁻¹ (0,06 em fração molar) de ácidos graxos livres deve ser purificada por dessorção empregando vapor de água puro e superaquecido (20 kg·h⁻¹) como agente de arraste desses ácidos para a fase vapor. A pressão de trabalho é 1,33 kPa e a temperatura 250 °C. A acidez residual do óleo na saída do equipamento deve ser igual a 0,003 kg·kg⁻¹ (0,009 em fração molar). Com os dados adicionais fornecidos abaixo, determine a altura do recheio desse equipamento e a menor vazão teoricamente possível de agente de arraste para realizar tal separação.

Dados: curva de equilíbrio do ácido graxo em base livre do composto que se transfere: $\bar{y}^* = 3,0\bar{x}$; diâmetro da coluna: 60 cm; recheio: anéis de Raschig de aço inox de 25 mm ($a_e = 185$ m²·m⁻³ e $D_P = 0,0045$ m); difusividade da acidez no líquido: $2,07 \times 10^{-9}$ m²·s⁻¹; difusividade da acidez no vapor: $3,23 \times 10^{-6}$ m²·s⁻¹; densidade do líquido: 753 kg·m⁻³; densidade do vapor: $5,517 \times 10^{-3}$ kg·m⁻³; viscosidade do líquido: $0,876 \times 10^{-3}$ Pa·s; viscosidade do vapor: $1,8322 \times 10^{-5}$ Pa·s; tensão superficial do líquido: $1,81 \times 10^{-2}$ N·m⁻¹; massas molares dos componentes: óleo = 884 kg·kmol⁻¹; ácido graxo = 282 kg·kmol⁻¹; vapor de água =18 kg·kmol⁻¹.

[**Resposta:** $H_L = 2,2$ m; $\hat{V}_l^{\min} = 0,63$ kmol·h⁻¹]

7. Calcule o número de estágios de equilíbrio necessários para realizar a desacidificação do óleo vegetal, com base nos dados apresentados no Exercício 6.

[**Resposta:** Três estágios, aproximadamente]

8. Calcule o número de estágios de equilíbrio necessários para realizar o esgotamento do hexano, com base nos dados apresentados no Exercício 1.

[**Resposta:** Sete estágios, aproximadamente]

24.8 BIBLIOGRAFIA RECOMENDADA

AHRENS, D. Industrial thin-film deodorization of seed oils with SoftColumn™ technology. *Fett/Lipid.*, v. 101, p. 230-234, 1999.

ALCARDE, A. R. *Desalcoolização parcial de vinho por* gas stripping *durante a fermentação*. Tese (Livre-Docência) — Escola Superior de Agricultura Luiz de Queiroz, Universidade de São Paulo, Piracicaba, 2006. 111 p.

CARLSON, K. F. Deodorization. In: HUI, Y. H (Org.). *Bailey's industrial oil and fat products*. 5. ed. Nova York: John Wiley & Sons, 1996. v. 4, p. 339-391.

CERIANI, R. et al. A group contribution model for predicting viscosity of fatty compounds. *Journal of Chemical and Engineering Data*, v. 52, p. 965-972, 2007.

_____; MEIRELLES, A. J. A. Modeling vaporization efficiency for steam refining and deodorization. *Industrial and Engineering Chemistry Research*, v. 44, p. 8377-8386, 2005.

_____; _____. Predicting vapor-liquid equilibria of fatty systems. *Fluid Phase Equilibria*, v. 215, p. 227-236, 2004a.

_____; _____. Simulation of batch physical refining and deodorization processes. *Journal of the American Oil Chemists' Society*, v. 81, p. 305-312, 2004b.

_____; _____. Simulation of continuous deodorizers: effects on product streams. *Journal of the American Oil Chemists Society*, v. 81, p. 1059-1069, 2004c.

_____; _____. Simulation of continuous physical refiners for edible oil deacidification. *Journal of Food Engineering*, v. 76, p. 261-271, 2006.

_____; _____; GANI, R. Simulation of thin-film deodorizers in palm oil refining. *Journal of Food Process Engineering*, v. 33, p. 208-225, 2010.

DESCOINS, C.; MATHLOUTHI, M.; LE MOUAL, M.; HENNEQUIN, J. Carbonation monitoring of beverage in a laboratory scale unit with on-line measurement of dissolved CO_2. *Food Chemistry*, v. 95, p. 541-553, 2006.

FAIR, J. R.; MATTHEWS, R. L. Estimate of entrainment from bubble caps. *Petroleum Refiner*, v. 37, p. 153-158, 1958.

FORNARI, T.; BOTTINI, S.; BRIGNOLE, E. A. Applications of UNIFAC to vegetable oils — alkanes mixtures. *Journal of the American Oil Chemists' Society*, v. 71, p. 391-395, 1994.

GEANKOPLIS, C. J. *Transport processes and separation process principles*. Nova Jersey: Prentice Hall, 2003.

GMEHLING, J.; ONKEN, U.; ARLT, W. *Vapor-liquid equilibrium data collection*. Frankfurt: Schön & Wetzel GmbH, 1981.

GOODRUM, J. W.; GELLER, D. P.; LEE, S. A. Rapid measurement of boiling points and vapor pressure of binary mixtures of short-chain triglycerides by TGA methods. *Thermochimica Acta*, v. 311, p. 71-79, 1998.

HALVORSEN, J. D.; MAMMEL, W. C.; CLEMENTS, L. D. Density estimation for fatty acids and vegetable oils based on their fatty acid composition. *Journal of the American Oil Chemists Society*, v. 70, p. 875-880, 1993.

HILLSTRÖM, A., SJÖBERG, P. *Deodorisation plant for fatty oils*, US006001220A, 1999.

JACOBS, M. B. *Manufacture and analysis of carbonated beverages*. Nova York: Chemical Publishing Co., 1959.

KREMSER, A. Theoretical analysis of absorption process. *National Petroleum News*, v. 22, p. 43-49, 1930.

LUDWIG, E. E. *Applied process design for chemical and petrochemical plants*. Houston: GPC, 1995.

MACFARLAND, S. A.; SIGMUND, P. M.; VAN WINKLE, M. Predict distillation efficiency. *Hydrocarbon Process*, v. 51, p. 111-114, 1972.

MÜLLER, E.; STAGE, H. *Experimentelle Vermessung von Dampf-Flüssigkeits-Phasengleichgewichten Dargestellt am Beispiel des Siedeverhaltens von Fettsäuren*. Berlim: Springer-Verlag, 1961.

NAPHTALI, L. M.; SANDHOLM, D. P. Multicomponent separation calculations by linearization. *AIChe Journal*, v. 17. p. 148-153, 1971.

NATIONAL RESEARCH COUNCIL. *International critical tables*. Nova York: McGraw-Hill Book Company, 1929.

ONDA, K.; TAKEUCHI, H.; OKUMOTO, Y. Effect of packing materials on the wetted surface area. *Kagaku Kogaku*, v. 31, p. 126-134, 1967.

PARAÍSO, P. R.; ANDRADE, C. M. G.; ZEMP, R. J. Destilação da micela II: modelagem e simulação do stripping do hexano. *Ciência e Tecnologia de Alimentos*, v. 25, p. 37-44, 2005.

PERRY, R. H.; CHILTON, C. H. *Chemical engineers' handbook*. Nova York: McGraw-Hill Book Company, 1973.

POLING, B.; PRAUSNITZ, J. M.; O'CONNELL, J. P. *The properties of gases and liquids*. 5. ed. Nova York: McGraw-Hill Book Company, 2004.

POLLARD, E. F.; VIX, H. L.; GASTROCK, E. A. Solvent extraction of cottonseed and peanut oils. *Industrial and Engineering Chemistry*, v. 37, p. 1022-1026, 1945.

RABELO, J.; BATISTA, E.; CAVALERI, F. W.; MEIRELLES, A. J. A. Viscosity prediction for fatty systems. *Journal of the American Oil Chemists Society*, v. 77, p. 1255-1261, 2000.

REID, R. C., PRAUSNITZ, J. M.; POLING, B. E. *The properties of gases and liquids*. Nova York: McGraw-Hill Book Company, 1987.

SEADER, J. D.; HENLEY, E. J. *Separation process principles*. Nova York: John Wiley & Sons, 1998.

SIDDIQI, M. A.; LUCAS, K. Correlations for prediction of diffusion in liquids. *Canadian Journal of Chemical Engineering*, v. 64, p. 839-843, 1986.

SMITS, G. Measurement of the diffusion coefficient of free fatty acid in groundnut oil by the capillary-cell method. *Journal of the American Oil Chemists Society*, v. 53, p. 122-124, 1976.

TREYBAL, R. E. *Mass-transfer operations*. Nova York: McGraw-Hill Book Company, 1980.

VARNAM, A. H.; SUTHERLAND, J. P. *Beverages*: technology, chemistry and microbiology. Londres: Chapman & Hall, 1994.

WALAS, S. M. *Phase equilibria in chemical engineering*. Boston: Butterworth-Heinemann, 1985.

WINKLE, M. *Distillation*. Nova York: McGraw-Hill Book Company, 1967.

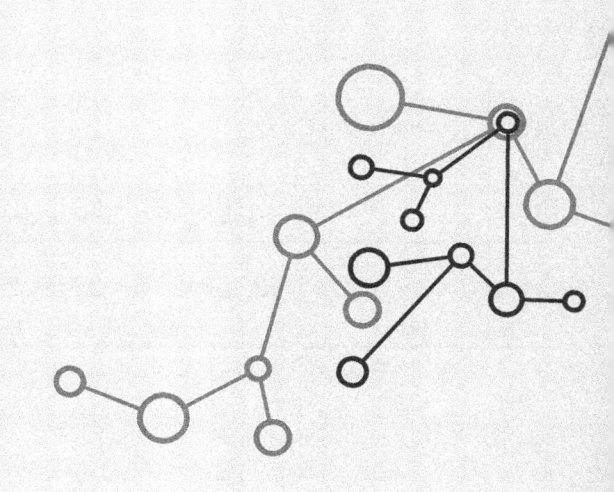

APÊNDICE A1

Tabela A.1 Tabela de propriedades termofísicas de água saturada

T [K]	P_w [kPa]*	ρ [kg·m⁻³] L**	ρ V	H [kJ·kg⁻¹] L	H V	$\Delta_{vap}H$ [kJ·kg⁻¹]	C_V [kJ·kg⁻¹·K⁻¹] L	C_V V	C_P [kJ·kg⁻¹·K⁻¹] L	C_P V	μ [10⁻⁶Pa·s]*** L	μ V	k [W·m⁻¹·K⁻¹] L	k V
273,16	0,612	999,8	4,85×10⁻³	0,0	2500,5	2500,5	4,217	1,418	4,220	1,884	1749,8	7,98	0,5676	0,0181
275	0,699	999,9	5,51×10⁻³	7,77	2504,1	2496,3	4,213	1,420	4,214	1,886	1651,8	8,07	0,5716	0,0183
280	0,992	999,9	7,68×10⁻³	28,80	2513,5	2484,7	4,200	1,424	4,201	1,891	1421,9	8,29	0,5818	0,0186
285	1,389	999,5	1,06×10⁻²	49,79	2522,8	2473,0	4,185	1,429	4,193	1,897	1226,0	8,50	0,5912	0,0189
290	1,920	998,8	1,44×10⁻²	70,73	2531,9	2461,2	4,168	1,433	4,187	1,902	1080,3	8,71	0,5998	0,0193
295	2,621	997,8	1,93×10⁻²	91,66	2541,0	2449,4	4,150	1,438	4,183	1,908	958,8	8,91	0,6078	0,0196
300	3,537	996,5	2,56×10⁻²	112,57	2550,1	2437,5	4,131	1,442	4,181	1,914	854,8	9,11	0,6151	0,0198
305	4,720	995,0	3,36×10⁻²	133,47	2559,1	2425,6	4,110	1,447	4,180	1,920	768,6	9,31	0,6219	0,0201
310	6,232	993,3	4,37×10⁻²	154,37	2568,0	2413,6	4,088	1,452	4,180	1,927	694,7	9,51	0,6282	0,0204
315	8,146	991,4	5,62×10⁻²	175,27	2576,9	2401,6	4,065	1,457	4,180	1,934	630,8	9,71	0,6342	0,0207
320	10,55	989,4	7,17×10⁻²	196,18	2585,8	2389,6	4,042	1,463	4,181	1,942	576,8	9,90	0,6397	0,0210
325	13,53	987,1	9,06×10⁻²	217,09	2594,6	2377,5	4,017	1,469	4,182	1,950	528,1	10,1	0,6449	0,0213
330	17,22	984,7	1,14×10⁻¹	238,01	2603,4	2365,4	3,993	1,475	4,184	1,959	488,9	10,3	0,6498	0,0216
335	21,72	982,2	1,41×10⁻¹	258,93	2612,1	2353,2	3,967	1,482	4,186	1,968	452,9	10,5	0,6543	0,0219
340	27,19	979,5	1,74×10⁻¹	279,87	2620,8	2340,9	3,942	1,489	4,189	1,979	420,1	10,7	0,6586	0,0223
345	33,79	976,7	2,14×10⁻¹	300,83	2629,3	2328,5	3,916	1,497	4,191	1,991	389,4	10,9	0,6626	0,0226
350	41,69	973,7	2,60×10⁻¹	321,80	2637,8	2316,0	3,890	1,505	4,195	2,003	365,3	11,1	0,6664	0,0229
355	51,08	970,6	3,15×10⁻¹	342,79	2646,2	2303,4	3,863	1,515	4,198	2,017	343,2	11,3	0,6699	0,0233
360	62,20	967,4	3,79×10⁻¹	363,80	2654,5	2290,7	3,837	1,525	4,202	2,033	324,1	11,5	0,6731	0,0237
365	75,27	964,0	4,53×10⁻¹	384,83	2662,7	2277,9	3,811	1,536	4,207	2,049	306,1	11,7	0,6760	0,0241
370	90,54	960,6	5,38×10⁻¹	405,89	2670,8	2264,9	3,785	1,548	4,212	2,068	289,1	11,9	0,6787	0,0245
373,16	101,3	958,3	5,98×10⁻¹	419,17	2675,8	2256,6	3,768	1,556	4,216	2,080	279,1	12,0	0,6803	0,0248
375	108,3	957,0	6,36×10⁻¹	426,98	2678,7	2251,7	3,759	1,561	4,218	2,088	274,1	12,1	0,6811	0,0249
380	128,9	953,3	7,48×10⁻¹	448,09	2686,5	2238,4	3,733	1,575	4,224	2,110	260,1	12,3	0,6832	0,0254
385	152,5	949,5	8,76×10⁻¹	469,25	2694,1	2224,8	3,707	1,590	4,231	2,134	248,0	12,5	0,6851	0,0258
390	179,7	945,6	1,02	490,44	2701,5	2211,1	3,682	1,607	4,238	2,159	236,9	12,7	0,6866	0,0263
395	210,6	941,6	1,19	511,67	2708,8	2197,1	3,657	1,624	4,247	2,188	226,4	12,9	0,6878	0,0268
400	245,8	937,5	1,37	532,95	2715,9	2183,0	3,632	1,644	4,256	2,218	216,8	13,1	0,6887	0,0273
405	285,6	933,3	1,58	554,27	2722,8	2168,5	3,608	1,664	4,265	2,251	208,0	13,2	0,6893	0,0278
410	330,5	928,9	1,81	575,65	2729,5	2153,9	3,584	1,686	4,276	2,287	199,8	13,4	0,6896	0,0283
415	380,9	924,5	2,07	597,08	2736,0	2138,9	3,561	1,709	4,287	2,326	192,0	13,6	0,6895	0,0288
420	437,3	919,9	2,35	618,58	2742,2	2123,7	3,538	1,734	4,299	2,367	184,8	13,8	0,6891	0,0294
425	500,3	915,3	2,70	640,14	2748,2	2108,1	3,515	1,760	4,312	2,411	178,5	14,0	0,6884	0,0300
430	570,3	910,5	3,02	661,77	2754,0	2092,2	3,493	1,787	4,326	2,457	172,7	14,2	0,6873	0,0306
435	647,9	905,6	3,40	683,48	2759,5	2076,0	3,471	1,815	4,341	2,507	167,0	14,4	0,6859	0,0312
440	733,7	900,6	3,83	705,27	2764,8	2059,5	3,449	1,845	4,357	2,560	161,8	14,5	0,6842	0,0318
445	828,3	895,6	4,30	727,14	2769,7	2042,6	3,428	1,876	4,374	2,615	156,6	14,7	0,6821	0,0325
450	932,2	890,3	4,81	749,11	2774,4	2025,3	3,408	1,907	4,393	2,674	151,8	14,9	0,6797	0,0332
455	1046	885,0	5,37	771,17	2778,8	2007,6	3,388	1,940	4,412	2,736	147,2	15,1	0,6770	0,0339
460	1171	879,6	5,98	793,34	2782,9	1989,5	3,368	1,974	4,433	2,801	142,9	15,2	0,6739	0,0346

Continua

Tabela A.1 *Continuação*

T [K]	P_w [kPa]*	ρ [kg·m⁻³] L^{**}	V	H [kJ·kg⁻¹] L	V	$\Delta_{vap}H$ [kJ·kg⁻¹]	C_V [kJ·kg⁻¹·K⁻¹] L	V	C_P [kJ·kg⁻¹·K⁻¹] L	V	μ [10⁻⁶ Pa·s]*** L	V	k [W·m⁻¹·K⁻¹] L	V
465	1307	874,0	6,65	815,61	2786,6	1971,0	3,349	2,009	4,456	2,870	139,3	15,4	0,6706	0,0354
470	1455	868,3	7,37	838,01	2790,0	1952,0	3,330	2,044	4,480	2,942	136,0	15,6	0,6670	0,0362
475	1616	862,5	8,16	860,53	2793,0	1932,5	3,311	2,080	4,506	3,018	132,4	15,7	0,6631	0,0370
480	1791	856,6	9,01	883,19	2795,7	1912,5	3,293	2,117	4,533	3,098	129,1	15,9	0,6589	0,0379
485	1979	850,5	9,94	905,98	2798,0	1892,0	3,276	2,155	4,562	3,182	126,5	16,1	0,6545	0,0389
490	2183	844,2	10,94	928,93	2799,9	1871,0	3,258	2,193	4,594	3,271	124,0	16,2	0,6498	0,0399
495	2403	837,9	12,03	952,04	2801,4	1849,3	3,242	2,232	4,627	3,364	121,0	16,4	0,6450	0,0410
500	2639	831,4	13,20	975,31	2802,4	1827,1	3,226	2,271	4,664	3,463	118,1	16,6	0,6399	0,0421
505	2893	824,7	14,47	998,77	2803,0	1804,2	3,210	2,312	4,702	3,568	115,6	16,7	0,6346	0,0433
510	3166	817,8	15,83	1022,4	2803,1	1780,7	3,194	2,353	4,744	3,680	113,2	16,9	0,6291	0,0446
515	3457	810,8	17,31	1046,3	2802,7	1756,4	3,180	2,395	4,789	3,799	110,7	17,1	0,6235	0,0459
520	3769	803,6	18,90	1070,3	2801,7	1731,4	3,165	2,438	4,838	3,926	108,3	17,3	0,6177	0,0474
525	4102	796,2	20,62	1094,6	2800,2	1705,6	3,152	2,482	4,890	4,062	106,3	17,4	0,6118	0,0490
530	4457	788,6	22,47	1119,2	2798,1	1678,9	3,138	2,527	4,947	4,209	104,3	17,6	0,6057	0,0507
535	4835	780,8	24,47	1144,0	2795,4	1651,4	3,126	2,573	5,009	4,368	102,7	17,9	0,5994	0,0525
540	5237	772,8	26,63	1169,1	2792,0	1622,9	3,113	2,620	5,077	4,540	101,2	18,1	0,5930	0,0544
545	5664	764,5	28,96	1194,5	2788,0	1593,4	3,102	2,668	5,151	4,728	99,2	18,3	0,5864	0,0565
550	6117	756,0	31,47	1220,3	2783,1	1562,8	3,091	2,718	5,233	4,933	97,2	18,6	0,5797	0,0588
555	6598	747,1	34,20	1246,4	2777,5	1531,1	3,081	2,770	5,324	5,160	95,7	18,8	0,5728	0,0612
560	7107	738,0	37,15	1272,9	2771,0	1498,1	3,072	2,823	5,424	5,410	94,1	19,1	0,5656	0,0638
565	7645	728,5	40,35	1299,8	2763,6	1463,7	3,064	2,877	5,536	5,690	92,6	19,4	0,5582	0,0666
570	8214	718,7	43,83	1327,3	2755,2	1427,9	3,057	2,934	5,662	6,002	91,0	19,8	0,5506	0,0696
575	8814	708,5	47,61	1355,2	2745,7	1390,5	3,051	2,993	5,806	6,357	89,5	20,2	0,5426	0,0728
580	9448	697,8	51,75	1383,7	2735,0	1351,3	3,046	3,054	5,969	6,760	87,9	20,6	0,5342	0,0763
585	10120	686,7	56,27	1412,8	2723,0	1310,2	3,043	3,118	6,159	7,227	85,9	21,0	0,5253	0,0800
590	10820	675,0	61,25	1442,7	2709,6	1266,8	3,042	3,184	6,378	7,768	83,9	21,5	0,5159	0,0840
595	11560	662,6	66,75	1473,5	2694,5	1221,1	3,044	3,254	6,640	8,412	82,3	22,0	0,5059	0,0883
600	12350	649,5	72,85	1505,1	2677,6	1172,5	3,048	3,327	6,953	9,181	80,7	22,6	0,4952	0,0929
605	13170	635,6	79,67	1537,9	2658,6	1120,6	3,055	3,405	7,341	10,131	78,7	23,3	0,4836	0,0978
610	14030	620,6	87,36	1572,1	2637,0	1064,9	3,067	3,488	7,827	11,315	76,7	24,2	0,4710	0,1031
615	14940	604,4	96,13	1607,9	2612,5	1004,5	3,086	3,577	8,472	12,868	74,2	25,1	0,4572	0,1088
620	15900	586,7	106,3	1645,8	2584,2	938,4	3,114	3,675	9,354	14,945	71,7	25,9	0,4422	0,1148
625	16910	566,8	118,2	1686,4	2551,1	864,7	3,158	3,784	10,689	17,977	69,6	27,0	0,4257	0,1213
630	17970	544,1	132,8	1730,7	2511,4	780,6	3,228	3,911	12,827	22,658	66,7	27,9	0,4075	0,1282
635	19090	517,0	151,4	1780,8	2461,7	680,9	3,354	4,073	16,882	31,480	63,7	29,9	0,3874	0,1412
640	20270	481,9	177,3	1841,2	2394,6	553,4	3,582	4,306	25,942	52,586	59,0	31,9	0,3651	0,1548
645	21520	424,6	224,3	1931,1	2280,9	349,8	4,061	4,765	76,130	158,32	54,2	36,9	0,3404	0,1792
647,09	22060	322,0	322,0	2086,6	2086,6	0,0					45,9	45,9	0,2381	0,2381

* Dados de pressão de saturação da água (P_w), entalpia (H) e calor específico (C_P e C_V) foram calculados a partir das correlações apresentadas em: WAGNER, W.; PRUB, A. The IAPWS formulation 1995 for the thermodynamic properties of ordinary water substance for general and scientific use. *J. Phys. Chem. Ref. Data*, v. 31, p. 387-535, 2002.

** L e V designam as fases líquida e vapor em equilíbrio, respectivamente.

*** Dados de viscosidade (μ) e condutividade térmica (k) foram calculados a partir de ajuste polinomial de dados de referência apresentados em: SENGERS, J. V.; WATSON, J. T. R. Improved international formulations for the viscosity and thermal conductivity of water substance. *J. Phys. Chem. Ref. Data*, v. 15, p. 1291-314, 1986; e PERRY, R. H.; GREEN, D. W. *Perry's chemical engineer's handbook*. 7. ed. Nova York: McGraw-Hill, 1997.

ÍNDICE